采 矿 手 册
第 5 卷

《采矿手册》编辑委员会 编

北 京
冶 金 工 业 出 版 社
2008

图书在版编目（CIP）数据

采矿手册. 第5卷/《采矿手册》编辑委员会编. —北京：冶金工业出版社，1991.6（2008.12重印）
ISBN 978-7-5024-0815-2

Ⅰ.采… Ⅱ.采… Ⅲ.矿山开采—技术手册 Ⅳ.TD8-62

中国版本图书馆CIP数据核字（2008）第026626号

出版人 曹胜利
地 址 北京北河沿大街嵩祝院北巷39号，邮编100009
电 话 (010)64027926 电子信箱 postmaster@cnmip.com.cn
责任编辑 杨秋奎 王之光 美术编辑 王耀忠 版式设计 张 青
责任校对 刘 倩 李文彦 责任印制 李玉山
ISBN 978-7-5024-0815-2
北京百善印刷厂印刷；冶金工业出版社发行；各地新华书店经销
1991年6月第1版，2008年12月第6次印刷
787mm×1092mm 1/16；40.5印张；960千字；631页；9001-11000册
135.00元

冶金工业出版社发行部 电话：(010)64044283 传真：(010)64027893
冶金书店 地址：北京东四西大街46号(100711) 电话：(010)65289081
（本书如有印装质量问题，本社发行部负责退换）

《采矿手册》第五卷编写人员

（按章节顺序排列）

主　编　夏纪顺

副主编　邹宗峄　高澜庆　何钧玲　阎维恭　朱曰珩　彭　炫

编写人员

第二十五章　邹宗峄　马恩霖　何正忠　石奉强　吴继锐　刘邦祥　姚践谦
第二十六章　夏纪顺　宋在仁　吴建南　张智铁　李　兴　朱炽强
第二十七章　高澜庆　彭兆行　陆鸿生　李仪钰
第二十八章　何钧玲　张晓光　刘蒙仙　朱永昌　蔡加隆　李祁望
第二十九章　阎维恭　程梦鸿　周雨松　刘永焕
第 三 十 章　朱曰珩　刘廷安　陈荣仁　凌正炎　吴玲娥
第三十一章　彭　炫　张初海　王自强　吴豪泰　张永惠　樊茂生

《采矿手册》第五卷审稿人员

（按姓氏笔画排列）

丁忠昌　邓宗武　邓洪贵　方　诚　王瑞阁　尹健生　石振安　冯觉非
孙隆秋　朱德欣　朱安业　朱启超（第二十五章主审）　李根福　刘桂芳
刘宗炎　刘业贻　李大诒（第二十六章主审）　朱力行　朱　烨　朱　琛
刘宗久　仲时宝　吕绍英　李仪钰　成心德（第二十八章主审）　李祖钜
李同福　李　健　佟伯涛　陈立祥　邹佩麟　陆惟善　陈尚文　陆鸿生
何钧玲　陈云鹤　陈志和　宋　澐　陈瑞华　余梦迪　汪光烈　张延忠
（第二十五章主审）　张文彬　张玉长　罗端前　邬立国　杨荫荣　林发逵
郑锡恩　招鉴惠　张津光　张仪和　周学本　张士悌　张世法　张明达
（第三十一章主审）　张尚中　姚漪麟　赵瑞琪　姜修尚　夏纪顺　高澜庆
陶　铿　耿　毅（第二十九章主审）　顾士澄（第三十章主审）　唐重恒
徐步文　黄家骅　黄瑞南　曹永年　阎维恭　彭兆行　董祥光　蒋麦占
韩兆锡　鄢年芝　蔡学熙（第二十七章主审）　蔡崇勋　戴凌云

《采矿手册》总目录

第 1 卷

第 2 卷

第 3 卷

第 4 卷

第 5 卷

第 6 卷

第 7 卷

目　　录

CONTENTS

第 25 章　地面运输及转载

25.1　概　　述

25.1.1　地面运输的组成范围

矿山企业地面运输系指露天采场以外和地下开采矿山的地表，为生产、辅助生产、生活服务的各种地面运输。其运输系统见图 25 - 1。

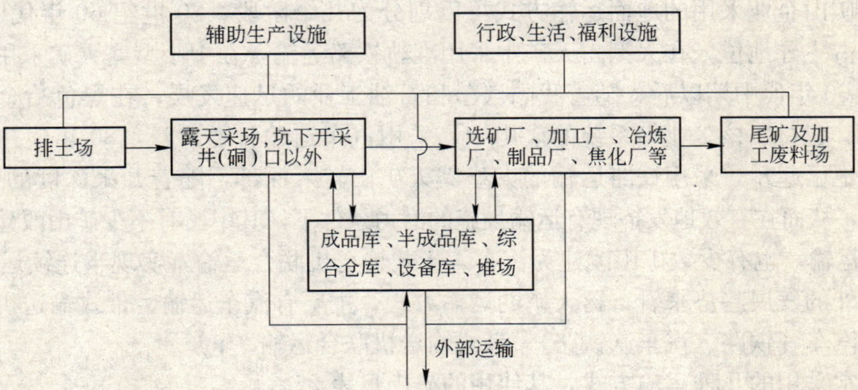

图 25 - 1　矿山企业地面运输系统

运输的对象，可分为矿石、岩土、成品、半成品、尾矿及加工后的废料、燃料、原材料、备品备件、生活物资、人员接送等；运输的性质，可分为生产运输、服务运输；运输的范围，可分为矿山企业内部运输、矿山企业外部运输；运输的方式可分为铁路运输、汽车运输、带式输送机运输、管道运输、水路运输、绳索运输（架空索道、串车、箕斗、无极绳等）、溜井平硐运输及几种运输方式组合的联合运输。

地面运输系统应考虑矿区总体布置及其所处的自然地理交通条件等因素，根据矿山企业的规模、生产、辅助生产和生活设施的要求，经过方案比较，统一规划。运输系统要使矿山企业的内部和外部运输中的装、卸、储、运及转载等各环节和设施，在满足生产、生活的基础上，尽可能地达到运输方式单一，倒运环节少，运转安全可靠，维护简单，管理方便，卫生条件好，投资省，能耗小，经营费用低。

25.1.2　地面运输在矿山企业中的地位、作用及应用

25.1.2.1　地面运输的地位及作用

运输在矿山企业中占有重要的地位，企业通过运输，使矿山企业内部的各个生产环节之间和企业的内部同外界联成一个有机整体，以保证矿山企业的正常生产。

露天开采的矿山，地面运输这个环节尤为重要，它直接影响矿山建设的速度和生产的完成，并涉及基建投资、生产成本、企业能耗等主要经济指标。以黑色冶金矿山统计资料为例[13]；运输投资占矿山总投资 40%～60%，占矿石开采成本 25%～40%，占全矿总能耗40%～60%，所以地面运输成为矿山企业管理工作关注的焦点。

在矿山运输工作中，要重视以下几方面工作：

（1）合理的选择运输方式及设备选型；

（2）因地制宜布置运输线路；

（3）合理配置整个运输系统的装、运、卸、储及转载各个环节的设施；

（4）加强对设备和线路的保养维修；

（5）提高运输效率，降低运输成本及能耗；

（6）实现矿山运输管理、调度、设备维修管理的电子计算机化，使矿山运输管理工作现代化。

25.1.2.2 几种主要运输方式的应用情况和发展趋势

我国矿山企业采用的地面运输方式可以划分为几个阶段，20 世纪 60 年代中期以前，铁路运输占主导地位，在大型露天矿中采用准轨铁路运输，在中小型露天矿采用窄轨铁路运输。到 60 年代中期以后，随着我国汽车和石油工业的迅速发展，在黑色冶金、有色金属、化工、建材、核工业等系统的矿山中，采用汽车运输日益广泛。80 年代初，带式输送机运输也已起步，采用铁路运输的大型露天矿山转入深部，随着开采深度的逐步加大，难以适应，从而在有效地发挥现有运输设施的潜力条件下，其中已有不少矿山改建为汽车 - 铁路联合运输，也有少数矿山改建为汽车 - 带式输送机联合运输，实现半连续运输。

从国外的发展趋势来看，露天矿的运输方式，主要有汽车运输、带式输送机运输、铁路运输及汽车 - 铁路、汽车（铁路）- 带式输送机联合运输。

国内常采用的几种运输方式，其使用的矿山见表 25 - 1。

表 25 - 1 国内部分矿山采用的运输方式

运输方式	使用矿山企业名称
汽车运输	白银露天矿、云浮硫铁矿
准轨铁路运输	歪头山铁矿、海南铁矿
窄轨铁路运输	甘井子石灰石矿、应城石膏矿
汽车 - 带式输送机联合运输	昆阳磷矿、渠县水泥石灰石矿
汽车 - 溜井平硐 - 带式输送机联合运输	永登水泥厂
汽车 - 溜井平硐 - 准轨铁路联合运输	南芬铁矿
汽车 - 溜井平硐 - 窄轨铁路联合运输	德兴铜矿
汽车 - 斜坡箕斗联合运输	新康石棉矿、峨口铁矿
汽车 - 架空索道 - 溜井平硐联合运输	把关河石灰石矿
准轨铁路 - 汽车联合运输	大冶铁矿、金川镍矿
窄轨铁路 - 斜坡串车提升 - 汽车联合运输	蒙阴金刚石矿
架空索道运输	红透山铜矿、凡口铅锌矿
管道运输	东山硅砂矿、北海硅砂矿

矿山运输设备主要是汽车、带式输送机和铁路列车，并向大运量、高效率，单位运营费低、操作方便、安全可靠的方向发展。

25.1.3 几种主要运输方式的特点和选择原则

25.1.3.1 地面运输方式的选择原则

地面运输方式的选择，一般应遵循下列原则：

（1）满足矿山企业生产规模对运输能力的要求，并应考虑对近期建设与远景规划之间的衔接。

(2) 满足生产工艺的要求及矿石产品和物料特性（如块度、黏滞性等）对运输设施的要求。

(3) 基建投资与经营费用两者权衡。以达到投资少，基建期短，成本低，耗能小，维修简单，管理方便的最佳技术经济效益。

(4) 系统简单可靠，减少物料的装、卸、储、运和转载设施，并使各作业环节合理衔接，运输设备选型应立足于国内。

(5) 改扩建企业应合理利用与改造已有设施，以适应生产发展，提高综合经济效益。

(6) 节约土地，少占好地，尽可能与土地复垦结合，注意生态平衡。

(7) 地面运输线路及设施一般应布置在采矿爆破危险区和崩落区范围之外。

25.1.3.2 几种主要运输方式的特点及其适用条件

A 汽车运输

汽车运输的主要特点是具有较高的机动性、灵活性，爬坡能力大，转弯半径小，与准轨铁路运输相比则基建时间短，基建投资少，掘沟速度快，可缩短新水平的准备时间，提高装载设备生产能力，适应实施陡帮开采，横向开采，分期开采及分采、分装、分运作业，废石排弃工艺简单，生产效率高，堆置成本低等优点。其缺点是燃料和轮胎消耗大，运营费高，经济合理运距较短，在多雨季节土质工作面运输可靠性差。

汽车运输适用于地形或矿体产状较为复杂，矿点分散或考虑分期分区开采，生产年限不长，运输距离适应经济运距的露天矿。

多数矿山企业与外界的联络，均铺设有道路，所以，企业的辅助运输，通常都采用具有机动灵活特性的汽车运输工具。

B 铁路运输

准轨铁路运输具有运量大，经济运距长，运营费低，生产可靠，设备供应充足，受气候影响不大等优点。在我国采用准轨铁路运输的矿山较为普遍，有一定管理经验。其缺点是要求采场尺寸大，线路工程量大，基建时间长，基建投资高，开采强度低，灵活性差，线路爬坡能力小，转弯半径大，线路维修及移设工程量大，劳动效率低等。

准轨铁路运输适用于地形平缓（25°以下），矿床埋藏浅，矿层厚度大，产状稳定简单，不要求分采配矿等条件。当具有上述条件的露天矿山，对运输量大，采场境界较长（一般大于1.5km），比高较小，运距及矿山服务年限较长的大型露天矿，宜采用准轨铁路运输。

改、扩建矿山，当原有准轨铁路运输从山坡转入凹陷、露天矿底距地表高差小于150m，采场境界长度大于1.5km，宽度大于0.5km，仍可合理利用，加以相应改造，适应生产发展需要。

其次，地下开采的矿山企业，当地面运输量较大，接轨条件和取送车方便，线路铺设较短，可考虑选用准轨铁路运输。

窄轨铁路运输与准轨铁路运输比较，具有投资少、基建快、装备简单、占地少等优点。其缺点是运营费高、运输能力小、劳动效率低。因此，只适用于中、小型露天矿及地下开采矿山的地面运输。

C 铁路与汽车联合运输

铁路与汽车联合运输的主要特点是既充分发挥铁路运输量大，经济运距长，运营费低的长处，同时又可发挥汽车运输爬坡能力大，机动灵活，适应性强的优点。从而达到最佳的经济效益。但联合运输使矿岩增加倒装次数及设施。

铁路与汽车联合运输的适用条件，当运距过长，深凹露天矿比高较大，山坡露天矿上部地形复杂，面积较小时，采用单一运输有困难或不经济时，可考虑采用。其次，生产的矿山企业，原有铁路运输在深凹露天矿或山坡露天转入深部开采时，展线困难，可考虑采用铁路与汽车联合运输。

D 带式输送机运输

带式输送机运输实现了运输过程的连续化，具有输送能力大，爬坡性能强，操作简单，安全可靠，自动化程度高，设备维修容易，无污染，占地小。与汽车、铁路运输相比，可缩短运距，降低成本，减少能耗等一系列优异特性。其缺点是带式输送机对所运载的矿岩块度有一定要求（输送块度小于 350mm 的物料），灵活性差，如发生故障，可能影响全面生产。

带式输送机运输适用于地形复杂，年运量较大、服务年限长和运距远，以及运送方向单一的矿山企业。

E 汽车与带式输送机联合运输

汽车与带式输送机联合运输的主要特点，实现了露天开采半连续性工艺，既可发挥汽车运输的机动灵活适应性强，短途运输经济，强化开采的长处，又可发挥带式输送机运输能力大，爬坡性能强，运营费低的优势，两者联合可达到最佳的经济效益。缺点是要控制输送的矿岩块度，需要设置破碎站，其作业环节多，互相影响。深凹露天矿，因需要布置带式输送机的固定帮难以提前形成，若要超前，则剥离量大，一般均以地下破碎，斜井通往地表，使基建工程复杂，投资较大。

汽车与带式输送机联合运输在新建的大型深凹露天矿可优先考虑选用。

F 架空索道运输

架空索道运输的主要特点是爬坡能力大，与其他运输方式相比运距短、占地少、没有桥涵和大量土石方工程量，基建时间短、能耗低、不受地形限制。其缺点是对装卸点和输送物料的块度有一定限制，维护管理技术要求较高，生产能力不及准轨铁路、带式输送机大，灵活性不如汽车。

架空索道一般适用于中小型矿山企业，运送块度小于 300mm 的物料，对跨越河流、山谷、陡坡、地形起伏的条件尤其适用。

G 溜井溜槽运输

溜井溜槽运输的特点是可克服较大的高差，利用矿石自重下放，使运输距离大大缩短，使用设备少，运输成本低，运输能力大。其缺点是井建工程量大，基建时间长，当输送的矿岩黏性大、含泥多、粉矿率高时，易产生堵塞。

溜井溜槽运输一般适用于高山地形的山坡露天矿或高山地形山腰地下采矿区。山坡陡、高差大的地形效益更好。设置溜井溜槽底板岩层的普氏坚固性系数 f 应大于 6，且稳定性、整体性好，并避开破碎带、断层、折皱、溶洞及节理裂隙发育等地质构造不良地带，否则应加固。

溜井平硐一般与汽车、铁路或带式输送机联合运输。

H 提升机运输

a 重力卷运输

重力卷运输的特点是一种不用动力，利用重车下放带动空车上提的一种运输方式，其结构简单、操作容易、投资少、基建快、运营费低，但需摘挂钩，劳动强度大，运输能力受到限制。

重力卷运输（坡度一般用于 15°～22°），适用于小型山坡露天矿或高山地形山腰地下采矿区，山坡地形 6°～25°。

b 无极绳运输[7]

无极绳运输的特点是用提升机带动，用钢绳牵引，通过尾部拉紧装置，钢绳循环运转，矿车挂钩于钢绳。其设备结构简单，操作方便，维修容易，投资少，基建快，可连续运转，但安全性较差，线路敷设有局限性。

无极绳运输适用于中小型露天矿，线路坡度 0°～15°（如采用上绳式，坡度不大于 22°），运距一般不超过 1000m[7]。

c 斜坡提升机运输

斜坡提升机运输是一种通过提升机牵引串车或箕斗，将物料提升或下放的运输方式。其特点是可利用矿山地形，增加露天矿的开采比高，缩短运距，减少线路工程量，在大多数情况下，它只是运输系统中的一个环节。采用箕斗时，需增加转载装卸设施，并且移设不便。

斜坡提升机运输适用于比高较大的山坡及深凹中小型露天矿，串车提升机运输的斜坡倾角小于 30°（一般采用 25°），箕斗提升机运输的斜坡倾角可大于 30°。

d 管道（槽）水力运输

管道水力运输是利用地形自流输送或采用动力泵压力输送松散颗粒物料。与铁路、汽车运输相比，其特点是运距短，建设快，投资省，占地少，无污染，设备简单，可适应地形，布置灵活。缺点是易产生堵漏，采用的条件有局限性；压力输送对管道磨损大，耗水多，对输送的物料粒度和浓度需要控制。

管道运输适用于松散颗粒状的矿物或精矿、尾矿、矿碴、矿山附近需有足够的水源。

25.1.4 地面运输转载

地面运输转载按其工艺过程，包括卸载、储存、装载三个工序，是衔接运送物料中的运输设备转换及生产工艺流程，起物料转载和储存的作用，以达到生产和运输正常运转。转载设施的形式一般为溜井、矿仓、堆场。主要是根据生产工艺及运输作业的要求确定。

设置转载设施，必然会在运输系统中增多环节，从而增加基建投资，经营费用和矿石的粉碎。所以配置运输系统中的转载设施，应开展多方案技术经济比较，选用满足生产工艺及运输作业，经济合理，技术可靠，管理简便的转载方式。

25.1.5 运输方案比较

方案比较是为了寻找在技术上先进可靠，在经济上合理可行，综合效益好的最佳运输方案。因此运输方案的编制应结合建设项目的具体情况，从全局出发，统一规划，正确处理好运输与总体布置的关系，近期建设和远期发展关系，要适应协调各个作业环节，列出在技术上可能的各种运输方案，通过比较选出最佳运输方案。

方案比较常采用的两种方法：一是采用主要工程量指标及运输成本估算方法进行比选，通过比选淘汰一些有明显不足的方案，这种比选方法简捷，但较粗浅。另一种是采用综合经济评价方法，通过经济分析，技术论证选取最佳方案，这种评价方法对设计方案编制要求达到相应的深度，需要耗费较大的工作量。

方案比较的结果是否确切，关键是编制每一个方案所依据的基础资料及其设计计算的精度和计算方法是否一致，因此在编制设计方案中应予重视。

25.1.5.1　影响方案比较的主要因素

（1）露天矿的运输方案编制应根据矿体赋存条件、地形、地质、水文、生产工艺、矿岩采掘量及其性质；矿山服务年限；外部条件及矿山现状；以及矿岩运送的地点和沿线条件，卸载方式，布置形式等主要因素。

（2）地下矿的地面运输方案编制，除考虑露天矿运输的几方面主要因素以外，还需要适应井下运输方式，设备选型及其井口、坑口、硐口的位置、高程、布置形式等条件。

（3）外部运输除考虑运量、运距、货物性质等因素外，还应注意与矿区周围交通网的衔接等外部条件。

25.1.5.2　方案比较及经济分析主要内容

A　方案比较的主要内容

（1）运输线路的技术条件；（2）基建工程量；（3）设备重量、设备装机容量、主要建筑材料需要量、能耗、水耗及燃料消耗量；（4）基建投资及年生产成本；（5）占用土地、拆迁、建筑构筑物数量；（6）职工人数、劳动生产率；（7）基建时间、投产时间、服务年限；（8）运行安全可靠性，工人劳动条件，与生产工艺衔接协调，维护管理；（9）对环境的污染情况；（10）外部条件。

B　经济分析的主要内容

a　基建投资分项内容

（1）建筑工程投资主要内容包括：1）线路路基工程；2）线路工程（如轨道、路面、塔架、牵引网路等）；3）桥、涵、隧道工程；4）运输附属设施的建筑物、构筑物（如修理厂、车库、栈桥矿仓、地磅房、工人宿舍、行政福利设施等）；5）运输通讯信号设施；6）购地、拆迁、赔偿、青苗赔偿等。

（2）设备购置费主要内容：1）运输设备（如机车、车辆、汽车、带式输送机、提升机等）；2）辅助设备（如翻车机、推土机、装载机等倒装设备及设施）；3）运输附属设施（如牵引变电所、加油站、地中衡、轨道衡、上煤上水等设备）；4）线路养护和设备检修设施（如压路机、洒水车、车辆检修设备等）；5）生产及行政管理设施（如电子计算机、办公设施自动化等）。

b　年运输车间成本的组成内容

（1）燃料及动力消耗（如汽油、柴油、电等）；（2）辅助材料消耗（如轮胎、胶带、钢丝绳、润滑油等）；（3）生产工人工资及福利基金；（4）物料倒装及损失费；（5）车间经费（包括维简费、大修理费、线路及设备维修费，车间管理费等）。

c　运输方案的经济比较与选择

将技术上可能的多种运输方案，经过简捷的筛选方法，提出几个可行的运输方案，然后再深入地进行技术论证和经济分析，最后确定技术上先进可靠，经济效益好的最佳方案。其中经济比较的计算方法简述如下：

如果两个方案进行经济比较，当其中甲方案的总投资和年经营费用都小于乙方案时，则甲方案优于乙方案，不需要进行计算。但当甲方案的总投资大于乙方案，而年经营费用却小于乙方案时，由于投资和年经营费用的支出时间不同，就不能简单地用绝对的费用节省来判定方案的好坏，一般可采用相对投资回收期法、年成本法、现值法、贴现法等方法进行方案选择。

(1) 相对投资回收期法

$$T=\frac{P_2-P_1}{D_1-D_2} \tag{25-1}$$

当 $T>T_0$ 则方案Ⅱ优于方案Ⅰ。

式中　T——相对投资回收期；

T_0——基准投资回收期；

P_1——Ⅰ方案总投资；

P_2——Ⅱ方案总投资；

D_1——Ⅰ方案年经营费用；

D_2——Ⅱ方案年经营费用。

(2) 年成本法

$$AC=D+(P-L)F_{PR(i,n)}+Li \tag{25-2}$$

AC 值小者为佳。

式中　AC——年成本；

D——年经营费用；

P——总投资（基建投资＋流动资金）；

L——残值；

i——基准收益率；

$F_{PR(i,n)}$——资金还原因数。

(3) 现值法

$$P_\omega=P+DF_{RP(i,n)} \tag{25-3}$$

P_ω 值小者为佳。

式中　P_ω——现值；

$DF_{RP(i,n)}$——一定额序列现值因数。

(4) 贴现法

$$\sum_{j=0}^{n}\frac{CF_j}{[1+(DCF-ROI)]^j}=0 \tag{25-4}$$

$DCF-ROI$ 值大者为佳。

式中　n——企业经济寿命年限；

$DCF-ROI$——全投资收益率；

j——年份；

CF_j——第 j 年的现金流量。

整个投资项目的基准收益率 i 及基准投资回收期 T_0 是应由投资决策部门决定的重要参数。运输方案的比较只是整个投资项目中的局部方案比较，亦可使用投资项目的 i 及 T_0 值（目前我国尚无基准收益率 i 及基准回收期 T_0 可遵循，其值可根据当地实际情况和同类系统指标作为参考）。

25.2 铁路运输

目前，铁路运输在我国露天矿山运输系统中占有重要的位置，尤其是在大中型露天矿山铁路运输占有较大的比重。因此，对铁路运输在矿山的应用研究、开发工作必须十分重视。

表25-2 准轨直流架线式电机车型号及主要技术性能

技术性能	单位	型号	
		ZG100-1500	ZG150-1500
黏着重量	t	100^{+3}_{-1}	$150^{+4.5}_{-1.5}$
轴列式		Z_o-Z_o	Z_o-Z_o-Z_o
轴荷重	t	25±2%	25±0.5%
额定电压	V	$1500^{+20}_{-33}\%$	$1500^{+20}_{-33}\%$
轴距：固定/全轴	mm	2600/10400	2600/15900
最小通过曲线半径	m	60	80
车轮直径	mm	1120	1120
外形尺寸：全长	mm	14760	20260
全宽	mm	3200	3200
正弓收下时高度（距轨面）	mm	4780	4780
正弓最小工作高度（距轨面）	mm	5100	5100
正弓最大工作高度（距轨面）	mm	6500	6500
旁弓收下时高度（距轨面）	mm	4000	4000
旁弓最小工作高度（距轨面）	mm	4045	4045
旁弓最大工作高度（距轨面）	mm	4600	4600
机车中心线至旁弓架线间距	mm	2600～3300	2600～3300
机车小时功率	kW	1400	2100
机车长时功率	kW	1240	1860
轮周小时牵引力	N	172000	256000
轮周长时牵引力	N	143000	214000
运行速度：小时制	km/h	29.30	29.30
长时制	km/h	31	31
最大运行速度	km/h	65	65
牵引电动机型号		ZQ350-1	ZQ350-1
牵引电动机功率	kW	350	350
牵引电动机台数	台	4	6
牵引电动机额定电压	V	1500	1500
牵引电动机小时电流	A	250	250
制动装置类型		EL-14(改进型)	EL-14(改进型)
空压机型号		Z-1.8/8型	Z-1.8/8型
空压机能力×台数	m^3/min	1.8×2	1.8×3
制动缸尺寸	mm	304.8	304.8
制动率	%	70.5	70.5
制造厂		湘潭电机厂	湘潭电机厂

注：1. 轴列式说明：

Z_o+Z_o——4轴，安在两个相互连接的双轴转向架上，“O”表示电力传动；

Z_o-Z_o——4轴，安在两个相互不连接的双轴转向架上，“O”表示电力传动；

$Z_o-Z_o-Z_o$——6轴，安在三个相互不连接的双轴转向架上，“O”表示电力传动。

2. ZG80-1500-s为旧有80t电机车进行技改后的80t重联电机车产品。

表 25-3 准轨内燃机车型号及主要技术性能

技术性能	单位	型号					
		JM80Q	JMY380FX	JMY380FS	JMY380Ⅳ	JMY380Ⅵ	JMY600
用途		调车	调车、小运转	调车、小运转	调车、小运转	调车、小运转	调车、小运转
车轴排列		0-3-0	2-2	2-2	2-2	2-2	2-2
传动方式		机械	液力	液力	液力	液力	液力
构造速度	km/h	25	36 54	30 45	30 60	30 60	34 69
持续速度	km/h		9 13.5	9 13.5	6.8 13.2	6.6 13.2	8 17.3
最小通过曲线半径	m	20	60	60	50	50	50
轮周启动牵引力	N	27410			138000 69000	138000 69000	176590 87000
轮周持续牵引力	N			72710 48100	82000 43000	82000 43000	100000 49000
轴重	t	4.2	8 10	8.5 10	10	11.25	16
机车运转整备重量	t	12.6	30	40	40	45	64
外形尺寸：全长	mm	4480	11810	10200	11900	10507	12888
全宽	mm	1960	2510 2660	3260	3160	3160	3160
全高	mm	2188	3440	4450	4240	4530	4440
转向架中心线间距	mm		6000	5000	5000	5000	5600
固定轴距/全轴距	mm	900/1800	1800/6000	1800			2000
车轮直径	mm		840	840	840	840	840
柴油机：型号		4135AK-1	12V135Z	12V135Z	12V135Z	12V135Z	6200Z
额定功率	kW	54	280	280	280	280	442
燃料油消耗率	g/kW·h		≤238	238			
润滑油消耗率	g/kW·h		≤3.4	3.4			
牵引发动机型号		12V180ZJ	12V135Z	12V135Z	12V135Z	12V135Z	6200Z
牵引电动机型号							
制动机形式		手、空气	空气	空气	空气	空气	空气
燃料油装载量			490kg	490kg	800L	1200L	1500L
润滑油装载量	kg						
储水量	kg		400	400			
储砂量	kg		150	150			
制动率	%		89.5	89.5			

续表 25 - 3

技术性能	单位	型号					
		JMD1000	东方红 5	东方红 5B	东方红 5C	东风 4	东风 4B
用途			调车、小运转	调车、小运转	调车、小运转	货运	干线客货运
车轴排列		2o - 2o	2 - 2	2 - 2	2 - 2	3o - 3o	3o - 3o
传动方式		电力	液力	液力	液力	电力	电力
构造速度	km/h	45	40 80	40 80	40 80	100	客运 120 货运 100
持续速度	km/h	9.94	8.5 17	7.5 15	7.5 15	21.6	客运 26.3 货运 21.9
最小通过曲线半径	m	100	100	90	90	145	145
轮周启动牵引力	N	250000	283800 155800	303600 191500	303600 191500	443500	客运 351000 货运 421000
轮周持续牵引力	N	176000	202000 100500	256260 128860	256260 128860	330500	客运 257000 货运 308000
轴重	t	21	21.5	23	23	23	23±3%
机车运转整备重量	t	84	86	92	92	138	138
外形尺寸：全长	mm	15470	14900	14900	14900	21100	21100
全宽	mm	3100	3376	3376	3376	3309	3309
全高	mm	4490	4643	4756	4756	4725	4755
转向架中心线间距	mm	8420	6900	6900	6900	12000	12000
固定轴距/全轴距	mm	2300/10720	2400/9300	2400/9300	2400/9300	1800/15600	1800/15600
车轮直径	mm	1050	1050	1050	1050	1050	1050
柴油机：型号		12V180ZJ	12V180ZJ	12V180ZJ	12V180ZJ	16V240ZJB	16V240ZJB
额定功率	kW	670	791	920	920	2429	2944（小时功率） 2429（装车功率）
燃料油消耗率	g/kW·h	≤238	224+7	224+7	224+7	211+7	211+7
润滑油消耗率	g/kW·h		≤7	≤7	≤7	2	2
牵引发动机型号						TQFR - 300	TQFR - 300
牵引电动机型号		ZQDR - 410				ZQDR - 410	ZQDR - 410
制动机形式		空气	JZ - 7	JZ - 7	JZ - 7	JZ - 7	JZ - 7
燃料油装载量		2500L	3200kg	2300kg 或 3200kg	2300kg	7500kg	9000kg
润滑油装载量	kg		200	200	200	1200	1200
储水量	kg	500	425	425	425	1200	1200
储砂量	kg	800	600	600	600	800	800
制动率	%	59	79.4	77.3	77.3	61	61（常用制动） 78.5（非常用制动）

25.2.1 铁路运输设备

铁路运输设备系指机车与车辆。运输设备的选择应根据矿山建设的具体情况确定，如矿山运量、服务年限、采掘设备类型、外部运输衔接及改建扩建矿山现有运输设备的利用等。

25.2.1.1 机车

A 准轨直流架线式电机车型号及主要技术性能

表 25-4 窄轨架线式电机车型号及主要技术性能

技术性能	单位	型号					
		ZL-14/550	ZL14$\frac{7}{9}$/550-1	XGC-14	ZL-20/750	ZL-40/750	ZL9$\frac{6}{7}$/550
黏着重量	t	14	14	14	20	40	9
轨　距	mm	762　900	762　900	762　900	762　900	762　900	600　762
额定电压	V	550	550	550	750	750	550
轴荷重	t	7	7	7	10	10	4.5
固定轴距	mm	1800	2050	1900	3000	2000	1400
最小通过曲线半径	m	15	20	15	30	40	10
车轮直径	mm	760	840	800	840	840	680
外形尺寸：全长	mm	5332	5450	4700	7500	12000	4900
全宽	mm	2135	2000	2100	2300	2500	1230
全高（司机室高）	mm	3002	3000	3000	3440（3200）	3720（3200）	3000
车钩高度	mm	380 490 600	380 490 600	320	600	600	430　320
正弓工作高度	mm	3550～4350	3550～4350	4200～5000	3750～4550	3750～4550	3600～4600
旁弓工作高度	mm	2500～2900	2900～3300	2500	3050～3600	3050～3600	
旁架线至车中心距	mm	1700～2150	1750～2200	1700	2100～2600	2250～2750	
机车小时功率	kW	104	156	92	220	440	60
机车小时牵引力	N	27200	32000	24000	40000	80000	19300
机车长时牵引力	N	9500	11000	10100	31700	63500	5400
机车小时制速度	km/h	12.9	15.8	14	18.6	18.9	10.5
机车长时制速度	km/h	18	23.2	21	19.3	19.7	14
机车构造速度	km/h	26	31		37	37.6	20
牵引电动机型号		ZQ-52	ZQ-78	ZQ-46B	ZQ-110	ZQ-110	ZQ-30-4
牵引电动机功率	kW	52	78	46	110	110	
单台电动机小时电流	A	105	154	96.5	161	161	
牵引电动机数量	台	2	2	2	2	4	2
制动装置		手、电、气	手、电、气	手、电、气	手、电、气	手、电、气	手、电、气
制动缸规格	mm	ϕ130	ϕ130×2	203.2	317.5×10	317.5×10	
机车有效制动率	%	63～83	70～90		64～91	71～92	
空压机型号及台数	台	仿捷 2 台	2	KWP-450×1	Z-1.8/8×1	Z-1.8/8×2	
空压机能力	m^3/min	0.40×2	0.4×2	0.45×1	1.85×1	1.85×2	
机车总风缸容积	m^3	0.2	0.2	0.22	0.747	1.1	
制造厂		常州工矿电机车厂	常州工矿电机车厂	大连电车工厂	常州工矿电机车厂	常州工矿电机车厂	常州工矿电机车厂

注：ZL14$\frac{7}{9}$/550-1 电机车系按 JB/Z117—75《工矿电机车系列型谱》设计的设备。

表 25-5 窄轨内燃机车型号及主要技术性能

技术性能	单位	型号				
		JM20	JM40	JMY80	JM80	JM80Q
轨距	mm	600 762	600 762 900	762 (900)	600 750 762 900 1000	600 750 762 900 1000
轴列式		0-2-0	0-2-0	0-2-0	0-3-0	0-3-0
整备重量	t	3	7	10	11	12.6
轴荷重	t	1.5	3.5	5	3.7	4.2
固定轴距	mm	850	1000	1100	900	900
转向架中心线间距	mm				1800	1800
车轮直径	mm	400	450	600	600	600
最小通过曲线半径	m	6	7	8	20	20
车钩高度	mm	210 320	210 320 390	320 390 600	320 600	320 600 760 850
车钩形式		插销链环式	插销链环式	插销链环式	插销、链钩	自动插销链钩
构造速度	km/h	12	19.3	20	25.61	25
轮周牵引力	N	7200（持续）	18000（持续）	28000	26640	27410
外形尺寸：全长	mm	2900	4000	5000	4380	4480
全宽	mm	1100	1400	1600	1910 1948 2048	1950
全高	mm	1800	2188	3000	2740	2188
柴油机：型号		2105-1	X2105J	X6105J	4135AK-1	4135AK-1
额定功率	kW	15	29	59	74	54
耗油率	g/kW·h				238	238
传动形式		机械	机械	液力	机械	机械
驱动方式		链条	机械	万向轴	连杆	连杆
制动装置		手		空气	手	手、空气
有效制动率	%				79	72
空压机型号						ZV-0.6/7
空压机台数×能力	m^3/min					1×0.6
总风缸容量	m^3					0.16
全车闸瓦总压力 ΣK	MPa				0.87	0.87
每块闸瓦压力 K	MPa				0.145	0.145
制造厂		长沙重型机器厂	长沙重型机器厂	长沙重型机器厂	常州工矿电机车厂	常州工矿电机车厂

续表 25 - 5

技术性能	单位	型号				
		JM80R	JM80RI	JMY380	JMY380Ⅰ	JMY380Ⅲ
轨距	mm	600 750 762 900 1000	600 750 762	762 900	762 (900)	762 (900)
轴列式		0 - 2 - 0	0 - 2 - 0	2 - 2	2 - 2	2 - 2
整备重量	t	10	8	24	24	24
轴荷重	t	5	4	6	6	6
固定轴距	mm	1200	1200	1500		
转向架中心线间距	mm			5000	5000	5000
轮径	mm	650 680	650 680	600	600	600 (840)
最小通过曲线半径	m	10	10	60	60	60
车钩高度	mm	320 600	320 600	600	600	600
车钩形式		插销 链钩	插销 链钩	自动 插销 链钩	自动链钩 插销	自动链钩 插销
构造速度	km/h	27.8 29.8	27.8 29.8	45	45	45
轮周牵引力	N	2210	1768		11800 4820 (持续)	11800 4820 (持续)
外形尺寸：全长	mm	3900	3770	10000	9740	10000
全宽	mm	1790 2028	1790	2510	2350	2350
全高	mm	2380	2360	3330	3320	3675
柴油机：型号		4135AK - 1	4135AK - 1	12V135Z	12V135Z	12V135Z
额定功率	kW	74	74	280	280	
耗油率	g/kW·h	238	238	238		
传动形式		机械	机械	液力	液力	液力
驱动方式		连杆	连杆	万向轴	万向轴	万向轴
制动装置		手、空气	手、空气	手、空气	空气	空气
有效制动率	%	68	68	76		
空压机型号		JN150	JN150	3W - 1.6		
空压机台数×能力	m^3/min	1	1	1×1.6		
总风缸容量	m^3	0.06	0.06	0.38		
全车闸瓦总压力 ΣK	MPa	0.821	0.821	1.824		
每块闸瓦压力 K	MPa	0.2052	0.2052	0.2052		
制造厂		常州工矿电机车厂	常州工矿电机车厂	常州工矿电机车厂	长沙重型机器厂	长沙重型机器厂

准轨直流架线式电机车型号及主要技术性能见表25-2。

B 准轨内燃机车型号及主要技术性能

准轨内燃机车型号及主要技术性能见表25-3。

C 窄轨直流架线式电机车型号及主要技术性能

窄轨直流架线式电机车型号及主要技术性能见表25-4。

D 窄轨内燃机车型号及主要技术性能

窄轨内燃机车型号及主要技术性能见表25-5。

25.2.1.2 车辆

A 准轨自翻矿车型号及主要技术性能

准轨自翻矿车型号及主要技术性能见表25-6。

根据大型煤矿的运输需要，哈尔滨车辆厂正进行两种大容积、大吨位自翻车的设计和

表25-6 准轨自翻矿车型号及主要技术性能

技术性能	单位	型号					
		KF-60-5A (KF-60-5B)	KF-60	KF-65	KF-70	KF_5-100	KF-100
形式		气动自翻车	气动自翻车	气动自翻车	气动自翻车	液压自翻车	气动自翻车
载重量	t		60	65	70	100	100
自重	t	33.4 (32.5)	33.5	33	34	48	59
车厢容积	m^3	27	27	29	29	44	55
轴数	根	4	4	4	4	6	6
转向架形式		铸钢侧架式	铸钢侧架式	铸钢侧架式	铸钢侧架式	H_4E型	搭接式三轴转向架
固定轴距	mm	1727	1727	1727	1800	1200×2	1300×2
两转向架中心距	mm	8680 (8686)	8686	7700	7700	10290	11700
轴荷重	t	23.4 (23.1)	22.3	23.3	24.8	24.83	26.5 (26.8)
最小通过曲线半径	m	80	80	80	80	80	80
构造速度	km/h	50	80	80	80	80	80
外形尺寸：长	mm	13890 (13070)	13064	12238	12106	15446	16878 (18078)
宽	mm	3340	3325	3300	3322	3288	3384
高	mm	2491	2462	2661	2853	2944	3100 (4511)
车厢尺寸：长	mm	11420	11628	10966	10850	13950	15642 (内长15290)
宽	mm	3340	3325	3300	3322	3930	3384 (内宽3026)
车厢倾翻角	(°)	45	45	45	45	45	45
车厢倾翻气压	MPa	>0.5	0.5	0.5	0.5	10 (油压)	0.55
车厢倾翻时间	s	~15	35	35	35	30	
车厢起翻后离轨面间隙	mm	~180	180	160	120	176	146
车厢起翻后最大高度	mm	3580	3580	3900	3920	4038	4282
车厢起翻后距线路中心	mm	2015	2015	2250	2240	2320	2525
制动机型号		GK	GK	GK	GK	GK	GK
制动缸尺寸	mm	254×356	254×356	254×356	254×356	254×356	254×356
制动闸瓦块数	块	8	8	8	8	16	16
制造厂		大连重型机器厂	哈尔滨车辆厂	哈尔滨车辆厂	哈尔滨车辆厂	哈尔滨车辆厂	大连重型机器厂

注：1. KF-60型自翻车配备司旗室时，上面信号灯离轨面为4840 (mm)；

2. KF-100型自翻车用于露天煤矿运载体重为1.6~1.8t/m^3的岩石，表中括号内系带司旗室之数据。

表 25-7 准轨底开门车型号及主要技术性能

技术性能	单位	型号					
		K60 矿石车	K13 石碴漏斗车	DK60-3 矿石车	K70 煤漏斗车	60 矿石漏斗车	K16 矿石漏斗车
载重量	t	60	60	60	73	60	95
自　重	t	22.5	21.2	21.8	27	23	33.8
车厢容积	m^3	20.8	36	27.4	73	37.4	45
固定轴距	mm	1750	1750	1727	1750	1750	2640
两转向架中心距	mm	7900	8000	6600	10500	9200	8200
最小通过曲线半径	m	145		60	145	145	80
轴　数	根	4	4	4	4	4	6
轴荷重	t	21		20.45		20.75	21.4
构造速度	km/h	100		80		100	100
外形尺寸：长	mm	11942	12046	10450	14738	13438	14000
宽	mm	3116	3156	2896	3310	3180	3200
高	mm	2657	3104	2950	2593	2952	3362
车厢尺寸：长	mm	7188		7000	12406	9100	12040
宽	mm	2734		2600	3240	2888	2890
高	mm	1460		1900	2430	1750	1600
车门有效开度	mm	600		500	2450	450	450
底开门机构形式		气　动	气动或手动	手、气动	手、气动	气　动	气　动
制造厂		眉山车辆工厂	太原机车车辆厂	大连重型机械厂	齐齐哈尔车辆厂	株洲车辆厂	株洲车辆厂

表 25-8 准轨粉状货物罐车型号及主要技术性能

技术性能	单位	型号		
		KG-2 型卧式氧化铝粉罐车	U60 粉状货物罐车	粉状货物罐车
载　重	t	60	60	58
自　重	t	24	24	26.5
容　积	m^3	64.5	48	48
外形尺寸：最大长度(钩舌内侧距离)	mm	12856		13682
最大高度	mm	3100		3220
最大宽度	mm	4426		4295
轴　数	根	4	4	4
转向架中心距	mm	8500		9440
固定轴距	mm	1750		1750
最小通过曲线半径	m		145	
罐体外径	mm	2820		
罐体外长	mm	11000		
罐上部带人孔的装料孔	个	1(ϕ400mm)		
罐上部装料孔	个	3(ϕ300mm)		(ϕ500mm)
罐上部出料孔	个	2(ϕ162mm)		(ϕ152mm)
物料输送距离	m		100	

续表25-8

技术性能	单位	型号		
		KG-2型卧式氧化铝粉罐车	U60粉状货物罐车	粉状货物罐车
物料输送高度	m		30	
卸料速度	t/min		72	
装料口气压	MPa	0.1962	工作压力：0.147	工作压力：0.147
出料口气压	MPa	0.47		
用途		装运氧化铝粉、膨润土（皂土），其他类似物料	装运散装水泥，其他粉粒状物料	粉状货物
特点		一个罐	三个罐	三个罐 分上装上卸式和上装旁卸式两种罐车
制造厂		大连重型机器厂	西安车辆工厂	沈阳机车车辆工厂

表25-9　窄轨侧卸自翻车型号及主要技术性能

技术性能	单位	型号				
		A030507	SQF6.0-9	SQF6.0-7	SQF10-7	KF-20-1 (QF20)
车厢容积	m^3	3.5	6	6	10	11
载重	t	6	9.0	15.0	15.0	20
自重	t	3.1（3.0）	6.405	9.0	9.236	14
轨距	mm	762（750）	900	762	762	762　900
轴数	根	2	2	4	4	4
轴荷重	t	4.55（4.5）	7.5	6	6.1	8.5
轴距	mm	1300	1600	1100 4300（全）	1100 6000（全）	1300 7000（全）
轮径	mm	500	500	550	550	650
最小通过曲线半径	m		30	30	30	45
最大行车速度	km/h		20	30	30	35（直线） 25（曲线）
车钩高度	mm	600	485	600	600	600
外形尺寸：长	mm	4280	4863	7030	8774	9720
宽	mm	1769	2166	2000	2000	2430
高	mm	1817	1670	1750	1910	2000（1990）
卸载气压	MPa		0.5	0.5	0.6	0.5
卸载耗气量	立方米/车		0.41	0.8	0.8	1.3
连接器形式		单环链	自动挂钩	自动挂钩	自动挂钩	自动挂钩
制动方式			气动	气动	气动	气动
制动缸尺寸	mm		471×242×202	471×242×202	471×242×202	203×305

续表 25 - 9

技术性能	单 位	型号				
		A030507	SQF6.0 - 9	SQF6.0 - 7	SQF10 - 7	KF - 20 - 1 (QF20)
每轴闸瓦数	个		2	2	2	2
车厢起翻后离轨面间隙	mm		～235	～100	～100	～180
车厢起翻后最大高度	mm		2380	2650	2750	～3000
车厢起翻后车帮边缘距线路中心（最大）	mm		1100	1280	1400	～1470 (～1400)
倾翻角	(°)	40	45	45	45	45
倾翻特点		三支点式侧卸	气 翻	气 翻	气 翻	气 翻
倾翻时间	s		30	30	30	45 (35)
制 造 厂		本溪重型汽车制造厂	鹤壁市矿山机械厂	鹤壁市矿山机械厂	鹤壁市矿山机械厂	大连重型机器厂（吉林市矿山机械厂）

表 25 - 10 窄轨底卸式矿车型号及主要技术性能

技术性能	单 位	型号				
		06162	YDC4 - 7	DS364	4 备 110 - 1	YDC6 - $^{7}_{9}$
容 积	m^3	4	4	6	6	6
载 重	t	8	10	10	15	15
自 重	t	3.78	4.32	3.37	7.08	6.32 6.38
轨 距	mm	762	762	900	900	762 900
轴 距	mm	1500	1300	1700	2200	2500
轮 径	mm	450	450	400	450	400
车 厢：长	mm	3900	3415	4910	4392	4630
宽	mm	1600	1600	1520	1772	1750
高	mm	1010	1085	1120	955	1000
外形尺寸：全长	mm	4045	3900	5520	5500	5400
全宽	mm	1600	1600	1520	2010	1750
全高	mm	1550	1600	1600	1670	1650
由轨面至连接器中心线高度	mm	620	600	600	770	730
最小通过曲线半径	m		13			
卸载角度	(°)	45	50	50	45	50
连接器形式		单环链	单环链	单环链		单环链
制 造 厂		本溪重型汽车制造厂	鹤壁矿山机械厂（金马矿山机械厂）	本溪重型汽车制造厂	本溪重型汽车制造厂	鹤壁矿山机械厂

表 25-11 窄轨曲轨侧卸式矿车型号及主要技术性能

技术性能	单位	型号								
		YCC0.7-6	YFC0.7(6)	YCC1.2-6	JC1.2-6	JC1.6-6	JC1.6-7	JC1.6-6	YCC2-$\frac{6}{7}$	KC2.0-6
车厢容积	m^3	0.7	0.7	1.2	1.2	1.6	1.6	1.6	2.0	2.0
载重	t	1.75	1.75	3.0	3.0	4.0	4.0	4.0	5.0	5.0
自重	t	0.75	0.71	1.0	1.03	1.45	1.5	1.36 1.37(张厂)	1.83 1.88	1.9
轨距	mm	600	600	600	600	600	762	600	600 762	600
轴距	mm	600	600	600	600	800	800	800	1000	1000
轮径	mm	300	300	300	300	350	350	350	300 400(鹤厂)	400
连接器高度	mm	320		320	320	320	320	320	320	320
外形尺寸:长	mm	1650	1650	1900	2100	2500	2500	2500	3000	3000
宽	mm	980	980	1050	1050	1200	1200	1200	1250	1250
高	mm	1050	1200	1200	1200	1300	1300	1300	1300	1300
最小通过曲线半径	m	6		6	6			8	10	10
连接器最大拉力	N	60000	60000	60000	60000	60000	60000	60000	60000	3000
卸载角度	(°)	40	40	40	45	45	45	45	40 42	45
连接器形式		单环链	单环链	单环链	单环链	单环链	单环链	单环链	单环链	单环链
制造厂		金马矿山机械厂 鹤壁矿山机械厂	张家港市机械厂	金马矿山机械厂 鹤壁矿山机械厂 张家港市机械厂	金马矿山机械厂	本溪重型汽车制造厂	本溪重型汽车制造厂	四川矿山机器厂 金马矿山机械厂 张家港市机械厂	金马矿山机械厂 鹤壁矿山机械厂	金马矿山机械厂

续表 25 - 11

技术性能	单位	型号								
		JC2.5 - 7	030507	JC4.0 - 7	JCL4.0 - 7	JC4.0 - 9	KC4 - 7	YCC4 - 7 (9)	YCC4 - 7 (9)	KG - 6
车厢容积	m^3	2.5	3.5	4.0	4.0	4.0	4.0	4.0	4.0	6.0
载　重	t	6.0	6.0	10.0	10.0	10.0	10.0	10.0	10.0	15.0
自　重	t	2.1	3.32　3.22	3.13	3.27	3.27	3.2	3.23　3.3	3.2　3.3	6.5
轨　距	mm	762	762　750	762	762	900	762	762　900	762　900	762
轴　距	mm	1100	1300	1300	1100	1300	1300	1300	1300	
轮　径	mm	400	500	400	500	400	450	450	450	
连接器高度	mm	320	600	430	430	430	430	430	320	
外形尺寸：长	mm	3500	3440	4200	3600	4200	3900	3900	3900	5000
宽	mm	1250	1760	1400	1800	1500	1400	1400	1400	1800
高	mm	1300	1565	1600	1600	1600	1650	1650	1600	1700
最小通过曲线半径	m	11					13	13	13	
连接器最大拉力	N	60000	60000	60000	60000	60000	60000	60000	60000	
卸载角度	(°)	45	40	45	45	45	48	42	42	
连接器形式		单环链	单环链	单环链	单环链	单环链	单环链	单环链	单环链	
制造厂		金马矿山机械厂	本溪重型汽车制造厂	本溪重型汽车制造厂	本溪重型汽车制造厂	本溪重型汽车制造厂	金马矿山机械厂	鹤壁矿山机械厂	金马矿山机械厂	武汉第二通用机械厂

试制工作，方案设计参数为：

(1) 100t 液压自翻车：自重 50t，容积 58～61m^3，6 轴，两个转向架；

(2) 120～135t 液压自翻车：自重 65t 以下，容积 75～80m^3，8 轴，两个转向架。

哈尔滨车辆厂在 KF - 60B 型自翻车一端设计有尾车房、供司旗人员用。

B　准轨底开门车型号及主要技术性能

准轨底开门车型号及主要技术性能见表 25 - 7。

C　准轨粉状货物罐车型号及主要技术性能

准轨粉状货物罐车型号及主要技术性能见表 25 - 8。

D　窄轨侧卸自翻车型号及主要技术性能

窄轨侧卸自翻车型号及主要技术性能见表 25 - 9。

E　窄轨底卸式矿车型号及主要技术性能

窄轨底卸式矿车型号及主要技术性能见表 25 - 10。

F　窄轨曲轨侧卸矿车型号及主要技术性能

窄轨曲轨侧卸矿车型号及主要技术性能见表 25 - 11。

25.2.2　线路技术条件

25.2.2.1　线路分类

A　固定线

矿山运输干线、站线以及使用年限在 3 年以上的其他线路属固定线。

B　移动线

a　半固定线

矿山的移动运输线，其移设周期或使用年限在 3 年以下，1 年以上的线路。

b　移动线

移设周期或使用年限等于、小于 1 年的线路，如采矿工作面的装车线、废石场的卸车线。

25.2.2.2　线路等级划分

矿山线路等级可按矿山重车方向的最大年运量划分，见表 25 - 12。

表 25 - 12　线路等级划分

线路类别	线路等级	重车方向年运量	线路轨距 (mm)			
			1435	900	762	600
固定线或半固定线	Ⅰ	万吨	≥600	>250	150～200	
	Ⅱ	万吨	<600 ≥300	150～250	50～150	30～50
	Ⅲ	万吨	<300	<150	<50	<30
移动线			不分等级			

25.2.2.3　线路平面

线路曲线半径选定应结合矿山地形、线路使用期限、机车车辆轴距和运行速度等因素合理确定，尽可能采用大半径曲线。因小半径曲线要限制车速，增加周转时间，增加能量消耗，增加轮轨之间的磨耗，加大线路维修工作量等，使运营费增加。但矿山因地形限制，采用过大的曲线半径将增大基建工程量，因此，二者必须根据具体情况权衡。

A 准轨

(1) 各级线路允许最小曲线半径见表 25 - 13。

表 25 - 13 矿山准轨线路最小曲线半径（m）[2]

线路名称及等级		机车车辆类型					
		一类		二类		三类	
		一般地段	困难地段	一般地段	困难地段	一般地段	困难地段
固定线	Ⅰ、Ⅱ	180	150	200	150	250	200
	Ⅲ	150	120	180	150	200	180
半固定线	Ⅰ、Ⅱ	150	120	180	150	200	180
	Ⅲ	120	100	150	120	180	150
移动线	采场内	120	80（60）	120	100（80）	150	120
	向曲线外侧卸车的卸车线	200	150	200	150	250	200
	向曲线内侧卸车的卸车线	300	250	300	250	300	250

(2) 机车、车辆类型分类：

一类为机车固定轴距小于、等于 2.6m，全轴距小于 11m；矿车固定轴距 1.8m，全轴距小于 11m。

二类为机车固定轴距小于、等于 2.6m，全轴距小于 16m；矿车固定轴距 1.8m，全轴距小于 11m。

三类为矿车固定轴距 1.2m×2，全轴距小于 13m。

(3) 改、扩建矿山利用旧有机车固定轴距大于 2.6m、小于 3m 时，可参照二类标准。

(4) 联络线和其他线按Ⅱ级半固定线的标准。

(5) 采场内环形移动线，在一次扩帮后即能加大曲线半径的，允许暂采用表 25 - 13 括号内数值，以低速通过。

B 窄轨

(1) 窄轨线路最小曲线半径不应小于表 25 - 14 的规定。

表 25 - 14 矿山窄轨线路最小曲线半径（m）

线路等级	固定轴距（m）		
	≤2		2.1～3.0
	轨距（mm）		
	600	762、900	762、900
Ⅰ		100	120
Ⅱ	50	80	100
Ⅲ	30	60	80

（2）移动线和辅助线的最小曲线半径不应小于表 25 - 15 的规定。

表 25 - 15 移动线和辅助线最小曲线半径（m）[6]

名称		固定轴距（m）		
		≤2.0		2.1～3.0
		轨距（mm）		
		600	762、900	762、900
移动线	装车线	30	60	80
	向曲线外侧卸车线	30	60	80
	向曲线内侧卸车线	50	80	100
辅助线		不小于固定轴距 10 倍	不小于固定轴距 20 倍	不小于固定轴距 20 倍

当线路在条件特别困难的地段，Ⅰ、Ⅱ级线可按表 25 - 15 降低一级；Ⅲ级线和移动线的初始路基，对 600mm 轨距线路的最小曲线半径不小于固定轴距的 15 倍，对 760mm、900mm 轨距线路的最小曲线半径不小于固定轴距的 25 倍。

25.2.2.4 线路纵断面

A 坡度

固定线路最大坡度不得超过表 25 - 16 的规定。

表 25 - 16 矿山固定线路最大坡度（‰）

牵引种类	准轨		窄轨	
	一般	困难	矿车有制动装置	矿车无制动装置
电力机车	上坡 25 下坡 35	上坡 30 下坡 40	30	15
内燃机车	30		30	15

对于准轨移动装卸线一般设在平道上，困难情况下，当机车不摘钩作业时，最大坡度不应大于 15‰，移动坑线斜坡装车线的最大坡度不应大于重车上坡方向的限制坡度值，但必须经重车上坡启动验算。

B 坡度折减

最大坡度应包括下列各种坡度折减值。

a 曲线折减

线路曲线地段坡度折减值可按表 25 - 17 进行计算。

b 隧道折减

（1）准轨。凡电力机车牵引，位于长大坡道上，长度超过 500m 的隧道，其坡度不得大于限制坡度乘以隧道内线路最大坡度系数后所得数值；当位于曲线地段的隧道，应先进行隧道折减，再按曲线折减。

电力机车牵引的准轨线路隧道内线路最大坡度系数[2]参见下列数值：

隧道长度（m）	501～1000	1001～4000	>4000
系数	0.95	0.90	0.85

表 25-17 曲线折减值 i_R（‰）

轨距（mm）	曲线长度等于或大于列车长度时	曲线长度小于列车长度时	备注
1435	$i_R=\frac{700}{R}$	$i_R=\frac{12.2\Sigma a}{L}$	R—曲线半径，m； L—该段线路设计坡段长，m。若坡段长度大于列车长度时，L 采用列车长度，当曲线范围内的坡段长度小于列车长度时，则 L 采用曲线范围内的坡段长度，m； Σa—位于坡段长度范围内的曲线转向角的总和，(°)
900	$i_R=\frac{315}{R}$	$i_R=\frac{5.5\Sigma a}{L}$	
762	$i_R=\frac{267}{R}$	$i_R=\frac{4.6\Sigma a}{L}$	
600	$i_R=\frac{210}{R}$	$i_R=\frac{3.7\Sigma a}{L}$	

(2) 窄轨。隧道长度大于 300m 及其上坡进硐前，半个最大列车长度范围内的坡度不应大于最大坡度乘以隧道内线路最大坡度系数所得的数值。当位于曲线地段的隧道，应先进行隧道折减，再按曲线折减。

窄轨线路隧道内线路最大坡度系数[6]参见下列数值：

隧道长度（m）	301～1000	>1000
坡度系数	0.90	0.85

C 最小坡段长度

线路最小坡段长度不得小于表 25-18 的规定。

表 25-18 线路最小坡段长度（m）

铁路等级	轨距 1435（mm）		轨距 600、762、900（mm）	
	一般	困难	一般	困难
Ⅰ、Ⅱ级线	200	>一个列车长	一个列车长	1/2 列车长
Ⅲ级线及移动线	140	>2/3 列车长，但不小于 80m	一个列车长	1/2 列车长

窄轨铁路纵断面坡段长度一般不应小于最大列车长度，在困难情况下，可减至最大列车长度的一半，但必须满足设置竖曲线的要求。

D 竖曲线

线路纵断面两相邻坡段的坡度代数差不得大于重车方向的限制坡度，当两相邻坡段的坡度代数差大于表 25-19 的规定时，应按表列竖曲线半径设置圆曲线型竖曲线。

当准轨线路采用三类车型时，竖曲线半径不小于 2000m；如果外矢量计算值小于 10mm 时，应加大竖曲线半径。

竖曲线应设在缓和曲线范围以外，不应侵入无碴桥面及明桥面。

窄轨线路的移动线可不设竖曲线。

25.2.3 车站

矿山车站配置应结合开拓运输系统和总体布置及矿山具体条件进行，并保证运输任务的完成。

矿山车站按作业性质可分为矿山站（剥离站与矿石站）、卸矿站、工业站和会让站。

表 25-19　竖曲线半径（m）

轨距（mm）	线路等级		需设置竖曲线的坡度代数差 Δi（‰）	竖曲线半径（m）
1435	Ⅰ、Ⅱ线固定线路在一般情况下		>4	⩾2000
	Ⅰ、Ⅱ级固定线路在困难条件下		>4	⩾1000
	Ⅲ级固定线及半固定线		>4	⩾1000
900	Ⅰ、Ⅱ级固定线	一般情况	⩾6	⩾2000
		困难情况	⩾9	⩾1000
762	Ⅲ级固定线路		⩾9	⩾1000
600	Ⅱ、Ⅲ级固定线路		⩾9	⩾1000

按列车通过形式分为通过式和尽头式（折返式）两种。露天矿铁路站主要类型参见图 25-2。

车站名称	站型	说明
折返式会让站	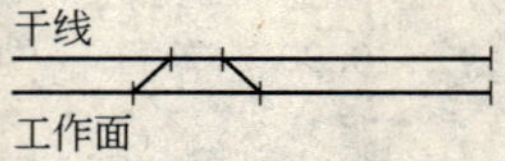	适用于环状折返式运输
直通式会让站	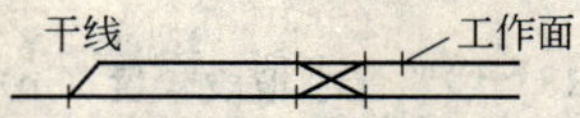	适用于双工作面地段，并需设有一定平行进路，才能满足能力要求时
燕尾式折返站	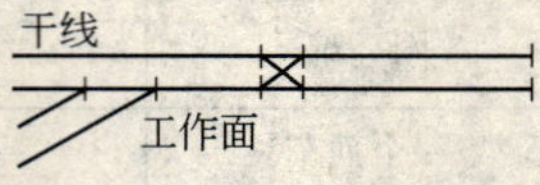	复线平面交叉燕尾式折返站
套袖式车站	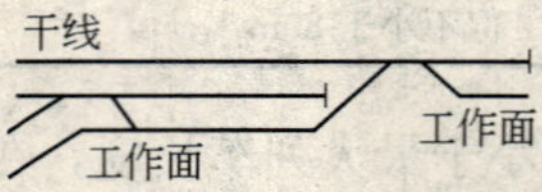	一般在燕尾式或混合式车站不能满足要求时使用

图 25-2　露天矿铁路车站参考型式

25.2.3.1　车站股道有效长度

车站股道有效长度可参见表 25-20。

25.2.3.2　车站平面与纵断面

A　车站平面

车站应设置在直线上，如特别困难必须设在曲线上时，其最小曲线半径不应小于表 25-21 和表 25-22 的规定。

B　线间距

车站内直线地段两相邻线路中心线间的距离参见表 25-23 的规定。

C　准轨电机车避难线

为防止长大坡道上失控的列车发生冲撞或颠覆，当线路坡度、长度超过规定的长大下

表 25-20 车站线路股道有效长度（m）

线路名称			标准轨距	窄轨
正线、到发线			L_l+25	$L_l+(10\sim15)$
其他站线			根据实际需要确定	根据实际需要确定
牵出线		一般情况	L_l+25	$L_l+(10\sim15)$
		困难情况	$L_j+1/2L_l+25$	$1/2[L_l+(10\sim15)]$
安全线			50	25
三角线尽头部分		列车转向	$2L_j+L_l$	
		机车转向	$2L_j+5$(或按实际需要确定)	$2L_j+5$
卸矿线	一个品种矿槽	单头进车	$2L_j-L_k$	$2L_l-L_k$
		双头进车	$2L_l+2L_j-L_k$	$2L_l+2L_j-L_{ch}$
	不同品种矿槽	单头进车	$2L_l+L_k-L_{ch}$	$2L_l+L_k-L_{ch}$
		双头进车	$2L_l+2L_j+L_k-L_{ch}$	$2L_l+2L_j+L_k-L_{ch}$

注：1. 有补机或双机牵引的正线、到发线和其他站线有效长应加上补机长度。冶金矿山规定在困难情况下，停车安全长度不得短于15m；

2. 表中符号：L_l ——最长的运行列车长度（包括机车长度），m；

L_j ——机车长度，m；

L_k ——矿槽长度，m；

L_{cl}——最长运行列车长减去机车长度，m；

L_{ch}——车辆长度，m。

表 25-21 准轨车站及站线最小曲线半径（m）

名称		一般	困难	特别困难
地面车站	有调车作业	直线	400	300
	无调车作业		250	200(180)
移动干线的会让站		300	180	150(120)
通往采场、排土场各水平会让站及采场内水平小站		直线	180	150(120)
牵出线	解体、编组 成组车转线	直线	300（同向曲线） 200（同向曲线）	改建时，有一定根据，允许保留反向曲线
三角线		一类机车、车辆 100 二类机车、车辆 120 三类机车、车辆 150	一类机车、车辆 80 二类机车、车辆 100 三类机车、车辆 120	
有矿槽的装卸作业线		与车站相同的曲线上，但装卸作业地段及前后不短于一辆车的长度为直线		
道岔后连接曲线		应不小于邻接道岔的导曲线半径		

注：1. 括号内数值为一类机车、车辆类型的允许值；

2. 适用电机车牵引的路段。

表 25-22 窄轨车站最小曲线半径（m）

轨距（mm）	固定轴距（m）	有调车作业的车站	无调车作业的车站		牵出线	三角线	有矿槽的装卸线
			在采场外	在采场内			
600	≤2.0	80	60	40	60	30	与站场相同的曲线上，但装卸作业地段宜设在直线上
762	≤2.0	100	80	60	80	50	
900	2.1～3.0	150	100	80	100	60	

表 25-23 站内直线地段相邻线路中心线间距（m）

铁路名称		准轨		窄轨③
		一般	最小	
正线与相邻线间，两相邻线间装有信号机时		5.3	5.0	$B+1.5$
牵出线与相邻线间		6.5	5.0②	$B+2.0$
列检线与相邻线间（电机车）		7.5	6.5	
两线间设有正接触网支柱		5.3	5.3	$B+1.5$
次要站线		5.0	4.6	$B+1.2$①
修理机车、车辆专用的线路间	待修车停放线与邻线间	5.2	5.2	$B+2.5$
	修理线与邻线间	7.0		
轨道衡线与计量房一侧相邻线间，根据轨道衡类型、计量房尺寸计算确定				

①窄轨次要站线与车辆停留线间；

②困难情况，且调车员不站在与其邻线间指挥调车时；

③表中B为设计选用的机车、车辆最大宽度。

坡道的长度时，应当根据线路具体情况和运行区段长度，通过计算确定在区间或车站内设置避难线。

设置避难线的长大下坡道的长度规定如下：

坡度（‰）	＞15	＞20	＞30
长度（km）	＞3.0	＞2.5	＞2.0

避难线的长度，可按长大下坡道条件下，失控的列车以机车构造速度为65km/h驶入避难线确定。

长大下坡道前的车站，应考虑制动失灵的车辆甩挂和停放。

D 安全线

当岔线在区间或车站内与正线、到发线接轨时，均应设置安全线，当受地形条件限制或向车站方向为平道或上坡道时，可设脱轨器代替安全线。

但当岔线与站内到发线接轨，站内有平行进路及隔开道岔，并有连锁装置时，可不设安全线。

E 车站纵断面

车站站场及道岔区的坡度按表25-24的规定。

站场一般以平坡为宜，如有坡度应为同坡，在困难条件下需变坡，竖曲线不宜与道岔重叠，如无法避免时，准轨竖曲线半径不可小于5000m，窄轨不小于2000m。

表 25-24 车站线路及道岔区线路的坡度（‰）

轨距		1435（mm）		900、762(mm)	600(mm)
		一般	困难		
车站设置		平坡上	≤2.5	≤3	4～5
装卸易燃、易爆危险品的车辆停放线		平坡上			
不办理调车作业或摘挂钩作业的车站			不大于10	6	3～6
车站咽喉区坡度		同车站坡度		同车站坡度	
不办理调车作业的车站咽喉区坡度			不大于15	限坡减4但不大于15	
位于采场排土场入换站的咽喉区坡度		不大于限坡减3			
工业场地不通行整列车的个别道岔		可设在限坡上			
用于解体或编组的牵出线		平坡上或面向站线的下坡道上其坡道不大于2.5	作业量极少时可设在面向站线的上坡道上，但坡道不大于2.5	3	4～5
供列车挪动及成组车辆转线作业的牵出线			不大于15坡道上	6	6～8
供转向用三角线	曲线部分	不大于20			
	尽头线部分	平道或面向车挡不大于5上坡道上		平道或面向车挡不大于5上坡道上	
供转向用转盘线		转盘边缘至竖曲线的起点不小于25m平道			
机车车辆的进库线		平坡上	不小于最长机车或车辆长度的水平直线段	不小于最长机车或车辆长度的水平直线段	
轨道衡线		通过式平直道	两端各20m的平直线段	两端各有不小于一个最大过磅车辆长度平直线	
移动装卸线		平坡上	当机车不摘钩时，其坡度不大于15		
移动坑线斜坡装车线		不大于重车方向的限制坡度值，且重车上坡能启动			

25.2.4 路基

25.2.4.1 路基分类

铁路路基按线路的性质分为固定线路基、半固定线路基及移动线初始路基；按地质及筑路材料分为土质路基、石质路基；按地形及断面形式不同又分为路堤、路堑和半路堤半路堑见图25-3、图25-4。路堤路堑边坡坡度 M 见表25-25。

当线路的路堑设置在砂类土、黄土、易风化的岩石和其他不良土质中，应设侧沟平台，其宽度视边坡高度和土壤性质而定，一般为0.5～1.0m。如边坡低于2m或已适当加固时，可不设平台。

当线路路堤设置在地面横坡大于1∶5的地段，则原地面应挖成台阶，台阶的宽度不应小于1.0m。

25.2.4.2 路基宽度

在固定线、区间直线地段单线路基面宽度见表25-26、表25-27所列。窄轨曲线路基加宽见表25-28所列。

当铁路为复线或多线时，按表25-26所列的标准及线路中心间距计算求得。如果铁路在曲线地段，则路基面外侧需要加宽。其加宽值与曲线半径有关，详见下列：

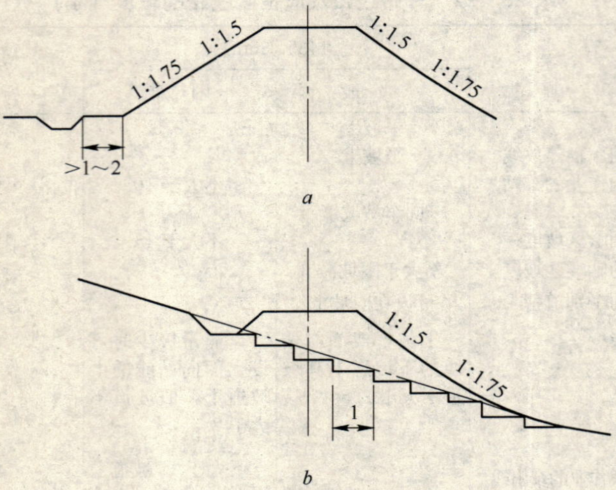

图 25-3 路堤横断面

a—平地路堤；*b*—山坡路堤

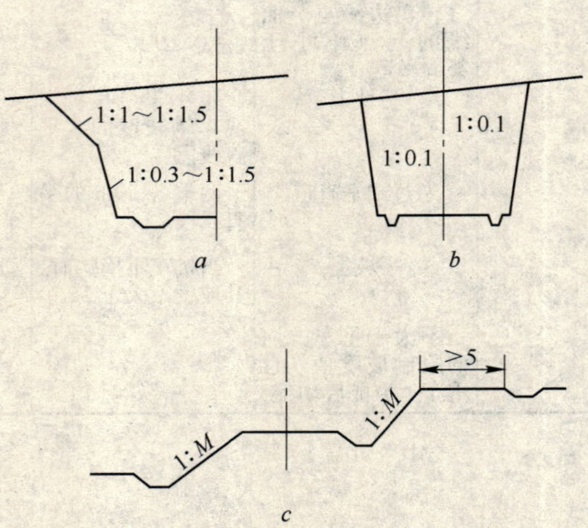

图 25-4 路堑横断面

a—易风化岩石路堑；*b*—不易风化岩石路堑；*c*—半路堤和半路堑

曲线半径（m）	300≥R>200	200≥R>150	R≤150
路基加宽（m）	0.10	0.20	0.30

移动线初始路基宽度一般为 4.2m，其中由线路中心至卸车一侧路基边缘的距离为 1.7m。

路堑线路中心至路堑边坡一侧的距离不应小于 3.5m，另一侧不应小于 2.8m。

移动线初始路基宽度可按（25-5）式计算：

$$B=C+L+A+D \tag{25-5}$$

式中 B——初始路基宽度，m；

C——卸车一侧轨枕顶端至路基边缘的宽度，不小于 0.1m；

L——$\frac{1}{2}$轨枕长度，m；

表 25 - 25 路堤、路堑边坡坡度 *M*

	土壤种类	边坡的最大高度（m）			准轨边坡坡度 *M*			窄轨边坡坡度 *M*		
		全部高度	上部高度	下部高度	全部坡度	上部坡度	下部坡度	全部坡度	上部坡度	下部坡度
路堤	一般性黏土	20	8	12		1∶1.5	1∶1.75		1∶1.5	1∶1.5
	砾石土、粗砂、中砂	12			1∶1.5			1∶1.5		
	细砂、粉砂	12	6	6		1∶1.75	1∶2		1∶1.5	1∶1.5
	碎石土、卵石土	20	12	8		1∶1.5		1∶1.3		
	不易风化的石块	8 20			1∶1.3 1∶1.5		1∶1.75	1∶1.5		
路堑	一般均质的黏土	20			1∶1～1∶1.5			1∶1～1∶1.5		
	中密以上的粗砂、中砂、砾砂	20			1∶1.5～1∶1.75			1∶1.5～1∶0.75		
	黄土 新黄土	20			1∶0.5～1∶1.25			1∶0.3～1∶0.75		
	黄土 老黄土	20			1∶0.3～1∶0.75			1∶0.75～1∶1.25		
	块石类、卵石 胶结和密实	20			1∶0.5～1∶1			1∶0.5～1∶1		
	碎石类、砾石类 中密	20			1∶1～1∶1.5			1∶1～1∶1.5		
	岩石	20			1∶0.1～1∶1			1∶0.1～1∶1		

表 25 - 26 准轨铁路单线直线段路基宽度（m）[2]

线路等级	普通土		岩石、碎石、卵石、砾石、粗、中砂	
	路堑	路堤	路堑	路堤
Ⅰ	5.6	5.8	5.1	5.3
Ⅱ	5.4	5.6	4.9	5.1
Ⅲ	5.2	5.2	4.7	4.7

表 25 - 27 窄轨铁路单线直线段路基宽度（m）[6]

铁路等级	道床厚度（m）	600mm 轨距铁路		762mm 轨距铁路		900mm 轨距铁路	
		非渗水土	岩石、渗水土	非渗水土	岩石、渗水土	非渗水土	岩石、渗水土
Ⅰ、Ⅱ	0.25			3.9		4.1	
	0.20	3.3	3.2	3.7	3.5	3.9	3.7
	0.15	3.1	3.0		3.3		3.5
Ⅲ	0.25					4.0	
	0.20	3.2	3.0	3.6	3.4	3.8	3.6
	0.15	3.0	2.8	3.4	3.2	3.6	3.4

表 25 - 28 窄轨曲线路基加宽（m）

曲线半径（m）	路基外侧加宽	
	600mm 轨距铁路	762mm、900mm 轨距铁路
$R \leqslant 80$	0.20	0.20
$R \geqslant 80 \sim 200$	0.10	0.20
$R > 200 \sim 450$		0.10

A——$\frac{1}{2}$机车、车辆最大宽度，m；

D——操作宽度，人工卸车1.5m，自动卸车0.8m。

25.2.4.3 路肩标高及路基排水

路肩标高应考虑洪水和内涝水位的影响。路肩标高至少应高出设计水位0.5m（系考虑波浪侵袭高度和涌水高度）。

路基排水对路基稳定，保障铁路安全有十分重要的意义，必须引为重视。

对危害路基的地表和地下水，均应设置拦截，引排水及降低水位的设施，即根据不同情况设置排水沟、侧沟、截水沟、排水槽、小桥涵洞、明渠、渗水沟、渗水井等。

侧沟、天沟、排水沟最小断面尺寸（m）如下：

	沟底宽	沟深
线路一般情况	0.4	0.5
线路少雨地区或石质路堑	0.4	0.4
线路纵坡<2%的路堑和反坡排水地段路基分水点的侧沟	0.4	0.2

25.2.5 轨道

轨道由钢轨、联结配件、轨枕、道床、防爬设备等组成。矿山准轨铁路轨道类型确定可参见表25-29，窄轨铁路轨道类型确定可参见表25-30。

表25-29 矿山准轨铁路轨道类型[2]

铁路等级		Ⅰ	Ⅱ	Ⅲ	移动线
运量（万吨/年）		≥600	<600 ≥300	<300	不分级
钢轨类型（kg/m）		≥50	50或43	43或38	≥43
轨枕	钢筋混凝土轨枕（根/公里）	1680	1520	1440	
	木枕（根/公里）	1760～1680	1680～1600	1520～1440	1760
道床	非渗水土路基（m）	35	30	25	
	岩石、渗水土路基（cm）	30	25	20	

表25-30 窄轨铁路轨道类型

轨距（mm）	铁路等级	线别	机车、车辆轴重（t）	钢轨类型（kg/m）	轨枕类型	轨枕数量（根/公里）	道床厚度（cm） 非渗水土路基	道床厚度（cm） 岩石、渗水土路基
600	Ⅱ、Ⅲ	正线 站线	5～3	18～15	钢筋混凝土枕或Ⅰ、Ⅱ型木枕	1700～1600 1600～1500	20～15 15	15 15
762	Ⅰ	正线 站线	10	24	钢筋混凝土枕或Ⅰ型木枕	1800 1700	25 20	20 15
	Ⅱ	正线 站线	10～7	24	钢筋混凝土枕或Ⅰ型木枕	1800～1700 1700～1600	25 20	20 15
	Ⅲ	正线 站线	≤7	18	钢筋混凝土枕或Ⅱ型木枕	1700 1600	20 15	15 15
900	Ⅰ	正线 站线	≥10	>24/24	钢筋混凝土枕或Ⅰ、Ⅱ型木枕	1600/1800 1520/1700	25 20	20 15
	Ⅱ	正线 站线	10～7	24	钢筋混凝土枕或Ⅱ型木枕	1800～1700 1700～1600	25 20	20 15
	Ⅲ	正线 站线	≤7	24/18	钢筋混凝土枕或Ⅱ、Ⅲ型木枕	1600/1700 1500/1600	25～20 20～15	20～15 15

对于联络线及站线等可按Ⅲ线铁路等级标准考虑。当一类车曲线半径小于150m；二类车曲线半径小于180m；三类车曲线半径小于200m的曲线地段的轨枕数量应增加80根/公里，但不超过1760根/公里。

对于移动线的轨道类型。钢轨按其邻接的正线标准选取，枕木数量应增加80～100根/公里，不铺设道床，利用现场材料将路基填实整平。

轨道的构造：

25.2.5.1 钢轨

露天矿常采用的钢轨类型，见表25-29、表25-30。

25.2.5.2 联结配件

轨道联合配件可分由鱼尾板、螺栓、弹簧垫圈等组成的接头配件和由道钉、垫板、扣板、弹片、铁座等扣件组成的中间配件。

25.2.5.3 轨枕

轨枕按材质可分为木枕、钢筋混凝土枕、钢枕；按线路使用部分不同，可分为普通轨枕、岔枕、桥枕。

轨枕铺设数量是根据铁路等级、运量、钢轨类型确定，一般线路的轨枕铺设指标参见表25-29、表25-30。

25.2.5.4 道岔

道岔种类有单开、对称、复式交分和交叉渡线等，常用道岔号数一般可参见表25-31。

表25-31 常用道岔号数

轨距(mm)	道岔分类			
	单开道岔	对称道岔	复式交分道岔	交叉渡线
1435	7、8、9	5	9	7、8、9
900	6、7	4		6、7
762	4、6、8	4、6、8		6、8
600	4、6	3		4、6

注：1. 准轨7号道岔系工矿企业系列；

2. 准轨8号道岔为现有厂矿保留型号，新建厂矿除特殊情况外，一般不采用。

25.2.5.5 道床

道床材料必须坚固，不易破碎风化，耐冻及排水性好，可用碎石、卵石、砂子等。

道床厚度可参见表25-29、表25-30，道床顶面应低于轨枕面3cm（道床顶面宽度可采用轨枕长度加0.4m，曲线外侧加0.1m）。

25.2.6 列车重量的确定

25.2.6.1 列车重量确定的原则

（1）合理的列车重量应使露天矿主要生产工艺环节的综合经济效益最佳。

（2）保证列车在规定的制动距离内安全停车，并在列车上坡时能顺利启动。

（3）为减少列车摘挂作业，加快设备周转，矿、岩或多品种矿物要分装、分运，列车组成应力求一致。

25.2.6.2　牵引列车重量的计算方法

(1) 山坡露天矿，先按空列车在上坡道上以计算速度（电力机车以小时速度）运行计算，然后再以重列车在车站、移动线启动和空列车在最大坡道上按启动条件进行验算，同时对重列车在最大坡道上进行制动验算。

(2) 深凹露天矿，先按重列车在最大坡道上以计算速度（电力机车以小时速度）运行计算，然后再以重列车在该坡道上作停车启动验算。若为电力机车牵引时，还需进行电动机的发热温升校验。

电机车、内燃机车在不同坡度上可以牵引的列车重量和车辆数可参见表25-32、表25-33、表25-34。

表25-32　电机车在不同坡度上牵引的列车重量和车辆数

机车车辆			线路坡度(‰) 10	15	20	25	30	40
直流100t电机车牵引60t自翻车	牵引重量(t)		1544	1085	769	619	513	374
	自翻车载重量(吨/辆)	60	16	11	8	6	5	4
		50	18	13	9	7	6	4
直流150t电机车牵引60t自翻车	牵引重量(t)		2323	1620	1228	978	805	583
	自翻车载重量(吨/辆)	60	24	17	13	10	8	6
		50	27	19	14	11	9	6
直流150t电机车牵引100t自翻车	牵引重量(t)		2402	1659	1251	993	816	587
	自翻车载重量(吨/辆)	100	16	11	8	6	5	3
		85	17	12	9	7	6	4

注：表中数值为列车在不同限坡线路启动时的数值。有关参数的选取为：黏着系数，直流0.27，启动附加阻力公式采用$W_q=2+0.3i_q$。启动时速度均取10km/h，i_q为启动地段坡度。

25.2.6.3　线路工程投资指标

A　露天矿准轨线路综合投资指标

露天矿准轨线路综合投资指标参见表25-35。

B　露天矿窄轨线路综合投资指标

露天矿窄轨线路综合投资指标参见表25-36。

C　准轨、窄轨线路上部建筑工程投资指标

准轨、窄轨线路上部建筑工程投资指标见表25-37。

25.2.7　列车运输计算

25.2.7.1　列车运行周期时间

$$T=t_1+t_2+t_3+t_4 \tag{25-6}$$

式中　T——列车运行周期时间，min；

t_1——挖掘机装车时间，min；

t_2——列车运行时间，min；

t_3——列车卸车时间，min；

t_4——列车运行周期中除t_1、t_2、t_3以外的其他时间，min。

表 25-33 内燃机车在不同坡度上的牵引重量（t）

机车型号	挡位	基本阻力（N/t）	速度（km/h）	轮周牵引力（N）	坡度（‰）					
					0	5	10	15	20	25
A96A 型 15kW	Ⅰ	100	5.4	6920	66	33.5	32	25	20.4	
	Ⅱ	100	9.2	4066	48	24.5	17.7	13.6	10.9	
	Ⅲ	100	15.5	2419	21.5	13.5	9.5	7.0	5.4	
A96ZKB 型 29kW	Ⅰ	100	4.25	18000	173	113	83	65	53	
	Ⅱ	80	6.3	10500	124	73	52	39	31	
	Ⅲ	80	12.7	6000	68	40	37	20	15	
	Ⅳ	80	19.3	3500	36	21	13	9	6	
CZ-80 型 59kW 机车重$\frac{10.5}{12}$	Ⅰ	100	6.06	$\frac{23320}{26640}$	$\frac{223}{254}$	$\frac{145}{166}$	$\frac{106}{121}$	$\frac{83}{95}$	$\frac{67}{77}$	
	Ⅱ	100	9.88	17050	$\frac{160}{159}$	$\frac{103}{102}$	$\frac{76}{73}$	$\frac{58}{56}$	$\frac{46}{45}$	
	Ⅲ	100	15.98	10550	$\frac{95}{94}$	$\frac{60}{58}$	$\frac{42}{41}$	$\frac{32}{30}$	$\frac{25}{23}$	
	Ⅳ	100	25.61	6560	$\frac{55}{54}$	$\frac{33}{32}$	$\frac{22}{21}$	$\frac{16}{14}$	$\frac{11}{10}$	
ZN-120 型 88kW	Ⅰ	90	5.3	41500	446	282	201		128	
	Ⅱ	90	10.9	20300	210	129	89		55	
	Ⅲ	90	14.9	14750	149	90	60.5		36	
	Ⅳ	90	29.9	7360	67	38	21.6		10.4	
kN-240-1 型 177kW 机车重：$\frac{28}{24}$	单循环圆液力机械传动	55	4	72000	777	490	355	276	224	
		66	6.93	55400	$\frac{1080}{1085}$	$\frac{526}{530}$	$\frac{341}{345}$	$\frac{249}{253}$	$\frac{194}{198}$	
		97	14.91	26200	$\frac{496}{500}$	$\frac{234}{238}$	$\frac{147}{151}$	$\frac{103}{107}$	$\frac{79}{81}$	
		112	19	21600	$\frac{404}{408}$	$\frac{188}{192}$	$\frac{116}{120}$	$\frac{80}{84}$	$\frac{58.4}{62.4}$	
		135	25.1	16900	$\frac{310}{314}$	$\frac{141}{145}$	$\frac{84.6}{88.6}$	$\frac{56.5}{60.5}$	$\frac{39.6}{43.6}$	
		161	32	12000	$\frac{216}{220}$	$\frac{94}{98}$	$\frac{53.3}{57.3}$	$\frac{33}{37}$	$\frac{20.8}{24.8}$	
		191	40	15000	$\frac{216}{220}$	$\frac{94}{98}$	$\frac{53.3}{57.3}$	$\frac{33}{37}$	$\frac{20.8}{24.8}$	
CZ-380 型 280kW	双循环圆液力机械传动	36	13.5	48200	947	461	300	219	170	138
		39	20	34500	668	323	207	150	115	92
		45	30	22600	430	203	127	90	67	52
		53	40	18000	334	155	96	66	45	36
		61	45	15300	284	130	79	53	38	27

表25-34 重列车在不同坡度上启动时牵引重量[4]

机车类型	矿车容积 m^3	单位	车站及固定线上										移动线车站及线路上						
			0	2.5	3	4	5	6	8	10	12	15	0	2.5	4	5	10	12	15
7t电机车	0.75	吨/辆	85.7/34	74.9/29	73.0/29	69.5/27	66.4/26	63.4/25	58.2/23	53.7/21	49.8/19	44.8/17	63.4/25	60.7/24	53.7/21	51.7/20	43.3/17	40.6/16	37.0/14
	1.2	吨/辆	93/21	80.5/18	78.4/17	74.4/16	70.8/16	67.6/15	61.6/13	56.6/12	57.3/11	46.8/10	67.5/15	60.3/13	56.6/12	54.4/12	45.2/10	42.3/9	38.5/8
	2.0	吨/辆	101.7/15	87.0/13	84.6/12	79.9/12	75.8/11	72.1/11	65.5/9	59.9/9	55.1/8	49.1/7	72.1/11	64/9	59.9/9	57.4/8	47.4/7	44.2/6	40.0/6
10t电机车	1.2	吨/辆	133.7/30	115.8/26	112.7/25	107.0/24	101.8/23	97/21	88.6/20	81.5/18	75.3/17	67.4/15	97.7/22	87.3/19	82/18	78.8/17	65.5/14	61.3/13	55.7/12
	2.0	吨/辆	97.5/14	83.0/12	80.5/12	76.0/11	71.9/10	68.2/10	61.7/9	56.2/8	51.4/7	45.5/6	104.3/15	92.7/14	86.7/13	83.2/12	68.6/10	64/9	58/8
	4.0	吨/辆	161.4/12	136.2/10	132.0/9	124.3/9	117.4/8	111.2/8	100.4/7	91.4/6	83.8/6	74.2/5	112/8	98.7/7	92/6	88/6	72/5	66.9/5	60.4/4
14t电机车	2.0	吨/辆	206.1/31	176.3/26	171.3/26	162.1/24	153.7/23	146.1/22	132.7/20	121.4/18	111.8/17	99.6/15	148/22	131.4/20	123/18	118/18	97.3/14	90.8/13	82.3/12
	4.0	吨/辆	227.4/17	191.9/14	186.0/14	175.2/13	165.5/12	156.7/11	141.6/10	128.9/9	118.1/8	104.6/7	158.8/12	140/10	130.6/9	124.9/9	102.1/7	95/7	85.8/6
	6.0	吨/辆	253.6/12	210.5/10	203.4/9	190.6/9	179.3/8	169.1/8	151.7/7	137.3/6	125.2/6	110.3/5	203.4/9	174.1/8	160/7	151.7/7	119.8/5	110.3/5	98.2/4
20t电机车	6.0	吨/辆	410.8/17	341.3/16	330.0/15	309.4/14	291.1/13	274.7/13	246.7/11	223.5/10	204/9	180/8	330/15	282.7/13	260/12	240.7/11	195.4/9	180/8	160.6/7
	11.0	吨/辆	496.7/14	399.3/11	384.0/11	356.6/10	332.7/9	311.6/9	276.3/8	247.7/7	224.2/6	195.7/5	364/10	307.7/9	281.1/8	265.6/7	207.3/6	190.2/5	168.8/4
40t电机车	11.0	吨/辆	993.5/29	798.5/23	768.0/22	713.2/21	665.4/19	623.3/18	552.5/16	495.4/14	448.4/13	391.5/11	728.3/21	615.3/18	562.2/16	534.3/15	414.7/12	380.4/11	337.6/9

表 25-35 露天矿每公里准轨线路综合投资指标

名 称	单 位	地 面 横 坡			
		1∶10以下	1∶10～1∶5	1∶5～1∶2	1∶2～1∶1.2
路基土石方工程量	万立方米	2.5～4	4～7	7～10	10～15
线路投资	万 元	50～70	70～90	90～130	130～180

注：1. 表中指标包括路基土石方、轨道工程、桥涵、隧道等全部费用；

2. 表中采用38～44.5kg/m钢轨，木枕或钢筋混凝土枕1520～1760根/公里，当土石方及轨型轻时取小值，反之取大值。

表 25-36 露天矿每公里窄轨线路综合投资指标

轨 距 (mm)	名 称	单 位	地 面 横 坡			
			1∶10以下	1∶10～1∶5	1∶5～1∶2	1∶2～1∶1.2
900	路基土石方工程量 线路投资	万立方米 万 元	1.3～1.8 22～31	1.8～2.5 31～36	2.5～3.5 36～48	3.5～5.0 48～63
762	路基土石方工程量 线路投资	万立方米 万 元	1.0～1.5 20～28	1.5～2.0 28～35	2.0～3.0 35～45	3.0～4.0 45～55
600	路基土石方工程量 线路投资	万立方米 万 元	0.8～1.2 14～22	1.2～1.6 22～29	1.8～2.5 29～38	2.5～3.5 38～48

注：投资指标包括路基土石方、轨道工程、桥涵、隧道等全部费用，钢轨类型采用18～24kg/m。

表 25-37 准轨、窄轨铁路上部建筑工程投资指标（万元/公里）

轨 型 (kg/m)	轨枕数量 (根/公里)	道碴厚度 (cm)	铺 木 枕		铺钢筋混凝土枕	
			准 轨	窄 轨	准 轨	窄 轨
50	1600～1700	30	18～20		23～24	
44.6	1600～1700	25	15～16		20～22	
38	1520～1680	20	14～14.5		18～19	
24	1500～1750	20		6～7		7.5～8.5
18	1500～1750	20		5～5.5		6.5～7.0
15	1500～1750	15		4～4.5		5～6

A 挖掘机装车时间 t_1

$$t_1 = 60nq/Q_h,\ \text{min} \tag{25-7}$$

式中 n——机车牵引的矿车数，辆；

q——矿车装载量，m^3；

Q_h——挖掘机生产能力，m^3/h。

B 列车运行时间 t_2

$$t_2 = 2\times 60L/V_{cp},\ \text{min} \tag{25-8}$$

式中 V_{cp}——列车平均运行速度，km/h，视矿山条件可按表25-38选用；

L——运输距离，m。

C 列车卸车时间 t_3

一辆矿车的卸车时间见表25-39。

表 25 - 38 列车平均运行速度（km/h）

矿山线路条件	准轨	窄轨		
		900	762	600
固定线：区间长度＞3(km)	25	17	16	13
区间长度 2～3(km)	20	16	15	13
区间长度 1～2（km）	17	15	14	12
区间长度＜1（km）	15	13	12	10
半固定线	17	15	15	12
移动线：采场内	12	10	10	8
排土场内	10	8	8	8

表 25 - 39 一辆矿车卸车时间

矿车类型	卸车方式	时间（分/车）
20t 自翻车		卸岩 1.0
60t 自翻车	气（油）压自卸	卸矿 1.5
100t 自翻车		受破碎机限制 2.5
$6m^3$ 单侧自卸矿车	固定点气翻	0.6
4～$1.6m^3$ 矿车	曲轨卸车	按 0.83～1.4m/s 通过曲轨
0.6～$1.2m^3$ 矿车	人工卸车	1～1.5

D 其他时间 t_4

其他时间包括列检、整备、等装、等信、等卸、临故等时间。影响其他时间的因素很多，其大小与运输系统、机车类型、配线方式、行车密度、运距长短、列检设施等有关。

$$t_4 = t_5 + t_6,\ \text{min} \tag{25 - 9}$$

式中 t_5——列车在车站停车和入换时间，一般车站停车时间按每站 3～5min，入换时间按采场装车线 10～15 分/次，排土场翻车线 10～20 分/次计算；

t_6——列车检查时间，准轨为 10～15 分/次；窄轨为 5 分/次。计算时，应按列车每日周期次数及列车检查次数计算分摊至每一个周期的检修时间。

25.2.7.2 运输设备数量计算

运输设备数量可参照表 25 - 40 进行计算。

机车、车辆数量计算中的 K_1、K_2、α、β 等参数见表 25 - 41。

设备检修系数 α、β 未考虑外委修理的因素。当设计矿山的机车、车辆部分修理外委时应按实际情况确定。机车、车辆检修系数 α、β 可按下式确定：

$\alpha(\beta)$＝(定检台日＋临故台日)/露天矿年工作日，定检台日数为平均每台机车一年中所需定检台日，它包括大、中、年修，月检、日检等修理台日。

临时修理台日为一年中定检以外的修理台日。

25.2.8 线路维修

矿山线路维修目的是使线路处于完好状态，保证矿山运输正常进行，完成矿岩运输任务。线路维修分日常维修与定期维修。为减轻工人劳动强度，应逐步实现维修作业机械化。

表 25 - 40 机车、车辆数量计算

项目名称	符号	计算公式	备注
年运量（万吨/年或万立方米/年）	M		M—年运量
矿山年工作日（d）	S		根据矿山具体条件确定
日运量（t/d 或 m^3/d）	Q	$Q=\frac{M\cdot K_1}{S}$ (25 - 10)	不均衡系数 K_1 按表 25 - 41 选用
列车装载量（t 或 m^3）	Q_n	$Q_n=nq$	n—列车组成矿车数 q—每辆矿车装载量
平均运距（km）	L	装载中心至卸载中心加权平均运距	L—平均运距
装车时间（min）	t_1		
列车往返运行时间（min）	t_2	$t_2=\frac{120L}{V_{cp}}$	平均运行速度 V_{cp} 可按表 25 - 38 选用
卸车时间（min）	t_3		t_3 可按表 25 - 39 选用
其他时间（min）	t_4	t_5+t_6	
列车运行周期时间（分/次）	T	$T=t_1+t_2+t_3+t_4$	
列车周转次数（次/日）	N	$N=\frac{1440K_2}{T}$ (25 - 11)	时间利用系数 K_2，可按表 25 - 41 选用
列车日生产能力（吨/（列・日）或立方米/（列・日））	A	$A=N\times Q_n$ (25 - 12)	
工作列车数（台）	N_1	$N_1=\frac{Q}{A}$	
检修机车台数（台）	N_2	$N_2=N_1a$	a 按表 25 - 41 选用
杂业机车台数（台）	N_3		N_3 冶金矿山一般取 2～3 台
机车在册台数（台）	N	$N=N_1+N_2+N_3$	
工作矿车数（辆）	W_1	$W_1=Nn$	n 列车组成车辆数
检修矿车数（辆）	W_2	$W_2=\beta W_1$	β 按表 25 - 41 选用
矿车在册辆数（辆）	W	$W=W_1+W_2$	

表 25 - 41 K_1、K_2、α、β 系数

名称	准轨	窄轨
运输不均衡系数 K_1：		
铁路运输	1.10～1.15	1.15～1.20
联合运输		1.0～1.2
时间利用系数 K_2：		
三班制	0.85	0.75～0.80
二班制		0.85
设备检修系数：		
机车 α		
内燃机车	0.20	0.25
电力机车	0.15	0.17
自翻车 β		
20～100t	0.15	0.15
10t 及 10t 以下	0.2～0.25	0.2～0.25

线路维修机械主要有工程车、前装机、碎石机、推土机、推固机、拨道机、弯轨机、轨缝调整机及工程牵引车等。

25.3 汽车运输

25.3.1 矿用自卸汽车选型

矿用自卸汽车的选型应考虑矿山年运量、装载设备的斗容、运距及道路技术条件等因素确定。

（1）自卸汽车载重等级相适应的矿山年运量范围参见以下所列：

汽车载重吨级（t）	7	15	20	32	45	60	100	150
矿山年运量（万吨/年）	<150	70～400	120～600	250～1200	35～1800	550～2500	900～4500	>3500

（2）自卸汽车载重等级与挖掘机斗容相适应的配比可参见表 25-42。

表 25-42 自卸汽车载重等级与挖掘机斗容相适应配比

汽车载重吨级（t）	7	15	20	32	45	60	100	150
挖掘机斗容（m^3）	1	2.5	2.5	4	6	6	10	16
装车斗数（斗）	$\frac{4}{5}$	$\frac{3}{4}$	$\frac{4}{5}$	$\frac{4}{5}$	$\frac{4}{5}$	$\frac{5}{6}$	$\frac{5}{6}$	$\frac{5}{6}$

注：表中分子值的物料松散密度为 $2.2t/m^3$，分母值的物料松散密度为 $1.8t/m^3$。

（3）矿用自卸汽车的车厢强度应适应大块矿石冲砸。

（4）矿山运输设备，一般立足选用国产，当有必要与可能时，方可选用进口自卸汽车。

（5）在一个矿山中宜选用同一类型自卸汽车，便于生产管理与维修保养。

25.3.2 矿用汽车类型和技术参数

25.3.2.1 矿用汽车类型

露天矿使用的汽车一般有三种类型：后卸式汽车、底卸式汽车和自卸式汽车列车。

后卸式汽车是最普通的矿用汽车型式，可分为双轴式和三轴式两种结构类型。双轴式

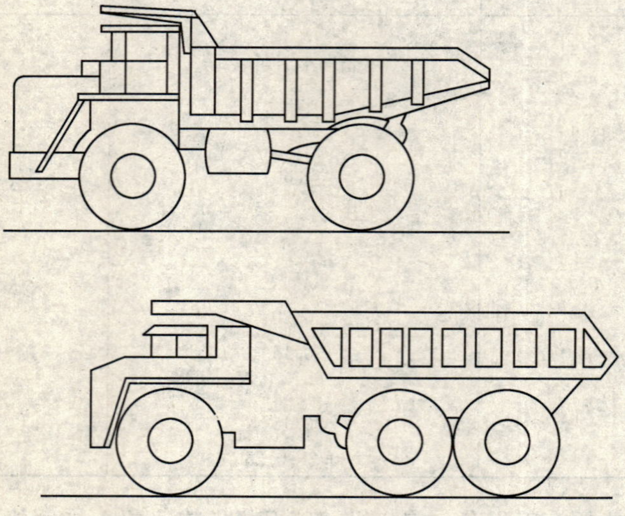

图 25-5 后卸式矿用汽车

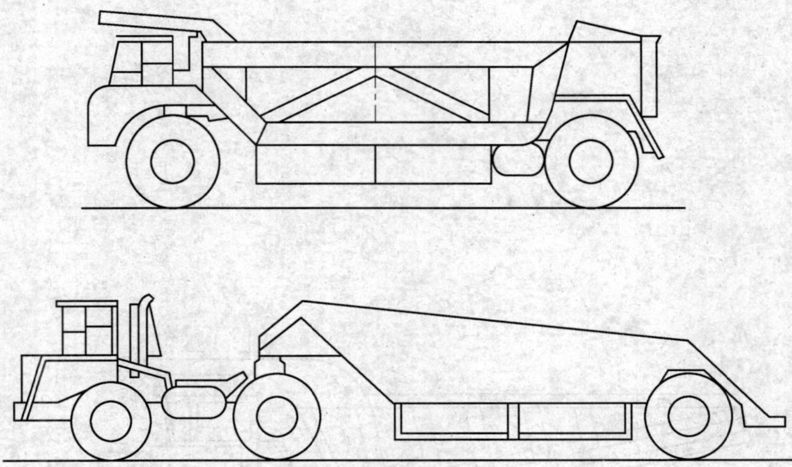

图 25 - 6 底卸式矿用汽车

汽车虽可四轮驱动，但通常仅为后轮驱动，前轴转向。三轴式汽车由两个后轴驱动，它用在特大型的汽车上或用在比较小的铰接式汽车上。目前国内外一般采用双轴后卸式汽车，见图 25 - 5。

底卸式汽车也可分为双轴式和三轴式两种结构型式。见图 25 - 6。

矿用汽车按其动力传动形式可分机械传动式、液力机械传动式、静液压传动式和电传动式四种。

机械传动式采用人工操纵的常规齿轮变速箱，通常在离合器上装有气压助推器，它仅用于小型矿用汽车上。

液力机械传动系统的动力传动路线是柴油机 - 液力变矩器 - 变速箱 - 传动轴 - 差速器 - 半轴 - 车轮。由于其传动方式简单，传动效率高的特点，目前世界上 30～100t 的矿用自卸汽车基本上均采用这种传动方式。20 世纪 80 年代以来，随着液力变矩器的传递效率和自动适应性的提高，液力机械传动现已完全可有效地应用于 100t 以上乃至 160t 的矿用汽车。车辆的性能完全可与同级电动轮汽车媲美，采用这种传动系统的矿用后卸式汽车各部件名称见图 25 - 7。

静液压传动式的传动路线是发动机 - 液压泵 - 液压马达。这种传动系统的汽车的突出特点是自重系数小（0.57～0.61），因而 70 年代以来在法国等国家得到一定发展，如载重量分别为 7t、104t、135t、154t 等型矿用汽车均采用这种传动型式。

电传动后卸式汽车的传动路线见图 25 - 8 所示。由于这种传动方式的汽车维修费用低，爬坡及制动性能好，每运输一吨物料总费用低等优点，目前它基本上垄断了 100t 以上大型矿用汽车的市场，采用架线辅助系统的双能源矿用汽车是电传动汽车的一种发展。它在开采深凹露天矿时比较适应，这种电动轮汽车分别采用柴油机、架空输电作为动力，可在坡度达 18%的连续坡道上使用，在大坡度的固定路段上采用架空电源驱动，这时汽车牵引电机的功率可达柴油机额定功率的 2 倍以上，在临时路段上，则由其本身的柴油机驱动。因此，这种双能源汽车兼有汽车和无轨电车的优点，在连续上坡时牵引功率大，可提高运输车辆的平均行驶速度，而在临时的经常变化路段上，不用架空电线，可使在装载点和排土

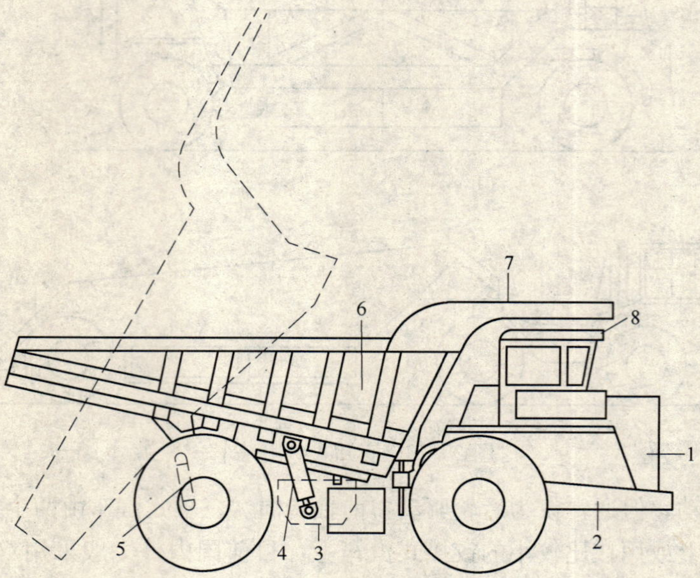

图25-7　液力机械传动汽车

1—柴油机；2—车架；3—变速箱；4—举升缸；5—悬挂缸；6—翻斗；7—护板；8—司机室

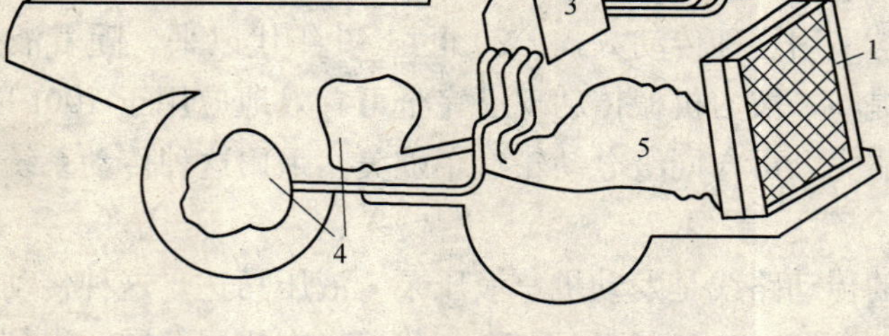

图25-8　电动轮电传动汽车

1—水箱；2—制动电阻；3—电控柜；4—电动轮；5—柴油机发电机动力机组

场上作业运输的组织简化，这种汽车的外形见图25-9。

25.3.2.2　矿用自卸汽车及普通型自卸汽车

(1) 国产矿用自卸汽车型号及主要技术性能见表25-43。

(2) 进口自卸汽车型号及主要技术性能见表25-44。

(3) 国产普通型自卸汽车是适用于运载土、砂石、小块矿岩、煤炭等散状物料的车辆，其型号及主要技术性能见表25-45。

表 25-43 国产矿用自卸汽车型号及主要技术性能

技术性能	单位	型号					
		红岩 CQ19210A	QQ361A	QQ361B	QQ561	QQ562B	红岩 CQ30290
驱动形式		4×2	4×2	4×2	4×2	4×2	6×4
卸载方式		后卸	后卸	后卸	后卸	后卸	后卸
载重	t	9	10	10	10	10	16
自重	t	10	7.9	7.9	8	7.9	14
总重	t	19	18.1	18.1	18	18.1	30
轴荷分配：空载前轴	kg	5190	3900	3900	3800	3900	5600
空载后轴	kg	4800	4000	4000	4200	4000	8400
重载前轴	kg	6330	5900	5900	5800	5900	6100
重载后轴	kg	12720	12200	12200	12200	12200	23900
车厢容积	m^3	7	6.5	6.5	5	6.5	10.5
发动机型号		×6130	6120Q-1	6120Q-1	6120Q-1	6120Q-1	康明斯 NTC-290
发动机额定功率	kW	155	118	118	118	118	213
最小转弯半径	m	6.75	左7.8右8.7	左7.8右8.7	左6.7	左7.8右8.7	7.6
最大爬坡度	%	24	28	28	30	28	42.8
最高车速	km/h	75	67	67	50	67	74
最小离地间隙	mm	318	289	289	289	289	309
外形尺寸：全长	mm	6787	6375	6350	5730	6350	7880
全宽	mm	2500	2547	2547	2547	2547	2500
全高	mm	2968	2800	2800	2800	2800	3220
车厢尺寸：长	mm	4180					4700
宽	mm	2300					2300
高	mm	800					1118
前轮距	mm	2006	1927	1927	1927	1927	2006
后轮距	mm	1810					1810
前弦至前桥	mm	1500					1500
轴距	mm	3500	3750	3750	3200	3750	3200+1400
后桥至车厢后端间距	mm	1787	1565	1440	1470	1440	1780
后桥至举升后车厢后端间距	mm	1473					2270
车厢举升后离地最小间隙	mm	920	360	50	340	500	506
车厢举升后离地最大高度	mm	4267	5210	5210	5210	5210	6620
车厢顶边离地高度（空载）	mm	2878	3040	3040	3040	3040	2638
接近角	(°)	21	38	38	37	38	27.5
离去角	(°)	23	42	42	50	42	17.5
车厢后倾最大角度	(°)	53	47	54	64	54	60
厢斗：举升时间	s	16.8	<20	<20	<20	<20	23
落下时间	s	27	27	27	27	27	20
轮胎规格		12.00-20	11.00-20	11.00-20	11.00-20	11.00-20	12.00-20
百公里油耗	L	30	30	30	35	30	48
制造厂		重庆红岩专用汽车制造厂	齐齐哈尔汽车制造厂	齐齐哈尔汽车制造厂	齐齐哈尔汽车制造厂	齐齐哈尔汽车制造厂	重庆红岩专用汽车制造厂

续表 25 - 43

技术性能	单位	型号				
		北京 BJ371	北京 BJ374	RD030	WABCO 大力 35D	TEREX 33 - 07
驱动形式		4×2	4×2	4×2	4×2	4×2
卸载方式		后卸	后卸	后卸	后卸	后卸
载重	t	20	20	27	31.77	40.0
自重	t	15.3	15.6	21	27.757	32.5
总重	t	35.3	35.6	48	59.538	72.5
轴荷分配：空载前轴	kg	7205	8050	10830	15363	15600
空载后轴	kg	8135	7550	10264	12394	16900
重载前轴	kg	11310	11300	15374	20303	24170
重载后轴	kg	24030	24300	32936	39235	48330
车厢容积	m^3	10.7	平 10.7 堆 13	13.3	平 16.8 堆 22.2	平 19.6 堆 26.5
发动机型号		GM6V - 71N	康明斯 NT - 855 - C250	康明斯 NTA855C310	康明斯 KT - 19 - C	康明斯 KTA - 1150
发动机额定功率	kW	175	184	228	331	386
最小转弯半径	m	9	9	9.45	7.45	8.75
最大爬坡度	%	28	29	43	>30	20
最高车速	km/h	38	38 50	50.2	66.77	65.8
最小离地间隙	mm	385	385	486	483	530
外形尺寸：全长	mm	7195	7610	7480	8010	8410
全宽	mm	2909	2909	3962	3780	4140
全高	mm	3110	3110	3486	4250	4340
车厢尺寸：长	mm	4840	4840	4572	5110	5160
宽	mm	2620	2620	3226	3350（内部）	3530（内部）
高	mm	1000	1000(1200)		1730（内部）	1320（内部）
前轮距	mm	2350	2350	2667	3020	3280
后轮距	mm	2070	2070	2308	2530	2705
前弦至前桥	mm	1685	2100	2083	2260	2290
轴距	mm	3600	3600		3300	3960
后桥至车厢后端间距	mm	1910	1910	2044	2440	2160
后桥至举升后车厢后端间距	mm	2110	2110			
车厢举升后离地最小间距	mm	830	830	292	457	610
车厢举升后离地最大高度	mm	6560	6560	7010	7630	7540
车厢顶边离地高度（空载）	mm	2758	2758	2876	3250	3530
接近角	(°)	36	28			24
离去角	(°)	42	42			45
车厢后倾最大角度	(°)	50	50	70	55	58
厢斗：举升时间	s	≯20	≯20	12		13.1
落下时间	s	≯20	≯20	8		9
轮胎规格		14.00 - 24	14.00 - 24	18.00 - 25	18.00 - 33	21.00 - 35
百公里油耗	L	70	60		31.42L/h	207.4g/kW·h
制造厂		北京重型汽车制造厂	北京重型汽车制造厂	北京重型汽车制造厂	上海重型汽车厂	内蒙古第二机械制造厂

续表 25 - 43

技术性能	单位	型号				
		辽宁 LN392	辽宁 LN3101	韶峰 SF3102	MARK - 36	DRESSER 170D
驱动形式		4×2	4×2	4×2	4×2	4×2
卸载方式		后卸	后卸	后卸	后卸	后卸
载　重	t	68	108	108	154.22	154
自　重	t	44.5	92	86	101.187	101
总　重	t	112.5	200	194	255.411	255
轴荷分配：空载前轴	kg	21983	38000	39560	45829	
空载后轴	kg	22517	54000	46440	52088	
重载前轴	kg	37665	67000	69840	87043	
重载后轴	kg	34835	133000	124160	168368	
车厢容积	m^3	平 33.04 堆 40.53	平 47 堆 62	50	70.4	平 54 堆 84
发动机型号		VTA - 1710C	KTA - 2300 - C	KTA - 2300 - C	康明斯 KTA - 50 - C	康明斯 KTA - 50 - C
发动机额定功率	kW	515	883	883	1178	1178
最小转弯半径	m	10.5	12.5	12	12.8	12
最大爬坡度	%	25	20	17.5	20	
最高车速	km/h	70	40	45	55	57
最小离地间隙	mm	533	530	600	860	
外形尺寸：全长	mm	9600	11050	10882	11810	11890
全宽	mm	4850	6300	5840	7030	7010
全高	mm	4675	4900	5070	5740	6370
车厢尺寸：长	mm	6650	6600	6250	7050	
宽	mm	4110（内部）	5000（内部）	5248（内部）	6480（内部）	
高	mm	2160（内部）	2213（内部）	2360（内部）	1980（内部）	
前轮距	mm	3660	4700	4680	4800	5380
后轮距	mm	3300	4340	4030	4115	4410
前弦至前桥	mm	2670	2870	2800	3050	
轴　距	mm	4060	5130	5100	5440	5440
后桥至车厢后端间距	mm	2870	3050	2982	3430	
后桥至举升后车厢后端间距	mm		2285	2335	3746	
车厢举升后离地最小间距	mm	280	1020	1244	690	
车厢举升后离地最大高度	mm	8690	10650	10380	10460	
车厢顶边离地高度（空载）	mm	4010	4595	4595	5260	
接近角	(°)	20	18	15	25	
离去角	(°)	50	50	35	60	
车厢后倾最大角度	(°)	49	45	45	50	45
厢斗：举升时间	s	20	21	20	31	
落下时间	s	15		15	12	
轮胎规格		24.00 - 35	30.00 - 51	30.00 - 51	0.91×1.295m	36.00 - 51
百公里油耗	L	236	526	230g/kW·h	11.8kg	
制造厂		本溪重型汽车制造厂	本溪重型汽车制造厂	湘潭电机厂	常州冶金机械厂	湘潭电机厂

表25-44 进口自卸汽车型号

技术性能			单位	型			
				БЕЛАЗ-540（贝拉斯）	БЕЛАЗ-548（贝拉斯）	БЕЛАЗ-549（贝拉斯）	БЕЛАЗ-7519（贝拉斯）
驱动形式				4×2	4×2	4×2 电动轮	4×2 电动轮
载重			t	27.0	40.0	75.0	110
自重			t	20.925	27.0	68.0	85
总重			t	48.0	67.0	143.0	195
轴荷分配	空载	前	t				
		后	t				
	重载	前	t	15.59	22.49	45.0	65
		后	t	32.41	44.54	98.0	130
车厢容积	平装/堆装		m^3	15.3/	21.0/	41.0/	平 44
发动机型号				Д-12А-375	ЯАЗ-240Н		8ДМ·21А 8РАЧ-185
发动机额定功率			kW	258	368	736	704 649
最小转弯半径			m	8.5	10	9	12
最大爬坡能力			%				
最高车速			km/h	55		60	52
最小离地间隙			mm	475			
外形尺寸	全长		mm	7200	8120	9700	11250
	全宽		mm	3500	3780	4900	6100
	全高		mm	3415	3800	4400	5000
车厢尺寸	长		mm				
	宽		mm				
	高		mm				
轴距			mm	3550	4200	4300	5.3
轮距	前		mm	2800		3850	
	后		mm	2400		3460	
车厢后倾最大角度			(°)	55			
倾卸时间	举升		s				
	落下		s				
前桥至前弦			mm				
后桥至车厢后端			mm				
后桥至举升后车厢后端			mm				
车厢举升后离地最小间隙			mm				
车厢举升后离地最大高度			mm				
车厢边缘离地高度			mm				
轮胎规格				18.00-25	20.00-33	24.00-49	33.00-61
制造国家				苏联	苏联	苏联	苏联

及主要技术性能

号

БЕЛАЗ - 7521 （贝拉斯）	KOMATSU HD320 - 2 （小松）	KOMATSU HD680 - 2 （小松）	KOMATSU HD·1200 （小松）	PERLINI DP - 12.55 （佩尔利尼）	PERLINI DP - 306 （佩尔利尼）	PERLINI DP - 655 （佩尔利尼）
4×2 电动轮	4×2	4×2	4×2 电动轮	4×2 电动轮	4×2	4×2
180	82.0	68.0	120.0	120.0	36.0	50.0
145	27.2	46.5	84.5	80.4	27.1	39.0
325	59.2	114.5	204.5	200.8	63.1	89.0
		22.3	36.335			
		24.2	48.165			
105.8	18.96	36.6	65.44			
219.2	40.295	77.9	139.06			
平 70	18.0/24.0	32.0/44.0	46.0/70.0	52.5/75.0	20.8/23.8	27.8/35.3
12ЧН - 21/22 12РАЧ - 200	NTA855	四冲程 VTA - 1710	四冲程 KTA - 2300	12V - 1497	12V - 71N	16V - 71N
1245	298	570	810	994	324	448
15	7	8.8	10.3	13.5	9.35	10.5
	39	31				
50	60	65	57.5	54.5	49.2	55.8
		565	715	740	450	
13500	7800	9790	10885	12100	8330	9445
7600	3975	4675	6300	5800	3800	4350
5910	3950	4290	4890	5300	3880	4135
		6600				
		4495				
		1740				
6.65	3750	4750	5400	5800	3750	4350
	3150	3840	4965		3070	3720
	2550	3050	3945		2570	3050
		65	47.5	55	55	55
		13	18	25	15	15
					15	15
		2050	2305	3100	2230	2570
		2990	3180	3200	2300	2525
			2885			
	500	540	1650		800	600
	7060	8720	10440		7730	8900
	2970	3690	4450	4500	3350	3670
40.00～57	18.00～25	24.00～35	30.00～51	30.00～61	18.00～33	21.00～35
苏 联	日 本	日 本	日 本	意大利	意大利	意大利

技术性能			单位	型			
				PERLINI DP - 855 (佩尔利尼)	PERLINI DP - 855 (佩尔利尼)	BERLIET T - 25 (贝利特)	WABCO 75B (伟步)
驱动形式				4×2	4×2	4×2	4×2
载 重			t	77.0	68.0	29.43	68.0
自 重			t	52.0	50.0	23.57	41.504
总 重			t	129.0	118.5	53.0	109.523
轴荷分配	空载	前	t				19.686
		后	t				21.818
	重载	前	t			17.5	35.873
		后	t			35.5	73.651
车厢容积	平装/堆装		m^3	38.5/49.0	35.0/45.0	13.0/18.0	33.6/43.6
发动机型号				16V - 92T	16V - 92N	四行程 MS640	16V71T
发动机额定功率			kW	589	530	232	515
最小转弯半径			m	13.1	13.1	9	10.5
最大爬坡能力			%			22.5	
最高车速			km/h	60.2	56.6	63.05	
最小离地间隙			mm			365	533
外形尺寸	全 长		mm	10600	10600	7230	9601
	全 宽		mm	4800	4800	3450	4851
	全 高		mm	4750	4650	3650	4394
车厢尺寸	长		mm				6655
	宽		mm				4115
	高		mm				2159
轴 距			mm	4800	4800	3500	4064
轮 距	前		mm			2715	3658
	后		mm			2315	3302
车厢后倾最大角度			(°)	55	55	71	49
倾卸时间	举 升		s	15	15	13	
	落 下		s	15	15		
前桥至前弦			mm	2700	2700		2667
后桥至车厢后端			mm	3100	31		2870
后桥至举升后车厢后端			mm				
车厢举升后离地最小间隙			mm				279
车厢举升后离地最大高度			mm				8687
车厢边缘离地高度			mm	4100	3850		4013
轮胎规格				24.00 - 49	24.00 - 43	18.00 - 35	24.00 - 35
制造国家				意大利	意大利	法 国	美 国

续表 25 - 44

		号				
WABCO 120C （伟步）	WABCO 170C （伟步）	WAICO 320B （伟步）	EU R - 170 （克尤田特）	UNIT RIG M - 120 - 17 （尤尼特 - 瑞格）	UNIT RIG MARK - 36 （尤尼特 - 瑞格）	UNIT RIG M - 200 （尤尼特 - 瑞格）
4×2 电动轮	4×2 电动轮	4×2 电动轮	4×2 电动轮	4×2 电动轮	4×2 电动轮	4×2 电动轮
108.86	154.26	213.38	154.26	109.0	154.2	181.4
80.847	98.382	165.71	101.58	70.0	88.37	129.0
189.711	252.742	379.09	255.82	179.0	242.57	310.4
35.374	46.158	57.022			38.97	
45.473	52.224	108.688			48.4	
63.35	84.248	75.818	85.25	57.91	80.78	103.69
126.361	168.494	2×151.636	170.53	120.83	161.81	206.15
41.0/63.0	54.0/84.0	76.5/125.0	71.1/97.9	42.3/60.4	75.7/95.6	84.1/113.2
12V149T	16V149T		16V149T			
736 - 883	1178	1822	1178	736	1178	
12.4	12.4	19.2	12.5	11.5	12.7	16.5
51	58.3		55.4			
660	790	737	846		860	
11150	11890	16550	11887	10590	11810	14630
6270	6960	7670	6883	5890	6430	7210
5790	6100	6200	5690	5410	5790	6450
7520	7950		8331			
5510	6270		5994			
1980	2290		1778			
5130	5440	6790+3460	5639	5180	5330	6700
4670	5380	5620	5359	4500	4800	6100
4320	4410		4166			
45	45	51	58		50	
17		30				
		28				
2970	3100	2850	2616		3050	
3050	3350	3450	3632		3430	
2540	2790					
1170	1040		1295	760	690	860
10820	11480		11157	9700	10460	12670
4490	5030	5060	5309	4520	5580	5510
30.00 - 51	36.00 - 51	36.00 - 51	36.00 - 51	30.00 - 51	36.00 - 51	40.00 - 57
美 国	美 国	美 国	美 国	美 国	美 国	美 国

表25-45 国产自卸汽车型号及主要技术性能

技术性能	单位	型号				
		解放 BQ344C	解放 CA341	东风 EQ340-1 EQ341-1	东风 BQ355E	东风 BQ356E
驱动形式		4×2	4×2	4×2	4×2	4×2
载重	t	4.5	4.5	4.5	5	5
自重	t	4.37	4.49	4.74	4.405	4.339
总重	t		9.2	9.45		
轴荷分配：空载前轴	kg			2110		
空载后轴	kg			2630		
重载前轴	kg			2415		
重载后轴	kg			7035		
车厢容积	m^3	3.6		4.2	3.6	3.6
卸载方式		后卸	后卸	后卸(340-1) 三面卸(341-1)	后卸	三面卸
发动机：型号			CA6102汽油	EQ6100-1汽油		
额定功率	kW	85	99	99	99	99
最小转弯半径	m	≤8.3	8.0	≯8	≤8	≤8
最大爬坡度	%	28	28	≮28	>28	<28
最高车速	km/h		90	90		
最小离地间隙	mm			265		
外形尺寸：全长	mm		6485	6360		
全宽	mm		2300	2405		
全高	mm		2420	2510		
车厢尺寸（内部）：长	mm	3100	3100		3100	3100
宽	mm	2400	2260		2400	2400
高	mm	520		600	520	520
前轮距	mm			1810		
后轮距	mm			1800		
前弦至前桥	mm			1055		
轴距	mm		4050	3950	3590	3950
后桥至车厢后端间距	mm			1355		
后桥至举升后车厢后端间距	mm					
车厢举升后离地最小间隙	mm					
车厢举升后离地最大高度	mm			4760		
车厢顶边离地高度（空载）	mm					
接近角	(°)			38		
离去角	(°)			40		
车厢最大倾角	(°)	46		50	46	侧44，后46
厢斗：举升时间	s	11		<15	11	11
落下时间	s			<15		
轮胎规格				9.00-20		
百公里耗油	L		26.5			
备注		车厢后有挡板	车厢后有挡板			
制造厂		本溪重型汽车制造厂	四平汽车改装厂	第二汽车制造厂	本溪重型汽车制造厂	本溪重型汽车制造厂

续表 25-45

技术性能	单位	型号				
		DD349	DD347	黄河 BQ356J	DD352	黄河 DQ352
驱动形式		4×2	4×2	4×2	4×2	4×2
载　重	t	4.5	4.5	7	7	7
自　重	t	4.7	4.56	7.5	7.42	7.3
总　重	t	9.41	9.24		14.46	14.5
轴荷分配：空载前轴	kg	2146	2040		3635	3625
空载后轴	kg	2464	2520		3785	3675
重载前轴	kg	2595	2560		4750	4980
重载后轴	kg	6815	6680		9850	9580
车厢容积	m^3	4.05	3.6	4.1	4.6	4.6
卸载方式		后卸	后卸	后卸	后卸	后卸
发动机：型号		CA6102	Q6100-1		6120Q	6120Q
额定功率	kW	99	99	118	118	118
最小转弯半径	m	<8	<8	<8	8.8	7.7
最大爬坡度	%	28	28	24	20	23.5
最高车速	km/h	90	60		78	79.5
最小离地间隙	mm	240	265		266	260
外形尺寸：全长	mm	6640	6440	6780	7030	6420
全宽	mm	2350	2400	2480	2444	2450
全高	mm	2438	2470		2700	2580
车厢尺寸（内部）：长	mm	3300	3248	4000	3800	3800
宽	mm	2244	2244	2400	2220	2200
高	mm	550	550	520	550	550
前轮距	mm	1800	1810		1927	1927
后轮距	mm	1740	1800		1744	1744
前弦至前桥	mm	1155	1055		1361	1420
轴　距	mm	4050		4000	3700	3700
后桥至车厢后端间距	mm	1435	1435		1369	1300
后桥至举升后车厢后端间距	mm	1153	1106		1898	1700
车厢举升后离地最小间隙	mm	580	730		738	565
车厢举升后离地最大高度	mm	4540	4480		5028	5000
车厢顶边离地高度（空载）	mm	1788	1788		2030	1990
接近角	(°)	28	40		29	27
离去角	(°)	28.9	38		38	40
车厢最大倾角	(°)	52	50	50	60	60
厢斗：举升时间	s	<12	<12	15	17	17
落下时间	s	<15	<16		20	15
轮胎规格		8.25-20	9.00-20	11.00-20	11.00-20	11.00-20
百公里耗油	L	26.5	28		25	24
备　注		车厢后有挡板	车厢后有挡板	车厢后有挡板	车厢后有挡板	车厢后有挡板
制造厂		丹东汽车制造厂	丹东汽车制造厂	本溪重型汽车制造厂	丹东汽车制造厂	青岛专用汽车制造厂

续表 25-45

技术性能	单位	型号				
		黄河 QD361	黄河 QD362	罗曼 QR10	大通牌 SH360A	红岩 CQ19210
驱动形式		4×2	4×2	4×2	4×2	4×2
载重	t	8	8.5	8	9	10
自重	t	9.2	9	8		9
总重	t	17.2	17.5	16	18.5	19
轴荷分配：空载前轴	kg	4900	4790	4520		4600
空载后轴	kg	4300	4230	3480		4400
重载前轴	kg	5800	5900	6000		6400
重载后轴	kg	11660	11880	10000		12600
车厢容积	m^3	5.5	7.3	5.73	平6.5堆9	7
卸载方式		后卸	后卸	后卸	后卸	后卸
发动机：型号		×6130	×6130	HMN8	6135Q-2a	×6130
额定功率	kW	155	155	158	97	155
最小转弯半径	m	7.5	8.5	6.5	9	7
最大爬坡度	%	25	25	30	34	24
最高车速	km/h	80	80	76.7	75	75
最小离地间隙	mm	290	290	325	290	318
外形尺寸：全长	mm	7245	7710	6565	7753	6515
全宽	mm	2500	2500	2500	2600	2498
全高	mm	2915	2915	2920	3020	2964
车厢尺寸（内部）：长	mm	4150	4600	4200		3800
宽	mm	2200	2200	2200		2370
高	mm	680	720	620		780
前轮距	mm	1972	1972	2050	2026	2006
后轮距	mm	1820	1820	1761	1902	1810
前弦至前桥	mm	1500	1500	1500		1576
轴距	mm	3800	4300	3500	4780	3500
后桥至车厢后端间距	mm	1945	1910	1565		1724
后桥至举升后车厢后端间距	mm	2075	2350	2020		1470
车厢举升后离地最小间隙	mm	660	525	320		846
车厢举升后离地最大高度	mm	5860	5910	5668		5500
车厢顶边离地高度（空载）	mm	2110	2160	2040		2270
接近角	(°)	25	25	25		26
离去角	(°)	41	40	35		17.5
车厢最大倾角	(°)	60	57	60		55
厢斗：举升时间	s	20	20	20		18
落下时间	s	15	15	15		
轮胎规格		11.00-20	11.00-20	11.00-20	11.00-20	12.00-20
百公里耗油	L	26.5	26.5	32	30	30
备注			车厢后有活动挡板	车厢后有活动挡板	车厢后有活动挡板	车厢后有活动挡板
制造厂		青岛专用汽车制造厂	青岛专用汽车制造厂	青岛专用汽车制造厂	上海重型汽车厂	重庆红岩专用汽车制造厂

续表 25-45

技术性能	单位	型号 斯太尔 QS1291 066A	HY361F8B	HY361	HY361C	SX360
驱动形式		4×2	4×2	4×2	4×2	6×4
载重	t	10	10	10	10	12
自重	t	8.65	9	9.7	9	11.5
总重	t	18.65	19	19.7	19	23.8
轴荷分配：空载前轴	kg	4602				4700
空载后轴	kg	4048				中、后 6800
重载前轴	kg	6055				5800
重载后轴	kg	12595				中、后 18000
车厢容积	m^3	6.65	4.8	6.9	9.3	8
卸载方式		后卸	后卸	后卸	后卸	后卸
发动机：型号		WD615061	F8L413F	杭发 X6130	杭发 X6130	SX6130Q
额定功率	kW	191	174	155	155	147
最小转弯半径	m	8	8.5	10	9	<10.5
最大爬坡度	%	48	26.8	21	21	23
最高车速	km/h	78.8	65	61	61	70
最小离地间隙	mm	29.8	330	300	330	300
外形尺寸：全长	mm	7056	4950	7415	6800	8335
全宽	mm	2458	2500	2500	2500	2513
全高	mm	2952	2850	2850	2870	2950
车厢尺寸（内部）：长	mm	4200	3350	4660	4050	5100
宽	mm	2200	2230	2300	2300	2200
高	mm	720	740	650	1000	700
前轮距	mm	1958	2050	2050	2050	2080
后轮距	mm	1800	1840	1840	1840	1853
前弦至前桥	mm	1576				1452
轴距	mm	3800	3500	4200	3800	前、中 4550 中、后 1350
后桥至车厢后端间距	mm	1680				1685
后桥至举升后车厢后端间距	mm	2220				1670
车厢举升后离地最小间隙	mm	598				~500
车厢举升后离地最大高度	mm	5570				~6500
车厢顶边离地高度（空载）	mm	2202				
接近角	(°)	27				35
离去角	(°)	36				41
车厢最大倾角	(°)	58	57	55	55	55
厢斗：举升时间	s	20				20
落下时间	s	15				15
轮胎规格		12.00-20	12.00-20	12.00-20	12.00-20	11.00-20
百公里油耗	L	30				36
备注		车厢后有活动挡板	车厢后有活动挡板	车厢后有活动挡板	车厢后有活动挡板	
制造厂		青岛专用汽车制造厂	汉阳特种汽车制造厂	汉阳特种汽车制造厂	汉阳特种汽车制造厂	陕西汽车制造厂

续表 25 - 45

技术性能	单位	型号				
		大通牌 SH361A - D	罗曼 QR19	T815S_1	T815S_3	红岩 CQ30290
驱动形式		6×4	6×4	6×4	6×4	6×4
载重	t	15	15		15.3	17
自重	t	13	10.2	11	11.3	13
总重	t	28	25.2	26.6	26.6	30
轴荷分配：空载前轴	kg	4900	4410	4800	4800	5500
空载后轴	kg	中、后 8100	中、后 5710	中、后 6500	中、后 6500	中、后 7500
重载前轴	kg	6000	5995	6200	6200	6100
重载后轴	kg	中、后 22000	中、后 19125	中、后 20400	中、后 20400	中、后 23900
车厢容积	m^3	平 9 堆 12	10	9	9	10
卸载方式		后卸	后卸	后卸	后卸	后卸
发动机：型号		6135Q - 2a	D2156	T_3 - 929 - 11	T_3 - 929 - 11	康明斯 NTC - 290
额定功率	kW	119	159	208	208	314
最小转弯半径	m	10	8.1	9.5±0.5	9.5±0.5	7.6
最大爬坡度	%	29	24	43	43	42.8
最高车速	km/h	75	75.3	88	88	74
最小离地间隙	mm	290	280	300	300	309
外形尺寸：全长	mm	7885	7485	7190	6980	7564
全宽	mm	2600	2500	3130	3130	2500
全高	mm	3138	3020	2500	2500	3144
车厢尺寸（内部）：长	mm		5000	4300	4310	4700
宽	mm		2200	2290	2305	2363
高	mm		910	970	890	910
前轮距	mm	2026	2050	1989	1989	2006
后轮距	mm	1902	1761	1754	1754	1810
前弦至前桥	mm		1500	920	920	1500
轴距	mm	前、中 4500 中、后 1300	前、中 3095 中、后 1310			前、中 3200 中、后 1400
后桥至车厢后端间距	mm		1560	1400	1190	1464
后桥至举升后车厢后端间距	mm		2260			1370
车厢举升后离地最小间隙	mm		295			402
车厢举升后离地最大高度	mm		6300			6239
车厢顶边离地高度（空载）	mm		2371			2400
接近角	(°)		25	50	50	27.5
离去角	(°)		45	45	45	17.5
车厢最大倾角	(°)		50	50 - 5	50 - 4	50
厢斗：举升时间	s		25	15	15	23
落下时间	s		15			20
轮胎规格		12.00 - 20	11.00 - 20	11.00 - 20	11.00 - 20	12.00 - 20
百公里油耗	L	39（车速 35～40km/h）	39	32.5	32.5	48
制造厂		上海重型汽车厂	青岛专用汽车制造厂	长征汽车制造厂	长征汽车制造厂	重庆红岩专用汽车制造厂

图 25 - 9 采用架线辅助系统的后卸式电动轮汽车

25.3.3 矿山道路技术条件

矿山道路技术状况与汽车运输的运行效率及运输成本密切相关，在一般情况下，由于矿体赋存条件和矿山地形复杂，为了节省基建工程量，常使矿山道路处于陡坡、长坡、弯多等对运行不利的状况。国内几个山区露天矿山的陡坡、长坡的路段约占道路全长的60%～70%，弯道长约占道路全长的35%～45%，道路技术状况差将直接影响运输的经济效益。因此，决定矿山道路技术条件应结合矿山具体条件，对基建投资与运营费进行全面的技术经济比较和评价，并遵循以下几项原则：

(1) 遵照厂矿道路设计规范。

(2) 综合考虑道路的平、纵、横三因素，尽可能做到道路运距最短，平面顺适，纵坡均衡，横断面合理。

(3) 根据国情，尽可能做到技术先进，经济合理，安全适用。

(4) 节约土地，少占好地。道路建设应就地取材，因地制宜，充分利用废渣、废石，降低造价。

25.3.3.1 矿山道路分类与技术等级[1]

A 分类

a 生产干线

采矿场各开采台阶通往卸矿点或排土场的共用路段。

b 生产支线

由开采台阶或排土场至生产干线的路段，以及主采场以外的单一开采台阶直接到卸矿点或排土场的路段。

c 联络线

露天矿生产过程中经常行驶自卸汽车的其他道路。

d　辅助线

通往本矿区服务车间和附属工厂，运送各种辅助设施、材料、设备等各类汽车行驶的道路。

B　技术等级[1]

a　一级道路

大型露天矿要求通过能力很大的生产干线。

b　二级道路

一般大型露天矿生产干线，大型露天矿生产干线为一级道路时的生产支线，中型露天矿要求通过能力较大的生产干线。

c　三级道路

一般大型露天矿生产支线；一般中型及小型露天矿生产干线和支线；各型露天矿山联络线和辅助线。

在考虑上述因素的同时，尚需考虑单向行车密度的因素，参见表25-46。

表25-46　露天矿山道路技术等级参考表

指　标	道路技术等级		
	一	二	三
单向行车密度（辆/小时）	＞85	(15) 25～85	(15) ＜25
计算行车速度（km/h）	40	30	20

当矿山企业具体选定道路技术等级时，还应结合实际的情况；当露天矿山道路同时具有厂外道路性质时，应同时符合厂外道路相当等级的标准；当运量较小部门的矿山，可选用表25-46括号中的数值；当矿山条件较好，且交通量稍小于15辆时，可选用二级道路技术等级。

确定矿山道路技术等级的计算行车速度，并不是计算运输设备的平均运行速度，而是指一般水平的驾驶员在天气良好，路面干燥，交通量小的情况下，驾驶汽车在受限制的路段上，所能保持的最大安全速度。

25.3.3.2　线路平面

A　车行道数量的确定

生产干线和支线除环行运输外，一般按双车道设计；联络线可设计为单车道；辅助线按一般载重汽车车宽的单车道设计，当单车道需双向行车时，应在适当距离内设错车道，相邻错车道之间能通视，相距不宜大于300m，错车道的纵坡不宜大于4%，困难情况下，可设在与单车道纵坡相同的地段上，错车道布置可参见图25-10所列。

B　行车视距

行车视距包括停车视距和会车视距，各级道路的行车视距，一般是按潮湿泥泞道路条件确定，在平曲线外和纵断面上的最短视距规定见表25-47。

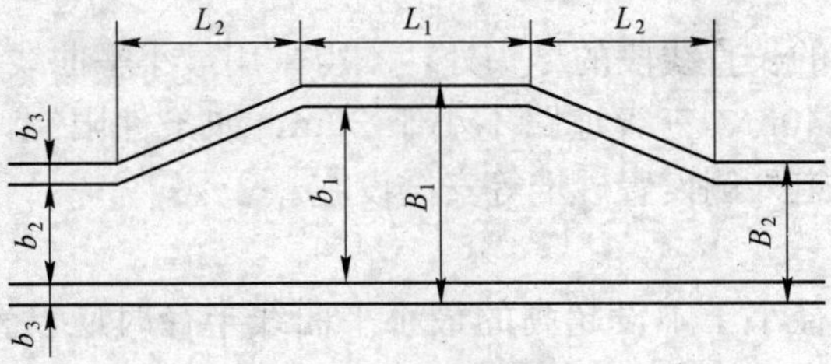

图 25-10 错车道布置图

L_1—等宽长度，可采用行驶车辆中的最大车长加 5m（对于计算车宽：一类 2.3m，二类 2.5m，三类 3.0m、四类 3.5m、五类 4.0m）或加 10m（对于计算车宽：六类 5m、七类 6m、八类 7m）；
L_2—渐宽长度，可采用 10m（对于一至五类车宽）或 15m（对于六至八类车宽）；
B_1—双车道路基宽度；B_2—单车道路基宽度；b_1—双车道路面宽度；
b_2—单车道路面宽度；b_3—路肩宽度

表 25-47 最 短 视 距

露天矿山道路等级	一	二	三
停车视距（m）	40	30	20
会车视距（m）	80	60	40

在一般情况下，应满足会车视距的要求，在工程艰巨或受限制路段，可采用停车视距，但必须设置分道行驶设施或限速标志等措施。当平面视距不满足时，横净距内的障碍物，除对视线妨碍不大的稀疏树木或单个管线支架、电杆、灯柱等可保留外均应予以清除。

C 最小平曲线半径及超高值

露天矿各级道路的平曲线半径，应尽量采用大于或等于不设超高的平曲线半径，当受地形或其他条件限制时，可采用表 25-48 所列最小平曲线半径。

表 25-48 最小平曲线半径

露天矿山道路等级	一	二	三
最小平曲线半径（m）	45	25	15
不设超高的最小平曲线半径（m）	250	150	100

当遇到以下几种条件时，还需要采取相应措施：

（1）当矿山地形复杂，道路使用年限较短，有些路段采用最小平曲线半径仍有困难时，一、二级道路的最小平曲线半径可相应降低一级，但要求减速，交通量较小且无发展运量的三级道路最小平曲线半径可按车型大小及实践经验减少到汽车构造半径的 1.3 倍（一至五类车宽）或 1.5 倍（六至八类车宽），并分别不得小于 12m 或 18m。

(2) 当采用六至八类车宽时，各级道路的最小平曲线半径应增加一个相应的计算车宽值。

(3) 在平坡或下坡的长直线段的尽头处，不得采用最小平曲线半径。一级道路不小于60m，二级道路不小于40m，三级道路不小于30m，如条件限制，需采用小平曲线半径时，应设限速标志及弯道外侧设置砂堆等安全设施。

D 超高

当采用的平曲线半径小于不设超高的最小平曲线半径时应设置超高。当车速限制在15km/h可不设超高。

E 曲线加宽

当露天矿道路平曲线半径等于或小于200m时，应在半曲线内侧加宽路面。

F 回头曲线

由于矿山地形条件限制，需要迂回展线设置回头曲线。回头曲线对汽车运行十分不利，因此需设限速标志和在外侧设挡车堆等安全设施。

在干线上需接支线的回头曲线时，应尽可能采用非对称回头曲线；在长陡下坡后的回头曲线前应设缓和坡度，以改善行车条件。

有关回头曲线的主要技术指标见表25-49。

表25-49 回头曲线主要技术指标

项目	道路等级		
	一	二	三
计算行车速度（km/h）	25	20	15
平曲线最小半径（m）	20	15	15
超高横坡（%）	6	6	6
最大纵坡（%）	3.5	4	4.5
停车视距（m）	25	20	15
会车视距（m）	50	40	30

25.3.3.3 道路纵断面

A 纵向坡度

道路的坡度直接影响到汽车的运行安全，使用寿命，道路工程造价，设备效率及运输成本等。因此，确定道路的合理纵坡，一般应进行技术经济比较。规范所规定的最大纵坡是道路设计的允许极限坡度，但并不是道路的合理经济坡度。

B 最大纵坡

露天矿各级道路的最大坡度规定如下：

露天矿道路等级	一	二	三
最大坡度（%）	7	8	9

根据线路路段所处的不同条件，可采用相应的要求：

(1) 在特殊困难路段，重车上坡一、二级道路的最大纵坡允许增加1%。

(2) 开采山坡露天矿的山头时，在较短路段的最大坡度允许增加1%；开采深凹露天矿底部的线路和联络线，辅助线的最大纵坡可增加2%。

(3) 线路位于阴山坡，冬季积雪冰冻严重的道路，专供抢险或运输危险品的辅助线，在海拔2000m以上的道路均不得增大。

C 道路分岔处的最大纵坡

为了运行安全，在一般情况下要求道路分岔点设在纵坡不大于2%的平缓地段；当地形受限制时，分岔点在一级道路不应大于7%，在二、三级道路不应大于8%的路段上，但必须采取安全措施；当设计行驶电动轮自卸汽车的生产干线和支线有足够依据时，可不受本规定的限制。

道路分岔线的纵坡应与主线同向并同坡，在困难情况下，从分岔点开始可采用不同值的同向坡度，其允许坡度差值可遵循下列的规定：

道路分岔角（°）	≤30	>30
允许坡度差（%）	1	2

D 坡长

露天矿各级矿山道路纵坡，应在不大于表25-50所规定的长度处设置缓和坡段，其坡度不应大于3%，长度不应小于表25-51的规定。露天矿各级矿山道路的纵坡长度不应小于50m。

表25-50 纵坡限制坡长（m）

纵 坡（%）	露天矿道路等级		
	一	二	三
>4～5	700		
>5～6	500	600	
>6～7	300	400	500
>7～8		250	350
>8～9		150（170）	200
>9～10			100（150）

注：1. 当地形条件限制或需要适应采矿台阶高度时，限制坡长可采用括号内的数值；

2. 当采用电动轮汽车时，设计中有足够依据，可不受本表限制。

表25-51 缓和坡段最小长度

露天矿山道路等级		一、二	三（生产干线、支线）	三（联络线、辅助线）
缓和坡段最小长度（m）	地形条件一般	100	80	60
	地形条件困难	80	60	50

E 矿山道路分岔处的同坡长度计算

露天矿山多台阶开采，形成了矿山道路多处岔向各台阶的支线，在分岔处当干线与支线坡向不同时，为了不影响干线路基平整度，保证分岔处的行车安全，应尽量在分岔处插入一段与干线坡度相同的路段（简称同坡段），该同坡段长度 L_1 由同坡段最短距离 L 和竖曲线切线 T 组成，详见图25-11。

$$L_1 = L + T \qquad (25-13)$$

式中 L_1 ——同坡段长度，m；

L ——同坡段最短距离，m；

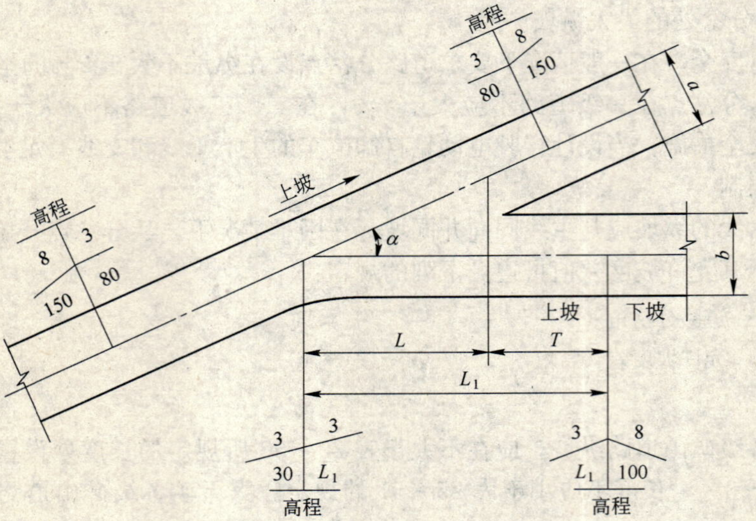

图 25 - 11 道路分岔处平面

$$L=\frac{a+b\cos\alpha}{2\sin\alpha}$$

T ——竖曲线切线长，m；

a、b ——干、支线路基宽，m；

α ——分岔角，(°)。

F 合成坡度

各级露天矿山道路在设有超高的圆曲线上，超高横坡取其合成坡度，最大合成坡度值不应大于下列的规定：

露天矿山道路等级	一	二	三
最大合成坡度值（%）	8	8.5	9.5

在地形及开采条件限制时，露天矿二、三级矿山道路最大合成坡度值可分别增加1%、2%；在寒冷冰冻积雪地区的各级露天矿山道路的合成坡度值不应大于8%。

G 竖曲线

当纵坡变更处的两相邻坡度的代数差大于2%时，应设置圆形竖曲线，其半径不小于表 25 - 52 规定的值。

25.3.3.4 路基

路基需适应使用要求和沿线的自然条件，满足强度、稳定性和经济合理的要求，路基

表 25 - 52 竖曲线最小半径和长度

露天矿山道路等级	一	二	三
竖曲线最小半径（m）	700	400	200
竖曲线最小长度（m）	35	25	20

横断面各主要尺寸，主要系根据路面宽度、路肩宽度及路基高度决定。

（1）露天矿山道路路面宽度可参照表 25 - 53。生产干线和支线一般考虑双车道。联络线、辅助线一般可考虑单车道。

表 25 - 53 露天矿山道路路面宽度（m）

车宽类别		一	二	三	四	五	六	七	八
计算车宽（m）		2.3	2.5	3.0	3.5	4.0	5.0	6.0	7.0
道路技术等级	一			9.5/5.0	11.0/6.0	13.0/7.0	15.5/8.5	19.0/10.5	22.5/12.0
	二	6.5/4.0	7.0/4.5	9.0/5.0	10.5/6.0	12.0/7.0	14.5/8.5	18.0/10.5	21.5/12.0
	三	6.0/3.5	6.5/4.0	8.0/4.5	9.5/5.5	11.0/6.0	13.5/7.5	17.0/9.5	20.0/11.0

注：1. 分子为双车道路面宽度，分母为单车道路面宽度。当实际车宽与计算车宽的差值大于 15cm 时，应按内插法，以 0.5m 为加宽单位，调整路面的设计宽度；

2. 地形复杂地段的辅助线，其交通量小，则路面宽度可减少 0.5m。

（2）露天矿山道路路肩宽度可参照表 25 - 54，当采用一至四类车宽时，挖方路基的单车道路肩宽度和双车道外侧无堑壁的路肩宽度应增加到 1m，当工程艰巨地段，在山坡内侧的石方路肩，可减少为 0.5m。当挖方路基外侧之堑壁，原地面横坡陡于 25°或填方路基的填土高度大于 1m 时，路基宽度应按车型大小增加 0.25～1.00m，当路肩上需要设置挡车堆或墙式护栏时，路肩宽应相应加宽。

表 25 - 54 路肩宽度（m）

车宽类型		一、二	三	四	五	六	七、八
路肩宽度	挖方	0.50	0.50	0.75	1.00	1.00	1.00
	填方	1.00	1.25	1.50	1.75	2.00	2.50

（3）露天矿山道路路基高度可参照表 25 - 55，但应考虑路肩不被地表水淹没，防止地下水、毛细水和冰冻的作用影响路基的强度和稳定性。如路基最小高度不符合要求时，则应采取降低水位，设置隔水层等措施。

（4）路基横断面的各部分尺寸，除路基宽度可参用规定值外，其他应根据线路所处的路段条件确定。路堑横断面见图 25 - 12，路堤横断面见图 25 - 13，路堑边坡坡度见表 25 - 56，路堤边坡坡度见表 25 - 57。

表 25 - 55 路基最小高度（m）

设计路段	干燥地区	潮湿及排水困难地区		
		黏性土	粉性土	砂性土
路基最小高度	0.3～0.5	1.2～1.8	1.4～2.0	0.8～1.4

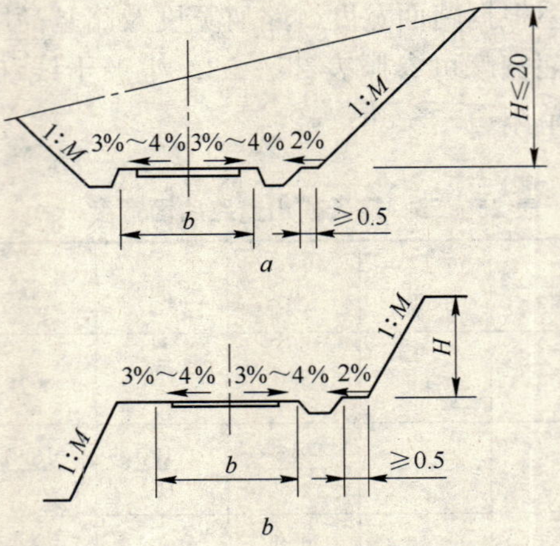

图 25 - 12　路堑横断面

a—路堑；*b*—半路堤半路堑

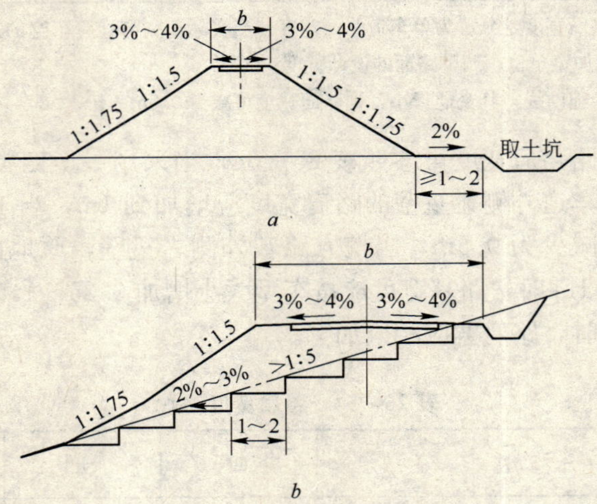

图 25 - 13　路堤横断面

a—平地路堤；*b*—山坡路堤

(5) 露天矿山道路铺筑路面前所修筑的路基其压实度应符合表 25 - 58 所列[1]。并根据沿线实际条件的需要，设置护坡、护墙等防护加固措施。

(6) 挖方、低填方及不填不挖的路基，均应设置边沟排水。土质边沟一般采用梯形或三角形，石质边沟采用矩形或三角形。梯形和矩形边沟的底部宽度一般为 40cm，沟深不宜小于 40cm，在分水岭处可减为 20cm。靠路一侧边沟的边坡，梯形一般为 1∶1.0～1∶1.5，三角形为 1∶2～1∶3；外侧按土质，一般与挖方边坡相同。沟底纵坡不应小于 0.5%，在平坡路段可减小为 0.2%。

25.3.3.5　路面

露天矿山道路的质量直接影响自卸汽车部件的磨损、油耗、轮胎寿命、汽车行驶速度以及运输成本等，尤其是行驶矿用重型自卸汽车的道路，对路面的要求更高，应具有足够的强度和良好的稳定性，其表面应平整、密实和粗糙度适当。

表 25 - 56 路 堑 边 坡 坡 度

土 壤 种 类		边坡最大高度（m）	边 坡 坡 度
一 般 土		20	1∶0.5～1∶1.5
黄土及类黄土		20	1∶0.1～1∶1.25
碎石土、卵石土、砾石土	胶结和密实	20	1∶0.5～1∶1.0
	中 密	20	1∶1.0～1∶1.5
风化岩石		20	1∶0.5～1∶1.5
一般岩石			1∶0.1～1∶0.5
坚 石			直立～1∶0.1

表 25 - 57 路 堤 边 坡 坡 度

填 料 种 类	边坡最大高度（m）			边 坡 坡 度		
	全部高度	上部高度	下部高度	全部坡度	上部坡度	下部坡度
一般黏性土	20	8	12		1∶1.5	1∶7.5
砾石土、粗砂、中砂	12			1∶1.5		
碎石土、卵石土	20	12	8		1∶1.5	1∶7.5
不易风化的石块	8			1∶1.3		
	20			1∶1.5		

表 25 - 58 不同路面等级的路基压实度

填 挖 类 别	深 度 (cm)	路 基 压 实 度			
		高级路面	次高级路面	中级路面	低级路面
填 方	0～80	0.95～0.98	0.90～0.98	0.85～0.95	0.80～0.90
	>80～150	0.90～0.95	0.85～0.90	0.80～0.90	0.80～0.85
	>150	0.85～0.95	0.80～0.90	0.80～0.85	0.80～0.85
低填方、零填及挖方	0～30	0.95～0.98	0.90～0.98	0.85～0.95	0.80～0.90

注：表列深度除低填方为由原地面算起外，其余为路槽底算起。

A 路面类型选择

矿山道路路面类型，应根据厂矿道路的性质、使用要求、矿山服务年限、矿岩运量及所在地区的自然地理条件、材料供应、施工装备等因素选择合理的道路路面类型。

a 路面分类

根据路面在车轮荷载作用下的工作特征和设计理论依据不同，路面可分为柔性路面和刚性路面两大类。

b 路面等级及面层类型

路面等级与面层类型参见表 25 - 59。

c 路面等级选择

路面等级可根据道路等级、运量、使用年限等因素进行选择，在一个矿山企业内，所选定的路面面层类型不宜过多，参见表 25 - 60。

表 25-59 路面等级与面层类型

路面等级	面层类型	使用年限(a)
高级路面	水泥混凝土、沥青混凝土、热拌沥青碎石混合料、整齐石块	10
次高级路面	冷拌沥青碎（砾）石，沥青碎（砾）石表面处治，半整齐石块	6
中级路面	沥青灰土表面处治，泥结，碎（砾）石干结，级配碎（砾）石，工业废渣及其他粒料，不整齐石块	5
低级路面	各种当地材料改善土	<3

表 25-60 路面等级选择参考表

道路条件		路面等级		
使用时间(a)	类别	等级	载重量≤35t	载重量>35t
>10	生产干线	一、二	高级、次高级	次高级、中级
5～10	生产干线或支线	一、二、三	次高级、中级	次高级、中级
3～5	生产支线或联络线	二、三	次高级、中级	次高级、中级
<3	生产支线或临时线	三	中级、低级	中级

d 路拱形式

路拱有直线型和抛物线型两种，可根据路面种类、路面宽度等因素选用。露天矿道路一般采用直线型路拱，其中间宜用圆弧连接；等级较低，宽度较窄的路面，一般采用抛物线型路拱。路拱坡度应有利于路面排水和行车，可根据面层类型和当地自然条件等选择，参见表25-61。路肩的横坡一般比路拱坡度大1%～2%。少雨地区比路拱坡度大0.5%或与路拱坡度相同。

B 柔性路面

露天矿道路路面结构设计要遵循路基稳定、基层坚实、路面耐用的原则，将路基、垫层、底基层、基层、面层作为一个相互联系和制约的整体，充分发挥各结构层的作用。柔性路面其各种结构层的最小厚度，一般不小于表25-62。

C 刚性路面

刚性路面主要是指水泥混凝土路面。板的横断面型式分为等厚式、厚边式两类，一般采用等厚式，其最小板厚一般不小于18cm，水泥混凝土路面需设纵缝和横缝（分缩缝和胀缝），按强度计算，必要时应设置连接杆和传力杆，在板边加设纵向边缘钢筋。板厚可参见表25-63。

D 矿山道路柔性路面结构实例

通行矿用重型自卸汽车矿山道路柔性路面结构实例见表25-64。

表 25-61 路拱坡度

路面面层类型	路拱坡度（%）
水泥混凝土路面	1.0～1.5
沥青混凝土、热拌沥青碎石混合料	1.0～2.0
沥青贯入碎（砾）石、冷拌沥青碎（砾）石，沥青碎（砾）石表面处理，整齐石块，其他沥青路面	1.5～2.5
半整齐、不整齐石块路面	2.0～3.0
泥结、干结及级配碎（砾）石等各种粒料路面	2.5～3.5
各种改善土路面	3.0～4.0

注：降雨量大宜采用上限，降雨量小或积雪和冰冻的路段上，宜采用下限。

表 25-62 柔性路面结构层最小厚度（cm）

结构层名称		最小厚度	备注
沥青混凝土、热拌沥青碎面混合料	粗粒式	5.0	单层最小厚度，不包括联结层的组合厚度
	中粒式	4.0	
	细粒式	2.5	
冷拌沥青碎（砾）石，沥青贯入式		4.0	
沥青碎（砾）石表面处理		1.5	
天然砂砾，级配，泥结碎（砾）石，水结，干压碎石		6.0	
泥灰结碎（砾）石，级配（砾）石掺灰		8.0	
灰土类（石灰土、煤渣灰土等），工业废渣（二渣、三渣、二渣土等）		8.0	
水泥稳定砂砾		8.0	新路可增厚至15cm
砂姜石、碎砖等嵌锁型结构		6.0	
块石、圆石或拳石		10.0	
铺砌片石，锥形块石，大块石基层		12.0	

注：最小厚度，不包括磨耗层和保护层的厚度。

25.3.3.6 主要技术经济指标

A 露天矿汽车运输经营费参考指标

露天矿汽车运输经营费参考指标参见表 25-65。

B 露天矿山道路工程综合投资指标

露天矿山道路工程综合投资指标参见表 25-66。

C 露天矿道路路面单位投资参考指标

露天矿道路路面单位投资参考指标参见表 25-67[4]。

25.3.4 汽车运输计算

25.3.4.1 计算参数

A 自卸汽车有效载重

影响自卸汽车有效载重的因素很多，如挖掘机斗容、铲斗装满系数、汽车车厢容积及有效利用程度等。

表25-63　水泥混凝土路面参考厚度（cm）

荷载等级	车轮荷载(N)	荷载作用位置	土基回弹模量值E_0（MPa）				
			100	80	60	40	25
汽车—15级	50000	板中	18	18	18.5	19	20
		板边、板角	21	21	23	24	25
汽车—20级	65000	板中	19	20	21	21.5	22
		板边、板角	24	25	26	27	28
汽车—30级	100000	板中	23	24	25	26	27
		板边、板角	29	30	31	33	35
汽车—40级	135000	板中	27	28	29	30	31
		板边、板角	34	35	36	38	40
汽车—55级	185000	板中	31.5	32.5	33	34	35
		板边、板角	39	40	42	44	46
汽车—110级	375000	板中	45	46	47	49	51
		板边、板角	57	58	60	63	67

注：表中计算参数：300号混凝土，$R_{28}=4.5$MPa，混凝土强度折减系数Y=0.5。

表25-64　矿山道路柔性路面结构实例

车　型	矿山名称	路面结构及厚度（cm）	道路性质及交通量	路基类别
T-20（载重20t）	金堆城钼矿	2砂土封面（上层） 3.5碎石平整层（中层） 30～50大块石基层（下层）	生产干线 900辆/日	填　石
SH-380或БЕЛАз-540（载重32t、27t）	云浮硫铁矿	10碎石（上层） 18手摆片面（下层）	运矿干线 50辆/日	岩　石
	云浮硫铁矿	24泥结碎石（上层） 30手摆片面或50～70块石（中层）	排土干线 205辆/日	填　石
	大冶铁矿	10～15泥结碎石（上层） 10～20碎石（下层）	生产干线 100～400辆/日	岩　石 填　石
	水厂铁矿	70碎石土	运矿干线 400辆/日	岩　石
	南芬铁矿	8沥青贯入（上层） 48手摆片面（下层）	生产干线 860辆/日	碎石土
	白银露天矿	2砂土封面（上层） 30～50碎石（下层）	生产干线 1220辆/日	碎石土
WABCO-75B（载重68t）	霍林河煤矿	15泥结碎石（上层） 40手摆块石（下层）	临时排土干线 300辆/日	排　土
WABCO-120C（109t）	南芬铁矿	15碎石（上层） 20块碎石整平层（下层）	排土干线 130辆/日	岩　石
R-170（154t）	水厂铁矿	60碎石（上层） 90块碎石（下层）	运矿岩道路	填　土

表 25-65 运营费参考指标（元/吨公里）[4]

运行条件	物料体重 (t/m³)	运距 (km)	汽车类型 QD-352	BJ-371	SH-380	LN-392	SF-3100
重车下坡 空车上坡	$\gamma=3.3$	1	0.489	0.404	0.384	0.349	0.288
		2	0.467	0.385	0.371	0.328	0.264
		3	0.459	0.376	0.367	0.321	0.256
		4	0.455	0.375	0.364	0.317	0.251
		5	0.453	0.373	0.363	0.315	0.249
	$\gamma=2.7$	1	0.571	0.418	0.467	0.350	0.300
		2	0.543	0.395	0.450	0.327	0.271
		3	0.533	0.388	0.444	0.318	0.261
		4	0.528	0.383	0.441	0.314	0.256
		5	0.525	0.381	0.439	0.312	0.253
重车上坡 空车下坡	$\gamma=3.3$	1	0.562	0.472	0.447	0.404	0.339
		2	0.541	0.454	0.435	0.384	0.315
		3	0.534	0.447	0.413	0.378	0.307
		4	0.530	0.444	0.428	0.374	0.303
		5	0.528	0.442	0.427	0.372	0.301
	$\gamma=2.7$	1	0.652	0.485	0.539	0.404	0.349
		2	0.626	0.463	0.522	0.381	0.321
		3	0.616	0.456	0.517	0.373	0.312
		4	0.612	0.452	0.514	0.369	0.307
		5	0.609	0.450	0.512	0.367	0.304

表 25-66 道路工程综合投资指标

指 标	地形地物条件	单 位	汽车载重吨级 (t) 7	20	32	68	100
土石方工程 投 资	1∶3 (18°26′)	万立方米/公里 万元/公里	2.8 12	3.6 17	4.9 23	6.9 34	12.8 61
土石方工程 投 资	1∶2.5 (21°48′)	万立方米/公里 万元/公里	3.6 14	4.5 19	6.2 27	8.7 39	15.9 70
土石方工程 投 资	1∶2 (26°34′)	万立方米/公里 万元/公里	4.7 17	6.1 24	8.2 33	11.5 43	21.3 86
土石方工程 投 资	1∶1.5 (33°41′)	万立方米/公里 万元/公里	7.1 24	9.1 33	12.4 45	17.3 65	31.9 116

注：投资指标包括路基、碎石路面及桥涵等全部工程费用，由于物价调整等因素，可按本表投资指标乘以 2.0 左右系数参用。

汽车有效载重量 Q_x 可按（25-14）公式计算：

$$Q_x=\frac{NE\gamma K_H}{K_P} \tag{25-14}$$

式中 Q_x——汽车有效载重量，t；

N——装载斗数，一般为 3～6 斗；

E——铲斗标准容积，m^3；

表 25-67　路面单位投资指标

路面类型	厚度（cm）	单价（元/平方米）
水泥混凝土路面	15	8.283
	18	9.865
	20	10.561
	22	11.578
	26	14.614
	32	17.866
沥青混凝土路面	4	2.926～3.074
	5	3.605～3.792
	8	5.964
	10	7.370
沥青贯入式碎（砾）石路面	4	2.190
	5	2.617
	6	3.292
	7	3.533
	8	3.913
沥青碎（砾）石表面处治	1.5～2.0	0.996～1.196
	2.0～2.5	1.196～1.451
	2.5～3.0	1.399～1.703
泥结碎石路面	5	2.334
	10	3.388
	20	5.966
	30	8.480
煤渣路面	10	1.372
	20	2.456
级配砾石路面	10	2.359
	30	4.526
石灰土基层	15	1.912
碎（砾）石灰石路面	15	2.523
	30	5.202
手摆片石基础	16	3.595
	20	4.456
	30	6.583
	40	8.711
大块碎石基础	14	3.232
	30	6.975
	40	9.242
	50	11.522
	60	13.701
砂砾基础	10	1.868
砂基础	10	1.738
砂土基础	10	1.169

注：表中单价未包括间接费。由于物价调整等原因，在参用本表时应加地区差价、价格调整系数。

γ——矿岩体重，t/m³；

K_H——铲斗装满系数；

K_P——矿岩松散系数。

根据上式计算的汽车有效载重量还应按松散矿岩堆积容积验算，汽车车厢的容积V可按（25-15）公式计算：

$$V=\frac{Q_x K_P}{\gamma}\leqslant V_x \tag{25-15}$$

式中 V——自卸汽车有效载重量为Q_x时装载松散矿石的容积，m³；

V_x——自卸汽车车厢有效容积，m³。

B 平均运行速度

自卸汽车往返于装载点至卸载点之间的平均速度受汽车动力性能、制动条件、道路技术条件、路面种类及移动线所占道路比例、驾驶技术等因素影响外，一般情况下，上坡运行受动力特性限制，下坡运行受安全运行条件限制。

根据我国矿山的实际情况，矿用自卸汽车在固定线上往返的平均速度可按18～24km/h考虑（道路限坡为8%）。在采矿场和废石场移动线上的平均速度可按10～12km/h考虑。

C 时间利用系数

时间利用系数与挖掘机、汽车的完好状况及工作组织，气候因素有关，一般是按天工作班数的不同，采用不同的时间利用系数，如天工作班数为一班制时，系数为0.9；二班制时系数为0.85；三班制时系数为0.8。如果三班制的时间利用系数采用0.75时，则计算汽车运行周转时间中可不考虑汽车停留的时间。

D 运输不均衡系数

运输不均衡系数可根据矿山具体情况确定，一般取1.05～1.15，生产规模大，装运条件好取小值。

E 装车时间

挖掘机装自卸汽车的时间主要与挖掘机作业循环时间及装载斗数有关，一般挖掘机装载一斗的作业时间取35～45s，当斗容小、装载体重轻的矿石时取下限值，装载斗数参见表25-42。

F 卸车时间

汽车卸车时间主要取决于卸载物料的性质，正常情况下取1min，黏车严重时，可适当增加。

G 调头及停留时间

调头时间与汽车和挖掘机的相对位置及装载平台的布置形式、场地大小有关，一般取1min。停留时间取2～4min。

H 出车率

出车率系指平均每班开动的汽车台数与在籍台数之比，影响汽车出车率的因素很多，如汽车检修能力，备品备件的供应情况，生产管理水平及不同运距、运行条件等。一般出车率的幅度57%～72%。当车型大、运距长时取下限，反之可取上限。

25.3.4.2 汽车数量计算

A 汽车台班运输能力

生产汽车台班运输能力 A，可按（25-16）式计算：

$$A=\frac{480G}{T}K_1K_2 \tag{25-16}$$

式中 A——汽车台班运输能力，吨/台班；

G——汽车额定载重量，t；

T——汽车往返一次周转时间，min；包括：t_1——装车时间；t_2——走行时间；t_3——卸车时间；t_4——调头时间；t_5——停留时间；

K_2——载重利用系数；

K_1——时间利用系数。

B 汽车数量

汽车数量 N 可按（25-17）式计算：

$$N=\frac{QK_3}{CHAK_4} \tag{25-17}$$

式中 N——汽车数量，台；

Q——露天矿年运输量，t/a；

A——汽车台班运输能力，吨/（台·班）；

K_3——运输不均衡系数；

K_4——出车率；

H——年工作日，d；

C——每日工作班数，班。

当计算结果出现小数时，一般情况下，大于0.3可按一台设备考虑，小于0.3应分析情况，可采用提高工作效率，调整作业时间等办法解决。

C 矿用自卸汽车在籍设备效率估算❶

在籍设备数量 N 的计算见公式（25-18）：

$$N=\frac{\sum q}{q} \tag{25-18}$$

式中 N——在籍设备数量，台（取整数）；

$\sum q$——汽车总载重量，t；

q——所选用车型的额定载重量，t。

汽车总载重量 $\sum q$ 的计算见公式（25-19）。

$$\sum q=\frac{QK}{x} \tag{25-19}$$

式中 $\sum q$——汽车总载重量，t；

Q——年运输量，万吨；

K——运输不均衡系数，一般取1.05～1.15；

❶此段由张延忠提供材料。

x——汽车效率，万吨/(吨·年)。见下列所示的设备效率参考值：

运距（km）	1.0	1.5	2.0	2.5	3.0
x值(万吨/汽车载重吨年)	1.1～1.2	0.9～1.0	0.75～0.85	0.65～0.7	0.55～0.6
运距（km）	4.0	5.0			
x值(万吨/汽车载重吨年)	0.45～0.6	0.35～0.4			

当采用小载重的车型、重车下坡等条件，可取上限，反之则取下限。

1）道路通过能力❶

矿山道路年最大通过能力 Q_a 按公式（25-20）估算。

$$Q_a = qx \qquad (25-20)$$

式中 Q_a——矿山道路年最大通过能力，万吨/年；

q——所选用车型额定载重量，t；

x——汽车载重效率，万吨/(吨·年)。

汽车道路通过能力参考值见表 25-68。

表 25-68 汽车道路通过能力（万吨/年）

车型（t）	7	20	32	68	108	154
矿石体重 $\gamma=3.3$（t/m^3）	65	63	62	60	58	55
矿石体重 $\gamma=2.7$（t/m^3）	62	60	59	57	55	52

25.3.5 矿山道路养护与维修

矿山道路养护是矿山生产运输的重要环节，是提高汽车效率，降低运营费用的必要手段，道路养护好坏直接影响汽车的速度、运行周期、汽车的工作效率、燃料消耗、修理费用（零部件的磨损，轮胎使用寿命……）、行车安全等。

25.3.5.1 分类

矿山道路的养护与维修按其工作性质，工作量大小及繁简程度可分为三类。

（1）小修、保养：经常保持道路平整、坚实，并及时修补道路，使之处于完好状态。

（2）大、中修：对损坏较大的道路进行修理，局部翻新或全部重建。

（3）改建：在采场（或废石场）内道路的移设或改道。

按其作业地点可分为：装车点及其通道、排土点及其通道，固定道路及移动道路等。

25.3.5.2 碎石路面道路养护维修标准

A 路面

（1）路面平整，没有坑槽、缓坑和高突等。用 3m 直尺检查时，固定线最大高差不超过 50mm；移动线不超过 100mm。

（2）没有车辙和搓板，车辙最大深度和搓板波浪的料埂最大高度以 50mm 为界（移动线为 100mm）。低于上述界限且长度不大于 5m 者，即符合要求。

（3）磨耗层完整，没有骨料松散外露现象。固定线磨耗层飞失和骨料顶面外露累计面积不超过 $10m^2$；移动线松散累计面积不大于 $10m^2$。

（4）路拱适度，没有积水和冲沟现象。

---

❶由张延忠提供材料。

(5) 路面整洁，没有浮石和杂物（如铁件等）。

B 路基

(1) 路基和路面宽度符合规范或设计标准。

(2) 路肩平整稳定，路肩上没有高度超过（低于）路面边缘30mm且长度大于3m的堆积物（低洼地段），同时路肩上不得有长度大于3m的高峰地段。

(3) 曲线加宽、超高符合规范或设计标准。

(4) 路基边缘、边沟、截水沟、桥涵、挡土墙、照明、标志等设置稳固完好，排水设施畅通。

(5) 防护堆高度及宽度适宜。

C 装车点

(1) 通道平整，没有坑槽、缓坑和高突。用3m直尺调查时，没有大于100mm的高差。

(2) 装车场地平整无积水，要求和通道平整相同。

(3) 整洁无浮石杂物（如铁件等）。

(4) 有足够的回车场地。

D 排废点

(1) 通道平整，要求与装车点通道平整相同。

(2) 场地平整无积水，整洁无杂物。

(3) 废石场顶面有反向坡边缘卸车挡墙，高度适当。符合安全规定。

(4) 有足够的回车场地。

(5) 照明良好，照度不低于4～5lx。

25.3.5.3 养路设备及养路工房

矿山道路养护维修工作量很大，劳动强度高，劳动条件差。因此，应根据矿山具体情况，逐步配备养路设备，实现机械化。

A 养路设备

养路设备配套可参考表25-69。

B 养路工房

养路工房由工人休息室、工具室、仓库等房间组成。其面积按计算确定，养路设备应有足够的保养库房、停车场地及相应设施。

C 养路定员参考指标

养路工人定员可按移动线1人/公里，固定线1.5人/公里；养路技术人员为10公里/人；养路设备定员每台班1人（按实际设备的使用情况）。

25.3.5.4 主要燃材料消耗指标

A 汽车轮胎消耗指标

其消耗指标参见下列所示：

汽车载重吨级（t）	7～15	20～60	100～150
行驶里程定额（km）	15000～25000	15000～20000	20000～30000

根据线路条件、驾驶技术，路面状况较好时，宜采用上限值，反之采用下限值。当轮胎行驶的里程达到规定的定额，列为报废。如果有内胎的轮胎，则其内胎的消耗与外胎相同。

表 25-69 养路设备配套参考表

设备名称	小型采剥总量<300万吨/年		中型采剥总量300～1000万吨/年		大型采剥总量1000～2000万吨/年		特大型采剥总量>2000万吨/年	
	汽车载重量（t）							
	≤15		15～32		32～68		68～154	
	规格	数量	规格	数量	规格	数量	规格	数量
破碎机	PEF 250×400	0～1	PEF 400×600	1	1.2～1.5m（旋回移动）	1	1.2～1.5m（旋回移动）	1
养路用推土机	74～88kW	0～1	74～88kW	1	88～133kW	1～2	88～133kW	≥2
压路机	静力式12～15t或振动式8～10t	0～1	静力式12～15t或振动式10～14t	1	静力式12～15t或振动式14t	1	静力式12～15t或振动式14t	1～2
平路机	118kW	0～1	118kW	1	118kW	1～2	118kW	≥2
前装机	$1m^3$	0～1	$1～3m^3$	1	$3～5m^3$	1～2	$3～5m^3$	≥2
洒水车	≤8t	1	8～20t	1～2	20～32t	2～3	≥32t	≥3
撒砂石车运石料自卸汽车	3.5～15t	0～1	3.5～20t	1～2	20～32t	2～3	20～32t	≥3

B 汽车燃油消耗的一般指标

其消耗的一般指标参见表 25-70。

表 25-70 汽车燃油消耗一般指标

型号	汽车载重吨位（t）	耗油指标（公斤/车百公里）
QD-352	7	35～55
QQ-561	10	45～70
SH-361	15	65～100
BJ-371	20	90～135
SH-380A	32	120～200
LN-392	68	270～400
120C	108	450～680
170C	154	600～950

注：1. 本表汽车燃料均为柴油；
2. 当运行条件差时，宜采用上限值。

C 汽车机油消耗的一般指标

其机油消耗的一般指标参见下表所示：

汽车载重吨级（t）	7～15	20～60	100～150
消耗机油指标占燃油百分比（%）	7～8	10～15	8～10

25.4 架空索道运输

25.4.1 架空索道的分类及适用范围

25.4.1.1 分类及用途

架空索道主要分为货运和客运两大类，如表25-71。矿山一般使用货运索道运送原矿、精矿或排弃废石。少数矿山使用客运索道运送人员。本节着重叙述一般货运索道。

表25-71 架空索道分类及用途

类别	分类	用途	适用范围
货运索道	单线循环式	运送原矿、精矿、散状货物	一般150t/h以下，可达300t/h，长度不限
	双线循环式	运送原矿、精矿、散状货物	一般300t/h以下，可达700t/h，长度不限
	双线往复式	运送原矿、精矿、散状货物	一般150t/h以下，可达250t/h，长度可达2km
	栈桥式	运送废石、炉渣等	一般300t/h以下
	桅杆式	运送废石、炉渣等	一般200t/h以下
	轻便式	运送捆状货物等	2～25t/h或更大
客运索道	往复式（客厢）	交通、旅游	客厢一般100人以下，可达250人，能力可达2300人/时，长度可达4km
	单线循环式（客厢）	交通、旅游	客厢一般4～6人，能力可达2500人/时
	双线循环式（客厢）	交通、旅游	客厢可达30～50人，能力可达1500人/时
	吊椅式	井下、滑雪、旅游	座椅1～4人，能力可达2400人/时
	拖牵式	滑雪	能力可达1000人/时
	自行式（客厢）	交通、旅游	已达30人客厢，最大坡度45°

25.4.1.2 双线循环式索道

双线循环式货运索道如图25-14所示。

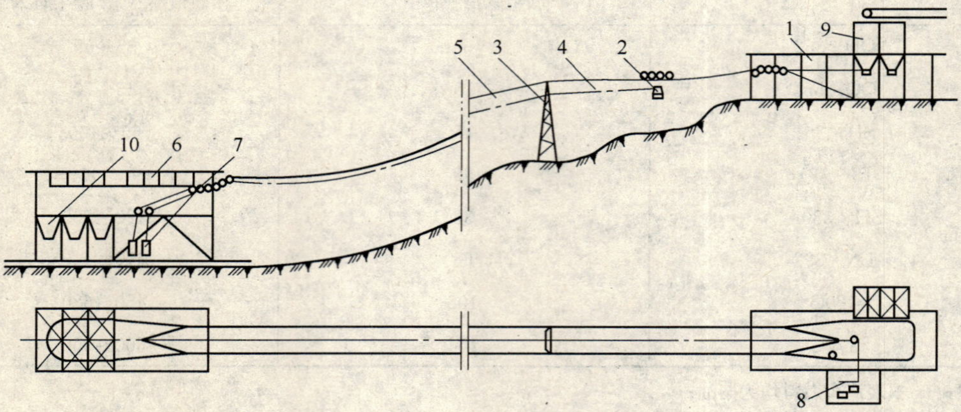

图25-14 双线循环式货运索道示意图

1—装载站；2—货车；3—支架；4—承载索；5—牵引索；6—卸载站；7—重锤；8—驱动机；9—装载料仓；10—卸载料仓

双线循环式索道有三种布置形式：即上向牵引式、下向牵引式和平行牵引式索道，见图25-15。

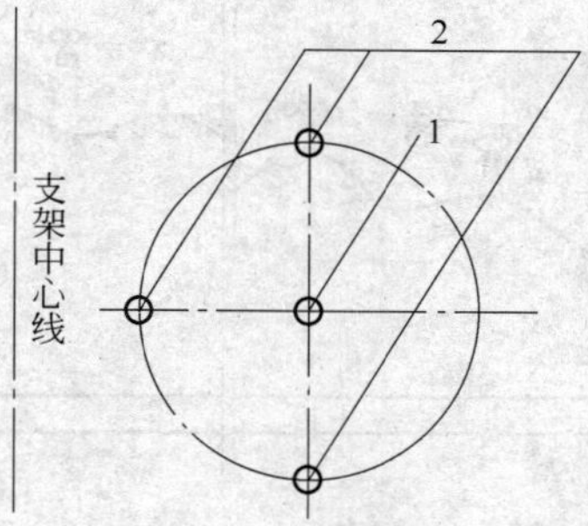

图 25 - 15 双线循环式索道布置形式
1—承载索；2—牵引索

上向牵引式已趋向淘汰，下向牵引式索道的货车抱索器钳口朝上，车轮若从承载索上脱出时，由于车重易将牵引索脱开钳口，故个别货车出轨不影响全索道正常运行，承载索与牵引索是上下垂直关系，在自动转向时，内外迂回均易，故自动转角站使用较多。但是对受力的牵引索在地形凸起处或支架上对承载索增加附加压力，压力过大将使承载索过早断丝损坏，车架变形。反之在大跨度或凹陷地形处，压力变为上抬力，使承载索寿命增长；牵引索在货车间有一定挠度，允许货车作相对移动，在地形起伏大的地段货车会出现局部加减速，故牵引索速度实际上是不均匀的。这将使驱动机受力不均，重锤行程加大。严重时会导致牵引索系统平衡破坏而无法运行。但货车间牵引索因无托轮承重，寿命较长且货车受阻时也不易装牵引索拉断。

平行牵引式索道特性与下向牵引式不同。牵引索处于平行位置，索重及压力由支架上托索轮承担，故无附加压力，使承载索寿命明显提高，无局部断丝现象。货车系两点支持，运行稳定不易脱出承载索，个别掉车极少发生。货车间牵引索挠度小，相对位移量小，速度不均现象大为缓和，相反牵引索因有托轮支撑，磨损加快，自动迂回困难，自动转角站其结构庞大费用高而极少采用，在车轮脱出承载索时，因抱索器构造上的缺点将使整段货车掉落。

如上所述，下向牵引式索道优于平行式，故目前世界上绝大多数双线索道都采用下向牵引式。

25.4.1.3 单线循环式索道

单线循环式货运索道见图 25 - 16。

单线循环式索道根据抱索器型式不同分为重力式、鞍式和弹簧式三种。

单线索道没有专用承载索，站房和设备大为简化；传动区段加长，提高了运行可靠性；钢绳可实现机械化换绳，维修方便。但由于钢绳既承重又牵引，其直径不宜过大，故货车载重量受到限制，生产能力低于双线索道。

鞍式抱索器爬坡能力一般在 35% 以下，构造简单维修容易，因货车系双鞍支撑，重量可以增加。重力式和弹簧式抱索器爬坡能力不大于 100%，是适用于地形复杂的索道，但构造比鞍式复杂。

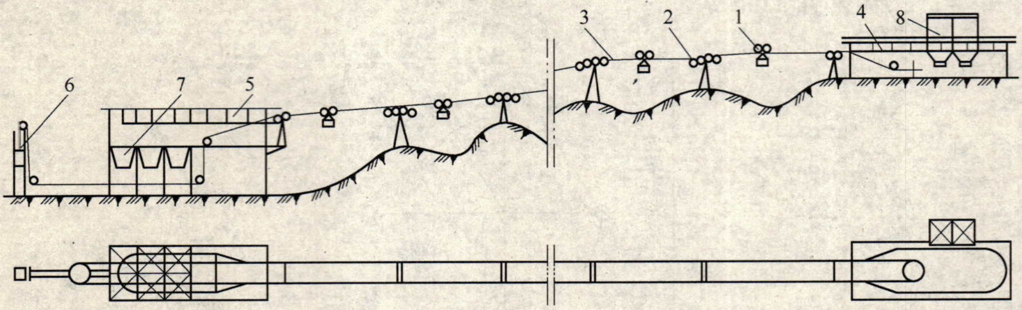

图 25 - 16 单线循环式货运索道示意图

1—货车；2—支架；3—牵引索；4—装载站；5—卸载站；6—拉紧装置；
7—卸载料仓；8—装载料仓

25.4.1.4 货运索道使用范围

在矿山运输中，索道是一种有效的运输工具，在高差大、地形复杂或在特定的技术条件下，索道甚至是唯一可行的运输方式。

在索道投资中，一般比例为：机械约占 45%，电气 5%，土建 50%（其中双线支架约 20%，单线约 30%）。

不论单线或双线索道长度都不受限制，可分段传动，在分段中间用储仓予以调节，达到全线或分段运行目的。

往复式索道的运量随运距的加长而减少，只适用于线路较短运量较小的条件，在高差大支架少的凹陷地形更适合建设往复式索道。

对于简易的往复式索道往往自高处向低处运送物料，可以设计为无动力型索道。在地形陡运量小的条件下，可考虑采用无动力的轻便索道。

单线与双线相比，具有钢绳设备重量轻、投资省、维修工作量小等优点，一般情况下，设备轻 1/2，钢绳少 2/3，投资相差 1/2，在 100～150t/h 以下应优先采用单线索道。有的建设单位甚至用两条平行单线索道代替一条双线索道。

架空索道技术经济指标如下：

（1）双线架空索道基建投资及经营费参考指标见表 25 - 72、表 25 - 73。

（2）单线架空索道基建投资及经营费参考指标见表 25 - 74、表 25 - 75。

25.4.2 架空索道选型

表 25 - 72 双线架空索道基建投资参考指标（万元/公里）

索道长度（km）	运输能力（t/h）		
	<100	100～200	>200
1～2	110～120	120～130	130～150
2～4	100～110	110～120	120～130
4～6	90～100	100～110	110～120
6～10	80～90	90～100	100～110
10 以上	70～80	80～90	90～100

表 25-73 双线架空索道经营费参考指标（元/吨·公里）

运输能力（t/h）	索道长度（km）					
	<1	1~2	2~4	4~6	6~10	>10
75~100	0.7~0.4	0.5~0.3	0.4~0.2	0.3~0.20	0.25	0.2~0.15
100~125	0.6~0.3	0.4~0.25	0.3~0.25	0.25~0.2	0.2~0.18	0.15~0.13
125~150	0.5~0.3	0.3~0.25	0.25~0.20	0.20~0.15	0.18~0.15	0.13~0.1
150~200	0.4~0.2	0.25~0.15	0.20~0.15	0.15~0.1	0.15~0.1	0.1~0.08

表 25-74 单线架空索道基建投资参考指标（万元/公里）

索道长度（km）	运输能力（t/h）		
	<50	50~100	100~150
1~2	50~60	60~70	75~80
2~4	45~50	55~65	70~75
4~6	40~45	50~60	65~70
6~10	35~40	45~55	60~65
10以上	30~35	40~50	55~60

表 25-75 单线架空索道经营费参考指标（元/吨·公里）

运输能力（t/h）	索道长度（km）					
	<1	1~2	2~4	4~6	6~10	>10
25~50	1.0~0.8	0.8~0.6	0.6~0.4	0.5~0.3	0.4~0.3	0.3~0.25
50~75	0.8~0.6	0.6~0.5	0.5~0.3	0.4~0.25	0.35~0.25	0.25~0.2
75~100	0.7~0.5	0.5~0.4	0.3~0.25	0.30~0.2	0.30~0.20	0.20~0.15
100~150	0.6~0.4	0.4~0.3	0.25~0.2	0.25~0.15	0.25~0.15	0.15~0.1

25.4.2.1 基本参数及计算公式

A 基本参数

(1) 货车有效载荷 Q_1

$$Q_1 \geqslant \frac{Bt}{3.6} \tag{25-21}$$

式中 Q_1——货车有效载荷，kg；

B——索道小时运量，t/h；

t——发车间隔时间，s。

单线<100t/h、双线<150t/h、t=30s以上；

单线100~150t/h、双线150~300t/h、t=18~30s；

大运量索道 t=12~18s。

单线货车容积为以下系列：0.2、0.25、0.32、0.40、0.55、0.63、0.8和1.0m³；

单线货车承载能力为：0.4、0.7、1.0、1.25t。

双线货车容积为以下系列：0.5、0.63、0.8、1.0、1.25、1.6、2.0和2.5m³。

双线货车承载能力为：1.0t、2.0t 和 3.2t。

（2）货车运行速度

一般带自动迂回卸载的索道 $v=1.6\sim2.0\text{m/s}$；

单线<150t/h、双线<300t/h $v=2.5\sim3.5\text{m/s}$；

大运量索道 $v=3.5\text{m/s}$ 以上。

（3）索距一般取 3m，1.25m^3 以上，货车取 3.5～4m。

（4）运输不均衡及备用系数 1.1～1.2。

（5）矿石最大允许粒度 300mm。

（6）工作制度：

采用非连续周工作制的索道年工作日 306 天；

采用连续周工作制的索道年工作日 330 天；

每日工作小时数，一班作业 7.5h，二班作业 14h，三班作业 19.5h。

B 计算公式

a 钢绳挠度公式

两支架间任一点的总挠度：

$$f_x=\frac{x(l-x)g}{T_j\cos\beta}\left(\frac{q_0}{2\cos\beta}+\frac{KQ}{l}\right) \tag{25-22}$$

式中 f_x——任一点的总挠度，m；

x——任一点与最近支架的平距，m；

l——支架间距，m；

T_j——两支架间钢绳拉力的平均值，N；

β——两支架间弦倾角，(°)；

q_0——钢绳自重，kg/m；

Q——重车侧集中载荷（单线为货车总量），kg；

K——挠度系数。

$$K=1+M\left(1-\frac{1+M}{2x}\lambda\cos\beta\right)+n\left[1-\frac{1+n}{2(l-x)}\lambda\cos\beta\right]$$

λ——集中载荷间距，m；

M——系数，当 $x\leqslant\lambda\cos\beta$ 时，$M=0$；

当 $x>\lambda\cos\beta$ 时，$M=\frac{x}{\lambda\cos\beta}$（取整数）；

n——系数，当 $l-x\leqslant\lambda\cos\beta$ 时，$n=0$；

当 $l-x>\lambda\cos\beta$ 时，$n=\frac{l-x}{\lambda\cos\beta}$（取整数）。

令 $x=\frac{l}{2}$ 即可求出支架间中点的总挠度。

b 钢绳长度公式

$$S=\frac{l}{\cos\beta}+\frac{A}{T^2} \tag{25-23}$$

式中　S——绳长，m；

T——钢绳拉力，kg；

A——载荷因素值，

无集中载荷时　$A=\frac{G^2 l}{24\cos\beta}$；

G——支架间距 l 中钢绳总重量，

$$G=\frac{q_0 l}{\cos\beta},\ \text{kg}$$

一个集中载荷时

$$A=\frac{G^2 l}{24\cos\beta}+Q(Q+G)\frac{x(l-x)}{2l\cos\beta}$$

多个集中载荷时

$$A=\frac{G^2 l}{24\cos\beta}+\frac{QN}{2K^2}\left[\frac{xy}{\lambda^2}(NQ+G)+\frac{N-1}{6}(bNQ+aG)\right]l\cos\beta;$$

x、y——两支架距集中载荷距离，m；

$$l=x+(N-1)\lambda+y,\ \text{m};$$

N——支架间集中载荷总数；

a——系数，$a=\frac{2N-1}{N}K-\frac{3}{2}(N-1)$；

b——系数，$b=3k-(2N-1)$；

K——$\frac{l}{\lambda}$，当 $x=0$ 时，A 值最小；

当 $x=y$ 及荷载数 N 为下列值时 A 最大：

当 $k=1.0\sim1.35$ 时，$N=1$；

当 $k=1.35\sim2.4$ 时，$N=2$；

当 $k=2.41\sim3.43$ 时，$N=3$；

当 $N>3$ 时，可按均匀分布载荷进行计算，即用 $q=q_0+\frac{Q}{\lambda}$ 代替 q。

25.4.2.2　线路选择

（1）在单段传动时，线路应尽可能选择直线，多段传动时，可根据地形选直线或利用中间传动站走折线，使线路侧型更为合理。

（2）在下列情况下，可以设转角站使线路走折线：线路坡度太大，超过货车爬坡能力；线路中有高山阻挡，需要增加传动段，或开挖隧道和开堑沟引起工程量过大；穿越居民区、工业区、车站等大面积建筑物或场地有困难，或者噪音要求不允许；通过不良工程地质的地段或排土堆、崩落区等不允许设支架；无法通过的高压线区；其他困难条件。

（3）线路在直线通过时如遇特大跨度，设支架有困难时，可设压索站。

（4）一般条件下，线路上以开挖土石方或隧道以缓和坡度，尽量避免采用密集支架或硬轨桥。

(5) 单线索道最低支架应大于4m，双线索道最低支架应大于5m，高支架可达80m以上，应尽量减少大跨度，为减少高支架或支架数而设大跨度对运行是不利的。

(6) 索道净空尺寸参见表25-76。

表25-76 索道净空尺寸

跨越设施名称	跨越位置的特征	净空尺寸 (m)	
		垂直方向	水平方向
准轨铁路	保护设施底面距铁路轨面	6.5	
窄轨铁路	货车或保护设施底面距轨面	4.1	
公 路	货车或保护设施底面距路面	4.5～5.0	
航 道	货车或保护网底面距船只顶面	2.0 (最大洪水位时)	
无人通行区	货车底面距地面或雪堆面	2.0	
行人稀少区	货车底面距地面	2.5	
耕地和居民区	货车底面距地面	4.5	
建筑物	保护设施底面距建筑物顶面	2.0	
35～110kV架空输电线路	电线在上时电线距索道顶部 电线在下时保护设施距电线	3.0 3.0	4.0 4.0
154～220kV架空输电线路	电线距索道顶部	4.0	5.0
330kV以上架空输电线路	电线距索道顶部	5.0	6.0

注：输电线应考虑最大风速时的距离。

(7) 当架空索道的线路跨越铁路、主航道、干线公路（包括三级以上公路），建筑物和高压线时，均应设置保护设施。当保护范围较长，货车坠落高度较大时，应采用保护网，反之可采用保护桥。

(8) 自动转角站一般应设在线路侧型高处，只有附近有大跨度且跨度底部低于转角站时才允许设检侧型低处。

(9) 线路中间设张锚站时，其左右两侧构成的折角不得为负值，应尽量选于线路高处。

25.4.2.3 单线循环式索道选型

A 重锤重量和钢绳选择

重锤一般设于索道低处，有利于加强钢绳的初张力。初张力值与货车重量及跨度有关。

跨度<400m时 $$\frac{T_o}{gQ_o}=9\sim12 \qquad (25-24)$$

跨度>400m时 $$\frac{gQ_o l}{T_o}=40\sim42 \qquad (25-25)$$

式中 T_o——钢绳初张力，N；

Q_o——货车总重量，kg；

g——重力加速度，m/s^2；

l——线路中支架最大跨度，m。

钢绳一般选用6M7面接触钢绳，6×7或6X（19）线接触钢绳，公称抗拉强度不得低于1520MPa，严禁采用交互捻钢绳，钢绳在最大张力处安全系数应≥4.5，钢绳直径一般为ϕ30～ϕ37。

有关钢绳规格见竖井提升部分或产品目录。

B 支架配置

a 单线索道支架配置

单线索道每公里支架配置的平均数见表25-77所列。

表25-77 单线索道支架配置参考表

运输能力	30（t/h）以下		30～100（t/h）		100～200（t/h）	
抱索器型式	鞍 式	重力式或弹簧式	鞍 式	重力式或弹簧式	鞍 式	重力式或弹簧式
支架数（个/公里）	6～7	5～6	8～9	7～8	10～11	9～10

b 支架配置的要求

线路在平坦地形按表列支架数配置。在凸起地形，根据总折角要求用2、4、6、8轮托索轮组设支架，每个轮所受压力应小于设计负荷。在斜坡地形，应在钢绳张力大处支架密，在张力小处支架稀的原则配置，在凹陷地形，支架数量及高度应根据钢绳与托索轮之间的靠贴力或靠贴系数确定。

支架处绳重的压力 p（N）

$$p=\frac{q_o(l_z/\cos\beta_z+l_y/\cos\beta_y)g}{2} \quad (25-26)$$

支架处钢绳形成的上抬力（N）

$$V=T_{max}(\sin\beta_z\pm\sin\beta_y) \quad (25-27)$$

式中 l_z、l_y、β_z、β_y——支架左右跨度长，m和弦倾角值，（°）；

T_{max}——已计入摩擦力的钢绳张力值，N。

靠贴力 $p_1=p-V\geqslant(0.2\sim0.3)Qg$，N (25-28)

靠贴系数 $K=\frac{p}{V}\geqslant1.3$

牵引索在铸钢衬托索轮上的运行阻力系数：动力运行时取0.02～0.025，制动运行时取0.015。

支架左右任一方爬坡角应小于所使用的抱索器允许的值，并应留有安全裕度。

支架配置的优化设计可采用已有的电算程序计算。

C 电动机功率估算

制动运行时

$$N\approx1.18\left[\frac{LB}{17}+\frac{BH}{367}+(3\sim6)n\right] \quad (25-29)$$

即

$$\frac{LB}{17}<\frac{BH}{367}$$

动力运行时

$$N\approx 1.18\left[\frac{LB}{9}+\frac{BH}{367}+(3\sim 6)n\right] \tag{25-30}$$

即

$$\frac{LB}{9}>\frac{BH}{367}$$

式中 L——索道全长，km；

B——运输量，t/h；

H——索道高差向上运输取“+”号，反之取“-”号；

$(3\sim 6)n$——站房内功率损失（n 为站房数）；

N——电动机功率，kW。

运量大时取大值，反之取小值。

电动机功率应按正常负荷及最不利负荷条件下分别计算启动、运行和制动时的功率，并取最大值。电动机可选交流或直流电机，在高差大的制动型索道，宜选用直流电动机，并采用可控硅或电动发电机组供电。

D 驱动机选择

$$驱动轮直径\ D\geqslant(80\sim 100)d，\text{mm}$$

式中 d——钢绳直径，mm。

驱动机一般选用 $\phi3\sim\phi3.5$m 直径的卧式单槽，并带有变速减速机和液压制动器。在有条件的地方也可选用立式驱动机。

根据张力差、张力和、功率及速度等要求选择专用驱动机，并要校核在最不利条件下启动或制动时牵引索在主动轮上的附着系数 $e^{\mu\alpha}$ 值，以防止打滑。α 为钢绳在驱动机上的围抱角（弧度）。

E 尾部拉紧装置

单线索道必须设置重锤拉紧。拉紧装置行程应尽可能增长，有条件地方可为 3 倍以上接绳长度。为降低重锤行程，应设计带滑轮的重锤箱，并用电动绞车调节重锤行程。

F 站房配置

索道站房有装载站、卸载站、中间站、转角站、压索站等。站房长度除满足设备和检修场地外，还应满足一定数量的货车长度。装载站还应考虑贮矿仓的长度，站房宽度一般为 9～12m，装载贮矿仓容量一般大于或等于 8～16 小时数的索道运量。

站房外还应设有检修设施，货车贮存场地和服务设施。

装载除使用计重或计容式闸门或胶带、链板外，大运量索道可设回转式自动装载机。

卸载站可采用链式或绳式推车机，运量小的索道在站房短时也可设自溜轨道。中间站一般采用自溜通过。

钢绳进出站应尽可能使货车与钢绳接合段处平行，以保证抱索的质量。

站房轨道高度和曲率半径以及距墙尺寸都应考虑货车的摆动和翻转，并留有安全间隙。

25.4.2.4 双线循环式索道选型

A 承载索选择

承载索一般选用外层由Z形丝构成的密封钢绳，公称抗拉强度不得低于1170MPa。

承载索初张力由（25-31）式计算

$$60 \leqslant \frac{T_o}{R} \geqslant 0.045\sqrt{N_o} \tag{25-31}$$

式中 T_o——承载索拉紧站的初张力，N；

R——每个车轮作用在承载索上的轮压，N。

下向式牵引货车：

$$R=\frac{(Q+q_o\lambda)g+t_\varphi}{i}, \text{ N}$$

水平式牵引货车：

$$R=\frac{Qg}{i}, \text{ N}$$

式中 Q——货车重量，kg；

q_o——牵引索每米重量，kg/m；

λ——车距，m；

t_φ——牵引索在支架上的附加压力，N，一般不超过0.35QN；

i——每辆货车的车轮数；

N_o——每年通过承载索的车轮数。

选择承载索

$$T_{\max} m \leqslant T_p \tag{25-32}$$

m——安全系数，永久性索道 3.0～3.2，

临时性索道 2.6～2.8

T_p——承载索破断张力，kN；

$T_{\max}$——承载索最大工作张力，kN；

承载索与鞍座之间的摩擦系数0.12～0.15；

钢绳直径一般在轻车侧选用ϕ30～ϕ40mm，重车侧选用ϕ45～ϕ60mm。

B 承载索拉紧区段

拉紧区段应尽可能加长，以减少线路中间张紧或锚固站的数目，在计入摩擦力的折减系数后其长度按（25-33）式确定

$$L \leqslant \frac{\left(\frac{2}{K}-1\right)T_p \pm 3gq_1h}{7g\left(q_1+\frac{Q}{\lambda}\right)} \tag{25-33}$$

式中 L——拉紧区段长度，m；

K——折减系数0.3～0.7，随凸起、平坦和凹陷地形，依次选取；

q_1——承载索自重，kg/m；

重锤设高处时取负号，设于低处取正号，拉紧区段一般在1.5～3km之间变化。

C　牵引索重锤选择

牵引索在线路中最低位置处张力为最小，但应满足（25－34）式要求：

$$t_{min} \geqslant 12.5\lambda g q_o \quad (25-34)$$

式中　t_{min}——牵引索最低位置的最小张力，N；

q_o——牵引索自重，kg/m；

若重锤在线路最低处，则

$$t_o = t_{min} \quad (25-35)$$

若重锤在线路最高处，则

$$t_o = t_{min} + g q_c h_1 \pm f_o g q_c L_1 \quad (25-36)$$

式中　q_c——重车侧均布载荷$=q_o+Q/\lambda$，kg/m；

h_1、L_1——线路最低点距重锤处的高差和距离，m；

f_o——货车运行阻力系数，

动力型索道取 0.0065，并用正号；

制动型索道取 0.0045，并用负号。

牵引索重锤除保证一般性能外，还必须减少速度不均现象，避免货车在运行时产生过量的加减速，防止产生不允许的过低张力。

D　牵引索选择与功率计算

一般与单线索道相同

E　支架配置

a　双线循环式索道支架配置

双线索道每公里支架配置的平均数见表 25－78。

表 25－78　双线索道支架配置参考表

运输能力	100t/h 以下	100～200t/h	200t/h 以上
平坦地形	5～6	6～7	7～8
高差大的地形	6～7	7～8	8～9

b　支架配置的要求

支架配置应尽量按等附加压力大于 t_φ 值设支架，即牵引索拉力小时支架允许折角大，否则相反。要严格控制大跨度，在凸起地形，如附加压力很大，则需开沟或打隧道以降低地形标高。在凹陷段与单线相同，靠贴力取（0.2～0.3）gQN。

支架最优化配置可采用已有的电算程序计算。

F　驱动机选择

原则与单线相同，一般选用单槽或双槽立式驱动机，直径 $\phi2$～$\phi3.5$m，当 $e^{\mu\alpha} \geqslant 3$ 时也可选用悬吊式夹钳轮驱动机。

G　自动转角站

采用大直径迂回轮时，$\phi6$m 直径允许牵引索速度 2m/s，$\phi5$m 直径时为 1.6m/s。

采用水平滚轮组时，曲率半径和允许速度按以下所列选取：

曲率半径（m）	20	30	40	50	60	70
允许速度（m/s）	0.8～1.25	1.6	1.8～2	2.5	2.8	3.15

H 站房配置

双线索道站房有装载站、卸载站、中间站、自动转角站、转角站、双锚站、双张站、张锚站等。装载及卸载站因站口采用滚轮组及挂结脱开器，一般比单线索道长，牵引索上方进站用凹形滚轮组，下方进站用凸形滚轮组，站内配置原则一般与单线索道相同。不脱开牵引索道的站房如自动转角站，锚固或张紧站则不需要挂结脱开器，可以露天设置，用钢结构或钢筋混凝土结构。

25.4.2.5 单双线循环式货运索道实例

单双线循环式货运索道实例见表 25-79 所列。

25.4.3 架空索道的维护管理

加强管理与维护对保证索道的连续安全运行具有十分重要的意义，现将索道主要钢绳和设备的维护管理叙述如下。

25.4.3.1 承载索

承载索是双线索道的主要消耗材料，需要经常的检查、润滑、更换和楔结。

A 承载索的检查

观察法：主要是对外层 Z 型丝的检查，如果每 10m 长度内断丝数超过外层 Z 型丝总数的 35%时应进行更换。当支架摇摆鞍座两侧达 900 万～950 万轮次；线路套筒处达 450 万～500 万轮次；站口偏斜鞍座处达 300 万～350 万轮次时要求进行更换钢绳。

钢绳内部断丝的检查：钢绳突然在一处变细，外表层丝有较大的缝隙，或钢绳在一处发生弯曲现象，捻距增长等，都说明内部已经断丝。如果捻距增长 40%，说明内部断丝至少 50%以上。也可利用敲击声判断，出现空洞声即说明内部已断丝。

除观察法外也可用仪器检查，通过专用的钢绳探伤仪可以准确地得出断丝的位置及数量。

B 承载索的润滑

使用专门的加油车，每个月向承载索加注中等黏度的钢绳油一次。

C 承载索的更换和楔结

承载索更换分整个区段更换和局部更换两种，局部更换长度应不少于 10～15m。

只有在整个区段内多处断丝已不能用 2～3 段新绳接入，或套筒过多局部更换已失去意义，同时钢绳也达到了报废标准时才予以全段更换。

新承载索一般用专用绞车沿线放开，也可用汽车或拖拉机及其他机具牵引，有条件的地方也可用牵引索带动放开，放开时要有正确方向，即货车通过时能压紧钢绳而不是松开。

承载索不允许焊接，需使用货车可通过的特制线路套筒加以联结。

钢绳在套筒内用楔结或浇灌合金。合金浇灌法因工艺较复杂等缺点已渐被楔结法所代替，楔结法是将承载索端头散开后，中间打入特制的扇形楔和直楔，使其成锥体，然后装入套筒，依靠锥体受力并将两半套筒联结在一起。

扇形楔与直楔应与承载索的结构和直径不同而相互配合，楔结法要求严格。楔结时间一般 1～2 小时。

表25-79　矿山货运索道主要技术指标实例

索道名称	索道类别	水平长度(m)	起终点高差(m)	运输能力 t/h	工作制度 日×班×小时	货车荷载 容积(m³)	货车荷载 自重(kg)	货车荷载 种类	货车荷载 块度(mm)	货车荷载 松散体重(t/m³)	发车间隔(s)	牵引速度(m/s)	钢绳规格 承载索 重侧	钢绳规格 承载索 空侧	钢绳规格 牵引索	重锤重(t) 承载索 重侧	重锤重(t) 承载索 空侧	重锤重(t) 牵引索	传动段	张紧段	驱动机 类型	驱动机 功率(kW)	中间站数	支架总数
大厂铜坑矿	单线	5330	320	150	330×3×6.5	0.4	210	锡矿石	20	2.2	17.5	2.5			6×7—ϕ36.5			18	1		ϕ3000 单槽卧式	—130	1	54
潘田铁矿	单线	5000	81 250	150	306×3×7	0.4	220	铁矿石	120	1.8	24	2.5			6×7—ϕ32.5			18	2		ϕ3000 双槽卧式	—70	2	
太原东山石灰石矿	单线	3962	110	120	330×3×6.5	0.5	287	石灰石	200	1.56	22.5	2.5			6×7—ϕ36.5			20	1		ϕ3000 单槽立式	—75		
华玉山柏林矿	单线	9500	416	51.3	300×2×7.5	0.5	212	煤	300	0.9	31.6	2.5			6×7—ϕ34.5			24	1		ϕ3000 双槽立式	155	1	
杨家杖子矿务局	双线	7222	—109 56	173	306×3×6.5	0.8	575	铜矿石	200	1.7	37.5	2.5	ϕ45	ϕ30.5	6×7—ϕ28	42	20		2	6	ϕ2500 双槽立式	+125 —85	5	
凡口铅锌矿	双线	1425	54	236	306×3×6.5	0.8	554	铅锌矿	180	2.5	38	2.0	ϕ47	ϕ32	6×7—ϕ26	47	18	8	1	1	ϕ2500 双槽立式	70		9
渡口石灰石矿	双线	1688	184	150	330×3×6.5	0.8	513	石灰石	120	1.7	31	2.0	ϕ45	ϕ30.5	6×7—ϕ28	40	20		1	1	ϕ2500 双槽立式	—95		
阳泉三矿	双线	992	165	198	306×3×6.5	0.8	530	矸石	180	1.6	23.2	2.0	ϕ51	ϕ38.5	6×7—ϕ28	50	25	8	2	1	ϕ3000 夹钳立式	180	1	9
渡口太平场	双线	5400	39 —92	196	300×2×7	1.5	730	煤	300	0.9	25	2.5	ϕ47	ϕ35.5	6×7—ϕ24.5	50	25	10 6	2	4	ϕ2500 夹钳立式	130 —130	2	32

当套筒安装后需每天观察钢绳受拉后的外抽量，三天后每月检查一次，当外抽量超过套筒锥长15%或绳径35%时，则需重新楔结。

使用时应注意套筒位置不能靠近支架或站口，一般不小于支架鞍座总长的15倍。

在承载索与重锤用的拉紧索联结时，因为拉紧索一般用圆股钢绳而无法楔结，应使用合金浇灌套筒。

25.4.3.2 牵引索

索道的牵引索要求首先有耐磨性，故不能用丝径过细的钢绳。牵引索因连续运行检查比承载索容易，可用钢绳探伤器检查。当绳速低于1.5m/s时也可采用人工观察。牵引索断丝多的地点为钢绳接头处和两股交叉处，如在2.5m长度内断丝超过总丝数的1/3或者直径减小10%以上时就需要进行更换。若有的股在一个断面内断3丝以上或整股断时也可只更换一股，补股的长度应在10m以上。

牵引索的编结是一项技术性较强的工作，要求接头处直径不得大于牵引索原直径的5%～10%，编接区段的钢绳长度不小于1000d，d为钢绳直径。插接时使用专用工具，一个接头的编结时间约为2～3小时。

实践证明，索道接头越少，钢绳寿命就越长，索道停运时间越短。因此在长距离索道中应尽量订购超过2000m以上的钢绳。

更换牵引索使用专用的换绳设备，可以同时放出新绳回收旧绳，双线索道还可不回收线路上的货车。一次更换整条索道的钢绳纯作业时间一般不超过8～12小时。

25.4.3.3 货车

货车是索道的主要运行设备，经验证明，货车长期保持外形的一致和主要部件的定期检查润滑和更换是索道正常运转的主要保证。因此应做到：(1) 发车均匀；(2) 货车与钢绳挂结的瞬时速度要接近一致；(3) 车厢装载要均匀，不得超载或偏载；(4) 避免货车在站内相互撞击变形；(5) 抱索器是货车上的重要部件，需专人进行经常性检测，用专用工具检查，保证动作灵活，有规定的夹持力；(6) 货车不得缺件或带病工作，防止在线路上碰撞或翻车；(7) 货车外形规格必需保持一致；(8) 减少掉车率，做到不掉车或少掉车。

25.4.3.4 托索轮

托索轮是索道线路上的重要部件，托索轮组各轮之间应保持直线运行，轮槽磨损深度不得碰撞抱索器。轮轴与轴承的磨损不允许出现轮子偏摆，避免出现跳索事故。为了节省更换托索轮时间，要求能整体吊装拆卸方便，定期进行托索轮的检查与润滑。

25.4.3.5 通讯信号系统

保持畅通无阻的通讯信号联系是长距离索道安全运转的首要条件，在雷击地区更为重要。每条索道至少有无线和有线两套通讯系统。多段索道还应装设分段通讯系统。重要的操作地点可装设工业电视。通讯线路应靠近索道平行架设。

25.4.3.6 电气系统

必须保证整个索道供电和电控设备的安全运行，在高差大的制动型索道，要严防飞车事故，可采用直流拖动。所有电气安全装置必须可靠工作，定期检查。如重锤行程开关、超速保护、闸瓦磨损开关、液压制动保护、脱索保护，各种电气自身保护等。

25.4.3.7 架空索道的发展趋势

货运索道的发展首先是满足生产能力提出的要求。在单线索道方面主要是提高运行速度、增加能力。目前国际上有不少索道运行速度已提高到 5m/s 以上。货车载重量和车距也都有新的突破。索道的生产能力已达到 400t/h 以上。双线索道主要是采用双轨道支撑以提高货车载重量，增加能力，预计可以达到 2500t/h。

与此时同，广泛用新材料改进索道性能，提高零件寿命和简化维修，使提高能力得以实现。如采用高耐磨性能的合成橡胶和其他复合材料、高强度的合金材料和轻型金属等。在钢绳方面，不论是钢绳结构或钢丝绳芯的采用都使钢绳寿命有很大的提高。如单线货运索道的钢绳已从运几十万吨提高到 300 万吨以上。

在索道的安全方面，将客运索道的成果移植到货运索道方面已取得突破，这使货运索道安全可靠程度提高到一个新高度，如单线索道用弹簧抱索器系统已取得成功，在电气拖动和通讯信号方面也都广泛采用了新的技术，所有这些都使货运索道得到新的生命力并进入一个新的发展时期。

25.5 带式输送机运输

带式输送机分为普通型和特殊型两大类。特殊型中又可分为钢绳芯带式输送机、钢绳牵引带式输送机、胶轮驱动带式输送机、直线摩擦驱动带式输送机和移置式带式输送机等多种类型。

带式输送机实现了运输过程的连续化。具有输送能力大，爬坡性能强，操作简单，安全可靠，自动化程度高，设备维护检修容易，与汽车、铁路运输相比，可缩短运距，降低成本，减少能耗等优异特性。在开采深度大，运输距离长，矿岩运量大的矿山，采用高强度带式输送机是一种较理想的运输工具。

带式输送机与汽车或铁路运输配合，一般通过破碎转载站，形成一个联合运输系统，为采场至选厂、采场至排土场等输送矿石（岩石）服务。破碎转载站，可分为固定、半固定及移动三种类型。一般由矿仓、给料、破碎和卸料等的装置组成。其联合运输的工艺流程是将采场的矿石（岩石）由汽车或铁路运至破碎矿仓，经破碎机后排出合格的块度，由带式输送机运往选厂和排土场。

根据输送物料性质和当地气候条件，带式输送机全线选用敞开、半敞开、全密闭的类型或仅在驱动站上加盖等措施。但必须保证带式输送机的正常运转和物料输送的要求。

25.5.1 带式输送机的组成和布置

带式输送机是以输送带为牵引机构，同时又是承载机构。整个输送带支承在托辊组上，并绕过驱动滚筒和拉紧滚筒，利用摩擦力带动输送带以完成物料运输，见图 25 - 17。

国产 TD75 型带式输送机是一般用途的带式输送机。用以输送容重为 0.5～2.5t/m^3 各种块状、粒状等松散物料。DX 型钢绳芯带式输送机是高强度带式输送机，用以输送容重为 0.8～2.5t/m^3 各种块状物料，其输送距离长，单机长度可达数公里，且运输能力大，运输量为 400～9600m^3/h。TD75 型通用带式输送机有 6 种带宽，8 种带速。DX 型钢绳芯带式输送机有 7 种带宽，5 种带速和 10 种带强。其型号及主要技术性能见表 25 - 80，表 25 - 81[9]。

带式输送机可作水平输送、倾斜向上输送和倾斜向下输送，其布置原则如下：

（1）带式输送机在纵断面上尽可能布置成直线型，应避免有过大的凸弧或深凹弧的布置形式，以利于正常运行。输送带通过凸弧段时，为限制其边缘的伸长率不超过许用

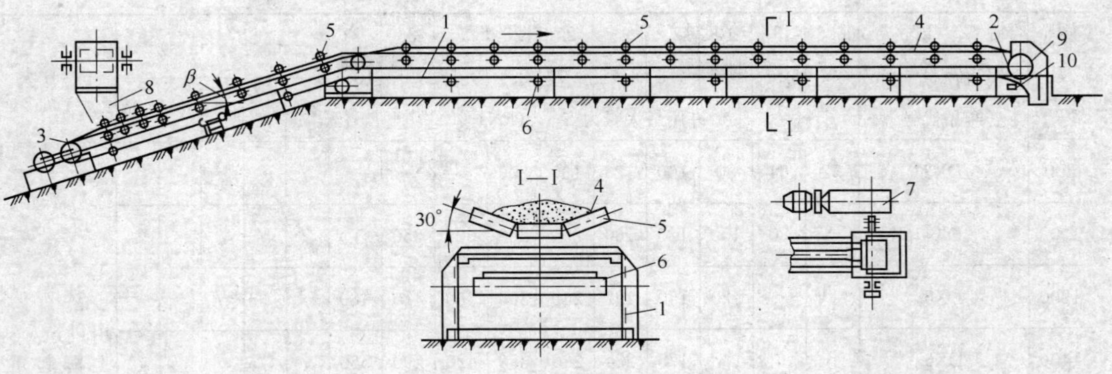

图 25-17 带式输送机简图

1—金属结构架；2—驱动滚筒；3—拉紧滚筒；4—输送带；5—上托辊组；6—下托辊组；7—驱动装置；8—装载装置；9—卸载装置；10—清扫器

表 25-80 TD75 型通用带式输送机型号及主要技术性能

带宽 B (mm)	输送带的帆布层数 Z										带速 v (m/s)								生产厂家
	3	4	5	6	7	8	9	10	11	12	0.8	1.0	1.25	1.6	2.0	2.5	3.15	4.0	
	许用最大张力 S_{max} (kN)																		
500	10.5	14									√	√	√	√	√	√			
600		18.2	20.2								√	√	√	√	√	√			
800		22.4	24.9	29.9								√	√	√	√	√	√		沈阳矿山机械厂、上海起重运输机械厂
1000			31.1	37.3	43.6	49.7						√	√	√	√	√	√		
1200			37.3	44.8	52.2	59.7	60.5	67.2				√	√	√	√	√	√	√	
1400				52.2	61.0	69.7	70.5	78.4	86.1	94.0		√	√	√	√	√	√	√	

注：1. 表中许用最大张力值当 Z=3～4 时按安全系数 $m=8$ 计算，Z=5～8 时按 $m=9$ 计算，Z=9～12 时按 $m=10$ 计算；

2. 表中√符号是表示适用范围。

值，规定通用带式输送机的凸弧段曲线半径 $R_1 \geqslant 18B$，mm（B 指胶带宽度），而钢绳芯带式输送机的凸弧段曲线半径 $R_1 \geqslant (75\sim85)B$，mm。输送带通过凹弧段时，为防止输送带脱离托辊，要求输送带的自重必须大于凹弧段输送带张力的向上分力，设凹弧段起点或终点的张力为 S_i，每米输送带的重力为 q_o，则凹弧段曲线半径 $R_2 \geqslant \dfrac{S_i}{q_o}$。

（2）驱动装置应尽量布置在卸载端，以利于减小输送带的最大张力值。而拉紧装置一般应布置在输送带的张力最小处。

（3）双滚筒驱动时，为提高输送带寿命和不降低输送带与滚筒表面间的摩擦系数，不用“S”形布置。

表 25-81 DX 型钢绳芯带式输送机型号及主要技术性能

带宽 B (mm)	带强 G_x (kN/cm)	6.5	8	10	12.5	16	20	25	30	35	40	带速 v (m/s)					生产厂家
	钢绳直径 d (mm)	4.5	4.5	4.5	4.5	6.75	6.75	8.1	9.18	9.18	10.3	2.0	2.5	3.15	4.0	5.0	
	产品代号	许用最大张力 S_{max} (kN)															
800	DX3	52	64	80	100	128	160	200				√	√	√			沈阳矿山机器厂、上海起重运输机械厂
1000	DX4		80	100	125	160	200	250	300	350		√	√	√			
1200	DX5			120	150	192	240	300	360	420	480	√	√	√	√		
1400	DX6				175	224	280	350	420	490	560	√	√	√	√	√	
1600	DX7					256	320	400	480	560	640	√	√	√	√	√	
1800	DX8					288	360	450	540	630	720	√	√	√	√	√	
2000	DX9						400	500	600	700	800	√	√	√	√	√	

注：1. 表中许用最大张力按安全系数 $m=10$ 计算；

2. 表中√符号是表示适用范围。

（4）多滚筒驱动的功率配比应采用等驱动功率单元法分配。输送带在驱动滚筒上的围包角应满足等驱动功率单元法的圆周力分配要求，并考虑布置的可能性。

DX 型钢绳芯带式输送机的典型布置形式见表 25-82。

近几年来钢绳芯带式输送机发展较快，已在我国各类矿山中逐渐推广使用。为提高运输能力，采用加大带宽与增大托辊槽角和提高带速的方法。采用提高带强，增大输送带与滚筒表面间的摩擦系数，加大围包角以及采用多滚筒驱动等方法来加长单机输送长度。为提高带式输送机的倾角，可采用花纹输送带，加横隔板的输送带和压带式的带式输送机。在国外长距离大运量干线带式输送机的带宽已达 3.2m，运输量达 37500t/h，带速为 8m/s，总装机容量为 12000kW，带强达 60kN/cm。单位能耗为 0.1kW·h/t·km。此外，还可采用多机串联以提高输送的总长度。如国外采用 10 台钢绳芯带式输送机串联，总运输长度达 96km。

25.5.2 带式输送机的主要部件

25.5.2.1 输送带

国产 TD75 型通用带式输送机的输送带有普通橡胶带和塑料带两种。普通橡胶带的带芯为数层挂胶帆布，每层的强度为 560N/cm。带的两面均贴有覆盖胶。上胶厚为 3mm、4.5mm 和 6mm，按运输物料性质的不同来选用，下胶厚为 1.5mm，其型号及主要性能见表 25-83。而塑料输送带为整芯结构，它具有耐磨、耐腐蚀、成本低等优点。其厚度有 4mm 和 5mm 两种，其强度为 2.24kN/cm 和 3.36kN/cm。

DX 型钢绳芯输送带是用耐磨、耐冲击和耐老化橡胶作覆盖胶，用钢绳作带芯，其结构为 7×7×3 和 7×7×7 两种，左捻和右捻钢绳相间排列，以防止输送带在运行中跑偏和扭转。钢绳材料为高碳钢，为增加钢绳与橡胶的黏着力，钢丝应镀铜或镀锌。带芯胶是采用

表 25-82　典型布置形式

型　式	传动方式	典 型 布 置 示 意 图	出轴形式与功率配比
水平输送	单筒	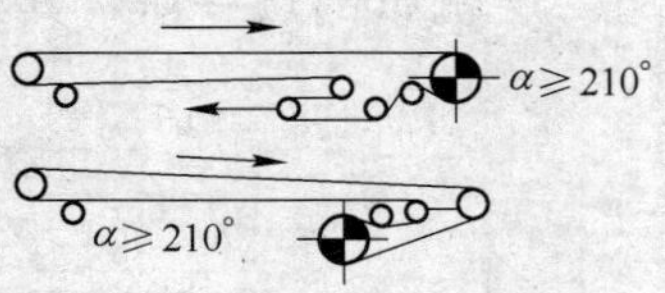	单出轴单电机或双出轴双电机
	双筒	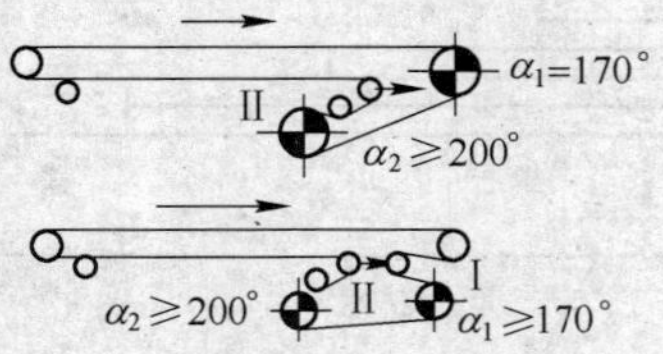	功率配比 $N_{Ⅰ}:N_{Ⅱ}=1:1$ $N_{Ⅰ}:N_{Ⅱ}=2:1$ $N_{Ⅰ}:N_{Ⅱ}=2:2$
	三筒	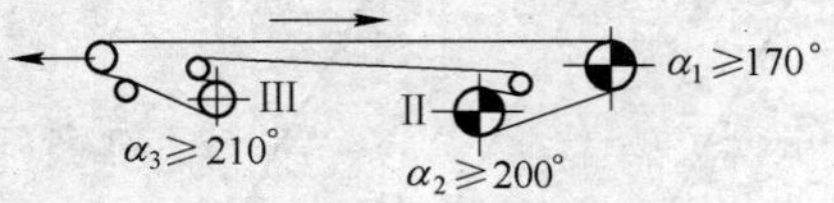	功率配比 $N_{Ⅰ}:N_{Ⅱ}:N_{Ⅲ}=2:1:1$ $N_{Ⅰ}:N_{Ⅱ}:N_{Ⅲ}=2:2:1$ $N_{Ⅰ}:N_{Ⅱ}:N_{Ⅲ}=2:1:2$ $N_{Ⅰ}:N_{Ⅱ}:N_{Ⅲ}=2:2:2$
向上输送	单筒	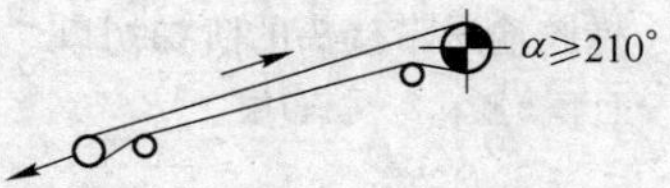	单出轴单电机或双出轴双电机
	双筒	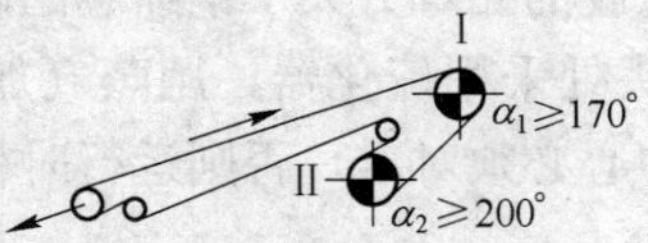	功率配比 $N_{Ⅰ}:N_{Ⅱ}=1:1$ $N_{Ⅰ}:N_{Ⅱ}=2:1$ $N_{Ⅰ}:N_{Ⅱ}=2:2$
向下输送	单筒	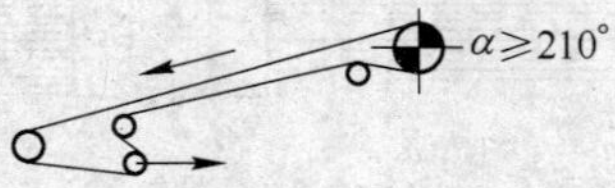	单出轴单电机 双出轴双电机
	双筒	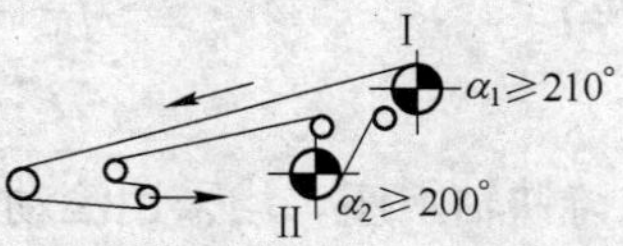	功率配比 $N_{Ⅰ}:N_{Ⅱ}=1:1$ $N_{Ⅰ}:N_{Ⅱ}=2:1$ $N_{Ⅰ}:N_{Ⅱ}=2:2$

对钢绳有良好黏合性能的橡胶，以保证钢绳抽出强度。这种输送带的主要优点是抗拉强度高，单机输送距离长，运输能力大。其次是它的弹性伸长小，因而拉紧装置的行程短且成槽性好，改善了疲劳与耐冲击性能，接头寿命长。

普通橡胶带采用机械接头或硫化接头。机械接头采用卡子等零件连接，其强度相当于输送带本身强度的 35%～40%，适用于要求检修时间短的场合。相应的安全系数 $m=10\sim12$。推荐采用硫化接头，其强度相当输送带本身强度的 85%～90%。相应的安全系数为 $m=$

8～10。硫化接头是将接头部位的布层和胶层按一定的形式和角度剖切成阶梯形，涂以胶浆使其黏着，然后在一定的压力和温度条件下经硫化反应，使接头部位获得最佳黏着强度。接头长度一般与带宽相等，常用一层帆布剖切一阶，其角度多为 45°～60°，见图 25-18。

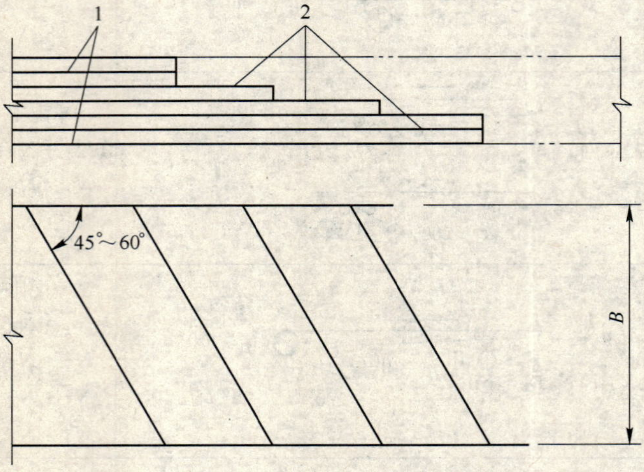

图 25-18　橡胶输送带接头的阶梯切口

1—上下覆胶；2—帆布层

钢绳芯输送带的接头强度取决于钢绳从胶带中的抽出强度，所以接头的钢绳应有一定的搭接长度，以使接头处钢绳芯与橡胶的黏着力大于钢绳芯的破断拉力。常用的钢绳芯输送带的接头形式见图 25-19。在接头处采用硫化器，用蒸气加热，液压加压的方法来保证硫化的温度和压力。此外，接头中心必须对准，否则运行时将会跑偏。按钢绳直径的不同，接头长度为 1.2～3m。

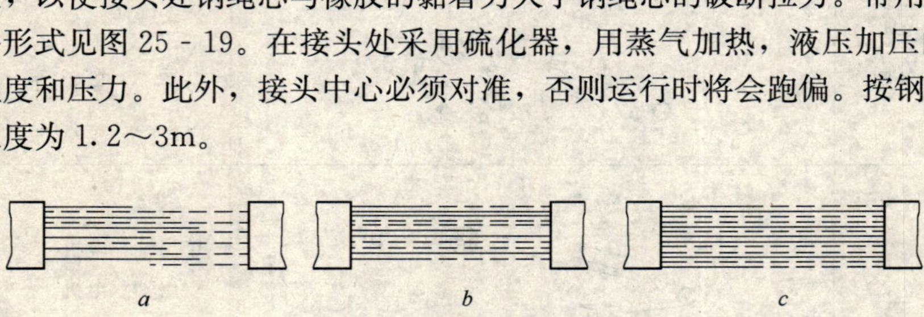

图 25-19　钢绳芯输送带的接头形式

a—三级错位搭接；*b*—二对一搭接；*c*—一对一搭接

25.5.2.2　托辊组

托辊用无缝钢管配冲压轴承座或铸铁轴承座，均采用滚动轴承，要求密封可靠。常用的三节式上托辊（图 25-20*a*）的槽角为 30°，而下托辊为平形托辊。托辊的直径和长度按带宽选取，可按表 25-83 所列的带宽选取。

为了防止和克服输送带跑偏，重段每隔 10 个托辊组设一组调心托辊（图 25-20*b*）。此外，托辊组的两侧还可向输送带运动方向前倾 2.5°～4.5°，防止跑偏。在输送带的装载处，为减少物料对输送带的冲击，应采用缓冲托辊，见图 25-20*c*、*d*。为限制输送带在托辊组间的下垂度，上托辊组的间距为 1～1.5m，一般重载荷或小型输送机取小值。输送带张力大的取大值，下托辊组间距为 3m，缓冲托辊组间距为 0.4m。TD75 与 DX 型运输机在带

表 25-83 上托辊规格

带宽 B（mm）	500	650	800	1000	1200	1400	1600	1800	2000
托辊直径（mm）	89	89	89	108	108	133	133	159	159
托辊长度（mm）	190	240	305	375	455	525	600	675	750

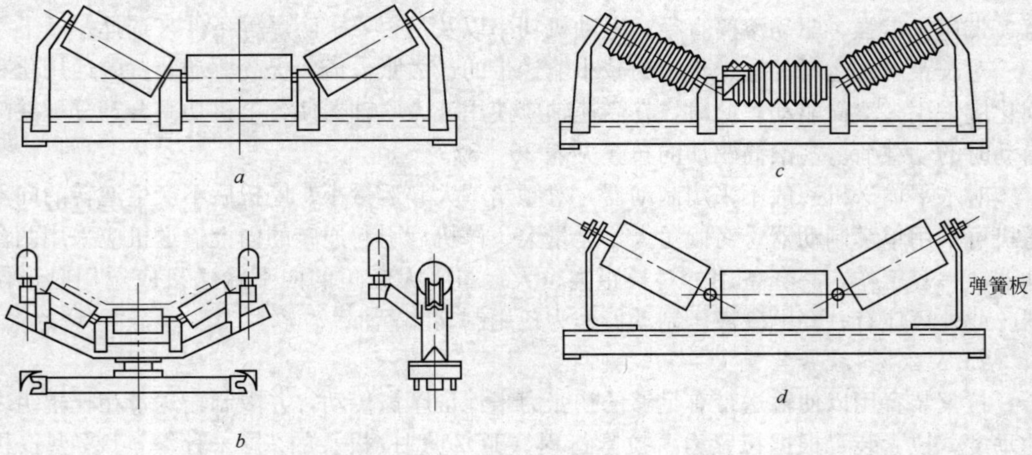

图 25-20 托辊组

a—槽形上托辊；*b*—调心托辊；*c*—橡胶圈式缓冲托辊；*d*—弹簧板式缓冲托辊

宽 B=1.2m 以内的托辊组通用。

25.5.2.3 驱动滚筒

驱动滚筒为钢板焊接结构，其重量轻且便于制造。为提高滚筒表面与输送带间的摩擦系数，应采用胶面滚筒。推荐选用铸胶滚筒，因其胶层厚而耐磨。为减小运行阻力均采用滚动轴承。

通用橡胶输送带采用硫化接头时，传动滚筒直径 D 与帆布层数 Z 之比 $D/Z \geqslant 125$，采用机械接头时 $D/Z \geqslant 100$。驱动滚筒直径 D 选用见表 25-84。

钢绳芯输送带的驱动滚筒直径 D 与钢绳直径 d 的比 $D/d \geqslant 150 \sim 200$。当带强 GX 较大时，应取小值。DX 型驱动滚筒直径可按表 25-85 所列选用：

为了防止输送带表面和滚筒覆盖胶变形和磨损，滚筒表面的比压不宜大于 100N/cm^2。

表 25-84 TD75 通用型驱动滚筒直径选用表

带宽 B（mm）	500	650	800	1000	1200	1400
驱动滚筒直径 D（mm）	500	500 630	500 630 800	630 800 1000	630 800 1000 1250	800 1000 1250 1400

25.5.2.4 驱动装置

驱动装置是将电动机转矩传给输送带并使之连续运行的装置。它是由电动机、减速

表 25-85 DX 型驱动滚筒直径选用表

滚筒直径 D（mm）	800	1000	1250	1400	1600
钢绳直径 d（mm）	4.5	6.75	8.1	9.18	10.3
带强 GX（kN/cm）	6.5～12.5	16～20	25	30～35	40

器、高速轴联轴器、低速轴联轴器、液压电磁制动器和制动轮等组成。驱动装置是根据带宽、带速、带强、驱动滚筒直径、电动机功率以及是否要求防爆等条件来选择。

对长距离大运量的输送机，为减小输送带的最大张力值，提高驱动装置的通用化和系列化应采用多滚筒驱动。此时，在高速轴应使用液力联轴器使各电机功率合理分配并降低启动时的动载荷。多滚筒驱动的布置见表 25-82。

对水平输送机一般不采用制动器，对倾角不大、运量小、停机后不产生逆转的向上输送机可采用单套制动器；对倾角大、运量大、停机后引起逆转的向上输送机应采用两套制动器，一套工作，一套备用。对长距离、大运量、大倾角的向下输送机应选用盘形制动器。此外还应有一套电磁液压制动器作为备用制动装置。

25.5.2.5 拉紧装置

拉紧装置用以使输送带有足够的初张力来保证摩擦传动，并限制输送带在托辊组之间的垂度。拉紧装置根据拉紧力、拉紧行程（TD75 型按机长的 1%来计算，DX 型按机长的 0.2%～0.3%来计算），以及布置条件等来选择。TD75 型通用带式输送机的拉紧装置如图 25-21 所示。螺旋式适用于机长较短（<80m）、功率较小的输送机。小车重锤式适用于机长较长、功率较大的输送机，其结构简单可靠应优先选用。垂直重锤式适用于车式拉紧布

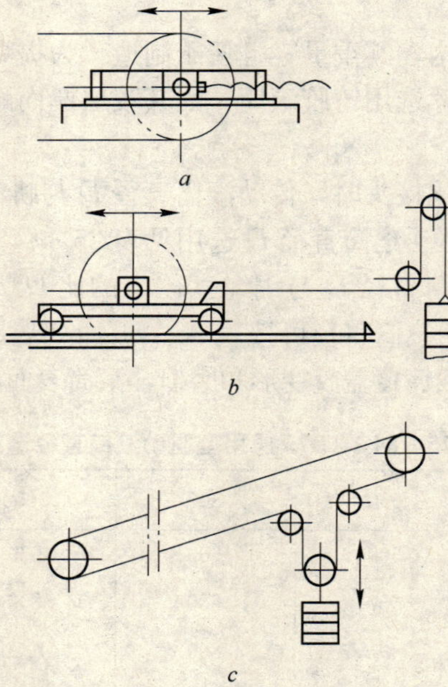

图 25-21 通用带式输送机的拉紧装置

a—螺旋式；*b*—小车重锤式；*c*—垂直重锤式

置有困难的场合，它可利用空间位置来布置，其缺点是转向滚筒多，输送带不易清扫干净而损坏输送带。

表 25-86 拉紧装置的类型和性能

类 型	拉紧力（kN）	拉紧速度（m/s）	拉紧行程（m）	适 用 范 围
绞车式自动拉紧	60～120 120～240 240～480 480～960	0.1	0～6 0～15	适于惯性力大，拉紧力大，并需控制拉紧力的大型水平输送机和向下输送机，其控制系统复杂
绞车式固定拉紧	120～240 240～480 480～960	0.03	0～6 0～13	适于水平输送机和小倾角向上输送机，其控制系统简单
重载车式	最大 100	速度快	自 定	适于带宽小于 1.2m，倾角大于 12°的向上输送机
重锤拉紧	最大 60	速度快	自 定	适于张力不大的向上输送机

DX 型钢绳芯带式输送机的拉紧装置见表 25-86。

拉紧装置应尽量布置在输送带张力最小处或驱动滚筒的松边处，见表 25-87。

25.5.3 基本参数选择[12]

25.5.3.1 原始数据

(1) 运输量 Q（t/h 或 m^3/h）、输送距离 L（m）、上运或下运高度 H（m）、倾角 β 和工作制度；

(2) 物料容重 γ（t/m^3）、最大块度 α_{max} 和粒度组成、动堆积角 ρ_α、温度、湿度、磨损性、黏性及其他性能；

(3) 布置形式、地形条件、装卸方式等。

25.5.3.2 带宽选择

对三节式槽形托辊的不同带宽 B 和带速 v 的水平运输量 Q_o，TD75 型运输带见表 25-88，DX 型运输带见表 25-89，带速 v 选用见表 25-90。

当输送机为倾斜输送时，运输量相应减少，倾角 β 愈大，运输量愈少，其计算运输量 Q 按（25-37）式计算：

$$Q=K_\beta \gamma Q_o \tag{25-37}$$

式中 Q——运输量，t/h；

K_β——倾角系数。按以下所列选用：

倾角 β（°）	≤6	8	10	12	14	16
K_β	1.0	0.96	0.94	0.92	0.90	0.88
倾角 β（°）	18	20	22	24	25	
K_β	0.85	0.81	0.76	0.74	0.72	

按以上各表选出带宽 B 值后，应按带宽系列采用标准值，同时应按物料块度进行校

表 25-87　拉紧装置的典型布置及张力关系

机型	典型布置简图	拉紧形式	各种条件张力关系
水平输送机	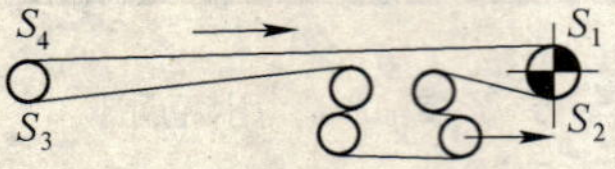	绞车式自动或固定拉紧，布置在张力最小处	运行及启动　$S_1>S_4>S_2$ 停电制动　$S_2>S_1$
	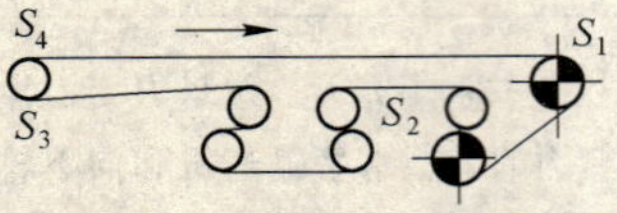	绞车式自动或固定拉紧，布置在张力最小处	运行及启动　$S_1>S_4>S_2$ 停电制动　$S_2>S_1$
	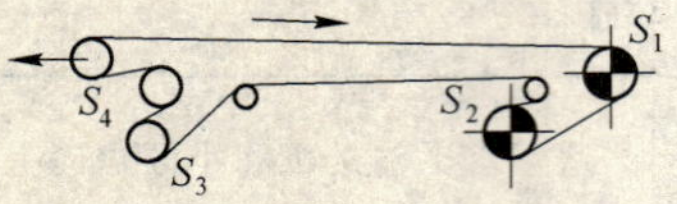	绞车式自动或固定拉紧，布置在张力最小处	运行及启动　$S_1>S_4>S_2$ 停电制动　$S_4>S_1$
	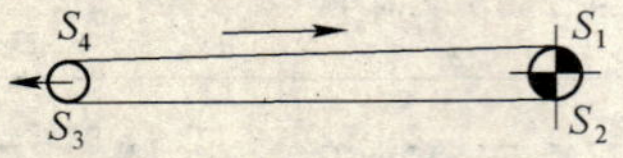	绞车式自动或固定拉紧，布置在尾部，拉紧力比上述布置要大	运行及启动　$S_1>S_4>S_2$ 停电制动　$S_2>S_1$
	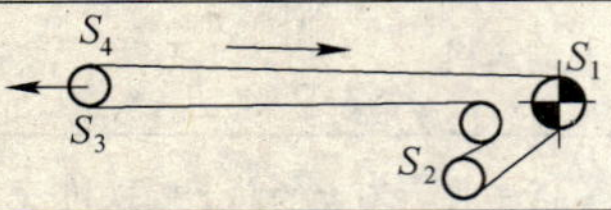	绞车式自动或固定拉紧，布置在尾部，拉紧力比上述布置要大	运行及启动　$S_1>S_4>S_2$ 停电制动　$S_2>S_1$
上运输送机	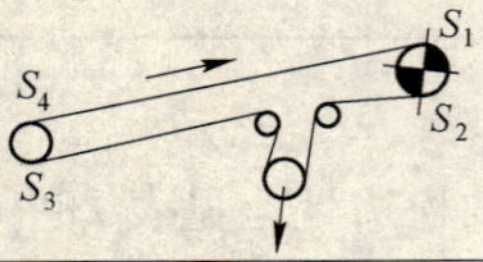	重锤拉紧，输送机倾角不是很小时，张力 S_3 最小	运行及启动　$S_1>S_4>S_2$ 停电制动　$S_2>S_1$ 拉紧力应与此相适应
	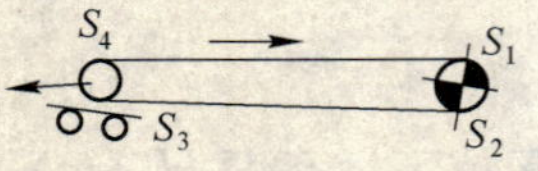	重载车式拉紧，布置在张力最小处，选用条件是输送机倾角≥12°	运行及启动　$S_1>S_4>S_2$ 停电制动　$S_2>S_1$ 拉紧力应与此相适应
	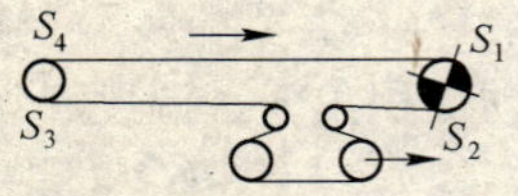	绞车式自动或固定拉紧，选用条件是输送机倾角很小，但需要较大的拉紧力	运行及启动　$S_1>S_2>S_4$ S_1 比 S_4 稍大 停电制动　$S_2>S_1$
下运输送机 产生负功	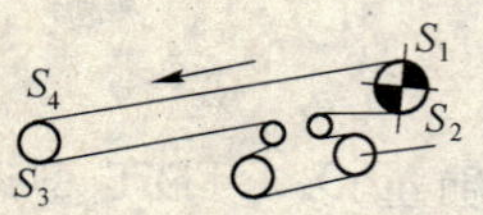	绞车式自动拉紧，布置在绕入点处	运行及启动　$S_1>S_4>S_2$ 空载运行及启动　$S_2>S_1$ 停电制动　$S_1>S_2$
下运输送机 不产生负功	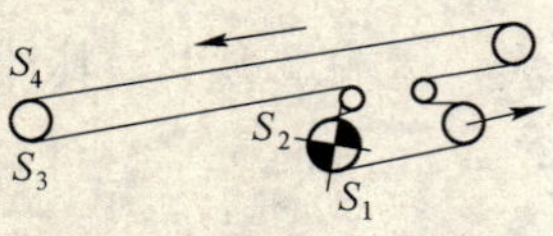	绞车式自动拉紧，布置在绕出点处	运行及启动　$S_2>S_1>S_4$ 停电制动　$S_1>S_2$

核，见表 25-91。若不能满足块度要求，带宽 B 应加大一级。

25.5.3.3　功率简易计算

忽略次要因素，驱动滚筒轴功率 N_o 按公式（25-38）计算。

$$N_o=(k_1L_hV+k_2L_hQ\pm0.00273QH)k_3k_4 \tag{25-38}$$

式中　N_o——驱动滚筒轴功率，kW；

L_h——输送机水平投影长度，m；

H——输送垂直提升高度，m，上运取“+”，下运取“−”。

表 25-88 TD75 型水平运输量 Q_o

带速 v (m/s)	带宽 B (mm)					
	500	650	800	1000	1200	1400
	Q_o (m^3/h)					
0.8	78	131				
1.0	97	164	278	435	655	891
1.25	122	206	348	544	819	1115
1.60	156	264	445	696	1048	1427
2.0	191	323	546	853	1284	1748
2.5	232	391	661	1033	1556	2118
3.15			824	1233	1858	2528
4.0					2202	2996

注：表中 Q_o 值是按 ρ_a=30°时的计算值。

表 25-89 DX 型水平运输量 Q_o (m^3/h)

带宽 B (mm)	动堆积角 ρ_a (°)	带速 v (m/s)				
		2.0	2.5	3.15	4.0	5.0
800	25	504	630	794		
	30	554	693	870		
1000	25	814	1017	1281		
	30	893	1116	1406		
1200	25	1202	1503	1894	2405	
	30	1318	1647	2075	2635	
1400	25	1656	2070	2608	3312	4140
	30	1814	2268	2858	3629	4536
1600	25	2189	2736	3440	4378	5472
	30	2405	3006	3738	4810	6012
1800	25	2800	3501	4411	5600	7002
	30	3067	3834	4831	6134	7668
2000	25	3485	4356	5489	6970	8712
	30	3816	4770	6010	7632	9540

表 25-90 带速 v 选用 (m/s)

物料特性	机型带宽 (mm)					
	TD75			DX		
	500、650	800、1000	1200、1400	800、1000	1200	2000
无磨损或磨损性小的物料	0.8～2.5	1.0～3.15	1.0～4.0	2.0～3.15	2.0～4.0	2.0～5.0
有磨损性的中小块物料	0.8～2.0	1.0～2.5	1.0～3.15	2.0～3.15	2.0～4.0	2.0～4.0
有磨损性的大块物料	0.8～1.6	1.0～2.0	1.0～2.5	2.0～3.15	2.0～3.15	2.0～3.15

表 25-91 各种带宽的最大块度

带宽 B（mm）		500	650	800	1000	1200	1400	1600	1800	2000
块度（mm）	已筛分	100	130	180	250	300	350	400	400	400
	未筛分	150	200	300	400	500	600	700	700	700

k_1——空载运行功率系数，TD75 型由表 25-92 查出，DX 型见表 25-93；

k_2——物料水平运行功率系数，按以下所列选取：

托辊阻力系数 ω	0.02	0.025	0.03	0.04
k_2	5.45×10^{-5}	6.82×10^{-5}	8.17×10^{-5}	10.89×10^{-5}

k_3——附加功率系数，按表 25-94 选取；

k_4——卸料车功率系数，$k_4=1.11\sim1.16$，无卸料车时 $k_4=1$。

表 25-92 TD75 型空载运行功率系数 k_1

工作条件及托辊阻力系数 ω	带宽（mm）					
	500	650	800	1000	1200	1400
清洁干燥 $\omega=0.02$	0.0067	0.0082	0.0110	0.0153	0.0212	0.0255
少量灰尘正常湿度 $\omega=0.03$	0.0100	0.0124	0.0165	0.0229	0.0318	0.0383
大量灰尘湿度大 $\omega=0.04$	0.0134	0.0165	0.0220	0.0306	0.0424	0.0510

表 25-93 DX 型空载运行功率系数 k_1

工作条件及托辊阻力系数 ω	带宽（mm）						
	800	1000	1200	1400	1600	1800	2000
清洁干燥 $\omega=0.02$	0.0206	0.0259	0.0319	0.0417	0.0469	0.0566	0.0621
少量灰尘湿度正常 $\omega=0.025$	0.0258	0.0324	0.0399	0.0521	0.0586	0.0708	0.0776
灰尘大、湿度大 $\omega=0.030$	0.0309	0.0389	0.0479	0.0626	0.0704	0.0849	0.0932

电动机功率 N（kW）为：

$$N=KN_o \quad (25-39)$$

式中 K——功率系数；它与驱动类型、减速器效率和电压降系数等因素有关，对单机驱动 $K=1.1\sim1.3$，多机驱动 $K=1.25\sim1.4$。

应优先采用单筒和双筒驱动。驱动型式有两种，一种是鼠笼型电动机配液力联轴器，适用于正功率的中型带式输送机，其优点是电控简单，改善了启动特性，且多机驱动时能达到功率平衡；另一种是绕线型异步电动机，通过转子回路串电阻来改变机械特性以满足

表 25-94 附加功率系数 k_3

β (°)	L_h (m)					
	50	100	150	200	300	>300
0	1.60	1.55	1.50	1.40	1.30	1.20
6	1.25	1.25	1.20	1.20	1.15	1.15
12	1.20	1.20	1.15	1.15	1.14	1.14
30	1.15	1.15	1.13	1.13	1.10	1.10

启动、制动及功率分配平衡的要求，适于各种类型的带式输送机。DX 型输送机是以这种型式为主。

25.5.3.4 单位电耗和成本计算

带式输送机的单位电耗 a 为：

$$a=\frac{N}{QLn_1n_2} \tag{25-40}$$

式中 a ——单位电耗，kW·h/t·km；

n_1 ——电动机效率，n_1=0.91～0.95；

n_2 ——电力网路效率，n_2=0.9～0.95；

其他符号同前。

一般运量愈大，运距愈长，则单位电耗愈小，上运倾角愈大，则单位电耗也大。

带式输送机运输成本参见表 25-95。

表 25-95 DX 型带式输送机参考运输成本（元/吨·公里（1985））

年运量（万吨/年）	水平运输（km）		倾斜向上运输（km）		倾斜向下运输（km）	
	<1	1～5	<1	1～2	<1	1～5
50～100	0.4～0.3	0.3～0.25	0.5～0.4	0.45～0.35	0.3～0.25	0.25～0.2
100～200	0.3～0.25	0.25～0.2	0.4～0.3	0.35～0.3	0.25～0.2	0.2～0.15
200～500	0.25～0.2	0.2～0.15	0.3～0.25	0.3～0.25	0.2～0.15	0.15～0.1
500～1000	0.2～0.1	0.18～0.12	0.25～0.2	0.25～0.18	0.15～0.10	0.15～0.1

25.5.4 维护管理

25.5.4.1 日常维修

(1) 检查输送带接头是否正常，两面覆盖胶是否偏磨；

(2) 检查清扫装置是否能正常工作；

表 25 - 96 钢绳芯带式输送机使用实例

项 目 名 称	大孤山铁矿 一期	大孤山铁矿 一期	东鞍山铁矿 （钢绳牵引）	昆阳磷矿	永登水泥厂 大闸子石灰石矿 1 号	永登水泥厂 大闸子石灰石矿 2 号
运输物料	铁 矿 石	岩 石	废 石	磷 矿 石	石 灰 石	石 灰 石
输送机长度（m）	1183.45	519.2	860	574	2897.25	1967.48
输送机倾角	升高 125.36m	升高 94m	1°21′	−12°，−5°，+8°	0～1°8′45″	0°21′38″～1°39′40″
带宽（mm）	1400	1400	1200	800	800	800
带速（m/s）	2.0	2.0	2.5	2.5	2.5	2.5
运输量（t/h）	1323	1795	1500	600～900	686	686
带强（kN/cm）	G×40	G×40	G×30	G×10	G×12.5	G×12.5
驱动滚筒直径（mm）	ϕ1640	ϕ1640		ϕ800	ϕ1000	ϕ1000
滚筒摩擦系数	0.3	0.3	0.35	0.3	0.35	0.35
托辊阻力系数	0.04	0.04	0.04	0.03	0.35	0.35
最大张力（kN）	579	403	211.23	103.06	79.524	79.524
最小张力（kN）			33.59		17.651	17.651
驱动方式	头部双滚筒三电机	头部双滚筒三电机	双滚筒双电机	单滚筒单电机	三滚筒三电机头尾	二滚筒二电机头部
电动机型号功率（kW）	JRQ1510 - 8 475×3	JRQ1510 - 8 475×3	445+211	JS136 - 4 115	JS - 114 - 4 115×3	JS - 114 - 4 115×2
机架形式	固 定 式	固 定 式	固 定 式	固 定 式	固 定 式	固 定 式
拉紧方式	绞车式自动拉紧	绞车式自动拉紧	张力传感器与张紧 重锤两套	液压拉紧	自动绞车拉紧	自动绞车拉紧

(3) 保持每个托辊转动灵活，及时更换损坏的托辊；

(4) 防止输送带跑偏，使之在中心线上运转。

25.5.4.2 定期检修

(1) 检查齿轮磨损情况，拆洗减速器，更换润滑油；

(2) 拆洗滚筒和托辊轴承，更换润滑油；

(3) 及时修补和更换输送带和其他易损件；

(4) 及时检查所有地脚螺栓及横梁连接螺栓。

25.5.4.3 输送带跑偏的原因及处理

(1) 安装中心线不直，应调整；

(2) 输送带弯曲或接头不直，应切直后重接；

(3) 机架安装不正，滚筒中心线与输送带中心线不垂直或机头机尾滚筒中心线不平行，应调整机架位置和轴承座位置；

(4) 托辊组轴线与输送带中心线不垂直，应调整不垂直的几个托辊组轴线；

(5) 各滚筒轴线不水平，应调平；

(6) 滚筒制造外径不同，应重新加工筒面；

(7) 机架两侧高低不平，应将托辊组垫平；

(8) 拉紧滚筒两侧拉力不均，应调整；

(9) 滚筒表面黏结物料，形成非圆柱面，应清理；

(10) 装料点不在输送带中心，致使输送带偏载，应改动进料口的挡板位置或结构。

25.5.5 采用钢绳芯带式输送机运输实例

钢绳芯带式输送机使用实例见表 25 - 96。

25.6 矿山外部运输

25.6.1 概述

25.6.1.1 矿山外部运输范围

矿山外部运输通常是指矿山企业与国家交通网或其他企业相连接的运输和设施。通过外部运输，矿山向外部运出产品和从外部运进矿山所需的材料、燃料和设备等货物。

25.6.1.2 矿山外部运输方式的应用情况

我国冶金、有色、化工、建材和核工业等部门的各类矿山，自 20 世纪 50 年代以来，外部运输采用铁路运输方式较多，如：东鞍山铁矿、大孤山铁矿、大冶铁矿、峨口铁矿、白云鄂博铁矿、白银露天矿、金川镍矿、郑州铝厂小关铝矿、锦屏磷矿、栾县石灰石矿、焦作黏土矿等。外部运输采用汽车运输的大都是在地形复杂或运输量不大的矿山。如：易门铜矿、金堆城钼矿、新疆钽铌矿、黄沙坪铅锌矿、新安铝矿、芒崖石棉矿等。少数矿山采用其他运输方式，如：浏阳磷矿采用窄轨铁路运输；渠县石灰石矿、华铜铜矿采用架空索道运输；东川落雪铜矿采用重力水力输送；安庆铜矿采用水路运输；冀东水泥厂石灰石矿采用带式输送机运输等。

根据一些现有矿山的资料分析，外部运输的投资一般占矿山总投资的 4%～30%，主要由于各个矿山的外部条件不一致，投资相差比较悬殊。因此，要针对矿山的实际情况，选择合适的运输方式。

25.6.2 准轨铁路运输

25.6.2.1 适用范围

准轨铁路作为矿山企业的外部运输与国家铁路直接相连，使企业产品外运，所需燃料、材料、设备输入极为方便，可避免转载倒运的过程。尤其适用于运量大、运距长和货物种类多的大中型矿山及采选冶联合企业；同样也适合于运量不大、运距短和接轨条件方便的小型矿山。

25.6.2.2 铁路设计规定及标准[3]

A 修建铁路的条件

按照现行《工业企业标准轨距铁路设计规范》规定：

(1) 一般年运量重车方向大于6万吨或双方向大于10万吨者；

(2) 有特殊需要者；

(3) 运量未达到(1)项规定，但接轨条件较好，取送车方便，线路较短，且经济合理者。

B 铁路线路等级的划分

铁路专用线应按照矿山企业的生产性质及全部发展时期的设计能力，推算出远期（或最大）的重车方向年货运量，以确定铁路线路的等级。其线路标准划分为三个等级，见表25-97。

表25-97 铁路线路等级表

铁路等级	重车方向货运量（万吨/年）
Ⅰ	400以上
Ⅱ	150～400
Ⅲ	150以下

25.6.2.3 线路主要技术条件

A 线路平面

线路的平面曲线，在有条件的情况下，要尽量选用较大的半径。在困难的情况下，各级铁路的最小曲线半径，一般不小于表25-98的规定。

表25-98 各级铁路最小曲线半径（m）

铁路等级	一般地段	困难地段	需经主管单位批准
Ⅰ	600	350	300
Ⅱ	400	300	250
Ⅲ级及限期使用的铁路	300	200	

不通行路网机车的矿山铁路专用线，可根据使用期限、机车车辆的固定轴距、行车密度和速度、地形条件等因素，选用表25-98规定的最小曲线半径，特殊情况下可以适当减小，但不得小于150m。

矿山铁路专用线平面布置，还应根据线路等级，分别设置缓和曲线、曲线超高和曲线加宽，满足线路运行的需要。

B 车站线路的平面

车站布置应根据每日通过列车对数、车站作业性质和列车有效长度来布置。

车站一般设在直线上，困难条件下可设在曲线上，其曲线半径：Ⅰ、Ⅱ级铁路不得小于600m，Ⅲ级铁路不得小于500m。特别困难条件下，Ⅰ、Ⅱ级铁路不得小于500m，Ⅲ级铁路不得小于400m。

车站不应设在反向曲线上。仅在特殊困难条件下改建无调车作业的车站时，允许设在反向曲线上，其半径：Ⅰ、Ⅱ级铁路不得小于600m，Ⅲ级铁路不得小于500m。

C 线路的纵断面

铁路专用线的限制坡度，应根据铁路等级、牵引种类和地形条件，结合邻接铁路的限制坡度，并考虑牵引定数的统一协调。有路局的牵引列车进入专用线时，一般要考虑通过直达列车。若直达列车对数不多时，在困难情况下采用分割运转，可参照表25-99，选择经济合理的限制坡度。

表25-99 线路最大坡度（‰）

铁路等级	限制坡度		加力牵引坡度	
	蒸汽	内燃、电力	蒸汽	内燃、电力
Ⅰ	15	20	20	25
Ⅱ	20	25	25	30
Ⅲ级及限期使用的铁路	25	30	25	30

当轻重车方向运量显著不平衡，如重车方向大于轻车方向时，而其货流方向固定，允许在轻车方向采用大于重车方向所采用的限制坡度。

D 车站的纵断面

车站站坪应设在平道上。在困难条件下，亦可设在不大于2.5‰的坡道上。

在困难条件下，无调车甩车或摘下机车等作业的车站正线和到发线，可设在陡于2.5‰的坡道上，但不应陡于6‰。

25.6.2.4 铁路接轨与交接

铁路专用线一般包括与国家铁路接轨点的交接站、专用线路和矿山企业站三个主要组成部分。有时在中小型矿山企业中，当运量不大，由铁路局机车车辆负责运输，交接站与矿山企业站合并，则选定接轨点和交接站的位置。通常是与所属铁路局商议并呈报国家有关部门批准。

交接方式有两种：

（1）有自备机车，货位点多，装卸分散，采用车辆交接方式；（2）无自备机车，货位点少，装卸集中，采用货物交接方式。第（1）交接方式一般用于大、中型矿山和联合企业，运输管理由企业自行负责。第（2）交接方式一般用于中、小矿山，运输管理由铁路局负责。

25.6.2.5 运输组织与管理

外部运输是矿山生产的重要组成部分。在生产管理上接受矿山总调度室的指挥，在行政管理上为独立核算单位。

目前有铁路运输的矿山，根据矿山生产规模的不同，一般设有运输部（处）或运输科负责外部铁路运输，从生产上设有调度、车务、机务、电务（包括供水）、工务等分工管理。

25.6.3 窄轨铁路运输

25.6.3.1 适用范围

窄轨铁路适于中小型矿山的外部运输。

当矿山内部采用窄轨铁路运输时，则外部运输一般亦采用窄轨运输，可以减少转运。尤其是地形复杂时，修建准轨铁路不经济，则采用窄轨运输是合适的。

窄轨铁路的轨距有 900、762 和 600mm 三种。矿山外部运输主要采用轨距 762mm。

25.6.3.2 窄轨铁路线路等级的划分

线路等级应根据单线重车方向的最大年运量来确定。按表 25 - 100 中规定。

表 25 - 100 线路等级

线路等级	单线重车方向最大年运量（万吨） 铁路轨距（mm）		
	600	762	900
Ⅰ		100～150	＞150
Ⅱ	30～50	50～100	100～150
Ⅲ	＜30	＜50	＜100

25.6.3.3 线路的平面和纵断面

线路的平面曲线宜选用较大的半径。在困难情况下，各级线路的最小曲线半径，不应小于表 25 - 101 中规定。

线路的限制坡度，应根据运输量，机车车辆类型和地形条件，经技术比较确定。

各级线路的最大坡度不应大于表 25 - 102 中规定。

表 25 - 101 各级线路最小曲线半径（m）

线路等级	固定轴距（m）		
	≤2		2.1～3.0
	铁路轨距（mm）		
	600	762、900	762、900
Ⅰ		120	150
Ⅱ	60	100	120
Ⅲ	40	80	100

表 25 - 102 最大坡度（‰）

牵引类型	线路等级		
	Ⅰ	Ⅱ	Ⅲ
电力、内燃机车	10	12	15
蒸汽机车	10	12	15

当轻重车方向运量显著不平衡，重车方向大于轻车方向时，而其货流方向固定，允许在轻车方向采用大于重车方向的限制坡度，但要满足列车组成、列车启动和生产运输任务的需要。

25.6.3.4 车站的平面和纵断面

车站一般应设在直线上，在困难条件下可设在曲线上，应减小曲线偏角，其曲线半径不得小于表25-103中规定。

表25-103 车站最小曲线半径（m）

车站作业性质	铁路轨距（mm）	
	600	762、900
有调车作业	80	150
无调车作业	60	100

车站不应设在反向曲线上。仅在特别困难条件下，对改建和无调车作业的车站上，方允许设在反向曲线上。

车站应设在平道上。在困难条件下，方可设在不大于表25-104所规定的坡度上。

表25-104 车站最大坡度（‰）

车站作业性质	轨距（mm）		
	600		762、900
	<3t矿车	≥3t矿车	
有摘挂作业	5	4	3
无摘挂作业	8	6	6

25.6.4 汽车运输

25.6.4.1 概况

20世纪60年代以前，由于汽车载重吨位小，运输能力受到限制及燃料供应不足等因素，外部运输采用汽车运输较少。随着我国汽车工业和石油工业的发展，从70年代开始，矿山外部运输采用汽车运输日益增多。

25.6.4.2 线路的等级划分

线路等级的划分是根据矿山的各种车辆，折合成载重汽车年平均昼夜双向交通量为：一级道路为5000辆以上；二级道路为2000～5000辆；三级道路为200～2000辆；四级道路为200辆以下。

矿山外部道路根据其运输量和车辆规格的需要，一般在三、四级道路范围内选择。

25.6.4.3 线路主要技术条件[1]

外部运输各级道路的主要技术指标，一般按表25-105规定选用。

25.6.5 水路运输

在沿河靠海的矿山，外部有良好的水运条件时，可以利用水路向用户运输矿产品，或与国家交通网衔接，创造水陆联运条件。由于水路运输量大，运输费用较低，占用土地极少，所以在有条件的矿山，应优先采用水路运输。

根据水运条件、码头吨位及运量、运距等因素，选用相应吨位的船只。

采用水路运输时，应先选定港口位置，修建或利用现有码头。

水运管理有两种方式。一种是由地方航运系统承包运输，运输设备和人员组织均由地

表 25-105　各级道路主要技术指标

道路等级	一		二		三		四		辅助道路
地　形	平原微丘	山岭重丘	平原微丘	山岭重丘	平原微丘	山岭重丘	平原微丘	山岭重丘	
计算行车速度（km/h）	100	60	80	40	60	30	40	20	15
路面宽度（m）	2×7.5	2×7	9（7）	7	7	6	3.5（6）		3.5（3）
路基宽度（m）	23	19	12.10	8.5	8.5	7.5	6.5（7）		4.5
极限最小圆曲线半径（m）	400	125	250	60	125	30	60	15	15
一般最小圆曲线半径（m）	700	200	400	100	200	65	100	30	
不设超高的最小圆曲线半径（m）	4000	1500	2500	600	1500	350	600	150	
停车视距（m）	160	75	110	40	75	30	40	20	15
会车视距（m）			220	80	150	60	80	40	
最大纵波（%）	4	6	5	7	6	8	6	9	9

注：1. 当采用较大型汽车时，其路面、路基宽度应按车宽相应加宽；
2. 辅助道路在工程艰巨的路段，圆曲线半径可采用 12m。

方航运系统负责。另一种是企业自己负责运输管理。

25.6.6　影响外部运输方式选择的因素

矿山企业外部运输方式需要根据矿山运输量、运输距离、矿区地形，结合当地的交通状况，研究几种可能的方案，并进行比较选择。

（1）地形条件。在地形平坦，坡度平缓的平原、丘陵地区宜采用铁路运输；在地形坡度较大和复杂的山区宜采用汽车运输；在地形陡峻、高差变化大的山岭地区，宜采用架空索道运输。矿区附近有水路可以利用，并有修建码头的条件，应优先采用水路运输。

（2）运输距离。矿山所在的地理交通位置，如距离国家铁路干线较近时，应采用铁路运输；距离虽长而运量大时，亦宜考虑铁路运输；如果矿山地处偏远山区，距铁路干线又远，矿山生产规模不大，地形不利于修建铁路，可以考虑汽车运输或者架空索道运输。

（3）矿山运量。运量与矿山生产规模有关，规模大的矿山，运出和运进的运量大，可以考虑铁路运输；运量小的矿山一般采用汽车或其他运输。

25.7　服务运输与附属设施

在矿山企业，凡配合生产运送矿石、半成品、成品和废石的统称为生产运输。除上述运输任务以外，为矿山企业的生产、辅助生产、行政管理和职工生活服务的运输，均属服务运输。

服务运输按类别可分为：生产服务运输和生活服务运输。

一般情况下，多数矿山远离城镇，服务类运输组织、实施的好坏直接影响矿山企业的生产和职工生活，应该引起重视，加以开发研究，向社会化发展，以促进矿山企业的生产。

25.7.1　生产服务运输

矿山企业生产需消耗大量原材料、燃料、零配件等，其中包括炸药、雷管、导火线、导爆索、钢钎等；矿山采剥及装运设备所需的燃料、备品备件、矿山运输线路基建及维修、保养所需的用品及材料；生产维修所需的备品备件，围绕这些为生产服务所需的材料而进行的运输活动都属生产服务运输。需配备的运输设备规格及数量是根据矿山的性质（金属、非金属、化工原料）、规模、产品纲领、企业及矿山设施及周围城镇运输、材料供应的条件而定。

一般情况下，生产服务运输所配备的运输车辆有运油车、加油车、洒水车、消防车、载重汽车、维修车、材料车、供电车等。大型矿山还有平板拖车。

25.7.1.1 炸药运输车辆

矿山运输炸药的车辆有：铁路运输时用专门的棚车（见表 25 - 106），公路运输时一般都用以汽油为燃料的载重汽车。如采用柴油车时，应有防火星措施。

炸药运输必须严格按炸药生产安全规程进行。

表 25 - 106 铁路运输炸药专用棚车

技术性能	单位	型号		
		P62	SP14	P23
轨距	mm	1435	762	762
载重	t	60	14	15
自重	t	23.7	8.5	8.275
外形尺寸：长①	mm	16438	11480	9445
宽	mm	3312	2186	2115
高	mm	4220	3010	3000
制造厂		齐齐哈尔车辆厂	牡丹江林业机械厂	广州红卫机器厂

① 外形尺寸中长度系指钩舌内侧距离。

25.7.1.2 运油及加油车

矿山开采的材料消耗中油类消耗占很大比重，特别是采用汽车运输的露天矿山，油类消耗更是突出。

矿山油料都来自外部，其主要运输形式有铁路、公路和水路运输三种，取决于矿山外部运输条件及油耗量。油料运到矿山后大部分贮存于矿山油库或运到采场给采装设备（如挖掘机、推土机、铲运机及装载机等移动困难的大型设备）加油。

油料运送的型式不外乎油罐（槽）、油桶和油船。按运输方式可分为下列类别：

A 铁路油罐车

油料采用铁路运输时，当矿山企业生产需要油料数量大，并且具备铁路进线条件，方可采用铁路运输油料。目前，国内仅有准轨油罐车。矿山一般均不自备，均由铁路部门安排油罐车。

B 运油及加油汽车

汽车油罐车运油、加油是矿山运输油料最普遍采用的方式。运油车及加油车型号及主要技术性能见表 25 - 107。

C 油桶

油桶运贮油料目前还是经常采用的一种形式，特别在一些小型矿山，用油量不大，且

表 25-107　运油车、加油车型号及主要技术性能

技术性能	单位	型号					
		DD401 加油车	东风 WX140RY 运油车	WH140RY 运油车	SC4560YY 运油车	CG144RY 运油车 (CG144JY 加油车)	黄河 XY512 运油车
类　型		4×2	4×2	4×2	4×2	6×2	4×2
油罐容量	L	4600	6300	6500	9000	10000 (9600)	12000
自　重	t	5.15		4.715	5.4	6.2 (6.5)	8.79
总　重	t	8.58		9.715	13.1	13.3	17.85
轴荷分配：前	kg	2400		2500	2585	2600 (2632)	5568
后	kg	6180		7215	10515	10700 (10668)	12282
排油量	L/min	500				(833)	
最大吸油高度	m	7				(5)	
全扬程	m	24				(25)	
管　径：出口	mm	38		50		75	
入口	mm	65				75	
外形尺寸：长	mm	7200		6800	8067	8100 (8150)	8000
宽	mm	2278		2370	2400	2430	2500
高	mm	2580		2560	2635	2666	
运载油类		汽油、煤油		燃油	轻质燃油	轻质燃油	轻质燃油
发动机功率	kW	99		99	99	99	154
百公里燃油耗量	L	28		28	36	34	26.5
制造厂		丹东汽车制造厂	丹东汽车制造厂	武汉专用汽车厂	四川专用汽车厂	晨光工业总公司汽车改装公司	西安锅炉总厂一分厂

技术性能	单位	型号					
		SC4461JY 加油车	黄河 JY580 加油车	WH144JY 加油车	CG815JY 加油车	KY-15B 加油车	KY-15Z 运油车
类　型		4×2	4×2		6×6	6×4	6×4
油罐容量	L	6500	8000	9400	15300	19000	15000
自　重	t	4.36	8.19	5.8	13.43	14.2	12.9
总　重	t	9.56	14.83	13.3	27.2	29.2	25.7
轴荷分配：前	kg	2430	4190	2660	6340	6500	4960
后	kg	7130	10640	10640	中、后 10430	中、后 11350	中、后 10370
排油量	L/min	120	1800	800	833		
最大吸油高度	m	4	5	6	5	5	
全扬程	m	28	64	24	25	41	
管　径：出口	mm	25	84	50	75	50	
入口	mm	50	105	70	75	70	
外形尺寸：长	mm	2825	7640	8200	9445	10200	8200
宽	mm	2400	2400	2400	2500	2700	2700
高	mm	2675	2860	2740	3175	2900	2900
运载油类		轻质燃油	经本车过滤的燃油	燃油	轻质燃油	柴油	柴油
发动机功率	kW	99	118	99	208	162	162
百公里燃油耗量	L	29	25	34	32.5		
制造厂		四川专用汽车制造厂	西安锅炉总厂一分厂	武汉专用汽车厂	晨光工业总公司汽车改装公司	温州冶金机械厂	温州冶金机械厂

离油料供应地较近，往往采用油桶装油，运输也方便。另外，除主要油料（汽油、柴油）外，需要一些其他油品，如机油、煤油、润滑油等，其用量小，一般都采用桶装。

25.7.1.3 洒水车

矿山道路养护中很重要的一个作业即洒水作业。目前，主要是用洒水车洒水。在永久性的道路上也有采用管道洒水。

洒水车的容积、数量主要由矿山道路路面需要的洒水量（与洒水路面面积、路面结构、车辆密度、当地气候等有关）、需洒水路面与水源地的距离远近、洒水车的洒水能力等因素选择。

洒水车型号及主要技术性能见表25-108。

25.7.1.4 消防车

新建厂矿、集中的矿区，应联合设置集中消防站。为矿区各单位服务，小型矿山亦可设置牵引机动泵、高压消火栓等消防器材，以取代消防车。消防车型号及主要技术性能见表25-109。

25.7.1.5 无轨起重机

无轨起重机是一种移动灵活、起重量大小配套的吊装设备，适用于矿山企业的生产和生活物资、产品的装卸、设施维修和安装的吊装等作业。无轨起重机分为汽起重机有5、7、8、12、16、32t；轮胎起重机有8、16、25、40、125t；汽车随车起重机有1.5、2.3t；履带起重机有10、15、20、25、50、75t。

25.7.1.6 载重汽车

载重汽车是矿山企业通用的辅助运输车辆，在生产服务运输和生活辅助运输中均采用。载重汽车的数量、选型可根据需要运输的各种原材料、燃料、生活资料、设备、备品备件等的年运量总和进行选用。国产载重汽车型号及主要技术性能见表25-110。

25.7.2 生活服务运输

矿山企业生活服务运输主要包含生活物资及用品、生活设施基建和维修、人员接送，工作关系的运输工作，一般可根据矿山规模、地理位置（距城镇的距离）等具体条件决定。有些大型矿山，随着建设与生产的发展，围绕矿山本身就形成了一个矿山城镇或居民生活区，如南芬铁矿、德兴铜矿、南墅石墨矿等，这种类型的生活服务运输类似于城镇专业服务系统。

生活服务用汽车根据矿山规模与交通条件配备，有大客车、小客车、吉普车（或轿车）、救护车等。

25.7.3 运输附属设施

汽车运输附属设施主要有加油站及油库、地中衡等；铁路运输有转向设施、轨道衡、机车车辆整备设施等。

25.7.3.1 汽车运输附属设施

A 加油站及油库

矿山加油站位置可设在运输矿石、排土线路附近或在矿山工业场地汽车保养场、停车场附近，并考虑防火安全等因素；应充分利用地形，尽可能做到卸油、加油自流。

油库的贮油规模取决于矿山油耗量与供油基地距离及矿山外部运输条件，一般储存15～30天左右。

B 洗车设施

冲洗汽车现多数用机械冲洗，如洗车机等。

表 25-108　洒水车型号及主要技术性能

技术性能	单位	型号					
		CA141S50	CA15S50	QD145S55	解放 WX141AS	WH140CS	东风 WX144AS
类　型		4×2	4×2	4×2	4×2	4×2	
水罐容量	m^3	4.88	4.8	5.65	5.8	5.5	8.4
自　重	t	5.1	5	4.85	4.3	4.915	5.0
总　重	t	9.98	9.8	10.05	9.8	9.715	13.0
洒水宽度	m	18	18	18	≥13	6～13	≥13
单嘴洒水宽度	m	11	11	10	≥5（单向）	4～6	≥5（单向）
喷洒距离	km	8	8	8.5	3～5		5～8
发动机功率		99	85		99		
水　泵：形式		自制离心泵	BS17	自制离心泵	BS17		BS17
流量	L/min	900	1000	900	1100		1100
扬程	m	82	90	82	90	120	90
轴功率	kW	21	22	21			
吸水高度	m	8.5	6.5	8.5	8	7	8
进水口直径	mm	90	100	90	100		100
外形尺寸：长	mm	7505	6725	7530	6880	6840	9160
宽	mm	2476	2430	2450	2400	2420	2400
高	mm	2395	2125	2210	2700	2435	2700
制造厂		北京市政工程机械公司	北京市政工程机械公司	北京市政工程机械公司	武汉新光机械厂	武汉专用汽车厂	武汉新光机械厂

技术性能	单位	型号					
		黄河 WX150AS	EQ140 KS100	KS-15	BJ471	BJ374AS1	CYS30
类　型				6×4	4×2	4×2	4×2
水罐容量	m^3	8.4	10.85	15×1	16.3	20	28
自　重	t	7.0	7.65	13.07	13.7	14.6	23.610
总　重	t	15.0	18.5	28	30	34.6	51.610
洒水宽度	m	≥13	21	20	9～13	11～22	8～20
单嘴洒水宽度	m	≥13（单向）	11	12		11	
喷洒距离	km	5～8	16			4.87	
发动机功率		118	99	162	175	184	265
水　泵：形式		BS17	BS24	BS24		BS17	BS24
流量	L/min	1100	1800	1800	1000	1000	1800
扬程	m	90	110	110	35	90	100
轴功率	kW		23	53		37	
吸水高度	m	8	8.5	8.5			
进水口直径	mm	100	100	100	76	100	75
外形尺寸：长	mm	9200	10600	8200		8475	8865
宽	mm	2400	2475	2700	2909	2900	3480
高	mm	2700	2300	2900	3175	3350	3810
制造厂		武汉新光机械厂	北京市政工程机械公司	温州冶金机械厂	北京重型汽车制造厂	北京重型汽车制造厂	常州冶金机械厂

表 25-109 消防车型号及主要技术性能

技术性能	单位	型号				
		CP10C 型泡沫消防车	CPP15 型泡沫消防车	CFP1.5/1 型干粉泡沫联用消防车	CPP5 型泡沫消防车	CG35/40 型水罐消防车
水（泡沫）容量	L	泡沫 1000，水 2500	泡沫 1500，水 4500	干粉 1500，泡沫 1000，水 1100	泡沫 500，水 3000	水 3500
自 重	t	5.118	9.11	10.28		5.12
总 重	t	9.29	15.4	14.47	9.06	9.29
载人数	个	8	8	4	7	8
最高车速	km/h	90	70	70	90	90
水泵形式		BD40 型	BD50A 型	BD50A 型	BD40 型	BD40 型
出水量	L/min	2400	3000	3000	2400	2400
最大吸水深度	m	7	7	7	7	7
吸水时间	s	<30	<30	<30	<30	<30
进水口径	mm	100×2	150	150	100×2	100×2
出水口径	mm	80×2	80×4	80×4	75×2	80×2
轴 距	mm	4050	4000	4000	4050	4050
外形尺寸：长	mm	7472	7723	7650	7165	7472
宽	mm	2340	2490	2490	2300	2340
高	mm	2665	3340	3340	3050	2665
轴荷分配：前	kg	2430	5100	4781.5	2400	2430
后	kg	6860	10300	9688.5	6664	6860
发动机功率	kW	99	118	118	99	99
制造厂		长春消防器材总厂	震旦消防设备总厂	震旦消防设备总厂	宝鸡消防器材厂	长春消防器材总厂

技术性能	单位	型号				
		CS45 型供水消防车	CG36/42 型	CG36/40 型	CG60/50A 型水罐消防车	CS7 水罐车
水（泡沫）容量	L	水 4500	水 3600	水 3600	水 6000	水 7000
自 重	t	4.8			9.01	
总 重	t	9.11	8.9	9.06	15.3	
载人数	个	3	7	7	8	
最高车速	km/h	90	90	90	70	
水泵形式		BD40 型	BD42 型	BD40 型	BD50A 型	
出水量	L/min	2400	2400	2400	3000	
最大吸水深度	m	7	7	7	7	
吸水时间	s	<30	≤35	<30	<30	
进水口径	mm	100×2	100×2	100×2	150	
出水口径	mm	80×2	80×2	75×2	80×4	
轴 距	mm	4050	3950	4050	4000	
外形尺寸：长	mm	7000	7100	7305	7723	8470
宽	mm	2385	2400	2300	2490	2500
高	mm	2570	2740	2690	3250	3000
轴荷分配：前	kg	2370	2295	2420	5100	
后	kg	6715	6645	6626	10200	
发动机功率	kW	99	99	99	118	
制造厂		长春消防器材总厂	宝鸡消防器材厂	宝鸡消防器材厂	震旦消防设备总厂	上海消防器材厂

表 25 - 110 载重汽车型号及主要技术性能

技术性能	单位	型号					
		北京 BJ121A	跃进 221B	成都 CD122A	金杯 SY132A	跃进 D131A	解放 CA143K3
类 型		4×2	4×2	4×2	4×2	4×2	4×2
载重量	kg	900	1000	1500	2000	3000	5000
自 重	kg	1470	2520	2190	2000	2800	
满载总重量	kg	2500	3585	4080	4195	5980	
拖挂总重量	kg						6000
轴荷分配：空载前轴	kg	772	1470	1045	930	1435	
空载后轴	kg	698	1050	1145	1070	1365	
重载前轴	kg	870	1784	1325	1320	2080	
重载后轴	kg	1630	1801	2755	2875	3900	
发动机：型号		492QA	NJ70H	492QA - 2	492QA	YC495QⅡ	6102BQ6
形式		水冷、四冲程汽油	汽油	水冷、四冲程汽油	水冷、四冲程汽油	汽油	柴油
功率	kW	52	65	63	55	52	103
最小转弯半径	m	6.9	6.9	7.1	6.9	7.6	8.2
最大爬坡度	%	13.5°	28	29	36	30	28
最高车速	km/h	98.5	92	85	≥85	70	90
最小离地间隙	mm	224	240	185	186	239	
外形尺寸：长	mm	4585	4600	5680	5840	6110	7205
宽	mm	1750	1952	1870	1930	2076	2470
高	mm	1825	2240	2100	2085	2282	2395
车厢尺寸：长	mm	2050	2750	3015	4100	4300	4200
宽	mm	1500	1825	1790	1835	1970	2300
高	mm	480	1438	400	380	380	550
车厢底板离地高度（空车）	mm	660	804	950	950	1160	
轴 距	mm	2750	2650	3400	3400	3308	4050
前轮距	mm	1440	1608	1480	1470	1584	1800
后轮距	mm	1440	1608	1470	1480	1485	1740
轮胎规格		6.50 - 16	8.50 - 16	6.50 - 16	6.50 - 16	7.00 - 20	8.25 - 20
百公里燃料油消耗量	L	13	20	14	14	12	18
制造厂		北京汽车制造厂	南京汽车制造厂	成都汽车制造厂	沈阳汽车制造厂	南京汽车制造厂	长春第一汽车制造厂

续表 25 - 110

技术性能	单位	型号				
		东风　EQ140 - 1C	解放　CA151K	东风　EQ144	斯太尔　991	罗曼 R10 - 215F
类　型		4×2	4×2	6×2	4×2	4×2
载重量	kg	5000	6000	8000	9650	10000
自　重	kg	4095	4650	5100	6350	5270
满载总重量	kg	9305		13300	19000	16000
拖挂总重量	kg		6000			6000
轴荷分配：空载前轴	kg	1945		1920	3850	3740
空载后轴	kg	2150		中、后 1590	2500	1980
重载前轴	kg	2375		2566	6500	6000
重载后轴	kg	6930		中 7007 后 3727	13000	10000
发动机：型号			6110	EQ6100 - 1	STEYR	D2156HMN8
形式			柴油	汽油	柴油	柴油
功率	kW		118	99	147	158
最小转弯半径	m	≯8	8.2	≯10	8.85	8.7/10.6
最大爬坡度	%		28	18	36.1	30
最高车速	km/h	85	90	80	78.8	76
最小离地间隙	mm	265		265	298	306
外形尺寸：长	mm	6910	7200	8165	9336	8870/10266
宽	mm	2470	2470	2470	2428	2500
高	mm	2465	2410	2393		2845
车厢尺寸：长	mm	4052	4200	5300	7250	6197/8093
宽	mm	2294	2300	2294	2500	2270
高	mm	550	550	550	550	550
车厢底板离地高度（空车）	mm			1285	2950	2920
轴　距	mm	3950	4200	前、中 4200，中、后 1250	5000	4500/5800
前轮距	mm	1810	1800	前 1810，中 1800	1958	2050
后轮距	mm	1800	1770	后 1980	1800	1761
轮胎规格		9.00 - 20		9.00 - 20	12.00 - 20	11.00 - 20
百公里燃料油消耗量	L	28	19		217g/kW·h	32
制造厂		第二汽车制造厂	长春第一汽车制造厂	第二汽车制造厂	济南汽车制造总厂	济南汽车制造总厂

续表 25 - 110

技术性能	单位	型号				
		黄海　DD160	SX161	大通　SH161A	TATRA　815YE26 208	红岩　CQ 30290/B30
类　型		6×4	6×4	6×4	6×6	6×4
载重量	kg	12000	13500	15000	16100	18000
自　重	kg	9240	9950	11000	10500	12000
满载总重量	kg	21240	23710	26000	26600	3000
拖挂总重量	kg				18000	
轴荷分配：空载前轴	kg		4340			
空载后轴	kg		中、后 5610			
重载前轴	kg		5460		6200	
重载后轴	kg		中、后 18250		中、后 10200	
发动机：型号			SX6130Q	6135Q - 2a	13 - 929 - 30	康明斯　NTC - 290
形式		柴油	柴油	水冷、四冲程、柴油	风冷、柴油	
功率	kW	118	147	119	208	213
最小转弯半径	m	12.6	<12	10	9.5±0.5	9.4
最大爬坡度	%	18	13°	31	43.4	44.8
最高车速	km/h	76	70	75	88	74
最小离地间隙	mm	243	300	290	300	309
外形尺寸：长	mm	11234	9742	8300	8874	9300
宽	mm	2420	2513	2600	2500	2500
高	mm	2560	2783	2820	3130	3064
车厢尺寸：长	mm		7000		6232	6992
宽	mm		2254		2300	2368
高	mm		600		550	
车厢底板离地高度（空车）	mm		1450		1320	
轴　距	mm	5500+1350	4375+1350	4500	3700+1320	8800+1400
前轮距	mm		2080	2026	2062	2006
后轮距	mm		中、后 1853	1902	1754	中、后 1810
轮胎规格			11.00 - 20	12.00 - 20	11.00 - 20	
百公里燃料油消耗量	L	26.5	36	39	32.5	48
制造厂		丹东汽车制造厂	陕西汽车制造厂	上海重型汽车厂	长征汽车制造厂	重庆红岩专用汽车制造厂

C 地中衡

矿山生产计量应设置地中衡，见表25-111。计量房应设在重车主要行驶方向的右侧，两端设不小于12m长的平直线段，引线弯道半径不宜小于12m，计量房应考虑防雨、排水。

表25-111 地中衡

型号	称量		精度	承重台面尺寸（m）	重量（t）	制造厂
	最大（t）	最小（kg）				
ZGT-10H	10	5	1/1000	2×2		沈阳衡器厂
ZGT-15	15	5	1/2000	6×2.8	3.6	长沙衡器厂
ZGT-20	20	5	Ⅲ级	7×3	4	北京衡器厂
ZGT-30A	30	10	1/1000	7×3	5.06	南京衡器厂
ZGT-30B	30	10	1/2000	12×3	8.44	南京衡器厂
ZGT-50A	50	20	Ⅲ级	14×3.5		徐州衡器厂
ZGT-60D	60	20	1/2000	25×3.2		长沙衡器厂
ZGT-80D	80	20	1/2000	25×3.2		长沙衡器厂
ZGT-100B	100	50	Ⅲ级	15×4.3		徐州衡器厂

25.7.3.2 铁路运输附属设施

铁路运输附属设施主要有机车整备、转向、调车及计量设施。

A 机车车辆整备设施

(1) 蒸汽机车整备工作主要是上煤、上砂、上水、卸灰、洗检等作业，整备设施一般设在主要车站上或车站附近，常采用贯通式，其主要设施有煤台、水鹤、灰坑等。

(2) 电力机车整备工作主要是上润滑油、上砂和洗检等，设施较为简单，全部作业均可在一个地点完成。

(3) 内燃机车整备设施包括上油、上水、上砂、洗检等。

B 转向设施

机车车辆转向一般有三角线、环形线或转车盘转向设施。

C 调车设施

当矿山规模较大和有装车作业时，在矿山内部有调车作业。一般都采用调车绞车，调车规模较大的矿山也有调车机车调车。目前，国内外矿山采用环形装车方式，列车不停车作业，本机车如装备有慢速恒速装置，即可不摘机车直进直出。在美国、加拿大的露天煤

表25-112 轨道衡

型号	轨距（mm）	称量		台面有效长（m）	外形尺寸（mm）		制造厂
		最大（t）	最小（kg）		长	宽	
GSQ-5-2.5	600（762）	5	2	2.5	2500	13000	长春衡器厂
GSQ-15-4B	900	15	5	4	4000	1500	长春衡器厂
GSQ-30-6.1B	900	30	20	6.1	6100	1500	长春衡器厂
GABC100	1435	100	10	3.4			徐州衡器厂
GABCW150-13	1435	150	20	13	13000	3600	徐州衡器厂
GABCW200	1435	200	20	13	13000	3600	徐州衡器厂
动态电子轨道衡GCU-180		180	10				武汉衡器厂

矿多数采用此种调车方式。

D 计量设施

铁路运输计量一般采用轨道衡，应布置在直线平坡上，轨道衡两端应有不小于15m的直线段，如采用电子轨道衡称重时，两端直线距离，应不小于50m。为便于瞭望，计量衡房外形宜作成凸形。

轨道衡的主要型号与规格见表25-112。

E 铁路起重机

铁路起重机主要用于装卸材料及移道。现有铁路起重机有15t、60t、100t几种。

25.8 地面运输转载

25.8.1 地面运输转载形式和适用范围

地面运输转载是指运输物料由某类运输容器（设备）转载到它类运输容器的整个工艺过程，包括卸载、储存、装载三个环节。在下列情况下需进行转载：

（1）地面运输采用联合运输系统时，运输各环节所用设备不同，为保证相邻环节的运输设备均能正常连续运转，减少设备间和相邻两个工序间的相互影响，在相邻运输设备的交接处，需进行转载。

（2）为减少采选两个部门因生产不均匀、工作制度不同等因素对生产的影响，需进行转载。

（3）原矿或产品向外运输时，为保证矿山、运输部门、用户间的彼此生产互不影响，也为了使矿内外不同运输方式能正常连续生产，在矿山向外转运处，设转运站进行转载。

25.8.1.1 矿山联合运输的转载方式

我国常见的矿内联合运输转载方式与一般适用条件，见表25-113。具体设计时应将整个运输与转载视为一个系统，合理选择和解决各个环节的转载，并在此基础上对系统进行优化，以确定适用于该条件下的最佳运输系统与转载方式。

转运站转载外运矿石：为散状精矿时，一般采用矿仓-抓斗方式；为打包精矿时，用堆栈房-叉车方式；为原矿且储存量大时，用堆场-挖掘机（或前端式装载机或专用装车机）方式，储存量不是很大时，用矿仓-闸门或给矿机方式。

需指出，设置转载过程使系统复杂，基建与运营费增加，有些矿石过碎影响贬值，所以在技术经济效益相同的条件下，应优先采用无转载或少转载的系统。

25.8.1.2 转载站的主要设施

（1）卸载场（站）与卸载设备；（2）储矿仓或堆场；（3）装载站与装载设备（矿仓卸料口设备或堆场取料设备）；有的情况还包括调车设备、计量设备以及工艺过程所要求的矿石加工设备。

25.8.2 矿仓与堆场

25.8.2.1 矿仓与堆场的作用与容量

A 矿仓与堆场的作用

（1）储存所要求的矿石量，以调节和缓和两个生产部门（车间）或不同运输设备间生产不均衡所产生的影响，包括某一环节发生事故时储矿或向外运矿；

表 25-113 常见矿内联合运输转载方式与适用条件

运输形式	转载方式		适用条件	实例
汽车铁路联合运输	堆场转载	采场 汽车→堆场→挖掘机→铁路车辆	1. 山坡露天上部开采时，在铁路运输达到的最高点处，设堆场，最高点以上用汽车运输 2. 凹形露天深部开采时，在铁路运输达到的最低点处，设堆场，最低点以下用汽车运输 3. 老矿山附近新发现的小矿体开采时，小矿体用汽车运输，在与原矿山铁路运输交接处设堆场	弓长岭铁矿 
		地面 汽车→堆场→推土机倒堆→挖掘机→铁路车辆	1. 露采坑内用汽车运输，地面用铁路运输时 2. 铁路线一侧有较长的缓坡或平地，可供改建成堆场站台时 3. 转载量很大，需多台挖掘机同时向列车装载时	大冶东露天矿 
	重力转载	溜井方式 汽车→溜井→平硐车站→矿车	1. 当采用平硐-溜井开拓系统时 2. 采场与铁路运输线路间有很大高差，地形险峻，用其他运输方式较困难或用溜井（明槽方式）最经济时 3. 岩层稳固坚硬，可保持溜井（明槽）稳定时 4. 矿石黏结性不太大，不致造成在溜井内成拱、堵塞 5. 地表水可有效防止流入（或渗入）溜井，不致造成跑矿 6. 对矿石块度有要求时，可在溜井上部或下部设置破碎站	宜春钽铌矿 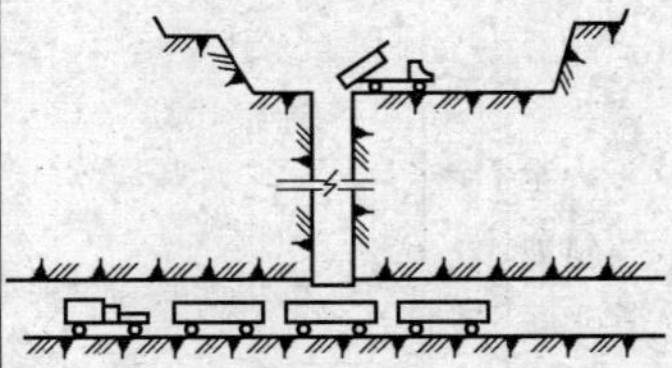
		明槽方式 汽车→明槽→装车站→矿车		新康石棉矿
		明槽→溜井混合方式→汽车→明槽→溜井→装车站→铁路车辆		南芬铁矿
	高站台转载	直接方式：汽车→铁路车辆	1. 露天采场用汽车运输，地面用铁路运输，且铁路车辆供应充分或矿山自备有足够车辆，允许较长时期停留在转载站时 2. 转载矿石块度不宜大，以免卸载时矿石冲击车厢损坏车辆 3. 铁路线一侧或两侧地形较高，可利用改建成高站台的	开阳磷矿
		间接方式 汽车→高站台堆场→推土机向铁路车辆装车		开阳磷矿 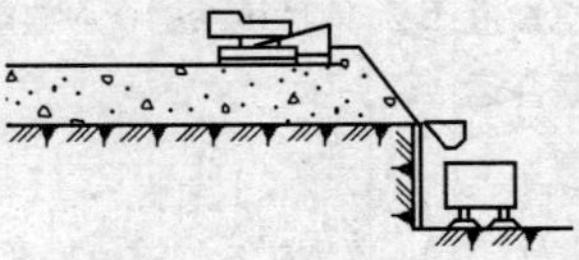
	矿仓转载	斜坡矿仓 汽车→斜坡矿仓→铁路车辆	1. 汽车运输与铁路运输间有较大高差可利用时 2. 铁路一侧有陡坡地形可利用改建成斜坡矿仓时 3. 转载量不是很大时，可用斜坡矿仓 4. 要求投产快	铁坑铁矿
		高架矿仓 汽车→矿仓→板式给矿机→铁路车辆		铁坑铁矿 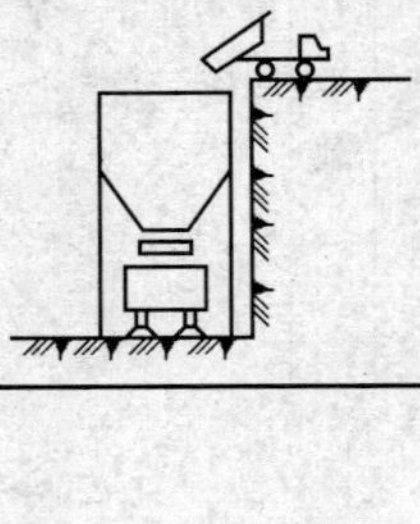

续表 25 - 113

运输形式	转载方式		适用条件	实例
汽车与带式输送机联合运输	矿仓转载	单纯转载 汽车→矿仓→给矿机→带式输送机→筛分转载 汽车→矿仓→给矿机→筛子→带式输送机	1. 露天采场用汽车运输，地面用带式输送机运输，且地形有较大高差可供布置给矿、粗碎设备 2. 露天采场用汽车与带式输送机联合运输时，在集矿运输台阶与带式输送机交接处，设半固定式转载站或移动式转载站	冀东石灰石矿
		破碎筛分转载 汽车→矿仓→给矿机→筛子→破碎机→带式输送机		东鞍山露天矿 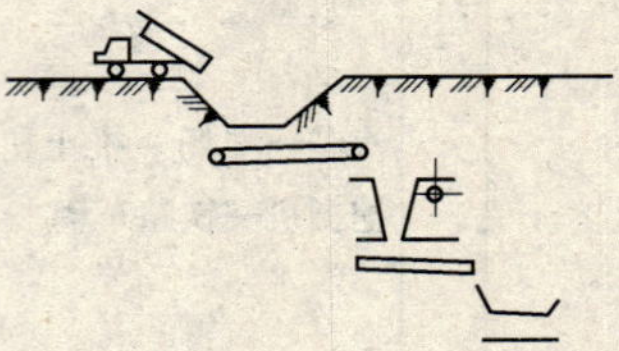
汽车与斜坡箕斗联合运输	矿仓转载	汽车→箕斗→矿仓	1. 露天采场用汽车与斜坡箕斗联合运输时 2. 箕斗运输可以向上提升矿石，也可以向下运送矿石，视采场相对于地面运输的位置而定 3. 箕斗对块度有一定要求	峨口铁矿 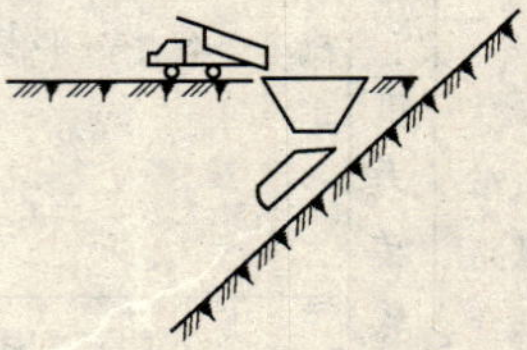
其他运输设备与架空索道联合运输	矿仓转载	其他运输设备→粗碎→带式输送机→矿仓→架空索道	1. 选厂离矿山远，且地形险峻，用架空索道连接矿山与选厂时 2. 只适用于小块矿石，当原矿块度大时需设破碎站，破碎后的矿石，经矿仓向架空索道货车转载 3. 露天采场用带式输送机输送已粗碎的矿石，地面用架空索道运输时 4. 竖井和平硐用矿车运送矿石，地面用架空索道运输时	西华山钨矿
箕斗提升	矿仓转载	箕斗提升→矿仓→其他运输设备	1. 选厂离井口较远，地形平坦，井口箕斗矿仓向矿车或汽车转载 2. 选厂离井口较远，地形不平，井口箕斗矿仓兼作架空索道装载矿仓，向架空索道货车转载 3. 井口条件允许时，选厂与井口合并建设，箕斗矿仓兼作选厂储矿仓，向破碎设备转载 4. 箕斗提升至地面必须设置转载	武山铜矿 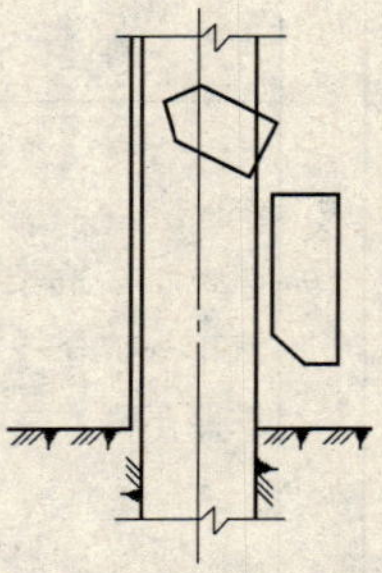

(2) 通过按一定程序堆料（装仓）与取料（卸载），使矿石均化，以求在保证用户对矿石质量要求的前提下获得最大的经济效益；

(3) 特殊情况下可兼起某项工艺作用（如冷却、脱水等）。

B　采用矿仓和堆场方式的条件

矿仓占地小，可减少转载，矿山企业一般采用矿仓方式的较多。但当矿石黏性很大，仅靠重力无法保证矿石在仓内流动时；要求储量很大，建大容量矿仓不经济时；地面布置有场地可利用等因素时一般采用堆场的储存方式。在某些情况也采用堆场与矿仓的混合方式。但需进行技术经济分析选取。

C　确定矿仓及堆场的储存容量

所需储存矿石量是设计矿仓与堆场的主要条件，但合理储存量的确定与运输系统各环节的实际要求有关。目前还没有一个普遍适用的计算方法。一般应考虑以下因素：

(1) 矿山生产的不均衡程度；

(2) 两个部门（车间）工作制度；

(3) 外部运输条件，如铁路车辆来源困难，汽车运输受气候与道路严重影响，船舶周期长等；

(4) 矿山规模及生产工艺。

根据矿山企业中不同矿仓和堆场的储存容积所统计的资料，通常采用以下的估算来确定矿仓和堆场的储存容积：

(1) 对接受矿山来矿的受矿仓：大型矿山企业为 0.5～2 小时矿山产量；中型矿山企业为 1～4 小时；小型矿山企业为 2～8 小时。

(2) 对以储存矿石为主的储矿仓（装车矿仓），采用铁路专用线时为 1.5～2 天，国家铁路为 2～3 天；如车辆来源困难，天数可增加，但不超过 5～7 天，内河船舶为 5～10 天，汽车外运为 3～7 天，架空索道 1 天。

(3) 对于在两类不同运输设备间起缓冲作用的中间矿仓，可取 1.5～3 倍周期性动作设备的斗容值。

堆场容量根据所在地段可利用的地形面积来决定，所以不同条件下容量可相差很大，一般情况下可按 2～12 天产量确定。

25.8.2.2　矿仓设计

A　矿仓形式

矿仓形式与主要尺寸对保持正常均衡生产，减少基建与运转费用影响甚大，具体选择时，要综合考虑所在地区的条件（气候、工程地质、地形）、贮存矿石性质、矿仓作用，运输设备类型、装车要求以及土建结构等因素。常见的矿仓形式见表 25-114。合理的矿仓形式应当考虑下列因素：

(1) 矿仓内有效储存量大，而且流动性能好，不结拱，不结管；

(2) 建筑空间利用率（即矿仓容积与矿仓所占空间之比）高；

(3) 建筑材料消耗小（即单位容积的矿仓仓壁面积要小）。

矿仓所用材料有金属、钢筋水泥和木材等。木质矿仓寿命不长，宜用于服务期短的矿山，金属矿仓易腐蚀，一般用于移动式或半固定式矿仓，多数矿山企业采用钢筋混凝土矿仓。

B　矿仓卸料口与斗仓仓壁倾角

卸料口及仓壁倾角是设计矿仓的两个关键尺寸，它们影响仓内矿石的流动性能。当矿仓卸料时，矿石在仓内的流动有两种基本类型，即中心流动与整体流动。

图 25－22*a* 中的 *A* 为放出椭球体，此范围内矿石有垂直和滚动运动。*B* 为松动椭圆体，此范围内矿石有松动运动，*B* 以外矿石没有运动。由这两个椭球体所圈定的流动类型称中心流动。在此种流动类型下，当卸料口尺寸小于临界最小尺寸时，将出现结管现象，如图 25－22*c*。约翰逊（Johanson J. R.）从矿石无侧限屈服强度等于结管状态下的应力这一临界状态出发，提出了不产生结管现象的最小卸料口尺寸的计算公式与图表。研究同时指出，只有斗仓仓壁倾角的余角大于矿石与仓壁摩擦角的情况下，才能使仓内没有运动的那部分矿石全部卸出。

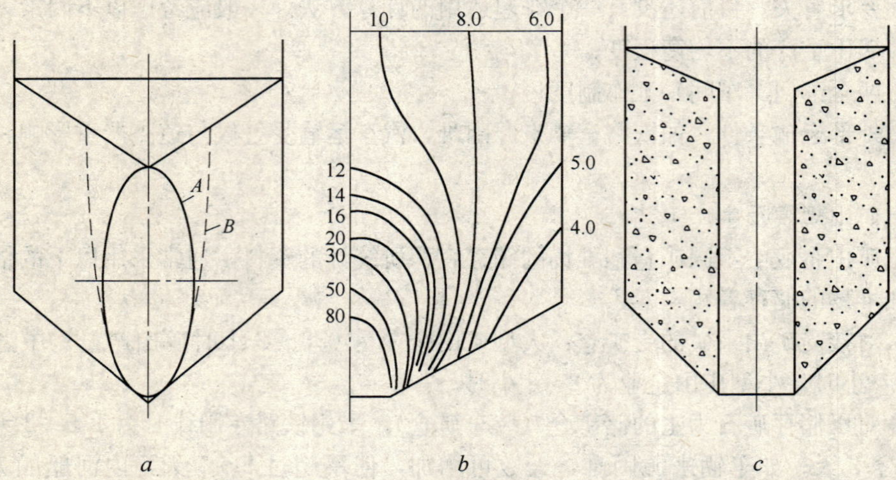

图 25－22　矿仓卸矿时矿石的流动类型[14]

a—中心流动；*b*—整体流动速度分布；*c*—结管情况

图 25－22*b* 为卵石物料整体流动的速度分布。整体流动类型的特点是整个矿仓容积内所有矿石均有运动，只不过中间流动的速度比靠仓壁处的流动速度大。当要求非常均匀的卸料（例如当不均匀卸料会引起颗粒离析现象和粒级降低现象时）或要求实现先进先出原则（例如对储存过程中矿石会发生化学反应时）时，应当采用整体流动类型。在此种流动类型下，当卸料口尺寸小于临界最小尺寸，斗仓仓壁倾角不符合要求时，将出现黏性结拱现象。詹尼克（Jenike. A. W.）从矿石无侧限屈服强度等于成拱状态下的应力这一临界状态出发，提出了不产生成拱现象的最小卸料口尺寸和仓壁倾角的计算公式与图表。研究同时指出：（1）条形卸料口较圆形、方形卸料口不易成拱；（2）矿石在仓内储存时间越长，矿石的无侧限屈服强度越大，越易成拱。因之对具有黏性的矿石，宜采用条形卸料口并应经常卸出矿石。以上是对细粒物料或细粒物料为主的矿石而言。

对于无黏性的大块矿石或黏性不大的大块矿石，不会发生黏性成拱和结管，但可能产生机械成拱，即块度间相互咬合，嵌入而形成不一定对称的各种形状的拱。国内外学者进行了机械成拱的机理研究，但还提不出一个普遍有效的确定最小卸料口尺寸的公式。

表 25 - 114　常见矿仓形式

名称与类别				形　状	使用情况	特　点
高架矿仓	按卸料口位置	中心式		多为仓式，每个仓室为棱柱 - 棱锥体，下部斗仓仓壁呈直线或曲线（有助于卸料）	用作装车矿仓和储矿仓	储量较大 中心式装车均匀，侧式装车不均匀 装车时矿石破碎较轻微 亦可用于采场作成移动式或半固定式
		单双侧式	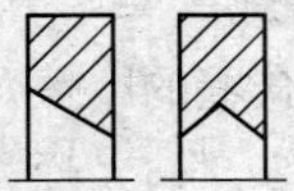			
	按相对于运输线路排列	纵向				
		横向	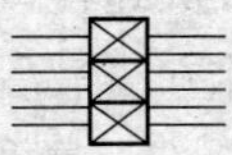			
		混合	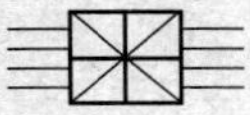			
斜坡式矿仓			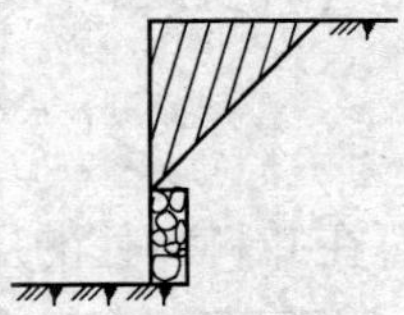	长条形，断面为三角形	用作装车矿仓	有斜坡地形可利用时，可收到基建费少，投产快的效果 维修量大，装载不均匀 容积小
地下式矿仓			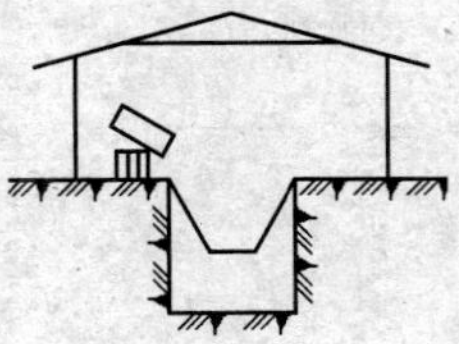	长槽形，断面为梯形	用作受矿仓与转载矿仓	要求地面较平坦 使用地点地下水位应低于地槽底 费用较低 矿石黏结性较大时，斗仓应有一壁为垂直，卸料口应为长条形 一般与带式输送机配合较多
半地下式矿仓			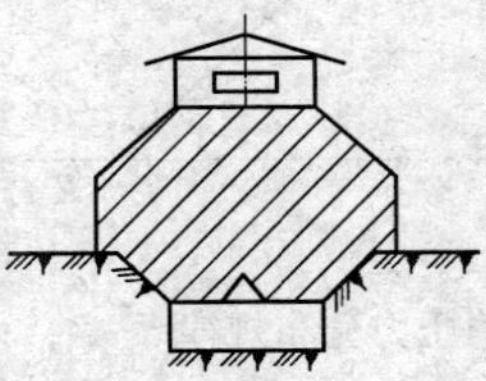	地面为堆场，地下为锥形斗仓	用作储矿仓	地形不很平坦时储存量大 一般与带式输送机配合较多

建议对细粒黏性矿石和细粒为主含有少量大块的矿石，应分别根据所设计矿仓的流动类型，按约翰逊或詹尼克方法确定最小卸料口尺寸和斗仓仓壁倾角。对大块和大块为主的矿石，一般推荐卸料口直径取为 6 倍最大块度直径。斗仓仓壁倾角的余角比矿石与壁之摩擦角大 5°～10°，常见的倾角值是：仓壁材料为钢时，大块矿石用 45°～50°，小块矿石用 50°～55°；仓壁材料为钢筋水泥混凝土时，用 55°～70°。

不少矿石由于夹带黏性物料，使得仅靠自重难以从卸料口顺利卸出，或者要求卸料口尺寸很大，使卸料口设备难以满足，此时应采取以下措施：(1) 用给矿机进行强制性卸料。(2) 改变仓壁材料或衬板或加以涂层，减少矿石与仓壁的摩擦。(3) 采用各种助流器如振动过渡料仓、高压喷嘴、振动器、仓内机械落料器等。(4) 通过工艺流程，使黏性物料与矿石分离。

C　矿仓的卸矿能力 (Q)

目前分析卸矿能力有两种方法，一种方法是确定矿石从卸料口排出时的速度乘卸料口面积，得到卸矿能力。但流出速度是不均匀的，所以这种方法最后还要用系数来修正。虽然我国通用此法，但并不能解决实际问题。

另一方法是采用基于实验的经验公式，即

$$Q=d^{2.5} \qquad (25-41)$$ [14]

式中　d——卸料口直径，cm。

公式 (25 - 41) 是基于实验的经验公式，尚不能应用于生产实践。目前还没有一个普遍适用的计算公式，实际中通过卸料口设备进行调整。

D　矿石对矿仓的压力

矿石对矿仓仓壁的压力是设计仓壁厚度的原始载荷，矿石在卸料口处的压力则是设计闸门或给矿机的原始载荷。它们的基本规律如图 25 - 23 所示。由图可见，向矿仓装料时矿石的

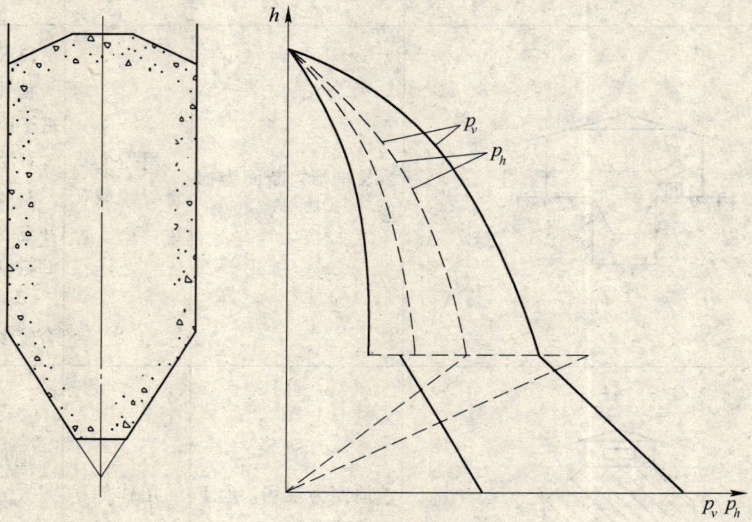

图 25 - 23　矿仓装矿和卸矿时沿矿仓高度的压力分布规律[14]

(——装矿；-----卸矿)

垂直压力 p_v 大于矿仓卸料时的垂直压力，而装料时的侧向压力 p_h 小于卸料时的侧向压力。计算仓壁和仓底时，应分别取卸料时的侧向压力和装料时的垂直压力作为计算载荷。

图 25-24 为料仓装料和稳定卸料时在卸料口的压力。装料时的压力为卸料时压力的 2～4 倍，设计给料机时建议按稳定卸料情况来决定其阻力与功率。

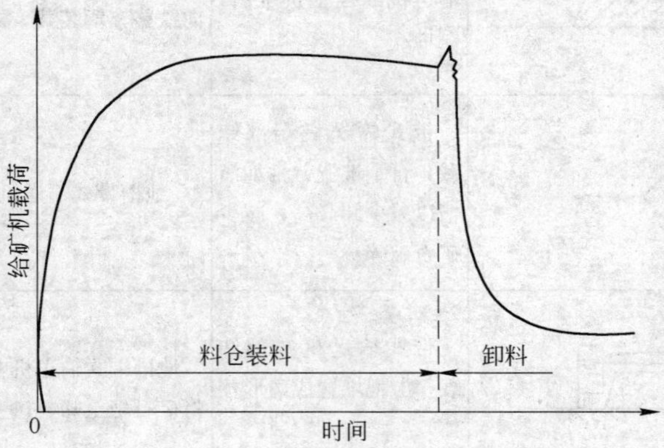

图 25-24 矿仓装矿和卸矿时在卸料口的压力[14]

25.8.2.3 堆场设计中的注意事项

(1) 大型堆场需设置几个矿堆，布置矿堆间通道时应保证堆场作业机械的通行。对有自燃性的矿堆，其矿堆底边间距及其相邻建筑物的距离应符合防火规程规定。

(2) 选择堆场位置时应充分利用地形以减少基建费用，堆址不得有被洪水淹没的危险。当地下水位高时，在其周围应挖掘排水沟，堆场地面应有 3‰～10‰的排水坡度，并应压实或铺筑相应的结构层。

(3) 为尽量减少占地面积，堆置高度应达到堆料作业机械所允许的高度，但不得超过矿石性质（如自燃性、粉碎性等）所限制的高度。

(4) 堆场作业包括堆料、取料、转堆等环节，选用设备时应考虑：1) 尽可能使采矿与出矿运输设备的装卸作业和堆取料作业由同一组机械完成；2) 各环节作业机械应协调一致，以达到较高的综合效率。常见堆场形式与使用设备见表 25-115。

25.8.3 装卸载站（场）与装卸载设备

25.8.3.1 卸载站（场）与卸载设备

A 铁路车辆卸载站长度计算

卸载站的长度与运输量及运输设备有关。当运输设备为窄轨固定式矿车时，则采用翻车机卸载，卸载长度应大于同时卸载矿车数加 1 并乘其矿车长度；当采用窄轨底卸式矿车时，设置卸料曲轨，其卸载长度为 17～30m；当采用窄轨侧卸式矿车时，卸载长度为 6～8m；当采用准轨自卸车辆时，可根据实际作业条件，按（25-42）式计算。

$$L=\frac{nl}{60T}(t+t_m) \qquad (25-42)$$

式中 L——卸载长度，m；

l——车辆长度，米/辆；

T——实际规定的列车卸载时间，h；

表 25 - 115 常用堆取料机械及应用特点

示 意 图	堆料作业机械	取料作业机械	应 用 特 点
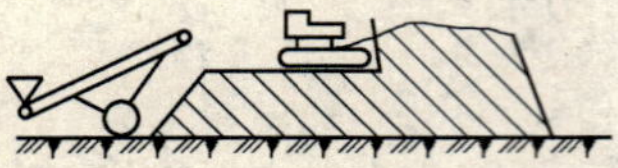	汽车卸载、移动带式输送机或推土机堆料，倒堆	推土机推矿石入漏斗向铁路车辆装载	地形有高差可利用 用于汽车铁路联合运输
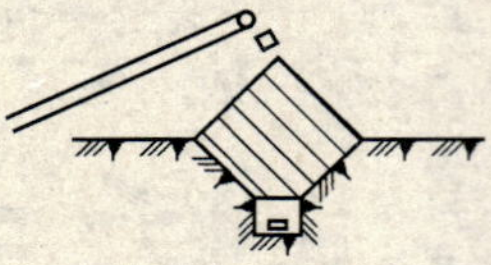	带式输送机端部卸载，自重堆置，常加溜槽以减少卸载高，减少矿石破碎	地槽带式输送机	常与矿仓配合使用，以扩大储存量 卸载高度大，会增加矿石粉碎
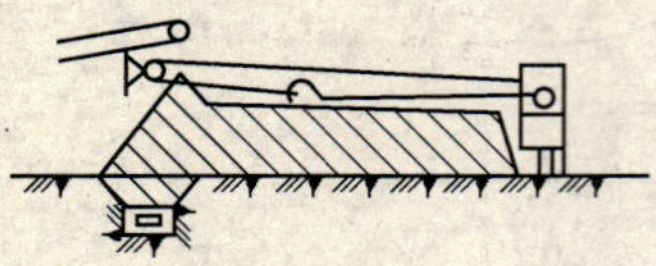	带式输送机端部卸载，电耙堆置成扇形柱体	地槽带式输送机电耙将矿石耙至卸料口上方	容量大 增加矿石粉碎 常与矿仓联合使用
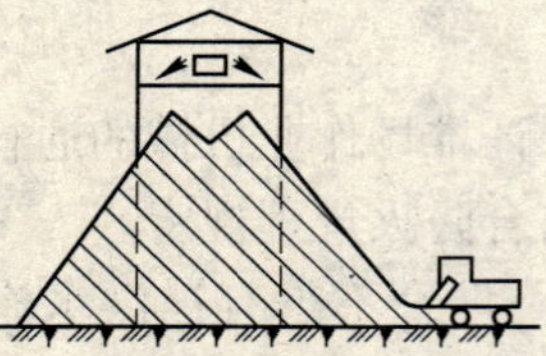	卸料刮板或卸料小车沿带式输送机长度卸载，自重堆置	方式Ⅰ：挖掘机向车辆装载 方式Ⅱ：堆场下方设置地下式矿仓，由地槽带式输送机取料	用于输送机、铁路（汽车）联合运输 一般作为选厂的储矿场 增加矿石粉碎 污染大气 栈桥费用大，底部支承结构影响取料设备作业 容量大
参考表 25 - 113 的第一个图	汽车卸载，自重堆积	挖掘机向车辆装载	用于露天采场汽车、铁路联合运输 设备少
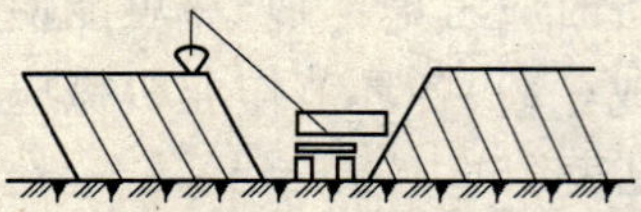	汽车或带式输送机卸载，自行式装载机、挖掘机、抓斗堆置	用同一组设备向车辆装载	用于汽车铁路或带式输送机铁路联合运输
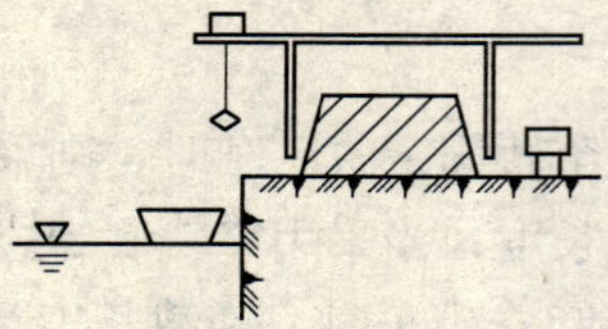	沿轨道移动的抓斗起重设备从船舱取料并堆置，或从铁路车辆中取料并堆置	用同一组设备	用于航运铁路联合运输 容量大
	专用堆取料机（如链斗式卸车机、螺旋式卸车机以及专用带回转臂的卸料堆置机）	专用堆取料机	用于特大堆场 设备效率高，功能多 设备投资大

n——一列车车辆数，辆；

t——单个车卸车时间，min；

t_m——调车一次的时间，min。

B 自卸汽车卸（装）载回车场最小尺寸

自卸汽车卸载站的回车场形式可分为O形、T形、L形三类。一般应设置O形回车场，以减少汽车调车数。若受地形条件限制，为了减少工程量，可采用T形或L形回车场形式。汽车回车场的最小尺寸见表25-116。[5]

表25-116 汽车回车场的最小尺寸（m）

回车场形式	汽车最小转弯半径（m）		
	≤80	>8～10.5	>10.5～12.51
O形外缘直径	24～26	30～34	36～42
T形端头最小长度	24～27	31～37	40～44
L形弯端最小长度	15～17	19～22	25～32

25.8.3.2 装载站（场）与装载设备

堆场装车设备为挖掘机、前端式装载机等，在有关章节中已有介绍，在此仅叙述装车矿仓与矿仓卸料设备。

A 矿仓卸料设备

矿仓卸料口所用的设备是闸门和给矿机，当要求不均匀矿流且仓内矿石能完全靠重力进行卸矿时，多用闸门；当要求均匀矿流且仓内矿石不能完全靠重力进行卸矿，能调节卸矿能力时应选用给矿机。板式和扇形闸门用于中小块度矿石，指状和链式闸门用于大块矿石。给矿机一般采用板式、带式、振动式三类。前两种属强制性卸料，可用直流或调速的交流电机驱动，以调节给矿机的速度，调节矿仓卸矿能力。板式给矿机还具有处理大块与抗冲击的能力。振动给矿机近来获得了日益广泛的使用，由于振动使卸料口上方一定范围内矿石松动因而改善了仓内矿石的流动性，减少了成拱现象，增大了卸矿能力，而且其结构简单，维修量小。表25-117为给矿机与矿石粒度的关系，表中E为合适，G为较合适，F为尚可。

图25-25表示几种给矿机耗能量和设备费的大致情况，可供选型时参考。

表25-117 给矿机合适的给矿粒度表

设备类型	矿石粒度（mm）				
	>300	<200	<50	<12	细粒
板式给矿机	E	E	G	F	
带式给矿机		F	G	E	E
振动给矿机（Ⅰ）（单质量振动系统）	E	E	G	F	
振动给矿机（Ⅱ）（双质量振动系统）	E	E	E	E	F

与给矿机相配的矿仓卸料口多为条形，为保证矿石沿卸料口全长卸料，以减少矿石对给矿机板（带）的剪切阻力（卸料状况下，矿石的垂直压力仅为不卸料时的$\frac{1}{2}\sim\frac{1}{4}$），但应注意：保持给矿机与卸料口有足够的垂直间隙；矿仓条形卸料口应作成沿给料方向有

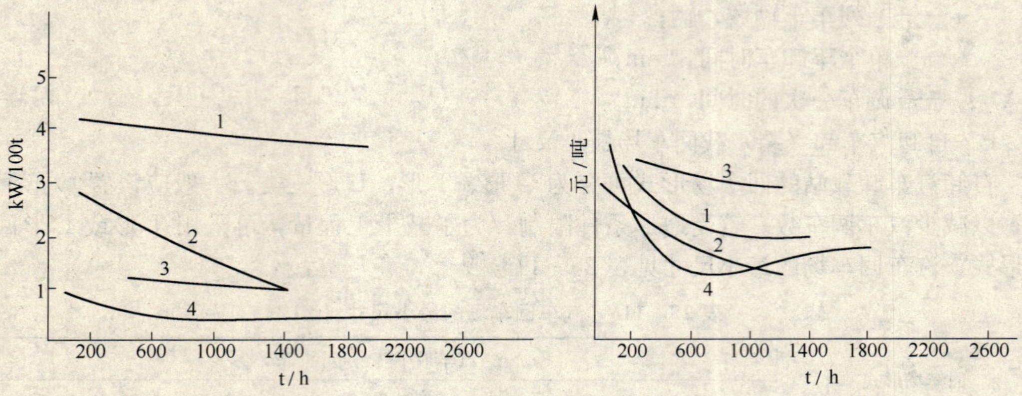

图 25-25　给矿机能耗、设备费与给矿量关系

1—板式给矿机；2—带式给矿机；3—振动给矿机（Ⅰ）；4—振动给矿机（Ⅱ）

5%的扩张。

给矿机的给矿能力和所需电动机功率计算：

(1) 给矿能力 Q

$$Q=3600bhv\gamma i \tag{25-43}$$

式中　Q——给矿能力，t/s；

b、h——槽的宽度与高度，m；

γ——矿石容重，t/m^3；

i——槽容积利用系数；

v——板（带）运行速度，m/s（参见表 25-118）；

表 25-118　给矿机板（带）运行速度（m/s）

板式给矿机	带式给矿机		
	大比重大摩擦性矿石	中比重中摩擦性矿石	小比重无摩擦性矿石
0.02～0.25	0.05～0.1	0.1～0.2	0.2～0.45

(2) 电动机功率 N

$$N=\frac{1.1\sim1.5}{n}(N_1+N_2+N_3) \tag{25-44}$$

式中　N——电动机功率，kW；

N_2——为克服两侧板与矿石摩擦阻力所需之功率，kW，

$$N_2=10h^2 l\gamma f_1 n'v$$

N_3——为克服卸料口矿石对板（带）剪切阻力所需之功率，kW，

$$N_3=\frac{Gv}{400}$$

N_1——为克服除 N_2、N_3 外其他阻力所需之功率，kW，

$$N_1=\frac{Q}{300}(0.2L+H)\quad（带式给矿机）$$

$$N_1=0.0024q_0vL_H+0.003Q(0.11L_H+H)\text{（板式给矿机）}$$

q_0 ——板与链的单位长度重，kg/m；

L ——给矿机长，m；

L_H、H ——给矿机倾斜安装时给矿机长度在水平与垂直方向的投影长，m；

l ——给矿机卸料端到矿仓卸料口端的距离，m；

f_1 ——矿石与侧板的摩擦系数；

G ——卸料口处矿石的总垂直压力（按稳定卸载情况计算），N；

n' ——矿石的侧压系数。

B 调车与调车设备

装车矿仓有两种装车方式：单个装载点对列车车辆逐个装载；矿仓几个仓室同时向一组车辆进行装载。不论何种方式，列车需要相应的移动，或者按一定程序移动，以达到规定的装载量。

C 装车站的自动化

大型装车站宜采用自动控制系统以提高装车效率，加快车辆周转。根据车辆装满情况和停位的准确与否控制调车设备和卸料口的装载设备，配备自动控制设施。一般情况下，车辆位置是靠安装在铁路上的滚轮压板或无触点发送器来控制并发出信号使调车设备和卸料口装载设备按要求启闭。矿仓装满情况多采用极限料面测定方法，即在所要求的料面高度处用γ射线仪或各种传感器发出相应的信号，使装仓与卸仓设备启闭。反映仓内矿石储存量，是将装料自动计量与卸料自动计量的数据一起送入计数器进行计算并自动显示。车辆的装满情况，是靠安装在卸矿溜槽处的传感器来确定。

25.8.4 码头

矿山企业靠近江河湖海，原矿或精矿的运输优先利用水运、海运。当运输量大时，需设置专用码头，采用专业性机械；运输量不大时，可利用通用的散装物料码头。

码头设有转运站，一般由矿仓（堆场）装卸车设备、装卸船设施、堆场作业设备以及上下坡设备（对内河航运而言）组成。承担矿石转运和暂时贮存。

码头转运站的设计与货运情况（矿石种类、性质、月不平衡系数等）、车船类型、装卸条件、港址建设条件等有关。应全面考虑航运、港口、陆运、产供销等部门之间的关系，加速车船周转，提高货运质量。我国内河码头堆场容量为一周的矿山产量。

装卸船作业机械按货运量和船型大小选择，分固定与移动两大类。装船一般常用带式输送机转臂的连续运输设备。转臂可前后伸缩，左右上下回转以扩大工作范围，减少移船次数，缩短装卸时间。卸船一般常用各种抓斗起重设备。目前正在研究连续卸船设备，以适应散装船大型化高效卸船的需要。

斜坡式码头是内河港口特定的码头型式，上下坡作业是它特有的作业环节，普遍采用皮带车和可伸缩的带式输送机来完成矿石的上下坡运输任务，同时可适应河道水位的涨落所带来的问题。

装卸车机械一般使用链斗装卸机和抓斗起重机，有条件也采用高路基卸车。

参 考 文 献

1 GBJ2287，厂矿道路设计规范，计划出版社，1987

2 冶金部鞍山黑色冶金矿山设计研究院主编，黑色冶金露天矿电力机车牵引准轨铁路设计规范，冶金工业出版社，1984，第6～7、20～21、27页

3 交通部铁路基本建设局主编，工业企业标准轨距铁路设计规范，人民铁道出版社，1979

4 中国矿业学院主编，露天采矿手册，煤炭工业出版社，1986，第106、278～279页

5 《采矿设计手册》编委会，采矿设计手册，矿床开采卷，中国建筑出版社，1987，第86、125页

6 冶金部长沙黑色冶金矿山设计研究院，冶金矿山地面窄轨铁路设计规范，冶金工业出版社，1981，第4、8、14页

7 《有色冶金企业总图运输设计参考资料》编写组，总图运输设计参考资料，冶金工业出版社，1981

8 交通部公路局主编，公路工程技术标准，人民交通出版社，1981

9 梁庚煌主编，运输机械手册第一册，化学工业出版社，1983，第78～107、442～485页

10 机械工业部设计研究总院主编，机械工厂总平面及运输设计规范，机械工业出版社，1981

11 美国采矿工程师协会 A. B. 卡明斯，I. A. 吉文采矿工程手册，第四册，冶金工业出版社，1981，第282～286页

12 一机部起重运输机械研究所主编，机械工程手册，第68篇运输机械，机械工业出版社，1979，第4～19页

13 张延忠，金属矿山期刊对我国黑色冶金露天矿运输技术改造的探讨，1984，第18页，未公开发表

14 W. 瑞斯涅尔等著，料仓，中国建筑工业出版社，1978，第2、6、46、54、116页

15 Jenike A. W., *Gravity flow of Bulk Solids*, *A SME - Publ №60 - WA - 81*

16 Arnold P. C. *et al.*, *Bulk Solids*: *Storage flow and Handling*, TUNRA *Ltd*, *2nd Ed.*, 1980

17 Акферов, К. В. Зенков, Р. Л., Бункерные Установки, 1955

18 Спиваковский А. О. *иэр*, Транспортные машины и комплексы Открытых горных разработах, 1983

第26章 地 下 运 输

26.1 概 述

26.1.1 地下运输的分类及其在地下矿山采掘生产中的作用[1,2]

地下运输是地下金属矿与非金属矿采掘生产中的重要环节，其工作范围包括采场运搬及巷道运输。它是连接采场、掘进工作面与地下矿仓、充填采空区或地面矿仓与废石场的运输渠道。采场运搬包括重力自溜运搬、电耙运搬、无轨自行设备运搬（铲运机、装运机或矿用汽车）、振动出矿机运搬及爆力运搬等项（详见第2卷第9章）。巷道运输包括阶段平巷及斜巷的运输。即采场漏斗、采场天井、或溜井以下的至地下储矿仓（或平硐口）之间的巷道运输。

根据运输方式和采用运输设备的不同，地下运输的分类如表26-1所示。

表26-1 地下运输的分类

运输方式	主 要 设 备	备 注
轨道运输	机车、矿车或梭车等	
地下矿用汽车运输	地下矿用汽车、装载、放矿设备	
带式输送机运输	带式输送机	
管道运输	管道、水力或气力设备	参见14.4
绳索运输	矿车、牵引设备等	参见27.3
自溜运输	溜槽或矿车、绞车等	参见25.7
服务运输	有轨、无轨服务运输车辆及其他服务作业车辆	

为了保证地下运输正常有效地进行，必要的运输辅助设备是不可缺少的。

本章编写的内容是轨道运输、地下矿用汽车运输、带式输送机运输、服务运输和辅助作业车辆，以及运输辅助设备等项。

表26-2列出地下运输的对象、运输流向、采用的运输方式及主要运输设备。

26.1.2 地下运输方式的选择

地下矿山运输系统和运输方式一般在进行矿床开拓设计中确定。确定的原则应考虑矿床的赋存条件、开拓系统、采矿方法、开采规模及与生产服务年限，以及运输设备的发展现状及企业的管理水平等项。要做到技术上先进可靠、经济上合理有利、运转安全、管理方便、能耗小、投资省。

表26-3列出国内外地下矿山采用的几种主要运输方式及其优缺点。

除表26-3所列的几种运输方式可供选择外，在煤矿开采中，尚有刮板运输机运输和链条输送机运输。由于矿岩性质及地下作业条件的不同，这两种运输方式，一般未能在非煤地下矿山作长距离运输之用。因此也未在地下非煤矿山推广应用。

26.1.3 地下运输的现状及发展

当前国内地下矿山巷道运输主要为机车轨道运输。有的矿山采场与溜矿井间采用无轨

表 26-2　地下运输的对象、流向、方式及设备[4]

运输对象	运输流向	运输方式	运输设备
矿　石	由采场和溜矿井运往地下主溜井、地下矿仓或运往选厂储矿仓	有轨、无轨、带式运输或联合运输	机车、矿车、梭车、地下矿用汽车、带式输送机等
废石及废料	运往地下充填采空区、地面废石场，或由采掘工作面运至井底车场，经提升至地面，再运往废石场或其他堆场	有轨、无轨、带式运输或联合运输	机车、矿车、梭车、地下矿用汽车、带式输送机等
机电设备及零部件	由地面运往安装、维修地点，或运往地下临时仓库，或由地下运往地面维修车间（工厂）、备品库及废品废料库（场）等	有轨、无轨运输	机车、平板车、材料车、地下汽车、专用检修车及其他辅助作业车辆
爆破器材	由地面炸药库运往地下炸药（室）库，加工后运往采掘工作面	有轨、无轨运输	符合安全规程要求的专用运输车辆
各种材料	由地面材料库（场）运往地下用料地点或材料库（室）	有轨、无轨或带式输送机运输	机车、矿车、材料车或带式输送机
充填料	由地下或地面充填料库（场）运往地下充填采场采空区	有轨、无轨、带式输送机或管道运输	机车、矿车、材料车或带式输送机或专用管道运输充填系统设备
生活、劳保物资	由地面生活物资供应站或劳保用品库运往地下应用场地或仓库	有轨、无轨或带式输送机运输	机车、专用服务运输车辆及箱笼
人　员	地下职工上、下班及职工临时进出	有轨、无轨或带式输送机运输	专用人车或其他符合运送人员安全要求的运输设备

运输，主要巷道仍为轨道运输（如符山铁矿、凡口铅锌矿、开阳磷矿等）。少数有条件的地下矿山如小寺沟铜矿等采用汽车无轨运输。还有少数有条件的地下矿山采用带式输送机运输（如玉石洼铁矿等）、管道运输及绳索运输。

国外矿山技术先进的国家，20 世纪 60 年代就开始在有条件的地下矿山实行无轨强化采掘工艺，采场采用铲运机运搬，地下矿用汽车运输，条件适合的矿山主要运输巷道平硐或斜坡道直接用矿用汽车装矿外运，实行无轨运输采掘作业，大大提高了采掘强度，取得了明显的效果。有的矿山采用带式输送机运输或管道运输，也取得了显著效果。但当前地下矿山主要运输方式仍然是轨道运输或者多种运输方式的联合运输，为挖掘老矿潜力、节省投资起了良好作用。

地下运输可采用计算机控制管理，实现运输自动化措施（详见 31.3），劳动条件改善，人员明显减少，运输效率提高，给矿山带来良好的经济效益。

在国外，20 多年来，无轨开采技术的应用推广，改变了地下矿山的面貌。在开拓方面，几个工业发达的国家经验表明，对于埋藏深度在 300m 以内、生产能力不超过 3000t/d的地下矿山，采取斜坡道地下矿用汽车、铲运机运矿代替竖井提升矿岩是有利的。图26-1表示矿业发达国家的地下矿山选择运输方式与开采深度（m）及生产能力（t/d）的关系。

结合我国的具体情况，地下运输发展的方向可以归纳为以下五点：

（1）有轨机车运输仍然是地下矿山巷道运输的主要方式，在无污染、大运量、长运

表 26-3　地下矿山采用的各种运输方式及其优缺点[4]

运输方式		坡度	主要优点	主要缺点
轨道运输	1. 机车运输	轨道坡度一般3‰～5‰	能牵引各种不同容量的矿车列车、梭车列车及各种专用车辆、运距不受限制；可行驶于主巷与支巷中，可运输各类货载，且能运送人员；对运距运量变化的适用性强	属间断性运输，运输组织比较复杂；受巷道坡度限制
	（1）架线电机车		维修方便、运输成本较低、使用广泛	须有架线及整流设施，对巷道规格及人员通行有影响，不能用于有瓦斯巷道
	（2）蓄电池机车		不用架线及整流设施，可用于有瓦斯的巷道运输，对运量不大、巷道复杂的运输条件，机动性好	必须有充电设施，且须定期充电，营运费用较高
	（3）内燃机车		营运费用较低、机动性较好	不能用于有瓦斯巷道运输，有废气污染，维修费用较高
	2. 自行式有轨梭车（柴油）		单车容积大、运输量大，适于巷道快速掘进	受动力限制，不宜用于有瓦斯巷道运输
	3. 绳索运输			
	（1）无极绳运输	水平及倾斜（0°～25°）	适应巷道坡度起伏及弯曲复杂条件，运量一般不受运距限制	产量受绳速限制，钢绳损耗快，用于斜巷运输，矿车容积受限制（<2t），对多点穿脉装矿和运输的延伸或缩短上处理复杂。安全性较差
	（2）有极绳运输串车运输（详见25.1）	6°～30°	用于0.5～1.2m³矿车；可适应多种货载运输；也能运送人员	用于斜坡运输时，牵引重量受联结装置强度限制；坡度小时不能自动下滑，须设尾绳装置
	箕斗运输（详见27.3）	6°～35°	劳动量小，运输能力大	用于<6°巷道时，须设尾绳装置
	4. 自溜运输		动力消耗小，或无动力运输	仅适于向下运输
	（1）矿车自溜运输（详见25.1）	最小坡度须大于平衡坡度，最大不超过25‰	设备简单；投资及维修费用少	坡度限制严格；车速不易控制安全性较差；一般用于地下车场个别地段
	（2）重力卷扬运输	6°～25°	设备简单；投资及维修费用少	运输坡度受限制
无轨运输	1. 矿用汽车	0°～10°	机动灵活性好，转弯半径小，爬坡能力强，卸载效率高	不能用于瓦斯巷道，轮胎燃油消耗大，经济运距受限制，巷道断面大，基建投资高，废气污染须强化通风
	2. 铲运机（柴油、电动）	0°～10°	机动灵活性好，转弯半径小，爬坡能力强，短距离运输效率高	不能用于瓦斯巷道，轮胎消耗大，经济运距短，柴油废气污染须强化通风
	3. 自行无轨梭车（柴油）	0°～10°	机动灵活性好、装载配合好，卸载方便	不能用于瓦斯巷道，轮胎燃油消耗大，有废气污染须强化通风
	4. 带式输送机运输	0°～18°（高倾角特制运输机可达45°～90°）	运输连续化、运输能力强；使用特殊胶带能进行长距离连续运输，容易实现运输自动化管理	用于运输多种货载时，运输组织工作复杂；胶带损耗快；对弯道适应性较差
	5. 管道运输（详见9.6及14.4）	不受限制	能适用任何坡度及弯道情况，可进行高效率长距运输	应有充足的水源；运输矿岩须事先破碎至规定块度，应有专用破碎站，管道磨损快，且容易受腐蚀

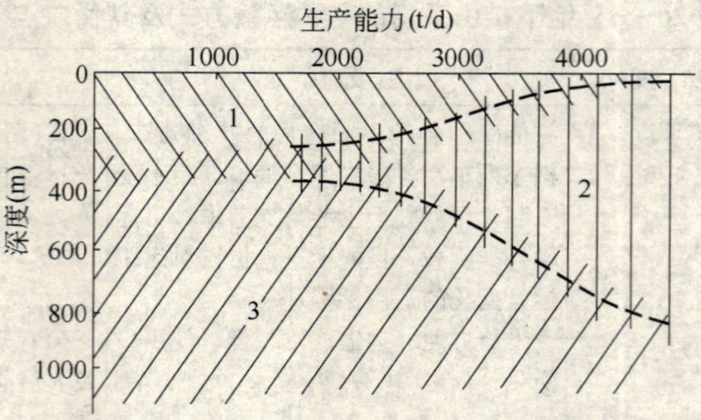

图 26-1 地下矿山运输方式与开采深度及生产能力的关系[5]

1—适于斜坡道（地下矿用汽车、铲运机）运输；2—适于带式输送机运输；3—适于竖井提升

距、低运费诸方面具有优势，因此，改进、完善有轨运输设备和优化运输系统的任务，仍然需要我们继续努力实现。

（2）努力开发和完善无轨运输设备，创造条件，在一些厚矿体中，积极推广无轨运输方式，进行强化开采。

（3）在条件许可的地下矿山主要运输巷道中采用完善的带式输送机运输，有计划地推广连续运输方式。

（4）为了发挥运输设备和运输系统的效能，努力完善运输设备和运输系统的维修手段和辅助运输设备，完善服务运输，提高运输经济效果。

（5）进行运输系统优化，建立科学的运输调度，做好运输的统计对比工作；实现地下矿山电子计算机控制管理，提高地下运输的技术水平。

26.2 轨 道 运 输[1,6]

26.2.1 轨道运输系统的作用及其优缺点[6,11]

轨道运输一般指机车运输，它是国内外地下矿山的主要运输方式，常与耙矿设备、带式输送机或无轨运输设备组成有效的运输系统，在生产过程中运送矿石、废石、材料、设备和人员等。它是组织生产、决定矿山生产能力的主要因素之一。

轨道运输的优点是用途广；生产量大（由机车数量而定）；运距不受限制，经济性好，调度灵活，能沿分叉线路分别运输多种矿石。其缺点是运送是间断性的，生产效率依赖于工作组织水平；适用的巷道坡度有局限性（一般为3‰～5‰），线路坡度过大时难以保证运输安全。

26.2.2 轨道

轨道由下部建筑（巷道底板）和上部建筑（道床、轨枕、钢轨及接轨配件等）组成。

26.2.2.1 钢轨

钢轨有轻轨、重轨之分。地下矿山主要采用轻轨，但对于年运量在200万吨以上的矿山，主要运输线路也可采用重轨。

钢轨的型号是以每米长度的重量（kg/m）表示的。它的结构如图26-2所示。

冶金工业部1986年公布的五种低合金轻轨及目前继续采用的四种标准重轨的型号及其

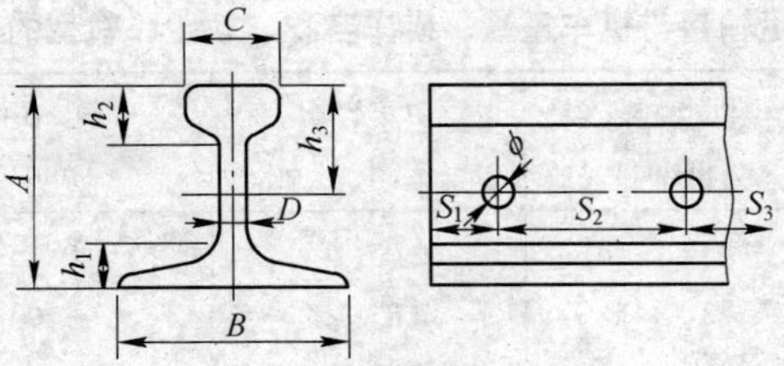

图 26-2 钢轨的结构示意图

尺寸见表 26-4。

表 26-4 钢轨类型及主要尺寸[6]

钢轨类型 (kg/m)		理论重量 (kg/m)	标准长度 (m)	主要尺寸 (mm)											标准代号
				A	B	C	D	h_1	h_2	h_3	ϕ	S_1	S_2	S_3	
低合金轻轨	9	8.94	4～10①	63.5	63.5	32.10	5.90	10.30	17.48	35.34	15.90	50.80	101.60		YB (T) 23—86
	12	12.20		69.85	69.85	38.10	7.54	12.30	19.85	38.70	15.90	50.80	101.60		
	15	15.20		79.37	79.37	42.86	8.33	13.50	22.22	44.05	19.05	50.80	101.60		
	22	22.30		93.66	96.66	50.80	10.72	16.67	26.99	51.99	22.22	63.50	127.00		
	30	30.10		107.95	107.95	60.33	12.30	19.45	30.95	59.73	25.40	60.50	127.00		
重轨	33	33.286	12.5	120	110	60	12.5	21	35	67	29	66	160		YB350—63
	38	38.733	12.5、25	134	114	68	13	24	39	74.5	29	56	110	160	YB183—63
	43	44.653	12.5、25	140	114	70	14.5	27	42	77.5	29	56	110	160	GB182—63
	50	51.514	12.5、25	152	132	70	15.5	27	42	83.5	31	66	150	140	GB181—63

①通常长度为 4～10m。定尺长度 9～12kg/m 为 8m，15～30kg/m 轻轨为 10m。

由于低合金钢轻轨新标准经冶金工业部批准实施，过去按老的轻轨标准设计的与轨型有关轨枕扣件、轨道附件及道岔等，已不能适应新建矿山的设计要求，今后应重新设计或选配与新轨型相适应的配套产品。但目前地下矿山使用的仍是冶金工业部 1963 年批准实施的轻轨轨型，为便于过渡，新老两种轻轨有关配套件同时列出。

1963 年冶金工业部批准实施的标准轻轨轨型及主要尺寸参数见表 26-5。

钢轨型号的选择与运输量和矿车容积有关。一般可按表 26-6 选取。

表 26-5 矿用标准钢轨的型号及尺寸参数

钢轨型号 (kg/m)		断面尺寸 (mm) 轨高 H	轨底宽 A	轨顶宽 B	轨腰厚 C	断面面积 (mm²)	理论重量 (kg/m)	长度 L (m)
轻轨	8	65	54	25	7	1076	8.42	5～10
	11	80.5	66	32	7	1431	11.20	6～10
	15	91	76	37	7	1880	14.72	6～10
	18	99	80	40	10	2307	18.06	7～12
	24	107	92	51	10.9	3124	24.64	7～12

正线轨道应尽量采用新轨，特殊情况下可铺设旧轨。支线允许采用旧轨，但旧轨总磨耗量不应大于表 26-7 的规定[4]。

表 26-6 运输量与机车重量、矿车容积、轨距、轨型的一般关系[4]

运输量 (万吨/年)	机车重量 (t)	矿车容积 (m^3)	轨 距 (mm)	轨 型 (kg/m)
<8	1.5	0.5～0.6	600	9,(8)
8～15	1.5～3	0.6～1.2	600	(8),(11),9,12
15～30	3～7	0.7～1.2	600	12,(11),15
30～60	7～10	1.2～2.0	600	15,(18),22
60～100	10～14	2.0～4.0	600,762	22,(18),30,(24)
100～200	14、10、20双机车牵引	4.0～6.0	762,900	30,(24),33
>200	14、10、20双机车牵引	>6.0	762,900	33,38

注：轨型一栏括号内数字为1963年公布的轻轨轨型。

表 26-7 旧轨总磨耗或侧面磨耗限度(mm)

轨型②(kg/m)	正线及到发线		其 他 线	
	总磨耗量①	侧面磨耗量	总磨耗量①	侧面磨耗量
15	3	3	5	4
18	4	4	6	5
24	4	4	7	6
>24	5	5	8	7

①总磨耗量＝垂直磨耗量＋侧面磨耗量之半；②轨型为1963年公布的轻轨轨型。

26.2.2.2 轨枕

轨枕有木质、钢筋混凝土和金属的三种。木轨枕的优点是：有弹性、加工容易、安装方便。缺点是：易腐烂、维修工作量大，但经防腐处理后可延长使用年限。

为了节省木材，矿山已经推广使用钢筋混凝土轨枕。根据计算，以钢筋混凝土轨枕代替木轨枕，每铺一公里单轨线路就可节约木材40m^3以上。这种轨枕的优点是：强度大、稳定性好、使用寿命长、维修费用少、抗腐蚀性能好、取材和制造方便。缺点是：弹性差，应在轨底与轨枕之间安垫橡胶块。金属轨枕在地下矿山使用较少。

轨枕间距一般小于0.8m，两根钢轨接头处应悬空，且轨枕间距应较一般间距小。木轨枕主要参数见表26-8，钢筋混凝土轨枕主要参数见表26-9。

表 26-8 木轨枕主要参数

轨 型① (kg/m)	枕木厚 (mm)	顶面宽 (mm)	底面宽 (mm)	长 度 (mm)		
				轨距600	轨距762	轨距900
9,(8)	100	100	100	1100	1250	
12 15 22 (11),(15),(18)	120	100	170～190	1200	1350	1600
30,(24)	130	120	190	1200	1350	1700
33	140	150	200	1350	1500	1700
38	150	160～180	160～180	1350	1500～1600	1700
43	150	160～180	160～180	1350	1500～1600	1700

①括号内轨型为1963年公布的轻轨轨型。

表 26-9 钢筋混凝土轨枕主要参数

轨 型① (kg/m)	轨枕厚 (mm)	顶面宽 (mm)	底面宽 (mm)	长 度（mm）		
				轨距 600	轨距 762	轨距 900
11，15	130	120	140	1200		
18	130	160	180	1200		
18	150	180	200		350	
24	145	170	200			1700
38	145	170	200			1700

①为 1963 年公布的轻轨轨型和重轨轨型。

26.2.2.3 道床

道床材料必须坚硬，不潮解，不积水。最好的道床材料是碎石。碎石的粒度为 20～40mm。在水平及倾角小于 10°的巷道内，轨枕下面道床厚度不得小于 150mm；在倾角大于 10°的巷道内应在底板上挖轨枕沟，其深度约为轨枕的 2/3。轨枕下面的道床厚度不得小于 50mm。道床上部的宽度应超过轨枕 50～100mm。

26.2.2.4 轨距[3]

轨距是指直线轨道上两条钢轨轨顶内侧垂直平面间的距离。我国地下矿山窄轨标准轨距为 600mm、762mm 和 900mm。新设计的矿山，必须采用标准轨距。采用标准轨距对于矿车的统一，提高矿车制造质量以及巷道标准化都是必要的。地下窄轨标准轨距选择见表 26-6。

26.2.3 弯道和道岔

26.2.3.1 弯道

A 最小曲线半径

车辆在弯道上运行时，由于离心力的作用，使轮缘与轨道间的阻力增加，而离心力和弯道阻力的大小与车辆运行速度、曲线半径、车辆的轴距等因素有关。当转角小于或等于 90°，两轴车辆的运行速度小于 1.5m/s 时，最小曲线半径不得小于轴距的 7 倍；运行速度大于 1.5m/s 时，最小曲线半径不得小于轴距的 10 倍；运行速度大于 3.5m/s 时，最小曲线半径不得小于轴距的 15 倍；当转角大于 90°时，最小曲线半径均按大于轴距的 10～15 倍计算。

近年来，我国地下矿山开始采用大容量的有转向架的四轴车辆。采用这种车辆时，要求的最小曲线半径可参考几个矿山实例选取，见表 26-10。

表 26-10 有转向架的四轴车辆通过曲线半径实例

使用地点	矿车形式	固定轴距（mm）	转向架间距（mm）	曲线半径（m）
凤凰山铜矿	底卸式 $7m^3$	850	2400	30～35
凤凰山铜矿	梭式 $7m^3$	850	4800	16
落雪铜矿	固定式 $10m^3$	850	4500	20 偏小推荐 25
镜铁山铁矿	底卸式 $6m^3$	800	2500	30
梅山铁矿	侧卸式 $6m^3$	800	2500	20

B 轨距加宽

在弯道上运行的车辆，由于车轴固定在车架上，不可能与曲线取得一致的方向，容易发生轨头将车轮轮缘卡住现象。因此，必须在曲线处将轨距适当加宽。加宽轨距的方法是：外轨不动，只将内轨向曲线中心方向移动一个距离。轨距加宽值见表26-11。

表26-11　轨距加宽值（mm）

轨道曲线半径（m）	轴　距　（mm）									
	400	500	600	800	1000	1100	1200	1300	1400	1600
4	10	10								
5	5	10	10	20						
8	5	5	10	15	25	30				
12	5	5	5	10	15	20	25	25	30	
15		5	5	10	15	15	20	20	25	30
20		5	5	10	10	15	15	15	20	25
25			5	5	10	10	10	15	15	20
30					10	10	10	10	15	15
40					5	10	10	10	10	15

C　外轨超高

车辆在弯道上运行时，由于离心力作用，使车轮轮缘压向外轨，加剧了轮缘和钢轨的磨损，引起运行阻力增加，严重时还会发生翻车事故。为了消除上述影响，弯道外轨应超高（表26-12），使车辆在弯道上运行时，离心力与矿车重量的合力垂直于轨面。如图26-3所示。

表26-12　外轨超高值（mm）[6]

轨道曲线半径（m）	轨　距（mm）								
	600			762			900		
	速　度（m/s）								
	1.5	2.0	2.5	1.5	2.0	2.5	1.5	2.0	2.5
4	35			45			50		
6	25	40		30	50		35		
8	20	30	50	25	40		25	45	
12	15	20	30	15	25	40	20	30	50
15	10	20	25	10	20	30	15	25	40
20	10	10	20	10	15	25	10	20	30
25	5	10	15	10	15	20	10	15	25
30	5	10	15	5	10	15	10	15	20
40		5	15	5	10	15	5	10	15

外轨超高可按（26-1）式计算：

$$\Delta h=\frac{S_g v^2}{gR} \qquad (26-1)$$

式中　Δh——外轨超高，mm；

S_g——轨距，mm

v——车辆过曲线段时的速度，m/s；

R——曲线半径，m；

g——重力加速度，$g=9.8\text{m/s}^2$。

外轨超高的方法是增加外轨下面道床的厚度。

D 轨道间距及巷道加宽

如图 26 - 4 所示。当车辆在弯道上运行时，车厢中心线$\overline{AA_1}$两端点凸出于弯道中心线$\widehat{KK_1}$之外，其偏移量为Δ_1；车厢中心线中点 C 偏移于轨道中心线$\widehat{KK_1}$内侧，其偏移量为Δ_2。因此，线路中心线与巷道支柱之间的间距，应适当加宽。加宽值按（26 - 2）式、(26 - 3)式计算。

$$\Delta_1=\frac{L^2-S_z^2}{R} \tag{26-2}$$

$$\Delta_2=\frac{S_z^2}{8R} \tag{26-3}$$

式中 L——车厢长度，mm；

S_z——车辆或机车轴距，mm；

R——弯道半径，mm；

Δ_1、Δ_2——偏移量，mm。

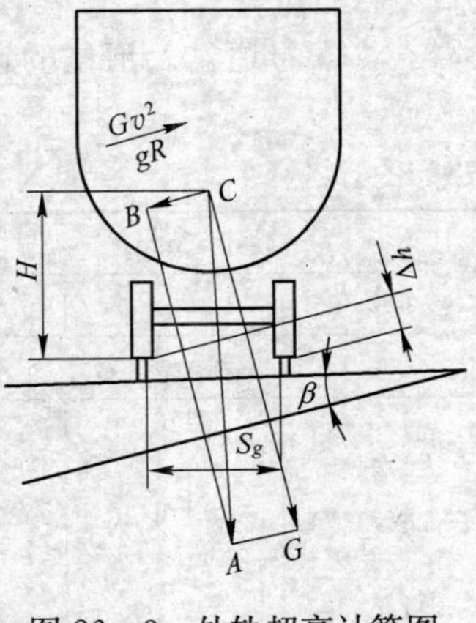

图 26 - 3 外轨超高计算图

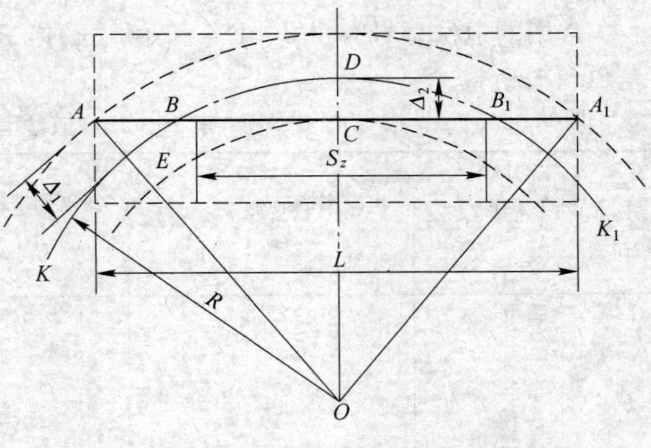

图 26 - 4 车辆在弯道上的运行轨迹

若为双轨线路，则两线路中心间距按（26 - 4）式计算值加宽

$$\Delta=\Delta_1+\Delta_2=\frac{L^2}{8R} \tag{26-4}$$

式中 Δ——两线路中心间距，mm。

在一般情况下，两曲线段的线路中心距，可按两直线段线路中心距再加宽 300mm。

对曲线段巷道的净宽，通常对其外侧和内侧应分别加宽 200mm 和 100mm。加宽的范围除曲线段外，尚应包括与其相邻的一段直线巷道。

26.2.3.2 道岔

A 单开道岔的基本组成部分

其组成如图 26 - 5 所示。图中 α 角是辙岔岔心角。用它的半角正切值的两倍表示道岔型

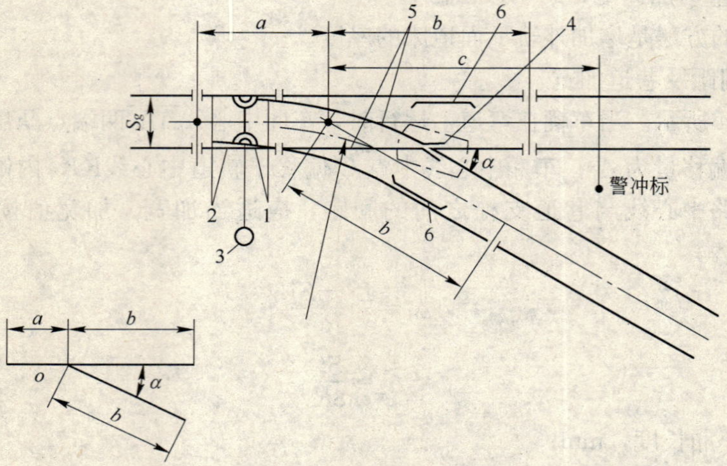

图 26-5　单开道岔示意图

1—尖轨；2—基本轨；3—转辙器；4—辙岔；5—过渡轨；6—护轮轨

号 M，即：

$$M=2\text{tg}\frac{\alpha}{2} \tag{26-5}$$

常用的道岔型号有 1/3、1/4 和 1/5 三种，通称 3 号、4 号、5 号道岔。道岔的选择见表 26-13。

表 26-13　道岔型号的选择表

机车重量 (t)	机车车辆最小转弯半径 (m)	平均运行速度 (m/s)	轨距（mm）		
			600	762	900
			道　岔　型　号		
<2.5	5	0.6～2.0	1/3	1/3	
3～4	5.7～7	1.2～2.3	1/4	1/4	
6.5～8.5	7～8	2.9～3.5	1/4	1/4	
10～12	10	3.0～3.5	1/4	1/4	1/4
14～16	10～15	3.5～3.9	1/5	1/5	1/5
16～20	10～15	3.5～3.9	1/5	1/5	1/5

B　道岔的类型

常用的道岔有五种，如图 26-6 所示。道岔标号是用轨距、轨型、道岔型号及道岔半径等表示的。例如：624-1/4-12 右（左）开道岔，6 表示轨距为 600mm，24 指轨型为 24kg/m，1/4 是道岔型号，12 指道岔最小曲线半径为 12m，右是右开道岔（左是左开道岔）。道岔尺寸见表 26-14。

26.2.4　轨道铺设

轨道线路在空间的位置，是用平面图和纵断面图来表示的。平面图表示线路在平面上的位置、曲线半径及直线与曲线的连接；纵断面图表示线路的坡度。轨道线路在平面上应力求成直线，如不可能，应尽量采用较大的曲线半径。在纵断面上保持重车下坡和排水要求下，应力求平顺，以减少机车运行的困难。

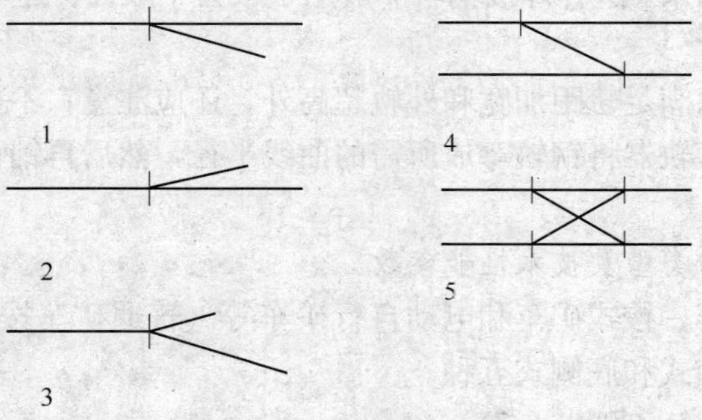

图 26-6 道岔的类型图

1—右开道岔；2—左开道岔；3—对称道岔；4—渡线道岔；5—菱形道岔

表 26-14 道岔尺寸①

道岔型式	道 岔 标 号	辙岔角 α	主要尺寸（mm）				0 点至警冲标距离 c（mm）
			a	b	$a+b$	s②	
单开道岔	615-1/3-6 右（左）	18°55′30″	3063	2597	5060		
	615-1/4-12 右（左）	14°15′	3200	3390	6590		7200
	618-1/3-6 右（左）	18°55′30″	2302	2655	4957		
	618-1/4-11.5 右（左）	14°15′	2724	3005	5729		7200
	624-1/3-6 右（左）	18°55′30″	2293	2657	4950		
	624-1/4-12 右（左）	14°15′	2352	3298	6650		7200
对称道岔	615-1/3-12 对称	18°55′30″	1882	2618	4500		5400
	118-1/3-11.65 对称	18°55′30″	3195	2935	6130		5400
	624-1/4-12 对称	18°55′30″	1944	2496	4440		5400
渡线道岔	615-1/4-12 右（左）	14°15′	3200	4725	$2a+b$ 11125	1200	
	615-1/4-12 右（左）	14°15′	3200	4922	11322	1250	
	615-1/4-12 右（左）	14°15′	3200	5483	11883	1400	
	618-1/3-6 右（左）	18°55′30″	2302	3500	8104	1200	
	618-1/4-12 右（左）	14°15′	2722	5514	10958	1400	
	624-1/4-12 右（左）	14°15′	3352	5709	12413	1450	

①适应 1963 年冶金工业部轻轨标准；②s 系指渡线道岔中两线路中心距。

根据巷道运输每班通过车次、运距和装卸条件决定采用单线或双线。车次往返次数多时可作列车运行图表进行分析，并作线路通过能力验算。当采用单线时，应考虑布置会让线。两会让线距离不小于 500m。沿脉放矿运输时宜用双线；距离大于 1.5km 并有 3 列以上机车运输时也宜用双线。

钢轨轨头之间用鱼尾板和螺栓连接，轨道铺设应牢固平滑，并且具有一定的弹性，以缓和车辆运行的冲击，延长轨道和车辆的使用寿命。

当使用架线式电机车运输时，一般在鱼尾板内侧镶有接触铜片或者用导线焊接上，以减小钢轨接头处的电压降。当使用电机车牵引大容量矿车时，在钢轨接头处、弯道和道岔的钢轨下面，均应铺设铁垫板。也可采用焊接轨头，即把 4～5 节钢轨焊接成一组，每组间再用鱼尾板及螺栓连接起来。这种焊接钢轨一般用于服务年限长、运输能力大的主要运输巷道和井底车场。

在铺设弯道时，除满足轨距加宽和外轨超高外，还应注意，不要强使钢轨安置到铺设位置上，而应预先用弯轨器将钢轨弯成所需的曲线半径，然后再铺设。

26.2.5　矿车

26.2.5.1　矿车的类型及技术性能参数

矿车分为普通矿车、梭式矿车和电动自行矿车等。普通矿车按构造不同又分固定式、翻斗式、侧卸式、底卸式和底侧式五种。

A　固定车厢式矿车（图26-7）

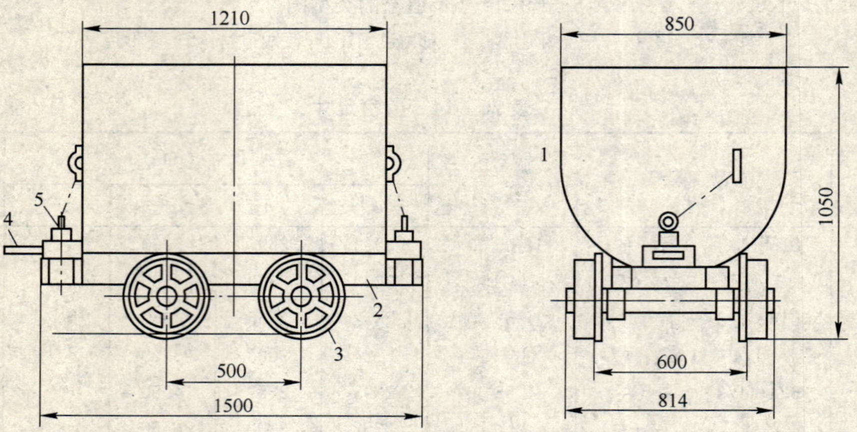

图26-7　YGC0.7（6）型固定车厢式矿车

1—车厢；2—车架；3—车轮；4—连接器；5—插销

这类矿车的车厢固定在车架上，卸载时必须将矿车推入翻车机，把整个矿车翻转才能卸出矿石。

B　翻斗式矿车（图26-8）

这类矿车车厢具有扇形底部，在车厢的端壁各铆有一个弧形钢环，使车厢支于车架上。由于钢环的圆心低于装有货载的车厢重心，故打开车厢定位销后，稍加外力便可把车厢翻转卸载，卸载倾角达40°。这类矿车能用人力或专设的卸载架向任意一侧翻转卸载。

C　侧卸式矿车及其卸载曲轨（图26-9）

矿车车厢的一侧用铰轴与车架相连，车厢的另一侧装有卸载辊轮。卸载时，辊轮沿曲轨过渡装置及卸载曲轨上坡段上升，使车厢倾斜，活动侧门被打开而卸载，卸载倾角达40°。当辊轮沿倾斜卸载曲轨的下坡段运行时，车厢复位并关闭侧门，当列车以低速通过卸载地点，整个车组便卸载完毕。

改变曲轨过渡装置的位置，也可以使侧卸式矿车的辊轮不上卸载曲轨而通过卸载地点，不产生卸载动作。

D　底卸式矿车及其卸载情况（图26-10）

车厢的两侧壁上焊有支承翼板，车底的一端与车厢端壁铰接，在车底的另一端装设一

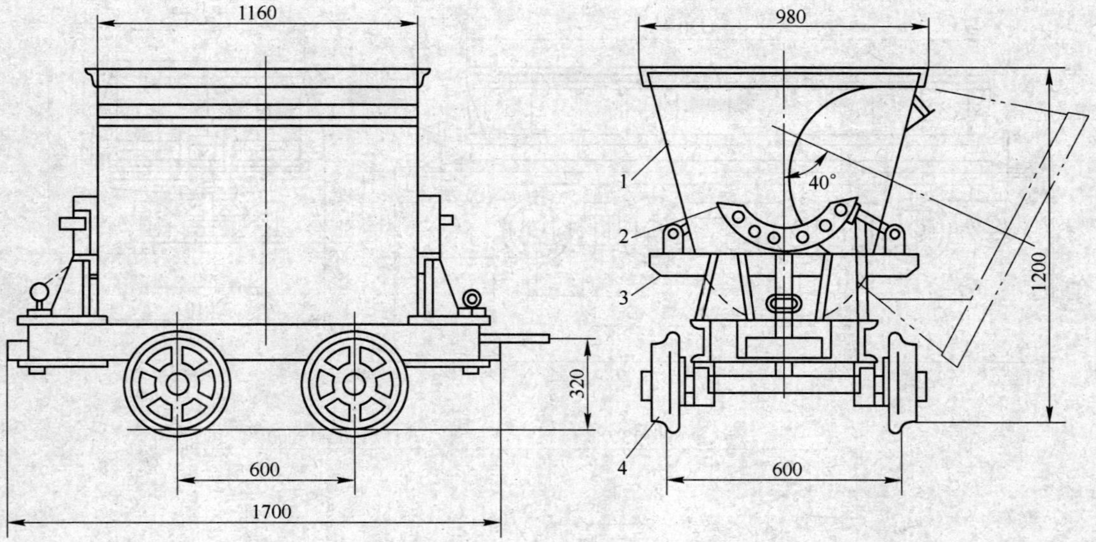

图 26-8 YFC0.7（6）型翻斗式矿车

1—车厢；2—钢环；3—车架；4—车轮

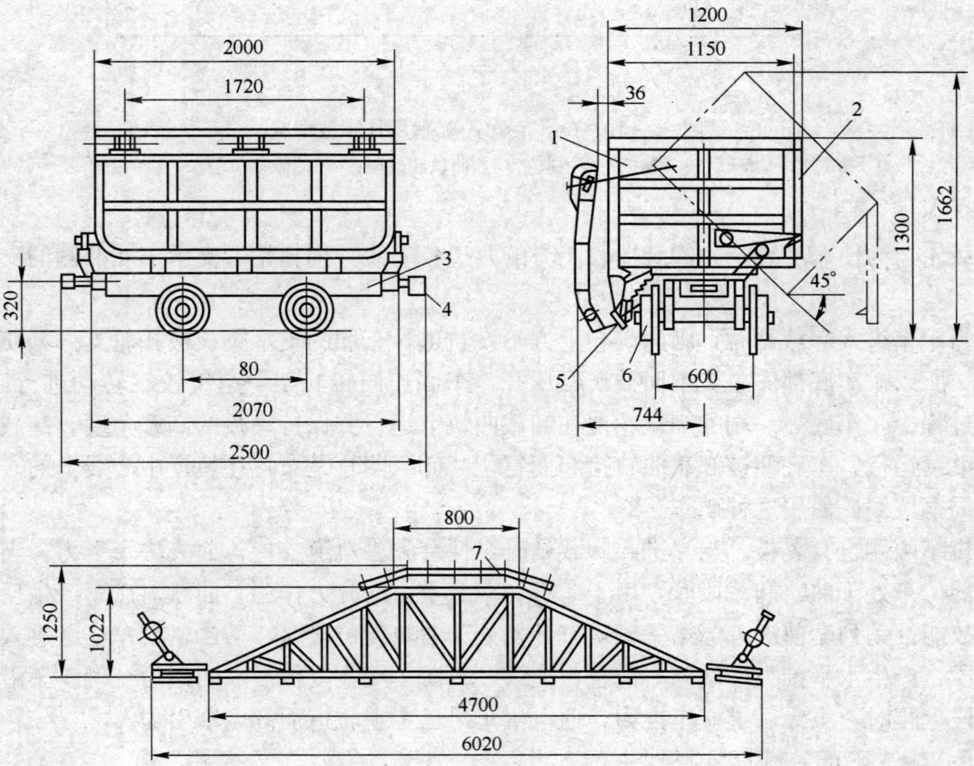

图 26-9 YCC1.6（6）侧卸式矿车及卸载曲轨

1—车厢；2—侧门；3—车架；4—缓冲器；5—卸载辊轮；6—车轮；7—卸载曲轨

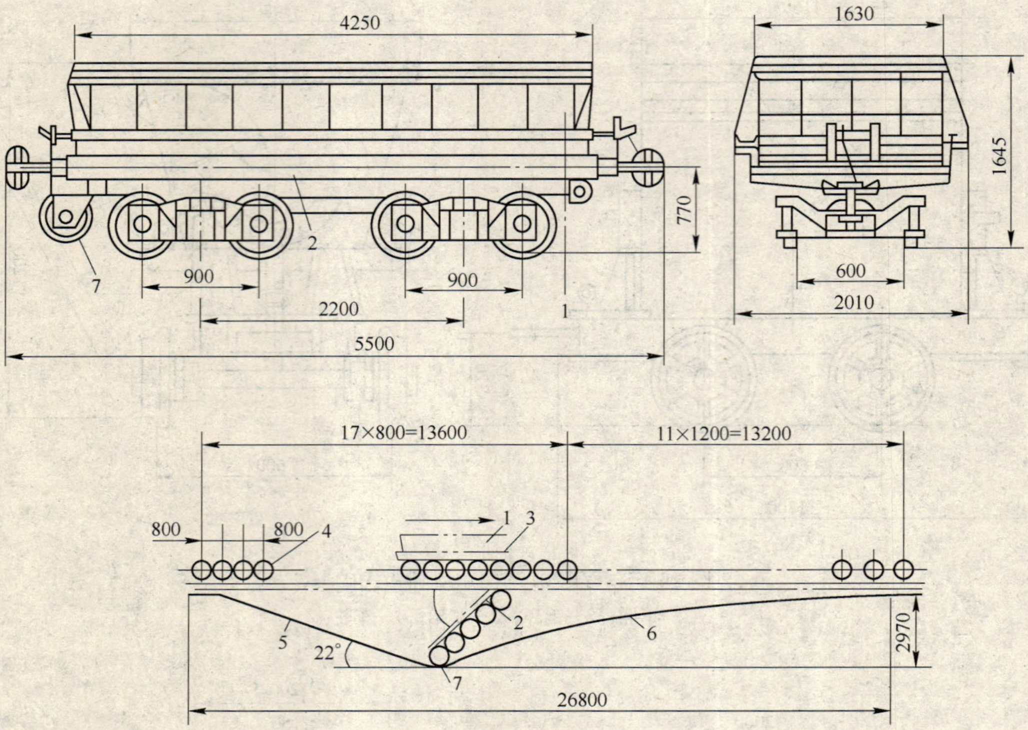

图 26-10 6m³ 底卸式矿车及其卸载情况

1—车厢；2—车底；3—翼板；4—托轮；5—曲轨卸载段；6—曲轨复位段；7—卸载轮

个卸载轮，为使车厢悬空，卸载曲轨上方的两边各安装一列托轮，支承车厢两侧的支承翼板。

当矿车进入卸载站时，因为矿仓上方不设轨道，车厢的支承翼板被托轮支撑，使车厢悬空，所以矿车底部失去支承而被矿石压开，车底连同转向架一起绕铰轴转动进行卸载。卸载过程中，车底另一端的卸载轮便在卸载曲轨上运行并保持底板的卸载角度，卸载以后矿车继续运行，车底便被卸载曲轨抬起而复位。卸载曲轨是布置在轨道中心线上的。大厂矿务局铜坑锡矿使用这种矿车。

机车两侧也有翼板。当它进入卸载站时，便会失去轨道支持，而失去牵引力。当靠近机车的矿车处于曲轨卸载段时，由于矿石和车底重力的分力作用，曲轨对矿车产生反作用力，故能推动列车前进，当第一辆矿车开始处于曲轨复位段时，第二辆矿车早已进入曲轨卸载段，产生水平推力推动列车前进，使第一辆矿车爬上复位段。当最后一辆矿车沿曲轨复位段上爬时，虽无后继矿车推力，但电机车早已走上轨道而产生牵引力。

E 梭式矿车（图 26-11）

它的车厢底部装有刮板输送机（或板式输送机）。用装岩机把矿岩装到输送机上，开动输送机将矿岩移动。待整个梭车装满后，便用机车把它拉到卸载地点，由车上的输送机将矿岩卸出。

近年来，为了适应巷道快速掘进运输的需要，对梭车的首尾部分作适当改变，制造了

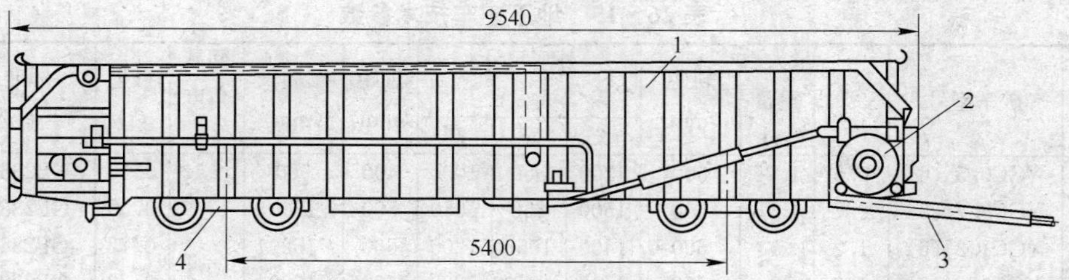

图 26-11 S8 型 $8m^3$ 梭式矿车

1—车厢；2—输送机传动装置；3—伸缩牵引杆；4—转向架

多种容积，结构形式基本类似的搭接式梭车。在国内部分矿山使用，取得了较好效果。

F 向-1型电动自行式矿车（图 26-12）

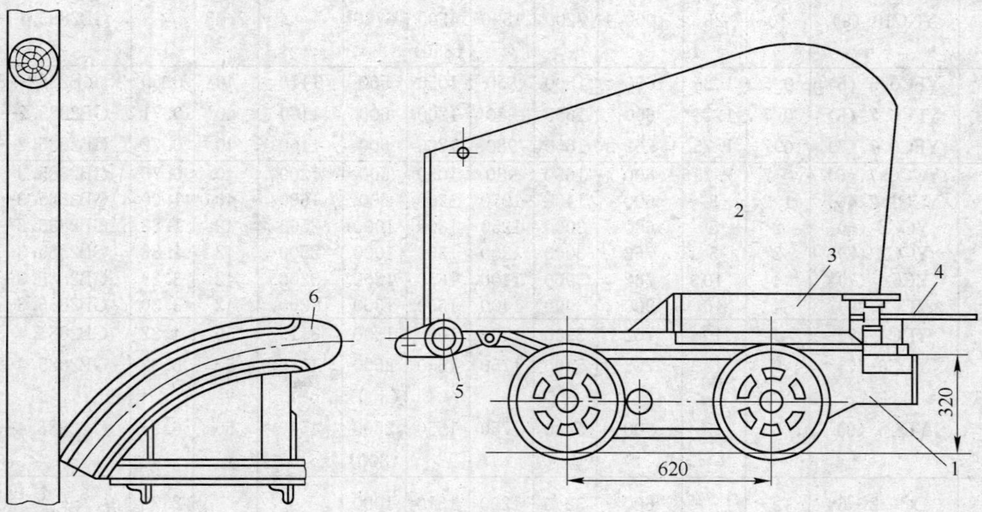

图 26-12 向-1型电动自行式矿车

1—行走部分；2—车厢；3—卷线部分；4—操纵部分；5—导轮；6—卸载曲轨

这种矿车由独立的动力行走部分、带活门的车厢、导轮机构及辅助卸载曲轨组成。卸载时，靠矿车运行的惯性，导轮进入卸载曲轨，在卸载曲轨的作用下，迫使矿车车厢逐渐前倾，车门自动打开卸矿。此种矿车已在向山硫铁矿及其他化学、建材矿山使用。

地下常用矿车技术参数见表 26-15。

26.2.5.2 矿车的选择和矿井矿车数的计算

矿车的容积按运输量的大小来选择，见表 26-6。根据具体条件，应尽量选用较大容积的矿车。它与小容积矿车比较，具有减少矿车数量、减少维修量、车皮系数❶小、容积系数❷大并为矿山扩大产量留有余地等优点。

矿车型式的选择，主要考虑提升方式、运输量大小、矿岩的黏结性、矿物的贵重程度、含水量多少及卸载要求等因素。

❶ 车皮系数是矿车的自重和有效载重的比值；

❷ 容积系数是矿车的有效容积和矿车外形尺寸的比值。

表 26-15　地下矿车技术参数

类型	矿车型号	容积 (m^3)	最大载重量 (t)	轨距 (mm)	外形尺寸 (mm)			轴距 (mm)	车厢长 (mm)	卸载角度 (°)	自重 (t)	标准或设计制造单位
					长	宽	高					
固定式	YGC0.5 (6)	0.5	1.25	600	1200	850	1000	400	900		0.45	GB2885.1—81
	YGC0.7 (6)	0.7	1.75	600	1500	850	1050	500	1200		0.50	GB2885.1—81
	YGC1.2 (6)	1.2	3	600	1400	1050	1200	600	1500		0.72	GB2885.1—81
	YGC1.2 (7)	1.2	3	762	1400	1050	1200	600	1500		0.72	GB2885.1—81
	YGC2 (6)	2	5	600	3000	1200	1200	1000	2650		1.33	GB2885.1—81
	YGC2 (7)	2	5	762	3000	1200	1200	1000	2650		1.35	GB2885.1—81
	YGC4 (7)	4	10	762	3700	1330	1300	3300		2.62		GB2885.1—81
	YGC4 (9)	4	10	900	3700	1330	1300	3300		2.90		GB2885.1—81
	YGC10 (7)	10	25	762	7200	1500	4500 (850)	6780		7.00		GB2885.1—81
	YGC10 (9)	10	25	900	7200	1500	4500 (850)	6780		7.08		GB2885.1—81
翻斗式	YFC0.5 (6)	0.5	1.25	600	1500	850	1050	500	1110	40	0.59	GB2882—81
	YFC0.7 (6)	0.7	1.75	600	1650	980	1200	600	1160	40	0.71	GB2885.2—81
	YFC0.7 (7)	0.7	1.75	762	1650	980	1200	600	1160	40	0.72	GB2885.2—81
侧卸式	YCC0.7 (6)	0.7	1.75	600	1650	980	1050	600	1300	40	0.75	GB2885.3—81
	YCC1.2 (6)	1.2	3	600	1400	1050	1200	600	1600	40	1.00	GB2885.3—81
	YCC2 (6)	2	5	600	3000	1250	1300	1000	2500	42	1.83	GB2885.3—81
	YCC2 (7)	2	5	762	3000	1250	1300	1000	2500	42	1.88	GB2885.3—81
	YCC4 (7)	4	10	762	3900	1400	1650	1300	3200	42	3.29	GB2885.3—81
	YCC4 (9)	4	10	900	3900	1400	1650	1300	3200	42	3.30	GB2885.3—81
底卸式	YDC4 (7)	4	10	762	3900	1600	1600	1300	3115	50	4.32	GB2885.4—81
	YDC6 (7)	6	15	762	5400	1750	1650	2500 (800)	4540	50	6.32	GB2885.4—81
	YDC6 (9)	6	15	900	5400	1750	1650	2500 (800)	4540	50	6.38	GB2885.4—81
底侧卸式	DC-2-6	2		600	3240	1200	1310	1000			2.32	北京有色冶金设计研究总院
	$4m^3$	4		762	3500	1450	1700	1300			3.54	北京有色冶金设计研究总院
	$6m^3$	6	15	900	3833	1900	1800	1300			5.75	长沙有色冶金设计研究院
其他非标准矿车	$0.9m^3$ 电动自行	0.9	2	600	1615	1050	1225	620			0.60	北京矿冶研究总院
	$1.4m^3$ 矿车	1.4	3.5	600	1900	1140	1350	600				北京矿冶研究总院
	YDC0.9 (6)-1	0.9	1.3	600	1600	1000	1200		3742		0.73	麻阳铜矿
梭式矿车	S_4	4	10	600	6250	1280	1620	3000 (800)	搭接		6.00	吉林市矿山机械厂
	S_6	6	15	600	7014	1450	1640	3600 (800)	搭接		8.00	吉林市矿山机械厂
	S_8	8	20	600	9540	1570	1640	5400 (800)	搭接		10.00	吉林市矿山机械厂
	JS_6	6		600	7040	1450	1650	3800 (550)	单车		6.8	北京矿冶研究总院、吉林市矿山机械厂
	SD_4	4	6.4	600	5470	1212	1622	2350 (700)	搭接		6.4	沈阳有色冶金设备总厂、汝城钨矿、杨家杖子矿务局

除杂用车辆外，全矿的车型力求最少，以一种或两种为宜，以减少组车、调车和维修的困难。

当采用罐笼提升时，普遍采用固定车厢式矿车。它具有结构简单、坚固耐用、自重小等优点，但其卸载方式比较复杂，卸载硐室开拓工程量大。

中小矿山废石运输一般采用 0.7m^3 以下的翻斗车。这种矿车能在废石场卸载线的任何地点卸载。如废石场是深谷，不需经常移动卸载点时，可考虑采用同一种矿车运输矿石和废石。当掘进运输量很大时，亦可选用梭式矿车运输废石。当矿石运输量不大，废石运输量也不大时，也可选用翻斗式矿车运输矿石和废石。

目前新设计的大、中型矿山，如果采用箕斗提升时，一般选用底卸式或侧卸式矿车运输矿石。底卸式矿车有卸载干净、效率高及使用可靠等优点；其缺点是车辆外形尺寸大、车皮系数大、卸载站结构复杂。它适用于矿石有黏结性、年产量较大的矿山。

侧卸式矿车也有卸载方便、效率高等优点。但其活动侧易漏粉矿，装卸时要求矿车有固定方向。不宜于在粉矿多、矿物贵重和含水量大的矿山使用。

矿井矿车数的计算常用定点分布法。当确定工作机车的台数后，在需要同时工作的各个阶段平面图上，按生产实际需要注明矿车分布情况：运行中的矿车车辆数、装车点、井底车场、材料库、井筒内、地表车场等处的车辆数相加，并乘以检修系数和备用系数。即得矿井所需的矿车总数 Z 为：

$$Z=\sum_{1}^{n} Z_i K_1 K_2 \tag{26 - 6}$$

式中 Z——矿车总数，辆；

n——全矿需用矿车地点的数目；

Z_i——各个地点用的矿车数，$i=1,2,\cdots$，辆；

K_1——矿车的检修系数，一般 $K_1=1.1$；

K_2——矿车的备用系数，$K_2=1.25\sim1.3$。

在人力装车和推车地点，应在编组处考虑一列矿车数。必须摘钩才能卸载的矿车，应在每个卸载地点增加一列矿车数。

废石车型式与矿石车型式不同时，应该单独考虑各自的车数。

材料车的数量，按矿井一昼夜消耗的材料所需用的车数确定，并适当考虑检修和备用的材料车数。

平板车的数量，根据矿山实际需要情况决定，若矿山机械设备多，平板车数量就多些；反之就可以少些，同时也适当考虑检修和备用的平板车数。平板车载重量的选择，按被运设备的重量考虑。

26.2.6 机车的类型、电机车的技术性能参数及其选择和计算

26.2.6.1 机车的类型及电机车技术性能参数

地下矿山使用的机车主要有电机车和内燃机车两种。电机车又分为直流和交流两种，以直流的应用最广。直流电机车又可分为架线式和蓄电池式两种。

架线式电机车的工作系统如图 26 - 13 所示。

架线式电机车结构简单、维护容易、用电效率高、运输费用低，是应用最广的一种机车。其缺点是：须有整流和架线设施，不够灵活；架线对巷道尺寸及人员通行有一定影

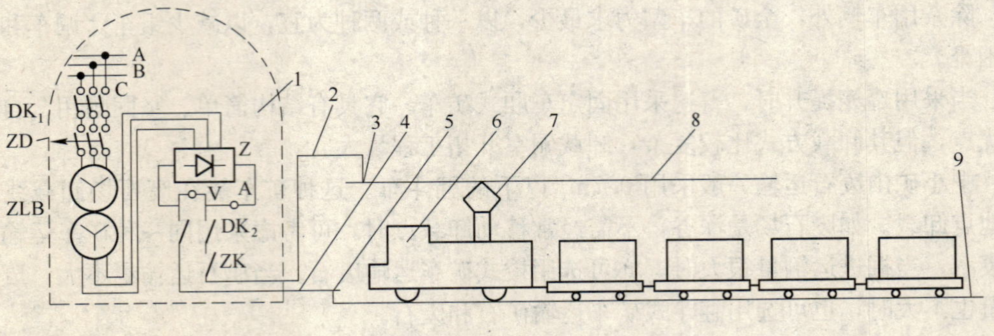

图 26-13　架线式电机车工作系统图

1—变电所；2—馈电电缆；3—馈电点；4—回电电缆；5—回电点；6—电机车；7—受电器；8—接触线；9—轨道；A、B、C—交流电源；DK_1—三级刀闸开关；ZD—三级自动空气断路器；ZLB—整流变压器；Z—硅整流元件；DK_2—两级刀闸开关；ZK—单级自动开关；V—电压表；A—电流表

响；受电器与架线之间容易产生火花，因此，有瓦斯危险的矿山，火花会引起瓦斯爆炸，不宜选用。

对于长距离、大运量的大、中型矿山，为了加快出矿速度，增加巷道的通过能力，可以实行双机牵引❶或双机重联牵引❷，能增加牵引力近一倍，可以缓解此类矿山地下运输的紧张状态。

蓄电池电机车，是用蓄电池组供给电能的。蓄电池充电一般在地下电机车车库进行。这种电机车的优点是：不需架线、使用灵活、无接触线火花引爆危险，用于产量小、巷道不太规则的运输系统和掘进巷道中集矿和调车工作，比架线式电机车更为方便。其缺点是：须设充电设备、初期投资较大、用电效率低、运输费用也较高。

除上述两种电机车外，还有架线蓄电池式和架线电缆式双能源电机车。前者既能从架线上取得电能工作，也可在不便架设架线的地区或有瓦斯危险的巷道用防爆蓄电池组供电工作。后者装有电缆滚筒，电缆一端可与架线连接，电机车在不便架设架线地区行驶时，可由电缆供电，但运输距离不能太长。

内燃机车不需架线，投资低、调度灵活。它的最大缺点是废气污染空气。这就需要从主风道系统增大新鲜空气的供应量。这种机车目前在我国仅有个别矿山在通风良好的平硐、地表联合区段使用。

国产电机车的主要技术性能参数见表 26-16。

国产内燃机车的主要技术性能参数见表 25-3。

26.2.6.2　电机车的选择及其计算

A　电机车的选择

选择电机车时应考虑运输量、装矿点的集中与分散情况、运距和车型的特殊要求等因素。电机车的吨位选择见表 26-6。若装矿点分散、溜井贮矿量小时，应选用多台小吨位电机车；若装矿点集中、贮矿量大、运距较长时，应选用较大吨位电机车。因阶段运输量和供矿条件不同，必要时可以选用两种型号机车。当采用双机牵引时应为两台同型机车；专

❶ 双机牵引系指列车首尾用两台同型号或技术性能相同的机车牵引。

❷ 双机重联牵引系指用两台同型号或技术性能相同的机车串联在列车头部的机车牵引。

表 26-16 窄轨地下矿用电机车型号及主要技术性能参数[①]

技术特征		架线式电机车						蓄电池式电机车		
		ZK1.5-$\overset{6}{\underset{9}{7}}$/100	ZK3-$\overset{6}{\underset{9}{7}}$/250	ZK$\frac{7}{10}$-$\overset{6}{\underset{9}{7}}$/250	ZK$\frac{7}{10}$-$\overset{6}{\underset{9}{7}}$/550	ZK14-$\frac{7}{9}$/500	ZK20-$\frac{7}{9}$/550	XK2.5-$\overset{6}{\underset{9}{7}}$/45-14	XK8-6/110-14	XK12-7.9/192 KBT
黏着重量(t)		1.5	3	7;10	7;10	14	20	2.5	8	12
轨距(mm)		600;762;900	600;762;900	600;762;900	600;762;900	762;900	762;900	600;762;900	600	762;900
固定轴距(mm)		650	816	1100	1100	1700	2500	650	1100	1200
车轮直径(mm)		460	650	680	680	760	840	460	480	680
机械传动传动比 *i*		18.4	6.43	6.92	6.92	14.4	14.4	19.5	6.92	
车钩高度连接器距轨面高度(mm)		270;320	270;320	270;320;430	230;320;430	320;430	500	270;320	320;430	320;430
受电器工作高度(mm)		1600～2000	1700～2100	1800～2200	1800～2200	1800～2200	1800～2200			
制动方式		机械	机械	机械;电气	机械;电气	机械;电气;压气	机械;电气;压气	机械	机械	机械;电气
弯道最小曲线半径(m)		5	5;7	7	7	10	20	5	7	
轮缘牵引力(kN)	小时制	7.84/2.11	4.7	13.05	15.11	26.65	43.20	2.55	11.18	16.48
	长时制	0.736/0.392	1.51	3.24	4.33	9.61	12.75		2.84	
速度(km/h)	小时制	4.54/6.47	9.1	11	11	15.9	13.2	4.51	6.2	8.7
	长时制	6.6/12.5	12.0	16	16	17.7	19.7	6.1	10.5	
	最大			25	25	25	26	10	25	

续表 26-16

技术特征			架线式电机车						蓄电池式电机车		
			6 ZK1.5-7/100 9	6 ZK3-7/250 9	7 6 ZK -7/250 10 9	7 6 ZK -7/550 10 9	ZK14-$\frac{7}{9}$/500	ZK20-$\frac{7}{9}$/550	6 XK2.5-7/45-14 9	XK8-6/110-14	XK12-7.9/192 KBT
牵引电动机	型号		ZQ-4-2	ZQ-12	ZQ-21	ZQ-24	ZQ-52	ZQ-82	ZQ-4B	ZQ-11B	
	额定电压(V)		100	250	250	550	550	550	48	110	192
	电流(A)	小时制	45	58	95	50.5	105	162	105	112	560
		长时制	18	25	34	19.6	50	75	42	44	
	功率(kW)	小时制	3.5	12.2	20.6	24	52	82	3.5	11	
		长时制	1.35	5.2	7.6	9.6	25.5	38	1.37	4.3	22
	台数		1	1	2	2	2	2	1	2	2
外形尺寸(mm)		长	2340	2750	4500	4500	4900	7400	2100	2100	4885
		宽	950;1100	950;1250	1060;1360	1060;1360	1350	1600	920	1050	1350
		高	1550	1550	1550	1550	1550	1700	1550	1550	1600
1987年参考价(万元)			1.22	1.44	2.40	3.10;4.00	7.40	19.5			

①湘潭电机厂，常州工矿电机车厂生产。

为掘进阶段用时，应选小吨位机车；在运距长、运输量大的平巷选用大吨位机车的同时，还应考虑运送人员、材料和线路维修业务等的需要，配备小吨位机车。

B 原始资料

设计班产量、运输距离、线路平面图和纵断面图（若线路平面图及纵断面图比较简单）时，只要知道装载站位置、线路平均坡度和最大坡度即可，拟采用的电机车及矿车技术性能、每班运送人员、材料、设备等列车数。

a 班产量 A'_s

A'_s（吨/班）是按平均班产量 A_b 乘以运输不均衡系数 c 来确定的，即：

$$A'_s = cA_b \tag{26-7}$$

运输不均衡系数 c 主要决定于矿井产量的不均衡或出矿量的不均衡，同时还与装车方式、供矿条件、采矿方法等有很大关系。对于厚矿体，有大量贮矿的溜井和矿仓，不均衡系数可取 1.2～1.25；有些采矿方法（如长壁法）班产量不大，溜井中没有贮矿量，班前、班中、班末的出矿量有很大差别，这种情况下的不均衡系数应取 1.3。

电机车的运输能力应大于或等于设计班产量，以保证按时完成运输任务。

b 运输距离

当电机车运输同时服务于两个或更多装载站时，其运输距离按加权平均运输距离计算。加权平均运输距离 L 由（26－8）式求得：

$$L = \frac{A_1L_1 + A_2L_2 + \cdots + A_nL_n}{A_1 + A_2 + \cdots + A_n} \tag{26-8}$$

式中 L——运输距离，m；

L_1、L_2、…、L_n——各出矿点至卸矿点的相应距离，m；

A_1、A_2、…、A_n——各出矿点相应的出矿量，吨/班。

c 线路坡度

井下电机车运输线路往往是变化的，为计算方便，常常根据纵断面图算出线路的平均坡度，作为线路坡度。线路平均坡度 i_p 由（26－9）式确定：

$$i_p = \frac{i_1L_1 + i_2L_2 + \cdots + i_nL_n}{L_1 + L_2 + \cdots + L_n} \tag{29-9}$$

式中 i_1、i_2、…、i_n——各段线路相应坡度，‰。设计时一般可以取线路平均坡度为 3‰～5‰；

L_1、L_2、…、L_n——各段线路的相应长度，m。

C 电机车牵引的矿车数

a 按电机车的启动条件计算牵引重量

考虑到井下运输中最困难的情况，按电机车牵引重车组沿弯道上坡启动；同时为了保证电机车启动时车轮不滑动，电机车的牵引力（F）不应超过最大黏着力，即：$F < G_{jn}\psi$。这样求得电机车的牵引重量 Q_{zh}。计算公式为：

$$Q_{zh} = \frac{G_{jn}\psi}{\omega_{zh} + i_p + \omega_w + 0.11_a} - G_j \tag{26-10}$$

式中 G_{jn}——电机车的全部主动轮轴压在钢轨上的总重量，$G_{jn} = \Sigma G_{jo}$，称为电机车的黏着重量，kg；

G_{jo}——一个主动轮轴压在轨道上的重量，kg；

ψ——电机车启动时的黏着系数，如下：

工作状况	启动时	撒砂启动时	运动时	制动时
ψ值	0.20	0.25	0.15	0.13～0.17

G_j——电机车的重量，kg；

Q_{zh}——重车组的重量，即机车牵引重量，kg；

ω_{zh}——重车启动时的阻力系数，可按重车基本阻力系数选取，见表26-17；

i_p——线路的平均坡度，一般可取3‰；

ω_w——弯道阻力系数，用经验公式

$$\omega_w=\frac{K\times 35}{1000R}$$

计算，当重列车不在弯道上启动时，则$\omega_w=0$。

K——考虑外轨超高的系数，当外轨超高时，$K=1$，当外轨没有超高时，$K=1.5$；

R——曲线半径，m；

a——列车的加速度，对于地下运输可取$a=0.03\sim 0.05\text{m/s}^2$。

表26-17　矿车基本阻力系数①

矿车容积（m^3）	单个矿车		列车	
	重车	空车	重车	空车
0.5	0.007	0.009	0.009	0.011
0.7～1.0	0.006	0.008	0.008	0.010
1.2～1.5	0.005	0.007	0.007	0.009
2	0.0045	0.006	0.006	0.007
4	0.004	0.005	0.005	0.006
10	0.0035	0.004	0.004	0.005

①　矿车启动阻力系数为基本阻力系数的1.5倍。

b　按制动条件计算牵引重量

按《冶金矿山安全规程》[8]规定，地下运输列车的制动距离为：运送人员时，不得超过20m；运送物料时，不得超过40m；14t以上大型电机车或双机牵引运输，应根据运输条件予以确定，但不得超过80m。按制动条件确定电机车的牵引重量时，必须根据这个规定并按最不利情况来计算。同时为了使电机车车轮不被闸瓦抱死，电机车的最大制动力B应小于或等于它的黏着力，即$B<G_{jz}\psi$，按这一条件求得电机车的牵引重量Q_{zh}，其计算公式为：

$$Q_{zh}\leqslant\frac{G_{jz}\psi}{0.11a_z+i_p-\omega'_{zh}}-G_j \tag{26-11}$$

式中　Q_{zh}——电机车的牵引重量，kg；

G_{jz}——机车的制动重量，kg。如果各轮轴都是制动闸瓦时，则机车的制动重量等于机车全部重量；

ω'_{zh}——重列车的运行阻力系数，可按重车基本阻力系数选取，见表26-17；

a_z——制动时的减速度，m/s^2。可按下式计算：

$$a_z=\frac{U_{ch}^2}{2L_z}$$

U_{ch}——电机车的长时速度，m/s。见表 26 - 16；

L_z——制动距离，$L_z=40$m；

G_j——电机车的重量，kg。

按上述两个条件分别计算牵引重量以后，应取两者中的小值来计算车组中的矿车数 Z_1：

$$Z_1=\frac{Q_{zh}}{G+G_0} \tag{26 - 12}$$

式中 Z_1——矿车数，辆；

Q_{zh}——牵引重量中的较小值，kg；

G——矿车的有效装载重量，kg；

G_0——矿车的重量，kg。

c 按牵引电动机的温升条件对上述结果进行校验

校验的实质是：牵引电动机的等值电流 I_d 不应超过它的长时电流 I_{ch}，即 $I_d<I_{ch}$。如果能够保持这个条件，牵引电动机的温升就不会超过允许温升。

牵引电动机的长时电流可由表 26 - 16 查得。

电机车每往返一次牵引电动机的等值电流用均方根法计算。

首先计算电机车牵引重车组和空车组运行的牵引力 F_{zh}（N）、F_k（N）：

$$F_{zh}=[G_j+Z_1(G+G_0)](\omega'_{zh}-i_p) \tag{26 - 13}$$

$$F_k=(G_j+Z_1G_o)(\omega'_k+i_p) \tag{26 - 14}$$

每台牵引电动机的牵引力 F'_{zh}(N)、F'_k(N)：

$$F'_{zh}=\frac{F_{zh}}{n} \tag{26 - 15}$$

$$F'_k=\frac{F_k}{n} \tag{26 - 16}$$

式中 ω'_k——空列车的运行阻力系数，可按空车基本阻力系数选取，见表 26 - 17；

n——电机车上的牵引电动机台数，台。

然后在牵引电动机的特性曲线（图 26 - 14）上，根据所计算的 F'_{zh}、F'_k查出重列车和空列车运行时牵引电动机的电流 I_{zh}、I_k 及速度 v_{zh}、v_k。查出速度为 km/h，应化为 m/s。

电机车往返一次牵引电动机的等值电流为：

$$I_d=a\sqrt{\frac{I_{zh}^2t_{zh}+I_k^2t_k}{T_1+t}} \tag{26 - 17}$$

式中 I_d——电机车往返一次牵引电动机的等值电流，A；

a——调车系数，即考虑调车时牵引电动机工作的系数，其大小与运距有关。运距小于 1000m 时取 1.4，运距为 1000～2000m 时取 1.25，运距大于 2000m 时取 1.15；

t——在井底车场和采区车场调车的时间，包括调车、装卸作业、让车和意外耽误的时间等。一般取 $t=20$～25min，在计算时也可按各次耽误时间之和来考虑。

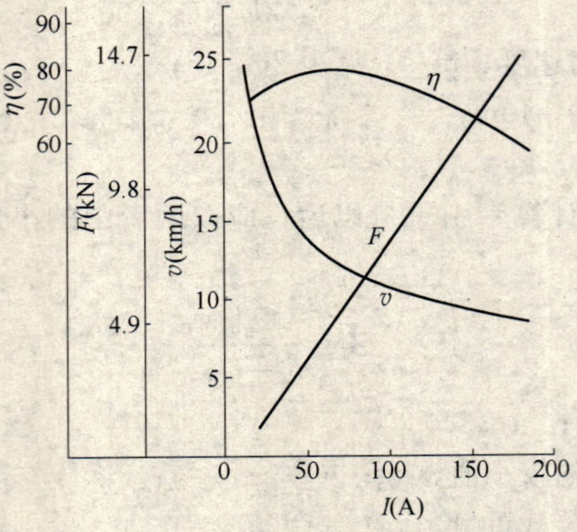

图 26 - 14 ZQ - 21 型电动机特性曲线

T_1——总的运行时间，即重列车和空列车运行时间之和，$T_1=t_{zh}+t_k$。

$$t_{zh}=\frac{L_m}{60\times0.75v_{zh}}，\min$$

$$t_k=\frac{L_m}{60\times0.75v_k}，\min$$

L_m——电机车到最远的一个装车站的距离，m；

$0.75v_{zh}$——重列车的平均速度，m/s；

$0.75v_k$——空列车的平均速度，m/s。

若 $I_d<I_{zh}$ 则表明牵引电动机不会超过允许温升，也即电机车牵引的矿车数是恰当的。若 $I_d>I_{zh}$，则必须减少车组中的矿车数。

D 电机车台数的计算

(1) 电机车往返一次的时间 T（min）：

$$T=T_1+t \tag{26 - 18}$$

式中 T_1——总运行时间，min。T_1 值可用下式近似计算：

$$T_1=\frac{2L}{60\times0.75v_{zh}}，\min$$

L——加权平均运输距离，m。

(2) 一台电机车每班可完成的往返次数 n_1（次）：

$$n_1=\frac{60t_b}{T} \tag{26 - 19}$$

式中 t_b——电机车每班工作小时数，取 6～6.5h。

(3) 完成每班出矿量需要的往返次数 m（次）：

$$m=\frac{cA_b}{Z_1G} \tag{26 - 20}$$

式中 A_b——某阶段的班平均出矿量，t；

c——运输不均衡系数，$c=1.2\sim1.3$；

G——一辆矿车的有效装载重量，t；

Z_1——车组的矿车数，辆。

(4) 每班运输废石、人员、材料、设备等所需的往返次数 m_1 值可按各个矿山具体情况决定。

(5) 需要的电机车台数 N_1（台）：

$$N_1=\frac{m+m_1}{n_1} \tag{26-21}$$

(6) 需要的电机车总台数 N（台）：

$$N=N_1+N_2 \tag{26-22}$$

式中 N_2——备用电机车台数，工作电机车在 4 台以内时，备用 1 台，5 台以上时，备用 2 台。如电机车通过竖井极不方便时，最好各主要生产阶段分别考虑备用机车。

26.2.7 井底车场

26.2.7.1 竖井井底车场的形式与选择

井底车场通常根据矿车运行系统分为环行式（图 26-15）、尽头式（图 26-16*a*）和折返式（图 26-16*b*）三种。根据井底车场内主要巷道与主要运输大巷相对位置的不同，环形式井底车场又可分为平行式、斜交式和垂直式三种。

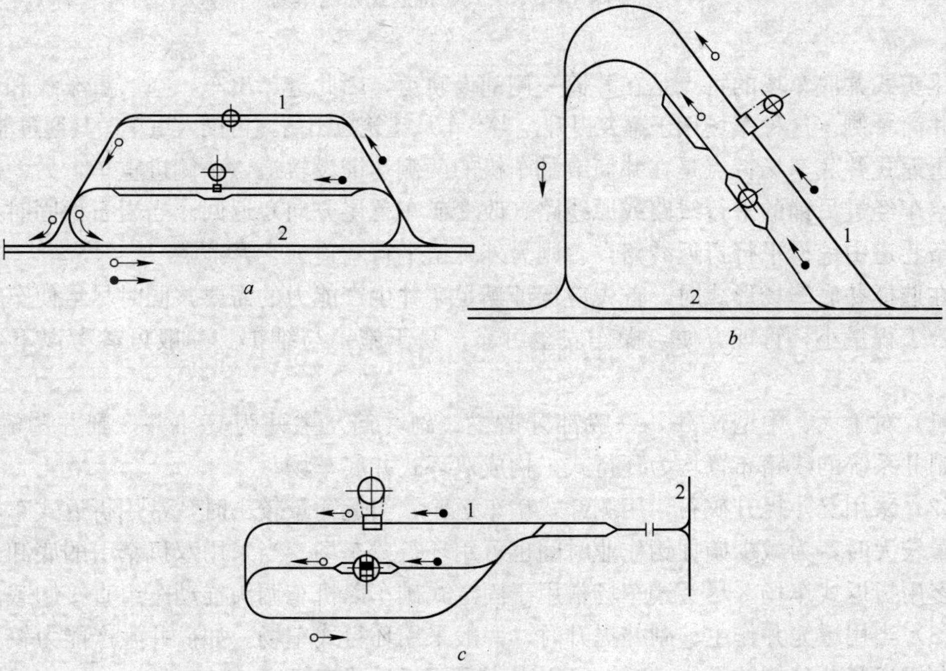

图 26-15 环行式井底车场

a—平行式；*b*—斜交式；*c*—垂直式

1—井底车场主要巷道；2—主要运输巷道

环行式井底车场的特点是在车场内空、重列车不在同一轨道上作相向运行。亦即井筒或翻车机的一侧进重车，另一侧出空车，而空车经由储车线和绕道不改变方向返回。环行式井底车场可以达到很大的通过能力。

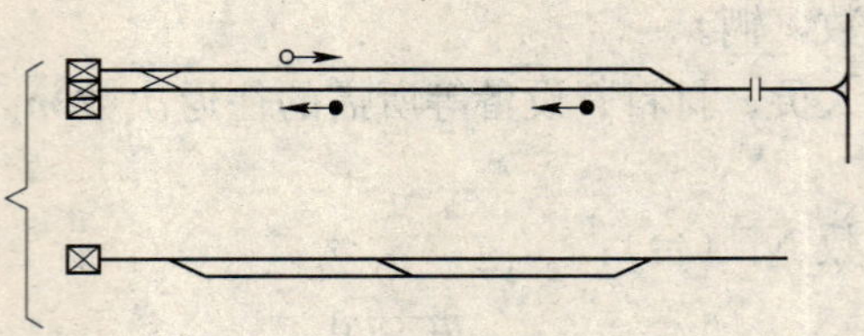

a

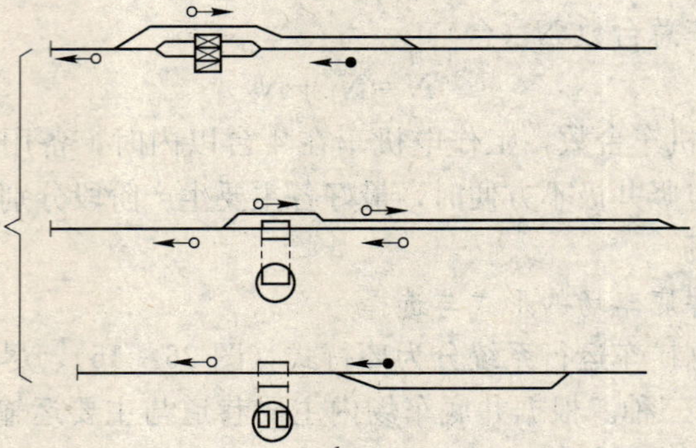

b

图 26 - 16　尽头式、折返式井底车场

a—尽头式；*b*—折返式

尽头式井底车场的特点是在井筒一侧铺设轨道，因此进、出车，空、重车线和调车场均在井筒一侧。这种车场用于罐笼提升，当空车从罐笼拉出后，再推入重车。其通过能力小。

折返式井底车场特点是在井筒或翻车机的两侧均铺设轨道，一侧进重车，另一侧出空车，空车经过另铺的平行线路或原线路（改变矿车首尾方向）返回。当岩石稳固时，可在同一条巷道中铺设平行折返线路，否则另外开凿平行巷道。

在选择井底车场形式时，首先应保证满足矿井生产能力的需要，同时尽量使车场结构简单，工程量小，管理方便，操作安全可靠，易于施工与维护。一般可参考以下要点选择。

（1）对于大、中型矿井，一般都开凿主、副井筒。主井为箕斗井，副井为罐笼井。主、副井系统的线路布置均为环行式，构成双环式井底车场。

（2）采用箕斗提升矿石，用侧卸式矿车运输，当运输量较小时，常用折返式车场；当运输量较大时，为减少摘挂钩作业时间也可用环行式车场。当采用双机牵引的底卸式矿车时，多用折返式车场。尽头式车场常用于固定式矿车以机车调头推动车组直接卸载。

（3）当用罐笼井作主、副井提升时，一般采用环行式车场。如矿井生产能力较小，能直接在靠近竖井外侧铺设绕道时，可以考虑采用折返式车场。

（4）辅助提升用的罐笼井，如废石量不大或矿车进出罐笼的换车时间能满足提升量要求时，可以采用尽头式单面车场。

26.2.7.2　斜井井底车场的形式与选择

斜井有轨提升的常见方式有矿车提升和箕斗提升两种。当斜井倾角大于 30°时用箕斗提升。矿车提升又有单钩、双钩、单车、串车之分。

斜井轨道与阶段平巷轨道的连接形式有甩车道、吊桥和吊桥式甩车道三种，如图

26－17所示。它们的使用条件及优缺点见表 26－18。

箕斗提升的下部装载系统与竖井装载系统相似。大、中型矿井的斜井用箕斗提升时，其车场形式可选择环行式或折返式。

中小型矿山的斜井以串车（矿车成串牵引）提升为主，串车提升的车场均为折返式。

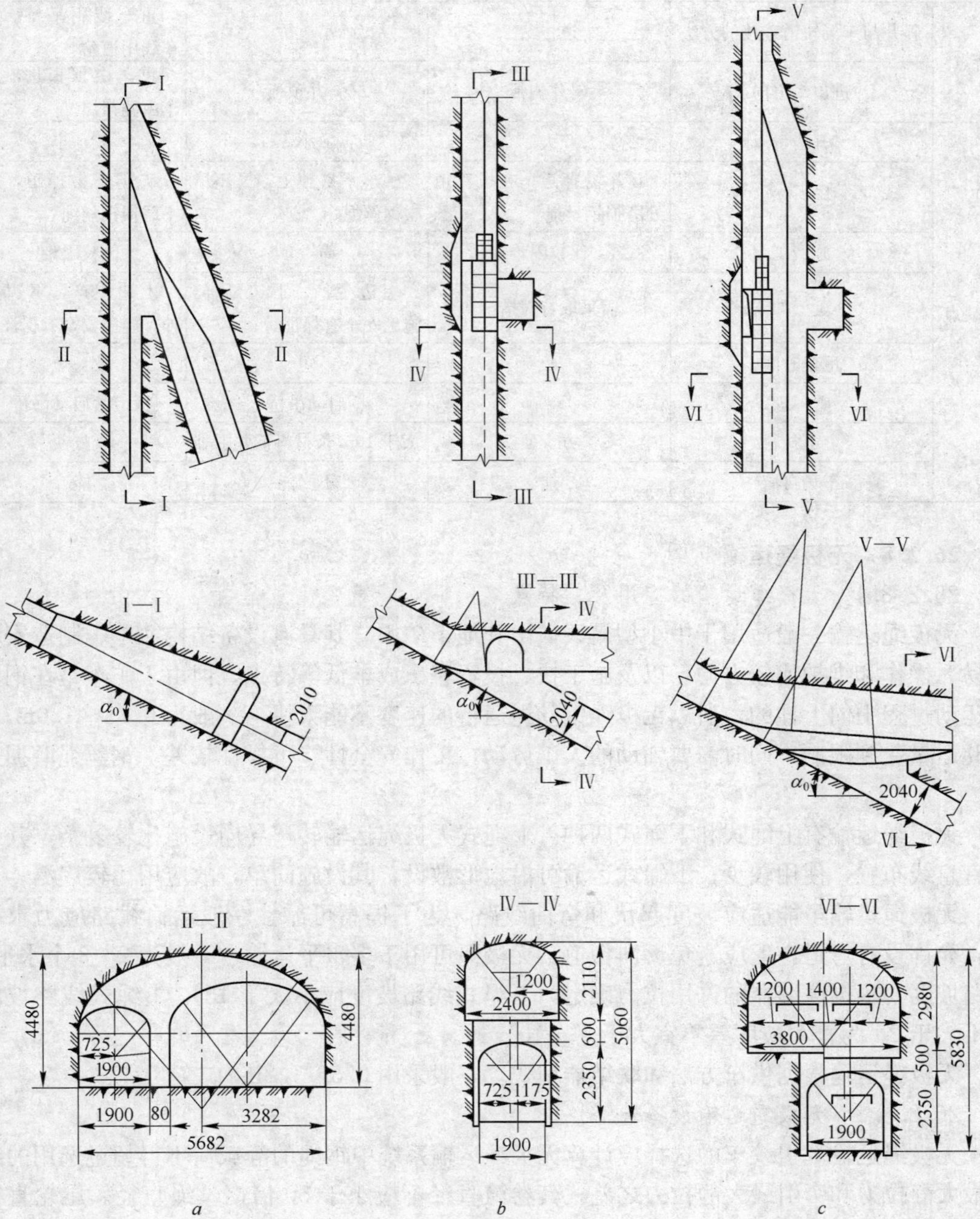

图 26－17 斜井与阶段连接形式

a—斜井甩车道；*b*—斜井阶段吊桥；*c*—吊桥式甩车道

表 26-18 斜井与各阶段连接形式的比较

项目		斜井与各阶段连接形式		
		斜井甩车道	斜井阶段吊桥	吊桥式甩车道
应用条件	斜井坡度	<30	>20	>20
	井型	中小型	小型	中小型
特点	斜井与车场轨道连接的方法	道岔	吊桥	重车线用吊桥，空车线用道岔
	进出车方向	斜井侧帮	斜井顶板	重车由顶板进，空车由侧帮出
优缺点	开凿量	大	小	较小
	生产	矿车易掉道，在甩车道处磨损钢丝绳	矿车不易掉道，又不磨损钢丝绳	矿车不易掉道，又不磨损钢丝绳
	施工	比较困难	简单	比较困难
	延伸	需采取特殊措施	上边生产，下边延伸，施工安全有保证	上边生产，下边延伸，施工安全有保证
	甩车时间	长	短	较短
	管理		启动吊桥	扳道岔启动吊桥
	上下材料	方便	大于10m长材料下井困难	较方便
	车场自溜	能	不能	能

26.2.8 无极绳运输[3,4,6]

26.2.8.1 无极绳运输的应用及其特点

无极绳运输一般适用于中小型露天矿山和地下矿山。其具有设备结构简单、制造安装容易、操作和维护比较方便，以及施工快、投资省、成本低等特点。但由于矿车是在钢丝绳运动过程中向上挂的，所以无极绳钢丝绳运行的速度不能太快，一般为 0.75～1.0m/s，因此运量受到限制，同时需要辅助的人工劳动，工作安全性、可靠性较差，钢丝绳磨损也快。

无极绳运输有上绳式和下绳式两种。上绳式无极绳运输转弯导向设施比较复杂，其线路宜直线布置，使用较少；下绳式运输可沿地形敷设，其设施简单，故应用比较广泛。

无极绳运输虽能适应坡度起伏和弯曲线路，为了提高可靠性一般运输线路应力求平直，允许设有弯道，但应避免反向弯道。无极绳可用于多水平运输，一般为 2～3 个水平。线路坡度要根据联结器的许用拉力确定，下绳式线路坡度应不大于 15°，上绳式线路坡度应不大于 25°为宜，坡度差不宜大于 5°～10°。

无极绳运输根据供车方法和联结器型式，一般采用 0.5～1.2m^3 矿车为宜。

26.2.8.2 无极绳运输设备选择

无极绳运输牵引绞车的选择应计算无极绳运输系统中钢绳的静载荷不得超过选用的绞车最大静拉力和牵引最大静拉力之差，其卷筒直径不应小于 50 倍钢丝绳直径。尾轮直径应不小于 50 倍钢丝绳直径，导向轮直径应不小于 20 倍钢丝绳直径，托辊直径应不小于 8 倍钢丝绳直径。

无极绳绞车技术性能参数见表 26-19。无极绳运输系统中所用变向轮、尾轮车、拉紧

表 26-19 无极绳绞车主要技术性能参数①

型号	最大静张力 (kN)	最大静张力差 (kN)	绳径 (mm)	主动轮直径 (mm)	绳速 (m/s)	速比	电动机			外形尺寸 长×宽×高 (mm)	重量 (kg)
							型号	功率 (kW)	电压 (V)		
JW-500/33	11.76	9.8	13	500	0.8/1.2	32.73	BJO_2-62-6 BJO_2-62-4	13 17	38/660	1669×738×623	585
JW-950/48	24.5	19.6	18.5	950	0.75/1	48	IJB32$\frac{6}{8}$	20 25	220/380	2060×1268×990	1477
JW_2-1200/60 (JW-1200/60)	34.3	29.4	21.5	1200	0.75/1	60	IJB41-$\frac{6}{8}$	32 40	220/380	2568×1448×1320	2286
JW-1600/80	58.8	49	28	1600	0.75/1	80	$JO_2$92-$\frac{6}{8}$	55 75	380	3485×1720×1672	4655
JW-2100/100	117.6	94	34	2100	0.75/1	100	JR125-$\frac{6}{8}$	90 130	380	5585×3900×1640	16121

①山西临汾煤矿机械厂提供。

表 26-20 变向轮技术性能参数

轮径 (mm)	许用拉力 (kN)	钢丝绳直径 (mm)	外形尺寸(mm)			重量 (kg)	图号	资料来源
			长	宽	高			
ϕ400		17	890	480	200	73	28采机8	鞍山黑色冶金矿山设计研究院
ϕ500	27.46	21.5	500	500	208	300	档01277	兰州有色冶金设计研究院
ϕ600		32.5	ϕ800		704	233	T KJ82-32	沈阳铝镁设计研究院
ϕ800	29.42	25	ϕ800		360		6备3	鞍山黑色冶金矿山设计研究院

表 26-21 尾轮车技术性能参数

图 形	轮径 (mm)	许用拉力 (kN)	钢丝绳直径 (mm)	轨距 D (mm)	重量 (kg)	外形尺寸(mm) A	B	C	图 号	使用地点	资 料 来 源
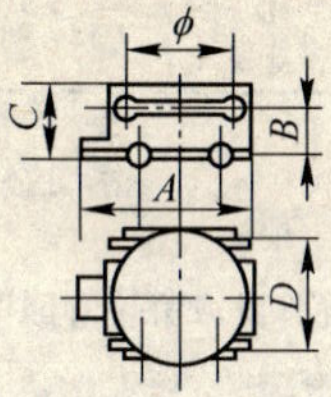	600	24.515	18.5	600	238	500	335		6备42		鞍山黑色冶金矿山设计研究院
	1180	19.615	28	600	763	1980		650	档0111		兰州有色冶金设计研究院
	1480		17	600	768	2320	468	650	6备35		鞍山黑色冶金矿山设计研究院
	1500		30	600	855	2320	468	650	6备53		鞍山黑色冶金矿山设计研究院
	1500		30	600	583	ϕ1573	302		T-KJ-82-3	山西孝义铝矿	沈阳铝镁设计研究院
	1800		25	762	985		481		1458	洛阳水泥厂	

表 26-22 拉紧重锤技术性能参数

图 形	总重量 (kg)	重锤每片重量 (kg)	重锤片数 (片)	外形尺寸(mm) A	B	H	图 号	使用地点	资 料 来 源
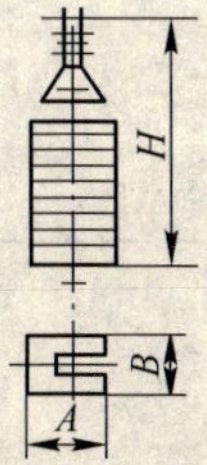	1886.9	200	9	1000	1000		28采机11		鞍山黑色冶金矿山设计研究院
	1849.76	193.6	9	500	560	2255	6备36		鞍山黑色冶金矿山设计研究院
	1764	188	9	ϕ1000	1986		档0112		兰州有色冶金设计研究院
	4150	90	42	ϕ1000	1000		档01280	银川调车系统	兰州有色冶金设计研究院
	4173	32.5	120	ϕ800		1500	T-KJ-82-25		沈阳铝镁设计研究院

表 26-23 下绳式联结器技术性能参数

类型	许用拉力(kN)	适用坡度(°)	钢丝绳直径(mm)	质量(kg)	图号	使用地点	资料来源
自动		8	22～24	40.5	6备253	西智石灰石矿	鞍山黑色冶金矿山设计研究院
自动		6°26′	18.5～21.5	20.6	6备252	湖田石灰石矿	鞍山黑色冶金矿山设计研究院
手动	4.905		15.5～37	12.65	6备58		鞍山黑色冶金矿山设计研究院
手动	9.810	<20	<21.5	10	档01113-2		兰州有色冶金设计研究院
手动	9.810	<20	<28.5	10	档01113-4		兰州有色冶金设计研究院

表 26-24 导绳轮、压绳轮、立辊、托辊技术性能参数

名称	直径(mm)	允许拉力(kN)	钢丝绳直径(mm)	外形尺寸(mm)			重量(kg)	图号	使用地点	资料来源
				长	宽	高				
压绳轮	500	39.225	15～18.5	360	320	560	66.5	档0121	、	兰州有色冶金设计研究院
导绳轮	400		17	480	270	440	50.1	28采机6		鞍山黑色矿山设计研究院
导绳轮	600		17	635	600	652	62.85	6备1		鞍山黑色矿山设计研究院
导绳轮	750	49.035	26	236	270	378	215	档01279		兰州有色冶金设计研究院
压绳轮	150	13.730	16～21.5	840	140	210	41.8	档0120		兰州有色冶金设计研究院
压绳轮	150	13.730	16～21.5	840	140	265	47.4	档0119		兰州有色冶金设计研究院
立辊	ϕ150×70	294.2	21	820	300	1070	60	标备8	瓦房子锰矿	鞍钢矿山公司设计研究院
立辊	ϕ160×90			800	160	132	50	矿备轮61		长沙黑色冶金矿山设计研究院
立辊	ϕ160×183			830	160	216	52.4	焦大采机参12		长沙黑色冶金矿山设计研究院
立辊	200	353.040	31	850	400	570	90	标备4	瓦房子锰矿	鞍钢矿山公司设计研究院
立辊	294		32.5	600	400	440	103	T-KJ-82-81		沈阳铝镁设计研究院
托辊	120		32.5	848	200	195	62.1	T-KJ-82-56		沈阳铝镁设计研究院

重锤、下绳式联结器、压绳轮、导绳轮、立辊和托辊等的技术性能参数分别见表26-20～表26-24。

26.3 地下矿用汽车运输[1,6]

26.3.1 地下矿用汽车运输的适用条件及其对道路的要求和养护

26.3.1.1 地下矿用汽车运输的发展及适用条件[7]

国外无轨自行设备应用于地下矿山始于20世纪60年代。几十年来，随着地下无轨设备的完善，地下矿山无轨开采技术也迅速发展。

地下汽车是实现无轨开采技术的主要运输车辆，具有机动、灵活、多能、经济的优越性。广泛地应用于条件适宜的各类地下矿山进行强化开采，不但可以提高地下矿山的劳动生产率和产量，促使生产规模不断扩大，而且还改变了该类矿山的回采工艺、采矿方法和掘进运输系统，促进地下矿山朝着无轨开采的综合机械化方向发展。

采矿工业发达的国家，如瑞典、美国、加拿大、法国、芬兰、联邦德国和苏联等国地下矿山已经推广应用无轨开采技术。采场运搬和短程运输应用各种类型的铲运机。巷道运输除少数矿山应用带式输送机运输外，多数矿山采用地下矿用汽车作为运输设备。世界上已有10多个国家30多家公司生产3300余种地下矿用汽车[7]。

近十年来，我国部分条件具备的地下矿山也已应用无轨开采技术。国内设计的第一个无轨开采的小寺沟铜矿已于1979年建成投产，采矿场铲运机运搬，矿岩用汽车从溜井经平硐直接运到选矿厂和废石场，设计规模日产3000t，平均运距3156m❶。汽车装载量原设计为国内试制25t地下自卸汽车。现使用日本生产的地面用14t汽车8台及8t汽车4台。金川有色金属公司龙首镍矿引进联邦德国GHH公司的12t、25t地下自卸汽车18台。在地下运输矿岩也取得了较好的经验❷。

随着地下矿用汽车的发展，地下开采条件适宜的矿山采用汽车运输的步伐将会加快。

地下汽车运输效能的发挥与平均运距有关。根据国际采矿设备调查机构统计，按70年代末、80年代初各矿作业参数分析：在54%的矿山，地下矿用汽车的平均运距小于1.6km，25%为1.6～3.2km。车辆每天往返次数的情况是10～19次/日为23.3%；20～29次/日为33.3%；30～39次/日为16.7%。

26.3.1.2 无轨运输巷道的分类

采用无轨开采技术的矿山，根据开采方法和采矿工艺等的不同，必须开拓各种不同的供无轨开采设备、地下汽车和服务车辆通行的巷道。无轨巷道有五类：

(1) 平巷（包括平硐）：地下汽车运输矿岩的运输巷道。所有地下无轨设备均可通行。

(2) 通地表的斜坡道：分为起主井作用的斜坡道和起副井作用的斜坡道。前者既可用于地下汽车或铲运机运输矿岩，也可安设带式输送机运输矿岩，兼作无轨设备的通道。后者所连接的主平巷用机车有轨运输，斜坡道则用无轨运输设备进行辅助运输。当采用竖井提升时，该斜坡道则承担辅助运输工作。

(3) 不通地表的斜坡道：采用竖井提升时，阶段间依靠斜坡道连接，通行人员及无

❶小寺沟铜矿提供资料。

❷金川有色金属公司提供资料。

轨车辆；也可上部用竖井提升，下部用斜坡道开采边缘零星矿体，可以采用汽车运输，也可作为铲运机的运输通道。

（4）通矿体的联络道：这种通道可以是水平的或者倾斜的，根据采矿工艺条件和采矿方法而定，地下汽车及其他无轨设备均可通行。

（5）采场无轨通道：为采出矿石，供采矿设备、无轨运输设备及服务运输和辅助作业车辆通行。

斜坡道的布置形式分为螺旋式和折返式两种，如图 26 - 18、图 26 - 19 所示。由于折返式斜坡道的优点较多，主干斜坡道多采用这种形式。使用年限较短的斜坡道可采用螺旋式斜坡道。

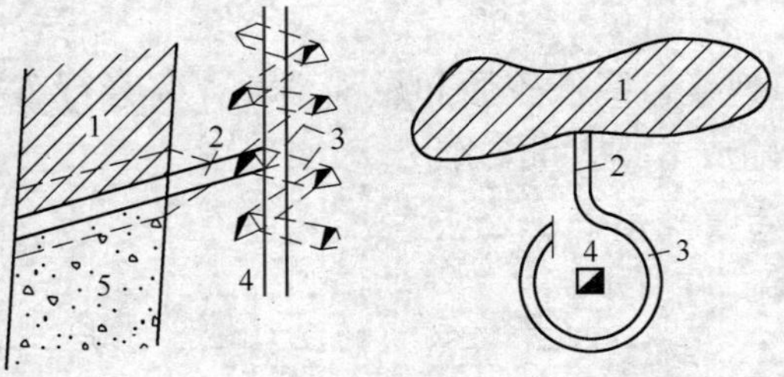

图 26 - 18　螺旋道与溜井关系位置示意图

1—矿体；2—联络巷道；3—螺旋道；4—溜井；5—充填体

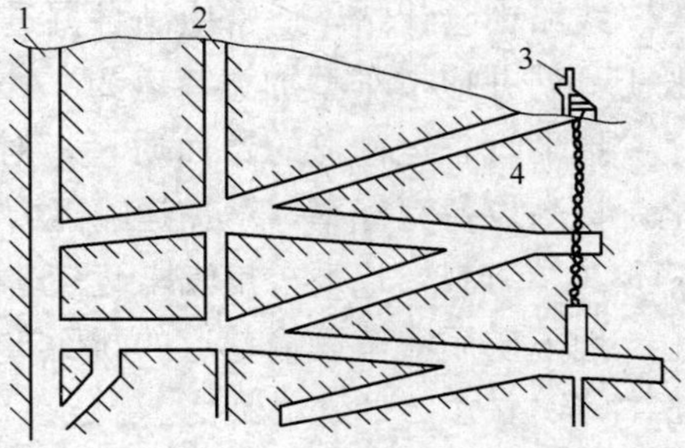

图 26 - 19　用天井钻机打通风孔配合折返式斜坡道的掘进示意图

1—竖井；2—天井钻孔；3—天井钻机；4—折返道

26.3.1.3　地下汽车运输道路的特点及布置形式

地下矿山汽车运输行驶的道路（简称地下矿山道路）的技术状况，直接影响运行效率和运输成本。目前，我国地下矿山道路尚未颁布统一的设计规范，但其设计的基本要求应与露天矿山道路一致。在符合行驶要求条件下，矿山线路要达到道路运距最短，平面顺适，纵坡均衡，横断面合理，能使地下汽车运输安全可靠、迅速平稳，并使基建投资省、运营费用少。

与露天矿山道路相比，地下矿山道路具有下述特点：

（1）地下矿山道路须适应地下矿用汽车的外形尺寸、使用性能以及作业条件等，因其直接影响地下矿山道路的巷道断面、曲线半径、路面类型等的选择。

（2）地下矿山斜坡道线路的选择与矿体赋存条件、岩层稳固性、采矿方法、巷道布置以及矿山的生产规模等有密切关系。斜坡道地面出入口的位置要考虑地形标高、工程地质条件、设备修理场地的布置等。

（3）地下矿山斜坡道除作运矿道路外，行车密度一般较小，而地下矿用汽车车速较低，爬坡能力强，制动距离短。地下矿山斜坡道的纵坡均大于露天矿山运矿道路的纵坡。

（4）地下矿山道路工程造价较高，不允许有过大余量的运行断面，而且一经施工，很难改动，故要求在确定地下矿山道路工程设计参数时，必须做到技术上可行，经济上合理。

地下矿用汽车运输的道路有主运输阶段道路、装卸矿站和斜坡道。

主运输阶段道路担负把矿岩从采区溜井运输到提升井附近的卸矿站。通常为水平运输，一般坡度不小于4‰。中等规模的矿山都采用单行道附加会让站的线路布置；大型矿山运输繁忙则多采用环行运输道，使重车与空车分道行驶，运量大而安全性较好。

线路中装载站和卸矿站的布置须使车辆在装卸作业时不阻塞运输道，并应调车方便，调车时间短。

对于斜坡道的线路布置，尽量避免采用螺旋道，因其施工复杂，车辆始终在弯道上行驶，司机视界有限，安全性较差，连续弯道中，内外曲线半径的坡度不同，使车辆差动轴不停工作，增加磨损。螺旋道外侧应设置超高和加宽。曲线半径取决于车型及行车密度，一般为25～40m。斜坡道的坡度通常为1∶7和1∶10。

线路中会让站，通常应满足掘进出碴需要。一般每隔150～200m设置一个，长度一般15m，并应按车型加宽巷道2m左右。

地下汽车运输道的路面质量，对保证行车速度，降低轮胎和燃油消耗，改善行车安全，提高设备完好率，增加运输能力及降低运输成本具有重要作用。

26.3.1.4 地下矿用汽车运输巷道的断面与弯道半径

地下矿用汽车运输巷道的断面布置如图26-20所示。

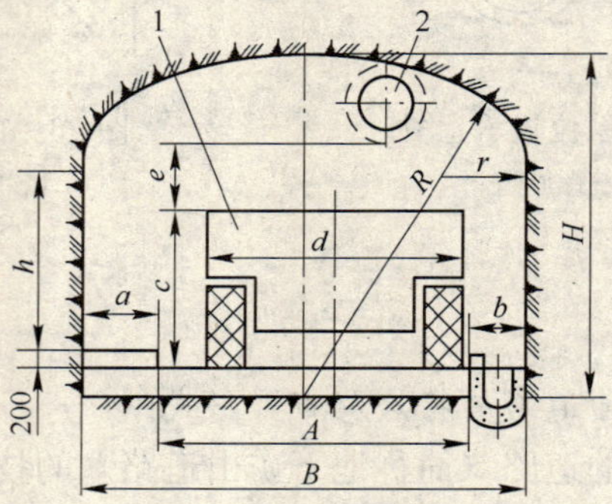

图26-20 无轨运输巷道断面图

1—矿用汽车；2—通风管；r—拱顶小半径；R—拱顶大半径；h—垂直巷壁高度；e—矿用汽车与悬挂物突出部分的最小距离

当设置人行道时，巷道宽度B为

$$B=a+A+b \tag{26-23}$$

式中 B——巷道宽度，mm；

a——人行道宽度，mm；

A——行车道宽度，mm；

b——行车道边缘至巷道壁的最小距离（水沟一侧）mm。

水沟设在人行道下面，可以减小巷道断面尺寸，此时

$$B=A+2b \tag{26-24}$$

行车道宽度A，一般按车型宽度增加2m，它与车速有关，也可用经验公式（26-25）计算：

$$A=d+1.6\delta+12v \tag{26-25}$$

式中 A——行车道宽度，mm；

d——矿用汽车宽度，mm；

δ——轮胎宽度，mm；

v——矿用汽车行驶速度，km/h。

在行车道转弯处应根据曲线半径和无轨设备的结构参数，将巷道加宽 ΔB

$$\Delta B = (R_1 - R_2) - d \qquad (26-26)$$

式中 ΔB——巷道加宽，mm；

R_1、R_2——设备转弯时的最大外半径与最小内半径，mm。

一般在计算的基础上，行车道转弯处要求再加宽 300～500mm。

在苏联的地下矿山中，主要运输巷道规定设置宽度 700～800mm、高出行车道 200mm 的人行道。当不设置专门人行道时，巷道需加宽 1000～1200mm 作为人行道。在辅助分段运输巷道中，车辆通过数不多，人员也不经常停留，可不设置人行道。

西方国家的地下矿山，行车道宽度 A 通常即为巷道的全部宽度，并没有划分人行道或设置人行道栅栏。其实际的巷道宽度与苏联规定的巷道宽度类似。有些国家规定巷道宽度 B、巷道高度 H 分别为：

$$B = d + (900 \sim 1200) \qquad (26-27)$$

$$H = c + (600 \sim 750) \qquad (26-28)$$

式中 d——无轨自行设备的宽度，mm；

c——无轨自行设备的高度，mm；

B——巷道宽度，mm；

H——巷道高度，mm。

在车辆来往频繁的巷道，这些尺寸是偏小的。

在确定巷道高度时，应考虑设备行驶时的垂直跳动，在车辆顶部与上面悬挂物最小间距 e（图 26-20）可根据行驶速度和路面质量考虑，不得小于 300～600mm。

地下矿用汽车运输的巷道一般都是单车道，采用信号闭塞装置或开拓会让道以解决错车问题。当需要开拓双车道时，应首先对开拓一条双车道还是开拓两条单车道进行技术经济比较，一般认为两条单车道比一条双车道好，虽然两条单车道的基建费用较高，但运行干扰少，通过量大。巷道的曲线半径一般不大于 15m。

瑞典的一些地下矿山，采用单车道时，巷道宽 4.6～5m、高 4～4.3m；采用双车道时，巷道宽 8～10m、高 5～6m、弯道曲线半径取 10～15m。

我国小寺沟铜矿曲线半径为 15m，斜坡道断面宽 5m，高 4m。

巷道照明状况影响行车安全，灯具的安装应符合标准。在巷道转弯、连接、交岔点及风门等处，都应设置专用标志。此外，还应考虑各种管线在巷道断面中所占的位置以及通风的需要等。

矿用汽车运输的单车道巷道内，每隔 150～200m 左右应设置一个会让站（停车安全硐室）。在辅助运输的单线巷道内，每隔 300～350m 设置一个会让站。在矿用汽车行驶中，一般总是空车让重车，下坡让上坡。

26.3.1.5 路面类型与养护❶

❶参见本卷 25.3.3 及 25.3.5。

良好的路面是保证地下矿用汽车行驶速度快、生产能力大、维修工作量小的重要因素，同时还有助于减少轮胎损耗，降低运营费用。因此，对地下矿用汽车道路路面的类型选择，铺设和养护必须充分重视。

根据选用的材料不同，地下矿用汽车道路的路面可分为：混凝土、沥青、碎石、尾矿及碎碴路面等。其中碎石路面和混凝土路面应用较普遍。

含二氧化硅高的碎石虽耐磨，路面寿命长，但使用重型矿用汽车时，不可避免地要产生含硅粉尘，从而将加速设备铰接与转动等零件的磨损，同时也恶化了巷道环境。

在运量大、运距长的条件下，为了增加行驶速度、减少轮胎磨损、提高劳动生产率，铺设混凝土路面是有利的。

我国地下矿用汽车主要道路目前多采用混凝土路面。实践证明，混凝土路面可大大降低轮胎的消耗，延长设备的寿命，减少运营费用。因此，除主斜坡道应铺设混凝土路面外，联络巷道、阶段运输巷道，其服务年限在一年以上者以铺设混凝土路面为好。

为了保证地下矿用汽车道路的路面质量，应设立专门的维修组织，经常对路面进行养护。路面应保持平整，巷道两侧的浮石要及时清理，排水沟应保持畅通，避免造成路面积水。

26.3.2 地下矿用汽车的类型与技术性能参数[6]

26.3.2.1 地下矿用汽车运输的优缺点

地下矿用汽车既可在地下进行转载运输也可以把矿岩从工作面直接运到选矿厂或废石场，而不需中途转运，卸矿地点也不受限制；人员、材料、设备亦可不经转运直接到达工作面。

地下矿用汽车运输的主要优点是：

(1) 机动灵活、应用范围广、生产潜力大。可将采掘工作面的矿岩直接运到各个卸载场地。能在大坡度，小弯道等不利条件下运输矿岩、材料、设备及人员等。

(2) 在一定的条件下，采用地下矿用汽车运输可以适当节省设备、钢材和人员。

(3) 在竖井全套设施建成前，有可能提前出矿；也便于采区边缘和零星矿体采矿运输工作。

(4) 在运距合理条件下，地下矿用汽车运输生产环节少，能显著提高劳动生产率。

地下矿用汽车运输存在下述缺点：

(1) 地下矿用汽车虽然有废气净化装置，但柴油发动机排出的废气污染井下空气，目前仍不能彻底解决，因此，必须加强通风，增加了通风设备等方面的费用。

(2) 由于地下矿山道路路面质量不好，轮胎消耗量大，备件费用增加。

(3) 维修工作量大，需要技术熟练的维修工人和装备良好的维修车间。

(4) 为了便于地下矿用汽车的行驶，要求的巷道断面尺寸较大，增加了开拓费用。

地下矿用汽车运输优点显著，国外已得到推广应用。我国部分地下矿也开始使用，并受到了相应的重视。对于具体的地下矿山能否使用地下矿用汽车运输，要与其他可能选择的运输方式进行全面的技术经济比较后，才能最终确定。

26.3.2.2 地下矿用汽车的类型

地下矿用汽车是专为地下矿山设计的柴油动力车辆，与地面自卸汽车相比，在结构上有以下特点：

（1）采用四轮驱动、液压卸载。后轮采用宽基轮胎，使其重量较轻。由于地下矿用汽车的行驶速度较低，因此，其发动机功率较小，从而减少了废气排放量。

（2）采用铰接式底盘、液压转向，因而使车体宽度变窄，转弯曲线半径较小。

（3）车体高度低，一般在2～3m之间，而相同载重量的地面自卸汽车其车体高度多在3m以上，这不仅使地下矿用汽车适合在狭窄低矮的井下空间作业，而且使汽车的重心降低，倾覆力矩减小，加大了爬坡能力。

（4）驾驶室下部设置有悬挂弹簧和减振器，而不采用车架的悬挂装置，这使车体的高度进一步降低。

由于地下矿用汽车的工作条件差，路面多石，且无车架的悬挂装置，致使在装车和行驶中产生刚性振动，因此其零件的磨损较地面自卸汽车严重，其使用寿命较短。

按卸载方式不同，地下矿用汽车可分为倾卸式和推卸式两类。

倾卸式汽车是用液压油缸将车厢前端顶起，使矿岩从车厢后端靠自溜而卸载。倾卸式汽车的主要缺点是卸载空间较大，在井下卸载时，需在卸载处开凿卸载硐室。与推卸式汽车相比，倾卸式汽车成本低，自重较轻，速度较快，运量较大，维修保养费用也较低。

推卸式汽车车厢内的矿岩是被液压油缸驱动的卸载推板推出车厢后端而卸载，其卸载高度较低。例如美国瓦格纳（WAGNER）公司生产的MTT-420型20t推卸式汽车，其卸载高度只有2200mm，而埃姆科（EIMCO）公司生产的Eimco980-20型20t倾卸式汽车其卸载高度达4700mm。

图26-21、图26-22为美国瓦格纳公司生产的MT-425-30型25t倾卸式汽车与MTT-420型20t推卸式汽车外形图。

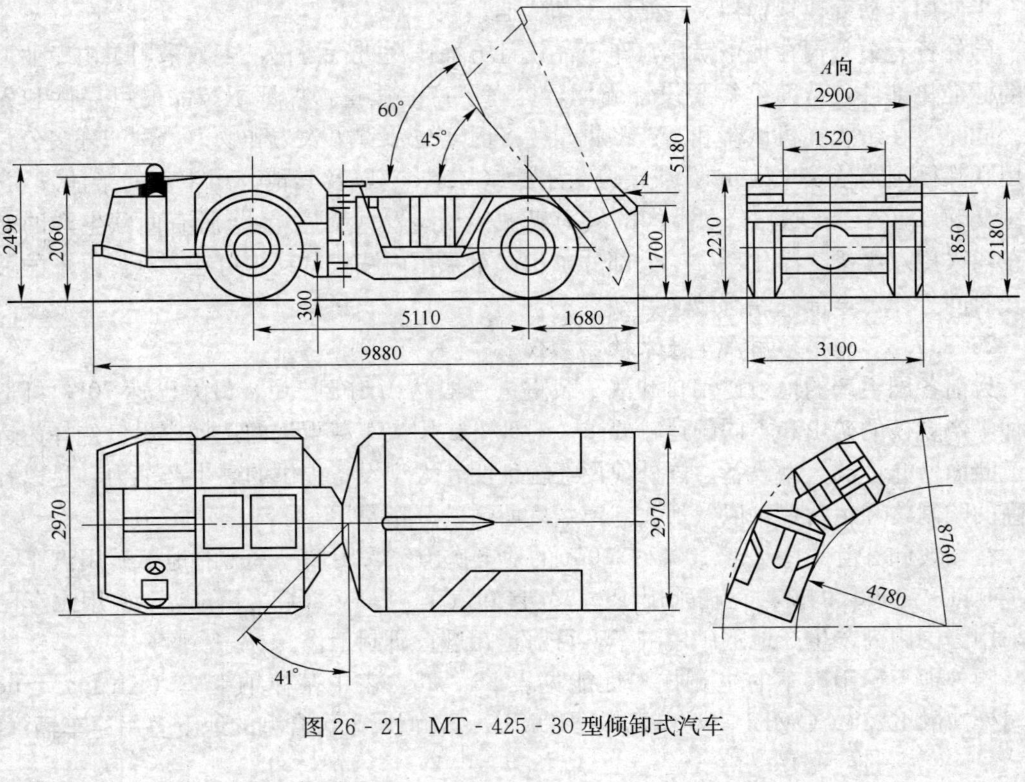

图26-21　MT-425-30型倾卸式汽车

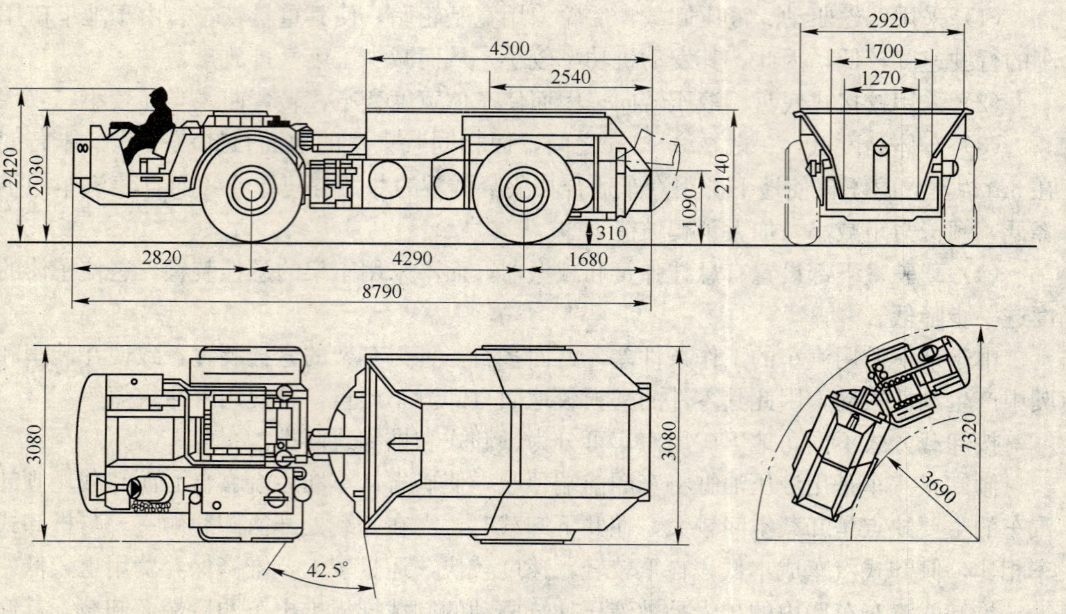

图 26-22 MTT-420 型推卸式汽车

按轮轴配置数分为双轮轴式和三轮轴式。在 20 世纪 80 年代初，国外地下矿用汽车有 94%是双轮轴式。其余为三轮轴式。

按传动方式地下矿用汽车分为液力-机械式、液压-机械式、全液压式和电动轮式四类。在 80 年代初，96%的地下矿用汽车有动力变速装置，其余为电动轮传动装置。大致有一半使用自动变速选择器，一半为手动变速。

国外各有关公司在地下矿用汽车产品设计方面广泛进行协作，多数采用了由专业厂生产的标准化部件，从而缩短了设计周期，提高了产品质量，保证了产品的可靠性和先进性。同时，在组织样机试制和新产品批量生产时，也节省了人力和物力。例如许多公司都采用联邦德国道依茨（Deutz）或瑞典沃尔沃（Volvo）以及其他公司生产的柴油发动机、英国艾莉森（ALlSON）公司生产的液力机械传动装置（变速箱）。所有西欧生产的矿用汽车均采用双级排气净化系统。大部分矿用汽车采用内涨式制动，可在 5°～7°以下的坡道上长时间工作。全部都装有减速制动器。

26.3.2.3 地下矿用汽车技术性能参数

目前各国生产的地下矿用自卸汽车载重量一般从 4.5t 到 50t，最大已达 70t，可适应各种生产规模的矿山和不同的运输要求。对地下矿用汽车载重量的选择应尽量选择为运输巷道断面所允许的大型设备。国外使用经验证明，大型设备提供的高生产能力，足以补偿较高的购制费和运营费，以及加大巷道宽度所需的开拓费用。

在瑞典和芬兰一些日产 1000～3000t 的地下矿山都采用 20～35t 的地下矿用汽车，日产 15000～40000t 的阶段运输采用 45～50t 自卸汽车。一般 20t 以下的地下矿用汽车已较少采用。国内尚未生产地下矿用汽车，目前正在进行研制工作。

国外地下矿用汽车的主要技术性能见表 26-25。表中基律纳卡车（Kiruna Truck）公司生产的 K250 COMBI-M 和 K501 COMBI-M 型属于组合型的地下多用途车辆（图

26－23）。它的特点是车厢可以从特制的底架上卸下，放置在装载点待装。车体可将另一个装好的工作车厢如升降平台车、混凝土搅拌车等吊装在多用途车的底架上，便可完成相应的车辆工作。这种车辆装上矿车厢可以运输矿岩，不运矿时可以改装其他服务运输和作业设备，实现一车多用。

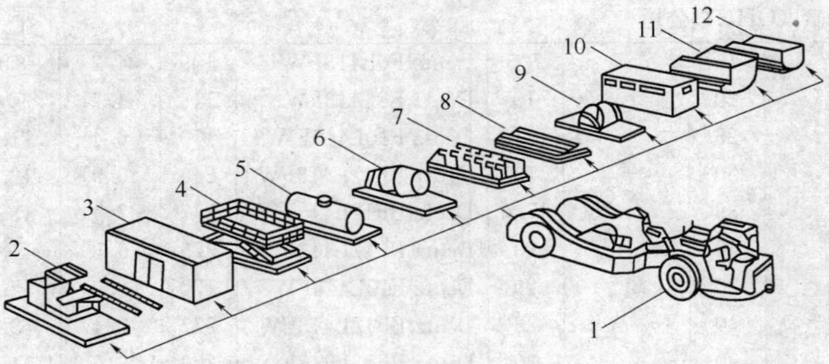

图 26－23　瑞典 COMBI－M 型地下多用途车辆

1—多用运载车；2—凿岩钻车；3—移动检修车；4—升降平台车；5—油罐车；6—混凝土搅拌车；7—炸药车；8—管子车；9—电缆车；10—运人车厢；11—废石车厢；12—矿石车厢

26.3.3　地下矿用汽车的选择与运输计算

26.3.3.1　地下矿用汽车的选择

地下矿用汽车的选择主要是根据矿岩运输量、巷道断面尺寸、装车设备、运输距离、卸载要求以及矿山服务年限等条件来确定。同时还应考虑能耗、备件供应、维修能力、环境保护以及管理水平等因素。经技术经济比较后选择合理的车型。

确定地下矿用汽车的装载量和不同装载量的车型时应考虑矿山的生产发展规模。

一般要求在同一企业所选用的地下矿用汽车型号尽可能少，条件许可，最好选择同一型号的汽车，便于操作、维修、备件供应和调度管理。

地下矿用汽车采用柴油机驱动。柴油机的废气排放应符合国家规定的标准。目前，多数国家均采用污染物排放浓度来评定柴油机废气的排放值。污染物排放浓度是指柴油机废气排放口处，一定体积（或重量）的废气中所含该种污染物的体积（或重量），可以用％、ppm（或 mg/m^3）来表示。国外一般规定为：一氧化碳（CO）—— 1200～2000ppm，氮氧化物（NO_x）—— 700～1000ppm，碳烟—— 80～150mg/m^3。国内暂定标准为：CO＜1500ppm。NO_x＜1000ppm。因此在选择地下矿用汽车时，还应考虑其废气污染情况。

26.3.3.2　地下矿用汽车运输计算

A　地下矿用汽车台班运输能力 A 的计算

$$A=\frac{60GT}{t}K_1K_2 \tag{26-29}$$

式中　A——矿用汽车台班运输能力，吨/台班；

G——矿用汽车载重量，t；

T——每班工作时间，h；

t——矿用汽车往返一次所需的时间，min；

表 26-25 地下矿用汽

序号	型号	有效装载量（t）	车厢容积（m³）		发动机		重车速度（km/h）			
			平装	堆装	型号	功率（kW）	1挡	2挡	3挡	4挡
	联邦德国格哈哈（GHH）公司									
1.	MK - A15	15		7.5	Deutz F6L413FW	109	4.2	8.6	14.4	24.3
2.	MK - A20	20		10	Deutz F8L413FW	146	4.7	9.6	16.1	27.2
3.	MK - A25	25		12.5	Deutz F10L413FW	170	6.4	11.3	18.6	30.4
4.	MK - A30	30		15	Deutz BF12L413FW	240	6.9	12.4	21.6	37.8
5.	MK - A35	35		17.5	Deutz BF12L413FW	277	7.4	13.2	23	40.1
6.	MK - A40	40		20	Deutz BF12L413F	323	6.5	11.7	20.4	35.6
7.	MK - F30	30		20	Deutz F10L413FW	170	6.9	12.5	21.4	37.0
8.	MK - F40	40		25	Deutz BF12L413FW	277	7.4	13.2	22.9	39.4
9.	MK - F50	50		30	Deutz BF12L413F	323	6.5	11.5	20.0	34.5
	瑞典沃尔沃（VOLVO）公司									
1.	5350B 6×6	22.5	9.4	12.0	VOLVO TD70G	157	5～6	9～14	12～20	21～37
2.	5350B 4×4	22.5	10.1	13.0	VOLVO TD70G	157	5～6	9～14	12～20	21～37
3.	861	18.5	9.0	11.5	VOLVO TD60B	106	3.7～6	6.2～10	11.2～18	18.6～30
4.	N10 - N12	21.3	12		VOLVO TD124G	242				
	瑞典基律纳卡车（KIRUNA TRUCK）公司									
1.	K250 - 16	35	13	16.5	VOLVO TD100G	180	8.2	15	25.1	45
2.	K250 - 21	35	18.5	21.0	VOLVO TD100G	180	8	14	25	45
3.	K501 - 21	50	19.0	21.0	Detroit 12V71 - TV	386	8	10.5	15	22
4.	K501 - 28	50	26.0	28.0	Detroit 12V71 - TV	386	8	11	15	22
5.	K250 COMBI - M	40	(活动车厢)		VOLVO TD100G	180	8	14	26	46
6.	K501 COMBI - M	60	(活动车厢)		Detroit 12V71 - TV	386	8	11	15	22
	美国瓦格纳（WAGNER）采矿设备公司									
1.	MT - 411 - 30	9.98	5	5.6	Deutz F6L - 413FW	109	4.5	9.8	23.3	
2.	MT - 413 - 30	11.8	6.2	6.7	Deutz F6L - 413FW	109	4.5	9.8	22.2	
3.	MT - 425 - 30	22.7	11	12.8	Deutz F12L - 413FW	207	5.26	9.66	17.65	28.58
4.	MT - 433 - 30	29.9	13.8	16.8	Deutz F12L - 413FW	207	5.51	10.12	18.29	24.4
	芬兰阿拉（ARA）公司									
1.	TORO 35D	32	12.5		Deutz BF12L413FW	240	6	11.5	22.0	
	美国埃姆科（EIMCO）采矿机械国际公司									
1.	985 - T15	13.61	6.12	7.65	Deutz F8L - 413FW	185	5.5	11.5	23	
	日本三井造船埃姆科（EIMCO）公司									
1.	980T - 10	9.07	5			995				26.4
2.	980T - 15	13.6	7.8			136				26.1
3.	980T - 20/27	18/24	9.4/13			204				24.0
	英国DJB公司									
1.	D25B	25		14	Caterpillar 3306PCTA	190				
2.	D44	44		23.8	Caterpillar 3308PCTA	336				
	法国CFBK公司									
1.	BK475MS35	62		35	Caterpillar 3308PCTA	560				46
2.	BK750MS20	44		20	Caterpillar 3412PCTA	354				43

主要技术性能参数表

各种坡度重车速度（km/h）				车轮数×传动轮数（个）	空车重量（t）	外形尺寸（mm）			转弯半径（mm）		装载高（车厢高）（mm）	卸载高（mm）	卸载时间（斗厢抬起加放下）（s）
0	5%	10%	20%			宽	高	长	外	内			
24.3	10.5	6.2	3.3	4×4	14	1828	2305	8420	7960	5300	2000	4300	10+7
27.2	11.8	7.0	3.6	4×4	16.66	1975	2305	8885	8650	5600	2200	4475	11+14
30.4	9.4	5.6	3.4	4×4	24	3100	2350	9228	9200	4900	1800	5200	16+14
42.5	13.3	7.5	4.4	4×4	25	3100	2350	9228	9200	4900	2100	5350	20+18
40.1	12.5	7.0	3.4	4×4	30	2900	2580	10030	9500	4900	2500	6200	14+22
39.9	14.8	8.7	4.8	4×4	32.9	2900	2810	10030	9500	4800	2560	6260	18+22
37	11.2	6.4		4×2	25.2	3100	2350	10000	9200	4900	2300	5450	16+14
39.4	11.3	6.8		4×2	32.8	2900	2850	10500	9500	4800	2600	6300	18+22
37.7	11.8	6.6		4×4	40	3190	2600	11650	10750	5650	2600	7500	29+26
5挡													
31 - 51				6×6	15.9	2480	3240	9505	7850	4250	2535	6100	16+22
31 - 50				4×4	15.3	2980	3240	8740	7500	3350	2805	5360	16+22
				4×4	14.25	2480	2850	10180	7500	4100	2495	5775	18+
60	21	14	8	6×4	9.3	2500	2900	8300	19460		2550		
				4×4	21.5	2760	2625	8870	7700	3410	2300	5930	18+
5挡	6挡			4×4	22	2760	2625	8870	7700	3360	2700	6960	18+
30	44			4×4	29.7	3450	2930	10180	8900	3970	2635	6295	18+
30	44			4×4	30.5	3450	2930	10450	9280	4240	3125	7210	18+
				4×4	26.8	3600	3300	10900	10200	4650		6220	20+
30	43			4×4	35	3830	3700	12270	11400	5410		6460	20+
				4×4	11.91	1910	1830	6960	5385	3175	1830	3910	15+
				4×4	11.34	1905	1981	6960	5385	3175	1981	3962	15+
				4×4	25.68	2970	2110	9680	8760	4780	2080	5210	10+
				4×4	28.07	3658	2260	9982	8991	4623	2184	5258	10+
				4×4	25	3036	2500	9685	8945	4897	2500	5750	16+
				4×4	12.7	2134	2248	6832	4935	2616	1981	4064	18+
				4×4	8.85	2120	1880	6200		4100			
				4×4	10	2390	2020	6950		4150			
				4×4	21	2740	2032/2200	8420/8600		4200			
					17	3000	3300	8000	7900		2400		
					28	3700	3900	10000	9900		2900		
		6			35	3700	3200	11200	9700		3000		
		11			35	3400	3100	9500	8600		3000		

$$t=t_1+t_2+t_3+t_4$$

t_1——装载机或溜井漏斗口装满一辆矿用汽车的时间，min；

t_2——矿用汽车行驶时间，min；

$$t_2=120\frac{L}{v}$$

L——运输距离，km；

v——平均行驶速度，km/h；它与运行条件、路面质量、汽车性能以及行驶区间的坡度和长短等有关；

t_3——矿用汽车的卸车时间，min，在正常情况下，取

$$t_3=0.5\sim1$$

t_4——矿用汽车调车等待停歇时间，min，它与装卸地点的布置形式，尺寸大小有关。调车时间一般可取1min，等待停歇时间包括在装卸点等装、等卸和难以预见的停歇时间，其影响因素很多，应根据矿山具体情况决定。一般可取2～4min；

K_1——矿用汽车载重量利用系数，一般取$K_1=0.9$；

K_2——矿用汽车工作时间利用系数，每日一班工作时，$K_2=0.9$；两班工作时，$K_2=0.85$；三班工作时，$K_2=0.8$。

B 地下矿用汽车台数N的确定

$$N=\frac{CQK_4}{AK_3} \tag{26-30}$$

式中 N——矿用汽车台数，台；

C——运输不均衡系数，取$C=1.05\sim1.15$；

Q——按年运输量计算的班运输量，吨/班；

$$Q=\frac{全年运输总量}{全年工作日数\times每日工作班数}$$

A——矿用汽车台班运输能力，吨/（台·班）；

K_3——矿用汽车出车率，

$$K_3=0.50\sim0.75$$

K_4——地下矿用汽车备用系数。由于地下装运地点分散，且台数较少，一般可取$K_4=1.5\sim2$。

为了提高地下矿用汽车的出车率和保证安全生产，在运输距离较长的情况下，可采用编组运输的方案，即在装矿和卸矿时，利用调车道等进行调车和等待；重车和空车行驶时，则按编组形式进行。

26.3.4 地下矿用汽车的发展趋势[7]

在世界采矿工业中，无轨开采技术发展迅速，地下矿用汽车得到了推广应用，取得了较好的效果。为了适应地下矿山的需要，地下矿用汽车仍在不断地发展中。当前总的发展趋势可以归结以下几个方面：

（1）为了适应地下采矿条件，地下矿用汽车采用铰接式底盘，车身长、高度小、装载量大、卸载速度快，这种汽车不但可以减少巷道断面开拓量，还可减少运输矿岩的单位能耗。

(2) 继续改进柴油发动机的性能，减少燃油消耗，改进废气净化装置，减少有害气体的排放量，改善废气污染现象。改进发动机的消声装置，减少噪声的危害。研制新的燃烧完全、废气污染少、噪声低、故障少、好操作、易维修的新型柴油发动机。

(3) 根据地下矿山的具体条件，设计新的轮胎，结构合理，材质优良，既耐磨，又能承受大的压力，还具有抗酸、碱、油的腐蚀的性能，从而延长其使用寿命，降低运营费用。

(4) 改善司机座的抗振性能，装置误操作、液压油过热、过压及油压损失的安全保护装置，提高地下矿用汽车的安全可靠性。

(5) 研制通用汽车底盘，发展多种用途的地下矿用汽车。在通用底盘上可以安装承担地下多种作业的车厢或工作装置，并能装卸方便、安全可靠，实现一车多用，减少生产投资。

我国目前尚无生产地下矿用汽车的工厂，应该尽快消化吸收国际先进技术，研制适应我国地下矿山具体条件的矿用汽车，以满足地下矿山无轨开采和应用矿用汽车的迫切需要。

26.4 带式输送机运输[6]

26.4.1 地下带式输送机运输的应用范围及选择原则

26.4.1.1 地下带式输送机运输的应用范围

带式输送机运输是一种连续运输方式，国内外已广泛地用于地下矿山从采场到地面选矿厂的运输系统中。它主要用来运输矿岩，也运输材料和人员。

这种运输方式生产能力大、安全可靠、操作简单、自动化程度高。随着钢绳芯运输胶带等高强度胶带的使用，带式输送机运输已具有长距离、大运量、高速度的特点，因而符合现代矿山设备高效率运输的要求。

带式输送机运输在地下矿的使用受到矿岩块度、运量、巷道倾角、弯道等的限制。通常只能运送经过粗碎的矿岩（块度小于350mm），且只适宜使用在运量较大、巷道倾角较小、没有弯道的情况下。

地下带式输送机运输按其使用场所和完成的运输任务可分为：

(1) 采场带式输送机运输，它直接从采矿工作面接受和运输矿岩；

(2) 集矿带式输送机运输，它从两台或多台带式输送机接受矿岩；

(3) 干线带式输送机运输，它运输地下开采的全部矿岩，包括经平巷、斜井至地表的带式输送机运输。

在金属矿可使用移动式带式输送机从采场运出矿石。为将大块原矿进行破碎，美国已开始采用地下移动式破碎机。白松铜矿（White Pine）在采场附近设置破碎机，将大块矿石破碎至150mm以下，用长18km的带式输送机将矿石沿主要运输巷道和斜井运至选厂。为了直接运输大块而坚硬的原矿，苏联、美国和我国都曾研制原矿带式输送机，直接运输未经粗碎的块度达1000mm的矿岩。移动式原矿带式输送机可与振动放矿机配套使用，实现采场连续出矿。如苏联尤克斯波尔斯基（Юкспорский）矿采用图26-24所示的系统，形成了采场连续出矿2500t/h的能力。图26-25则给出了两种原矿带式输送机的结构原理。我国四川石棉矿作过小车式带式输送机运输的生产试验，运转年余。其特点是矿块在皮带上

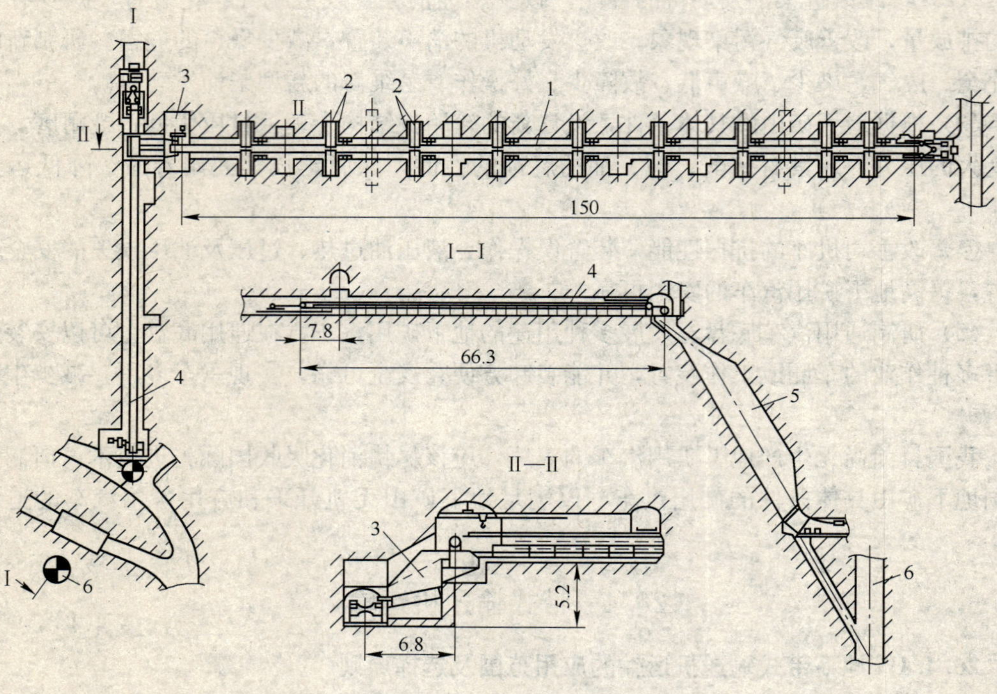

图 26-24　苏联尤克斯波尔斯基矿供采场连续出矿的移动式原矿带式输送机运输系统
1—穿脉巷道带式输送机；2—振动出矿机；3—转运机；4—出矿平巷输送机；
5—贮矿仓；6—矿石转载溜井

没有越过托滚的跳动，以致矿块尺寸甚至接近带宽也能运输。

图 26-26 为煤矿采区使用带式输送机的典型情况。从采煤机 1 采下的煤经刮板输送机 2、转载机 6 卸到顺槽可伸缩带式输送机 7 上。这样的运输系统也可用在某些较软的层状矿体（如钾盐矿、石膏矿）的采区中。

地下带式输送机运输有运矿的、矿人两用的和运人的三种。

运矿的带式输送机运输根据不同的场所和任务采用不同的胶带宽度。采场带式输送机运输多采用 800～1200mm 的带宽；集矿带式输送机运输多采用 1000～1600mm 的带宽；而干线带式输送机运输则多采用 1000～2000mm 的带宽。带宽 1000mm 的输送机，运输能力可达 1000t/h。

通常的带式输送机运输只能在倾角＋18°～－16°的巷道中有效地输送矿岩。冶金矿山安全规程规定，采用带式输送机运输的斜巷，其倾角应小于 15°。当斜巷倾角更大时，则应采用专门的高倾角带式输送机，它采用点状或条状花纹胶带。近年，又研制了一种新型高倾角带式输送机，它借助于覆盖胶带夹紧被运物料来实现 40°～60°的大倾角输送。

地下带式输送机运输不宜用于运送坑木、设备和长尺寸材料。

运人的带式输送机应能反向驱动，并以低速运行，同时还必须保证人员上下胶带和乘坐胶带的安全性，运输线路照明良好，并在其全长装设紧急事故停带装置。此外，应当制订出有关胶带运送人员的安全措施和规程。

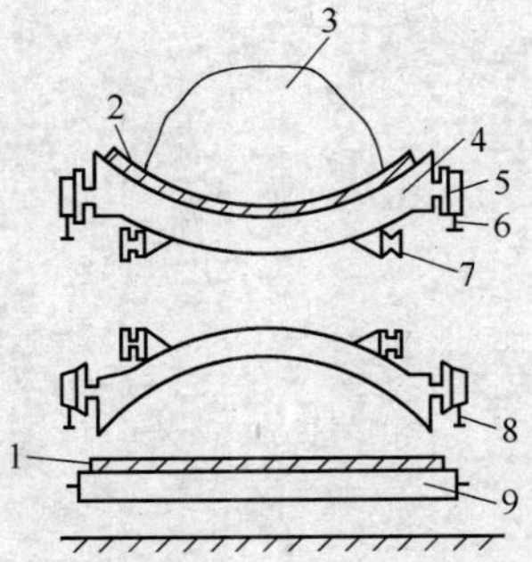

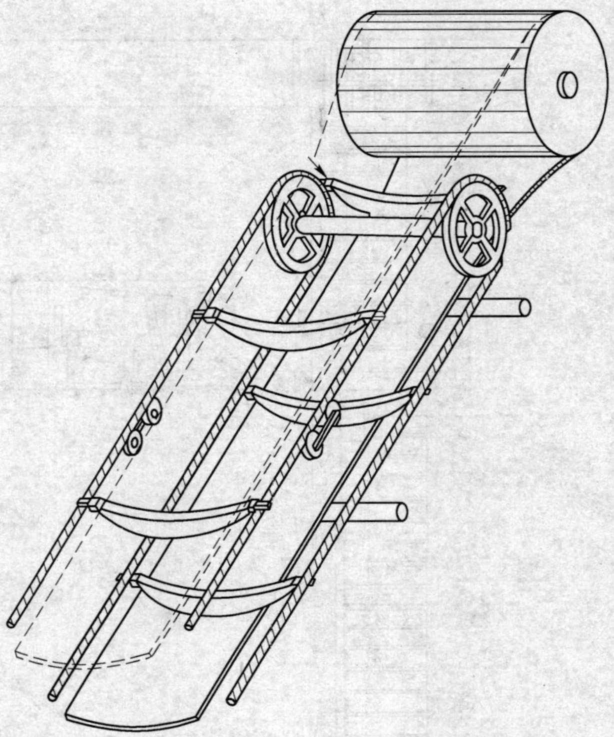

图 26 - 25　原矿带式输送机

a—小车式；*b*—撑条钢绳式

1—钢绳芯胶带（空载）；2—钢绳芯胶带（承载）；3—大块矿岩；4—凹型钢槽架；5—滚轮；6—上行钢轨；7—环链；8—下行钢轨；9—下托辊

绝对不能用运矿的带式输送机和正在运矿的矿人两用输送机运送人员。图 26 - 27 所示为钢绳牵引带式输送机运输人员的情况。这种带式输送机没有越过托滚的跳动现象，适于运送人员。

平巷和小倾角斜巷用的输送机没有逆止器，在大多数情况下也没有制动器。而斜巷用的带式输送机则有逆止器和制动器。

26.4.1.2　选择原则

地下带式输送机运输的选择是确定地下运输系统的一项重要内容。首先必须在矿山工程项目可行性研究阶段，就将带式输送机运输与其他运输方式进行方案比较，论证带式输送机运输系统所具有的综合优越性。

根据矿床赋存条件和开拓系统、采矿方法，在地下运输中较少采用从采场到地表选厂的单一带式输送机运输，而较多采用带式输送机运输与轨道运输、无轨运输等组成的联合运输系统。通常，这种联合运输系统能克服单一带式输送机在运送矿石、废石、人员、材料和设备时灵活性差等缺点。

带式输送机选型时，对其提出的主要技术要求是当出现短时最大矿岩流量时，胶带能全部容纳矿岩而不将其撒落，并在矿岩流量达最高峰时，驱动装置和胶带仍能正常运转。

带式输送机的输送量是指正常运行的胶带每分钟所能输送的矿岩量。它由胶带宽度、

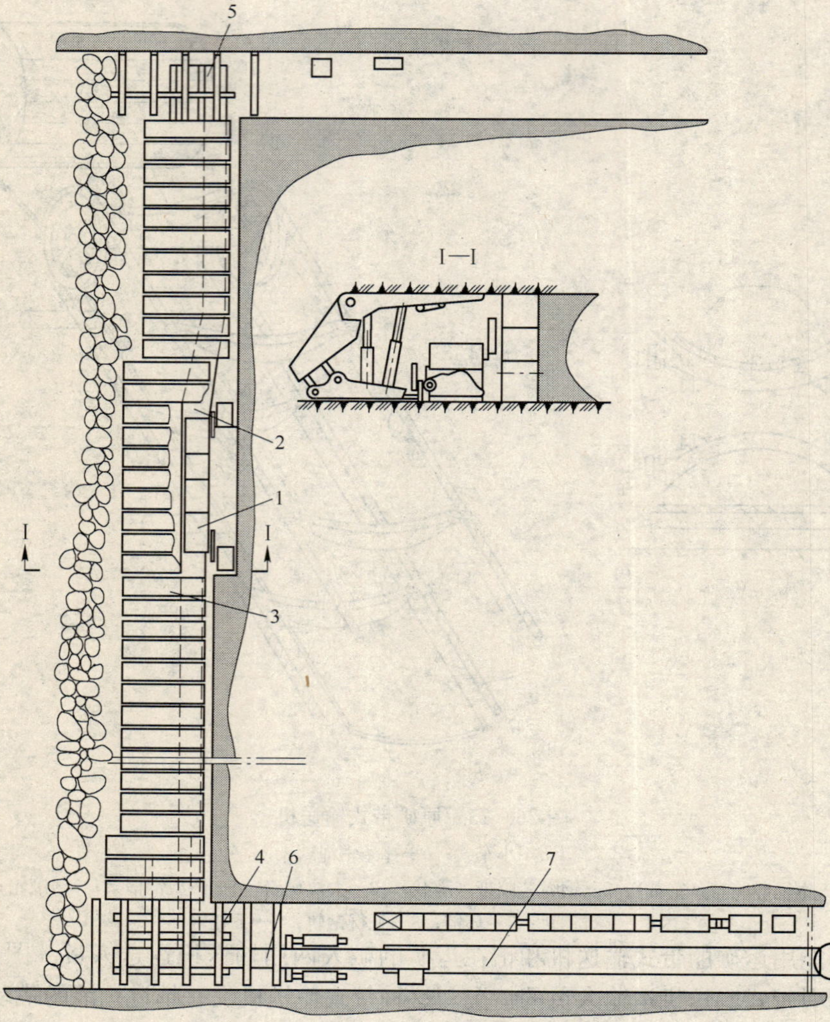

图 26-26 煤矿采区的带式输送机运输系统

1—采煤机；2—刮板输送机；3—采区液压支架；4—下端头液压支架；5—上端头液压支架；6—转载机；7—可伸缩带式输送机

倾角等几何参数与胶带运行速度所确定。当带式输送机为半固定式安装时，建议将其输送量取得比产品说明书的规定值低10%。

具体的带式输送机的输送量是由驱动装置的功率、牵引能力以及胶带强度等参数确定的，并随输送机安装倾角不同而变化。

26.4.2 地下带式输送机的类型、技术性能参数与选择

26.4.2.1 地下带式输送机的类型

地下带式输送机可按许多方式进行分类，主要分类方式有下面四种。

按主要结构分，有普通带式输送机、钢绳芯带式输送机、钢绳牵引带式输送机和原矿带式输送机。

按固定方式分，有移动式带式输送机、半固定式带式输送机和固定式带式输送机。

图 26 - 27　钢绳牵引带式输送机运送人员

按长度变化分，有固定长度带式输送机和可伸缩带式输送机。

按使用倾角分，有低倾角带式输送机和高倾角带式输送机。

普通带式输送机采用普通运输带作为承载机构和牵引机构。普通带有普通型、强力型、耐酸、耐碱、耐油、耐寒型。普通型由上下覆盖胶和挂胶帆布（棉帆布或化学纤维帆布）经硫化结合成一整体。强力型由耐磨、抗拉强度较高的胶料与尼龙经硫化结合成一整体。耐酸、耐碱、耐油运输带的覆盖胶分别选用耐酸、耐碱、耐油的合成橡胶。耐寒运输带其覆盖胶采用耐寒性能良好的顺丁橡胶和天然橡胶，可在－40℃温度下正常运转。普通带式输送机使用很广泛。

钢绳芯带式输送机（国产 DX 型）采用钢绳芯胶带。这种胶带与普通胶带的不同之处在于钢绳代替挂胶帆布作带芯，因而胶带抗拉强度高、伸长率小、容许滚筒直径小、使用寿命长。钢绳芯的状态及损伤可连续监测，能满足长距离、高速度、大运量输送的技术要求。

钢绳牵引带式输送机采用钢绳牵引，胶带仅作为承载机构。两条无极运行的钢绳绕过驱动轮和张紧轮，钢绳与胶带两侧的楔形耳槽接触。借助于摩擦力拖动胶带运行。这种胶带由中间胶片作间隔，内有金属支撑层，并以胶帆布包覆成一体。同时贴上下覆盖胶、边胶和耳胶而制成。这种带式输送机可用于较长距离运送矿岩和人员。但由于结构复杂、设备费用高、钢绳消耗量大、运转可靠性低等原因，其应用有逐渐减少的趋势。

移动带式输送机带有行走轮，因而便于移动，能大大减少安装工作量，并提高运输作业线的工艺灵活性和可靠性。可适应地下巷道工况变化。

可伸缩带式输送机的工作原理与普通带式输送机相同。单台运输距离可达 1000m，但它增设了胶带贮存收放装置，因而使输送机具有可伸缩的性能。这种输送机的机身结构有钢绳吊挂式、钢梁吊挂式和钢架落地式多种。

高倾角带式输送机，当采用点状或条状花纹胶带时，其物料输送倾角可较普通带式输送机的允许最大倾角高10°以上。图26-28所示为高倾角带式输送机的输送工作原理示意图。它由起夹紧作用的覆盖带和承载带组成。夹紧被输送的矿岩，因而其倾角可达40°～60°。特制的高倾角带式输送机，甚至可以进行垂直运输矿岩。

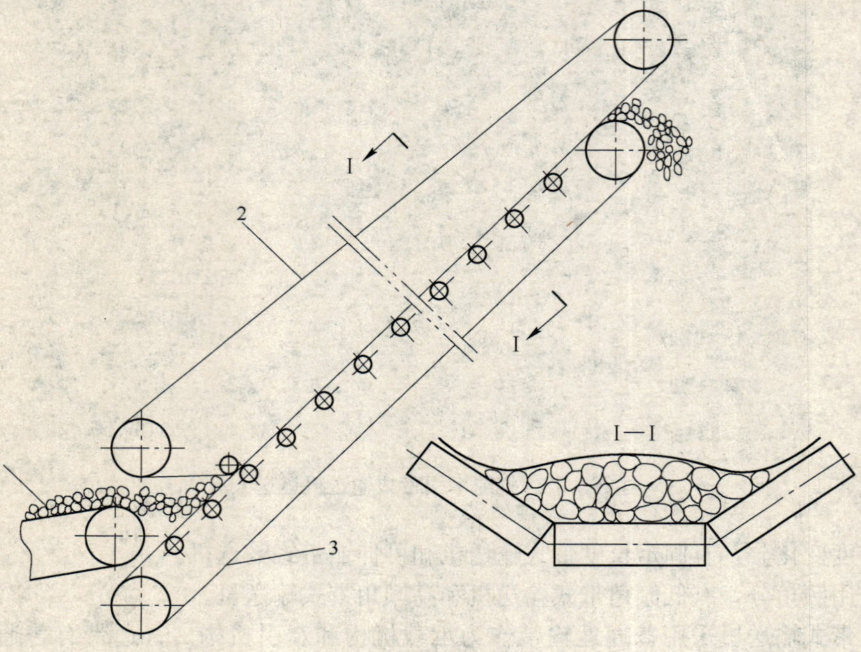

图26-28　具有夹层胶带的高倾角带式输送机示意图

1—增速带；2—覆盖带；3—承载带

26.4.2.2　技术性能参数与选择

各种类型带式输送机的主要技术性能参数有：带宽、带速、输送能力、电机功率、拉紧力、输送带最大张力等，详见本卷25.5。

26.4.3　地下带式输送机运输系统

地下带式输送机运输系统包括采场带式输送机运输和干线带式输送机运输。

采场带式输送机运输系统是分布在采场范围内各个平巷和斜巷中的带式输送机和设施的总和。图26-24和图26-26分别给出了金属矿和非金属矿（煤矿、钾盐矿等）的采场带式输送机运输系统。

干线带式输送机运输系统是分布在主要运输平巷和主要运输斜巷的带式输送机运输设备、设施的总和。

根据采场运输和干线运输的生产方式，地下带式输送机运输有两种基本系统：单一带式输送机运输系统和联合运输系统。

单一带式输送机运输系统是指地下矿岩的输送全部采用带式输送机。即从采场到井底车场或矿井地面（当采用斜井开拓时）的矿岩运输实现了带式输送机化。如前面提到的美国白松铜矿的带式输送机运输系统。

联合运输系统是指矿岩的输送除采用带式输送机运输外，还采用其他运输方式，如机车运输、汽车运输、钢丝绳运输等配套。

不论是单一带式输送机运输还是联合运输系统，在系统设计时首要的问题是使系统中的带式输送机与其他运输设备或设施合理匹配，并经济而有效地运转。例如图 26 - 24 中，穿脉巷道带式输送机和出矿平巷带式输送机的技术生产率均为 2500t/h，配套的振动出矿机的技术生产率为 1000t/h，通常有 2～3 台出矿机同机运转，以保证带式输送机有效地工作。出矿巷道带式输送机向贮矿仓卸矿，矿仓容量为 5600t，约能容纳输送机两小时所输送的矿石，以保证带式输送机的连续工作。转载溜井向地下矿用自卸汽车装载，因此溜井下端安设了装车的漏斗装置。

近年，斜井开拓采用带式输送机运输的使用范围有所扩大，运输设备也有了较大的发展。斜井带式输送机运输的合理性主要取决于矿山开拓条件，矿山生产规模和服务年限。矿床规模和矿山生产规模越大，服务年限越长，越能显示出斜井带式输送机运输的优越性。随着带式输送机的大型化，高倾角化和自动化，这一点将更为明显。决定带式输送机合理性的另一个重要因素是矿山开拓深度。尽管现有斜井带式运输系统的开拓深度已超过 1000m，但国外的研究和矿山实践表明，对于不同的开拓深度，是用斜井带式输送机运输系统比较合适还是竖井提升或汽车斜坡道开拓方式更为经济，需要进行具体方案比较。

在进行带式输送机运输的设计时，应事先作出地下运输系统图，图中标明相关的运行路线和衔接位置，各种货载（矿石、废石、材料、设备和人员）的运输方向和运输方式，也应作出矿井或采场的带式输送机运输系统图，图中应合理划出单独的计算区段。每个计算区段的货流量和货流方向不发生变化。

26.4.4　地下带式输送机运输设备的选择与配置

地下带式输送机运输设备的主体是带式输送机。各类带式输送机的基本组成部分为：胶带、头部（驱动装置、头部支架和传动滚筒）、尾部（尾部支架和尾部滚筒）、中间部(头部和尾部之间的中间支架和托辊组)、拉紧装置。

胶带有普通带、花纹带、钢绳牵引带和钢绳芯带等。胶带类型的选择主要考虑输送矿岩的性质、输送距离、输送机倾角等。在一般运量不大、运距较短情况下选用普通带，当倾角较大时可选用花纹带，在长距离、大运量的情况下，则选用钢绳芯带。如工作时期长，且运距不变、又有运人要求，则可考虑钢绳牵引。胶带宽度一般为 800～2400mm，最大可达 2800mm。

传动滚筒有光面、包胶和铸胶三种。光面滚筒只有在功率不大、环境湿度小的情况下才采用。传动滚筒直径主要随带宽和胶带种类不同而改变。关于滚筒直径的选择可参见本卷 25.5.2.3 中表 25 - 84 及表 25 - 85。

托辊分槽形和平形两种。输送矿岩时重载段采用槽形三托辊结构，槽角为 30°。空载段则多用平形托辊，也可能用防止胶带跑偏的二辊式槽形托辊，槽角一般为 15°。在受料处使用缓冲托辊。为防止胶带跑偏，每隔一定距离设置调心托辊，选用摩擦阻力系数小的托辊，对于长距离带式输送机运输的运转有效性和经济性意义很大。托辊直径随带宽增加而增大，托辊组的间距应保持胶带的合理垂度在受料处和凸弧段间的胶带垂度一般应小于两托辊组间胶带的垂度。

拉紧装置使胶带具有所需的拉紧力，以保证胶带与传动滚筒间产生足够的摩擦力，并使胶带在托辊组间的垂度不超过允许值。普通带式输送机和高倾角带式输送机采用螺旋式、车式和重锤式三种拉紧装置。螺旋式适用在机长小于80m的情况，按机长的1%选取拉紧行程；车式则适用于输送长度和功率较大时。钢绳芯带式输送机采用绞车式（自动绞车式或固定绞车式）、重载车式和重锤式拉紧装置。钢绳牵引带式输送机除绞车拉紧装置外，还有钢绳拉紧装置，因此其拉紧装置包括胶带张紧车、钢绳张紧车、张紧绞车、导绳轮、重锤等部分。

带式输送机还有清扫器、卸料器、逆止器、制动器（闸瓦制动器和盘式制动器）等装置。

带式输送机还有一些附属设施：皮带秤、电磁分离器、金属探测器、头罩及导料槽、转运站等。此外还有用于胶带接头和修补的硫化器等。

为保证带式输送机的安全运转，应设置必需的安全保护装置。如紧急事故开关、胶带纵向撕裂保护装置、漏斗堵塞防护装置等。

26.4.5　地下带式输送机运输系统实例

实例1　金川有色金属公司二矿区扩建工程的带式输送机运输系统

金川有色金属公司二矿区已建成一期工程具有3000t/d的设计生产能力。正在进行的二期扩建工程，1990年完成后，设计生产能力可达8000t/d。为开采1250m以下的1号矿体，设计了一个带式输送机运输系统。运输的矿石主要含镍、铜等金属。容重为$3t/m^3$，松散系数为1.6。

矿区采用竖井、斜井、斜坡道联合开拓方案，采用井下铲运机运搬，汽车运输，带式输送机运输，箕斗提升，轨道运输组成的联合运输系统。

图26-29为提升运输系统示意图。矿石提升运输为上部西主井箕斗提升与下部斜井

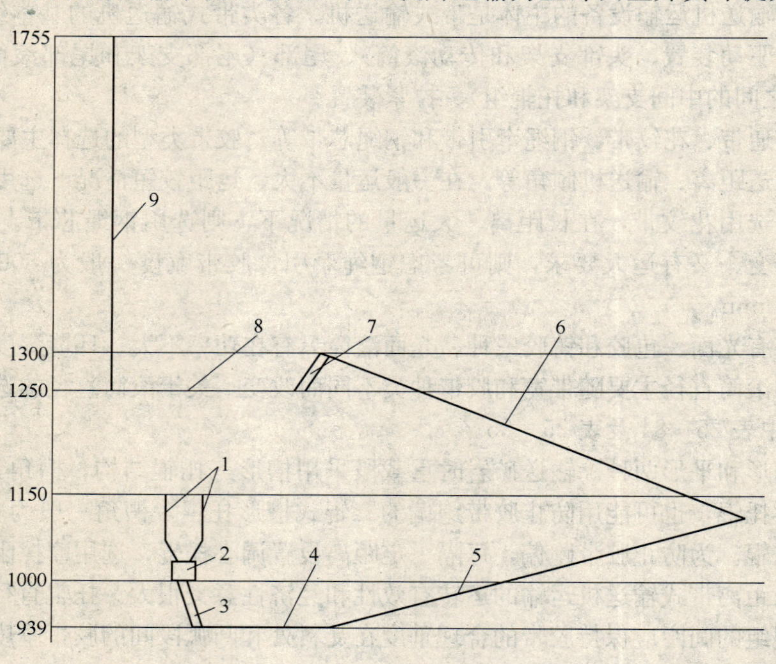

图26-29　金川二矿区扩建工程提升运输系统示意图

1—中心溜矿井；2—破碎硐室；3—矿仓；4—1号输送机；5—2号输送机；6—3号输送机；7—矿仓；8—4号输送机；9—西主井

带式输送机运输相结合的系统。各阶段运输则采用25t地下矿用自卸汽车。生产初期矿石经1150m中间运输阶段运到两个中心溜矿井卸载，放到设于1000m主运输阶段上的破碎站，经旋回破碎机破碎后贮存于3000t容量的矿仓中。从矿仓底部939m用两台振动放矿机将矿石装到1号带式输送机上，再经2号、3号带式输送机转运到1300m阶段卸入容量为1300t的矿仓中，在1250m阶段矿仓底部再用振动放矿机装上4号带式输送机运至西主井箕斗装矿站。经过计量漏斗装入箕斗，垂直提升到井口1755m卸入两个贮矿仓并在1672m平硐内装入准轨60t气动自翻车，由铁路机车牵引车组运往选厂。

带式输送机运输系统由四条带式输送机及一些辅助设施组成。1号及4号带式输送机分别布置在939m阶段和1250m阶段。运距各为130m和280m，采用普通胶带，水平输送矿石。2号及3号为主带式输送机，倾角12°，运距分别为850m及1040m，采用钢绳芯胶带。在1号带式输送机上还设有一台电子皮带秤。

根据运输矿石块度不大于250mm，主输送机倾角为12°，将带速选定为2.5m/s。

1号、2号、3号带式输送机运量选定为1500t/h，并据此选定带宽为1200mm。

带式输送机主要技术性能综合利用见表26-26。设计的带式运输费用为0.5元/(吨·千米)。

表26-26 带式输送机主要技术性能参数①

技术性能	单位	1号输送机	2号输送机	3号输送机	4号输送机
运量	t/h	1500	1500	1500	2500
带宽	mm	1200	1200	1200	1400
带速	m/s	2.5	2.5	2.5	2.5
倾角	(°)	0	12	12	0
运距	m	130	850	1040	280
提升高度	m	0	176.7	216.2	0
胶带形式		普通橡胶带	钢绳芯胶带	钢绳芯胶带	普通橡胶带
胶带规格		6+1.5 Z=6	G×40008+8	ST5000g+6	6+1.5 Z=8
胶带重量	kg/m	22	55.92	61.68	30.10
装矿重量	kg/m	166.7	166.7	166.7	277.8
胶带最大张力	kN	25.59	470.53	584.17	56.36
胶带安全系数		15.4	10	10.1	10.9
滚筒轴功率	kW	43	948	1161	115
电动机功率	kW	75	700	900	220
数量		1	2	2	1

① 本实例由北京有色冶金设计研究总院提供。

实例2 大厂矿务局铜坑锡矿带式输送机运输

大厂矿务局铜坑锡矿带式输送机运输作为联合运输系统中的一个环节，用来将设于2号竖井旁的中破碎车间的碎矿产品（块度在100mm以下，容重为2t/m^3）运送至日处理量4000t选厂的筛分车间，带式输送机穿过一座大山。该系统于1979年建成试车，1983年正式用于生产。从1980年至1987年上半年累计输送矿石227.5万吨。图26-30为带式输送机布置示意图。

带式输送机主要技术性能参数如下：

设计生产能力	470t/h
设计长度	715m

提升高度	80m
胶带运行速度	1.8m/s（设计值）
	2.6m/s（实际值）
胶带型式	钢绳芯胶带
胶带宽度	800mm
电动机功率	225×2kW
型　号	JS126－4
设计总重量（不包括胶带 27.5t）	65t

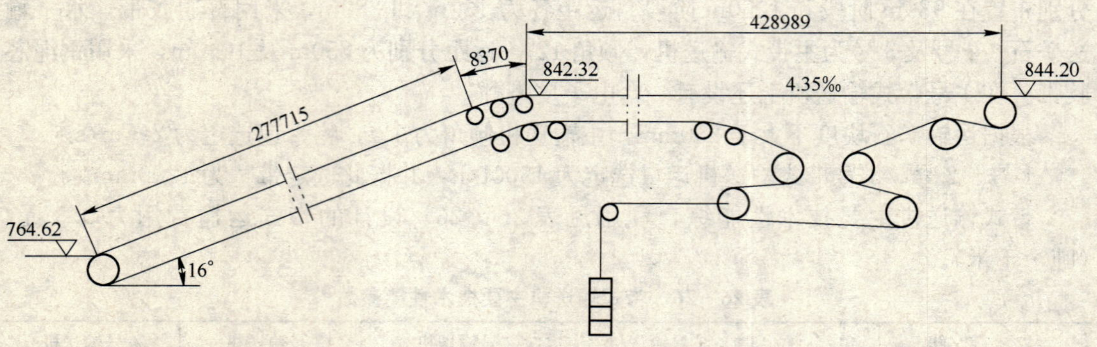

图 26－30　铜坑锡矿带式输送机布置示意图

实例 3　邯邢冶金矿山管理局玉石洼铁矿的斜井带式输送机运输系统

玉石洼铁矿在我国地下金属矿山第一个采用了钢绳牵引带式输送机运输系统。该系统用 GDS－100 型钢绳牵引带式输送机，将 220m 阶段经过粗碎的矿石沿倾角为 15°的斜井输送到标高为 385m 的井口。输送机全长 795m，矿石运输距离约 760m（其中沿斜井运距约 700m）。

GDS－100 型带式输送机主要技术性能参数如下：

设计生产能力	265.7t/h（146.3 万吨/年）
设计长度	795.6m
胶带倾角	15°
提升高度	165m
胶带运行速度	16.4m/s
胶带型式	钢绳牵引胶带
胶带宽度	1000m
钢丝绳型号	6×19＋1 同向捻
直径	ϕ40.5mm
驱动轮直径	ϕ3500mm
电动机型号	$ZD_2$65/355－5B（直流）
功率	250×2kW
电压	330V
转速	320～1000r/min
设备总重量	276.8t

该系统于1977年5月交付使用，每年输送矿石40～50万吨，累计运输矿石约500万吨。每运输约100万吨矿石需更换胶带一次，胶带价值约66万元。每运输约50万吨矿石需更换牵引钢绳一次，钢绳价值约3万余元。

带式输送机运转初期，牵引钢绳脱槽现象严重。主要原因是当时矿石未经粗碎，块度太大，容易损坏胶带橡胶层，并砸断胶带内作为加强胶带层的钢条，使胶带在横断面内弯曲变形，导致钢绳脱槽。1979年在220m水平矿石溜井处安装了600×900颚式破碎机，并在带式输送机上加装了127个托辊支架，脱槽现象已大为减少。

为延长胶带使用寿命，将胶带反面换成正面继续使用，并从废旧胶带中截取能用部分重新硫化接合使用。

为延长钢绳使用寿命，一是切实保证新换上的钢绳型号正确、符合要求；二是新绳必须认真除油。该矿采用水蒸气除油法效果较好。

按原设计，带式输送机运输也用于运送设备、材料及人员。由于斜井巷道低矮，乘人不安全，矿方规定不准运送人员。

26.5 服务运输与辅助作业车辆

26.5.1 地下服务运输与辅助作业车辆的作用

地下矿山服务运输包括地下有轨服务运输和无轨服务运输。在现代地下矿山生产中，需要运送的货载种类多、数量大。例如生产设备、支护材料、燃油、润滑油料、人员以及生活和劳保物资的运输等均属于服务运输的范围。

地下服务运输是地下矿山生产中不可缺少的环节，起着生产和生活后勤的保障作用。随着采掘技术的发展和采掘机械化水平的提高，对地下运输机械化薄弱环节的服务运输问题提出了更高的要求。只有迅速而及时地加强服务运输才能确保生产有效地进行。

地下服务运输需要配备各种有关的服务运输车辆和辅助作业车辆。特别是在无轨采矿技术推广应用后，由于采掘机械化、自动化程度提高，回采速度加快，地下作业人员减少。随之要求供应的各种器材、燃油及其他物资增加。因而需要各种服务运输车辆和辅助车辆配合工作，方可使生产设备发挥更好的效能。当前矿业发达国家生产的服务运输车辆和辅助作业车辆有的是多功能的，可以进行服务运输，也可以进行其他辅助作业。例如瑞典基律纳卡车公司的COMBI - M型多用车（图26 - 23）及加拿大维斯·克拉克（Vis Klark）公司的剪式平台车，可以运输人员、炸药和材料，也可进行顶板松石清理和管道安装等工作。此类车辆受到地下无轨开采矿山的欢迎。

26.5.2 地下有轨服务运输车辆的类型及技术性能参数[1,6]

地下有轨服务运输车辆有平板车、材料车、炸药车、水车、卫生车及人车等。各种服务运输车辆的技术性能参数见表26 - 27。平板车及材料车既可运输材料，也可以运输生产设备的备品备件等。近年来随着地下有轨采矿服务运输的需要，还生产了钢丝绳牵引的地下架空单轨车和单绳架空索道车，为地下服务运输提供了新的运输工具。

26.5.2.1 人车

人车分为斜井人车和平巷人车两种。

A 斜井人车

按规定斜井倾角小于30°，垂直高差超过100m，或倾角大于30°，垂直高差超过50m，在条件许可时均可考虑采用专用的斜井人车运送人员。它由斜井提升机及钢丝绳牵引运行。可以挂单车，也可挂车组，车组则由头车和若干挂车组成。挂车数目取决于斜井的坡度和运送人员的多少。为了确保在斜巷中人车运行的安全，斜巷人车装置有插爪式或卡轨式保险器。当牵引钢绳断裂或者运行前方遇到障碍物时，可以使车组在斜井迅速停稳。斜井人车的结构及其技术性能参数分别见本卷27.3.2.3中图27-11及表27-21。

B　平巷人车

按规定，职工在地下1km以外的地点工作，则应采用平巷人车运送人员。集中运送人员的时间一般不超过30min。平巷人车的运行速度，每秒不得超过3m。它由机车牵引成列运行。为了运行平稳，在牵引端装置缓冲弹簧和整车悬挂弹簧。

26.5.2.2　材料车、平板车

一般矿山可用材料车、普通平板车运送材料、设备和物资，也有利用普通矿车运送的。近年来国外已广泛采用地下架空单轨车和架空索道车进行服务运输。我国煤矿也已开始应用。

A　材料车和平板车

主要用于运送设备、材料。根据运送货载的特点，可选用不同尺寸和结构的服务运输车辆。

B　架空单轨车[3]

它的承载和导向轨道安装在巷道顶部工字钢或普通钢上，以绞车钢丝绳牵引。导轨各节之间铰接。因此可以安装在弯曲巷道中。图26-31是钢丝绳牵引的架空单轨车。吊钳8将导轨悬挂在巷道支架上，钢丝绳支持在承托装置7上，牵引绞车9具有行走轮和制动器，可以随线路增长而移动绞车。承载车1由两个带起重设备梁3的起重机和断绳捕捉器4的行走架组成。钢绳牵引的架空单轨车可做弯道运输，拆装方便，可以随巷道掘进而改变运距，既可做水平运输，又可做倾斜运输。其缺点是承载量不够大，只能用于无分支的线路。

C　架空索道车[3]

如图26-32所示，它以吊挂在巷道上方的钢丝绳为承载索，下方的钢丝绳为牵引索由

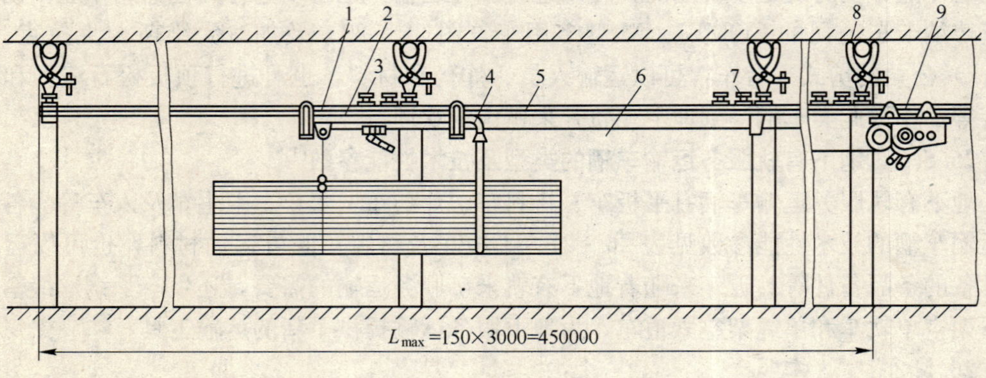

图26-31　钢丝绳牵引的架空单轨车

1—承载车；2—起吊钢丝绳；3—起重设备梁；4—断绳捕捉器；5—T型钢；6—牵引钢丝绳；7—承托装置；8—吊钳；9—牵引绞车

表 26-27　地下有轨服务运输车辆技术性能参数

类别	型号	装载量(kg)	轨距(mm)	外形尺寸(mm) 长	宽	高	轴距(mm)	车厢长度(mm)	轮径(mm)	联结器 形式	高度(mm)	牵引力(kN)	重量(kg)	标准或图号	设计单位或制造厂
平板车	YPC1(6)	10000	600	1500	850	400	500	1100	500	单环	320	59	430	GB2885.5—81	
	YPC3(6)	3000	600	1900	1050	426	600	1500	300	单环	320	59	530	GB2885.5—81	
	YPC3(7)		762										540	GB2885.5—81	
	YPC5(6)	5000	600	3000	1200	510	1000	2300	400	单环	320	59	1000	GB2885.5—81	
	YPC5(7)		762										1050	GB2885.5—81	
	YPC5(9)		900										1080	GB2885.5—81	
	10t	10000	750	3020	1180	570			1100	链环	500			4 备 36	鞍山黑色冶金矿山设计研究院
材料车	2m 长木材车	3000	762	2000	1100	1176	700		300				610	131064	北京有色冶金设计研究总院
	3m 长木材车	2000	600	32400	1050	1200	1000		300	三环销	320	29	758	OB-011690	北京有色冶金设计研究总院
	YLC1(6)	1000	600	1900	1050	1200	600	1500	300	单环	320	59	580	GB2885.6—81	
	YLC1(7)		762										590		
	2t	2000	600 762 900	2000	880	1151				三链环	320		470		江油矿山机械厂
	YLC3(6)	3000	600	3000	1200	1200	1000	2300	400	单环	320	59	990	GB2885.6—81	
	YLC3(7)		762										1040		
	YLC3(9)		900										1060		
炸药车	0.5t	500	600	2358	1050	1365					329		720	4 备 66	鞍山黑色冶金矿山设计研究院
水车	1t	1800	600	2390	1010	1277					320		892	4 备 70	鞍山黑色冶金矿山设计研究院
	3t	3000	900	3020	1410	1987					500		1798	4 备 78	鞍山黑色冶金矿山设计研究院
卫生车	0.6m³①		900	2092	1155	1000					320		670	4 备 107	鞍山黑色冶金矿山设计研究院
平巷人车	PRC-12	12 人	600	4280	1020	1525			450		320	29	1361		吉林市矿山机械厂
	PRC-18	18 人	762	4280	1300	1525			450		320	29	1314		吉林市矿山机械厂
	PRC-18	18 人	900	4280	1300	1525			450		320	29	1656		吉林市矿山机械厂

①0.6m^3 卫生车容积为 0.6m^3。

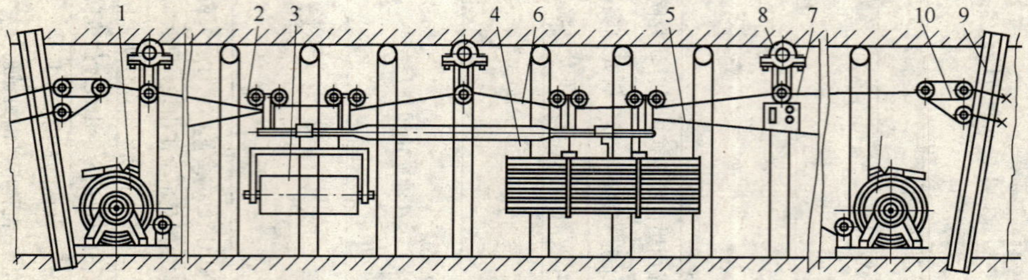

图 26 - 32　单绳架空索道车

1—绞车；2—小车；3—翻转式矿车；4—集束材料；5—牵引钢绳；6—承载钢绳；7—承托装置；8—托架；9—撑柱；10—拉紧装置

绞车牵引。架空索道车可用于平巷和具有弯曲线路的巷道，也可用于倾角15°甚至25°的斜巷中。

26.5.3　地下无轨服务运输车辆与辅助作业车辆

随着地下无轨采矿技术的发展，各个辅助作业环节加快，采掘机械化程度也随之提高。当前，国外已有20多个厂家，生产了100多种型号用于各个生产环节的服务运输车辆和辅助作业车辆，已基本实现地下服务运输和无轨辅助作业的机械化。我国自1980年至1987年共研制了六种地下无轨作业和服务运输车辆，包括运料车、运油车、装药车、锚杆车、碎石车和检修车。这些设备在符山铁矿生产应用。

26.5.3.1　地下无轨运输车辆与辅助车辆的分类

按车辆的服务功能，地下无轨服务运输车辆分为以下几种：

（1）地下人车。

（2）地下运料车。

（3）地下油料车。

（4）地下混凝土运输车。

（5）多功能的服务运输和辅助作业车辆。此种车辆既可承担地下人员运输又可承担其他辅助作业工作。

按车体的结构形式，可以分为：

（1）整体式车架结构服务车辆。此种车架结构的车辆有较好的刚性，但一般转弯曲线半径较大。

（2）铰接式车架结构服务车辆。此种车架结构的车辆，一般转弯曲线半径小，通过能力大。

按动力传动方式不同，可以分为：

（1）柴油机-机械传动的服务运输和辅助车辆。这种传动方式又分为柴油机液压机械传动、柴油机液力机械传动和柴油机机械传动三种方式。

（2）蓄电池液压机械传动式。这种传动方式的服务运输和辅助作业车辆，消除了废气污染危害。

26.5.3.2　地下无轨服务运输车辆和辅助车辆的作用及其技术性能参数

地下无轨服务运输车辆和辅助作业车辆的作用分述如下。国内外各种地下无轨服务运

表 26-28 国产地下无轨服务运输车辆与辅助作业车辆技术性能参数①

车类		运料车	运油车	锚杆安装车	装药车	碎石车	检修车
型号		YCK-3	DYC-1	MAC-1	BC-2	YS-5000 碎石器 YSJ-5000 碎石车	DLJ-1
功能		运送各种材料、机器、炸药、锚杆	燃油、多种润滑油的运送与注油	有拌浆、注浆、插杆、布网的装置与功能	T-1 号粘性炸药中深孔装药,无底柱采矿法中斜坡作业	破碎大块,块度至 $6m^3$,也可用于露天	井下就地检修能进行焊接、钻孔切割、打磨、起重等作业
作业参数		载重 3.5t	油箱容积:柴油 900L;机油 180L;液压油 115L;柴油机用机油 80L;干油 50kg	锚杆直径 ϕ40～50mm 长度≤2m 剪式平台 1.5m×2.0m 升举 1.24～2.45m 运输载重 1～1.5t 搅拌能力 30 升/次 气压 0.5MPa	平台升举 1.85～2.38m 底部搅拌式装药器 总装药量 790kg 药管直径 ϕ25～32mm 装药速率 50～60kg/min 装药密度 0.9～1.1g/cm^3 返粉率 8%～10% 气压 0.3～0.4MPa	液压碎石器: 冲击能 5000N·m 频率 150～250 次/分 油压 12～15MPa 流量 100～130L/min 碎石器水平摆动: 半径 1.4m 角度±90°	提重 500kg
整机参数	长(mm)	5576	5282	7245	6130	9210	6220
	宽(mm)	2080	1810	2030	1780	2300	1800
	高(mm)	2170/2665(卸载)	2120	2192	2245	2230	2200
	自重(t)	6.6	总重 8.68	8.8	6.36	13.00	7.1
底盘参数	轴距(mm)	2800	2823	2800	3050		3100
	轮距(mm)	1700/2665	1454	1700/2665	1480		1510
	最小离地间隙(mm)	285	283	285	300	300	270
	转弯半径:外侧(mm)	5250	5110	6200		6140	5400
	内侧(mm)	2950	3030	4280	3100	3350	3600
	爬坡能力	12%～20%		15%～20%	30		20
	运行速度(km/h)	4 挡,4.4～30	4 挡,2.44～25.0	3 挡,4.1～13.5	4 挡,4.02～25.7	4 挡,6～38	3 挡,8.18～25.7
柴油机	型号	$X6105DW_1$-20	F4L912/W	$X6105DW_1$-20	F4L912W	6105	F6L912W
	功率/转速 kW/rpm	66/2000	42/2300	66/2000	42/2300	85/1300	65/2000
制造厂家		苏州冶金机械厂	邯邢矿山局研究所	苏州冶金机械厂	长治矿山机器厂	宣化采掘机械厂	苏州冶金机械厂

①邯邢矿山管理局符山铁矿及各研制单位提供。

表 26-29 国外地下无轨服务运输车辆与辅助作业车辆技术性能参数[7]

车类		运人车			运药装药车			混凝土运输搅拌车			运料运油车		多用途作业车：顶板清理、清理松石、运输、装药、维修等			
生产厂家		美国 Eimco	美国 Eimco	联邦德国 GHH	联邦德国 GHH	美国 Eimco	加拿大 Vis-Klark	美国 Eimco	苏联	芬兰 Normet	联邦德国 GHH	苏联 Олем-анн	加拿大 Vis-Klark	美国 Getman	法国 Secoma	联邦德国 GHH
产品型号		Eimco 955	Eimco 975A	HF-PE18	HF-PL3/SP1000/2000	Eimco 975L	JUT-43	Eimco 975-3/4	НБК-1	PK-400	HF-PL3	МУЛИ -2400	JUT-41SL	B500	Secoma 437	HF-WA3
载重量(t)		1.36		3			3	12.7	9.5	6	3	2	2.7		平台载重 0.8	3
容纳人数(人)		8～10	18	14、18								16				
外形尺寸	长(mm)	4674	7480	6120(14人) 6800(18人)	6975	8026	6270	7163	9100	6240	6800	4400	6350	7188	8320	6890
	宽(mm)	1575	1956	1950	1950	2134	2438	2032	2550	1800	1950	1750～1900	2134；2438	2171	2400	1970
	高(mm)	1778(至顶棚)	1880	1850 2180	2350	1372	2032(至顶棚)	2540	2500	1820	1920(至顶棚) 1850	2100	3680(升降台升高) 2362	2235	2250～5650	1950(至顶棚)
转弯半径	内侧(mm)	2210	3785	2922	2922	4166	3650	4166			2922		3650			2922
	外侧(mm)	3886	4147	5380	5380	6477	5490	6477	7400		5380	4000	5940	7467	5500	5380
发动机	型号	Deutz F3L912W	Caterpillar 3304NA	Deutz F4L912W	Deutz F4L912W	Deutz F6L912W	Deutz F6L912W	Deutz F6L912W			Deutz F4L912W	Deutz F4L912W	Deutz F6L912W	Deutz F4L912W	Deutz F4L912W	Deutz F4L912W
	功率(kW)	30	66	42	42	56	56	56	140	46	42	42	56	42	42	42
行走机构	类型	铰接底盘四轮驱动	铰接底盘四轮驱动	铰接底盘四轮驱动	铰接底盘轮胎行走	铰接底盘四轮驱动	铰接底盘四轮驱动	铰接底盘四轮驱动	铰接底盘轮胎行走		铰接底盘轮胎行走		铰接底盘四轮驱动	轮胎行走	轮胎行走	铰接底盘轮胎行走
	速度(km/h)	24		26.3	26.3	27	15.4	27	20	16	26	20	15.4	19	5	26.3
爬坡能力							25%		15°	10%						
重量(t)		2.3		6.6(14人) 6.8(18人)	8.82							3.5	7.43	8.5		7
附属设备及其他		运输人员及设施	运输人员及设施	运输人员及设施	炸药箱容积，1000～2000L，压缩器能力2×450L/min，带有1.9×3.39升降平台举重300～500kg	1～2个炸药罐，单个工作能力0.17m³/h，两个工作能力为0.51m³/h，有升降平台	运炸药1或2个铵油炸药箱，每个可装453kg	锥形搅拌滚筒，搅拌能力为2.23m³	带20kW气马达及4.5m³混凝土仓	搅拌筒容量3.4m³，带有液压升降装置	运料、运油设施	平板车，也附有运人设施	剪式升降平台，举升荷重907kg平台尺寸0.432m×2.286m	带伸缩支臂，最大仰角80°，最大举高7.77m，吊仓尺寸1.02m×1.47m，举重227kg	带伸缩支臂，最大举高7.5m，工作平台尺寸1.8×1.8m	平台尺寸1.9m×3.39m，带维修设施，可用于维修工作

输车辆和辅助车辆的技术性能参数分别见表26-28和表26-29。

A　地下人车、地下巡检车

地下人车接送地下作业人员上下班或临时进出，每车可乘8～12人，多者可达35人。巡检车为小型人车，供矿山管理人员巡视、调度以及临时安全救护等工作用。

B　炸药运输车、装药车

此种车辆既是炸药运输车，又具有装药功能，可用于浅孔、深孔装药。随炸药品种不同，装药器的容量也有差别，运输量也有变化。炸药车应有严密的安全措施。一般矿山有的还配备有专用炸药运输车。

C　混凝土搅拌运输喷射车

地下混凝土搅拌、运输、喷射车在混凝土喷射支护工程中完成搅拌、运输和喷射、浇注诸工序。也可由2～3辆单一功能的车辆形成的车组完成此项工作。喷射能力可达6～$9m^3/h$，工作地点粉尘浓度可降至$1.4\sim2mg/m^3$以下。搅拌筒有圆锥形和卧式圆柱形两种（参见第2卷10.3）。

D　地下油料运输车、润滑加油车

担负地下无轨自行设备所需的柴油、液压油、润滑油等各种油料的运输。车上备有对用油车辆加油的装置，便于为用油车辆加油。有的油料运输车上备有装运各种润滑油料的容器，各个油料容器还分别配备有各自机械设备加注润滑油料的装置。油料运输车、润滑加油车上必须配备安全防火设施。

E　地下运料车

主要担负生产工具、原材料、各种器材和生产设备的运输。为运输长件材料可以用平板车，运输充填砂石等散粒材料可以选用地下翻斗车。

F　地下升降平台车

升降平台车是一种多功能多用途的服务运输和辅助作业车辆。它的工作机构是可以举升到一定高度的工作平台。它有剪式升降台和斗臂式升降台等多种结构。升降平台车主要用于地下矿山的顶板管理、装药和设备或管路的安装工作，它可以将所需要的锚杆、撬棍、钻机、装药器等装备和器材运到工作地点，然后再举升到一定的高度进行相应的工作。两种地下升降台车的外貌如图26-33所示。两者的主要技术性能参数列在表26-29中。

G　地下碎石车

实行地下无轨采矿后，大块量有所增加，为了解决运输困难和减少破碎能耗，应用地下液压碎石车进行二次破碎，安全便利（参见第2卷8.7）。国产地下碎石车的技术性能参数见表26-28。

H　地下检修车

检修车上一般配备有焊接（电、气焊）设备、钻孔工具、起重吊臂等。采用检修车可以实行沿线检修，及时处理事故，减少堵塞停工。图26-34为国产DLJ-1型地下无轨检修车的外貌。其技术性能参数见表26-28。该检修车的动力传动系统由Deutz F6L912W型柴油机驱动。它的伸缩吊臂最大起吊能力可达1t。车上装置有各种必需的检修设备和工具，以满足检修工作的需要。

除上列各项外，有些矿山还根据需要配置一些专用车辆，如管道支装车、电缆安装车、道路平整车等。也可在地下服务车辆的通用底盘上配置相应功能的机具，用以完成相

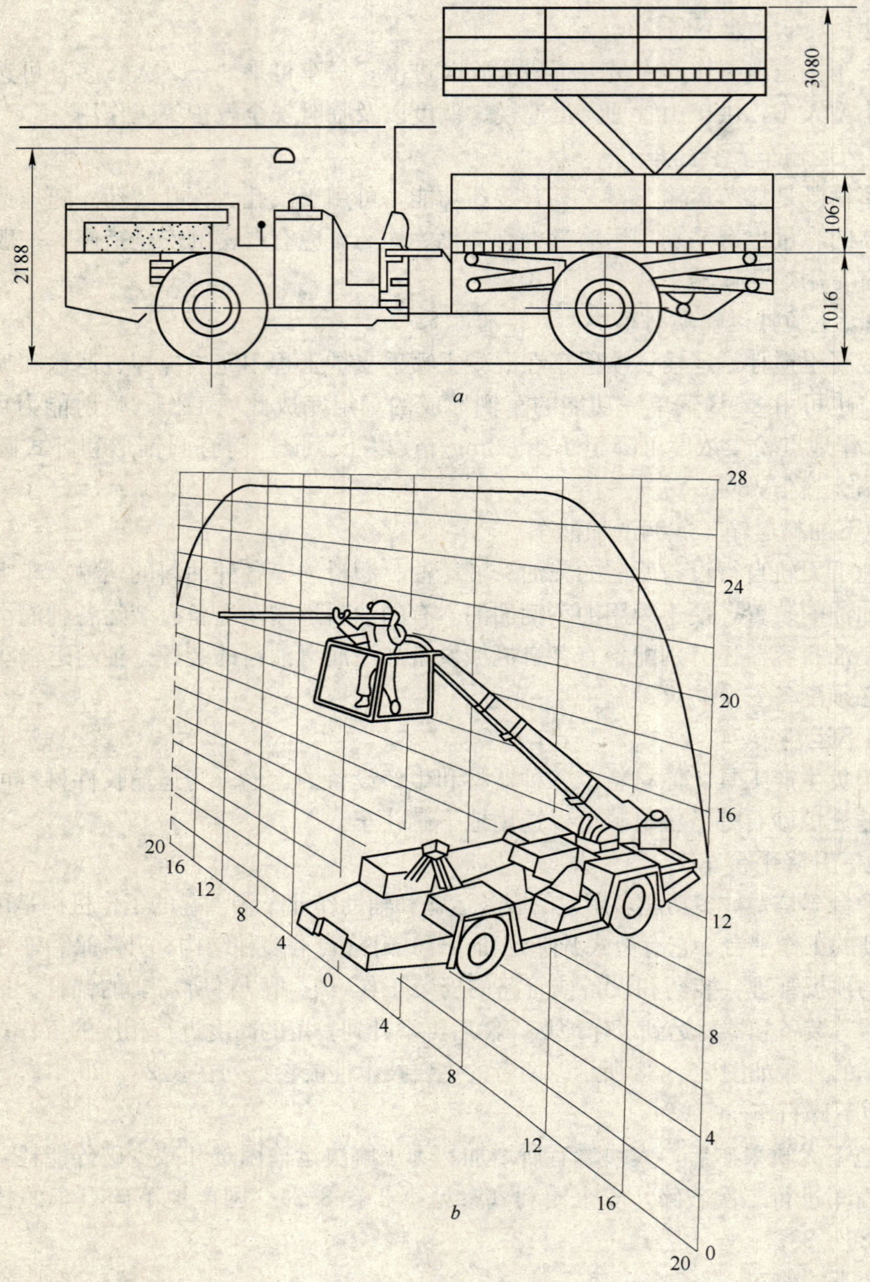

图 26 - 33　地下升降平台车

a—剪式升降平台车 JUT - 41SL；*b*—斗 - 臂式升降平台车 Getman B500

应的辅助作业，或者服务运输工作。芬兰的诺默特（Normet）公司、美国的埃姆科公司、瑞典的基律纳特拉克公司和法国 EM 公司的通用底盘服务运输、辅助作业车辆使用比较广泛。瑞典的通用底盘车见图 26 - 23，其技术性能参数见表 26 - 25。法国 EM 公司的 P14T40 型通用底盘的主要技术性能参数如表 26 - 30 所示。其外貌和拖挂各种服务运输和辅助作业车

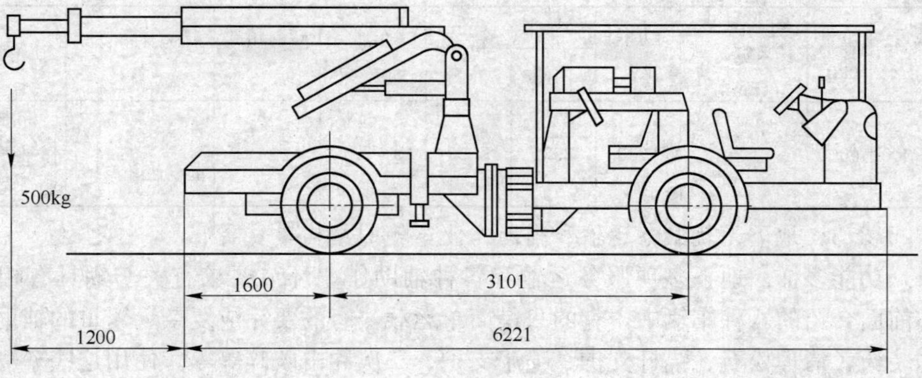

图 26 - 34 DLJ - 1 型地下检修车外貌

辆外貌如图26 - 35 所示。

P14T40 型通用底盘的特点是：

(1) 带有中间转向架的铰接式车体，液压动力转向；(2) 柴油机为 Deutz F6L912W 尾气净化为水洗法；(3) 液力机械传动，四轮驱动；(4) 四轮盘式制动；(5) 司机室前置正座。

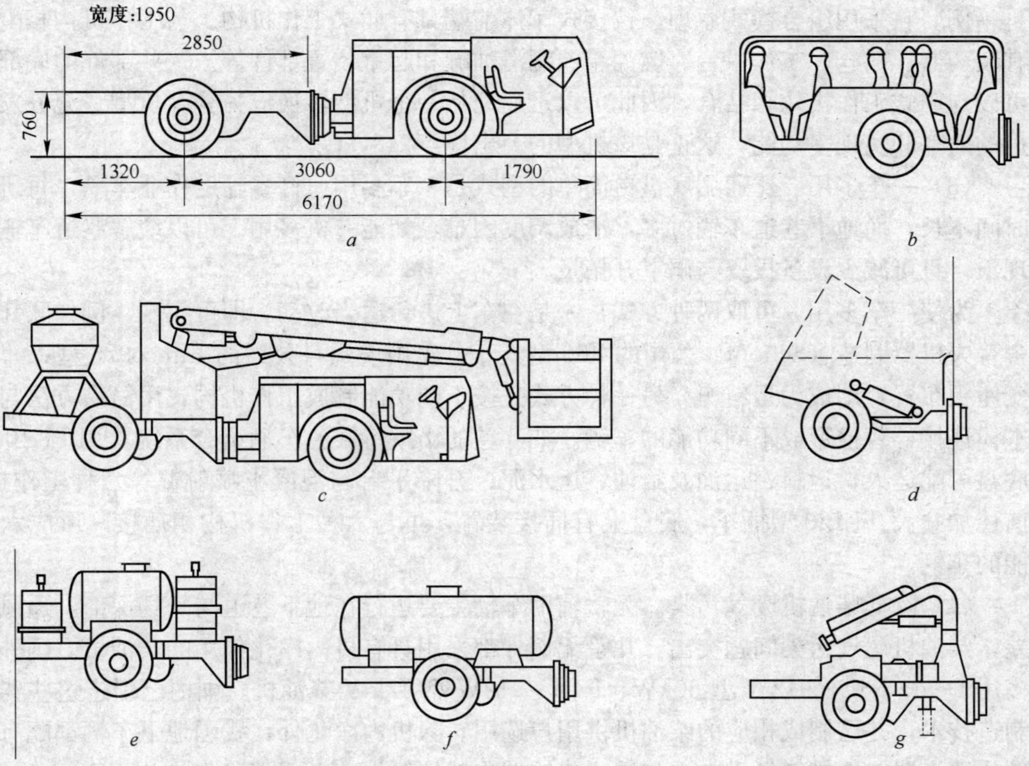

图 26 - 35 P14T40 型通用底盘及其拖挂服务车辆外貌

a—通用底盘及平板车；*b*—人车；*c*—装药车；*d*—5t 运输车；*e*—润滑油车；*f*—油罐车；*g*—检修车

表 26 - 30 P14T40 型通用底盘主要技术性能参数

有效载重（kg）	重量（kg）	外形尺寸（长×宽×高）（mm）	功率（kW）	转弯半径（mm）		车速（km/h）	转向角度（°）	爬坡能力（%）	轮胎规格
				内侧	外侧				
4000～7000	5600	61070×1950×1500	63.3	2970	5050	0～3.6 0～7.4 0～18.6	±42	58（4t，载重车速 km/h）	标准型 8.25，作业型 9.00×20，10.0×20

26.5.3.3 地下无轨服务运输和辅助作业车辆的结构与发展[7]

（1）功能多样。地下多项服务运输和各种辅助作业环节要求有关车辆具有相应的功能，如前面介绍的八种车辆中，有的只是简单运载，有的要完成复杂、繁重的辅助作业任务。如装药、清理松石、锚杆支护、喷浆支护、二次冲击破碎等等。使用这些车辆，可以大大改善工人劳动条件，加快作业过程，为强化开采创造条件。为了适应不同规模矿山，各制造公司、工厂已制造多种性能参数不同、机型大小不一的服务运输和辅助作业车辆系列产品。

（2）底盘通用。辅助车辆虽然功能多样，但运行巷道的条件则是一致的，因此采用通用行走底盘，配用作业需要的相应工作机构，可以简化操作、维修与配件储备。对制造部门，还可降低造价与投资。国外不少制造厂家均在通用底盘上形成系列产品，一种标准底盘可以装配成十多种不同功能的机型。如图 26 - 35 所示法国制造的 P14T40 型通用底盘地下服务运输辅助车辆即为一例。图 26 - 36 表示加拿大制造的 TL120 型通用底盘插车又是一例。它采用组合模式原理，铰接式车体前端具有插式工作机构。与工作机构相配套的有装药器、料仓、工作平台、燃油箱、润滑油罐和起重装置部件等。这些部件的底部结构可以与插式工作机构相结合，因此可以迅速地从一个机型转换成另一个机型。充分发挥主机的效率和实现多功能，这正是该机型的突出优点。

（3）一车多用。比通用底盘更简单的型式是一车多用。许多辅助作业车辆，每班作业时间不长，而地下巷道车辆过多，造成调度困难，如能一机多用。可以缓解巷道车辆拥挤现象，且可减少设备投资与硐室开拓量。

为使一车多用，可取两种方式，一是在车上进行适当改动，即可实现。例如联邦德国舍普夫机器制造（Schopf）公司的 F66 型人车、美国埃姆科公司的 Eimco976 型人车，改变座板布置，即成为运料车。另一种方式是按不同功能制成工作机构，用简易方法与底板本体连接，替换形成不同功能的车辆。如芬兰的诺默特服务车辆组合系统，用 PK1000 型底盘可配运人、运料、运油及给油、运水泥、升降平台与混凝土喷射臂等六种工作机构。前述加拿大 TL120 型插车，底盘上有插接装置，可与六种工作机构相插接，形成六种功能的车辆。

（4）降低柴油机废气污染。无轨辅助车辆主要运行在地下巷道与采场深部，通风条件差，柴油机尾气污染问题突出，几乎无例外都采用具有机内净化作用的柴油机。国外厂家多用 Deutz F6L - 912W 型 60kW、F4L - 912W 型 42kW 柴油机。国内已引进这些柴油机制造技术，并已制成相应的柴油机供用户选用。除机内净化外，我国地下车辆都配有废气催化洗涤器，使排气经过水洗与铂或代铂催化球接触，减少或消除烟尘与 CO、NO_x 气体含量。根据规定地下巷道中允许有害气体含量 CO50ppm、NO_x50ppm、碳烟 2～3.5mg/m^3。按安全规程要求保证作业面通风量 3m^3/（kW·min）以上，以保持采场空气污染不超过

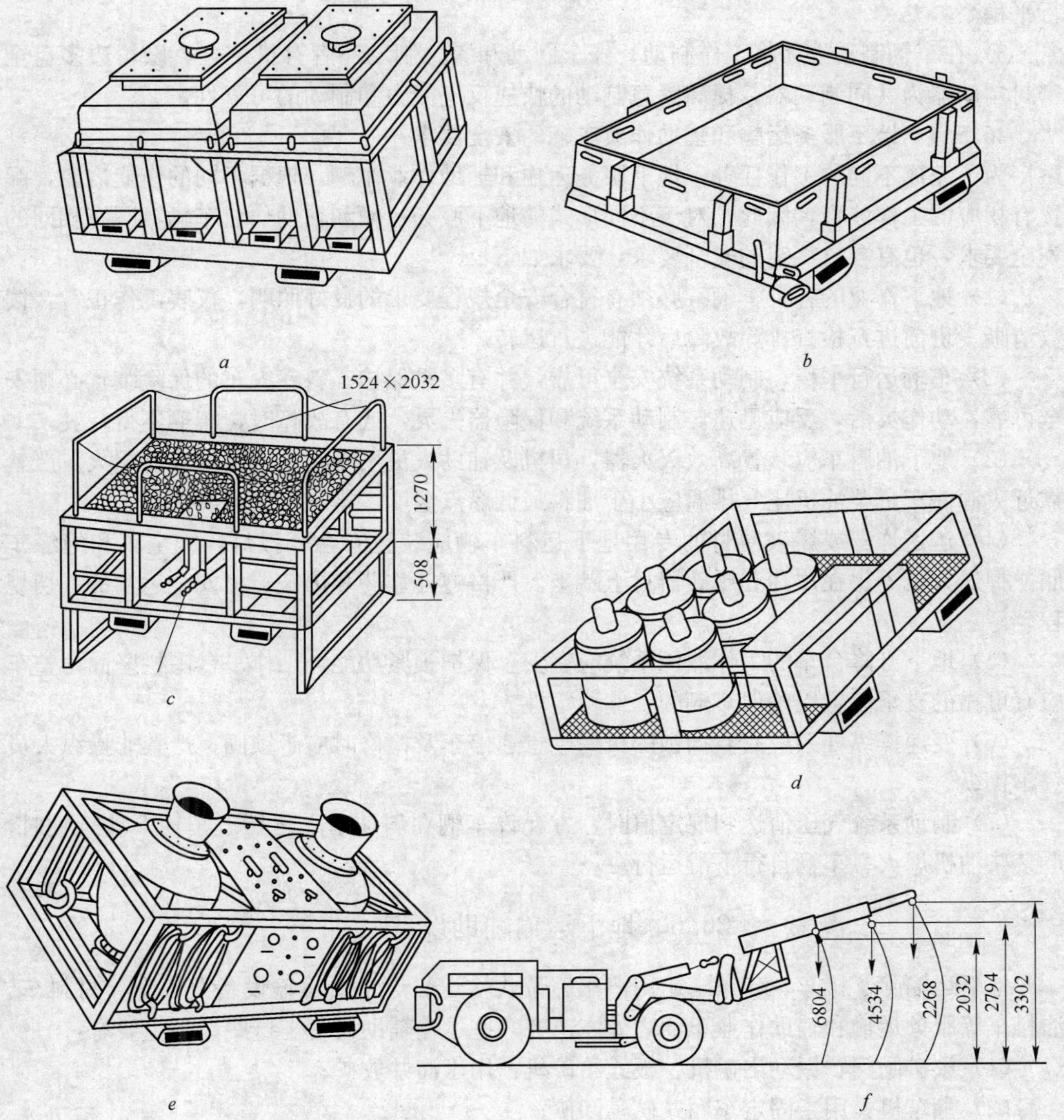

图 26-36 TL120 型插车的配套工作装置

a—装药器；*b*—料仓；*c*—工作平台；*d*—燃油箱；*e*—润滑油罐；*f*—通用底盘及起重吊车

限度。

(5) 新能源探索。为了从根本上解决柴油机废气污染问题，许多国家正在进行新能源探索。例如用水-油乳化液、甲醇-油乳化液、氢气等作为燃料正在进行试验，并已取得一定成果。比较具有实用意义是利用蓄电池作能源。美国英格索-兰德（Ingersoll-Rand）公司生产的地下铲运机就成功地使用这种安全的能源。

(6) 为了适应地下工作的特殊要求，底盘结构采用以下一些新技术：

1）多数采用液力传动的铰接底盘，利用液压缸转向。操作轻便，动力性和通过性好。

2）采用橡胶、橡胶气囊或低压轮胎刚性连接的悬挂装置，以降低车辆高度，保持运行平稳。

3）在车辆制动方面将工作制动、停车制动和紧急制动三者有机结合，以轮边多盘全密封制动器为共同制动器，提高紧急制动的快速反应能力和制动的可靠性。

26.5.4 地下服务运输和辅助作业车辆的安全要求

为了完成不同的工作任务，地下服务运输和辅助作业车辆，根据不同的作业需要，配置有相应的工作装置，因此，对于不同形式的地下服务运输和辅助作业车辆，既有相同的安全要求，也有各自特定的安全要求，要求如下：

（1）地下作业的各种车辆，必须有符合安全规程要求的良好照明，仪表工作正常，读数清晰。班前进行检查排除故障后才能进行运转。

（2）车辆运行平稳，制动系统安全可靠，并有多重保护。斜巷人车的保险装置必须安全可靠，动作灵活，反应迅速。制动系统和保险器失灵，或有故障时，车辆不得行驶。

（3）地下油料车应装置高效灭火器，司机及辅助人员不得在车旁吸烟或持明火。严禁靠近火源停车。柴油机尾气排温应小于油料最低燃点温度，排气口应远离油箱。

（4）运送炸药或爆破器材的专用地下运料车辆应装置安全警报灯，安全旗和绝缘车厢。押送人员不得在炸药和爆破器材上踏坐。严格遵守炸药和爆破器材安全运输的一切规程。

（5）地下升降台车的工作液压系统应有安全保护锁紧功能，工作平台围栏坚固，整车应有可靠的支承装置以确保车辆的工作稳定性。

（6）变速操纵杆系应有空挡锁固机构，怠速停车及检修时应予锁固，严禁非操纵人员登车操纵。

（7）制动系统气压值达到规定值时，方允许车辆在斜坡道上运行。车辆下坡行驶时，严禁柴油机熄火、车辆自行下滑运行。

26.6 地下运输辅助设备[1,6]

地下运输除了机车、矿车、矿用汽车、带式输送机等主要运输设备及人车、材料车、油料车等服务运输和辅助作业车辆之外，还有一些运输辅助设备。这些设备主要有：

（1）放矿闸门、振动出矿机、板式给矿机：用于溜井放矿；

（2）翻车机：用于固定车厢式矿车卸矿；

（3）矿车清扫设备：用于清除矿车结底；

（4）推车机：用于推送矿车；

（5）高度补偿器：补偿矿车在自溜运行中的高度损失；

（6）阻车器：使自溜运行中的矿车停止；

（7）限速器：使自溜运行中的矿车减速；

（8）调度绞车：用于在不长的距离内移动矿车或列车；

（9）动态电子轨道衡：用于对以一定车速行进的列车进行不摘钩、不停车自动连续称量；

（10）给矿机：用于向带式输送机、破碎机、箕斗装矿计量漏斗均匀给矿；

（11）电子皮带秤：用于对带式输送机上的物料进行连续动态计量；

（12）电磁除铁器：清除连续输送过程矿石中的铁块；

(13) 胶带硫化器：用于输送带接头的硫化接合。

本节将介绍以上与采矿工程直接有关的各项。由于地下矿山工作条件特殊，使用要求差异较大。因此目前众多运输辅助设备，只有部分有定型产品。其余部分，仍需根据具体使用要求，进行设计制造。

26.6.1　溜井放矿设备

溜井放矿主要有三种方式：闸门放矿、振动出矿机放矿以及板式给矿机放矿。

26.6.1.1　闸门放矿

在三种放矿方式中，闸门放矿是当前用得较多的一种。它在主溜井、阶段溜井与采场溜井均普遍使用。

A　闸门的类型与适用条件

按动力分：有气动、手动、电动与液压传动。

按结构分：主要有正扇形闸门、反扇形闸门、链式闸门、指状闸门与组合闸门。

闸门的类型、优缺点与适用条件，见表 26 - 31。各种放矿闸门的技术规格和应用实例详见第 2 卷 9.3。

表 26 - 31　闸门形式与适用条件

名　称	简　图	优　缺　点	适　用　条　件
气动正扇形闸门	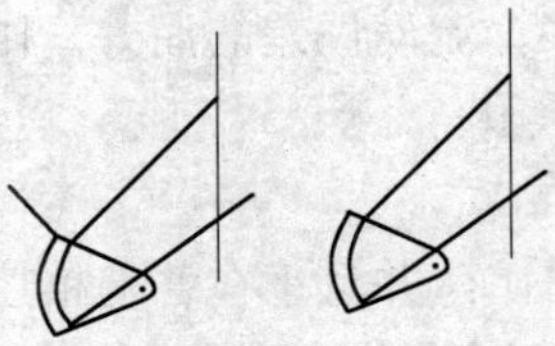	结构简单，容易制造，重量轻，截断矿流准确可靠，硐室尺寸小 扇形门与固定溜槽刚性差，容易变形甚至导致气缸拉不动，扇形门与固定溜槽之间隙漏粉矿	主要用于矿石最大块度不大于 500mm 的采场溜井与阶段溜井，也可用于主溜井 扇形门前端加固定舌板的闸门，电机车便于通过。但在扇形门向上关闭时，可能有矿石抛出车厢外
气动反扇形组合闸门	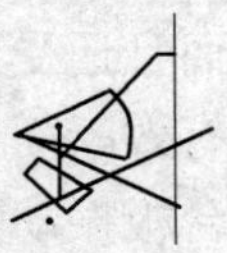	结构紧凑，刚性好，截流可靠，硐室尺寸小，这种闸门使用日益增多 结构较为复杂	适用于矿石最大块度 750mm 以下的采场溜井、阶段溜井与主溜井，能通过电机车，并可防止撒落粉矿
气动链式闸门 气动链式组合闸门	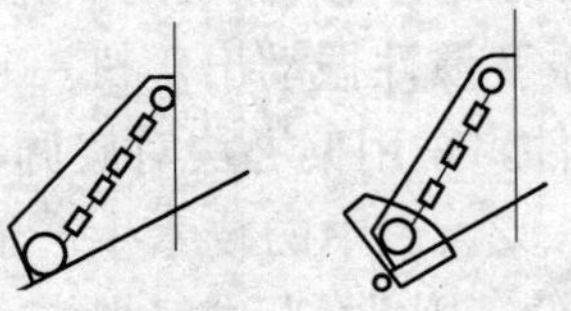	结构简单，寿命长，耐冲击，维修方便，能较好地调节矿流 设备重量大，溜槽长，硐室尺寸大，链条、重锤之间易漏矿粉	适用于服务年限较长、大块较多的采场溜井、阶段溜井与主溜井，矿石最大块度可大于 750mm 含泥含水多，或电机车需要通过的，宜用组合闸门
气动指状闸门 气动指状组合闸门	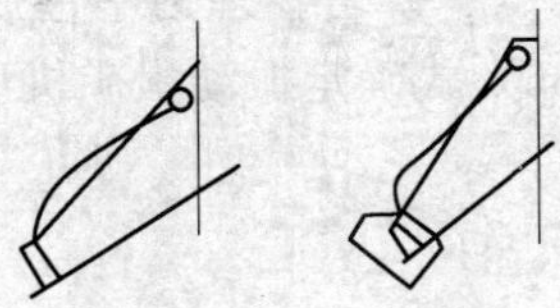	结构简单，可以利用废旧钢轨 设备重量大，硐室尺寸大，指爪之间易漏矿粉，指爪有时被大块打断，有时被大块托起造成漏矿。这种闸门有被链式与反扇形闸门取代的趋势	适用于大块较多的采场溜井、阶段溜井与主溜井 含泥含水多，电机车需要通过的，宜用组合闸门

B 闸门的选择

(1) 闸门放矿口有效截面尺寸主要根据矿石块度来确定。对未经破碎筛分的原矿石，一般可按 (26-31) 式和 (26-32) 式确定。

$$A=(1.5\sim2.2)a\text{，mm} \tag{26-31}$$

$$B=(2.4\sim3)a\text{，mm} \tag{26-32}$$

式中 A——溜井出口高度，mm；

B——溜井出口宽度，mm；

a——矿石最大块度，mm。

(2) 闸门溜槽倾角与矿石自然安息角有关，一般应稍大于矿石的自然安息角，通常取 35°～40°。

(3) 闸门溜槽宽度应与车厢长度相匹配。要使车厢两端不撒矿，同时又有较大的装满系数，溜槽宽度应较车厢长度小 400～800mm，若车厢较长，可移动矿车，分两次装满。

(4) 一般采用气动闸门，小型矿山或放矿量不大的溜井，可采用手动闸门。

(5) 含泥含水较多，容易撒落粉矿的，宜用带活溜槽的组合闸门。

(6) 电机车需要通过的，选用带活溜槽的组合闸门，或带固定舌板的正扇形闸门。

冶金矿山放矿闸门的通用设计（试行）规定，共 14 种闸门用于采场漏斗、采场溜井、阶段溜井与主溜井。这些闸门不宜用于矿石含泥较多、流动性差的溜井。闸门的主要技术规格见第 2 卷表 9-1，各式闸门放矿实例见第 2 卷表 9-2。

26.6.1.2 振动出矿机

近年来不少矿山的溜矿井，使用了振动出矿机出矿，并且正在普遍推广中。目前振动出矿机用于采场溜井与阶段溜井的较普遍，也有用于主溜井出矿的。

振动出矿机的主要优点是：改善矿石的流动性，减少堵塞与结拱，出矿均匀，可控性好。振动出矿机与闸门比较，矿石不仅受到重力的作用，而且还受到振动波的作用。同时由于振动出矿机的台板埋入溜井底部，扩大了矿石通道的有效断面。

振动出矿机在使用中出现的故障有：振动电机损坏，台板振动强烈，焊缝开裂。

为了适应矿石流动性的变化，可以考虑加装调节闸门。为了能使电机车通过，减少漏矿撒矿现象，可加装气动的活动溜槽。装有气动活动溜槽的组合式振动出矿机见图 26-37。

FZC 系列溜井振动出矿机（图 26-38）系颠振型惯性振动出矿机。它的特点是：以 ZDJ 型振动电机为振源。橡胶条为弹性元件兼密封件，采用偏心块对旋调节激振力。FZC 系列振动出矿机的技术特性及其埋设参数见表 26-32。表中的技术生产能力，系指振动出矿机连续工作时的出矿能力。实际上装矿是间断的，因此实际能力比技术生产能力低得多。

选用 FZC 系列振动出矿机的主要依据是矿岩块度、矿岩物理力学性质、溜井生产能力及矿车车厢长度等。可按 (26-33) 式～(26-36) 式确定振动出矿机型号。

眉线高度 h_o

$$h_o=ka \tag{26-33}$$

式中 k——通过系数，取 1.6～2.2；

a——矿石最大块度，mm；

h_o——眉线高度，mm。

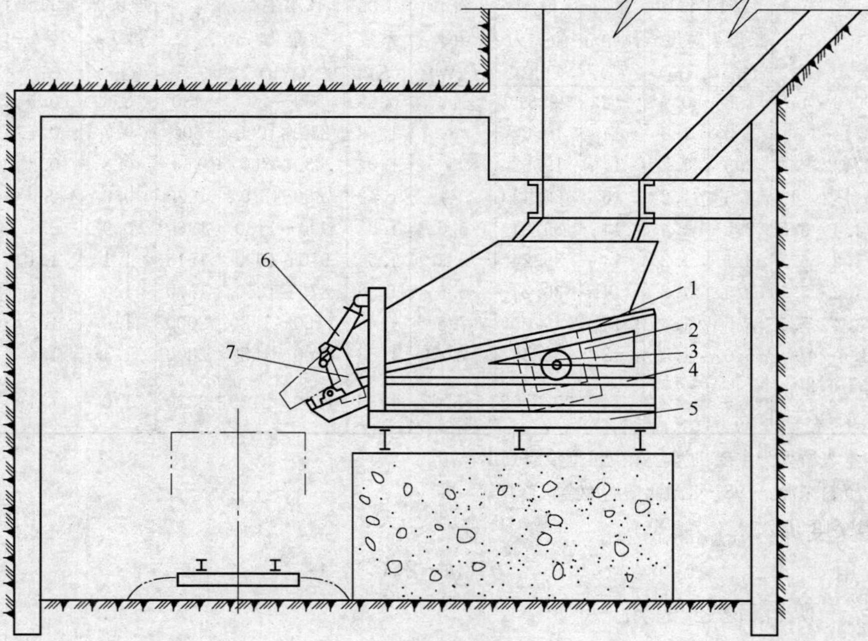

图 26-37 组合式振动出矿机示意图

1—振动台板；2—电动机支架；3—振动电动机；4—橡胶弹簧；5—机架；6—气缸；7—活动溜槽

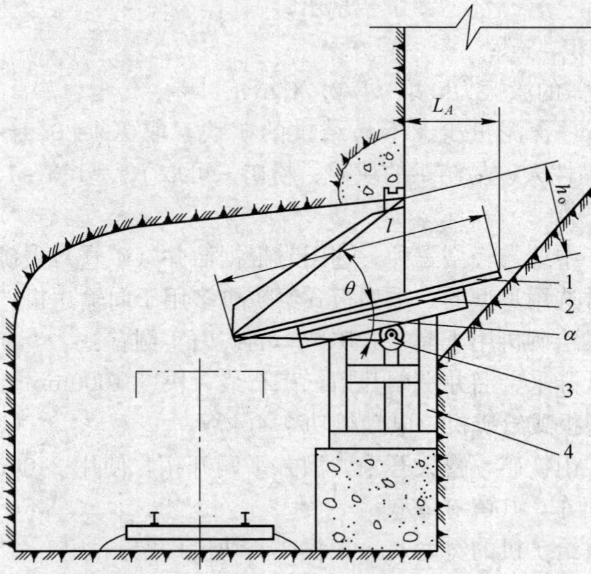

图 26-38 FZC 系列振动出矿机工作示意图

1—振动台面；2—橡胶弹簧；3—振动电动机；4—机架

表 26-32　FZC 系列溜井振动出矿机技术特性及埋设参数

型　号	技术特性：台面长度 l (m)	台面宽度 b (m)	台面倾角 α (°)	最大激振力 (kN)	额定功率 (kW)	工况系数 (K_k)	技术生产能力 (t/h)	重量 (kg)	埋设参数：埋设深度 L_A (m)	眉线高度 h_o (m)	眉线角 (°)	参考价格 (元)
FZC-1.8/0.9-1.5	1.8	0.9	12	9.81	1.5	0.88	350～400	430	0.6	0.7	40	1690
FZC-2/1-3	2.0	1.0	14	19.62	3	1.43	850～1000	690	0.7	0.7	40	2503
FZC-2.3/1.2-3	2.3	1.2	14	19.62	3	1.04	630～760	960	0.8	0.8	40	3224
FZC-2.5/1.2-4	2.5	1.2	16	29.43	4	1.43	660～770	1030	0.8	0.9	41	3445
FZC-2.5/1.4-5.5	2.5	1.4	14	39.24	5.5	1.63	990～1180	1360	0.9	0.9	41	4615
FZC-3.1/1.2-5.5	3.1	1.2	14	39.24	5.5	1.54	910～1090	1515	1.1	1.1	40	5012
FZC-3.5/1.2-5.5	3.5	1.2	14	39.24	5.5	1.36	870～1050	1670	1.0	1.1	36	5363
FZC-3.5/1.4-7.5	3.5	1.4	14	49.05	7.5	1.46	1160～1380	2000	1.0	1.2	37	6084
FZC-5/1.4-10	5.0	1.4	18	73.58	10	1.53	1300～1550	2800	1.4	1.4	38	8177
FZC-3.5/1.2×2-5.5×2	3.5	1.2×2	14	39.2×2	5.5×2	1.36	1740～2100	3310	1.0	1.1	36	10673

注：1. 本表所列为主要机型，派生机型没有列出；
2. 资料来源：1987 年湖北横店冶金机修厂。

埋设深度 L_A

$$L_A \approx h_o \tag{26-34}$$

眉线角 θ

$$\theta = \psi - 2\ (°) \tag{26-35}$$

式中　ψ——矿石自然安息角，(°)；

L_A——埋设深度，mm。

振动台面宽度 b 应较车厢长度小 400～800mm，若车厢较长，可移动矿车分两次装满。

FZC 系列振动出矿机的额定激振力 P 为

$$P = FpK_k \tag{26-36}$$

式中　F——振动台板面积，m^2；

p——单位槽台所需的激振力，取 $p=0.7t/m^2$；

K_k——工况系数，对含泥量少、不易结拱的矿块，取 $K_k=0.9\sim1.3$，也可大于 1.3；对于黏性大、易结拱的块矿、粉矿，可取 $K_k=1.3\sim1.8$。

26.6.1.3　板式给矿机

板式给矿机有重型、中型与轻型三种。选用时根据溜井（矿仓）中矿柱的压力和给矿块度来确定。溜井放矿常选用重型的。重型板式给矿机多用于向输送机、破碎机以及箕斗装矿计量漏斗给矿。板式给矿机用于溜井放矿装车的矿山实例有：

黄石石灰石矿，露天开采、溜井平硐开拓，矿石最大块度 1000mm。溜井放矿装车用 2400mm×12000mm 重型板式给矿机，电动机功率 40kW。

攀枝花钢铁公司兰尖山铁矿，露天开采，溜井平硐开拓，使用 2400mm×8000mm 重型板式给矿机，150t 电机车，100t 矿车。

在溜井放矿中，板式给矿机的宽度 b_1，根据矿石块度确定。

$$b_1 = 2a + 200 \tag{26-37}$$

式中　a——矿石的最大块度，mm；

b_1——板式给矿机的宽度，mm。

板式给矿机长度 l 与矿岩最大块度 a、矿石自然安息角及设备配置有关，一般可按

(26－38) 式选取。

$$l \approx 10a，\text{mm} \tag{26-38}$$

26.6.2 矿车卸矿设备[10、13]

卸矿设备应根据矿车的型式进行选用。固定车厢式矿车采用电动、手动圆形翻车机（又称翻笼）或前倾式翻车架卸矿。翻斗式矿车一般采用人工卸矿，侧卸式与底侧卸式矿车采用相应的卸载曲轨卸矿。

26.6.2.1 前倾式翻车架

它的优点是结构简单、重量轻、安装方便，一般不需外加动力。缺点是卸矿时矿车必须摘钩，每次只能卸一辆矿车，故生产能力低。此外，卸矿过程中，冲击大，只适用于小型矿车。

翻车架可分为尽头式与通过式两种，通过式矿车可通过翻车架，但结构比较复杂，重量比较大。

26.6.2.2 电动圆形翻车机

电动圆形翻车机（图 26－39）是固定车厢式矿车普遍使用的卸矿设备。有单车的与双车的，摘钩的与不摘钩的。冶金矿山矿车圆形翻车技术性能参数见表 26－33。

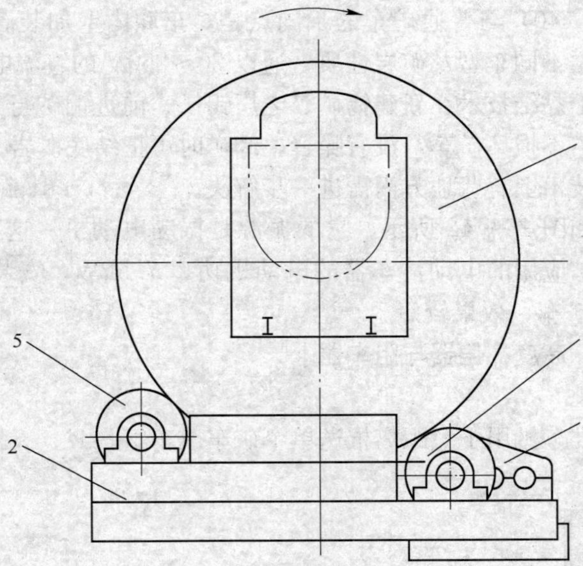

图 26－39 电动圆形翻车机示意图

1—机体；2—机座；3—减速器；4—传动轮；5—支持轮

26.6.2.3 矿车清扫设备

当前地下运输存在一个需要解决的问题是矿车结底，尤其是矿岩含泥多、黏性大的矿山问题更为突出。

矿山使用的矿车清扫措施主要有：人工清扫、气动锤冲击、压气吹扫、高压水冲洗、电渗法清扫、采用矿车不黏结技术以及使用振动清车器。上述各种措施，对于不同性质

表 26-33　圆形翻车技术性能参数

名　　称	型号	适用矿车 型　号	长 (mm)	宽 (mm)	高 (mm)	轨距 (mm)	电动机功率 (kW)	重量 (kg)
0.7m³ 单车摘钩翻车机	YFD0.7	YGC-0.7 (6)	1500	850	1050	600	4.2	7950
0.7m³ 双车不摘钩翻车机	YFS0.7	YGC-0.7 (6)	1500	850	1050	600	4.2×2	10750
1.2m³ 双车不摘钩翻车机	YFS1.2	YGC-1.2 (6) (7)	1900	1050	1200	600 762	6.3×2	14970
2m³ 双车不摘钩翻车机	YFS2	YGC-2 (6) (7)	3000	1200	1200	600 762	8.3×2	16100
4m³ 双车不摘钩翻车机	YFS4	YGC-4 (7) (9)	3700	1330	1550	762 900	17.5×2	36000
10m³ 单车不摘钩翻车机	YFD10	YGC-10 (7) (9)	7200	1500	1550	762 900	17.5×2	35510

注：1. 定位装置有气动与液压两种。可任选一种；

2. 资料来源：北京有色冶金设计研究总院。

的矿岩，都有一定的效果，采用哪一种，须根据具体条件而定。

矿车不黏结技术，根据电化电渗效应的原理，使矿岩与车厢分离，达到卸矿干净的目的。这种矿车（图 26-40）与普通矿车的不同点是，车厢内壁加装若干组与车厢绝缘的带状电极。清扫时根据不同车型及矿岩性质，通以 20～250V 的直流电 3～8min（图 26-41）即可卸矿。矿车不黏结技术在新建锡矿、老厂锡矿、前进铜矿与王家滩铁矿进行过工业性试验，效果较好，不损坏矿车，没有噪音，卸矿时可把结底矿岩一起卸出。但矿车价格约增加百分之十；技术上有些地方尚需进一步解决。

电机振动清车器如图 26-42 所示。它的振源是振动电动机。这种清车器结构简单、操作方便。弓长岭铁矿应用的电动清车器的电动机功率 7.5kW，安装在卸矿口的工字梁上，清扫 2m³ 侧卸式矿车，效果较好。

26.6.3　推车机、高度补偿器与阻车器[13]

26.6.3.1　推车机

在轨道运输中，推车机用于短距离推送单个矿车或车组。

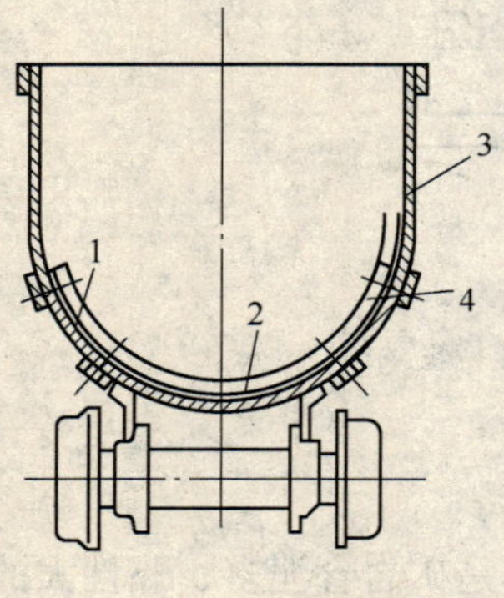

图 26-40　不黏结矿车示意图

1—带状电极；2—绝缘带；3—车厢；4—汇流母线

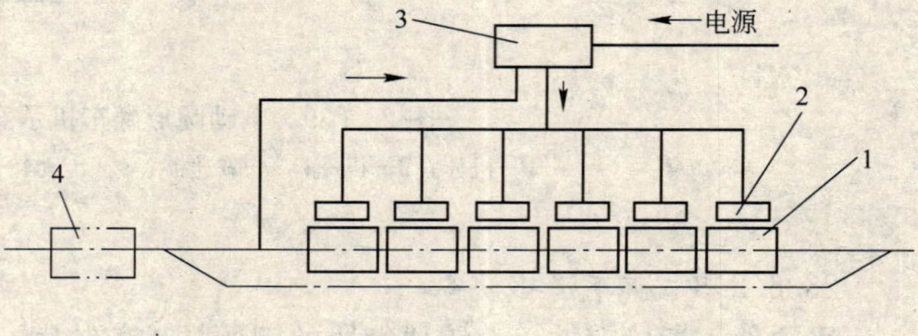

图 26-41　不黏结矿车清扫作业示意图

1—矿车；2—供电接触装置；3—直流供电装置；4—卸矿装置

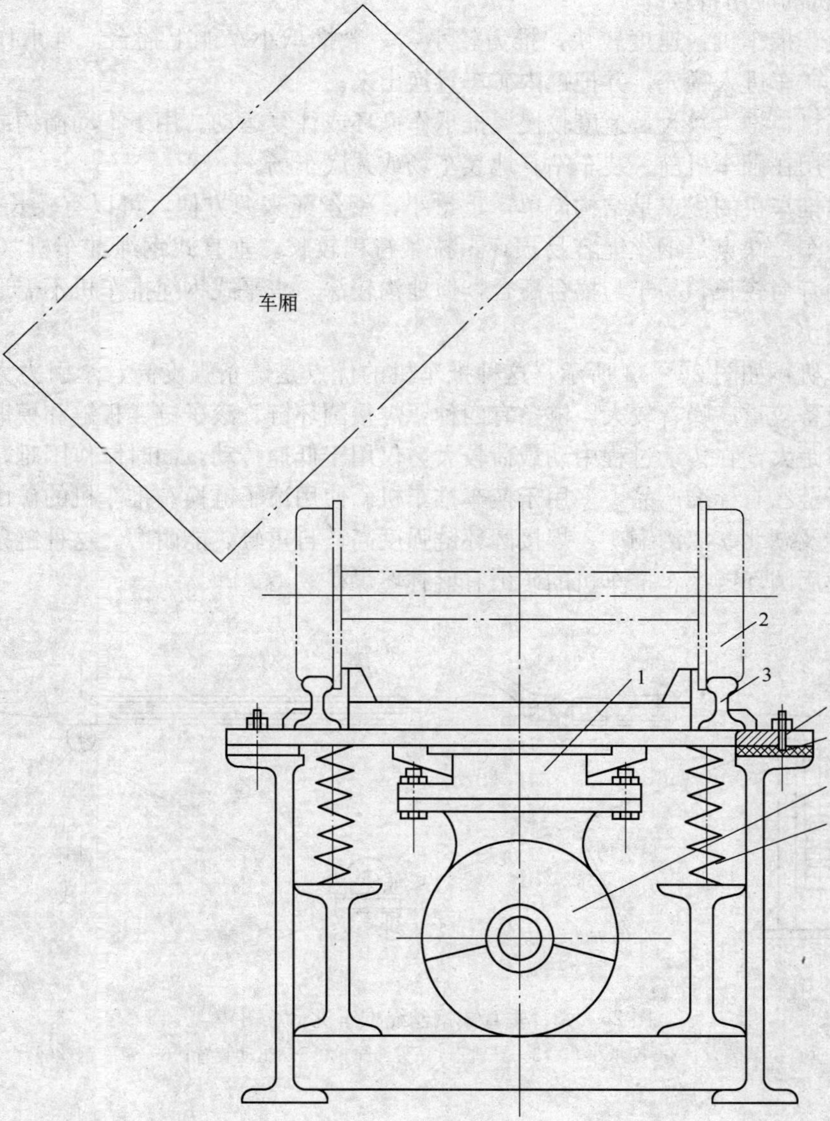

图 26-42　电动振动清车器示意图

1—电动机座；2—矿车车轮；3—钢轨；4—振动台面；5—橡胶缓冲面；6—振动电动机；7—弹簧

A　推车机类型

按用途分为罐笼前换车推车机与车组推车机；

按结构分为钢丝绳式推车机、链式推车机、气动推车机、液压推车机与直线电机推车机。钢绳式推车机依钢绳布置形式，还可分为垂直式、水平式两种。

按动力分为电动、气动与液压推车机；

按推车机与矿车相对位置分为上方式推车机，推车机在矿车的上方；下方推车机，推车机在矿车的下方。

B 推车机的应用特点

罐笼前换车推车机：速度较快，推力较小，一般推爪小车能上摇台，推爪作往复运动。用于推送矿车进入罐笼，并把罐内矿车置换出来。

车组推车机：推力较大，速度较慢，推爪作循环或往复运动。用于推动摘钩或未经摘钩的车组，常用在翻车机前、装车站、地表车场或井底车场。

电动钢绳推车机的优点是结构简单，重量小，钢丝绳来源方便，可以有较长的行程，可在弯道上推车。缺点是钢丝绳容易损坏，拉紧行程较长。垂直式钢绳推车机（图 26-43）钢丝绳的寿命较长，易于与摇台配合，但地沟较深。水平式钢绳推车机不需地沟，但钢丝绳磨损较快。

链式推车机：如图 26-44 所示，这种推车机的优点是链条强度高、牵引力大、寿命长。缺点是设备较重、噪音较大。链条有四种：焊接圆环链、滚子链、板链和模锻链。模锻链和板链节距大，在传动过程中动载荷较大，仅用于低速传动，同时制作困难，现在应用较少。滚子链已有标准产品，多用于换车推车机。使用滚子链换车推车机的矿山，有开滦钱家营煤矿及湖北李家湾铜矿。焊接圆环链强度高、自重轻、能耐磨。这种链条也已有定型产品。使用圆环链换车推车机的矿山有盛林堡煤矿。

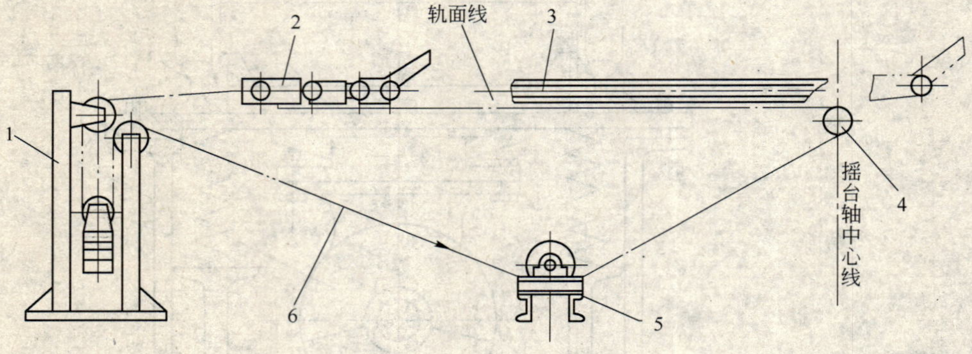

图 26-43 垂直式钢丝绳推车机示意图

1—垂直拉紧装置；2—推爪小车；3—导轨；4—头部绳轮；5—驱动装置；6—牵引钢丝绳

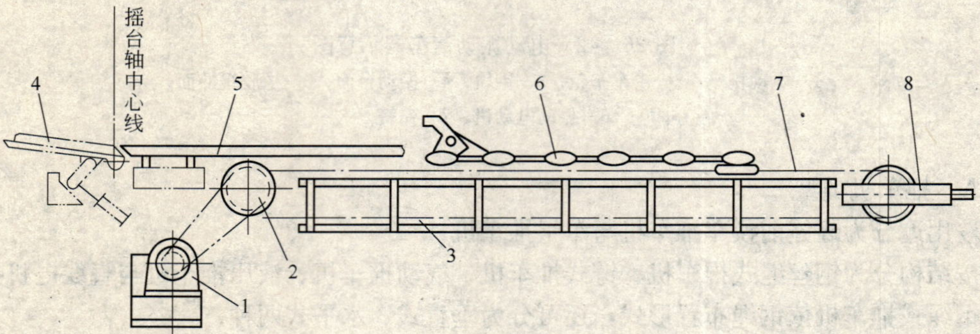

图 26-44 链式推车机示意图

1—驱动装置；2—首轮装置；3—托链架；4—活动导轨；5—固定导轨；6—推爪小车；
7—滚子链；8—螺旋拉紧装置

气动推车机：为气缸活塞式，它的优点是结构简单，自重轻，适于井下潮湿泥泞的环境。缺点是气缸长、加工精度要求较高，活塞密封圈较易磨损，产生漏气现象，耗气多、噪音大。使用气动推车机的矿山有：弓长岭铁矿、河北铜矿、丰山铜矿以及开滦吕家坨煤矿。罐笼前气动推车机见图 26 - 45。

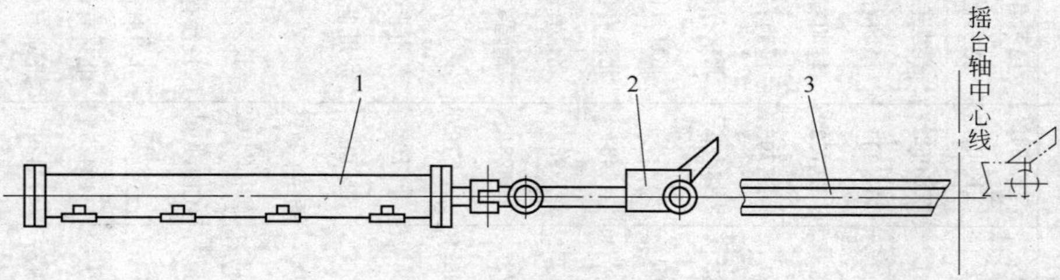

图 26 - 45 气动推车机示意图

1—气缸；2—推爪小车；3—导轨

上方式电动推车机：这种推车机的原理，是用两根导轨装在矿车的上方，一个电动自行小车沿着两条导轨移动，安装在自行小车上的推车机的推车杠杆，推着矿车车厢前进。它的优点是设备有较好的工作条件，便于维修，不影响轨道铺设。缺点是推力小，仅适用于推动小矿车，矿车车厢易变形，特别是对井口下放长材料有影响，故采用较少。

直线电机推车机：直线电机推车机是一项新技术，已在铜川王石凹煤矿、王家河煤矿等多个矿山使用。它的基本原理是：直线电机（初级，即定子）安装在矿车运行轨道中间，通过空间行波磁场直接驱动次级板（次级，即转子）作直线运动。并通过安装在次级板上的推爪，推动矿车前进。这种推车机结构简单、重量轻、占地面积小。但现有产品不能用于装有摇台的井口，而且推力较小，电控较复杂，这种推车机尚处于推广试用阶段。

液压推车机：它的优点是体积小、推力大、工作平稳、噪声小。缺点是工作介质压力高，制造、维修技术要求高。

在金属与非金属矿山中，罐笼前换车推车机使用得较多，车组推车机使用得较少。换车推车机以钢丝绳的较多，气动的、链式的次之。液压的只个别矿山在应用。直线电机推车机还没有推广。煤矿采用钢丝绳推车机较多，近年来圆环链的应用在增加。部分设计研究院设计的推车机及其技术性能参数见表 26 - 34。

26.6.3.2 高度补偿器

高度补偿器用于补偿矿车在自溜运行中所损失的高度，一般采用爬车机与垂直升降的气动顶车器两种。这两种形式，各有特点，爬车机生产能力较大，操作简单、顶车器结构简单、占地小。

爬车机的种类，按牵引形式分为链式和绳式两种。链条形式有模锻链、板链、滚子链与焊接圆环链四种。圆环链爬车机见图 26 - 46。

链式爬车机的优点是链条连续运转，效率高，链条强度高，寿命长。缺点是重量较大。

往复式钢丝绳爬车机的优点是结构简单、重量轻、钢丝绳来源方便。缺点是爬爪只能

表 26-34　推车机技术性能参数

名　称	用途	推车方式	矿车容积 (m^3)	轨　距 (mm)	推　力 (kN)	速　度 (m/s)	行　程 (m)	气缸直径 (mm)	电机功率 (kW)	重　量 (kg)	图　号	资料来源
垂直式钢绳推车机	换车	推碰头	1.6×1	600	9.32	0.73	5.2		7.5	1243	TK0549	昆明有色冶金设计研究院
垂直式钢绳推车机	换车	推碰头	1.2×1	600	9.81	0.6	8		7.5	991	TK0612	昆明有色冶金设计研究院
垂直式钢绳推车机	换车	推碰头	2×1	600	12.75	0.63	12		13	4211	TK0622	昆明有色冶金设计研究院
垂直式钢绳推车机	换车	推碰头	1.1×1	600	9.81	0.7	6.6		7.5	2000	TK965	昆明有色冶金设计研究院
垂直式钢绳推车机	换车	推碰头	1.2×1	600	9.81	0.7	5.6		7.5	895	TK773	昆明有色冶金设计研究院
垂直式钢绳推车机	换车	推碰头	1.2×1	600	9.81	0.7	8		7.5	1231	TK795	昆明有色冶金设计研究院
水平式钢绳推车机	换车	推碰头	1.2×1	600	11.38	0.75	12.5		11	3522	13812	北京有色冶金设计研究总院
水平式钢绳推车机	换车	推碰头		600	4.76	1	18		5	2270	13488	北京有色冶金设计研究总院
垂直式钢绳推车机	换车	推　轴	0.7×1	600	8.34	0.65	4		6	719	13431	北京有色冶金设计研究总院
水平式钢绳推车机	换车		1.2×1	762	18.64	0.9	18.5		22	4710	13931	北京有色冶金设计研究总院
垂直式钢绳推车机	换车	推　轴	0.7×1	762	8.09	0.66	7		11	1273	06281	南昌有色冶金设计研究院
垂直式钢绳推车机	换车	推　轴	0.7×1	600	6.87	0.8	15		7.5	2090	241-CJ-26	广东冶金设计院
水平式钢绳推车机	换车	推碰头	1.07×1	600	8.24	0.75	4		7.5	1308	FJT08	苏州非金属矿山设计研究院
水平式钢绳推车机	换车	推碰头	1.07×1	600	8.24	0.75	4		7.5	1356	FJT10	苏州非金属矿山设计研究院
水平式钢绳推车机	换车	推碰头	2×1	762	9.81	0.8	8		11	2271	通用 CJ796	长沙有色冶金设计研究院
垂直式钢绳推车机	换车	推碰头	0.7×1	600		0.79	6		5.5	1753	通用 CJ992	长沙有色冶金设计研究院
链式推车机	换车	推碰头	1.2×2	600	8.82	1	6.5		18.5	3769	CBK100	长沙有色冶金设计研究院
气动推车机	换车	推　轴	0.7×2	762	9.76～14.6	0.65	7			1814	13720	北京有色冶金设计研究总院
气动推车机	换车	推　轴			7～10.4	0.75	4	ϕ150		750	13425	北京有色冶金设计研究总院
气动推车机	换车	推　轴	0.7×1	600	7～10.4		4	ϕ150		359	13429	北京有色冶金设计研究总院
垂直式钢绳推车机	换车	推碰头	0.7×2	600		0.53	8		5.5	2951	CBK131	长沙有色冶金设计研究院
垂直式钢绳推车机	调车	推碰头	0.7×11	600		0.57	8		11	2886	CBK132	长沙有色冶金设计研究院

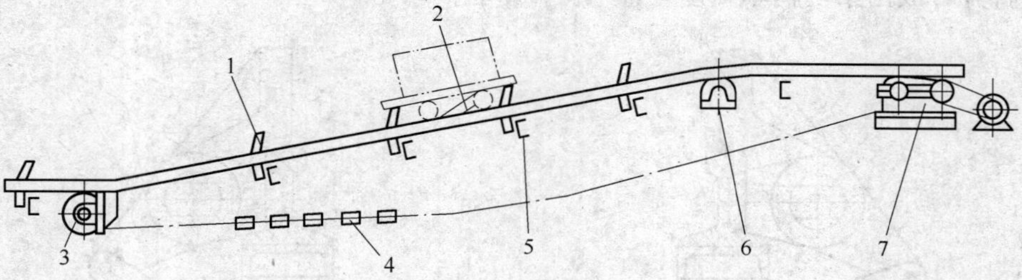

图 26-46 圆环链爬车机示意图

1—逆止器；2—爬车爪；3—尾轮装置；4—圆环链；5—主横梁；6—导向轮装置；7—驱动装置

作往复运动、效率较低、钢丝绳较易磨损、电动机经常要正反转。

部分设计研究院设计的钢绳爬车机的技术性能参数见表 26-35。煤炭系统编制了 pH 系列圆环链爬车机通用设计。爬车机链速 0.333m/s，爬高 1～3.6m，适用于 1t 和 1.5t 的矿车。

表 26-35 钢丝绳爬车机技术性能参数

轨距（mm）	600	600	600	600
矿车容积（m^3）	1.07	0.7		1.07
电动机功率（kW）	4	5	2.2	2.8
爬速（m/s）	0.88	0.5	0.65	0.52
爬角（°）	15	10	15	12
补偿高差（m）	3.72		2.2	3
水平距离（m）	24.14	6.8	11.5	
重量（kg）	2188	1804	1036	2100
图　号	3K0351	13419	131266	
资料来源	昆明有色冶金设计研究院	北京有色冶金设计研究总院	北京有色冶金设计研究总院	苏州非金属矿山设计研究院

26.6.3.3 线路阻车器[13]

阻车器是窄轨线路上的一种阻车设备，它能使运动着的矿车，停止在某一要求的位置上，如停止在翻车机、罐笼以及道岔的前面。冶金矿山安全规程规定，地表车场与井底车场进车侧，必须装设阻车器。因此它也是安全设备之一。

阻车器的形式：

按用途分：有单式阻车器、复式阻车器（又称限数阻车器）以及限速阻车器（又称制动器）；

按阻车方式分：有阻矿车车轮的、阻矿车碰头的以及阻矿车轮轴的三种；

按动力分：有气动的、电动的、手动的、液压的以及机械联动的四种。

单式阻车器的作用，仅用于使矿车停止定位。气动单式阻车器的结构（阻车轮）见图 26-47。复式阻车器除能使矿车停止定位外，还起分解车组的作用。使车组每次只向翻车机或罐笼供给一辆或两辆矿车。图 26-48 表示复式阻车器在自行启动坡度线路上的工作情况。位置Ⅰ：阻爪 1 关闭，阻爪 2 打开，阻住车组。位置Ⅱ：阻爪 2 关闭，阻住车组；

阻爪1打开，放出第一辆车。位置Ⅲ与位置Ⅰ相同。

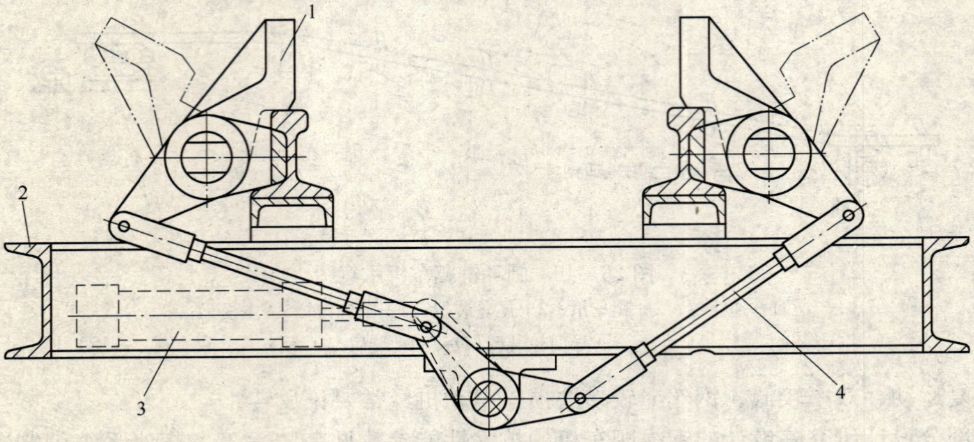

图 26-47 气动单式阻车器

1—阻爪；2—机架；3—气缸；4—连杆

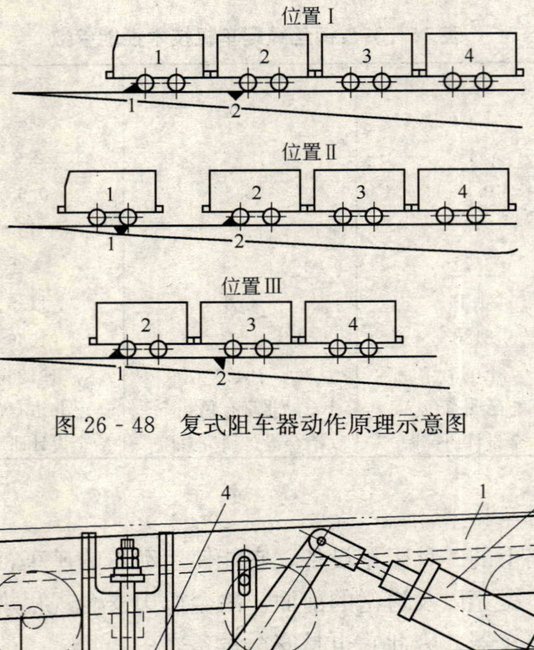

图 26-48 复式阻车器动作原理示意图

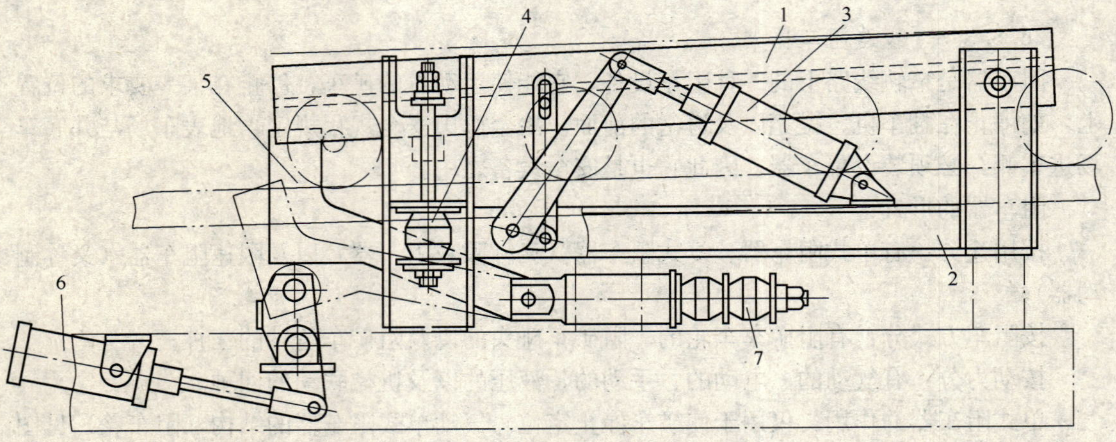

图 26-49 气动限速阻车器

1—限速板；2—限速器支架；3—气缸；4、7—橡胶弹簧；5—阻爪；6—气缸

表 26-36 线路阻车器技术性能参数

名 称	轨距（mm）	矿车容积（m³）	电机功率（kW）	气缸直径 ϕ（mm）	阻车方式	重 量（kg）	图 号	资料来源
电动单式阻车器	600	1.2，1.6	3		阻车轮	890	TK636	昆明有色冶金设计研究院
电动单式阻车器	600	1.6，2	3		阻车轮	1080	TK625	昆明有色冶金设计研究院
电动单式阻车器	600	1	2.2		阻车轮	1100	TK691.5	昆明有色冶金设计研究院
电动单式阻车器	600	1.2	2.2		阻车轮	1571	TK781.5	昆明有色冶金设计研究院
电动复式阻车器	600	1	1		阻车轮	950	TK0331	昆明有色冶金设计研究院
电动复式阻车器	600	1.6	2.5		阻车轮	1265	TK591	昆明有色冶金设计研究院
电动复式阻车器	600	1.2	2.2		阻车轮	1316	TK771.5	昆明有色冶金设计研究院
气动单式阻车器	600	1.2		100	阻车轮	718	13819	北京有色冶金设计研究总院
气动复式阻车器	600	1.2		100	阻车轮	1539	13818	北京有色冶金设计研究总院
气动单式阻车器	600	1.1		100	阻车轮	470	FJT01	苏州非金属矿山设计研究院
气动复式阻车器	600	1.1		100	阻车轮	730	FJT03	苏州非金属矿山设计研究院
气动复式阻车器	600	0.5，0.7，1.2		100	阻车轮	1081	通用 CJ990	长沙有色冶金设计研究院
气动复式阻车器	762	2		150	阻车轮	2383	通用 CJ797	长沙有色冶金设计研究院
气动复式阻车器	600	1.2		100	阻车轮	2075	CBK101	长沙有色冶金设计研究院
气动单式阻车器	600	1.2，0.75		100	阻车轮	731	CBK102	长沙有色冶金设计研究院

表 26-37 非标准设备价格指标

设 备 名 称	1986 年参考价格（元/吨）	设 备 名 称	1986 年参考价格（元/吨）
链式放矿闸门	3600～4800	气动推车机	4000～5800
指状放矿闸门	2800～3700	钢绳爬车机	4100～5000
扇形放矿闸门	3200～5500	链式爬车机	5800～6500
电动双车翻车机	3400～4100	手动阻车器	4400～6300
电动单车翻车机	3700～4500	气动阻车器	4700～6300
矿车翻车架	3150～3900	电动阻车器	3900～5100
电动钢绳推车机	4300～5000	振动出矿机	3950～5100

注：1. 表中以单台生产估计价格；
2. 单台设备重量大取小值；
3. 已有专门厂家生产的定型产品，不按上表价格；
4. 影响非标准设备价格的因素很多，上表仅供估价时参考。

限速阻车器的作用，是降低矿车速度，并随即停止定位。其作用类似单式阻车器。但它可以容许矿车有较大的临近速度。图 26-49 为限速阻车器的一种，实质上它是由一个阻轮轴的气动单式阻车器与一个限速器组合而成。制动时，限速板落下，与车轮踏面相摩擦，矿车逐渐减速。同时阻爪抬起，阻挡轮轴，矿车被阻停止。当阻爪落下，限速板升起，便放出矿车。

阻矿车车轮形式的阻车器结构简单，阻车可靠，应用较多。阻矿车碰头形式的阻车器，矿车受力状态较好，但阻爪是否抬起较难觉察。阻轮轴形式的阻车器，阻爪起落不易观察，轮轴承受冲击易损坏。阻车器动力以气动较多，电动、电液推杆传动、手动、机械联动都有应用，液压传动少见。

部分设计研究院设计的阻车器的技术性能参数见表 26 - 36。

26.6.4 运输辅助设备的估价

表 26 - 37 列出部分非标准设备价格估算指标，以供参考。

参 考 文 献

1 黎佩琨主编，矿山运输与提升，冶金工业出版社，1984，第 37～80 页

2 黄献珊编，建井提升运输设备，煤炭工业出版社，1987，第 50 页

3 李树森编著，矿井轨道运输，煤炭工业出版社，1986，第 34～44 页、第 277～283 页、第 324～328 页

4 冶金矿山设计参考资料编写组编，冶金矿山设计参考资料，冶金工业出版社，1974，第 89～168 页

5 A. C. krüger，Leoben，*Berg und Hüttenmänmännische Monatshefte Vereinigt mit Montan Runclschau*，129 *Jahrgang*，*August*，1984，*Heft* 8，*Seit* 251～286，*probleme und Aussichten des Kleinbergbanes in der internationalen Diskassion*

6 《采矿设计手册》编委会，采矿设计手册矿山机械卷，中国建筑工业出版社，1988

7 南昌矿山机械研究所主编，地下矿用无轨自行设备，机械工业出版社，1986，第 193～256，257～286 页

8 冶金工业部，冶金矿山安全规程，冶金工业部 1980 年

9 B. B. Гущиин *и д• р*，*Поточная Технология Путь к интенсйфйкации подземнои разработки ру д них месторож д ени и*，《*Горньle Журна∧*》. 1981. №6. p. 28

10 美国采矿工程师协会 A. B. 卡明斯 I. A. 吉文，采矿工程师手册（3），冶金工业出版社，1982 年，第 311～321 页

11 苏联 Г. Я. 佩萨霍维奇等著，吴锦甫等译，矿井运输手册，煤炭工业出版社，1983，第 326～352 页

12 陈俊彦，卜英勇，王妙钦编，地下矿山无轨开采及设备，冶金工业出版社，1986，第 1～9、103～106、215～232 页

13 北京有色冶金设计院等合编，冶金矿山采矿设备设计，冶金工业出版社，1977，第 9 页、第 14 页、第 211～215 页、第 313～360 页、第 562 页

第 27 章 矿　井　提　升

27.1 概　　述

矿井提升是用一定的装备沿井筒运出矿石、废石以及升降人员、材料和设备等的运输环节。按提升物料采取的方式可分为两大类：一类是有绳提升（钢丝绳提升），一类是无绳提升（如带式输送机提升、水力提升和气力提升等）。因目前矿山广泛使用的是钢丝绳提升，所以本章仅阐述这类提升。

27.1.1　矿井提升设备的组成

矿井提升设备主要组成部分有：提升容器、提升钢丝绳、提升机（包括拖动装置）、井架和天轮，以及装卸载等附属装置[1,2]。

图 21 - 1*a* 是竖井单绳缠绕式双罐笼提升系统示意图。启动提升机 1 可将井底车场（或中间水平车场）载有重矿车的罐笼 5 提至井口车场，同时将井口车场载有空矿车的罐笼下放至车底车场，如此反复，完成提升任务。图 27 - 1*b* 是竖井多绳摩擦式单箕斗提升系统示意图。

27.1.2　矿井提升设备的分类[1,2]

（1）按井筒倾角分：竖井提升设备，斜井提升设备。

（2）按提升容器类型分：罐笼提升设备（图 27 - 1*a*），箕斗提升设备（图 27 - 1*b*），箕斗 - 罐笼提升设备，凿井时有吊桶提升设备，斜井还有串车提升设备。

（3）按提升用途分：主提升设备（专门或主要提升矿石的，一般也称主井提升设备），副提升设备（提升废石、升降人员、运送材料和设备等，一般也称副井提升设备）和辅助提升设备（如天井电梯、检修提升等）。

（4）按提升机类型分：单绳缠绕式提升设备（图 27 - 1*a*），它又有单卷筒和双卷筒之分；多绳缠绕式提升设备，即用布雷尔（Blair）提升机（见图 27 - 5）；单绳摩擦式提升设备（现已不生产）；多绳摩擦式提升设备（图 27 - 1*b*）。

（5）按提升容器个数分：单容器提升设备（带平衡锤，见图 27 - 1*b*），双容器提升设备（图 27 - 1*a*）。

（6）按提升系统的平衡状态分：不平衡提升设备（图 27 - 1*a*），静力平衡提升设备（图 27 - 1*b*）。

（7）按拖动类型分：交流提升设备，直流提升设备。

27.1.3　矿井提升设备的技术改造与发展趋势

为了使矿井提升设备不断适应生产发展的需要，一方面应对现有提升设备进行技术改造，挖掘潜力；另一方面，应分析研究提升设备的发展趋势，设计并制造新型的更加现代化的提升设备。

对现有提升设备进行技术改造，国内外均有丰富的实践经验。例如，以钢丝绳罐道或金属组合罐道代替木质或钢轨罐道；提升容器以轻金属代替部分钢结构；提高提升速度；加长箕斗尺寸，将翻转式改为底卸式等等。也有将缠绕式提升系统改建为落地式多绳摩擦

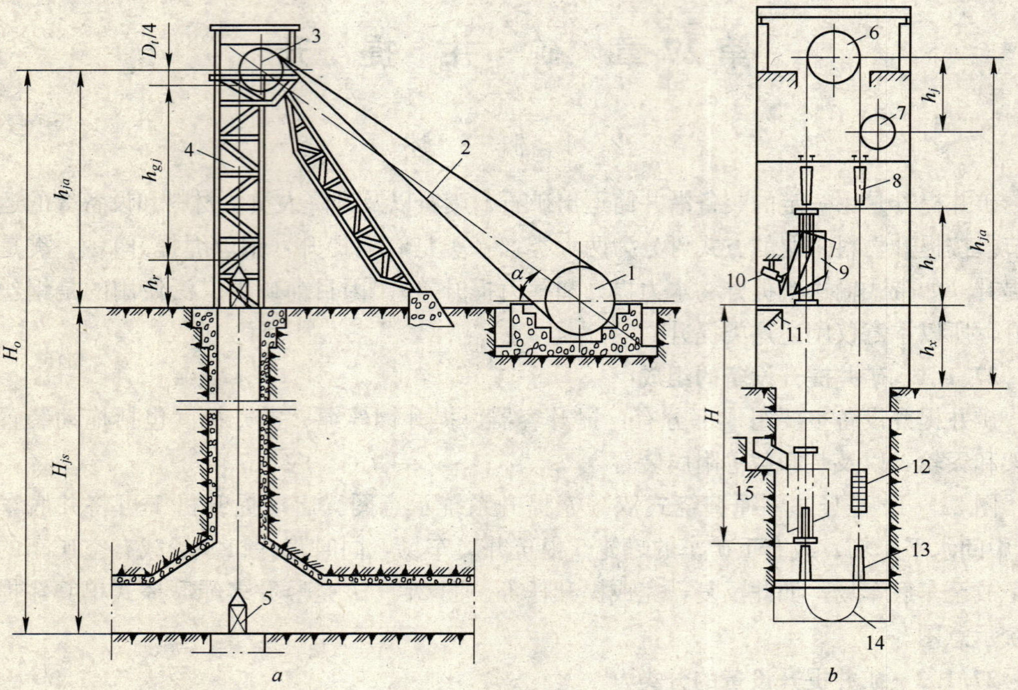

图 27-1　提升系统示意图

a—单绳缠绕式双罐笼提升；b—多绳摩擦式单箕斗提升

1—缠绕式提升机；2—提升钢丝绳；3—天轮；4—井架；5—罐笼；6—多绳摩擦式提升机；7—导向轮；8—井口楔形罐道；9—箕斗；10—卸载装置；11—地面矿仓；12—平衡锤；13—井底楔形罐道；14—尾绳；15—装载装置；

h_{ja}—井架（井塔）高度；h_r—容器全高（包括连接装置）；h_{gj}—过卷高度；D_t—天轮直径；H_{js}—井深（即图 27-1b 中的提升高度 H）；H_o—钢丝绳悬垂高度；h_j—主导轮与导向轮中心的垂直距离；h_x—箕斗卸矿高度（包括地面矿仓高度和箕斗框底对矿仓面的超高部分）

式提升系统的例子。

我国对现有提升设备的技术改造方案是很多的，值得提出的是多绳三天轮提升系统，如图 27-2 所示[3]。原提升系统为单绳缠绕式，提升容器是单层罐笼。由于产量增大，只能改用双层罐笼。为了能利用原有提升机，在原井架天轮平台下面增设一个平台。在此平台上安设一个多绳用的平衡轮。四根钢丝绳绕过此平衡轮，其两端分别与两容器相连。两容器下端挂有尾绳。新系统把单绳与多绳结合起来，习惯上称多绳用的平衡轮为天轮，所以新系统定名为“三天轮提升系统”。此系统有如下特点：一是用多绳解决原提升机最大静张力不足和原钢丝绳直径偏小的问题；二是用加尾绳的办法解决原提升机最大静张力差不足的问题；三是在多绳平衡轮上增设盘式制动器，提高了设备的安全性，取消了防坠器。

对现有提升设备技术改造的另一方案是将单绳缠绕式提升系统改为双绳缠绕式提升系统。它是把原来的每个卷筒均用隔板分成两部分，每部分都缠一根钢丝绳（相当于国外的布雷尔提升机），双绳经平衡装置接到一个容器上。这样改装，应检验原提升机的最大静张力和最大静张力差是否符合要求。

矿井提升设备总的发展趋势是继续发展多绳摩擦式提升设备，并向体积小、重量轻、结构简单与高度自动化方向发展。目前国外多绳摩擦式提升机的最大直径已达 9m，绳数达 10 根，一次提升量达 50t，最大速度达 25m/s，单机最大功率达 14573kW[4]。落地式多绳摩擦式提升机，因其具有基建费用低和抗震条件较好等优点，在气候和地形条件适宜的地方得到了发展。在斜井和露天斜坡提升中，多绳摩擦式提升机也得到了应用。除了多绳摩擦式提升机之外，为了适应超深井提升的要求，南非发展了布雷尔多绳缠绕式提升机，其提升高度已达 2440m。

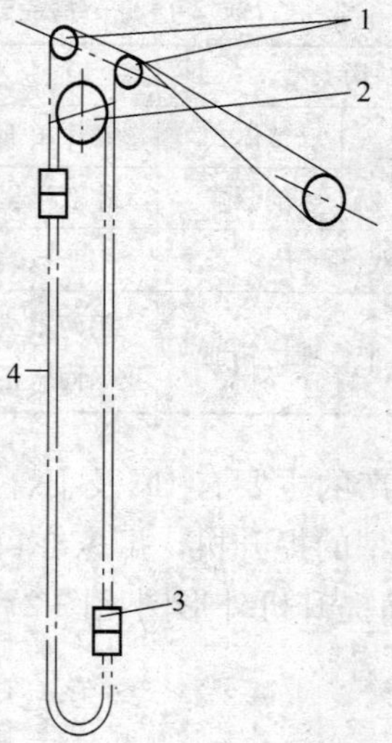

图 27-2 多绳三天轮提升系统示意图
1—单绳天轮；2—多绳平衡轮；3—罐笼；4—尾绳

在无绳提升设备中，较有希望的是水力提升、气力提升和带式输送机提升。水力提升是以地下破碎和磨矿为基础的，井深超过 500m 才有经济意义。因其消耗的水量很大，故水力提升不是对所有矿井地质条件都是有利的。气力提升是矿井提升的一个崭新领域，虽然能耗高（多容器气力提升比钢丝绳提升高 25%），但是提升量大，总投资和运转费用均较小，可适用于任何深井提升。目前气力提升有些理论问题尚未完全解决，某些结构设计还不够完善，有待今后进一步研究解决，是发展的一个潜在方向[4,5]。带式输送机在斜井提升中，国内外都早有应用，在竖井提升中还是新的发展，联邦德国一公司制造的“弯曲槽”胶带输送机，可在 500m 深的竖井中满意的运行。美国一石灰石矿使用一条“弯曲槽”胶带输送机，带宽 1.6m，速度 2.3m/s，小时生产能力达 1000t[6]。

27.2 矿井提升机及其应用范围

矿井提升机由于使用条件的差异，它们的类型和使用范围都各不相同。一般可分为缠绕式与摩擦式两类。根据我国矿山机械名词术语标准，卷筒直径大于和等于 2m 的称为矿井提升机，小于 2m 的称为矿井提升绞车。

27.2.1 缠绕式提升机

缠绕式提升机是把钢丝绳的一端固定并缠绕在提升机卷筒上，另一端绕过天轮连接在提升容器上，当卷筒的转动方向不同时，将钢丝绳缠上或放出。

27.2.1.1 缠绕式提升机分类、特点与技术参数

缠绕式提升机的分类和使用特点见表 27-1。

表 27-1　缠绕式矿井提升机的分类及使用特点

分类	结构类型		使用特点
单绳缠绕式	单卷筒	整体式	常作单端提升及带平衡锤的双端提升
		剖分式	作双端提升，我国不生产
	双卷筒		用于双端提升，便于调节两容器的相对位置
多绳缠绕式	共轴、平行轴、斜轴		用两根或两根以上的钢丝绳同时提升一容器。提升能力较大，安全性好，我国尚未正式生产

我国目前生产的主要有JK及JK-A型。JK型矿井提升机的技术参数见表27-2[7]。如用户需用更大型的提升机，厂家亦可生产。

JK系列双筒提升机外形图见图27-3。

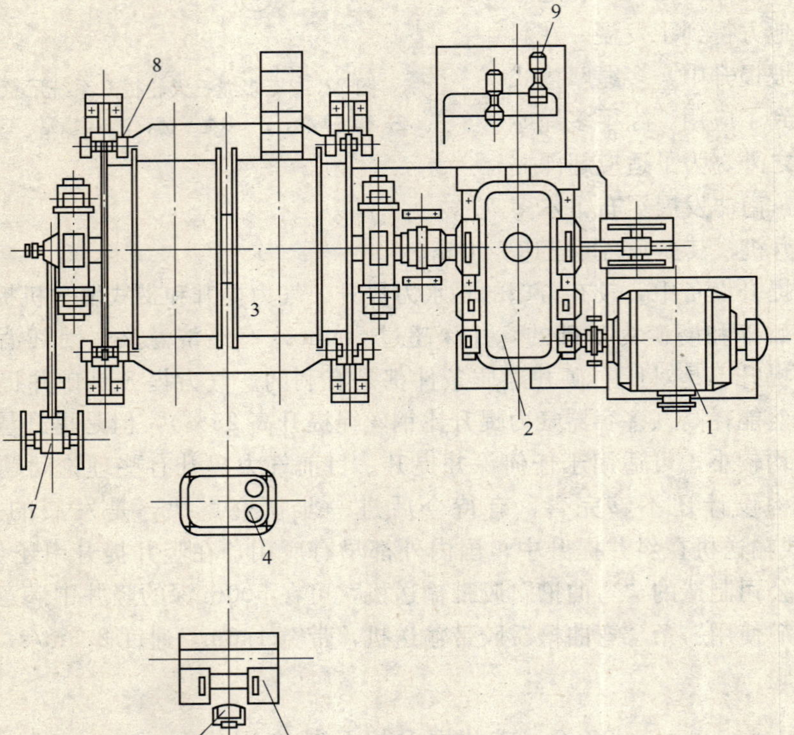

图 27-3　JK系列双筒提升机外形图

1—电动机；2—减速器；3—主轴装置；4—液压站；5—操纵台；6—司机坐椅；7—深度指示器；8—盘式制动器；9—润滑油站

近年来，JK型矿井提升机在结构和参数上有一系列较大的变动，改进后的型号为JK-A。其技术参数见表27-3。

JK-A型在结构上的主要改动有：

(1) 主轴承由滑动的改为滚动的。

表 27-2 JK 系列 2～5m 矿井提升机技术参数

提升机型号	卷筒			钢丝绳			最大提升高度或拖运长度(m)				钢丝绳最大速度(m/s)	减速器及传动比		电动机		外形尺寸(长×宽×高)(m)	机器总重(不包括电气设备)(kg)	机器旋转部分变位质量(不包括电机)(kg)
	数量(个)	直径(mm)	宽度(mm)	最大静张力(kN)	最大静张力差(kN)	最大直径(mm)	一层	二层	三层	四层				最大近似功率(kW)	转速(r/min)			
2JK-2/11.5											6.55		11.5	300	720			7000
2JK-2/20	2	2000	1000	60	40	26	180	388	610	840	5,3.7	ZHLR-115	20	230,170	960,720	9.5×9×3.5	27300	7200
2JK-2/30											3.3,2.5		30	153,115	960,720			8200
JK-2/11.5					60						6.55		11.5	453	720			5520
JK-2/20	1	2000	1500	60	①	26	266	540	800		5,3.7	ZHLR-115	20	348,266	960,720	9×9×3.5	23100	6080
JK-2/30					40						3.3,2.5		30	207,174	960,720			6950
2JK-2.5/11.5											8.2,6.6,5.5		11.5	520,420,350	720,580,480			11000
2JK-2.5/20	2	2500	1200	90	55	31	223	502	785		4.7,3.8	ZHLR-130	20	300,240	720,580	10×9.5×3.5	37000	11500
2JK-2.5/30											3.14,2.5		30	197,160	720,580			12000
JK-2.5/11.5					90						8.2,6.6,5.5		11.5	850,687,575	720,580,480			11400
JK-2.5/20	1	2500	2000	90	①	31	402	810	1285		4.7,3.8	ZHLR-150	20	487,394	720,580	10×9.5×3.5	37300	13100
JK-2.5/30					55						3.14,2.5		30	320,260	720,580			13600
2JK-3/11.5											10,8,6.6		11.5	924,740,610	720,580,480			16300
2JK-3/20	2	3000	1500	130	80	37	289	640	1010		5.6,4.5	ZHLR-150	20	517,415	720,580	11×10×3.5	53100	17000
2JK-3/30											3.7,3		30	342,277	720,580			17560

续表 27-2

提升机型号	卷筒			钢丝绳			最大提升高度或拖运长度(m)				钢丝绳最大速度(m/s)	减速器及传动比		电动机		外形尺寸(长×宽×高)(m)	机器总重(不包括电气设备)(kg)	机器旋转部分变位质量(不包括电机)(kg)
	数量(个)	直径(mm)	宽度(mm)	最大静张力(kN)	最大静张力差(kN)	最大直径(mm)	一层	二层	三层	四层				最大近似功率(kW)	转速(r/min)			
2JK-3.5/11.5											11.4,9.25,7.65	ZHLR-170Ⅳ	11.5	1510,1225,1025	720,580,480	13.5×12×3.55	74000 95000	23490 29700
2JK-3.5/15.5	2	3500	1700	170	115	43	336	745			8.5,6.85,5.67	ZHD_2R-180(双机拖动)	15.5	1125,910,755	720,580,480	13.5×11×3.55	74000	25600
2JK-3.5/20											6.6,5.3,4.4	ZHLR-170Ⅲ	20	875,725,535				24500
2JK-4/10.5											11.6,9.6	ZHD_2R-180(双机拖动)	10.5	1675,1385	580,480	13.5×13×3.55	102000	30000
2JK-4/11.5	2	4000	1800	180	125	47.5	351	753			10.5,8.7,		11.5	1515,1255	580,480			30800
2JK-4/20											6.1,5.1	ZLR-200	20	880,725	580,480	14.5×13×3.55	95000	31800
2JK-5/10.5											11.95	ZD-2×220	10.5	2200	480			50050
	2	5000	2300	230	160	52	565									10×12×3.55	17500	
2JK-5/11.5											10.95	(双机拖动)	11.5	2000	480			49000

注:1. 型号的符号意义,如2JK-2.5/11.5:2为双筒,"J"指"卷扬机","K"指"矿井",2.5为卷筒名义直径(m),11.5为减速器名义传动比;

2. 表中电动机最大近似功率计算时,传动效率取η=0.85。其中①者如为双钩提升,应另计算;

3. 钢丝绳的允许最小的出绳角,单、双筒提升机的下出绳角为15°,上出绳角为0°;

4. 选用本系列产品时尚应注意:(1)产品另配有动力制动和低频微拖两种控制方式,选用时应加说明。(2)2m和2.5m的单、双筒提升机的卷筒,具有整体和两半卷筒的形式,应加区别。(3)3.5m、4m和5m双筒提升机配有单机和双机两种减速器,如主电机功率超过1000kW时,则必须采用双电机拖动。

表 27-3 JK-A 型单绳缠绕式矿井提升机技术参数(洛阳矿山机器厂)

机器型号	卷筒				钢丝绳			提升高度或长度 绳槽/木衬(m)			最大提升速度(m/s)	减速器		电动机		旋转部分变位质量(除电动机和天轮)(t)	机器外形尺寸:长×宽×高(不包括电机尺寸)(m)	机器重量(除电控设备和电动机)绳槽/木衬(t)
	个数	直径(m)	宽度(m)	两卷筒中心距(m)	最大静张力(kN)	最大静张力差(kN)	最大直径(mm)	一层缠绕	二层缠绕	三层缠绕		型号	传动比	最大功率计算值(kW)	转速(r/min)			
JK-2/20A	1	2	1.5		60	60	24.5	275/306	613/669	996/1044	5.11,3.82	PTH800(2)	20	326,244	975,730	10.14	10.4×8.7×2.9	34.89/33.76
JK-2/30A											3.40,2.55		30	218,163	975,730	11.09		
JK-2.5/20A	1	2.5	2		90	90	31	386/403	803/843	1253/1324	4.78,3.80	PTH1000(2)	20	458,364	730,580	21.39	13×9.7×2.9	54.77/53.82
JK-2.5/30A											3.19,2.53		30	306,243	730,580	20.67		
JK-3/20A	1	3	2.2		130	130	37	431/460	894/930	1395/1460	5.73,4.66,3.81	PTH1250(2)	20	794,631,528	730,580,485	28.28	13.5×10.5×2.9	77.06/74.74
2JK-2/11.5A	2	2	1	1.09	60	40	24.5	164/177	357/397	573/628	6.65	PTH710(2)	11.5	283	730	10.01	12.7×9.5×2.9	37.71/36.46
2JK-2/20A											5.11,3.82		20	218,163	975,730	11.40		
2JK-2/30A											3.40,2.55		30	145,109	975,730	11.94		
2JK-2.5/11.5A	2	2.5	1.2	1.29	90	55	31	205/215	435/460	700/745	8.31,6.60,5.52	PTH900(2)	11.5	487,387,324	730,580,485	17.66	13.9×9.5×2.9	54.98/53.20
2JK-2.5/20A											4.78,3.80		20	280,223	730,580	20.71		
2JK-2.5/30A											3.19,2.53		30	187,148	730,580	23.64		
2JK-3/11.5A	2	3	1.5	1.59	130	80	37	262/282	551/596	875/955	9.97,7.92,6.62	PTH1000(2)	11.5	850,675,565	730,580,485	27.23	14.5×10.0×2.9	74.11/70.89
2JK-3/20A											5.73,4.56		20	489,348	730,580	27.94		
2JK-3/30A											3.82,3.04		30	326,259	730,580	27.44		
2JK-3.5/11.5A	2	3.5	1.7		170	115	43	310/329	648/690		11.63,9.24,7.73	PTH1250(2)	11.5	1426,1136,947	730,580,485	30.94		99.6/96
2JK-3.5/20A											6.69,5.31,4.44		20	820,651,545	730,580,485	34.40		
2JK-4/11.5A	2	4	2.1		210	140	47.5				10.36,8.83		11.5	1576,1318	580,485			
2JK-4/20A											6.07,5.08		20	906,758	580,485			
2JK-5/11.5A	2	5	2.3		260	180	52				13.20,11.04		11.5	2533,2118	580,485			

(2) 调绳离合器由轴向齿轮式改为径向齿块式。

(3) 除有带木衬的整体焊接的卷筒外，还增加了带木衬的两半装配式和不带木衬而在卷筒上直接车出绳槽的两半装配式的两种，由用户任选。

(4) 制动盘由焊接式改为因卷筒结构不同而不同的三种形式，由用户任选。

(5) 主轴与卷筒的连接由切向键，精制铰孔螺栓等形式改为无键过盈连接及高强度螺栓摩擦连接。

(6) 制动器由油缸前置的整体式改为油缸后置的分离式。

(7) 减速器改为平行轴中硬齿面渐开线齿轮或硬齿面行星齿轮，由用户任选。

(8) 将蛇形弹簧联轴器改为弹性棒销联轴器。

(9) 液压制动系统改为液压延时二级制动。

(10) 润滑油泵改为叶片泵。

(11) 增加了机械限速器。

(12) 增加了负荷和提升次数的自动计量等。

目前生产矿井提升绞车的厂家较多，品种繁杂，但其结构形式大同小异。现仅介绍较新的 JTP 及 JTK 两种型号的提升绞车，技术参数见表 27 - 4。

JTK 型与 JTP 型绞车主要不同点在于前者为块式制动器，后者为盘式制动器，可以根据矿山具体条件及维修水平来选用。

JTP 型绞车的总图见图 27 - 4。

表 27 - 4 JTP 及 JTK 型提升绞车技术参数（锦州矿山机械厂）

型号	容绳量 (m)	载荷（kN）		卷筒			传动比	钢丝绳			配套电机		外形尺寸 长×宽×高 (mm)	重量 (kg)
		最大静张力	最大静张力差	个数	直径 (mm)	宽度 (mm)		直径 (mm)	速度 (m/s)	缠绕层数	功率 (kW)	转速 (r/min)		
JTP - 1.2	660	30		1	1200	1000	24	20.5	2.5 1.84	4	75 55	980 730	4630×4300 ×1450	7000
2JTP - 1.2	520	30	20	2	1200	800	24	20.5	2.5 1.84	4	55 40	980 730	5480×4300 ×1450	8000
JTP - 1.6	880	45		1	1600	1200	20	24.5	4 3.06 2.45	4	185 130 115	980 730 585	5826× 4600× 1925	11000
2JTP - 1.6	640	45	30	2	1600	900	20	24.5	4 3.06 2.45	4	130 95 80	980 730 585	6671× 4600× 1925	12000
JTK - 1.2	650	30		1	1200	1000	24	20.5	2.5 1.84	4	75 55	980 730	4721×3047 ×2063	7300
2JTK - 1.2	500	30	20	2	1200	800	24	20.5	2.5 1.84	4	55 40	980 730	5421×3047 ×2063	8630
JTK - 1.6	900	45		1	1600	1200	20	24.5	4 3.06 2.45	4	185 130 115	980 730 585	5876× 3836× 2063	11730
2JTK - 1.6	650	45	30	2	1600	900	20	24.5	4 3.06 2.45	4	130 95 80	980 730 585	6456× 3836× 2063	14610

注：配套电机的电压均为 380V。

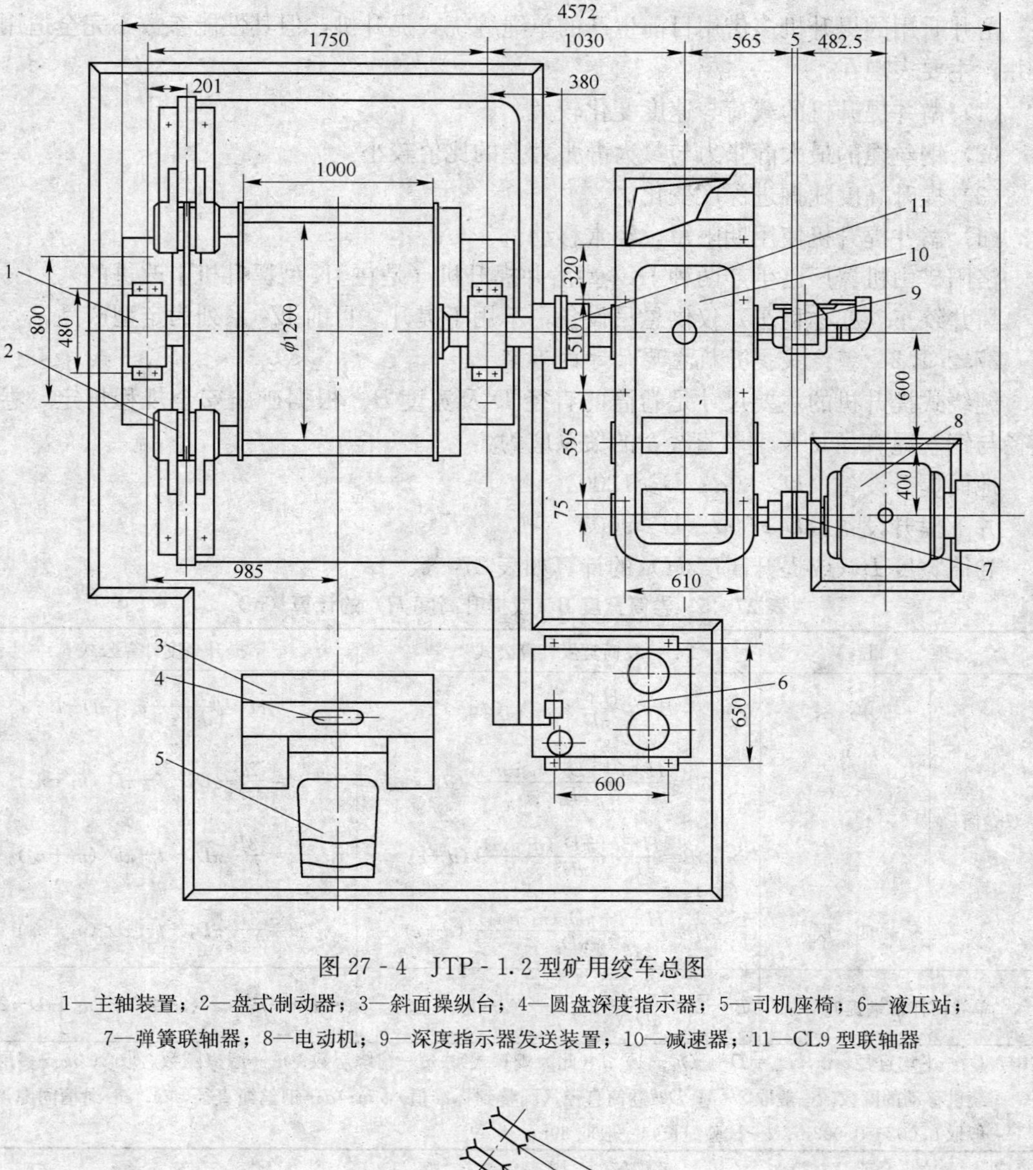

图 27 - 4　JTP - 1.2 型矿用绞车总图

1—主轴装置；2—盘式制动器；3—斜面操纵台；4—圆盘深度指示器；5—司机座椅；6—液压站；7—弹簧联轴器；8—电动机；9—深度指示器发送装置；10—减速器；11—CL9 型联轴器

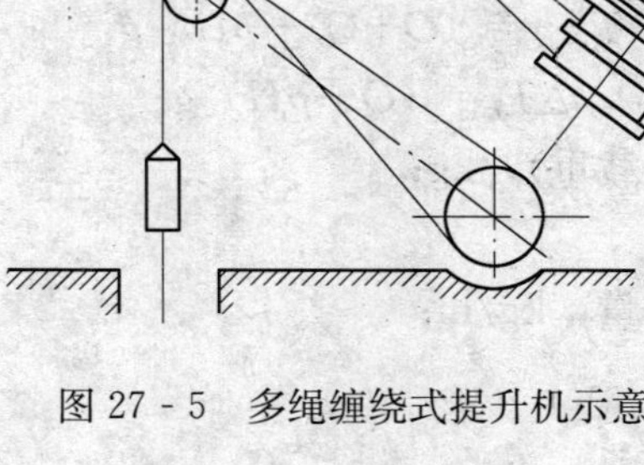

图 27 - 5　多绳缠绕式提升机示意图

除上述外，重庆矿山机器厂还生产 GKT 系列的提升机和绞车。

我国无正式生产的多绳缠绕式提升机。其示意图见图 27 - 5。

凿井时用的提升机多借用目前生产的单绳缠绕式提升机，但其性能参数不完全适用于凿井，主要表现在：

（1）凿井提升机的载荷与速度变化较大。

（2）钢丝绳的最大静张力与最大静张力差的比值较小。

（3）提升高度随掘进深度变化。

（4）凿井提升机使用期限短，经常移动。

洛阳矿山机器厂已生产两种 JKZ 型凿井提升机（是在 JK 型提升机上改进的）。

凿井绞车（亦称稳车）仅供悬吊设备，不用于提升。目前 JZ_2 系列为定型产品。

27.2.1.2　缠绕式提升机主要尺寸的确定

缠绕式提升机的主要尺寸是卷筒的直径 D 及宽度 B。根据矿山安全规程规定，卷筒直径与钢丝绳直径 d 及钢丝直径 δ 的关系应为：

地面提升设备：$D \geqslant 80d$；$D \geqslant 1200\delta$

井下提升设备：$D \geqslant 60d$；$D \geqslant 900\delta$

卷筒宽度 B（或提升高度 H）的计算如表 27 - 5。

表 27 - 5　卷筒宽度 B（或提升高度 H）的计算（m）

项　目		卷筒宽度计算公式	提升高度计算公式
双卷筒	单　层	$B=\left(\frac{H+l}{\pi D}+n_1\right)(d+\varepsilon)$	$H=\left(\frac{B}{d+\varepsilon}-n_1\right)\pi D-l$
	二　层	$2B=\frac{H+l+\pi D(n_1+n_0)}{\pi D_p}(d+\varepsilon)$	$H=\frac{2B}{d+\varepsilon}\pi D_p-l-\pi D(n_1+n_0)$
	三　层	$3B=\frac{H+l+\pi D(n_1+n)}{\pi D_p}(d+\varepsilon)$	$H=\frac{3B}{d+\varepsilon}\pi D_p-l-\pi D(n_1+n_0)$
	四　层	$4B=\frac{H+l+\pi D(n_1+n_0)}{\pi D_p}(d+\varepsilon)$	$H=\frac{4B}{d+\varepsilon}\pi D_p-l-\pi D(n_1+n_0)$
单卷筒作双端提升		$B=\left[\left(\frac{H+2l}{\pi D}+2n_1\right)+(2\sim3)\right](d+\varepsilon)$	$H=\left[\frac{B}{d+\varepsilon}-(2\sim3)-2n_1\right]\pi D-2l$

式中：D_p—平均直径，m，$D_p=D+(n_c-1)d$（此为概算式）；n_c—缠绕层数；n_1—摩擦圈数，取 3；n_0—多层缠绕供移动的圈数，一般取 2～4；D—卷筒直径（圆整到标准值），m；d—钢丝绳直径，m；ε—绳槽间隙，一般取 0.002～0.003m；l—试验绳长，一般取 30m。

根据计算出的 D 与 B，选择标准提升机，并验算所选提升机的最大静张力与最大静张力差是否满足要求。

最大静张力为：　　$T_{j\max}=(Q+Q_r+pH)g$

最大静张力差为：　　$\Delta T_j=(Q+pH)g$

式中　Q——一次提升量（容器载重），kg；

Q_r——容器自重，kg；

p——钢丝绳每米长度重量，kg/m；

H——提升高度，m；

g——重力加速度，m/s^2；

$T_{j\max}$——最大静张力，N；

ΔT_j——最大静张力差，N。

27.2.2 摩擦式提升机

摩擦式提升机与缠绕式提升机不同，它是靠钢丝绳与摩擦衬垫间的摩擦力进行传动。提升容器悬挂在钢丝绳的两端。

27.2.2.1 摩擦式提升机的分类、特点与技术参数

摩擦式提升机的分类及使用特点见表 27 - 6。

表 27 - 6 摩擦式提升机的分类及使用特点

分类			使用特点
单绳摩擦式提升机①			现已少用，我国不生产
多绳摩擦式提升机	塔式	4，6 绳及以上	绳在塔内，不受大气影响；工业广场布置较紧凑；塔的造价高；不宜工作于地震区
	落地式	2，4 绳	与塔式相反

①也称戈培式（Koepe）。

JKM 多绳摩擦式提升机的技术参数见表 27 - 7。

JKD 型多绳摩擦式提升机的技术参数见表 27 - 8。

表 27 - 7 JKM 型多绳摩擦式提升机技术参数（洛阳矿山机器厂）

机器型号	总图号	主导轮直径（m）	导向轮直径（m）	钢丝绳最大直径 有导向轮（mm）	钢丝绳最大直径 无导向轮（mm）	钢丝绳根数	钢绳最大静张力（kN）	钢绳最大静张力差（kN）	钢绳间距（mm）	最大提升速度（m/s）	重量（t） 最大不可拆件重	重量（t） 机器总重量
JKM - 1.85/4（Ⅰ）	125C	1.85			23	4	204	60	200	9.7	6.17	29.3
JKM - 1.85/4（Ⅱ）	137	1.85			23	4	204	60	200	9.7	6.96	34.0
JKM - 2/4（Ⅰ）	124C	2			25	4	244	60	200	10.5	6.37	29.5
JKM - 2/4（Ⅱ）	138	2			25	4	244	60	200	10.5	7.16	34.0
JKM - 2.25/4（Ⅰ）	127C	2.25	2	22.5	28	4	210/244①	60	200	11.8	7.14	30.3
JKM - 2.25/4（Ⅱ）	139	2.25	2	22.5	28	4	210/244①	60	200	11.8	13.1	35.4
JKM - 2.8/4（Ⅰ）	128C	2.8	2.5	28		4	300	90	300	11.8	13.6	49.2
JKM - 2.8/4（Ⅱ）	133C	2.8	2.5	28		4	300	95	300	11.8	19.8	54.9
JKM - 3.25/4（Ⅰ）	129C	3.25	3	32.5		4	450	140	300	12	18.3	64.9
JKM - 3.25/4（Ⅱ）	130C	3.25	3	32.5		4	450	140	300	12	18.6	64.4
JKM - 2.8/6（Ⅰ）	134C	2.8	2.5	28		6	529	150	250	14.75	19.8	67.3
JKM - 2.8/6（Ⅱ）	136	2.8	2.5	28		6	529	150	250	14.75	22.6	71.7
JKM - 2.8/6（Ⅲ）	143	2.8	2.5	28		6	529	150	250	14.75	22.6	46.3
JKM - 4/4（Ⅰ）	132C	4	3	39.5		4	600	180	300	14	31.0	83.5
JKM - 4/4（Ⅱ）	140	4	3	39.5		4	600	180	300	14	32.0	95.3
JKM - 4/4（Ⅲ）		4	3.2	39.5		4	750	180	300	14	46	70.1
JKM - 3.5/6（Ⅲ）	135	3.5	3	35		6	800	230	250	14	28.6	55.6

注：机器型号后加（Ⅰ）表示弹簧基础减速器；
（Ⅱ）表示刚性基础减速器；
（Ⅲ）表示无减速器。

① 分子是指有导向轮时的最大静张力；分母是指无导向轮时的最大静张力。

表 27-8 JKD多绳摩擦式提升机的技术参数（上海冶金矿山机械厂）

名称	单位	型号								
		JKD-1.85×4	JKD-2×4	JKD-2.25×4	JKD-2.8×4	JKD-2.8×6	JKD-3.25×4	JKD-4×4	JKD-4×6	JKD_2-4×6
主导轮直径	m	1.85	2	2.25	2.8	2.8	3.25	4	4	4
钢绳根数		4	4	4	4	6	4	4	6	6
钢绳最大静张力差：										
带导向轮	kN			65	100	140	130	180	200	270
无导向轮		65	65	70						
钢绳最大静张力：										
带导向轮	kN			215	335	485	450	700	950	1030
无导向轮		220	250	310						
钢绳最大直径：										
带导向轮	mm			22	28	28	32	39.5	39.5	39.5
无导向轮		23	24	28						
钢绳间距	mm	200	200	200	250	250	300	300	300	300
最大提升速度	m/s	7.78	10	10	10	11.95	14	12	11.75	14
导向轮直径	m			2	2.5	2.5	3	3.2	3.2	3.2
重量（不包括电器）	t	17.4				50		72	91	

JKMD落地式多绳摩擦式提升机的技术参数见表27-9。

表 27-9 JKMD型落地式多绳提升机技术参数

机器型号	主导轮直径（m）	天轮直径（m）	钢丝绳				最大提升速度（m/s）	钢丝绳仰角（°）
			最大静张力（kN）	最大静张力差（kN）	最大直径（mm）	间距（mm）		
JKMD-2.25×2	2.25	2.25	105	25	22	300	10	50～90
JKMD-2.8×2	2.8	2.8	165	45	28	300	10	50～90
JKMD-2.8×4	2.8	2.8	335	95	28	300	10	50～90
JKMD-3.5×2	3.5	3.5	265	70	35	300	10	50～90
JKMD-3.5×4	3.5	3.5	525	140	35	300	13	50～90
JKMD-4×2	4	4	340	95	39.5	350	12	50～90
JKMD-4×4	4	4	630	180	39.5	350	14	50～90
JKMD-4.5×4	4.5	4.5	900	220	45	350	14	50～90
JKMD-5×4	5	5	1070	270	50	350	14	50～90
JKMD-5.5×4	5.5	5.5	1300	340	55	350	14	50～90
JKMD-6×4	6	6	1570	420	57	350	14	50～90

注：表中落地式多绳提升机，可根据用户需要进行设计。洛阳矿山机器厂和上海冶金矿山机械厂生产。

此外，还有JKMX、JKMXD小型多绳摩擦式提升机，其直径为0.85m、1m、1.3m、1.6m（后一型号为落地式）[7]，重庆矿山机器厂生产。

塔式多绳摩擦式提升机的布置图见图27-6。

落地式多绳摩擦式提升机布置图见图27-7。

为了使机房布置紧凑，可采用慢速直流电动机转子悬臂于主轴的一端，并取消减速

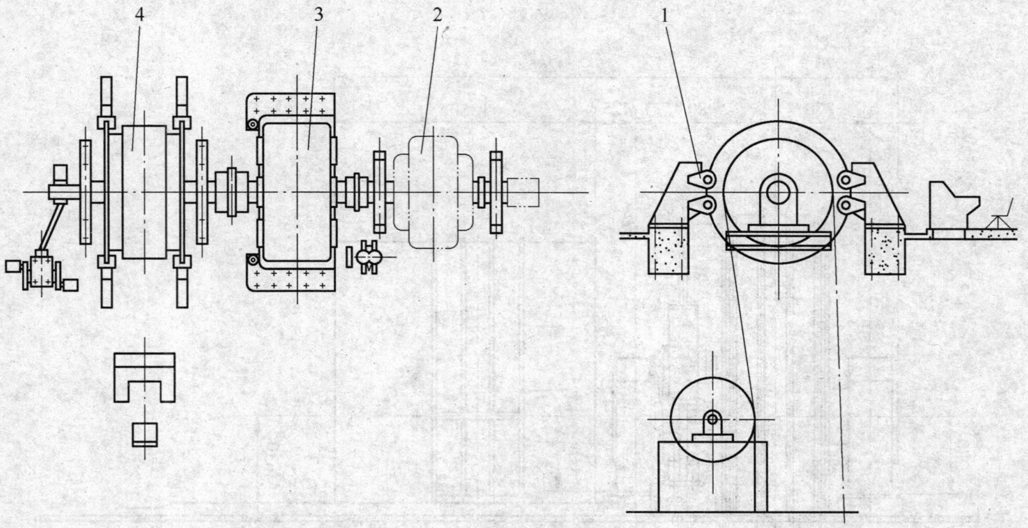

图 27-6 塔式多绳摩擦式提升机布置

1—盘式制动器；2—电动机；3—减速器；4—主轴装置

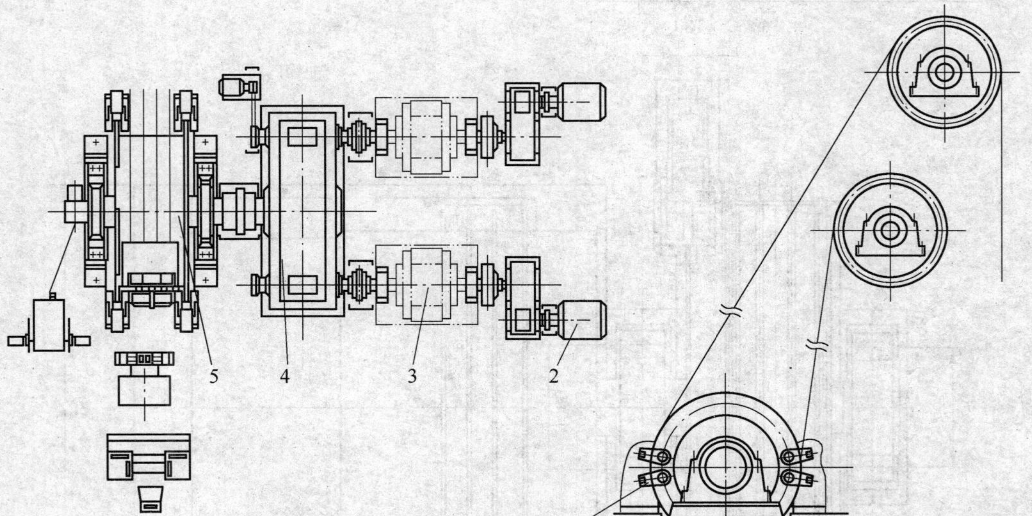

图 27-7 落地式多绳摩擦式提升机布置

1—盘式制动器；2—微拖电机；3—主电动机；4—减速器；5—主轴装置

器。这对于大功率的提升机来说，是一种较好的结构方式。图 27-8 为其外形布置图。

从结构和技术参数上看，落地式多绳摩擦式提升机与塔式并无多大差别，主要的差别在于布置形式。为了避免钢丝绳弦长的横向振幅过大，落地式多采用大仰角（>50°）的布置方法。

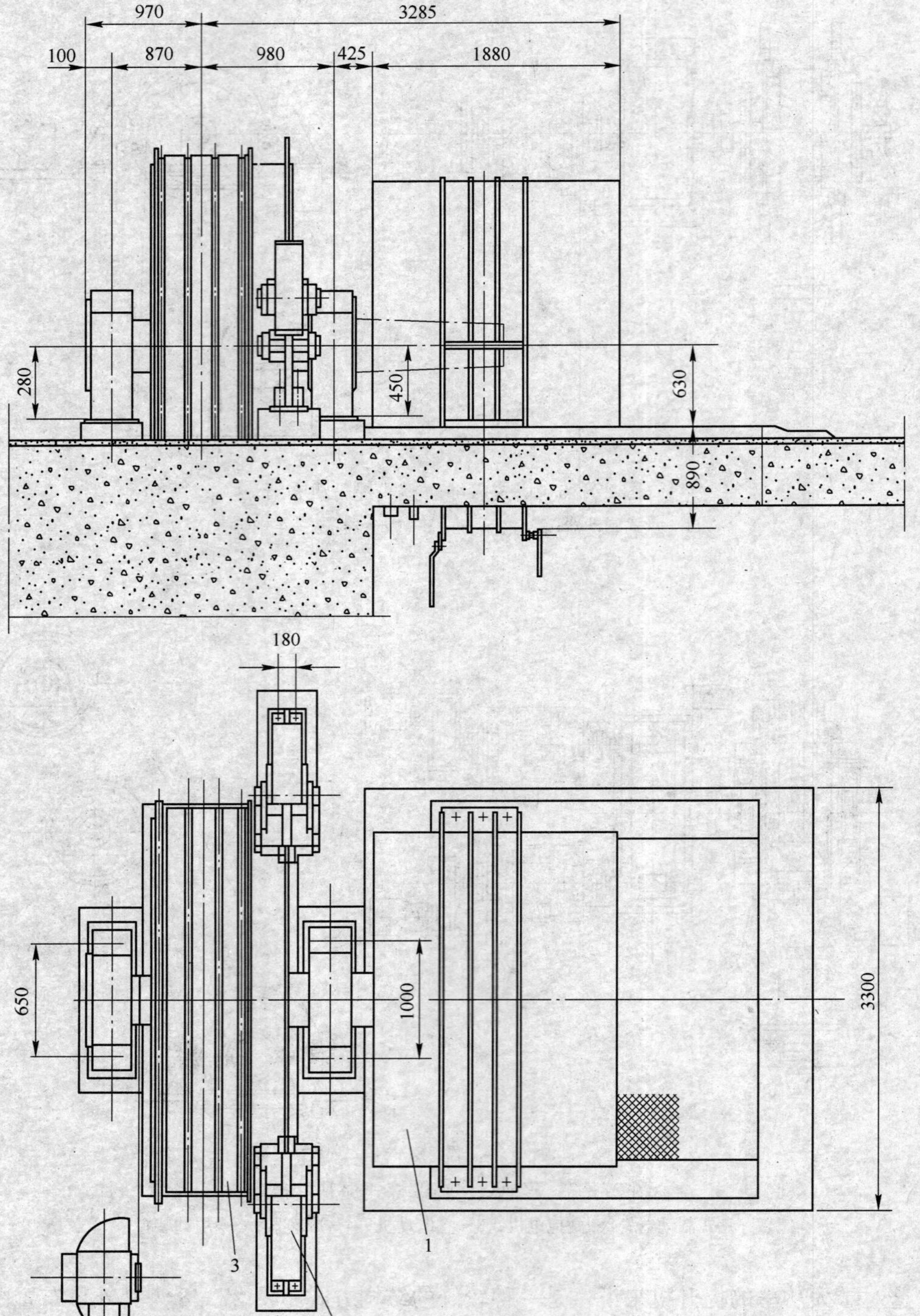

图 27-8　悬臂式电机与多绳摩擦式提升机布置

1—电动机；2—盘式制动器；3—主轴装置

27.2.2.2　摩擦式提升机主要尺寸的确定

多绳摩擦式提升机的主要尺寸是它的主导轮直径 D。根据矿山安全规程规定，主导轮直径 D 与钢丝绳直径 d 之比为：

在无导向轮时　　$D\geqslant 80d$

在有导向轮时　　$D\geqslant 100d$

落地式　　$D\geqslant 100d$

根据计算出的 D 值，选择标准提升机，并验算提升机的最大静张力与最大静张力差是否满足要求。

此外，还要验算以下参数：

(1) 摩擦衬垫允许比压　　$$q=\frac{T_{js}+T_{jx}}{nDd}\leqslant [q] \tag{27-1}$$

式中　T_{js}——钢丝绳紧边张力，MN；

T_{jx}——钢丝绳松边张力，MN；

$[q]$——许用衬垫比压，由制造厂家给出，一般为 1.4～2.0MPa；

D——主导轮直径，m；

d——钢丝绳直径，m；

n——钢丝绳根数；

q——摩擦衬垫允许比压，MPa。

(2) 防滑系数。安全规程规定，静防滑系数 $\sigma_{j\min}\geqslant 1.75$，动防滑系数 $\sigma_{d\min}\geqslant 1.25$，按此验算是否符合规定，计算详见 27.5.2.2A。

表 27 - 10 为我国部分金属矿山多绳提升设备的技术特征。

27.2.3　矿井提升机的应用范围

27.2.3.1　缠绕式提升机的应用范围

缠绕式提升机的最大提升高度受钢丝绳允许的最大静载荷与缠绕面积的限制，但最小提升高度不受限制。

缠绕式提升机的最大提升高度 $H_{\max}$ 的计算公式为：

(1) 钢丝绳最大静张力的限制

$$H_{\max}\leqslant L_o-\frac{Q+Q_r}{p} \tag{27-2}$$

(2) 缠绕面积的限制

$$H_{\max}=\pi BDn_c/d \text{（此为略算，详细计算按表 27 - 5 进行），m} \tag{27-3}$$

式中　$L_o=\sigma_b/(m\rho_o g)$，m

m——钢丝绳安全系数，根据安全规程选定；

g——重力加速度，m/s^2；

ρ_o——钢丝绳的假密度，对于常用点接触圆钢丝绳可视为常数，kg/m^3；

σ_b——钢丝绳公称抗拉强度，Pa；

p——钢丝绳每米长度重量，kg/m；

Q——容器载重，kg；

Q_r——容器自重，kg；

B——卷筒宽度，m；

表 27-10　部分金属矿山多绳提升设备技术特征

项目		单位	梅山铁矿底卸式箕斗	凤凰山铜矿底卸式箕斗	丰山铜矿底卸式箕斗	张家洼小官庄铁矿底卸式箕斗	西石门铁矿底卸式箕斗	铜坑锡矿底卸式箕斗	丰山铜矿罐笼	凤凰山铜矿罐笼	西石门铁矿罐笼	梅山铁矿罐笼	张家洼小官庄铁矿罐笼
提升机	直径×绳数	毫米/根	ϕ3000×6	ϕ2000×6	ϕ2250×4	ϕ4000×6	ϕ2800×6	ϕ4000×4	ϕ2250×4	ϕ1750×4	ϕ2250×4	ϕ1750×6	ϕ2800×6
	提升速度	m/s	10	8	7.9	11.75 (8)	7.4	7.3 (10.92)	7.9	5	5.98	5	11.8
容器	个数	个	1	1	1	1	1	1	1	1	1	1	1
	层数×车数	层×辆							2×2	1×1	2×1	2×1	2×1
	承载矿车												
	容积	m^3							0.7		0.75	2	2
	最大载重	t	26	10.5	8	34	24	18 (24)	6.56	6	6	15	14
	自重	t	22	12.5	8.212	28	20.38	18.3 (22)	8.0	5	6.5	10	12
平衡锤重量		t	35	17.75	12.5	45	32	26.3 (33)	12.51	8	10.305	16	18
设计井深		m	512	537 (365)	415	708	237	435 (685)	318～(518)	537 (320)	243	530	600

续表 27-10

项目		单位	梅山铁矿底卸式箕斗	凤凰山铜矿底卸式箕斗	丰山铜矿底卸式箕斗	张家洼小官庄铁矿底卸式箕斗	西石门铁矿底卸式箕斗	铜坑锡矿底卸式箕斗	丰山铜矿罐笼	凤凰山铜矿罐笼	西石门铁矿罐笼	梅山铁矿罐笼	张家洼小官庄铁矿罐笼
设计产量		t/d	250 万吨/年	2000	3000	250 万吨/年	200 万吨/年	4000 (6000)					
同时提升水平数		个	1		1	1	1	1	3	6	3		2
矿石最大块度		mm	250		400	350	300	300					
导向轮	有无导向轮		无	无	有	有	有	有	有	无	有	无	有
	卷筒围包角	(°)	180	180	190	195	185.2	197.8	191	180	187.9	180	192.93
	容器中心距	mm	3000	2000	1650	1975	2300	1890	1495	1750	1850	, 1750	1725
钢丝绳	首绳直径 ϕ	mm	32 (三角股)	20 (三角股)	23	39.5	28	32.5 (38)	23	22	24	20	28
	尾绳尺寸	mm	$\phi56\times3$ (圆股)	$\phi31\times3$ (圆股)	扁 94×15×2	扁 192×31	$\phi40\times3$	$\phi47\times2$ ($\phi52\times2$)	扁 94×15 (二根)	$\phi30\times2$	$\phi34\times2$	$\phi31\times3$	扁 154×25
	罐道绳直径 ϕ	mm	45 (密封式)	41 (密封式)	35.5	50	45	45 (47)	钢轨	30	38kg 钢轨	滚轮 罐耳	45
电动机	类型		直流单机	直流单机	交流单机	直流单机	直流单机	直流单机	直流单机	直流单机	交流单机	直流单机	直流单机
	功率	kW	1800	560	630	3200	1250	1200(2000)	500	230	310	440	1250

D——卷筒直径，m；

n_c——钢丝绳缠绕层数；

d——钢丝绳直径，m；

H_{max}——最大提升高度，m。

27.2.3.2　摩擦式提升机的应用范围

摩擦式提升机的最大提升高度受钢丝绳允许的最大静载荷与衬垫比压的限制；最小提升高度受防滑的限制。

（1）摩擦式提升机最大提升高度 H_{max}的计算公式为：

1）钢丝绳最大允许静载荷的限制：

$$H_{max} \leqslant L_o - \frac{Q+Q_r}{np} \tag{27-4}$$

2）衬垫比压的限制：

$$\frac{(Q+2Q_r+2npH)\ g}{nDd} \leqslant [q] \tag{27-5}$$

式中　n——钢丝绳根数；

H_{max}——最大提升高度，m；

其他符号意义同前。

（2）摩擦式提升机最小提升高度受防滑的约束。关于防滑系数的校核方法详见27.5.2.2A。

1）双容器等重尾绳提升系统，最小提升高度 H_{min}为：

$$H_{min} = \frac{\sigma_{jmin}}{\sigma_{jmin}+e^{\mu\alpha}-1} L_o - \frac{e^{\mu\alpha}-1}{\sigma_{jmin}+e^{\mu\alpha}-1} L_o \left(\frac{Q_r}{Q}\right) \tag{27-6}$$

2）平衡锤单容器等重尾绳提升系统，最小提升高度 H_{min}为：

$$H_{min} = \frac{0.5\sigma_{jmin}}{0.5\sigma_{jmin}+e^{\mu\alpha}-1} L_o - \frac{e^{\mu\alpha}-1}{0.5\sigma_{jmin}+e^{\mu\alpha}-1} L_o \left(\frac{Q_o}{Q}\right) \tag{27-7}$$

式中　μ——衬垫与钢丝绳间的摩擦系数；

σ_{jmin}——最小静防滑安全系数；

α——钢丝绳在主导轮上的围包角，rad；

e——自然对数的底，e=2.718；

Q_o——平衡锤重量，kg；

其他符号意义同前。

有时，在满足不了最小提升高度的条件下，而又打算采用摩擦式提升机时，可以用调节容器自重的方法来满足防滑条件。最小容器自重的计算公式见表27-11。

公式（27-4）与（27-6）计算出的最大提升高度，仅是理论上的，实际上还受提升机本身强度与钢丝绳使用寿命的限制。根据联邦德国的使用经验，为了保证钢丝绳的必要使用寿命，在钢丝绳任意断面处的应力波动值不应大于165MPa[3]，否则严重影响钢丝绳的使用寿命。因摩擦式提升设备必须采用尾绳平衡，故在钢丝绳与容器连接处的绳断面上，应力波动值变化最大（容器在井口时，尾绳全部重量加在此断面上，当容器降至井底时，此断面又变成只承受容器自重）。据此洛阳矿山机械研究所建议，对摩擦式提升设备最大提升高度不宜超过1200m[3]（此数值偏保守）。

缠绕式提升机由于不用平衡尾绳，因此在钢丝绳与容器连接处的应力波动值就比摩擦式提升小。据此在深井和超深井中，发展了多绳缠绕式提升机（布雷尔提升机）。

表 27-11 容器最小自重的计算公式

单箕斗（按静防滑）	$\geqslant AQ-npH$
单罐笼（按静防滑）	$\geqslant An_kQ+An_kq_r-npH$
双箕斗（按静防滑）	$\geqslant 2AQ-npH$
双罐笼（按静防滑）	$\geqslant 2An_kQ-npH-n_kq_r$
双箕斗（按动防滑）	$\geqslant BQ-npH$
双罐笼（按动防滑）	$\geqslant Bn_kQ-npH-n_kq_r$

式中 $A=1.75/[2(e^{\mu\alpha}-1)]$；$B=1.25(1+a_1/g)/[e^{\mu\alpha}(1-a_1/g)-(1+1.5a_1/g)]$；$a_1$——加速度；$n_k$——矿车数；$q_r$——矿车自重；其他符号意义同前。所有计算略去了矿井阻力及导向轮的变位质量

27.3 提升容器、辅助装置与井下破碎

提升容器按其结构可分为：罐笼、箕斗、箕斗-罐笼、矿车、人车、斜井台车及吊桶七种。

我国矿山竖井普遍采用箕斗和罐笼；斜井常用箕斗、矿车和人车；开凿竖井和井筒延深时则用吊桶。

27.3.1 竖井提升容器

27.3.1.1 罐笼

罐笼可供提升矿石、废石、人员、材料及设备之用。既可用于主提升，也可用于副提升。

我国矿山竖井单绳罐笼系列型谱见表27-12[1]，使用竖井单绳罐笼的实例见表27-13；我国矿山竖井多绳罐笼系列型谱见表27-14[1]，使用竖井多绳罐笼的实例见表27-15。

表 27-12 冶金矿山竖井单绳罐笼系列型谱

罐笼类型	罐笼代号①	断面尺寸(mm)	适应矿车类型	最大载重(t)	自重②(t)	钢绳终端重量(t)	乘人数
1号单层	YJGS-1.3-1 YJGG-1.3-1	1300×980	YGC0.5 (6)	1.2	1.15	2.35	6
2号单层	YJGS-1.8-1 YJGG-1.8-1	1800×1150	YGC0.7 (6) YGC0.5 (6) YFC0.5 (6)	2.2	2	4.2	10
2号a单层	YJGS-1.8a-1 YJGG-1.8a-1	1800×1150	YGC0.7 (6) YGC0.5 (6) YFC0.5 (6)	1.7	1.5	3.2	10

续表 27-12

罐笼类型	罐笼代号①	断面尺寸 (mm)	适应矿车类型	最大载重 (t)	自重② (t)	钢绳终端 重量 (t)	乘人数
3号单层	YJGS-2.2-1 YJGG-2.2-1	2200×1350	YGC1.2　$\binom{6}{7}$ YCC1.2　(6) YFC0.7　$\binom{6}{7}$ YFC0.5　(6)	4.2	3.8	8	15
3号a单层	YJGS-2.2a-1 YJGG-2.2a-1	2200×1350	YGC1.2　$\binom{6}{7}$ YCC1.2　(6) YFC0.7　$\binom{6}{7}$ YFC0.5　(6)	3.3	3	6.3	15
4号单层	YJGS-3.3-1 YJGG-3.3-1	3300×1450		6.7	6	12.7	25
4号a单层	YJGS-3.3a-1 YJGG-3.3a-1	3300×1450	YCC2　$\binom{6}{7}$ YGC2　$\binom{6}{7}$ YFC0.5×2　(6)	4.8	4.3	9.1	25
5号单层	YJGG-4-1	4000×1450	YFC0.7×2　(6)	5	4.5	9.5	30
2号双层	YJGS-1.8-2 YJGG-1.8-2	1800×1150	YGC0.7×2　(6) YFC0.5×2　(6) YGC0.5×2　(6)	4.4	4	8.4	20
2号a双层	YJGS-1.8a-2 YJGG-1.8a-2	1800×1150	YGC0.7×2　(6) YFC0.5×2　(6) YGC0.5×2　(6)	3.4	3.1	6.5	20
3号a双层	YJGS-2.2a-2 YJGG-2.2a-2	2200×1350	YGC1.2×2　$\binom{6}{7}$ YCC1.2×2　$\binom{6}{7}$ YFC0.5×2　(6) YFC0.7×2　$\binom{6}{7}$	6.6	6	12.6	30
4号a双层	YJGS-3.3a-2 YJGG-3.3a-2	3300×1450	YCC2　$\binom{6}{7}$ YGC2　$\binom{6}{7}$ YFC0.5×4　(6)	5.4	4.9	10.3	50
6号双层	YJGG-4-2	4000×1800	YFC0.7×2　$\binom{6}{7}$	5	5	10	76

①代号说明（以 YJGS-1.3-1 为例）：Y——冶金工业部；J——单绳（M——多绳）；G——罐笼；S——钢丝绳罐道（G—刚性罐道），1.3—罐笼长度，1—罐笼层数；

②罐笼自重系初步估计。

表 27-13　矿山使用竖井单绳罐笼的实例

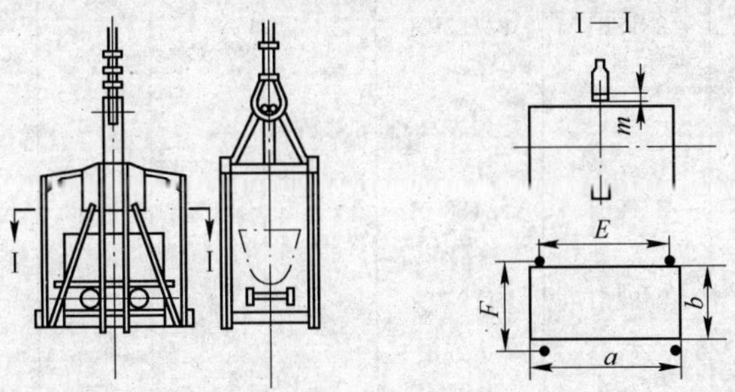

罐笼类型	最大载重 (kg)	自重 (kg)	钢丝绳最大终端重量 (kg)	钢丝绳直径 ϕ (mm)	同时乘人数 (人)	底板尺寸 (mm)		矿车类型	包括绳夹的罐笼全高 (mm)
						长(a)	宽(b)		
1800×1080	3800	2020	5820	22～31	9	1800	1080	YGC-0.7(6)	5845～5790
1800×1130	1893	2107	4000	20	9	1800	1130	0.55m³ 翻斗式矿车	4435
2000×1150	2000	2095	4095	24.5	10	2000	1150	YFC0.5(6)型矿车或 YGC0.7(6)型矿车	4260
3300×1450	4800	4360	9390	34	25	3300	1450	YCC2(6)侧卸式矿车	
2550×1010	2600	2247		25	10	2550	1010	1.1m³ 固定式矿车	6208
1900×1103	1800	1320		24	9	1900	1103	0.7m³ 双侧式矿车或 0.5m³ 翻斗式矿车	4761
2300×1147	2450	1599		28	12	2300	1147	1.1m³ 固定式矿车	5110
2550×1026	2450	1840		31	12	2550	1026	1.1m³ 固定式矿车	5365
2500×1280	3820	3296	7116	31	15	2500	1280	0.75m³ 翻斗车或 1.2m³ 固定式矿车	
3300×1450	6700	4975	11675	43	25	3300	1450	2m³ 固定式矿车	6000
2000×1150 双层	3666	3100	6766	31	20	2000	1150	0.75m³ 翻斗车	8653
3300×1450 双层	5000	6600	11600	43	44	3300	1450	0.75m³ 翻斗车	8655

续表 27-13

罐笼类型	罐道规格							图号	设计日期（年.月）	资料来源	使用地点	备注
	木罐道或钢轨罐道			钢丝绳罐道								
	罐道尺寸（mm）		间距（mm）	钢丝绳直径	钢丝绳根数	钢丝绳间距（mm）						
	m	n	P	ϕ(mm)		E	F					
1800×1080								13800	1983.10	北京有色冶金设计研究总院	文峪金矿	滚轮罐耳
1800×1130				30.5	4	1240	1262	通用 CJ-944	1978.2	长沙有色冶金设计研究院	栖霞山锰矿	带 YS 防坠器
2000×1150	160	140	1230					通用 CJ-994	1982.3	长沙有色冶金设计研究院	鸡笼山铜矿	刚性组合罐道
3300×1450	180	200	1530					YGL71	1980	长沙有色冶金设计研究院	观音山铁矿	YFS 防坠器
2550×1010	180	180	1100					TK966	1985.4	昆明有色冶金设计研究院	会泽铅锌矿	滚轮罐耳
1900×1103				24～36.5	4	1610	1228	D20-58	1971	核工业部第四设计1院	096矿	
2300×1147				32	4	1940	1272	D20-59	1971	核工业部第四设计院	021矿	
2550×1026	180	160	1100					D20-1	1971	核工业部第四设计院	012矿	
2500×1280	180	200	1320					Ko23118	1978.8	化工部化学矿山设计研究院	七宝山硫铁矿	改进型
3300×1450	180	200	1530					Ko23174	1984.8	化工部化学矿山设计研究院	开阳磷矿	
2000×1150 双层	200	180	1206					75012	1975	长沙黑色冶金矿山设计研究院	红安萤石矿	
3300×1450 双层	180	200	1550					Ko23173	1984.8	化工部化学矿山设计研究院	开阳磷矿	

表 27-14 矿山竖井多绳罐笼系列型谱

罐笼类型	罐笼图号	罐笼代号	适应矿车类型	断面尺寸 长×宽 (mm)	载重 (t)	自重[3] (t)	钢绳终端重量 (t)	乘人数	提升绳		尾绳		平衡锤规格[1]	
									直径 (mm)	根数	直径 (mm)	根数	断面尺寸 长×宽 (mm)	重量 (t)
1号单层	YGL1 YGL2	YMGS-1.3-1 YMGG-1.3-1		1300×980	1.2	1.446 1.475	3.45~6	6	15.5~22.5	4	20~25	2	1000×300	1.4
2号单层	YGL3 YGL4 YGL5 YGL6	YMGS-1.8-1-Z_3(6) YMGS-1.8-1-Z_4(6) YMGG-1.8-1-Z_3(6) YMGG-1.8-1-Z_4(6)	YGC05(6) YGC07(6) YGC05(6) YFC05(6)	1800×1150	2.2	2.026 2.026 2.026 2.059	5.7~8.2	10	15.5~26.5	4	22~30	2	1000×300	3.7
3号单层	YGL7 YGL8	YMGS-2.2-1-$Z_5$$\binom{6}{7}$ YMGG-2.2-1-$Z_5$$\binom{6}{7}$	YGC1.2$\binom{6}{7}$ YFC0.7$\binom{6}{7}$ YCC1.2(6)	2200×1350	4.2	2.563 2.9	11~16.5	15	21~26.5	4	32~40	2	1200×400	7.3
4号单层	YGL9 YGL16	YMGS-3.3-1-$Z_1$$\binom{6}{7}$ YMGG-3.3-1-$Z_1$$\binom{6}{7}$	YGC2$\binom{6}{7}$ YCC2$\binom{6}{7}$	3300×1450	6.7	3.822 4.174	16.6~25.2	25	23~25.5	4	37~40.5	2	1500×500	11.2
	YGL10 YGL13	YMGS-3.3-1-Z_6(6) YMGG-3.3-1-Z_6(6)	YFC0.5×2(6)			3.958 4.376								
	YGL11 YGL14	YMGS-3.3-1-Z_7(6) YMGG-3.3-1-Z_7(7)	YGC2(6) YCC2(6)			4.364 4.741								
	YGL12 YGL15	YMGS-3.3-1-Z_7(7) YMGG-3.3-1-Z_7(7)	YGC2(7)			4.394 4.743								

续表 27-14

罐笼类型	罐笼图号	罐笼代号	适应矿车类型	断面尺寸长×宽(mm)	载重(t)	自重[3](t)	钢绳终端重量(t)	乘人数	提升绳		尾绳		平衡锤规格[1]	
									直径(mm)	根数	直径(mm)	根数	断面尺寸长×宽(mm)	重量(t)
5号单层	YGL18	YMGS-4(1)-1-$Z_6\binom{6}{7}$	YFC0.7×2$\binom{6}{7}$	4000×1450	10	6.026	25.8～36	30	25.5～30	4～6	40～46.5	2～3	1700×600	13.2
	YGL43 YGL45	YMGS-4(1)-1-Z_8(6) YMGG-4(1)-1-Z_8(6)	YGC1.2×2(6)			6.304 6.814								
	YGL46	YMGG-4(1)-1-Z_8(7)	YGC1.2×2(7)			6.84								
6号单层	YGL19 YGL21	YMGS-4(2)-1-Z_6 YMGG-4-(2)1-Z_6	YFC0.7×2$\binom{6}{7}$	4000×1800	10	5.984 6.31	24.3～36.5	38	25.5～30	4～6	41～46.5	2～3	1700×600	13.7
	YGL20	YMGS-4-(2)-1-Z_7 Ⅱ	YGC2$\binom{6}{7}$			6.537								
	YGL22	YMGG-4(2)-1-Z_7 Ⅱ	YCC2$\binom{6}{7}$			6.458								
3号双层	YGL23 YGL24	YMGS-2.2-2-$Z_5\binom{6}{7}$ YMGG-2.2-2-$Z_5\binom{6}{7}$	YCC1.2×2(6) YGC1.2×2$\binom{6}{7}$ YFC0.7×2$\binom{6}{7}$	2200×1350	8.4	4.341 4.87	18.6～26.8	30	23～25.5	4	32～40	2	1200×400	13.1
4号双层	YGL25	YMGS-3.3-2-$Z_1\binom{6}{7}$	YGC2×2$\binom{6}{7}$	3300×1450	13.4	7.847	28.6～36.3	50	25.5～30	4～6	40.5～46.5	2～3	1500×500	20.7
	YGL29	YMGG-3.3-2-$Z_1\binom{6}{7}$	YCC2×2$\binom{6}{7}$			7.732								
	YGL26 YGL30	YMGS-3.3-2-Z_6(6) YMGG-3.3-2-Z_6(6)	YFC0.5×4(6)			8.095 8.147								

续表 27-14

罐笼类型	罐笼图号	罐笼代号	适应矿车类型	断面尺寸 长×宽 (mm)	载重 (t)	自重[3] (t)	钢绳终端重量 (t)	乘人数	提升绳 直径 (mm)	提升绳 根数	尾绳 直径 (mm)	尾绳 根数	平衡锤规格[1] 断面尺寸 长×宽 (mm)	平衡锤规格[1] 重量 (t)
4 号双层	YGL27	YMGS-3.3-2-Z_7(6)	YGC2×2(6)	3300×1450	13.4	8.89	28.6～36.3	50	25.5～30	4～6	40.5～46.5	2～3	1500×500	20.7
	YGL31	YMGG-3.3-2-Z_7(6)	YCC2×2(6)			8.947								
	YGL28 YGL32	YMGS-3.3-2-Z_7(7) YMGG-3.3-2-Z_7(7)	YGC2×2(7)			8.946 7.86								
5 号双层	YGL33 YGL36	YMGS-4(1)-2-Z_8(6) YMGG-4(1)-2-Z_8(6)	YGC1.2×4(6)	4000×1450	16	9.775 10.222	37～52.6	60	25.5～35	4～6	43.5～50	2～3	1700×600	25.7
	YGL34	YMGS-4(1)-2-Z_6($\frac{6}{7}$)	YFC0.7×4($\frac{6}{7}$)			9.227								
	YGL37	YMGG-4(1)-2-Z_6($\frac{6}{7}$)				9.556								
	YGL35	YMGS-4(1)-2-Z_8(7)	YGC1.2×4(6)			9.885								
6 号双层[2]	YGL39 YGL41	YMGS-4(2)-2-Z_6 YMGG-4(2)-2-Z_6	YFC0.7×4($\frac{6}{7}$)	4000×1800	11	11 8.962	26.6～32	76	25.5～30	4～6	41～46.5	2～3	1700×600	18.3
	YGL40	YMGS-4(2)-2-Z_7 Ⅱ	YGC2×2($\frac{6}{7}$)			9.208								
	YGL42	YMGG-4(2)-2-Z_7 Ⅱ	YCC2×2($\frac{6}{7}$)			9.575								

注：各参数均从施工图中收集。

①本规格只供参考；

②本罐笼上层不进车；

③罐笼自重不包括悬挂装置的重量。

表 27-15 矿山使用竖井多绳罐笼的实例

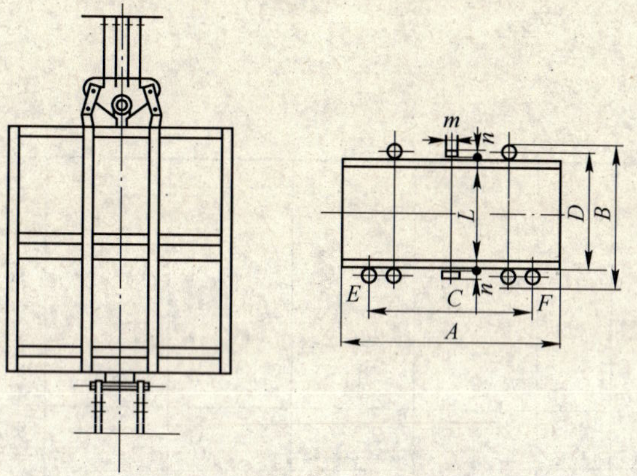

罐笼类型	最大载重量(kg)	自重(kg)	钢丝绳最大终端重量(kg)	首绳规格			尾绳规格			乘人数(人)	底板面积(mm)	矿车类型
				直径(mm)	根数(根)	间距(mm)	尺寸(mm)	根数(根)	间距(mm)			
2800×1543 单层	7000	6430	13430	21～25.5	4	200	31	2	500	20	2800×1543	1.6m³ 侧卸式矿车 1 辆
3200×1440 双层	4000	7572	11572	22.5	4	200	31.5	2	500	40	3200×1440	1.2m³ 侧卸式矿车 4 辆
3200×1440 双层	5000	5860	10860	21～25.5	4	200	31	2	500	40	3200×1440	1.6m³ 侧卸式矿车 1 辆
2500×1350 双层	5000	4300		17～32	4					36	2500×1350	1.1m³ 固定式矿车 1 辆
1800×1080 双层	8400	5321		22	4	200	33.5	2	250	20	1800×1080	0.7m³ 固定式矿车 2 辆
4500×1600 双层	14000	11278		32.5	4	300	44.5	2	600	70	4500×1600	2m³ 侧翻式矿车 2 辆
4000×1446 双层	5000	7206		22	4	200	31.5	2	800	54	4000×1446	0.63m³ 翻斗式矿车 2 辆
4000×1800 双层	12000	10844		28	6	250	42	3	400	70	4000×1800	J1.2-7G 或 J4.0-7C
4000×1250 三层	18000	12254		28	6	250	42	3	400	72	4000×1250	J1.2-7G
4300×1600 双层	14000	13000		28	6	250	43	3	600	70	4300×1600	2m³ 矿车轨距 900

续表 27-15

罐笼类型	罐笼总高(mm)	外形尺寸(mm)		刚性罐道		钢丝绳罐道					图号	资料来源	设计日期(年.月)	使用地点
		A	B	罐道尺寸 $m\times n$ (mm)	间距 L (mm)	直径(mm)	根数(根)	间距(mm) C	D	E				
2800×1543 单层	9580～10090	2800	1820	240×115	1590	34	4	2100	1680		KBK20	昆明有色冶金设计研究院	1985.5	会理锌矿
3200×1440 双层	9825	3200	1795	200×150	1500						TK637	昆明有色冶金设计研究院	1981.6	云南锡业公司老厂矿
3200×1440 双层	9730	3200	1660	240×115	1570	34	4	2400	1480		TKO546	昆明有色冶金设计研究院	1975.9	易门铜矿
2500×1350 双层	7560					24.5～36.5	4	2000	1480		20-236	核工业部第四设计院	1973	019 矿
1800×1080 双层	7616～9406	1800	1295	160×160	1160	35.5	4	1300	1260		CBK53	长沙有色冶金设计研究院	1985.9	桓仁铜矿
4500×1600 双层	8658	4500	1818			42.5	4	3800	1704		通用 CJ-971	长沙有色冶金设计研究院	1980.11	大厂矿务局铜坑锡矿
4000×1446 双层	7435	4000	1746				4	3360	1636		通用 CJ-979	长沙有色冶金设计研究院	1981.8	凡口铅锌矿
4000×1800 双层	11408～11858					42.5	4	2800	1930		13969	北京有色冶金设计研究总院	1973.6	金川有色金属公司二矿区
4000×1250 三层	13815					42.5	4	2800	1376		13970	北京有色冶金设计研究总院	1973.8	金川有色金属公司二矿区
4300×1600 双层	10091	4500	1818	240×240	1668	45	4	3800	1704		2 备 260	鞍山黑色冶金矿山设计研究院	1980.8	张家洼小官庄铁矿

表 27-16 翻转式箕斗及附属设备主要规格性能

型号	箕斗容积（m³）	图号	几何容积（m³）	最大载重量（t）	斗箱内空尺寸（mm）长×宽	最大外形尺寸（mm）		箕斗自重（t）	矿石块度（mm）	钢丝绳罐道						
										罐道绳				悬挂拉紧形式	最大工作负荷（kN）	图号
										直径（mm）	数量	间距（mm）				
						长×宽	高					左右	前后			
FJD1.2(2.5)	1.2m³	YJD49	1.2	2.5	1000×900	1134×1338	3462	2.3	0～400	30.5	4	1195	600	液压拉紧 重锤拉紧	120	YSG1 YSG3
FJD1.6(3.5)	1.6m³	YJD50	1.6	3.5	1000×900	1134×1338	4102	2.717	0～400	32	4	1195	600	液压拉紧 重锤拉紧	120	YSG1 YSG3
FJD2(4)	2m³	YJD51	2	4	1100×1000	1236×1452	4321	3.675	0～400	34	4	1316	680	液压拉紧 重锤拉紧	120	YSG1 YSG3
FJD2.5(5.5)	2.5m³	YJD52	2.5	5.5	1100×1000	1236×1452	4831	4.184	0～400	35.5	4	1316	680	液压拉紧 重锤拉紧	120	YSG1 YSG3
FJD3.2(7)	3.2m³	YJD53	3.2	7	1400×1100	1548×1584	4960	5.076	0～500	38.5	4	1446	740	液压拉紧 重锤拉紧	200	YSG2 YSG4
FJD4(8.5)	4m³	YJD54	4	8.5	1400×1100	1548×1584	5605	5.955	0～500	40.5	4	1446	740	液压拉紧 重锤拉紧	200	YSG2 YSG4

型号	刚性罐道罐耳		计量装置(计容)							卸载装置			箕斗配置形式	提升钢丝绳直径（mm）	井筒直径（供参考）（m）
	罐耳断面尺寸长×宽（mm）	间距（mm）	型号	放矿口尺寸宽×高（mm）	溜槽倾角（°）		中心距（mm）	适用罐道型式	图号	型式	自重（t）	图号			
					上部	下部									
FJD1.2(2.5)	170×50	1115	FJLF(1.2)	800×800	40	45	1700	钢丝绳 刚性	YJD61	固定曲轨	1.823	YJD55	双	18～24.5	4
FJD1.6(3.5)	170×50	1115	FJLF(1.6)	800×800	40	45	1700	钢丝绳 刚性	YJD62	固定曲轨	2.041	YJD56	双	20～26.5	4
FJD2(4)	200×65	1240	FJLF(2.0)	900×800	40	45	1850 1700	钢丝绳 刚性	YJD63 YJD63A	固定 曲轨	2.689	YJD57	双	22～30	4
FJD2.5(5.5)	200×65	1240	FJLF(2.5)	900×800	40	45	1700 1850	钢丝绳 刚性	YJD64 YJD64A	固定 曲轨	2.902	YJD58	双	24～34	4
FJD3.2(7)	200×68	1370	FJLZ(3.2)	1000×1000	40	45	1930	钢丝绳 刚性	YJD65	固定 曲轨	3.627	YJD59	双	28～37	4.5
FJD4(8.5)	200×68	1370	FJLZ(4)	1000×1000	40	45	1930	钢丝绳 刚性	YJD66	固定 曲轨	3.886	YJD60	双	32～43	4.5

型号标号说明：

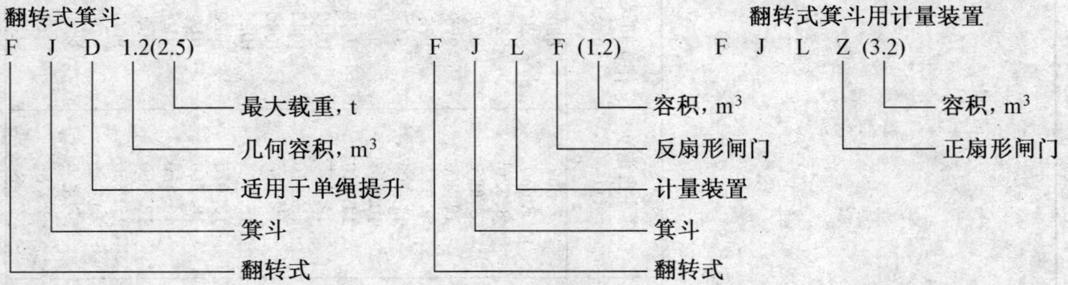

罐笼的优点是不需设置井下及井口矿仓；井架高度小；便于矿石分类运输；可用于主或副提升。其缺点是自重较大，因而使提升机尺寸及电动机功率增大，效率也较低，换车作业机械化、自动化复杂，劳动定员多等。因此，在大中型矿山中，常把罐笼作为副提升容器，但在小型矿山中，罐笼就被用作主提升容器。

27.3.1.2 箕斗

箕斗只能提升矿石和废石。竖井使用的箕斗按结构不同分为翻转式和底卸式两种。单绳提升可采用翻转式或底卸式箕斗，多绳提升一般采用底卸式箕斗。

我国矿山竖井翻转式箕斗规格见表 27 - 16[1]。

我国矿山竖井底卸式箕斗规格见表 27 - 17[2]。

我国矿山使用竖井底卸式箕斗的实例参见表 27 - 10。

箕斗的优点是：自重小，因而使提升机尺寸及电动机功率减小，效率也较高；井筒断面小；无需增加井筒断面就能在井下使用大型矿车；装卸载时间少；生产能力大。其缺点是：必须设井下和井口矿仓及装卸载装置；井架高度较大；不能运送人员及材料，必须另设副提升设备。

27.3.1.3 提升容器规格的选择

在选择提升容器规格之前，需先求出小时提升量。

小时提升量：

$$A_s=\frac{CA_n}{t_r t_s} \tag{27 - 8}$$

式中 C——不均衡系数，箕斗提升时取 C=1.15；罐笼提升时取 C=1.2；兼作副提升时取 C=1.25；

A_n——矿石年产量，t/a；

t_r——年工作日数，矿山非连续工作制时取 t_r=306d/a；连续工作制时取 t_r=330d/a；

t_s——每日工作小时数（按三班作业计），h/d：

箕斗提升：提升一种矿石时，不超过 19.5h；

提升两种矿石时，取 18h；

罐笼提升：作主提升时，取 18h；

兼作主副提升时，取 16.5h；

只作副提升时，一般取 15h；

---

[1] 为北京有色冶金设计研究总院提供。

[2] 为长沙有色冶金设计研究院提供。

表 27-17　底卸式箕斗及附属设备主要规格性能

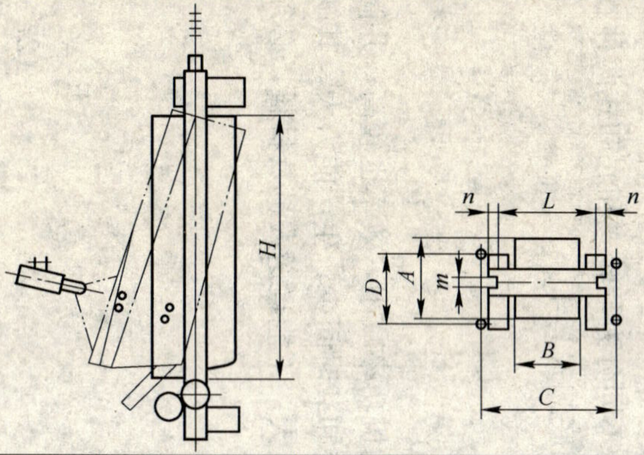

底卸式箕斗型号	图号	几何容积 (m^3)	最大载重量 (t)	斗箱内尺寸 (mm) 长×宽	最大外形尺寸 (mm) 长×宽	最大外形尺寸 (mm) 高	箕斗自重 (t)	排矿口尺寸 (mm)
DJS 1/2-3.2(7)	YJD2	3.2	7	1346×1214	1623×1590	7800	7.807	820
DJD 1/2-3.2(7)	YJD2A	3.2	7	1346×1214	1623×1696	7800	7.650	820
DJS 1/2-4(8.5)	YJD3	4	8.5	1346×1214	1623×1590	8450	8.920	820
DJD 1/2-4(8.5)	YJD3A	4	8.5	1346×1214	1623×1896	8450	8.686	820
DJS 1/2-5(11)	YJD4	5	11	1646×1204	1773×1590	8477	10.309	975
DJD 1/2-5(11)	YJD4A	5	11	1646×1204	1773×1696	8477	9.977	975
DJS 1/2-6.3(13.5)	YJD5	6.3	13.5	1646×1204	1773×1590	9307	11.109	945
DJD 1/2-6.3(13.5)	YJD5A	6.3	13.5	1646×1204	1773×1696	9307	10.777	945
DJS 2/2-8(17)	YJD6	8	17	1800×1388	1900×1744	9825	14.599	1040
DJS 2/3-8(17)	YJD6A	8	17	1800×1388	1900×1744	9825	14.375	1040
DJD 2/2-8(17)	YJD6B	8	17	1800×1388	1900×2136	9825	13.910	1040
DJD 2/3-8(17)	YJD6C	8	17	1800×1388	1900×2136	9825	13.850	1040
DJS 2/2-9Ⅰ(19)	YJD7	9	19	1800×1388	1900×1744	10365	15.399	1020
DJS 2/3-9Ⅰ(19)	YJD7A	9	19	1800×1388	1900×1744	10365	15.075	1020
DJD 2/2-9Ⅱ(19)	YJD8	9	19	1620×1808	1790×2136	10114	16.780	914
DJD 2/3-9Ⅱ(19)	YJD8A	9	19	1620×1808	1790×2136	10114	16.450	910
DJD 2/2-11Ⅱ(23.5)	YJD10	11	23.5	1620×1808	1790×2136	10914	18.080	900
DJD 2/3-11Ⅱ(23.5)	YJD10A	11	23.5	1620×1808	1790×2136	10914	17.750	900
DJD 2/2-14(30)	YJD11	14	30	1620×1808	1790×2236	12214	18.	870
DJD 2/3-14(30)	YJD11A	14	30	1620×1808	1790×2236	12214	18.	870
DJD 2/2-17(36)	YJD12	17	36	2000×2140	2150×2506	11774	23.8	1160
DJD 2/3-17(36)	YJD12A	17	36	2000×2140	2150×2506	11774	23.8	1160

续表 27-17

底卸式箕斗型号	图号	箕斗全高(包括绳夹)(mm)	钢丝绳罐道						
			罐道绳				悬挂拉紧形式	最大工作负荷(kN)	图号
			直径(mm)	数量	间距(mm)				
					左右 C	前后 D			
DJS 1/2-3.2(7)	YJD2	10157	38.5	4	1430	820	油压拉紧,重锤拉紧	200	YSG2 YSG4
DJD 1/2-3.2(7)	YJD2A	9507	38.5	4	1490	820	油压拉紧,重锤拉紧	200	YSG2 YSG4
DJS 1/2-4(8.5)	YJD3	11140	38.5	4	1430	820	油压拉紧,重锤拉紧	200	YSG2 YSG4
DJD 1/2-4(8.5)	YJD3A	10447	38.5	4	1600	820	油压拉紧,重锤拉紧	200	YSG2 YSG4
DJS 1/2-5(11)	YJD4	11587	40.5	4	1430	940	油压拉紧,重锤拉紧	200	YSG2 YSG4
DJD 1/2-5(11)	YJD4A	10787	40.5	4	1600	940	油压拉紧,重锤拉紧	200	YSG2 YSG4
DJS 1/2-6.3(13.5)	YJD5	12417	40.5	4	1430	940	油压拉紧,重锤拉紧	200	YSG2 YSG4
DJD 1/2-6.3(13.5)	YJD5A	11617	40.5	4	1600	940	油压拉紧,重锤拉紧	200	YSG2 YSG4
DJS 2/2-8(17)	YJD6	13480	40.5	4	1600	1090	油压拉紧,重锤拉紧	200	YSG2 YSG4
DJS 2/3-8(17)	YJD6A	13050	40.5	4	1600	1090	油压拉紧,重锤拉紧	200	YSG2 YSG4
DJD 2/2-8(17)	YJD6B	12560	40.5	4	2040	1040	油压拉紧,重锤拉紧	200	YSG2 YSG4
DJD 2/3-8(17)	YJD6C	12130	40.5	4	2040	1040	油压拉紧,重锤拉紧	200	YSG2 YSG4
DJS 2/2-9Ⅰ(19)	YJD7	14020	40.5	4	1600	1090	油压拉紧,重锤拉紧	200	YSG2 YSG4
DJS 2/3-9Ⅰ(19)	YJD7A	13590	40.5	4	1600	1090	油压拉紧,重锤拉紧	200	YSG2 YSG4
DJD 2/2-9Ⅱ(19)	YJD8	12914	45	4	2040	980	油压拉紧,重锤拉紧	200	YSG2 YSG4 YSG5
DJD 2/3-9Ⅱ(19)	YJD8A	12484	45	4	2040	980	油压拉紧,重锤拉紧	200	YSG2 YSG4 YSG5
DJD 2/2-11Ⅱ(23.5)	YJD10	13714	45	4	2040	980	油压拉紧,重锤拉紧	200	YSG2 YSG4 YSG5
DJD 2/3-11Ⅱ(23.5)	YJD10A	13284	45	4	2040	980	油压拉紧,重锤拉紧	200	YSG2 YSG4 YSG5
DJD 2/2-14(30)	YJD11		45	4	2140	980	油压拉紧,重锤拉紧	200	YSG2 YSG4 YSG5
DJD 2/3-14(30)	YJD11A		45	4	2140	980	油压拉紧,重锤拉紧	200	YSG2 YSG4 YSG5
DJD 2/2-17(36)	YJD12		50	4	2410	1060	重锤拉紧		YSG5
DJD 2/3-17(36)	YJD12A		50	4	2410	1060	重锤拉紧		YSG5

续表 27-17

底卸式箕斗型号	图号	楔型罐道罐耳		平衡锤			计量装置(计重)				
		罐耳断面尺寸(mm)	间距(mm)	型号	重量(t)	图号	型号	放矿口尺寸宽×高(mm)	压磁测力装置(kN)	自重(t)	图号
DJS 1/2-3.2(7)	YJD2	200×132	1326				DJL3.2(7)	850×950	200	8	YJD27
DJD 1/2-3.2(7)	YJD2A	200×132	1326	DJP2(10)	10	YJD39	DJL3.2(7)	850×950	200	8	YJD27
DJS 1/2-4(8.5)	YJD3	200×132	1326				DJL4(8.5)	850×950	200	8.3	YJD28
DJD 1/2-4(8.5)	YJD3A	200×132	1326	DJP2(12)	12	YJD40	DJL4(8.5)	850×950	200	8.3	YJD28
DJS 1/2-5(11)	YJD4	200×120	1350				DJL5(11)	850×1050	300	10.5	YJD29
DJD 1/2-5(11)	YJD4A	200×120	1350	DJP2(14)	14	YJD41	DJL5(11)	850×1050	300	10.5	YJD29
DJS 1/2-6.3(13.5)	YJD5	200×120	1350				DJL6.3(13.5)	850×1050	300	11.2	YJD30
DJD 1/2-6.3(13.5)	YJD5A	200×120	1350	DJP2(16)	16	YJD42	DJL6.3(13.5)	850×1050	300	11.2	YJD30
DJS 2/2-8(17)	YJD6	200×120	1504				DJL8(17)	910×1100	400	13	YJD31
DJS 2/3-8(17)	YJD6A	200×120	1504			YJD43	DJL8(17)	910×1100	400	13	YJD31
DJD 2/2-8(17)	YJD6B	200×120	1504	DJP2(20)	20	YJD44	DJL8(17)	910×1100	400	13	YJD31
DJD 2/3-8(17)	YJD6C	200×120	1504	DJP3(20)	20	YJD44A	DJL8(17)	910×1100	400	13	YJD31
DJS 2/2-9Ⅰ(19)	YJD7	200×120	1504				DJL9Ⅰ(19)	910×1100	400	13.8	YJD32
DJS 2/3-9Ⅰ(19)	YJD7A	200×120	1504				DJL9Ⅰ(19)	910×1100	400	13.8	YJD32
DJD 2/2-9Ⅱ(19)	YJD8	200×120	1956	DJP2(24)	24	YJD45	DJL9Ⅱ(19)	1200×1100	400	14.3	YJD33
DJD 2/3-9Ⅱ(19)	YJD8A	220×120	1956	DJP3(24)	24	YJD45A	DJL9Ⅱ(19)	1200×1100	400	14.3	YJD33
DJD 2/2-11Ⅱ(23.5)	YJD10	220×120	1956	DJP2(28)	28	YJD46	DJL11Ⅱ(23.5)	1200×1100	400	16	YJD35
DJD 2/3-11Ⅱ(23.5)	YJD10A	220×120	1956	DJP3(28)	28	YJD46A	DJL11Ⅱ(23.5)	1200×1100	400	16	YJD35
DJD 2/2-14(30)	YJD11	220×120	1956				DJL14(30)	1200×1100	500	18	YJD36
DJD 2/3-14(30)	YJD11A	220×120	1956	DJP3(33)	33	YJD47	DJL14(30)	1200×1100	500	18	YJD36
DJD 2/2-17(36)	YJD12	240×115	2340				DJL17(36)	1600×1300	600	23.8	YJD37
DJD 2/3-17(36)	YJD12A	240×115	2340	DJP3(43)	43	YJD48	DJL17(36)	1600×1300	600	23.8	YJD37

续表 27-17

底卸式箕斗型号	图号	卸载装置			箕斗配置形式	井筒直径(m)(供参考)	配用提升机型号(供参考)
		型式	自重(t)	图号			
DJS 1/2-3.2(7)	YJD2	固定曲轨,活动直轨	1.347 1.25	YJD15 YJD19	双	5	
DJD 1/2-3.2(7)	YJD2A	固定曲轨,活动直轨	1.347 1.25	YJD15 YJD19	单	4.5	JKM2.25×4
DJS 1/2-4(8.5)	YJD3	固定曲轨,活动直轨	1.347 1.25	YJD15 YJD19	双	5	
DJD 1/2-4(8.5)	YJD3A	固定曲轨,活动直轨	1.347 1.251	YJD15 YJD19	单	4.5	JKM2.8×4 JKM3.25×4
DJS 1/2-5(11)	YJD4	固定曲轨,活动直轨	1.347 1.451	YJD15 YJD20	双	5	
DJD 1/2-5(11)	YJD4A	固定曲轨,活动直轨	1.347 1.451	YJD15 YJD20	单	4.5	JKM2.8×4 JKM3.25×4
DJS 1/2-6.3(13.5)	YJD5	活动直轨	1.451	YJD20	双	5	
DJD 1/2-6.3(13.5)	YJD5A	活动直轨	1.451	YJD20	单	4.5	JKM2.8×4 JKM3.25×4
DJS 2/2-8(17)	YJD6	活动直轨	1.475	YJD21	双	5.5	
DJS 2/3-8(17)	YJD6A	活动直轨	1.475	YJD21	双	5.5	
DJD 2/2-8(17)	YJD6B	活动直轨	1.475	YJD21	单	4.5	JKM3.25×4 JKM4×4
DJD 2/3-8(17)	YJD6C	活动直轨	1.475	YJD21	单	4.5	JKM2.8×6
DJS 2/2-9Ⅰ(19)	YJD7	活动直轨	1.475	YJD21	双	5.5	
DJS 2/3-9Ⅰ(19)	YJD7A	活动直轨	1.475	YJD21	双	5.5	
DJD 2/2-9Ⅱ(19)	YJD8	活动直轨	1.79	YJD23	单	5	JKM4×4
DJD 2/3-9Ⅱ(19)	YJD8A	活动直轨	1.79	YJD23	单	5	JKM2.8×6
DJD 2/2 11Ⅱ(23.5)	YJD10	活动直轨	1.79	YJD23	单	5	JKM4×4
DJD 2/3 11Ⅱ(23.5)	YJD10A	活动直轨	1.79	YJD23	单	5	JKM2.8×6
DJD 2/2-14(30)	YJD11	活动直轨	1.79	YJD23	单	5	
DJD 2/3-14(30)	YJD11A	活动直轨	1.79	YJD23	单	5	
DJD 2/2-17(36)	YJD12	活动直轨	2.235	YJD24	单	5	
DJD 2/3-17(36)	YJD12A	活动直轨	2.235	YJD24	单	5	

注:1. 表中相同规格带有“Ⅰ”表示双箕斗提升所用的箕斗,“Ⅱ”表示单箕斗提升所用的箕斗;2. 矿石块度均为 0～350mm;3. 表中型号含义:

底卸式箕斗

D J S 1/2−3.2 (7)

- (7)——最大载重量，t
- 3.2——几何容积，m^3
- 1/2——一个托轮，二条尾绳
- S——双箕斗配置
- J——箕斗
- D——底卸式

D J D 1/2−3.2(7)

- D——单箕斗配置

底卸式箕斗用计量装置

D J L 3.2(7)

- (7)——最大载重量，t
- 3.2——几何容积，m^3
- L——计量装置
- J——箕斗
- D——底卸式

平衡锤

D J P 2 (10)

- (10)——自重，t
- 2——二条尾绳
- P——平衡锤
- J——箕斗用
- D——底卸式

混合提升：有保护隔离措施时，箕斗与罐笼均取18h；无隔离措施时或不完善时，按单一提升时减1.5h考虑；

A_s——小时提升量，t/h。

A　箕斗规格的选择

双箕斗提升时一次提升量：

$$Q'=\frac{A_s}{3600}\left(K_1\sqrt{H}+u+\theta\right) \tag{27-9}$$

单箕斗提升时一次提升量：

$$Q'=\frac{A_s}{1800}\left(K_1\sqrt{H}+u+\theta\right) \tag{27-10}$$

箕斗容积的计算值为：

$$V'=\frac{Q'}{\rho_s C_m} \tag{27-11}$$

式中　H——最大提升高度，m；

u——箕斗在卸载曲轨处低速爬行的附加时间，取 $u=10\sim15$s；

ρ_s——矿石松散密度（松散容重），t/m³；

C_m——箕斗装满系数，取 $C_m=0.85\sim0.9$；

K_1——系数，取 $K_1=3.7\sim2.7$。

当 $H<200$m 时取上限，$H>600$m 时取下限；

θ——箕斗装载停歇时间，数据如下：

箕斗容积（m³）	<3.1	<3.1	3.1～6	≤8	>8
漏斗类型	计量	不计量	计量	计量	计量
停歇时间 θ（s）	8	18	10	16	20

Q'——箕斗提升时一次提升量，t。

算出箕斗容积的计算值 V' 后，应选择与 V' 相近的箕斗容积的标准值 V，然后再计算出一次有效提升量 Q（t）。

$$Q=\rho_s C_m V \tag{27-12}$$

最后按速度图计算每小时提升量，验算此一次提升量是否满足提升任务要求。

B　罐笼规格的选择

当罐笼作为主提升时，应根据提升矿车的外形尺寸选择其规格，一般选用单层罐笼，只有当产量较大时，才考虑选用双层罐笼。

概算罐笼所能完成的小时提升量时，仍用（27-11）和（27-12）式，此时式中 $u=0$，装卸矿车停歇时间见表27-18。

当罐笼作为副提升时，一般应根据矿车容积选定罐笼规格，但必须保证在45min内（特殊情况可按60min考虑）将一班人员升降完毕。升降人员的停歇时间为：单层罐笼取（n_r+10）s；双层罐笼取（n_r+25）s，n_r 为一次乘罐人数。当单面车场无人行绕道时，停歇时间应增加50%。

对于副提升，尚需根据其他提升工作量：如提升废石、下放材料、运送设备和其他非固定任务等作出罐笼每班提升平衡时间表。若不能满足升降人员的时间要求或辅助工作量大，而且平衡表的总时数超过规定时，可考虑采用双层罐笼。

表 27-18　装卸矿车的停歇时间（s）

矿车容积 (m^3)	推车方式	单层普通罐笼			双层普通罐笼		
		双面车场		单面车场	双面车场		单面车场
		单车	双车	单车	单车	只在一个水平进出车 单车	两层同时进出车 双车
≤0.75	人　力	15	20	30	65	35	20
0.75	推车机	15	20			35	20
1.2～1.6	推车机	15	20			35	20
2～2.5	推车机	20				45	

C　平衡锤的选择

采用单容器提升时，就要配平衡锤，根据不同情况，选取不同的重量。

(1) 以提升物料为主的设备，平衡锤重量为：

$$Q_c = Q_r + \frac{Q}{2} + q_r \text{（如为箕斗，} q_r = 0\text{）} \tag{27-13}$$

(2) 以提升人员为主的设备，平衡锤重量为：

$$Q_c = Q_r + Q_y \tag{27-14}$$

式中　Q_r——容器自重，kg；

Q_y——罐笼额定乘人数总重量，kg；

q_r——矿车自重，kg；

Q——一次提升量，kg；

Q_c——平衡锤重量，kg。

27.3.2　斜井提升容器

斜井提升容器有三种：矿车、斜井箕斗和斜井台车。以矿车组提升使用最广泛，其次为斜井箕斗，斜井台车在我国矿山较少使用。

27.3.2.1　矿车

直接提升矿车组时，可选择矿车容积为 0.5m^3、0.7m^3 固定车厢式矿车或翻转车厢式矿车。斜井的矿车，都要对其连接装置进行强度校核。

矿车组提升一般适用于倾角小于28°的斜井，考虑空矿车组顺利下放，采用矿车组提升的斜井（坡）倾角一般以不小于8°为宜。

27.3.2.2　箕斗

斜井箕斗分为前翻式和后卸式两种。前翻式（图 27-9）箕斗具有结构简单、自重较小等优点；其缺点是卸载时牵引钢丝绳张力变化较大。小型矿山斜井倾角较大时，通常采用这种箕斗。后卸式箕斗（图 27-10）的优点是卸载容易；其缺点是结构复杂，自重大，当斜井倾角大时，卸载较困难。因此，在倾角不大的主斜井中，可选择后卸式箕斗。

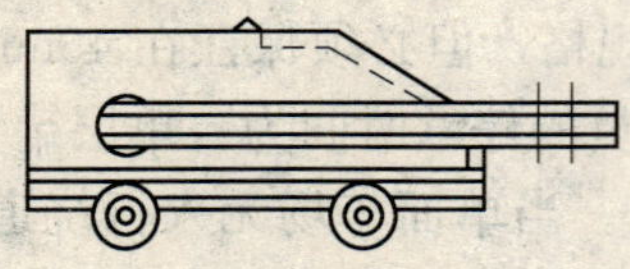

图 27-9　前翻式箕斗

化学矿山 HJJ 斜井后卸式箕斗及露天斜坡箕斗（HBJ 型）的系列型谱见表 27-19[1]，其计量装置的规

[1] 为化工部化学矿山设计研究院蔡学熙提供。

格参数见表 27 - 20❶。

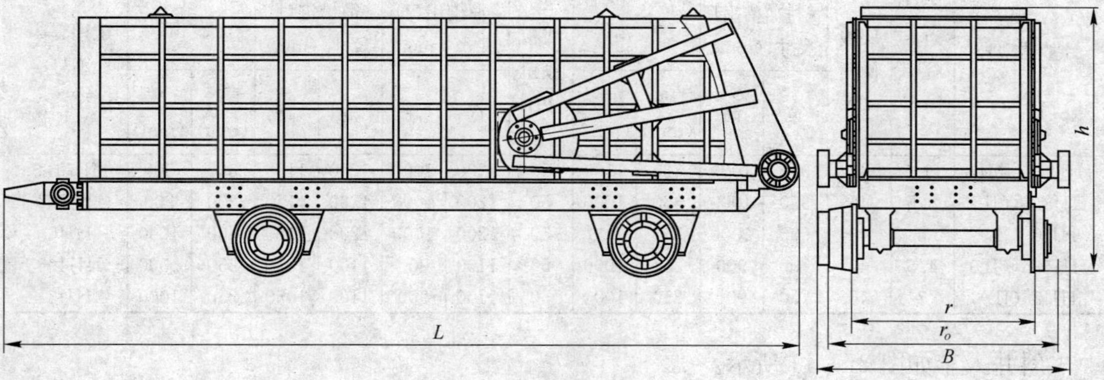

图 27 - 10　后卸式箕斗

表 27 - 19　斜井（坡）箕斗系列型谱

箕斗型号	几何容积（m^3）	最大装载量（kg）	一般特征						适用轨型（kg/m）	配套卸载曲轨型号	配套计量装置型号
			箕斗重量（kg）	装载量（kg）	皮重系数	外形尺寸（mm） 长	宽	高			
露天型 HBJ 系列											
HBJ14	14	18000	19185	16000	1.20	6950	2540	2770	43	HBJ14（QG）·15、20、25	
HBJ10	10	14000	15640	12000	1.30	5630	2550	2670	43	HBJ10（QG）·15、20、25	
HBJ7	7	9010	10075	8190	1.34	5470	2355	2150	38	HBJ7（QG）·15、20、25	无
HBJ5.5	5.5	7080	7805	6435	1.22	4950	2170	2110	38	HBJ5.5（QG）·15、20、25	
HBJ3.5	3.5	4500	5145	4100	1.26	4270	2130	1720	38	HBJ3.5（QG）·15、20、25	
地下型 HJJ 系列											
HJJ11.5	11.5	20700	15130	16500	0.92	6770	2310	2470	43	HJJ11.5(QG)·20、25、30、35	HJJ11.5(JL)
HJJ8.5	8.5	15600	12600	12240	1.03	5870	2285	2305	43	HJJ8.5(QG)·20、25、30、35	HJJ8.5(JL)
HJJ6	6	10800	9352	8640	1.08	5250	2115	1920	38	HJJ6(QG)·20、25、30、35	HJJ6(JL)
HJJ4.5	4.5	8100	6928	6480	1.07	4835	1920	1855	38	HJJ4.5(QG)·20、25、30、35	HJJ4.5(JL)
HJJ3	3	5400	4477	4230	1.06	3730	1800	1665	38	HJJ3(QG)·20、25、30、35	HJJ3(JL)

注：1. HBJ14（QG）·15、20、25，分别表示斜坡道倾角为 15°、20°、25°时卸载曲轨型号，余者类同；

2. HJJ11.5（QG）·20、25、30、35，分别表示斜井倾角为 20°、25°、30°、35°时卸载曲轨型号，余者类同。

27.3.2.3　人车

斜井倾角小于 30°，垂高超过 100m，或倾角大于 30°，垂高超过 50m。均应考虑用专门的人车升降人员。专门的人车必须具有可靠的断绳保险装置（安全卡）。提升机应有两套制动闸。载人时人车应在斜井直线轨道上行驶，不可沿弯道进入水平巷道。

❶为化工部化学矿山设计研究院蔡学熙提供。

表27-20　HJJ系列计量装置规格主要参数

计量器型号	计量器名义容积（m^3）	计量器					放矿闸门							配用箕斗型号
		底板倾角（°）	导料溜槽出口尺寸（mm）		气缸		底板倾角（°）	溜槽出口尺寸（mm）		溜槽进口尺寸（mm）		气缸		
			宽	高	直径（mm）	行程（mm）		宽	高	宽	高	直径（mm）	行程（mm）	
HJJ11.5（JL）	11.5	45	950	1000	360	1100	50	1200	1000	1200	1150	300	900	HJJ11.5
HJJ8.5（JL）	8.5	45	950	1000	360	1000	50	1200	1000	1200	1150	300	900	HJJ8.5
HJJ6（JL）	6	45	900	1000	300	900	50	1200	1000	1200	1150	300	1000	HJJ6
HJJ4.5（JL）	4.5	45	700	900	250	1000	50	1100	900	1100	1050	250	1000	HJJ4.5
HJJ3（JL）	3	45	700	900	250	1000	50	1100	900	1100	1050	250	1000	HJJ3

斜井人车如图27-11所示。

吉林市矿山机械厂生产的矿用斜井人车规格主要参数见表27-21。

营口市盖县矿山机械厂生产的XRB-6/5型斜井人车，系由XRB15-6/5S首车和XRB-6/5W尾车及挂车组成。最多节数为三节，即首车一节、挂车一节、尾车一节。用提升机直接牵引，完成斜井中运送人员的任务。图27-12为该型人车的抱轨式制动装置。

人车上的安全装置（包括开动机构、制动机构和缓冲器等）均安设在首车上。当断绳跑车或遇有紧急情况需手动刹车时，通过开动机构中各部件的动作，打开制动器进行制动。

人车制动时，抱爪抱住钢轨的瞬间，乘坐人员的滑架和挂车仍具有很大的动能，因此，在首车上安装了两台钢丝绳螺旋缓冲器，其作用是使人车制动时，所产生的最大减速度限制在乘人能够承受的安全限度内，以防止发生停车碰伤事故。中国高岭土公司阳东矿白善岭斜井使用此人车，自1984年10月至今未发生过人身事故。

27.3.3　导向装置

27.3.3.1　罐道

罐道是提升容器的主要导向装置。罐道可分为刚性和挠性两类。刚性罐道又可分为木罐道和钢罐道两种。挠性罐道即钢丝绳罐道。它们的优缺点和适用条件见表27-22。

由于钢丝绳罐道具有明显的优点，因此，在有条件时，应积极采用钢丝绳罐道。但罐笼提升系统在多水平作业时，由于稳罐装置复杂，最好不用钢丝绳罐道。在刚性罐道中，组合钢罐道较好，配合胶轮滚动罐耳使用，具有摩擦阻力小、重量轻、价格低廉、罐道使用寿命长、维修方便等优点。

27.3.3.2　导轮

导轮用于提升机与容器间钢丝绳的支撑和导向。导轮分为天轮和游动轮两类。

A　天轮

天轮安装在井架上。按结构类型不同，可分为铸造辐条式和型钢装配式两种。

一般直径小于3.5m的天轮常采用铸造辐条式；直径小于2m的天轮多为整体铸造；大于2m的多为剖分式铸造。一般直径大于4m的天轮，为了制造、安装和运输方便，常采用型钢装配式。

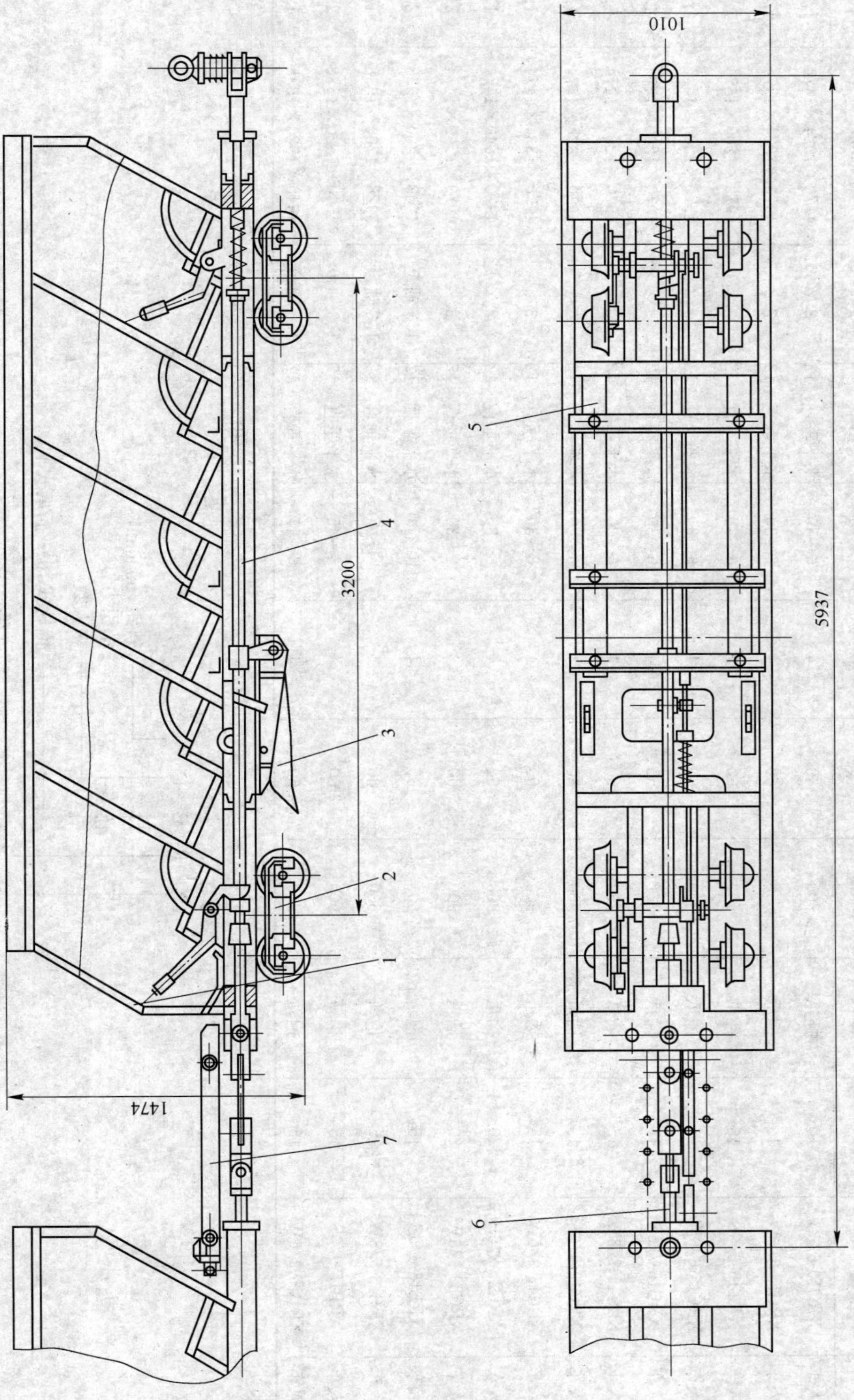

图 27-11 斜井人车

1—车体；2—转向器；3—制动器；4—联动机构；5—缓冲木；6—连接部分；7—支撑与限位装置

表 27-21 斜井人车规格主要参数

产品名称	型号规格	乘人数（人）	安全制动方式	轨距（mm）	最大牵引力（kN）	最大速度（m/s）	巷道角度（°）	转弯半径（m）	转向架中心距（m）	外形尺寸（mm）	自重（t）
斜井人车	XRC10-6/6S	10	插爪	600	60	4	6～30	水平垂直 12	3.2	4970×1024×1474	1.702
斜井人车	XRC10-6/6W	10	插爪	600	60	4	6～30	水平垂直 12	3.2	4970×1024×1474	1.821
斜井人车	XRC15-6/6S	15	插爪	600	60	4	6～30	水平垂直 12	3.2	4970×1200×1474	1.767
斜井人车	XRC15-6/6W	15	插爪	600	60	4	6～30	水平垂直 12	3.2	4970×1200×1474	1.908
斜井人车	XRC15-7/6S	15	插爪	762	60	4	6～30	水平垂直 12	3.2	4970×1200×1474	1.85
斜井人车	XRC15-7/6W	15	插爪	762	60	4	6～30	水平垂直 12	3.2	4970×1200×1474	1.90
斜井人车	XRC15-9/6S	15	插爪	900	60	4	6～30	水平垂直 12	3.2	4970×1334×1474	1.85
斜井人车	XRC15-9/6W	15	插爪	900	60	4	6～30	水平垂直 12	3.2	4970×1334×1474	1.90
斜井人车	XRC20-9/6S	20	插爪	900	60	4	6～30	水平垂直 12	3.2	4970×1540×1474	1.97
斜井人车	XRC20-9/6W	20	插爪	900	60	4	6～30	水平垂直 12	3.2	4970×1540×1474	2.09
斜井人车	XRB15-6/6S	15	抱轨	600	60	4	10～40	水平垂直 12	1.3 轴距	4203×1200×1538	2.20
斜井人车	XRB15-6/6W	15	抱轨	600	60	4	10～40	水平垂直 12	1.3 轴距	3928×1200×1538	1.00
斜井人车	XRB15-9/6S	15	抱轨	900	60	4	6～45	水平垂直 12	1.3 轴距	4540×1520×1538	2.40
斜井人车	XRB15-9/6W	15	抱轨	900	60	4	6～45	水平垂直 12	1.3 轴距	4540×1520×1538	1.20

型号含义

X R B 15-6/6

- 6/6：轨距 (600mm)、牵引力 (kN)
- 15：乘人数
- B：抱轨式 (0—插爪式)
- R：人车
- X：斜井

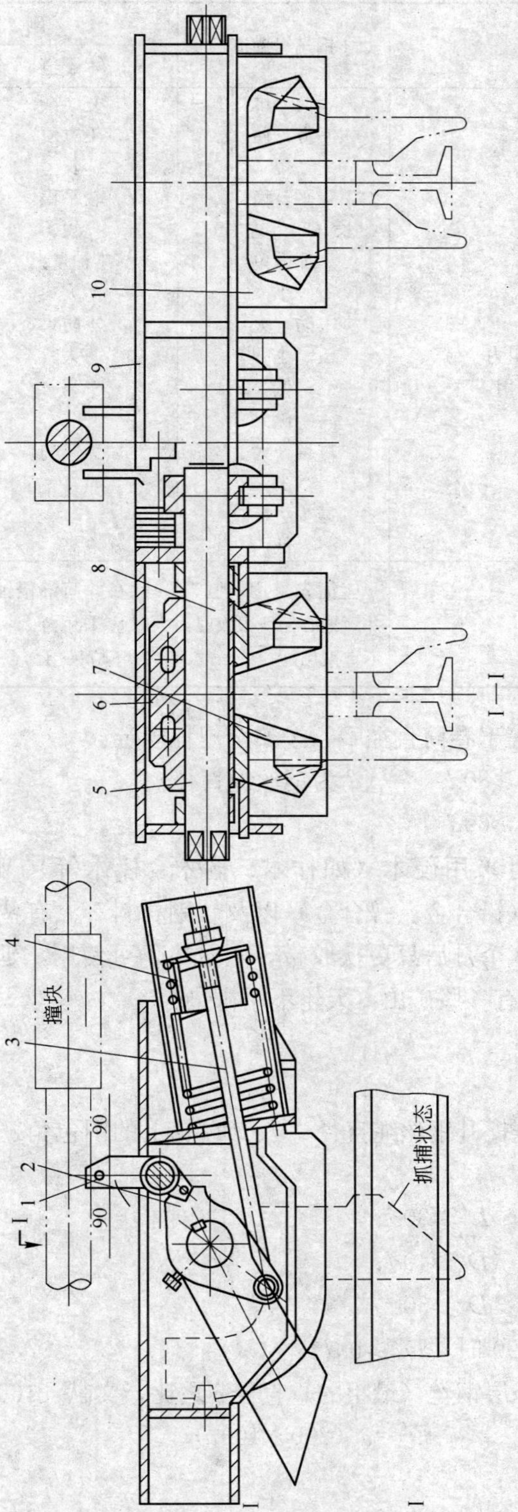

图 27-12 抱轨式制动装置

1—滑块(左右各 1);2—支撑块(左右各 1);3—拉杆;4—弹簧;5—扁轴;6—轮壳;
7—左抱爪;8—右抱爪;9—底座;10—楔形箱

表 27-22　罐道类型优缺点及适用条件

项　目		钢丝绳罐道	刚性罐道	
			木罐道	钢罐道
优缺点	结　构	简　单	复　杂	复　杂
	安　装	方　便	不方便	不方便
	安装工期	短	长	长
	容器运行	平　稳	较平稳	较平稳
	使用寿命	长（20年左右）	短	较长（10年左右）
	维　护	简　单	维护量大	维护量较大
	通风阻力	小	大	较　小
	防　火	防　火	不防火	防　火
	提升容器的罐道阻力	小	大	较　小
	井筒断面有效利用	低	高	高
	井底水窝	深	浅	浅
	井架负荷	增　大	无影响	无影响
	耗　电	少	多	多
	安全性	减少了事故		
	井筒装备投资	低	高	高
适　用　条　件		应优先采用，但当井筒轴心偏斜很大时，不宜采用	除在井筒淋侵蚀水大时应采用外，一般情况不应采用	可采用

天轮直径 D_t 一般选用等于卷筒直径 D，按安全规程规定：

对于地面提升设备：$D_t \geqslant 80d$　　（d 为钢丝绳直径）

对于井下提升设备：$D_t \geqslant 60d$

天轮轮槽衬垫材料，可采用硬木（如柞木、榆木、榛木等）、耐磨塑料（如尼龙1010）、橡胶带、轴承合金（铅合金、锌合金）以及软钢材料等。有些矿山在木衬垫上再覆盖一层橡胶带，使用2～3个月后只更换胶带，木衬垫仍可使用，延长了衬垫寿命，且有利于减轻钢丝绳磨损。也有一些矿山，天轮不用衬垫。

天轮的规格见表27-23。

B　游动轮

游动轮直径 D' 一般根据提升钢丝绳直径 d 及其在轮上的围包角 α' 的大小确定。金属矿山一般规定如下：

$\alpha' < 35°$时，　　$D' \geqslant 30d$；

$\alpha' = 35° \sim 60°$时，　　$D' \geqslant 40d$；

$\alpha' > 60°$时，　　$D' \geqslant 60d$。

煤矿规定，围包角 $\alpha' < 90°$时，$D' \geqslant 40d$。

关于游动轮直径 D' 与外层钢丝（最粗的）直径 δ 之比，文献〔16〕推荐为：

$$D' = \delta\ (200 + 100v)$$

式中　v——提升速度，m/s；

δ——最粗钢丝直径，mm；

D'——游动轮直径，mm。

表 27 - 23 竖井天轮系列及其基本参数①

天轮直径(m)	天轮代号	结构类型及材质	适应钢丝绳直径(mm)	全部钢丝破断力总和(kN)	轮径与绳径比
0.8	YTL 1	整体铸铁	9.3	54.7	86
1.2	YTL 2	整体铸铁	12.5 14	123	86
1.6	YTL 3	铸铁自行车轮式	18.5 20	257	80
2.0	YTL 4	铸铁自行车轮式	21.5 23 24	298 389	82
2.5	YTL 5 YTL 7	铸铁自行车轮式 铸钢型钢螺栓连接	26 28 31	439.5 608.5	80
3.0	YTL 6 YTL 8	铸铁自行车轮式 铸钢型钢螺栓连接	34 37	736 876	80
3.5	YTL 9	铸钢型钢螺栓连接	40 43.5	1025 1190	82
4.0		冲压型钢装配	46	1365	87

①为化工部化工矿山设计研究院提供。

如提升速度超过 4.5m/s 时，建议采用凿井提升设备的规定值。

27.3.4 罐笼承接装置

在中间水平、井底和井口车场，为了便于矿车出入罐笼，需设置罐笼的承接装置。承接装置有摇台、托台（罐座）和承接梁三种。中间水平车场规定使用摇台，承接梁只能用于井底车场，摇台和托台可用于井底和井口车场。

摇台的优点是：换车时钢丝绳不致松弛，提升开始时受冲击力小。其缺点是：停罐不准，对罐时间长；为了使罐笼不受过大的冲击力，容积大于 $2m^3$ 的矿车一般不选用摇台。在提升人员时，最好采用摇台。

托台的优点是：罐笼停车位置准确，提升钢丝绳不承受推入矿车的冲击力，而由托爪承担。其缺点是：当下放位于井口托爪上的罐笼时，必须将罐笼提起一定的高度，才能打开托台，使操纵复杂化，而且容易产生过卷；罐笼落在井底的托爪上时，钢丝绳容易松弛，因而提升时钢丝绳内产生冲击负荷；当操作不当时，易发生蹾罐事故。因此，缠绕式提升机在提升人员时，不用托台。摩擦式提升机一般不用托台，如用时，应防止启动打滑。

承接梁的优点是：构造简单，施工方便，投资最小。其缺点是：容易发生蹾罐事故，故在用缠绕式提升机提升人员和用摩擦式提升机的矿井中，不采用承接梁。

27.3.5 箕斗装卸载装置

箕斗的装卸载装置是由装矿装置和卸矿装置组成。

箕斗的装矿装置一般都要用计量装矿装置。它分为两种，一种是计容装矿装置，一种是计重装矿装置。可分别参见图 27 - 13 和图 27 - 14。

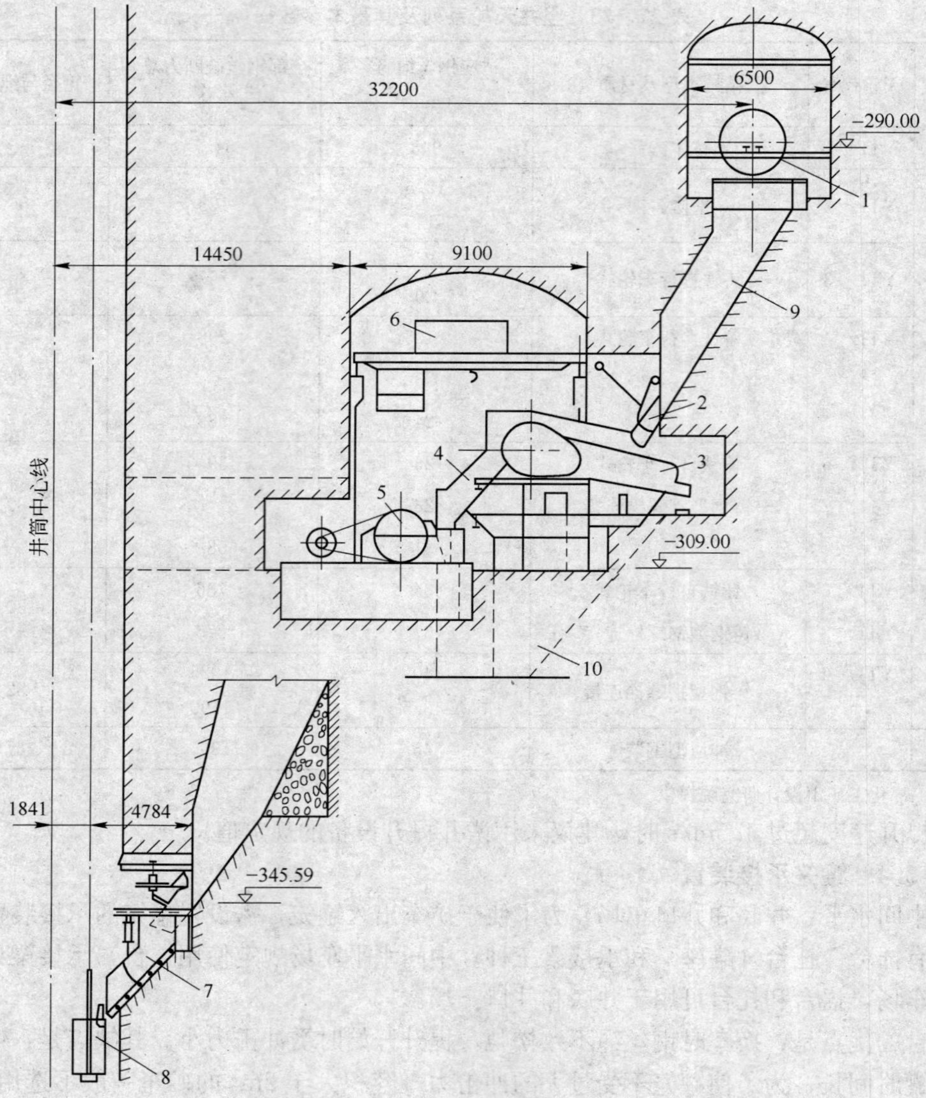

图 27-13 单一矿石经破碎后往计容装置装矿的配置

1—2m³ 固定式矿车双车翻车机；2—1600×1100 手动指状闸门；3—1500×4000 重型板式给矿机；4—1500×3000 固定筛；5—900×1200 颚式破碎机；6—15/3t 电动桥式起重机；7—4m³ 箕斗计容装矿装置；8—4m³ 翻转式箕斗；9—溜槽；10—矿仓

卸载装置与箕斗卸载方式有关。

采用翻转式箕斗时，用固定式曲轨卸载。采用底卸式箕斗时，多用由气缸或液压缸带动的活动直轨卸载。

翻转式箕斗在卸载时，斗厢旋转 150°，以便卸出矿石，这种卸载过程在井架上产生严重的反作用力，且所需行程较长，约为箕斗长的一倍。由于翻转式箕斗存在以上缺点，工业发达的国家，现在几乎都用底卸式箕斗。在美国，即使最大的箕斗，它所需要的卸载行程均不大于1.2～1.8m。我国在单绳提升中，今后应积极研制新型底卸式箕斗系列来取代翻转式箕斗系列。

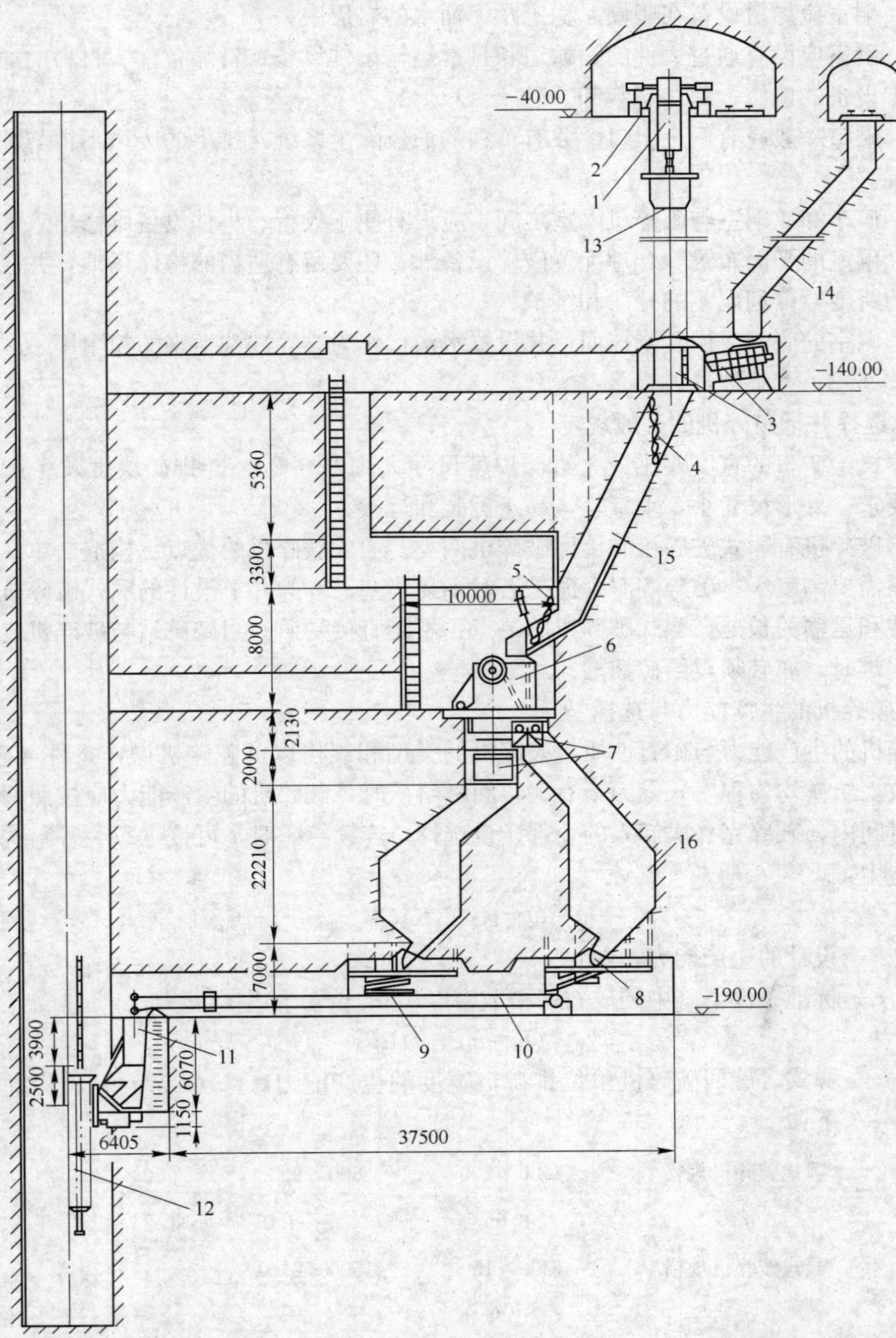

图27-14　多种矿石经破碎后由带式输送机运至计重装矿装置的配置

1—7m³底卸式矿车；2—卸载站；3—重型板式给矿机（三台）；4—缓冲链；5—气动链式闸门；6—1000×1200颚式破碎机；7—分配小车（二台）；8—气动扇形闸门（三台）；9—电动给矿机（三台）；10—1.2m宽带式输送机；11—计重装矿装置；12—10.5t底卸式箕斗；13—矿石溜井（二个）；14—废石溜井；15—溜槽；16—矿仓及废石仓（共三个）

27.3.6 井下破碎

27.3.6.1 井下破碎硐室设置原则

(1) 硐室应尽量设置在坚硬、稳定及无涌水的岩层中。

(2) 硐室应设有通过大件的运输道和日常运输小件设备、备品备件、材料的通道，并且要便于设备的检修、起吊、装卸。

(3) 硐室一般应有两个出口。并有单独的通风除尘系统，排出的废风不得与井下新鲜风流相混。

(4) 矿车卸矿硐室与破碎机硐室之间，应设有便于人行、小件设备维修出入的通道。

(5) 硐室的平面布置除合理配置破碎设备外，还要留有适当的检修场地，并应尽量减少硐室的跨度，以利硐室的开凿和维护。

(6) 硐室的底面应用砂浆抹面，并设置水沟，作为排除冲洗下来的粉尘用。

27.3.6.2 井下破碎装置[8]

A 选择井下破碎机的一般规定

破碎机给矿口的宽度要比最大给矿块度尺寸大15%～20%。排矿块度及生产能力均要符合要求。外形尺寸小，重量轻，易于拆装和运搬。

井下破碎机有颚式破碎机和旋回破碎机两类。颚式破碎机的优点：构造简单；价格比较低廉；需要高度小；破碎潮湿含泥矿石时不易堵塞；专为井下设计的颚式破碎机更具有易于拆装和运输的长处。颚式破碎机的缺点：不能直接受矿。当卸矿站与破碎机之间布置矿仓有困难时，亦必须设给矿溜槽。

B 破碎机的生产能力与选择

破碎机的生产能力与矿石性质、破碎机的类型和规格以及破碎机操作条件（破碎比，负荷系数，给矿均匀程度）等因素有关。间断给矿时，破碎机的生产能力应按照两次卸矿的间歇时间内，破碎完一次卸入的全部矿量选择。连续给矿时，可按（27 - 17）式概算出其生产能力：

$$Q=K_1K_2K_3Q_B \tag{27-15}$$

式中 Q——设计的生产能力，t/h；

Q_B——标准条件下（中硬矿石，松散密度1.6t/m³）的生产能力

$$Q_B=q_oe,\ \text{t/h};$$

q_o——颚式、旋回破碎机单位排矿口宽度的生产能力，t/（mm·h），其值分别如下：

颚式破碎机规格	400×600	600×900	900×1200
q_o	0.65	0.95～1.0	1.25～1.3
颚式破碎机规格	1200×1500	1500×2100	
q_o	1.9	2.7	
旋回破碎机规格	900/160	1200/180	
q_o	4.5	6.0	

e——破碎机排矿口宽度，mm；

K_1——矿石可碎性系数，其值如下：

矿石硬度 f	抗压强度 (MPa)	K_1
16～20	160～200	0.9～0.95
8～16	80～160	1.0
<8	<80	1.1～1.2

K_2——矿石密度（容重）修正系数

$$K_2=\frac{\rho_s}{1.6} 或 K_2=\frac{\rho}{2.7}$$

ρ_s——矿石松散密度（容重），t/m^3；

ρ——矿石密度（容重），t/m^3；

K_3——块度修正系数，其值如下：

给矿最大块度和给矿口宽之比	0.85	0.6	0.4
K_3	1.0	1.1	1.2

当一台颚式破碎机产量能满足要求时，则优先采用一台颚式破碎机；当一台颚式破碎机产量不能满足要求时，是选用两台颚式破碎机，还是选用一台旋回破碎机，需要通过技术经济比较来确定。

C 井下破碎设备的配置

井下破碎装置，按矿石品种和往外提运形式，可分为破碎单一矿石和破碎多种矿石两类。图 27 - 13 为单一矿石经破碎后往计容装置装矿的配置实例。图 27 - 14 为多种矿石经破碎后由带式输送机运至计重装置装矿的配置实例。

井下破碎设备配置的注意事项：

（1）为了保证破碎机作业的均衡性和避免井下运输、破碎、往外提运各环节的相互干扰，在卸矿站至破碎机和破碎机到计量装置之间一般应设置矿仓。其容量一般不小于 1 小时的提升量。

（2）在矿仓底部需设置给矿机或闸门。给矿机上还可设置闸门，以利于检修给矿机。给矿机分为板式和振动式两种。闸门的种类和规格分别见本手册第 2 卷 9.3.2 和 9.3.3。

板式给矿机可配置为水平和倾斜两种。倾斜时，可以增大矿仓容积或降低配置高差，但倾角最大以不超过 12°为宜。

（3）硐室大小依设备外形尺寸和配置要求而定，应能符合安装、运转和维修时的需要。

（4）破碎硐室应设置符合维护和检修要求的起重设备。

（5）带式运输机的巷道，应考虑流水坡度，以便将水引出。

27.3.7 安全装置

矿井提升的安全装置有断绳保险器（防坠器）、安全门和过卷保护装置等。

27.3.7.1 防坠器[3]

A 防坠器的作用、类型及其特点

在单绳提升中，安全规程规定：提人或提人和物料的罐笼，必须设动作可靠的断绳保险器（防坠器）。其作用是当钢丝绳或连接装置万一断裂时，使用防坠器将罐笼停在罐道上，以保证人员的安全。

我国防坠器主要有木罐道防坠器、钢轨罐道防坠器及制动绳防坠器三种。

木罐道防坠器与钢轨罐道防坠器的罐道本身既是罐笼运行的导向装置，又是断绳时防坠器的支承元件，但二者制动原理不同，前者为切割式，后者为摩擦式。虽然它们具有结构简单的优点，但很难控制其制动力达到设计要求，而且维护工作量大，故只在一些老矿井还有使用。

制动绳防坠器是以井筒中专门设置的制动钢丝绳为支承元件的防坠器，它不仅能用于钢丝绳罐道，而且同样可以用于刚性罐道。

制动绳防坠器的特点是采用定点抓捕及用专设的缓冲器进行缓冲。制动绳防坠器的类型很多。FS型防坠器在我国老矿中可常见到，这种防坠器采用杠杆滑楔式抓捕机构，优点是动作灵敏，工作可靠；缺点是易误动作，抓捕后又很难恢复，影响生产，而且结构复杂、笨重，故现已不再生产。GS型防坠器，采用偏心杆闸瓦式抓捕机构。它与FS型防坠器相比，具有结构简单，重量轻，误动作易于恢复等优点，在我国一些矿井中使用已获得较好的效果。BF型防坠器是一种较新型的防坠器，它采用四条垂直布置的弹簧作为开动机构，使传动机构特别简单，改善了两组抓捕器动作不同步现象，并考虑了刚性罐道与绳罐道的通用性，其机构如图27-15所示。

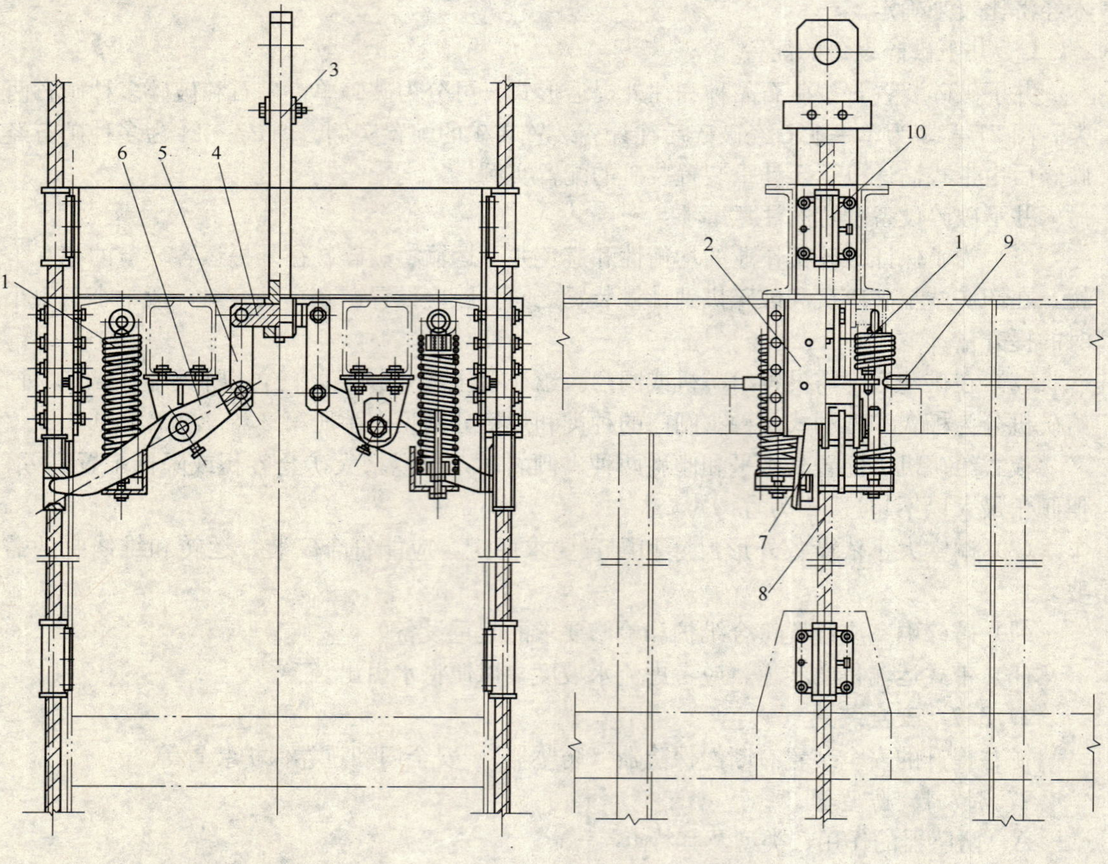

图27-15 BF-152型防坠器开动、传动机构

1—驱动拉力弹簧；2—抓捕器；3—主拉杆；4—横梁；5—链板；6—拨杆；7—抓捕器滑楔；8—制动钢丝绳；9—定位板；10—制动钢丝绳导向套

B 防坠器的维护

a 抓捕器的维护

在寒冷地带，冬季井筒必须保温，防坠器应使用防冻润滑油，以防止抓捕器系统被淋水冻结，失去工作能力。

每天检查一次抓捕器，检查所有零件的完好情况。每周利用放松提升钢丝绳的办法，检查所有零件的动作情况。每月详细检查一次抓捕器，测量磨损部位及磨损情况，若零件截面减少20%时必须更换。

b 制动绳和缓冲绳的维护

制动绳的检查方法与检查罐道相同。如发现有断丝时，应将断丝切掉，并加以修整。钢丝断裂部位及测量情况应记入提升设备检查簿中。

制动绳每捻距内断丝数达到总丝数的5%时，应更换制动绳。

长期使用过的制动绳如发现有很大磨损，表面钢丝直径磨损达50%时，将其一根制动绳取下，从各部（上、中、下）截取三段进行拉断试验，若其破断强度小于原强度的80%，则第二根钢丝绳也须更换。

缓冲绳也应同样进行检查。

c 拉紧装置的维护。检查拉紧装置的所有螺栓是否牢固。如制动绳本身伸长松弛时，必须定期拉紧。所有拉紧装置及钢丝绳端部的备用段均需涂上不易脱落的油，以防生锈。

C 防坠器的试验

安全规程规定每半年应对使用中的防坠器进行一次清洗和脱钩试验，其下滑长度不小于100mm，不大于300mm。新安装的或大修后的防坠器，必须进行试验。不合格者，不准使用。

现仅对绳罐道防坠器的试验简述如下：

a 试验前的准备

对防坠器应进行全面的仔细检查，通常依次对井架，缓冲钢丝绳、制动绳、悬挂装置、抓捕器、驱动弹簧及制动绳拉紧装置等进行检查。检查记录作为技术档案。要及时更换磨损过量已不合要求的零件，并将此情况记入检查记录中。

b 检查性试验

罐笼放在井口托台或覆盖物上，放松提升钢丝绳，检查抓捕器动作情况。在驱动弹簧作用下拨杆应抬起滑楔并将制动绳卡住。此时测量滑楔垂直行程。不符合要求时应进行调整。

罐笼检查性试验不应少于三次，动作可靠后，再做下一步的试验。

c 静负荷试验

抽出连接装置的固定销，此时驱动弹簧动作，使抓捕器的滑楔接触制动绳。然后把罐笼上提600～700mm停住。再下放罐笼，抓捕器在制动绳上滑行一段距离后，制动绳才被滑楔夹住。其下滑距离不得超过40mm。这种试验应进行三次，每次提升高度要大于前一次，以免在同一地点抓捕制动绳。静负荷试验时，缓冲绳不得在缓冲器中拉动，如有拉动现象，必须调整缓冲器的螺杆。

d 脱钩试验

静负荷试验合格后，方可进行脱钩试验。脱钩试验步骤如下：

（1）在封闭井口钢梁上铺上枕木，枕木上再放些软质材料。

（2）罐笼内部四角用木柱支撑补强。

（3）将连接装置与主拉杆之间连上脱钩器。

（4）将罐笼提升到井口封闭物上 1500mm 处，将脱钩器打开，抓捕器抓住制动绳，制动住下坠的罐笼。

脱钩试验要求：抓捕器沿制动绳下滑距离不得超过 150mm（不包括制动绳的拉伸长度），否则应调整后重做试验。罐笼对井架的降落高度不得超过 400mm。

脱钩试验应进行三次。一次空罐笼；一次用相当于满载人员的负荷进行试验；最后一次用最大负荷试验。

e 试验结束后的恢复工作

（1）恢复缓冲器原来位置，并将缓冲器螺栓调节好，由矿井机电主管负责铅封。

（2）拉紧提升钢丝绳，使抓捕器恢复到正常运行状态。

（3）拉紧制动钢丝绳，并检查拉紧装置，对抓捕器、缓冲器及制动钢丝绳进行涂油。

27.3.7.2 安全门

安全规程规定：竖井、斜井和各水平的连接处，必须设高度不小于 1.5m 的栅栏或金属网。进出口处设栅栏门（安全门）。栅栏门只准在通过人员或车辆时打开。

过去矿山所安设的安全门，如罐笼顶起式、卧置气缸滑移式等，都存在不少缺点，已逐渐淘汰。昆明有色冶金设计研究院于 1987 年制定并部分设计了人字形安全门系列型谱，见表 27-24。其结构见图 27-16[❶]。

表 27-24 人字形安全门系列型谱

启动型式	安全门			配用罐笼型号	开关门		备注
	型号	宽（mm）	高（mm）		最小推力（N）	行程（mm）	
气动	YTQA-1	1890	1500	2号单、双层	4900	125	化工矿山设计
	YTQA-2	2050	1500	3号单、双层	4900	125	研究院图号
	YTQA-3	2400	1500	4号单、双层	4900	125	Ko23181
	YTQA-4	2750	1500	5号单、双层	4900	125	Ko23182
电动	YTDA-1	1890	1500	2号单、双层	3500	120	已设计，
	YTDA-2	2050	1500	3号单、双层	3500	120	图号 TK772
	YTDA-3	2400	1500	4号、6号单、双层	3500	120	已设计，
	YTDA-4	2750	1500	5号单、双层	3500	120	图号 TK628

型号说明：Y T Q A-1

- 1 —— 型号
- A —— 安全门
- Q —— 形式：Q—气动；D—电动
- T —— 通用设备
- Y —— 冶金矿山

❶此图为化工矿山设计研究院提供。

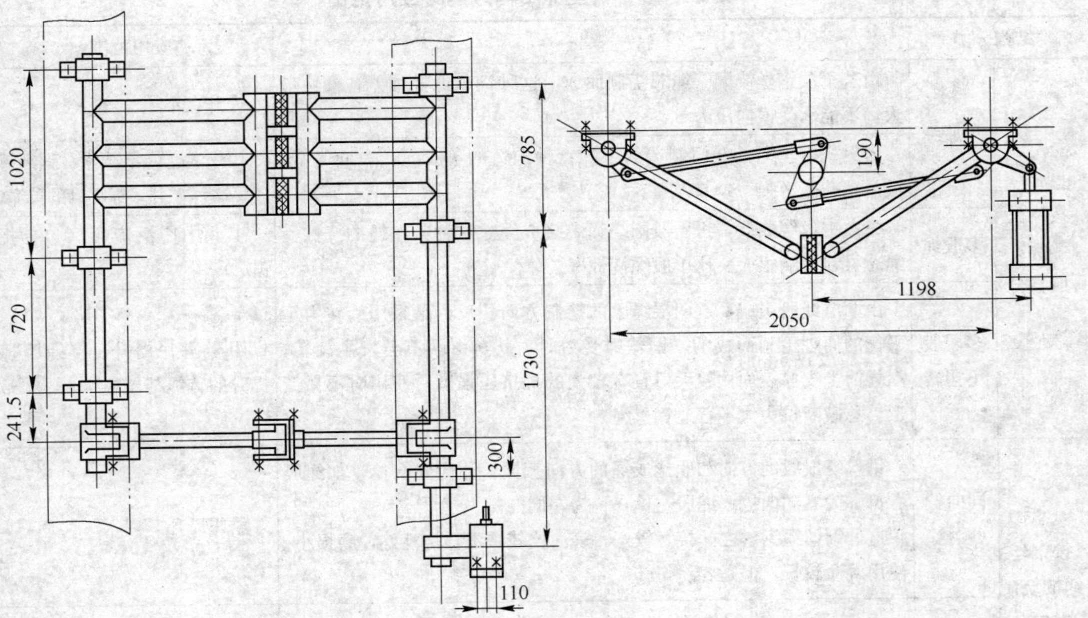

图 27-16 人字形安全门

27.3.7.3 过卷保护装置

提升设备除了应在深度指示器上设置防止过卷的终端开关外，尚需在井架上设终端开关。该终端开关应保证在提升容器超过正常提升高度 0.5m 时能立即切断电源，进行安全制动。并应在电路系统内设置防止连续两次过卷的装置。

对于多绳摩擦式提升系统，除上述要求外，安全规程还规定应在井塔（架）及井底的过卷段内，装设斜度为 1%的楔形罐道，其长度不小于过卷高度的三分之二。在安装楔形罐道时，应使下提升容器比上提升容器提前接触楔形罐道，其提前距离应不小于 1m。在井塔（架）的楔形罐道之上，应设置过卷挡梁。

单绳缠绕式提升系统除设置电气过卷保护装置和过卷挡梁外，新设计时也应装设楔形罐道。

27.4 提升钢丝绳

提升钢丝绳是矿井提升设备的一个重要组成部分，它直接关系到矿井正常生产、人员生命安全及经济运转，因此应予特别重视。

27.4.1 钢丝绳的结构类型与应用范围

钢丝绳一般是由钢丝捻成股，再由若干股捻成绳，最常用的是 6 股绳。钢丝是由圆钢条冷拔而成，其抗拉强度为 1400～2000MPa。抗拉强度大，钢丝绳在承受相同的载荷下，绳径可以小一些，但其弯曲疲劳性能差一些。国内提升钢丝绳使用的抗拉强度一般为 1570、1670、1770MPa；使用直径一般为 12～64mm。钢丝有光面和镀锌的两种，后者可以防止锈蚀。1988 年将矿井提升钢丝绳完全纳入新制订的 GB8918—88《优质钢丝绳》标准内。该标准规定以生产线接触钢丝绳为主，并全部生产预变形的不松散钢丝绳。因该标

表27-25　钢丝绳结构分类与应用范围

结构分类		特　　点	应用范围
按钢丝绳的股数分	单股绳	由若干层钢丝绕同一绳芯绕制而成。这种钢丝绳挠性差，僵性最大，不能承受横向压力	提升上不用
		密封式钢丝绳是专门制造的一种特种构造的单股绳，表面光滑，横向承载能力强	用作索道的承载索、钢绳罐道、较深矿井多绳提升的首绳
	多股绳	先由钢丝绕成股，再由股围绕绳芯绕成绳。这种钢丝绳的挠性受绳芯材料影响很大。比单股绳挠性好	工业中广泛应用（包括提升）
	多层股不扭转	由两层绳股组成，这两层绳股的捻制方向相反，是采用旋转力矩平衡的原理捻制而成的。钢丝绳受力时，其自由端不会发生旋转。在卷筒上支撑表面比较大，且有较大的抗挤压强度，使用时不易变形。总破断拉力大于普通钢丝绳	用于凿井提升，多绳摩擦提升的首绳与尾绳
按钢丝绳的绕制方向分	同向捻（顺捻）	钢丝绕成股的方向和股捻成绳的方向相同，称为同向捻，如绳股右捻称为右同向捻；绳股左捻，称为左同向捻 这种钢丝绳钢丝之间接触较好，表面比较平滑，挠性好，磨损小，使用寿命较长，但是容易扭转	竖井提升
	交互捻（逆捻）	钢丝绕成股的方向和股捻成绳的方向相反，称为交互捻。如绳右捻，股左捻，称为右交互捻；绳左捻，股右捻，称为左交互捻。这种钢丝绳的缺点是僵性较大，使用寿命较低，但不容易扭转	用作尾绳、斜井串车提升
按钢丝绳中的丝与丝的接触状态分	点接触	这是普通钢丝绳，股内钢丝直径相等，各层之间钢丝具有近似相等的捻角，而捻距不同。因此丝间呈点状接触。丝间接触应力很高，使用寿命较低	一般应用
	线接触	股内各层之间钢丝全长上平行捻制，具有相同的捻距，钢丝之间呈线状接触。这种钢丝绳消除了点接触的二次弯曲应力，能降低工作时总的弯曲应力，耐疲劳性能好。结构紧密，金属断面利用系数高，使用寿命长	广泛应用
	面接触	股内钢丝形状特殊，呈面状接触，面接触钢丝绳表面光滑，抗蚀性和耐磨性均好，承载力大	处于小批生产阶段，有发展前途
按股绳截面形状分	圆股	股绳截面形状是圆形，结构简单，易于制造，价格低	广泛应用
	异形股	股绳截面主要有三角形、椭圆形和扁圆形。这种钢丝绳支撑表面比圆股钢丝绳大3～4倍，耐磨性好，不易产生断丝。钢丝绳结构密度大，在相同绳径和强度条件下，总破断拉力大于圆股钢丝绳。使用寿命比普通圆股钢丝绳约高3倍	三角股已被竖井提升广泛应用
按钢丝绳绳芯分	天然纤维芯（麻芯或棉芯）	具有较高挠性和弹性，不能承受横向压力，不能承受高温辐射	一般应用
	合成纤维芯	具有较高挠性和弹性，不能耐高温，不能承受横向压力	广泛应用
	金属芯	强度较高，能承受高温和横向压力，但挠性较差	适宜受冲击负荷、受热和受挤压条件下使用

准要求较高，故旧标准（GB1102—74、YB829—79）还要继续使用一段时间。由于使用条件不同，钢丝绳有各种结构类型，常见的如表 27 - 25 所示。

除表 27 - 25 所列外，还有扁钢丝绳，可作为尾绳使用。因其制造复杂，生产率低，价格较高，已很少生产，多用圆形的钢丝绳代替。

为了订货不出差错，必须按钢丝绳的标记方法提出所需要的钢丝绳，按 GB8707—88《钢丝绳标记代号》规定，其标记项目及顺序如下：

（1）尺寸（圆形钢丝绳为公称外接圆直径，mm；扁钢丝绳为宽度乘厚度，mm）；

（2）钢丝的表面状态（光面钢丝代号为 NAT；A 级镀锌钢丝代号为 ZAA；AB 级镀锌钢丝代号为 ZAB；B 级镀锌钢丝代号为 ZBB）；

（3）结构型式（先写股数；再用代号写股的横截面形状——圆形股无代号；其后在括弧内标明股的结构——每股的结构由外向中心标记各层丝数，每层丝数用“＋”号隔开；最后标明所用绳芯——纤维芯代号为 FC，天然纤维芯代号为 NF，合成纤维芯代号为 SF）；

（4）钢丝的抗拉强度（单位用 MPa）；

（5）捻向（用 Z 表示右向捻，S 表示左向捻；第一个字母表示钢丝绳的捻向，第二个字母表示股的捻向）；

（6）最小破断拉力（单位用 kN）；

（7）单位长度重量（按 100m 计算重量，用 kg/100m 表示）；

（8）产品标准号。

如按以上顺序标记，可使用简略代号。

现用示例说明全称标记和简化标记。

全称标记示例：

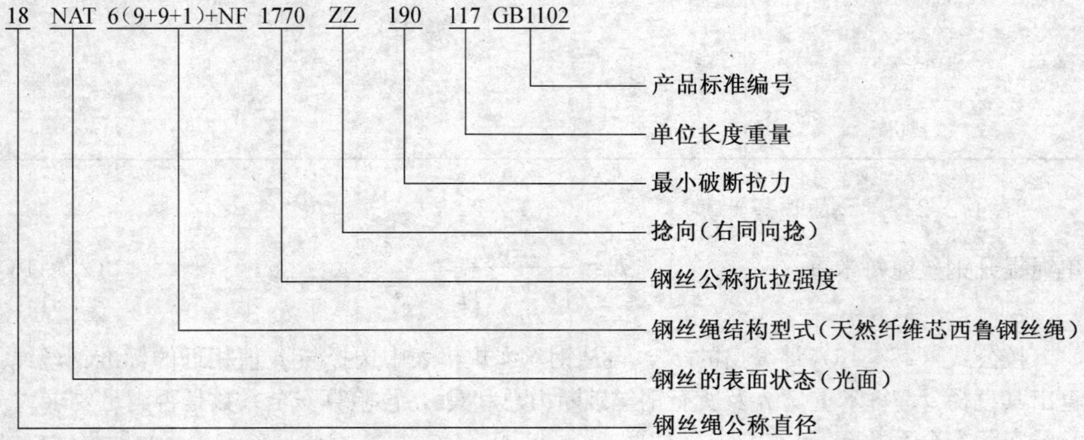

简化标记示例：上例可表示如下：

18NAT6×19S＋NF1770ZZ190；或最小破断拉力也不写出。

27.4.2 钢丝绳的安全系数与选择计算

27.4.2.1 钢丝绳的安全系数

提升钢丝绳在工作中的受力是非常复杂的，至今还是按钢丝绳最大静负荷乘以安全系数来选择计算的。我国矿山安全规程规定，钢丝绳的安全系数为钢丝绳内所有钢丝破断力之和与钢丝绳最大静负荷（包括绳的自重力）之比，并规定提升钢丝绳的安全系数为：单绳提升，专门提人时不应小于9；同时提人和物料时，提物料不应小于7.5，提人不应小于9；专提物料时不应小于6.5[9,22]。多绳摩擦式提升钢丝绳，提升人员与物料的不得低于8，专提物料的不得低于7[9]。根据国内实际经验，多绳摩擦式提升钢丝绳，提升人员时，安全系数也不应低于9。

国外竖井提升的钢丝绳安全系数（m）多随井深增加而减小。如：

瑞典以整体钢丝绳破断力为计算基础，提人时取$m=8-0.001H_o$，提物料时取$m=6-0.0005H_o$[3]。

联邦德国以钢丝绳所有钢丝破断力之和为计算基础，提升人时取$m=9.5-0.001H_o$，提物料时取$m=7.2-0.0005H_o$[3]。

英国在煤矿规程中提出的安全系数，考虑了弯曲应力的影响，其计算公式为[3]：

$$m=\frac{4.7\ (R_a+37)}{R_a\ (1+0.001546\sqrt{H_o})-31.5}$$

式中 H_o——钢丝绳悬垂长度，m；

R_a——卷筒直径与钢丝绳直径的比值。

美国随井深按表27-26选取[10]（以整体钢丝绳破断力为计算基础）。

表27-26 缠绕式提升钢丝绳的安全系数（运人时）

矿井深度（m）	新绳最小安全系数	应换钢丝绳最小安全系数
<150	8	6.4
150～305	7	5.8
305～610	6	5.0
610～915	5	4.3
>915	4	3.6

27.4.2.2 单绳的选择计算

单绳提升钢丝绳每米重：

$$p'=\frac{Q+Q_r}{11\frac{\sigma_b}{m}-H_o} \tag{27-16}$$

按公式（27-16）计算出的p'，再从钢丝绳规格表中选择与p'值相近的标准钢丝绳，查出其直径d、每米重量p及所有钢丝破断力总和Q_d，再验算安全系数是否满足要求。

实际安全系数m'：

$$m'=\frac{Q_d}{(Q+Q_r+pH_o)\ g}\geqslant m \tag{27-17}$$

式中 Q——一次提升量，kg；

Q_r——容器自重（包括连接装置），kg；

H_o——钢丝绳最大悬垂长度（自天轮切点算起），m；

σ_b——钢丝公称抗拉强度，MPa；

Q_d——钢丝破断力总和，N；

g——重力加速度，m/s^2；

p'——钢丝绳每米长度的重量，kg/m。

27.4.2.3 多绳的选择计算

首绳（提升绳）的选择计算方法与单绳的基本相同，只是用几根钢丝绳代替一根钢丝绳，其计算公式为：

$$p'=\frac{Q+Q_r}{n\left(11\frac{\sigma_b}{m}-H_o\right)} \tag{27-18}$$

$$m'=\frac{nQ_d}{(Q+Q_r+npH_o)\ g}\geqslant m \tag{27-19}$$

用等重尾绳时，尾绳的单位长度重量为：

$$q=\frac{n}{n_w}p \tag{27-20}$$

式中 q——尾绳的单位长度重量，kg/m；

n、n_w——首绳与尾绳的根数，一般尾绳根数为首绳根数之半；

p'——首绳每米长度的重量，kg/m。

27.4.2.4 斜井提升钢丝绳的选择计算

原则上与竖井相同，只是静负荷要考虑倾角及阻力的影响，其计算公式与验算式为：

$$p'=\frac{Q_o\ (\sin\alpha+f_1\cos\alpha)}{11\frac{\sigma_b}{m}-L\ (\sin\alpha+f_2\cos\alpha)},\ \text{kg/m}; \tag{27-21}$$

$$m'=\frac{Q_d}{\left[Q_o\ (\sin\alpha+f_1\cos\alpha)\ +pL\ (\sin\alpha+f_2\cos\alpha)\right]g}\geqslant m \tag{27-22}$$

式中 p'——钢丝绳每米长度的重量，kg/m；

Q_o——钢丝绳终端总重量，包括容器自重和矿石重量，kg；

α——轨道倾角，(°)；

f_1——提升容器运行时的阻力系数，$f_1=0.01\sim0.015$；提升容器启动时的阻力系数为运行阻力系数的 1.5 倍；

表 27-27 矿井提升用钢丝绳的推荐结构

用途	钢丝绳分类	钢丝绳结构	备注
竖井	异型股	6△（21）；6△（24）；6△（30）；6△（33） 6△（34）；6△X（36）；6△X（37）；6△（42） 6△（43）	异型股前 7 个型号除缠绕式提升机使用外，也用于多绳摩擦式提升机 锈蚀严重的矿井应选用镀锌钢丝
	圆股	6T（25）；6XW（36）；6W（36）；6X（37）；18X7；	
斜井	异型股 圆股 面接触	6△（18）；6△（19） 6X（19）；6XW（36）；6×7 M6×7；M6X（19）	本表所用结构代号均为旧标准的。新标准 GB8707—88 中用 V 代替△；S代替 X；T 代替 M 等，写法也有变化

表 27 - 28　常用提升钢丝绳规格

钢丝绳结构	钢丝绳公称直径 d（mm）	钢丝最大参考直径 δ（mm）	钢丝绳每米近似重量 天然纤维芯	钢丝绳每米近似重量 合成纤维芯	钢丝绳最小破断拉力（纤维芯的）1570 MPa	1670 MPa	1770 MPa
			p（kg/m）		F_o（kN）		
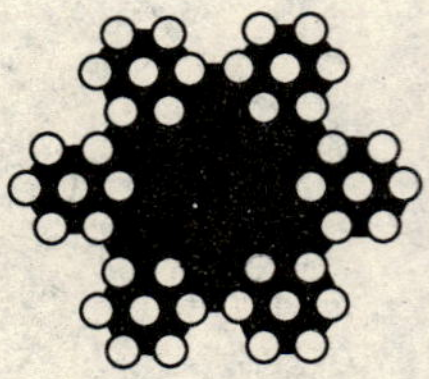 6×7＋FC（6 股、每股 7 丝、FC 为纤维芯）	16	1.7	0.899	0.881	133.4	141.9	150.4
	18	2.0	1.137	1.115	168.9	179.6	190.4
	20	2.2	1.404	1.376	208.5	221.8	235.1
	22	2.4	1.699	1.665	252.3	268.3	284.4
	24	2.6	2.022	1.981	300.2	319.4	338.5
	26	2.8	2.373	2.325	352.4	374.8	397.2
	28	3.0	2.752	2.697	408.7	434.7	460.7
	32	3.5	3.594	3.523	533.7	567.7	601.7
	36	4.0	4.549	4.458	675.5	718.6	761.6
	钢丝破断拉力总和 Q_d＝钢丝绳最小破断拉力 F_o×1.112（纤维芯的）						
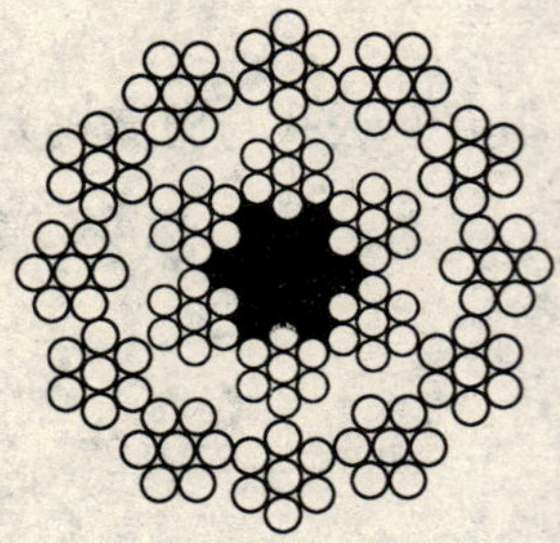 18×7＋FC（18 股、每股 7 丝、纤维芯）	24	1.6		2.246	296.6	315.5	334.4
	26	1.7		2.636	348.1	370.3	392.5
	28	1.8		3.058	403.7	429.4	455.2
	32	2.0		3.994	527.3	560.9	594.5
	36	2.4		5.054	667.4	709.9	752.4
	$Q_d=F_o\times1.283$						
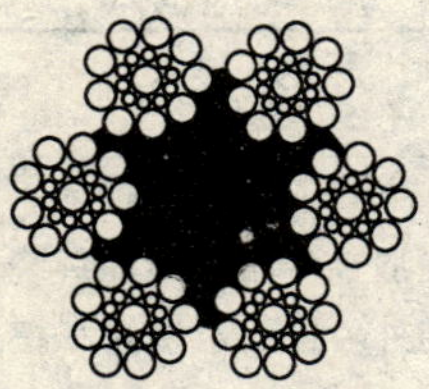 6×19S＋FC（6×19W＋FC 与此数据同，S—西鲁式，W—瓦林吞式）	16		0.944	0.921	132.6	141.1	149.5
	18	1.6	1.194	1.166	167.9	178.6	189.2
	20	1.8	1.474	1.439	207.2	220.4	233.6
	22	2.0	1.784	1.742	250.8	266.7	282.7
	24	2.2	2.123	2.073	298.4	317.4	336.4
	26	2.4	2.492	2.433	350.2	372.5	394.9
	28	2.6	2.890	2.821	406.2	432.1	457.9
	(30)	2.8	3.317	3.239	466.3	496.0	525.7
	32	3.0	3.774	3.685	530.5	564.3	598.1
	(34)	3.2	4.261	4.160	598.9	637.1	675.2
	36	3.4	4.777	4.664	671.5	714.2	757.0
	$Q_d=F_o\times1.191$（纤维芯）；括号内的 d 值新设计设备不用						

续表 27 - 28

钢丝绳结构	钢丝绳公称直径 d (mm)	钢丝最大参考直径 δ (mm)	钢丝绳每米近似重量		钢丝绳最小破断拉力（纤维芯的）		
			天然纤维芯	合成纤维芯	1570 MPa	1670 MPa	1770 MPa
			p (kg/m)		F_o (kN)		
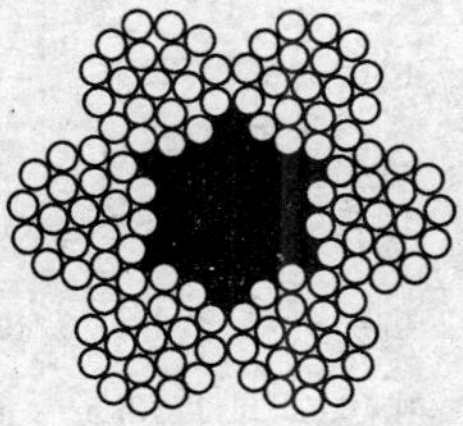	14	1.1	0.745	0.727	101.5	108.0	114.5
	16	1.2	0.973	0.950	132.6	141.1	149.5
	18	1.5	1.231	1.202	167.9	178.6	189.2
	20	1.6	1.520	1.484	207.2	220.4	233.6
	22	1.7 (1.4)	1.839	1.796	250.8	266.7	282.7
$6\times25F_i+FC$	24	1.9 (1.55)	2.189	2.137	298.4	317.4	336.4
（$6\times36SW+FC$ 与此数据同，结	26	2.0 (1.7)	2.569	2.508	350.2	372.5	394.9
构如本栏下图。F_i——填充式）	28	2.2 (1.8)	2.979	2.909	406.2	432.1	457.9
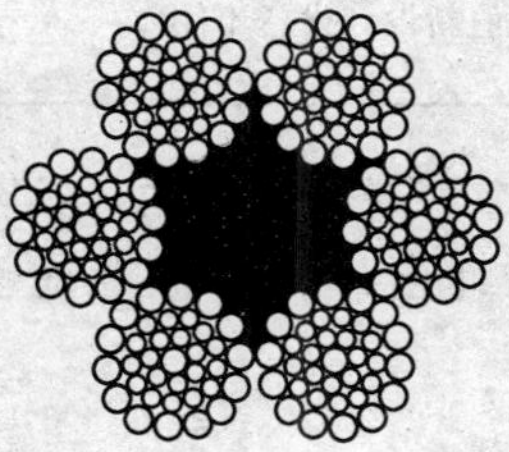	(30)	2.35 (2)	3.420	3.339	466.3	496.0	525.7
	32	2.5 (2.1)	3.891	3.799	530.5	564.3	598.1
	(34)	2.6 (2.2)	4.393	4.289	598.9	637.1	675.2
	36	2.8 (2.3)	4.925	4.808	671.5	714.2	757.0
	(38)	3.0 (2.5)	5.487	5.357	748.1	795.8	843.4
	40	3.1 (2.6)	6.080	5.936	829.0	881.8	934.6
	(42)	3.3 (2.8)	6.703	6.544	913.9	972.1	1030.4
	44	3.5 (3.0)	7.357	7.183	1003.0	1066.9	1130.8
	$Q_d=F_o\times1.191$（纤维芯）；括号内的 d 值新设计设备不用						
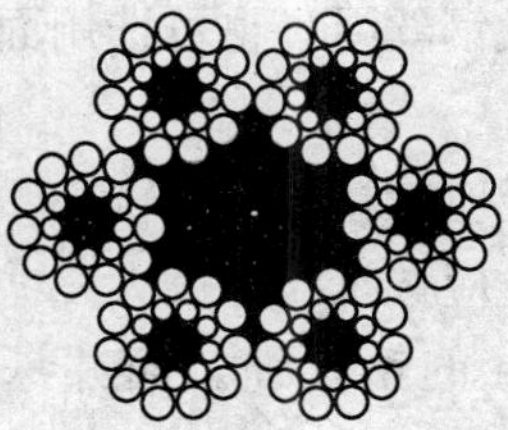	18	1.3	1.207	1.183	168.5	179.2	189.9
	20	1.4	1.490	1.461	208.0	221.2	234.5
	22	1.6	1.803	1.768	251.7	267.7	283.7
	24	1.7	2.146	2.104	299.5	318.6	337.7
	26	1.9	2.519	2.469	351.5	373.9	396.3
	28	2.0	2.921	2.863	407.7	433.6	459.6
	(30)	2.1	3.353	3.287	468.0	497.8	527.6
6V×21+7FC	32	2.3	3.815	3.740	532.5	566.4	600.3
（V——三角股，6股、每股21丝、	(34)	2.4	4.307	4.222	601.1	639.4	677.7
共7个纤维芯）	36	2.55	4.829	4.734	673.9	716.8	759.7
	$Q_d=F_o\times1.177$；括号内的 d 值新设计设备不用						

续表 27-28

钢丝绳结构	钢丝绳公称直径 d（mm）	钢丝最大参考直径 δ（mm）	钢丝绳每米近似重量		钢丝绳最小破断拉力（纤维芯的）		
			天然纤维芯	合成纤维芯	1570 MPa	1670 MPa	1770 MPa
			p（kg/m）		F_o（kN）		
	32	2.0	4.355	4.269	607.7	646.4	685.1
	(34)	2.1	4.916	4.819	686.0	729.7	773.4
	36	2.2	5.511	5.402	769.1	818.1	867.1
	(38)	2.3	6.141	6.019	857.0	911.5	966.1
	40	2.4	6.804	6.670	949.5	1010.0	1070.5
	(42)	2.6	7.501	7.353	1046.9	1113.5	1180.2
	44	2.7	8.233	8.070	1148.9	1222.1	1295.3
	(46)	2.8	8.998	8.821	1255.8	1335.7	1415.7
	48	2.9	9.798	9.604	1367.3	1454.4	1541.5
6V×37S+FC	(50)	3.0	10.631	10.421	1483.6	1578.2	1672.6
	52	3.1	11.499	11.272	1604.7	1706.9	1809.1
	$Q_d=F_o\times1.177$；括号内的 d 值新设计设备不用						

f_2 ——钢丝绳移动的阻力系数；钢丝绳全部支承在托滚上，$f_2=0.15\sim0.20$；钢丝绳局部支承在托滚上，$f_2=0.25\sim0.40$；钢丝绳全部在底板上拖动时，$f_2=0.4\sim0.6$；

L ——钢丝绳从天轮切点算起的最大斜长，m。

27.4.2.5 钢丝绳的选型原则

根据使用条件选择钢丝绳的结构类型，是为了延长钢丝绳的使用寿命，取得最好的综合经济效益。

(1) 以疲劳断丝为钢丝绳损坏的主要原因时，应选用线接触同向捻，钢丝数多而直径较细的圆股或异形股钢丝绳；

(2) 在磨损严重的矿井中，选用外粗式线接触圆股或异形股钢丝绳，也可选用面接触钢丝绳；

(3) 在锈蚀严重的矿井中，应选用镀锌钢丝绳，且钢丝直径应较粗；

(4) 矿井浅时，应选抗拉强度小一些的钢丝绳；矿井深时，应选抗拉强度大一些的钢丝绳。如井深超过 700m，可选抗拉强度等于或大于 1800MPa 的钢丝绳。而井深超过 1000m 时，最好选用不扭转钢丝绳。

具体选择时可参见表 27-25 和表 27-27。钢丝绳的规格可查阅标准或样本。表 27-28 列出了常用的几种钢丝绳的部分规格。

多绳摩擦提升在井深超过 900m 时，应使用不扭转钢丝绳，英国和加拿大则采用密封式钢丝绳。平衡尾绳可用多层股不扭转钢丝绳，也可用普通圆股交互捻钢丝绳。绳罐道用绳最好选用密封式钢丝绳，或多层股不扭转钢丝绳。

有时需估算钢丝绳的单位长度重量 p 或最小破断拉力 F_o，为此给出以下两式：

$$p=\frac{k'd^2}{100}$$

$$F_o=\frac{K'd^2R_o}{1000}$$

式中 p——钢丝绳单位长度重量，kg/m；

d——钢丝绳公称直径，mm；

k'——一定结构钢丝绳单位长度的重量系数（见表 27 - 29）；

F_o——钢丝绳最小破断拉力，kN；

R_o——钢丝公称抗拉强度，MPa；

K'——一定结构钢丝绳最小破断拉力的换算系数（见表 27 - 29）。

表 27 - 29 钢丝绳重量系数 k' 与最小破断拉力系数 K'

钢丝绳类别	钢丝绳的结构示例	钢丝绳重量系数 k		最小破断拉力系数 K（纤维芯的）
		天然纤维芯的	合成纤维芯的	
6×7	6×7+FC	0.301	0.344	0.332
6×19（a） 6×37（a）	6×19S+FC；6×19W+FC； 6×25F_1+FC；6×26SW+FC； 6×36SW+FC；6×41SW+FC	0.380	0.371	0.330
17×7	18×7+FC；18×19W+FC	0.390	0.390	0.328
6V×19 6V×37	6V×21+7FC； 6V×33+FC； 6V×36+FC； 6V×37S+FC	0.405	0.397	0.360

27.4.3 钢丝绳的使用、维护与检查、试验[11]

27.4.3.1 使用与维护

提升钢丝绳除了合理选择其结构以外，还应正确地使用与维护，以延长钢丝绳的使用寿命。

在使用中，一定要满足安全规程中规定的卷筒直径与钢丝绳直径以及与钢丝直径的比值要求，以控制其弯曲疲劳强度。绳槽直径必须合理，绳槽过小时会引起钢丝绳过度挤压而提前断丝；绳槽过大时，会使钢丝绳在绳槽中支撑面积减小，增大其接触应力，导致绳与绳槽的加速磨损。根据经验，槽底半径一般 $R=0.55d$ 为宜（d 为钢丝绳直径）[12]。使用普通圆股钢丝绳，天轮上最好加上衬垫；使用三角股钢丝绳时，因其有较大的支撑表面，可不用带衬的天轮。要使用合理的连接装置，最好用楔形绳卡代替桃形环绳卡[13]。钢丝绳反向弯曲，对其寿命影响很大，如卷筒提升机的下绳比上绳使用寿命短。

使用中钢丝绳的维护，主要是指钢丝绳的润滑。良好的、定期的润滑对提高钢丝绳的使用寿命影响很大，外部润滑的作用主要有三：

(1) 保护外部钢丝不受锈蚀。

(2) 起润滑作用，减小股间与丝间的磨损。

(3) 阻止湿气和水分浸入绳内，并可补充绳芯油量。

对润滑油的要求是：

(1) 黏稠性能好，使油脂在提升过程中不致被钢丝绳振动甩掉，或淋水冲刷掉。

(2) 有较好的黏温性能，低温不硬化（龟裂），高温不流失。

(3) 防锈和润滑性能要好，不含酸碱性，并有一定透明度，以便发现磨损和断丝。

此外，摩擦式提升用的钢丝绳润滑油，不能降低钢丝绳和衬垫之间的摩擦系数，否则，就不能用润滑油。加拿大有一种红木（*Redwood*）206号油，涂油后钢丝绳在衬垫上的摩擦系数比不涂油时还高。

涂油应采用我国生产的专用钢丝绳油，并注意与钢丝绳厂家制造时所用的油脂性能相适应。

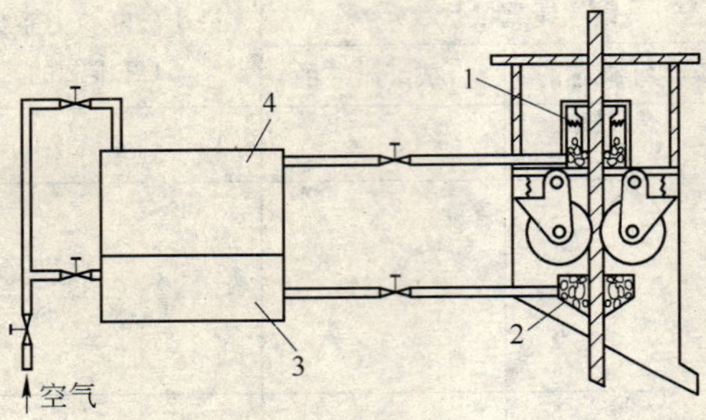

图 27-17 提升钢丝绳的清洗和涂油装置
1—上油头；2—圆形喷嘴；3—空气加热器；4—油箱

为了提高矿井提升设备的有效度，最好使用涂油器定期润滑钢丝绳。图27-17即为一种清除老油和涂上新油的涂油装置[5]。

钢丝绳的清洗和涂油过程如下：在钢丝绳涂新油之前，用喷嘴吹送热空气去掉老油，使钢丝绳表面清洁。再由上油头进行涂油，它是用压缩空气将加热状态（30℃）的钢丝绳油压入上油头，使之均匀地加在钢丝绳上，并能浸入绳股与绳芯。油层厚度用上油头上的可动莲花瓣调节之。

此外，还要仔细地运输、存放及悬挂钢丝绳；司机操作要平稳；注意卷筒和天轮衬垫情况。认真加强对钢丝绳的维护，会提高钢丝绳的使用寿命。

对于多绳摩擦式提升的钢丝绳，还要注意使各钢丝绳的受力均匀，以免加速钢丝绳与衬垫的过快磨损，缩短它们的使用寿命。为此要测定各绳中张力的大小，以便进行调整。为了测定张力，可在各绳的连接装置上安设测力计定期进行测定，或安设钢丝绳张力自动检测装置，张力需调时，自动报警。也可利用测量钢丝绳“回波”时间来判断各绳的张力差，这种方法简易可行，我国矿山都用此法。先将有载重的容器下放到最低水平，但不落到任何承接装置上，测量人员站在井塔上用手突然推动钢丝绳，同时按动秒表，这时弹性波即沿钢丝绳向下传播，到了提升容器后反射回来，当传回到原来推动钢丝绳的位置时，即可明显地看到钢丝绳突然抖动，此时按停秒表，得回波传递时间。钢丝绳中张力愈大，则时间愈短，依次对各绳进行测量，若各绳的时间相差超过10%时，应进行调绳。为了消除按动秒表的误差，一般可测数次时间，取其平均值。

27.4.3.2 检查与试验

为确保钢丝绳的使用安全，防止断绳事故发生，对钢丝绳要进行定期的检查和试验。

安全规程规定，提升钢丝绳每天必须进行检查，每周进行一次详细检查，每月进行一次全面检查，所有检查结果，都要记入检查记录。内容主要有以下几个方面：

(1) 检查断丝、断丝根数和部位，检查捻距变化及其断丝情况；

(2) 钢丝绳直径变细情况；

(3) 钢丝绳的润滑和锈蚀情况；

(4) 绳头与绳卡情况，钢丝绳全长有无其他异常情况等。

钢丝绳在一个捻距内，断丝数超过下列数值时，就要更换：提升钢丝绳，5%（如断丝在端部，允许切去使用时，可继续使用）；尾绳，10%；倾角小于30°的斜井提升钢丝绳，10%。钢丝绳直径比初使用时小10%，或捻距比初使用时延长0.5%，也应更换。

钢丝绳如遭受卡罐或突然停车等猛烈拉伸时，必须立即停车检查，如发现钢丝绳受到损伤，或因剧烈张力使绳长增加0.5%或直径缩小10%时，须更换。

钢丝绳作多层缠绕时，由下层转到上层的临界段，必须加强检查，并且每季移绳1/4圈。

钢丝绳的检查方法，目前大都是用眼睛观察，并用手捋绳检查。国内外利用电磁感应原理，研制了一些电磁式钢丝绳探伤仪，它不仅能检查钢丝绳的断丝情况，也能检查其锈蚀情况，但还不是定量检查，每日的人工检查还是必要的。最理想的做法是用一种仪器能综合检查钢丝绳的强度损失，包括断丝、锈蚀、磨损等。这种检测仪器，国内外都在不断地研究改进[11,14,15]。我国抚顺煤炭研究所一直在进行这方面的工作。此外还从英国比科里特（Becorit）公司购入了LMA-175型钢丝绳探伤器。

提升钢丝绳（30°以下斜井专提物料的钢丝绳例外）和平衡尾绳在使用前都要经过试验，合格后方可使用。试验合格的备用钢丝绳，必须妥善保管，贮存期如果超过六个月，使用时要重新试验（煤矿安全规程无六个月的规定）[9,22]。

除摩擦式提升用钢丝绳和平衡尾绳，以及30°以下斜井专提物料的钢丝绳外，提升钢丝绳在使用过程中要定期作剁头试验。专升降人员或升降人员和物料的钢丝绳，自悬挂时起，每六个月试验一次，专升降物料的钢丝绳，自悬挂时起，第一次试验的间隔时间为一年，以后每隔六个月试验一次。

新钢丝绳的试验，主要是验证新到货或贮存一定时间钢丝绳的物理机械性能是否符合提升用绳要求（《冶金矿山安全规程》155条规定）。防止装上后又要更换，影响生产时间或发生事故。定期重复试验的目的有两个，一是通过试验了解运转一定时间后的钢丝绳的疲劳、磨损和锈蚀程度，同时也可观察到绳芯的情况；二是可以移动一下受损伤最严重部位的位置。一般来说，提升钢丝绳沿全长的强度损失是不均匀的。其最严重段多集中在经常停车时对应于天轮和卷筒的部位，以及钢丝绳与容器的连接处。在剁试验绳头时，可以使这些位置变动。

一般规定的重复试验是对单丝进行的，经定期试验，不合格的钢丝数达到钢丝绳全部钢丝总数的25%时，或钢丝绳的安全系数低于下列数值时，必须更换：专门提人的为7；提升人员和物料的为6；专提物料的为5。

截取绳样时，要由连接装置上部绳卡处开始向上截取，先在绳样两端用铁丝捆好再截取。尽量不用电、气焊等加热方法截取。一次截取长度，只做单丝试验时，为800mm；作整绳拉断试验时，不得小于绳径的20倍，还应留出两端灌头尺寸各130～180mm。但如果用加热方法取样时，要比规定长度两端各加长100mm。

多绳摩擦式提升用钢丝绳不能做剁头试验。为了确保安全，各国都规定了钢丝绳使用寿命（未检查出明显更换原因情况下）或其他更换指标。我国煤矿和苏联规定首绳使用寿命为2年，尾绳为4年；瑞典规定首绳为3年，尾绳为6～10年；联邦德国规定了钢丝绳报废前在干燥矿井中平均完成400t·km/kg的指标；在潮湿矿井中，用镀锌钢丝绳平均完成300t·km/kg的指标[17]。

27.5　提升系统的选择

27.5.1　提升系统选择的基本原则

27.5.1.1　竖井单绳缠绕式提升

对于井深在300m以内，卷筒直径不超过3m的矿井，以采用单绳缠绕式提升系统为宜。

选用罐笼或选用箕斗作为提升容器是设计中的重要问题，需要经过各方面的比较来确定（多绳摩擦式提升也同此）。

通常在设计提升系统时，多采用主、副两套提升设备来保证矿井产量及完成其他提升工作任务。主井采用箕斗提升矿石，副井采用罐笼完成辅助提升任务；或者主、副井全采用罐笼。究竟采用哪种方式要根据各矿井的具体条件来确定。当矿井年产量较大时，最好采用主井箕斗、副井罐笼的方式；当矿井年产量较小、或者矿石种类超过两种以上、或者矿石不宜粉碎时，最好全采用罐笼。

当多水平提升时，通常在产量不是很大而提升水平较多的矿井采用平衡锤单罐笼提升，有时为保证产量而用两套平衡锤单罐笼提升。

对于年产量很小的矿山，可以采用一套罐笼提升设备完成一切提升任务，我国许多有色金属矿山、非金属矿山、核工业矿山即是如此。

27.5.1.2　竖井多绳摩擦式提升

由于多绳摩擦式提升机具有很多优点，所以除井深大于300m，使用多绳摩擦式提升机代替卷筒直径大于3m的单绳缠绕式提升机外，还可以用较小的多绳摩擦式提升机代替卷筒直径小于3m的单绳缠绕式提升机。

由于多绳摩擦式提升难以调整钢丝绳长度，因而双容器提升只适用于一个生产水平。同时由于提升钢丝绳变形的影响，双容器提升系统在实际运转中，只能保证井口的准确停车，不能保证井底的容器停在准确的位置上（对于箕斗提升，要求停车的准确度不严格）。

单容器平衡锤提升系统，特别适用于多水平提升的矿井。而且平衡锤提升可以改善多绳摩擦式提升系统的防滑性能。更因为单容器提升系统不受钢丝绳变形的影响，能确保在各个生产水平的准确停车，所以使用较多。对于矿石种类超过两种以上的多水平提升，可以按照具体的产量及生产水平的需要，在一个井筒中，装设两套单容器提升设备，也可以采用一套单容器，另一套双容器的提升系统。

27.5.1.3　斜井提升

斜井提升具有施工快，投资少等优点。其缺点是提升速度较小，特别当斜长较大时生产能力较小，钢丝绳磨损快，并且井筒维护费用较高。因之斜井提升多用于中小型矿山（带式输送机提升除外）。

矿车组提升分为单钩和双钩两种。单钩矿车组提升的优点是需要的井筒断面小、投资少、维护费低，且便于多水平提升，缺点是生产能力低、电耗大。双钩矿车组提升则有产量大、电耗小等优点；但有井筒断面大、井上下车场复杂、投资多、不利于多水平提升等缺点。一般当采用单钩矿车组提升能满足产量要求时，不采用双钩矿车组提升。

斜井箕斗提升因投资多，施工时间长，所以斜井倾角小于28°时，尽量采用矿车组提升。不过斜井箕斗提升允许的速度较大，停车时间较短，所以在年产量较大的矿井，不论倾角大小都可采用斜井箕斗提升。但当倾角小于18°时，也可以采用带式输送机提升（例如玉石洼铁矿采用钢绳牵引胶带输送机）。

27.5.1.4 粉矿回收[8]

竖井箕斗提升由于装、卸矿时撒矿，误操作时撒矿，以及由于矿石含水含泥，或井下矿仓岩层渗水，粉矿或泥与水混合后，经闸门缝隙漏入井底，形成大量矿浆，造成井底堆积粉矿，除采取有效措施减少粉矿来源外，必须设计粉矿回收装置。一般粉矿回收方法有以下几种：

（1）利用井底作为粉矿仓，由竖井最低卸矿水平起，向下开凿一个小罐笼竖井（或小箕斗斜井），用巷道与箕斗井底的粉矿仓装矿口相连，粉矿经漏斗闸门装车后，由小罐笼（或斜井小箕斗）提升卸入箕斗矿仓，如铜官山铜矿。

（2）当采用混合井提升时，粉矿仓设于井底一侧，由井底罐笼进出车处，以旁通道与粉矿仓装矿口相连，粉矿装车后，由罐笼提升，卸入箕斗矿仓或直接提出地表，如红透山铜矿。

（3）当主、副井靠近时，副井超前一个水平，粉矿由主井井底粉矿仓装车后，由副井提升卸入箕斗矿仓，或直接提出地表，如凡口铅锌矿。

上述三种方法中，第一种方法的开拓工程量最大，管理也不方便，但可避免后两种方法采用平衡尾绳或绳罐道时，尾绳或罐道绳通过粉矿仓的缺点。

27.5.2 基本参数的确定

27.5.2.1 竖井单绳缠绕式提升

A 主要计算参数

a 提升速度

合理的提升速度按（27-23）式计算[1]：

$$v=(0.3\sim0.5)\sqrt{H} \qquad (27-23)$$

式中 H——最大提升高度，m；

0.3～0.5——系数，当 $H<200$m 时取下限，$H>600$m 时取上限；

v——提升速度，m/s 。

根据（27-23）式计算出的 v 值，选择与其接近的提升机标准速度 v_m，但必须符合安全规程的下列规定[9]：

（1）竖井提升人员时，最大速度不得超过 $0.5\sqrt{H}$m/s，但不得大于 12m/s（煤矿安全规程规定不得超过 16m/s）[22]。

（2）竖井提升货载时，最大速度不得超过 $0.6\sqrt{H}$m/s。

用箕斗提升时，重箕斗进入卸载曲轨的速度，一般应为 0.5m/s；空箕斗离开卸载曲轨的速度，一般应为 1.5m/s。

b 提升加、减速度

安全规程规定，竖井用罐笼升降人员的加、减速度，不得超过 $0.75m/s^2$。对于物料提升的加、减速度没有限制，一般不宜大于 $1.2m/s^2$，通常取 $0.5 \sim 1m/s^2$。

加、减速度时间，当手工操作时，不得少于 5s；当采用自动化操作时，不得少于 3s。

B 运动学和动力学参数计算

a 罐笼提升

(1) 双罐笼提升速度图计算

罐笼提升一般采用三阶段速度图，也可以采用非对称的五阶段速度图（带爬行阶段），下面以三阶段速度图（图 27 - 18）为例进行计算，见表 27 - 30。

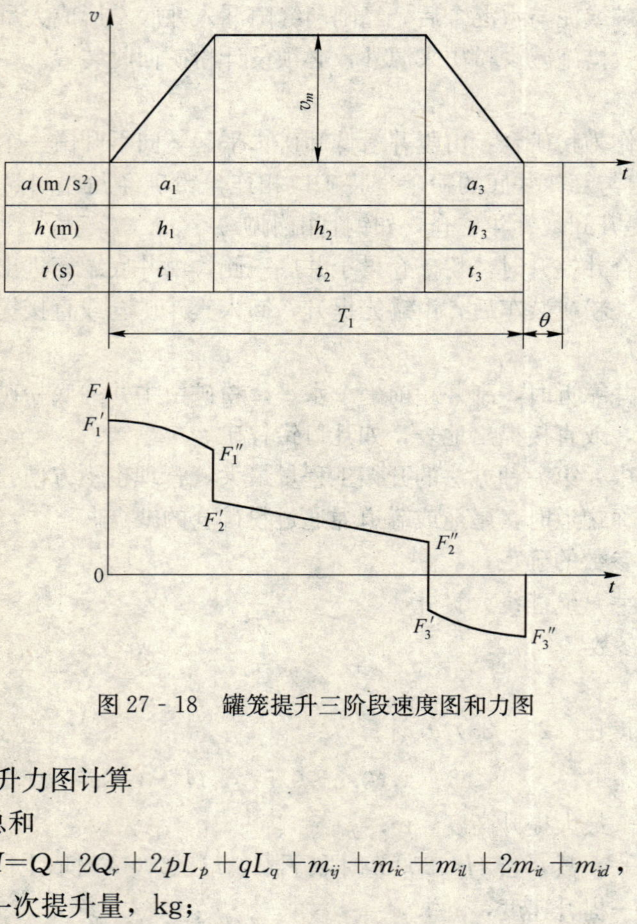

图 27 - 18 罐笼提升三阶段速度图和力图

(2) 双罐笼提升力图计算

1) 变位质量总和

$$\Sigma M = Q + 2Q_r + 2pL_p + qL_q + m_{ij} + m_{ic} + m_{il} + 2m_{it} + m_{id}, \text{ kg} \quad (27-24)$$

式中 Q——一次提升量，kg；

Q_r——罐笼自重（包括连接装置）及其中所装矿车的自重，kg；

L_p——一根钢丝绳全长，m；

$$L_p = H_o + \frac{1}{2}\pi D_t + L_x + l + (n_1 + n_0)\pi D,$$

l、n_1、n_0——见表 27 - 5 说明；

L_x——钢丝绳弦长，m；

L_q——根尾绳全长，m；

$$L_q = H + 2h_w;$$

表 27-30 罐笼提升速度图计算

项 目	单 位	公式、符号
加速度、减速度	m/s^2	a_1、a_3
加速、减速运行时间	s	$t_1=\frac{v_m}{a_1}$，$t_3=\frac{v_m}{a_3}$
加速、减速运行距离	m	$h_1=\frac{1}{2}v_mt_1$，$h_3=\frac{1}{2}v_mt_1$
等速运行距离	m	$h_2=H-h_1-h_3$
等速运行时间	s	$t_2=\frac{h_2}{v_m}$
一次提升运行时间	s	$T_1=t_1+t_2+t_3$
停歇时间	s	θ
一次提升全时间	s	$T=T_1+\theta$
每小时提升次数	次	$n_s=\frac{3600}{T}$

h_w——尾绳环高度，m；

m_{ij}——主轴装置变位质量，kg，可由产品技术规格表查出；

m_{ic}——减速齿轮变位质量，kg，可由产品技术规格表查出；

m_{il}——联轴器变位质量，kg，可由产品技术规格表查出；

m_{it}——一个天轮的变位质量，kg，可由产品规格表查出或用以下经验公式算出：

对于铸造式天轮：$m_{it}=90D_t^2$，kg；

对于装配式天轮：$m_{it}=140D_t^2$，kg；

m_{id}——电动机转子的变位质量，kg

$$m_{id}=\frac{4J_d}{D^2}i^2\text{，kg}$$

J_d——电动机转子的转动惯量，$kg \cdot m^2$，可由产品技术规格表中查出；

i——减速器传动比；

其他符号意义同前。

2）罐笼提升系统动力（F）方程式：

$$F=[KQ-\Delta(H-2x)]g+\Sigma ma \quad (27-25)$$

式中 K——矿井阻力系数，对于罐笼提升，$K=1.2$；对于箕斗提升，$K=1.15$；

Δ——每米尾绳与首绳重量差，$\Delta=q-p$，kg/m，无尾绳时，$q=0$；

x——提升容器所在位置，m；

a——加速度或减速度（减速度取负号），m/s^2；

F——罐笼提升系统动力，N；

其他符号意义同前。

3）动力计算（无尾绳时），见表27-31。

表27-31 双罐笼提升动力计算

项 目	单位	公式、符号
t_1 阶段开始罐笼提升动力	N	$F'_1=(KQ+pH)g+\Sigma ma_1$
t_1 阶段终了罐笼提升动力	N	$F''_1=[KQ+p(H-2h_1)]g+\Sigma Ma_1$
t_2 阶段开始罐笼提升动力	N	$F'_2=[KQ+p(H-2h_1)]g$
t_2 阶段终了罐笼提升动力	N	$F''_2=[KQ-p(H-2h_3)]g$
t_3 阶段开始罐笼提升动力	N	$F'_3=[KQ-p(H-2h_3)]g-\Sigma Ma_3$
t_3 阶段终了罐笼提升动力	N	$F''_3=(KQ-pH)g-\Sigma Ma_3$

b 双箕斗提升

(1) 提升速度图计算

箕斗提升一般采用六阶段速度图，对于底卸式箕斗提升也可采用对称五阶段速度图。下面以六阶段速度图（图27-19）为例进行计算，见表27-32。

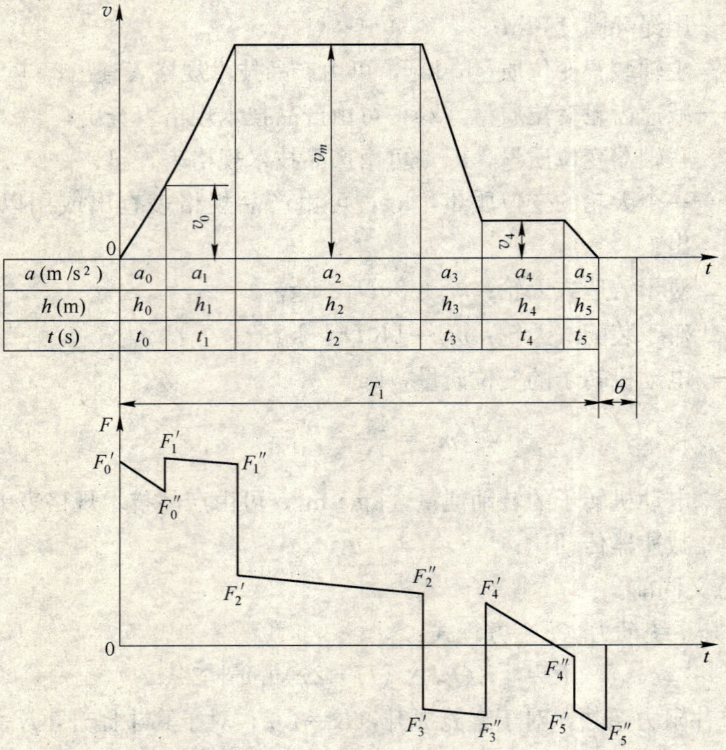

图27-19 箕斗提升六阶段速度图和力图

(2) 提升力图计算

1）变位质量总和按公式（27-24）结合具体条件计算。

表 27-32 箕斗提升六阶段速度图计算

项　目	单位	公式、符号、数据
箕斗在曲轨内下行距离	m	h_0
空箕斗离开曲轨的运行速度	m/g	$V_0=1.5$
空箕斗在曲轨内的运行时间	s	$t_0=\frac{2h_0}{V_0}$
空箕斗在曲轨内的加速度	m/s²	$a_0=\frac{V_0}{t_0}$（≤0.3）
箕斗在曲轨外的加速度	m/s²	a_1
箕斗在曲轨外的加速运行时间	s	$t_1=\frac{V_m-V_0}{a_1}$
箕斗在曲轨外的加速运行距离	m	$h_1=\frac{V_m+V_0}{2}t_1$
重箕斗进入曲轨的速度	m/s	$V_4=0.3\sim0.5$
重箕斗在曲轨内的制动减速度	m/s²	$a_5\leqslant0.3$
重箕斗在曲轨内的减速运行时间	s	$t_5=\frac{V_4}{a_5}$
重箕斗在曲轨内的减速运行距离	m	$h_5=\frac{1}{2}V_4t_5$
重箕斗在曲轨内的等速运行距离	m	$h_4=h_0-h_5+$（0.5～2）
重箕斗在曲轨内的等速运行时间	s	$t_1=\frac{h_4}{V_4}$
箕斗在曲轨外的减速度	m/s²	a_3
箕斗在曲轨外的减速运行时间	s	$t_3=\frac{V_m-V_4}{a_3}$
箕斗在曲轨外的减速运行距离	m	$h_3=\frac{V_m+V_4}{2}t$
箕斗在曲轨外的等速运行距离	m	$h_2=H-h_0-h_1-h_3-h_4-h_5$
箕斗在曲轨外的等速运行时间	s	$t_2=\frac{h_2}{V_m}$
一次提升时间	s	$T_1=t_0+t_1+t_2+t_3+t_4+t_5$
停歇时间	s	θ
一次提升全时间	s	$T=T_1+\theta$
每小时提升次数	次	$n_s=\frac{3600}{T}$

2）箕斗提升系统动力方程式[1]：

提升开始（空箕斗在卸载曲轨内）：

$$F_0=[KQ+\alpha_cQ_r-\Delta(H-2x)]g+\Sigma Ma_0,\ \mathrm{N} \tag{27-26}$$

箕斗在曲轨外运行时，与罐笼提升动力方程式相同。重箕斗开始入卸载曲轨后：

$$F_{4\sim5}=[(K-\beta)Q-\alpha_cQ_r-\Delta(H-2x)]g-(\Sigma M-\beta Q)\alpha_5,\ \mathrm{N} \tag{27-27}$$

式中　α_c——空箕斗在卸载曲轨上的自重减轻系数（自重不平衡系数），

对于翻转式箕斗，$\alpha_{cmax}=0.35\sim0.4$；

对于底卸式，$\alpha_{cmax}\approx0$；

β——重箕斗在卸载曲轨上载重的减轻系数；对于翻转式，$\beta_{max}=0.8\sim1.0$；对于底卸式固定曲轨，$\beta_{max}=0.4$；底卸式活动直轨，$\beta_{max}=0$。

（3）动力计算，见表 27 - 33（无尾绳时）。

表 27 - 33 箕斗提升动力计算（无尾绳时）（单位 N）

项　目	公式、符号
t_0 阶段开始	$F'_0=(KQ+\alpha_c Q_r+pH)g+\Sigma Ma_0$
t_0 阶段终了	$F''_0=[KQ+p(H-2h_0)]g+\Sigma Ma_0$
t_1 阶段开始	$F'_1=[KQ+p(H-2h_0)]g+\Sigma Ma_1$
t_1 阶段终了	$F''_1=F'_1-2ph_1g$
t_2 阶段开始	$F'_2=F''_1-\Sigma Ma_1$
t_2 阶段终了	$F''_2=F'_2-2ph_2g$
t_3 阶段开始	$F'_3=F''_2-\Sigma Ma_3$
t_3 阶段终了	$F''_3=[KQ-p(H-2h_4-2h_5)]g-\Sigma Ma_3$
t_4 阶段开始	$F'_4=[KQ-p(H-2h_4-2h_5)]g$
t_4 阶段终了	$F''_4=F'_4-\frac{h_0-h_5}{h_0}(\beta Q+\alpha_c Q_r)g$
t_5 阶段开始	$F'_5=F''_4-(\Sigma M-\frac{h_0-h_5}{h_0}\beta Q)a_5$
t_5 阶段终了	$F''_5=[(K-\beta)Q-\alpha_c Q_r-pH]g-(\Sigma M-\beta Q)a_5$

27.5.2.2 竖井多绳摩擦式提升

A 主要计算参数

a 提升速度

提升速度与单绳缠绕式提升相同。

b 提升加、减速度

提升加、减速度除了与单绳缠绕式提升有相同的规定外，还受防滑条件的限制[1]。

（1）提升货载时，防滑条件允许的加速度（按等重尾绳系统计算）：

$$a_1\leqslant\frac{\left(T_{jx}-\frac{W}{2}\right)(e^{\mu\alpha}-1)-\sigma_{d\min}(Qg+W)}{m_x(e^{\mu\alpha}-1)+\sigma_{d\min}(m_s+m_x)} \tag{27-28}$$

式中 T_{jx}——下放（空载）绳的静张力，

$$T_{jx}=(Q_r+npH'_0)g，N;$$

H'_0——钢丝绳最大悬垂长度，m；

n——主（首）绳数；

W——矿井阻力，

$W=0.005\times 2npH'_o g+0.02\ (T_{js}+T_{jx}-2npH'_o g)$，N；

T_{js}——上升（重载）绳的静张力，

$T_{js}=\ (Q+Q_r+npH'_o)\ g$，N；

m_s——上升（重载）绳运动质量，

$m_s=\dfrac{T_{js}}{g}$，kg；

m_x——下放（空载）绳运动质量，

$m_x=\dfrac{T_{jx}}{g}+m_{idl}$，kg；

m_{idl}——全部导向轮变位质量，kg；它加在 m_s 还是 m_x 中，应视其使 a_1 最小而定；

$\sigma_{d\min}$——动防滑安全系数，安全规程规定 $\sigma_{d\min}=1.25$；

e——自然对数的底，e=2.718；

μ——钢丝绳与衬垫的摩擦系数，一般取 $\mu=0.2$ 或 0.25；

α——钢丝绳在主导轮上的围包角，rad；

a_1——提升货载时防滑条件允许的加速度，m/s^2。

(2) 提升货载时，防滑条件允许的减速度：

$$a_3\leqslant\frac{\left(T_{js}+\dfrac{W}{2}\right)\ (e^{\mu\alpha}-1)\ +\sigma_{d\min}\ (Qg+W)}{m'_s\ (e^{\mu\alpha}-1)\ +\sigma_{d\min}\ (m'_s+m'_x)}\tag{27-29}$$

式中 a_3——提升货载时防滑条件允许的减速度，m/s^2；

m'_s——上升（重载）绳运动质量，

$$m'_s=\frac{T_{js}}{g}+m_{idl}，\text{kg}；$$

m'_x——下放（空载）绳运动质量；

$$m'_x=\frac{1}{g}T_{jx}，\text{kg}。$$

(3) 下放货载时，防滑条件允许的减速度；

$$a'_3\leqslant\frac{\left(T_{js}+\dfrac{W}{2}\right)\ (e^{\mu\alpha}-1)\ -\sigma_{d\min}\ (Qg-W)}{m''_s\ (e^{\mu\alpha}-1)\ +\sigma_{d\min}\ (m''_s+m''_x)}\tag{27-30}$$

式中 a'_3——下放货载时防滑条件允许的减速度，m/s^2；

m''_s——上升（空载）绳运动质量，

$$m''_s=\frac{T'_{js}}{g}+m_{idl}，\text{kg}；$$

m''_x——下放（重载）绳运动质量，

$$m''_x=\frac{1}{g}T'_{jx}，\text{kg}；$$

T'_{js}——上升（空载）绳的静张力，

$$T'_{js}=(Q_r+npH'_o)\ g,\ \mathrm{N};$$

T'_{jx}——下放（重载）绳的静张力，

$$T'_{jx}=(Q+Q_r+npH'_o)\ g,\ \mathrm{N}。$$

c　防滑验算

（1）静防滑

$$\sigma_j=\frac{T_{jx}\ (e^{\mu\alpha}-1)}{T_{js}-T_{jx}}\geqslant 1.75 \tag{27-31}$$

（2）动防滑

因为所取之加减速度不大于防滑条件允许的加减速度，故不需再进行动防滑验算。

（3）安全制动

提升货载时防滑极限减速度 a_{3j}（m/s²）：

$$a_{3j}=\frac{\left(T_{js}+\dfrac{W}{2}\right)\ (e^{\mu\alpha}-1)\ +\ (Qg+W)}{m'_s\ (e^{\mu\alpha}-1)\ +\ (m'_s+m'_x)}<5 \tag{27-32}$$

下放货载时防滑极限减速度 a'_{3j}（m/s²）：

$$a'_{3j}=\frac{\left(T'_{js}+\dfrac{W}{2}\right)\ (e^{\mu\alpha}-1)\ -\ (Qg-W)}{m''_s\ (e^{\mu\alpha}-1)\ +\ (m''_s+m''_x)}>1.5 \tag{27-33}$$

B　运动学和动力学参数计算

a　多绳罐笼提升

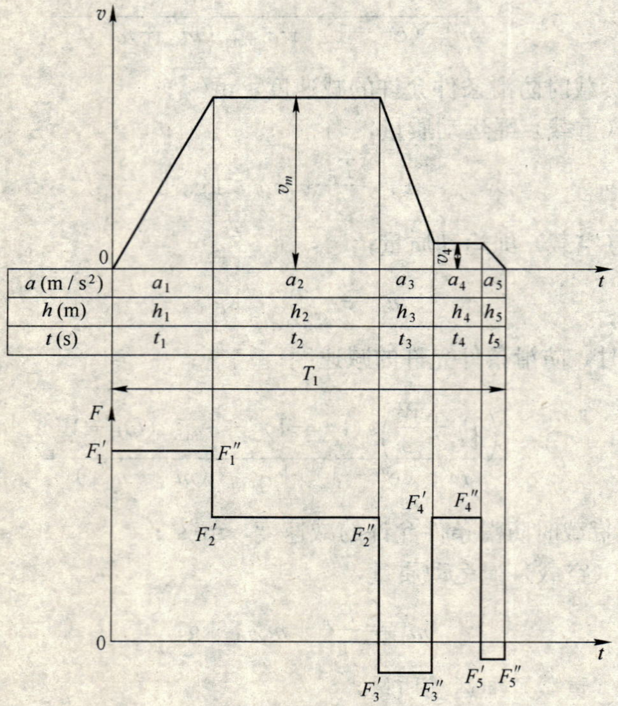

图 27 - 20　多绳罐笼提升五阶段速度图和力图

(1) 多绳罐笼提升速度图计算。由于罐笼提升对停车位置的准确性要求较高，因而在减速阶段需要有一个低速爬行阶段，于是组成了五阶段速度图（图 27 - 20）。爬行速度一般取 0.4～0.5m/s；爬行距离，自动控制时取 2～2.5m，手动控制时取 5m。最后的制动减速度取 0.4～0.5m/s^2。具体计算方法同前。

(2) 多绳罐提升力图计算（按等重尾绳提升系统计算）。

1) 变位质量总和

$$\Sigma M = Q + 2Q_r + npL_p + n_w qL_q + m_{ij} + m_{ic} + m_{il} + m_{idl} + m_{id} \quad (27-34)$$

式中 ΣM——变位质量总和，kg；

n_w——尾绳根数；

L_p——一根首绳长，

$$L_p = H + 2\ (h_{ta} - h_x),\ \text{m};$$

h_{ta}——井塔高度，m [见图 27 - 24 和公式（27 - 84）或（27 - 85）]；

h_x——见图 27 - 1 说明。

其他符号意义同前。

2) 动力计算。分阶段按公式（27 - 25）计算。

b 多绳箕斗提升

(1) 多绳箕斗提升速度图的计算。多绳箕斗采用固定曲轨卸载时，可采用六阶段速度图；采用汽缸（油缸）带动的活动直轨卸载时，可以用五阶段速度图，它们的计算与前面相同阶段速度图同。

(2) 多绳箕斗提升力图的计算。根据底卸式箕斗采用固定曲轨或活动直轨卸载形式不同，分别按公式（27 - 26）、（27 - 27）或（27 - 25）计算各阶段动力。

27.5.2.3 平衡锤单容器提升

A 提升速度图计算

平衡锤单容器提升速度图的计算与双容器提升相同，只是一次提升全时间 $T = 2(T_1 + \theta)$，故平衡锤单容器提升产量较低。

B 提升力图计算

(1) 单绳缠绕式提升，根据容器的不同，可以分别采用公式（27 - 25）、（27 - 26）、（27 - 27）计算，不同之处在于将上述式中 K（矿井阻力系数）用（$K-0.5$）替代。并注意平衡锤这一侧没有卸载曲轨。

(2) 多绳摩擦式提升的动力可按（27 - 35）式计算：

$$F = (T_{js} - T_{jx}) + W + \Sigma Ma,\ \text{N} \quad (27-35)$$

式中符号意义同前。

加速时 a 为正值，减速时 a 为负值，等速时 a 为 0。

27.5.2.4 斜井提升

A 主要计算参数[18]

a 提升工作时间

小型矿山一般只有一个提升斜井，它既要提升矿石和废石，又要下放材料、设备以及升降人员等。日提升矿石和废石工作时间的选取应根据提升工作时间平衡表确定，一般三班作业可取 16.5 小时，两班作业可取 12 小时。

b　提升不均衡系数 C

矿车组提升时取1.2，箕斗提升设置装卸载矿仓时取1.15，不设置装卸载矿仓时取1.2。

c　装卸载停歇时间

单钩矿车组提升地表摘挂钩可取30～60s，下部车场摘挂钩时间可取30s，地表用甩车场时，应另加变换方向时间10s；双钩矿车组提升摘挂钩总时间可取30s。

箕斗装卸矿（采用计量装置装矿）停歇时间可取10～20s。

d　提升速度

升降人员或直接用矿车升降物料，当斜长 $L<300$m 时，$v_m \leqslant 3.5$m/s；当 $L>300$m 时，$v_m \leqslant 5$m/s；

箕斗升降物料，当 $L<300$m 时，$v_m \leqslant 5$m/s；当 $L>300$m 时，$v_m \leqslant 7$m/s。

e　提升加、减速度

小型矿山提升加、减速度多为手工操纵，其加、减速时间一般不小于5s，加、减速度一般可取0.3～0.5m/s²。

箕斗提升时，重箕斗进入和空箕斗离开卸载曲轨时的加、减速度不大于0.3m/s²。

在倾角很小的斜井提升中，需要根据自然加、减速度校验所选取的加、减速度：

(1) 为避免下放钢丝绳松弛，应按空车下放条件，校验启动加速度：

$$a_1 \leqslant (\sin\alpha - f_1\cos\alpha)\ g \qquad (27-36)$$

式中　a_1——启动加速度，m/s²；

α——校验处斜井倾角，(°)；

f_1——提升容器运行时的阻力系数，其值见27.4.2.4。

(2) 为避免上升钢丝绳的松弛，应按重车上提的条件，校验提升终了时的减速度：

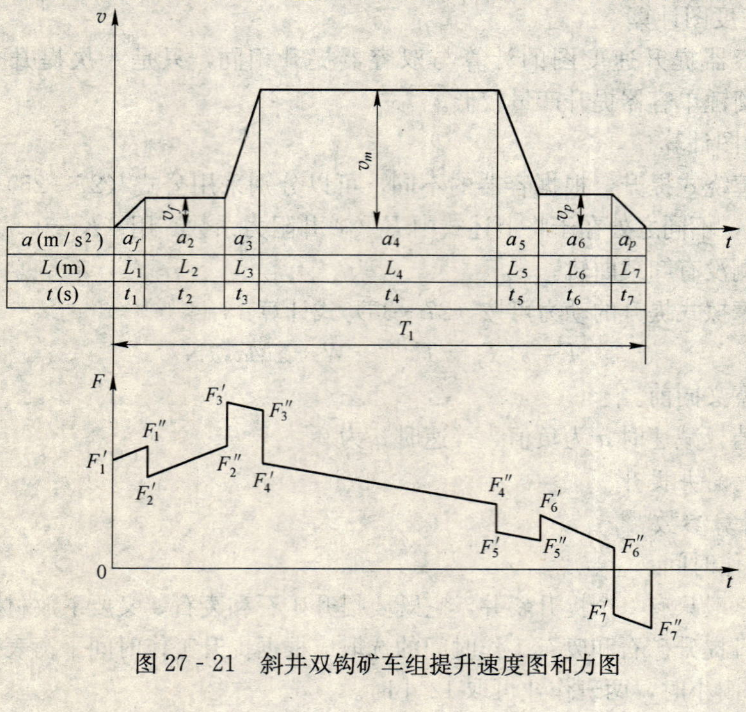

图27-21　斜井双钩矿车组提升速度图和力图

$$a_3 \leqslant (\sin\alpha + f_1\cos\alpha)\ g \qquad (27-37)$$

式中 a_3——提升终了时的减速度，m/s^2。

B 运动学和动力学参数计算

表 27-34 斜井双钩矿车组提升速度图计算

项 目	单位	公式、符号、数据
甩车道长度	m	L_f
重矿车沿甩车道运行速度	m/s	$V_f=1.5$
重矿车沿甩车道启动加速度	m/s^2	$a_f\leqslant 0.3$
启动加速运行时间	s	$t_1=\frac{V_f}{a_f}$
重矿车沿甩车道等速运行距离	m	$L_2=L_f-L_1$
重矿车沿甩车道等速运行时间	s	$t_2=\frac{L_2}{V_f}$
加速度	m/s^2	$a_3=0.5$
加速运行时间	s	$t_3=\frac{V_m-V_f}{a_3}$
加速运行距离	m	$L_3=\frac{V_m+V_f}{2}t_3$
减速度	m/s^2	$a_5=0.5$
重矿车沿平车场运行速度	m/s	$V_p=1.5$
减速运行时间	s	$t_5=\frac{V_m-V_p}{a_5}$
减速运行距离	m	$L_5=\frac{V_m+V_p}{2}t_5$
重矿车沿平车场运行制动减速度	m/s^2	$a_p\leqslant 0.3$
重矿车沿平车场制动运行时间	s	$t_7=\frac{V_p}{a_p}$
重矿车沿平车场制动运行距离	m	$L_7=\frac{1}{2}V_pt_7$
平车场长度	m	L_p（如 $L_P<L_f$ 按 L_f 计算）
重矿车沿平车场等速运行距离	m	$L_6=L_p-L_7$
重矿车沿平车场等速运行时间	s	$t_6=\frac{L_6}{V_p}$
等速运行距离	m	$L_4=L-L_f-L_p-L_3-L_5$
等速运行时间	s	$t_4=\frac{L_4}{V_m}$
一次纯提升时间	s	$T_1=t_1+t_2+t_3+t_4+t_5+t_6+t_7$
停歇时间	s	θ
一次提升全时间	s	$T=T_1+\theta$
每小时提升次数	次	$n_s=\frac{3600}{T}$

a 斜井双钩矿车组提升[8]

（1）斜井双钩矿车组提升速度图计算。当上部调车场为平车场，下部为甩车场时，采用七阶段速度图（图27-21），计算见表27-34。

（2）提升力图计算。

1）变位质量总和

$$\Sigma M=n_k\ (q+2q_r)\ +2pL_p+m_{ij}+m_{ic}+m_{il}+2m_{it}+m_{id} \tag{27-38}$$

式中 ΣM——变位质量总和，kg；

n_k——矿车数；

q——一个矿车的载重，kg；

q_r——一个矿车自重，kg。

其他符号意义同前。

2）上部平车场倾角为$\varphi=0$，井筒倾角为α，下部甩车道内倾角β认为以行程为函数按直线规律由0变到井筒倾角α。

（3）动力计算，见表27-35。

b 斜井单钩矿车组提升

斜井单钩矿车组提升，井上下均采用甩车场，其提升步骤如下：

（1）把重列车自下部甩车场提过上部出口道岔；

（2）沿着甩车道把重列车下放到上部甩车场；

（3）把空列车自上部甩车场沿甩车道提过出口道岔；

（4）沿井筒将空列车下放至下部甩车场。

（1）和（4）项采用五阶段速度图，（2）和（3）项采用三阶段速度图。一个提升循环可组成十六阶段速度图。根据速度图可以计算其力图。变位质量总和要按实际情况计算。具体计算从略。

c 斜井箕斗提升[3]

斜井提升用的箕斗有前翻式与后卸式两种。

（1）提升速度图计算。斜井箕斗提升，当卸载曲轨较长时，采用七阶段速度图；若卸载曲轨较短时，也可采用六阶段速度图（图27-22），它们的计算与前面相同阶段速度图同。前翻式箕斗卸载距离L_o，无资料时取$L_o=6\sim8$m。

（2）提升力图计算。斜井箕斗提升有时为了装卸载方便，在装卸地点的倾角与井筒倾角α不同，设装载处的倾角为β，卸载处的倾角为φ，其动力计算见表27-36。

27.5.3 电力拖动装置[19]

27.5.3.1 提升机拖动方式及其应用范围

目前，提升机的拖动设备主要是电力拖动装置。一种是交流绕线型感应电动机拖动，另一种是直流他激电动机拖动。一般地说，交流拖动比较简单，设备和安装费用低，建筑面积小；但电气调速性能差，运行费用高，减速和爬行阶段需要附加拖动装置。而直流拖动则相反，调速性能好，不需附加其他拖动装置，容易实现自动化，尤其适用于多绳摩擦式提升，缺点是设备和安装费用高，建筑面积大等。

交流拖动虽没有直流拖动的优点，但随着技术的不断发展，在交流拖动上采用了双电机拖动、可控硅串级调速、动力制动、低频拖动和微拖动等措施之后，交流拖动在技术性能上基本上能满足提升机的要求，获得了广泛的应用。在我国目前条件下，交流拖动因受到高压换向器和交流接触器容量的限制，最大单机容量约 1000kW，双机可到 2×1000kW。拖动容量大于 1000kW 或提升速度在 10m/s 以上时，一般采用直流拖动比较合适。随着技术的发展，近年来，在新建的各类重要矿山，提升机采用调速性能好的直流电动机拖动已形成一个趋势，其数量在逐渐增加。

表 27-35 斜井双钩矿车组提升动力计算（N）

项　目	公式、符号
重车沿甩车道提升，空车沿上部平车场下放	
t_1 阶段加速开始	$F'_1=[n_k(q+q_r)f_1+pL(\sin\alpha+f_2\cos\alpha)]g+W+(\Sigma M-n_kq_r)a_0$
t_1 阶段加速终了	$F''_1=[n_k(q+q_r)(\sin\beta_1+f_1\cos\beta_1)+p(L-2L_1)\sin\alpha+pLf_2\cos\alpha]g+W+(\Sigma M-n_kq_r)a_0$
t_2 阶段开始	$F'_2=F''_1-(\Sigma M-n_kq_r)a_0$
t_2 阶段终了	$F''_2=[n_k(q+q_r)(\sin\alpha+f_1\cos\alpha)+p(L-2L_f)\sin\alpha+pLf_2\cos\alpha]g+W$
重车沿井筒提升，空车沿井筒下放	
t_3 阶段开始	$F'_3=\{[n_kq+p(L-2L_f)]\sin\alpha+[n_k(q+2q_r)f_1+pLf_2]\cos\alpha\}g+W+\Sigma Ma_1$
t_3 阶段终了	$F''_3=F'_3-2pL_3g\sin\alpha$
t_4 阶段开始	$F'_4=F''_3-\Sigma Ma_1$
t_4 阶段终了	$F''_4=F'_4-2pL_4g\sin\alpha$
t_5 阶段开始	$F'_5=F''_4-\Sigma Ma_5$
t_5 阶段终了	$F''_5=F'_5-2pL_5g\sin\alpha$
重车沿上部平车场运行，空车沿甩车道下放	
t_6 阶段开始	$F'_6=F''_5+\Sigma Ma_5$
t_6 阶段终了	$F''_6=[-p(L-2L_7)\sin\alpha-n_kq_r(\sin\beta_6-f_1\cos\beta_6)+pLf_2\cos\alpha]g+W$
t_7 阶段开始	$F'_7=F''_6-(\Sigma M-n_kq-n_kq_r)a_5$
t_7 阶段终了	$F''_7=[n_kq_rf_1-pL(\sin\alpha-f_2\cos\alpha)]g-(\Sigma M-n_kq-n_kq_r)a_5+W$

注：1. W——矿井阻力，$W=0.1n_kqg\sin\alpha$；

2. f_2——钢丝绳移动的阻力系数，其值见 27.4.2.4；

3. $\beta_1=\frac{L_1}{L_f}\alpha$；

4. $\beta_6=\frac{L_7}{L_f}\alpha$。

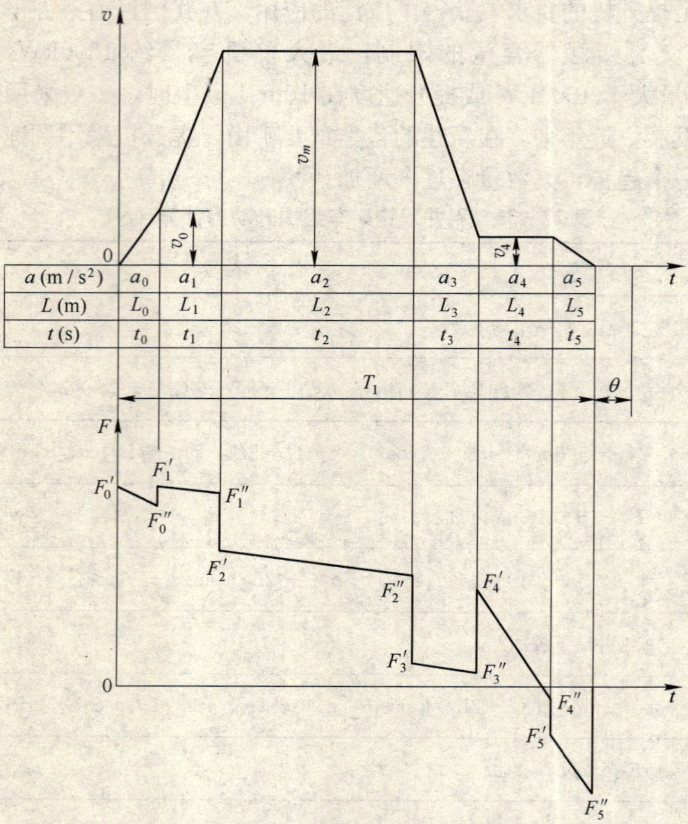

图 27 - 22　斜井前翻式箕斗提升速度图和力图

由于技术的不断进步，欧洲已将交 - 交变频调速的同步电动机用于提升机，这种系统不但技术先进，而且当电动机容量较大时（当前为 2500kW 以上）价格亦较可控硅变流器供电的直流电动机拖动便宜。

27.5.3.2　提升电动机容量计算

提升电动机容量计算，一般先用估算法，预选出电动机，作出力图，然后根据等值力法进行校验。

A　估算法

a　斜井单钩提升电动机容量

$$N' = \frac{K_B T_{j\max} v_m}{1000\eta} \tag{27-39}$$

式中　K_B——电动机功率备用系数，$K_B = 1.05 \sim 1.1$；

η——减速器传动效率，可由产品目录查出，一般可取 $\eta = 0.9 \sim 0.95$（老产品两级传动的为 0.85）；

N'——斜井单钩提升电动机容量，kW；

其他符号意义同前。

b　斜井双钩提升电动机容量（kW）

$$N' = \frac{K_B\ (T_{js} - T_{jx})\ v_m}{1000\eta} \tag{27-40}$$

表 27-36 斜井前翻式箕斗提升（按六阶段速度图）动力计算

项目	单位	公式、符号
t_0 阶段开始	N	$F'_0=[Q\sin\beta+Q_r(\sin\beta-\delta\sin\varphi)+pL\sin\alpha+Qf_1\cos\beta+Q_rf_1(\cos\beta+\delta\cos\varphi)+pLf_2\cos\alpha]g+W+\Sigma Ma_0$
t_0 阶段终了	N	$F''_0=\{[Q+p(L-2L_0)]\sin\alpha+[(Q+2Q_r)f_1+pLf_2]\cos\alpha\}g+W+\Sigma Ma_0$
t_1 阶段开始	N	$F'_1=F''_0+\Sigma M(a_1-a_0)$
t_1 阶段终了	N	$F''_1=F'_1-2pL_1g\sin\alpha$
t_2 阶段开始	N	$F'_2=F''_1-\Sigma Ma_1$
t_2 阶段终了	N	$F''_2=F'_2-2pL_2g\sin\alpha$
t_3 阶段开始	N	$F''_3=F'_2-\Sigma Ma_3$
t_3 阶段终了	N	$F''_3=F'_3-2pL_3g\sin\alpha$
t_4 阶段开始	N	$F'_4=F''_3-\Sigma Ma_3$
t_4 阶段终了	N	$F''_4=F'_4-\frac{L_0-L_5}{L_0}(F'_4-\|F''_{j_5}\|)$
当井筒倾角不大时，重箕斗卸载的同时空箕斗装载		
提升终了静阻力	N	$F''_{j_5}=[\delta Q_r(\sin\varphi+f_1\cos\varphi)-(Q+Q_r)(\sin\beta-f_1\cos\beta)-pL(\sin\alpha-f_2\cos\alpha)]g+W$
t_5 阶段开始	N	$F'_5=F''_4-\Sigma Ma_5$
t_5 阶段终了	N	$F''_5=F''_{j_5}-\Sigma Ma_5$
当井筒倾角大于30°时，重箕斗卸载时空箕斗不装载		
提升终了静阻力	N	$F''_{j_5}=[\delta Q_r(\sin\varphi+f_1\cos\varphi)-Q_r(\sin\beta-f_1\cos\beta)-pL(\sin\alpha-f_2\cos\alpha)]g+W$
t_5 阶段开始	N	$F'_5=F''_4-\Sigma Ma_5$
t_5 阶段终了	N	$F''_5=F''_{j5}-(\Sigma M-Q)\alpha_5$

注：δ——前翻式箕斗作用于钢丝绳上部分的质量系数，δ=0.53～0.65（对于后卸式箕斗 δ=0.15～0.2）。

c 竖井单绳提升电动机容量

$$N'=\frac{KQv_m}{1000\eta}\rho \qquad (27-41)$$

式中 K——矿井阻力系数，数值同前；

Q——一次有效提升量，kg；

ρ——动力系数，对于罐笼提升 $\rho=1.3\sim1.4$；对于箕斗提升 $\rho=1.2\sim1.3$，提升高度较大时，取大值；

N'——竖井单绳提电动机容量，kW。

d　竖井单容器平衡锤及多绳提升电动机容量

$$N'=\frac{K\ (T_{js}-T_{jx})\ v_m}{1000\eta}\rho \tag{27-42}$$

式中　N'——竖井单容器平衡锤及多绳提升电动机容量，kW；

ρ——动力系数，$\rho=1.1\sim1.2$。

B　等值力法

$$N_d=\frac{F_d v_m}{1000\eta} \tag{27-43}$$

式中　N_d——等值力法校验的电动机容量，kW；

F_d——等值力，N，

$$F_d=\sqrt{\frac{\int_0^T F^2\mathrm{d}t}{T_d}}$$

等值力公式中根号内的分子可依下式求得：

$$\int_0^T F^2\ \mathrm{d}t=\frac{F'^2_1+F'_1F''_1+F''^2_1}{3}t_1+\frac{F'^2_2+F'_2F''_2+F''^2_2}{3}t_2+\cdots+\frac{F'^2_n+F'_nF''_n+F''^2_n}{3}t_n$$

如果 F'_i 与 F''_i 相差不大，则可取

$$\frac{F'^2_i+F'_iF''_i+F''^2_i}{3}t_i\approx\frac{F'^2_i+F''^2_i}{2}t_i$$

计算等值力时应注意减速阶段和爬行阶段是否需要计入的问题，如果在减速阶段采用自由滑行或机械制动，爬行阶段采用微拖动装置则不应计入，因为提升电动机已从电网断开。若采用动力制动、低频拖动及脉冲爬行则应计入，因提升电动机还需要通入电流而发热，全部均可用正值代入计算。若在减速阶段 F'_3 是正力，而 F''_3 是负力，并考虑是机械制动，则该项以 $\frac{F'^3_i}{2\ (F'_i+|F''_i|)}t_i$ 进行计算。

等值力公式中的等值时间

$$T_d=\alpha\ (t_1+t_3+\cdots)\ +t_2+\beta\theta \tag{27-44}$$

式中　α、β——考虑电动机在低速运行及停车时的冷却恶化系数，对于自然通风的交流电动机，取 $\alpha=\frac{1}{2}$、$\beta=\frac{1}{3}$；直流电动机，取 $\alpha=\frac{3}{4}$，$\beta=\frac{1}{2}$；对于具有单独通风装置的电动机 $\alpha=\beta=1$。

27.5.3.3　提升电动机选择

A　电动机电压和型式的选择

a　交流拖动

交流拖动电动机的电压与其容量有关，通常容量 200kW 以下为低压 380V，250kW

以上为高压 6kV，200～250kW 之间有低压也有高压。电压等级在容量交叉范围内的选择，一般应经过技术经济比较后确定。

矿井地面提升机的大容量电动机可选用 YR 系列及 JRZ 系列三相绕线型电动机；中等容量的电动机可选用 JRQ、JR 系列三相绕线型电动机；用于盲井的提升机应考虑防潮性能较好的封闭型结构或加强绝缘的电动机，一般可选用 JRQ、JRQ_2 系列。

b 直流拖动

直流电动机的电压目前最高为 1000V，它应与直流电源电压相互考虑选取，单机拖动时一般在 600～1000V 范围内选取，双机拖动时单机电压只有 500V 左右。

矿井地面提升机可采用 ZD、ZJD 系列电动机，它以电枢直径尺寸划分大、中型。直径超过 1000mm 的称大型，直径在 423～1000mm 的称中型。根据使用特点应当采用矿井提升机类电动机，但目前未成系列。对于可控硅供电的直流电动机，因为直流电源是一个脉动直流，故应采用专用直流电动机。

B 电动机转速和容量的选择

提升机选型时，绳速确定之后，要求电动机的转速也就确定。所以选择电动机时，电动机的转速应与提升机要求的相符合。但对于直流拖动，电动机的转速分高转速和低转速，低转速可做到 100r/min 以下。因此，尽管提升机绳速已经确定，也出现选择低转速还是高转速的问题。选用低转速电动机可采取直联方式，选取高转速电动机则需经过减速器传动，最后选型应经过技术经济比较确定。

提升电动机容量的选择，可根据前面（27.5.3.2）计算出的容量，查电动机的主要技术数据，选取接近算出容量的电动机。

C 校验过载系数

确定了电动机型号和规格后，还应当根据力图中出现的最大拖动力 F_{max} 校验电动机的正常过载系数：

$$\lambda'=\frac{F_{max}}{F_e}\leqslant(0.75\sim0.85)\lambda \qquad (27-45)$$

式中 λ——电动机最大力矩与额定力矩比；

0.75～0.85——考虑电压降低等影响的系数，对于金属电阻调速取 0.75；对液体电阻、水冷电阻、可控硅串级调速及直流拖动取 0.85；

F_e——电动机作用在卷筒圆周上的额定力，N

$$F_e=\frac{1000N_e\eta}{v_m};$$

N_e——所选电动机的额定容量，kW。

此外，还应校验电动机在特殊情况下的过载系数：

$$\lambda_t=\frac{F_t}{F_e}\leqslant0.9\lambda \qquad (27-46)$$

式中 0.9——考虑电网电压降低时，为使电动机不致颠覆，采取最大力矩的允许值低于颠覆力矩 10%；

F_t——特殊提升力，在下列情况下发生：

(1) 当下面空罐笼停在承接梁上，而向上稍提升井口重罐笼时，产生特殊力：

$$F_t=\mu_x[Q+Q_r+(q-p)H]g$$

式中　μ_x——考虑阻力和动力的系数，$\mu_x=1.05\sim1.1$；

F_t——特殊提升力，N。

（2）当调节绳长或更换钢丝绳而单独提升下面空容器时，产生特殊力：

$$F_t=\mu_x(Q_r+pH)g$$

如果预选电动机不能完全满足上述条件，则应重选容量较大的电动机。

D　提升设备的电耗计算

a　交流拖动每吨矿石的有效电耗计算

对于交流异步电动机拖动的提升机，提升一吨矿石的电耗可按（27-47）式计算：

$$E_1=\frac{v_m\Sigma F_i t_i}{1000\times3600\eta\eta_d Q}\tag{27-47}$$

式中　E_1——提升一吨矿石的电耗，kW·h/t；

$\Sigma F_i t_i$——根据力图算出的各阶段正力与时间乘积的总和

$$\Sigma F_i t_i=\frac{1}{2}(F'_1+F''_1)t_1+\frac{1}{2}(F'_2+F''_2)t_2+\cdots$$

Q——一次提升量，t；

η_d——提升电动机效率，由产品样本中查出，一般在0.9～0.93间。

如果没有进行力图和速度图的计算，可按（27-48）式估算：

$$E_1=\frac{Kv_m T_1}{3600\eta\eta_d}\tag{27-48}$$

电网效率未计入。

b　直流拖动每吨矿石的有效电耗计算

对于直流拖动的提升机，提升一吨矿石的电耗可按（27-49）式计算：

$$E_1=\frac{\Sigma p_i t_i}{3600Q\eta\eta_d\eta_V}\tag{27-49}$$

式中　E_1——直流拖动一吨矿石的电耗，kW·h/t；

p_i——功率图中第i阶段的正功率（kW）

$$p_i=\frac{F_i v_i}{1000}$$

$\Sigma p_i t_i$——功率图中各阶段正功率与时间乘积的总和

$$\Sigma p_i t_i=\frac{p'_1+p''_1}{2}t_1+\frac{p'_2+p''_2}{2}t_2+\cdots$$

η_V——交流设备效率，对于电动-发电机组综合取0.8左右；对于可控硅变流设备综合取0.9。

必须指出，对于交流拖动，在减速阶段如果采用自由滑行或机械制动，则不消耗电能；如果采用动力制动，只计入其直流电源设备的电耗；使用低频拖动或可控硅串级调速以及直流拖动出现负功率时，还应减去此阶段返回电网的电能。

c　提升设备年电耗计算

（1）混合提升年电耗。提升矿石、废石、下放材料、人员的混合提升年电耗的计算公式为：

$$E=(1.1\sim1.2)E_1A_n \qquad (27-50)$$

式中 A_n——提升年产量，包括废石量，t；

E——混合提升年电耗，kW·h/a；

1.1～1.2——考虑升降人员、材料等辅助提升电耗系数。

(2) 主井提升年电耗。主井提升矿石，年电耗计算公式为：

$$E=1.05E_1A_n,\ \mathrm{kW\cdot h/a} \qquad (27-51)$$

式中 1.05——辅助电气设备的电耗系数。

(3) 副井提升年电耗。提升废石、升降人员及下放材料等副井提升电耗计算公式为：

$$E=1.05\times1.15E_1A'_n=1.2E_1A'_n \qquad (27-52)$$

式中 A'_n——年提升废石量，t；

1.15——升降人员，下放材料等辅助提升电耗系数；

1.05——辅助电气设备的电耗系数；

E——副井提升电耗，kW·h/a。

27.5.4 制动力矩计算

制动装置是矿井提升机的重要组成部分，安全规程对它提出了一系列要求，其中对制动力矩的要求是：

(1) 提升机安全制动和工作制动时所发生的制动矩 M_z，均不得小于提升系统最大静力矩 $M_{j\max}$ 的三倍。提升系统的最大静力矩 $M_{j\max}$ 为：对于双罐笼提升

$$M_{j\max}=[Q-\Delta(H-2x)]gD/2,\ \mathrm{N\cdot m} \qquad (27-53)$$

对于双箕斗提升

$$M_{j\max}=[Q+a_cQ_r-\Delta(H-2x)]gD/2,\ \mathrm{N\cdot m} \qquad (27-54)$$

对于单罐笼带平衡锤的提升

$$M_{j\max}=[Q+Q_r-Q_c-\Delta(H-2x)]gD/2,\ \mathrm{N\cdot m} \qquad (27-55)$$

凿井用提升机的制动力矩，不得小于提升系统最大静力矩的二倍。

(2) 双筒提升机在调绳时，制动装置作用在一个卷筒上的制动力矩 M'_z 不得小于该卷筒所悬挂重量（空容器重量和钢丝绳重量之和）形成的静力矩 M_{jt} 的 1.2 倍，调绳静力矩 M_{jt} 为：

$$M_{jt}=(Q_r+pH)gD/2,\ \mathrm{N\cdot m} \qquad (27-56)$$

(3) 当提升设备的制动装置进行安全制动时，其安全制动的减速度，下放重物时不小于 1.5m/s^2，提升重物时不大于 5m/s^2，即提升重物时的制动力矩

$$M_{zs}\leqslant\Sigma Ma_{3\max}D/2-M_{js}=5\Sigma MD/2-M_{js} \qquad (27-57)$$

式中 M_{js}——提升重物时的最大静力矩；

$$M_{js}=[KQ-\Delta(H-2x)]gD/2,\ \mathrm{N\cdot m}; \qquad (27-57')$$

M_{zs}——提升重物时的制动力矩，N·m。

下放重物时的制动力矩

$$M_{zx}\geqslant\Sigma Ma_{3\min}D/2+M_{jx}=1.5\Sigma MD/2+M_{jx} \qquad (27-58)$$

式中 M_{jx}——下放重物时的最大静力矩，

$$M_{jx}=[(2-K)Q-\Delta(H-2x)]gD/2,\ \mathrm{N\cdot m} \qquad (27-58')$$

M_{zx}——下放重物时的制动力矩，N·m；

x——容器位置，其取值应使静力矩最大。

(4) 对于摩擦式提升机，安全制动的减速度，不得使钢丝绳在主导轮上产生滑动，即提升重物时的制动力矩：

$$M'_{zs} \leqslant (\Sigma M a_{3j} - Qg - W) D/2 \tag{27-59}$$

式中 a_{3j}——提升重物时的防滑极限减速度，m/s^2；

M'_{zs}——提升重物时的制动力矩，N·m。

下放重物时的制动力矩：

$$M'_{zx} \leqslant (\Sigma M a'_{3j} + Qg - W) D/2 \tag{27-60}$$

式中 a'_{3j}——下放重物时的防滑极限减速度，m/s^2；

M'_{zx}——下放重物时的制动力矩，N·m。

简单的制动装置不仅很难同时满足上述要求，而且可能出现相互矛盾的现象，常用的解决办法是使制动力分段增长，一般分为两个阶段，也就是二级制动（恒力矩制动）。近年来已开始采用恒减速制动系统。

27.5.5 提升机与井筒相对位置[1]

27.5.5.1 竖井缠绕式提升机与井筒相对位置的确定

竖井缠绕式提升机安装地点的选择，主要根据矿井地面工业广场的整体布置、井筒四周地形条件，考虑卸载作业的方便和尽可能简化地面运输系统。一般双筒提升机用于罐笼提升时，提升机房位于重车运行方向的对侧；用于箕斗提升时，提升机房位于卸载方向的对侧；单筒提升机通常位于重车运行方向或卸载方向的旁侧。井架上的天轮，根据提升机的型式、容器在井筒中的布置以及提升机房的设置地点，可以装在同一水平轴线上（图27-23*a*），也可装在同一垂直面上（图27-23*b*）或装在同一水平面但不同水平轴线上（图27-23*c*）。

A 井架高度（天轮安装高度）

井架高度 h_{ja} 如图27-23所示，是指井口水平到最上面天轮轴线间的垂直距离。

a 两天轮位于同一水平轴线上时（图27-23*a*）

对于罐笼提升

$$h_{ja} = h_r + h_{gj} + \frac{1}{4} D_t,\ \text{m} \tag{27-61}$$

对于箕斗提升

$$h_{ja} = h_x + h_r + h_{gj} + \frac{1}{4} D_t,\ \text{m} \tag{27-62}$$

式中 h_x——箕斗卸矿高度，一般为15～25m；

h_r——提升容器全高（容器底部至连接装置最上面一个绳卡间的距离），m；

h_{gj}——过卷高度（容器由正常卸载位置提到连接装置最上面一个绳卡与天轮轮缘接触时所走的距离），

当提升速度 $v_m < 3m/s$ 时，$h_{gj} \geqslant 4m$；

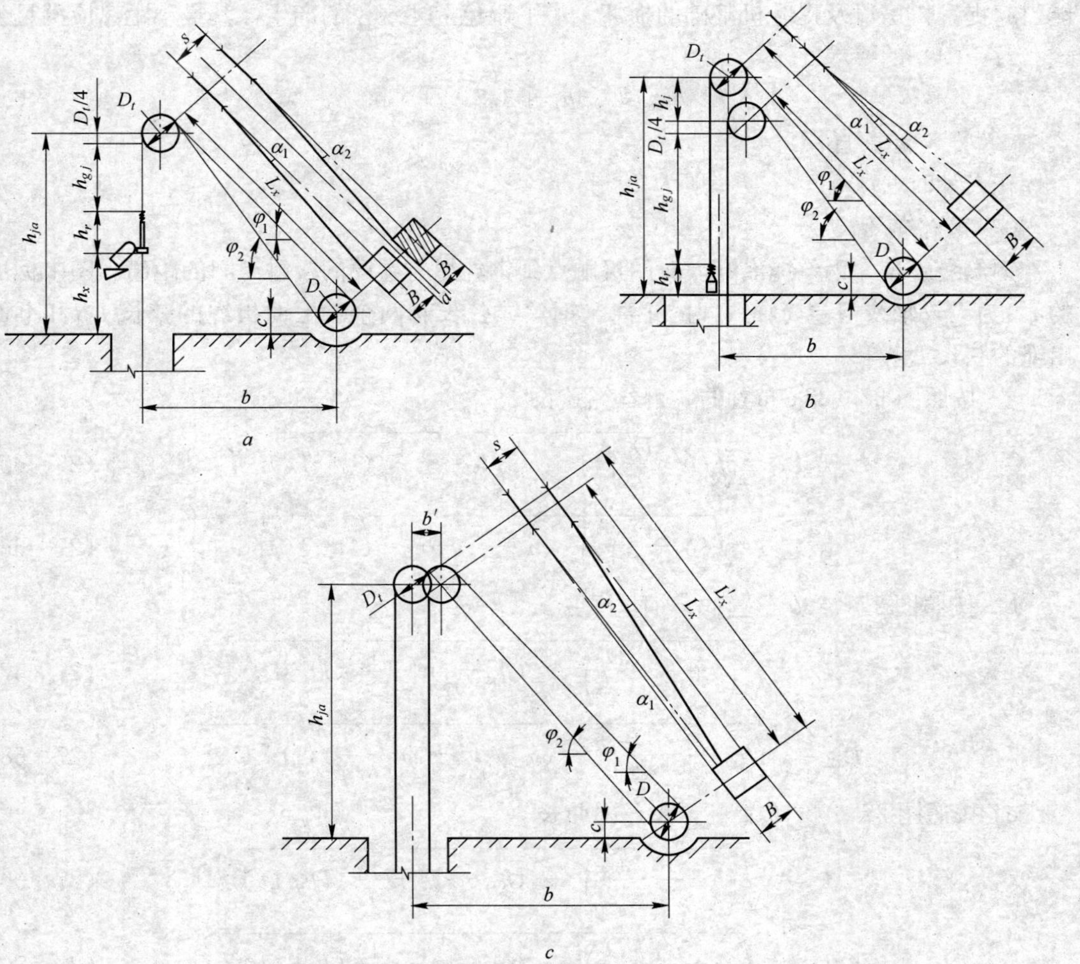

图 27 - 23　缠绕式提升机与井筒相对位置

a—天轮装在同一水平线上；*b*—天轮装在同一垂直面上；*c*—天轮装在同一平面但不同水平轴线上

当提升速度 $v_m<6\text{m/s}$ 时，$h_{gj}\geqslant 6\text{m}$；

当提升速度 $v_m>6\text{m/s}$ 时，h_{gj} 不小于提升速度值；

当提升速度 $v_m>10\text{m/s}$ 时，$h_{gj}\geqslant 10\text{m}$；

开凿竖井用的吊桶，$h_{gj}\geqslant 4\text{m}$；

D_t——天轮直径，m。

b　两天轮位于同一垂直面上时（图 27 - 23*b*）

井架高度公式（27 - 61）与（27 - 62）中需再加上两天轮中线的垂直距离 h_{jt}。

$$h_{jt}=D_t+(0.5\sim1.5),\ \text{m} \qquad (27-63)$$

c　两天轮位于同一平面但不同水平轴线上时（图 27 - 23*c*）

两天轮位于同一平面但不同水平轴线上时井架高度同 a。

B　卷筒中心至井筒提升中心线间的水平距离

卷筒中心至井筒提升中心线间的水平距离 b 如图 27 - 23 所示。此距离的大小主要应使提升机房的基础不与井架斜撑的基础相接触。若二者接触时，由于井架斜撑的振动，可能引起提升机房以及提升机基础的损坏。为了避免上述现象的产生，其最小距离应满足公式（27－64）的要求。

$$b_{min} \geqslant 0.6h_{ja}+3.5+D,\ \mathrm{m} \tag{27-64}$$

式中　D——卷筒直径，m。

在设计时，取 $b \geqslant b_{min}$，一般为 20～30m。

C　钢丝绳弦长

钢丝绳弦长为钢丝绳离开天轮的接触点到钢丝绳与卷筒的接触点间的距离。图中标出的 L_x 为天轮轴线与卷筒轴线间的距离。钢丝绳弦长有两个：上面出绳的弦长 L_{x1} 和下面出绳的弦长 L_{x2}。

a　按照图 27－23*a* 布置的，钢丝绳弦长

$$L_{x1}=\sqrt{\left(b-\frac{D_t}{2}\right)^2+(h_{ja}-c)^2-\frac{1}{4}(D-D_t)^2} \tag{27-65}$$

$$L_{x2}=\sqrt{\left(b-\frac{D_t}{2}\right)^2+(h_{ja}-c)^2-\frac{1}{4}(D+D_t)^2} \tag{27-66}$$

b　按照图 27－23*b* 布置的，钢丝绳弦长

$$L_{x1}=\sqrt{\left(b+\frac{b'}{2}-\frac{D_t}{2}\right)^2+(h_{ja}-c)^2-\frac{1}{4}(D-D_t)^2} \tag{27-67}$$

$$L_{x2}=\sqrt{\left(b-\frac{b'}{2}-\frac{D_t}{2}\right)^2+(h_{ja}-h_{jt}-c)^2-\frac{1}{4}(D+D_t)^2} \tag{27-68}$$

c　按照图 27－23*c* 布置的，钢丝绳弦长

$$L_{x1}=\sqrt{\left(b-\frac{b'}{2}-\frac{D_t}{2}\right)^2+(h_{ja}-c)^2-\frac{1}{4}(D-D_t)^2} \tag{27-69}$$

$$L_{x2}=\sqrt{\left(b+\frac{b'}{2}-\frac{D_t}{2}\right)^2+(h_{ja}-c)^2-\frac{1}{4}(D+D_t)^2} \tag{27-70}$$

式中　c——卷筒轴中心线高出井口水平的距离，此值与提升机的构造、地形和土壤情况有关，一般 $c=1\sim2$m；

b'——两天轮的水平距离，m；

L_{x1}——钢丝绳上出绳弦长，m；

L_{x2}——钢丝绳下出绳弦长，m。

当弦长超过 60m 时，为了减少钢丝绳颤动，可在绳弦中部设置托滚。

D　钢丝绳偏角

钢丝绳偏角 α 是指钢丝绳弦与天轮平面所成的角度，如图 27－23 所示。它分为外偏角 α_1 和内偏角 α_2，其值不应大于 1°30′。偏角的限制主要是防止钢丝绳与天轮轮缘彼此磨损。当钢丝绳作多层缠绕时，宜取 1°10′，以改善钢丝绳的缠绕状况。还应注意内偏角应保证钢丝绳在卷筒上放出时不“咬绳”。

a　双筒提升机单层缠绕时可能的最大偏角（图 27－23*a*）

$$\tan\alpha_1=\frac{B-\frac{s-a}{2}-n_1(d+\varepsilon)}{L_{x2}} \tag{27-71}$$

$$\tan\alpha_2=\frac{\frac{s-a}{2}-\left[B-\left(\frac{H+l}{\pi D}+n_1\right)(d+\varepsilon)\right]}{L_{x2}} \tag{27-72}$$

b 双筒提升机多层缠绕时可能的最大偏角

$$\tan\alpha_1=\frac{B-\frac{s-a}{2}}{L_{x2}} \tag{27-73}$$

$$\tan\alpha_2=\frac{\frac{s-a}{2}}{L_{x2}} \tag{27-74}$$

c 单筒提升机作双筒提升时可能的最大偏角（图 27 - 23b）

单筒提升机作双筒提升时应检查最大外偏角 α_1，此时两天轮的垂直面通过卷筒中心线，

$$\tan\alpha_1=\frac{\frac{B}{2}-n_1(d+\varepsilon)}{L_{x2}} \tag{27-75}$$

d 单筒提升机作双钩提升时可能的最大偏角

天轮位于同一水平面但不同水平轴线上时（27 - 23c）。

$$\tan\alpha_1=\frac{\frac{B-s}{2}-n_1(d+\varepsilon)}{L_{x1}} \tag{27-76}$$

$$\tan\alpha_2=\frac{\frac{B+s}{2}-\left(n_1+n_0+\frac{l}{\pi D}\right)(d+\varepsilon)}{L_{x1}} \tag{27-77}$$

式中 s——两天轮间的距离，m；

a——二卷筒内缘间的距离，m；

其他符号意义同前。

E 钢丝绳仰角

钢丝绳弦与水平线所成的仰角 φ 应按提升机技术数据中的规定值检验，但一般不小于 30°，以适应井架（或斜撑）建筑的要求。仰角有两个，上出绳角 φ_1，下出绳角 φ_2。

（1）按照图 27 - 23a 的布置，钢丝绳仰角分别为：

$$\varphi_1=\tan^{-1}\frac{h_{ja}-c}{b-\frac{D_t}{2}}-\tan^{-1}\frac{D-D_t}{2L_{x1}} \tag{27-78}$$

$$\varphi_2=\tan^{-1}\frac{h_{ja}-c}{b-\frac{D_t}{2}}+\tan^{-1}\frac{D+D_t}{2L_{x2}} \tag{27-79}$$

（2）按照图 27 - 23b 的布置，钢丝绳仰角分别为：

$$\varphi_1=\tan^{-1}\frac{h_{ja}-c}{b+\frac{b'}{2}-\frac{D_t}{2}}\tan^{-1}\frac{D-D_t}{2L_{x1}} \tag{27-80}$$

$$\varphi_2=\tan^{-1}\frac{h_{ja}-h_{jt}-c}{b-\frac{b'}{2}-\frac{D_t}{2}}+\tan^{-1}\frac{D+D_t}{2L_{x2}} \tag{27-81}$$

（3）按照图 27 - 23c 的布置，钢丝绳仰角分别为：

$$\varphi_1=\tan^{-1}\frac{h_{ja}-c}{b-\frac{b'}{2}-\frac{D_t}{2}}-\tan^{-1}\frac{D-D_t}{2L_{x1}} \tag{27-82}$$

$$\varphi_2=\tan^{-1}\frac{h_{ja}-c}{b+\frac{b'}{2}-\frac{D}{2}}+\tan^{-1}\frac{D+D_t}{2L_{x2}} \tag{27-83}$$

式中 φ_1——上出绳角，(°)；

φ_2——下出绳角，(°)。

27.5.5.2 多绳摩擦式提升机配置

(1) 塔式提升机的井塔高度是指从井口水平到主导轮轴线间的垂直距离。它取决于提升方式和提升容器的卸载位置，其计算方法如下：

1) 有导向轮时（$\alpha>\pi$）的井塔高度（图27-24）：

$$h_{ta}=h_x+h_r+h_{gj}+\frac{1}{4}D_d+h_j \tag{27-84}$$

2) 无导向轮时（$\alpha=\pi$）的井塔高度：

$$h_{ta}=h_x+h_r+h_{gj}+\frac{1}{4}D_d \tag{27-85}$$

式中 h_{ta}——井塔高度，m；

h_x——箕斗提升时为卸矿高度；罐笼提升时为装卸平台水平高度，m；

D_d——导向轮直径，m；

h_r——提升容器全高，m；

h_j——主导轮与导向轮轴线间的垂直距离，

$$h_j\geqslant\frac{0.5D+0.5D_d}{\sin\theta}-b\cos\theta,\ \text{m};$$

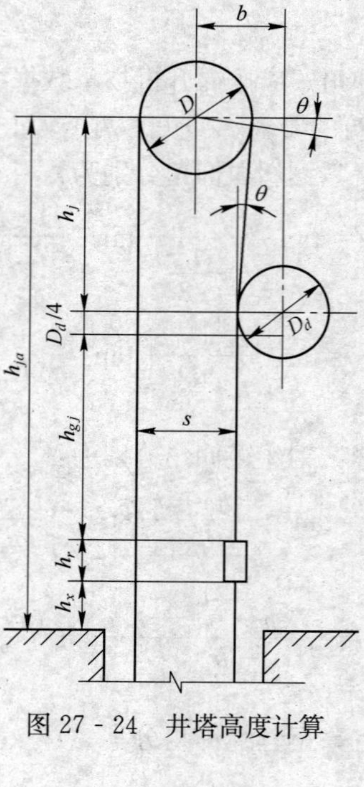

图27-24 井塔高度计算

b——主导轮与导向轮的水平中心距离，

$$b=s-0.5D+0.5D_d, \text{ m};$$

θ——主导轮与导向轮间的钢丝绳与垂直线的夹角，

$$\theta=\alpha-\pi, \ (^\circ)$$

当 h_j 确定后，可用下式求实际的 θ 值

$$\theta=\sin^{-1}\frac{0.5D+0.5D_d}{\sqrt{h_j^2+b^2}}-\tan^{-1}\frac{b}{h_j}, \ (^\circ)$$

(2) 落地式多绳摩擦式提升机是将提升机安装在地面上，并在井筒上设置井架安装两天轮组（每组天轮数与提升钢丝绳数相等），故其井架高度可以参照有导向轮时井塔高度的计算式确定。考虑到井架上的天轮组是上下布置，分别放置在两个不同的标高上，第一天轮组可以安装在相当于井塔的导向轮位置上，而另一天轮组安装的高度要增高 $h_{jt}=D_t+0.5\sim1.5$m，故与单绳缠绕式提升机两天轮位于同一垂直面上的井架计算式相同。

(3) 最低出车水平到尾绳环端部的高度

$$h_w=h_c+0.5+h_h \tag{27-86}$$

式中 h_c—— 最低出车水平到防止尾绳扭结挡梁距离，

$$h_c=h_{gj}+h_{lj}, \text{ m};$$

h_{lj}——尾绳连接装置高度，m；

h_h——防止尾绳扭结挡梁底面到尾绳环端部的高度，

$$h_h\geqslant(2\sim2.5)\text{ s, m};$$

h_w——最低出车水平到尾绳环端部的高度，m。

井底水平到尾绳环端部的高度不小于 5m。

27.5.5.3 斜井提升机与井口相对位置计算[8]

斜井矿车组提升，井口车场布置有两种形式，即平车场和甩车场。

A 斜井双钩矿车组提升用平车场时的计算

其井口相对位置如图 27-25 所示。

按外偏角小于 1°30′或缠两层及两层以上时小于 1°10′计算最小弦长：

$$L'_{x\min}\geqslant\frac{2B-s+a-y}{2\tan\alpha_1} \tag{27-87}$$

式中 s——井筒中轨道中心距，m，

$$s\geqslant b_c+0.2;$$

b_c——矿车最突出部分宽度，m；

y——游动天轮的游动距离，m；

$L'_{x\min}$——最小弦长，m。

按内偏角小于 1°30′或 1°10′计算最小弦长：

$$L''_{x\min}\geqslant\frac{s-a-y}{2\tan\alpha_2} \tag{27-88}$$

式中 $L''_{x\min}$——最小弦长，m。

根据地面具体条件及最小弦长，首先初步确定提升机至井架中心的水平距离 L_5。

井口至井架中心的水平距离 L'：

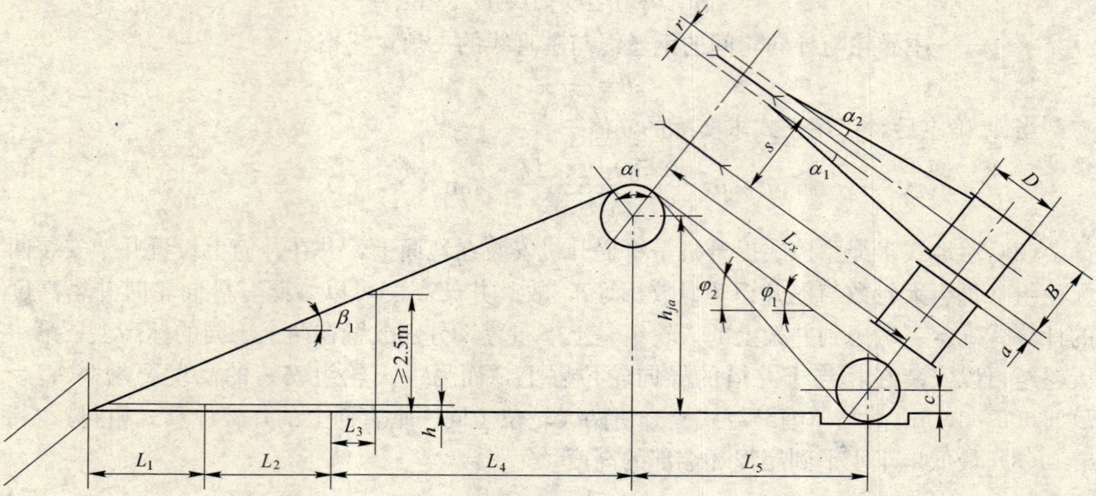

图 27 - 25　双钩平车场井口相对位置图

$$L' = L_1 + L_2 + L_4 \tag{27-89}$$

式中　L_1——井口至阻车器的距离，m；

L_2——阻车器到摘钩点距离，此值取 1.5 倍矿车组长度，即

$$L_2 = 1.5 n_K L_C，\mathrm{m}；$$

L_C——一辆矿车的长度，m；

L_4——摘钩点到井架中心的水平距离，为了不致因提升机侧钢丝绳弦弧垂过大而造成摘钩困难，建议取

$$L_4 = (2.5 \sim 4)\ L_5；$$

L'——井口至井架中心的水平距离，m。

井架高度要求能保证：

(1) 摘钩后的矿车通过下放矿车组钢丝绳的下面时，绳距地面的高度不得小于 2.5m。这点距摘钩点的距离为 L_3，一般 $L_3 = 4\mathrm{m}$，此时的井架高度为：

$$h'_{ja} = \frac{(2.5-h)\ (L_1+L_2+L_4)}{(L_1+L_2+L_3)} - \frac{D_t}{2} \tag{27-90}$$

式中　h——矿车通过下放钢丝绳处的地面标高与井口标高之差，m；

h_{ja}——井架高度，m；

其他符号意义同前。

(2) 为了防止矿车在井口出轨掉道，井口处的钢丝绳牵引角 β_1 要小于 9°，此时的井架高度为：

$$h''_{ja} = (L_1+L_2+L_4)\ \tan\beta_1 - \frac{D_t}{2} \approx 0.16\ (L_1+L_2+L_4) - \frac{D_t}{2}，\mathrm{m} \tag{27-91}$$

选取上述二值中之较大者。井架高度确定后，计算弦长 L_x（提升机侧）、偏角 α_1 和 α_2、钢丝绳的仰角 φ_1 和 φ_2 以及钢丝绳在天轮（游动轮）上的包角 $\alpha_{t1} = \beta_1 + \varphi_1$ 和 $\alpha_{t2} = \beta_1 + \varphi_2$。

B 斜井单钩矿车组提升用甩车场时的计算

其井口相对位置如图 27-26 所示。

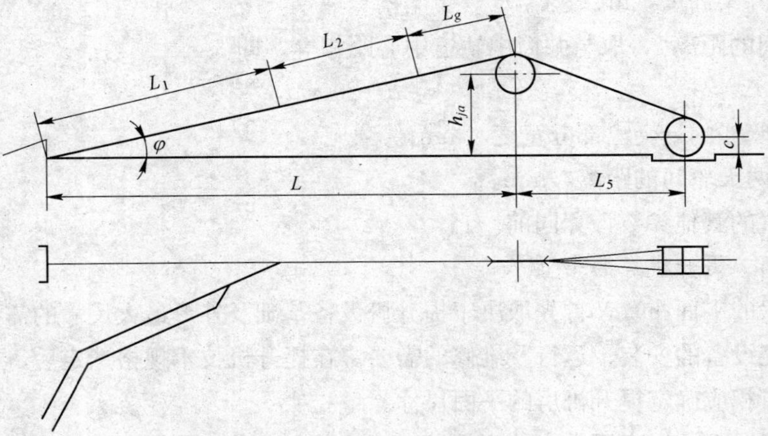

图 27-26 单钩甩车场井口相对位置图

在提升机侧与平车场相同。在井口侧矿车组出井后行走在栈桥上。井架和天轮在栈桥顶端，井口至天轮处的斜长 L_{jx} 为：

$$L_{jx}=L_1+L_2+L_{gj}+\frac{1}{4}D_t \tag{27-92}$$

式中 L_1——井口到道岔的距离，一般为 10～15m；

L_2——道岔到矿车组停止时的钩头位置的距离，

$$L_2=1.5n_K L_C,\ \mathrm{m};$$

L_C——矿车长度，m；

L_{gj}——过卷斜长，m，与竖井过卷高度相同。

井架高度为：

$$h_{ja}=L_{jx}\sin\varphi-\frac{1}{2}D_t \tag{27-93}$$

式中 φ——栈桥倾角，一般 $\varphi=8°\sim12°$；

h_{ja}——井架高度，m。

相对位置的其他参数计算同前。

C 斜井箕斗提升井口相对位置计算

井架斜长 L_{jx}（井口至天轮处的斜长）为：

$$L_{jx}=L'_x+L_r+L_{gj}+\frac{1}{4}D_t \tag{27-94}$$

式中 L'_x——箕斗卸载点距井口距离，与矿仓容积及外部运输系统等因素有关，m；

L_r——箕斗全长，m；

L_{jx}——井架斜长，m。

井架高度为：

$$h_{ja}=L_{ja}\sin\alpha-\frac{1}{2}D_t \tag{27-95}$$

式中 α——井架上基本轨道倾角，(°)，一般与井筒倾角相同；

h_{ja}——井架高度，m。

两天轮间的距离 s，取与井筒中轨道中心距相等，即

$$s\geqslant b+200$$

式中 b——箕斗的最突出部分宽度，mm；

s——两天轮间的距离，mm。

相对位置的其他参数计算同前。

27.5.5.4 提升机房的布置[7]

提升机房的平面布置，首先取决于提升机设备基础及外形最大尺寸的需要，还应该满足主机和电控设备的安装、运行及维修的需要。在提升机技术规格选定后，即可根据设备的轮廓尺寸，相应确定提升机房的平面尺寸。

在正常情况下，生产厂供应的提升机，减速器和电动机是位于提升机卷筒或主导轮的右侧（从操纵台面向提升机），如果用户由于布置上或某种特殊的原因，在订货时提出要求，生产厂也可以供给减速器和电动机位于卷筒左侧的设备。

在具体布置时，应该考虑下列因素：

(1) 根据设备操作、拆装、检修和运输的需要，通道的净距、主机部分的突出部位与墙的净距离不小于1.5m。电动机端部与墙间的距离不小于电动机加0.5m长左右；对于设置有起重机的提升机房，在考虑将电动机旋转90°后检修抽出转子的情况下，电动机端部与墙间的距离也可以按不小于1.5m设计。

(2) 所有设备与设备之间、设备与墙壁之间，都应该有便于人员往返的通道，通道的宽度不应小于0.7m。

(3) 半地下式的提升机房，上层至下层安装孔的位置，应便于利用起重机从孔中升降设备；安装孔的大小，应该允许下层设备中的最大尺寸的设备从孔中顺利通过。在生产运行中，安装孔应加装盖板。楼板荷重一般按（15～20）kPa计算，但对设备和运输通道部分，需按设备最大部件重量考虑。

(4) 提升机房的净高：室内地坪至屋架（梁）下弦的高度按提升机卷筒直径（m）加3m确定。有起重机时，该高度为地坪至起重机轨面的高度。

(5) 电控设备间一般可配置在提升机房的右侧或后侧，当减速器和电动机位于卷筒左侧时，配置左侧电控设备间。电控设备间可以做成一层或两层，每层的净高不小于3.5m。如果是两层电控设备间，应将电阻架设置在上层，电阻架不应超过六层，以利散热。对于电阻设在底层、半地下室的提升机房，如果是建在炎热地区，可采取机械通风，并在楼板底面及楼板安装孔处做隔热处理。

(6) 电控设备间内的布置要用不低于1.2m高的栅栏将高压换向器及采用动力制动时用的高压动力制动接触器遮护起来，并在进门处安装闭锁开关，带有接触器的磁力站应与其他控制盘间留有不小于40mm的间隙，以免由于接触器动作时的震动，影响邻近控制

盘上的继电器正常工作。磁力站正面留空距离不得小于1.5m；背面距离可以为1.2m；通行侧不得小于0.8m；如靠近电阻架时，磁力站与电阻架间距不得小于1.5m。高压换向器及高压动力制动接触器，最突出部分背面距墙不小于0.8m；带电部分距离栅栏不小于0.85m；侧面距墙不小于0.3m；另一侧应留有宽度为0.8m的过道。高压换向器如与动力制动接触器平行布置，其净间距应不小于1.0m。

(7) 电阻架的位置必须通风良好，布置上不应影响房屋窗扇的开启；电阻架非通行侧靠墙安装时，应留有0.2m的间距；平行布置的电阻架之间，净空间距可为1.0m左右。

(8) 为了检修的方便，卷筒直径3m及以上的提升机，应设手动桥式起重机，并设置爬梯；其他主副井提升机和井下绞车硐室，应设置固定起重梁，或手动葫芦用单轨行车。

起重梁或单轨行车应尽量照顾到主轴承、盘形闸座、减速器上盖和主电机的起吊方便

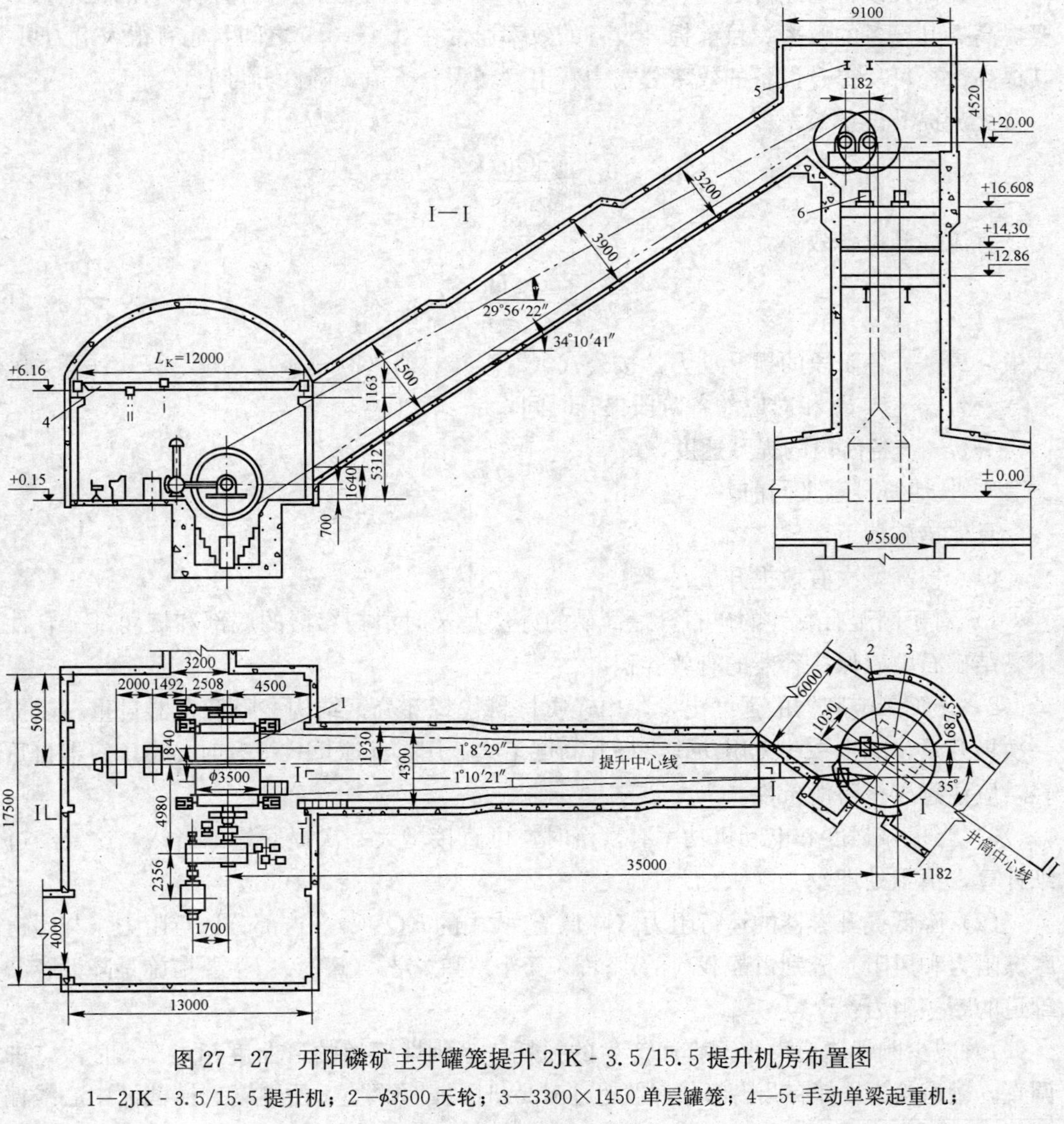

图27-27　开阳磷矿主井罐笼提升2JK-3.5/15.5提升机房布置图

1—2JK-3.5/15.5提升机；2—φ3500天轮；3—3300×1450单层罐笼；4—5t手动单梁起重机；5—起重梁；6—制动绳缓冲器

而做相应的配置。

(9) 较大型的提升机主轴的轴线在一条直线上。安装孔的尺寸，按设备不可拆的最大件尺寸考虑，宽度按最大件的宽度加0.8m，高度按最大件的高度加1.2m。可以利用大门运进的较小提升机设备，则不设安装孔。

(10) 提升机房出绳孔位置、标高和尺寸的确定，应能满足钢丝绳在运行时不碰出绳孔壁的要求。机房的司机对面不设窗户，以免司机“耀眼”。

提升机房的布置实例见图27-27❶。

27.6　提升设备的经济运行与主要经济指标

27.6.1　提升系统的节电途径

矿井提升设备的经济运行，对于节电具有重要意义。为了降低每吨矿石的耗电量，就要提高提升设备的效率。目前提升设备的效率通常在0.4～0.6之间，还有很大潜力可挖。其提高途径可从提升设备的效率公式中看出（增大分子值，降低分母值）。

交流提升设备效率：

$$\eta_{tj}=\frac{QgH}{v_m\Sigma F_i t_i}\eta\eta_d \qquad (27-96)$$

直流提升设备效率：

$$\eta_{tj}=\frac{QgH}{\Sigma F_i v_i t_i}\eta\eta_d\eta_v \qquad (27-97)$$

式中　F_i——各阶段的提升动力，按公式(27-25)或(27-26)、(27-27)计算，N；

t_i——与F_i相对应的各阶段提升时间，s；

v_i——各阶段的提升速度，m/s；

其他符号意义同前。

具体措施如下：

(1) 提高一次有效提升量：

1) 对于潮湿有黏性的矿石，最简易的办法是及时清扫容器的底部和棱角部分，使其不黏结矿石，以保持容器的有效容积。

2) 从不影响容器的强度出发，用轻质材料代替部分钢结构，降低容器自重，以提高一次提升量，减少一些无用功，当提升高度不大，用多绳摩擦式提升时，由于容器自重减轻，应注意校核防滑条件。

3) 当机械强度和电动机功率有富裕时，可直接增大一次提升量。当然，这要经过详细计算，慎重处理。

(2) 降低提升容器的运行阻力（降低F_i式中的KQ项）。这部分运行阻力（与罐道的摩擦阻力和风阻）分别占静载荷的15%（箕斗）和20%（罐笼）。主要措施是降低容器与罐道的摩擦阻力[20]。

1) 减少刚性罐道由于不直而产生的损耗。当刚性罐道的弯曲度超过1‰时，应进行调直。罐道接头处如有凸出部分，且超过1mm时，必须调直。两侧罐道横截面中心线偏差

❶化工矿山设计研究院王金辉提供。

超过 2mm 时，应调直其中心线。

2）应尽量减少罐道上的脏物，以减小运行阻力和罐道磨损。在淋帮水较大的井筒，应采取堵水措施，以免涌水带有泥沙和矿粉，黏在罐道上。尽量不利用回风井作主提升，避免大量粉尘附在罐道上。

3）为了降低罐道的运行阻力，应对罐道涂以润滑油脂。在干燥的井筒中，可用废润滑油；在有淋水的井筒中，可用沥青、松香混合润滑油脂涂刷罐道。每周涂刷 2～3 次，可保持正常润滑，降低摩擦阻力。

4）用刚性罐道时，应尽量采用组合钢罐道与胶轮罐耳，可降低摩擦阻力，且延长罐道寿命。

5）对于单绳缠绕式提升设备，由于提升钢丝绳的扭力，使罐耳与罐道的两侧接触条件不同，一侧几乎不接触，另一侧在附加压力下接触，导致阻力增大。实测证明，由于这

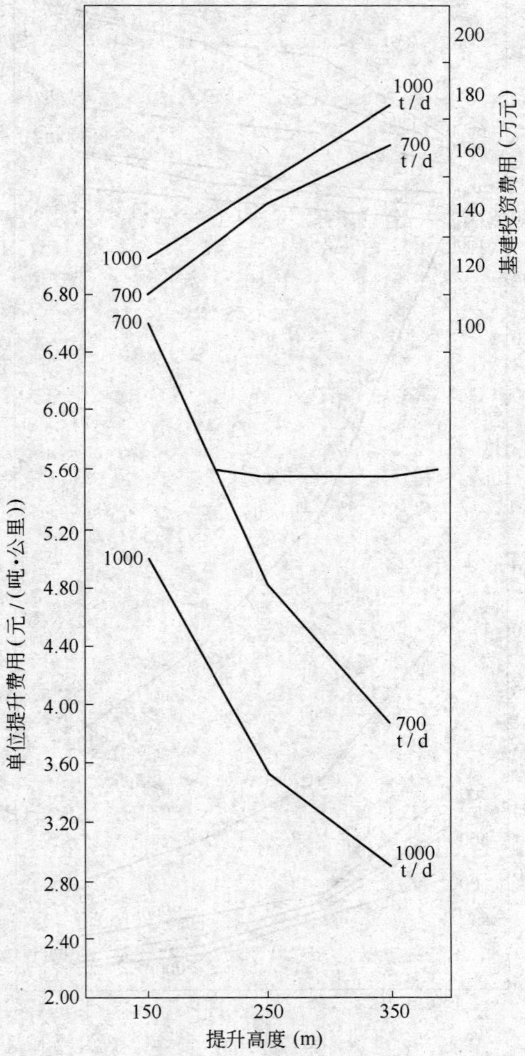

图 27 - 28　单绳罐笼提升时单位提升费用及基建投资线图

个附加压力，约使提升电耗增加0.5%～2%。加强对罐道的润滑，摩擦阻力有所下降；在有条件的矿井，可采用不扭转钢丝绳。

（3）合理选择提升减速阶段与爬行阶段的运动方式。在第一个减速段，最好是利用提升系统的惯性力，自由滑行减速。在低速爬行阶段，对于交流提升设备，宜采用微拖动电机或低频电源供电方式运行，以节省电力消耗。在第一个减速阶段需要制动时，选用低频拖动更为经济合理，因其可兼顾低速爬行和减速制动两个阶段，不需进行任何主线路的转换，就能准确地按速度图运行。

不论加速阶段或减速阶段，手动操作都是引起多耗电能和延长提升循环的主要因素。因此，为了提高提升设备的效率，应尽量采用自动化控制方式。如寿王坟铜矿的箕斗提升设备，实现自动化后，每次提升时间减少了15s，生产能力提高了13%。

（4）提高提升设备的传动效率。在生产条件下，提高传动效率的方法，主要是经常

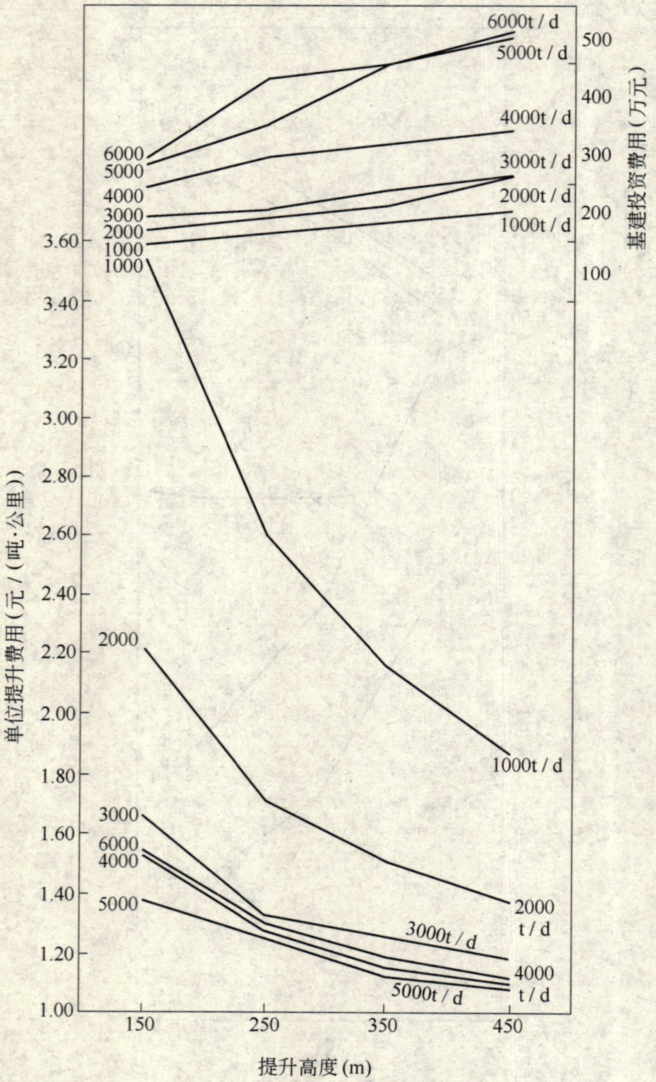

图27-29　单绳箕斗提升时单位提升费用及基建投资线图

使机器保持在完好状态，搞好轴承与齿轮的润滑。减速箱和轴承的强迫润滑油，在半年内应至少更换一次。在润滑油泵管路中应安设滤油器。滤油器要定期清洗。注油时要经过滤网。

（5）为了充分利用提升设备，提高效率，在生产条件下应加强上下人员和材料的管理，实行集中上下，尽量做到满载运行。

表 27 - 37 单绳罐笼提升年提升费用

项　目	矿山规模（t/d）					
	700	700	700	1000	1000	1000
提升高度（m）	150	250	350	150	250	350
年提升量（10^4t・km）	3.15	5.25	7.35	4.50	7.50	10.50
年提升费用（万元）	20.95	25.27	27.67	22.03	25.98	30.37
其中（万元）：工资	6.81	6.81	6.81	6.81	6.81	6.81
电费	2.23	3.16	4.46	2.87	5.34	6.60
折旧	5.63	7.21	8.05	4.54	5.74	6.59
维修	4.32	6.13	6.41	5.85	6.13	6.41
其他	1.96	1.96	1.96	1.96	1.96	1.96

表 27 - 38 单绳箕斗提升年提升费用

矿山规模（t/d）	年提升量（10^4t・km）	年提升费用（万元）	其中（万元）				
			工资	电费	折旧	维修	其他
1000	5.7	20.1	3.73	3.23	6.73	5.33	1.08
1000	8.7	22.57	3.73	4.80	7.26	5.70	1.08
1000	11.7	25.37	3.73	6.50	7.89	6.17	1.08
1000	14.7	27.69	3.73	8.20	8.12	6.56	1.08
2000	11.4	25.62	3.73	6.65	7.42	6.74	1.08
2000	17.4	29.94	3.73	9.99	8.00	7.14	1.08
2000	23.4	35.61	3.73	14.37	8.73	7.70	1.08
2000	29.4	40.46	3.73	16.46	10.75	8.40	1.12
3000	17.1	28.79	3.73	9.98	6.89	7.11	1.08
3000	26.1	34.88	3.73	15.23	7.25	7.59	1.08
3000	35.1	43.92	3.73	21.95	8.67	8.45	1.12
3000	44.1	52.21	3.73	29.50	9.23	8.63	1.12
4000	22.8	35.44	3.73	14.83	8.67	7.13	1.08
4000	34.8	44.56	3.73	21.33	10.5	7.92	1.08
4000	46.8	53.76	3.73	29.27	11.22	8.42	1.12
4000	58.8	64.88	3.73	39.33	11.83	8.87	1.12
5000	28.5	39.31	3.73	17.61	9.45	7.44	1.12
5000	43.5	54.26	3.73	29.02	11.43	8.96	1.08
5000	58.5	65.42	3.73	38.94	12.00	9.63	1.12
5000	73.5	79.63	3.73	44.44	15.18	15.14	1.16
6000	34.2	46.45	3.73	23.72	10.34	7.58	1.08
6000	52.2	67.60	4.01	34.16	14.33	13.94	1.16
6000	70.2	83.32	4.01	48.59	14.96	14.60	1.16
6000	88.2	99.04	6.60	59.00	16.97	14.57	1.90

注：此表系参照煤炭系统有关资料补充制定。

27.6.2 基建投资与提升费用估算

竖井单绳罐笼提升的基建投资费用及单位提升费用估算可参考图 27-28[21]。

表 27-39 国内部分矿山多绳提升系统投资

项目	张家洼主井	张家洼1号副井	张家洼2号副井	梅山主井	红透山混合井	凤凰山混合井	大厂混合井	凡口主井	五龙东风井	大隆副井
提升机	4×6	2.8×6	2.8×6 1.85×4	3×6	2.25×4 2台	2×6 1.75×4	4×4 2.25×4	2.25×4	2.1×4	2.8×4 1.8×4
电机功率（kW）	3200	1250	1250 630	1800	525 320	750 260	2000 130	630	525	1000 130
提升高度（m）	600	600	600	300	390	537	550	500	394	449
提升容器	单箕斗	单罐	单罐 单罐	单箕斗	双箕斗 单罐	单箕斗 单罐	单箕斗 单罐	双箕斗	单罐	双罐 单罐
井塔尺寸（m）	18×15	14.3× 11.5	17×15	12×12	15×21	11.6× 15.4	16.5× 14.5	φ11.4	φ9.5	12×14.5
高 度	66	37	44	60	50	60	64	55	32	36
起重机（t）	30	20	20	20	10	10	32	10	5	20
投资（万元）	525.5	173.6	483	342.6	176.6	404	304	131	81.5	149
其中：机械	382	88	377	295	115.8	287	214	69	42	85
电气		33.5				57	48	20	13.5	
井塔	143.5	52.1	106	47.6	60.8	60	42	42	26	64
投产时间	1985.10	1976.7	1985.10	1971	1966.10	1970.6		1971.10	1960	1971.8

表 27-40 润滑油消耗定额

机器名称	润滑油消耗量（kg/d）						总耗油量
	黄油	润滑脂	机油	汽缸油	压气机油	损失	（kg/d）
单筒绞车（φ2m）	0.24		3.0	0.74		0.52	4.5
单筒绞车（φ1.6m）	0.20		2.5	0.6		0.5	3.8
运搬绞车（φ2.1m）	0.20		2.0			0.23	2.5
提升绞车（φ1.6m）	0.02		3.0	0.74		0.74	4.5
提升绞车（φ1.2m）	0.01		2.5			0.36	3.0
提升绞车（φ2～3m）	0.01		4.64	0.8		0.45	6.0
钢绳（每100m）φ19.5			0.64				0.64
钢绳 φ24			0.76				0.76
钢绳 φ28			0.86				0.86
钢绳 φ37			1.14				1.14
钢绳 φ39			1.20				1.20
钢绳 φ43.5		1.34					1.34
钢绳 φ50		1.58					1.58
钢绳 φ56		1.70					1.70
钢绳 φ60		1.72					1.72
钢绳 φ65		2.00					2.00

注：钢绳的润滑油消耗量为每100m计。

竖井单绳箕斗提升的基建投资费用及单位提升费用估算可参考图 27-29[21]。

图 27-28 与图 27-29 绘制的计算条件如下：

(1) 工作制度每年按 300 天计，每天纯工作时间为 14 小时。

(2) 井下劳动定员、在册系数为 1.3；井上为 1.2。

(3) 工资按 1500 元/(人·年)计算。

(4) 电价按 0.1 元/(千瓦·时)计算。

(5) 不均衡系数，单绳罐笼提升为 1.2；单绳箕斗提升为 1.15。

(6) 机电设备价格按出厂价（考虑部分浮动价）计算，设备运杂费为 6%，材料运杂费为 8%。

(7) 电耗与劳动定员可按年提升费用的分项反推。

年提升费用可参考表 27-37 和表 27-38[21]。

表 27-41 提升钢丝绳使用寿命参考表

钢丝绳结构类型	绳径 (mm)	使用寿命 (月)	平均提升量 (t)	备 注
6W (19)	28		241315	线接触，使用 2 根
6×19	28		114155	点接触，使用 4 根
6W (19)	28		181193	线接触，使用 2 根
6×19	28		94309	点接触，使用 5 根
6×19 顺捻	46.5	12	818256	
6×19 顺捻	46.5	14	881948	
6×19 顺捻	46.5	12	737272	
6×19 交捻	46.5	6.5	324533	
6×19 交捻	46.5	7	424966	
6×19 交捻	46.5	6	311635	
6×7	33	232 (d)	27900 (次)	
6△ (19)	33	438 (d)	39026 (次)	
6△ (24) 光钢丝绳	21	8		
6△ (24) 镀锌钢绳	21	27		

表 27-42 辉县水泥厂石灰石矿斜坡箕斗下放材料消耗

项 目 名 称	数 量
每两年更换箕斗（装载量 15t，自制）数量（个）	1
每年消耗弹簧个数（个）	8
输送矿石 120 万吨消耗钢绳数量 (m)	600～1150
油类：	
减速机油 (kg/a)	100
变压器油 (kg/a)	480
黄油 (kg/a)	600
钢绳用油 (kg/a)	600
衬木 (m^3/a)	4
闸木	一年换一次

注：资料来源于《黑色冶金采矿、选矿、辅助技术经济设计参考资料》编写组，《黑色冶金采矿、选矿、辅助技术经济设计参考资料》(三)，1978.10。

国内部分矿山多绳提升系统投资实例见表27-39[21]。

27.6.3　材料消耗[21]

（1）润滑油消耗参见表27-40。

（2）提升钢丝绳消耗，一般按其使用寿命考虑。表27-41列出部分提升钢丝绳使用寿命统计数值供参考。

表27-42为一实例，供参考。

参　考　文　献

1　李仪钰等，矿山机械（提升运输部分），冶金工业出版社，1980，第1～56、120～143页

2　Гребенюка，В. А. *и өр.*，Справочник по горнорудному делу，Москва“Недра”，1983. стр. 673

3　中国矿业学院等，矿井提升设备，煤炭工业出版社，1980

4　机械部矿山机械行业科技情报网编，国内外矿山机械发展概况，第三集，上册，1984，第220～226、206～209页。未公开发表著作

5　［苏］П. П. 涅斯捷洛夫主编，矿井提升设备的改进，煤炭工业出版社，1980。第152～212、146～151页

6　*Circle RSC* №201，*Mining Magazine*，1986，№11，510

7　周迺荣，严万生，矿山固定机械手册，煤炭工业出版社，1986年。第12～13、28、167～171页

8　鞍山矿山设计院等，冶金矿山设计参考资料（下册），冶金工业出版社，1974，第309～317、253～256、181～184、200页

9　冶金工业部，冶金矿山安全规程，冶金工业部安全技术研究所，1980。第4章2～5节

10　美国采矿工程师协会A. B. 卡明斯，I. A. 吉文，采矿工程手册第三分册，冶金工业出版社，1982。第355页

11　抚顺煤炭研究所等，矿井提升钢丝绳，煤炭工业出版社，1979。第90～126页

12　李祖鉅，金属矿山，1985，4，22

13　郁天保，有色金属，矿山部分，1986，3，54

14　于修，山东煤炭科技，1987，1，27

15　［波］亚历山大·卡尔盖著。现代提升设备，煤炭工业出版社，1983，第85～99页

16　孙家彫，有色矿冶，1976，1，1，未公开发行

17　中国科学技术情报研究所，国外矿井多绳提升机（综述与文摘），科学技术文献出版社，1975，第14～15页

18　《小型冶金矿山设计参考资料》编写组，小型冶金矿山设计参考资料，冶金工业出版社，1981，第421页

19　煤矿电工手册第三分册，煤炭工业出版社，1980，第6～1 6～6-1-18页

20　李纪，矿山节约用电，煤炭工业出版社，1981，第178～191页

21　《采矿设计手册》编委会，采矿设计手册，矿山机械卷，中国建筑工业出版社，1988，第437～440页

22　煤炭工业部，煤矿安全规程，煤炭工业出版社。1980，第8章2～4节

第28章 矿 山 压 气

28.1 概 述

28.1.1 压缩空气在矿山的应用

在矿山开采工作中，压缩空气的用途非常广泛。在凿岩爆破和装运卸等作业中，有许多设备是用压缩空气驱动的。此外，还供应修理用的气动工具用气。

压缩空气转换成机械能作功的总效率仅为20%左右，而电动设备的总效率可达30%以上。但由于气动机械具有结构简单、紧凑、重量轻、牢固、过载能力大、不怕潮湿等优点，并且输送压缩空气的管道易于维修和延长，漏气时易于察觉和修复，管道和气动机械无漏电危险，对操作工人较安全，迄今，气动机械仍然是采矿工业中不可缺少的生产工具。我国矿山普遍装备有大小不同的空气压缩机以供应全矿各种气动机械用气。

28.1.2 国内外空气压缩机现状及发展方向

空气压缩机的和类繁多，其分类如表28-1所示。

表28-1 空气压缩机分类

<table>
<tr><td rowspan="10">空气压缩机</td><td rowspan="6">容积式（间歇流动式）</td><td rowspan="2">往复式</td><td>活塞式</td></tr>
<tr><td>隔膜式</td></tr>
<tr><td rowspan="4">回转式</td><td>滑片式</td></tr>
<tr><td>螺杆式</td></tr>
<tr><td>罗茨式</td></tr>
<tr><td>液环式</td></tr>
<tr><td rowspan="4">速度式（连续流动式）</td><td rowspan="3">动力式（透平式）</td><td>离心式</td></tr>
<tr><td>轴流式</td></tr>
<tr><td>混流式</td></tr>
<tr><td>喷射式</td><td></td></tr>
</table>

我国矿山常用的空气压缩机以活塞式为主，其次为螺杆式和滑片式。活塞式空气压缩机由于其比功率最小，当排气表压力为0.7～0.8MPa时，其比功率一般为4.74～6.1kW/m^3/min[1]，故耗电量少，且易于调节供气量。在我国活塞式空气压缩机的产量约占总台数的90%左右。但该类机组的重量大、外形尺寸大、易损件多、维修工作量大，近年来，其发展速度落后于螺杆式和离心式空气压缩机。

在冶金、煤炭、石油、化学等矿山开采和输送物料的工艺中需用大量压缩空气。大容量的离心式空气压缩机得到了广泛的使用。与活塞式压缩机相比，离心式压缩机具有气体不受润滑油脂污染、能长期连续运转、设备紧凑、占地面积小、重量轻、运转平稳、安全可靠、初期投资少等优点。因此在大型空气压缩机中，离心式压缩机已占绝对优势。国外自20世纪30年代开始研制离心式压缩机以来虽然只有半个多世纪，但其发展速度很快。在世界各主要工业国家中，离心式压缩机的产量比例逐年增加。近年来，在改进离心式压缩机的结构、降低比功率和减少噪声等方面取得了显著效果，其比功率在最高效率时为5.25kW/m^3/min[2]。因此，离心式压缩机有向中小容量发展的趋势。

螺杆式压缩机的工业性生产始于1950年，在动力用空气压缩机领域内，其发展速度已超过了历史悠久的活塞式压缩机。

螺杆式压缩机与活塞式相比，具有结构简单、零件少、外形紧凑、重量轻等优点，因而在移动式压缩机中更显示其优越性。在我国，螺杆式压缩机已与牙轮钻机、潜孔钻机配套应用。

在美国、日本和西欧，移动式压缩机中也以螺杆式和滑片式为主。近年来，螺杆式压缩机的排气量范围不断向大的和小的方向发展，其排气量范围为0.74～800m^3/min，排气表压力范围为0.2～4MPa。因此，其使用范围也在不断扩大。但螺杆式压缩机的效率低，当排气表压力为0.7～0.8MPa时，比功率约为5.35～7.1kW/m^3/min[2]，故耗电量大。在运转时噪声大，并随排气量的增加而增加，且属中高频声级，对人体的危害性较大，必须采用隔声罩、消声器等装置。此外对螺杆式压缩机的转子材质要求高，加工难度大，因此，在今后相当长的时期内，对小容量的压缩机以发展螺杆式为主，而对大中容量的压缩机则发展活塞式和离心式。

28.2　空气压缩机

28.2.1　空气压缩机的结构及性能

28.2.1.1　矿用空气压缩机的结构及工作原理

A　往复活塞式空气压缩机

活塞式空气压缩机的主机是由回转运动变为往复运动的曲柄机构及与之连接的活塞机构组成。图28-1为L型双动空气压缩机的构造示意图[4]，在汽缸9上有控制进排气的阀门13和14，当活塞8作往复运动时，汽缸的容积便周期地变化，实现气体的吸气、压缩和排气。但压缩机的实际过程还必须考虑汽缸内有余隙容积存在，故实际压缩循环是由吸气、压缩、排气和膨胀四个过程组成，此外，还要考虑吸排气阻力损失、泄漏和温度变化等因素的影响。矿用活塞式空气压缩机根据安装情况不同可分为固定式和移动式两大类；若考虑汽缸容积利用方式又可分为单动与双动两种；按汽缸中心线的位置和压缩级数的多少还可以分为如表28-2所示的类型。

B　螺杆式空气压缩机

螺杆式空气压缩机有干式与喷油式两种，图28-2为喷油式螺杆空气压缩机主机结构图。它的工作腔内有一对互相啮合的阴阳转子，节圆外具有凸齿的为阳转子，一般为4个齿，圆内具有凹齿的为阴转子，工作时两转子反向旋转，阳转子与原动机连接带动阴转子转动，当转子同步转动时，阴阳转子的齿逐渐啮合，转子的凹槽与汽缸内壁形成的工作容积逐渐减小，气体的压力逐渐提高，利用两螺杆表面上所具有的螺旋凹凸形的气道与汽缸内壁间形成的容积逐渐变化，来实现气体的吸入、压缩和排出。在无油（干式）机器中，阳转子靠同步齿轮带动阴转子。转子啮合过程互不接触。通过一对螺杆的高速旋转达到密封气体，提高气体压力的目的。在喷油机中，喷入机体的大量润滑油起着润滑、密封、冷却和降低噪声的作用；由于油膜的密封作用取代了油封，所以机器的结构变得更为简单；喷入机体的润滑油与压缩气体混合，在进入排气管道后，将油分离出来，约有90％的油可以回收后供重复使用，其余10%随压缩空气进入管网。

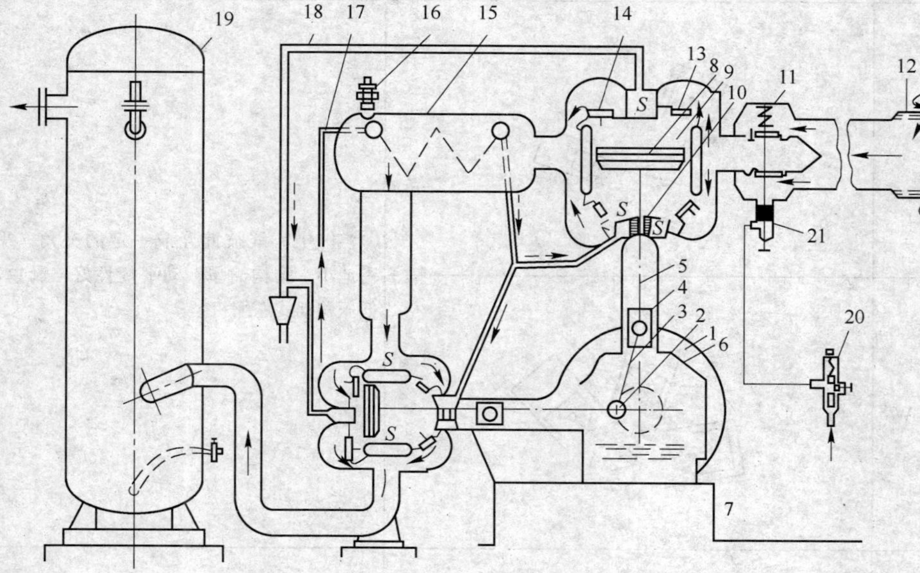

图28-1　L型空压机构造示意图

1—皮带轮；2—曲轴；3—连杆；4—十字头；5—活塞杆；6—机身；7—底座；
8—活塞；9—汽缸；10—填料箱；11—卸荷阀；12—过滤器；13—吸气阀；
14—排气阀；15—中间冷却器；16—安全阀；17—进水管；18—出水管；
19—储气罐；20—压力调节器；21—卸荷阀组件
（注：图中有“S”字样为冷却水串通的地方；
“—►”为气流方向；“- - -►”为冷却水流方向。）

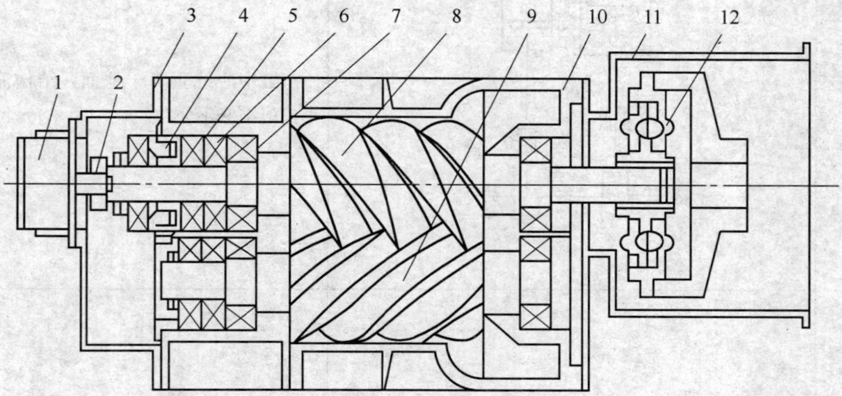

图28-2　螺杆式空气压缩机主机结构图

1—油泵；2—十字头；3—端盖；4—平衡活塞；5—机壳（二）；
6—推力球轴承；7—滚子轴承；8—阳转子；9—阴转子；
10—机壳（一）；11—主机接筒；12—联轴节

表28-2　活塞式空气压缩机按气缸排列方式的分类

类型	型号	原理示意图	特　点
角型	V	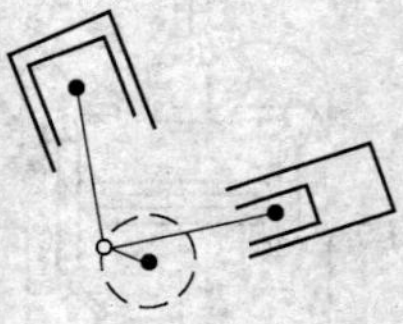	汽缸中心线彼此互成一定的夹角；重量轻、占地小、结构简单、动平衡性好；属单动小型低压移动式压缩机
	W	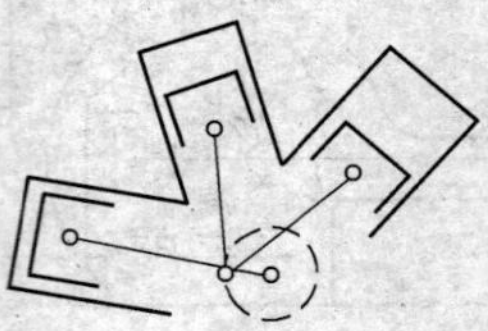	
	L	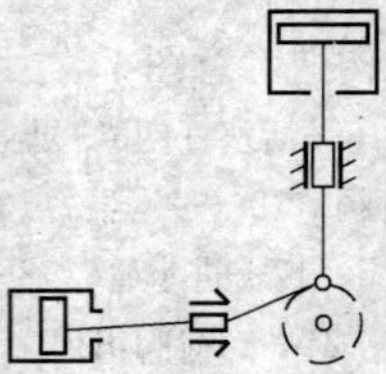	汽缸中心互成90°夹角，汽缸中心线平行于地面，动平衡好，结构紧凑，管道布置方便；属中型固定式压缩机
立式	Z	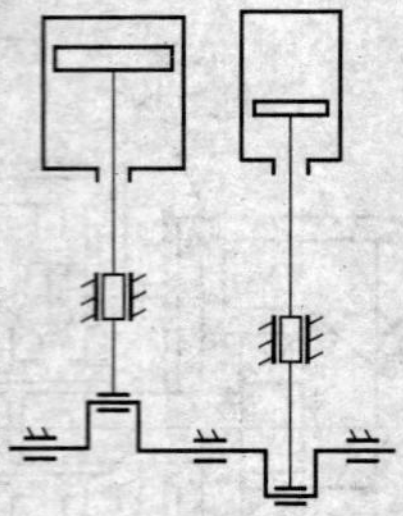	汽缸中心线垂直于地面，结构简单，占地最小，但维修不便
卧式 一般卧式	P	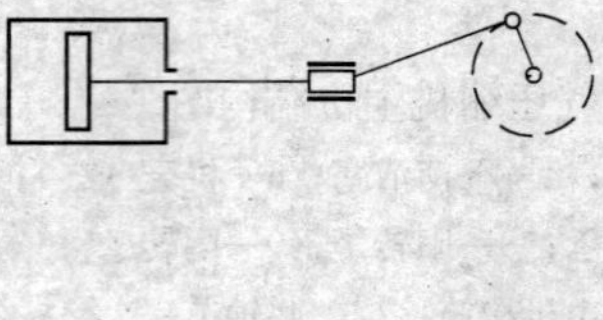	占地面积大，管路布置整齐，操作维修方便，动平衡性差

续表 28 - 2

类型		型号	原理示意图	特点
卧式	对称平衡式	D	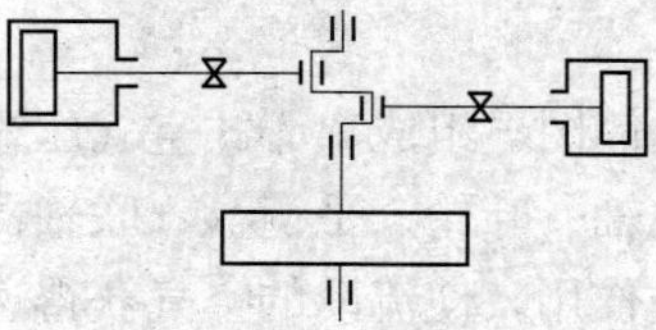	动平衡性能好，可提高转速，使机器与基础尺寸减小，重量减轻，操作维修方便。属大、中型大功率空气压缩机。可作为矿山压缩空气站的主要动力设备
		H	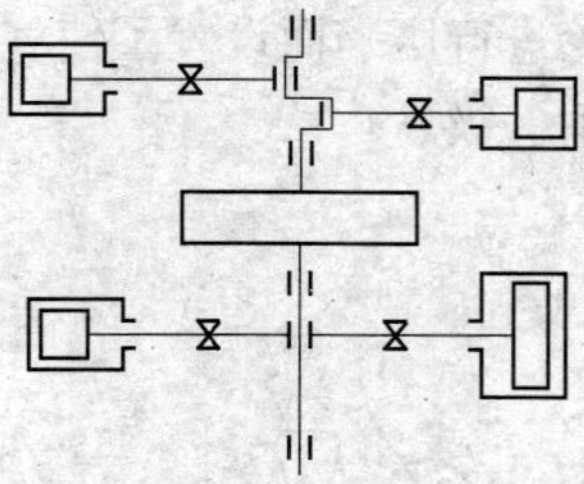	

C 滑片式空气玉缩机

滑片式空气压缩机的工作原理如图 28 - 3 所示，在圆筒形汽缸 1 内偏心地配置一个圆柱形转子 2，转子上开了若干纵向凹槽，在凹槽中装有能沿径向自由滑动的滑片 3；由于转子在汽缸内偏心配置，汽缸内壁与转子外表面间构成一月牙形空间，转子旋转时滑片受离心力的作用从凹槽中甩出，其端部紧贴在汽缸壁面上，月牙形空间被滑片分隔成若干扇形的小室，称之为基元容积。在机体上开设有吸气孔口与排气孔口，当转子旋转一周时，每一基元容积将由最小值逐渐变至最大值，再由最大值逐渐变为最小值，实现气体的吸进、压缩和排出。

根据滑片与转子、汽缸之间的不同润滑方式，滑片式空气压缩机可分为：滴油滑片式、喷油滑片式与无油滑片式三种。目前应用较广的是喷油滑片式，它采用酚醛树脂纤维

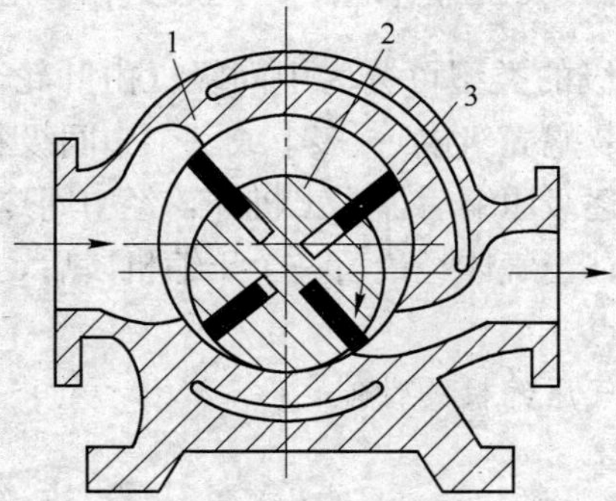

图 28 - 3 滑片式空气压缩机

1—汽缸；2—转子；3—滑片

板或合金铸铁滑片，汽缸中喷油润滑（并兼作冷却和密封），借助油泵和气体的压力将润滑油大量吸入汽缸，与被压缩气体混合，在排出管道之后将油分离出来，并循环使用，这样降低了滑片与转子、汽缸间的摩擦，延长了使用寿命。

矿山用的滑片式空气压缩机有移动式与半移动式两种。

D 离心式空气压缩机

图28-4是离心式空气压缩机的结构简图，组成离心式空气压缩机的零件很多，一般分为转子与静子两大部分，转子部分由主轴、叶轮、平衡盘、联轴器等组成。叶轮是压缩机的主要工作部分，由于转动叶片的机械作用，使流动的空气获得速度和压力。静子部分包括扩压器、弯道、回流器、蜗壳以及支承轴承和止推轴承等；转子与静子部分设有密封以减少泄漏。气体从叶轮流出后经扩压器将速度能转变为压力能，在多级离心式空气压缩机中，为将扩压器的气流引导至下一级叶轮进行压缩而设置了使气流由离心方向改变为向心方向的弯道，然后经回流器均匀地进入下一级。

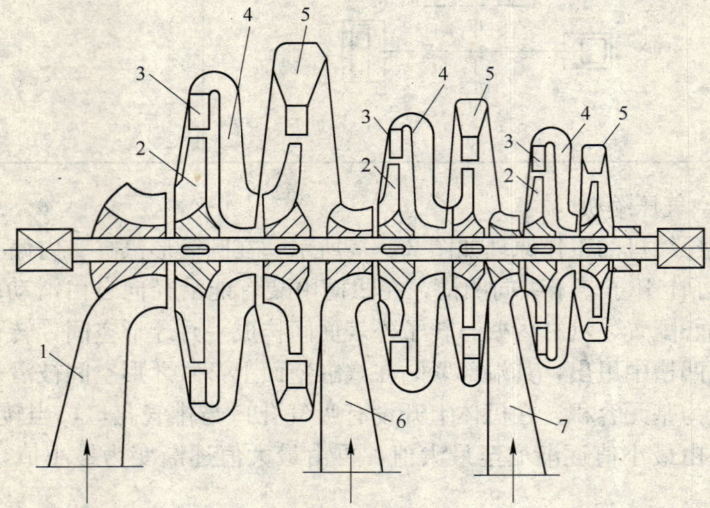

图28-4 离心式空气压缩机简图
1—吸气管；2—叶轮；3—扩压器；4—回流器；5—蜗壳；
6—二次进气管；7—三次进气管

多级离心式空气压缩机级的类型可分为中间级（由叶轮、扩压器、弯道、回流器组成）和末级（叶轮、扩压器及蜗壳组成）；多个或一个中间级和一个末级串联成压缩机段。气体经压缩机段中多个叶轮逐级压缩后，引出机外，经中间冷却器冷却，再经吸气室引至下一压缩机段继续进行压缩；当气体经最后一个压缩机段后，排出机外，流至后冷却器再行冷却，经排气管送往用气点。

28.2.1.2 矿山常用空气压缩机的性能

A 空气压缩机的排气量

空气压缩机的排气量是指单位时间内压缩机最后一级排出的气体换算到第一级进口的压力和温度状态时的气体容积值。

a 容积式空气压缩机的排气量

容积式空气压缩机的排气量 q 与压力的大小无关，其值可按（28 - 1）式计算：

$$q=\eta_e q_t \tag{28 - 1}$$

式中 η_e ——空气压缩机的排气效率，其值如下：

类型	活塞式	喷油螺杆式	滑片式
η_e	0.7～0.85	对称型线 0.75～0.9 非对称型线 0.80～0.95	与压缩比 ε 有关 $\eta_e=1-\xi\varepsilon$ 系数 $\xi=0.05\sim0.1$

q_t ——容积式空气压缩机的理论排气量，m^3/min；

q ——容积式空气压缩机的排气量，m^3/min。

活塞式空气压缩机的理论排气量

单作用 $$q_t=\frac{\pi}{4}D^2 sn,\ m^3/min \tag{28 - 2}$$

双作用 $$q_t=\frac{\pi}{4}(2D^2-d^2)sn,\ m^3/min \tag{28 - 3}$$

式中 D ——活塞直径，m；

d ——活塞杆直径，m；

s ——活塞行程，m；

n ——主轴转数，r/min。

螺杆式空气压缩机的理论排气量

$$q_t=C_\varphi C_n n_o l_o D_o^2 \tag{28 - 4}$$

式中 C_φ ——扭角系数，其值如下；

阳转子扭角 t_o（°）	240	270	300
扭角系数 C_φ	1.00	0.989	0.971

C_n ——面积利用系数，转子形线为对称圆弧时，$C_n=0.462$ 转子形线为非对称圆弧时，$C_n=0.49\sim0.52$；

l_o ——阳转子工作长度，m；

D_o ——阳转子公称直径，m；

n_o ——阳转子转速，r/min。

q_t ——螺杆式空气压缩机的理论排气量，m^3/min。

滑片式压缩机的理论排气量

$$q_t=2l_d e n_d(\pi D_d-\delta Z) \tag{28 - 5}$$

式中 l_d ——汽缸的长度，m；

e ——汽缸中心与转子中心的距离，m；

D_d ——汽缸的直径，m；

n_d ——转子转速，r/min；

δ ——滑片的厚度，铜制 $\delta=0.001\sim0.003$m，塑料 $\delta=0.006\sim0.012$m；

Z ——滑片数，一般 $Z=8\sim24$ 片；

q_t——滑片式压缩机的理论排气量，m^3/min。

b　离心式空气压缩机的排气量

离心式空气压缩机的排气量是随压力 p 的变化而变化的，通常用容积流量 q_V 来表示单位时间内通过级的气体流量，一般是根据制造厂所给定的 $p-q_V$ 特性曲线查得后再换算到第一级进口的压力和温度状态时的气体容积值，如图 28-5 所示。

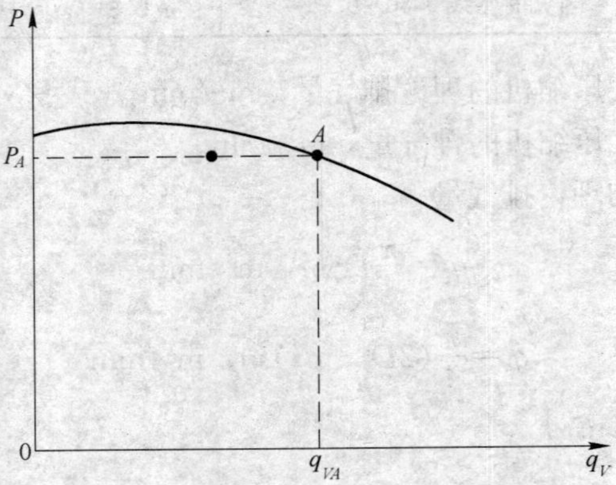

图 28-5　心式空气压缩机 $p-q_V$ 图

B　空气压缩机的功率

空气压缩机的功率有理论功率、指示功率与轴功率三种。

a　理论功率[3]

空气压缩机的理论功率是假定进气过程中进气阀与进气管道无阻力，进气时压力和温度不变，与大气压力和大气温度一致，排气过程中排气阀与排气管道无阻力，且排气时的压力和温度不变。与储气罐中的空气压力和温度一致。对于活塞式空气压缩机，考虑无余隙容积存在，根据空气压缩机压缩 $1m^3$ 空气的理论功可求得压缩机理论功率的大小，即

$$P_t=\frac{Lq}{60\times1000} \tag{28-6}$$

式中　q——以吸入空气体积表示的空气压缩机的实际排气量，m^3/min；

L——不考虑任何损失时，压缩 $1m^3$ 吸入空气的理论功，$N\cdot m/m^3$；

P_t——活塞式空压机的理论功率，kW。

由于空气压缩机有等温、绝热及多变三种不同压缩过程，因而相应有三种不同的理论功率，即

等压缩理论功率　$$P_{t(is)}=\frac{L_{t(is)}q}{60\times1000},\ \mathrm{kW} \tag{28-7}$$

多变压缩理论功率　$$P_{t(pol)}=\frac{L_{t(pol)}q}{60\times1000},\ \mathrm{kW} \tag{28-8}$$

绝热压缩理论功率　$$P_{t(ad)}=\frac{L_{t(ad)}q}{60\times1000},\ \mathrm{kW} \tag{28-9}$$

式中　$L_{t(is)}$——汽缸内空气与外界有热交换，且温度保持不变作等温压缩时的理论功[4]

$$L_{t(is)}=2.303P_1\lg\frac{p_2}{p_1},\ \mathrm{N\cdot m/m^3}; \tag{28-10}$$

$L_{t(pol)}$——汽缸内空气与外界有热交换，且温度非恒值作多变压缩时的理论功

$$L_{t(pol)}=\frac{n}{n-1}p_1\left[\left(\frac{p_2}{p_1}\right)^{\frac{n-1}{n}}-1\right],\ \mathrm{N\cdot m/m^3};\tag{28-11}$$

n ——多变玉缩指数，一般 $n=1.2\sim1.3$；

$L_{t(ad)}$——汽缸内空气与外界无热交换时的绝热压缩理论功

$$L_{t(ad)}=3.5p_1\left[\left(\frac{p_2}{p_1}\right)^{\frac{K-1}{K}}-1\right],\ \mathrm{N\cdot m/m^3}\tag{28-12}$$

p_1 ——一级缸排气绝对压力，Pa；

p_2 ——二级缸排气绝对压力，Pa；

K ——绝热压缩指数，$K=1.4$。

b　指示功率

在实际工作过程中，空气压缩机的活塞上所需的实际功率称为指示功率，一般通过实验方法测出实际示功图而求得，或者按（28-13）式、（28-14）式计算。

等温指示功率
$$P_{i(is)}=\frac{P_{t(is)}}{\eta_{i(is)}}\tag{28-13}$$

绝热指示功率
$$P_{i(ad)}=\frac{P_{t(ad)}}{\eta_{i(ad)}}\tag{28-14}$$

式中　$P_{i(is)}$——等温指示功率，kW；

$P_{i(ad)}$——绝热指示功率，kW；

$\eta_{i(is)}$、$\eta_{i(ad)}$——空气压缩机的等温指示效率和绝热指示效率，是考虑实际工作过程与理论工作过程的偏差而造成的能量损失，如气阀和管道中的阻力损失以及由漏气而产生的功率损失等，其参考值如下：

指示效率	活塞式压缩机	螺杆式压缩机	滑片式压缩机	离心式压缩机
$\eta_{i(is)}$	0.72～0.8		0.59～0.76	0.56～0.7
$\eta_{i(ad)}$	0.85～0.94	0.6～0.75	0.76～0.92	0.75～0.88

c　轴功率

空气压缩机的轴功率是指运转时主轴上所需的功率，可表示为：

$$P=\frac{P_{t(is)}}{\eta_M\eta_{i(is)}}=\frac{P_{i(is)}}{\eta_M}\tag{28-15}$$

或

$$P=\frac{P_{t(ad)}}{\eta_M\eta_{i(ad)}}=\frac{P_{i(ad)}}{\eta_M}\tag{28-16}$$

式中　P ——空压机轴功率，kW；

η_M——机械效率，考虑各种机械摩擦引起的机械损失，其值如下：

压缩机型式	活塞式	螺杆式	滑片式	离心式
η_M	0.8～0.95	0.95～0.98	0.85～0.92	0.98～0.99

C　空气压缩机的全效率

等温压缩全效率　$\eta_{is}=\dfrac{P_{t(is)}}{P}=\eta_{i(is)}\eta_M$

绝热压缩全效率　$\eta_{ad}=\frac{P_{t(ad)}}{P}=\eta_{i(ad)}\eta_M$

28.2.2　空气压缩机排气量的调节[4]

由于矿山使用的气动工具与气动机械台数的改变导致空气压缩机排气口处的压力不稳定。当压缩空气的消耗量大于空气压缩机的额定排气量时排气管中的压力就会降低，反之则会升高。为了保证气动机械在一定压力下工作，则必须调节空气压缩机的排气量使其与压缩空气的消耗量相平衡，使管网压力波动不超过规定范围，以保证空气压缩机正常的工作。

矿山固定式空气压缩机均由电动机传动，绝大多数都在不改变转速的情况下进行调节，在活塞式空气压缩机中常见的调节方法有：压开进气阀，连通辅助容积等方法。

28.2.2.1　压开进气阀的调节

利用压开装置把进气阀片强制压开，使进气阀全部或部分地丧失正常工作能力，这样，空气压缩机吸进的气体因阀片不能自动关闭而在压缩和排气行程中仍回入进气管，以实现调节的目的，压开进气阀压叉的驱动机构有隔膜式和活塞式两种。如图28-6及图28-7所示，调节时通过调节器（与储气罐相连接）来的高压气体用小活塞或薄膜克服弹簧力，使压叉压开阀片。当需要恢复工作时，由调节器关闭气流通路，压叉则脱离阀片。在国产5L-40/8型空气压缩机中就是通过两个压力调节器来实现排气量的三级调节的（即0%、50%、100%）。

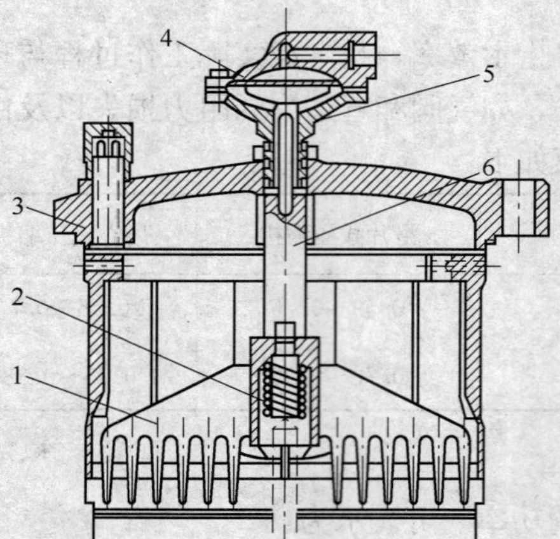

图28-6　压开通气阀调节装置（隔膜式）

1—顶脚；2—弹簧；3—阀盖；4—薄膜；5—顶杆；6—顶杆座

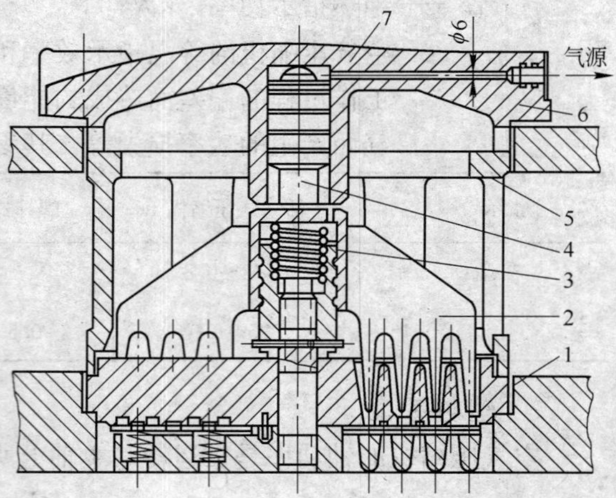

图28-7　压开进气阀调节装置（活塞式）

1—吸气阀；2—压叉；3—弹簧；4—小活塞；5—气阀压紧圈；6—气阀上盖；7—活塞腔

28.2.2.2　连接辅助容积的调节

这种调节方法是借助于加大余隙容积，使汽缸的容积系数相应地降低，从而使汽缸吸入的空气量减少，降低了排气量。图28-8为连通辅助容积的五段调节示意图。在双作用的汽缸上设置四个容积相等的辅助容积，当储气罐压力增加到一定程度时，气体经调节器进入卸荷器内，推动小活塞5将阀2打开；此时汽缸与其中一个辅助容积相通，排气时一部分气体进入腔室中，排气完了活塞回行程时，腔室1中的气体又回到汽缸并膨胀占据一部分容积，从而使吸气量减少25%，若贮气罐内气体的压力继续升高，则其余的三个卸荷器依次工作，这样可实现排气量100%、75%、50%、25%与0%的五级调节。此外，空气压缩机排气量的调节还可采用节流进气与切断进气方法来进行调节。

28.2.3 空气压缩机的润滑

28.2.3.1 空气压缩机汽缸的润滑

空气压缩机汽缸的润滑通常采用以下几种润滑方式：

(1) 飞溅润滑：它是依靠曲轴把轴箱内的油飞溅入汽缸来进行润滑，多用在无十字头的单作用立式小型空气压缩机中。

(2) 压力润滑：用注油器将油直接输送到工作表面，一般用在有十字头的双作用大、中型空气压缩机中。

(3) 滴油器注油润滑：这种方法用于双作用中、小型空气压缩机中。

汽缸润滑的耗油量一般按摩擦面积来估算，对于低、中压空气压缩机来说，卧式的每400m^2摩擦面积的耗油量为1g，立式的每500m^2为1g。

填料润滑油的耗油量每100m^2活塞杆表面积为1～3g，其中较大的数字用于高压级。

关于汽缸润滑油的选择，应考虑被压缩介质、压力及温度，可采用标号为HS-13及S-19两种压缩机油，其主要性能指标见表28-3。

表28-3 压缩机油性能指标

项 目	压缩机油标号	
	HS-13	HS-14
运动黏度100℃(m^2/s)	11～14	17～21
闪点（开口）(℃)	>215	240
酸值（KOH）(mg/g)	<0.15	<0.10
氧化安定性（氧化沉淀酸）(%)	<0.3	<0.02
腐蚀试验（g/m^3）	<60	<10
灰分（%）	<0.015	<0.010
机械杂质（%）	<0.007	<0.007

28.2.3.2 传动机构润滑

在小型空气压缩机中，是由曲轴上平衡重的旋转产生飞溅润滑；大、中型空气压缩机通常用齿轮油泵和油管，通过各机件中的输油钻孔将油送至各润滑点进行压力循环润滑。其传动机构的滑动轴承，多采用油环润滑，而滚动轴承用油杯润滑脂进行润滑。曲柄连杆机构的润滑油在单作用的空气压缩机中与汽缸部分的润滑油相同；在双作用空气压缩机中一般用标号为HJ-20、HJ-30、HJ-40及HJ-50机械油。

传动机构的润滑系统主要包括滤油器、油冷却器、油管、齿轮油泵、压力表及油压调节阀等。工作时油泵由曲轴驱动将油送至滤油器然后导入曲轴油孔中并送至各润滑表面。

压力润滑时的供油量，按润滑油从摩擦表面导走的热量来确定，通常根据机座部分摩擦功为全部摩擦功的30%计算。

曲柄连杆部分的润滑油长期使用后性能恶化，原则上一年更换一次，若使用中发现油质恶化，则应提前更换。

28.2.4　空气压缩机的附属设备

28.2.4.1　空气过滤器

空气过滤器是根据固体杂质颗粒的大小及重量不同、利用惯性阻隔和吸附等方法将灰尘和杂质与空气分离，保证进入汽缸中的空气含尘量低于0.03mg/m^3。矿山应用较为普遍的是干式过滤器与金属过滤器。干式过滤器是使空气通过致密的织物（也可用纤维滤芯），可清除约99.9%的含尘量，但必须经常清洗滤芯，否则灰尘和杂质阻塞使气流阻力增加。图28-9为金属油浴式过滤器，进入过滤器中的气体经流道转折，较大的颗粒落入下面油池而被清除，较小颗粒被阻隔，过滤效果好，可清除98%的灰尘，常用在中、小型的各类空气压缩机上。

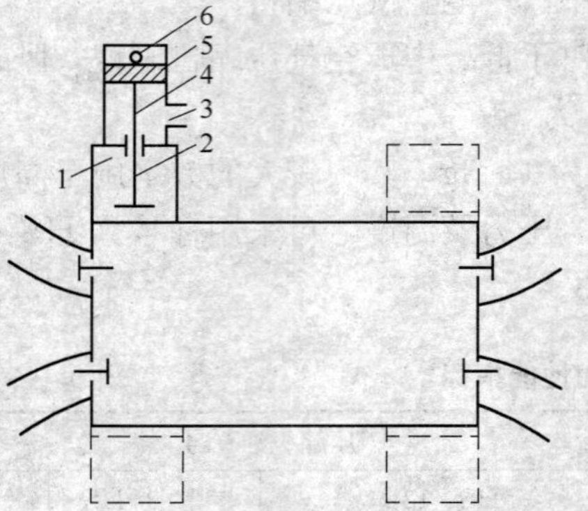

图28-8　连通辅助容积示意图

1—腔室；2—阀；3—进气管；4—卸荷器；5—小活塞；6—弹簧

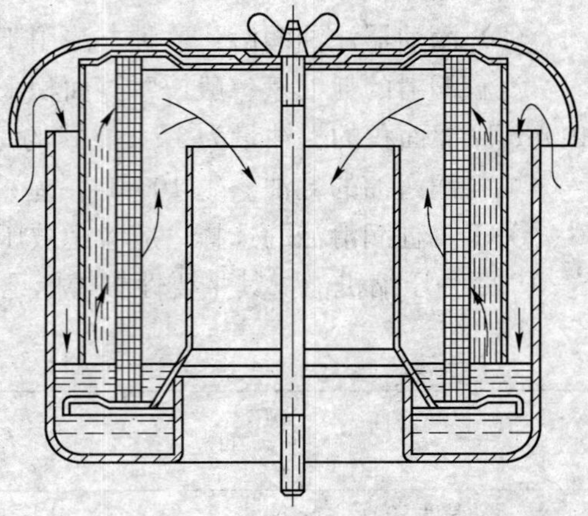

图28-9　油浴式过滤器

图28-10为20～40m^3/min排气量的L型空气压缩机配套用金属过滤器。筒内的滤芯由多层波纹状铁丝做成筒形过滤网，表面涂一层黏性油，一般用60%的汽缸油与40%的柴油相混合，灰尘经过时黏附于网上，故需定期清洗，拧开螺母4取下封头5即可取出滤芯3进行清洗。

大、中型空气压缩机的过滤器是装在室外的进气管道上，但距离空气压缩机不得超过10m，并应处在空气清洁通风良好干燥的地方。

对空气过滤器除要求清洁空气外，还要求阻力尽可能小，结构简单，重量轻便于调换和清洗。对于排气量大的空气压缩机也可采用组合式过滤器。目前集中过滤室在一些矿山得到了应用，如图28-11所示为集中过滤室的结构。其优点是进气较干净，能减少吸气振动所产生的噪声，其缺点是工程量较大。

过滤器通常随空气压缩机配套供应，若自制可按（28-17）式计算过滤器的表面积。

$$A_f=\frac{q_t}{60v_a} \tag{28-17}$$

式中　A_f——过滤器的表面积，m^2；

q_t——通过的空气量，m^3/min；

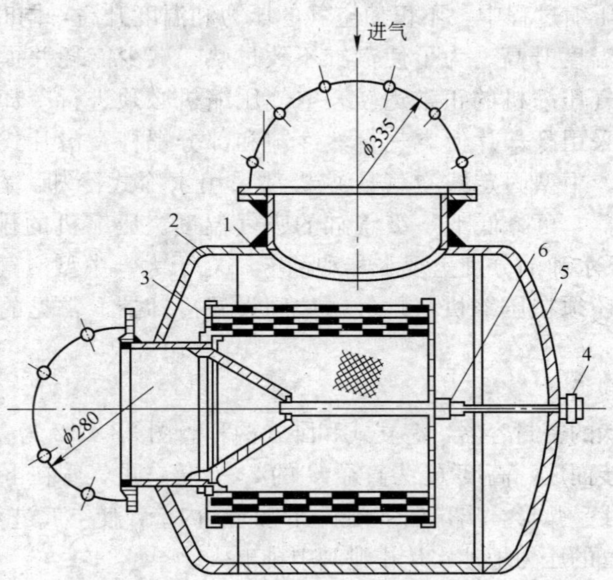

图 28-10 金属过滤器

1—筒体；2、5—封头；3—滤芯；4、6—螺母

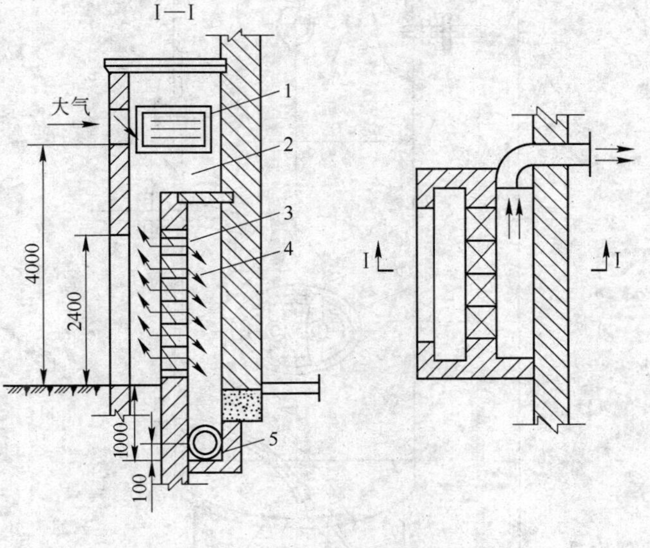

图 28-11 集中过滤室结构图

1—百叶窗；2—灰尘沉降室；3—过滤器；4—过滤室；5—吸气管

v_a ——通过的风速，m/s，

对于金属滤芯 v_a＝1.1～1.5，m/s；

对于纤维滤芯 v_a＝0.55，m/s；

对于织物滤芯 v_a＝0.028～0.056，m/s。

28.2.4.2 冷却器

空气压缩机在压缩过程中，不仅使空气的压力和温度升高，同时产生的大量热量也使汽缸壁或壳体的温度升高。为了使汽缸不致过热，减少能耗并提高机器的效率及润滑效果，以保证空气压缩机的正常运转，空气压缩机必须进行冷却。矿用空气压缩机除部分小型压缩机采用冷却片使空气自然冷却和部分螺杆及滑片式空气压缩机采用喷油冷却外，对于大、中型固定式空气压缩机都采用水冷式冷却。在汽缸壁设置水套，级间设置中间冷却器，可降低下一级汽缸的吸气温度。压缩机的排气温度可达140～170℃，在此温度下水和油分别呈现水雾和油雾，对于大、中型空气压缩机，为了要从气体中分离出去则还须在压缩机与贮气罐中间设置冷却器。常见的冷却器结构形式如表28-4所示。

28.2.4.3 贮气罐

贮气罐是圆筒状的密封容器，有立式和卧式两种。图28-12为立式贮气罐的基本形式，用锅炉钢板焊接而成，高度 H 为直径 D 的2～3倍；进气管在下面，而排气管在上，进气管在罐内的一段呈弧形，出口向下倾斜且弯向罐内壁，使空气进入产生旋涡，便于分离油水，靠压缩空气的压力把油水从排泄阀中排出。

贮气罐一般安装在室外阴凉的地方，距空气压缩机约10m，罐口装有安全阀、压力表

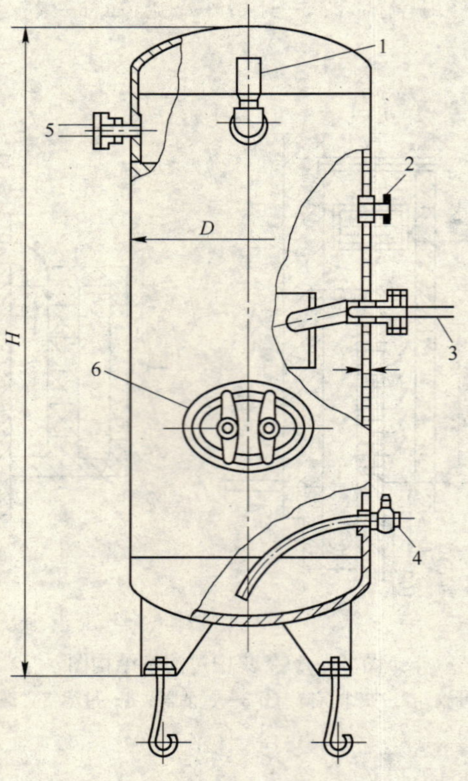

图28-12 贮气罐

1—安全阀；2—压力表及负荷调节器接口；3—进气口；
4—油水排泄阀；5—排气口；6—人孔

表 28-4　冷却器结构型式

型式	原理图	结构特点	应用范围
列管式	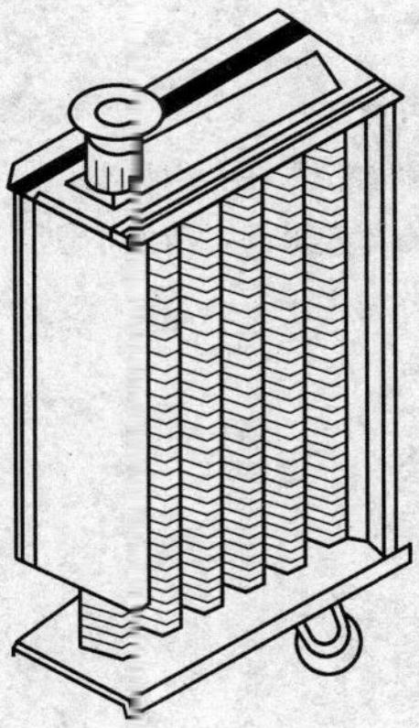	主要由筒体，封头和芯子所组成，管束固定在两端的管板上，芯子装在筒体内，形成了管内与管间两空间 一般管内走冷水，管间走空气 结构紧凑，冷却效果较好	一般使用压力 $p \leqslant 0.3 \sim 0.5$MPa
套管式	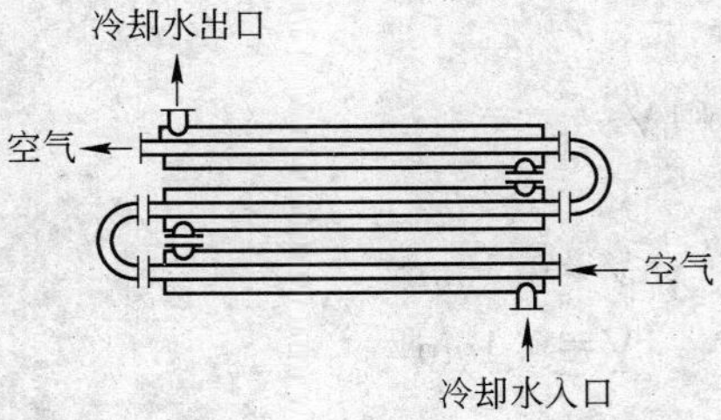	两个不同直径的管子套装在一起，形成内管和内外管间环形通道两空间 一般管内走空气，管间走冷却水 强度大，结构较紧凑	中高压流量不大的场合 $p \geqslant 0.4 \sim 15$MPa
蛇管式	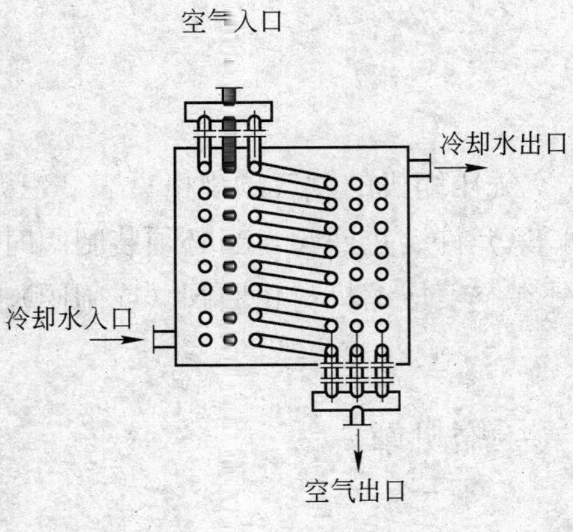	铜管盘成螺旋，形成蛇形，浸在冷却水中 气体在管内流动，水在管外水套中流动 结构简单，流速低，检修方便，但冷却效果不好	排气量较小，适应小型压缩机

续表28-4

型式	原理图	结构特点	应用范围
翅片式	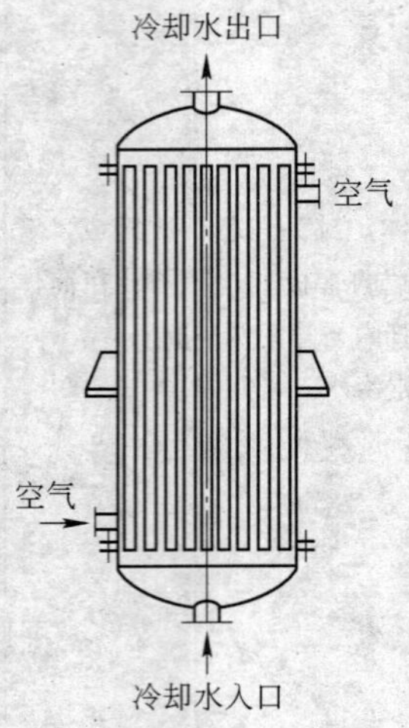	在导管上配置散热片 空气在管间流动，水在管内流动 传热面大，冷却效果好，清洗不便	L型活塞式空气压缩机 $p \leqslant 0.35$MPa

及观察与清理的人孔和排泄阀。贮气罐应定期用苏打溶液清洗并试压。每台空气压缩机都应单独设置贮气罐，一般贮气罐是随机成套供应，若用户自己选用时，可依下列经验公式选取。

（1）按空气压缩机的排气量 q 计算贮气罐容积 V

$q<6\text{m}^3/\text{min}$　　　　$V=0.2q\text{m}^3$

$q=6\sim30\text{m}^3/\text{min}$　　　　$V=0.15q\text{m}^3$

$q=30\text{m}^3/\text{min}$　　　　$V=0.1q\text{m}^3$

$$\text{或} V=1.6\sqrt{q} \tag{28-18}$$

（2）根据压缩比计算

$$V=q\frac{p_s}{p_d} \tag{28-19}$$

式中　p_d ——空气压缩机排气压力，MPa；

p_s ——空气压缩机吸气压力，MPa；

V ——贮气罐容积，m^3。

按照JB1038—67的规定，用于固定活塞式空气压缩机的贮气罐规格见表28-5。

在空气压缩机与贮气罐之间的排气管道上，只允许装止回阀，当必须装闸阀时，则一定要在空气压缩机与闸阀之间设置安全阀；另外在空气压缩机与止回阀（或闸阀）间的管段上应设置放气阀和通至室外的放气管。

28.3　矿山空气压缩机站

28.3.1　矿山压缩空气的供气方式

供气方式主要根据矿山的生产规模、气动机械的分布情况和全矿总耗气量通过技术经

表 28-5 贮气罐的容积与内径

代 号	公称容积 (m^3)	内 径 (mm)	重 量 (kg)	适用的压缩机排气量 (m^3/min)
C-0.5	0.5	600	210	3
C-1	1.0	800	290	6
C-1.5	1.5	1000	420	10
C-2.5	2.5	1000	630	20
C-4.3	4.3	1200	1000	40
C-7	7.0	1400	1450	60
C-10	10	1600	2050	100

济比较决定。供气方式有下列三种：

(1) 集中供气。当矿区较集中，用气地点离集中供气点不太远时一般建立一个空气压缩机站供应全矿用气。站内设置固定式空气压缩机（包括无基础空气压缩机）。

(2) 分区供气。当矿区范围较大，气动机械分区布置，各区间距离较大时，可在地面或井下建立分区空气压缩机站分区供气。当有条件时，各站间可用管道连通。以使相互调剂负荷。分区压缩机站内的设备与集中压缩机站相同。

(3) 就地供气。在压气消耗量小，用气地点又较分散的露天开采矿山或地下开采露天化的大型矿山，常采用移动式空气压缩机就地供气。

28.3.2 空气压缩机选型

28.3.2.1 供气量计算

矿山空气压缩机站最大供气量是由全矿或分区所使用的气动机械耗气量来决定的，压缩机站最大供气量可按（28-20）式计算。

$$q_m = (\sum n_i q_i K_s K_w) K_l K_h K \quad (28-20)$$

式中 q_m ——压缩机站最大供气量，m^3/min；

n_i ——同型号气动机械的台数，台；

q_i ——同型号每台气动机械的耗量，m^3/min，见表 28-6；

K_s ——同型号气动机械的同时工作系数，见下列数据：

同型号凿岩机	台数	≤10	11～30	31～60	>60
	K_s 值	1.0～0.85	0.84～0.75	0.74～0.65	0.65
同型号装运机	台数	≤10	11～20	>20	
	K_s 值	0.8～0.75	0.74～0.65	0.65	
同型号装岩机	台数	≤10			
	K_s 值	0.3			

K_w ——气动机械因磨损引起的增加系数，对凿岩机取 1.15，其他取 1.1；

K_l ——管道漏气增加系数；

表 28-6 矿山常用气动工具和气动设备规格

气动工具名称及型号	使用表压力（MPa）		耗气量（m^3/min）	管内径（mm）	
	压气	水		压气	水
气镐 G7	0.5		1	16	
气镐 G10	0.5		1.2	16	
手持式凿岩机 Y26	0.5	0.3～0.4	2.5	19	13
气腿式凿岩机 7655 型	0.5	0.2～0.3	3.2	25	13
气腿式凿岩机 YT24 型	0.5	0.3	2.9	19	13
气腿式凿岩机 YT27 型	0.5	0.3	3.3	25	13
导轨式凿岩机 YGP28 型	0.5		4.5	25	13
导轨式凿岩机 YGP35 型	0.5		6.5		
导轨式凿岩机 YG40 型	0.5	0.3～0.5	5	25	13
导轨式凿岩机 YG80 型	0.5	0.3～0.5	8.5	38	19
双向导轨式凿岩机 YGPS34 型	0.5		5		
双向导轨式凿岩机 YGPS42 型	0.5		5		
导轨式独立外回转凿岩机 YGZ40 型	0.5	0.3～0.4	4.2		
导轨式独立外回转凿岩机 YGZ50 型	0.5～0.65	0.4～0.5	8.8	32	13
导轨式独立外回转凿岩机 YGZ70 型	0.5～0.7	0.4～0.6	7	32	13
导轨式独立外回转凿岩机 YGZ90 型	0.5～0.7	0.4～0.6	11	38	19
向上式高频凿岩机 YSP44 型	0.5		4.5		
向上式高频凿岩机 YSP45 型	0.5		5	25	13
井下潜孔钻机 QZJ100B 型	0.6～0.7		10～12		
露天潜孔钻机 KQ150 型	0.5～0.6		11		
露天潜孔钻机 KQ200 型	0.5～0.7		20		
轮胎式露天凿岩钻车 CT400A 型	0.5		8	38	
履带凿岩钻车 CL-1 型	0.5		13		
轨道式凿岩钻车 CGZ-700 型	0.6		9		
气动抓岩机 HZ-4 型	0.5～0.7				
气动抓岩机 HZ-6 型	0.5～0.7		3.5～5		
气动装岩机 ZCZ-26 型	0.45～0.7		12～18		
装运机 CG-12 型	0.5～0.7		9		
装运机 C-30 型	0.5～0.7		20	38～50	
气动绞车 JFH-2 型	0.45～0.6		2.6～2.8		
气动绞车 JFH-0.5 型	0.6				
锻钎机 IR-50 型	0.5～0.7		3～4		
锻钎机 21-90 型	0.5～0.7		3～4		
磨钎机 FM125 型	0.5		1.3	19	16
铆钉机 M28	0.5～0.6		0.9	16	
冲击式铆钉把 MDC30 型	0.5		1.4	16	
气铲 04-6 型	0.5		0.6	13	
淬火水槽			0.5		
重油炉			0.5		
气砂轮 S150	0.5		1.2	16	
气动闸门			0.5～1.5		

管道总长度在 1000m 以下　　$K_l = 1.1$

管道总长度在 1000～2000m　$K_l = 1.15$

管道总长度在 2000m 以上　　$K_l = 1.2$

K_h ——海拔高度修正系数，如下：

海拔高度（m）	K_h	海拔高度（m）	K_h
0	1.00	1800	1.28
300	1.04	2000	1.31
500	1.07	2600	1.43
800	1.11	3000	1.51
1000	1.14	3600	1.66
1200	1.17	4000	1.76
1600	1.25	5000	2.04

K ——未计入的少量用气增加系数，取 1.06。

28.3.2.2　空气压缩机型式选择

根据全矿或分区最大供气量和所使用的压缩空气压力来选择空气压缩机。矿用气动机械的压缩空气表压力为 0.35～0.7MPa。一般选用排气表压力为 0.7～0.8MPa 的空气压缩机。当个别气动机械使用的压缩空气压力超过上述压力时，可采用增压机局部提高压力（详见 28.4.4.3 增压机增压）。

对于同一压缩机站，应尽量选用同一型号、同一制造厂的空气压缩机，以便于站房的合理布置和备品、配件的互换，有利于操作、管理和维修。在大、中型矿山；为了适应用气负荷的变化，站内也可配备两台能力较小的空气压缩机，以利经济运行。

由于活塞式空气压缩机比功率小，耗电量少，易于调节气量，常采用活塞式作矿山固定式压缩机。大型矿山当同一压缩机站的最大供气量超过 600m^3/min 时，因活塞式的气缸尺寸过大，重量过大，不宜采用单机排气量大于 100m^3/min 的活塞式空气压缩机，可考虑采用离心式的。

在小型矿山或露天矿，当采用移动式空气压缩机时，除采用活塞式外，亦常采用螺杆式或滑片式。由于螺杆式压缩机的比功率大，耗电量大，故大、中型矿山的固定式空气压缩机极少采用螺杆式。在我国仅甘肃省酒泉钢铁公司所属镜铁山铁矿装设有三台引进瑞典的大型螺杆式空气压缩机，其单台排气量为 555m^3/min（参见图 28-15）。

国产动力用空气压缩机的主要产品及有关技术参数详见表 28-7～表 28-10。

28.3.2.3　台数

矿山空气压缩机站，包括备用机组在内，一般安设 3～6 台，个别大型矿山有采用多台机组者，如山东某矿在同一空气压缩机站内设置了 10 台单机排气量为 100m^3/min 和一台单机排气量为 200m^3/min 的活塞式空气压缩机。站房总长达 88.7m。另一矿的压气机站内安装了 8 台 7L-100/8 型空气压缩机，站房总长达 78.52m。台数太多，站房过长，不利于操作管理和维修，且建筑费用增加。台数太少则设备利用率低，用机组来适应负荷变化的幅度小，故包括备用，站内空气压缩机组的台数以 3～6 台为宜。备用量一般可按压缩机站最大供气量的 20%～50%计算。但不少于一台。当采用不同型号的压缩机时，应保证当最大一台机组检修时，其余机组的生产能力之和不小于计算所需供气量。采用移动式空气压缩机

表 28-7 固定的活塞式空气压缩机技术参数

技术性能		单位	型号									
			3L-10/8	4L-20/8	ZL3.5-20/7	ZL5.5-40/7	5L/40/8	L5.5/40/8	L8-60/7	L8-60/8	L12-100/7	2D12-100/8
型式			L	L无基础	L无基础	L无基础	L	L	L	L	L	对称平衡型
冷却方式			水	水	水	水	水	水	水	水	水	水
活塞行程		mm	200	240	120	180	240	180	240	220	280	240
转数		r/min	480	400	980	600	428	600	428	428	428	300
排气量		m^3/min	10	20	20	40	40	40	60	60	100	103
排气表压力		MPa	0.8	0.8	0.7	0.7	0.8	0.8	0.7	0.8	0.7	0.8
轴功率		kW	60	118	103	202	220	210	303	320	486	540
电动机	型号		JR115/6	JR127-8	YW112-6/560	TDK299/27-10	TDK118/24-14	TDK299/30-10	TDK116/34-14	TDK116/34-14	TDK143/29-14	TDK143/25-12
	功率	kW	75	130	112	230	250	250	350	350	560	550
	电压	V	380	380	380	6000	6000	6000	6000	6000	6000	6000
	重量	kg	1100	1620		2300	2960	2500	3500	3500		
冷却水消耗量		m^3/h	2.4	3.5	4.8	9.6	8.5	9.6	14.4	14.4		
气缸耗油量		g/h	75	105	105	150	150	150	195	195		
外形尺寸	长	mm	1900	2200	2121	2890	3250	2580	2485	2500	2860	4480
	宽	mm	890	1150	1731	1600	1640	1600	1800	1830	2070	2050
	高	mm	1800	2130	2500	2367	2430	1880	2400	2390	2660	3000
机组重量		kg	1600	2650	4200	主机 3700	5000	3700	7500	6000	主机 10000	主机 10500
贮气罐	容积	m^3	1.2	2.5	2	4	4.6	4	8.5	6		
	直径	mm	800	1100	1016	1200	1300	1200	1500	1400		
	高度	mm	2420	3460	2950	4070	4100	4070	5340			
	重量	kg	340	840	532	1240	1120	1240				
参考价格（1986年）		元	19000	29000	33000	90000	100000	105000	130000	130000	190000	180000
制造厂			①②③④⑤⑥⑪⑬⑭	②③④⑤⑥⑦⑧⑨⑩⑪⑫	⑥	⑥	④⑨⑩⑮	⑥⑧	①⑧⑪⑰	①⑰⑱	⑯	⑦⑧

注：制造厂代号：①南京压缩机厂；②太原气体压缩机厂；③湖北空压机厂；④重庆气体压缩机厂；⑤广州市第一机械制造厂；⑥江西气体压缩机厂；⑦柳州空气压缩机厂；⑧北京第一通用机械厂；⑨沈阳气体压缩机厂；⑩无锡市压缩机厂；⑪常德通用机械厂；⑫河北保定地区空压机厂；⑬浙江省余姚通用机器厂；⑭山东省潍坊生建机械厂；⑮上海第一空气压缩机厂；⑯蚌埠第二空气压缩机厂；⑰北京重型机器厂；⑱四川空气压缩机厂。

表 28-8 固定的螺杆式空气压缩机技术参数

技术性能		单位	型号						
			LG20-10/7	KLGF20-10/6.5	LG25-20/7	LG25-20/7	LGF25-25/7	LG31/20-60/7	KLG50/31-200/8
型式			单级 喷油	单级 喷水	单级 喷油	单级 喷油	两级 喷油	两级 无油	两级 无油
冷却方式			风冷 水冷	风	风	风	风	水	水
排气温度		℃	≤120	≤75		<125	<120	180	188
转数		r/min	3776	2499	2940	2950	1475	5200/8000	3850/5380
排气量		m^3/min	10	10	20	25	40	60	200
排气表压力		MPa	0.7	0.65	0.7	0.7	0.7	0.7	0.8
轴功率		kW	73.6	66	140	165	240		1146
电动机	型号		Y280S-4	Y280S-4	JK113-2	JK122-2	JS127-4	JSQ148-4	JKZ1600-2
	功率	kW	75	75	150	185	260	440	1600
	电压	V	380	380	380	380	380	6000	6000
	重量	kg	650	650	525	1060	1520	3200	
冷却水消耗量		m^3/h	3					25	100
润滑油耗量		g/h	18						
外形尺寸	长	mm	2550	3200	3328	2650	3250	2530	7630
	宽	mm	1300	1100	1870	1850	2180	1725	1600
	高	mm	1400	1310	1420	1620	1620		1600
机组重量		kg	1500	2700	2380	2500	5800	4500	8000
参考价格（1986年）		元	15000		27000		70000	120000	400000
制造厂			⑥ ⑲	⑥	⑲	㉑	㉑	⑲	⑳

注：制造厂代号：⑲杭州第二空气压缩机厂；⑳上海空气压缩机厂；㉑上海第三空气压缩机厂；⑥见表 28-7。

表 28-9 离心式空气压缩机

技术性能	单位	型号			
		VK25C	VK12C	K-250-61-2[5]	K-500-61-1[5]
排气量	m^3/min	433.2	252	250	525
排气压力	MPa	0.9	0.84	0.9	0.8
电动机功率	kW	2900	1500	1750	3500
制造厂		沈阳鼓风机厂			

表 28 - 10 移动式空气压缩机技术参数

技术性能		单位	型号													
			YV - 3/8	CYV - 3/8	YV - 6/8	2W - 6/7	VY - 9/7	W - 9/7	2VY - 12/7	LGY20 - 10/7	LGY31 - 12/7	LGY31 - 18/7	LGY20/ 12 - 23/20	LGX25 - 17/7	YH - 10/ 7	BH - 12/ 7
型式			V	V	V	W	V	W	V	螺杆	螺杆	螺杆	螺杆	螺杆	滑片式	滑片式
冷却方式			风	风	风	风	风	风	风	风	风	风	风	风	风	油
活塞行程		mm	110	110	112	102	80	127	120							
转数		r/min	980	980	980	1225	1500	1450	1500	3776	980	1470	4060	2250	1500	1800
排气量		m^3/min	3	3	6	6	9	9	12	10	12	18	23	17	10	12
排气表压力		MPa	0.8	0.8	0.8	0.7	0.7	0.7	0.7	0.7	0.7	0.7	2	0.7	0.7	0.7
原动机	型号		Y200L - 4	4110A	Y280S - 6	4135K - 1	6135C - 1	6135C - 1	6135AK - 1	6135C - 1	JS_2 - $355S_2$ - 6	JS_2 - $355S_2$ - 4	JS_2 - $400S_2$ - 4 - B35	6135ZD	6135C - 1	6135K - 3
	功率	kW	22	29	45	48	88	88	110	88	95	132	250	140	88.3	103
外形尺寸	长	mm	3700	4440	3950	3560	3800	4120	3800	3810	4486	4486	7075	3715	3900	3600
	宽	mm	1600	1880	1600	1840	1650	1840	1700	1890	2300	2300	2040	1920	1750	1840
	高	mm	1850	1925	1910	2115	1800	2170	1950	2330	2700	2700	2783	1820	1850	2170
重量		kg	1800	2800	2250	3200	2650	2900	2900	3000	7600	7600	7500	4000	2800	3000
参考价格（1986年）		元	9000	15000	11000	21000	27000	26500	32000					37500	30000	
制造厂			⑨	⑨	⑨	⑲㉒㉓	⑧⑲③⑦	㉒	⑮	⑩⑲	⑥	⑥	⑥	㉑	①	㉒

注：制造厂代号：㉒蚌埠空气压缩机厂；㉓自贡空压机厂；①③⑥⑦⑧⑨⑩⑮⑲㉑见表 28 - 7 和表 28 - 8。

时，其备用量不少于计算所需供气量的50%，但不少于一台。

28.3.3 空气压缩机站的冷却水供水系统

固定式空气压缩机大多采用水冷式冷却系统。冷却水经水泵或高位水池压送到压缩机的水套、中间冷却器和后冷却器后，经热水回水管流出站外，所以矿山空气压缩机站常设有冷却水供水系统。

28.3.3.1 冷却水供水系统的确定

矿山常采用的冷却水供水系统为循环供水和直流供水两种。可根据当地的水源、地形、水量、水质、水温、大气温度等条件比较决定。

A 直流供水系统

水温为30℃以下，具有一定压力的冷水，在流经空气压缩机组的水冷系统完成冷却任务后，不再重复利用者为直流供水系统。这种系统的基建投资少，进入压缩机的水温低，冷却效果好，管理方便，但耗水量大。在离水源近，水量丰富，或矿区地下水丰富，水质符合要求，不需进行复杂的水质处理即可作为冷却水的地区，宜采用直流供水系统。某些矿山为了充分利用能源，常将空气压缩机组排出的热水引送到浴室等处进行综合利用，以解决矿区用水的不足，这也扩大了直流供水的使用范围。

B 循环供水系统

在缺水地区，或水质差需经复杂处理才能用作冷却水时，为了节约用水，常将空气压缩机组排出的热水，通过冷却水池或冷却水塔进行冷却后再作压缩机组的冷却水。一般可将热水冷却到30℃以下。

冷却水池中常装有喷嘴以提高冷却效果。冷却水池的优点是结构简单，维修方便，缺点是占地面积大，在风沙大的地区，水池中的水易被污染。水量损失也较大，约为6%～9%。可用于常年气温较低的地区。

冷却塔的冷却效果较冷却水池好。在炎热地区常采用。根据通风方式的不同，又分自然通风和机械通风两种。按淋水方式又可分为点滴式和喷水式两种。冷却塔的水量损失约为4%～5%。

近年来，玻璃钢冷却塔已广泛使用于石油、化学、电力、冶金、轻纺、电子等各项工业领域，它具有冷却效果好，性能可靠，进出水温差大，塔体耐高温，防老化，防腐蚀、结构紧凑，运转平稳，噪声低，维修简单，占地面积小等优点。但其价格较贵，一般用于地形狭窄的矿区。适用于矿山的国产玻璃钢冷却塔的主要技术参数见表28-11。

为了保证空气压缩机的正常运转，无论采用哪一种供水系统，都应设立专用的冷水池，冷水池的容积不应小于1～2小时冷却水量。在有地形可利用的地方，应尽量将冷水池放在高位，使冷水能自流流入空气压缩机的水冷系统中。循环供水系统中，热水池的容积不应小于0.5小时的冷却水量。

28.3.3.2 冷却水量计算

每台机组需要的冷却水量取决于机组的发热量和进、排水温差，冷却水的消耗量可按(28-21)式计算。

$$q_w=\frac{\sum Q}{C(t_1-t_2)},\ \mathrm{kg/h} \tag{28-21}$$

式中 q_w——冷却水消耗量，kg/h；

表 28 - 11 BZT 系列玻璃钢冷却塔主要技术参数

型 号	冷却水量 (m³/h)	水 温 (℃)			风机功率 (kW)	进塔水压 (MPa)
		进 水	出 水	进出水温差		
D700	650～420	37～47	32	5～15	30	0.161～0.117
D600	500～300	37～47	32	5～15	17	0.169～0.093
D500	350～210	37～47	32	5～15	13	0.154～0.086
D400	230～120	37～47	32	5～15	7.5	0.152～0.075
D300	120～60	37～47	32	5～15	5.5	0.155～0.066
D200	60～35	37～47	32	5～15	2.2	0.128～0.062
D150	35～15	37～47	32	5～15	1.5	0.12～0.06
D100	15～8	37～47	32	5～15	1.1	0.15～0.062

型 号	外形尺寸 (m)		塔体分块	重量 (t)		参考价 (元) (1985 年)	制造厂
	直 径	塔 高		干 塔	湿 塔		
D700	7.0	8.10	10	7.0	20	75000	河南沁阳
D600	6.0	7.165	8	5.5	15	59000	东风玻璃
D500	5.0	6.95	8	4.5	10	43000	建材厂
D400	4.0	6.345	6	3.5	7.5	33000	
D300	3.0	5.15	4	1.5	4	14500	
D200	2.0	4.275	整体	1.2	2.5	9000	
D150	1.5	3.80	整体	0.8	2	5500	
D100	1.0	3.50	整体	0.4	1	4000	

ΣQ——空气压缩机压缩过程中总放热量，包括各级气缸和冷却器的放热量，J/h；

C——水的比热，J/kg·℃，$C=4187$；

t_2、t_1——冷却水的进、排水温度，℃。

国产空气压缩机的总发热量及冷却水消耗量见表 28 - 12。

表 28 - 12 空气压缩机冷却水消耗量

空气压缩机型号	额定容积排气量 (m³/h)	机组总发热量 (J/h)	不同温差时所需冷却水量 (L/h)	
			$t_1-t_2=15℃$	$t_1-t_2=5℃$
V - 6/8 - 1 型	360	6.28×10^7	1000	3000
3L - 10/8 型	600	10.48×10^7	1670	5010
4L - 20/8 型	1200	20.94×10^7	3334	10000
5L - 40/8 型	2400	41.87×10^7	6667	20000
L_8 - 60/8 型	3600	63.56×10^7	10120	30360
1 - 100/8 型	5460	95.46×10^7	15200	45600
7L - 100/8 型	6000	104.7×10^7	16668	50000

对于直流供水系统的进、排水温差可取 15℃，而对循环供水系统，由于受各地气温条件及冷却设施的冷却效果影响，其冷却水进、排水温差为 5～15℃，可根据具体情况选取。

当采用后冷却器时，冷却水消耗量应增加 50%左右。

28.3.3.3 冷却水水压

为了保证空气压缩机的最小冷却水量，要求进入机组的冷却水具有一定压头。一般规定进入机组的下限给水压力不小于 0.12MPa。给水压力增大，进入机组水冷系统的水量也增加，冷却效果好，但水压太大，中间冷却器端管板扩管处会发生渗水、漏水而妨碍机组正常工作。水串入二级缸产生水击，严重时甚至造成气缸破坏事故。水压过大，流速将随之增加，耗水量也增加，这也是不经济的，故规定上限给水压力不宜超过 0.2MPa。

当用水泵直接压送冷却水到机组水冷系统中去时，水泵扬程可按进入机组的水压为 0.2MPa 计算决定。在生产实践中常用闸阀调节进水压力。

在循环供水系统中，水泵的扬程按（28-22）式计算：

$$H=\rho_W g(L_s+L_d)+H_i+H_w \tag{28-22}$$

式中 H——水泵扬程，Pa；

ρ_W——水的密度，kg/m^3；

g——重力加速度，m/s^2；

L_s——水泵吸水高度[1]，m；

L_d——水泵轴心至喷嘴的高度，m；

H_i——喷嘴剩余压头，取 40000～60000Pa；

H_w——管道总阻损，Pa。

根据计算所得的冷却水量和水压，即可选择水泵，一般可选用 IS 型水泵。

28.3.3.4　冷却水的水质、水温

对通过压缩机组水冷系统的冷却水，要求它既不腐蚀冷却装置和管道，又要防止在冷却装置表面生成水垢影响冷却效果。并且还要限制水中所含的机械杂质和有机物的含量，以免沉积堵塞水路造成断水，使机组温度升高达到油蒸气自燃，造成压缩空气系统爆炸的事故，使设备、管道损坏，矿山停产、人员伤亡等。这类事故在国内外已屡见不鲜。因此，为了保证机组安全运转，提高机组工作效率，降低能耗，对冷却水中的悬浮物、pH 值、水的暂时硬度、有机物、含油量和进水、排出水的温度作如下规定：

（1）pH 值在 6.5～9 之间的非酸性水。

（2）悬浮物一般不大于 25mg/L。

（3）有机物一般不大于 25mg/L。

（4）水的碳酸盐硬度一般不大于 10mgN/L。

（5）含油量一般不大于 5mg/L。

（6）进入机组的水温一般不超过 30℃，炎热地区短时进水温度不超过 35℃。

（7）排出水温度一般不超过 40℃。

28.3.4　空气压缩机站站址选择与站房配置

28.3.4.1　站址选择

矿山空气压缩机站的站址选择得正确与否，直接影响到机组的正常运转、维修周期、工作效率等等。因此，在选择站址时，应充分考虑下列几个方面：

（1）尽量靠近主要用气地点以减少压缩空气输送的管道阻损和漏损。地下开采时应尽量靠近敷设输气管的竖井井口、斜井井口或平窿窿口。在露天开采的矿区，当采用固定空气压缩机站时，站址应设于爆破安全警戒范围之外。不论地下开采或露天开采，当矿区范围较大时，也可考虑设置分散的空气压缩机站或井下空气压缩机站以达到合理输送压缩

---

[1] 水泵配置时，应防止水泵内产生汽蚀现象。当水泵高于水面时 L_s 取正值，反之，为负值。

空气的目的。

（2）不论地面或井下空气压缩机站均应设于空气较洁净、通风良好之处。地面站房应距废石场、锅炉房、烟囱、出风井等的粉尘源150m以上，且位于当地风向最小频率的下风侧，以减少对空气压缩机的危害。

（3）站房内空气压缩机工作时噪声较大，其噪声随距离的增加而衰减。在确定站址时，应考虑各类场所对站房的防护间距。参照原第一机械工业部“压缩空气站设计规范”规定，防护间距可选用：

办公楼（包括矿区或坑口）	50m以上
学校	150m以上
医院	800m以上

（4）站房应设于交通方便、周围的场地较开阔之处，适当留有扩建余地。

28.3.4.2　站房配置

以电力驱动的固定水冷式空气压缩机站，主要由下列几部分组成。

A　主机机器间

空气压缩机、电动机、中间冷却器、润滑油系统等均安设于主机机器间内。也有将后冷却器、消声器、空气压缩机用的高低压电力控制柜、冷却水供水系统中的冷、热水泵等也配置于机器间内的。具体可根据设备、电控要求确定。在配置时应充分考虑操作、维护、安装检修等的要求。对于活塞式压缩机则应留有抽出活塞及相连活塞杆的空间；中间冷却器和后冷却器要抽管束；电动机要抽转子或定子等等均要留出空间，并且，抽出端应留有0.5m以上的余地。在机组周围应留有一定的通道，要求当机组检修时拆下的零部件解体后能自然堆放（包括能进行检修和人员通行）。需运搬物料的通道应考虑最大零部件能顺利吊运通过并留有0.5m的余量。因此通道的宽度应不小于1.5m。站内如不设专用的检修场地时，机组周围所留通道的宽度可适当加大。机组的中心距离除按机组的外形，通道的宽度确定外，还应考虑厂房的柱距，以便于合理布置吸、排气管。

由于矿山空气压缩机站的大、中、小修的相当部分工作量是在站内进行的，所以对于单机排气量较大的空气压缩机站，或台数较多，总装机容量在240m^3/min以上者，站内常设置集中的检修场地。集中检修场地可以设于机器间的一端，也可设于中间。设于中间的检修场地，不但缩短了各机组检修件的吊运距离，且有利于室内通风。集中检修场地一般为站房的一个柱距或更大些。

配置中应充分考虑站房的通风和采光。由于机器间内的设备发热量大，站内应装设通风效果较好的天窗。炎热地区也常辅以机械通风，压缩机站的附属装置如空气过滤器，废油集油罐，后冷却器、消声器和贮气罐等，一般应设置于室外，以减少室内的噪声和热量。

为了减少空气过滤器的清洗次数，应将过滤器安装在室外离地3m处或高出屋檐。因为被大风从地面刮起的灰沙，有90%是集中在离地面2m以内的空间内的。空气过滤器安设于离地3m处即可减少二次扬尘的影响。

站内吸、排气管应尽量配置在站房的一侧，以便于设备维修时的吊运。当吸、排气管配置于站房两侧时，可采用降低吸气或排气管，适当增加起重高度来解决机器间内的吊运。

机器间内的起重设备取决于机组的大小和台数。对于小型空气压缩机站内应考虑装设单梁手动或电动起重机。

B 电气设备间

为空气压缩机服务的电气设备有变压器、配电、电控设备及仪表。一般变压器设于专用的变电间内，也有将变压器置于室外的。在采用分散个别控制系统中，常将电力控制柜设置在主机电动机的邻近。高、低压配电设备则配置于机器间的一端或配置于站房宽度方向的一侧披屋内。实践证明，后者的配置方法是不可取的。虽然配电设备与主机的电动机距离缩短了，但常因减少了机器间的对流窗户而使空气温度升高。炎热地区夏季室内温度在披屋所挡部位比同室中无披屋有穿堂风的部位高 5℃左右，所以除了常年气温较低的北方地区外，配电间应尽量设于机器间的一端用墙分隔开的电气设备间内。

随着电控、电讯和仪表的不断发展，越来越多地采用自动化集中控制系统来控制、监测空气压缩机的启动、运转工作。因此除了变、配电间外，还设有专用的电控室。这些专用的电气设备间都配置于机器间的一端。

C 水泵间

有些空气压缩机站的水泵设于机器间的另一端靠近冷、热水池处，但在大型压缩机站，常将冷、热水泵设于专用的水泵间内。

D 辅助间

包括备品、配件、油料、检修工具等的储藏间、工人值班室等。在远离工业场地的压缩机站内有时还设置工人休息室、厕所、浴室等。为了保护操作人员的健康，站内应设置有一定隔音措施的值班室。在炎热地区值班室内可装设机械通风装置或空调等降温设施。有关空气压缩机机站的配置见图 28 - 13～图 28 - 16。

28.3.5 空气压缩机站设备消声及防振

28.3.5.1 消声

压缩机站的噪声源有两种，一为空气压缩机组运转时的活塞、阀片等机械振动产生的噪声。另一为吸、排气时的气流产生的噪声。

机组的噪声与机组的容量、负荷率有关。容量越大、噪声也大，满负荷比空载运转的噪声大。据一些装有活塞式空气压缩机的矿山对空气压缩机站噪声的测定表明：站内的噪声级一般为 85～100dBA，个别达 105dBA。大部分空气压缩机站的噪声级超过卫生允许标准 85dBA[6]，对长期在压缩机旁的操作人员的健康是一个很大威胁。

对于机组的噪声，除严格保证机器制造与安装质量以降低噪声外，对噪声较大的离心式及螺杆式空气压缩机常用消声罩将机组罩起来隔声。

吸气口的噪声级在空气压缩机机组中为最大，一般在 100dBA 以上。机组容量越大，吸气口的噪声也越大。为了降低吸入空气的温度和减少站内的噪声，常将吸气口设置在室外。吸气口的噪声对站外相邻场所的影响也很大，所以还应考虑采取消声措施。目前国内常采用下列方式来消声：

（1）将吸气口安设于高出屋檐，以减少空气脉动气浪对压缩机站的门窗和墙的振动，减少振动产生的噪声。

（2）装设吸气消声器。目前国内常用的吸气消声器为组合式空气消声过滤器。即将过滤和消声组合成一个装置。消声效果较好，可降低噪声级 5～6dBA，其主要参数见表 28 - 13。

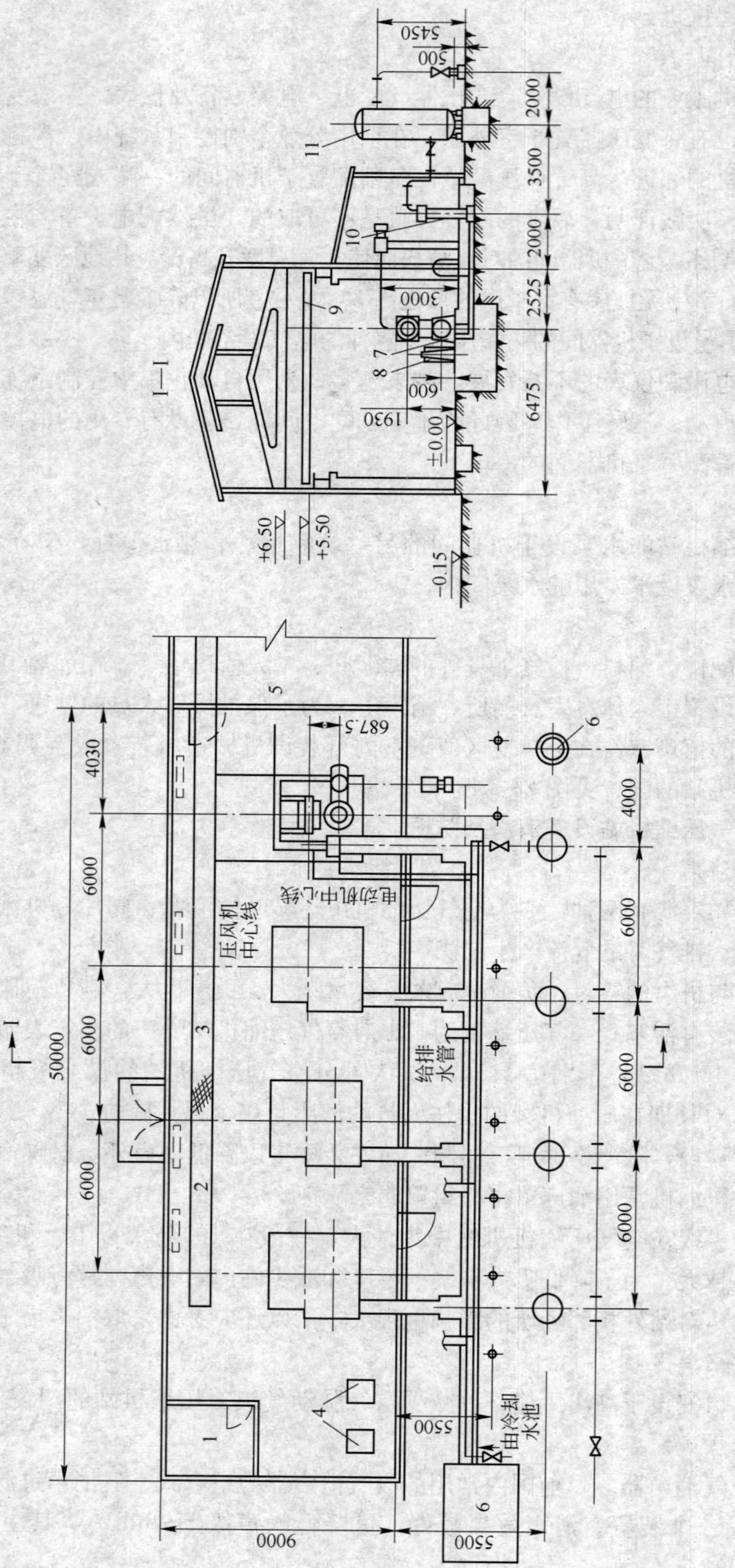

图 28-13　4 台 40/8 空气压缩机配置图

1—休息室；2—控制台；3—电缆沟；4—冷却水泵；5—配电室；6—集油罐；7—空气压缩机；8—同步电动机；9—手动单梁起重机；10—后冷却器；11—储器罐

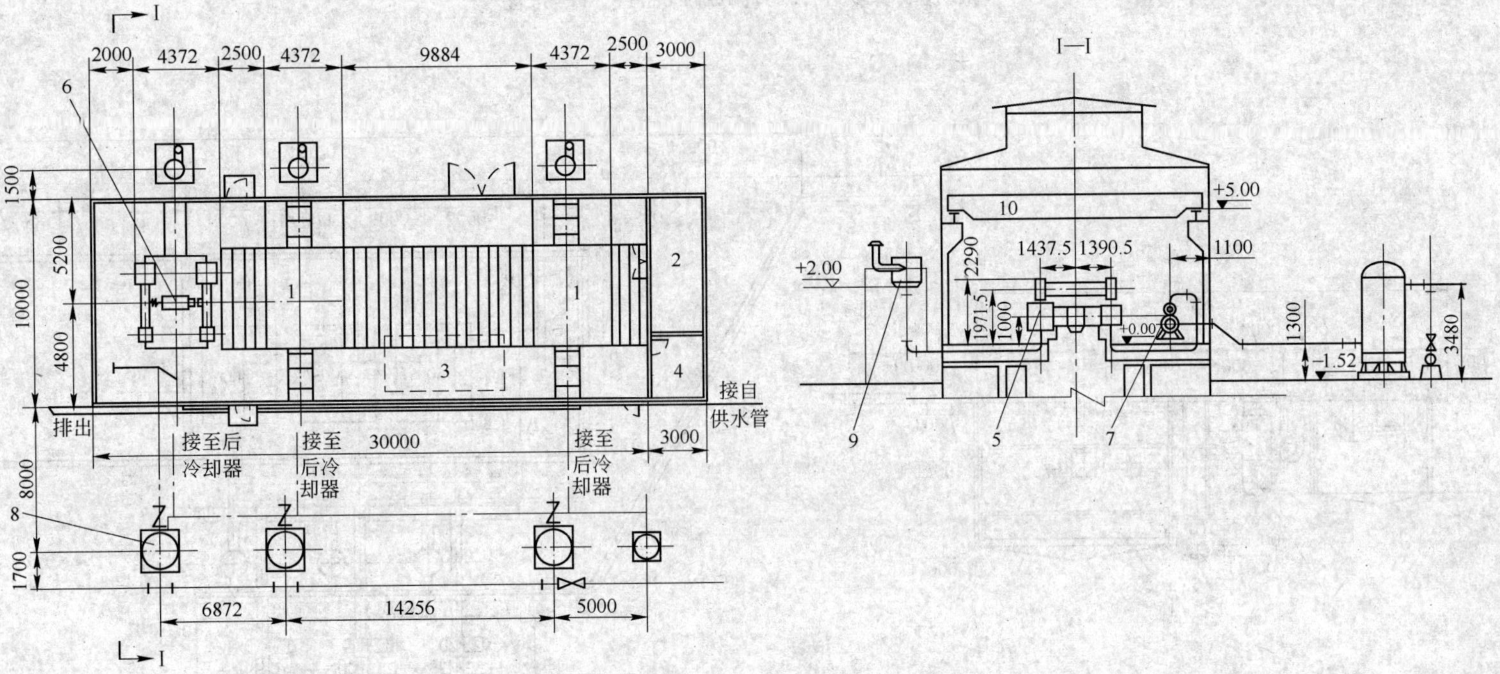

图 28-14　3 台 BTD-1CC 型空气压缩机配置图

1—压缩机基础；2—储藏室；3—配电电控设备；4—办公室；5—BTD-1CC 型空气压缩机；6—EFDV 型三相感应电动机；7—后冷却器；8—储气罐；9—油浴型空气过滤器；10—手动单梁起重机

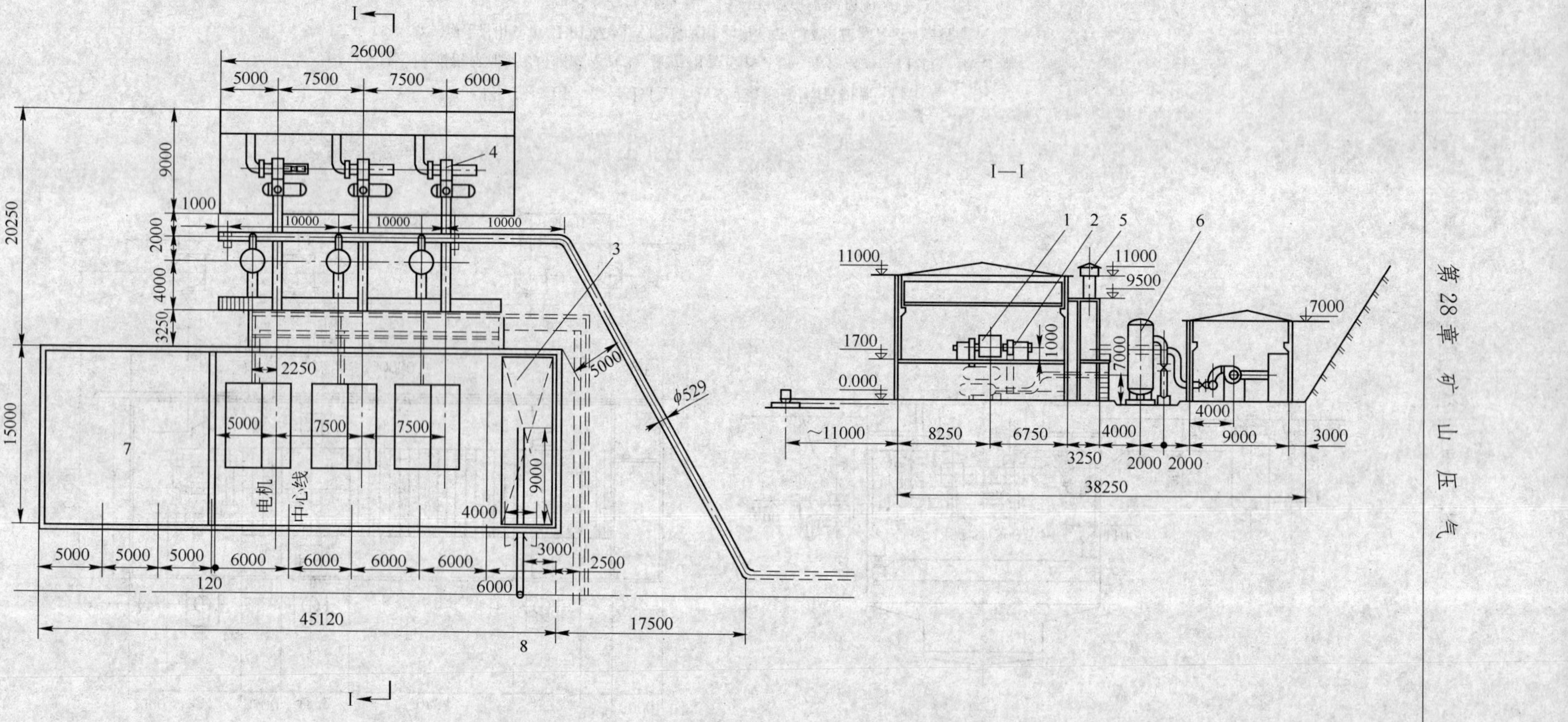

图 28-15 UR9 型双螺杆空气压缩机站配置图

1—V=555m³/min 空气压缩机；2—N=2721kW（3700HP）电动机；3—10t 电动单梁桥式起重机；4—增压机；5—过滤器；6—储气罐；7—电气设备及控制室；8—转盘

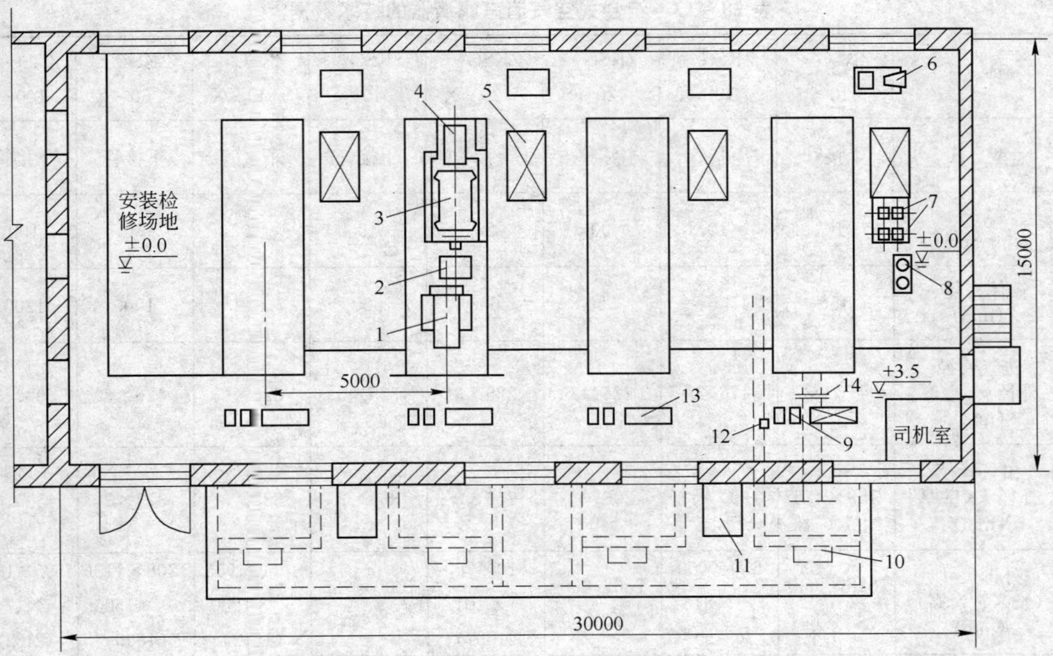

图 28-16 K型离心式空气压缩机典型配置图

1—离心式空气压缩机；2—减速器；3—传动电动室；4—激磁机；5—润滑油箱；6—冷却水供水泵；7—启动及事故油泵；8—润滑油冷却器；9—节流阀操作装置；10—过滤器；11—吸气坑；12—防脉冲操作装置；13—配电盘；14—节流阀

(3) 消声坑、消声室、消声罐，将吸气口与地面以下的消声坑相接，或在地面建吸气消声室、消声罐等。这些均属于扩容式消声装置，适用于消除低频噪声，是目前国内采用较多的吸气消声方式。消声坑、消声室的墙壁的材料应采用刚性较强的砖或混凝土，否则墙壁随气浪波动反而成为一噪声源。消声坑、消声室不但与机组的排气量有关，而且与坑的声学结构要求有关。现有消声效果较好的为5L-40/8型空气压缩机用的2.85m³消声坑，其配置如图28-17。

(4) 集中吸气口。通过地下通道与各机组相连。集中吸气口可建成吸气坑或吸气室的型式。其材料与上述要求相同。尺寸大小应按吸气总量计算。

排气口的噪声包括排气管道和贮气罐内气流产生的噪声。一般均在90dBA以下，可以不设消声装置，个别矿山也有在排气管道上装设消声器的，但消声效果不显著。

为了减少空气压缩机启动时的启动阻力，降低启动力矩，以及在检修压缩机时保证安全拆卸，在空气压缩机高压缸与贮气罐间的排气管上常装设放空管，当压缩机启动前或检修前将排气管及气缸内的高压气放空。排气放空噪声频率高，声级可达130dBA以上。为了消声，常将各台机组的放空管接到一个总管，总管接到废油集油罐。这样，不但避免放空时油水污染环境，而且也有一定的消声作用。如在放空管上装设阻抗复合消声器，则消声效果更佳，可将放空噪声级降到80dBA以下。

28.3.5.2 防振

空气压缩机的振动原因可分为气流的振动和机械振动两种。振动产生噪声污染环境，

表 28-13 组合式空气消声滤清器的技术数据[13]

型 号	ZKSG-10-S	ZKSG-10-X	ZKSG-20-S	ZKSG-20-X	ZKSG-40-S	ZKSG-40-X	ZKSG-60-X	ZKSG-100-X
型 式	上接管	下接管	上接管	上接管	上接管	下接管	下接管	下接管
流 量 (m^3/min)	10	10	20	20	40	40	60	100
筒体直径 ϕ (mm)	450	450	550	600	800	800	1000	1200
进气管径 外径 ϕ×壁厚 (mm)	176×3	176×3	226×3	226×3	325×3	325×3	426×3	500×3
出气管径 外径 ϕ×壁厚 (mm)	159×4.5	159×4.5	206×3	206×3	325×3	325×3	377×3	450×3
外形尺寸 (长×宽×高) (mm)	648×559 ×801	650×650 ×818 (825)	756×665 ×1089	810×703 ×1017 (1097)	1000×955 ×1345	1000×955 ×1280 (1512)	1208×1136 ×1506 (1699)	1590×1356 ×1742 (2162)
净 重 (kg)	78	95	120	128	245	290	457	660

注：1. 原第六机械工业部第九设计院等设计，上海市民生五金厂制造；
2. 油面间隙 Δh 值以静态为准，当气温低（如冬季）运行时可适当加高油面，以保持内筒产生油幕；
3. 滤清器初次运行或清洗后投入运行时，必须在滤网上均匀地用油洗淋；
4. 滤清器一般运行 3000h 后换油并清洗，可视所积灰尘多少而定。

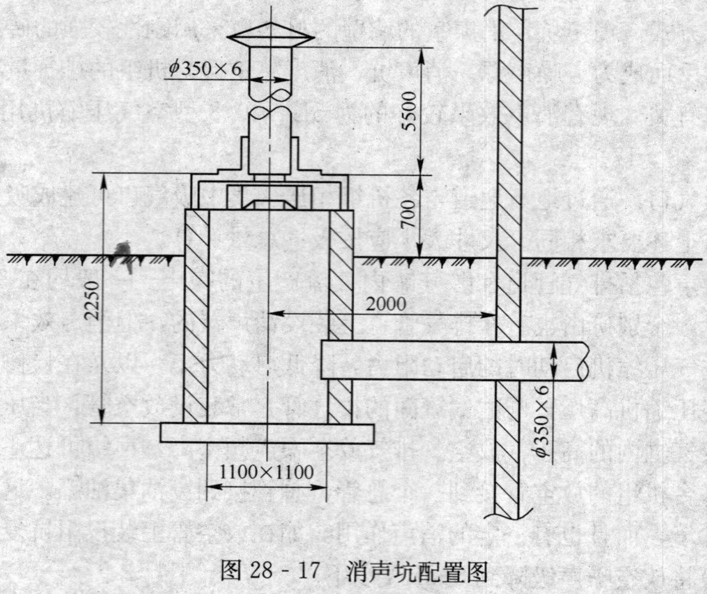

图 28-17 消声坑配置图

振动也会引起设备运转不正常。当气流的脉动与管道的固有频率一致，或机械振动与机组的固有频率或基础的固有频率一致而造成共振时，其破坏性将更为严重；在共振状态下，管道的激振力异常增加，使管系及管道附件产生疲劳破坏。共振使空气压缩机的工作压力波动。工作性能不稳定，阀簧、阀片等迅速损坏，严重时导致机器损坏、建筑物、构筑物和基础等出现裂缝。因此，必须尽量防止共振。常用的防振方法为：

(1) 正确安装吸、排气管，避免管道支架间距过长。吸气管不应与建筑物相连，以防止建筑物的门窗、玻璃、墙壁振动。

(2) 提高安装质量，消除机器运转中不应有的不平衡力，防止机器零、部件及结合件的松动。做好日常维护检修工作，保证机组的正常运行。

(3) 做好空气压缩机基础的设计、施工工作。选择坚固地基作设备基础。在地基条件差时，应做好基础地基的处理。设计基础时应取基础的固有频率为空气压缩机激振频率的2倍以上，以消除共振。设备基础应与建筑物基础分开，必要时可考虑采取措施；如在基础与机器底座间加入防振橡胶垫或弹簧以便降低机组的固有频率，防止机器振动传给基础[7]。

28.4 压 气 管 网

28.4.1 管网计算

28.4.1.1 输送压缩空气时的管径及管道的压力损失计算

(1) 按矿山开拓图及采矿掘进顺序、用气地点和各点的用气量等条件，画出管道系统图，先在图上标出各管段的已知长度和所通过的压缩空气流量。流量数是指所通过的压缩空气在自由状态下的体积。

(2) 定出经济管道阻力损失（即压降）。通常，枝状管网的最远端，到空气压缩机站储气罐排出口之间的总压降，以不超过该储气罐表压力的10%～12.5%为合理，管路长时取大值。

(3) 以 (1) 和 (2) 为已知条件，用等阻公式 (28-23) 计算出各管段的管内径。(28-23) 式主要用于钢管，也可近似的用于铜管、尼龙管及塑料管等内壁较光滑的管道。

$$d=6.5(L\times q_v^{1.85})^{\frac{1}{5}} \quad (28-23)$$

[8]

式中 d——通过 q_v 流量的该管段的内径，mm；

q_v——通过 d 管段的压缩空气在自由状态下的流量，m^3/min；

L——由用气点至压气站储气罐之间各管段的长度之和，此长度应计入局部阻力的当量长度（当量长度可查表28-14），m。

(4) 按上述计算出各管段的内径 d 后，即可查厂家产品中的相应管品种，选取管径最接近 d，但不小于 d 的管子，即为初步选用的管内径。

(5) 按等阻定义，即各管段在相同的长度下，不论 d 及 q_v 的大小均有相同的阻力压降，而各顺序管段压降之和，不超过预定的总压降，据此，即可按式 (28-24) 计算出不同通过量 q_v 的各管段的阻力：

$$\Delta p_n=\frac{L_n}{L}\times(0.1\sim0.125)p \quad (28-24)$$

式中 Δp_n——第 n 管段的压降，MPa；

表 28-14 管件当量长度

管件名称	示意图	管子内径(mm)									
		50	100	150	200	250	300	350	400	450	500
		当量长度(m)									
煨弯管 90°半径 $R=4d$		1	1.7	2.5	3.2	4	5	6	7	8	9
煨弯管 90°半径 $R=3d$	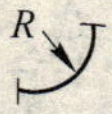	1.5	2.7	4	5	6	7.5	9	11	12.5	14
铸造弯头 90°	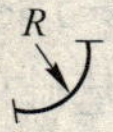	3.2	7.5	12.5	18	24	30	38	44	50	55
焊接弯头 90°	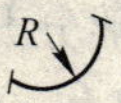	7.5	17.5	29	42	56	70	87	102	115	137
缓冲管半径 $R=12d$	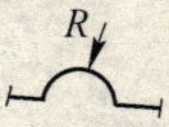	4	9.5	14.5	20	27	33	41	48	54	64
分流三通	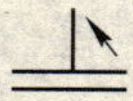	3.6	5.5	8	11.3	15.5	21	26	32	36	43
分流三通		4.5	7	9.5	14	19	25	31	38	43	51
合流三通		5	11.5	17.5	26	36	47	65	74	84	100
合流三通	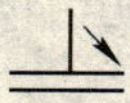	4.5	9	14.5	20	26	34	41	47	54	63
弯角阀		13	31	50	73	100	100	160	200	230	270
直角阀	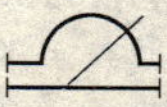	10	20	32	45	61	77	95	115	130	150
逆止阀	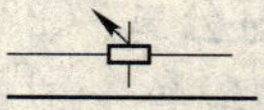	3.2	7.5	12.5	18	24	30	38	44	50	59
闸 阀		0.6	1.5	2	3	4	5	6.5	7.5	8.5	10
伸缩节	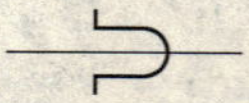	0.6	1.5	2.4	3.6	4.5	6.3	7.1	8.3	10	12
急 胀	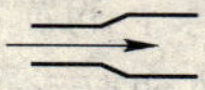	1.2	3	4.8	7.1	9.1	12.5	14.3	16.6	20	25
急 缩	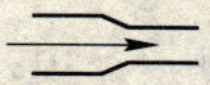	0.6	1.5	2.4	3.6	4.5	6.3	7.1	8.3	10	12
油水分离器		7.2	13	28.4	42.8	53.3	75	85	100	120	152

L_n ——第 n 管段的长度,m;

p ——压气站储气罐的出口表压力,MPa。

当实际选出的管径与计算出的管径相差较大时,可用(28-25)式计算出各相应管段的压降

$$\Delta p_n=\frac{0.86\times L_n\times(q_v)^{1.85}}{p_m\times(d_n)^5\times10^6} \tag{28-25}$$

式中　p_m ——该管段内平均绝对压力，MPa；

d_n ——所选的该管段的管内径，m；

Δp_n ——第 n 管段的压降，MPa。

（6）经计算并调整 d_n 值，确认已符合第（2）条要求，即可认为各管径已最后选定，并将此 d_n 值填入管道系统图的相应段中，以作为预算订货及管道施工的依据。

（7）表 28 - 15 即用上述方法计算出，如已知 L 及 q_v，且表上已列出，即可直接从表 28 - 15 上查出计算的管内径 d 和选取相应标准管的外径及矿山压气管壁的通用厚度。

压气总管直径不应小于压气站储气罐输出管直径。

图 28 - 18 列出了压缩空气流经橡胶软管时的压力损失，图中 d 为胶管内径（mm）。

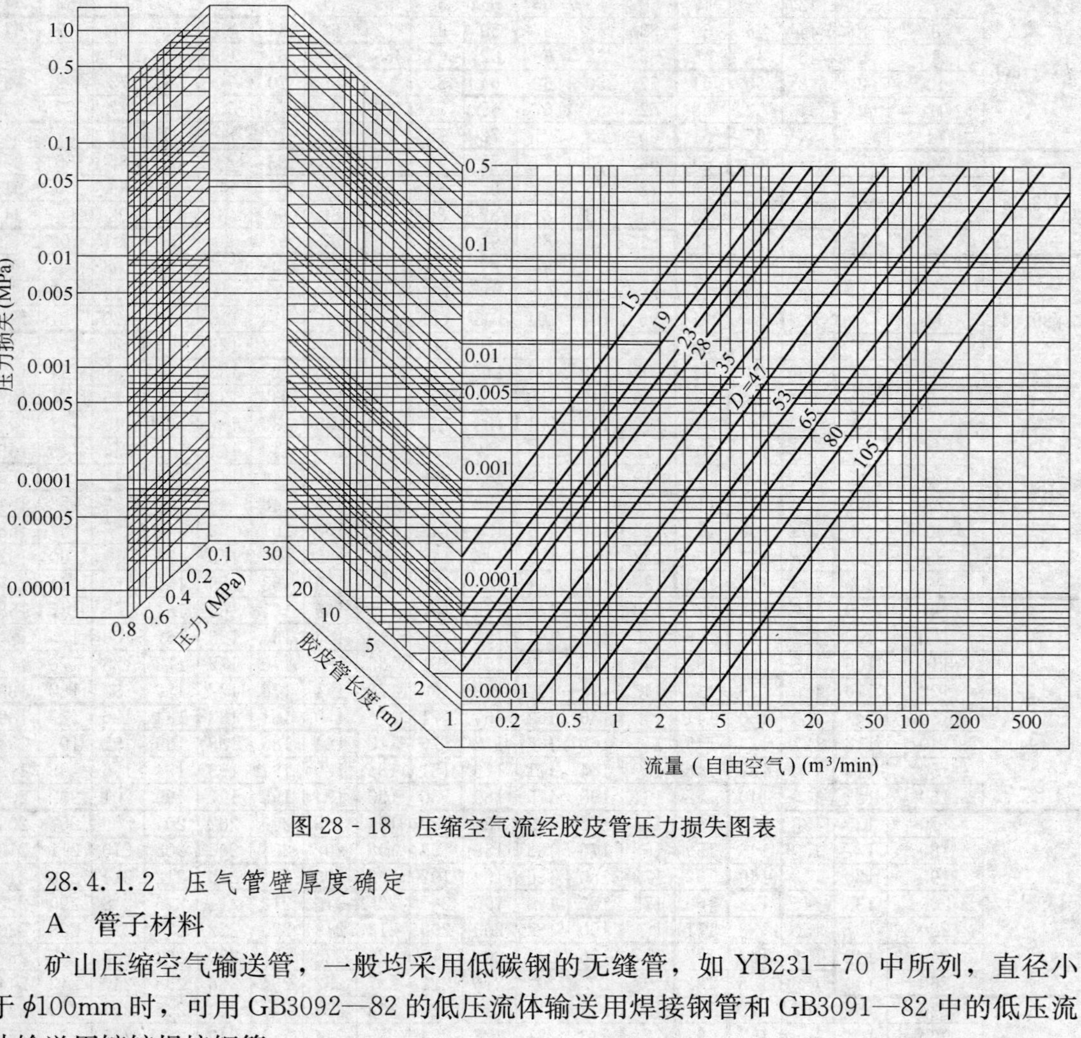

图 28 - 18　压缩空气流经胶皮管压力损失图表

28.4.1.2　压气管壁厚度确定

A　管子材料

矿山压缩空气输送管，一般均采用低碳钢的无缝管，如 YB231—70 中所列，直径小于 ϕ100mm 时，可用 GB3092—82 的低压流体输送用焊接钢管和 GB3091—82 中的低压流体输送用镀锌焊接钢管。

国外少数压气管有用热塑聚合物管的，简称 ABS。我国也有一些矿山使用徐州塑料厂、常州增强塑料厂等生产的硬聚氯乙烯及增强聚氯乙烯管。如潭山和向山硫铁矿等已有二十余年使用塑料管的历史。但由于塑料管的耐压强度不够，因此尽管它有防腐蚀性能好，重量轻等优点，但根据矿山使用经验、当前塑料管送压气时，应限于工作面的 ϕ50～

表 28-15　压风管内

标准管径、壁厚 (mm)	管内压气流量（自由）(m^3/min)	在下述输送距离（m）																
		200	300	400	600	800	1000	1200	1400	1600	1800	2000	2100	2200	2300	2400	2500	2600
	2	24	26	28	30	32	33	35	36	37	38	38	38	39	39	39	40	40
	3	28	30	33	35	37	38	40	41	42	43	44	45	45	45	46	46	47
ϕ45、3.5	4	31	34	36	39	41	43	44	45	47	48	49	50	50	51	51	51	52
	5	34	37	39	42	44	46	48	50	51	52	53	54	54	55	55	56	56
	6	36	39	41	45	47	50	52	53	55	56	57	58	58	59	59	60	60
	7	38	42	44	47	50	53	55	56	58	59	61	61	62	62	63	63	64
	8	40	44	46	50	53	55	57	59	61	62	64	64	65	65	66	67	67
ϕ57、3.5	9	42	46	48	45	55	58	60	62	64	65	66	67	68	68	69	70	70
	10	43	48	50	54	57	60	62	64	66	68	69	70	70	71	72	72	73
	12	47	51	53	58	62	64	67	69	71	72	74	75	75	76	77	77	78
	14	49	54	57	61	65	68	71	73	75	77	78	79	80	81	81	82	83
	16	52	57	60	65	68	72	74	77	79	81	82	83	84	85	85	86	87
ϕ73、4	18	54	59	62	68	72	75	78	80	82	84	86	87	88	88	89	90	91
	20	56	62	65	70	74	78	81	83	86	88	89	90	91	92	93	94	94
	25	61	67	70	76	81	85	88	90	93	95	97	98	99	100	101	102	102
	30	66	72	75	82	87	90	94	97	99	102	104	105	106	107	108	109	110
	35	69	76	80	86	92	96	99	103	105	108	110	111	112	113	114	115	116
ϕ89、4	40	73	80	84	91	96	101	104	108	111	113	116	117	118	119	120	121	122
	45	76	85	88	95	101	105	109	113	116	118	121	122	123	124	125	126	127
	50	79	86	91	99	105	109	113	117	120	123	126	127	128	129	130	131	133
	55	82	90	94	102	108	113	118	121	125	128	130	132	133	134	135	136	137
	60	85	93	97	106	112	117	121	125	129	132	135	136	137	138	140	141	142
	65	87	95	100	109	115	121	125	129	133	136	139	140	141	143	144	145	146
ϕ108、4	70	90	98	103	112	119	124	129	133	136	139	142	144	145	147	148	149	150
	75	92	100	106	115	122	127	132	136	140	143	146	148	149	150	152	153	154
	80	94	103	108	118	125	130	135	139	143	147	150	151	153	154	155	157	158
	85	96	105	111	120	127	133	138	143	146	150	153	155	156	157	159	160	161
	90	98	108	113	123	130	136	141	146	150	153	156	158	159	161	162	164	165
	95	100	110	116	125	133	139	144	145	153	156	160	161	163	164	165	167	168
	100	102	112	118	128	135	142	147	151	155	159	163	164	166	167	169	170	171
	110	106	116	122	132	140	147	152	157	161	165	168	170	172	173	175	176	178
ϕ133、4	120	110	120	126	137	145	151	157	162	166	170	174	176	177	179	180	182	183
	130	113	123	130	141	149	156	162	167	171	175	179	181	183	184	186	187	189
	140	116	127	133	145	153	160	166	172	176	180	184	186	188	189	191	193	194
	150	119	130	137	148	157	164	171	176	181	185	189	191	193	194	196	198	199
	160	122	133	140	152	161	168	175	180	185	190	194	195	197	199	201	202	204
	170	125	136	143	156	165	172	179	184	189	194	198	200	202	204	205	207	209
	180	127	139	146	159	168	176	183	188	193	198	202	204	206	208	210	211	213
	190	130	142	149	162	172	180	186	192	192	202	206	208	210	212	214	216	217
ϕ159、4.5	200	133	145	152	165	175	183	190	196	201	206	210	212	214	216	218	220	222
	220	137	150	158	171	181	190	197	203	208	213	218	220	222	224	226	228	230
	240	142	155	163	177	187	196	203	209	215	220	225	227	229	231	233	235	237
	260	146	159	168	182	193	202	209	216	222	227	232	234	236	238	240	242	244
	280	150	164	173	187	198	207	215	222	228	233	238	241	243	245	247	249	251
	300	154	168	177	192	203	213	221	228	234	239	244	247	249	251	253	256	258
ϕ194、5.5	350	163	175	187	203	215	225	234	241	247	253	259	261	264	266	268	271	273
	400	171	187	197	214	226	237	245	253	260	266	272	275	277	280	282	284	287
	450	179	195	206	223	236	247	256	264	272	278	284	287	289	292	295	297	299
	500	186	203	214	232	246	257	267	275	282	289	295	298	301	304	306	309	311
ϕ219、6	550	193	210	222	240	255	266	276	285	293	300	306	309	312	315	317	320	322
	600	199	217	229	248	263	275	235	294	302	309	316	319	322	325	328	330	333

径选择表

下的压气管内径（mm）																		管内压气流量（自由）(m^3/min)	标准管径×壁厚（mm）
2700	2800	2900	3000	3200	3400	3600	3800	4000	4200	4400	4600	4800	5000	5200	5400	5600	6000		
40	41	41	41	42	42	43	43	44	44	44	45	45	46	46	46	47	47	2	φ57×3.0
47	47	48	48	48	49	50	50	51	51	52	52	53	53	54	54	54	55	3	φ73×4
52	53	53	53	54	55	55	56	56	57	58	58	59	59	60	60	60	61	4	
57	57	58	58	59	59	60	61	61	62	63	63	64	64	65	65	66	67	5	φ89×4
61	61	62	62	63	64	64	65	66	66	67	68	68	69	69	70	70	71	6	
64	65	65	66	67	67	68	69	70	70	71	72	72	73	73	74	74	75	7	
68	68	69	69	70	71	72	72	73	74	75	75	76	77	77	78	78	79	8	
71	71	72	72	73	74	75	76	76	77	78	79	79	80	81	81	82	83	9	φ108×4
73	74	74	75	76	77	78	79	79	80	81	82	82	83	84	84	85	86	10	
79	79	80	80	81	82	83	84	85	86	87	88	88	89	90	90	91	92	12	
83	84	84	85	86	87	88	89	90	91	92	93	93	94	95	96	96	98	14	
87	88	89	89	90	92	93	94	95	96	96	97	98	99	100	101	101	103	16	φ133×4
91	92	93	93	95	96	97	98	99	100	101	102	103	103	104	105	106	107	18	
95	96	96	97	98	100	101	102	103	104	105	106	107	108	108	109	110	112	20	
103	104	105	105	107	108	109	111	112	113	114	115	116	117	118	119	112	121	25	
110	111	112	113	114	116	117	118	120	121	122	123	124	125	126	127	128	130	30	φ159×4.5
117	118	119	119	121	123	124	125	127	128	129	130	131	132	133	134	135	137	35	
123	124	125	126	127	129	130	132	133	134	136	137	138	139	140	141	142	144	40	
128	129	130	131	133	134	136	138	139	140	142	143	144	145	146	148	149	151	45	φ194×5.5
134	135	135	136	138	140	141	143	144	146	147	149	150	151	152	153	155	157	50	
138	139	140	141	143	145	147	148	150	151	153	154	155	157	158	159	160	162	55	
143	144	145	146	148	150	151	153	155	156	158	159	160	162	163	164	165	168	60	
147	148	149	150	152	154	156	158	159	161	162	164	165	167	168	169	170	173	65	
151	152	153	155	157	158	160	162	164	165	167	168	170	171	173	174	175	178	70	
155	156	157	159	161	163	164	166	168	170	171	173	174	176	177	178	180	182	75	
159	160	161	162	164	166	168	170	172	174	175	177	178	180	181	183	184	187	80	φ219×6
163	164	165	166	168	170	172	174	176	178	179	181	182	184	186	187	188	191	85	
166	167	168	170	172	174	176	178	180	181	183	185	186	188	189	191	192	195	90	
169	171	172	173	175	177	180	181	183	185	187	189	190	192	193	195	196	199	95	
173	174	175	176	179	181	183	185	187	189	190	192	194	195	197	198	200	203	100	
179	180	181	183	185	187	190	192	194	195	197	199	201	202	204	206	207	210	110	φ273×7
185	186	187	189	191	194	196	198	200	202	204	206	207	209	211	212	214	217	120	
190	192	193	194	197	199	202	204	206	208	210	212	214	215	217	219	220	223	130	
196	197	198	200	202	205	207	210	212	214	216	218	220	221	223	225	226	230	140	
201	202	204	205	208	210	213	215	217	219	221	223	225	227	229	231	232	236	150	
206	207	209	210	213	215	218	220	222	225	227	229	231	233	234	236	238	241	160	
210	212	213	215	218	220	223	225	227	230	232	234	236	238	240	242	243	247	170	
215	216	218	219	222	225	228	230	232	235	237	239	241	243	245	247	249	252	180	
219	221	222	224	227	229	232	235	237	239	242	244	246	248	250	252	254	257	190	
223	225	227	228	231	234	237	239	242	244	246	248	251	253	255	257	258	262	200	φ325×8
231	233	235	236	239	242	245	248	250	253	255	257	260	262	264	266	268	271	220	
239	241	242	244	247	250	253	256	259	261	263	266	268	270	272	275	277	280	240	
246	248	250	251	255	258	261	264	266	269	271	274	276	278	280	283	285	289	260	
253	255	257	258	262	265	268	271	274	276	279	281	284	286	288	291	293	297	280	
260	261	263	265	269	272	275	278	281	281	286	289	291	294	296	298	300	305	300	
275	277	279	281	284	288	291	294	297	300	303	306	308	311	313	316	318	322	350	φ377×9
289	291	293	295	299	302	306	309	312	315	318	321	324	327	329	332	334	339	400	
302	304	306	308	312	316	320	323	326	330	333	336	338	341	344	347	349	354	450	
314	316	318	320	324	328	332	336	339	343	346	349	352	355	358	360	363	368	500	φ462×9
325	327	330	332	336	340	344	348	349	355	358	361	365	368	370	373	376	381	550	
336	338	340	343	347	351	355	359	363	367	370	373	377	380	383	384	388	394	600	

75mm 内径的范围内。

B 管壁厚度计算

钢管壁厚在输气压力为 0.8MPa 时，可直接按表 28 - 15 中的相应值选取，亦可按（28 - 26）式计算任意输气压力下所需的管壁厚。

$$\delta=\frac{pd}{2[\sigma]\eta-p}+C^{[9]} \tag{28 - 26}$$

式中 δ——管壁厚，mm；

p——管内通过的流体压力，MPa；

d——管内径 mm；

$[\sigma]$——管材在使用温度下的许用应力，MPa。其值如下：

钢 号	A3	10	20	30	16Mn
$[\sigma]$ 值❶（MPa）	124	111	131	163	170

η——焊缝系数，无缝钢管取 1；纵焊缝钢管取 0.75～0.9，螺旋焊缝钢管取 0.6；

C——由于管子受腐蚀、加工负偏差、弯曲时外侧减薄等因素的壁厚补偿值，取 2.5～6mm，坑内或较大直径的管道取偏大值[10]。

管道壁厚也可按有关产品标准，如《冶金工业标准汇编之八》钢管部分有关原则选用。一般最小壁厚不得小于 2.5mm。

管道安装完后，应按 1.5 倍的工作压力进行水压试验，合格后方可进行防腐涂刷，然后投产。

28.4.2 管道敷设及管道附件

28.4.2.1 管道敷设

（1）矿山压缩空气管道常由地面和地下两部分组成。地面管道在空旷处多直接沿地面敷设在混凝土管墩上，如需通过道路时，则宜采用外加套管，埋在与道路尽可能相垂直的地面下。当压气管外径小于 200mm 时，套管内径为压气管外径加 100mm，当压气管外径大于 200mm 时，则套管内径为压气管外径加 150～200mm。在穿过铁路时，套管顶至路基面的深度应不小于 1.2m，而穿过公路时，则不应小于 0.8～1.0m。不论铁路或公路，套管顶距路边排水沟底的深度都不得小于 0.5m，且套管长度应等于路两侧水沟外边之间的距离再加 2m。此外，套管除涂防蚀层外，为防止水进入套管，在套管内两端与压气管所形成的环形空间，应加密封盖或注以沥青橡胶玛琋脂等不透水充填物予以密封实。[11,12]

套管通常用直缝卷焊钢管，在直径为 200～500mm 范围内。并按上述深度埋设时，套管壁厚可取 6～10mm。

（2）压气管的地下部分敷设又分井筒和平巷两部分。竖井内的管道多敷设在井筒内的钢梁上，防止管道产生横向弯曲的导向卡可固定于井内罐道梁上，而承受管子纵向重量的支承管座则安装在专用的井内管座梁上。管座梁除考虑管子及其附件的全部重量外，还应考虑试压或应急排水时管内流体的各向静压和动压力。一般可按每井深 500m 设直管座一个。

---

❶对钢号不明确的管材 $[\sigma]$ 取 100MPa。

(3) 平巷内管子多用靠人行道一侧的悬臂梁支承、而在斜井内则以采用管墩支承为好。

为了安装及检修的方便，一般每节管子可采用两点支承，同时应按（28-27）式计算其允许的最大跨距 L：

$$L=\frac{\sqrt{(m_c)^2+20m_uW}-m_c}{m_u} \tag{28-27}$$

式中 L——每节管子的允许最大跨距，m；

m_u——管子重量，包括输送介质或水压试验用水、防蚀和保温材料等的均布荷载，kg/m；

m_c——跨距中的集中重量，如管道附件等，kg；

W——管子的断面系数，cm^3，

$$W=\frac{(D^4-d^4)\pi}{32D},\ cm^3$$

D、d——管子的外径和内径，cm。

地面管墩的跨距亦可按上述原则考虑。也可按下述数值选取管子支架最大允许间距[13]：

管径 ϕ×管壁厚（mm）	32×3.5	38×3.5	45×3.5	57×3.5	73×4	89×4
最大允许间距（m）	3.7	4.2	4.7	5.3	6.2	6.8
	108×4	133×4	159×4.5	219×6	273×7	325×8
	7.3	7.7	7.9	9.7	10.6	10.8
	377×9	425×9	478×9	525×9		
	13.3	13.6	13.7	13.8		

28.4.2.2 管道附件

压气管道附件包括各种连接件、伸缩器、油水分离器、各种阀门和测量仪表。

(1) 所有附件与管道的连接通常多用法兰盘，其类型可按 JB75—59 选取，对于 ϕ250mm 以上的管子，为便于安装，一对法兰盘中，应用一个是松套的，如 JB83—59 所示。

(2) 压气管道现多用填料函式伸缩器。在冬夏温差不超过 70℃时，地面管道每 100m 长的伸缩量不会超过 80mm，通常一个填料函式伸缩器的伸缩量为 200mm，则每 150～200m 直线管段安装一个伸缩器即可。在装有伸缩器的直管段两端拐弯处，一定要设牢固的推力支撑管墩。而在直线部分则应采用滑动支承管墩。一般矿山地形较复杂，在管线布置时，应尽量利用管线的弯曲部分来补偿其伸缩量。

管道进井筒和平硐后，由于温差逐渐减小，故其伸缩器区段可相应加长，尤其是非进风井巷，在进硐后 600～800m，即可不必再装伸缩器，必要时，可安装一段快速管接头，以吸收部分伸缩量和直线误差。

(3) 对于临时或半永久性的管线，如露天矿，最好用快速接头，按蒲白矿务局罕井煤矿的经验，快速接头用于竖井中的技术经济效果也较好，快速接头为 ϕ50～500mm，工作压力为 1～6.4MPa，在西安及江西上高管道配件厂都有产品。

(4) 管路上的油水分离器，主要是使气流在分离器内降低流速离析出油水，对矿山压气系统此流速为 0.5～1m/s。油水分离器的壳体内径可按（28-28）式计算：

$$D_s=\sqrt{vd} \tag{28-28}$$

式中 D_s ——分离器壳体内径，m；

v ——气体在分离器进、出口管内的流速，通常等于所在管道的气体流速，一般取 7～10m/s；

d ——进、出口管内径，m。

分离器的壳体高 H，一般取其直径 D_s 的 1.5～2 倍。

（5）为保护压缩机及管道免受压气系统可能发生爆炸时的危害，应在压缩机站的每个储气罐排气管上装释压阀，此阀应与空气压缩机配套订货。

28.4.3 管道防蚀、防冻设施

28.4.3.1 管道防蚀设施

矿山压缩空气管网的金属腐蚀主要是由于坑内酸性水，海水、海洋性腐蚀和土壤腐蚀等因素引起的，三山岛金矿考虑海洋性腐蚀因素，管道使用船舶涂料防腐。

常用涂料有：锌黄防锈漆、红丹醇酸漆以及红丹防锈漆，铁红防锈漆、铁红醇酸底漆和灰色防锈漆等。

地表管道，一般先涂一层红丹防锈漆，再涂两层醇酸磁漆（或酚醛磁漆或环氧磁漆等），或两层沥青。地埋管道，一般先涂沥青底漆。再涂沥青防腐绝缘层、沥青防腐绝缘层结构可参见表 28-16。

表 28-16 沥青防腐绝缘层结构表

土壤腐蚀性	防腐等级	防腐绝缘层结构	每层沥青厚度（mm）	总厚度不少于（mm）
一般土壤（土壤电阻率≥20Ω·m）	普通型	沥青底漆＋沥青 2～3 层，夹玻璃纤维 1～2 层＋塑料布	2	4 或 6
高腐蚀性土壤（土壤电阻率为 5～20Ω·m）	加强型	沥青底漆＋沥青 4 层，夹玻璃布 3 层＋塑料布	2	8
特高腐蚀性土壤（土壤电阻率≤5Ω·m）	特加强型	沥青底漆＋沥青 5～6 层，夹玻璃布 4～5 层＋塑料布		

28.4.3.2 管道防冻设施

矿山压缩空气管网防冻，目的是防止管内冷凝水冻结，从而预防炸管事故。矿山只有在极度严寒的地区，其地面及井口附近的管道考虑防冻设施。地表敷设的管道可采用保温材料防冻，亦可以考虑埋管防冻设施（但要设置在地下水位以上）。

保温材料常用泡沫混凝土、玻璃纤维等。保温层厚度可为 30～200mm。保温结构一般分保温层、镀锌铁丝网层和保护层。保温层结构有胶泥结构、填充结构、包扎结构、缠绕结构和预制件结构。保护层有沥青保护层、水泥保护层和金属网保护层、毛毡保护层等。各段保温结构之间应考虑膨胀间隙，一般每隔 20m 留有 20mm 宽的膨胀缝、转角处亦应留有 20mm 膨胀间隙。

28.4.4 节能、稳压及增压设施

28.4.4.1 节能措施

气动设备的能耗在地下矿山总能耗中约占 10%～30%，必须对其节能措施给予足够重

视。除了选用高效率的、调节性能好的空气压缩机之外，尚应采取以下措施：

(1) 严禁利用压缩空气作为工作面通风、吹碴等不合理用气。按照生产需要，尽可能实施分区定时供气，以减少漏气和不合理的用气。

(2) 主要气管的连接应尽量采用焊接，以减少漏气和压力损失。压缩机站应尽可能靠近用气地点，避免主管过长，拐弯过急，以减少阻力损失；管路系统宜分区分段设置压力表，以便检验漏气和阻力损失。

(3) 管路低凹地段宜设置自动油水分离器，空气过滤器应及时清洗，以便及时减少管路阻力损失和提高空气质量。

(4) 在气动工具使用集中的地方，可设置稳压贮气罐，以确保使用气压的稳定。在有条件的地方可设置稳压贮气罐，以便稳压和节电，并可避免电网的尖峰负荷。

(5) 尽可能采用自动控制系统，实行空气压缩机站的供气量和压力的自动调节，以保证设备的安全运转和节电。

28.4.4.2 稳压设施

A 稳压贮气罐

稳压贮气罐是一种常见的稳压设施。该方法可以防止气动工具集中使用时造成气压骤然下降，以确保气动工具连续有效的工作。稳压贮气罐一般安装在气动工具附近，其容积可用（28-29）式计算：

$$V_e=\frac{p_t V_t}{p_e-p_t}-V_p \qquad (28-29)$$

式中 V_e ——稳压贮气罐容积，m^3；

p_t ——气动工具工作表压力，一般为 0.45～0.5MPa；

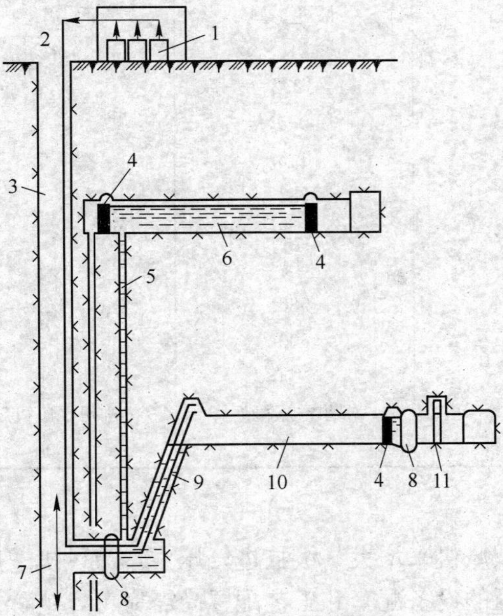

图 28-19 皮哈萨尔米铜矿水力贮气设施系统图

1—空气压缩机站；2—压缩空气管；3—竖井井筒；4—支撑隔墙；5—联络水道；6—液压硐室；7—供气管；8—密封隔墙；9—斜井；10—压缩空气硐室；11—水位指示装置

p_e——稳压贮气罐进口表压力，MPa；

V_t——气动工具同时工作气缸的总容积，m^3；

V_p——稳压贮气罐至气动工具接头之间金属管，胶管的总容积，m^3。

B 水力贮气设施

在有条件的地方，水力贮气设施应予采用，这是一种节能和稳压的好设施。这种方法必须严防硐室的漏气。硐室漏气的原因涉及其围岩性质、防漏措施、施工技术等因素。

近年来，芬兰、西德、加拿大等国使用水力贮气设施较多，有成功的经验。图 28-19 为芬兰皮哈萨尔米（Pyhasalmi）铜矿的水力贮气设施、该矿 1933 年开始使用水力贮气设施，降低电耗可达 30%。

28.4.4.3 增压设施

A 增压机增压

气动工具工作压力超过 0.8MPa 时，需要使用增压机增压。例如，钻大直径深孔要使用 DQ-150J 或 ROC306 型潜孔钻机，其工作气压为 1.05～1.50MPa，耗气量为 18.4m^3/min。所以在井下工作面附近要设置增压机进行增压、压气源取自坑内压缩空气管网。

国产增压机参见表 28-17。金川有色公司使用瑞典 DG418 型增压机。该机是 V 型双缸双作用、电动、水冷的高压增压机、机组在滑橇底盘上，排气表压力为 1.6～1.8MPa，排气量为 25.3～41.4m^3/min，冷却水量为 0.2m^3/h，水压为 0.3MPa。

表 28-17 国产增压机技术性能

技术性能	型号		
	VY-2.2/5-15	VY-4.4/5-15	LGY16-20/5-15
型式	活塞型	活塞型	螺杆型
冷却方式	水	水	风
排气量（m^3/min）	12.2	24.2	20
进气表压力（MPa）	0.5	0.5	0.5
排气表压力（MPa）	1.5	1.5	1.5
空气压缩机转数（r/min）	980		2338
外形尺寸 L×B×H（mm）	2700×1220×1320		3700×1380×1723
电动机功率（kW）	45	100	
电动机转数（r/min）	980		1480
轨距（mm）	600		
设备重量（kg）	2100	3000	
制造厂	柳州空压机厂	柳州空压机厂	无锡压缩机厂
参考价格（万元）	2.00	4.00	5.00

B 鼓风机增压

鼓风机增压是利用鼓风机来增大一级缸进气压力。鼓风机一般采用罗茨式鼓风机或离心式鼓风机。鼓风机增压的设备配套和工艺配置尚需完善，这种方法有待发展。

C 选用高原型空气压缩机

高原地区，空气稀薄，导致空气压缩机的压气重量生产能力下降。在选型计算中，一般使用高原系数，也就是通过增加空气压缩机台数来增加其重量生产能力。然而，这种方法并没有改善空气压缩机排气压力。高原型空气压缩机采用加大一级缸工作容积，减薄阀片，增加升程等措施来提高重量生产能力和排气压力，可以在高原地区作为一种增压设施，可维持排气表压力为 0.8MPa。

锡铁山矿（海拔 3200m）采用了 4M12 - 173/8 型高原空气压缩机。其性能见表 28 - 18。

表 28 - 18 4M12 - 173/8 型高原空气压缩机性能

项 目	单 位	性 能
吸气表压力	MPa	0.068～0.088（相应海拔高度 3000～1500m）
排气表压力	MPa	0.8
排气量	m^3/min	173（换算到 $t=20$℃，$p=0.1$MPa 时为 115.5～145.5m^3/min）
一级吸气表压力	MPa	0.068
一级排气表压力	MPa	0.13～0.17
二级排气表压力	MPa	0.8
排气温度冷却前	℃	≤180
排气温度冷却后	℃	≤30～40
轴功率	kW	820～876
电动机功率	kW	1000
设备总重量	t	32.00
制造厂		沈阳气体压缩机厂
参考价格	万元	36.00[13]

28.5 压气设备的运转和维修

28.5.1 活塞式空气压缩机的故障及事故分析

在正常运转中的活塞式空气压缩机，其润滑油温度应低于 50℃；一级及二级排气温度应低于 160℃；曲轴轴承、连杆轴承、十字头滑板和活塞杆等摩擦部位的温度不得超过 50℃；冷却水进出水温度差不应大于 15℃；排气量应符合额定值。各运行部件应无不正常响声。实践经验表明，活塞式空气压缩机的故障可分为四类，(1) 过度发热；(2) 排气量减少；(3) 不正常的响声；(4) 不正常的工作情况。现将活塞式空气压缩机的常见故障及原因分析列于表 28 - 19。

空气压缩机在安装、运转及日常维修中，由于疏忽、方法不妥或处理不及时等原因，可能发生主要部件的断裂，甚至贮气罐和管道爆炸等重大事故，这些事故可归纳为：折断与断裂；破裂与爆炸。详见表 28 - 20。

28.5.2 活塞式空气压缩机的维护与检修

活塞式空气压缩机的定期维护与检修是保证设备正常运转的必要手段，维护分值班点检和周期巡检两项。值班点检的主要内容包括查看温度、压力是否正常，冷却系统和润滑系统的水量和油量是否充足，各运行部件是否有不正常响声，各连接处是否松动及泄漏，各指示仪表是否有异常情况等并填写好运行记录，周期巡检的主要内容除包括值班点检的内容外，还有清洗或修理阀片阀座。检查与调整安全阀和压力调节器，详细检查主轴轴承、连杆轴承、十字头轴承及连接螺丝的配合情况等，如发现有的零、部件已磨损或损坏时，应立即进行检修。活塞式空气压缩机的检修可分为小修、中修和大修。通常小修的周期为 3～6 个月；中修的周期为 12～24 个月；大修的周期为 72～120 个月。

(1) 小修的内容包括检查气缸、活塞及活塞环；清洗气缸水套及冷却器、气阀及安

表28-19 活塞式空气压缩机的故障及原因

故障性质	原因分析
	过度发热
轴承发热	轴瓦间隙不适当，或接触面积小 轴瓦偏斜或曲轴弯曲 润滑油供应不足 润滑油质量不符合要求或污垢过多
气缸发热	冷却水供应不足或给水温度过高 水套结垢太多或冷却水不洁
活塞杆过热	活塞杆与填料配合不当 活塞杆与填料装配时产生偏斜 活塞杆与填料的润滑油有污垢或供油不足
	排气量减少
进排气阀故障	阀孔与阀座接触不严密 进气阀刚性不适当或磨损 进排气阀装配不当，彼此位置相互弄错 阀内落入异物而关闭不严 进气阀门升起高度不够
气缸故障	气缸磨损或擦伤超过允许值 气缸盖与气缸体连接处漏气 气缸与活塞装配不当，间隙过大 气缸冷却不良或吸气温度过高
活塞环故障	活塞环磨损或损坏 润滑油质量不良 气缸内温度过高，活塞环被卡死
其他部位的故障	空气过滤器冬季结冰或结垢堵塞 填料或活塞杆磨损形成泄漏 气缸盖或水套破裂 驱动装置的转速降低
	不正常的响声
撞击声	曲轴瓦或主轴瓦的间隙过大 活塞与活塞杆的紧固螺母松弛 十字头销松弛 十字头与活塞杆的连接处松弛
突然冲击声	气缸内积水 活塞环或活塞碎裂 气缸内有异物
气缸的敲击声	活塞或活塞环轻微卡住 气缸余隙容积过小 活塞与活塞环磨损，或气缸磨损，间隙过大

续表 28-19

故障性质	原因分析
气缸的敲击声	曲轴连杆机构与气缸中心不一致 活塞杆弯曲或连杆螺母松弛 阀门压开装置的活塞或销钉松弛
进排气阀的敲击声	阀片断裂 弹簧失效或断裂 气阀螺丝松动
不正常的工作情况	
油温升高	油冷却不够 油质不适当或污垢太多
油压降低	油泵有毛病 油箱油量不足或油管漏损严重 油压表或安全阀有毛病 油温升高引起油黏度下降 油过滤器阻塞
油量减少	油泵填料或油泵壳严重漏损 油箱油量不足或吸油管漏气 油泵齿轮磨损过甚，效率降低 吸油阀失灵
冷却效率降低	水量不足或水温增高 水质不良或水套、水管的水垢过多 冷却器管子破裂或堵塞

全阀、压力调节器；检查并调整活塞杆的密封装置、十字头销轴及滑板间隙；检查连杆及曲轴的间隙；检查各部螺栓紧固情况；检查清洗润滑系统或更换润滑油；清扫空气过滤器、贮气罐和进气管道等。

(2) 中修的内容包括小修各项外，应该进行机组的全部拆卸、较详细地检查所有重要零件的状况，更换和修复使用寿命较长的零件，消除在小修中不可能消除的缺陷。

(3) 大修除包括小修和中修的全部内容外，为了完全恢复设备的正常状况和工作能力，还必须修理或更换机体、曲轴、缸体等重要零件；修理或更换贮气罐；修理或重浇基础，除锈喷漆，并进行各项技术性能的测定。

28.5.3 活塞式空气压缩机排气量的简易测量法

测定活塞式空气压缩机排气量有多种方法，现介绍一种最简单的方法，即“充填贮气罐法”。该法是先在贮气罐上插上温度计，并把从贮气罐引出的管道上阀门关闭。使其不漏气，开动空气压缩机后待贮气罐中的压力达到比空气压缩机工作压力小 0.1～0.2MPa 时，记下当时压力表和温度表上的读数并用秒表开始计算时间。待贮气罐中的压力等于或稍大于工作压力时，再记下压力表和温度表的读数并记下所经过的时间，随后即停机或把管道上的阀门打开。根据这些数据和贮气罐的容积（包括排气管道的容积）即可算出活塞式空气压缩机的排气量。

计算时先算第一次记下读数的贮气罐中空气的重量：

表 28-20 活塞式空气压缩机的重大事故及原因分析

事故性质	原 因 分 析
	折 断 与 断 裂
连杆螺钉拉断和连杆破坏	连杆螺钉在装配时拧得太紧，预紧力太大 紧固时发生偏斜，连杆螺钉的载荷极不均匀 连杆螺钉的螺母松动，因而受过大的冲击 连杆轴承过热，活塞卡住或超负荷，连杆螺钉受过大应力 连杆及螺钉的材质不良，或加工质量不符合要求
曲轴裂纹折断	曲轴在轴承上安装不当，使曲轴和轴瓦的配合不符合要求 轴承过热，巴氏合金熔化，使曲轴产生弯曲变形 剧烈冲击，或基础不均匀下沉而引起过负荷 曲轴材质或加工质量不符合要求，或者有裂纹等缺陷
活塞卡住或顶裂	润滑油不足或气缸中有异物 气缸与活塞的装配间隙过小 冷却水供应不足，气缸温度过高后又突然冷却
	破 裂 与 爆 炸
破 裂	由于排气阀有故障，冷却不良，安全阀失灵，空气压力突然增高，以致超过贮气罐或管道的强度极限 贮气罐及压力管道局部锈蚀严重
爆 炸	贮气罐和压力管道内有积垢，当与挥发物质接触时，可能发生爆炸

$$m_1=\frac{p_1V}{RT_1} \tag{28-30}$$

式中 p_1——所测得贮气罐中空气的绝对压力，Pa；

T_1——所测得的贮气罐中空气的温度，K；

V——贮气罐的容积，m^3；

R——空气的气体常数，其值为 287，J/kg·K；

m_1——第一次所测得的贮气罐中空气的重量，kg。

再计算第二次记下读数时贮气罐中空气的重量：

$$m_2=\frac{p_2V}{RT_2} \tag{28-31}$$

式中 p_2——第二次所测得的贮气罐中空气的绝对压力，Pa；

T_2——第二次所测得的贮气罐中空气的温度，K；

m_2——第二次所测得的贮气罐中空气的重量，kg。

若所测得的时间为 t 时，则在 t 秒钟内空气压缩机供给的空气量为：

$$m=m_2-m_1=\frac{V}{R}\left(\frac{p_2}{T_2}-\frac{p_1}{T_1}\right),\ \text{kg} \tag{28-32}$$

换算到大气状态下空气压缩机的排气量为：

$$V_k=\frac{60V}{Rt\rho_0}\left(\frac{p_2}{T_2}-\frac{p_1}{T_1}\right) \tag{28-33}$$

式中 ρ_0——大气状态下的空气密度，kg/m^3；

V_k——大气状态下空气压缩机的排气量，m^3/min。

用这种方法所求出的排气量比实际排气量可能偏大，有时误差达5%，但因其简单方便，在缺乏技术力量和专用仪表的地方可以采用。

28.6 技术经济指标

28.6.1 矿山供气量指标

矿山实际需要最大供气量指标见表28-21。

表28-21 矿山实际需要最大供气量指标

开采方式	年采掘、剥矿岩总量（万吨/年）	万吨采掘、剥矿岩量实需最大供气量扩大指标（米^3/分钟/万吨·年）
地下	＞100	1.4～2.0
	30～100	2.0～3.0
	＜30	3.0～5.0
露天	＞300	0.20～0.35
	100～300	0.35～0.50
	＜100	0.50～1.00

注：1. 按年万吨采掘，剥总量乘表列指标之积选择压气机的安装容量和台数；
2. 万吨采掘、剥比很大（大于700米/万吨）或多坑口。多阶段薄矿体的地下开采矿山的指标大于表列上限数值；
3. 采用气动设备很少的矿山的指标低于表列下限值。

28.6.2 空气压缩机站建筑面积及投资指标

空气压缩机站建筑面积及投资指标见表28-22。

28.6.3 空气压缩机站劳动定员

空气压缩机工负责机组及其附属设备的操作、检查和日常维修工作（大中修由矿山机修车间进行）。其定员一般可按站内安装压缩机台数计算：1～2台每班1人；3～6台每班2人。

28.6.4 压缩空气耗电指标

单位压缩空气耗电量与压缩机类型、负载系数和设备新旧程度有关。一般每$10m^3$压气耗电扩大指标为0.9～1.1kW·h，螺杆式及滑片式压缩机的指标较高，可取1～1.3kW·h。

28.6.5 气缸润滑油消耗指标

矿用排气压力为0.7～0.8MPa的气缸润滑油耗量应按产品样本中的指标逐台计算，如取扩大指标，可按回归方程式（28-34）取值。

$$y=42+3.1x-0.01x^2 \tag{28-34}$$

式中 y——单台压缩机耗油量，克/台；

x——单台压缩机额定排气量，m^3/min。

按（28-34）式计算的不同容量压缩机的油耗（取整数）如下：

x(m^3/min)	6	10	15	20	30	40	60	80	100
y(克/台)	60	70	85	100	125	150	190	225	250

表28-22　空气压缩机站建筑面积及投资指标

压缩机站安装总容量（m³/min）	空气压缩机型号及台数	压缩机站建筑面积（m²）	估算投资	
			总投资（万元）	单位投资（元/米³/分）
20	3L-10/8，JR-115-6　2台	70	8.5	4250
30	3L-10/8，JR-115-6　3台	85	12.0	4000
40	3L-10/8，JR-115-6　4台	100	15.8	3950
50	3L-10/8，JR-115-6　5台	115	19.1	3825
40	4L-20/8，JR-127-8　2台	120	11.9	2975
60	4L-20/8，JR-127-8　3台	140	17.5	2910
80	4L-20/8，JR-127-8　4台	160	23.0	2875
100	4L-20/8，JR-127-8　5台	175	28.0	2800
120	4L-20/8，JR-127-8　6台	190	33.0	2750
80	5L-40/8，TDK-118/26-14　2台	150	30.5	3810
120	5L-40/8，TDK-118/26-14　2台	200	44.0	3670
160	5L-40/8，TDK-118/26-14　2台	270	58.2	3640
200	5L-40/8，TDK-118/26-14　2台	310	72.0	3600
240	5L-40/8，TDK-118/26-14　2台	340	85.9	3580
300	7L-100/8，TDK-173/34-20　3台	400	90.0	3000
400	7L-100/8，TDK-173/34-20　4台	430	118.6	2965
500	7L-100/8，TDK-173/34-20　5台	460	145.3	2905
600	7L-100/8，TDK-173/34-20　6台	490	172.2	2870

注：根据1984～1986年的设计资料编制。

参　考　文　献

1　周迺荣，严万生主编，矿山固定机械手册，煤炭工业出版社，1986，第658页
2　国外压缩机基本情况编写小组，压缩机，机械工业出版社，1981，第80～128页
3　成心德，矿山压气设备，中国工业出版社第3版，1965，第11～16页
4　白铭声，陈祖苏，流体机械，煤炭工业出版社，1986，第215、228页
5　B. A. Гребенюка *и ср* Справочник по горнорудному делу Москва，НЕДРА，1983，стр 694～702
6　卫生部，国家劳动总局，工业企业噪声卫生标准，1979，第5条
7　［日］有贺一郎等，机械技术手册，机械工业出版社，1984，第10～26、10～28页
8　R. H. Warring，Pneumatic Handbook，*6th edition*，Trade and Technical Press Ltd，England，1982，p147
9　王致祥等，管道应力分析与计算，水利电力出版社，1983，第74页
10　［美］E. F. Megyesy，压力容器手册，石油工业出版社，1981，第81～86页
11　［苏］B. C. 拉基诺夫，城市煤气管道建筑结构，建筑工业出版社，1981，第117页
12　重庆建筑工程学院土木系建筑组，建筑总平面设计，建筑工业出版社，1980，第116页
13　采矿设计手册编委会，采矿设计手册，建筑工业出版社，1988，第559～580页

第 29 章　矿山供电及照明

29.1　矿山电力负荷及供电系统

29.1.1　矿山电力负荷级别的划分

矿山电力负荷分为一级负荷、二级负荷和三级负荷[1]。

29.1.1.1　一级负荷

因中断供电将造成人身伤亡或重大设备损坏、重大产品报废、用重要原料生产的产品大量报废、重点企业的连续生产过程被打乱需要长时间才能恢复，从而给国民经济造成重大损失者，属于一级负荷。

矿山电力一级负荷有[2]：

(1) 因事故停电有淹没危险的矿井主排水泵；

(2) 属于下述条件之一的矿井主要扇风机：

1) 有爆炸和火灾危险的矿井（如有瓦斯的煤矿、高硫矿床等）；

2) 含有对人有生命危害的气体的矿井（如有氡气的铀矿）。

(3) 属于下列条件之一的经常使用的竖井载人提升机：

1) 有爆炸、火灾危险或含有对人有生命危害的气体的矿井；

2) 无平硐作安全出口，且井深超过 150m。

(4) 矿井瓦斯抽放泵。

29.1.1.2　二级负荷

因中断供电将造成主要设备损坏、大量产品报废、连续生产过程被打乱需较长时间才能恢复，使重点企业大量减产，因而给国民经济造成较大损失者，属于二级负荷。

矿山电力二级负荷有[3]：

(1) 露天开采的主排水泵；

(2) 不属于一级负荷的矿井主要扇风机；

(3) 不属于一级负荷的主要提升机；

(4) 供地下水采用的空气压缩机；

(5) 主要运输的架空索道与带式输送机；

(6) 牵引变电所；

(7) 采矿场的生产负荷；

(8) 生产、消防用水水泵；

(9) 水源缺乏地区的生活用水水泵；

(10) 地下采矿及生产车间的照明。

29.1.1.3　三级负荷

不属于一级和二级负荷的生产设备和生活福利设施。

29.1.2　各类矿山电源数量的确定

在确定各类矿山电源数量时，要根据矿山用电负荷的性质和容量、企业的规模及其重要性，结合本地区电力系统的供电条件全面考虑，并遵守下列要求：

（1）具有一级负荷的矿山应由两个独立电源供电，所谓两个独立电源，应具备下列条件之一：

1）在发生任何一种故障时，两个电源的任何部分应不致同时受到损坏。如：分别由两个发电厂或两个变电站供电；或由一个发电厂或变电站供电时，矿山应再建一个自备发电厂（站）；

2）在发生任何一种故障，当保护装置动作正常时，应立即切断故障电源，保证有一个电源不中断供电；在发生任何一种故障，且主要保护装置动作失灵，造成两个电源同时中断供电后，应能在有人值班的处所完成各种必要的操作，迅速恢复其中一个电源的供电。

对具有一级负荷的大、中型矿山，任一个电源的容量除应保证全部一级负荷用电外，还应满足全部或大部分二级负荷用电的需要。

对具有一级负荷的小型矿山，任一个电源的容量至少应保证全部一级负荷用电的需要。

企业投产初期，如第二独立电源尚未建成，则应妥善解决一级负荷用电的保安电源。

（2）无一级负荷的矿山可由一个电源供电。无一级负荷的大、中型矿山，如果由两回电源线路供电时，任一回电源线路应保证全部二级负荷用电。

矿山企业的电源，应首先考虑由地区电力系统供电。根据矿山企业所在地区电力系统具体条件，可由电力系统某区域变电站供电，或由邻近的其他企业总降压变电所供电，也可由附近发电厂直接供电。

在下列情况下可考虑建设自备发电厂（站）：

（1）偏僻地区的小型企业，由地区电力系统供电技术经济不合理时；

（2）具有一级负荷的企业，从地区电力系统取得第二独立电源技术经济不合理时。

根据用电负荷大小及能源条件来确定建设火力发电厂或柴油发电站。

29.1.3　矿山电力负荷的估算

在设计中，矿山电力负荷的计算，一般可根据各专业提供的用电设备资料，采用需要系数法计算。其优点是计算简便，对初步设计和施工图设计阶段都适用。在方案设计阶段或可行性研究时，由于各专业提供的用电设备资料不全，无法采用需要系数法计算，因此一般采用单位产品耗电量法估算矿山电力负荷。对生产矿山来说，在考虑矿区发展，进行规划时，只能用单位产品耗电量法估算矿山电力负荷。

29.1.3.1　负荷估算值（有效功率）

负荷估算值按（29-1）式计算[3]：

$$P_{js}=W_d M/T_{\max} \tag{29-1}$$

式中　P_{js}——负荷估算值，kW；

W_d——单位产品耗电量，kW·h/t（矿）或kW·h/t（矿岩），其值参见表29-1～表29-7；

M——矿山产品的年产量，t（矿或矿岩）；

$T_{\max}$——年最大负荷利用小时数，h，其物理意义是：如果矿山的负荷总是维持在

P_{js}不变，则在T_{max}小时内所消耗的电能量与实际变化负荷P在一年内所消耗的电能量相等，即：

$$T_{max}=\int_0^{8760}P\mathrm{d}t/P_{js}，\mathrm{h}$$

各类矿山企业的年最大负荷利用小时数列于表 29-8 中。

在选取单位产品耗电量指标时，最好参考矿山规模、开拓方案、机械化程度与之相近的已投产矿山的实际单位产品耗电量，并参照上述各表所列指标，最后确定一个适合所需要的指标。

表 29-1 黑色冶金矿山单位产品耗电量指标（单位：kW·h/t（矿岩））[3]

矿山类型	单位产品耗电量 W_d		备注
	推荐值	实测值	
露天铁矿			电机车运输
大型	1.5～2.0	1.11～2.7	
中型	2.5～3.0	1.8～3.8	
小型	1.5～2.5	1.2～3.4	
露天铁矿			汽车运输
大型	1.5～2.0	1.2～2.3	
中型	1.5～2.0	1.2～2.3	
小型	1.5～2.0	1.2～2.3	
地下铁矿			电机车运输
薄矿体	15～25	15～25.7	
厚矿体	10～25	12.4～25.6	
地下黏土矿	20～25	8.59～29	
露天黏土矿	1.5～3.0	0.8～4.4	
露天石灰石矿			
大型	1.5～2.0	1.16～2.3	
中型	2.0～2.5	1.8～2.7	
小型	2.0～2.5	1.5～3.0	
露天镁矿	2.5～4.0	2.3～3.8	

表 29-2　部分黑色冶金矿山单位产品实际耗电量指标（单位：kW·h/t（矿岩））

矿山名称	开采方法	单位产品实际耗电量 W_d	备注
大孤山铁矿	露天	2.644	1977～1985年平均值
东鞍山铁矿	露天	1.400	
眼前山铁矿	露天	2.738	
齐大山铁矿	露天	1.617	
弓长岭铁矿	露天	2.608	
甘井子石灰石矿	露天	1.69	1977～1984年平均值
大石桥青山怀镁矿	露天	3.548	
白云鄂博铁矿	露天	2.521	1981～1984年平均值
水厂铁矿	露天	1.009	1972～1980年平均值
南芬铁矿	露天	1.217	1963～1984年平均值
歪头山铁矿	露天	1.659	1973～1984年平均值
瓦房子锰矿	地下	14.972	1977～1984年平均值
弓长岭铁矿	地下	27.707	1977～1985年平均值
复州湾黏土矿	地下	146.551①	1977～1984年平均值

①复州湾黏土矿地下涌水量特大。

表 29-3　有色冶金矿山单位产品耗电量指标

矿山类型	开采方法	单位	单位产品耗电量 W_d	备注
锡采矿（砂矿）	露天	kW·h/t（矿）	3～5	
锡采矿（脉矿）	地下		15～20	
铜采矿	露天		3～7.3	
铜采矿	地下		15～20	
铅锌采矿	地下		15～20	
钨采矿	地下		15～20	
汞采矿	地下		30	
镍采矿	露天	kW·h/t（矿岩）	1.43	吉林镍业公司1977～1985年平均值

注：前7项指标系长沙有色冶金设计研究院提供。

表 29-4 我国几个金矿单位产品实际耗电量指标（单位：kW·h/t（矿））

矿山名称	开采方法	单位产品耗电量 W_d	备注
焦家金矿	地下	31.25	1980～1981 年平均值
金厂峪金矿	地下	30.9	1978～1981 年平均值
秦岭金矿	地下	31.0	1977～1982 年平均值
招远金矿	地下	40.1	1979～1981 年平均值
新城金矿	地下	37.9	1980～1981 年平均值

表 29-5 化学矿山单位产品耗电量指标

矿山类型	单位	单位产品耗电量 W_d
露天矿	kW·h/t（矿岩）	
大型		2.0～3.0
中型		2.5～3.5
小型		3.5～4.5
地下矿	kW·h/t（矿）	
大型		
平硐		13.0～18.0
竖井		20.0～25.0
中型		
平硐		15.0～20.0
斜井		16.0～24.0
竖井		17.0～25.0
小型		
平硐		17.0～25.0
斜井		22.0～30.0
竖井		23.0～35.0

注：此表系化学工业部化工矿山设计研究院提供。

表 29-6 核工业铀矿单位产品耗电量指标（单位：kW·h/t（矿））

矿山类型	单位产品耗电量 W_d
大型地下采矿	
涌水量大	140～180
涌水量较大	90～110
涌水量一般	70～80
中小型地下采矿	
涌水量大	120～160
涌水量较大	80～100
涌水量一般	70～80
露天采矿	30～40

注：此表指标系原核工业部第四设计院提供。

表29-7　部分非金属矿单位产品耗电量设计指标

矿山名称	开采方法	单位	单位产品耗电量 W_d
柳毛石墨矿	露天	kW·h/t（矿）	12.2
西山石膏矿	平硐		12.4
通化石膏矿	地下		39.6
平邑石膏矿	地下		29.0
龙胜滑石矿	露天		10.0
苏州瓷土矿	地下		34.6
临安膨润土矿	地下		22.0
将安大理石矿	露天	kW·h/m³	72.19
衢州大理石矿	露天		82.5
饶平花岗石矿	露天		69.88
寿宁花岗石矿	露天		59.6

注：此表指标系苏州非金属矿山设计研究院提供。

表29-8　各种矿山年最大负荷利用小时数

企业类型	T_{max}（h）			
	一班制	二班制	三班制	四班制
黑色冶金矿山				
露天矿	1200～1500	2500～3000	4000～4500	
地下矿	2000～2500	3000～4500	5000～6500	
破碎筛分			4000～5000	
机修辅助车间	2000	2500	3400	
有色冶金矿山				
矿山			5000～5500	
机修辅助车间	2000	3500	4500	
化学矿山				
露天矿			4000～4500	
地下矿			4500～5000	
铀金属矿山				
露天矿				4000～4500
地下矿				4500～5000

选用露天矿单位产品耗电量指标时，矿区地形复杂者取上限值。矿区地形简单者取下限值；中小型矿山采用铁路架线式电机车运输时取上限值，采用平硐溜井开拓时取下限值。

露天矿转入深部开采后，单位产品耗电量将随深度的增加而增加。

选用地下单位产品耗电量指标时，采用竖井、斜井开拓或机械化程度较高的矿山取上限值；采用平硐溜井开拓或半机械化生产的矿山取下限值。

地下涌水量相差很大，因此实际单位产品耗电量指标波动范围也很大。对地下涌水的矿山在估算电力负荷时，一般取上限值。如果地下涌水量特别大，如排水用电负荷占总负荷的40%～50%及以上时，单位产品耗电量指标将远远超过上述各表所列范围的上限值，此时确定单位产品耗电量指标要特别慎重，一般可按上限值的1.3～2.0倍选取。

29.1.3.2　全矿年生产耗电量

全矿年生产耗电量W_n按（29-2）式计算[3]

$$W_n = W_d M \qquad (29-2)$$

式中　W_n——全矿年生产耗电量，kW·h。

29.1.4　电源电压及配电电压选择

29.1.4.1　电源电压

矿山企业常用的电源电压等级为110kV、60kV、35kV、10kV及6kV。

在确定电源电压时，一方面要根据当地电力系统可能提供的电源电压等级，同时要根据矿山用电负荷的大小，以及电源点至矿山的距离，并与当地电力主管部门进行协商，经过方案比较后确定。

表29-9列出各电压等级架空输电线路的输送容量及输送距离供参考。

表29-9　架空输电线路输送容量及输送距离[3]

额定电压（kV）	输送容量（kW）	输送距离（km）
3	100～1000	3～1
6	100～1200	15～4
10	200～2000	20～6
35	2000～10000	50～20
60	3500～30000	100～30
110	10000～50000	150～50
220	100000～500000	300～200

矿山企业的电源电压，一般选用35～110kV。特大型矿山企业也可以选用220kV。小型矿山也可根据地区条件选用6～10kV，由矿区附近的变电所或发电厂直接供电。

当两种供电电压方案经过技术经济比较在经济上相差不大或矿山企业负荷有发展时，宜优先采用较高的电压等级。

29.1.4.2　配电电压

矿山企业内部常用的配电电压等级有6kV、10kV及35kV。

矿山企业的配电电压。应根据企业的配电范围、用电负荷大小、用电设备的电压等级以及邻近地区电力系统的电压等级，经过方案比较后确定。在方案比较中，如在经济上相差不多时，考虑今后发展，应采用较高的电压等级。

当6kV的用电设备占总负荷的30%以上时，企业内部的配电电压宜采用6kV。

如没有6kV的用电设备时，宜采用10kV的配电电压。

若矿山企业内部6（3）kV电动机的总容量占总负荷的比例较小时，经技术经济比较后，可采用10/6（3）kV的中间变压器，以6（3）kV对高压电动机供电。

29.1.5　总降压变电所主变压器台数及容量选择的原则

当外部电源供电电压为35kV或以上时，都要在矿山设置总降压变电所，将电源电压降至6～10kV，然后通过6～10kV配电线路对全矿各车间变电所及其他高压用电设备配电。因此总降压变电所是全矿供电的中枢。

主变压器台数及容量，应根据矿山所在地区供电条件、矿山电力负荷的性质、用电容量和运行方式等条件确定：

（1）在有一级负荷的矿山企业中，当两路电源均须经主变压器变压后供电时，应选两台主变压器。

（2）无一级负荷或虽有一级负荷但备用电源不需经主变压器变压时，大、中型矿山一般选两台主变压器。小型矿山可选一台主变压器。

（3）当矿山企业设置两个或两个以上总降压变电所，各变电所二次侧设置联络线时，各总降压变电所可选用一台主变压器。

（4）经技术经济比较认为合理时，总降压变电所也可选用三台或三台以上主变压器。

（5）矿山总降压变电所的主变压器，如选用两台或两台以上时，若一台停止运行，其余变压器的容量，应能保证全部一级负荷和二级负荷的用电需要；如为一台时，宜留有全部负荷的15%～25%的裕量。

29.1.6　矿区电网导线、电缆截面的选择

导线、电缆截面选择合理与否，直接影响矿区电网的安全运行，以及金属消耗量和线路投资。

29.1.6.1　按允许电流选择导线、电缆截面

导线中有电流通过就要发热，产生的热量中一部分散发到周围空气中，另一部分使导线温度升高。导线允许通过的最大电流称允许电流（又称允许载流量），通常由实验方法确定，并载入导线、电缆产品样本中。此种选择方法又称发热条件选择。

$$I_e = KI_{xu} \geqslant I_{js} \qquad (29-3)$$

式中 I_e——经校正后的导线、电缆的允许电流，A；

I_{xu}——导线、电缆的允许电流，A；

I_{js}——线路的计算电流，A；

K——考虑到空气温度、土壤温度、土壤热阻系数、并列敷设和穿管敷设等情况与导线、电缆允许电流所对应的标准状态不符的相对校正系数（由有关的电力设计资料查得）。

29.1.6.2　按允许电压损失选择导线、电缆截面

一切用电设备都是按照在额定电压下运行的条件而制造的，当端电压与额定电压值不同时，用电设备的运行就要恶化。为保证用电设备的正常运行，线路的电压损失不能超出表29-10所示的允许值，

三相交流线路的电压损失 $\Delta U\%$ 按（29-4）式计算：

$$\Delta U\% = \frac{R_o + x_o \mathrm{tg}\varphi}{10U_{ex}^2}PL, \% \qquad (29-4)$$

式中 P——线路的有功功率，kW；

L——线路长度，km；

R_o——线路导线、电缆的有效电阻，Ω/km（由样本查得）；

x_o——线路导线、电缆的电抗，Ω/km（由有关的电力设计资料查得）；

tgφ——线路功率因数角的正切值；

U_{ex}——线路的额定电压，kV。

表 29 - 10 在各种情况下网路电压损失允许值[4]

序号	名称	允许电压损失值 ΔU（%）	备注
1	内部低压配电线路	1.0～2.5	总计不得大于 6%
2	外部低压配电线路	3.5～5.0	
3	工业场地内供照明的低压线路	3.0～5.0	
4	正常情况下的矿区内高压配电线路	3.0～6.0	
5	同上，但在事故情况下	6.0～12.0	
6	正常情况下地方性高压供电网路	5.0～8.0	
7	同上，但在事故情况下	10.0～12.0	第 4、6 两项之和不得大于 10%

29.1.6.3 按机械强度选择架空导线截面

其最小允许截面和直径按表 29 - 11、表 29 - 12 选择。

表 29 - 11 导线最小允许截面（mm^2）[4]

导线种类	高压		低压
	居民区	非居民区	
铝绞线及铝合金线	35	25	16
铜芯铝线	25	16	16
铜线	16	16	直径 3.2mm

表 29 - 12 低压接户线最小截面[4]（mm^2）

架设方式	档距（m）	铜线	铝线
由电杆上引下	10 以下	2.5	4.0
	10～25	4.0	6.0

29.1.6.4 按经济电流密度选择导线、电缆截面

从降低电能损耗出发，导线、电缆截面越大越好；从减少投资和节约有色金属出发，导线、电缆截面越小越有利。线路投资和电能损耗都直接影响年运行费。综合考虑各方面因素而确定的符合总的经济利益的导线、电缆截面叫做经济截面，对应于经济截面的电流密度，叫做经济电流密度。

$$S_n = I_{js}/J_n \tag{29 - 5}$$

式中 S_n——经济截面，mm^2；

J_n——经济电流密度，A/mm^2。各国根据各自的资源情况和经济条件所确定的经济电流密度不尽相同。我国规定的经济电流密度见表 29 - 13。

表 29-13 经济电流密度[5]

导线材料	最大负荷利用小时数 T_{max}（h）		
	3000以下	3000～5000	5000以上
铜裸导线和母线	3.0	2.25	1.75
铝裸导线和母线	1.65	1.15	0.9
铜芯电缆	2.5	2.25	2.0
铝芯电缆	1.92	1.73	1.54

根据计算所得经济截面 S_n，选择与之相近的标准截面导线、电缆。

通常，矿区电网的导线、电缆截面按允许电流选择截面。只有 6～10kV 主要配电线路或 35kV 及以上的供电线路，正常运行方式下才按经济电流密度选择截面。但均须按允许电压损失校验所选截面是否满足要求。对高压电缆还应满足系统最大运行方式下短路电流的热稳定要求。

29.1.7 供、配电方案技术经济比较的内容

确定供电系统时，对供电的电源和电压、供电系统的主接线、总降压变电所及车间变电所的位置和数量、变压器的台数和容量、线路的定线等，通常可提出几个不同的方案，进行技术上和经济上的比较，从中确定最优方案。

29.1.7.1 技术比较的内容

参加比较的方案，在技术上都应是可行的、先进的。并满足对矿山企业供电的技术要求。各个方案在下列几方面进行技术比较：

（1）供电的可靠性；

（2）供电的质量，主要指供电电压的水平；

（3）运行、维护、操作、检修及管理等条件；

（4）施工条件、建设进度；

（5）主要设备、材料落实可靠程度；

（6）变电所、线路通廊占地和拆迁情况，以及扩建余地。

29.1.7.2 经济比较的内容

经济比较内容包括：

（1）基建投资；

（2）年运行费：

1）折旧费；2）维护费；3）工人工资；4）年基本电价费；5）年电能消耗费；

（3）有色金属消耗量。

29.2 矿山总降压变电所

29.2.1 总降压变电所位置选择

变电所的位置应符合下列要求：

（1）深入负荷中心；

（2）节约用地，并具有较好的地质地形条件。

（3）便于线路的引入和引出；

（4）便于运输主变压器和其他主要设备；

（5）周围环境清洁。如空气污秽时，变电所应设在污秽源的上风侧，或采取防污措施；

（6）应尽量避开有剧烈震动的场所；

（7）应留有扩建和发展的余地；

（8）应避开采矿场爆破危险区、塌陷区和炸药库危险区；

（9）应考虑土壤电阻率的大小；

（10）应考虑土石方工程量的大小。

根据上述要求，大型地下矿总降压变电所一般设在主井井口附近；大型露天矿一般设在工业场区；大、中型采选联合企业一般在选矿厂附近。

29.2.2　总降压变电所主接线的选用原则

29.2.2.1　线路变压器组的单元接线

只有一回路35～110kV电源线路和单台变压器时，采用线路变压器组的单元接线，如图29-1所示。这种主接线一般适用于中、小型矿山总降压变电所。

29.2.2.2　单电源双变压器接线

只有一回路35～110kV电源线路，而设置两台主变压器时的主接线，如图29-2所示。这种主接线一般适用于中、小型矿山总降压变电所。

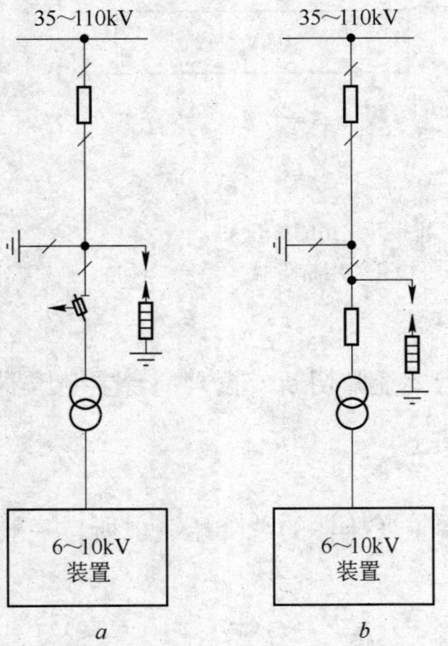

图29-1　一个电源一台主变压器时的接线

a—主变压器的操作及保护用高压熔断器；

b—主变压器的操作及保护用断路器

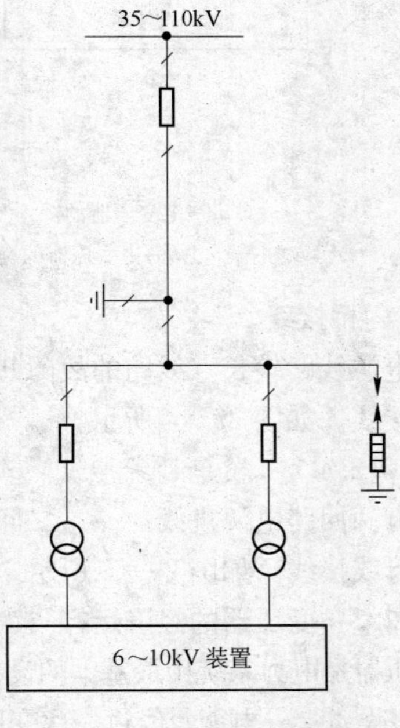

图29-2　单电源双变压器接线

29.2.2.3　桥型接线

当具有两回路电源线和两台主变压器时，一般采用桥型接线。适用于含有一、二级负荷的大、中型矿山总降压变电所。桥型接线分外桥接线与内桥接线两种。

A　外桥接线

对于电源线路较短（线路故障几率较少）或根据负荷变化需要经常切除一台主变压器或再投入一台主变压器时，一般采用外桥接线。如图29-3所示。

当不需带负荷操作时，主接线中桥接开关可用隔离开关。

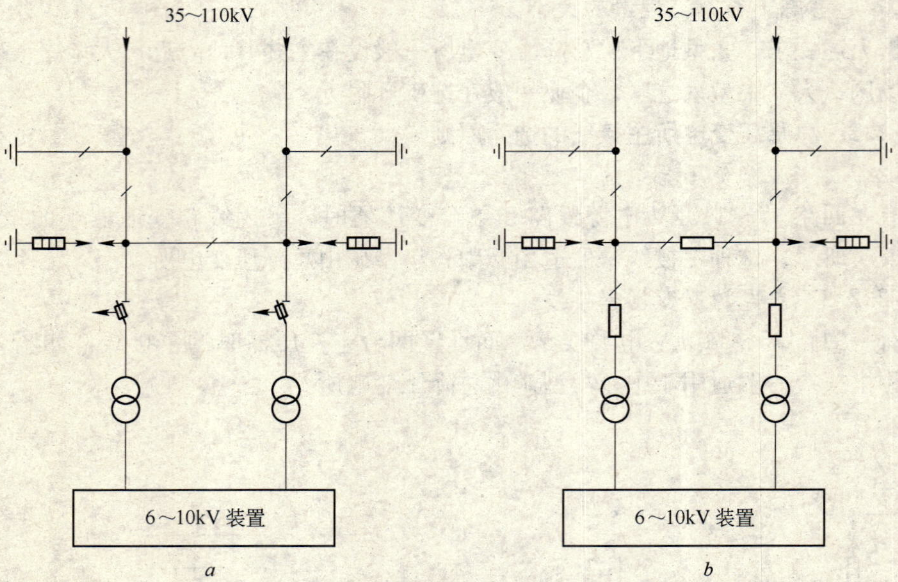

图29-3　外桥接线

a—主变压器的操作及保护用高压熔断器。桥接开关用隔离开关；
b—主变压器的操作及保护用断路器。桥接开关用断路器

B　内桥接线

当电源线路较长（线路的故障几率较多）或不需要经常切断或投入一台主变压器时采用内桥接线。如图29-4所示。

29.2.2.4　分段单母线接线

具有两回路电源进线，一、二回路转送线和两台主变压器的总降压变电所，一般采用分段单母线接线。如图29-5所示。

29.2.3　变压器的经济运行

变压器是电力系统中最基本的设备。从发电厂到用户，电能要经过多次变压才能送到用户的用电设备上。电能每经过一次变压就增加一些电能消耗。由于电力系统中变压器的电能损耗约占总发电量的2%，因此变压器的节能具有重要意义。减少变压器变压层次；选用节能型变压器或将现有变压器改造为节能型变压器是变压器节能的主要措施。其次，要合理地选择变压器的容量，使变压器尽可能地运行在空载损耗与有载损耗相等的工况下，以便获

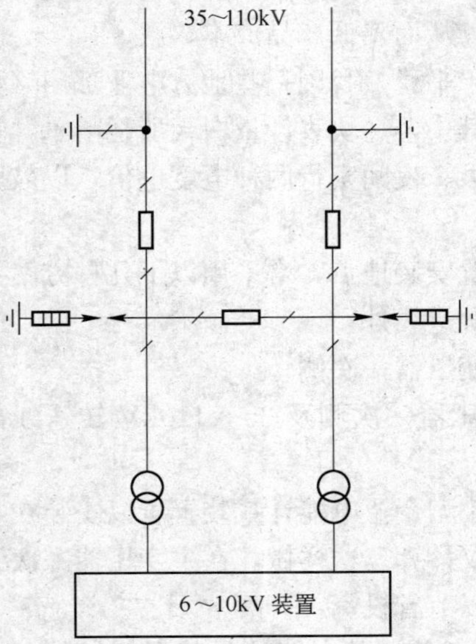

图 29-4　内桥接线

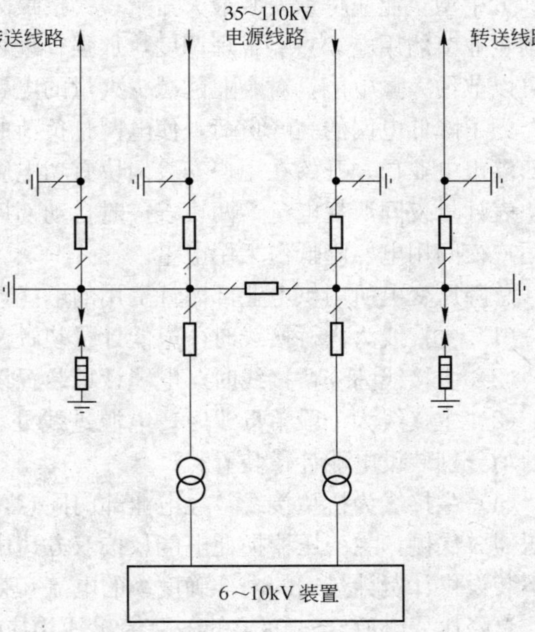

图 29-5　分段单母线接线

得最佳经济效益。当变电所内安装多台变压器时，应根据用电负荷的增减，及时调整工作变压器台数。尽可能地减少变压器损耗，以实现经济运行。

29.2.4　电能计量

电能计量按其作用可分为两种：一种是供电业部门计费用的；另一种是供考核企业内部各车间用电指标用的。前一种可兼做后一种作用。这两种不同作用下所使用的电度表和电流互感器的准确度级见表 29-14。

表 29-14　电度表与电流互感器的准确度级

电能计量作用	有功电度表	无功电度表	电流互感器
供计费用	一般为 1.0 级	2.0 级	一般为 0.5 级
	月平均用电量 100×10^4 kW·h 及以上用户用 0.5 级		0.2 级
供考核用	2.0 级	3.0 级	1.0 级

我国目前对工业企业耗电费用的收取方法仍采用二部电价制。即基本电价加电度电价。根据地区条件的不同，基本电价又分三种：

(1) 按用电设备的装机容量计算的基本电价，单位是元/千瓦·月；

(2) 按总降压变电所的变压器容量（包括主变压器和接于电源进线处的所用变压器）计算的基本电价，单位是元/千伏安·月；

(3) 按最大需量（最大需量由企业安装的最大需量表指示）计算的基本电价，单位是元/千瓦·月。

大中型企业应尽量安装最大需量表。按最大需量计算基本电费较另两种方法更有利于鼓励企业节约用电。只要合理调度，加强管理，企业的最大需量是可以降低的，因此对国家可以节约大量电能，对企业能减少大量的电费支出，从而降低产品成本。

为了降低电网的高峰负荷，使电网日负荷曲线趋于平稳，我国一些地方电业部门（如连云港市电业局）开始在用户安装两块有功电度表，其中，一块表计量白天所耗电量，另一块表计量夜间所耗电量，两块表按时自动切换。白天、夜间实行两种电度电价，以鼓励各用户夜间用电，降低白天用电量。

总降压变电所内供电业部门计费用的电能计量装置安装地点，常采用以下几种方案：

（1）主接线为内桥接线时，电能计量装置设在电源进线处；

（2）主接线为外桥接线时，电能计量装置设在主变压器一次侧；

（3）主接线为分段单母线时，电源进线处、主变压器一次侧及35～110kV转送线出口处均分别装设电能计量装置；

（4）主接线为桥型接线，经电业部门同意，中、小型企业电能计量装置可以安装在主变压器二次侧。主变压器损耗电能量按双方达成的协议计算。这样做，在主变压器一次侧可不装设供计费计量用的高准确度级的电流互感器，以节省投资。

总降压变电所6～10kV的各路馈出线均应装设供考核用的电能计量装置，如某一馈出线需单独计费进行经济核算或作为与其他变电所的联络线时，应装计费用的电能计量装置。

29.2.5 总降压变电所的安全运行

29.2.5.1 主变压器的保护

为保证主变压器安全运行，需设置如下一些继电保护[6]。

A 变压器的主保护

变压器的主保护是用来保护变压器绕组及其引出线的相间短路、在中性点直接接地侧的单相接地短路以及绕组的匝间短路。主保护应瞬时动作于跳闸，迅速将变压器从电网中切除，防止事故扩大。

按保护装置的动作原理，变压器主保护分为两类：

（1）重瓦斯保护。重瓦斯保护是靠变压器内部发生严重的上述短路故障时，变压器内绝缘物质在电弧作用下分解出大量的气体向油枕流动，在变压器油箱与油枕间的连通管内引起的油流速度达到一定值时，即迫使瓦斯继电器的下接点闭合而动作于跳闸。它对变压器内部故障反应最灵敏，但它不能保护变压器油箱外面套管和引出线的短路故障。

（2）电流速断保护装置或纵联差动保护装置。这两种保护装置都是靠变压器内部匝间短路和相间短路，以及中性点直接接地侧的单相接地短路时产生的短路电流动作的保护装置。

每台主变压器都设置重瓦斯保护。重瓦斯保护装置不能保护的范围由电流速断保护装置或纵联差动保护装置来完善。如果电流速断保护的灵敏度满足要求，那么小容量的主变压器就采用电流速断保护；如果电流速断保护的灵敏度不能满足要求时，对并列运行的或重要负荷的中等容量的主变压器，需采用纵联差动保护。对于大容量主变压器则一律采用纵联差动保护。

B 变压器的后备保护

变压器的后备保护主要指带时限的过电流保护。它是用来保护变压器外部（二次侧套管和引出线以外；或者二次侧电流互感器安装地点以外）的相间短路，以及中性点直接接地电网中的外部接地短路。

当变压器主保护范围内发生短路时，带时限的过电流保护装置同其主保护装置一起启动。如果主保护装置因故拒绝动作时，带时限的过电流保护经过一定时限后动作于跳闸，从而起到了后备保护的作用。

C 过负荷保护

因为变压器的过负荷能力是有限的，超过了变压器允许的过负荷能力，变压器的绝缘就会遭到损坏，变压器的使用寿命就要降低，因此主变压器应装设过负荷保护。当变压器过负荷超过允许值时，即发出信号，提醒变电所值班人员注意，及时采取措施减轻负荷。

D 轻瓦斯保护

在变压器内部发生轻微故障时，产生的气体聚集在瓦斯继电器容器的上部，迫使油面相应降低、当油面降低到一定程度时，瓦斯继电器的上接点闭合，发出预告信号，通知变电所值班人员注意检查。

E 温度保护

变压器油除了起绝缘作用外、油循环还起冷却作用。随着油温的升高，变压器油绝缘性能趋于老化，变压器冷却效果降低、迫使变压器输出容量降低。因此，规定变压器内油顶层温升限值为55℃。当变压器油顶层温升超过55℃时，安装在变压器上的户外式信号温度计上的接点闭合，发出预告信号。

总降压变电所35～110/6～10kV主变压器的继电保护装置情况见表29－15。

表29－15 总降压变电所35～110/6～10kV主变压器继电保护装置

<table>
<tr><th rowspan="3">变压器容量
(kV·A)</th><th colspan="4">动作于跳闸</th><th colspan="3">动作于信号</th></tr>
<tr><th colspan="3">瞬时动作</th><th rowspan="2">带时限动作过电流保护</th><th rowspan="2">轻瓦斯保护</th><th rowspan="2">温度保护</th><th rowspan="2">过负荷保护</th></tr>
<tr><th>电流速断保护</th><th>纵联差动保护</th><th>重瓦斯保护</th></tr>
<tr><td>1000～1800</td><td rowspan="2">过电流保护时限大于0.5s时装设</td><td></td><td rowspan="4">装设</td><td rowspan="4">装设</td><td rowspan="4">装设</td><td rowspan="4">装设</td><td rowspan="3">并列运行的变压器装设，作为其他备用电源的变压器根据过负荷的可能性装设</td></tr>
<tr><td>2000～6300</td><td>当电流速断保护不能满足灵敏度要求时装设</td></tr>
<tr><td>6300～8000</td><td>单独运行的变压器或负荷不太重要的变压器装设</td><td>并列运行的变压器或重要变压器或当电流速断保护不能满足灵敏度要求时装设</td></tr>
<tr><td>≥10000</td><td></td><td>装设</td><td>同上，但对自耦变压器及多线圈变压器应能反映公共线路及各侧过负荷情况</td></tr>
</table>

29.2.5.2 变电所防雷和接地

为保护变电所屋外高压配电装置免遭雷击，变电所屋外应设置防雷直击的过电压保护装置。一般采用独立式避雷针，且设独立的接地装置。在非高土壤电阻率（即$\rho<500\Omega\cdot m$）

地区，其冲击接地电阻不宜大于10Ω。避雷针及其接地装置与道路或出入口等的水平距离不宜小于3m，与电气设备接地网的水平距离不得小于3m。

变电所的建筑物和构筑物的防雷保护，按一般工业建筑物和构筑防雷的有关规定执行。实践中，单层建筑物一般不装防雷保护，二至三层建筑物视具体情况可设避雷带做防雷直击过电压保护。其接地装置的冲击接地电阻不宜大于30Ω，并应与电气设备的接地装置及埋地金属管道相连。

变电所电气设备接地装置为以敷设水平接地体为主的人工接地网。接地网的外缘应闭合。屋外高压配电装置的接地网。外缘各角应做成半径不小于均压带间距一半的圆弧形，且接地网内应敷设水平均压带。接地网的埋设深度宜为0.6m，接地网边缘经常有人出入的通道处，应铺设砾石、沥青路面或在地下装设两条与接地网相连的"帽檐式"均压带。

电气设备接地装置的工频接地电阻，根据系统的短路电流大小，按接地故障电流大小计算确定。详见中华人民共和国水利电力部《电力设备接地设计技术规程》，SDJ8—79。一般接地电阻不应大于4Ω。当与准轨牵引变电所合建时，不应大于0.5Ω[3]。

29.2.5.3　变电所的预防性试验

变电所电气设备预防性试验是预防设备损坏及保证安全运行的重要措施。因此应对变电所有关电气设备按时进行预防试验[7]。

各种电气设备预防性试验项目和周期见表29-16～表29-19。

表29-16　电力变压器、油浸式电抗器及消弧线圈预防性试验项目和周期

预防性试验项目	测量线圈的绝缘电阻和吸收比	测量线圈连同套管一起的介质损失角正切值 tgδ	测量线圈连同套管一起的泄漏电流	测量线圈的直流电阻	油的试验				
					简化分析（包括耐压、闪点、酸价、酸碱反应、水分、杂质和油色）	色谱检测	微水测量	油的介质损失角（70℃）正切值 tgδ	油的含气量
周期	每1～2年一次				35kV以下设备3年至少一次，5600kV·A及以上主变压器半年一次；其他35kV及以上设备1年至少一次			油显著劣化或tgδ增大时	35kV及以上容量为10000kV·A以上主变压器1年至少一次
电力变压器	√	√	√	√	√	√	√	√	√
油浸电抗器	√	√			√	√	√	√	
消弧线圈	√	√		√	√	√	√	√	

注：表中"√"表示需进行项目。

对接地网及避雷针，每两年在冬季测量一次接地电阻。每5年做一次接地网的导电试验。

29.2.5.4　故障诊断和状态监测

为保证变电所安全运行，对大型总降压变电所，有条件时，在电源进线和转送线上均装设故障录波仪，以供迅速准确地分析判断故障性质和故障地点。对需要监护多点处的有关参数时，根据具体情况，可采用单一量巡回检测装置（如温度巡测仪）、综合量巡测仪或

表 29-17 互感器预防性试验项目和周期

预防性试验项目	测量线圈的绝缘电阻	测量20kV及以上互感器一次线圈连同套管的介质损失角正切值 $tg\delta$	线圈连同套管一起对外壳的交流耐压试验	油的试验		
				简化分析	色谱检测	微水测量
周 期	每1～2年一次		每1～3年一次	35kV以下设备3年至少一次；35kV及其以上设备1年至少一次		

表 29-18 少油断路器预防性试验项目和周期

预防性试验项目	测量绝缘电阻	测量35kV及其以上非纯瓷套断路器的介质损失角正切值 $tg\delta$	测量35kV及其以上少油断路器的泄漏电流	交流耐压试验	测量每相导电回路电阻
周 期	1～2年一次综合小修			10kV以下1～3年一次	1～2年一次结合小修

表 29-19 阀型避雷器预防性试验项目和周期

预防性试验项目	测量绝缘电阻	测量电导电流及检查串联组合元件的非线性系数差值	测量工频放电电压	备 注
周 期	每年雷雨季前		3年至少一次	试验避雷器时应对放电记录进行动作试验

微机实时监测装置。

对屋外配电装置的架空导线的接点和铝压接管等可采用红外线测温仪进行带电测试各点温度，以供判断是否接触不良或有无断股。

对绝缘油可采用气相色谱仪进行快速的光谱分析，及时掌握绝缘油的有关指标。

29.2.6 总降压变电所开关设备、控制与通讯

29.2.6.1 开关设备

常用的高压开关柜有两种：

(1) GFC-□（F）型防误型手车式高压开关柜。这种高压开关柜有较严密的防误闭锁装置，较完善地具备“五防”功能，即防止带负荷拉（合）隔离开关（插头）；防止误分（合）断路器；防止带电挂接地线；防止带接地线合隔离开关（插头）；防止误入带电间隔。

该型高压开关柜为根据用户不同需要，一次方案中有装设SN10-10系列高压少油断路器方案，也有装设ZN-10或ZN3-10型真空开关方案。

由于主要开关设备装在小车上，因此检修方便。又因母线安装在主母线室内，所以对维护人员较安全。加上有“五防”功能，因此近几年来大量推广使用这种高压开关柜。

(2) GG-1A（F）型防误型固定式高压开关柜。该种高压开关柜系在原GG-1A型产品基础上完善而成。其“五防”功能同GFC-□（F）型。其一次方案中已用SN10-10型

少油断路器代替了SN1-10型等少油断路器。可以按用户要求，装设真空开关。

由于各种电器设备均固定安装在开关柜内，通过网门监视较方便，但检修就不如手车式开关柜方便。母线是裸露在开关柜顶部，也不如手车式开关柜安全。但该型开关柜较手车式价格便宜许多。

无论哪种开关柜，对高压电动机线路和送往露天采矿场的线路等频繁启动或经常事故跳闸的断路器，应采用真空开关。因为真空开关具有频繁操作能力，这一点优越于少油断路器。

29.2.6.2 集中控制与就地控制

矿山企业总降压变电所的下列断路器一般应在控制室内操作：

(1) 35～110kV断路器（包括进线断路器、分段断路器、馈出线断路器和主变压器一次侧断路器）；

(2) 主变压器二次（即6～10kV受电）断路器；

(3) 6～10kV母线分段断路器；

(4) 采用弱电控制或微机控制时，6～10kV馈出线的断路器。

6～10kV馈出线断路器一般在高压配电室内就地操作。

有条件时，对矿区内所有无人值班的配电所的电源进线、母线分段和主要馈出线的断路器，宜在总降压变电所（该所应属矿山自己管理）的控制室内进行遥测、遥信和遥控。

29.2.6.3 操作电源

断路器的操作机构需按断路器样本选用。我国各型断路器的操作机构常见的有两种，即直流电磁操作机构与弹簧操作机构。直流电磁操作机构由合闸电磁线圈与分闸电磁线圈组成，其所需电源一般选用直流220V。弹簧操作机构由电动机、合闸电磁铁和分励脱扣电磁铁组成，这三部分所需电源均分直流和交流两种，一般设计中选用交流220V。

对小型变电所，在满足继电保护装置的要求时，也可采用交流操作，此时断路器采用手动操作机构。

29.2.6.4 总降压变电所的通讯

总降压变电所应设置下列通讯：

(1) 矿区行政电话；

(2) 矿区动力调度电话或矿区调度电话；

(3) 对外（电力系统）载波通讯和调度电话。

29.3 露天采矿场电力设施

29.3.1 电源与电压

29.3.1.1 电源[2]

露天采矿场的高压电源一般引自矿山总降压变电所。由于露天采矿场电力线路易出故障，为保证露天采矿场连续生产，大、中型矿山向露天采矿场供电的线路，一般不少于两回路，小型矿山可单回路供电。

有淹没危险的深部露天矿主排水泵，必须由两回路电源线路供电，当一回路停电时，另一回路应能承担最大排水负荷。

根据矿山运行经验，当采矿场由两回路或多回路供电时，宜采用分列（或开环）运行。因采矿场线路故障较多，分列运行既便于继电保护的整定，又可缩小事故范围，查找事故容易。

采矿场内移动式低压用电设备的电源，引自移动变电所内的配电变压器。

29.3.1.2　配电电压

A　高压配电电压

大、中型露天采矿场内高压用电设备所占比重较大，且国内目前生产的高压矿用移动电缆只有3～6kV级，故露天采矿场配电电压通常采用6kV；对原有采用3kV的配电电压的露天矿，如因负荷增加而需改造时，为减少电能损耗，提高电压质量，也应优先考虑改为6kV。对于采矿场内没有或仅有少量高压设备的露天采矿场，如附近有10kV电源时，亦可采用10kV供电。

新建或扩建的大型或特大型露天矿，当采区面积较大，采矿场设计负荷在10000kW以上时，如距矿区总降压变电所超过1km，为保证电压质量，减少网损，应在露天采矿场附近（爆破界线以外）设立半固定式35～110/6kV变电站，以6kV电压向采矿场设备供电。

B　低压配电电压

采矿场和排土场低压配电电压，一般采用380V，也可采用380/220V；有条件时可采用660V；手持式电力设备的电压，应尽量不大于220V[2]。

29.3.2　高压配电系统[3]

采矿场高压配电系统系根据采矿场的形状、周围地形、工作台阶数、开拓方式、主要用电设备的数量与容量以及其分布等条件确定的。并应保证供电可靠，移动用电设备的电压质量符合要求，经济上合理及维护工作量较小（如减少线路移动的频繁程度，便于巡视及减少线路被爆破飞石打坏的程度等）。

露天采矿场的供、配电系统主要有以下几种形式：

29.3.2.1　环形线－横跨线系统

自矿山变（配）电所引两回或两回以上的电源线路，接至沿采矿场边缘外架设的环形架空线路（称环形线）上，并通过环形线相互联络，形成环形线系统。当受地形或其他条件所限，不能沿采矿场四周连成整个环状时，可做半环。

由环形线引向采矿场采取跨越多个台阶（垂直于采矿台阶）架设的分支线称为横跨线。

环形线－横跨线系统见图29－6。

高压用电设备及移动变压器以高压移动电缆经高压接电点接至分支线上，低压用电设备通过低压移动电缆接至移动变电所二次侧的低压配电装置上。

环形线为固定线路，一般架设在采矿场最终边界线以外，距开采边界线10～20m处。当采矿场宽度较大且开采期较长，架设在最终边界线以外不合理时，亦可架设在最终边界线以内，但应为近期内不开采的地方。

横跨线为移动线路，一般采用木电杆。由于垂直于工作台阶，要考虑电铲、钻机从线下安全通过，故须采用较高电杆。如电铲、钻机不从线下通过或当通过时已采取拆导线措施，则电杆高度可以降低。按工作面的配置和线路纵断面的特点，每个台阶上至少设一杆电杆，且立于靠近台阶边缘5～10m处。根据采矿工作的需要设置横跨线，其间距一般为

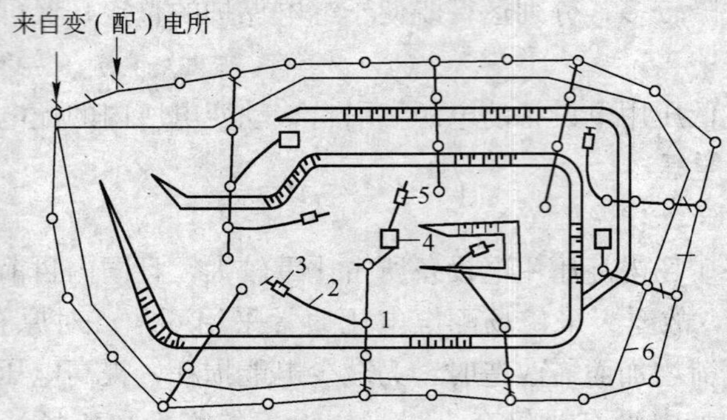

图 29 - 6　环形线 - 横跨线系统平面图

1—高压接电点；2—高压移动电缆；3—电铲；4—移动变电所；5—钻机等；6—开采边界线

250～350m。在环形线上也可以装设高压接电点直接对移动设备供电。

电源线与环形线连接处，环形线间分段、环形线与分支线（横跨线或纵架线）连接处均应装设开关设备，一般采用户外高压隔离开关。由于采矿场用电设备、架空线路及移动电缆的故障特别是接地故障较多，但不希望电源总开关频繁跳闸或拉闸，今后在环形线与分支线连接处装设固定的装有真空开关的户外高压开关柜，或户外矿用真空开关，并装设过流和接地保护装置，以便有选择地切断故障线路，减少故障的停电范围。

横跨线的优点是与工作台阶垂直，受爆破影响相对地减小；移动较少，只需随台阶下降移动局部电杆，因而提高了供电的可靠性。但缺点是：其纵断面不是水平的，架设与维护线路较困难；当考虑电铲、钻机通过线下时，防止发生碰线事故，电杆应加高，移动更加困难；高压移动电缆较长等。

29.3.2.2　环形线 - 纵架线系统

由环形线引向采矿场采取沿采矿台阶（即平行于台阶）架设的分支线称为纵架线。

环形线 - 纵架线系统见图 29 - 7。

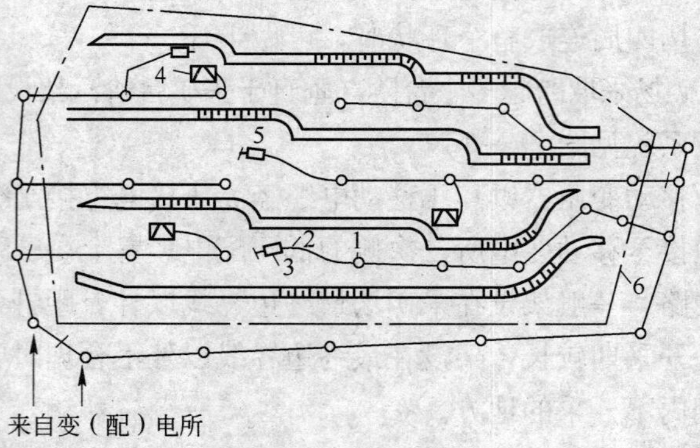

图 29 - 7　环形线 - 纵架线系统平面图

1—高压接电点；2—高压移动电缆；3—电铲；4—移动变电所；5—钻机等；6—开采边界线

纵架线为移动线路，一般采用木电杆。纵架线的回路数一般与采矿工作台阶数相等，但视采矿具体情况也可以减少，此时可用高压移动电缆向相邻的台阶供电。

纵架线的优点就是沿台阶敷设，电铲、钻机不通过线下，避免了碰线事故，电杆较低便于移动；高压移动电缆的长度有可能缩短。缺点是线路必须随工作面的推进而成段地移动，移动工作量较大；整个线路处于爆破工作面上，受爆破的影响较大，特别是当一条线路对多台电铲供电时，由于移动和爆破而造成电铲停电的机会较多。

环形线 - 横跨线及环形线 - 纵架线系统一般用于大、中型露天采矿场。我国金属矿山中当采用铁路运输方式时以纵架线居多，采用汽车运输时以横跨线居多。

29.3.2.3 放射 - 横式系统及放射 - 纵式系统

当前在大型露天矿应用的配电系统，除前述两种方式外，尚有“放射 - 横式”系统及“放射 - 纵式”系统，见图 29 - 8 和图 29 - 9。与“环形线 - 横跨线”系统及“环形线 - 纵架线”系统相比，其采矿场内架线方式相同，只是不设环形线，直接由矿山总变电所引出多回电源，接至采矿场垂直于台阶或沿台阶架设的分支线路上。每回线供电电铲数一般不超过 3 台。对大型矿山来说，由于采用了多回路供电，供电可靠性提高，电压质量也有所改善。但由于供电设备增加，投资也相应增加。

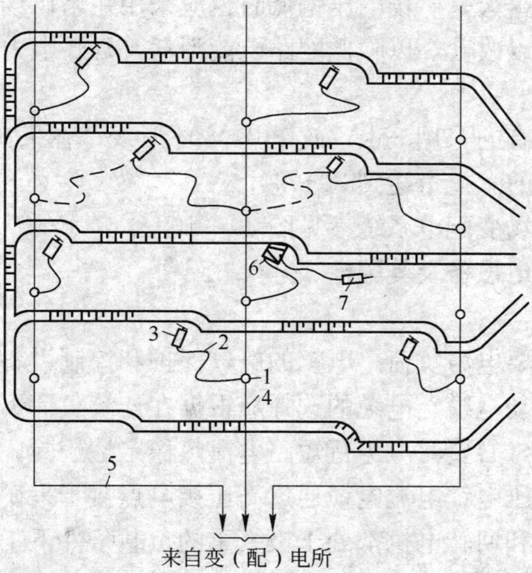

图 29 - 8 放射 - 横式系统平面图

1—高压接电点；2—高压移动电缆；3—电铲；4—横式采场线路；5—电源线；6—移动变电所；7—钻机等

根据采矿场的具体条件，也有的矿山采用“放射 - 横式”和“放射 - 纵式”混合配电方式，即电源自矿山总变电所引出后横向引入采矿场，再沿台阶纵式配电。

有的小型采矿场，也可以直接将配电线路引至采矿场内，对采矿场用电设备配电。当采矿场范围较小，且无高压用电设备时，可在采矿场边缘设置固定或半固定的变电所，以低压向采矿场内用电设备供电。

对采矿场计算负荷大于 10000kW 的特大型矿山，当采矿场至矿山总降低变电所距离大

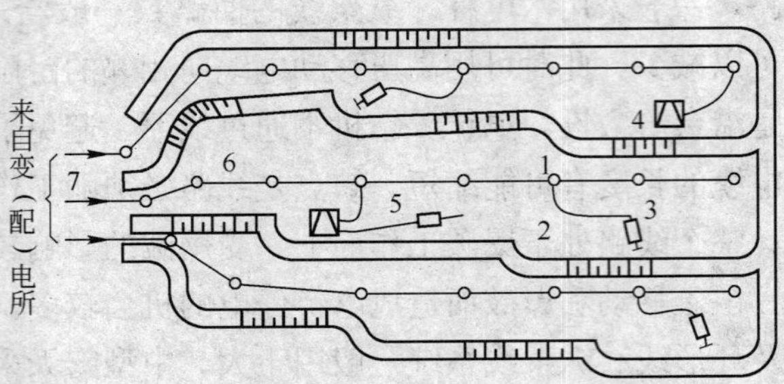

图 29-9 放射-纵式配电系统平面图

1—高压接电点；2—高压移动电缆；3—电铲；4—移动变电所；5—钻机等；6—纵式采场线路；7—电源

于1km时，应在采矿场固定帮30m以外，负荷较集中的地方建立成套式或半固定式35～110/6kV降低变电所，再以6kV电压向采矿场环形线以及移动破碎机、带式输送机、排水泵等负荷供电。降压变电所可根据需要设置1～2个，每个降压变电所设置1～2台变压器，单台变压器容量一般不超过10000kV·A。在变电所附近开采爆破时，应采用定向爆破，以防止变电所设备被炸坏，变电所本身也应采取简易防砸措施。

对现有大型矿山，露天采矿场电压偏低时也应采用在采矿场附近建立成套式或半固定式降压变电所的方式予以改善，以降低网路电能消耗，延长电力设备的服务时间和检修周期。

国外特大型矿山，有的采用35kV或110kV环形线，在采矿场设置35～110/6kV移动变电站，移动变电站的总重量达到20～30t。

特大型矿山的采矿场变配电系统参见图29-10。

29.3.3 采矿场用电设备及其配电

29.3.3.1 电铲

电铲是采矿场的主要电力负荷。电铲的电气保护和控制设备随电铲成套供应，每台电铲通常都随电铲带有移动电缆。电缆的选择应根据在连续负荷下的等值电流发热条件和尖峰负荷电流密度来选择，必要时应进行短路电流热稳定性校验，同时应考虑机械强度和工作环境温度的影响。高压电铲电流电缆通过高压接电点接于采矿场内高压架空线路上。

电铲的提升、推压和回转电机都处于极繁重的负载条件下工作，而且电动机启动次数极为频繁。如高压电铲的提升电动机每小时合闸次数可达200～300次，回转和推压电动机甚至高达600～700次。电动机尖峰负荷电流约为额定电流的2～3倍。

常用电铲的主电动机规格与移动电缆及其保护设备选择见表29-20。

29.3.3.2 钻机

A 潜孔钻机

该钻机为低压多电机传动，电气设备随机成套供应。工作时电气负荷平稳。该类钻机的电机规格与移动电缆及其保护设备的选择见表29-21。

B 牙轮钻机

该钻机的控制和保护设备随机成套供应。其电机最大工作容量与移动电缆及其保护设备的选择见表29-22。

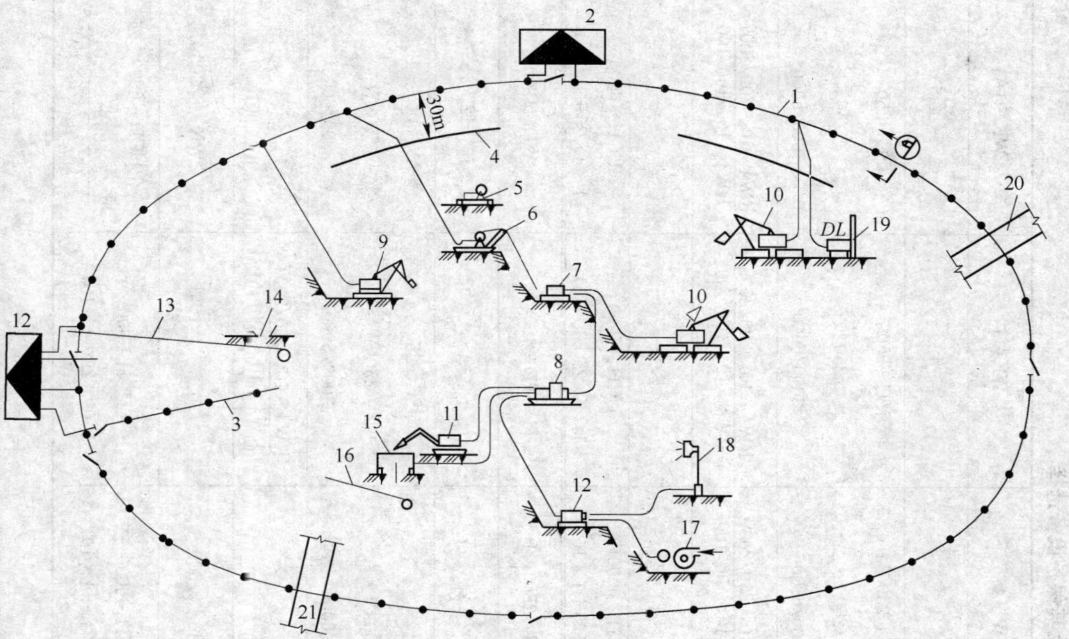

图 29-10 特大型矿山采矿场配电系统图

1—6kV 采场环形线；2—35～110/6kV 半固定变电所；3—送至采场的 6kV 分支架空线；4—采场边缘；5—动力电缆绞轮；6—动力电缆滑橇；7—6kV 电缆连接移动装置；8—6/0.38kV 移动变电所；9—矿石电铲；10—废石电铲；11—移动吊车；12—0.38kV 电缆连接移动装置；13—重型输送机（移动）；14—汽车漏斗；15—岩石破碎机（移动）；16—移动式废石输送机（移动）；17—水泵；18—探照灯；19—钻机；20—矿石运输道路；21—废石运输道路

上述潜孔钻机与牙轮钻机正处于不断改进过程中，因此其型号和电机容量可能有变化，使用时以到货设备的技术参数为准。

露天采矿场的一些半固定设备，如带式输送机、破碎机、露天排水泵等的配电设备及其电缆的选择，按通用电气设备进行。

29.3.4 露天采矿场高压接电点及保护设备

高压接电点指的是具有保护装置的开关设备，作为高压移动电缆和采矿场分支线之间接电和断电之用。同时对电铲来说是其移动电缆的主保护及电铲主电机的后备保护；对移动变电所来说是其高压移动电缆和移动变电所的主保护。

高压接电设备可采用户外成套开关柜或跌开式熔断器。前者操作保护性能较好，但设备笨重，移动不便，而且投资较高。而跌开式熔断器设备简单，安装方便，投资少，故目前金属矿山多采用它作为高压接电设备。但跌开式熔断器也存在一些缺点，如可能造成电机的单相运转，绝缘子容易被采矿场爆破飞石打坏等，而最主要的是不能装置较完善的保护，致使采矿场移动电缆或电气设备发生短路故障时不能可靠地切除，从而造成矿山总降压变电所的馈电开关跳闸，大面积停电。而采矿场移动电缆及电气设备故障又比较多，如本钢南芬铁矿，送往采矿场的三回馈电线路在 1978 年一年内共跳闸 1350 次，严重影响采矿场作业率。1980 年锦州高压开关厂试制成功一种户外矿用真空开关，型号为 ZWK-6/300-

表 29 - 20　电铲主电机（变压器）规格与电缆及其保护设备选择

型　号		W - 502	W - 1002	W - 4	WK - 4	WK - 4A
铲斗容积（m³）		0.5	1	4	4	4；4.6
电动机或变压器	型　号			JCC - 250 - 4	JSC - 250 - 4	JSC - 250 - 4
	功率（kW）	55	100	250	250	250
	电压（V）	380/220	380/220	3000/6000	3000/6000	3000/6000
熔断器①（A）		RTO - 200/200	RTO - 400/400	RW4 - 10，200/200② ——— RW4 - 10，100/100	RW4 - 10，200/200② ——— RW4 - 10，100/100	RW4 - 10，200/200② ——— RW4 - 10，100/100
断路器						
电缆型号及截面		U - 1000 1（3×50+1×16）	U - 1000 2（3×35+1×10）	UCH - 6000 1（3×25+1×10）	UCH - 6000 1（3×25+1×10）	UCH - 6000 1（3×25+1×10）
型　号		WK - 10A	P&H　2300×P	P&H　2800×P	WD - 400	WD - 1200
铲斗容积（m³）		10；12；14	16.8	25.2	4	10，12，15
电动机或变压器	型　号				JSC - 250 - 4	Y - 500S - 4
	功　率	800kV・A	2000kV・A	2500kV・A	250kW	560kW
	电压（V）	6000	6000	6000	3000/6000	3000/6000
熔断器		RW4 - 10，200/150			RW4 - 10，200/200② ——— RW4 - 10，100/100	
断路器①		ZWK - 6/300	ZWK - 6/300	ZWK - 6/300		ZWK - 6/300
电缆型号及截面		UCH - 6000 1（3×35+1×10）	UCH - 6000 2（3×35+1×10）	UCH - 6000 2（3×35+1×10）	UCH - 600 1（3×25+1×10）	UCH - 6000 2（3×25+1×10）② ——— 1（3×25+1×10）

①表中高压熔断器或断路器为高压接电点设备，低压熔断器为变压器二次侧配电设备；
②分子用于 3000V，分母用于 6000V。

表 29-21　潜孔钻机最大同时工作容量与电缆及其保护设备选择

型　号	金-80	KQ-150	KQ-250
最大同时工作容量	4.5kW	36kW	320kV·A
熔断器（A）	RTO-100/60	RTO-200/120	RW4-10，100/75
电缆型号及截面	UC-1000 1（3×10+1×6）	U-1000 1（3×16+1×6）	UCH-6000 1（3×25+1×10）

表 29-22　牙轮钻机主变压器容量与电缆及其保护设备选择

型　号	KY-150	KY-250A	KY-310
主变压器容量（kV·A）	320	400	500
熔断器（A）	6000V，RW4-10， 100/75	6000V，RW4-10 100/100	6000V，RW4-10 100/100
电　缆	UCH-6000 1（3×25+1×10）	UCH-6000 1（3×25+1×10）	UCH-6000 1（3×25+1×10）
型　号	YZ-12	YZ-35	YZ-55
主变压器容量（kV·A）	200	400	500
熔断器（A）	6000V，RW4-10，100/40	6000V，RW4-10，100/100	6000V，RW4-10，200/100 3000V，RW4-10，200/200
电缆型号及截面	UCH-6000 1（3×25+1×10）	UCH-6000 1（3×25+1×10）	UCH-6000 6000V1（3×25+1×10） 3000V1（3×35+1×10）

6.3型，用于额定电压6kV以下露天矿供电网路及高压接电点，可以安装在柱上，其技术数据见表29-23。

表29-23 ZWK-6/300-6.3型真空开关的技术参数

项　　目	单　位	技术要求
额定工作电压	kV	6
最高工作电压	kV	6.9
额定工作电流	A	300
最大开断电流及4秒热稳定电流（有效值）	kA	6.3
最大关合电流与最大通过电流（峰值）	kA	16
空载机械寿命	次	≥5000
分断2kA电流值的寿命	次	≥1000
最大开断电流下的电寿命	次	≥30
外形尺寸	mm	850×680×1080
重　量	kg	约200

无锡市第二电气控制设备厂生产的LKGZ-100/6型高压电缆保护柜，供高压电缆作过流（短路）保护和漏电（接电）保护之用，可避免单台电器（电缆）故障使同一线路上的其他用电设备同时断电的弊病。

29.3.5 采矿场移动电缆

移动电缆的长度，随配电方式及不同的用电设备而异。移动电缆选用较长时，可以减少接电点移动和连接的次数，但事故或然率增加了。故从运行情况看，移动电缆不宜太长。由分支线向移动式设备供电，应采用橡套电缆。一般情况下选用移动电缆的长度可参照表29-24[2]。

表29-24 露天采矿场移动电缆长度

用电设备名称	各种架线方式电缆长度（m）	
	横　跨　线	纵　架　线
高压电铲	200～250	150～200
移动变电所	100	50
低压用电设备	150①	150①

①低压用电设备系按380V考虑的。

为尽量减少移动电缆的故障，要做好电缆的日常维护工作，应注意防砸、防压、防抻，做好包（接头）、套（接头加防水套）、架盖（避免雨、雪从接头侵入）、定期更换（硫化或更新），这些简便、易行、实用的方法，只要落实好责任制，就是最大限度地减少电缆故障。

国外矿山拖曳电缆的接头和分线盒装置，使采矿场移动电缆状况大有改善，可供大型矿山借鉴。

29.3.6 露天采矿场电器设备防雷保护

（1）进入采矿场的架空线路在下列地点均应装设避雷器：

1）电源线与环形线连接处；

2）环形线与分支线连接处；

3）分支线与移动设备的接电点处。

（2）柱上矿用户外型真空开关、负荷开关或隔离开关均应装设阀型避雷器或保护间隙保护，如果上述各类开关在雷雨季中有可能断开时，则保护装置应装在带电侧。

（3）6～10kV配电变压器应用阀型避雷器保护，保护设备应尽量靠近变压器安装，中性点不接地系统的配电变压器，为防止高低压线圈之间绝缘损坏引起危险，应在变压器低压侧中性点（低压侧为星形接线时）或相线上（低压侧为三角形接线时）装设击穿保险器。

避雷器或保护间隙的接地引下线，应与电气设备非带电金属外壳相连并可靠地接地。

应着重指出的是，由于露天采矿场线路、设备及接电点移动频繁，而防雷设施又往往不被重视，因此当前许多矿山的防雷保护设施是不完备的，为确保雷雨季节安全生产，防雷保护设施应作为矿山安全员重点检查项目之一。所有防雷设施及其接地装置，每年雷雨季节到来之前应进行试验、检查一次。

29.3.7 露天采矿场电气设备的保护接地

目前国内大、中型露天矿山3～10kV、配电系统均为中性点不接地系统，因此，设备的金属外壳应作保护接地。低压系统（380V或660V）多数也采用中性点不接地系统。接地系统由设在采矿场边缘的主接地装置，局部接地极以及悬挂在环形线、横跨线或纵架线电杆横担下侧0.5m处的架空地线及移动电缆的接地芯线所构成的接地网组成。由于接地方式存在一些缺陷，加之采矿场设备移动频繁，对接地装置及接地网的维护又不及时，致使许多电气设备经常处于脱离接地状态，由于接地不完善而导致的电气设备事故及人身伤亡事故时有发生，因此各类矿山对电气设备的接地必须予以重视。

29.3.7.1 3～10kV采矿场配电系统的接地

3～10kV中性点不接地系统，即3～10kV侧变压器中性点不接地，设备的金属外壳只作保护接地，这样的接地系统当发生单相接地时，通过故障点的电流仅仅是系统的电容电流，一般不超过10A，如果接地极及接地连接线的总接地电阻不大于5Ω，则在故障点所产生的接触电压不超过50V，一般对人没有危险。但这样的接地系统对露天采矿场则可能产生很危险的情况。由于多数矿山的各个配电分支回路没有完善的接地保护装置，系统单相接地时仅在变电所3～10kV侧发出警报信号，而矿山单相接地故障又比较多，因此往往使电气设备长期处于单相接地状态下运行。这不仅使非故障相的对地电压升高，危及电机绝缘的安全，更严重的是在单相接地故障期间，如果本系统设备中另一相又发生对地绝缘损坏，并且其中之一在电铲上，如图29-11所示，则故障电流将在接地线（包括电缆的接地芯线和架空地线）、大地及相应故障相导线（包括架空导线和电缆芯线）中流动。在这种情况下，电铲机座对地电压实际上等于故障电流在接地线和接地点G上所产生的电压降，如果接地点G接地电阻为4Ω，接地线的电阻为1Ω，对于6kV系统其两相接地故障电流可达到300～500A。如果电铲处不作接地，当电铲上发生单相接地时，机座对地将会出现很高电压，此电压大小与系统电容电流大小和履带对地电阻大小有关，而单相接地故障，虽由于回路电阻较大，使故障电流大大减小，但由于履带对地电阻在整个故障电流回路中

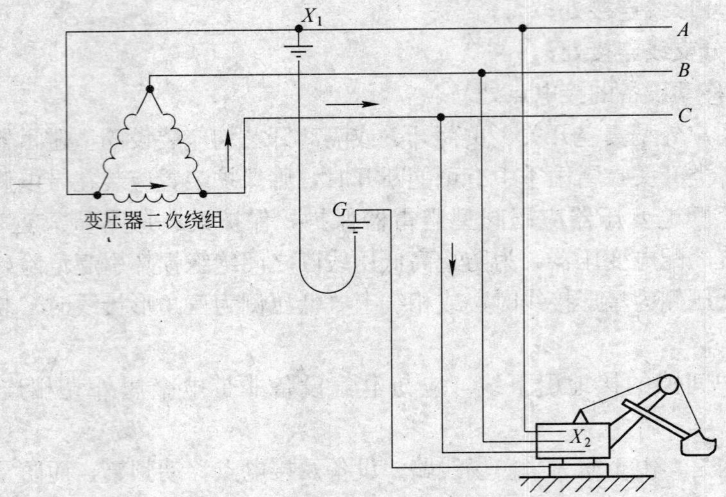

图 29 - 11 电铲机座有接地线的未接地配电系统在 X_1、X_2 两点接地故障示意图

所占比例较大，因此电铲机座对地电压同样会很高。

为了高度可靠地防止在电铲与大地之间产生危险电压，国外有的矿山采用变压器中性点通过电阻接地的方式，如图 29 - 12 所示：在变电所接地装置与变压器中性点之间接入一个限流电阻 Z，把单相接地故障电流限制在 25A 以下。如果相线和电铲机壳之间在 X_1 点发生接地短路，故障电流将从相应的变压器 A 相线圈 A 端，通过线路中 A 相导线故障点，再经过接地线和限流电阻 Z 回到变压器中性点。在这个回路上所施加的电压是相电压，电铲和大地之间的电位是故障电流在变电所至电铲间接地线上所产生的压降，在正常情况下接地线的电阻在 2.5Ω 以下，因此电铲和大地之间的电位将被限制在 62.5V 以下。在 6kV 系统中欲将单相接地故障电流限制在 25A 时，则限流电阻 Z 的电阻值约为 140Ω。

为及时切除接地故障，在变压器中性点与限流电阻 Z_1 之间的引线上装一只电流互感器。互感器二次侧接一只继电器 LJ，当系统发生接地故障时经短时间延时，断开主变电所中的断路器。类似的接地保护装置也可以分别装在各个馈电线的断路器上，但应具有更短的动作时间，以便有选择性跳闸。

这种保护方案是保证矿山工作人员免遭触电危险的比较可靠的方案，可以在各类矿山中推广应用。

对于 3～10kV 侧三角形连接的变压器，需要设置一个接地中性点，为此可用一台接成星形或曲折星形的接地变压器，接入三相线路，如图 29 - 13 所示。接地变压器的中性点通过限流电阻接地，在这个接地变压器中，从任一相线上来的接地故障电流等量进入三相绕组，而绕组的阻抗是很低的。限制故障电流不超过规定值所需要的阻抗，由接在大地与中性点之间的限流电阻提供。接地变压器的绕组容量应能负担最大故障电流的 1/3，连续工作。

为使设备接地系统经常保持完整，在移动设备上可装设一套接地线断线监测保护装置，其工作原理如图 29 - 14 所示。在移动电缆中增加一根控制芯线，通过控制芯线、接地线与辅

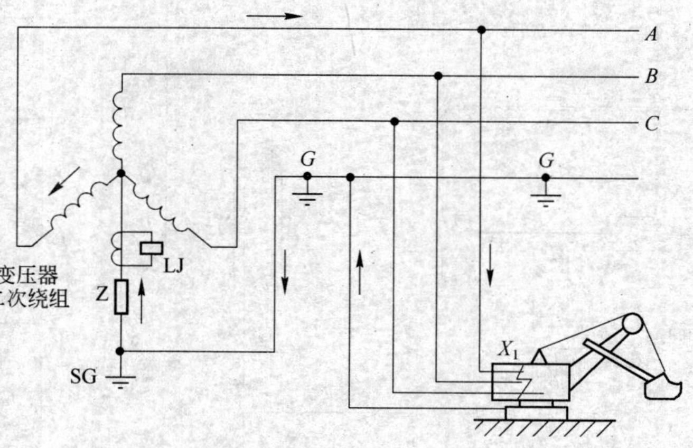

图 29 - 12 中性点通过阻抗接地配电系统
在 X_1 点接地故障示意图

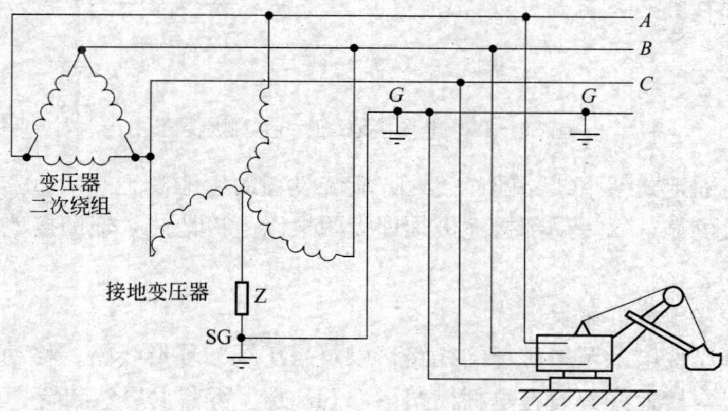

图 29 - 13 为建立中性点而接有曲折形接地
变压器的配电系统示意图

助变压器二次绕组连成闭合通路，使辅助变压器在正常情况下处于短路状态，电流继电器 LJ 通过可调电阻调到 5A，其常闭接点断开。当接地线断线时，辅助变压器二次开路，电流继电器 LJ 线圈降至 1A 以下，其常闭接点闭合，使断路器跳闸或发生信号。

29.3.7.2 采矿场低压电气设备的接地

露天采矿场移动变压器二次侧，及采矿场低压配电系统，一般采用中性点不接地系统，但也允许采用中性点直接接地系统。由于采矿场电气设备移动频繁，安装及维护条件较差，从安全观点出发，推荐采用中性点不接地系统，但应在低压侧装设使运行人员能及时发现网路绝缘破坏或能自动断电源的检漏装置。所有低压电气设备正常不带电的金属外壳，必须装设保护接地。高低压电气设备采用共用的接地网和接地装置。

29.3.7.3 主接地装置和局部接地极的位置及要求

主接地装置一般设在环形线附近土壤电阻率较低的地方。采矿场主接地体不应少于两组，排土场可设一组。

所有移动式高压设备附近及装设避雷器或保护间隙的地方均应装设局部接地极，在移

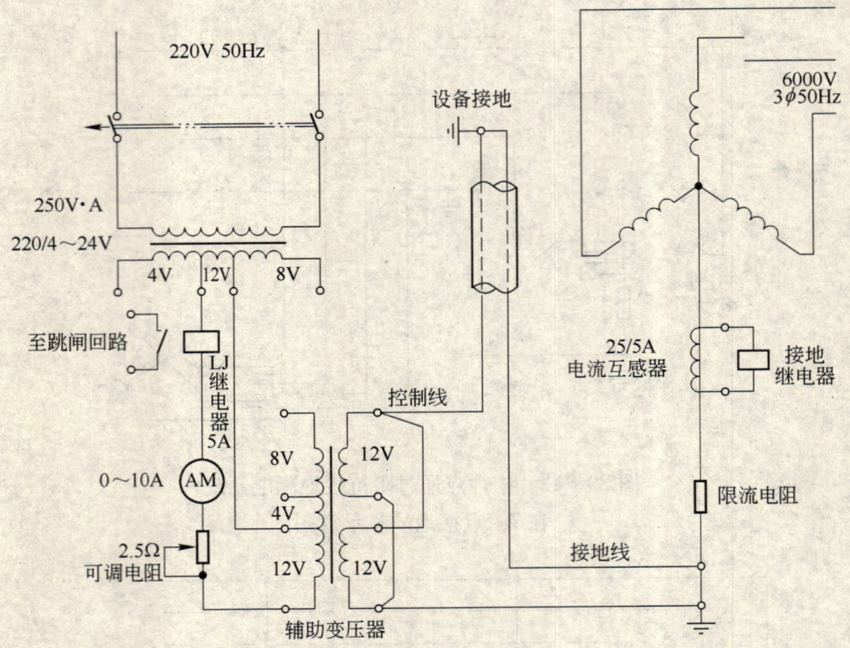

图 29 - 14 电缆接地线断线监测原理图

动式架空线路与固定式架空线路的连接处，应装设辅助接地极。

为使接地极可靠，每一局部接地极须埋设两根以上接地体，辅助接地极应埋设三根以上接地体。

29.3.7.4 接地线的架设

从矿区总降压变电所至采矿场的线路，以及采矿场的环形线路、移动线路上均应架设架空接地线，架空接地线架设在电杆横担下 0.5m 处，所有主接地装置、辅助接地极以及局部接地极均与架空接地线相连，构成总的接地网，此接地网并应与总降压变电所接地网相连接。移动电器设备通过移动电缆的专用接地芯线与接地网连接。

架空接地线采用截面积不小于 $35mm^2$ 的钢芯铝绞线或钢绞线。接地极与接地网的连接采用不小于 $50mm^2$ 的扁钢或钢绞线。接地网之间、接地网与接地引下线、接地引下线与接地极的连接均采用焊接，接地线与设备外壳的连接用镀锌螺栓连接或焊接。

接地系统的总接地电阻应满足当任一组主接地极断开后，在接地网上任何一点所测得的接地电阻不应大于 4Ω，移动设备与接地网之间的接地线电阻不应大于 1Ω[2]。

为了使接地极电阻值达到要求，施工接地极时可采用大连耐火材料厂钓鱼台分厂生产的 BXXA 型长效化学接地电阻降阻剂。

接地网及采矿场所有的移动电气设备的接地电阻值，以及接地保护、监测装置的整定值，每隔半年应测定一次。

29.4 地下采矿电力设施

29.4.1 电源

在井下，应根据生产规模、涌水量和采矿方法等条件，设置必要数量的主变电所、采区变电所和其他变（配）电所。主变电所的电源一般引自地面总降压变电所或设在井口附近的高压配电所。采区变电所和其他变（配）电所，一般由井下主变电所供电，也可由附近的地面变（配）电所经风井或钻孔供电。

当矿井不深，负荷不大时，电源可引自地面中性点不接地的低压配电系统的架空线路或露天变电所。

鉴于井下电缆敷设环境及运行条件差，事故可能性大，维护更换电缆困难，因此，井下主变电所或主水泵房的电源线路，不得少于两回路。当任一回路停止供电时，其余回路的供电能力应能担负全部负荷[2]。

29.4.2 井下配电电压

29.4.2.1 高压配电电压

井下高压电力网的配电电压一般采用 6kV；有条件时宜采用 10kV[2]。

我国目前井下高压配电电压虽然大多采用 6kV，但当地面采用 10kV 电压等级时，井下也采用 10kV 作为配电电压就具有明显的经济意义。在国外，10kV 早已在井下采用。我国某些煤矿企业也积累了十余年的运行经验。因此，在地区变电所或矿山总降压变电所的配电电压为 10kV，而井下又无 6kV 电动机时，采用 10kV 电压进行配电是合理的。

29.4.2.2 低压配电电压

井下低压电力网的配电电压一般采用 380V、660V；有条件时宜采用 1140V。手持式电力设备的额定电压，应尽量不大于 127V[2]。

从运行角度看，井下采用 660V 电压配电的经济效果是很明显的，在满足同样电压降和送电距离的条件下，电缆截面约为采用 380V 时三分之一，也就是说，在使用同样的电缆截面时，其送电距离可增三倍（采用 1140V 时的经济效果就更明显）。这样，可减少采区变电所的移动次数，甚至可减少供电层次（不需采区变电所），降低电能损耗。随着我国 660V 及以上的电气设备、控制和保护电器产品的系列化，660V 和 1140V 配电电压将逐步在各类矿山推广采用。

29.4.3 高压配电方式

确定井下高压配电方式要考虑生产规模、负荷等级和分布情况以及远、近期关系。一般采用放射式向高压用电设备（如电动机）或采区变电所供电；受电设备对供电可靠性要求不高，且在同一方向而相距又较远的采区变电所，可以采用电缆干线供电。但分支数量不宜超过三个，并在每个分支点，电缆的转送侧装设切断开关。在实践中是采用放射式还是电缆干线式要视具体情况而定。一般来说，前者较为安全可靠，但电缆线路多，投资大；后者比较经济，但安全可靠性差些。因此，多数矿山常常是采用放射式和电缆干线式同时存在的混合式。

当井下设主变电所时，其电源引自地面总降压变电所或设在井口附近的高压配电所，采用两回电缆（或先用架空线送至井口），经竖井或斜井或平硐送至井下主变电所。当井下有一级负荷时，两回线路必须分别接在不同的电源上。对于高压电动机采用放射式供电；对牵引变电所或采区变电所则应根据具体情况采用放射式或电缆干线式供电。井下主变电所结线如图 29 - 15 所示。这种配电方式适用大、中型矿山井下的供电。

矿床距地表较近，经过比较，技术经济合理时，可将变电所设在地面，直接以 380V（或 660V、1140V）电压用电缆经平硐或钻孔向井下用电设备或配电点供电。这种地面

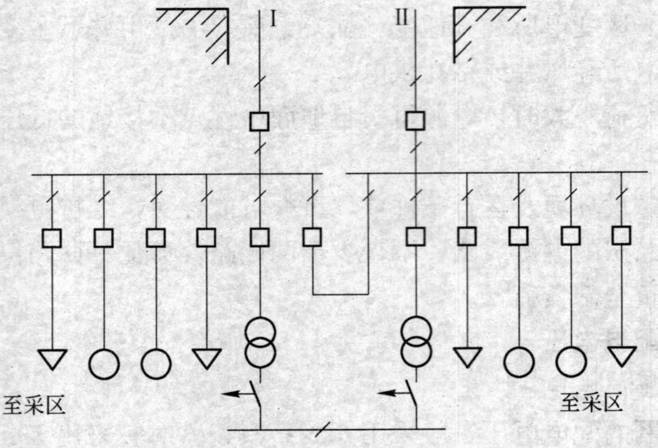

图 29 - 15　井下主变电所结线

变电所的电源仍引自矿山总降压变电所或地面高压配电所，或由地区变电所引来。这种供电方式，结线简单、可靠，且不需在井下开凿变压器硐室，投资较省。但只适用于井下用电设备少，负荷不大的小型矿山。其结线方式如图 29 - 16 所示。

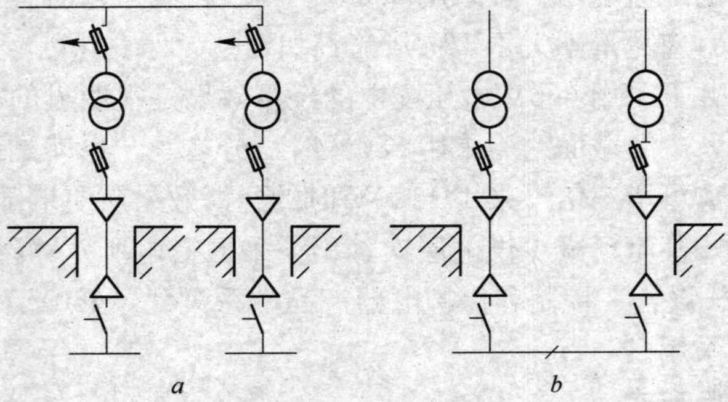

图 29 - 16　对井下供电的地面变电所接线示意图
a—采用干线向设在不同地点的两个地面变电所供电的示意图；*b*—在同一地点设置两台变压器的地面变电所对井下供电的示意图

29.4.4　电缆选型

固定敷设的电力电缆，实际敷设地点的标高差，应同电缆规定的允许值相适应；在竖井或倾角 45°及以上的井巷，应采用钢丝铠装电缆；在水平巷道或倾角在 45°以下的井巷，应采用钢带铠装电缆；低压移动式电力电缆应采用橡套电缆[2]。

由于井下潮湿，钢带或钢丝露在外面时易锈蚀，所以推荐采用护套内钢带或护套内钢丝铠装的聚氯乙烯绝缘电力电缆或交联聚乙烯绝缘电力电缆；移动设备采用 U 型移动电缆。

29.4.5　井下主变电所

井下主变电所是一个带有 10（6）/0.4kV 或 10（6）/0.69kV 电力变压器，兼作低压配电用的高压配电所，其主要作用是对井下高压用电设备及井底车场低压用电设备进行配电。当不带电力变压器时，也常称为井下主配电所或井下某阶段高压配电所。

29.4.5.1 位置选择

主变电所应设置在靠近负荷中心，电缆进出线方便，通风良好，运输方便且顶、底板岩层稳定的地方。一般井下主排水用电所占比重较大，因此常把主变电所设在井底车场并与水泵房毗邻。

29.4.5.2 布置与要求

(1) 主变电所硐室和从硐室出口两侧5m以内的巷道，应采用非燃烧性材料支护。硐室应砌碳刷白，不应有滴水现象。电缆沟应有防止积水的措施，地面应用高标号水泥抹光。

(2) 主变电所与水泵房相毗邻时，彼此间应有安装栅栏防火两用门的隔墙，并各自应有单独通至巷道的通道。在通道内要装设向外开的栅栏防火两用门及密闭（防水）门，两门的启闭不应互相妨碍，并不得妨碍巷道交通；如无淹没危险，则可只装设栅栏防火两用门。

(3) 主变电所硐室的地面标高，应比其出口处巷道的底板标高高出0.5m；与水泵房毗邻时，应高出水泵房地面0.3m。

(4) 硐室应有良好的通风。有人值班的硐室的室内温度不应超过30℃；无人值班的硐室的温度不应超过35℃。

(5) 装有带油设备的变（配）电硐室，应在硐室出口的防火门处装设斜坡挡，斜坡挡应高出硐室地面0.1m。

(6) 主变电所的每段母线，至少留有一个高压开关柜的备用位置。如变电所内只装设一台变压器。必要时应留有再装设一台变压器的备用位置，还应有存放消防器材和值班的地方。

(7) 变电所内所有电气设备正常不带电的金属外壳必须可靠地接地。接地干线沿墙敷设（距地坪0.5m），并接至总接地极。

图29-17和图29-18为具有高、低压变（配）电装置及牵引整流设备的两种典型的井下

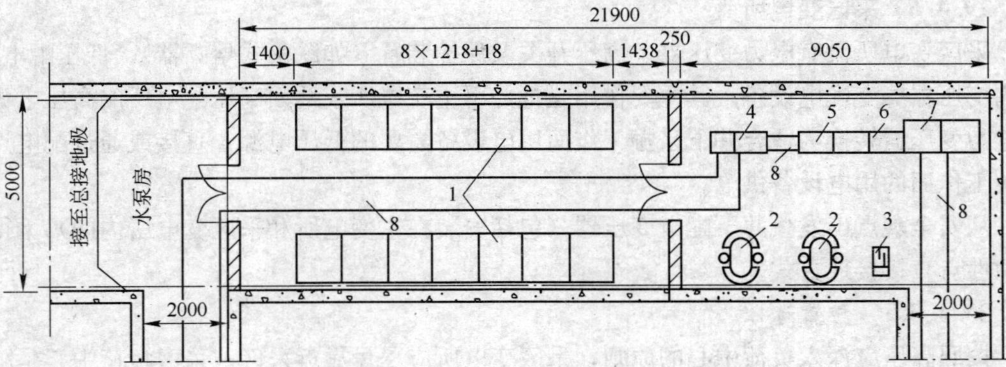

图29-17 带有高低压配电装置及牵引整流装置的井下主变电所配置图

1—高压配电装置；2—电力变压器；3—照明变压器；4—继电器屏；5—低压配电屏；6—直流屏；7—硅整流器柜；8—电缆沟

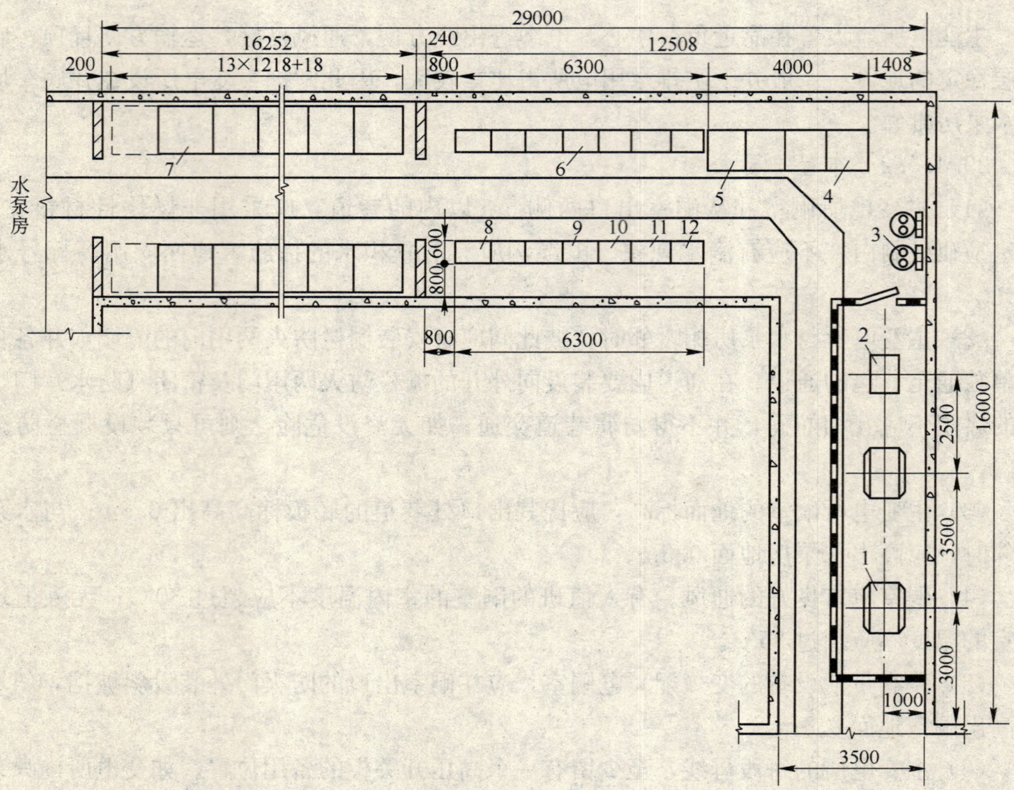

图 29-18 井下主变电所配置图

1—硅整流变压器；2—电力变压器；3—照明变压器；4—整流器柜；
5—直流进线柜；6—直流出线柜；7—高压配电柜；8—低压配电屏；
9—硅整流器柜；10—直流配电屏；11—信号屏；12—电容器屏

主变电所的配置图。主变电所均与井下水泵房毗邻。

29.4.6 采区变电所

采区变电所设有电力变压器、高压开关及保护装置（如跌落式熔断器）、低压配电屏、照明变压器等变配电设备。其主要作用是把井下主变电所或地面高压配电所的高压电源通过电力变压器转换为适合井下采掘工作面用电设备需要的低压电源，直接或通过配电点向采掘工作面的用电设备供电。

从安全观点出发，井下配电变压器（包括安装在主变电所和采区变电所内的）不得采用中性点直接接地方式。

29.4.6.1 位置选择

按照高压应深入负荷中心的原则，采区变电所应尽量靠近采区。采区负荷中心是随着采矿阶段（水平）的转移和采掘工作面的推进而变动的。因此，采区变电所的位置应根据采矿方法、上下阶段（水平）的关系及采掘速度等因素确定。有的一个阶段（水平）可设多个采区变电所，有的一个采区变电所可以向多个阶段（水平）的采区送电。此外，还应考虑到便于维护、设备运输和进出线方便、通风条件良好等条件。一般设在阶段（水平）

运输平巷中或上、下山与运输交叉处，如图 29 - 19 所示。

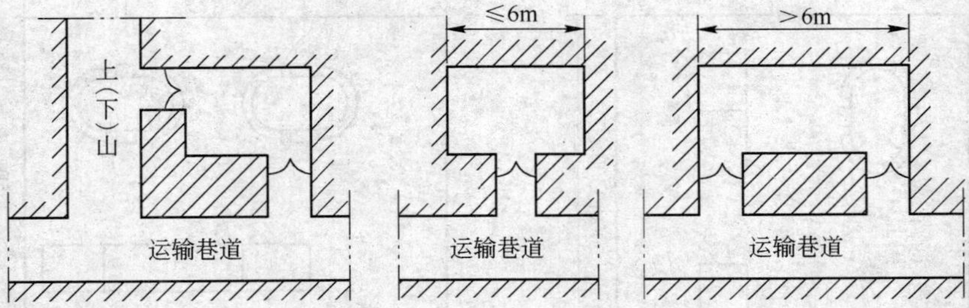

图 29 - 19 采区变电所的位置

29.4.6.2 变压器容量及台数选择

（1）采区变电所有一级负荷时，应选用两台变压器。一台变压器退出运行时，另一台应保证一级负荷和二级负荷的用电。无一级负荷时，可选用一台变压器。

（2）目前，我国矿用变压器制造容量限制在 320kV·A（新系列为 315kV·A）及以下。当采区计算负荷超过 300kW 时，可在同一采区变电所选择两台或多台变压器；同一阶段（水平）的计算负荷虽超过 300kW 但分布较分散时，可以根据具体情况设两个或多个采区变电所。

（3）由于采掘工作的推进将影响采区变电所计算负荷的大小。每个采区变电所在运行期间，其负荷将有一个递增、稳定、递减的过程，在选择变压器容量及台数时，应综合考虑这些情况，使其在整个服务期间都能满足生产要求。

29.4.6.3 布置与要求

（1）采区变电所硐室及硐室出口两侧 5m 以内的巷道应采用非燃性材料（砖、石或水泥）砌成。根据围岩的稳固情况，也可用水泥砂浆抹面或水泥喷浆。硐室要求不渗水。

（2）采区变电所硐室长度超过 6m 时，应在硐室两端各设一个出口，在出口通道应装设向外开的栅栏防火两用门。对门的要求与主变电所的硐室相同。

硐室的地面应用水泥砂浆抹平，其标高应比出口处巷道底板高 0.3m。

硐室内应留有放置消防器材的地方。

（3）硐室内温度不超过 35℃。

（4）硐室内所有电气设备的外壳均应可靠地接地，接地干线沿墙敷设，高出地坪 0.5m。

采区变电所的布置方案见图 29 - 20。

29.4.7 采掘工作面的供电

采掘工作面用电设备的电源一般引自采区配电点（或直接由采区变电所引来）。配电点位置是随着采掘工作的进行需要定期搬迁。配电点至受电设备的移动电缆的长度一般不宜超过 100m。否则，配电点即应搬迁。

采矿工作面的用电设备主要有凿岩钻车、电耙绞车、局部扇风机和装岩机等，其电控设备可以装在机架或特制的移动架上随机移动；也可以装在动力配电箱内（该动力箱安装在配电点），采用带控制芯线的矿用移动橡套电缆，将控制控钮安装在机架上。

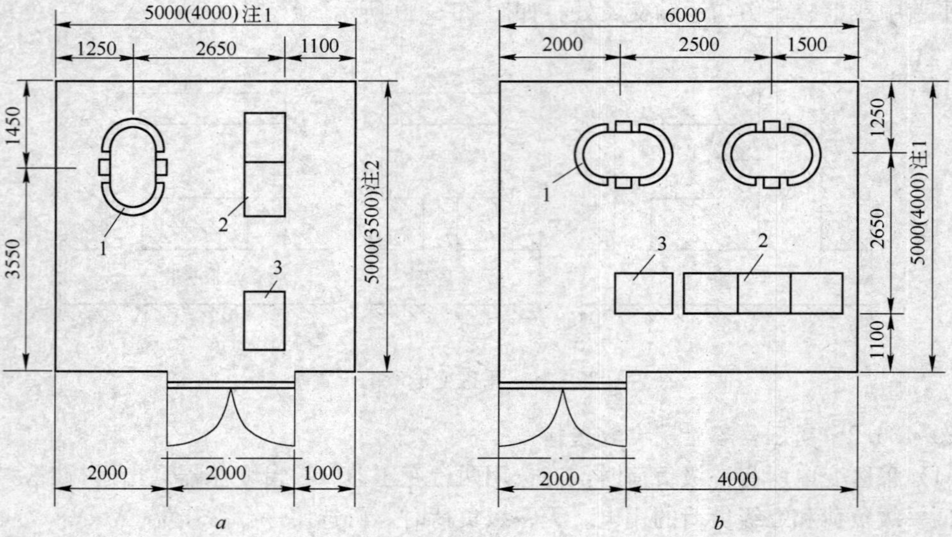

图 29-20　采区变电所布置方案

a—一台变压器的配置；*b*—两台变压器的配置

1—矿用变压器；2—低压配电屏；3—牵引用硅整流器

（注 1：括号内尺寸为采用单面维持低压配电屏时尺寸；

注 2：括号内尺寸为无 GZ 时尺寸）

配电点应设在支护好的巷道中的壁龛内，壁龛应用非燃烧性材料支护。并不应有滴水和渗水现象。

配电点的设备一般采用矿用或具有防水、防尘性能的动力配电箱，如 KYX-10 系列动力配电箱。

29.4.8　地下矿小型采掘机械电气设备选择

小型采掘机械保护、启动设备的选择见表 29-25。

29.4.9　保护接地

29.4.9.1　保护接地的作用

井下高低压供（配）电系统采用中性点不接地系统，如果电气设备的绝缘破坏，发生一相碰壳时，金属外壳便具有和该相导体相同的电位，此时，人若接触外壳，就会发生触电危险，如图 29-21*a* 所示。从该图看出：由于线路与大地间存在绝缘电阻 r 和分布电容 C，接地电流 I_d 全部流经人体 $I_r=I_d$。

在中性点不接地系统中，人体触电电流 I_r 值的大小取决于电网电压值、电网与大地间的分布电容和绝缘电阻。显然，这对于线路绝缘破坏又无漏电保护装置的高压供（配）电系统尤其危险。为了保证人身安全，把电气设备正常不带电的金属外壳与接地体用导线连接起来，如图 29-21*b* 所示，使人体的接触电压降低到安全范围。此时接地电流 I_d 的绝大部分经接地体分流（I_R）。由于接地体的接地电阻值比人体电阻值小几百倍，使接触电压大为降低，因此，流经人体的电流比不接地时减小几百倍，借以防止触电事故发生，保证人身安全。

表 29 - 25 小型采掘机械电气设备选择

型号	电动机技术数据					保护设备					随主机供启动设备	用户选用启动设备			
						动力配电箱		机旁开关				磁力启动器			热继电器
	型号	额定容量 (kW)	额定电压 (V)	额定电流 (A)	启动电流 (A)	KYX - 10		XLF - 11	HH4	HH3					
						RTO	D2 (X) 10	RTO	RC1A	RTO		QC·20	QC12	B系列	
1	2	3	4	5	6	7	8	9	10	11	12	13	14	15	16
轨道式铲斗电动装岩机															
Z - 17 Z - 17A Z - 20C Z - 20G 华 - I 华 - I ZZ11 - 2A	JI_2 - 10.5 - 8	10.5×2	380	23.5×2	141		—100/330 50/500	—100R $\frac{100}{80}$	$\frac{60}{60}$	$\frac{100}{80}$	随主机供操作箱，装在主机上，其内有 CJ10Y - 60 型接触器 4 个，LA_2 按钮 12 个或 14 个				
Z - 30	JI_2 - 13 - 8	13×2	380	28.5×2	171		—100/330 60/600	—200R $\frac{200}{100}$		$\frac{200}{100}$	操作箱装在主机上，其内有 CJ_{10} - 100A4 个 LA_2 按钮 10 个				
地下电动铲运机															
WJO - 0.75	Y225S - 4	37	380	70.4	492.8		—100/330 100/1000	—200R $\frac{200}{200}$		$\frac{200}{200}$	随主机供配电箱，受电自动开关，$D2_{10}$ - 100/330 主接触器 CJ_{10} - 100				
耙矿绞车															
2DPJ - 4	C112M - 4	4	380	8.8	61.6	$\frac{100}{50}$	—100/330 16/160				铁壳开关 30A，磁力启动器 QC8 - 3/6，热元件 11A，按钮 LA4 - 2H				

续表 29 - 25

型号	电动机技术数据					保护设备					随主机供启动设备	用户选用启动设备			
	型号	额定容量(kW)	额定电压(V)	额定电流(A)	启动电流(A)	动力配电箱		机旁开关				磁力启动器			热继电器
						KYX - 10		XLF - 11	HH4	HH3					
						RTO	D2(X)10	RTO	RC1A	RTO		QC·20	QC12	B系列	
1	2	3	4	5	6	7	8	9	10	11	12	13	14	15	16
耙矿绞车															
2DPJ - 7.5 3DPJ - 7.5	Y132M - 4	7.5	380	15.4	107.8	$\frac{100}{100}$	—100/330 32/320				铁壳开关 60A，磁力启动器 QC8 - 3/6，热元件 16A，按钮 LA4 - 2H				
2DPJ - 15 3DPJ - 15	Y160L - 4	15	380	30.3	212.1		—100/330 40/400				铁壳开关 100A，磁力启动器 QC8 - 4/6，热元件 33A，按钮 LA4 - 2H				
2DPJ - 30 3DPJ - 30	Y200L - 4	30	380	56.8	397.6		—100/330 80/800	—200R $\frac{200}{150}$		$\frac{200}{150}$	磁力启动器 QC8—6/6 热元件 86A，按钮 LA4 - 2H				
2DPJ - 55 3DPJ - 55	Y250M - 4	55	380	102.5	717.5		—200/330 140/1400	—400R $\frac{400}{250}$			磁力启动器 QC8 - 7/6 热元件 125A，按钮 LA4 - 2H				
2DPJ - 75	Y280S - 4	75	380	139.7	977.9		—200/330 200/1900				随机成套供应电控设备				
2JP - 90	Y280M - 4	90	380	164.3	1150.1		DW15 - 600 300/2400				随机成套供应电控设备				
2JP - 110	Y315S - 4	110	380	202.0	1414.0		DW15 - 600 300/2700				随机成套供应电控设备				

续表 29 - 25

型号	电动机技术数据					保护设备					随主机供启动设备	用户选用启动设备			
	型号	额定容量 (kW)	额定电压 (V)	额定电流 (A)	启动电流 (A)	动力配电箱 KYX - 10		机旁开关				磁力启动器			热继电器
						RTO	D2 (X) 10	XLF - 11 RTO	HH4 RC1A	HH3 RTO		QC·20	QC12	B系列	
1	2	3	4	5	6	7	8	9	10	11	12	13	14	15	16
调度绞车															
JD - 0.5	Y100LZ - 4	3	380	6.8	47.6	$\frac{100}{50}$	—100/330 16/160	—100R $\frac{100}{30}$	$\frac{30}{20}$			—1H/2	—3/NH		JRo—20/3D 7.2/6.8
JD - 1	JOJ - 11.4 或 JBJ - 11.4	11.4	380	23.7	165.9		—100/330 32/320	—100R $\frac{100}{100}$		$\frac{100}{100}$	磁力启动器 QCo - 20 与 LA10 - 2H 按钮；隔爆磁力启动器 QC83 - 80，配 LA81 - 2 或 LA81 - 3 按钮				
			660	13.7	95.9	$\frac{100}{100}$	—100/330 20/200	—100R $\frac{100}{50}$		$\frac{100}{50}$					
JDM - 20C 2JDM - 20C	Y225M - 6	30	380	59.5	386.8		—100/330 80/800				随机供 XKS - 150 型控制箱，受电力开关 HD_{11} - 200/3，熔断器 RTO - 400/200，接触器 CJ_{10} - 1502 个，LA10 - 3H 按钮 1 个				
JD - 22	JBJD25 - 4	25	380	48.6	340.2		—100/330 80/800	—200R $\frac{200}{120}$		$\frac{200}{120}$	磁力启动器 QC10 - 5/8 与按钮 LA10 - 3H；隔爆磁力启动器 QC83 - 80N 与 LA81 - 3A 按钮				
			660	28	196		—100/330 40/400	—100R $\frac{100}{80}$		$\frac{100}{80}$					

续表 29 - 25

型　号	电动机技术数据					保　护　设　备					随主机供启动设备	用户选用启动设备			
	型　号	额定容量 (kW)	额定电压 (V)	额定电流 (A)	启动电流 (A)	动力配电箱 KYX - 10		机旁开关				磁力启动器			热继电器
						RTO	D2（X）10	XLF - 11 RTO	HH4 RC1A	HH3 RTO		QC·20	QC12	B 系列	
1	2	3	4	5	6	7	8	9	10	11	12	13	14	15	16
调度绞车															
JD - 40	JBY40 - 4	40	380	74.5	484.3		—100/330 100/1000				隔爆磁力启动器 QC83 - 80N 与按钮 LA81 - 3				
			660	43.1	280.2		—100/330 63/630								
回柱绞车															
JH - 8		7.5	380	16.3	106	$\frac{100}{100}$	—100/330 25/250				隔爆磁力启动器 QC83 - 80 或 QC815 - 60，配 LA81 - 2 按钮				
			660	9.41	61.2	$\frac{100}{80}$	—100/330 16/160								
JH - 14		13	380	27.9	167.4		—100/330 32/320				隔爆磁力启动器 QC83 - 80N 或 QC815 - 60N，配 LA81 - 3 按钮				
			660	16.1	96.6	$\frac{100}{100}$	—100/330 20/200								
JH - 20A	YB200L$_1$—6	18.5	380	37.7	245.1		—100/330 50/500				隔爆磁力启动器 QC83 - 80N 或 QC815 - 60N，配 LA81 - 3 按钮				
			660	21.8	141.7		—100/330 32/320								
局　扇															
JBT41		2	390	4.45	28.9	$\frac{50}{40}$	—100/330 16/160	—60R $\frac{50}{20}$	$\frac{30}{15}$			—1H/1	—2/H		JRo - 20/3D 5/4.45
			660	2.56	16.6	$\frac{50}{30}$	—100/330 16/160	—60R $\frac{50}{15}$	$\frac{30}{15}$					B12	T16 3/2.56

续表 29 - 25

型号	电动机技术数据					保护设备					随主机供启动设备	用户选用启动设备			
	型号	额定容量（kW）	额定电压（V）	额定电流（A）	启动电流（A）	动力配电箱 KYX - 10		机旁开关				磁力启动器			热继电器
						RTO	D2（X）10	XLF - 11 RTO	HH4 RC1A	HH3 RTO		QC·20	QC12	B系列	
1	2	3	4	5	6	7	8	9	10	11	12	13	14	15	16
局扇															
JBT42		4	380	8.4	54.6	100/50	—100/330 16/160	—60R 50/30	30/25			—1H/1	—3/H		JRo - 20/3D 11/8.4
			660	4.84	31.5	50/40	—100/330 16/160	—60R 100/40	30/15					B25	T16 6/4.84
JBT51		5.5	380	11.2	72.8	100/80	—100/330 16/160	—100R 100/40	60/30			—2H/1	—3/H		JRo - 20/3D 16/11.2
			660	6.45	41.9	100/50	—100/330 16/160	—100R 100/30	30/20					B25	T16 7.5/6.45
JBT52		11	380	21.6	151.2		—100/330 32/320	—100R 100/80		100/80		—2H/1	—4/H		JRo - 60/3D 32/21.6
			660	12.5	87.5	100/100	—100/330 20/200	—100R 100/50	60/40					B37	T25 15.5/12.5
JBT61		14	380	27.4	178.1		—100/330 40/400	—100R 100/100		100/100		—3H/1	—5/H		JRo - 60/3D 32/27.4
			660	15.8	102.7	100/100	—100/330 20/200	—100R 100/60	60/50					B45	T45 21/15.8
JBT62		28	380	54.2	379.4		—100/330 80/800	—200R 200/150		200/150		—4H/1	—5B/H		JRo - 150/3D 63/54.2
			660	31.2	218.4		—100/330 50/500	—100R 100/80		100/80				B85	T85 40/31.2

续表 29 - 25

型号	电动机技术数据					保护设备					随主机供启动设备	用户选用启动设备			
						动力配电箱		机旁开关				磁力启动器			热继电器
	型号	额定容量（kW）	额定电压（V）	额定电流（A）	启动电流（A）	KYX - 10 RTO	KYX - 10 D2（X）10	XLF - 11 RTO	HH4 RC1A	HH3 RTO		QC·20	QC12	B 系列	
1	2	3	4	5	6	7	8	9	10	11	12	13	14	15	16
局扇															
JF41		2	380	4.5	29.3	$\frac{50}{40}$	—100/330 16/160	—60R $\frac{50}{20}$	$\frac{30}{15}$			—1H/1	—2/H		JRo - 20/3D 5/4.5
JF42		4	380	8.4	54.6	$\frac{100}{50}$	—100/330 16/160	—60R $\frac{50}{30}$	$\frac{30}{25}$			—1H/1	—3/H		JRo - 20/3D 11/8.4
JF51		5.5	380	11.3	79.1	$\frac{100}{80}$	—100/330 16/160	—100R $\frac{100}{40}$	$\frac{60}{40}$			—2H/1	—3/H		JRo - 20/3D 16/11.3
JF52		11	380	21.8	152.6		—100/330 32/320	—100R $\frac{100}{80}$		$\frac{100}{80}$		—2H/1	—4/H		JRo - 20/3D 32/21.8
JF61		14	380	27.4	178.1		—100/330 40/400	—100R $\frac{100}{100}$		$\frac{100}{100}$		—3H/1	—5/H		JRo - 60/3D 32/27.4
JF62		28	380	54.4	380.8		—100/330 80/800	—200R $\frac{200}{150}$		$\frac{200}{150}$		—4H/1	—5B/H		JRo - 150/3D 63/54.4

注：1. 第 7、9、10 及 11 项熔断器栏内，分母为熔体额定电流，分子为熔断器额定电流；

2. 第 8 项 D2（X）10 系列自动开关一栏内，—□/330，其中□为自动开关额定电流，330 表示三相复式脱扣。第二个分式中，分母为复式脱扣器瞬时动作电流整定值、分子为复式脱扣器的额定电流值；

3. 凡随主机供电源开关或铁壳开关时，用户不再设机旁开关。凡随主机不供电源开关者，用户需选配机旁开关。当手用 QC83 - 80 或 QC83 - 80N 或 QC815 - 60 隔爆磁力启动器时，因其内装有电源开关和熔断器，故不需用户设机旁开关；

4. 当电压为 660V，用户选用 B 系列接触器与 T 系列热继电器时，需设计制造一个控制箱；

5. 第 16 项热断电器一栏内，分式中的分母为热元件额定电流，分子为热继电器额定电流。

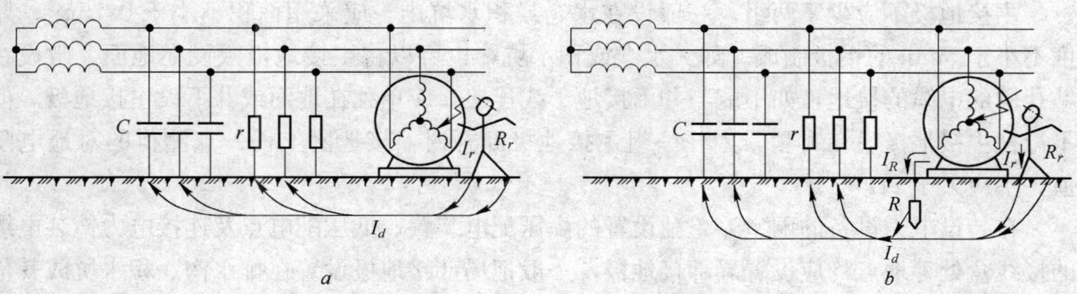

图 29-21 保护接地的作用示意图

a—中性点不接地系统无安全保护接地线路；*b*—中性点不接地系统有安全保护接地线路

C—电网与大地间的分布电容；*r*—电网对地的绝缘电阻；R_r—人身电阻；*R*—接地极的接地电阻；I_r—人体触电电流；I_d—接地电流；I_R—接地体分流电源

井下矿接地干线和电力设备金属外壳最大接触电压值不超过 40V 时，对人身是安全的，这是计算井下接地电阻的依据。在 10kV 以下的供（配）电系统中，其接地电阻不大于 4Ω。在井下，由于潮湿和矿尘影响，增大了触电事故的可能性，所以将接地电阻限制为 2Ω[2]。当接触电压为 40V 时接地电流为 20A。也就是说，如果接地电流不超过 20A，可以保证人身接触的是安全电压。在中、小型矿山一般都能满足这一要求。在多阶段（水平）的大型矿井内，接地电流往往会超过 20A，这时还应进一步降低接地电阻或采取其他办法来使接触电压不超过 40V。

29.4.9.2 井下保护接地系统及其要求

所有电力设备的保护接地装置和局部接地装置，应同主接地极连接以形成一个总接地网，见图 29-22。

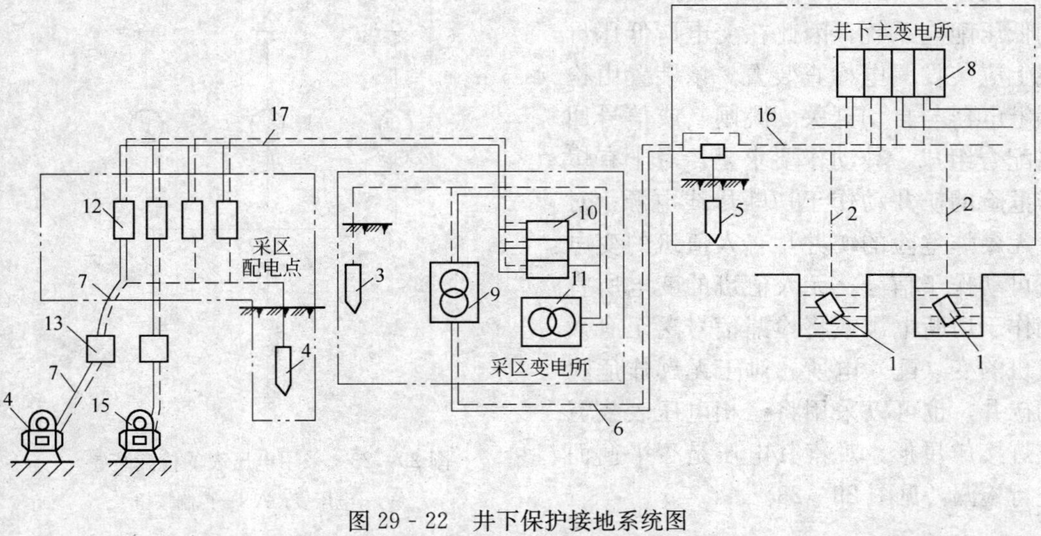

图 29-22 井下保护接地系统图

1—井底水仓中的主接地极；2—接地干线；3—采区变电所的局部接地极；4—配电点的局部接地极；5—电缆接线盒的局部接地极；6—高、低压铠装电缆外皮；7—橡套电缆的接地芯线；8—高压开关柜；9—电力变压器；10—低压配电屏；11—照明变压器；12—动力配电箱；13—机旁操作箱；14—电耙电动机；15—局扇电动机；16—高压电缆；17—低压电缆

主接地极不应少于两组。一般设在水仓或积水坑内。应采用面积不小于 0.75m^2、厚度不小于 5mm 的钢板制成。如无水仓或积水坑，也可以将主接地极敷设在地面。敷设在钻孔中的电缆的接地，如不能与井下接地干线连接，应单独在地面或井下设主接地极。但不论把主接地极设在哪里，当任一组主接地极断开时，接地网上任一点测得的对地电阻值，不应大于 2Ω[2]。

在装设电力设备的硐室、单独设置的高压配电装置、低压配电点及连接电力铠装电缆的接线盒处等地点均应设置局部接地极，一般把局部接地极设置在排水沟、积水坑或其他适当地点，并尽量靠近工作面。其作用是，当连接电气设备的接地线与接地干线断开时，仍然防止触电事故。

在 660V 和 380V 低压系统中，测得的单相接地电流值一般最大不应超过 0.5A。因此，保证安全电压（40V）的局部接地极的接地电阻不应大于 80Ω。

主变电所的接地干线和采区变电所、采区配电点的辅助接地干线，均应采用截面不小于 100mm^2，厚度不小于 4mm^2 的扁钢或直径不小于 12mm 的圆钢或截面不小于 100mm^2 的镀锌铁线。在多阶段（水平）的矿井中，每个阶段（水平）的接地干线均应与主接地极连接。

每台移动式和手持式电力设备同接地网之间，用作保护接地的电缆芯线（或相当的接地导线）的电阻值，不应大于 1Ω[2]。

上述接地系统使用的钢材均应镀锌或采取其他防腐措施。

禁止采用铝导线作为接地极、接地干线、辅助接地干线、连接线和接地导线。

29.4.10　漏电检查

在井下，由于采用了中性点不接地的低压配电系统，因此在变电所低压母线上应装设漏电检查装置。该装置由检漏继电器与自动开关（跳闸）或信号回路配合组成。其动作要求是：对于有爆炸危险的矿井动作于切断母线电源；对于无爆炸危险的矿井，有人值班的变电所可动作于信号；无人值班的变电所宜动作于切断电源或将检漏信号送至有人值班的变（配）电所。对于无爆炸危险的矿井，也可以采用将三相电压表或霓虹灯接成星形，观察其电压是否平衡而进行检漏，见图 29 - 23。

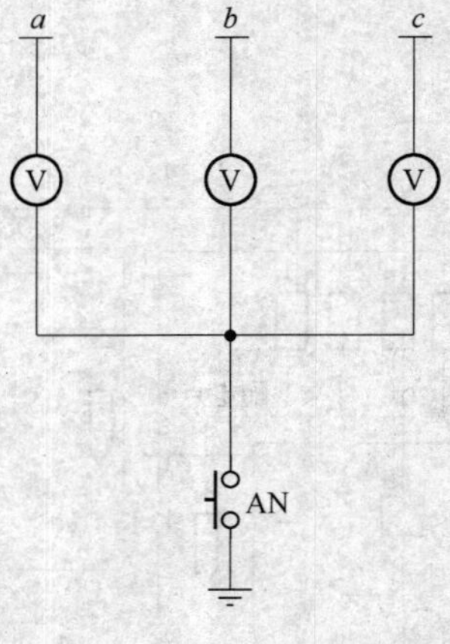

图 29 - 23　采用电压表的检漏装置

Ⓥ—电压表；AN—控制按钮

29.5　矿山电力牵引

29.5.1　矿山直流牵引变电所

我国矿山企业使用的电机车一般为直流电机车。标准轨距铁路的牵引网额定电压目前均采用直流 1500V；地面窄轨铁路的牵引网额定电压有直流 250V、550V 和 750V 三种；地下窄轨铁路的牵引网额定电压有直流 250V 和 550V 两种。小型矿山也有采用 100V 的。

牵引变电所的作用是将交流电经过整流设备变换为直流电，并向牵引网馈电。

29.5.1.1 牵引变电所的位置及数量

牵引变电所应尽量接近牵引网的负荷中心，既要考虑电气化铁路平面布置，又要考虑各区间的列车运行密度。井下牵引变电所位置还应与采矿的开拓顺序相协调。地面牵引变电所电气建筑物与铁路正线或行车繁忙的线路间应保持适当的距离（准轨铁路用的牵引变电所一般不小于 40m），以减轻铁路行车时产生的震动对牵引变电所内电气设备和继电保护装置的影响，以免发生误动作。

牵引变电所应尽量和矿山地面变（配）电所或井下变（配）电所合建为综合变电所。如合建不合理时可单独设置。

牵引变电所的数量与牵引网电压、电气化铁路的平面布置、列车数量及运行条件等有关。设计时，可先按各级电压供电半径参考值和具体条件，初步拟定出牵引变电所的位置和数量。再进行牵引网的电气计算（压降与短路电流计算），必要时进行技术经济比较，最后确定牵引变电所的数量。

各级电压的牵引变电所供电半径参考值如下[3]：

250V，　1～2km；

550V，　3～4km；

750V，　5～7km；

1500V，　7～10km。

29.5.1.2 负荷性质与供电要求

矿山用电属二级负荷。大型牵引变电所应尽量采用两回线路供电，当一路停电时，另一路应保证全部负荷。小型牵引变电所可采用一回线路供电。

矿山牵引变电所均采用硅整流设备。大中型牵引变电所应选用两台或两台以上硅整流设备，其中一台停止运行时，其余硅整流设备应能承担全部负荷；小型牵引变电所也可采用一台硅整流设备。当有几个牵引变电所时，可设置一台公共备用的硅整流设备，将其安装在位于中心位置的牵引变电所内。

29.5.1.3 牵引变电所容量的确定

牵引变电所容量，由供电范围内牵引网的连续负荷及最大短时负荷确定。

A 牵引变电所连续负荷的计算

准轨牵引变电所的连续负荷，当工作电机车台数在 25 台及以下时，一般采用需用系数法计算。当工作电机车台数超过 25 台时，宜采用单位运量能耗法或运行曲线分析法计算。

窄轨牵引变电所的连续负荷，一般采用需用系数法计算。井下或露天铁路坡度变化不大，且电机车台数较少时，宜采用平均电流法计算。

下面就常用的需用系数法和平均电流法介绍如下：

（1）需用系数法[3,8]

$$P_1 = K_x P_x N_g \tag{29-6}$$

式中 P_1 ——牵引变电所的连续负荷，kW；

P_x ——每台电机车的小时容量，kW，由电机车样本资料中查得；

N_g ——工作的电机车台数；

K_x ——需用系数，其值由图 29 - 24 中曲线查得。

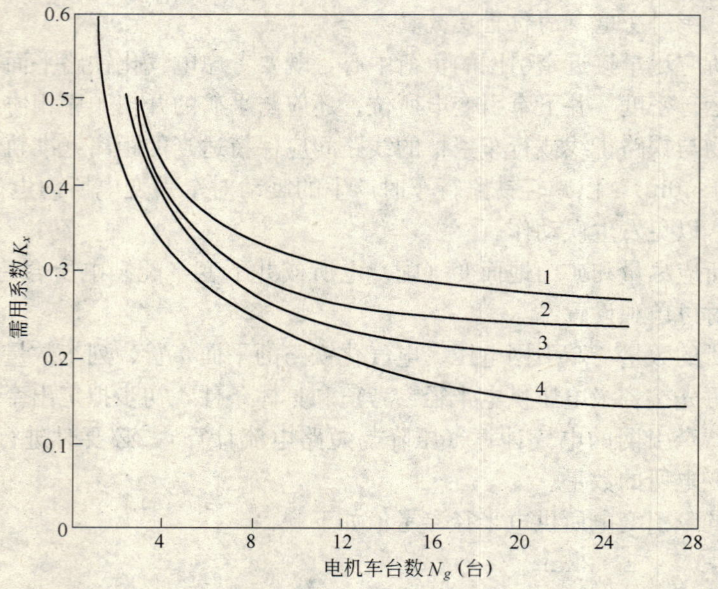

图 29 - 24　工作的电机车台数和需用系数的关系曲线

1—露天矿深度 300m 时；2—露天矿深度 200m 时；

3—露天矿深度 100m 时；4——般矿山

当电机车容量不同时，应按（29 - 7）式计算。其需用系数按工作电机车总台数确定，而总的小时容量为各种电机车的单台小时容量与其台数乘积之和，即

$$P_1 = K_x(P_{x_1}N_{g_1} + P_{x_2}N_{g_2} + \cdots),\ \text{kW} \qquad (29 - 7)$$

双机牵引或机组牵引时，将两台电机车的容量之和作为单台机车考虑。

（2）平均电流法[3]

$$P_1 = \frac{U_e}{1000\eta} N_g \frac{I_z + I_k}{2} K_t \qquad (29 - 8)$$

式中　P_1 ——牵引变电所的连续负荷，kW；

U_e ——牵引网的额定电压，V；

η ——牵引网的效率，取 0.9；

I_z、I_k ——重车和空车正常运行时电流值，A。其计算方法详见《黑色金属矿山企业电力设计参考资料》；

K_t ——同时工作系数，与工作的电机车台数 N_g 有关，其值如下：

N_g	1	2	3	4	5	6～7	8～10	11 及以上
K_t	1.0	0.75	0.65	0.62	0.6	0.59	0.58	0.5

当电机车平均电流相差较大时，应按（29 - 9）式计算。其同时工作系数按工作电机车总台数确定，而总的工作电流为各种电机车单台平均电流与其台数的乘积之和，即

$$P_1=\frac{U_e}{1000\eta}\left(N_{g_1}\frac{I_{z_1}+I_{k_1}}{2}+N_{g_2}\frac{I_{z_2}+I_{k_2}}{2}+\cdots\right)K_t\text{，kW} \tag{29 - 9}$$

根据计算所得的 P_1 值，按（29 - 10）式计算硅整流设备台数 n'：

$$n'=\frac{P_1}{P_e} \tag{29 - 10}$$

式中 n'——硅整流设备台数，台；

P_e——预选单台硅整流设备的额定输出容量，其值为：

$$P_e=U_H I_H\times10^{-3}\text{，kW}$$

U_H——硅整流设备额定输出电压，V；

I_H——每台硅整流设备额定输出电流，A。

预选硅整流设备台数 $n\geqslant n'$，取整数。

我国目前生产的牵引硅整流设备规格见表 29 - 26。

B 牵引变电所的最大短时负荷的计算

a 准轨牵引变电所的最大短时负荷

准轨牵引变电所的最大短时负荷一般采用分析法确定。按列车分布规律找出其严重的运行状态。在该状态下正常取流运行和启动的电机车的等效台数 N 按（29 - 11）式计算：

$$N=N_g J_x \tag{29 - 11}$$

式中 N——电机车的等效台数，台；

J_x——同时接电系数，其参考值如下[8]：

N_g	3～10	11～20	20 以上
J_x	0.8～0.7	0.65～0.55	0.5～0.4

对这 N 台电机车，先按其分布的位置，求出各自的运行或启动电流，然后再加起来，便得到最大短时负荷电流 I_{max}，则最大短时负荷 P_{max} 为：

$$P_{max}=U_H I_{max}\times10^{-3} \tag{29 - 12}$$

式中 P_{max}——最大短时负荷，kW。

b 窄轨牵引变电所的最大短时负荷[3]

（1）用经验系数法计算最大短时负荷：

$$P_{max}=K_j P_c N_g\text{，kW} \tag{29 - 13}$$

式中 K_j——经验系数，其参考值如下：

N_g	1	2	3	4	5	6～7	8～10	11 及以上
K_j	1.6	1.5	1.4	1.3	1.25	1.2	1.15	1.1

P_c——每台电机车的长时制容量，kW。由电机车样本查得。

当电机车容量不同时应按（29 - 14）式计算。经验系数按工作电机车总台数确定，电机车总的长时制容量为各种电机车的单台长时制容量与其台数乘积之和，即

$$P_{max}=K_j(P_{c_1}N_{g_1}+P_{c_2}N_{g_2}+\cdots)\text{，kW} \tag{29 - 14}$$

（2）按假定的最困难条件计算最大短时负荷。

1）当工作电机车不超过两台时，可按电机车同时启动的负荷作为最大短时负荷。

$$P_{max}=N_g U_H I_q\times10^{-3}\text{，kW} \tag{29 - 15}$$

式中 I_q——每台电机车的启动电流，A。其计算方法详见《黑色金属矿山企业电力设计

表29-26 GQA、GQA-K_y、GQF系列牵引硅整流设备

型号规格	交流电网线电压(kV)	额定直流输出		配套变流变压器	参考价格(元)
		电压(V)	电流(A)		
GQA-75/115	0.38	115	75	置于主柜内	6000①
GQA-100/115	0.38	115	100	置于主柜内	6360①
GQA-150/115	0.38	115	150	置于主柜内	3960①
GQA-100/275	0.38	275	100	置于主柜内	9240①
GQA-200/275	0.38	275	200	置于主柜内	10800①
GQA-300/275	0.38；0.66；3；6	275	300	ZSL-125	14200
GQA-400/275	0.38；0.66；3；6	275	400	ZSL-160	16400
GQA-100/600	0.38；0.66；3；6	600	100	ZSL-80	11500
GQA-200/600	0.38；0.66；3；6	600	200	ZSL-160	14400
GQA-300/600	0.38；0.66；3；6	600	300	ZSL-250	10800
GQA-200/275-KY	0.38	275	200	置于主柜内	19000①
GQA-300/275-KY	0.38；0.66；3；6	275	300	ZSL-125	18000
GQA-400/275-KY	0.38；0.66；3；6	275	400	ZSL-160	21000
GQA-600/275-KY	0.38；0.66；3；6	275	600	ZSL-250	29000
GQA-200/600-KY	0.38；0.66；3；6	600	200	ZSL-160	22000
GQA-400/600-KY	0.38；0.66；3；6	600	400	ZSL-315	36000
GQA-600/600-KY	0.38；0.66；3；6	600	600	ZSL-500	46000
GQA-750/600	6；10	600	750		29000
GQA-1000/600	6；10	600	1000	ZQ-1000/10	32000
GQA-1500/600	6；10	600	1500	ZQ-1600/10	43000
GQF-600/275	0.38；0.66；3；6	275	600	ZSL-250	11280
GQF-400/600	0.38；0.66；3；6	600	400	ZSL-315	11520
GQF-600/600	0.38；0.66；3；6	600	600	ZSL-500	14400
GQF-750/600	6；10；35	600	750		18720
GQF-1000/600	6；10；35	600	1000	ZSL-674；ZQL-800	23040
GQF-1500/600	6；10；35	600	1500		37440
GQF-400/600	0.38；0.66；3；6	600	400	ZSL-315	11520
GQF-600/600	0.38；0.66；3；6	600	600	ZSL-500	14400
GQF-750/600	6；10；35	600	750		18720
GQF-1000/600	6；10；35	600	1000	ZSL-674；ZQL-800	23040
GQF-1500/600	6；10；35	600	1500		37440
GQF-2000/600	6；10；35	600	2000	ZSL-2000	41000
GQF-1000/1650	6；10；35	1650	1000	ZS-1870；ZSL-2500；ZSJL-2500	50400
GQF-1500/1650	6；10；35	1650	1500	ZQL-4000	72000
GQF-2000/1650	6；10；35	1650	2000	ZSJL-4000；ZSL-5000	86400
GQF-3000/1650	6；10；35	1650	3000		90000
GQF-750/825	6；10	825	750	ZS-800	23040
GQF-1000/825	6；10	825	1000		40320
GQF-1500/825	3；10	825	1500		47520
GQF-2000/825	6；10	825	2000	ZSJL-2500	57600

注：该资料及参考价格系北京变压器厂1988年3月提供。

①其价格包括整流变压器。

参考资料》[3]。近似计算可取 $I_q=nI_H$，其中 n 为每台电机车牵引电动机并联支路数；I_H 为单台牵引电动机小时制电流，A。可由电机车样本查得；

U_H ——牵引变电所母线额定电压，V。即硅整流设备额定输出电压。

2）当工作电机车超过两台时，则按有三分之二电机车启动，三分之一电机车正常运行来计算最大短时负荷。

$$P_{max}=\frac{1}{3}K_tU_HN_g(I_P+2I_q)\times10^{-3}, \text{ kW} \qquad (29-16)$$

式中　I_q ——取重车和空车启动电流的平均值，A；

I_P ——正常运行电流，A。即

$$I_P=\frac{I_Z+I_K}{2}, \text{ A}$$

K_t ——同时工作系数；同前。

当电机车电流相差较大时，K_t 按工作电机车总台数确定，P_{max} 按（29－17）式计算

$$P_{max}=\frac{1}{3}K_tU_H[(I_{P1}+2I_{q1})N_{g1}+(I_{P2}+2I_{q2})N_{g2}+\cdots]\times10^{-3}, \text{ kW} \qquad (29-17)$$

C　整流设备过负荷能力校验[3]

整流设备的工作容量，一般先按牵引变电所的连续负荷选择，再按牵引变电所的最大短时负荷校验整流设备的过负荷能力。如果计算的过负荷倍数超过了整流设备的允许过负荷能力，则应更换成较大容量的整流设备或增加工作的台数。

过负荷倍数 λ 按（29－18）式计算

$$\lambda=\frac{P_{max}}{nP_e} \qquad (29-18)$$

式中　n ——工作整流设备的台数，台；

P_e ——每台整流设备的额定连续输出容量，kW。

牵引用硅整流设备的负载等级属 E 级与 F 级。如订货时不加以说明，则一律供应 E 级。其过负荷能力为：

E 级——额定输出电流的 150%时为 2h，200%时为 1min；

F 级——额定输出电流的 150%时为 2h，300%时为 1min。

在矿山电力牵引中，P_{max} 的持续时间一般取 1min。当采用 E 级时，如 $\lambda>2$，则工作的硅整流设备台数应增加 1 台，或换成较大容量的整流设备，再重新计算 λ，直到 $\lambda\leqslant2$ 为止。

29.5.2　牵引网

29.5.2.1　牵引网的组成

牵引网由馈电线、接触线、钢轨和回流线四部分组成。如图 29－25 所示。

29.5.2.2　接触线悬挂方式

接触线悬挂方式是确定接触网结构的依据。接触线悬挂方式应根据行车速度、行车频繁程度、线路性质（固定线、半固定线或移动线）及气温条件等因素确定。常见的接触线悬挂方式有：

A　单线硬性悬挂

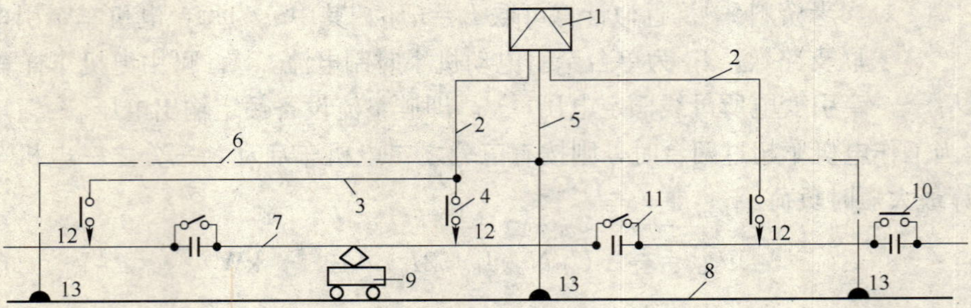

图 29 - 25　牵引网示意图

1—牵引变电所；2—馈电线；3—沿铁路架设的馈电线；4—馈电开关；5—回流线；
6—沿铁路架设的辅助回流线；7—接触线；8—钢轨；9—电机车；
10—带常闭分区开关的分区绝缘器；11—带常开分区开关的分区绝缘器；
12—馈电点；13—回流点

即一根接触线吊挂在没有弹性的吊挂点上如图 29 - 26 所示。由于接触线吊挂点无弹性，在吊线器处接触线磨损严重，接触线张力调整不方便。因此一般用于不需要调整接触线张力或很少调整的地方，如：行车速度不超过 10km/h 的运输线；移动线；车间内的线路；坑内通过风门处；地面平交道口处等。

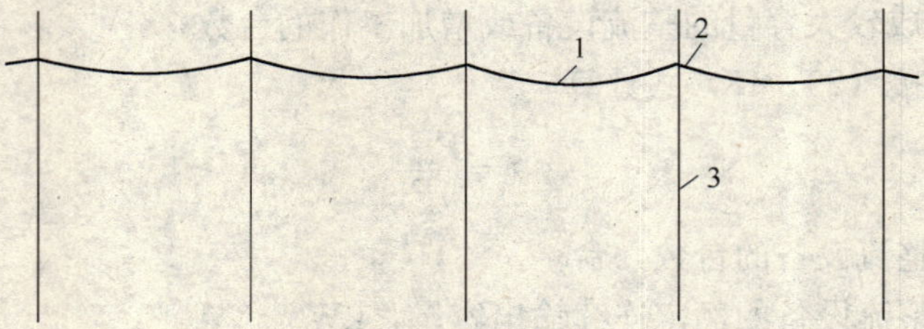

图 29 - 26　单线悬挂示意图

1—接触线；2—吊挂点；3—电杆

B　单线弹性悬挂

即一根接触线吊挂在有弹性的吊挂点上，如图 29 - 26 所示。接触线在吊线器处磨损稍轻。由于吊线器可以在接触线张力作用下沿线路方向少量地移动，因此能适应接触线张力季节调整。地面和坑内的窄轨牵引网的接触线大都采用这种悬挂方式，即接触线用吊线器安装在有弹性的吊线上。当准轨牵引网的接触线采用这种悬挂方式时，其接触线是以吊线器安装在带有活动关节的拉手或推手上，或安装在有弹性的吊线上。这种悬挂方式适用于：行车速度小于 20km/h 的线路；行车速度虽大于 20km/h，但行车次数较少的线路；车库线路、隧道及平硐内。

C　带补偿的单线悬挂

接触线的悬挂方式与单线弹性悬挂相似，只是接触线的张力采用重锤自动调整，如图 29 - 27 所示。这种悬挂结构保证接触线在气温变化时沿导线方向灵活移动。由于接触线保持在所规定的张力，所以接触线弛度比采用季节调整的单线弹性悬挂时小，但比链形悬挂大，且弹性不均匀，不利于电机车高速运行时的取流要求。适用于：行车速度在 20～30km/h 的线路；半固定线路。

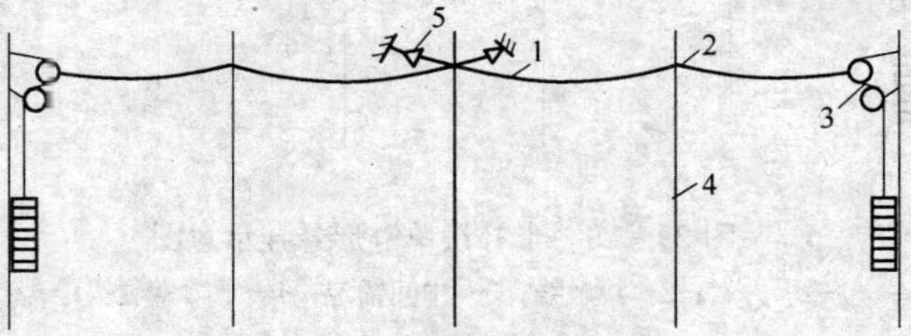

图 29－27 带补偿的单线悬挂示意图

1—接触线；2—吊挂点；3—张力自动调整装置（补偿锚定）；4—电杆；5—中间锚定

D 季节调整单链形悬挂

其悬挂方式除接触线外，其上方有纵向承力索，接触线通过吊弦直接挂在承力索下，承力索与接触线的张力采用季节调整，如图 29－28 所示。这样，接触线的弛度较小且有弹性，磨损也减小，承力索还可兼作加强馈电线。有了承力索，挂梯子维护和检修线路较为安全。适用于：行车速度在 20～30km/h 的准轨接触网；半固定线路准轨接触网。

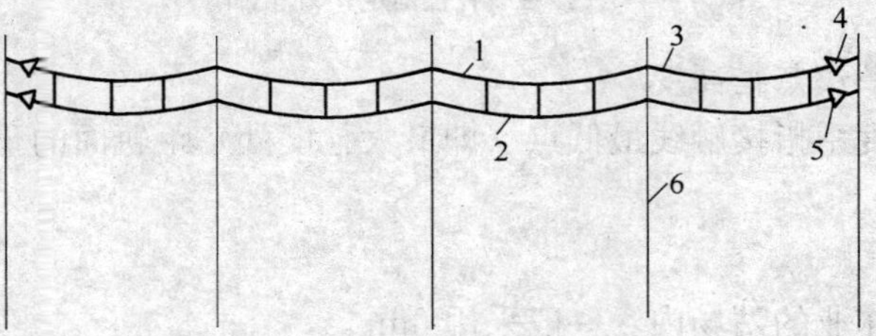

图 29－28 季节调整单链形悬挂示意图

1—承力索；2—接触线；3—吊挂点；4—承力索硬锚定；5—接触线硬锚定；6—电杆

E 半补偿单链形悬挂

其悬挂方式与季节调整单链形悬挂相似，承力索张力采用季节调整，唯独接触线张力采用重锤自动补偿如图 29－29 所示。这样，接触线弛度小，集电弓的高度在运行中变动较小，弹性较均匀，增加了稳定性，能满足高速运行机车取流，接触线的磨损也减小。适用于：行车速度大于 30km/h 的准轨接触网，地面固定的运输干线。

F 全补偿单链形悬挂

在半补偿单链形悬挂基础上，将承力索的张力调整也改用重锤自动补偿，就成了全补偿单链形悬挂，如图 29－30 所示。由于承力索保持一定的弛度（结冰不严重时），因而接触线高度变化很小，弹性均匀。适用范围同半补偿单链形悬挂。

G 双接触线单链形悬挂

在半补偿和全补偿单链形悬挂基础上，一根承力索吊挂两根接触线，便成了双接触线单链形悬挂。这种悬挂方式，增大了接触线截面，使机车运行平稳，因而提高了运输能力。适用于负荷电流大、运输繁忙的地段。

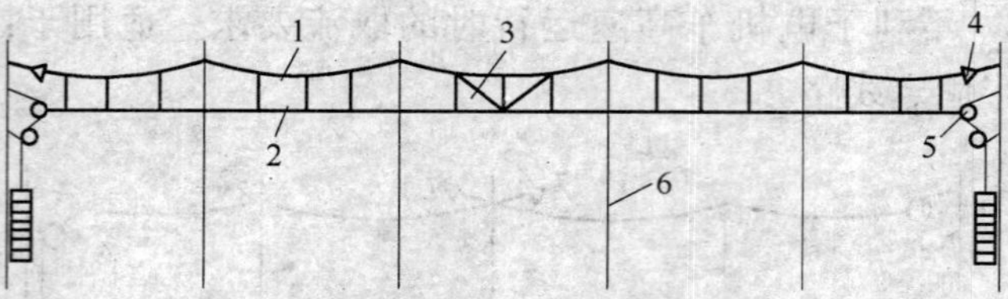

图 29-29 半补偿单链形悬挂示意图

1—承力索；2—接触线；3—中间锚定；4—承力索硬锚定；
5—接触线补偿锚定；6—电杆

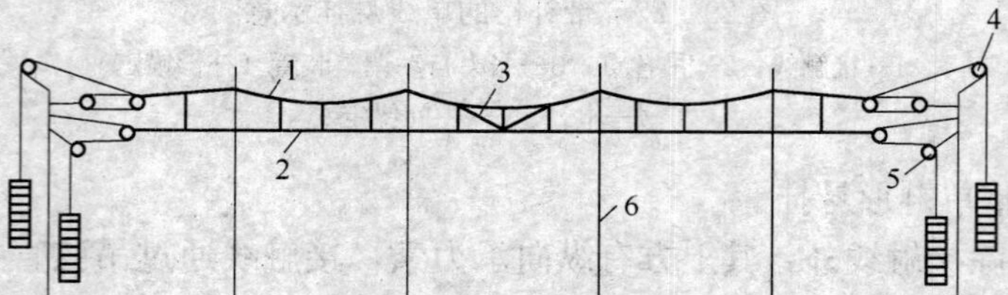

图 29-30 全补偿单链形悬挂示意图

1—承力索；2—接触线；3—中间锚定；4—承力索补偿锚定；
5—接触线补偿锚定；6—电杆

29.5.2.3 接触线悬挂高度

接触线悬挂高度系指接触线最低点（即最大弛度处）距轨面的垂直高度，应遵守下列规定[2]：

A 准轨铁路

(1) 编组站有作业的站场内，一般采用 6m。

(2) 正弓受电的固定式及半固定式线路，当列车装载高度不超过 4.8m 时，宜采用 5.5m，在桥隧建筑物内采用 5.15m；当列车装载高度超过 4.8m、低于 5.3m 时，宜采用 5.7m，在桥隧建筑物内采用 5.55m。

(3) 旁弓受电的移动线路，一般采用 4.3m。

(4) 任何情况下不应高于 6.4m。

B 窄轨铁路

(1) 无人行道的井巷，不应低于 1.8m；井底车场内从井底至乘车场一段，不应低于 2.2m；井下车场内同人行道交叉处，不应低于 2m。

(2) 平硐采用平硐露天型电机车时，硐外不宜低于 3m，工业场地内不和其他道路交叉的地段，可不低于 2.2m。

(3) 选用露天型电机车的地面线路，一般采用 4.2m；选用井下型电机车的地面线路，一般采用 3m。

(4) 接触线与公路交叉处的高度，应根据具体情况确定，必要时可以断开。

29.5.2.4 接触网带电体的安全净距

我国规定牵引网及受电弓带电部分与桥梁、平硐、巷道、管道等接地部分的安全净距（静态及动态空气间隙），不应小于 0.2m[2]。设计平硐、巷道断面时应充分考虑这一要求。

29.5.2.5 轨道回流电路

钢轨是牵引网路的回流导体，两根钢轨轨端连接处必须装设轨端电气连接线，以减少轨端连接处的电阻值，借以减少杂散电流，降低电压降，降低电能损耗。每个轨端的连接电阻值，不应大于长 3m 同型钢轨的电阻值。为了降低整个轨道回路的电阻值和电压降，每股道平行钢轨间每 200m 连接一次，相邻两股道间每 400m 连接一次。

对各种电气连接线应加强管理和维护。

29.5.2.6 轨道绝缘

(1) 牵引轨与信号轨间应按铁路信号要求加装绝缘。

(2) 通往有爆炸危险场所的钢轨严禁用作牵引回流。凡不准用作回流的轨道与用作回流的轨道之间，必须装设两处可靠的轨端绝缘。第一绝缘点应设在分界处，第二绝缘点应设在爆炸危险场所以外，与第一绝缘点的距离应大于一列车的长度。

(3) 采用电引爆的矿山，通向爆破区的轨道，在爆破期间不得作为回流导体，以免发生由于轨道回路电位差产生误引爆。为此，在爆破期间，应采取断开这里的轨道电路的安全措施。

29.5.2.7 防雷与接地

(1) 牵引网下列地点应安装避雷装置进行大气过电压保护；

1) 馈电线与接触网的连接处；

2) 机车库进口处；

3) 长隧道的两端和平硐硐口；

4) 线路上每个独立电分段。

避雷装置一般采用角型放电间隙，其接地线应接钢轨。

(2) 准轨铁路和行人较多处的窄轨铁路接触网的金属杆，及钢筋混凝土杆上所有金属构件，均应通过接地线接在回流轨上；自动闭塞的区段，接地线宜通过火花间隙接在钢轨上。距接触网带电部分 5m 以内的其他金属设施（如信号机、水鹤、分区开关的传动装置等）均应单独接地。

对接地设施必须加强管理和维护。

29.5.2.8 1500V 直流牵引网路存在的问题及其改进措施

目前 1500V 直流牵引网存在的主要问题：

(1) 一路直流馈电线出现的最大负荷电流大于该馈电线供电范围内最远点短路时的最小短路电流时，致使直流快速开关无法整定，使一些直流馈电线发生最小短路时，直流快速开关不跳闸，使短路电流长时间流过接触线，致使接触线被烧红变软，甚至烧断。

(2) 电压降大，致使电机车运行速度低，甚至个别地段电机车启动不起来。

各矿山在实践中采取许多有效措施，以改进目前矿山直流牵引网供电。诸如调整直流供电系统；随着牵引负荷的不断变化，及时调整或重新划分每路直流馈电线的供电区段；加粗直流馈电线；加粗回流线；移动线和固定线分开供电；完善轨端、轨间和路间的电气连接。鞍钢运输部于 1987 年试验架设双接触线获得成功，对改进目前 1500V 直流牵引网供电，提高运输能力有显著作用。

现行的 1500V 直流电力牵引系统，对一定运量和一定开采深度的露天矿运输仍然是有效和可行的。随着我国大型露天矿规模的不断扩大并向深凹开采，现有的1500V直流电力牵引系统已不能满足生产发展的需要，主要问题是列车的牵引定量受到限制，牵引网负荷过大，能源浪费严重。

要改变这一被动局面，对现有大型露天矿，应逐步对直流机车进行技术改造。如采用斩波调速，可使机车启动发挥大牵引力时，牵引网只有较小的负荷冲击，从而改善了网路供电条件。我国西安整流器研究所和湘潭牵引电气设备研究所正从事这方面的研制工作。

对今后新建的大型露天矿，可考虑交流制电力牵引，并研制新型机车。多年来，有关设计、生产部门与湘潭牵引电气设备研究所，对工矿铁路运输电力牵引电流电压制，进行了大量研究工作。对直流1500V与直流3000V、直流3000V与交流6000V，直流1500V与交流10000V等各项技术经济指标作了计算分析和对比，提出"对新建露天矿经技术经济比较认为合理时，宜采用交流单相工频10000V电力牵引"。

29.6　矿山照明

29.6.1　光源

露天矿和井下采矿场采用的光源见表29-27，表中列出了它们的参数和用途。现将矿山常用的几种光源的特性及要求简介如下。

29.6.1.1　白炽灯

白炽灯应按额定电压使用，电压剧烈波动将影响它的寿命和发光效率。普通白炽灯在额定电压下工作的寿命约1000h。电压高出额定值5%时，其寿命约减少一半，低于额定值5%时，其寿命虽可增至2500h，但照度明显降低。因此，要求电源电压的偏移不大于±2.5%。

29.6.1.2　荧光灯

荧光灯的光色有多种，矿山使用的为日光色，其使用要求如下：

(1) 荧光灯应在额定电压下使用。电压低于额定值1%时，光通量减少2%；低于10%时，荧光灯启动较困难。超过额定电压使用时，将降低使用寿命。故要求电压偏移值不大于±5%。

(2) 由于光输出的周期性而出现频闪效应，现代荧光灯及镇流器虽已能使频闪效应降至最低限度，当由三相电源供电时，应将荧光灯均匀配置接于三相，这样可以减少甚至避免出现频闪效应。

(3) 荧光灯工作最适宜的环境温度为18～25℃。环境温度过高或过低都会造成启动困难和光效下降。当环境的相对湿度在75%～80%范围时，启动困难。

29.6.1.3　荧光高压汞灯

高压汞灯又称高压水银灯，它的外壳内壁涂以荧光质就是荧光高压汞灯。其显色性不好，故常与白炽灯配用加以改善。光色也有多种，适用于矿山用的为日光色。其使用要求如下：

(1) 电源电压如突然降低超过5%时，灯泡可能自动熄灭，而且启动时间长，突然停电后须待9～18min才能启动完毕。因此不能用于要求迅速点燃的场所。要求电源电压波动范围不大于±5%。

(2) 该类型的灯不宜水平安装，否则光通量减少7%，而且容易自行熄灭。

表 29-27 照明光源的比较

灯的品种	型号	功率（W）	光效（cm/W）	平均寿命（h）	一般显色指数 Re	启动稳定时间（s）	再启动时间（min）	功率因数 cosφ	电压偏移允许 ±（%）	频闪效应	耐震性能	参考价格（元）	主要用途
常用白炽灯	PZ110-□ PZ220-□	15～1000	6.5～19	1000	90～95	瞬时	瞬时	1	2.5	不明显	较差	0.33～0.75	由于安装使用简单，所占面积小，能瞬时启动，便于光控，可作地面和井下的一般照明和局部照明，并为事故照明的最好光源。比别种电光源的光效低，寿命短为其主要缺点，但可与荧光灯或汞灯配合使用互相取长补短，得到良好的照明效果
卤钨灯	LZG220-□	500～2000	19.5～21	1000～1500	95～99	瞬时	瞬时	1	2.5	不明显	差	9.7～20	光效较常用白炽灯高，但由于其温度高达 500～700℃，灯具背面温度也达 250℃以上，故限于地面大面积且无振动的建筑物或构筑物中使用
荧光灯	日光色 YZ□RR	8～125	25～55	1500～5000	70～80	1～3	瞬时	0.33～0.7	5	明显	较好	0.97～39.3	光效高、寿命长，为地面及井下最经济的光源。缺点为：受环境温度、湿度影响大；需装镇流器；功率因数低
荧光高压汞灯	外镇流式 GGY□ 自镇流式 GYZ□	50～1000	30～50	3500～6000	30～40	240～320	5～10	0.44～0.67	5	明显	好	11.20～58.0	外镇流式可安装在高度 5m 以上的厂房、广场和道路等处。在厂房内易与白炽灯混合使用。自镇流式有外镇流式的优点，再启动时间较短，可用于室内照明。在防爆条件允许时，也可用于井下巷道、车场照明。显色性差、启动慢是其缺点
金属卤化物灯	日光色镝灯 DDG-□	250～3500	60～80	300～1500	65～85	120	15	0.4～0.61	5	明显	好	50.0～180.0	适用于地面广场、煤场、道路、露天矿和中央机厂高大厂房之处。光效高，光色较好。但需用镇流器及触发器，启动触发电压高是其缺点
高压钠灯	NG□	100～400	90～100	3000～5000	30	240～320	10～20	0.44	5	明显	较好	40.0～64.40	适用于照度要求高，对光色要求小的场所，如煤场、露天场地、铸工车间等处，特别适用于道路照明。安装高度需 6m 以上。光色为单色光是其缺点
管型氙灯	SZ□	3000～20000	24～37	1000	90～94	1～2	瞬时	0.4～0.9	5	明显	好	149.0～1210.0	需庞大笨重的附属装置，成本高，温度高，因此限制了它的用途，但在需要高亮度的场所，例如在装车点及高 20m 左右的厂房使用。有良好的照明效果，且光色最接近日光，是其优点

注：1. 本表技术指标系根据《电机工程手册》第 39 篇电气照明、《工厂常用电气设备手册》1986 年版和 1978 年版综合编写；

2. 型号中□为功率（W），如 PZ220-100，即 100 瓦白炽灯。

（3）外壳破碎后，虽仍能点亮，但有大量紫外线辐射，易灼伤眼睛和皮肤。破碎灯管要及时妥善处理，防止汞害。

29.6.2 露天采矿场的电气照明

29.6.2.1 应该照明的地点

夜间进行工作的采矿场和排土场，在下列地点应设照明：

（1）凿岩机、移动式或固定式空气压缩机和水泵工作的地点；

（2）运输机道、斜坡卷扬机道、人行梯和人行道；

（3）汽车运输的装卸车处、人工装卸车地点和排土场卸车线；

（4）调车站、会让站。

电铲和钻机工作地点的照明，一般利用设备自带的灯具。

29.6.2.2 照度参考值

露天采矿场的最低照度参考值见表29-28。

表29-28 露天采矿最低照度参考值[3]

照明地点	照度(lx)	规定照明的平面
人工作业和装车点、汽车装卸车处	1	地表水平面或垂直面
电铲工作地点	3	作业地点以及卸矿高度上水平面
电铲工作地点	10	垂直面
人工挑选地点的带式输送机	10	输送机水平面
采矿场和排土场轨道	0.2	地表水平面
露天钻机穿孔	10	在整个钻机高度范围内的垂直平面上
露天钻机穿孔	3	地表水平面
手工凿岩	3	钎子垂直面和地表水平面
梯子上下阶段道路	3	梯子垂直面、人行道地表水平面
主要人行道和车行道	0.5	地表水平面
次要人行道和车行道	0.2	地表水平面
斜坡卷扬道	20	地表水平面
空压机和其他移动机械	10	地表水平面
调车场、会让站	0.5	地表水平面

29.6.2.3 照明电压

露天采矿场照明电压一般采用220V，行灯电压不应大于36V[2]。

29.6.2.4 照明电源

露天采矿场采用中性点不接地的低压配电系统时，220V照明电源经380/220V照明变压器供电；采用中性点接地的低压配电系统时，照明电源可直接从低压网络引入。

29.6.2.5 照明线路

照明线路应分区敷设，以便根据需要分区控制照明电源。固定式架空照明线路一般采用铝绞线；移动式架空照明线路采用绝缘导线；移动式非架空照明线路采用橡套电缆。

29.6.2.6 照明灯具选择

露天采矿场一般采用路灯、投光灯和手携式作业灯。采用投光灯有一定的优越性，可以减少线路投资和使用上的花费（如移动线路及灯具等）。路灯可采用高压汞灯路灯或白炽灯路灯。人行道、斜坡卷扬机道、排土场作业点及运输机道一般采用路灯；采矿工作面、人工作业和装车处、凿岩处和调车场及会让站，一般采用投光灯。露天采矿场常用灯具见表29－29。

表 29－29 露天采矿场常用灯具

名称	型号	型式	电压（V）	功率（W）	光源	备注
投光灯	TG1－A	防水式	110/220	300	白炽灯	无网
投光灯	TG1－B	防水式	110/220	300	白炽灯	有网
投光灯	TG2－A	防水式	110/220	500	白炽灯	无网
投光灯	TG2－B	防水式	110/220	500	白炽灯	有网
投光灯	TG－14	防潮式	110/220	1000	集光灯	
投光灯	TG－7	防水式	220	400	高压汞灯	
投光灯	TG－15		220	1000	球型聚光泡	
投光灯	TG－20		220	150	DK－178	有效射程 50m
投光灯	TG－21		127	100	DG－178	有效射程 60m
投光灯	TG－22		220	150	DK－178	有效射程 50m
投光灯	TG－23		36	DT－178	DT－178	有效射程 100m
马路弯灯	JTY16－1		220	100～150	白炽灯	
马路弯灯	JTY16－2		220	200	白炽灯	
长臂马路弯灯	JTY17－1		220	200～300	白炽灯	
长臂马路弯灯	JTY17－2		220	200～300	白炽灯	
高压汞灯路灯	JTY26		220	400	高压汞灯	
高压汞灯路灯	JTY29		220	250	高压汞灯	敞开型

注：本表以上海地区产品为例进行介绍。

29.6.3 井下电气照明

29.6.3.1 应该照明的地点

下列地点设固定式照明：

（1）井底车场及其附近、采区车场、井口和天井；

（2）使用机车的巷道、运输机巷道、作人行道的斜井、升降人员的绞车道、升降物料和人行交替使用的绞车道，以及巷道交叉处；

（3）机电硐室、调度室、机车库、火药库、保健站、候车室和信号站等；

（4）风门、安全出口；

（5）溜井口等危险地点。

对采用矿灯照明的矿井、安全出口、不兼人行道的带式输送机巷道、非主要巷道交叉处和风门可不设照明。

无爆炸危险地下的采掘工作面，应采用移动式电气照明。

29.6.3.2 照度标准

井下固定照明，当为白炽灯时，单位面积安装功率可按表29－30所列的数值范围设计。

在实际使用中，通常是按距离布置灯具。为了使用方便，给出表29－31，供选用时参考。

29.6.3.3 照明电压

无爆炸危险的地下采掘工作面应采用36V，其他地方可采用220V或127V。当采用220V时，天井以及天井至回采工作面之间应采用36V。

表 29-30 照明安装功率 (W/m^2)[2]

照明地点名称		安装功率
采区车场、机电硐室、调度室、炸药发放硐室、机车库、信号站		6～8
带式输送机斜井及巷道		2
电机车运输巷道、轨道运输巷道、无轨运输巷道、行人斜井	单轨	1.5
	双轨	1
井底车场巷道	单轨	3
	双轨	2
保健站		20～25

表 29-31 按距离配用灯具[3]

照明地点名称	照明类别	灯间距离 (m)	灯泡功率 (W)
机电硐室	固定式	2～3	白炽灯:
井底车场装卸处、人员上下处；溜井口和风门两侧	固定式	3～6	60～100
井底车场、运输巷道、采区调车场、电耙道	固定式	10～15	荧光灯:
电机车及其他运输机巷道、人行道安全出口、斜井专用人行道	固定式	15～25	20～40
采掘工作面	移动式	3～5	

有爆炸危险的矿井一般采用127V；

行灯电压不应大于36V[2]。

29.6.3.4 照明电源

由于井下采用中性点不接地的低压配电系统，因此，无论采用哪种照明电压，照明电源都需经照明变压器供电。

为了保证照明不受其他电力负荷的影响，其他电源宜从电力变压器总馈出开关之前引出。

29.6.3.5 照明线路

井下照明网路一般采用变压器-干线式三相电源供电。三相并行敷设。在三相内要求灯具均匀分配，并保证各相负荷矩基本相等。

照明干线和支线可选用VLV-1000、VV-1000型聚氯乙烯电力电缆或BLV、BV型塑料绝缘导线。采用后者接线较方便，干线或支线的截面不宜大于$10mm^2$。移动式照明线路可采用聚氯乙烯绝缘聚氯乙烯护套电线或U-1000型矿用橡套电缆。有机械损伤可能的地方可参照29.4.4要求选择铠装电缆。

29.6.3.6 照明灯具选择

无爆炸危险的井下可选用一般型或普通型灯具，也可以采用防雨悬吊式灯座。在通风良好的运输巷道中可以采用简易控照荧光灯。在有爆炸危险的井下：有沼气喷出的巷道区域、采区通风道、总回风道、主要回风巷道、工作面和工作面进风、回风道等均需采用矿用防爆型灯具。在高沼气矿井的井底车场、主要通风道应采用矿用安全型灯具。在低沼气矿井井底车场、主要进风道可选择矿用一般型灯具。井下常用灯具见表 29 - 32。

表 29 - 32 井下常用灯具

型 号	名 称	电压(V)	功率(W)	结 构	使用场所	光源	备注
KAB60 - 1	矿用安全灯	127	60	灯体钢板，透明玻璃罩 E27 螺口防爆灯座	油汽矿井、主要进风道、车场	白炽灯	
KBB - 60	矿用防爆白炽灯	127	60	铝合金壳体，防爆玻璃罩和自动断电联锁装置的灯座组成隔爆结构	有瓦斯或煤尘爆炸危险的矿井、巷道和机械硐室	白炽灯	
KBY - 15 (20)	矿用防爆荧光灯	127	15～20	铝合金壳，防爆透明玻璃保护管，有保护网和自动切断电源装置	有瓦斯或煤尘爆炸危险的矿井、井下主变电所，泵房、主要巷道，必须有空气流通条件的场所	荧光灯	
KBY - 62	矿用自移支架灯	127	2×6	铝合金壳体、盖板和钢化玻璃组成隔爆外壳，设有联锁式开关限制的只有电源断路时电缆才能拔脱的装置	有瓦斯或煤尘爆炸的矿井中，供综合机械化采煤工作面照明	荧光灯	
B3C - 60	手提防爆灯	36	40～60	铝合金灯体，防爆透明玻璃罩，可手提和悬挂，防护罩可平稳支撑灯具工作	有爆炸危险场所检查照明或移动式照明	白炽灯	
B3C - 11 - 40	防爆行灯	24～36	40	灯壳由铝合金材料制成，并设散热片，在保护罩与手柄末端设有挂钩，放置悬挂都很方便	有爆炸危险场所检查照明或移动式照明	白炽灯	
KBT - 125	矿用防爆安全灯	127	125	铝合金灯体和防爆透明玻璃罩板组成防爆外壳，有自动切断电源联锁装置，专门设计的曲面反射器。可悬挂并可作水平回转，俯仰照明。配 KBTD - 125 型防爆镇流器	含煤尘、瓦斯矿井，具有震动和水流冲击的矿场作投光照明	高压汞灯	
YJK - 1/40 - 2	简易控照荧光灯	110/220	40	灯具用钢板加工制成，结构坚固，造型简单，安装轻便	无爆炸危险矿井井下通风良好的运输巷道	荧光灯	北京产品
YG2 - 1	简易控照荧光灯	110/220	40	灯具用钢板加工制成，结构坚固，造型简单，安装轻便	无爆炸危险矿井井下通风良好的运输巷道	荧光灯	上海产品

巷道中的灯具一般安装在人行道一侧。主要运输巷道灯具悬挂高度应在 2m 以上。灯具的金属外壳及布线金属支架应接地。

29.6.4 照明线路电压损失[9]

(1) 井底车场、硐室及地面生产系统工作照明要求较高的地点，允许电压损失，对白炽灯为其额定电压的 2.5%，对放电灯（如荧光灯、高压汞灯）为其额定电压的 5%。

(2) 井下一般巷道、工作面和一般照明允许的电压损失为其额定电压的 5%。

表29-33　各生产车间（建筑物）危险场所和防雷类别[10]

生产分类	生产车间（建筑物）名称	危险场所类别	防雷类别
粉状硝铵炸药	梯恩梯粉碎、炸药轮碾机混药、球磨机混药、机械混药、气流混药，炸药筛药、凉药、装药、包装	Ⅱ	一
	运送炸药的敞开式或半敞开式廊道，硝酸铵粉碎	Ⅲ	二
	运送炸药的封闭式廊道	Ⅱ	一
铵油炸药（包括铵松蜡、铵沥蜡炸药、多孔粒状铵油炸药）	炸药轮碾机混药、炸药筛选、凉药、装药、包装	Ⅱ	一
	硝酸铵粉碎、干燥	Ⅲ	二
水胶炸药	硝酸铵制造、浓缩、炸药混药，装药、凉药、包装	Ⅱ	一
	硝酸铵、硝酸钠及各种粉体原料的粉碎、筛选	Ⅲ	二
浆状炸药（包括不含梯恩梯或黑索金和含梯恩梯或黑索金的浆状炸药）	溶药、混药、凉药、包装、梯恩梯粉碎	Ⅱ	一
	硝酸铵粉碎	Ⅲ	二
乳化炸药（包括不含单质炸药和含单质炸药的乳化炸药）	乳化、凉药、掺和、装药、包装	Ⅱ	一
	硝酸铵、硝酸钠粉碎	Ⅲ	二
铵梯黑炸药	铵梯二成分轮碾机混合、铵梯黑三成分混药、筛分、凉药、装药、包装	Ⅱ	一
黑梯药柱	熔药、装药、凉药	Ⅱ	一
导火索	黑火药制造的三成分混合、干燥、凉药、筛选、包装、导火索制造的黑火药粉准备	Ⅰ	一
	制索	Ⅱ	一
	黑火药制造的硫碳二成分混合、硝酸钾的干燥、粉碎、导火索盘索、烘干、包装、普检，秒量试验	Ⅲ	二
导爆索	黑索金的筛选、混合、干燥，制索	Ⅱ	一
	盘索、包装	Ⅲ	二
雷　管	二硝基重氮制造、真空干燥	Ⅱ	一
	二硝基氮酚烘房干燥、筛选	Ⅰ	一
	黑索金造粒、干燥、筛选、包装，雷管装药、压药、装配、检验、包装，延期制造的混合、造粒、干燥、筛选、装药，引火药头制造	Ⅱ	一
非电导爆系统	奥克托金的粉碎、干燥、筛选、混合，导爆管系统装配、包装	Ⅱ	一
	导爆管制造	Ⅲ	一
试验站	雷管，非电导爆系统试验站，导火索试验间，炸药试验场的准备间	Ⅲ	二
仓　库	黑火药、起爆药、延期药，各种炸药仓库	Ⅰ	一
	雷管、导爆索、导火索，非电导爆系统仓库	Ⅱ	一
	硝酸铵、硝酸钾、硝酸钠、氯化钾仓库	Ⅲ	二

注：表中防雷类别系按兵器工业部《民用爆破器材工厂设计安全规范》（试行），1984年版。供防雷设计参考。

(3) 当地面照明不能满足上述要求时，允许电压损失可增至其额定电压的 10%，但应按相应电压水平（光源光通量降低）进行照度验算。

(4) 事故照明、道路照明和警卫照明的允许电压损失为其额定电压的 10%。

(5) 电压为 12～36V 的照明允许电压损失为其额定电压的 10%。

(6) 灯泡所承受的最高电压不得超过其额定电压的 5%。

29.6.5 炸药库照明

29.6.5.1 应该照明的地点

目前我国矿山使用的炸药主要是矿山自制的铵油炸药（包括铵松蜡、铵沥蜡炸药，多孔粒状铵油炸药），以及浆状炸药、乳化炸药和水胶炸药。因此地面总炸药库除有各种炸药库和爆破器材库外，尚有一些炸药加工间。因此应该设置下列电气照明：(1) 加工间照明；(2) 库房照明；(3) 加工区道路照明与库房道路照明；(4) 警卫照明。

在有爆炸危险的主要加工间，宜设事故照明。当工作照明因电气故障而中断时，事故照明的照度，应不低于 3lx。

29.6.5.2 照明电源与照明电压

炸药加工间及炸药库的供电，一般采用电压为 380/220V 的中性点接地系统，动力和照明可由同一台变压器供电。

29.6.5.3 照明灯具和电器的选择

照明灯具和电器应根据危险场所的类别进行选择。各生产车间（建筑物）危险场所的类别见表 29－33。各类危险场所灯具及电器按表 29－34 选择。

表 29－34 各类危险场所灯具及电器选择表

<table>
<tr><th rowspan="2">种 类</th><th colspan="3">危险场所类别</th></tr>
<tr><th>Ⅰ类</th><th>Ⅱ类</th><th>Ⅲ类</th></tr>
<tr><td>室内电气照明</td><td>壁龛灯、室外透光照明用投光灯
壁龛灯线路应接建筑物外墙穿钢管敷设；生产黑色火药的工作间不允许安装壁龛灯</td><td>防爆型</td><td rowspan="2">防水
防尘型</td></tr>
<tr><td>门灯、安装在室外墙上的开关</td><td>防水、防尘型；
生产黑色火药工作间的门应用增安型</td><td>防水、防尘型</td></tr>
<tr><td>接线盒</td><td>防爆型</td><td>防爆型</td><td></td></tr>
</table>

注：壁龛灯是安装在墙洞内的灯，安装在室内一侧的玻璃应满足如下要求：表面温度不得超过表 29－35 中的数值；室内一侧应密封，以防止危险物质进入壁龛内。壁龛室外侧应设散热孔或百叶窗，同时要防止雨水侵入。玻璃机械强度应符合国家有关防爆电气设备规范的要求。

警卫照明可采用沿围墙或铁丝网分布的向外照的马路弯灯；沿围墙或铁丝网各方向向外照的路灯。

29.6.5.4 照明线路的选择与敷设

(1) 各类危险场所内的电气线路，应采用绝缘导线穿钢管敷设或采用电缆。导线或电缆的绝缘强度不应低于 500V。

Ⅰ类及Ⅱ类危险场所的线路应采用铜芯导线或电缆。导线最小允许截面：铜芯为 $1.5mm^2$，铝芯为 $2.5mm^2$（铝芯仅适用于危险工作间的外墙敷设）；导线及电缆长期允许

表 29 - 35 防爆电气设备外壳允许表面温度[10]

场所内火药、炸药种类	表面温度（℃）	
	有过负荷可能的设备	无过负荷可能的设备
梯恩梯、黑火药、粉状铵梯炸药、奥克托金、铵油炸药、水胶炸药、浆状炸药、乳化炸药	140	160
黑索金、二硝基重氮酚、毫秒延期药	100	110

载流量不应小于熔断器熔体的 1.25 倍。

Ⅰ类危险场所的电缆应采用铠装电缆；Ⅱ类和Ⅲ类危险场所的电缆应采用难燃护套电缆；当采用移动电缆时（限Ⅱ类和Ⅲ类场所），其机械强度不应低于中型橡套电缆（例如 YZ、YZW 型），Ⅲ类危险场所可采用铝芯导线或电缆。

(2) Ⅰ类危险场所不应敷设照明线路。Ⅱ类危险场所穿线钢管应采用完好的水煤气钢管，壁厚不应小于 2.5mm。在有腐蚀性的各类危险场所内穿线钢管不宜埋地敷设，穿线钢管应保证对该场所密封。防爆接线盒应采用导线穿钢管引入的接线盒。

电缆应尽量明设，照明线路的分支点应设在接线盒内，接线盒应为用于电缆引入的防爆接线盒。

29.7 节电措施

29.7.1 概述

矿山耗能重点是通风、压气、排水、提升、运输设施，以及穿孔、挖掘等主要生产设备。目前除部分露天矿采用汽车运输和个别矿山采用以柴油机为动力的挖掘设备外，其他设备都是以电能为动力，因此对这些矿山而言，节能主要是节电，抓好节电工作，整个矿山的能源消耗就会显著降低。

矿山节电首先应加强电能消耗的科学管理，健全电能计量仪表的安装和电能消耗的计量统计工作。各生产车间、班组及大型耗电设备如电铲、钻机、通风机、空压机、排水水泵、提升机以及电机车等，都应安装电度表，独立计量核算。

合理地调整供配电系统，减少电力损耗，对大型矿山企业应尽量采用 35～110kV 电压，深入矿区负荷中心。合理选择矿山总降压变电所、牵引变电所和高压配电所的位置，使之靠近负荷中心，减少配电线路的损耗。按经济运行原则，合理地选用变压器的容量和台数，并应对运行不合理、损耗大的变压器进行及时调整。

采取分级方式进行无功补偿，提高矿山企业的功率因数。合理地选择电动机容量，及时调整负载率过低、运行不合理的电动机。

矿山直流用电设备如电机车、直流传动的矿井提升机等，应采用硅整流器或可控硅整流器等，旧有的电动发电机组和旋转变流机等应逐步淘汰，以提高变流效率，节省电耗。

新建和改建矿山新增设备，应该选用节能型电动机、变压器、电器产品等，参见表 29 - 36、表 29 - 37、表 29 - 38、表 29 - 39 及表 29 - 40。对旧有低效率用电设备应逐步加以淘汰。

关于通风、压气、排水、提升、运输以及采掘设备和生产系统的节电措施详见有关章节论述。

29.7.2 露天采矿的节电

当前我国露天矿配电电压，多数为 6kV，但也有个别矿山仍采用 3kV。采矿场电源一般引自距采矿场约 1～2km 的矿区总降压变电所。由于采矿场负荷大，功率因数低，而且距总降压变电所较远，因此大、中型露天矿如选用 3kV 作为配电电压时，则电压降大，线路损失较大，不仅损失大量电能，而且由于电机端电压低，使电机过热或堵转，造成电机事故率增加。以鞍钢东鞍山铁矿为例，该矿采矿场主要用电设备有电铲 15 台，牙轮钻机 7 台，其计算负荷为 3000kW，功率因数为 0.7；采矿场范围：长 2.5km，宽 0.8km；采矿场距矿区总降压变电所 1.5km，配电电压为 3kV，平均供电距离为 3km，由矿区总降压变电所以两路 LGJ - 185mm² 架空线向采矿场供电，且采矿场环形线也采用 LGJ - 185mm² 导线，则平均电压损失可由公式（29 - 4）计算。

这里导线每公里电阻 R_o 为 0.17Ω/km，电抗 X_o 为 0.35Ω/km；功率因数角的正切值 tgφ 为 1.02；采矿场每回路负荷 P 取其一半，即 1500kW；平均供电距离 L 为 3km；线路额定电压 U_{ex} 为 3kV。将这些数值代入公式（29 - 4），算得线路平均电压损失为额定电压的 26.35%，电压降为 790V。

如果总降压变电所 3kV 母线配出电压为额定电压的 105%，即 3150V，此时电机的端电压仅为 2397V。这个数值和现场实测情况是相近的。

这么大的电压降是电力规范所不允许的。由于电机的转矩与电机端电压的平方成正比，这么低的端电压会导致转矩大大降低，可能引起电机堵转，甚至烧毁，因此采矿场电机烧损严重，严重影响矿山生产。配电电压选得偏低时，线路电能损失势必增大。从矿区总降压变电所到采矿场设备的两回线路损失，按下式计算：

$$\Delta P=6I^2R_oL\times10^{-3}$$

这里 I 为每回路线电流，其值为 412A。故算得线路损失为 519kW。年最大损失小时数如按 4000 小时计，则年电能损失为 2080×10³kW・h，约为露天采矿场年用电量的 15%以上。

应该说明，上面的电能损失计算尚未计入由于电机端电压降低引起的电流增加所产生的附加损失。

露天采矿场节电措施如下：

（1）提高采矿场配电电压是改善电压质量，节省线路电耗的主要措施。对于采矿场配电电压，由于电气设备额定电压的限制，一般多采用 6kV，如前所述，如果东鞍山铁矿采矿场在计算负荷不变的情况下，将配电电压由 3kV 升至 6kV，则线路电压损失将由 790V 减少至 395V，为额定电压的 6.6%，基本上满足了系统允许电压波动的要求。而线路电能损失也将从 2080×10³kW・h 降低为 520×10³kW・h。当然由于现有设备的影响，改造电网电压有一定难度，但即使在每一台旧有设备上增加一台 6/3kV 的中间变压器，从技术及经济角度来看也是合理的。如果考虑到矿山的发展和由于剥采工作逐年向下延深，用电设备逐年增加的情况，及早改造将更为有利。

（2）高压深入负荷中心，在采矿场边缘设置 66/6kV 半固定变电所。根据东鞍山铁矿采矿场电压损失及电能损失计算可以看出，由于矿区总降压变电所到采矿场环形线还有 1.5km，因此电压损失和电能损失的一半以上消耗在变电所至采矿场环形线的配电线路上。由于当前采矿场用电计算负荷仅为 3000kW，因此当配电电压提高到 6kV 后，电网质量将得到显著的改善。但是，如果采矿场用电负荷很大，譬如在 10000kW 以上时，即使采

表 29-36　节能型电动机

节能产品名称	主要技术规格	相对应的老产品	
		型号规格	淘汰日期
三相异步电动机Y系列	共11个机座号，19功率等级，0.55～90kW，65个规格	JO2、JO3共9个机座号，18个功率等级，0.6～100kW，67个规格	JO3自1984年1月1日，JO2自1985年1月1日起，除少量维修用外，一律停止生产
冶金起重电机YZR、YZ系列	共11个机座号，43个规格	JZR2、JZ2、JZ、JZR、JZB、JZRB，共12个机座号，26个规格	1986年1月1日
分马力电机AO2，BO2，CO2，DO2系列	共8个机座号，7档中心高，64个规格	AO、BO、CO、DO、JW、JX、JY、JZ、JLO_2、JCL、JE、JLOE、ZLLOR、JLOX	1985年1月1日～1986年1月1日
隔爆型三相异步电动机YB系列	共11个机座号，65个规格	JB3 BJO2	1985年1月1日 1986年1月1日
防护式绕线型三相异步电动机YR系列（IP23）	共37个规格，功率4～132kW，B级绝缘	JR、JR2、JR3，共59个规格	1986年12月30日
封闭式绕线型三相异步电动机Y系列（IP44）	共34个规格，B级绝缘	JRO2，共26个规格，功率5.5～75kW	1986年12月30日
H315三相异步电动机Y系列（IP44）	H315S、$H315M_1$、$H315M_2$、$H315M_3$	过去无此规格	
高效率三相异步电动机YX系列	共43个规格，功率1.5～90kW，平均较Y系列效率高3%，适用于年运行在2000小时以上的工况		
深井泵用三相异步电动机YLB系列	共6个机座号，20个规格，功率5.5～132kW，B级绝缘	DM、JLB、JLB2、JTB2、JD系列	1987年12月1日
变极多速三相异步电动机YD系列（IP44）	共7个机座号，65个规格、功率0.35～22kW，B级绝缘，双速、三速、四速共九种速比	JDO2系列，99规格 JDO3系列，37规格	1988年12月31日
电磁调速电动机YCT系列	共10个机座号，19个规格，功率0.55～90kW，B级绝缘，H315及以下机座调速比10∶1	JZT、JZT2、JZTT、JZTS系列	
户外防腐电动机Y-W、Y-WF系列	IP54，共83个规格	JO2-WF系列67个规格	1988年12月31日
化工防腐电动机Y-F系列	IP54，共83个规格	JO2-F系列63个规格	

表 29 - 37 节能型电器产品

名 称	推荐产品	相对应的老产品	
	型号规格	型号规格	淘汰日期
刀开关	HD11 - 100～1000 或 HD13 - 100～1500	HD3 - 100～1500	1987 年 12 月 1 日
		HD_6	1986 年 12 月 1 日
封闭式负荷开关	HH10 - 10～100 HH11 - 100～400	HH2 - 15～200	1986 年 12 月 1 日
万能式断路器	DW15 - 200～4000	DW5 - 400、1000	1987 年 12 月 1 日
快速断路器	DS11 - 60 或 DS12 - 10～60	DS3 - 10～50（1000～5000A）	1986 年 12 月 1 日
		DS10 - 10～30（1000～3000A）	1986 年 12 月 1 日
直流接触器	CZ18 - 40～640	CZ3 - 20、40	1986 年 12 月 1 日
中压交流接触器	真空接触器 CKJ5 - 250、400	CG5 - 75、150、300	1987 年 12 月 1 日
通用继电器	JT18	JT17 系列，61 个品种	1986 年 12 月 1 日
交流中间继电器	JZ11 JZ14 JZ15	JZ9（5A 触头并联，10A）	1986 年 12 月 1 日
		JZ12（3A）	1987 年 12 月 1 日
阳极快速断电器		JY3（5A）	1986 年 12 月 1 日
接近开关	LJ□	LJ1（2.5mm） LJ2（5、10、15mm）	1987 年 12 月 1 日
万能转换开关	LW5（16A）	LW1（20A）	1986 年 12 月 1 日
励磁电阻器	BL9（300～1200W）	BL12（300～1200W）	1986 年 12 月 1 日
起重电磁铁	电磁配铁秤	MW3	1986 年 12 月 1 日

表 29 - 38 节能型配电和调速等装置

名 称	推荐产品	相对应的老产品	
	型号规格	型号规格	淘汰日期
低压配电装置	PGL1、PGL2 型	BSL 系列	1988 年 1 月
可控硅和逆导可控硅斩波调速装置	600kW、1500V（用于城市无轨电车和工矿电机车等）		
调速型液力耦合器	GST50 型，3000r/min，562～1625kW GWT583 型，3000r/min，1126～3252kW YOTC400 型，3000r/min，240～500kW YOTC875 型，1000r/min，340～860kW	YLK480 型	
机床用可控硅调速电柜	KBG - Ⅲ、Ⅳ型 KBB - Ⅲ型 KBX - Ⅱ型 KKX - Ⅱ型	龙门刨床用电动机 - 发电机	

续表 29-38

名 称	推荐产品	相对应的老产品	
	型号规格	型号规格	淘汰日期
多速电机控制柜	TG1 系列，380V，20、40、60、100、150、250A		
可控硅亚同步串极调速装置	TJC-600/550-51 或 TJC-01/02/03/04-□/□-51 电流、速度双闭环，欠压保护		
串极调速装置	KGJA、KGJF 系列，电机容量 10～75kW		
可控硅串极调速装置	TJC3，电机容量 20～1250kW		
可控硅串极调速装置	HCIC 系列（功率因数改善型）； 调速比 2∶1～4∶1； 系统总功率因数 0.9 以上		
可控硅调速装置	JZR71-10，电机容量 63kW		
可控硅调速装置	YR2500/2150-10，电机容量 2500kW		
电磁调速电机及组合控制装置	JZT11-4		
电磁调速电机及组合控制装置	ZTK，电机容量 0.6～30kW		
电磁调速电机及组合控制装置	YCT		
电磁调速电机控制装置	JD1 型，电机容量 0.55～90kW		
交-直-交电流型变频调速装置	TJP-150/380，调速比 5∶1，配用电机容量 55kW		
电压型变频装置	装置容量 20、40、50、100kV·A	机组式变频器	
大功率半导体直流传动装置	功率 88～8370kW，输出电压 750V，调速比 20∶1	电动机-发电机组和汞弧阀变流装置	
滑环电机串极调速装置	HC1，功率 35～350kW，调速比 2∶1		
电动机控制中心	GCK，控制电动机 0.5～155kW，额定工作电压 400V		
自耦减压启动控制柜	380V、660V 开路或闭路转换共 6 个品种，70 个规格	XJ01、XJ011 减压启动柜	
可变电压启动控制装置	JJ2 系列，工作电压 380V，适用电机容量 5.5～90kW，共 12 个规格	XJ01、XJ011 减压启动柜	

表 29-39 节能型变压器

节能产品		可代替的老产品	
名称型号	主要技术参数	型号规格	淘汰日期
低损耗中小型配电变压器 SL7、SLZ7 系列	共有 10kV 无载、有载和 35kV 无载、有载 4 个系列，9 个典型规格	按 JB1300—73 标准生产的变压器（SJ、SJ1、SJ2、SJ3、SJ4、SJ5、SJL、SJL1、S、SJ、SZ、SL、SLZ、SL1、SLZ1 系列）	1986 年 1 月 1 日
接触调压器 TDGG2、TSGC2 系列	单相：220V/0～250V，0.2～30kV·A；三相：380V/0～430V，3～30kV·A	TDG2、TSGC 系列	1985 年 7 月 1 日
110 千伏低损耗无激磁调压电力变压器	SL7-6300～10000/110，SFL7-12500～63000/110，SSL7-6300～10000/110，SFSL7-12500～31500/110，SFS7-40000～62000/110	按 JB1303—73 标准生产的调压变压器（SL1、SFL 系列等）	
节能变压器 S9 系列	10kV/400V，30～1600kV·A，总损耗较 SL7 系列平均下降 21%，即每 kV·A 容量年节电 9kW·h	SL、SL3、S7	
照明用干式变压器 DJMB2 系列	高压侧 220、380V，低压侧 12、24、36、127V；容量 0.05～5kV·A	JMB 系列	
控制用干式变压器 DBK2 系列	高压侧 220、380V，低压侧 12、24、36、127V；容量 0.05～5kV·A	BK 系列	
石油脱水用变压器 DT7-30/2×15	30kV·A，单相，380V/30000V	DJ-30/30	
有载调压变压器 SZ7-800/10	800kV·A，三相，6kV/10kV，9 级调压	S1-800/10	
电力负荷控制器	自动记录 24h 的用电曲线，并对用电进行监控		
无功功率补偿装置	适用于 1000kV·A 单台变压器供电系统		
发电厂微机监控装置	主机 MC6809 开关输入 32 点，模拟量输出 4 通道、CRT 画面显示		

表 29-40 节能型电工仪表

节能产品或推荐产品		相对应的老产品	
名 称	型号规格	型号规格	淘汰日期
单相电度表	DD861 DD862 DD862a	DD5-a DD5-b DD5-2、DD9、DD10、DD12、DD14、DD15、DD17、DD20、DD28	1988 年 12 月 31 日
三相四线有功电度表	DT862	DT1/Q、DT6、DT8、DT10、DT18、DT23、DT28	1988 年 12 月 31 日

续表 29-40

节能产品或推荐产品		相对应的老产品	
名 称	型 号 规 格	型 号 规 格	淘汰日期
三相三线有功电度表	DS862 DS864	DS1/a、DS5、DS8、DS10、DS13、DS15、DS23 DS16、DS22	1988年12月31日
电子式千瓦小时直流电度表	DJ7-1/1、1500A、1500V， DJ7-3/1、750A、500V， DJ7-6/3、250A、200V （用于地铁电力机车、城市电车工矿机车等）		
三相三线复费率电度表	DSF-1型电能记录方式：总计度、峰值度、谷计度；最小时间间隔：15分钟，精度等级：1.0		
电动系直流电度表	量程：600V，120A、600A、1000A（用于城市电车、工矿电机车）		

用6kV配电电压，其线路电压损失和电能损失也将很大，而电压降仍将达到不能允许的程度。因此对于用电负荷很大的采矿场，可以在采矿场边缘设置降压变电所，以6kV电压直接向采矿场设备供电。这样做，不但在技术上优越，在经济上也是合理的，不仅降低了配电线路的电压损失及电能损失，而且可以就近从采矿场降压变电所以放射式直接用多回路向采矿场设备供电，使电压质量更得到保证。

（3）改进矿山企业功率因数补偿措施，提高采矿场功率因数。根据电业部门在收费中对企业功率因数奖惩制度的规定，多数矿山企业总的功率因数都已达到0.9以上，有的甚至达到0.95以上。但是功率因数补偿装置主要装在总降压变电所或主要配电所内，即采用集中补偿方式。这种补偿只对装设补偿装置以上的变电所变压器和向之供电的电力系统起作用，而对采矿场配电线路及用电负荷没有补偿作用。为了改善采矿场的电压质量，降低采矿场的电能损耗，应该采取就地分散补偿。就露天采矿而言，应该把补偿功率因数的静电电容器分别安装在电铲、牙轮钻机和移动变电所上，将静电电容器与感应电动机并接。保护装置与感应电动机共用，并利用电动机绕组作为并接电容器的放电电阻。分散补偿的主要优点是电压质量高，电能损耗小，而且当变电所母线上负荷减小时，补偿所用电容也相应减少，因此母线电压不会因过补偿而升高，照明灯具等电压敏感设备也不会因负荷变化而受到影响。

仍以东鞍山铁矿为例，当露天采矿场功率因数从0.7提高到0.95时，$tg\varphi$由1.02降为0.33。则此时线路电压损失为额定电压的14.28%，电压降为428V，较原来的电压降790V减少了362V，改善了采矿场的电压质量。由于功率因数的提高，每回线路的电流由412A降为304A，因此年电能损失也将由2080×10^3kW·h降为1130×10^3kW·h。由此可见提高采矿场功率因数的效果，虽不及升压改造那样明显，但较简单易行，投资少，仍有较大的实用价值。

如将该矿采矿场配电电压升至6kV，功率因数提高到0.95，则露天采矿场配电线路电压损失将由原来的26.35%降为3.6%，而线路电能损失将由每年2080×10^3kW·h减少为

280×10^3kW·h，将是十分有益的。

29.7.3 推广使用节能产品

自1982年至1987年12月，国家计划委员会、国家经济委员会、国家机械工业委员会、财政部、中国工商银行等七个单位已联合下达了十批机械工业推广的节能产品和淘汰的能耗高、落后产品的通知。这对国民经济各部门的技术改造，节约能源，促进技术进步，提高经济效益是一个推动。为便于企业采用这些节能产品，已将矿山常用的电器节能产品列于表29-36～表29-40。

29.8 柴 油 电 站

29.8.1 柴油电站的特点、性质和站址选择

29.8.1.1 柴油电站的特点

柴油电站（下称电站）具有下列特点：

(1) 与火力发电比较，单位功率的设备体积小、重量轻，占地面积小，运输方便，热力管道系统简单，一般为成套机组。因此，电站的投资少，建设周期短，收效快。

(2) 热效率较高，一般为30%～46%，如果加上余热综合利用，热效率可达60%左右，领先于各类热动力机。而在负荷不低于50%时，燃油消耗率变化不大，机组在备用期间，无燃料消耗。

(3) 机组的启动和停机时间都较短，它具有随时可以启动的特点，更适宜于作应急电源。

(4) 机组操作维护简便，所需操作人员少。

(5) 单机容量范围宽（0.5～54000kW）并联运行方便。

(6) 电站耗水量少，对环境污染小。

这种发电设备的缺点是：使用价格较高的燃油，发电成本较高；柴油机运转磨损较大，零部件易损坏，检修周期短，运行稳定性和过负荷能力稍差；运行中机组振动和噪声大，操作条件较差。

29.8.1.2 电站性质

柴油电站按其性质和用途可分为自备电站和临时性电站两种类型。自备电站又分为常用电站和备用电站。常用电站可承担矿山企业全部电力负荷，而且处于长期连续运行方式；备用电站只在外部电源发生故障中断供电时，为确保矿山企业一级负荷的安全供电，应急投入运行的电站。临时性电站一般称基建用电站，供矿山基本建设期间的施工用电。待电力网建成使用后，根据矿山具体情况，有的留作备用电站，有的拆迁。

29.8.1.3 站址选择

(1) 常用电站应尽可能靠近电力负荷中心，备用电站宜靠近一级负荷地区或变（配）电所附近，以提高电站运行的经济性和灵活性。

(2) 供水必须方便，应保证满足电站全年生产及生活的用水量。电站生产用水量的估算指标如下：

冷却水温度差（℃）	10	15	20	25
用水量（L/kW·h）	82	54	41	33

上表所列指标是采用直流式冷却系统的单位耗水量。如采用循环式冷却系统，则冷却

水的消耗量，仅为循环水量的一部分，估算补充用水量时，可由上表查出的数字按下述指标估算：

冷却塔——为直流供水系统耗水量的 4%～5%；

喷水池——为直流供水系统耗水量的 6%～7%；

冷却池——为直流供水系统耗水量的 1%～2%。

(3) 交通运输方便，能保证设备、建筑材料及燃油的运输。

(4) 应有较好的地形和地质条件，应避开矿床、采矿崩落区、断层、滑坡、塌陷、溶洞、爆破、山洪和空气污秽的地区。

(5) 便于引出架空线、电缆、燃油管及上下水管道等。

(6) 具有扩建的条件。

29.8.2 柴油发电机组的选择

29.8.2.1 电站装机容量

常用电站装机容量应根据矿山企业电力计算负荷（包括电站自用电）和备用容量确定。

运行机组故障或检修时，备用机组投入运行后，应能满足全部最大电力计算负荷的要求。

常用电站的备用容量一般不少于企业电力计算负荷的 25%，如中、低速运行机组为 4 台以下时，应设置 1 台备用机组。

备用电站装机容量应根据矿山企业一级负荷的容量确定，一般不设置备用机组。

29.8.2.2 柴油发电机组型式

常用电站应选用中、低速机组；备用电站应选用高速机组。

为了有利于电站的维护、操作和管理，便于备品的互换以及设备配置的整齐美观，在机组选型时，对同一电站应用机组型号、容量和发电机励磁方式相同的成套设备。

为适应低负荷时的经济运行（柴油机在标定功率 75%～90%时的运行状态）符合下列条件之一时，可选用一台小容量机组。

(1) 供电计算负荷的波动值等于或低于单台运行机组容量的 50%；

(2) 供电负荷仅为夜间检修、夜间值班或节假日的照明用电。

29.8.2.3 机组台数

电站的机组台数应根据电力负荷的大小、供电连续性和可靠性的要求、电站的运行方式以及发展远景规划等因素综合考虑确定。当电力负荷较大，并有较大容量的鼠笼型电动机启动时，可考虑采用机组容量较大、台数较少的方案。当用电设备台数多、单台容量小、供电负荷变化较大时，可考虑采用机组容量小、台数较多的方案。常用电站机组的装置台数一般不少于 2 台，不宜超过 5 台。备用电站不宜超过 2 台。在选择机组台数时，还应结合电气主结线的设计方案和电站的运行方式，综合考虑确定。采用自动电压调整器时，同时并列运行的机组台数不宜超过 4～5 台。

29.8.2.4 单机容量

内燃机功率的标定按其用途和使用特点分为 15 分钟功率、1 小时功率、12 小时功率和持续功率四种。

陆用户内固定式电站用的柴油机通常在名牌上标定的 12 小时功率和持续功率两种。12 小时功率为柴油机允许连续运行 12 小时的最大有效功率，其中包括超过 12 小时功率 10%

的情况下连续运行1小时；持续功率为柴油机允许长期连续运行的最大有效功率。在通常情况下，持续功率为12小时功率的90%。

柴油发电机组的标定功率是在海拔标高为0m、环境温度为20℃、空气相对湿度为60%的状况下发出的功率[11]。

当使用条件与上列规定不符合或超出12小时连续工作时，其输出功率按产品技术条件规定进行修正。

一般情况下，对周围环境温度低于30℃，海拔标高低于150m，空气相对湿度小于80%，进入废气涡轮增压器中冷器的冷却水温度在24℃以下时，不需考虑柴油机输出功率下降的问题。

29.8.2.5 国产陆用户内固定式柴油发电机组

陆用户内固定式柴油发电机组的功率、电压和转数如表29-41所示。

表29-41 机组的功率、电压和转数[11]

额定电压（V）	额定功率（kW）						额定转数（r/min）	
400	250	320	400	500	630	800	1500	1000
6300	400	500	630	800	1000	1250	750	600
	1000	2000	2500	3200				

机组技术性能：

(1) 机组的空载电压稳定范围为95%～105%额定电压。

(2) 机组电压和频率的八项电气性能指标应不超过表29-42的规定值。

表29-42 机组电压和频率的八项电气性能指标[11]

电压				频率			
稳压调整率（%）	瞬态调整率（%）	恢复时间（s）	波动率（%）	稳压调整率（%）	瞬态调整率（%）	稳定时间（s）	波动率（%）
±2.5	+20 −15	1.5	0.5	5 (0～5) 可调	±10	7	0.5

(3) 两台型号规格相同的机组在20%～100%总额定功率范围内，应能稳定并联运行；且可平稳转移负载的有功功率和无功功率。其有功功率和无功功率的分配差度应不超过±10%。

部分国产柴油发电机组的主要性能如表29-43所示。

29.8.3 热机系统

柴油机本体诸系统见图29-31。

29.8.3.1 燃油系统

A 燃油的选用

柴油机使用的燃油有轻柴油、重柴油和重油。轻柴油适用于高速柴油机；重柴油适用于中、低速柴油机；重油适用于大型低速柴油机。

中、低速柴油机燃用重质燃油时，应根据柴油机构造特点和燃油性质，考虑装设燃油

表 29 - 43 部分国产柴油发电机组主要性能

柴油发电机组型号	功率 (W)	电压 (V)	频率 (Hz)	转数 (r/min)	发电机型号	柴油机 型号	柴油机 功率（kW）	外形尺寸（长×宽×高）(mm)	重量 (kg)	生产厂
500GF16	500	400	50	1500	TZH500 - 4	KTA2300 - CT		4897×1894×2580	8000	郑州电器厂
$500GF_1GFQ$	500	400	50	1500	TFW500 - 4 TFH500 - 4	PZ8V190 PZ12V190B	589 883	4800×1900×2550	10000	兰州电器厂
$500GF_2QF$ - 1	500	400，6300/400	50	750/1500		$X6250Z_4$ - 1/$X6250Z_1$ - 1	552	5500×1950×2650	15000	红岩机器厂
DS500A7/22	500	400	50	750	1FC5 5043TA	$60S_6$ - 22	552	5200×1800×2620	14000	陕西柴油机厂
$500GF_1$	500	400	50	1500	TFWC500 - 4TH	PZ8V180	589	5970×1730×2575	13000	天津发电设备厂
$500GF_2$	500	400	50	500	WTF500 - 12	6300ZD	552	5740×1600×2730	17000	宁波动力机厂
$500GF_3$	500	400	50	1500	TW500 - 4	12V180ZD - 2	670	3905×1675×2488	9000	福州发电设备厂
$600GF_2$	600	400	50	750	1FG506 - 8TA	6E230ZD	646	4500×1500×2500		上海汽轮机厂
DL600A7/22	600	400	50	750	1FC5 5026TA	6DL6 - 22	662	5200×1545×2700	15000	陕西柴油机厂
630GF. GFQ	630	400	50	1500	TFW - 630 TZH - 630	PZ8V190 PZ12V190B	589 883	6000×1890×2440	12000	兰州电机厂
$630GF_2$，GF - 1	630	400、6300/400	50	750/1000		X6250Z5(4)-1/$X6250Z_2$(1)-1	696	5600×1950×2650	15500	红岩机器厂
6350ZS/35	630	400	50	375		6350ZS	662	9235×1840×3325	36800	陕西柴油机厂
$630GF_1$（Z）	630	400	50	1500	TC2 - 750 - 4	PZ1ZV190B	883	6120×1720×2577	14000	天津发电设备厂
$630GF_2$	630	400	50	1500	TW630 - 4	12V180ZD - 3	883	4156×1360×2405	10000	广州发电设备厂
$750GF_1$	750	400	50	1500	TW750 - 4	12V180ZD - 3	883	4156×1360×2488	10250	福州发电设备厂
D S750A10/22	750	400	50	1000	1FC5 5066TA	6DS - 22	810	5315×1800×2800	15000	陕西柴油机厂
$800GF_1GFQ$	800	400	50	1500	TZH - 800 - 4 TFW - 800 - 4	12V180GDa - 3	994	8100×2300×3800	14000	兰州电机厂
$800GF_2GF$ - 1	800	400，6300/400	50	750/1000		$X6250Z_6$/X6250Z	883	5600×1950×2650	16000	红岩机器厂

续表 29 - 43

柴油发电机组型号	功率（W）	电压（V）	频率（Hz）	转数（r/min）	发电机型号	柴油机 型号	柴油机 功率（kW）	外形尺寸（长×宽×高）（mm）	重量（kg）	生产厂
800GF	800	400	50	750	1FG564 - 87A	12VE230ZD	861	5640×2230×3100	23000	上海汽轮机厂
$1000GF_1$GFQ	1000	400	50	1500	TFW1000 - 4TH TZHH1000 - 4TH	16V200Z	1178	8840×2300×3800	15000	兰州电机厂
$250GF_1$	250	400	50	1500	TZH（TH）	12V135AZD - 4	324	3374×1370×1744	4300	贵州柴油机厂
$250GF_2$	250	400	50	1500	TX250 - 4	12V135Z	280	2725×1700×1955	3500	福州发电设备厂
GC250LA	250	400	50	428	TF250 - 14	6300L	294	5400×1582×2537	12500	广州柴油机厂
$250GFZ_1$	250	400	50	1500	TFW - 250	12V135AZD - 1	324	3402×1370×1756	4100	贵州柴油机厂
$250GFZ_2$	250	400	50	1500	THWM - $355M_2$ - 4	12V135Z	280	3000×1540×1955	3700	福州发电设备厂
$250GFZ_{11}$	250	400	50	1500	TZH250	TBD234V8		3200×1200×1800	4000	郑州电器厂
250GF	250	400	50	1500	TZH250/TFW250	12V135 ZD 8190ZP - 2	280	3390×1710×1920	3700	兰州电机厂
300GF，GFQ	300	400	50	600	TB14 - 10 TFW14 - 10	6250Z	331	5450×1170×2327	11900	红岩机器厂
320GF，GFQ	320	400	50	1000	TFW - 320 - 6 TZH320 - 6	8190ZP - Z 6200Z - 7	390 442	4530×1320×1960	8500	兰州电机厂
$320GF_4$	320	400	50	1000	TFW - 320 - 6 TZH320 - 6	6200Z - 7	442	4276×1320×1950	8500	潍坊柴油机厂
GCB20LA	320	400	50	500	TF320 - 12	6300L - 1	368	5400×1582×2537	12500	广州柴油机厂
$360GF_1$	360	400	50	1500	TZH360	KTTA1150 - G		3816×1248×2130	57300	郑州电器厂
$400GF_{11}$	400	400	50	1500	TZH400	28V190D2		5120×1890×2640	10000	郑州电器厂
400GF，GFQ	400	400	50	1500	TFW400 TZH400	PZ8V190	589	4800×1900×2550	10000	兰州电机厂

续表 29 - 43

柴油发电机组型号	功率 (W)	电压 (V)	频率 (Hz)	转数 (r/min)	发电机型号	柴油机		外形尺寸（长×宽×高）(mm)	重量 (kg)	生产厂
						型号	功率（kW）			
400GF，GF_2	400	400	50	750	TFW400 TZH400	B6250Z	442	5910×1170×2327	12400	红岩电器厂
$400GF_2$	400	400	50	1500	TX400 - 4	12V180ZD - 2	670	3835×1535×2368	8750	福州发电设备厂
400GF	400	400	50	500	WTF400 - 12	6300ZD	500	5555×1640×3180	16500	宁波动力机厂
GC400LA	400	400	50	500	TF400 - 12	6300ZL	500	5435×1582×2479	1500	广州柴油机厂
DS450A7/22	450	400	50	750	1FC5 5048TA	$6DS_6$ - 22	552	5200×1800×2620	14000	陕西柴油机厂
$1000GF_2$	1000	400，6300	50	1000		$X6250Z_3$	1104	5600×1950×2650	16000	红岩机器厂
1000GF	1000	400	50	750	1FG632 - 87A	12VE230ZD	1077	5800×2230×2890	31000	上海汽轮机厂
GC1000LA	1000	6300	50	428	TF1000 - 14/1730	6320ZD	1104	6901×2490×3162	27500	广州柴油机厂
1200GF	1200	400	50	750	1FG634 - 87A	12VE230ZD	1292	5880×2230×2890	31000	上海柴油机厂
1350GF	1350	400，6300 10500	50	750	TF142/55 - 87H	12VE230ZD - Ⅱ	1454	5880×2230×2890	33000	上海柴油机厂
1500GF	1500	6300	50	750/1000		$X12V250Z_2$/$X12V250Z_1$	1766	6200×2150×2960	20000	红岩机器厂
DA1600A10/28	1600	10500	50	1000	AF1600/10000	6PA6L 280	1766	8502×2570×3338	42000	陕西柴油机厂
PL2500A5/40	2500	6300	50	500	CF2500/6300	$6PC_2$ - 5L	2870	10437×2700×3510	69000	陕西柴油机厂
PA3200A10/28	3200	6300	50	1000	AF3200/6300	12PA6V - 280	3533	7540×1610×3667	48000	陕西柴油机厂

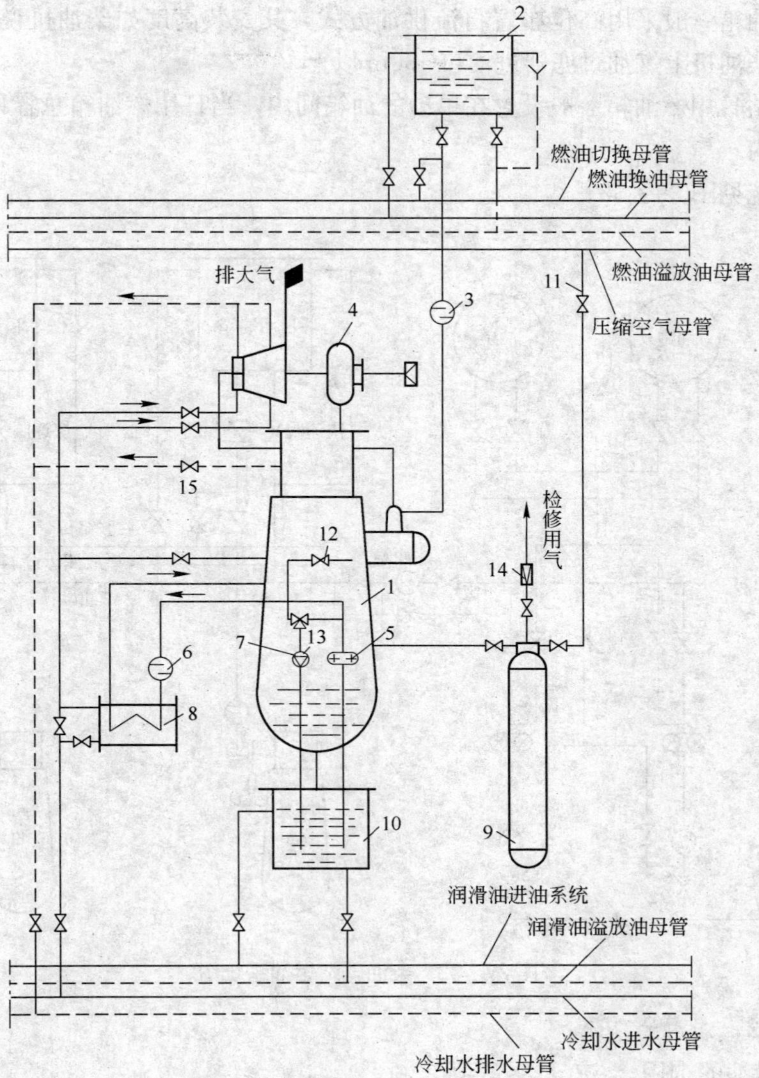

图 29-31 柴油机本体系统图

1—柴油机；2—燃油日用油箱；3—燃油过滤器；4—增压器；5—齿轮油泵；6—润滑油过滤器；
7—手摇油泵；8—冷油器；9—起动空气瓶；10—润滑油箱；11—阀门；
12—止回阀；13—三通阀；14—减压阀；15—看水器

的处理装置（包括加热、沉淀、分离和过滤等设备）。

B 燃油系统及其设备

常用电站燃油的贮存量，应满足全部运行机组 30 天所需要的消耗量；备用电站燃油贮油量应不少于 7 天的消耗量。

燃油罐一般采用钢油罐，常用电站的燃油罐一般不少于 2 个（交替使用，1 个供油，1 个沉淀），备用电站可只设 1 个燃油罐。

矿山企业自备电站尽量利用地形高差自流卸油。当采用燃油泵兼作卸油和向日用燃油箱供油时，其台数和容量按有关要求选择。

日用燃油箱一般采用高位布置自流供油方式，其安装高度如柴油机说明书中无规定时，应高于柴油机上燃油过滤器进油口1.0m以上。

常用电站日用燃油箱一般设置在单独的油箱间内，当日用燃油箱总容积小于$2m^3$时，可设在机房内。

燃油系统见图29-32。

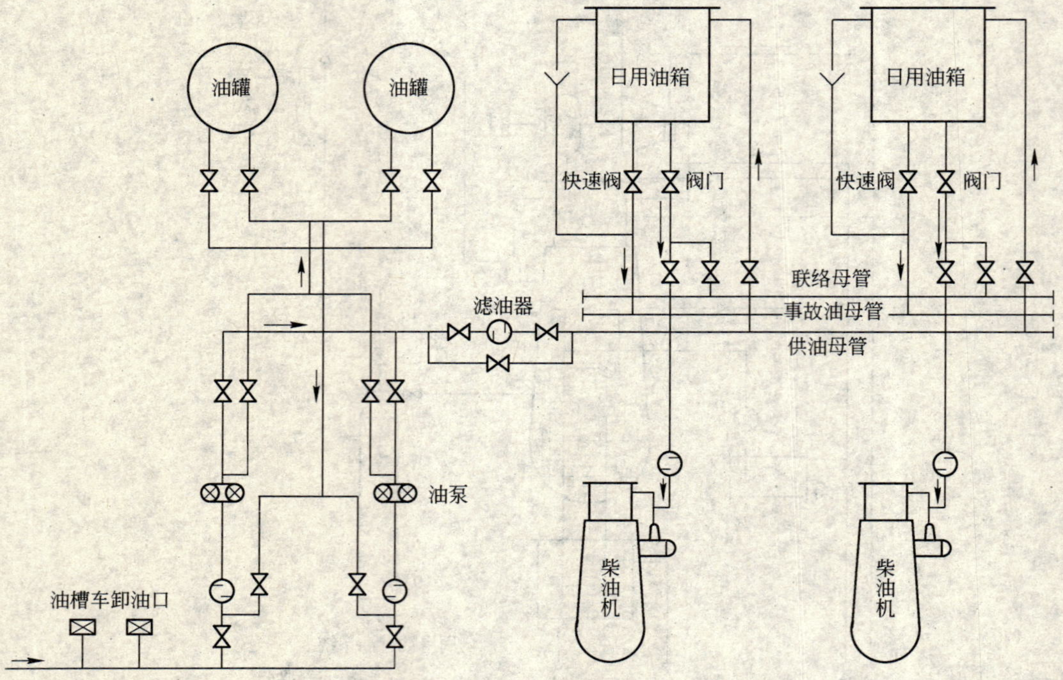

图29-32　柴油电站燃油系统图

29.8.3.2　润滑油系统

A　润滑油的选用

常用的柴油机润滑油有下列几种：

柴油机润滑油分8、10、14号三种牌号，适用于高速柴油机。

低速柴油机润滑油适用于中、低速柴油机。

汽油机润滑油分6、10、15号三种牌号，也适用于中、低速柴油机。

汽轮机油，适用于高速转动的废气涡轮增压器。

B　润滑系统及其设备

柴油机润滑系统由润滑油箱、润滑油泵、润滑油冷却器、过滤器和管道、阀门、仪表等组成。一般由柴油机制造厂成套供货。

润滑油的贮存量，一般应满足全部运行机组30天所需的消耗量，并用散桶贮存；当贮油量超过3t时，宜采用油罐贮存。

润滑油的补充油箱一般在机房，内设一个总油箱供机组补充润滑油。其贮存量应满足电站内最大一台机组补充一次所需的油量。

电站内不考虑设置润滑油再生处理装置。常用电站装机容量大于1500kW时，宜装设1台润滑油分离机及其附属设备。

机房内的燃油和润滑油系统，应考虑防火措施，在主厂房外地下应设置分别贮存燃油和润滑油的事故排油池，其位置距离主厂房不得少于5m。事故排油池的容量不小于全部日用燃油箱和润滑油箱的油量。事故排油阀应布置在安全及便于操作的地方。

29.8.3.3 启动系统

柴油机的启动方式有手摇启动、电动机启动、汽油机启动和压缩空气启动四种。大、中型柴油机一般均采用压缩空气启动。有的高速柴油机也有用电动机启动的。

压缩空气启动迅速、可靠。压缩空气启动装置包括空气压缩机、储气罐、空气瓶、压气管道、启动开关和柴油机各汽缸的空气分配机构等。

柴油机电站供启动用的空气压缩机一般应不少于2台。当有外部电源时，一般均采用电动机传动；如无可靠的外部电源时，应设置一台内燃机传动的空气压缩机。柴油发电机组启动用空气压缩机，一般随机组成套供货。

启动用空气瓶的数量，一般为一机一瓶。

空气瓶一般随机组成套供货。如不成套供货时，其容量应按柴油机连续启动不少于6次来确定。

电动机启动用的铅蓄电池组的容量，也应按柴油机连续启动不少于6次来确定。其安设位置，应尽量靠近启动电动机，并应防止油、水的浸入。

29.8.3.4 进排气系统

柴油机的进气滤清器一般在机房内就地布置。当布置在室外时，应考虑进气阻力对柴油机功率的影响。在多灰砂地区，应增设空气过滤器的细滤装置。

柴油机的排气系统，应符合下列要求：

(1) 每台柴油机的排气管，应单独引出室外，弯头不宜过多，并能自由伸缩。机房内架空敷设的排气管，应设置隔热保护层；地沟内敷设的排气管，如穿越燃油管时，必须装设防火隔层措施。机房外垂直敷设的排气管，至机房墙的净距不小于1m，管顶高出机房屋檐不低于1m。

(2) 非增压柴油机和废气蜗轮增压柴油机均应装设消音器。

(3) 当排气管上装有废气锅炉时，应设有旁通管，并考虑排气系统的烟气阻力对柴油机功率的影响。

29.8.3.5 冷却系统

A 对冷却水质的要求

冷却水水质对柴油机的运行和使用寿命有很大影响，如冷却水质不良，将引起汽缸水套沉积水垢和污秽物，恶化汽缸壁的导热性能，降低冷却效果，使柴油机受热不均，汽缸壁温升高，以致破裂。

对冷却水质的要求，可符合下列规定：

(1) 没有游离的矿物质及有机酸，pH值不得低于6.5，不宜高于9；

(2) 悬浮物含量不大于25mg/L；

(3) 有机物含量不大于25mg/L；

(4) 含油量不大于5mg/L；

（5）直流冷却系统，碳酸盐硬度不宜大于 C（1/2Me）＝4.2mmol/L；循环冷却系统，碳酸盐硬度不宜大于 C（1/2Me）＝2.8mmol/L，氯含量不大于 C（Cl^-）＝500mmol/L❶。

冷却水水质如不符合上列要求，宜考虑水的预处理。

B　柴油机冷却水出口温度

柴油机冷却水的出口温度，取决于水的碳酸盐硬度。开式循环冷却，柴油机允许最高出水温度[5]如下：

水的碳酸盐硬度 C（1/2Me），mmol/L	最高出水温度（℃）
＜1.4	70
1.4～2.5	55
＞2.5	40

柴油机说明书一般对冷却水质，水量，进、出水温度（或温度差），水压均有规定。如没有规定时，可参考下列要求：

（1）开式直流冷却系统柴油机进水温度一般不应低于25℃，当进水温度过低时，回收部分柴油机出水以调节进水温度。闭式循环冷却系统，柴油机出水温度以不超过85～90℃为宜；

（2）柴油机冷却水量按41L/kW·h估算；

（3）柴油机进出口水温差一般为10～15℃；

（4）柴油机进口处水压不得大于0.2MPa；

（5）柴油机启动、停机冷却用水量，一般按电站最大一台柴油机运行15～30min所需水量确定；

（6）柴油机的出水管路上，必须装设漏斗或水流指示装置；

（7）当采用闭式循环冷却系统时，应设置膨胀水箱，其安设位置应高于柴油机冷却水的最高水位。

C　冷却系统类型

a　开式直流冷却系统

采用开式直流的条件是：水源在全年中的最小流量能充分满足电站生产用水量；电站距离水源较近，一般不超过300m，水质满足要求，无须进行净化和预处理。

b　开式循环冷却系统

柴油机排出的热水全部流经一套冷却水装置，冷却后的水可以反复循环使用。

当水源在全年中的最小流量不能满足电站的全部用水量，或者是由于水质不能满足要求时，可以考虑采用开式循环冷却系统。在开式循环冷却系统中，一般采用冷却水池或喷水池或冷却塔等冷却装置。

c　闭式循环冷却系统。柴油机冷却水系统采用水-水热交换器或风冷散热器，对冷却系统内的循环水进行冷却。前者采用冷却水对循环水进行冷却，后者利用风机对循环水进行冷却。闭式循环冷却系统一般随柴油机成套供应。

d　混合冷却系统

当水源在一年内的各个季节中水量变化很大且水质较好时，可以采用直流冷却和循环

❶C（1/2Me）是金属离子 Ca^{2+}、Mg^{2+} 的基本单元定为1/2Ca、1/2Mg时的通式。

冷却兼用的混合冷却系统，即在一年中水量充足时期采用直流冷却，而在水量缺少时期采用循环冷却。

采用哪一种冷却系统，要根据电站所在地区的具体情况，通过技术经济比较确定。

在总图布置条件许可下，冷却水池尽可能高位布置，以保证柴油机启动、停机或在短时间水源故障时的用水要求。如冷却水池为低位布置，则应另设高位水箱。

柴油机电站常用的冷却系统见图 29-33。

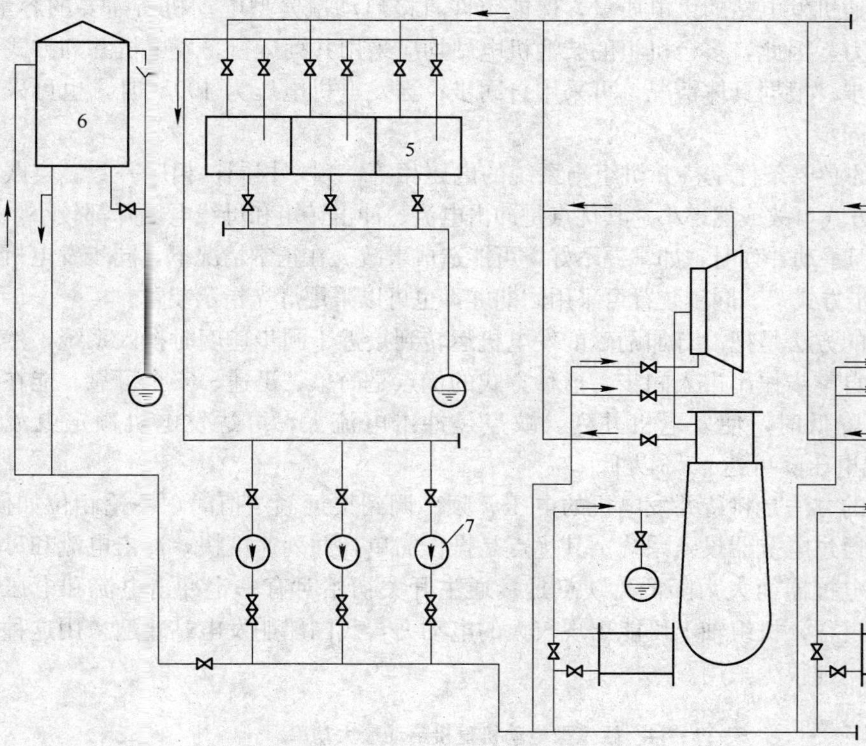

图 29-33 柴油电站冷却水系统图

1—柴油机；2—增压器；3—看水器；4—冷油器；5—冷却塔；6—高位水箱；7—冷却水泵

29.8.4 柴油电站的电气部分

在矿山设置柴油机电站大多是由于矿区远离电网，不能由外部电源供电的条件下而作为工作电源，或是难以取得第二电源而作为备用电源。因此，在设计柴油机电站的电气部分时，一般不考虑与当地电力系统并网。柴油机电站电压，宜按受电设备要求选择，以便直接向受电设备供电。发电机容量的确定必须同时满足：(1) 全负载稳定运行时所需的容量；(2) 电动机启动时电压降不超过容许值所要求的容量；(3) 电动机启动时的负载情况下，考虑发电机过载能力所需要的容量。下面介绍同步发电机的励磁、并列运行和鼠笼型电动机的启动问题。

29.8.4.1 同步发电机励磁

励磁系统是发电机的主要组成部分。发电机工作的可靠性、稳定性和电能质量，在很大程度上取决于励磁系统的性能和它的可靠性。因此，为保证发电机运行稳定性和电压质量，宜装设自动电压调整器[5]。

同步发电机励磁调节器是一个闭环自动调节系统，它是根据输出电压偏差或负载电流，或是同时按电压偏差和负载电流进行复合调节。调节器随发电机成套供货。我国目前生产的中、小型发电机励磁调节器有手动励磁调节器、炭阻自动电压调节器、快速相补偿励磁调节器、可控与不可控相复励装置。此外，还有无副励磁装置及其他励磁装置等。

29.8.4.2 发电机的并列运行

为了提高柴油机发电站的供电质量，保证容许直接启动鼠笼型电动机所需要的容量，充分发挥机组出力，因此，多台机组的柴油机电站均应采用并列运行。发电机并列方式一般采用手动准同步；根据具体情况，可采用自同步；当发电机电压为400V时，也可采用粗同步即电抗器同步。

(1) 准同步的必要条件是待并机组与系统的电压相等，频率相同，相序一致。实践证明，准同步并列方式事故或然率小。其优点是冲击电流、冲击转矩和母线电压降都较小，可以带负荷并列，但手动并列时，如掌握不好，可能造成事故。在正常情况下，同步发电机的并列应采用准同步方式[6]。同步装置可采用同期屏，也可以采用灯光指示装置。

(2) 自同步的方法是把没有加励磁的发电机运转到接近于同步速度时投入系统，然后加上励磁，依靠自整步作用进入同步。这种方式的优点是简单、迅速、安全可靠，能在系统的频率和电压降低时，使发电机并列。缺点是冲击电流大，可达发电机额定电流的3.5～5倍，母线电压降可达45%以上。

(3) 粗同步的方法是将待并发电机的电压、频率调到接近额定值时，不论相位如何，将待并发电机组通过电抗器投入系统。其优点是操作简单，并列速度快，冲击电流和母线压降均由于并列电抗器而大为降低。缺点是接通主开关初始时有一定冲击电流和电压降落，转子有异步过程，机组轴上可能出现较大的电动力，我国船舶发电站普遍采用这种方法并列，其他部门则很少采用。

表29-44 鼠笼型电动机直接启动最大功率

电站机组容量 (kW)	发电机的电压调节器形式	鼠笼型电动机直接启动最大功率 (kW)	
		母线压降10%时	母线压降25%时
64	炭阻自动电压调整器	4.0	5.5
	相复励装置	10.0	17.0
	可控硅励磁调节器	10.0	17.0
75	炭阻自动电压调整器	5.5	7.5
	可控硅励磁调节器	10.0	17.0
120	炭阻自动电压调整器	10.0	13.0
	相复励装置	17.0	30.0
	可控硅励磁调节器	17.0	30.0
200	炭阻自动电压调整器	13.0	17.0
	相复励装置	22.0	40.0
	可控硅励磁调节器	22.0	40.0
300	炭阻自动电压调整器	17.0	22.0
	相复励装置	30.0	55.0

29.8.4.3 鼠笼型电动机启动

直接启动鼠笼型电动机时，会影响发电机的稳定运行和电压质量。然而，柴油机发电站装机容量、运行方式（单台或并列）。励磁方式和电站负载情况都将影响直接启动鼠笼型电动机的容量的大小。电动机能否直接启动，主要决定于启动期间电站母线上所能维持的电压水平，一般不应低于额定电压的85%～80%，即母线电压降不宜大于15%～20%。在生产实际中，电动机轻载启动时电压降允许达25%。在规定电压情况下，机组允许直接启动空载或轻载鼠笼型电动机的最大功率见表29-44，供选用机组时参考。

参 考 文 献

1 中华人民共和国国家标准，工业与民用供电系统设计规范，GBJ 52—83，机械工业出版社，1984，第2页

2 中华人民共和国国家标准，矿山电力装置设计规范，GBJ 70—84，煤炭工业出版社，1984

3 长沙黑色冶金矿山设计研究院等编，黑色金属矿山企业电力设计参考资料，冶金工业出版社，1979

4 煤矿电工手册编委会，煤矿电工手册第二分册矿井供电（上），煤炭工业出版社，1987，第4～54页、55页及56页

5 中华人民共和国冶金工业部，有色冶金企业电力设计技术规定（试行），冶金工业出版社，1980，第29页、第31页、第189页

6 中华人民共和国水利电力部，继电保护和安全自动装置技术规程，SDJ6—83，水利电力出版社，1984，第16页、第49页

7 中华人民共和国水利电力部，电气设备交接和预防性试验标准，水利电力出版社，1978，第22～41页，第57～58页

8 老林昆、阎维恭．矿山技术，1981，4，第45～48页

9 煤矿电工手册编委会，煤矿电工手册第二分册矿井供电（下），煤炭工业出版社，1987，第5～64页

10 中华人民共和国国家标准，民用爆破器材工厂设计安全规范，GBJ89—55，知识出版社，1986，第39～41页，第43页

11 中华人民共和国国家标准，250至3200千瓦柴油发电机组通用技术条件，GB2820—81，中国标准出版社，1986年版，中国国家标准汇编19，第124～125页

第 30 章　设备管理维修

30.1　设备管理维修的变迁、动向和作用

30.1.1　维修方法的变迁

工欲善其事，必先利其器。

人们很早就知道维修生产工具，但维修成为一行相对独立的专门技艺，是在生产工具逐渐机械化的过程中伴随机器设备的大量使用而形成的。在较长一段时间内，人们总是在机器设备损坏以后才予以修理，即所谓事后维修。这段时期内，维修一直停留在手工技艺的基础上。

随着工业生产的发展，设备数量的增加，设备性能的提高，要求设备尽可能保持正常状态，以满足产品的质量、产量和交货期等需求，于是产生了预防维修，即在设备出现故障以前预先予以维修。预防维修于 1925 年首先出现于美国。苏联在 20 年代中期也提出了计划修理的概念，30 年代初期发展为计划预防修理制度。从此，世界上的预防维修形成两大体系。美国式的预防维修（PM）是以日常检查和定期检查为基础；苏联式的计划预修则以修理周期结构和修理复杂系数为支柱。但在第二次世界大战以前，各国对预防维修还不很重视。战后由于市场竞争激烈，机器设备日益大型化、复杂化、连续化，新设备价格昂贵，一旦设备发生故障会给企业带来巨大损失，加以能源、资源和环境污染危机的出现，迫使人们不得不重视设备的管理和维修。

日本于 1950 年引进美国的预防维修。随后发展了生产维修和改善维修。各工业发达国家自 70 年代起都在运用自然科学和社会科学的有关学说，以及科学技术成果，进行着设备管理和维修的试验研究。于是在 1970 年有英国设备综合工程学的问世，1971、1972 年提出了预知维修和状态监测维修，日本也在 1971 年提出了全员生产维修（TPM）。各种观点和维修方法互相渗透，互相补充，使设备管理维修在理论、组织、方法、手段等方面都有了很大发展。仅仅在战后四分之一世纪稍长一点的时间内，维修便从一行技艺发展成为一门独立的严谨的技术科学学科——维修工程[1]，并于 1974 年由联合国教科文组织正式列入技术科学学科目录。从此，设备管理也突破了传统管理的局限而进入现代管理时期，而维修则为设备管理全过程中的重要环节之一。

早在 60 年代初，人们已提出：与其以现有设备为对象进行维修，不如在设计制造阶段就采取措施。那时在日本出现了“维修预防”，美国也有人提出“无维修设计”的设想，都想在设计制造阶段提高设备的可靠性和维修性，以减少维修工作量，甚至达到在设备预期的寿命周期内能够经常保持原定的技术状态而无需修理的程度。对于结构复杂的矿山设备，要做到无维修设计还是遥远的事情，然而通过设计和维修、改造，不断提高设备的可靠性和维修性则是可以办到的。随着设备状态监测和故障诊断技术的发展，一方面在设计时重视提高设备的可靠性，完善状态监测系统，另一方面从维修上扩大状态监测维修（预知维修）的范围，结合维修对现有设备进行改造，则维修工作量也将大为减少。这两方面

所增加的费用若能为人们所接受，必将使设备管理维修出现新的面貌，这正是人们所追求的。

设备管理维修的发展过程证明，它是随着科学技术的发展，设备数量的增加和性能的变化、生产性质和生产组织的改变等因素而变化发展的。现代化的生产管理和设备，必然要求现代化的设备管理与之相适应，才能使设备转化为现实的生产力。

30.1.2 现代设备管理

现代设备管理是在传统管理的基础上，根据生产发展的需要，运用现代自然科学和社会科学的有关理论和技术成果，研究解决传统设备管理中存在的问题而形成的。它既是实践经验的总结，又是现代设备与现代管理理论、管理方法和技术成果的结合。它包括五个方面的现代化，即管理思想和管理理论的现代化、管理组织的现代化、管理方法的现代化、管理手段的现代化和管理人才的现代化。

从设备综合工程学、日本全员生产维修和各工业发达国家预防维修的发展情况来看，现代设备管理的主要内容可综合如下：

(1) 以现代科学理论为指导，研究企业有形资产（机器设备、建筑物、构筑物）管理的组织、工程技术和经济问题。它运用的有关科学理论有运筹学、故障物理学、摩擦磨损理论、可靠性理论、设备诊断技术、工业管理学、工程经济学、价值工程、系统论、控制论、信息论、决策论、行为科学等。

(2) 以提高设备的综合效能为目的，无论在研制（或采购）或使用阶段，力求用最经济的输入，获得最佳的输出。设备的输入就是研制、运行、维修等费用；设备的输出包括产量（P）、质量（Q）、成本（C）、交货期（D）、安全卫生环境（S）、劳动情绪（M）。在考虑提高设备综合效能时，不仅要考虑产量的提高，而且要综合考虑对 C、D、S、M 的影响。

(3) 实现设备的全过程综合管理。对设备从前期的研究、设计、制造（对矿山企业为选型采购）、安装、调试到后期的使用、维修、改造、更新、报废的全过程进行技术的和经济的综合管理。

(4) 追求设备最经济的寿命周期费用。既要在研制（或选型采购）阶段力求投资最经济，又要在使用阶段使维持费（包括运行费和维修费）最经济，并使计划维修费和故障损失费之间达到最佳平衡（即两者之和为最小）。如图 30-1 所示，通常计划维修程度越高，维修活动越频繁，故障损失就越小，但计划维修费势必增加，因此最佳的维修则是维修程度（指维修间隔期、项目内容等）达到综合维修费用最小的维修。

(5) 全员参加管理。由于设备全过程综合管理的各个环节涉及企业的全部生产经营活动，因此从领导到全体职工都要在各自的岗位上为实现设备管理的总目标而积极参与设备管理，并在设备操作和维修人员中有组织地开展各种自主活动，从而形成专业管理与群众管理相结合的管理网。

(6) 建立健全设备信息系统[3]。提高设备管理工作的质量和效率，关键在于及时获得和运用全过程管理中的各种准确信息。如：企业内部的设备资产信息、技术资料信息、运行信息、状态信息、维修信息、故障信息、各种定额和经济技术指标等；企业外部的设备、备件供应和修理的市场信息等。大量的信息需要有一个健全的设备信息管理系统，形成输入→转换→反馈→再输入的过程。通过信息反馈，使管理人员及时掌握和运用

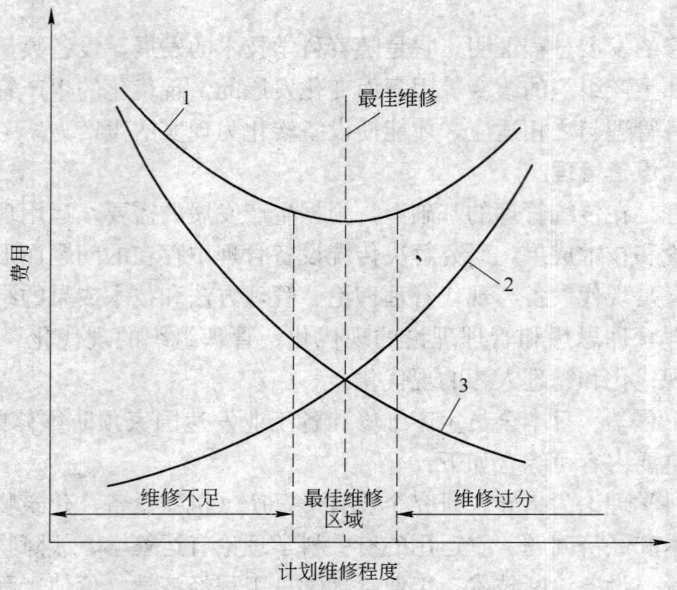

图 30 - 1 维修程度与费用的关系

1—综合维修费用；2—计划维修费用；3—故障修理和停产损失费用

新的信息，作为计划、组织、指挥、协调和决策的依据。一个健全的信息系统，必须建立在完善的原始记录报表基础上，以便于信息的收集、加工、整理；必须根据全过程管理的工作流程，制定严密的信息传输流程；大量的信息，尤其是大量的动态信息，例如设备诊断获得的信息，需要进行适时处理，与标准值进行对比，判定其劣化程度，作出预报，这是人工和简单计算工具难以胜任的，因此必须充分利用计算机技术。

应用计算机进行设备全过程管理的工作流程和信息流程示于图 30 - 2。

(7) 重视提高设备的可靠性和维修性。因为它们基本决定了设备的可利用率和维修工作量，所以要求设备制造部门充分利用在设备使用、维修阶段获得的信息以改进其设计。同时使用单位也要依据这种信息对在用设备进行必要的改进，而且在订购新设备时要把这些性能作为产品性能的一部分给予充分的重视。

(8) 针对不同维修对象采用不同维修方法。目前一般采用的维修方法列于表 30 - 1。

选用不同维修方法的目的是提高设备的可利用率，降低企业的维修总费用。选用原则：

1) 不同类型和用途的设备，可根据设备在生产中的作用、购置费用、结构特点、故障情况和备用数量等因素，按重要性把所有设备分为几类。对不太重要而又不会因故障给生产带来损失的一类设备，可采用事后维修。对实行预防维修的一类设备，还可根据不同情况采取不同预防维修方法。例如：对作业性质固定不变，一旦发生故障会给生产和安全带来严重后果的关键设备，可采用标准修理法；对已掌握其修理结构和修理间隔期的设备，可采用定期修理法；对已有条件进行状态监测的设备或其关键部位，可尽量采用状态监测维修。这样就可以有效地使用有限的维修人力、物力和资金。

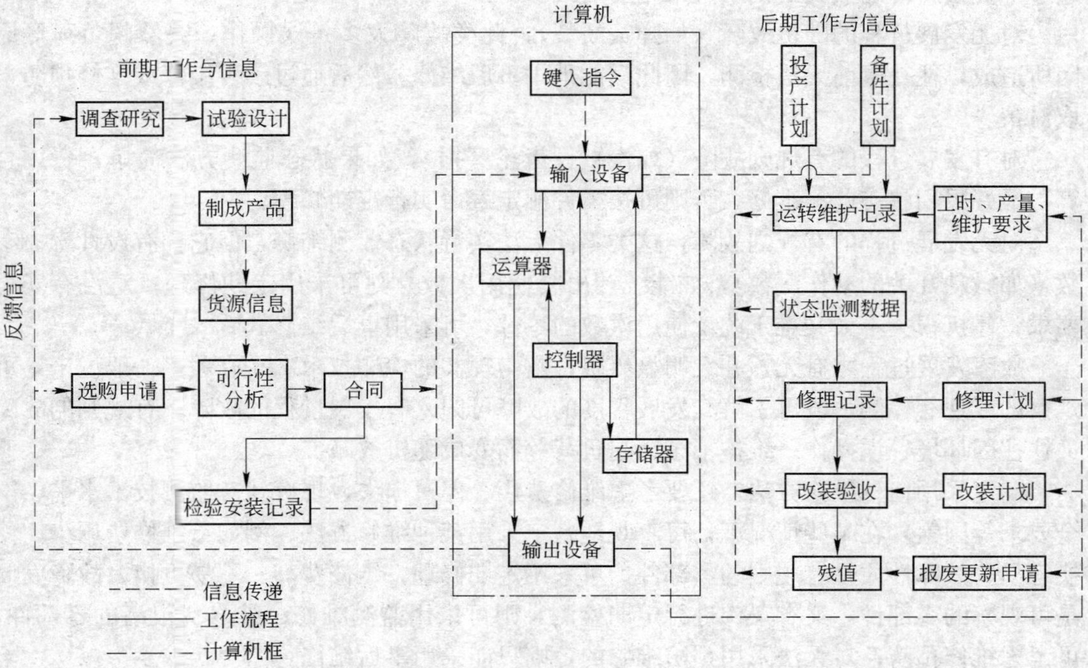

图 30-2　设备的计算机管理工作流程与信息流程

表 30-1　各种维修方法

维修方法	区　　别	
事后维修	设备发生故障或性能劣化不符合生产要求时进行的计划外修理	
预防维修	以时间或工作量为基础的维修	定期修理——根据规定的修理周期结构，修理间隔期和修理项目，按期修理，但要根据修前预检和修时判定的零件磨损程度确定是否更换新件
		标准修理——不进行修理前检查，严格按照规定的修理间隔期。修理项目和应更换的零部件，到时便进行修换
	以技术状态为基础的维修	改善维修——主要从故障分析发现设计制造中存在的问题，结合修理采取改善措施
		以主观检查为主的日常维修——主要由操作人员和值班维修人员以五官感觉和简单仪表为主，对设备的某些部位进行点检，巡回检查或定期检查，根据检查发现的故障隐患和问题，立即采取措施，或定期予以处理
		以客观检查为主的状态监测维修（预知维修）——主要依靠现代化状态监测手段和故障诊断技术，对设备或其关键部位进行定期的或连续的检测，根据获得的信息，在故障发生前进行适时的和必要的修理
维修预防	设计新设备时，根据使用部门反馈的信息，采取对策，以提高新设备的可靠性和维修性	

2）同一类型和用途的设备，由于各种零部件都有自己的寿命和故障发生规律，因而能够采用的维修方法就不尽相同。

对有发展过程的随机故障（如滚动轴承故障），以实行状态监测维修为宜。如果实行定期修理，按零件额定寿命定期更换，则零件的寿命往往得不到充分利用，经济性不好；实行事后维修虽能充分利用零件的寿命，但将增加故障停机时间，假若增加的停机损失超过过早更换新件的损失，则不宜采用事后维修。

对无发展过程的随机故障（如弹簧断裂），此类故障大多是误操作、突然超负荷等原因所造成，往往事前无法检测，因此只能采用事后维修。然后通过改善维修或维修预防采取对策。

对有发展过程的有规则故障（如汽缸、齿轮磨损），如果状态监测方法简单，费用合算，最好采用状态监测维修；否则可按零件额定寿命实行定期修理。

对无发展过程的有规则故障，这类零件无法实行状态监测维修，但它们有设计寿命参数（如微动开关的动作次数），如能统计出其使用次数，则可采用定期修理；对没有安全要求，停机损失不大又难于统计使用次数的零件，可采用事后维修。

故障发展过程之有无，并无明显界限，它与现实的检测技术水平有关，一般说来，可观察的或现有检测手段可了解其发展程度的故障可归入有发展过程的故障；有规则的故障又往往因环境、误操作、维护不当、超负荷等而变成随机故障。

确定采用何种维修方法，还要考虑维修费用、停机损失、现有状态监测技术水平、安全要求等因素。在某些情况下，可直观地判定采用某种维修方法。例如：维修费用少、修换容易、故障性质是有规则的零部件，可采用定期修理；维修费高、不易更换、故障发展是可观察的零部件，又有条件进行定期检测，则可采用监测维修；维修费很高的零部件，可考虑维修预防；对无法采用预防维修的，则只能采用事后维修。

如上所述，除日常维修和改善维修普遍适用于各类设备外，矿山广泛采用的是定期修理和状态监测维修。如能制订出合乎理想的修理周期结构和修理间隔期，定期修理未尝不是一种好方法，可惜目前还做不到这一点。间隔期过长则增加故障修理，过短则造成维修过度（过剩维修）。所以状态监测维修日益受到重视，正处于迅速发展过程中。

（9）重视当代科技成果的应用和管理手段的现代化。例如，在维修领域应用电子计算机完成数据处理、备件库存控制、维修控制和设备状态监视等功能；在状态监测中采用各种现代化检测仪器；在修理作业中采用网络技术、部件（总成）更换修理，以及各种新工艺、新材料、专用施工机具等。

（10）修理和备件生产的专业化、集中化、社会化。这种专业化和集中化，有地区的或跨地区的；有部门性的和行业性的；有集中于设备制造厂的。大中型企业的修理厂（车间）也分担某种型号设备的商业性修理，其服务对象是本地区或本部门的有关企业。矿山企业设备的大修和重要部件（总成）的修复，以及备件的制造，最好是委托专业厂进行。这样可以提高检修质量、节约分散建设修理设施造成的浪费、降低备件储备资金、简化维修管理等，好处很多。

（11）重视设备管理维修人才的培养。现代设备管理是一门管理、技术和经济相结合的专业，专业技术又涉及机械、电子、土建、化工等门类，因此设备管理需要各种管理和技术人员，而且要使之具有与先进技术和现代管理相适应的素质。这种素质需要通过职前教育和职后教育来保证。职前教育主要是各级学校教育。现在许多大专院校已增加了设备工程和维修工程方面的课程，由学校直接培养设备维修工程师的工作已经开始；新工人也应来自中专和技工学校，或经培训中心进行过系统的培训。职后教育是根据职工不同职务的需要，按需培训。它比职前教育目标更明确，内容更结合实际，主要是通过业余教育，各种短期培训和鼓励职工自学来实现。由于企业发展的需要，国外许多公司正在将更多的时间、金钱和力量投入职工培训。职工培训的目标有三：一是适应技术飞速发展的需要，例如随着自动化设备、电子控制系统、数控装置、故障诊断技术、电子计算机辅助管理等新技术的采用而进行的培训；二是适应现代管理的需要，例如随着管理科学的发展，为采用目标管理、网络技术等先进管理方法所进行的培训；三是提高管理才能的需要，主要是随着行为科学的不断发展，使管理人员能运用这些知识来处理人与人之间的关系，提高人们的劳动热情。

由上可见，现代设备管理不仅是针对现代设备的，它同样适用于现有技术比较陈旧的设备的管理，是实现我国矿山企业管理现代化的重要组成部分之一。

30.1.3 设备管理的意义和作用

设备管理在我国日益得到重视。这是因为：

(1) 设备管理是补偿设备损耗、维持简单再生产的必要手段。众所周知，设备是企业生产的物质技术基础。企业中的设备处于不断的损耗过程中，这种损耗使设备逐渐失去其使用价值，需要及时予以补偿，否则生产就要受到损失，甚至无法维持简单再生产。设备损耗有两种形式，即有形磨损和无形磨损。补偿的方法也有两种，即局部补偿和完全补偿。有形磨损的局部补偿靠维修，完全补偿靠大修或更新；无形磨损的局部补偿靠改造(现代化改装)，完全补偿靠更新。设备损耗的快慢，使用寿命的长短，又取决于选型、采购、使用、维修、备件制造供应等环节；而要保持企业装备的现代化水平，提高企业的市场竞争能力，又需要进行及时的设备更新改造。正是设备的选型、采购、使用、维修、改造、更新构成了企业设备管理的全过程，使企业得以进行再生产。

我国于20世纪50年代末和60年代后期发生的动荡中，每次导致设备管理废弛，结果使设备大量瘫痪，生产大幅度下降，每次都花去二三年时间才得以恢复原有管理水平。70年代中，我国露天铁矿用30台牙轮钻机更新了120余台钢绳冲击式钻机，立即改变了穿孔作业长期落后的局面，促进了矿山生产。这两个实例足以说明设备管理对简单再生产和扩大再生产的重要作用。

(2) 设备管理耗费巨大，直接影响着国民经济的发展。更新改造旧设备需要占用国家产出的大量新设备和总成，维修则每年要消耗大量的人力、财力和物力。

苏联1976年前后的整个国民经济中，承担各种设备修理的人数已有约400万人，占用的金属切削机床约占全国的四分之一，直接参与生产过程的固定资产耗用的维修费每年平均为其账面净值的30%[2]，而1984年全国的维修费用已达300亿卢布，从事修理工作的有600万人，修理用去的钢铁占总产量的五分之一。同年仅各铁矿企业用于修理的费用达到总投资额的80%，从事大、中修的人数已占企业生产总人数的30%以上。

荷兰1978年的维修费用为330亿荷兰盾，相当于国民收入的13%～14%[4]。

南斯拉夫工业中，1982年固定资产的维修费为其资产原值的3%[4]。同年，意大利为6%，美国为3%～4%[4]。

我国近年的维修费每年在290亿元左右，维修占用金属切削机床接近全国拥有量的三分之一。

上列数字尽管由于国情不同、统计方法不一致等原因，相互出入很大，但它们却说明现在的设备管理与维修消耗着大量的社会财富。若能加以改进，就有可能将节省的大量劳动力、资金、原材料、机床和更新用设备，转用于发展国民经济。

(3) 设备管理直接影响着企业的各项技术经济指标。企业的生产经营活动，包括计划管理、生产管理、质量管理、成本管理、合同管理、劳动力管理、安全环保管理和物资管理等，都离不开设备。企业产品的产量、质量、成本和交货期，以及安全环保和职工劳动情绪等都受到设备的制约，而且涉及设备管理的人、财、物在企业中都占有很大的比重，所以它对各项技术经济指标的影响是非常明显的。

据对部分矿山的调查，将1985年一些矿山的固定资产总值和维修费列于表30-2，操作工和维修工的配比列于表30-3。

表30-2 部分矿山1985年占用固定资产总值、维修费和备件储备资金

矿山名称	开采方式	固定资产原值（万元）			全年维修费（万元）	千元固定资产维修费（元/千元）	千元成本维修费（元/千元）	备件储备资金（万元）
		总值	其中机械动力运输设备					
			合计值	占总值（%）				
南芬铁矿	露天	17640	13878	78.6	2413	137	280	2254
白云鄂博铁矿	露天	11324	9494	83.8	1706	150	286	589
齐大山铁矿	露天	12379	5783	46.7	1103	89	244	500
青山怀镁矿	露天	3096	1486	48.0	176	57	211	189
甘井子石灰石矿	露天	4673	2569	54.9	223	48	190	275
浏阳磷矿	露天	4392	2800	63.8	163	37	45	118
凡口铅锌矿	地下	19780	6019	30.4	443	23	222	1476
红透山铜矿	地下	8340	3352	40.2	397	48		305
镜铁山铁矿	地下	8025	4047	50.4	572	71	156	340
桃冲铁矿	地下	2681	1106	41.2	133	50	269	39
向山硫铁矿	地下	4883	1856	38.0	168	34	71	115
金河磷矿	地下	4624	1562	33.8	86	19	105	42

注：本表数字分别由表列矿山或有关领导机关主管矿山设备管理的单位提供。

表30-3 部分矿山1985年设备操作工和维修工配比

矿山名称	开采方式	生产工人总数	其中		操作工占生产工人（%）	维修工占生产工人（%）	操作工：维修工
			设备操作工	维修工			
南芬铁矿	露天	3800	916	1409	24.1	37.1	1：1.54
白云鄂博铁矿	露天	3152	1028	956	32.6	30.3	1：0.93
齐大山铁矿	露天	1997	523	544	27.2	27.3	1：1.04
青山怀镁矿	露天	790	287	135	36.3	17.1	1：0.47
甘井子石灰石矿	露天	1428	591	412	41.4	28.8	1：0.70
石人沟铁矿	露天	1681	365	542	21.7	32.2	1：1.48
密云铁矿	露天	674	240	307	35.6	45.5	1：1.28
凡口铅锌矿	地下	3462	923	904	26.7	26.1	1：0.98
红透山铜矿	地下	3369	456	706	13.5	21.0	1：1.55
镜铁山铁矿	地下	2777	1584	414	57.0	14.9	1：0.26
桃冲铁矿	地下	1168	185	264	15.8	22.6	1：1.43
德兴铜矿	地下	1096	329	340	30.0	31.0	1：1.03
向山硫铁矿	地下	2192	529	343	24.1	15.7	1：0.65
金河磷矿	地下	3455	1600	412	46.3	11.9	1：0.26

注：本表数字分别由表列矿山或有关领导机关主管矿山设备管理的单位提供。

表30-2、30-3所列的比例数字，由于各矿山自然条件、开采方式、机械化程度、采用设备、外委修理量和自制备件量等条件的不同而有很大出入。随着生产机械化程度的提高和设备的日益大型化、复杂化、自动化，这些比例数字将进一步提高，设备管理在企业生产经营活动中的作用必然与日俱增。

(4) 保证矿山的安全均衡生产，节约设备投资费用。如果设备管理不当，必然导致事故故障频繁，停修时间多，可利用率低，影响均衡生产，甚至危及人身和设备安全，迫使企业不得不为添置备用设备而增加投资费用。

30.1.4 我国矿山设备管理发展概况

我国原料工业部门于1954年引进苏联的计划预修制度，在矿山全面推行。其后根据国情和矿山特点，参考其他行业经验，发展了早期的设备管理制度，到80年代初，形成了与当时 国内发展水平相当的设备管理维修制度。具体表现为：

(1) 确立了各级设备管理机构，形成了经理、矿长领导下的以设备副经理、副矿长(副总工程师)为首的机械、动力、汽车运输和铁路运输设备四个专业管理系统。

(2) 强调社会主义制度下人的思想认识对设备管理维修的重要作用。重视提高操作人员用好、维护好设备的责任感，重视树立管理维修人员为生产服务的观点。要求各级领导处理好人与设备、生产与维修、维护与修理的辩证关系，做到三个“同时”(安排生产计划的同时安排好维修计划，检查考核生产计划的同时检查考核维修计划和设备技术状况，奖励生产部门的同时奖励设备管理维修部门)。

(3) 发展了设备管理的工作方针。即“科学管理，合理使用，正确操作，精心维护，计划检修”，“预防为主，维护与检修并重”，“修理与改造相结合”，“专业管理与群众管理相结合”。这就是说，设备管理已从传统的只管维修发展到开始对设备的后期实行综合管理。

(4) 在专业管理的基础上增加了群众管理的内容，初步形成了群专结合的设备管理网。群众管理的主要形式就是以“五定”(定人、定设备、定任务、定保养、定消耗)为内容的包机(车)组，实行操作工定点检查保养，从而使操作工成为设备管理的一支重要力量。此外，设备维护竞赛、技术革新活动、技术表演，年中和年终的设备大检查等都包含了群众管理的内容。

(5) 制定了主要生产设备的使用、维护、检修规程，建立了各项设备管理制度和设备系统的例会制度。

(6) 在维修方法上采用以定期修理为主的预防维修。小修和一二三级保养要求按规定的修理间隔期执行，大修、中修、年修则按设备实际磨损情况纳入年度计划定期执行。对一些部件(总成)采用了预装成套更换修理的方法。

(7) 根据故障分析，对采掘运输设备，特别是对国内试生产的一些大型设备，在技术革新活动或在制造厂的配合下，对零部件的材质和结构进行了大量的改进。

(8) 建立了本部门和本矿的具有相当规模的矿山设备修理和备件制造能力。

(9) 对20世纪70年代以来引进的现代化矿山设备做了大量的消化工作，为我国自制现代化矿山设备作出了贡献。

70年代末，国外的现代设备管理理论和经验不断引入我国，有许多观点和经验已纳入1983年我国颁布的《国营工业交通设备管理试行条例》，我国矿山设备管理从此开始了由传统管理向现代管理转变的进程。最近几年，矿山在设备管理现代化方面取得一定进展，现代设备管理的理论、方法、手段日益受到重视，全过程管理、全员管理、目标管理、点检制等经验正结合矿山实际予以推广，状态监测技术、电子计算机、网络计划技术已进入设备管理领域，还继续建立了各种岗位经济责任制和承包制。但总的说来，这种进展还比较缓慢，与现代设备管理的要求相比，还存在较大差距。

为尽快缩小这种差距，提高设备管理的现代化水平，一方面需要企业的领导部门和国家重视中高级设备管理维修人才的培养，重视设备管理理论、组织、手段和维修新技术的研究推广，重视提高新设备的可靠性和维修性，保证更新改造必要的资金和设备，鼓励区域性的或跨地区的、跨部门的矿山设备专业化修理网点的组建，促进维修工作的社会化；另一方面，需要矿山企业根据自己的设备管理水平，结合我国经济结构和管理体制改革，从设备管理的组织、方法、手段、人员培训等方面研究采取相应的措施。矿山企业若要做到这一点，首先需要各级领导提高对设备管理在企业中的作用的认识，认清推行现代设备管理的必要性和紧迫性，用现代设备管理的理论和方法改变一些旧的传统观念和模式。诸如把设备管理对象局限于机械、动力、运输设备而忽视建筑物和构筑物；把管理业务范围局限于维修、调拨、报废而忽视全过程管理，局限于生产技术管理而忽视经济管理；把设备管理的责任单纯安排给设备专业管理部门而忽视其他部门应负的责任；认为设备多多益善而不讲投资效果；对所有设备一律实行预防维修而完全否定事后维修，把现有条件下的一切故障都视为不可容许的；把维修工视为辅助工；在实行承包制的企业中，特别要防止设备管理方面的短期行为，如超载运转，只使用不维修等。

30.2　设备管理职能及其组织制度

企业需要把从事设备管理维修的人员组织起来，根据设备管理的各项职能，确定设备管理纵向系列内上下级机构的职责权限，以及横向系列内各机构之间的分工协作关系，使人们能协调一致地在各自的岗位上充分发挥其作用，有效地实现设备管理的总目标和基本任务。

由于矿山的具体情况各不相同，设备管理职能的组织是多种多样的，每个矿山要根据自己的具体条件，应生产发展的需要，探求当时条件下最适合于本矿的组织形式。

30.2.1　设备管理的基本任务、职能和分工

根据我国颁布的设备管理条例，设备管理的基本任务是，正确执行国家的方针政策，通过采取一系列技术、经济、组织措施，逐步做到企业主要生产设备的设计、制造、购置、安装、使用、维修、改造、更新直至报废的全过程进行综合管理，用最经济的寿命周期费用获得最高的设备效率。设备管理是企业中一项管理与生产（指动力生产供应、修理作业和备件制造）技术与经济相结合的综合性业务。其基本职能有：

（1）固定资产管理；

（2）新增设备的选型、采购、安装、调试；

（3）经济、合理、正确地使用设备；

（4）土地以外工业生产用固定资产的维修；

（5）技术陈旧和严重磨损设备的改造、更新；

（6）动力的生产、供应、管理；

（7）备品备件的生产、修复、供应和管理。

此外，企业中的节能、非标准设备设计制造、操作工和维修工短期培训、某些技术组织措施和安全措施的施工、非工业生产用固定资产的维修等，可由企业根据机构设置和业务性质，在设备管理部门和其他部门之间进行分工。

企业为完成设备管理的各项职能，设置设备管理机构和有关的生产单位，并在设备管理机构和其他职能机构之间进行业务分工。对于设备管理部门，一方面有其自身的基本职能，另一方面应具有综合全矿设备管理业务的综合职能，即综合分析来自纵向和横向序列的设备管理信息，并根据企业的长远和近期发展目标，平衡编制设备管理的各种计划，提出改进设备管理的方案和意见，供领导决策。

在设备管理职能的分工上，各矿山都有传统的分工模式，这种模式在经济管理体制改革和设备管理现代化进程中必然会有相应的变化，其总的趋势是向设备管理部门集中。例如：

（1）工业用固定资产的实物管理将由设备管理部门统一管理或综合归口。

（2）设备更新改造的计划、费用预算、选型、技术经济论证和效益分析将以设备管理部门为主，并由设备管理部门组织实施，新设备采购任务不大的矿山，设备管理部门还将负担采购任务。

（3）在设备使用维护规程的制订和指导监督其贯彻执行上，设备管理部门将具有更大的权威；而合理使用设备，为设备创造适宜的作业条件，组织指挥操作人员正确操作和完成日常维护保养作业，将是生产部门应尽的职责。

（4）矿山不单独设置土建机构时，工业建筑物和构筑物的管理维修将由设备管理部门负责；但是采区运输的道路和井巷的维修，根据其技术特点和施工机具的专用性，仍将分别由担任道路修筑和井巷支护的单位负责。

（5）维修费用的信息数据处理是一项比较繁杂的工作，它对于企业财务部门的主要职能而言，是居于第二位的，因此维修费的预算、控制和会计核算将成为设备管理部门的业务。

（6）在设备管理机构内，随着状态监测维修的发展，负责状态监测的单位将得到加强，逐渐成为组织维修管理的中心。

（7）设备副矿厂领导下的设备管理部门将至少拥有下列权限：检修计划和机修、电修生产计划部署权；维修费和更新改造费支配权；追查设备事故权；制定设备规程和管理制度权；制止违章使用和操作设备权以及设备更新改造、调拨报废审查权。

每个企业都有自己的特殊情况，所以分工不能强求一致，也不是一成不变的。但无论如何，分工必须明确，避免重叠、混乱和遗漏，以有利于完满实现各项管理职能。

30.2.2 企业设备管理体制

30.2.2.1 矿山设备分级管理

根据企业管理体制，在各层次设置相应的设备管理机构（或人员），按照各级的职责权限完成管理任务。公司一级可设设备副经理（或副总工程师）和机械动力处（或分设机动处、车管处）；矿一级可设设备副矿长（或副总工程师）和机械动力科（或分设机动科、车管科）；车间可设设备副主任和设备组；工段可设设备副段长和设备员。管理业务简单、维修工作量不大的层次和单位可以不设分管设备的副职，而由主管生产的领导兼管设备工作，并应减少管理层次。

30.2.2.2 直线参谋型管理组织

管理组织有三种形式：直线管理型、职能管理型、直线参谋型[5]。矿山一般采用直线参谋型为宜。各级分管设备的负责人分别在经理、矿长、车间主任、工段长领导下进行工作。在设备管理组织系统内实行纵向业务领导，并横向协调同层次各部门之间的设备管理业务。职能部门作为参谋机构分别在分管设备负责人的领导下进行工作，上下层职能部门之间只存在业务指导关系，不直接发布命令。这样既可发挥职能机构中专业人员的作用，又可防止命令来自各方，造成管理的紊乱。

30.2.2.3 管理职能与生产职能的分与合

这要根据修理作业、备件和动力的生产规模而定。生产规模小、产品单一的可以合在一起，例如矿山变电所、空气压缩机站、水泵站、小机修等，可由机械动力科直接领导；生产规模较大、产品比较复杂的，一般应当分开，例如修理厂、机修厂（车间）、发电厂均置于设备副经理或副矿长领导下，这些厂（车间）有其自身的职能机构，机械动力处（科）对这些厂（车间）只保留生产计划部署权和业务指导关系，这样利于设备管理部门完成其管理职能。

30.2.2.4 维修体制的集中和分散程度

集中和分散程度要因矿制宜。维修的集中和分散，是就布局和组织两个方面而言的[1]。布局是指修理设施和人员在企业内部的分布位置，组织是指由谁对维修工人实行组织上的直接控制（对工人的管理、工作安排和指导等）。布局的集中意味着把所有的维修设施和人员集中在一二个点上，它必然随之以组织上的集中。组织上的集中意味着全部维修工作由一名领导直接控制，但它并不意味布局上必须同样集中。

矿山设备分布地域广，生产部门都希望在需要维修时能获得快速有效的维修服务，减少停机减产损失，因此分散维修是符合矿山生产需要的。然而，分散维修会造成维修设施的重复配置，分散技术力量，造成工种之间工作负荷不均衡，工时得不到充分利用，增加投资费用，尤其对保证现代化矿山设备的维修质量十分不利。所以矿山设备的维修在布局和组织上一般都采用大集中、小分散的形式，集中分散的程度则取决于：

（1）矿区分散程度和生产规模。矿区越集中、生产规模越小，维修的布局和组织的集中程度越高，甚至可以完全集中。反之，如果布局集中造成的停机减产损失很大，可能超过分散维修所需增加的投资费用时，就应适当提高布局的分散程度，甚至需要在各矿区分别配置相当规模的维修设施和人员。

（2）设备特征对维修技术和设施的要求。设备越大型化、复杂化、自动化，要求的维修技术越高，维修设施的专用性越强，则维修在布局和组织上的集中程度也越高。例如准轨电机车、矿用汽车都由修理厂（车间）、车库或保养场集中进行零修和小修以上作业，生产现场只配临时故障修理设施和人员；挖掘机、牙轮钻机、铲运机、凿岩钻车、提升机、空气压缩机、破碎机的大中小修也基本由矿机修车间或专业修理工段进行，生产现场一般也只配日常维修人员和简单工具。

（3）外委修理和自制备件量的大小。外委修理量增加和备件自制量减少，意味着整个矿山行业维修集中程度的提高和矿山内部维修工作量的减少和简化，将使矿山维修在组织上趋向集中。

30.2.3 设备管理机构的组织原则

设备管理机构的组织原则，如同企业管理机构，也要遵循有效原则、管理幅度原则统一指挥原则、权责对等原则和协调原则。具体说来有以下几点：

(1) 遵循本企业的组织原则，与本企业的生产经营管理组织相适应；

(2) 遵循企业确定的设备管理维修体制；

(3) 要体现全过程管理、技术与经济综合管理、群众管理与专业管理相结合的要求；

(4) 根据企业赋予的管理职能和生产职能及其业务繁简，确定机构设置，明确上下层各科组之间的职责权限；职能科组的设置，要根据矿山规模，可以是按专业的，按区域的，按方便条件的，或者是按三者综合的；

(5) 与所配人员的素质相适应；

(6) 机构要精简，层次要合理，避免任何一层人员只起中转作用；

(7) 要考虑有效的管理幅度。向一名主管人员汇报的人数不应过多，可根据该主管人员能有效地进行管理的能力和工作复杂程度确定管理幅度。

一个合理的管理机构应能满足以下要求：设备管理的目标、方针、任务能为所有人理解，人人清楚自己的职责，能充分发挥自己的能力；上下左右易于互通情报，工作协调，工作效率高，能适应特殊需要，能顺应形势发展，迅速适应外部条件的变化。

30.2.4 设备管理机构实例

矿山都有自己的具体情况，因此几乎不可能制定一个设备管理机构的标准模式，而且一个机构在工作一定时期后往往需要加以调整。下面提供的实例，在今后的发展过程中，例如随着全过程管理的实施，状态监测诊断和电子计算机的应用，社会修理行业和备件市场的发展，以及矿山生产的变化等，都会引起组织机构的变化。

实例 1 齐大山铁矿，年采剥总量约 1200 万吨，固定资产总值 1.23 亿元，铁路、公路联合运输，维修工 540 余人，矿用汽车的大修、准轨电机车和翻斗车的大修和年修均外委，其组织机构见图 30-3。

实例 2 漂塘钨矿，年采掘总量约 50 万吨，主要设备有 ϕ2000mm 提升机、10t 电机车、华-1 型装岩机等，其组织机构见图 30-4。

实例 3 中国高岭土公司阳东矿，年采掘总量约 9 万吨，固定资产总值 76 万元，主要设备有 ϕ1200mm 提升机、3t 电机车、内齿轮绞车、10m^3 空气压缩机等，其组织机构见图 30-5。技术组的机电工程师相当于副矿长的设备助理。

30.2.5 设备管理维修人员的配备

设备管理维修人员的配备（这里不包括专门从事备件制造的人员）决定于维修工作量、维修体制和人员素质。维修工作量又决定于设备的数量、类型、可靠性、维修性、役龄、利用率、外委修理量、备件质量、作业对象和作业条件，维修装备水平等诸多因素，所以尚没有精确的配备方法，只能根据经验估计，一般采用以下三种估算方法：

(1) 按修理工时定额估算。根据设备的修理周期结构、修理间隔期和各种修理需要的工种、工时，估算出计划定期修理项目及其需要的总工时和工种人数，再考虑必要的值班维修人员、非计划及故障修理人员和修理的不均衡系数后，估算出需要配备的维修工人总数。

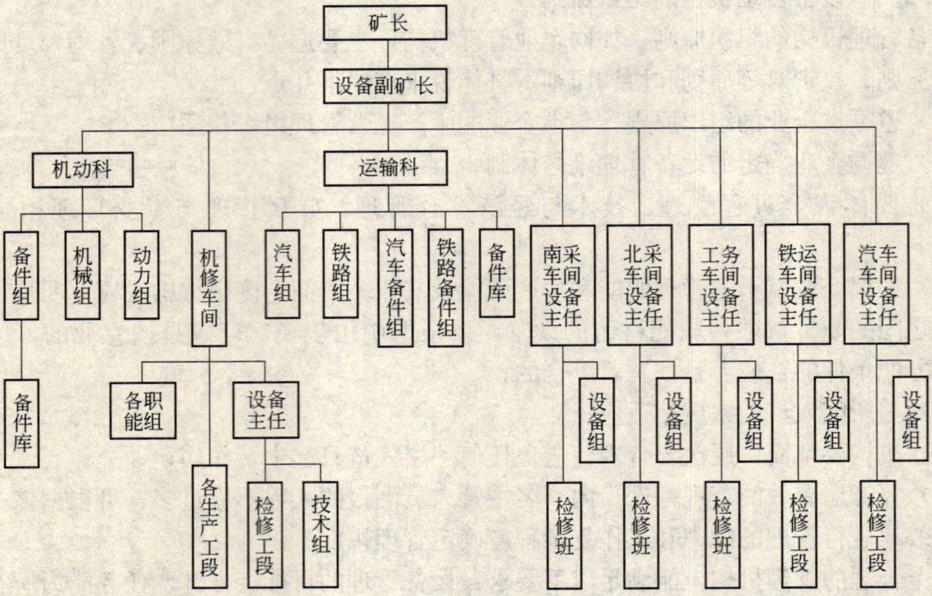

图30-3　齐大山铁矿设备管理机构

（注：本图由齐大山铁矿机动科提供）

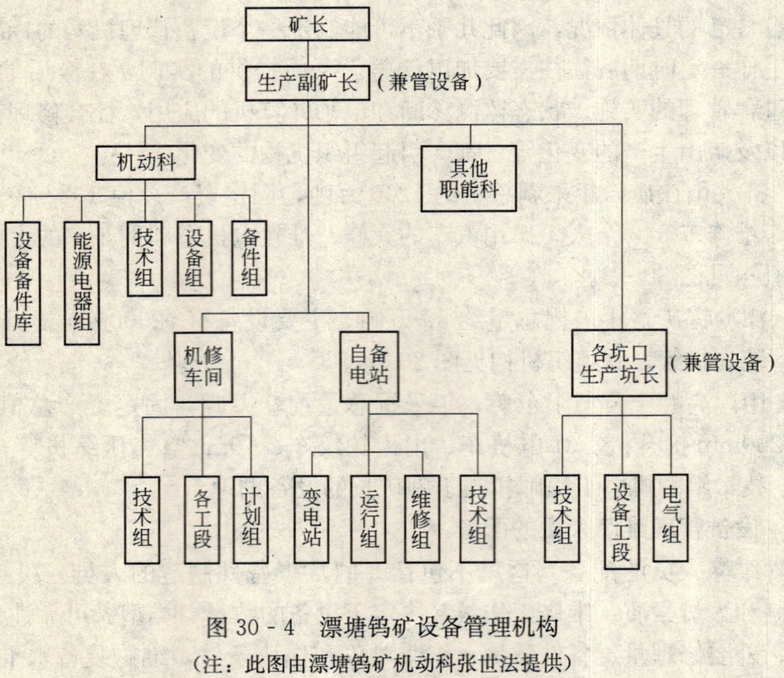

图30-4　漂塘钨矿设备管理机构

（注：此图由漂塘钨矿机动科张世法提供）

（2）按企业工人总数的百分比估算。根据外委修理情况和同类型矿山的经验数据，确定本矿维修工占全矿生产工人的百分比，然后估算总人数和各工种人数。

（3）按管理人员占维修工人总数的百分比，计算所需的管理人员数。

这些估算方法都需要有关的定额数据，而这类数据因矿山条件不同会有很大的出入，

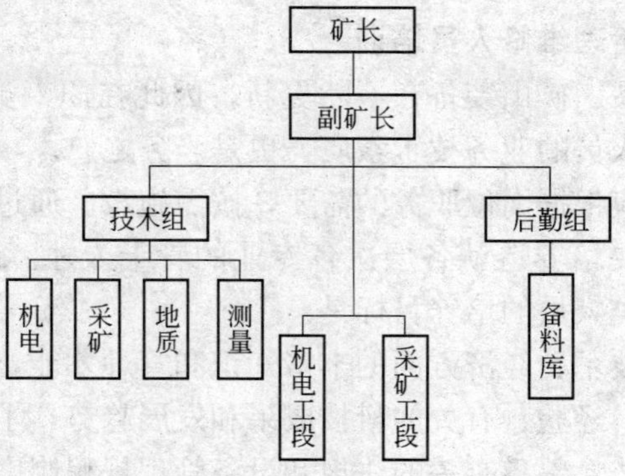

图 30-5 中国高岭土公司阳东矿设备管理机构

（注：此图由阳东矿陈瑞华提供）

例如，澳大利亚罗布河（Robe River）铁矿年产铁矿石 1600 万吨，采用 45R 牙轮钻机、9.2m³ 挖掘机、120～170t 电动轮自卸汽车，实行总成更换修理，总成修理大多外委，矿山基本只做日常维修保养和总成更换，也不自制备件，管理上采用电子计算机系统。维修人员只有 230 人，占全矿定员 610 人的 37.7%。而我国与之最近似的南芬露天铁矿，维修工占生产工人的百分率虽为 37%，但绝对人数几乎为该矿的四倍（按采剥总量折合）。产生这样大的差别，原因很多，主要是南芬露天矿既要承担几乎全部的修理业务（甚至包括轮胎翻新），还要自制部分备件，而且人员素质不同。地下矿山同样存在这种情况。从表 30-3 也可看出，国内各矿山之间的差别也是很大的。这种差别主要是由于维修对象、设备作业对象、矿山自修和自制备件数量、矿山机械化程度的不同所造成的。

所以，上述几种方法只能粗略估算维修人员人数。确切的人数则必须通过持续的考察，根据维修工作的积压状况和人员窝工情况进行调整[1]。

矿山企业中，庞杂的维修工作量，必然带来庞大的维修队伍和管理机构，这是我国社会经济结构的产物。改变这种状况，尚需假以时日。

30.2.6 设备管理的规章制度

设备管理职能的实现，是由各种规章制度来保证的。这类规章制度可分为：

（1）设备规程。每种设备应编制使用、维护、检修规程，这是设备管理的基本法规。

（2）设备管理制度。针对设备管理的各项业务，规定了它们的具体内容，工作顺序和有关单位之间的分工协作关系。在此基础上再通过岗位经济责任制把各项业务分配到每个人员。这类制度有：固定资产管理制度，设备技术状态监测与信息管理制度，设备检修管理制度，设备事故及故障管理制度，维修费用管理制度，设备更新改造管理制度，供用电管理制度，机修、电修生产管理制度，备品备件管理制度，设备图纸档案管理制度，以及其他专项（润滑、轮胎等）管理制度。

（3）会议评比制度。如设备系统定期例会制度，设备管理优秀单位检查评比办法，单机维护质量评比办法等。

规章制度要有相对的稳定性，但必须根据国家的方针政策、企业内部情况的变化和自己的实践经验及时修订。

30.2.7　在职设备管理维修人员培训

科学技术在不断发展。矿山装备在不断更新，因此在职人员的培训是一项长期任务。提高矿山设备管理维修人员的业务技术素质，更是当务之急。

在职人员的培训，应根据岗位职务的需要，按需施教。通过培训不仅要提高所有人员的本职工作水平，而且要培养造就各层次各专业的骨干人才。以适应现代设备管理的需要。设备系统各层次各类人员的培养目标是：

（1）管理人员要有技术、经济方面的丰富知识和管理才能，尤其是中高层领导，要了解现代设备管理的理论、经验、有关的科技成果和发展趋势，了解主要矿山设备的结构性能、维修技术和机修工艺，熟悉有关的法规和设备管理规程制度，能指导和协调设备管理各个环节的工作，并进行及时正确的决策。

（2）专业技术人员要掌握本专业的基础理论，具备设计能力，通晓维修工艺。设备维修工程师更要熟悉设备结构性能，掌握磨损规律，能制定设备改造方案，能进行改造设计，能提出检修施工方案和事故防止对策，并及时掌握有关的国内外先进管理理论、先进技术和管理经验，并结合本企业实际加以研究应用。

（3）矿山设备的操作人员要熟悉所用设备的结构性能，能熟练地正确使用和操作设备，能完成日常的维护保养作业，能及时发现设备的异常和故障并予以排除。矿山大型现代化设备的操作工需要具有机械、电气、电子方面的基础知识。

（4）维修工要达到本工种等级应有的理论和技能水平。培养高级维修工比培养熟练操作工要困难得多，因此要特别重视高级维修工的培养，使之能掌握精湛的维修技术，在复杂精密设备的安装、调试和维修技术难题的解决，以及异常的检查和故障的防止等方面，发挥一般技术人员起不到的作用。

培训方式可根据当时发展的需要，采取岗位培训，组织操作表演，奖励个人自学，自办短期学习班和业余学校，委托校外单位代培等多种方式。培训工作主要应围绕以下内容，制订计划，逐步予以实施。

（1）普遍提高职工文化技术水平。

（2）弥补新进职工学校教育的不足，使之能尽快熟悉和掌握本职工作技能；

（3）解决各专业各层次骨干人才的培养，提高设备管理维修队伍素质，防止后继无人。

（4）配合新设备和新维修方法的采用，使有关人员掌握设备操作、维修和故障诊断技术。

（5）结合推行现代设备管理，使有关人员掌握现代管理理论、管理方法和管理手段。

30.3　设备的使用维护

矿山设备作业的特点是地点分散、流动性大，工作条件恶劣而且多变。因此在矿山生产中，生产管理人员和操作人员的合理使用设备，精心维护设备，严格遵守有关的规程制度，对发挥设备效率，降低维修费用，提高设备的投资效率，具有特别重要的意义。通常，对设备使用维修的管理是设备全过程管理中投入最少而产出最多的一个环节。

30.3.1 设备的使用

设备的合理使用，主要取决于工作条件、生产组织工作和人员操作三个环节。

30.3.1.1 工作条件

工作条件包括工作对象的性质和状态、工作场地和道路的准备质量，以及气候地理条件等。

矿山开采中，各工序设备的使用寿命及其零部件的磨损快慢均与矿岩的物理力学性质有关，尤其与矿岩硬度关系密切。矿岩的硬度、节理和裂隙及渗水等影响着钻孔凿岩设备的效率和零部件寿命；矿岩的爆破块度和根底影响着装载设备的效率及其零部件的寿命；根底的存在还影响着道路质量，从而降低运输设备的效率及其零部件寿命。

工作场地大小对不同设备有不同要求，太大则浪费资金和时间，太小则影响设备效率及安全。工作场地的准备质量应满足平整无大块矿岩及安全的要求，以免影响设备作业，加速轮胎和履带装置的损坏以及造成人身、设备事故。对汽车、铲运机和有轨运输设备来说，道路的修筑和养护应符合设计技术质量标准。道路质量好，则行车速度快，发动机、变速器、轮胎、悬挂装置、机架等零部件寿命均可延长，列车掉道及故障也可减少，从而可以提高运输效率和降低维修费用。

矿山设备受气候条件的影响。北方矿山的低温造成露天作业设备的低温脆性，影响零部件寿命；低温增加了准备工作场地和启动内燃设备的困难；低温使汽车和矿车车厢内的矿岩冻结，需要随时处理；低温影响操作人员的工作。同样，南方露天矿的雷雨和湿热气候，地下矿内潮湿多尘的空气和有毒气体，也影响设备的使用和操作人员的工作。因此，都需要采取相应的对策。

此外，工作场地标高也影响着内燃机性能。通常在没有增压器时，四冲程内燃机在标高 300m 以上工作时，每升高 300m 其功率降低 3%（二冲程内燃机降低 1%），如果内燃机具有蜗轮增压器，标高在 1700m 以下时，标高影响可忽略不计。高山矿的气候条件对电气设备的正常运行影响很大，其使用寿命要比一般低。

所以，合理使用设备首先要经济合理地为设备创造良好的工作条件，即根据设备规格性能和作业条件选定合理的作业参数，准备好质量合乎要求的工作场地和道路，并采取有效的通风、防尘、防污染、防寒、防雷、防暑、防洪和避炮等措施。

30.3.1.2 生产组织工作

矿山生产是由各种不同用途的设备在空间和时间上彼此联系起来构成的工艺系统。为了保证系统的综合生产能力，要使各个环节的设备能力彼此相适应。在满足综合能力的前提下，各个环节投入的设备数量越少越好，型号越统一越好。但是每个生产环节都应有一定的备用能力，以免因检修影响整个系统的能力。

矿山设备一般是在矿山建成投产时便已按设计规模配齐，但矿山开采前期、中期和后期的采剥掘条件和总量不同，因此需要根据每年的采剥掘计划，确定动用设备数量，暂时不用的设备可以封存，或改作他用，或根据各时期采剥掘计划，确定必须购置的配套设备，而不要一开始就把采剥掘总量最大时所需设备都购来，以免造成设备闲置和资金积压。

露天矿生产成本中，运输费用约占总费用的 30%～50%。为此，装载能力应比运输能力大一些，以充分发挥运输设备能力，降低其费用。实际情况许可时，可利用运距调节装载或运输能力。例如，当本班运输能力不足时，调度可指挥汽车到运距近的工作面运输；装载能力不足时，可到运距较远的工作面去运输。灵活改变运距是露天矿生产调度的一种方法。

矿山生产中运输设备的调度，实际上是一种复杂的优化问题。调度作业需要不断地监控线路和装载、运输设备状况，以便确定最佳配车方案，在采矿参数不断变化的条件下选择能提供最佳车流的线路。为此，需要利用电子计算机配合运筹学的自动化调度系统，这种系统能应用线性规划模型，实时计算装载效率、运输设备运行和装卸时间，从而得出采场结构中的最佳选择。

安排生产计划时，应当保留设备的日常维护保养和检查修理时间，维修计划一经确定，生产调度要严格执行。安排生产计划时，还应考虑气候变化的因素，例如在严寒季节要相应增加备用设备和维修人员，加强防冻防寒工作；多雨季节要加强防洪和护路工作等。

采矿主体设备一般是多班多人操作。为此必须建立机长负责制和交接班制。每台设备的司机应该在司机长的领导下进行工作，接受车间（或工段）和生产调度的指挥，完成生产任务，维护好设备，完成对设备状态的监视和点检，将本班设备作业的具体情况和技术状况，以及下班应注意事项，准确地反映出来，通过交接班记录提交下班司机，以引起注意。能在本班处理的问题不留给下班。

30.3.1.3 司机的操作

矿山设备的作业特点要求司机具有高度的责任心和熟练的技术。还要有良好的工作条件，才能保证司机严格遵守使用操作规程，正确操纵设备，使设备处在满载而不超负荷的条件下安全作业，充分发挥设备效能，降低设备损耗。

司机的素质在设备使用过程中起着重要作用。因此，一方面要通过职业教育，结合鼓励，增强司机的责任心；另一方面要通过技术培训和实际锻炼提高操作和维修技术水平。同时，工程技术人员要帮助司机总结操作经验，分析研究合理利用设备性能的方法。

30.3.2 维护保养

设备维护保养是为保持设备完好状态，维持其工作能力所进行的一种作业。此项任务是由操作人员和值班维修人员按规定的各自的作业内容来完成的。

30.3.2.1 主要作业内容

维护保养的作业内容主要有：检查、清扫、润滑、调整、紧固、防腐、更换某些易损件等。

A 检查

检查可分为日常维护性检查和为修理提供信息的定期检测。前者如操作人员的点检和值班维修人员的巡回检查；后者如专业人员的预防性试验和状态检测。操作人员和值班维修人员按规定的检查维修项目，通过每班的检查，了解设备技术状况的动态，及时发现问题，及时进行润滑、调整、紧固、清扫、防腐作业，并防止不正常的磨损和事故的发生。

B 清扫

对设备及其周围环境进行清扫，保持设备、机房及司机室整洁，材料、工具摆放整齐。这样可防止灰尘进入润滑部位，可使易过热零件保持良好的散热效果，可防止异物落入传动部位损坏零件，便于发现外露零件的表面裂纹。整洁的工作环境还可振奋操作人员的精神，提高工作效率。定期吹扫对电气设备的安全运行更为重要。

C 润滑

润滑是保持设备正常运转，减少磨损，延长零部件寿命的重要环节。良好的润滑，必须做好以下工作：

a 选用合适的润滑油料

选择油料时要考虑下列各种因素：

（1）摩擦面的比压。比压大时，要求润滑油的黏度较大，油性较好，对润滑脂则要求较小的针入度；低速重负荷时应考虑润滑油的容许承载能力，选用黏度较大、极压性好的润滑油；经受冲击振动负荷时；摩擦面的瞬时压强很大，要选用黏度大或针入度小的油料。

（2）摩擦面的运动速度。速度小时，选用高黏度油料；速度大时，选用低黏度油料；高速旋转的摩擦副，在温升允许时，应选用黏度稍高的润滑油，或针入度较小的润滑脂；往复运动或间歇运动的速度变化较大时，应选用黏度较大的润滑油，或用润滑脂代替。

（3）工作温度。高温条件下，选用闪点较高、黏度较大、油性较好、氧化安定性较稳的油料；低温条件下，选用黏度较小、凝固点较低或针入度较大的耐低温油料；温度变化大时，选用黏温性能好的油料；我国北方寒冷地区，同一润滑部位，冬夏季要选用不同的润滑油。

此外，还应考虑工作环境、润滑方式、摩擦副的材质、间隙、表面精度等因素对润滑油的影响。

通常可采用设备制造厂推荐的润滑油料。当所需油品缺货时，可选用两种油料配调，并加入某种添加剂，以改善油品的性能。常用的添加剂有黏度指数添加剂、油性添加剂、抗氧化添加剂等。

b 建立合理的润滑制度

每种设备要实行润滑“五定”制度。即：定点——明确设备的润滑部位，润滑点的位置和数量，掌握其结构和润滑方法；定质——确定每个润滑点使用的油品；定量——定合理的加油量；定时——定加油或换油的时间周期；对用油量较大的部位，换油前要选定几个化验指标，加黏度、机械杂质和不溶物、水分、闪点、酸值、碱值等，进行油品化验，对照油品报废标准决定是否换油，不应以换油周期为依据；定人——定各润滑点的润滑负责人，在操作人员、值班维修人员或专责润滑工之间进行明确分工。

c 建立相应的润滑工作体系和岗位责任制

一般地说，矿山设备管理部门应有一名专职的润滑工程师，负责全矿设备的润滑管理。制订润滑管理制度，并督促指导各级润滑人员贯彻执行；编制设备的润滑卡片、图表和有关资料；掌握油耗定额，提出润滑材料需用计划；确定代用油品；提出消除渗漏的措施或意见并督促维修部门执行；负责新型润滑材料的试用和推广等。车间或工段负责贯彻润滑“五定”。如有需要，可设专职润滑工，负责检查设备油箱油位和油质，定期取样送验，在操作工和维修工的配合下进行清洗换油，并完成自身的润滑“五定”任务。

D 调整

设备在工作过程中，有些机件会因磨损造成功能失调，需要及时调整。例如制动闸间隙的调整，挖掘机铲杆正面和滑板间隙的调整，履带和链条松紧度的调整等。很多调整工作是要由操作工或维修工在日常维护时进行的。

E 紧固

矿山设备经常经受强烈振动和冲击，容易造成有些紧固件的松动。对此类紧固件应在日常维护时进行检查，发现松动及时紧固，以免酿成事故。

F 防腐

平时要保护好设备上的防锈防蚀涂层，对固定安装的设备，要防止泄漏的油料对基础的腐蚀。

G 更换易损件

操作工能独立进行更换的易损件，一般应由操作工在日常维护时进行检查更换，而且操作工的这种自检自修范围应随操作工维修技术的提高而适当予以扩大。

30.3.2.2 维修保养的类别

维护保养一般应按周期（日历时间或作业台时）分为日保、周保、月保或例行保养、一级保养等。在设备的维护、检修规程中规定了每类保养的具体作业内容、需要时间和保养周期。例如：

日保（或例行保养）。由司机在班前、班中、班后进行。一般按设备结构的复杂程度每班可占用30～60分钟（也有如150t电机车定为90分钟）。内容有：班前对设备进行检查交接，按润滑要求进行润滑；班中结合点检项目进行检查，发现问题及时处理，处理不了的及时报告；下班前清扫设备，填写设备运转记录和检查保养记录。

月保（或一级保养）。以司机为主，由维修工辅助进行。一般为每月一次，每次占用一个白班（最多不超过一天）。内容除包括日保、周保内容外，必要时要对设备进行必要的局部的解体检查，处理日保、周保遗留的问题。同时要对整机进行彻底的清扫，疏通油路，清洗或更换油毡、油线和滤芯，调整各部配合间隙，紧固各部连接件等。月保完成后应做记录，由车间设备组验收。月保应纳入车间作业计划，连同生产任务一同考察。

30.3.2.3 维护质量的分级和检查

矿山设备的维护工作主要由操作工完成。为调动操作工维护设备的积极性，将维护质量分为三级：

A 甲级维护

(1) 设备本身及周围清洁、整齐，无积灰和油垢，无矿物和杂物堆积；

(2) 润滑装置保持齐全完好，油质清洁，按“五定”要求进行润滑；

(3) 各部零件、附件保持完整无缺，紧固良好；

(4) 无明显漏油、漏水、漏气、漏料现象；

(5) 不超限使用设备，检查前三个月内未发生过操作维护不当造成的事故；

(6) 设备的运行、交接班、点检等原始记录齐全正确。

B 乙级维护

存在下列情况之一者为乙级维护。

(1) 没有经常清扫，设备及其周围不够清洁整齐；

(2) 润滑装置基本完好，虽存在缺油嘴、油盖或油量不足、不洁等状况，但尚未造成有关部位的不正常磨损；

(3) 关键部位的螺丝齐全紧固，个别螺丝有松缺现象；

(4) 存在一般的渗漏现象；

(5) 检查前三个月内发生过操作维护不当造成的零星设备事故；

(6) 设备的运行、交接班、点检等原始记录不够齐全正确。

C 丙级维护

存在下列情况之一者为丙级维护。

(1) 设备或其周围长时间未清扫，有大量积灰、油垢、矿物和杂物；

(2) 润滑不正常，严重缺油，油脂不洁或油品不符合要求，已造成设备的不正常磨损。

(3) 存在严重的漏油现象；

(4) 关键部位螺丝有松缺，使振动量超过允许值，造成有关部位的性能劣化；

(5) 检查前，三个月内发生过操作维护不当造成的一般或重大事故；

(6) 一贯不认真填写原始记录或将原始记录丢失。

根据上述评级标准，由车间设备组定期组织检查评定维护质量等级，作为考核评奖操作工的重要依据之一。

30.3.3 使用维护的规程制度

主要有使用维护规程、维护检查制度和岗位责任制。

30.3.3.1 设备使用维护规程

这是使用和维护设备的基本准则。企业根据上级制订的有关规程和本企业的生产条件，制定本企业主要生产设备的使用维护规程。规程中应列出设备固有的规格性能，本矿条件下的负荷限度和运行参数，操作程序，安全注意事项，各级维护保养内容和周期，常见故障及处理方法，以及正副司机和值班维修工的职责分工。这些规定，任何人必须严格遵守，也是判断责任事故的依据。

30.3.3.2 维护检查制度

A 点检制

这是近年吸取日本的经验，在我国推广的一种维护检查制度。各企业结合自己的条件和历史情况，做法上不尽相同。点检制实际上就是把我国矿山实行的日保（例保）、巡回检查、专业检查进一步加以规范化和制度化，进一步明确了检查内容和执行程序，从而加强了检查人的责任感，并使检查获得的信息得到充分利用。根据我国矿山的传统，我们只把操作工进行的维护检查称为点检。这样，点检就是操作工按点检卡规定的维护检查项目和要求（即日保、例保内容）对设备进行的预防检查，将点检发现的设备异常情况和缺陷记入点检卡，并立即加以处理。自己无法解决时，则应将问题扼要填写清楚并报车间设备组。车间设备组根据点检卡提供的信息，对需要立即处理的问题随即组织检修，把可以暂缓处理的项目安排在计划检修时处理。表 30 - 4 是一种点检卡的格式。多班作业的设备，各班的点检内容可以不同，但应以白班为重点，不需要每班的检查项目尽可能由白班点检。

B 巡回检查制

这是由维修工进行的检查，各类设备的维修工按规定的间隔时间和检查项目对负责维护的若干台设备进行巡回检查。矿山中，此项工作分别由电气、机械维修工和列车检查人员负责。巡回检查的执行程序和记录卡格式大体与点检相同。

C 专业检查（或重点检查）制

表 30-4 ××设备司机点检卡

机号： 年 月 日 班次：

序 号	点检部位及项目	检 查 结 果	处 理 结 果	遗留问题简要说明

点检人：（签名）

注：结果用符号表示：正常用√，一般问题用△，严重缺陷用×。

专业检查人员根据车间设备组的指令（其根据是来自点检和巡回检查的信息），或按规定间隔期对设备的关键部位进行检查，或使用检测仪器进行检测和诊断，确认缺陷情况并提出处理意见，做好检查记录。如检查人员不能立即处理时，根据缺陷严重程度，由车间或矿设备管理部门组织临时检修，或安排在计划修理时一并处理。表 30-5 为用于矿井提升机的一种专业检查卡使用实例。

表 30-5 主井提升机专业检查卡及使用实例

机号：

检查项目编号	机 1	机 2
所属系统、部件名称	工作系统主轴装置调绳机构	制动系统盘形制动器
检查部位名称	离合齿轮连锁阀	闸瓦间隙
本次检查时间	1986年5月1日9时	1986年5月1日13时
检查前技术状况	4月30日调绳时发现连锁阀动作不灵活	动作尚正常
检查方法	对连锁阀作充油、回油试验，观察动作并拆检	用塞尺测量
查出缺陷及处理意见	充油4.9MPa时，1号、3号阀活塞不起，回油至零，2号阀不复位。结论：复位弹簧太软，活塞杆弯曲变形。建议对连锁阀立即进行改善性维修	19号、20号、23号、26号、28号闸瓦间隙正常，均在1mm以下。其余超过2mm，已调至0.8mm
检查人签名		

1）定期检查评比制

这是由设备管理部门和生产单位联合进行的不解体综合性检查。检查内容有：设备技术状况，维护质量，已查明的缺陷隐患整改情况，规程制度、原始记录的执行情况，以及事故情况等。检查重点主要在于设备的管理方面。根据检查结果评定使用维护设备的先进机台和单位，并针对存在问题采取改进措施。

30.3.3.3　设备五定和岗位责任制

设备五定，其中定人、定机就是定岗位，实行专人专机，由机组人员包机使用；定任务、定维护、定消耗就是把企业的有关技术经济指标和基本职责通过层层分解最后到机组和个人，所以设备五定实际上就是一种岗位经济责任制。

设备五定的具体做法是：(1) 根据矿山生产任务确定参与生产作业的设备；(2) 为每台设备配备机组人员，指定机长，并对三班正副司机进行机组生产和管理上的分工；(3) 将车间的产量、成本、台时作业率、设备甲级维护率、物料消耗等指标分解到各机组，再由机组分解到每个人；(4) 按规定表格和要求做好各项记录，由车间统计员进行统计和汇总，作为每月考核各机组的依据；(5) 按事先制定的考核计分办法，按各项指标完成情况和维护、故障情况，计算机组和个人所得分数，确定奖金。

为了保证设备五定的贯彻执行，应注意以下各点：妥善安排司机轮休，避免因任务紧而乱开车，或任意调动机组人员，打乱专人专机，严格实行强制保养，防止重使用轻保养的倾向；合理安排零修，尽可能缩短零修时间。

十分重要的是企业的各级领导、生产管理人员和采矿工程师，也要在各自的岗位责任制中，明确规定在合理使用维护设备方面各自应负的责任，改变过去那种“只有维修人员管理设备”的传统观念，才能通过上述各项规章制度把生产管理人员和设备管理人员、生产操作工和维修工有机地联系起来，做好设备管理工作。

30.3.4　主要设备使用维护要点举例

30.3.4.1　牙轮钻机使用维护要点

(1) 准备好工作现场。钻机开进之前，应使用推土机把工作现场推平，把大块矿岩推走，以便钻机迅速开进，稳平作业。

(2) 正确操作。钻机的操作比较复杂，工作制度参数（轴压力、回转速度和排碴风量）是可调节的。因此不仅要严格按规定的操作程序进行启动、钻孔、接卸钻杆、起落钻架和移车等作业，而且要根据矿岩性质选用钻头和选择合理的工作制度参数，才能提高钻机生产效率，延长钻头寿命，减少事故，降低钻孔成本。

(3) 降低废孔率。将已钻成或将要钻成的孔废掉而重新钻孔是一种浪费。司机应探索掌握防止钻杆偏滑、孔壁片帮以及由此引起卡钻、掉钻头、断钻杆等故障的方法，一旦发生则妥善处理，以免造成废孔。

(4) 司机应特别注意的安全操作技术：

1) 钻机在移动或开始钻进前，必须检查设备状态，确认安全正常，方可发出开车声响信号，按启动程序开车。

2) 钻机在台阶边沿行车时，履带与台阶坡顶线的夹角不应小于45°，履带前端千斤顶距台阶坡顶线不小于2m；不允许与台阶下面的挖掘机同时作业。

3) 停放或避炮时，钻机距爆破区不小于50m，所有控制手把和开关都应处于零位，切断电源，司机到安全地点避炮。

4) 夜间作业，钻机及其周围应有足够照明。

5) 钻架上部应有安全绳，防止钻杆倾倒砸人，接卸钻杆和更换钻具时，平台前不准他人逗留。

6）2m以上高空作业应系安全带，上下工作人员必须密切配合，协调动作。

7）钻机移动时，行走制动器必须动作自如，履带外缘与台阶坡顶线距离不得小于3m，车下有专人引导，前后禁止站人。

8）操作中，操作者不得离开司机室，必须离开时应停止作业，并使提升和辅助制动器处于制动状态，锁上总控按钮。

9）放倒钻架前需将回转减速箱放下，并检查钻架根部螺丝是否齐全，有无松动。

10）上下坡坡度不应超过15°，坡道应有足够承压强度，上下坡时司机室应在上坡端，钻架应放倒。

11）送电和移动电缆时要使用绝缘工具，高压开关应由专人监护。

12）各种油料不准放在配电盘附近或有火源的地方，钻机上应备有灭火器。

（5）司机的维护要点。司机应按规定的检查维护项目和检查周期，完成每班的维护作业：

1）检查紧固各部螺丝，检查油箱油位并进行润滑，检查调整各制动器间隙，检查各部温度（水温、油温、轴承温度）。

2）检查调整履带和行走末级链松紧度，更换破损的轨板、销轴、检查主动轮凸块磨损程度。

3）检查回转小车加压轴承间隙，滑板间隙，调整加压链条松紧度。

4）检查液压系统的液压油油位，检查清洗更换滤油网或过滤器；液压系统初始工作36小时后要第一次换油，再经300小时进行第二次换油，以后每工作1000小时检查一次，必要时换油。

5）检查调整空气压缩机三角皮带松紧度，检查清扫更换过滤器。

6）检查高低压电缆有无破损漏电情况，各部熔断器的接触情况和电机换向器工作情况，经常保持电器设备清洁干燥，注意电机运转中有无异常现象。

（6）专职维修工的维护要点。牙轮钻机的机械和电器维修工必须有计划地按规定对各台钻机进行巡回检查，完成自身的检查维护项目，并协助司机处理存在的问题。

机械维修工的主要维护作业是处理各种管路的阻塞和泄漏；更换修理间隔期内出现的磨损过限的易损件；处理控制阀的失灵或泄漏；处理机件的裂纹和开焊；更换各部制动闸带；处理其他机械故障。

电气维修工的主要维护作业是检查电气设备各部螺丝紧固情况；检查各电机的温升、绝缘情况，定子线圈是否正常，换向器有无缺陷；检查交、直流配电盘配线有无松脱，各接触器、继电器动作是否正常，各触头是否烧损，空气自动开关是否正常；检查磁放大器及电阻箱有无断线，电阻片有无断裂；各电气开关、气阀、暖风装置和极限开关是否正常；检查各操作盘、润滑盘、差动电源盘动作是否可靠；检查电源变压器瓷套管及接线头有无烧损、油垢和污尘，干式变压器绝缘有无损坏和过热现象。

30.3.4.2 矿用汽车使用维护要点

矿用汽车规格性能悬殊，结构不同，可靠性差别也很大。因此每个矿山都要根据车型和本矿具体条件制订使用维护规程并认真执行。

一般而论，要做好以下各点：

(1) 合理动用车辆。矿用汽车一般备用量较多。因此应根据采掘运输计划、汽车性能、司机人数和保修能力决定实际动用车数。

(2) 做好汽车运输的组织和调度。汽车运输是一种多机作业的系统，并且装卸地点不固定，行驶条件差而多变，进入挖掘机作业区的方式要受矿床开拓方法、工作平盘尺寸和挖掘机工作条件的制约，因此必须做好生产组织和调度指挥。主要是：

1) 采用最合理的进入挖掘机作业区的方式和定位方式，使汽车进入和换位时间最短，铲斗回转角度最小。

2) 合理采用配车方式，定铲定车（闭环系统）或不定铲不定车（开环系统）。闭环系统是一台挖掘机固定配几台汽车，这种方式的组织工作简单，但当汽车损坏或交通堵塞或挖掘机工作有问题时，常造成装载或运输设备停产；开环系统适合运量大和使用大型矿用汽车的场合，必须能做到迅速分配和重新分配汽车到相应的挖掘机，尽可能缩短挖掘机与汽车互相等待的时间，虽然开环系统的组织工作复杂，但能提高生产效率（大约可提高汽车效率12%～30%）。采用电子计算机调车的自动化系统可以有效地完善开环系统的调车作业。

3) 运输调度要掌握汽车技术状况、保修计划和作业条件，合理组织指挥汽车生产。当装卸场地和行驶道路恶劣，不符合汽车作业要求时，调度要督促给予改善，然后配车，对已到保养期的汽车，调度要坚决执行保养计划。

(3) 保证道路质量。矿用汽车道路的设计技术标准较低，如修筑质量达不到设计要求，平日养路工作又跟不上，在重载作用下和遭受风雪雨水的侵害时，路面容易出现压痕、凹坑、隆起、开裂、塌陷等现象，不但限制了车速，而且强烈的振动、摩擦和尘土会加剧轮胎和零部件的磨损。这种情况在临时性道路上特别重要。因此在设计道路时要根据不同的使用要求选用相应的道路等级标准，满足汽车规格性能和行驶的要求。道路的修筑质量要达到设计要求，路基路面有足够的强度和稳定性。日常养路工作要保持路面平整坚实，无车辙坑槽，注意排除矿岩碎块和积水、冰雪，做好喷水防尘和清除泥渣，冬季做好防滑工作。为了完成道路的修筑和养护任务，必须为专业队伍配备必要的机械化设备，否则是难以胜任的。

(4) 重视安全操作：

1) 司机必须熟悉所用汽车的结构性能、道路条件，遵守交通规则和本矿的安全行车规程，掌握车况的变化，把安全放在第一位。

2) 司机要根据道路、装卸场地和气候等条件的变化，选择正确的驾驶方式（诸如挡位、速度、转向、制动等）尽力做到安全、低耗、高效。

3) 矿内行驶时，应视车流情况、视线清晰程度和道路质量，将车速限制在一定范围内。例如，一般情况下，二级道路最高车速应在30km/h以下，空车、重车下坡时，最高车速不应超过20km/h，在排土场和工作面行驶时，车速为5～10km/h；进出加油站、停车场、修理场和拖拉故障车时，不应超过5km/h。

4) 同方向行驶时，前后两车应保持一定距离（一般为30m，视线不清或路滑时应增加距离）；生产作业中不准超车；在狭窄路面会车时不准抢行，空车让重车；生产干线、交通要道和坡道上禁止无故停车。

5) 装车时得指挥信号后才能驶入装车地点，司机不准离开驾驶室，发动机不准熄火，拉紧手制动，关好车门，得到指挥信号才能起步。

6）排卸矿岩时应听从指挥，后轮与排卸点边缘应保持一定距离，箱斗完全落下后方能起步，无指挥人员不得进行排卸作业。

7）正常作业时，未经批准，驾驶室内不准他人乘坐；驾驶室外一律不准带人。

8）夜间行车，照明设备必须齐全良好。

9）严格执行交接前要将汽车运行情况和存在问题作好记录，向下班交代。接班时要检查制动、转向等装置是否可靠，听取当班班长、工段长对有关生产条件和安全隐患等情况介绍，并做好一切准备工作。

（5）强制保养。矿山生产设备中，矿用汽车的有效利用率是最低的。很多矿山的汽车制造工作台时中用于维修的时间在 20%以上，其中零修占用的时间就很多。因此，特别要强调按规定的保养制度强制进行保养，不应以零修代替保养。

矿用汽车的保养制度和各级保养内容随车型和矿山条件而异。一般采用例行保养和一级、二级、三级保养。二保和三保由专业保修厂（车间）进行。

例行保养由司机在每班出车前、行车中和收车时进行。主要作业内容为：出车前，检查燃烧油箱油位并加油，检查冷却系中的液面并添注冷却液，检查曲轴箱机油平面并添油、检查车轮紧固情况和轮胎气压，清除胎上刺钉和夹石，检查拉杆及转向臂紧固情况，检查各种管路的密封性和泄漏情况，检查各滤清器和机油散热器，排除滤清器中的渣垢，检查有无零部件丢失、破损、松动，照明、喇叭及所有仪表是否正常；启动发动机检查其运转情况，检查控制仪表和操纵制动机构的作用；行车中，注意发动机和底盘等有无异常，检试转动机构、制动器、离合器和变速箱作用是否可靠，检查制动毂温度、轮胎外表和气压，检查车厢升降机构是否正常；收车后，清洗车辆外表和底盘的污泥积垢，清扫驾驶室，将班中发现问题和隐患作好记录，以便有关人员处理，并办理交接。

一级保养由专业保养人员辅助司机执行。主要作业内容是：执行例保作业内容；放出燃油箱沉淀物，清洗加油管口滤网，清洗各滤清器，根据需要更换滤芯；清洗蓄电池表面，拧紧桩头，检查电液量、比重和电压；检查各部润滑油量及油质，根据需要加注或清洗换油，按油嘴部位注足润滑脂；调整三角皮带松紧度、离合器自由行程，踏板行程、转向器游动量；检查喷油正时和高压泵润滑油量，以及喷油器工作状况；检查制动器和控制机构的固定和连接状况，检查制动片与鼓的间隙；检查各部位密封圈性能，检查雨刷器、发电机和起动机的效能；紧固散热器、发动机、驾驶室、车厢、翼子板、拉杆、转臂、传动轴、举升系统等的连接部位及轮胎螺母；排除一般故障，配换损耗到限的零件。

矿用汽车司机的劳动强度很大，因此适当减少司机例行保养工作量，加强一保和二保，并由固定的保修人员负责加注润滑油、更换轮胎和更换清洗滤清器芯子等工作，有利于提高运输效率和改善车况。

此外，还应做好换季保养和新车、大修出厂车的走合保养。

（6）组织好零修工作。矿用汽车使用中，由于作业条件差，即使严格执行了保养制度，临时故障仍不可避免，当司机无力处理时，需要由修理工进行零修。为了不打乱定期保养制度，减少零修车时间，车队或保养场要配备固定的零修班组，以便及时排除故障。

30.3.4.3　铲运机使用维护要点

（1）巷道断面合理，符合铲运机作业及安全要求。

(2) 合理组织铲运机生产。要使铲运机作业和凿岩作业相匹配，采用高效掘进和采矿钻车；根据本矿条件，采用合理的铲运机作业制度，不论采用三班连续作业或二班生产、一班维修，都要保证每班的维护保养时间，完善柴油机废气净化系统，加强废气管理，定期对排污状况和井下空气进行监测；禁止把铲运机作一般车辆使用（如载人、搬运炸药等）。

(3) 工作现场的准备。清理工作区底板，使道路平整、无隆起或凹坑，无积水；撬掉浮石，保证顶板稳固；准备良好的照明；通风良好，空气污染在规定的范围以内；卸载站应设置挡车装置，严防铲运机掉下；运输线路中应设有便于铲运机调头的地点；采用电动铲运机时，尽量采用直进直出方式，必须转弯时，要在转弯处设置电缆保护装置。

(4) 司机操作。司机必须能熟练地操纵设备，会维护设备和处理一般故障；以低挡接近矿岩，使铲运机少受冲击；不过载，以最大能力工作，尽可能缩短工作循环时间。特别要严格遵守规定的安全事项：

1）铲运机出现故障或异常时，禁止作业，只有当停机、铲斗放到底板并制动后，方可进行检查处理。

2）密切注视仪表，当柴油机和液压离合器中油压过低或温度过高时，应立即停机。

3）在斜井坡道上行驶时，不应空挡滑行，并且铲斗要指向下坡方向；失控时，可用铲斗帮助制动。

4）定期更换水箱中的水，打开散热器时要特别小心。

5）除本机司机外，未经批准，不准任何人操控该铲运机；机上不准载人，作业时不准任何人进入铲斗动作范围之内。

6）日常维修时，只应由司机启动柴油机，并须在启动前给出启动的声响信号。

7）不应在有压力作用下调节液压系统，当工作温度超过规定时，液压系统不准继续工作。

8）工作结束或需要停机时，应将传动转换开关转到中间位置，用停车制动器制动，将柴油机熄火；当停在坡道上时，要用木块将轮胎楔住，以免跑车。

9）维修时如需升起铲斗，要在铲臂下垫上木块；如需升起前后桥，应使用千斤顶，并在升起后垫上木块。

10）需要拖曳时，只能在柴油机熄火之后进行，速度不应大于 6km/h。

11）加柴油时不准吸烟，要停机；不允许柴油漏到底板和污染巷道壁。

12）不允许铲斗中矿岩掉落到底板上，如有掉落，应及时排除。

13）工作结束后，必须清扫整机，填写原始记录和设备的缺陷、异常情况。

(5) 维修和零修。铲运机的维护类似矿用汽车的保养。在地下条件时，尤其要严格执行维护制度，才能减少零修，提高有效利用率和生产效率。

铲运机的维护制度可因设备型号、生产维修条件、司机和维修人员技术素质而异，一般采用以下几种维护作业：

1）每班进行的技术维护（例行的集中检查和维护）；

2）每工作 50 小时进行一次的技术维护；

3）每工作 200～250 小时进行的技术维护；

4）每工作 500～600 小时进行的技术维护；

5）每工作1000～1200小时进行的技术维护；

每种技术维护的内容不同，前一种的内容包含在后一种的内容中。1）项由司机执行，2）项由维修工辅助司机执行，其他应由专职维修工执行。

电动铲运机的电气部分的维护要比柴油机的维护简单，但要注意电缆的维护及用电安全。

30.3.4.4 地下架线电机车的使用维护要点

（1）牵引网路的架设要符合技术规范，并保证供电质量。

（2）铁路线的铺设和维护要符合技术规范，所有铁路设施要能保证行车安全。

（3）司机必须熟知铁路技术管理规程、行车规程和机车安全操作规程；熟悉铁路设施和环境情况；了解电机性能和技术状况，严格按规程操作，做到安全运行。

（4）行车由运输调度统一组织，按列车运行图指挥运行，司机必须服从调度的统一指挥。

（5）司机接班后要对电机车进行检查，确认车况正常后方可使用。主要检查内容有：

1）车轮轮心与轮箍的配合和踏面磨损程度。

2）轴箱情况，加注润滑油。

3）板簧、托架的完好状况及其固定性和润滑状况。

4）制动装置的可靠性，调整闸瓦与车轮的间隙。

5）撒砂系统动作的可靠性，清扫砂管并检查其位置。

6）吊挂螺栓的固定情况。

7）起动电阻的螺栓紧固情况。

8）控制器各部位动作是否灵活可靠，接触片和配线状况。

9）熄弧室及接触子线圈状况，有无烧焦现象。

10）前灯及照明回路是否正常。

11）集电弓的压力及电缆、支柱、铰链状况，并润滑。

12）发送信号是否清晰。

（6）行车中，司机必须准确控制运行速度，注意瞭望，确认各种信号无误后方能行车；遇到下列情况时，需停车确认或处理后再行车：轨道上有障碍物；对铁路线和接触线有怀疑；对所挂矿车的运转状况有怀疑；铁路信号显示不明确时；机车或矿车脱轨；个别矿车车厢倾翻；以及出现其他紧急情况。

（7）司机在班中应随时注意电机车有无异常情况，如注意检查电机轴承和轴箱温度，检查制动是否可靠，电缆绝缘有无破损，接触线与集电弓接触情况等。

（8）电机车维修工除协助司机处理日常零星故障外，应定期（每周一次）对电机车进行全面检查，并详细检查各重要部位，彻底清扫各部位，处理发现的问题，使电机车能在小修间隔期内安全正常运行。这种检查的时间不超过4小时，司机应参加检查清扫。

30.4 修　　理

维修是指为保持或恢复设备原有性能而进行的一切活动。这些活动分属于维护、检查、修理的范畴。维护和修理都以检查为前提，只有根据检查获得的信息，才能进行恰当的维护和修理。同时，维护时要进行简单的修理，修理中包含了维护的内容，两者是不能截然分割的，只是主要内容与执行者不同。

随着状态监测诊断技术的发展，状态监测维修的应用范围日益扩大。它与以修理周期结构为基础的定期修理相结合，使修理计划更符合实际需要，修理项目更具有针对性。检查与维护、修理的关系示于图 30－6。

为完成设备维修任务，并使维修费和修理设施投资最经济，矿山必须处理好以下事项：

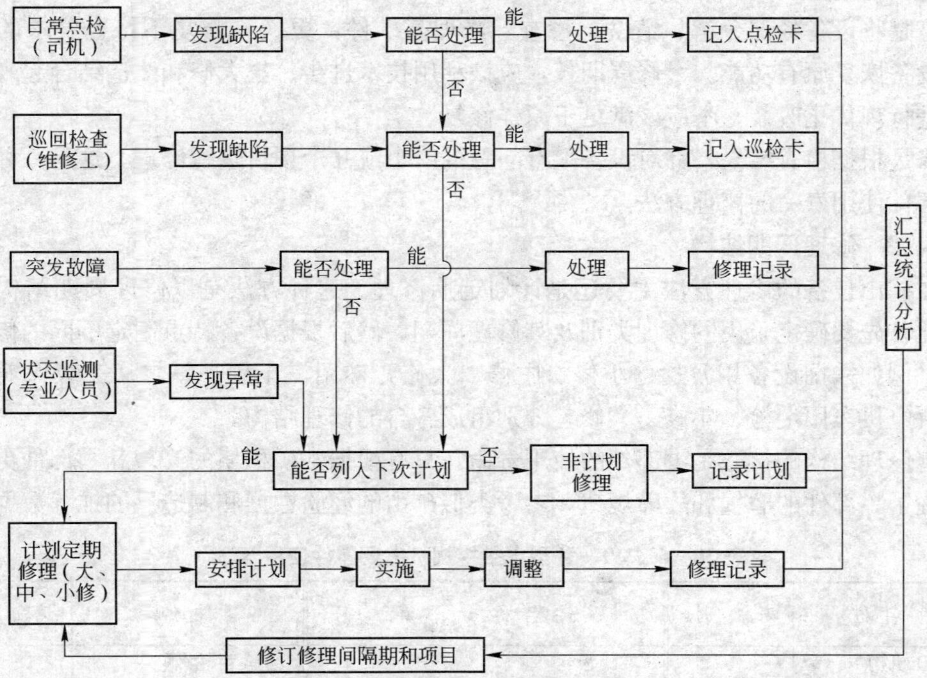

图 30－6　设备检查和修理的关系

（1）合理安排外委修理工作量和自修工作量，要使两者之和与修理工作总量相匹配，并根据矿山自修任务建立矿山的修理能力。

（2）及时获得符合质量要求的备品备件。

（3）装备必要的检测手段，掌握故障诊断技术。

（4）科学地组织修理作业。

设备检修规程规定了设备的修理周期结构、各种修理类别的修理周期、工期、修理项目、修理工艺、零件磨损极限、修理质量要求和试车验收程序等，应成为组织设备修理的基本准则。矿山要根据上级有关规定和自己的经验，制订和定期修订检修规程，使之更符合本矿实际。

本节只简要介绍修理的组织管理。

30.4.1　修理的分类

（1）按修理的计划性分类：可分为计划修理和非计划修理。前者包括以修理周期结构为基础的计划定期修理和以状态为基础的计划修理（局修）；后者指一切事先无计划的修理，包括事故、故障修理和检查发现问题后临时进行的修理。

(2) 按计划修理范围分类：有小修、中修、大修和局修等。矿用汽车的二级保养相当于小修，准轨电机车和自翻车的年修以及矿用汽车的三级保养相当于中修。

小修（二保）包括周检、月检（一保）的维护作业内容，同时更换一部分易损零部件。

中修（三保、年修）包括小修内容，同时分解检查部分易损部件、更换磨损到限或不能用到下次计划修理时更换的零件，恢复装配间隙，消除小修时不能处理的缺陷隐患。有时中修范围与大修接近，现在有些设备已不采用中修。

大修是将设备各部分解、清洗、检查，修理基准件，更换或修复不符合要求的零部件，使设备恢复原有功能。大修周期长，应该利用技术进步、把大修和改造结合起来，对原设备进行现代化改装，不应该满足于原样修复。

局修是根据检查结果，针对设备上有问题的一个或几个项目进行修理。这是一种充分利用零部件使用寿命的修理方法。

30.4.2 修理周期结构

现在矿山设备的修理方法主要还是计划定期修理。这种方法是以修理周期结构为基础，因此首先要确定采用的修理类别及其修理周期，然后根据设备特点制定不同的修理周期结构。例如采掘设备用月检、小修、中修、大修，矿用汽车用一、二、三级保养和大修，准轨电机车用定检、年修、大修，分别组成各自的修理结构。

制定修理结构的核心是零部件的使用寿命。只有根据本矿积累的修理和零部件更换记录，掌握了零部件的磨损和故障规律，参考类似矿山的经验数据和制造厂的推荐数据，才

表 30-6 WK-4 型电铲挖掘机主要零件使用寿命

零件名称	寿命（月）	零件名称	寿命（月）	零件名称	寿命（月）
推压机构		卷筒齿轮	48～60	小伞齿轮	18～24
底　门	12	卷　筒	48～60	大伞齿轮	48
铲　斗	18～24	回转机构		横　轴	48～60
铲　杆	24～36	减速器二轴轴齿轮	6～8	横轴滑动轴承	36～48
铲杆齿条	12～16	减速器二轴齿轮	24	三节轴	48～60
推压齿轮	6～8	减速大齿轮	36	三节轴齿轮	48～60
推压二轴轴齿轮	36	中心枢轴	48～60	主动轮轴齿轮	36～48
推压大齿轮	48～60	中心枢轴滑动轴承	48～60	主动轮轴	12～24
推压大轴	48～60	环形轨	48	紧张轮	12～24
推压大轴滑动轴承	24	托　轮	48	紧张轮轴	12～24
鞍形轴承滑动轴承	10～12	托轮轴	6～12	支　轮	12～24
提升机构		行走机构		各滑动轴承	8～12
提升钢丝绳托轮	6～8	一纵轴	48～60	支轮轴	36～48
一轴轴齿轮	8～12	二纵轴	48～60	主动轮	12～16
联轴节（从动）	8～12	二纵轴滑动轴承	36	履带板	24～36
二轴轴齿轮	36	二纵轴铜垫	24～36	起重臂	60～96

注：设备作业对象的矿岩坚固系数 $f \geqslant 12$；
作业率60%左右；
台年产量120～180万吨。

能制定出比较适合于本矿的修理周期结构。

制定修理周期结构的方法是：列出各种零部件的使用寿命，把寿命相近的归入若干组，把同时可以修换的组归入一类，再按每类修理需要的停修时间决定修理内容，即构成修理周期结构。已用于铁矿的 WK - 4 挖掘机为例，表 30 - 6 列出了该机主要零件的使用寿命。将使用寿命归纳为 48～60、12～16、6～8、3～4 月（表中未列）五组，考虑修理更换每组零件所需的停车时间后，决定其修理结构为：大修周期 48～60 个月，中修周期 24～30 个月，小修周期 3～4 个月，即两次大修之间进行一次中修，大修和中修之间进行 7 次小修，其修理间隔为 3～4 个月，又鉴于该挖掘机零修多，在修理间隔期中增加 2～3 次月检。但有色金属矿山 WK - 4 挖掘机的中修周期定为 12～18 个月，即两次大修之间进行三次中修。

根据有关部门的设备检修规程，将部分主要生产设备的修理列入表 30 - 7。由表可见，矿山设备修理周期都有相当大的幅度，这是因为影响零部件使用寿命的因素太多。所以具

表 30 - 7　几种主要生产设备修理周期

设备名称	规格型号	小修周期	中修周期	大修周期	备注
牙轮钻机	45R	2～3 月 （1 万米）	12～18 月 （4～6 万米）	36～54 月 （12～18 万米）	
潜孔钻机	73 - 200 KQ - 200	1500～1700 台时	6000～6800 台时	18000～20000 台时	
挖掘机	WK - 4（$4m^3$）	3 月 4～6 月	24～30 月 240～300 万吨 12～18 月	48～60 月 500～600 万吨 48 月	铁矿通用 有色金属矿通用
挖掘机	电动，$1m^3$	3～6 月	12 月	36～48 月	
装岩机	电动或气动	1～3 月	6～12 月	18～24 月	
工矿电机车（窄轨）	3～14t	1～3 月	6～9 月	24～36 月	
工矿电机车（准轨）	80～150t	15～30 天（定检）	11～14 月（年修）	60～72 月	
矿用自翻车（准轨）	60～100t	抽检 1～3 月 辅修 6 月	10～13 月（年修）	48～60 月	
矿井提升机	卷筒 ϕ1200mm 以上	6～12 月	24～40 月	72～144 月	
多绳摩擦轮提升机	JKM 及 DMT 型	3～6 月	24～36 月	72～120 月	
架空索道	货运用	1～3 月	6～12 月	36～72 月	
活塞式空气压缩机	40～100m^3/min 0.98MPa	3～6 月	12～24 月	72～120 月	
矿用汽车	贝拉斯 540A		三保 12 月 （3 万公里）	24 月 （6 万公里）	
矿用汽车	T - 20		三保 12 月 （3.5 万公里）	24 月 （7 万公里）	
矿用汽车	120C		三保 1 万公里	大修 10 万公里 中修 5 万公里	
推土机	60～135kW	二保 5000 公里	12 月 （2700 台时）	24 月 （5400 台时）	

体到每个矿山，就要根据本矿实践积累的经验数据，制定最适合本矿的修理周期。即便如此，在安排年、季、月度修理计划时，还要根据设备磨损状况对修理周期和修理内容进行必要的调整，方能保证修理比较及时、适度，避免修理过度，造成浪费或故障零修过多增加停产损失。

30.4.3　修理计划

在预防维修制度下，设备的修理应该尽量纳入计划修理轨道。较大的大修工程要有2～3年的规划，以便提前开始准备，如进行工艺复杂的大修备件订货和改进设计等；当年的修理任务，要通过年度计划进行综合平衡，统筹安排；又必须通过季度、月度计划进行具体部署，使之更切合实际需要。

30.4.3.1　年度计划的内容与编制依据

年度修理计划是企业编制生产财务计划的重要依据。计划内容包括：所有大、中、小修理工程的工期和进度，需用工种和工时，需用备品备件和材料，修理费用预算，工程施工单位等。重点是安排好大修和中修工程。

编制年度计划的依据是：

（1）矿山采掘计划中有关设备开动台数、分布位置、生产任务、作业率等的安排。

（2）预计的当年修理计划完成情况、主要生产设备可利用率和磨损状况。

（3）设备的上次大修日期及其后的运转台时或完成的工作量。

（4）预计当年大修理基金余缺量和计划年度可提取量。

（5）本矿采用的修理周期结构和工期、工时、备件、材料、修理费用定额（或历史数据），以及历年的全矿的维修总费用。

（6）近年主要生产设备非计划修理的比重如过大，就应考虑，是否要调整修理周期结构和修理间隔期，或更新超龄设备。

（7）本矿修理能力和外委修理的可能性。

30.4.3.2　年度修理计划的平衡

A　进度平衡

每种同型设备按大中修周期和实际技术状况决定大中修台次，并用横道图排进度。小修可按修理间隔期计算次数，以后在季度、月度计划中安排。安排大中修进度时应注意：

1）确定施工班制，再计算工期，工期应包括施工场地准备和待修设备进入时间、纯修理时间和试运转验收时间。

2）先排大修进度，同型设备的进度不要重叠，最好连续排，但两项大修之间应保留一定间隙，以便进行部件预装等准备工作。

3）露天施工的大中修工程最好避开严寒和酷热季节。

4）均衡使用劳动力，避免忙闲不均。

B　劳动力平衡

按各类修理的工时定额估算全年计划修理需用总工时，然后与修理部门拥有的工时进行平衡。平衡时应注意：

1）拥有工时中应充分估计非计划修理占用的工时和工人出勤率；

2）采用预装修理方法时，需用工时中应该包括预装用工时。

3）需用工时大于拥有工时时，应考虑补充劳动定员或采取外委修理等措施，不应以删减修理工作量作为平衡手段。

C 备品备件计划的平衡

重点是平衡内部机修、电修能力，确定自制备件品种数量，并提出外订量和大修备件交货期（参见30-7）。

D 材料计划的平衡

一般材料由供应部门按年修理量和消耗定额核算，再加矿山自制备件用料和特殊材料、技术材料需用量（如重轨、大口径钢管、电缆、钢丝绳、胶带、轮胎等），核对库存后提出订货计划。

E 修理费用平衡

根据年度修理计划和历年各类设备大中小修费用、全矿维修总费用，编制年度固定资产维修费预算。预算可分大修费和中小修、日常维修费两部分，经矿长核定后进行平衡。

（1）大修费用的平衡。按固定资产大修理基金综合提取率预计可提取的大修理基金，对照大修理计划，将大修理基金平衡分配到各项大修工程。先重点，后一般。

大修理基金综合提取率是由国家规定的，不能随时调整，矿山只能在基金总数限额内按固定资产类型规定不同的提取率。

由于大修理基金不能适应设备修理量随役龄增长而增加和物价上涨的需要，因此在平衡时需要严格掌握大修理范围，对大修费用过高的超龄设备可考虑更新，或将一般设备的大修理费转入中小修费用预算。

（2）中小修和日常维修费的平衡。可按年度预算和各车间计划需要的中小修和日常维修费，平衡分配到车间，由财务部门按季分月下达各车间（采用集中维修体制的矿山，下达修理车间），作为控制和考核车间维修费用的指标。

由于修理内容和备件价格等因素的影响，大中小修费用在不同矿山、不同时期是不同的。表30-8列举了武汉钢铁公司大冶铁矿1985年几种主要设备的实际大中修费用（矿自修），供参考。

30.4.3.3 季度、月度修理计划

由于年度修理计划编制时间较早，计划项目和进度的正确性有一定限度，各种条件也在不断变化，特别是实行状态监测维修的设备，发现故障征兆和异常后只能通过季或月度计划安排局修（有时要进行非计划抢修）。所以年度计划必须通过季度、月度计划的调整、完善，才能更切合实际，并与采剥掘计划密切结合。

30.4.4 施工准备[6]

施工准备是保证修理计划按时保质保量完成的关键。准备工作包括：

（1）组织准备。修理车间（工段）接到修理任务后，要指定工程负责人，特大工程由两个以上的单位承修时，要由矿长指定工程总负责人，组成工程技术管理组，由工程负责人统一指挥施工准备和施工管理。

（2）编制设备缺陷项目表，制定修理项目。依据平时检查监测记录，操作人员提供的信息和修前检查结果，以及检修规程的有关规定予以编制。

表 30-8 武汉钢铁公司大冶铁矿主要设备大中修费用

设备名称	中修费（元/台）				大修费（元/台）			
	合计	工资	材料	备件	合计	工资	材料	备件
45R牙轮钻机	22310	1750	2560	18000	140022	2750	13035	124237
WK-4挖掘机	37364	5527	3838	28019	271305	19540	45280	206485
ZY-14装运机	1800				8294	300	635	7359
ZK-10电机机车	1225				5980	70	382	5428
LK-1铲运机	3000				45606	1143	996	43467
ZLD 40铲运机	2500				22836	1143	2106	19507
CTC141凿岩钻车	2800				16710	150	153	16407
ϕ1600矿井提升机					5875	250	575	5050
80t电机车	年修16027	2777	4850	8400	150000	7500	37500	105000
150t电机车	21430	4480	5950	11000	160000	12500	37500	11000
KF-60自翻车	2690	350	1450	890	14000	2100	7400	4500
D80-12推土机	三保7414	800	956	5438	20842	1600	2868	16374
T20矿用汽车	5650	530	976	4144	16420	1060	2928	12532
540A矿用汽车	16938				49265			

（3）制订施工计划。按修理项目制订施工程序，各工序的工期、工程人数、开工日期；提出工程需用备件、材料计划和大型起重设备配合计划；较复杂的工程还要绘制网络图或其他施工指示图表。

（4）制定施工工艺，包括拆卸和分解机器的程序，零件磨损更换的极限值，清洗的技术要求，装配程序和装配间隙、形位要求，修复零件应采用的工艺，采用预装更换的部件范围，为保证同型设备零件的互换性而对相关零件进行的改进，专用拆装，起重工具的设计。施工工艺制定后都可长期使用，只有掌握了更先进的工艺时才加以修订。

（5）制定施工安全防护措施。如起吊重物时的配合指挥，预装件的安全运输，停送电制度，施工场地与高压线、铁路线的安全距离，采场避炮的防护措施，现场保护等，都要符合安全要求，并指定安全员严格监督执行。

（6）现场就地施工时，做好施工场地准备。

（7）检查备品备件、修理用料到货情况。

（8）大修工程于年前立项后应编制工程概算书，开工前二三个月就要编制出施工计划。

以上准备工作，对于工程规模较小的或已有成规时可以简化。

30.4.5 施工管理和竣工验收[6]

加强施工管理是为了保证工程质量，使工程能安全地有节奏地进行，节约劳动力、备件，材料和时间。主要管理内容有：

（1）开工前组织施工人员讨论施工计划，交代质量要求和安全注意事项，使人人心中有数。大修理工程则要召开开工准备会，由有关各方参加，检查各项准备工作，协调各方的工作配合。确认准备已就绪后方可开工。

（2）修理对象停产进入施工现场时，承修方和使用方应办理交接手续，使用方应保持零部件齐全，不得拆换可用零部件。

(3) 统一现场指挥，严格按施工计划（网络图和其他指示图表）程序施工。工程负责人应及时掌握工程进度，协调各个环节的进度。

(4) 修理作业一般要经过拆卸、检查、清洗、修复或更换新件、组装、试车验收等程序。拆卸时应对照缺陷项目表检测被拆件的装配间隙、磨损程度、有关零部件的相对位置并作出记录和标志。同时，要确定磨损件的处理方案（修复或换新件）。如检查发现需增加或删减原计划修理项目时，需经施工技术负责人同意，办理追加或删减手续，施工班组不得自作主张。

(5) 施工班组按施工计划领用备件和材料，有余退库，不足时经工程负责人同意后追加。

(6) 施工班组长应对每道工序进行自检，并做好记录，为验收提供依据。设备管理部门应有专责人员负责施工质量监督，并参与施工过程的质量检查试验。

(7) 竣工后应立即通知设备管理部门和设备所在车间进行试运转。试运转时，施工单位必须有人值班，随时处理出现的问题。

(8) 做好施工结尾，彻底清理现场，将旧件、旧料集中到指定地点。

(9) 整理施工（修理）记录，其内容包括工程名称、开竣工日期、耗用工时、工程实物量、润滑油更换记录、重要备件更换记录、主要工序质量检查试验记录、技术改进和先进施工方法小结，遗留的缺陷隐患等。

(10) 进行施工结算和分析。

凡计划修理工程均应办理竣工验收手续。设备管理部门接到工程竣工报告后，组织施工单位、生产单位共同进行工程验收。验收项目有：

(1) 工期、工时、安全情况。

(2) 计划修理项目完成情况。

(3) 检修质量情况：外观是否符合要求，核对修理技术记录，检查装配间隙，形位公差、调试数据、改进项目等是否符合要求。

(4) 试运转中出现异常情况的处理结果。

(5) 施工现场清理情况。

完成试运转，确认质量合格后填写验收单，经各方签字后连同修理技术记录归档，文件份数可根据各矿情况决定。

最后要进行工程费用结算，并对大修工程进行施工总结。

30.4.6 零修的组织和管理

零修属非计划修理，是设备出现故障或异常情况后需要立即进行的修理。零修工作量较小，工期较短，但次数很多，紧迫性很强，各个时期的工作量很不均衡。矿山移动设备的零修特别多，例如某铁矿 1984 年、1985 年 WK－4 挖掘机的平均计划修理停修率为 10.2%，非计划修理停修率为 4.9%，非计划停修时间接近计划停修时间的 50%；潜孔钻机和牙轮钻机的非计划停修时间甚至超过计划停修时间，其他运输设备和地下凿岩、装、运设备的停修量也很多。可见零修是矿山修理工作中的一个重要环节，它直接影响着设备的故障停机时间和生产任务的完成。因此矿山的修理组织中都配有维修班或专门负责零修的班组。这类班组的人数也要相对固定。当零修任务少时，可加强巡回检查或安排其他临时性工作。

矿山修理组织中常见的担负零修任务的班组有如：露天采矿车间的穿孔设备零修班、挖掘机零修班、电工维修班、管道维修班等；地下采矿车间的铲运机维修班、电工维修班、综合维修班、矿车维修班、凿岩机维修班、通风维修班；电机车运输车间车库工段的电机车零修班、拨道工段的铁路吊车维修班、自翻车库的维修班等；矿用汽车保养工段的零修班、采场汽车零修班。

凡属零修班能力范围内的零修，由本车间设备组下达工作指令。超过本车间能力范围或将干扰计划修理的零修，则上报矿设备管理部门组织零修。下达零修工作指令，或纳入月度修理计划结合小修或局修一并进行。

所有零修都要记录停机时间、耗用工时、备件和材料、处理结果和存在问题，由生产车间设备组和修理车间分别汇总，然后报矿设备管理部门综合统计分析。

零修又具有多发性，往往由于同一原因在某一部位、某一零件上屡屡发生，应针对这种情况研究采取对策，防止反复进行零修。

30.4.7　外委修理工程的管理

一个矿山企业不应该也不可能自行承担全部固定资产的修理任务。随着国内专业修理行业的发展，新建矿山的外委修理将会增加。

外委工程管理包括以下内容：

（1）根据本矿的修理能力，核定外委修理的固定资产名称、修理类别和工程量，据此组织外委工作。

（2）通过年度修理计划的综合平衡，提出当年的外委修理工程名称、修理类别、修理项目和费用预算，报经矿领导批准后执行。

（3）一项修理工程，可以整体外委，也可以局部外委。由于通常外委修理比自修的费用要高得多，采用局部外委将关键的部件（总成）外委修理，然后自行更换组装，比整机外委修理要经济，同时也可减少运输中的困难。

（4）外委修理时，设备的停机时间较长，因此必须根据生产的需要，准备相应的备用设备或备用部件（总成），供周转之用。

（5）按年度外委修理计划落实承包单位时，应先经上级公司（局）内部平衡，充分利用本公司（局）内部的修理能力，然后根据国家定点和市场情况落实承包单位。

（6）较大外委工程必须签订工程合同，规定外委设备发交时间、验收时间、修理项目、修理费用、质量标准及其他双方协议事项。

（7）施工期间，应派专业技术人员参与施工过程的质量检验，竣工后进行整机验收，从承修单位取得质量检查试验记录，并提出验收报告。

（8）设备运输途中注意安全，到达承修单位和验收后运回时办好交接手续。

（9）外委修理设备投产后，如出现修理质量问题，应及时与承修单位联系，按合同规定求得解决。

（10）办理工程结算，大修工程要提出总结报告，连同质量验收记录一并存档。

30.4.8　网络技术在修理施工中的应用

网络技术是一种计划协调技术，利用网络图表示一项工程及工序的施工程序和进度，以及各工序之间的前后衔接和相互关系。指出工程的主要矛盾和关键路线。这种方法弥补了使用横道图的不足，便于在施工中抓住重点，及时发现问题，通过平衡调整使计划得到统筹兼顾，能以最短的时间和最少的消耗完成施工任务。网络技术在矿山大修工程中的应用已充分证明了这一点。

编制网络计划的步骤如下：

（1）明确工程内容，划分工序。

（2）安排各工序的施工程序和前后衔接关系。

（3）确定各工序的工期、工种人数。

（4）绘制网络图。

网络图上，用一条箭头线表示一道工序，箭头指向工作进行的方向。箭头线上面注明工序名称和施工工种人数，下面注明工期（包括最早开工时间、耗时、最迟开工时间、时差）。箭头、箭尾衔接的圆圈称为节点，圆圈内用数字按程序标出序号 1、2、3……。

例如图 30-7 中用两个节点表示一道工序，节点①→②代表拆铲杆和铲臂。②→③表示拆电阻。图上的每一条线都表明一项修理流程，需时最长的路线就是关键路线，在图中用粗实线或红线绘出，这条路线决定了整个工程的工期，施工中就要重点抓住这条路线的进度，或采取一些措施进一步缩短工期。网络图还可以用文字和表格加以补充。在横道图中，竖行可按关键路线和分支路线顺序列出各工序，横行列出施工日程，日程下用虚线表示各工序的计划进度，实线或色线表示各工序的实际进度，这样更便于指挥和协调施工进度。

图 30-7 为姑山铁矿根据其修理能力（人员和装备）、施工班制（一班制）和部件预装范围绘制的 WK-4 型挖掘机大修网络图。图中关键路线上的工序都是一道紧接一道（时差为零），总工期为 35 天。该矿按此网络图施工后，在相同条件下，工期比以前缩短了将近一半。当然，网络图经过一次实践，根据经验还可以进一步加以优化。

30.4.9 修理工作展望

（1）修理要消耗大量人力、财力、物力，造成设备停产。因此人们日益重视提高新设备的可靠性、维修性，追求“无维修设计”，从根本上减少设备的修理工作量。

（2）现代设备可靠性、维修性的提高，使修理工作量相对减少，但对修理技术的要求高了，修理人员需要掌握更多高级修理技术，才能胜任这一工作，因此维修工程师和高级维修工的培养将得到很大重视。

（3）认识到矿山作业条件对设备零部件寿命的严重影响，将使采矿工程师重视设备作业条件的改善，从而减少修理工作量。

（4）操作工在矿山设备管理中的作用将进一步发挥，成为日常维修的一支重要力量。

（5）电子计算机辅助维修管理，将及时提供维修信息，提高修理计划的准确性。

（6）鉴于以修理周期结构为基础的计划定期修理存在的缺点，状态监测维修将会迅速发展。

（7）先进施工方法如部件预装修理（总成更换修理）、网络技术将得到广泛采用。

（8）新型材质、先进修理工艺、机械化施工机具将得到不断开发和应用。

经过以上多方面的努力，将使矿山设备修理工作量减少，工期缩短，质量提高，工时、备件、材料消耗下降，修理费用日趋经济合理。

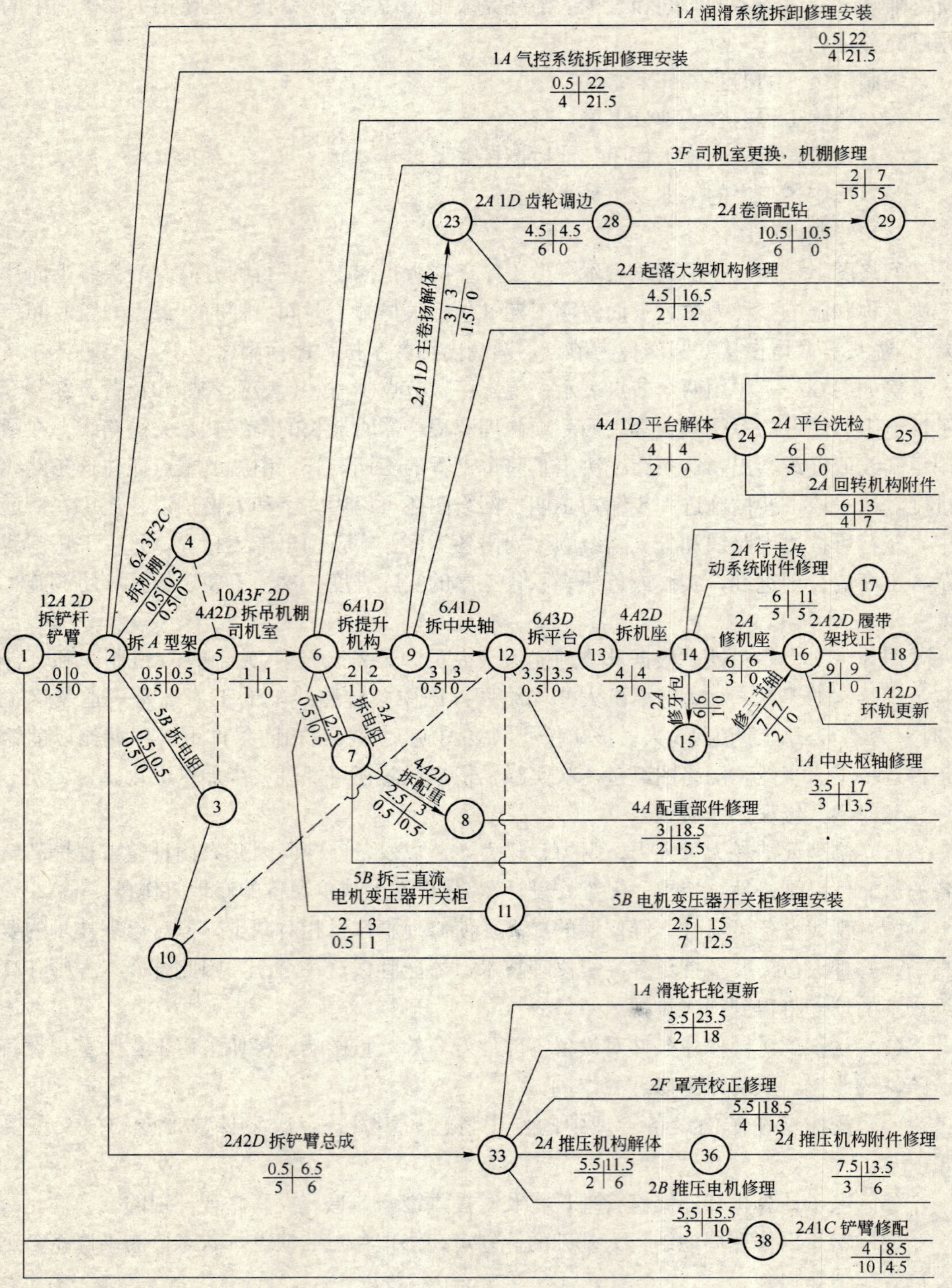
1A 润滑系统拆卸修理安装
0.5 22 4 21.5
1A 气控系统拆卸修理安装
0.5 22 4 21.5
3F 司机室更换，机棚修理
2 7 15 5
2A 1D 齿轮调边
4.5 4.5 6 0
2A 卷筒配钻
10.5 10.5 6 0
2A 起落大架机构修理
4.5 16.5 2 12
2A 1D 主卷扬解体
3 3 1.5 0
4A 1D 平台解体
4 4 2 0
2A 平台洗检
6 6 5 0
2A 回转机构附件
6 13 4 7
2A 行走传动系统附件修理
6 11 5 5
12A 2D 拆铲杆铲臂
0 0 0.5 0
6A 3F2C 拆机棚
0.5 0.5 0.5 0
拆 A 型架
0.5 0.5 0.5 0
10A3F 2D 4A2D 拆吊机棚司机室
1 1 1 0
6A1D 拆提升机构
2 2 1 0
6A1D 拆中央轴
3 3 0.5 0
6A3D 拆平台
3.5 3.5 0.5 0
4A2D 拆机座
4 4 2 0
2A 修机座
6 6 3 0
2A2D 履带架找正
9 9 1 0
1A2D 环轨更新
2A 修牙包
6 6 1 0
修三节轴
7 7 2 0
5B 拆电阻
0.5 0.5 0.5 0
2 2.5 0.5 0.5
3A 拆电阻
4A2D 拆配重
2.5 3 0.5 0.5
1A 中央枢轴修理
3.5 17 3 13.5
4A 配重部件修理
3 18.5 2 15.5
5B 拆三直流电机变压器开关柜
2 3 0.5 1
5B 电机变压器开关柜修理安装
2.5 15 7 12.5
1A 滑轮托轮更新
5.5 23.5 2 18
2F 罩壳校正修理
5.5 18.5 4 13
2A2D 拆铲臂总成
0.5 6.5 5 6
2A 推压机构解体
5.5 11.5 2 6
2A 推压机构附件修理
7.5 13.5 3 6
2B 推压电机修理
5.5 15.5 3 10
2A1C 铲臂修配
4 8.5 10 4.5

图 30 - 7 WK - 4

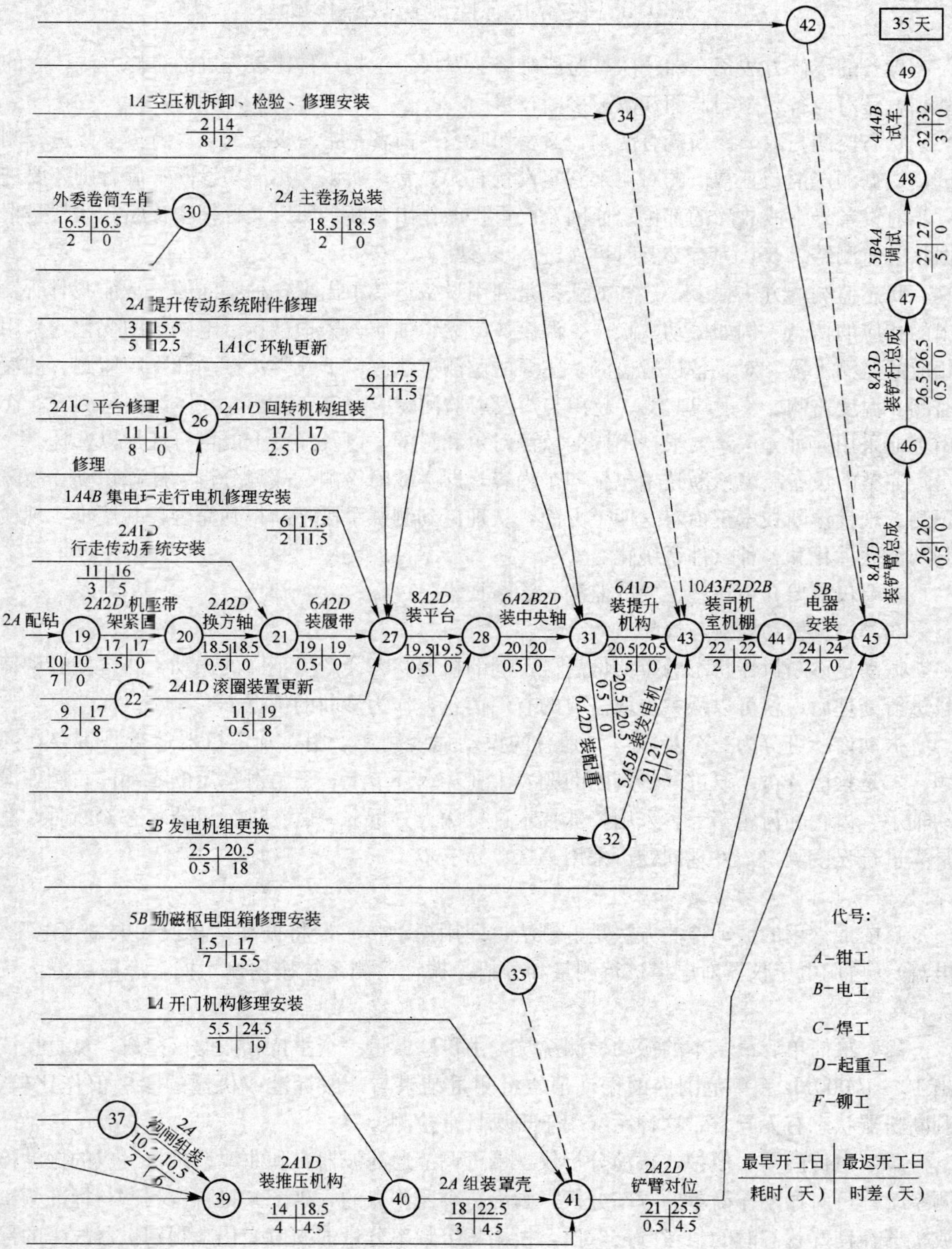
35天
1A空压机拆卸、检验、修理安装
外委卷筒车削
2A主卷扬总装
2A提升传动系统附件修理
1A1C环轨更新
2A1C平台修理
2A1D回转机构组装
修理
1A4B集电环走行电机修理安装
2A1D
行走传动系统安装
2A配钻
2A2D机座带
架紧固
2A2D
换方轴
6A2D
装履带
8A2D
装平台
6A2B2D
装中央轴
6A1D
装提升
机构
10A3F2D2B
装司机
室机棚
5B
电器
安装
8A3D
装铲臂总成
8A3D
装铲杆总成
5B4A
调试
4A4B
试车
2A1D滚圈装置更新
6A2D装配重
5A5B装发电机
5B发电机组更换
5B励磁柜电阻箱修理安装
1A开门机构修理安装
2A
初间组装
2A1D
装推压机构
2A组装罩壳
2A2D
铲臂对位
代号:
A-钳工
B-电工
C-焊工
D-起重工
F-铆工
最早开工日 最迟开工日
耗时(天) 时差(天)

挖掘机大修网络图

30.5 设备状态监测与故障诊断

设备的维修方法正在向“状态监测维修”发展。这是一种比较先进的维修方法，它的基础就是对设备状态的监测和故障诊断技术。

状态监测与故障诊断既有区别，又密切联系。前者是指对设备的某些特征参数进行测试，根据测定值与正常值的对比来判定设备有无异常，所以又称简易诊断；后者则还要进一步对设备异常或故障的部位、原因及严重程度作出判断。所以又称精密诊断。通常是根据状态监测结果，认为有必要时再作进一步诊断。

状态监测的方法很多，这些方法都是利用设备运转中出现各种不同的异常征兆时所发出的相应的信息，例如振动、噪声、温度、应力、油质、磨损微粒、电磁等的变化，采用相应的监测手段，对设备进行监测。主要的监测方法有以下几类：振动和噪声监测、油液监测、温度监测、X 射线监测、超声与声发射监测、应力应变监测、气体泄漏监测等。矿山企业采用何种方法，要根据不同的监测对象和目的，以及经济上的可行性加以选择。

完整的设备故障诊断技术包括四个内容，即：故障检测、故障分析、故障识别和故障预测。现代诊断技术正沿着这四个方面，从理论到测试手段不断得到完善，并逐步实现检测功能硬件化和各种软件系统化。

本节仅简要介绍一些主要的监测、诊断技术。

30.5.1 振动监测与诊断[7]

振动是诊断机器状态的重要信息。不同的机器状态会产生不同的振动，将这些振动信号进行处理后，就可以从中提取需要的有用信息，作为诊断的依据。

振动诊断可分为三个步骤：一是总的振动强度测定，用以判定机器运行是否存在问题；二是频谱分析，以进一步判断问题发生在什么环节上；三是对指定的零部件，例如滚动轴承、齿轮和齿轮箱等，采用特殊技术进行深入分析。一般在进行机器状态诊断时，总是先进行强度测定，发现问题再采用第二、第三步。

30.5.1.1 振动检测系统

目前最常用的振动检测方法是电测法，即用振动传感器将振动量转换成电量（电压、电流），再用电子仪器对电量进行测量和分析。振动检测系统按用途不同，一般可分为三类：

（1）最简单、最基本的振动检测系统，由传感器带一个手持式振动仪组成，可直接读出 10～10000Hz 频率范围内的振动值，将测量结果与一般标准或机器的参考值作比较，判断机器状态有无异常。这种系统用于现场日常检测。

（2）由传感器、便携式振动分析仪（带可调节通滤波器）和曲线记录仪组成的振动检测系统，可对振动作简单的频率分析，画出每个监测点的频谱图。将所得频谱与标准频谱或机器在良好状态时的参考频谱对比，根据每个频率分量的幅值变化来判别机器故障的部位。这种系统用于机器早期故障诊断和故障趋势管理。

（3）用磁带机在现场把传感器输出的信号（经放大）直接记录下来，然后在实验室重放，用频谱分析仪或计算机进行分析。这种系统用于需要对振动作详细分析的场合，多用于实验室。

随着诊断技术的发展，现已出现更先进的、以计算机为基础的故障诊断系统。它由多功能信号处理机、台式计算机和故障诊断软件包等组成。如图 30 - 8 所示。其中的多功能信号处理机不仅具有通常的频谱分析功能，还具有倒频谱分析、相位分析、概率统计、传递函数分析、模态分析以及曲线拟合等众多功能。这些功能为故障诊断提供了丰富的信息。

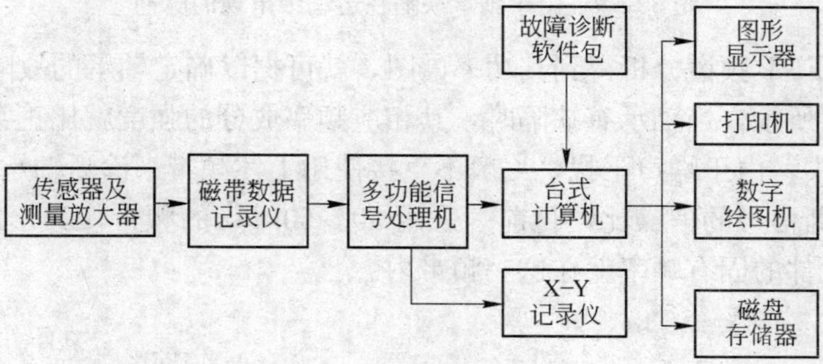

图 30 - 8 故障诊断系统框图

30.5.1.2 振动信号处理与故障识别

运转中的机器可以发出各种振动信号，如周期信号、脉冲信号和随机信号等，经过时域、幅值域和频域的处理，都可提供不同的特征参数。

对于不太复杂的振动信号，在时域内进行处理可以获得诸如均值、均方值和方差等时域参数，作为初步判断机器状态是否正常之用。

在幅值域内对振动信号进行分析，可获得信号的概率密度函数，根据该函数图形上的尖峰，或波峰系统（峰值对有效值之比）可判断故障是否存在。但它不能识别微弱故障以及故障的性质和部位。

目前最常用的是频谱分析，即在频域内对振动信号进行处理，以获得复杂信号的频率结构和各个频率成分的强度。这样就可对一个振动系统的特征作较深入的分析，根据功率频谱上在特定频率成分上是否出现尖峰来判定是否存在故障，根据故障特征频率及其各种谐频可提示故障的部位、其能量强度及频谱形态，可说明故障性质和严重程度等。频谱分析的基础是傅里叶变换，将一个时域信号转变为频域信号可用各种专用快速傅氏变换（FFT）分析仪来完成。

近来还用一种倒频谱分析技术进行故障诊断。倒频谱的定义是功率谱的对数的功率谱，是对信号的功率谱取对数后再进行傅里叶变换而得到的输出值。它对振动信号中的复杂周期成分，特别是谐频、边频成分比较敏感，易于识别，故适用于轴承、齿轮等回转零件的故障诊断。

30.5.1.3 滚动轴承的振动诊断

据统计，旋转机械的故障中，有 30% 是由滚动轴承损坏造成的。滚动轴承的失效类型及其原因很多，不同的原因会导致不同的失效类型。滚动轴承故障诊断方法中，振动诊断仍然是主要的方法。振动诊断的方法也很多，主要有频谱分析法、包络分析法和倒频谱分析法，此外还有时间序列分析法、接触电阻法、光纤监测法。下面介绍常用的频谱分析法。

当轴承元件的工作表面出现缺陷时，机器中会产生周期性脉冲（图 30 - 9），其频率一般在听觉范围内（0～20kHz）。它通过机械结构的传递，可由安放在轴承座上的加速度传

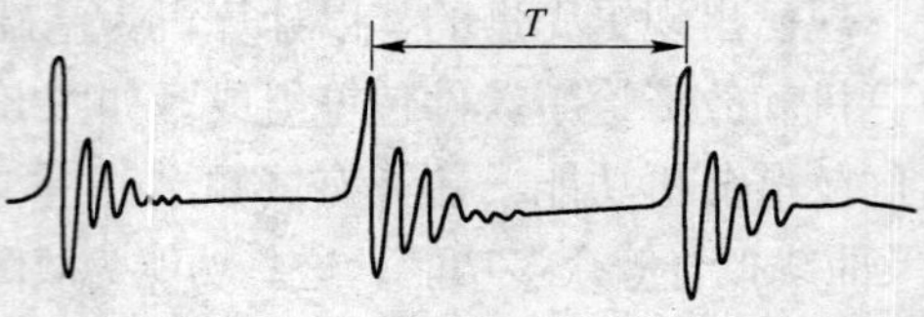

图 30 - 9　由于轴承缺陷在运动中出现的脉冲

感器接收，通过 FFT 频谱分析得到其功率谱图，就可据以确定轴承的故障。

如图 30 - 10 所示，当轴承有缺陷时，其相应频率成分的强度就比正常状态时增大。

在实际应用中，由于噪声干扰，一般不直接使用上述频带来诊断轴承故障。为排除噪声干扰，提高诊断信号的信噪比，目前多采用 20～60kHz 的频带作为诊断频带（处于超声范围）。轴承元件的固有频率就在这一频带内。

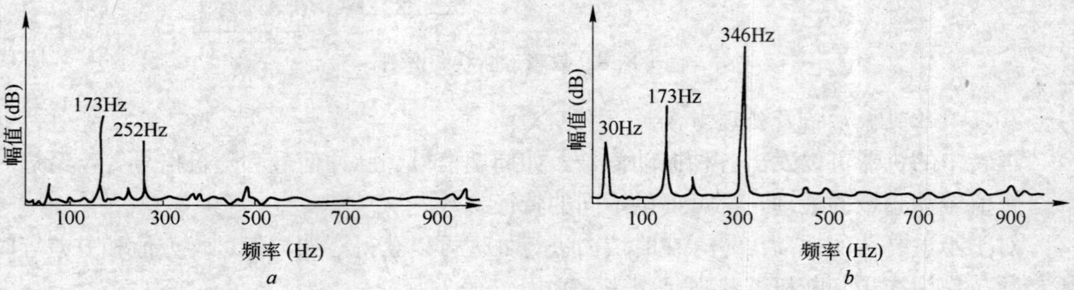

图 30 - 10　轴承运行时的谱图

a—正常状态；*b*—有缺陷状态

近年来，用各种类型的便携式测振仪或一些简单的专用滚动轴承检查仪对滚动轴承作状态监测，也是很有效的方法。用这种方法检查轴承，有两种诊断标准，一种是用当时测试的振动值与新轴承刚装用时测试的初始振动值之比值，即用实际值增加的倍数来定量，例如使用便携式测振仪时，轴承振动值在 2 倍至 6 倍初始值之间为“注意”区域，超过 6 倍初始值时为“危险”区域；当一种是以轴承振动的绝对值为基准，例如采用一种专门的滚动轴承检查仪（如 SPM - 43A 或 CMJ - 1 型冲击脉冲仪），振动值可在仪器表盘上直接读出，表盘上的绿区、黄区、红区分别指出“良好”、“注意”、“已损坏”等状态。

30.5.1.4　齿轮的振动诊断

A　齿轮失效类型及原因

齿轮失效的类型及原因列于表 30 - 9。最常见的失效形式是磨损、表面疲劳、塑性变形和脆性断裂。

可把齿轮看做一个振动系统。齿轮在啮合过程中，由于齿轮的弹簧刚度、齿面载荷的变化、制造装配误差和润滑情况不同等原因，将产生一个由啮合频率及其各次谐波等成分综合构成的复杂振动，缺陷和故障又加剧了这种振动。

齿轮的振动诊断方法有：频谱分析法、倒频谱法、转速谱图法、时域平均法等。现将频谱分析法和倒频谱法概述于下。

a　频谱分析法

频谱分析是把在齿轮箱上检取的振动信号通过 FFT 分析仪处理后，在功率谱图上显

表 30-9 齿轮失效的类型和原因分析

失效类型	失效原因分析									
	持续重载	撞击载荷	对中不良	润滑不足	油封不完善	制造和材料缺陷	齿轮设计不正确	操作不当	安装不当	环境温度过高
齿面剥落	接触应力增大造成疲劳		增加疲劳损伤的可能性			材料过软、晶粒过大、排列不良可能引起齿面剥落	齿轮几何曲线不良造成应力过高			
滑动方向上擦伤				油膜强度不足，会引起金属滑动接触		表面粗糙度过高，引起油膜破裂			侧隙不当能造成齿轮失效	可能造成油膜破裂
齿面上局部和轮廓线上有疲劳裂纹		可能超过弯曲应力允许值					运行状态下弯曲应力不足			
齿断裂			引起过大的局部弯曲应力						使齿轮的对中不良	
齿轮上有裂纹						热处理不良				
向轮毂方向碎裂和扭曲		足够严重时会损坏齿轮本体				齿轮体太薄、心部太软造成损坏	齿轮体厚度不足			
齿面上有辊压、撞击引起的波浪形隆起	引起塑性流动		可能有局部的塑性流动							
表面变粗糙、有细微压痕、齿侧磨损					金属杂质可能造成轮齿磨料磨损					
齿面腐蚀造成锈斑和点蚀				润滑油中的腐蚀性介质和氧化物可能侵蚀齿面	由于水一类的杂质引起的腐蚀损坏表面					
齿轮温升、变色和软化				散热能力不足						造成散热困难
齿面上有刻痕、凹痕和划痕								粗糙和错误的操作可能引起损伤		

示出振动的各个频率分量。它包含了全部的振动信息，如图 30 - 11 所示。需要指出的是，在齿轮振动诊断中，啮合频率具有重要意义，因为不论齿轮运行有无异常，啮合频率及其谐波成分总是存在，只是随齿轮状态而有大小的变化；另外，边频带分析是一个很重要的环节，因为齿轮传动中的许多缺陷是以边频带形式呈现的。根据边频带的存在、呈现形式和谱线的间隔，就可判断故障存在与否及其部位。

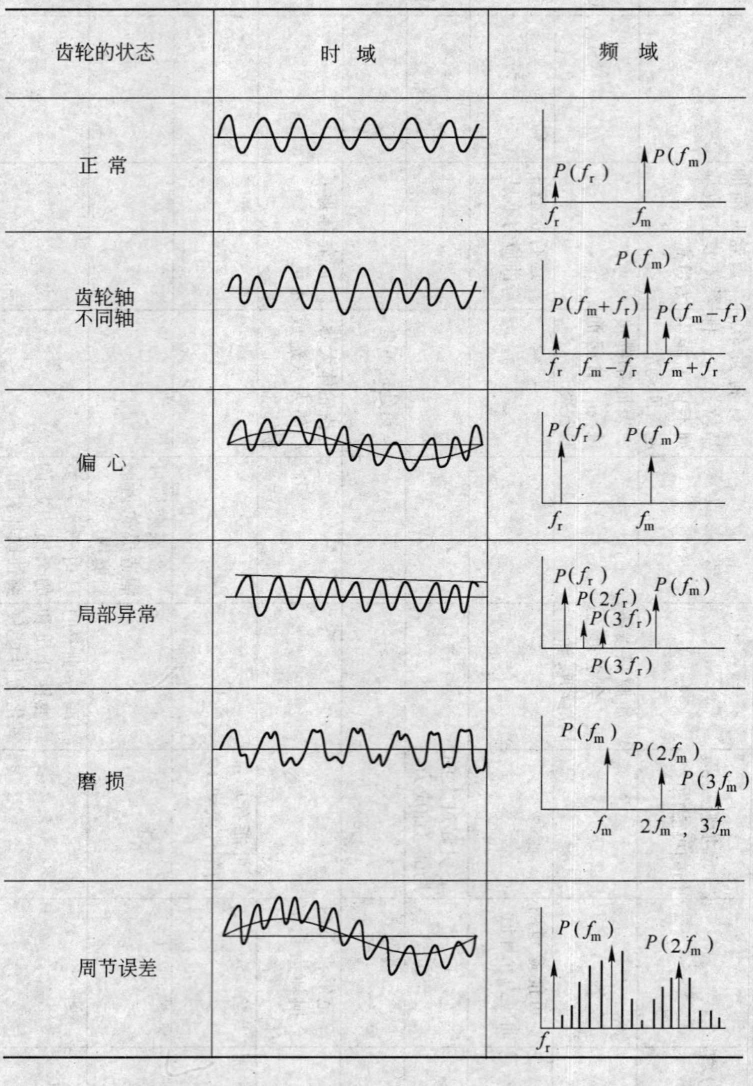

图 30 - 11 齿轮发生的振动（低频）

f_m—啮合频率；f_r—旋转频率

在分析齿轮信号时，要有足够的频率分辨率。为此，需要运用近年来发展起来的频率细化信号处理新技术。现有的一些先进的信号处理机上（如 BK2034 等）已配有硬件细化单元，可进行实时细化分析。

b 倒频谱分析法

这种方法在齿轮故障的频域诊断法中具有特殊的优越性，特别是用在边频带的分析上。由于倒频谱将原来谱上的成族的边频带谱简化为单根谱线，使监测者便于观察。利用这一优点，可以检测出功率谱中肉眼难以辨识的周期性。图 30 - 12 所示为载货汽车变速箱一挡齿轮啮合时在正常和异常状态下的功率谱和倒频谱。正常状态的功率谱无明显周期性，而异常状态的功率谱含有大量间距约为 10Hz 的边频，相应的倒频为 95.9ms (10.4Hz)。倒频谱上还有一系列对应于输入轴转速的谐波（28.1ms 或 35.6Hz）。

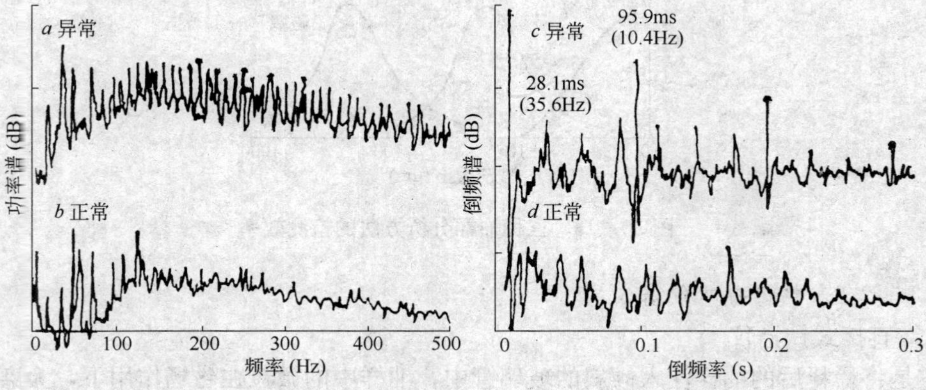

图 30 - 12 载货汽车变速箱在正常与异常状态下的功率谱与倒频谱

30.5.2 润滑油样分析

润滑油在机器中循环流动，携带着零部件运行状态的大量信息，可用以提示机器中零件磨损的类型、部位和程度，进行故障诊断和工况监控。

30.5.2.1 油样分析的方法和原理

目前常用的润滑油样分析方法有：

A 油样光谱分析法

这是利用原子吸收或原子发散光谱分析润滑油中各种金属的成分和含量，判断磨损的零件及其磨损程度的方法。这种方法对有色金属比较适用。分析仪器是采用标准的光谱分析仪。由于这种方法本身的限制，不能得出磨损颗粒的形貌细节，所分析的磨粒一般只能小于 10μm。

B 油样铁谱分析法[8]

这是应用最广、最有发展前途的润滑油样分析法。其基本原理是将油样按一定的操作步骤稀释在玻璃试管或玻璃片上，使之通过一个强磁场，在磁力作用下，不同大小的磨粒所能通过的距离不同，根据油样中磨粒沉淀的情况来判断零件磨损的程度。用光学或电子显微镜观察残渣形貌，用光学显微镜还可以从磨粒的色泽判断其成分。这样，铁谱分析可提供磨粒的数量、粒度、形态和成分四种信息。铁谱分析使用的仪器价格比较低廉，提供的信息比较丰富，但对于非铁磁材料不够敏感，且需要熟练的操作人员和严格遵守一定的操作步骤，才能使分析结果具有可比性。这种方法适用于检测粒度介于 10～50μm 的磨损颗粒。

C　磁塞检查法

这是一种简便、有效的方法，是用带磁性的塞头插入润滑系统的管路内，收集油中的磨粒，用肉眼直接观察磨粒的大小、数量和形态，判断零件的磨损状态。这种方法适用于磨粒大于50μm的油样检测。由于机器零件的磨损后期通常均出现尺寸较大的磨粒，因此此法也是一种重要的检测手段，并久已在一些部门中被采用。

上述三种方法的检测效率和磨粒尺寸的关系示于图30-13，由图可见，它们是互相补充的。

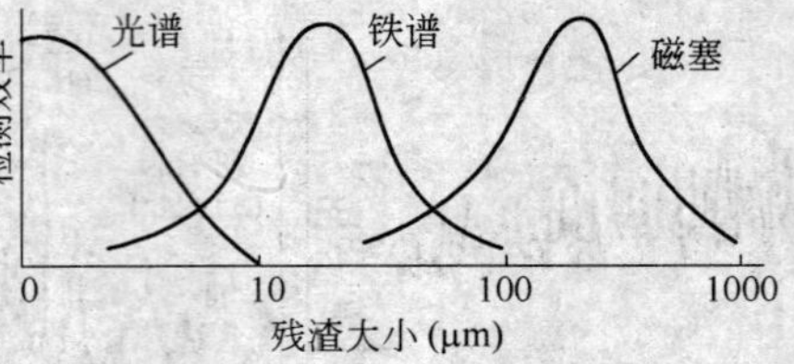

图30-13　三种油样分析方法的检测效率

30.5.2.2　铁谱分析仪器

A　直接式铁谱仪

它是将稀释后的油样注入倾斜的玻璃管中，油样中的微粒在磁场作用下，大磨粒（大于5μm）首先沉淀，而小磨粒（1～2μm）在管中较远处沉淀，如图30-14所示。大小磨粒沉淀的位置上设置有两个光束，透过玻璃管，经光电传感器接收和转换后，在数字显示装置上显示出代表大小磨粒相对数量的光密度读数D_L和D_S。读数D与磨粒数量相对应，磨粒沉淀得越多，光强度越弱，读数越大，读数量程为0～190单位，当玻璃管底部完全被磨粒覆盖时，达到最大值190单位。

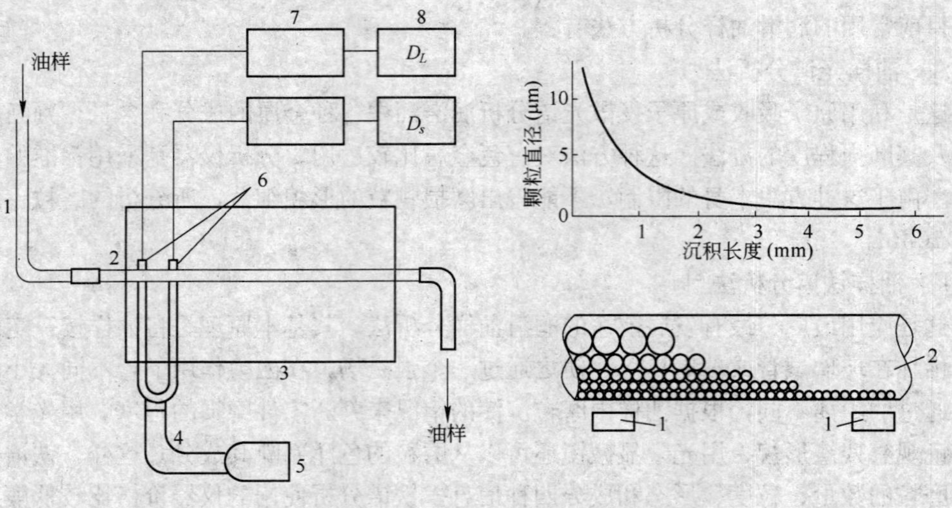

图30-14　直读式铁谱仪工作原理

1—毛细管；2—沉积管；3—磁铁；4—光导纤维；5—光源；6—光电探头；7—信号调制；8—读出装置

B 分析式铁谱仪

它与直读式铁谱仪不同的是将油样中的磨粒先沉淀在玻璃片上，制成铁谱片，然后再用双色光学显微镜或扫描电子显微镜对磨粒进行观察，根据磨粒的形态和色泽的不同，确定磨粒的类型和成分。同时用光密度计测定大小磨粒的数量，在数字显示装置上直接读出大小磨粒的覆盖面积的百分比 A_r 和 A_S。

由上可知，直接式铁谱仪的优点是能方便地测出油样中大小磨粒的相对数量，用于进行定量分析，但它不能对磨粒进行观察分析。因此，在实际应用中常与分析式铁谱仪互相配合使用。此外，还有一种在线式铁谱仪，可直接安装在机器的润滑油路中，适时地测出机器中磨粒的浓度及尺寸分布，以此来监控机器工况。

30.5.2.3 铁谱的定量分析

磨损严重性的定量指标，国际上通常用磨损严重性指数来表示。它用读数 L 或读数 L 和 S 之和表示磨粒的浓度，用读数 L 和 S 之差表示磨粒的尺寸分布，而用这两项的乘积，即 $L(L-S)$ 或 $(L+S)(L-S)=L^2-S^2$ 表示磨粒严重性指数。将磨损严重性指数绘制成机器运行时间的曲线，根据曲线急剧上升的趋势来判断磨损程度。

30.5.2.4 磨粒的形态分析

按照磨粒产生的方式及其形态，通常把磨粒分为以下类型：

(1) 正常滑动磨损磨粒。这种磨粒是机器正常滑动状态下的磨粒，是剪切混合层（厚度约为 1μm 的薄层）的疲劳剥落碎片，其尺寸在 0.5～15μm 范围内或更小。

(2) 切削磨损磨粒。这种磨粒属于非正常磨损磨粒，其形状如同切屑，是因某个硬成分或润滑油中某种硬性磨料进入滑动面而产生的。由前一种原因产生的磨粒一般比较粗大，其尺寸为 2～5μm 宽、25～100μm 长；由后一种原因产生的磨粒，其最大尺寸与润滑油中的磨粒尺寸成比例。

(3) 滚动疲劳磨粒。它主要是指滚动轴承产生的疲劳磨粒，通常有三种不同的形态：

1) 疲劳剥落碎片。这种磨粒的不正常磨损初期预报可根据小于 10μm 的磨粒数量是否增加来判断。

2) 球状疲劳磨粒。这种磨粒的出现可以作为轴承故障的一种预报。现已发现：滚动轴承的疲劳通常是在产生了大量直径约为 1～5μm 的球状磨粒之后发生的。

3) 层状疲劳磨粒。它是厚度只有 1～2μm 的薄片，其最大的尺寸约为 20～50μm。这种磨粒在轴承的整个使用期间都会发生，当发生疲劳剥落时其数量增加。

(4) 滚滑疲劳磨粒。它是指齿轮节圆附近由于滚动疲劳和滑动擦伤所产生的磨粒。这种磨粒呈贝壳状，具有粗糙的条纹表面和锯齿形的周边，其宽度与厚度之比在 4∶1～10∶1 之间。

(5) 严重滑动磨损磨粒。这种磨粒是由于滑动表面的负荷过大或速度过高，以致应力变得过大而产生的。此时剪切混合层变得不稳定，并出现大磨粒剥落而使磨损加剧，最后导致破坏。它的尺寸在 20μm 以上，其表面有滑动条纹和整齐的刃口。

上述磨粒形态，在实际分析时，还可参照有关图谱。

30.5.2.5 铁谱工况监测

铁谱技术除应用于机器故障诊断之外，还有效地应用于机器的工况监控。目前已成功地用于齿轮传动、发动机、滑动轴承、液压系统等方面的工况监测。

铁谱工况监测，就是对机器进行磨损趋势分析，其一般程序如下：

(1) 取样。用适当方法在机器润滑系统的适当部位取出有代表性的油样。

(2) 稀释。视油样中磨粒浓度确定合适的稀释比例。

(3) 定量铁谱的趋势分析。用磨损严重性指数（或其他指标）作出磨损趋势曲线。

(4) 分析铁谱。对照磨粒趋势曲线上的异常点，取其油样，把它制成谱片，作进一步分析。

(5) 增加取样频率。当发现机器开始有不正常磨损磨粒时，增加取样频率以加强监控。

(6) 机器拆卸检查。确认机器零部件已损坏后，拆卸机器对其零部件的损坏情况进行详细检查，并作好记录。

(7) 建立监控的基础线。经反复实践后，最后确定出机器例行监控的基础线，供生产实际应用。

30.5.3 红外测温诊断[9]

机电设备运行是否正常，往往在温度上反映出来。机器的温度参数不能直接测量，而要借助于物质的某些与温度变化有关的物理特性间接地进行测量，如利用物质的热膨胀、电阻、热电效应、辐射能等。新的测温技术还有微波测温、激光测温等。

温度测量分为接触式和非接触式两类：

接触式测量的测温元件与被测对象有良好的热接触，通过传导和对流达到热平衡进行测温，可用于测量物体内部的温度分布，但对运动体、小目标或热容量小的对象的测量误差较大。这类测温仪表有水银温度计、压力式温度计、双金属温度计、各种电阻温度计和热电偶等，分别用于不同的被测对象。

非接触式测量的测温元器件与被测对象不接触，而是通过接收热辐射能量实现测温。由于它不会破坏被测对象的温度场，不必与被测对象达到热平衡，并有动态特性好等优点，可用于测量运动体、小目标、热容量小或温度变化迅速的对象的表面温度，也可测量温度场的温度分布。但它易受物体辐射率和环境状况的影响，在高精度测量中受到限制。这类仪器有红外辐射温度计、全辐射温度计、比色温度计、光学高温计。红外测温就是利用物体辐射能与温度关系的技术，已被用于设备诊断。

30.5.3.1 红外测温的基本原理及特点：

红外线是一种看不见的、具有强烈热效应的辐射波，波长范围为 0.75～1000μm，频率范围在 $3\times10^{11}\sim4\times10^{14}$ Hz 之间。任何物体，只要它的温度不处于绝对零度，都存在热辐射现象。

物体的温度与辐射功率的关系由斯忒藩-玻耳兹曼定律给出，即物体辐射强度 W 与其绝对温度的四次方成正比。其表达式为：

$$W=\varepsilon\sigma T^4 \tag{30-1}$$

式中 W ——单位面积辐射强度，W/m^2；

σ ——斯忒藩-玻耳兹曼常数，$5.67\times10^{-8}W/(m^2\cdot K^4)$；

T ——绝对温度，K；

ε ——比辐射率（非黑体辐射度/黑体辐射度）。

$\varepsilon=1$ 的物体称为黑体，黑体能在任何温度下全部吸收任何波长的辐射，热辐射能力比其他任何物体都强。一般物体不能把投射到它表面的辐射功率全部吸收，发射热辐射的能力也小于黑体，即 $\varepsilon<1$。一些常用材料的 ε 值见表 30-10。由（30-1）式知，物体辐射强度随温度的升高而显著地增加。

表 30-10 常见物体的比辐射率（总的法向比辐射率）

材料名称	温度，(℃)	比辐射率，ε	材料名称	温度，(℃)	比辐射率，ε
铝板：抛光的	100	0.65	铜：抛光的	100	0.05
阳极氧化的	100	0.55	严重氧化的	20	0.78
铁：抛光的	40	0.21	钢：抛光的	100	0.07
氧化的	100	0.69	氧化的	200	0.79
砖（一般红砖）	20	0.93	水泥面	20	0.92
玻璃（抛光板）	20	0.94	石墨（表面粗毛）	20	0.96
土壤：干燥的	20	0.92	水分：蒸馏水	20	0.96
水分饱和的	20	0.95	光滑的冰	−10	0.96

30.5.3.2 红外探测器

红外辐射必须经过红外探测器的接收，将辐射波转变成信号，才能加以识别。红外探测器分为热敏探测器和光电探测器两大类，每类中又因依据原理不同和所用材料不同而有许多类型。

A 热敏探测器

这是利用半导体薄膜受辐射加热时电阻发生变化的原理制成的。由于红外辐射使敏感元件的温度升高过程比较缓慢，所以这种探测器的响应时间都比较长，大都在毫秒（10^{-3} s）以上。另外，由于热敏探测器对辐射的各种波长基本上都有相同的响应率，其光谱响应曲线比较平坦（如图 30-15*a* 所示）。这类探测器被认为是“无选择性红外探测器”。

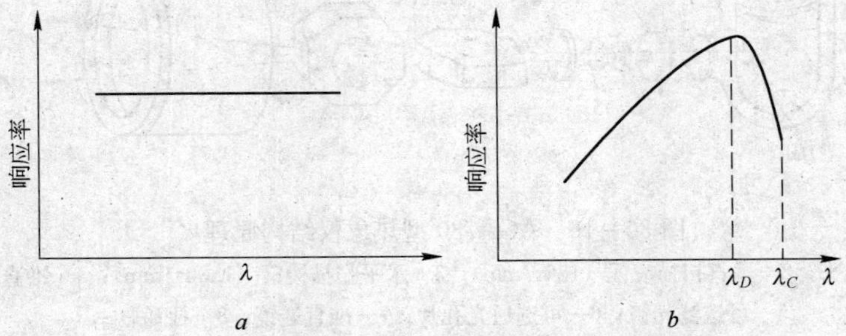

图 30-15 红外探测器响应曲线

a—热敏探测；*b*—光电探测

B 光电探测器

这是一种半导体器件，当光子投射到这类导体上时，电子-空穴对便分离，产生电信号。由于光电效应很快，探测器的响应时间极短，最短的达毫微秒（10^{-9} s）数量级，比热敏探测器快了三个数量级。其缺点是光谱响应范围有限，响应率在波长为 λ_p 时达到极大，超过 λ_p 的长波区，响应率曲线便迅即截止（如图 30-15*b*）。

对光电探测器敏感元件制冷可扩大探测器的工作波段。制冷方法是利用液化气体沸点低的特性，将光电探测器安装在双层中间抽真空的杜瓦瓶外壁上，在瓶中装液氮制冷剂

(其沸点温度为－196℃)。

30.5.3.3　红外测温仪和热象仪

根据检测功能的不同，红外辐射计有红外测温仪和红外热象仪两类。

A　红外测温仪

红外测温仪又称点温仪。这是近年发展较快的新型测温仪，用于测量物体固定点的温度。具有体积小、重量轻、灵敏度高、响应快、操作简单等优点，很适用于现场设备的温度检测。红外辐射经过透射式或反射式光学系统，由调制器制成交变辐射，经红外探测器后，由电子放大器处理和提高信噪比，最后由指示器给出被测物体的温度。

B　热象仪

这是利用物体热辐射特性，对被测物体的平面和空间温度分布以图像表现的测温设备，它是在红外探测器的基础上，用光学扫描方法顺序扫视整个被摄景物空间，经过转换，在显示器上得到可见的图像，能显示出物体的形状及温度场分布。用它分析运行中设备的状态，查明其故障，是很有效的。但目前价格昂贵，普及受到限制。

图 30-16 是 AGA780 型热象仪的结构原理图。红外辐射通过由红外光学材料制成的扫描透镜，经过聚焦，然后通过一个垂直扫描棱镜和一个水平扫描棱镜，经过连续扫描，瞬时视场扫完整个被摄物体。从水平棱镜输出的红外光束通过一组包括可选光孔和滤光镜等部件的中继光学系统，最终聚焦在红外探测器上。探测器单元产生一个正比于来自目标辐射的电信号输出，此信号经放大产生一个视频信号，通过连接电缆被送到阴极射线管显示器，显示出亮度可调的黑白或彩色图像或定量的热象图。

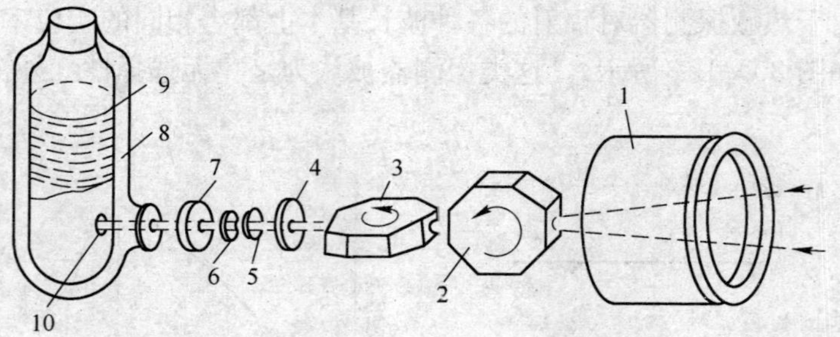

图 30-16　AGA780 型热象仪结构原理

1—扫描镜头；2—垂直扫描棱镜（180r/min）；3—水平扫描棱镜（1800r/min）；4—准直透镜；5—可选滤光镜；6—可选通光孔片；7—准直透镜；8—杜瓦瓶；9—液氮；10—红外探测器

30.5.3.4　红外测温在故障诊断中的应用实例

红外测温在工业上得到广泛的应用，例如工业目标非接触测温、工艺过程控制、工业监视和事故防止、电工设备运行状态检查、制件的无损检验、管道泄漏和铁路车辆轮轴箱的检测等。

实例 1　鞍山钢铁公司眼前山铁矿车辆轮轴箱的温度检测。鞍山钢铁公司眼前山铁矿自 1982 年以来，根据铁路车辆的车轮轴油箱因结构、制造工艺、润滑不良等原因，在运行中会由于温度过高而“燃轴”，以致造成翻车事故。利用红外测温仪（如 HZT-1 型红外线轴温探测器），将其放在矿区内运输干线的钢轨两侧，当车轮通过时，轴箱逐个地扫过探测器的视场，并在描笔式记录仪上输出相应的脉冲信号，被记录在记录纸上，如果某一脉冲信号特别高，则说明某一轴箱温度已经过高；再根据脉冲信号在记录纸上的位置，就可准确地判定哪个车厢轴发生了异常，便可及时采取措施，防止事故的发生。

这种方法改变了过去用手检查轴箱温度的方法，从而改善了列车检查人员的劳动条件，缩短了车辆停留时间，防止了燃轴事故。

实例 2 电力传输及电器系统检查。输电电缆和电机转子、变压器、开关、闸刀等设备常因接触不良引起过热，或元件老化失效，造成停电事故。红外测温技术在这些场合就特别适用。使用手持式红外点温仪（如 IRT - 1200 型）检查一个接头或接点只需二、三分钟，而且不必断电，既简便省时，又准确可靠。武汉钢铁公司大冶铁矿等单位近年采用红外测温仪检查各种电器设备，都取得了很好的效果。

30.5.4 无损探伤[10]

铸件、锻件、压延件和焊接件的表面及内部不免存在各种缺陷，如裂纹、夹杂物、气孔等，在使用中还可能会发展、恶化或产生新的缺陷，导致设备和人身事故。许多重要设备的零部件只有当确认其材质、焊缝等不存在危险性或不允许的缺陷时，才可使用或运行。无损探伤就是对上述缺陷进行早期诊断的一种手段。无损探伤技术有：射线探伤、超声波探伤、磁粉探伤、渗透探伤、声发射探伤等。目前广泛使用的探伤方法及其检测对象和基本特点列于表 30 - 11。近来，激光全息技术和光导纤维技术也开始用于无损探伤。

表 30 - 11 常用无损探伤方法

检测方法	检测对象	基本特点
窥视镜目视法	表面开口缺陷	适于细小构件的内壁检查
渗透探伤法	表面开口缺陷	设备简单
磁粉探伤法	表面缺陷	仅适于铁磁性材料的零件
电磁感应涡流探伤法	表面缺陷	适于导体材料的零件
射线探伤法	表层和内部缺陷	直观、体积型缺陷灵敏度高
超声波探伤法	表层和内部缺陷	速度快，平面型缺陷灵敏度高
声发射检测法	缺陷的扩展	动态检测
应变测试法	应变、应力及其方向	动态检测

注：表层缺陷也包括表面开口缺陷。

30.5.4.1 射线探伤

设备诊断常用的射线是 X 射线和 γ 射线，它们是一种频率很高而波长极短的电磁波，有很强的穿透性。射线探伤就是利用这种穿透性，再根据被检物对射线的不同衰减作用（吸收和散射）进行工作的。射线探伤方法有射线照相法、透视法（荧光屏直接观察法）、工业 X 射线电视法等，应用最广的是灵敏度较高的射线照相法。

射线照相法的原理如图 30 - 17 所示。X 射线透过被检物体时，由于缺陷部位（如气孔）与基本金属对射线吸收能力不同（前者大大低于后者），透过缺陷部位的射线强度高于透过无缺陷部位的射线强度，在 X 射线感光胶片上对应于缺陷部位将接收较高的 X 射线粒子，从而形成黑度较大的缺陷形象。照相胶片显影后，通过观察可以确定缺陷的种类、大小和分布情况。再根据相应的标准，就可以评价缺陷严重程度。

射线照相法发现缺陷的能力有一定的限度。它对铸件、焊接件中的气孔、夹渣、缩

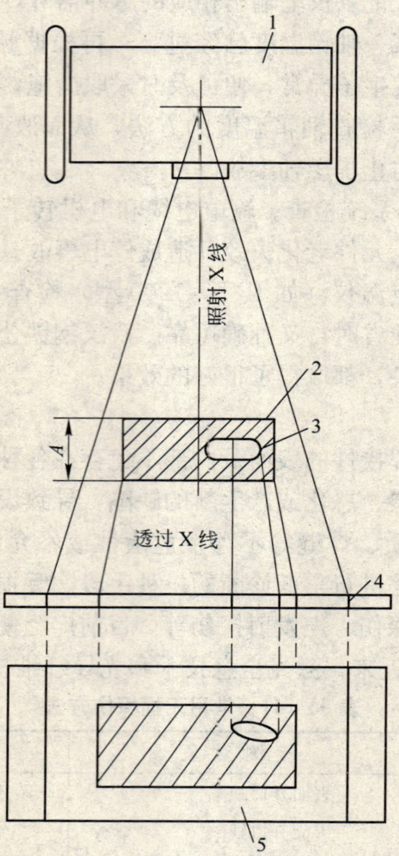

图 30 - 17　X 射线照相探伤原理

1—X 射线发生器；2—被照物体；3—内部缺陷；4—X 光感光胶片；5—X 射线透照照片

孔，未焊透等体积形缺陷比较容易发现，而对裂纹、细微未溶合等片状缺陷，在透照方向不合适时则不易发现。

X 射线是由特制的 X 射线管产生的。管内由高压电场（一般为几万至几十万伏）形成的高速电子流撞击阳极靶后，其能量的大部分转变为热能被阳极吸收，一小部分转变为 X 射线向周围放出。γ 射线是某些放射性物质如钴、钍、铀、镭等自发产生的。Co60 就是最常用的 γ 射线源。与 X 射线相比，γ 射线有其独特的优点：

（1）因为它不用电，便于在野外或施工现场作业；如能采用贫化铀做射线防护材料，则仪器可做得小巧轻便。

（2）可用传输管伸入到狭窄部位去照相，还可在高温、高电压或强磁场等情况下探伤。

（3）穿透能力强，能透照厚度达 300mm 的钢板，而 X 射线只能穿透厚度 100mm 左右的钢板。

30.5.4.2　超声波探伤

人的听觉能听到的声波频带为（16～2）×10Hz，频带高于这一频带的声波为超声波。

超声技术中常用的频带是 0.5～10MHz。

利用声响（声波）来判别物体有无缺陷，是至今仍被采用的一种传统检查方法。但这种方法可靠度不高，更难于实现缺陷的定位和定量分析。超声波具有指向性好、分辨缺陷能力强、探测厚度大、能穿透大多数材料等特点，因而利用超声波来探测物体内部和表面的缺陷，获得了广泛的应用。

超声波探伤有图 30－18 所示各种方法。其中应用最广泛的是脉冲反射法。这种方法是把探头通过油等偶合物质与被检物体接触，探头受电脉冲激励发出的超声波以持续时间为 0.5～5μs 的极短脉冲在被检物中传播，当遇到缺陷和地面时就产生反射，被探头接受转换成电信号，经放大后在荧光屏上显示出来，如图 30－19 所示。此法可显示缺陷的有无以及缺陷大小和位置；再根据相应的标准就可以判定缺陷的严重程度。

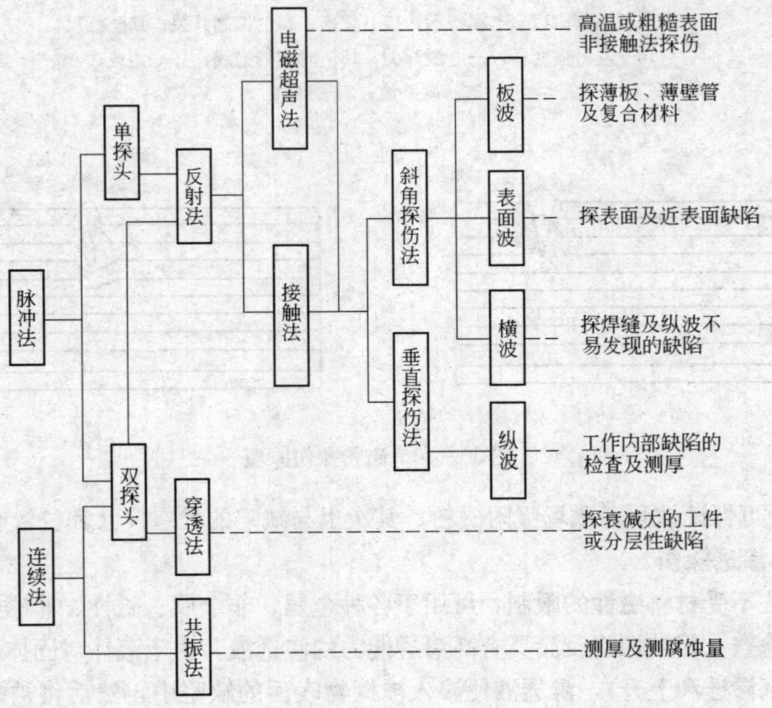

图 30－18 超声波探伤方法及检测对象

30.5.4.3 磁粉探伤和渗透探伤

射线探伤和超声探伤虽也可用来识别表面缺陷，但工业上常采用磁粉探伤和渗透探伤来探测表面缺陷。这两种方法对表面缺陷的识别灵敏度较高，方法简单，结果可靠。

A 磁粉探伤

此法用于探测钢铁等强磁性材料的表面或临近表面的缺陷，如裂纹、折叠和夹渣等。如果存在缺陷，由于磁阻的变化，缺陷处就会产生漏磁场而形成一个小磁极（如图 30－20 所示），磁粉被磁极吸引，使缺陷处堆积较多磁粉而显示出来。缺陷形成的漏磁场的强度和吸附磁粉的多少，主要取决于被检物的磁感应强度，一般认为磁感应强度达到约 8000Gs

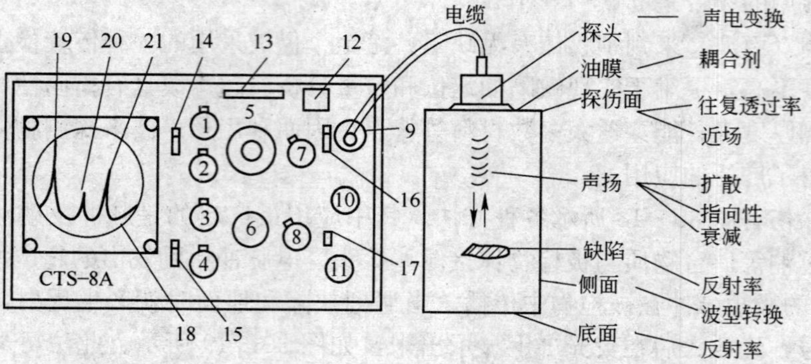

图 30-19 脉冲反射法探伤原理

1—抑制；2—水平；3—标记；4—微调；5—增益；6—深度；7、8—衰减器；9、10—收发探头插座；11—电源插座；12—电源指示；13—频率；14—抑制开关；15—标尺；16—发射强度；17—电源开关；18—时间扫描线；19—始波；20—缺陷波；21—底波

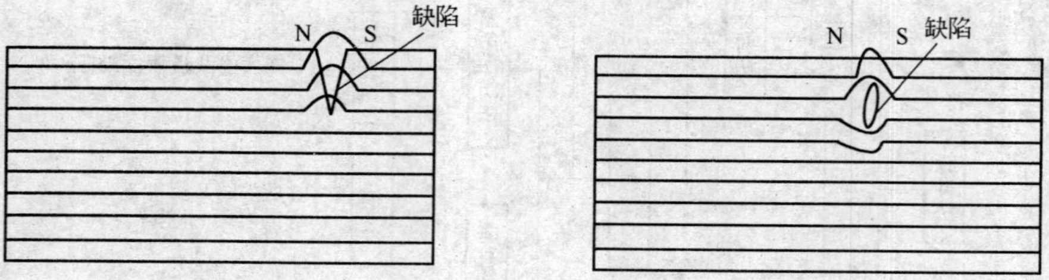

图 30-20 磁粉探伤原理

(0.8T) 时便可保证缺陷漏磁场吸附磁粉；其次也与缺陷的状态尺寸和位置有关。

B 液体渗透探伤

这种方法不受材料磁性的限制，可用于各种金属、非金属、磁性、非磁性材料及零件表面缺陷的检查。将被探物浸涂具有高渗透能力的渗透液，由于液体对固体的湿润作用和毛细管现象（渗透和上升），渗透液便渗入被探物表面的缺陷中，然后将被探处多余的渗透液擦净，涂上一层亲和吸附力很强的白色显像剂，把渗入裂缝中的渗透液吸出来，便在白色涂层上显示出缺陷形状和位置的鲜明图像。

30.5.4.4 声发射探伤[11]

声发射探伤是一种新的无损探伤方法，与上述各种探伤方法的主要区别在于它是一种动态检测方法，能连续地监视材料或结构内部损伤的全过程。目前声发射技术在结构完整性（尤其是裂纹）的检查方面已被广泛采用，并已成为对运行状态中的结构缺陷的发生和发展进行在线监测不可缺少的手段。

金属材料由于内部晶格的错位、晶界滑移，或由于内部裂纹的发生和发展，所储存的弹性能量便会释放出来，这种现象称为声发射现象。声发射的频带可由声频直到数兆赫。例如锡鸣就是金属锡在人能听到的声频范围内的声发射现象。但多数金属，特别是钢铁材料，其声发射的频带均在超声范围内。

为利用声发射现象进行无损探伤，要用声发射仪对声发射现象进行探测和观察，实时地记录和显示声发射数据，进而进行分析综合，判定缺陷和损伤的严重性。

目前的声发射仪器大体上有两种基本类型，即单通道声发射检测仪和多通道声发射源定位和分析系统。

单通道声发射检测仪的方框图见图 30-21。它由信号处理部分和记录显示部分组成。对信号处理部分的要求主要是低噪声。排噪的方法有频率鉴别法、幅值鉴别法、逻辑鉴别法和空间鉴别法等。

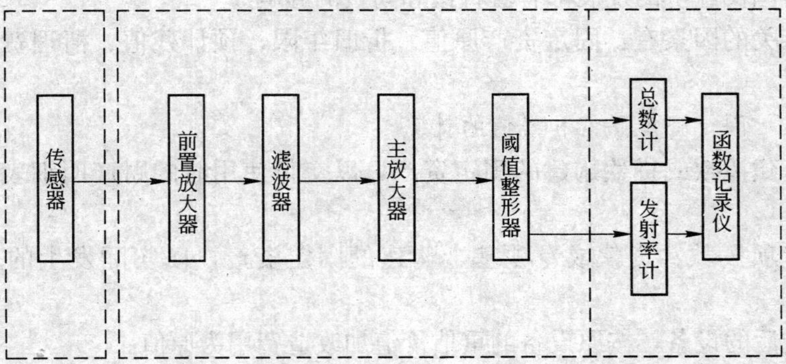

图 30-21　单通道声发射检测仪

声发射信号由传感器接收，并转换为电信号。声发射传感器种类很多，对于金属材料，主要使用压电型传感器。根据不同的检测目的，可选用高灵敏度的宽带传感器（100～1000kHz)，低频多用于实验室，高频多用于现场。

多通道声发射检测系统，除了包括单通道声发射仪的模拟量检测和处理系统外，还包括数字量测定系统，以及计算机数据处理系统和外围显示系统。这样的系统不仅可以在线实时确定声发射源的位置，而且可以实时评价声发射源的有害度。为了评价声源的有害度，往往还备有压力和温度等参量的测量系统。

本节所述各种状态检测方法使用的仪器，可根据监测对象和目的，参考中国设备管理协会 1986 年编印出版的《国内外设备诊断仪器实用信息手册》选用。

30.6　固定资产折旧及其改造更新

30.6.1　固定资产分类

固定资产是固定资金的实物形态，是企业拥有资产中单位价值较高、使用期限较长，同时在使用过程中能基本保持其原有实有形态的有形资产体。按我国规定，固定资产应同时具备两个条件：一是直接或间接参加生产过程，具有独立作用的完整资产体，且使用年限在一年以上；二是单位价值在规定限额以上。

它包括各种设备（机械、动力、运输、机修、炉窑、计量、仪器、办公用具、传导管线等)、建筑物（厂房、库房、办公楼、宿舍等)、构筑物（固定性的铁路、公路、井筒、巷道、矿槽、地下油库、水池、烟囱、桥梁等）。

固定资产按经济用途可分为工业用固定资产和非工业用固定资产。按使用状态可分为在用固定资产（包括备用、在修和季节性使用的设备在内）、未使用固定资产和不需用固定资产。

在用的所有固定资产均应按照国家的有关规定提取折旧基金。

30.6.2　固定资产折旧

实行固定资产折旧是为了补偿固定资产在使用中的有形和无形损耗。即将相当于固定资产逐渐损耗部分的价值转移到生产成本中去，从产品销售中收回这部分资产。它是国家的一项重要经济政策，不仅关系着企业装备的更新速度、产品的竞争能力以及企业的生产发展，而且对国民经济的发展都有着直接和间接的影响。

与折旧有关的因素有：固定资产原值、折旧年限、预计残值、清理费和折旧计算方法。

30.6.2.1　固定资产原值和残值的计算

（1）由基建拨款或贷款购建的固定资产，以交付使用时的财产明细表中的价值为原值。

（2）由专项拨款、贷款或专项基金购建的固定资产，以实际发生的全部费用为原值。

（3）改造后的设备，按原设备的重估价值加改造费用为原值。

（4）有偿调入的设备，以调拨价格加包装、运输、安装等费用后的价值为原值。

（5）无偿调入的设备，以调出单位的净值减去原来的运输、安装费，再加新的运输、安装等费用后的价值为原值。

（6）已满折旧年限仍在继续使用的固定资产，按重估价值为原值。

固定资产的残值和清理费，可按资产情况估计。按我国《国营企业固定资产折旧试行条例》的规定，各类固定资产的净残值（残值减去清理费）可按固定资产原值的3%～5%计算。

30.6.2.2　折旧年限

各工业发达国家都根据各自的国情，对不同类型和用途的固定资产规定了不同的折旧年限。

我国过去规定的折旧年限很长，大体相当于设备的自然寿命，影响了设备更新速度。1985年进行了调整，其中与矿山有关的固定资产折旧年限列于表30-12。

目前资本主义国家大多采用快速折旧法。主要是以固定资产的经济寿命和国情来规定折旧年限，因此比我国规定的年限短，而且随着技术的飞速发展，折旧年限越来越短。例如日本用法律形式按行业对企业不同类型的固定资产分别定出折旧年限，如厂房为25年，一般机械设备为11年左右，提完折旧，一般还要继续使用一个时期。又如美国国会1981年通过了3—5—10折旧，即汽车折旧年限为3年，机器设备为5年，厂房建筑物为10年。

30.6.2.3　折旧计算方法

A　平均年限法

$$\text{固定资产年折旧额}=\frac{\text{原值}-(\text{残值}-\text{清理费})}{\text{折旧年限}}\text{，元} \tag{30-2}$$

表 30-12 我国固定资产折旧年限

类 别	固定资产名称	折旧年限
通用机械	普通金属切削机床	18
	锻 锤	14
	起重设备	19
	其他通用设备	18
通用动力设备	锅炉及附属设备	20
	快装锅炉	16
	空调设备	18
	发电机组	23
	空气压缩设备	19
	其他动力设备	20
传导设备	电气设备	18
	输电设备	20
	电讯设备	35
	输电线路	35
	其他传导设备	35
运输设备	载货汽车	60 万公里或 12 年
	载客汽车	80 万公里或 15 年
	矿山生产用特种车	40 万公里或 10 年
	其他特种车	55 万公里或 13 年

类 别	固定资产名称	折旧年限
运输设备	客运电车	80 万公里或 15 年
	铲车、电瓶车	12
	其他运输车	15
自动控制及仪器仪表	自动化控制设备	10
	半自动化控制设备	12
	电子计算机	8
	通用测试仪器	10
	其 他	12
炉窑	热处理炉窑	15
	加热炉	13
	干燥炉	16
矿山专用设备	挖掘机	15
	准轨电机车	18
	装岩机	10
	磨矿设备	15
	矿井提升机	20
	穿孔设备	12
	破碎设备	15
	井下铲运机	10
	其他专用设备	20

注：本表折旧年限，摘自国务院 1985 年颁发的《国营企业固定资产折旧试行条例》。

$$年折旧率=(年折旧额/原值)\times 100,\% \qquad (30-3)$$

$$月折旧率=年折旧率/12,\% \qquad (30-4)$$

我国工业企业现都采用此法。

若不用折旧年限而使用折旧总工作量，如汽车按总行驶里程，大型设备按作业台时，大型建筑施工机械按台班，则：

$$本期折旧额=\frac{原值-(残值-清理费)}{折旧总工作量}\times 本期实际工作量，元 \qquad (30-5)$$

我国矿山固定资产的折旧费已包括在矿山的维持简单再生产费用中，故不再另提折旧基金（不包括选矿、煅烧、机修占用的固定资产）。但要用折旧年限计算固定资产净值，并衡量更新改造资金在维简费中应当占有的份额。当实际需要更新改造资金时，由维持简单再生产费用中平衡解决。

B　快速折旧法[12,13]

平均年限法是以设备磨损和其使用时间呈线性关系为依据而制定的。实际上，设备老化要受各种原因的影响，因此平均年限法有其不足的一面。加速折旧法则基于以下认识：设备使用早期，性能好，效率高，故障少，收益大，此时应多提折旧费；随着使用时间延长，设备逐渐老化，故障多，效率下降，收益减少，就应较少提取折旧费。这样既保持使用期间投入与产出之间的平衡，又能较快地回收固定资产投资，提供可靠的更新改造资金。快速折旧法有以下几种：

a　年限总额法（年数合计法）

$$年折旧额=[原值-(残值-清理费)]\times年折旧率，元 \tag{30-6}$$

$$年折旧率=\frac{折旧年限+1-折旧当年的序数}{折旧年限序数的总和}\times 100，\% \tag{30-7}$$

式中，折旧年限序数的总和＝折旧年限×(1＋折旧年限)/2。

年折旧率为一变数序列，按使用年限由大变小。例如某设备的折旧年限定为10年，则从第1年至第10年各年的折旧率分别为：

10/55、9/55、8/55、7/55、…、2/55、1/55。

b　余额递减法

假设设备报废时，其残值减清理费不是零，则在折旧年限内使用同一折旧率。

$$年折旧率=[1-\sqrt{(残值-清理费)/原值}\,]\times 100，\% \tag{30-8}$$

式中　T——折旧年限，年。

$$年折旧额=年折旧率\times折旧当年年初设备的净值，元 \tag{30-9}$$

例如：某设备原值10万元，折旧年限为5年，残值（无清理费）为原值的11%，则其年折旧率为35%，各年的净值和折旧费计算见表30-13。

表30-13　余额递减折旧计算举例

折旧年度	1	2	3	4	5	6
净值（万元）	10	6.5	4.225	2.7462	1.785	1.1602（残值）
折旧额（万元）	3.5	2.275	1.4788	0.9612	0.6248	

c　双倍余额递减法

此法把折旧年限 T 分成两段，即 $T=T_1+T_2$；

当 T 为偶数时：$T_1=(T/2)+1$，$T_2=T-T_1$；

当 T 为奇数时：$T_1=(T+1)/2$，$T_2=T-T_1$；

在 T_1 年限内，年折旧率为 $2/T$，按余额递减法计算年折旧额。在 T_2 年限内，按尚余净值用平均年限法计算年折旧额。

例如：某设备原值为10万元，折旧年限为5年，残值减清理费为零，其折旧计算列于表30-14。

还有其他一些快速折旧法，如：英国规定，设备使用第一年可提取原值的58%；法国规定第一年可提取原值的32%。

表 30-14 双倍余额递减法计算折旧举例

折旧年度	1	2	3	4	5
年折旧率	2/5	2/5	2/5	1/2	1/2
年初净值（万元）	10	6	3.6	2.16	1.08
年折旧额（万元）	4	2.4	1.44	1.08	1.08
年末净值（万元）	6	3.6	2.16	1.08	0

30.6.3 设备寿命与寿命周期费用

设备寿命系指设备以全新状态投入生产，直至丧失其使用价值的时间。从不同的角度出发，设备寿命可分为自然寿命、技术寿命和经济寿命。自然寿命系指设备从投产时起，经过有形磨损，直到其丧失原有功能而无法使用的时间；设备可通过恢复性修理延长自然寿命。技术寿命系指新设备从投入市场时起，至技术上更先进的新型设备的出现，使原有设备丧失其市场价值而被淘汰的时间；技术进步越快，设备无形磨损也越快，则技术寿命越短。经济寿命系指从新设备投产起，至其总使用年数内年平均支付费用为最低的那一年的总年数。设备使用时间超过其经济寿命时，在经济上开始不合算。研究设备经济寿命，就是从经济上研究设备的最佳更新期和最佳折旧年限，但在实际工作中确定设备的更新期和折旧年限时，还要结合国情、矿山开采条件和开采期限等多种因素，才能符合实用。

设备寿命周期费用是指设备一生中从研制直到报废各阶段支出费用的总和。如图 30-22 所示，寿命周期费用即为曲线所包围的各阶段（从规划、设计、制造直至使用、报废）面积的总和。通常，从规划到制造出设备、支出费用呈递增状态；安装末期，费用开始下降；经过跑合期，进入正常使用阶段后，费用从平稳趋向缓慢增长；当费用激增时，设备已到严重磨损阶段，需进行大修或更新。

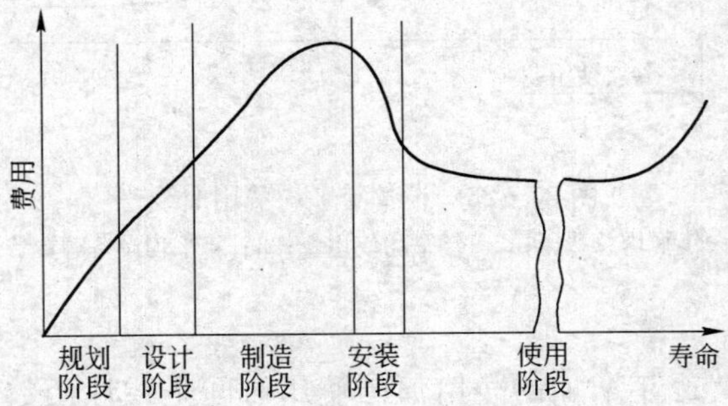

图 30-22 设备寿命周期内费用变化

寿命周期费用一般由两部分组成：

原始费（设置费）。包括研究、设计、制造、运输、安装、调试等费用，如系外购设备，原始费就是购置费（包括设备原价、运输费、安装和调试费等）。

使用费（即维持费）。使用费又可分为运行费（包括能源费、运行消费品费、操作人员工资及培训费、折旧费、环境保护费、保险费等）和维修费（包括日常维护、检测、大中小修和故障修理费）两部分。

设备寿命周期费用＝原始费＋使用费－残值＋清理费

设备更新时，选择新设备就要从寿命周期费用进行经济性评价，不能只考虑某一阶段的费用。只有当输入物（寿命周期费用）最少而输出物（设备综合效能）又较高时，才是最经济的。

30.6.4 设备经济寿命的确定方法

30.6.4.1 最低年限平均费用法[13]

设备在使用期限内所需的设备购置费和使用费相加，按使用年数平均，即为年平均总费用。设备使用年限越长，每年的使用费越大，故障停产损失也越大，则分摊的设备购置费越少。各项费用随使用年限变化的趋势如图 30 - 23 所示。年平均总费用最低的一年的经济使用周期即为该设备的经济寿命。确定方法如下：

（1）费用列表法

例如：某设备购置费为 12000 元，按平均年限法提取折旧费，最终残值为零，年使用费及计算年平均总费用列于表 30 - 15。由表可知，使用第 8 年时的平均费用最低，故该设备经济寿命为 8 年。

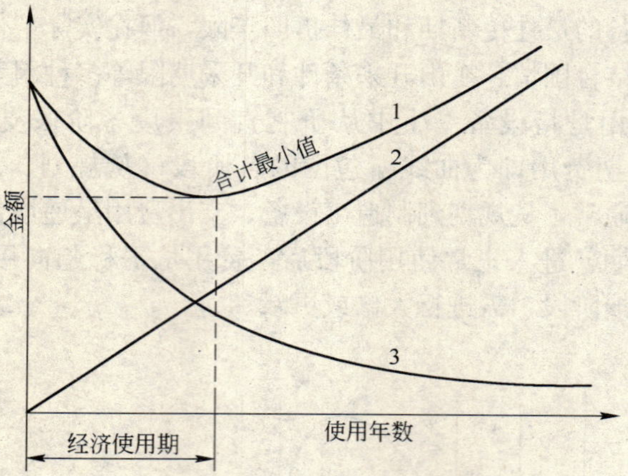

图 30 - 23 设备年平均费用曲线

1—年平均总费用；2—年平均使用费；3—年平均设备购置费

（2）计算法

1）若设备的使用费逐年增加的净增值与使用时间呈线性函数关系，则其经济寿命为：

$$T_o=\sqrt{2K_o/\lambda} \tag{30 - 10}$$

式中 T_o——设备经济寿命，年；

K_o——设备购置费，元；

λ——使用费逐年增长的净增值，元/年。

仍以上例计算，可求得 $T_o=7.75\approx8$（年），与列表法求得经济寿命基本相符。

2）若每年的 λ 值不等，则其年平均总费用 $A(T)$ 为：

表 30-15 某设备的使用年限及费用

使用年限	年使用费（元）	累计（元）			年平均费用（元）
		使用费	购置费	总费用	
1	1200	1200	12000	13200	13200
2	1600	2800	12000	14800	7400
3	2000	4800	12000	16800	5600
4	2400	7200	12000	19200	4800
5	2800	10000	12000	22000	4400
6	3200	13200	12000	25200	4200
7	3600	16800	12000	28800	4114
8	4000	20800	12000	32800	4100
9	4400	25200	12000	37200	4133
10	4800	30000	12000	42000	4200

$$A(T)=\left(K_o+\sum_{n=1}^{r}C_i\right)\Big/T \tag{30-11}$$

式中 K_o——设备购置费，元；

C_i——年使用费，元；

T——使用年数；

$A(T)$——年平均总费用，元。

当使用 T 年的年平均总费用 $A(T)$ 比使用 $(T+1)$ 年和 $(T-1)$ 年的平均总费用 $A(T+1)$ 和 $A(T-1)$ 小时，其使用年数 T 即为该设备的经济寿命。

3）对于某些设备，用平均小时费用最低，或平均单位产品费用最低，或平均行驶公里费用最低来确定其经济寿命，比使用平均费用最低更为合适，因此可视具体设备选用。

30.6.4.2 更新收益率法

当考虑到因技术进步可使用更先进的设备时，使用新设备将得到比使用旧设备更多的收益。增加的收益与增加的投资额的比值即为收益率 i_c。

$$\left.\begin{aligned}&i_c=\Delta F/\Delta K\\&\Delta F=(F_n-R_n-E_n)-(F_o-R_o-E_o-G_o)\\&\Delta K=(K_n-S_o-G_o)\end{aligned}\right\} \tag{30-12}$$

式中 ΔF——新增收益；

ΔK——新增投资；

F_n——新设备使用当年的收益；

R_n——新设备使用当年的支出；

E_n——新设备当年的设备费（原值减使用当年末的净值）；

K_n——新设备原值；

F_o——旧设备使用当年的收益；

R_o——旧设备使用当年的支出；

E_o——旧设备使用当年的设备费（更新当年初的净值减去年末的净值）；

G_o——旧设备再用一年必须追加的投资；

S_o ——旧设备更新当年的残值。

更新收益率可根据国家、地区和企业内部的规定。当年的更新收益率达不到规定值时，可认为其经济寿命业已到限。

计算更新收益率时，若以一段较长时间内的新增收益与新增投资作比较，按实行收支费用作贴现计算，比较其结果，则更为合理。

30.6.4.3 MAPI 法[5]

此法始见于 1949 年，其后又有发展。MAPI 法研究设备的经济寿命，也是以新旧设备的年总费用或收益率进行比较，即是以新设备正常投产第一年作为比较的时间，计算新旧设备在同期的一年内的费用或收益率加以比较。若新设备总费用小于或收益率大于旧设备，则更新是合理的。它的特点有：

（1）旧设备的设备费以决策当年的实际现值计算，而不用净值。

（2）旧设备未来一年的使用费可用操作劣势来推定，操作劣势就是未来一年中使用旧设备比使用新设备增加的支出和减少的收入。

（3）旧设备下一年的总费用 a_o：

$$a_o = \text{下一年度的操作劣势} + \text{下一年度的设备费}$$

（4）新设备的总费用 a_n：

$$a_n = k_o\,(i + y)$$

式中 k_o ——新设备的购置费，元；

i ——年利率，%；

y——MAPI 系数；

a_n ——新设备的总费用，元。

（5）用新设备的预计使用年数和残余价格率 $\alpha = S/K_o$，从 MAPI 图中查得 y；S 为新设备使用 n 年后的残值。图 30-24 为国外绘制的一种 MAPI 图，以不同的 α 作出一组曲线，根据使用年数 n 和 α 值即可查得 y 值。但因设备的实际残值与折旧方法、折旧率、税率等有密切关系，因此采用 MAPI 法时，必须根据不同的残余价格率、年利率、折旧方法和折旧率自行绘制 MAPI 曲线。

一旦有了 MAPI 图，并积累了各种经费的数据，计算起来是比较简便的。

30.6.4.4 动态规划法[14]

新技术、新工艺、新材料的不断出现，使机电产品更新换代的周期越来越短，应用动态规划法来研究设备经济寿命，能更好地体现设备的发展对设备更新的影响。

应用动态规则法，可把矿山的开采期、剩余开采期或某一段时间作为总过程来研究。研究在此过程中应用什么生产设备，何时需要更新，以何种设备来更新等问题。总过程可按年分为若干小段，过程开始时，不论已有何种设备，其状态如何，从过程开始到终了，每一小段都要对原设备作出是继续使用还是更新的决定。以决策时到过程终了时的总收益最大、或总支出费用最小、或单位产品成本最低、或别的可比指标作为决策的判据，以每个小段选择的最优方案构成总过程最优。解法如下：

设备在使用过程中，其收益、支出、更新所需要的费用是随设备役龄变化的，是役龄的函数。则有：

$I(t)$——设备役龄 t 年时当年的总收益；

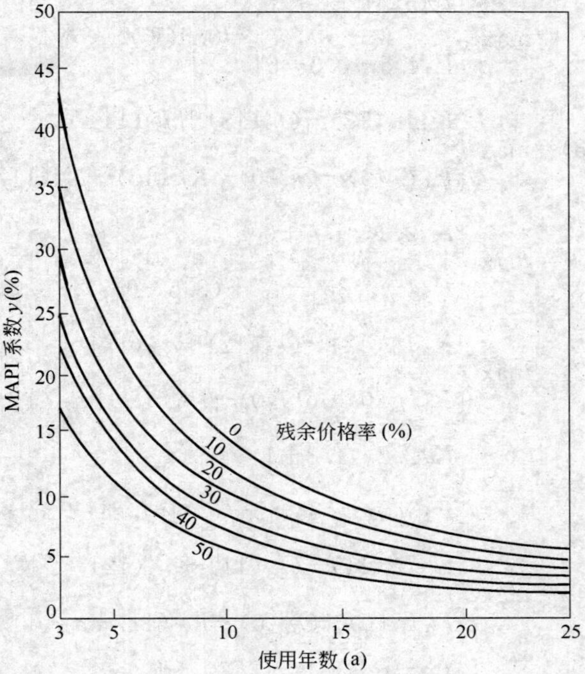

图 30-24 MAPI 图

$O(t)$——设备役龄 t 年时为维持正常运转，当年的总支出；

$R(t)$——设备役龄 t 年时的当年若需更新，其重购新设备的原始值减去原设备转让时实际能得到的费用；

$a(t)$——从设备役龄 t 年到总过程终了期间的总收益；

n——决策年份。

决策判据

$$a_n(t)=\max\begin{Bmatrix}K:I_n(t)-O_n(t)+a_{n+1}(t+1)\\P:I_n(0)-O_n(0)+a_{n+1}(1)-R_n(t)\end{Bmatrix} \tag{30-13}$$

式中 K——继续使用，$I_n(t)=O_n(t)$是原设备 t 年当年的净收益，$a_{n+1}(t+1)$是 t 年以后到过程终了原设备的总收益；

P——更新设备，$I_n(0)-O_n(0)$是更新后新设备当年的净收益，$a_{n+1}(1)$是新设备从第 2 年开始到过程终了的总收益，$R_n(t)$是更换役龄 t 年的旧设备所需支付的更新费；

(0)——新设备投入使用的当年役龄定为零年。

例： 假设从 1970 年初开始到 1980 年初为止的 10 年中对某台已经使用了五年的设备作经济寿命研究，其参数如图 30 - 25 所示，原设备各项费用函数值如表 30 - 16 所示，1977 年初至 1980 年初可被选用的新设备的各项费用函数值如表 30 - 17 所示，试计算该设备从 1977 年初至 1980 年初是否应更新。

计算：$a_{80}(t=14)=\max\begin{Bmatrix}K:I_{80}(14)-O_{80}(14)\\P:I_{80}(0)-O_{80}(0)-R_{80}(14)\end{Bmatrix}$

$$=\max\begin{Bmatrix}K:2-1.5\\P:4.5-0.3-6\end{Bmatrix}=0.5(K)$$

$$a_{79}(t=13)=\max\begin{Bmatrix}K:I_{79}(13)-O_{79}(13)+a_{80}(14)\\P:I_{79}(0)-O_{79}(0)-R_{79}(13)+a_{80}(1)\end{Bmatrix}$$

$$=\max\begin{Bmatrix}K:2.1-1.4+0.5\\P:4-0.35-5.5+(3.5-0.3)\end{Bmatrix}=1.35(P)$$

$$a_{78}(t=12)=\max\begin{Bmatrix}K:I_{78}(12)-O_{78}(12)+a_{79}(13)\\P:I_{78}(0)-O_{78}(0)-R_{78}(12)+a_{79}(1)\end{Bmatrix}$$

$$=\max\begin{Bmatrix}K:2.2-1.3+1.35\\P:3.8-0.38-5+(3.4-0.41+3-0.45)\end{Bmatrix}=3.96(P)$$

$$a_{77}(t=11)=\max\begin{Bmatrix}K:I_{77}(11)-O_{77}(11)+a_{78}(12)\\P:I_{77}(0)-O_{77}(0)-R_{77}(11)+a_{78}(1)\end{Bmatrix}$$

$$=\max\begin{Bmatrix}K:5.06\\P:7\end{Bmatrix}=7(P)$$

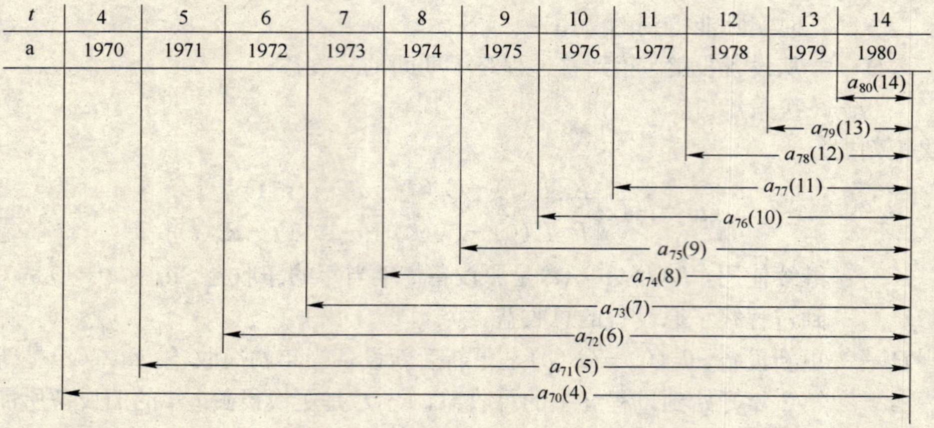

图30-25　动态规划法计算参数图

以上K行中的$I(t)$、$O(t)$在表30-16中可查得；P行中的$I(t)$、$O(t)$在表30-17中可查得，$R(t)$在表30-16中可查得。

计算结果，各决策年的决策为：1977、1978、1979年均为P，1980年为K。结果表明：1977年初已使用12年的原设备应予更新，经济上才合算。如果该设备拖到1978年初研究，更应更新。若拖到1980年初研究，由于只剩一年开采期，已不值得更换一台新设备，故决策为继续使用。其余各年初的决策计算类推，决策过程中出现更新时，表明原设备的经济寿命已到。

应用动态规划法，只需平时积累有关的信息和资料，并应用电子计算机辅助计算，就可使研究设备经济寿命和更新决策成为一项简单而经常的工作。

30.6.5 设备大修、改造、更新的意义和决策

30.6.5.1 设备大修、改造、更新的意义

旧设备役龄增长，有形和无形磨损严重到一定程度时，必然要在下列五种情况中作出抉择：

(1) 不大修继续使用；(2) 大修后继续使用；(3) 局部改造（现代化改装）后继续使用；(4) 用相同结构性能的新设备更新；(5) 用更先进的新型设备更新。

第（1）种情况只有在矿山开采末期或生产工艺即将改变时采用，一般是不可取的。第（4）种情况也是不提倡的，除非该型新设备在技术性能上依然保持着先进性。

大修理基本上能够恢复设备的原有性能，大修能利用保留下来的零部件，节省原材料和加工制造工时，我国大修理费用中劳务费所占比例很低，矿山自行大修时只计修理成本费，因此大修旧设备的费用比购买同型设备的费用要低得多，所以大修理是首先应予考虑的。如大修后仍然能满足近期生产的需要，而且该设备的单位产品成本大抵相当于相同新设备的单位产品成本时，一般应大修后继续使用。

改造（现代化改造）是在原有基础上改进或增加某些机构，或用先进的部件更换技术陈旧的部件，以改善原设备的技术性能，使之达到或局部达到新型设备的水平。一般情况下，改造所需的资金要比购买新型设备少得多，是节约更新资金、提高企业设备现代化水平的重要途径之一。在我国国民经济发展的现阶段，企业设备更新欠账多、资金不足，又无足够的新型矿山设备可供选择和更新，因此对某些老旧设备进行改造更具有重要意义。

设备更新，特别是用技术先进、结构完善、效率高、灵活性好、可靠性高、维修性好的新型设备来更新旧设备，是技术发展的基础，对企业发展生产，提高经济效益具有重要意义。设备更新时一般要根据以下原则进行选型：

(1) 符合企业改造和长远发展的需要；

(2) 符合近期生产的要求并与相关设备配套；

(3) 符合安全、环保、节能等方面的要求；

(4) 新设备的单位产品成本费要低于原设备，总收益要高于原设备，而且其寿命周期费用在拟选用的新设备中是最经济的。

30.6.5.2 大修、改造、更新决策

对磨损设备进行大修、改造、更新决策时，首先应考虑旧设备有无继续使用的价值。符合或接近报废条件的设备，可以容易地作出不大修的决策，并根据生产需要作出是否用新设备更新的决定。例如：

(1) 主要部件已磨损不堪使用，大修后性能仍达不到最低使用要求的设备；

(2) 一次性大修费过大或修后运行维修费过大，经济上不合算的设备；

(3) 国家淘汰产品，其备品备件无来源的设备；

(4) 不符合国家安全环保要求，且无法改造的设备。

下面介绍一种从经济上进行大修、改造、更新决策的方法——设备总成本比较法[13]。这种方法就是求出各种方案在使用时间内的设备使用成本总和，其值最小者即为经济上应选取的最佳方案。各方案的计算式如下：

表 30-16 原设备各项费用的函数值（万元）

n	1970	1971	1972	1973	1974	1975	1976	1977	1978	1979	1980
t	4	5	6	7	8	9	10	11	12	13	14
$I(t)$	3	2.9	2.8	2.7	2.6	2.5	2.4	2.3	2.2	2.1	2
$O(t)$	0.5	0.6	0.7	0.8	0.9	1.0	1.1	1.2	1.3	1.4	1.5
$R(t)$	1	1.5	2	2.5	3	3.5	4	4.5	5	5.5	6

表 30-17 新设备各年的各项费用函数值（万元）

项 目	1977 年可供选用的新设备				1978 年选用的新设备			1979 年选用的新设备		1980 年选用的新设备
n	1977	1978	1979	1980	1978	1979	1980	1979	1980	1980
t	0	1	2	3	0	1	2	0	1	0
$Z(t)$	3.5	3.4	3.3	3.2	3.8	3.4	3	4	3.5	4.5
$O(t)$	0.4	0.45	0.50	0.55	0.38	0.41	0.45	0.35	0.3	0.3
$R(t)$	1.5	2	2.5	3	1.4	1.8	2.4	1.2	1.6	1

表 30-18 设备总成本比较法所用符号

代 表 参 数	旧设备继续使用	相同新设备	先进新设备	现代化改装后设备	大修后设备
使用到 j 年时各年使用成本总和（元）	C_{zo}	C_{zn}	C_{znn}	C_{zm}	C_{zr}
新设备价值（元）		K_n	K_{nn}		
现代化改装的价值（元）				K_m	
大修理费用（元）					K_r
使用 j 年后的余值（元）		L_n	L_{nn}	L_m	L_r
第 j 年的经营费用（元）	C_{oj}	C_{nj}	C_{nnj}	C_{mj}	C_{rj}
劳动生产率系数①	β_o	β_n	β_{nn}	β_m	β_r

① 劳动生产率系数≈该方案生产率/相同新设备生产率。

$$\left.\begin{aligned}
&(1) \quad C_{zo}=\frac{1}{\beta_o}\left[\sum_{j=1}^{n}C_{oj}r_j+L_{oo}-L_or_j\right]\\
&(2) \quad C_{zn}=\frac{1}{\beta_n}\left[\left(K_n+\sum_{j=1}^{n}C_{nj}r_j\right)+L_{oo}-L_nr_j\right]\\
&(3) \quad C_{znn}=\frac{1}{\beta_{nn}}\left[\left(K_{nn}+\sum_{j=1}^{n}C_{nn}r_j\right)+L_{oo}-L_{nn}r_j\right]\\
&(4) \quad C_{zm}=\frac{1}{\beta_m}\left[\left(K_m+\sum_{j=1}^{n}C_{mj}r_j\right)+L_{oo}-L_mr_j\right]\\
&(5) \quad C_{zr}=\frac{1}{\beta_r}\left[\left(K_r+\sum_{j=1}^{n}C_{rj}r_j\right)+L_{oo}-L_rr_j\right]
\end{aligned}\right\} \tag{30 - 14}$$

式中 L_{oo}——原有设备在决策年份的余值，元；

L_o——原有设备使用 j 年后的余值，元；

r_j——第 j 年的现值系数，$r_j=1/(1+i)^j$；

i——年利率，%；

其他符号列于表 30 - 18。

30.7 备品备件管理

备品备件是补偿设备有形磨损的物质技术基础。凡为设备维修时更换磨损零件、部件而储备的新件和修复件，均属备品备件，简称备件。

30.7.1 备件管理的任务和业务内容

备件管理的任务就是用最经济的储备资金保证设备维修时对备件品种、数量、质量、供货时间的需求，使各种修理造成的停机时间和减产损失减少到最低限度。主要业务有：

(1) 备件图纸资料的收集，测绘，校对和管理；

(2) 备件定额的制定和定期调整；

(3) 订货采购计划的编制和执行；

(4) 仓库管理；

(5) 废旧件的集中、鉴定、报废或组织修复；

(6) 备件的通用化、标准化和改进代用。

备件管理是一项复杂细致的工作，企业设备管理部门设有专门机构（科、组）负责管理，但其中一部分业务需要其他部门的协作。例如订购新型设备时，就要充分考虑到制造厂供图和长期供应非标准备件的可能，备件的图纸测绘、通用化、标准化和改进代用，需要由矿或设备管理部门组织进行；零、部件的使用寿命，需要负责设备维修的专业人员提供资料和协助制定。

备件管理的业务性质决定了它的计划和采购人员必须了解、熟悉各种零件的形状、图纸和技术要求，了解制造工艺，掌握企业内部的机电修造能力和备件市场供求价格动态。备件管理人员需要长期稳定，不宜轻易调动工作岗位。

30.7.2 备件分类

根据管理的需要，备件要按工作的需要进行分类。

(1) 按消耗量和使用寿命分类；分为大宗消耗件，常用备件（寿命一年以内），非常用备件（寿命一年以上，一个大修周期以内），大修备件和事故备件，寿命较短的常用备件（如寿命不到三个月的）又叫易损件。

（2）按来源分类：分为矿自制件，公司（局）内部制造件，国内订制件，国内采购件和国外订购件。

（3）按制造和供应渠道分类：例如分为工矿机械备件，机床备件，汽车及内燃机备件，铁路车辆备件，仪器仪表备件，电器备件，化工备件等。

（4）按备件储备形态分类：可分为成品、半成品和毛坯三类。

（5）按备件材料及其坯料的生产工艺分类：可分为铸钢件，铸铁件，锻钢件，型钢件，有色金属铸件等。

（6）按备件管理方法分类：可分为 *A* 类、*B* 类和 *C* 类。

近年在备件管理中推行 *ABC* 管理方法。它是根据这样一个事实，即在大量的备件中，有些备件周转速度快，储备量虽然较大，但通常不占用很多资金，并且它们的总值在库存资金总额中所占的百分率很小；然而有些备件的储备量虽少，但周转速度非常慢，通常又是一些高价件，它们的总值在库存资金总额中所占的百分率却很大。因此在进行 *ABC* 分类时，先要将一年中消耗的备件品种按费用大小进行排队。并从大到小顺序计算出累计费用占总费用的百分率，以及累计品种数占总品种数的百分率。然后根据本矿的情况，选定 *ABC* 三类的分界点。例如把累计费用占总费用65%，而累计品种数占总品种数10%，以前的一部分备件列为 *A* 类；把累计费用占总费用65%～85%，而累计品种数占总品种数10%～35%的一部分备件列为 *B* 类：其余的列为 *C* 类。*A* 类费用高而品种少，作为管理重点，要尽量缩短进货间隔期；*B* 类费用和品种数都不太大，给予一定重视，要确定合理的进货批量；*C* 类费用低而品种多，可根据需要加大进货批量。这样便于控制备件储备资金，加速资金周转。这种 *ABC* 分类法，每年要根据实施情况，加以调整。

30.7.3 备件定额

制定备件的消耗、储备、资金定额是备件管理的基础工作。正确的定额来源于正确的备件使用寿命，只有根据本矿实践积累的数据，参考其他矿山的数据，并考虑了备件质量和本矿的设备作业条件、作业率、操作维修水平等因素，才能比较正确地制定零部件的使用寿命。使用寿命一般以月或作业台时计，也可用完成工作量计。例如大冶铁矿自制的WK-4挖掘机铲齿的使用寿命，根据历年统计资料核算每付的工作量在9万～12万吨矿岩之间，考虑近期铸造质量比较稳定等因素后定为12万吨，表30-19列举了四个厂制造的ZGMn13铲齿在大冶铁矿基本相同条件下使用时获得的使用寿命，最低和最高相差一倍，足见制造质量对备件寿命影响的严重程度。因此备件定额即要保持相对的稳定，又要根据具体情况及时修订。

30.7.3.1 消耗定额

消耗定额是备件在一年内的额定消耗量。

备件使用寿命以月计时：

$$\text{备件年消耗量（件）}=\frac{\text{备件总装用量（件）}}{\text{使用寿命（月）}}\times 12\text{（月）} \tag{30-15}$$

使用寿命以工作量计时：

表 30-19 相同材质和作业条件下铲齿使用寿命比较

制造厂代号	重 量 (kg)	工 作 对 象	使用寿命（完成采掘量，万吨）		
			矿 石	岩 石	合 计
1	115×5	原生矿 $f=12$，闪长岩 $f=14$	13.6	8.69	22.29
2	140×5	原生矿 $f=12$，闪长岩 $f=14$	6.2	6.31	12.51
3	115×5	原生矿 $f=12$，矽卡岩 $f=10$	13.63	11.03	24.66
4	138×5	原生矿 $f=12$，闪长岩 $f=14$	11.36	2.56	13.92

$$\text{备件年消耗量（件）}=\frac{\text{年总工作量（万吨矿岩）}}{\text{使用寿命（万吨矿岩）}}\times\text{备件总装用件数} \qquad (30-16)$$

30.7.3.2 储备定额

建立备件储备是为了保证计划维修和事故抢修的需要，缩短修理时间。除大修备件和事故备件外，其他备件都要制定储备定额。

制定备件储备数量，可参考公式（30-17）

$$P=\frac{AB}{T}T_1k_1k_2k_3 \qquad (30-17)$$

式中 P——同型设备上相同零件的储备量，件；

A——同型设备台数（不含封存备用设备），台；

B——每台设备上相同零件数，件；

T——该备件的使用寿命，月；

T_1——零件订货制造周期，月；一般情况下，矿自制件取 1～3，公司（局）内部制造取 2～6，外订件取 6～12；工艺简单的取下限，复杂的取上限；

k_1——由相同设备台数决定的储备量系数，取：

A	1～5	6～10	11～15	16～20	21～25
k_1	1～0.8	0.9～0.7	0.85～0.65	0.8～0.6	0.75～0.65

重点设备取上限，一般设备取下限；

k_2——由一台设备上相同零件数决定的储备量系数，取：

B	1	2	3～4	5～6	7～8
k_2	1.0	1.0～0.8	0.9～0.7	0.8～0.6	0.7～0.5

易损件取上限，使用寿命长的取下限；

k_3——考虑零件使用寿命利用程度的系数，取 1.0～1.3。

按（30-17）式计算的储备量，尚要根据本企业历史数据的统计分析，加以调整。

根据存储理论[3]，为进行备件库存控制，要制订备件的最小、最大和订货点储备量，最小储备量是为了预防备件生产误期、消耗增大等不确定因素，保证备件供应的保险储备量。当备件库存降低到订货点储备量时，必须开始订货，以免订货到达前库存备件量降低到了最小储备量。待这批订货入库后，该备件的库存量正好回复到最大储备量。订货制造周期是影响订货点的主要因素，应力求最短。

进行库存控制还要解决订货量和订货时间问题。对于价格低，消耗量较大的标准件，尽量缩短订货间隔期，可采用订货点法，即库存量下降到订货时即进行定量补充；对于消耗量大、订货制造周期较短的备件，可按实际消耗和预计可能发生的消耗量变化情况进行订货；对于消耗量小、单价高、一经使用即需补充的备件，可预先确定最高储备量，使用中按实际消耗量进行补充，以保持额定库存量；对于大原消耗件，可按年消耗量，以合同形式，由制造厂定期分批供应，这样有利于降低备件总储备量。

30.7.3.3 储备资金定额

它是各种备件的储备定额乘以备件单价后所得资金之和，再加上事故备件资金的总和。大修备件资金从大修基金中列支，不占用备件储备资金。

30.7.3.4 部件（总成）储备

部件预装修理（总成更换修理）方法的实施，要求设备上的某些部件有一定数量的备品，这类备品中的相当一部分是定型机电产品，一般由企业设备供应单位组织订货，其资金由矿山维简费支付，如大中型电机、内燃机、大型减速机等。其他备品则按备件管理。

部件的储备量不适用公式（30-17），其储备品种和数量是根据预装修理的推广应用范围、全矿的总装用量，换下的旧部件反复修复周期、资金来源等因素决定的。

30.7.4 订货采购

编制年度备件综合计划（一般每年6月开始编翌年计划）的编制依据为：当时库存量和预测年末库存量，开动设备台数和矿山生产任务，年修理工作量，特别是大中修理需要的非常用备件和大修件；以及备件的消耗、储备和资金定额等。

（1）首先提出年度备件总需要量，然后进行综合平衡，确定利用旧件、利用库存、矿自制、本公司（局）内部制造量和外订外购量。

（2）编制订货采购计划，根据备件来源和订货渠道，分别编制矿自制备件计划、本公司（局）内部订货备件计划，外订工矿备件计划，汽车内燃机配件计划，电气备件计划，铁路备件计划，机车车辆备件计划，大型铸锻配件计划，进口配件计划等。

（3）订货准备，包括：制造图纸的准备，了解关键备件的技术要求和适当的交货期，了解市场供求和价格变化情况。

（4）计划的执行，包括签订订货合同，市场采购，检查合同执行情况，催货，订货采购计划的平衡调整等。某些备件无来源时，还应寻求可能的代用品。

30.7.5 仓库管理

30.7.5.1 仓库管理的要求

（1）备件要按类分库尽量集中管理，只在距离备件库较远的车间设小库储存一部分易损备件。

（2）建立备件台账，账目作到日清月结，定期盘点，使账物相符合。

（3）备件进库时，核对订货计划，检查质量，验收入库，然后按类登账，按库号对位，修复的旧件交库时，办理同样手续。

（4）凭备件领用单发放备件、登账，同时检查储备量变化情况，当发现库存达到订货点时提出订货预报，以便调整订货采购计划。

（5）库房整齐清洁，备件摆放整齐有序，做到四定位（定库、定架、定层、定位），标牌清楚，以便于收发和盘点。

30.7.5.2 备件保养

设备的现代化，给备件保养提出了更高的要求。因此要克服重供轻管的思想，做好备件的防潮、防热、防冻、防锈、防尘、防震、防变形、防生物侵害等保养工作。保养事项有：

（1）创造保养条件。仓库位置适当，避开高温作业区和有害气体的影响，库房明亮、干燥、通风良好；露天库地坪平坦，排水良好，起重搬运设施齐全。

（2）涂油防锈。根据备件材质、加工表面的部位和精度，选用合适的防锈油脂和保护层，采用适当方法覆盖金属表面。如易锈蚀的钢铁件应使用油脂，抗氧化性较强的金属可不涂油，但要保持环境干燥，铜加工件也需涂油防生铜绿；电气接点和仪表则禁止涂油脂；加工精度高的金属表面应涂无酸、无杂质、无水分的防锈油脂，并包扎密封防尘；铸件和金属结构表面可涂红丹油漆或沥青漆；涂层应均匀致密不含气体，涂前应将表面擦拭干净。

（3）放置平稳，加衬垫。不装箱的备件和装箱而怕潮湿的备件都应垫高，不与地面接触。垫补方法要合理，防止造成备件变形。一般要按照零件不易变形的位置摆放。对过长的备件，衬垫支承点要合理，铜套要立放；精度高的细长件可悬挂起来。

（4）妥善包装。装箱的备件箱内应有防水层、通风孔，除特殊需要外，完全密封装箱并不适宜；重要精密备件不论是否装箱，禁止露天存放；装箱备件开箱验收后要恢复原包装方式；可以在露天存放的装箱备件要定期检查箱子破损情况 。

（5）保养要有重点。精密贵重的零件应是保养重点，粗加工件、铸锻件、结构件和毛坯件可进行一般保养；随着气候变化，保养内容要有侧重，北方冬季要侧重防变形、防尘和精密零件的保温；南方夏季要侧重防潮、防锈和防曝晒变形；有鼠害之处，库房（特别是电气备件库）要有防鼠害措施；长期储备的减速机要有专人定期进行揭盖检查。

30.7.6 计算机辅助管理

一个大型矿山的备品备件多达2万～3万种，靠人工管理耗工费时，可靠性差。随着计算机辅助管理技术的发展，可以应用计算机处理备件管理的日常业务。例如：海南铁矿于1986年开始应用的计算机辅助管理系统，以一台IBM-PC/XT型电脑系统为基本的硬件设备，与一个近3000K字符程序量，附有系统自动引导盘片的应用系统组成，具有下列功能：

（1）建立备件计划管理的计算机台账，台账规模：备件品种32767种，备件归类和所属设备种类234种（类）。

（2）进行库存随机查询。

（3）处理日常收发作业（入库、发放、矿内库间调拨、外调），并自动印制多种作业单据。

（4）可随机提取和报告日常管理信息，可列表输出库存量报告、需补充量报告。

（5）辅助备件*ABC*分类管理，进行备件的*ABC*分类，分类的年终调整，随机地按*ABC*类报告库存量紧缺情况。

（6）计算机统计有效库存比。

（7）自动印制库存盘点用表。

（8）年终清理和台账更新。

（9）具有独特的系统应用安全保护性能，还有功能扩充窗口和基本维护工具。

海南铁矿使用该系统，通过简明的人机对话进行2万个品种备件管理的各项作业，使计划编制和统计报告准确、迅速、及时，快速的*ABC*分类改变了先进的*ABC*管理方法因落后的计算手段而难以实施的状况、库存盘点可视需要随时进行。由于系统提供了及时正确的各种管理的信息。提高了管理水平，从而降低了库存量和储备资金。

30.7.7　降低备件消耗和储备的措施

降低备件消耗量和储备量，不仅对于一个企业，而且对于国家有很大的经济意义。

降低矿山备件消耗和储备过量的中心环节是延长零件使用寿命和改进备件管理，需要在设备的全过程管理中和备件流通领域采取措施。

(1) 改进零件设计，合理选用材质和润滑方法。

(2) 采用各种新工艺，提高零部件的铸造、锻造、机械加工、热处理等工序的加工质量。

(3) 改善设备的工作条件。

(4) 合理使用操作设备，提高维护检修质量。

(5) 采用气焊、电焊、喷镀、刷镀、电镀、低温镀铁、黏接、塑料涂敷、金属扣合等方法修复利用旧件，并提高修复质量。

(6) 实现矿山设备零部件的标准化、规格化、通用化；矿山在设备选型采购时应避免同一用途设备出现多种规格型号现象。

(7) 改革目前备件储备过于分散的管理体制，发展地区性备件供应中心，开放备件市场，使基层企业的储备量在不影响检修的情况下日渐减少。

(8) 企业的备件管理要做好四定（定消耗、定储备、定资金、定分工）三管（计划管理、定额管理、仓库管理），实行备件 *ABC* 管理法，备件品种复杂的企业可采用计算机辅助管理。

以上列举的措施，有的是企业自己可以办到的，有的是需要国家统筹安排和全社会的努力方能实现的。

30.8　设备管理维修工作评价

评价企业设备管理是一个复杂的问题，迄今没有一种简捷妥善的方法，原因在于这个系统中，投入的和产出的是为数众多的变量，而且很多是不能测定的。所以只能针对管理职能选择一些相关的指标，以时间、空间、标准数值（通常为本企业的计划数值、历史上先进的数据和类似企业的数据）的关系上进行分析对比，并结合企业领导对设备管理的认识水平和管理组织、管理方法、管理手段的先进性进行评价。

为便于叙述和明确一些概念，将矿山主要生产设备及其日历时间的分配情况列于图30-26。图中[15]，生产在用设备系指直接用于采、剥、掘、运输、破碎的设备，包括必要的备用设备在内；辅助作业设备系指固定做零活和在排土场、捣装场、贮矿场等处进行辅助作业的设备；计划不动用台时系指节假日、坏天气、外部定期的停电等时间；实际作业台时中，包括交接班、作业准备、例行保养、点检、司机自然需要和其他未记录的短暂停机时间在内；等待作业台时系指等司机、等矿、等另一台设备、等钻具、避炮等时间；无需用于生产台时系指满足生产要求后无需开动时间，包括备用设备的未开动时间在内；计划维修台时系指计划进行的停机检查和修理时间，包括准备和等待时间在内；故障停机台时系指重大和一般事故，零星故障和其他非计划的零修造成的停机时间，包括准备、等待时间在内，当有备用设备时仅计算从故障发生到备用设备投产前的一段时间。

根据矿山生产计划合理安排生产在用设备台数，认真记录其台时利用情况，是统计和

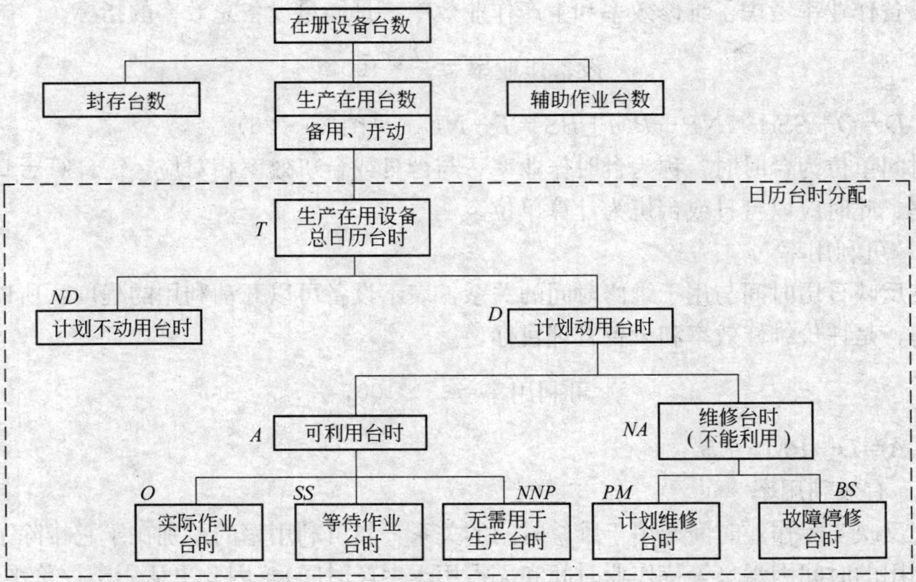

图 30 - 26 主要生产设备及其日历时间的分配

评价管理各项技术经济指标的重要依据，对提高设备作业率和实施计划定期修理具有重要意义。

30.8.1 设备管理维修主要技术经济指标

根据矿山特点和发展需要，将主要指标列举如下：

30.8.1.1 设备生产效率指标

设备生产效率指标用于评价主要生产在用设备的生产效率，分设备型号统计：

$$设备台日（或台班、台时）效率=\frac{实际完成工作量}{实际作业台日（或台班、台时）数} \quad (30-18)$$

台班、台日中包括当班、当日中的非作业时间在内，所以不如台时效率符合实际。

$$设备台年（或台月）效率=\frac{年（或月）实际完成工作量}{年（或月）平均生产在用设备台数} \quad (30-19)$$

式（30 - 18）和式（30 - 19）中工作量的计算单位：穿孔设备——穿孔总深度（m）挖掘机——铲装总量（t）；矿用汽车和铁路机车——总货运量（t）或总货物周转量（t·km）；坑下装载设备——装载量（t）；坑下采矿凿岩机——凿岩总进尺（m）。

台日（或台班、台时）效率是设备的性能效率。台年（台月）效率包括了所有非作业时间，是设备的综合生产率，性能效率和作业效率的乘积，再乘以报告期内的总日历时间应等于报告期内的综合生产效率。

30.8.1.2 设备日历台时利用指标

设备日历台时利用指标（对照图 30 - 26 名词术语代号）与性能效率相对应，计算主要生产设备的日历时间利用情况。

A 设备作业率[1]

---

[1] 此处指日历时间作业率，此外尚有：制度台时作业率=(作业台时/制度台时)×100%，制度台时=(计算期日历天数−非工作天数)×开动班数×每班小时数。

设备作业率考虑了维修效率和生产作业效率，是衡量设备总效率的指标。

$$设备作业率=\frac{O}{D}\times 100,\ \% \qquad (30-20)$$

式中 $D=O+SS+NNP+PM+BS=T-ND$（见图30-26）。

时间单位为台时时，称为台时作业率，与台日或台班效率相对应，需计算台日或台班作业率、此时应以台日或台班为计算单位。

B 可利用率

它反映日历时间与用于维修时间的关系，表示设备可以开动利用的程度，所以也叫可开动率，是评价维修效率和设备管理目标。

$$可利用率=\frac{A}{D}\times 100,\ \% \qquad (30-21)$$

式中 $A=D-PM-BS$

C 有效利用率

它反映实际作业时间与用于维修时间的关系，与可利用率的差别在于它排除了可利用而未利用的时间因素（等待作业时间和无需用于生产时间）。因此更适用于评价维修效率。

$$有效利用率=\frac{O}{O+PM+BS}\times 100,\ \% \qquad (30-22)$$

D 计划与非计划停修率

它反映计划停修和非计划停修的时间关系，用于衡量实行预防维修的设备管理水平。

$$计划修理停修率=\frac{PM}{O+PM+BS}\times 100,\ \% \qquad (30-23)$$

$$非计划修理停修率=\frac{BS}{O+PM+BS}\times 100,\ \% \qquad (30-24)$$

30.8.1.3 主要在册设备台数利用率指标

它是衡量主要设备在数量上利用程度的指标。

$$主要设备在册台数利用率=\frac{在册台数-封存闲置台数}{在册台数}\times 100,\% \qquad (30-25)$$

30.8.1.4 设备故障指标

它是衡量实行预防维修的设备的故障与事故发生情况的指标。

$$主要设备故障停机率=\frac{BS}{O+BS}\times 100,\ \% \qquad (30-26)$$

主要设备故障频率＝故障次数/设备实际作业台时，次/（台·时） (30-27)

主要设备故障强度＝故障停机总台时/故障次数，（台·时）/次 (30-28)

以上三项是衡量主要生产设备故障的指标。

$$千元产值设备故障损失费=\frac{修理费(元)+减产损失费(元)}{产品总产值(千元)},\ 元/千元 \qquad (30-29)$$

它是衡量全矿设备故障与事故的指标。

30.8.1.5 固定资产投资效益指标

它是反映全部固定资产投资的综合经济效益的指标。

$$固定资产利税率=\frac{实现利润(元)+销售税金(元)}{周期平均固定资产原值(元)}\times 100,\ \% \qquad (30-30)$$

$$固定资产产值率=\frac{产品总产值（元）}{周期平均固定资产原值（元）}\times 100,\ \% \tag{30-31}$$

$$或固定资产净产值率=\frac{产品净产值（元）}{同期平均固定资产原值（元）}\times 100,\ \% \tag{30-32}$$

30.8.1.6 维修费指标

维修费指标是衡量设备管理的经济指标。

$$千元产值维修费=维修总费用（元）/同期产品产值（千元） \tag{30-33}$$

$$或维修费用率（按产值）=\frac{维修总费用（元）}{同期产品产值（元）}\times 100,\ \% \tag{30-34}$$

$$千元固定资产维修费=\frac{维修总费用（元）}{同期平均固定资产原值（千元）} \tag{30-35}$$

$$千元成本维修费=\frac{维修总费用（元）}{同期产品成本费用（千元）} \tag{30-36}$$

$$或维修费用率（按成本）=\frac{维修总费用（元）}{同期产品成本费（千元）}\times 100,\ \% \tag{30-37}$$

$$单位产品维修费=\frac{维修总费用（元）}{同期产品（采剥掘总产量）产量（千吨）} \tag{30-38}$$

$$\begin{aligned}综合维修费&=计划维修费+故障损失费\\&=维修总费用+故障减产损失费，元\end{aligned} \tag{30-39}$$

综合维修费用于衡量和确定最经济合理的维修程度。

30.8.1.7 设备更新改造指标

它是衡量固定资产中机械、动力、运输设备新旧程度和现代化水平的指标。

$$设备新度=\frac{报告期设备净值(元)}{设备原值(元)}\times 100,\ \% \tag{30-40}$$

$$更新改造费占维简费百分率=\frac{全年设备更新改造费（元）}{全年矿山维简费（元）}\times 100,\ \% \tag{30-41}$$

30.8.1.8 设备技术状况指标

它是衡量维修效果的指标。

$$设备完好率=\frac{完好设备台数}{考核设备台数}\times 100,\ \% \tag{30-42}$$

$$设备维护率=\frac{甲级维护台数}{考核设备台数}\times 100,\ \% \tag{30-43}$$

30.8.1.9 检修目标

$$检修计划执行率=\frac{实际竣工台次}{计划检修台次}\times 100,\ \% \tag{30-44}$$

按大修，中小修分别计算。

$$大修返修率=\frac{返修耗用总工时}{大修实际耗用总工时}\times 100,\ \% \tag{30-45}$$

30.8.1.10 备件管理指标

$$千元产值年消耗备件费=\frac{全年消耗备件费(元)}{全年产品总产值(千元)} \tag{30-46}$$

$$\text{每吨开动设备年消耗备件费} = \frac{\text{全年消耗备件费(元)}}{\text{全年平均开动设备总重(吨)}} \tag{30-47}$$

$$\text{每吨开动设备年消耗备件量} = \frac{\text{全年消耗备件总重 (kg)}}{\text{全年平均开动设备总重 (t)}} \tag{30-48}$$

$$\text{库存备件资金周转期(天)} = \frac{\text{期初库存金额} + \text{期末库存金额(元)}}{2 \times \text{本期消耗备件金额(元)}} \times \text{本期天数} \tag{30-49}$$

30.8.1.11　能源和轮胎消耗指标

$$\text{用电单耗} = \frac{\text{用电量 (kW·h)}}{\text{同期采剥掘总量 (t)}}, \text{kW·h/t} \tag{30-50}$$

$$\text{矿用汽车燃油单耗} = \frac{\text{行车燃料实际消耗量(公斤)}}{\text{运输货物周转量(百吨公里)}} \tag{30-51}$$

按车型分别计算。

矿用汽车及铲运机轮胎消耗：

每一胎位行驶百公里

$$\text{平均消耗新轮胎条数} = \frac{\text{全年动用新轮胎条数}}{\text{全年行驶总里程(百公里)} \times \text{每车轮胎条数}} \tag{30-52}$$

每条轮胎平均行驶公里＝新轮胎行驶公里＋(翻新次数×每次翻新后行驶公里)

30.8.1.12　修理厂、机修厂、发电厂（车间）生产技术经济指标

(略)。

30.8.2　原始记录和统计

为获得评价设备管理维修的信息数据，必须建立健全各项原始记录和统计工作。根据管理职能的分工，有人负责记录，有人负责统计分析，保证各项信息的正确性和及时的传输，汇率、整理，并逐级报告上级领导和反馈给有关部门。主要的原始记录有：

(1) 主要生产设备实际完成工作量。

(2) 主要生产设备日历台时利用情况，包括实际作业台时和各种原因的停机台时；计算台日、台班效率的设备，记录开动和未开动台日、台班数。

(3) 主要生产设备技术状况的各种检查记录，如点检，巡回检查、定期试验检测记录等。

(4) 固定资产的数量、原值、净值及其变化。

(5) 设备事故、故障（分重大、一般事故和零星故障）的次数、原因、停修和影响生产时间、修复费和减产损失，以及事故的责任者。

(6) 大、中、小修理计划执行情况，包括停修时间，耗用工时、材料、备件、资金、修理质量、返工情况等。

(7) 日常零修和故障修理情况，包括停修时间、耗用工时、材料、备件、资金。

(8) 更新改造的项目、发生费用和效果。

(9) 备件进出库记录，包括件数、重量、价格等。

(10) 维修材料、油料进出记录，包括数量、价格等；轮胎使用情况记录。

(11) 电力消耗记录。

为改进设备管理维修领域统计工作，要研究开发利用本企业已装备的现代信息技术。

30.8.3 指标分析

评价企业的设备管理，采用的主要指标是综合生产效率、维修费用，设备故障和技术状况。这些指标综合反映了设备管理各项职能的工作成效，其他指标是从属于这些指标的，或是为评价某一职能而存在的。

评价各项指标的目的在于分析发现影响指标的各种因素，区别主次，以便研究采取对策。影响主要指标的一些因素列于表 30 - 20，当然每一因素对某一指标的影响程度在不同矿山不同时期是不尽相同的，而且有些因素如维修程度、备用设备数量等，对某一指标有利时，对另一指标却是不利的，采取对策时就要权衡其利弊。

表 30 - 20 影响设备管理主要指标的一般因素

影响因素		综合生产效率	性能效率	作业率	可利用率	有效利用率	设备故障	完好率	维修费用	能源消耗
作业对象（矿、岩）的物理性质		√	√	√	√	√		√	√	√
矿山采剥掘设计		√	√	√						√
设备选型采购（设计制造）	设备设计规格性能	√	√							√
	设备可靠性、维修性	√		√	√	√	√	√	√	
	设备制造质量	√		√	√	√	√	√	√	
	相关设备的配套性	√	√							
使用	生产组织与设备配置	√	√	√						
	生产调度指挥	√	√	√			√			
	设备作业条件	√	√	√	√	√	√	√	√	√
	备用设备数量	√		√	√					
操作	熟练程度	√	√							
	正确性	√		√	√	√	√	√	√	√
	日常维护点检	√		√	√	√	√	√	√	
维修	维修方法	√		√	√	√	√	√	√	
	维修质量	√		√	√	√	√	√	√	√
	维修程度（过度或不足）	√		√	√	√	√	√	√	√
	润滑情况	√		√	√	√	√	√	√	
备件	质　量	√		√	√	√	√	√	√	
	满足维修需要的程度	√		√	√	√	√	√	√	
更新	设备役龄	√	√	√	√	√	√	√	√	
	设备的技术陈旧程度	√	√						√	

注：无√号者表示不影响或影响不大。

现就几项综合性指标加以说明。

30.8.3.1 设备综合生产效率分析

综合生产效率分析可分解为性能效率和作业率。

影响性能效率的主要因素是选用设备的规格性能及其与相关设备的配套性。设备选定之后是采剥掘设计、生产组织调度、作业条件、操作者的熟练程度和矿岩的物理性质等。

影响作业率的主要原因可以通过分析设备可利用率和可利用而未利用台时的百分率获

得。前者主要决定于设备自身的可靠性、维修性和制造质量，以及使用期的作业条件、操作、维修、备件质量、役龄等。后者主要决定于采剥掘设计和生产组织调度，备用设备较多或两班制作业时，其影响尤为显著。

设备的可靠性和维修性基本决定了设备可能的最高有效利用率，因而也基本决定了作业效率的可能最高值。有效利用率的最高值也要受作业对象物理性质等因素的影响，同时又随役龄而变化，见图30-27。点1表示新设备的可能最高有效利用率，点2、3表示有效利用率随役龄逐渐下降和经维修后的回升，点4、5表示随役龄继续增加，有效利用率加速下降，点6表示设备磨损需要大修或更新，点7表示大修或更新后一个新的过程开始。在良好的维修条件下，一台现代化挖掘机的最高有效利用率可达85%～90%，牙轮钻机可达80%～85%，役龄增加时一般都不会低于75%[16]。

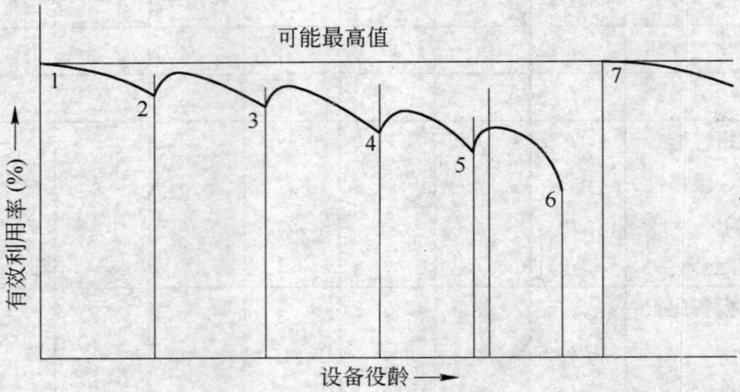

图30-27　设备有效利用率与役龄的关系

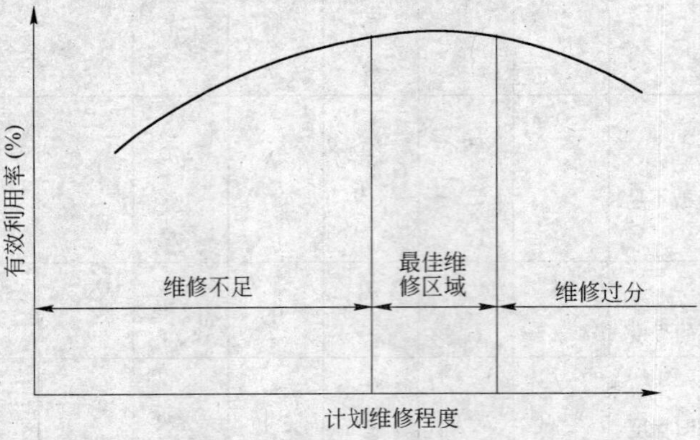

图30-28　有效利用率与维修程度的关系

维修程度对有效利用率的影响在于：当计划维修程度过低时，由于故障多，非计划维修时间增多，有效利用率是低的；然而计划维修程度高时，当增加的计划维修停机时间超过故障造成的非计划维修时间时，有效利用率也会是低的，如图30-28所示。

30.8.3.2　维修费用分析

现代管理追求设备寿命周期费用最经济。就矿山而言，设备购进以后，购置费是不变的，折旧费、保险费、环保费、操作人员工资等是由国家政策决定的，只有维修费、能源费可反映企业的设备管理水平。

为使维修费经济合理，一是要使零部件有较长的使用寿命，防止不正常的磨损。从这方面而论，影响维修费的主要因素是设备可靠性、维修性、维修质量、设备的作业条件和操作人员的素质。二是要对设备进行最经济有效的维修。从这方面而论，影响维修费的主要因素是维修方法、维修程度和维修质量。三是要使设备役龄达到经济寿命期限时得到及时的更新或改造，否则维修费会有较大幅度的增长。

衡量企业维修总费用是否经济合理是比较困难的，因为影响维修费的许多重要因素是无法测定其影响程度的，而且像作业条件、维修方法、维修程度等自身存在着不确定因素。然而在有些情况下可以结合其他指标进行分析，考察维修总费用是否逐渐趋于合理，例如：

(1) 责任事故和不正常磨损发生的事后维修费用，都属于不应有的支出。

(2) 作业条件（道路质量、爆破质量等）恶劣，日常维护保养差，必定大量增加维修费，则发生的维修费就不是经济合理的。

(3) 设备技术状况保持良好，而综合维修费用逐年下降，则表明年维修费逐年趋于经济合理。

(4) 某类型设备有效利用率明显下降，说明维修不够或过分，该类型设备的维修总费用就不会是经济合理的；有效利用率上升，说明维修程度趋于合理，相应的维修总费用随之趋于合理。

(5) 检修计划执行率低，同时有效利用率或完好率下降，则当年发生的维修总费用偏低，检修计划执行率虽不高，但故障停机率下降，设备技术状况又保持良好，说明当年发生的维修费用是比较合理的，若按原计划执行就会维修过分，增加不必要的维修费用，就应考虑适当修改修理周期结构或修理间隔期。

采用千元产值、千元固定资产、千元成本维修费和单位产品维修费等指标评价维修费用时，还要考虑影响产值、固定资产、成本费和产品产量的各种因素，特别是剥（掘）采比和矿石价格对千元产值维修费的影响，在册设备台数利用率和在用设备作业率对千元固定资产维修费的影响，单位产品占用的设备数量对单位产品维修费的影响等。

30.8 3.3 设备故障分析

分析设备事故故障指标应根据其对生产和安全环保的危害程度。重大设备事故危害很大，往往导致设备报废和人员伤亡，是应予杜绝的；一般设备事故的强度较低，但频率较高，大多数是误操作，超负荷，润滑不良和设计制造的缺陷所造成，这类事故的各项指标应逐年递降；矿山设备的零星故障频率特别高，强度也高于工厂设备（因故障发生后的联系和等维修时间特别长），所以对设备有效利用率的影响往往比一般事故的总和大得多，因此是不可忽视的，造成这类故障的原因大致与一般设备事故相同，各项指标也应逐年递降。但必须认识到，零星故障中有些是不可避免的，或是基于节减维修费用、人力、备件和设备本身的投资费，而又不致造成不可弥补的减产损失的原因，有意识地允许其出现的，否则就必须提高维修程度，增加计划维修次数和停机时间，导致总维修费用上升，或为购置高支可靠性设备和提前更新旧设备而增加设备购置费用。所以评价设备故障指标时必须充分考虑这一情况。

30.8 3.4 设备技术状况指标分析

自 20 世纪 60 年代初以来，设备完好率一直被作为评价设备管理的主要指标。完好率的评定虽有设备完好标准而可依据，但要查明众多零部件在某一时间的技术状况，判定完好与否，对处于中间状态的设备而言是困难的，因此完好率历来就带有一定的主观性。当设备管理进入正常时期，完好率变化不会很大，它在企业中的作用就日渐被可利用率取代。两者都反映了设备技术状况及其可能用于生产的程度，但作用有别：为提高可利用率，必须寻求最适当的维修方法和维修程度，从而使维修总费用趋于经济合理。为维持提高完好率，就会促使不适当地提高维修程度，忽视维修的经济性。因此用可利用率评价企业的设备管理更为恰当，完好率则可在宏观管理和防止设备失修上继续发挥作用。

30.8.4 设备管理的综合评价

综合评价企业的设备管理是通过对各项指标和具体业务进行定量和定性的分析对比而实现的。

评价可采用计分法：根据一定时期内（3～5 年）的设备管理目标，选定评价的指标（包括指标名称和标准值）和业务项目（包括项目名称和目标要求），按指标和业务项目的重要程度分别规定基准分，例如指标占 550 分，业务项目占 250 分，首创或推广重大先进经验合占 200 分，然后将基准分分配到各项具体指标和业务项目，根据标准值和目标要求规定评分办法，定期进行综合评价，根据各项指标和业务项目完成的实际情况评定实得分，用总分反映企业设备管理水平。

这种计分方法，可由企业按自己的目标制订，所以评价本企业的设备管理状况，并据以采取改进措施；也可以由领导部门统一制订，作为评价同类矿山企业设备管理水平的依据。近年我国工业部门为评选本行业的设备管理优秀单位，都订了一套计分办法，对揭示各企业设备管理中的差距，激发全体职工努力实现设备管理目标，加速矿山设备管理的现代化，起着有力的推动作用。

参 考 文 献

1 [美] 林德莱、R. 希金斯等，维修工程手册，机械工业出版社，1985，前言及第 19 页
2 [苏] Ю.С. 波列索夫，设备修理与技术维护的组织，中国机械工程学会设备维修学会，1982，第 13 页，未公开出版著作
3 高克勣，李敏等，设备管理与维修，机械工业出版社，1987，第 22～23、342～349 页
4 [荷] 威廉，M.J. 杰拉尔兹等，欧洲国家维修团体联盟第七次会议论文选择，中国经济出版社，1985，第 2、80、90 页
5 [日] 中井重行，设备工程学，第一机械工业部生产调度局，1981
6 戴羽煒，工程机械修理学，中国铁道出版社，1986
7 屈梁生，何正嘉，机械故障诊断学，上海科学出版社，1986
8 杨明忠等，铁谱技术原理及应用，武汉工学院，1985，未公开出版著作
9 纪红，红外技术基础及应用，科学出版社，1979
10 云庆华等，无损探伤，劳动出版社，1982
11 袁振明等，声发射技术及其应用，机械工业出版社，1985
12 傅家骥等，工业技术经济学，清华大学出版社，1986，第 189～191 页
13 沈学明等，机械工业技术经济学，机械工业出版社，1981，第 137、242～243 页
14 范鸣玉等，最优化技术基础，清华大学出版社，1982
15 [美] J.W. Haghes，设备维修规划是矿山设计的重要组成部分，国外金属矿采矿，1981，2～3 期
16 鞍山黑色冶金矿山设计研究院编，B-E 公司的露天矿设备维修理论和统计资料，国外矿山，未公开发行，1981，1

第 31 章　矿山自动化及检测仪表

31.1　概　述

采掘生产过程的特点是工作面不固定、工序之间大多不连续，采矿方法随自然条件之差异而没有固定模式，设备分散且移动频繁，生产环境恶劣，工作条件变化多端。长期以来，采矿生产技术比较落后，自动化发展缓慢，仅在某些固定设备上零星地实现了单机自动控制。20 世纪 60 年代中期以来，由于各种高效率采矿方法的出现，无轨、液压采掘设备的下井，露天矿设备向大型化发展，采掘作业的综合机械化以及矿井向深部和难采区域延伸所带来的作业困难和安全问题，向自动化和检测技术不断地提出了新课题。在此期间，电子技术的飞跃发展和广泛应用，为矿山自动化提供了先进的技术手段。现在，矿山自动化已成为保证矿山生产持续发展和技术进步所不可缺少的一个重要方面，并将在今后采矿工业现代化的过程中，发挥愈来愈大的作用。

同其他工业部门的自动化一样，矿山自动化的目的也是为了提高生产效率，改进产品质量，改善劳动条件和保证作业安全。

露天采矿和地下采矿的生产过程和所用设备有所不同。露天采矿以使用大型设备为其主要特点，要求优良的电力传动系统来保证这些设备的高效率安全运行。例如，牙轮钻机采用晶闸管调速的直流传动系统，并希望能根据岩石性质自动调节钻进参数，达到优化目标。电铲要求具有优良的调速性能和堵转能力，因而发展了各种直流传动系统，并开始出现交流变频传动系统。大型电动轮汽车采用晶闸管励磁，实现恒功率控制。炮孔装药实现了机械化，要求按预定程序自动控制不同炮孔的装药量，并在装药车上实现炸药组分的自动配比。另外，由于露天矿工作面分散，设备移动频繁，迫切需要有效的生产调度，国内已实现无线电通讯调度，国外开始采用计算机调度。

大型无轨自行设备的下井，改变了地下矿山的面貌，使生产效率大为提高。但由于井下潮湿阴暗，加之粉尘、噪声、振动和塌方冒顶的危险，人们希望能远离工作面作业，对采掘机械进行遥控，改善劳动条件，增进安全性。在煤矿，无人工作面的理想已在实现，金属矿山也有了无线电遥控的装运机。国外已研制成功计算机控制的钻车，这种机械能按设计图自动确定炮孔位置，完成钻孔过程。井下电机车运输系统应用电子计算机控制和调度，可提高轨道的通过能力，保证行车安全。充填采矿法需要借助于自动化来控制充填料浆的浓度和组分比例，实现充填料从地面到井下的顺利输送，节约水泥和保证充填体强度。

提升、排水、通风、压气等固定设备是矿山的要害部门，也是耗电大户，使这些设备安全和节能运行是自动化的重要课题。无线电通讯是矿山现代化管理和生产指挥的有效工具，近几年来，国外致力于井下无线电通讯的研究，开发了多种实用通讯模式和产品。

70 年代以来，矿山检测仪表的研制和应用受到人们的普遍关注，这是因为工业化的大规模实现，使得当今世界面临着资源日益短缺的挑战，需要依靠现代检测技术手段，才能进行高效率强化开采和经济合理的均衡生产。一些新的物理效应，如激光、超声、射线、微波等，均在矿山检测仪表中得到应用。除与通用仪表相似之处外，矿山检测仪表有其自身的一些特点。例如，携带式矿山检测仪表要求体积小，重量轻，功率消耗低；由于矿山作业分散，有的要求对测量信号进行远距离传输，以便实现集中监测；再者，矿山环境恶劣，要求检测仪表必须对潮湿、温度变化、烟尘、振动和腐蚀具有良好的适应能力，有的还要求具有防爆性能。

检测技术同采矿生产有密切的关系。深孔爆破需要对钻孔深度和倾角进行测量，以保证钻孔质量和爆破效果；微差爆破需要对爆破间隔时间进行精确的控制，并有效观测爆破地震效应；掌握地压变化需要观测岩石位移或进行声发射探测；为了有效地控制采矿时矿石的损失和贫化，需要对现场矿石品位进行快速分析；为了经济地确定露天矿边坡角度，需要对边坡位移进行自动监测；为了保障工人身体健康和安全，需要对矿井环境的有害气体浓度、温度、粉尘含量、风速、地压变化等进行自动监测，使井下火灾和冒顶等事故能及时预报；为了加强企业管理，节约能源，需要对矿石产量和气、水、电各种能源进行计量等。

近几年来，微型电子计算机的迅速普及和推广，给矿山自动化和检测技术的发展提供了崭新的手段，许多过去难以解决和不可能解决的问题将迎刃而解。微型计算机在单机控制、过程控制、智能仪表以及全矿性的生产调度和企业管理系统中获得广泛应用，可以认定是必然的发展趋势。在一段时间内，微机系统、智能调节器、可编程控制器和继电器接触器控制系统共存的局面将依然存在。但随着技术的进步，在不久的未来，机电一体化的智能机械、全自动化的作业线和工作面将可能出现。

本章将介绍目前技术上较为成熟并在生产中获得实际应用的一些自动控制装置、系统和矿山检测仪表，就其性能、用途和原理进行概要叙述和评议。

31.2　露天矿生产过程的自动化

露天矿的主要生产设备有钻机、电铲、汽车、带式输送机和装药车等。露天矿生产过程自动化目前还处于初级阶段，其主要目的在于提高生产设备的性能和实现单机自动化。在国外，露天矿汽车运输的计算机调度系统已获得应用。

31.2.1　电铲的电力传动系统[4,5,6,7]

31.2.1.1　电力传动系统的基本要求和种类

电铲用于装载矿岩，其工作条件非常恶劣，特别是在爆破不好的情况下挖根底，经常出现过大的冲击载荷，甚至堵转。同时，为了快速装卸，要求提升、推压和回转机构有良好的调速性能，能及时加速、减速和反转，动态响应速度快，超调量小。此外，电铲作为矿山电网的主要负载，要求装置效率和功率因数高，以适应矿山电网容量小，电压波动大的状况。因此，对电铲的电力传动系统有较高要求：(1) 要求系统的机械特性曲线的包络面积大，有足够的可用功率；(2) 制动方便可靠，并能回收能量；(3) 系统工作可靠，无故障运行时间长；(4) 维护方便；(5) 系统的设备费用低。

目前我国电铲应用的电力传动系统主要有两类：绝大多数矿用电铲，如 WK-4M、WK-10、WD-1200 和 195-B1 型等都采用直流发电机组-直流电动机系统（简称机组系统）；从美国哈尼斯费格（Harnischfeger）公司引进制造的 P&H-2300XP 和 P&H-2800XP 型电铲，采用晶闸管变流器-直流电动机系统（简称晶闸管直流传动系统）。

表31-1 各种电力传动系统的性能比较

技术性能	电力传动系统的类别		
	直流发电机组-直流电动机系统	晶闸管变流器-直流电动机系统	晶闸管变频器-鼠笼电动机系统
可用功率	系统机械特性曲线包络的面积较大，有足够的可用功率，但功率受直流电机整流子能力的限制	系统机械特性曲线包络的面积大，可用功率较发电机组大，但功率仍受直流电动机整流子能力的限制	功率相同时，系统机械特性曲线包络的面积显著增大，可用功率最大
调速性能	调速性能较好，但动态响应速度较慢，超调量和瞬间冲击较大，司机易疲劳	调速性能好，动态响应速度快，超调量和瞬间冲击小，司机不易疲劳	调速性能很好，动态响应速度快，超调量和瞬间冲击小，司机不易疲劳。由于可用功率大，加之鼠笼电动机无整流子，因此可获得更大的加减速度
运动可逆性	运动可逆性好，控制简单	运动可逆性好，但反并联电路较复杂，控制相应也复杂	运动可逆性好，控制简单
制动能力	再生制动可把有用功率返回到发电机组的轴上，供他用，多余能量可返回输入电路	再生制动可把有用功率返回到输入电路，供他用。可以进行动力制动，但要增加费用	再生制动可把再生功率返回到直流侧母线上，供他用。但多余能量必须由电阻消耗掉（电流型变频器可返回能量），功率利用低于发电机组
效　率	效率较低，总效率为0.75	效率高，系统总效率为0.85	效率高，系统总效率为0.83
功率因数	功率因数较高，发电机的原动机在轻载时功率因数低，但可并联电容器进行补偿	功率因数较低，采用无功补偿措施可达到发电机组系统的平均值，但费用较高	功率因数很高，约为0.95（电流型变频器约为0.90）
适应电网的能力	启动电流对电网冲击大，影响电网的电压稳定性。但机组的惯性大，对电网电压波动不太敏感，有利于系统工作稳定。当电网电压降到70%时，系统仍能工作	启动电流对电网冲击小，但对电网电压波动敏感，在电网电压降到70%时，系统可能停止工作	峰值功率波动小，对电网需求量低。当电网电压降到70%时，系统仍能工作，但性能下降，不损坏元件
可靠性	发电机组的转动部件和整流子影响工作可靠性，但精心维护，系统工作仍是可靠的	晶闸管变流器是静止设备，工作可靠性优于发电机组系统，但电网波动大，环境条件恶劣时会影响电子设备的可靠性	整个系统没有整流子，且鼠笼电动机坚固，工作可靠性优于其他系统。但电网波动大，环境条件恶劣时会影响电子设备的可靠性
维护方便性	发电机励磁装置已组件化，并有检测调试装置，维修方便，但直流电动机和发电机的维修困难，要求具有专门的知识，另外，维修时间较长，零件较贵	晶闸管变流器采用组件化，并备有检测调试装置，维修方便且处理时间短，但要求维护技术水平高。直流电动机的维护情况同发电机组系统	如果晶闸管变频器采用组件化，并备有检测调试装置，则维修方便性可得到改进，但电子线路复杂，要有很高的维护技术水平。鼠笼电动机维修简单方便
设备费用	设备费用较低	系统的设备费用比发电机组系统高30%～40%	相同功率下，这种系统比晶闸管直流传动系统还贵，但以单位容积成本计算，其费用不超过发电机组系统的10%

近几年，大功率快速晶闸管和大规模集成电路取得了突破性进展，使晶闸管变频技术日趋完善。1977年美国布赛勒斯－伊利（Bucyrus－Erie）公司首次把晶闸管交流变频传动系统应用到395－B型电铲上，显示出很多优越性，有取代电动发电机组的趋势。

几种电力传动系统性能的比较见表31－1。

31.2.1.2　直流发电机组－直流电动机系统

A　工作原理

直流发电机组－直流电动机系统是经典的电铲电力传动系统。多年来围绕着改善系统的动态响应速度不断进行技术更新，经历了三绕组发电机励磁、电机放大机励磁、磁放大器励磁和晶闸管励磁各个发展阶段；从单一的电压、电流反馈，发展到电压负反馈、电压截止负反馈、电流负反馈、电流截止负反馈和电流微分负反馈等多种综合；从而使机组传动系统的技术性能有了很大提高。

电铲发电机的各种励磁装置大同小异，现以WD－1200型电铲的晶闸管励磁装置为例作简要说明。发电机为双绕组晶闸管励磁，磁性移相触发电路触发，其方框图如图31－1所示。

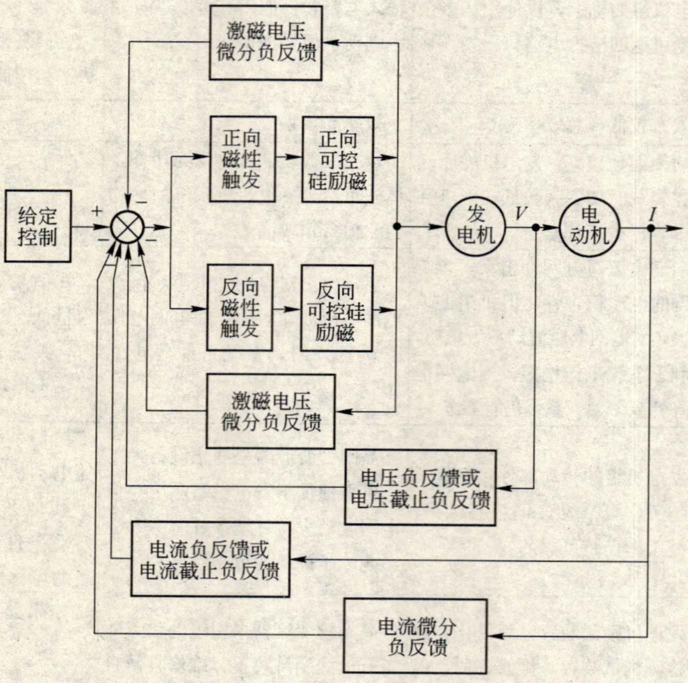

图31－1　电铲晶闸管励磁的方框图

a　电压负反馈和电流截止负反馈

电铲推压和提升机构要求经常快速启动、制动和换向，其调速范围大，负载变化剧烈，常工作于堵转状态，因此，采用电压负反馈和电流截止负反馈，以获得挖掘机特性（图31－2）。电压负反馈的作用是：（1）提高强迫励磁系数，加快启动、制动的动态过程，提高生产率；(2) 增加电铲工作区所需的机械特性硬度，特别是提升机构握持铲斗所需的机械特性硬度；(3) 提高特性的稳定性，减少发电机磁路磁滞回环及绕组温度引起的特性变化；(4) 减少剩磁，消除爬行现象。电流截止负反馈的作用是当电机超载或堵转时，把电流限制在允许范围内。

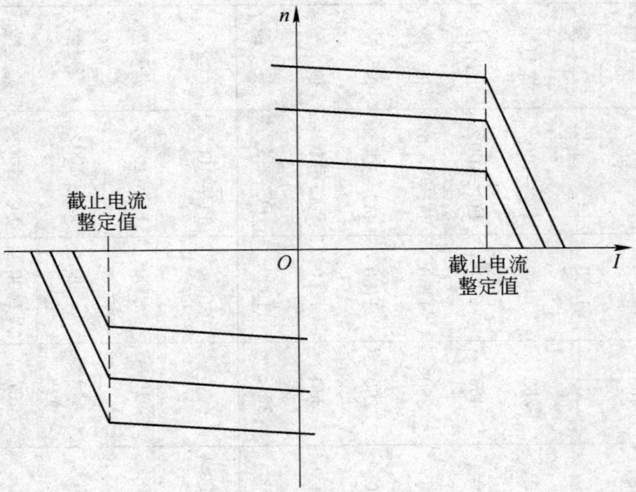

图 31-2 推压和提升机构的机械特性

推压机构在推出斗杆时往往速度很快，此时电机电枢电流的 $\mathrm{d}i/\mathrm{d}t$ 很大，所以 $\mathrm{d}M/\mathrm{d}t$ 也很大，致使推压机构和钢绳承受很大的动应力，影响其使用寿命。为此，引入电流微分负反馈以限制电枢电流的动态分量，从而限制动态扭矩，减少动应力。电流微分负反馈只在铲斗推出时起作用，在铲斗收回时由连锁电路将其断开。

提升机构还设有防止在高速提升时切换下放的保护环节，避免铲斗失控，造成机械事故。

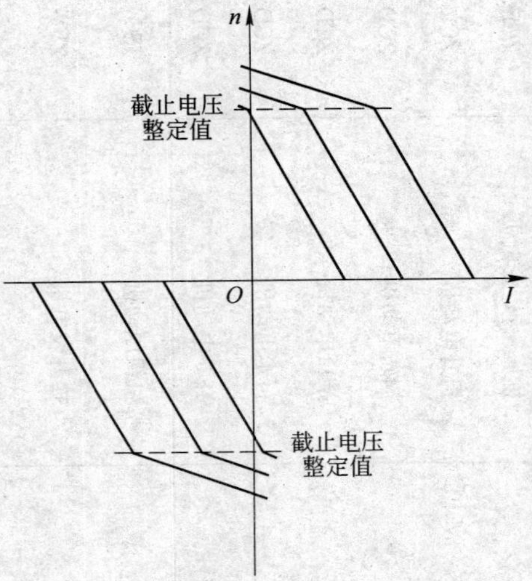

图 31-3 回转机构的机械特性

表 31 - 2　电铲的各种机组传动系统的电机性能参数

电铲型号	电机名称	电机型号	性能参数							备注
			功率(kW)	电压(V)	电流(A)	转速(r/min)	工作制度	励磁方式	励磁电压(V)	
WK - 4M电铲	机组原动机	JSC - 250 - 4	250	3000/6000		1480	FC=100%			
	提升发电机	ZCF - 220 - 1	220	475	463	1480	FC=100%	差复激	72	
	回转发电机	ZCF - 125	125	475	264	1480	FC=100%	差复激	72	
	推压/行走发电机	ZCF - 63	63	240	263	1480	FC=100%	差复激	72	
	提升电动机	ZCD - 191 - 1	190	460	463	740	FC=100%	他　激	220	
	回转电动机	ZCD - 54	54	230	260	1150	FC=100%	他　激	220	2台串联
	推压电动机	ZCD - 54 - 1	54	230	260	1150	FC=100%	他　激	220	
	行走电动机	ZCD - 65	65	230	330	1150	45分钟	他　激	220	
	开斗电动机	ZCD - 22	5.5	220	30.5	1300	FC=25%	复　激	220	
WK - 10电铲	机组原动机	JSC - 750 - 6	750	3000/6000		980	FC=100%			
	提升发电机	ZFW - 65/36.5 - 5B	600	660	910	1000	FC=100%	差复激	50	
	回转/行走发电机	ZFW - 49.3/40 - 4B	290	660	440	1000	FC=100%	差复激	50	
	推压发电机	ZFW - 49.3/30 - 4B	220	460	487	1000	FC=100%	差复激	50	
	提升电动机	ZDW - 91	260	330	845	740	FC=100%	他　激	220	2台串联
	回转电动机	ZDWL - 82	130	330	425	740	FC=100%	他　激	220	2台串联
	推压电动机	ZDW - 82	175	460	415	740	FC=100%	他　激	220	

续表 31 - 2

电铲型号	电机名称	电机型号	性能参数							备注
			功率(kW)	电压(V)	电流(A)	转速(r/min)	工作制度	励磁方式	励磁电压(V)	
WK - 10电铲	行走电动机	ZDW - 82	110	330	361	740	1小时	他激	220	2台串联
	开斗电动机	ZDW - 22	5.5	220	30.5	1300	FC=25%	复激	220	
WD - 1200电铲	机组原动机	JSC - 560 - 4	560	3000/6000	112/62	1480	FC=100%			
	提升发电机	ZCF - 641	641	475	1350	1450	FC=100%	差复激	40	
	回转发电机	ZCF - 161/161	161/161	475	340/340	1450	FC=100%	差复激	40	
	推压发电机	ZCF - 220	220	475	463	1450	FC=100%	差复激	40	
	提升/行走电动机	ZCD - 552	552	460	1280	720	FC=100%	他激	220	
	回转电动机	ZCD - 140	140	460	340	1020	FC=100%	他激	220	2台
	推压电动机	ZCD - 190	190	460	440	1020	FC=100%	他激	220	
	开斗电动机	Z2W - 52	4.5	220	24.4	1100	FC=25%	复激	220	
195 - B电铲	机组原动机	5K830850A3	441	3000/6000	115/57.5	1460	FC=100%			
	提升发电机	CDS - 6452	506	475	1065	1500	FC=100%	差复激	60	
	回转发电机	CDS - 5423	107/107	475	225/225	1500	FC=100%	差复激	60	
	推压发电机	CDS - 584	107	475	225	1500	FC=100%	差复激	60	
	提升/行走电动机	MDV - 818	470	475	1065	820	FC=100%	他激	72	
	回转电动机	MDV - 808	95	475	225	1125	FC=100%	他激	72	2台
	推压电动机	MDV - 808	95	475	225	1125	FC=100%	他激	72	
	开斗电动机	CD - 256A	1.47	120	16	850	FC=25%	复激		

b 电流负反馈和电压截止负反馈

电铲回转机构的转动惯量大，静阻力矩小，因而启动慢。停止也慢。为了减少机构在启动、制动时所产生的动应力，采用电流负反馈，使加速度平稳变化。另外，利用电压截止负反馈，与电流负反馈配合，限制稳态时的高速运行。其机械特性曲线见图31-3。

c 励磁电压微分负反馈

磁性移相触发的晶闸管励磁装置，在调节上有滞后现象，可能引起振荡，为此，加有励磁电压的微分负反馈，以保证系统的稳定性，和正、反两组励磁装置特性的对称性。

B 电铲各种机组传动系统的电机性能参数

电铲的各种机组传动系统的发电机励磁装置基本相同，而电机的性能参数随电铲斗容而异，见表31-2。

31.2.1.3 晶闸管变流器-直流电动机系统

A 工作原理

P&H-2300XP型电铲的晶闸管直流传动系统的示意图如图31-4所示。P&H-2800XP

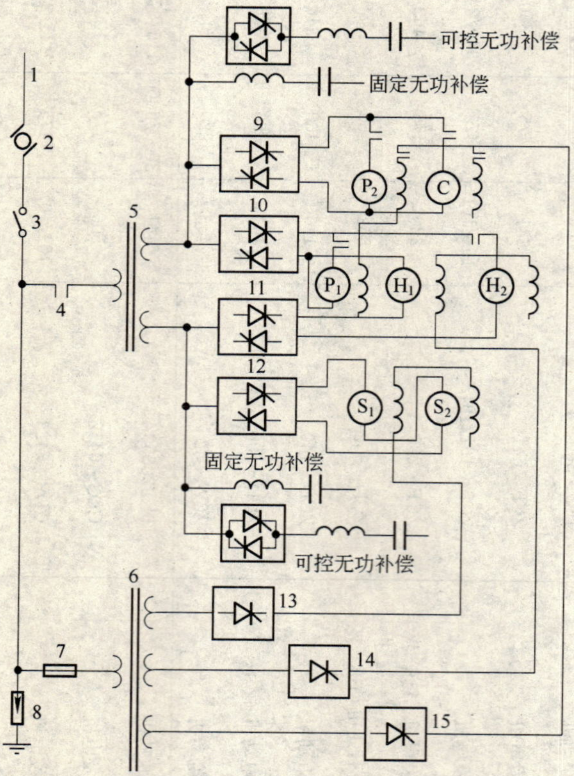

图31-4 P&H-2300XP型电铲晶闸管直流传动系统的示意图

1—供电电缆；2—集电环；3—高压负荷开关；4—高压接触器；5—主变压器；6—励磁变压器；7—高压熔断器；8—避雷器；9—推压/行走变流器；10—提升/行走变流器；11—提升变流器；12—回转变流器；13—回转磁场励磁；14—提升磁场励磁；15—推压/行走磁场励磁

型电铲与其基本相同，只是容量略小。由图可见，三相6000V或3000V高压交流电用电缆经集电环引入电铲的回转平台，再到高压柜。高压柜内有手动操作的带连锁的高压负荷开关和高压真空接触器，以及高压熔断器。高压电经高压真空接触器接到主变压器，主变压器有两个二次绕组，其一接提升变流器和回转变流器，其二接提升/行走变流器和推压/行走变流器。另外，高压电分别经高压熔断器接励磁变压器和辅助变压器（图中未示出）。高压侧设有避雷器，保护晶闸管免受击穿。此外，还有过载和瞬时过流保护。

提升机构采用两台电动机传动，以减少转动惯量，提高动态性能。从图可见，两个提升晶闸管变流器和两台提升电动机 H_1 和 H_2 串联连接，两变流器串联后的直流输出电压 U_d 为：

$$U_d = U_{do}\cos\alpha_1 + U_{do}\cos\alpha_2 \tag{31-1}$$

式中 U_d——直流输出电压，V；

U_{do}——理想空载整流电压，V；

α_1——提升/行走晶闸管变流器的触发脉冲移相角，(°)；

α_2——提升晶闸管变流器的触发脉冲移相角，(°)。

令 $\alpha_1=30°$，使提升/行走变流器处于接近全开通状态，而改变提升变流器的移相角 α_2，从150°调到30°，则输出电压从零变到最大，铲斗的提升速度从零升到最大。在起始点 $\alpha_1=30°$，$\alpha_2=150°$，变流器输出的平均直流电压 $U_d=0$，此时，提升电机不转，但对两个提升变流器来说，功率因数都比较高，这对频繁工作在中速、低速，甚至堵转状态的电铲来说，是很经济的。

回转机构由两台回转电动机 S_1 和 S_2 传动，它们串联后由同一个反并联的回转晶闸管变流器供电。行走机构由两台行走电动机 P_1 和 P_2 传动，因行走机构和推压机构、提升机构不同时工作，因此，行走电动机 P_1 和提升电动机 H_1 共用一个晶闸管变流器，而行走电动机 P_2 和推压电动机C共用另一个晶闸管变流器，它们通过接触器进行切换。

提升、回转、提升/行走和推压/行走晶闸管变流器，内部均是两组晶闸管整流桥反并联，由控制电路进行无环流控制，实现电动机的正、反转。

两台提升电动机，回转电动机和行走电动机的磁场绕组分别互相串联，前两者由各自的晶闸管变流器供电。行走电动机和推压电动机的磁场绕组由推压/行走晶闸管变流器供

表31-3 晶闸管直流传动电铲的电动机性能参数

电铲型号	电动机名称	型 号	性 能 参 数							备注
			功率(kW)	电流(A)	电压(V)	转速(r/min)	峰值功率(kW)	工作制度	励磁方式	
P&H-2300XP电铲	提升电动机	K-925	280	1340	230	285	839	FC=100%	他 激	2台
	回转电动机	K-287	104	1020	115	425	369	FC=100%	他 激	2台
	推压电动机	K-489	131	630	230	350	587	FC=100%	他 激	
	行走电动机	K-300A	168	825	230	425/600	582	30分钟	他 激	2台
P&H-2800XP电铲	提升电动机	K-925	280	1340	230	285	839	FC=100%	他 激	2台
	回转电动机	K-287	104	1020	115	425	369	FC=100%	他 激	4台
	推压电动机	K-489	131	630	230	350	587	FC=100%	他 激	
	行走电动机	K-489	131	630	230	350	587	FC=100%	他 激	2台

电，用接触器切换。

电铲的提升、回转和推压的运行特性常使晶闸管变流器处于低功率因数状态，这是非常不利的。为此，采用并接电容器进行无功补偿，在主变压器的每个二次绕组分别接有一组固定电容器和一组可控电容器，利用霍尔元件检测瞬时无功功率的大小，再通过一套电子同步开关控制可控电容器的投入数。以便自动地补偿无功功率，提高系统的功率因数。

B　电动机的性能参数

P&H - 2300XP和P&H - 2800XP型电铲所采用的直流电动机的性能参数见表31 - 3。

31.2.1.4　晶闸管变频器 - 鼠笼电动机系统

美国布赛勒斯 - 伊利公司先后在395 - B、295 - BⅡ、290 - BⅢ型电铲上应用晶闸管变频器 - 鼠笼电动机系统（简称交流变频传动系统）。

晶闸管变频器由联邦德国西门子（Siemens）公司或美国通用电气（General Electric）公司配套，其中西门子公司采用晶闸管脉宽调制型变频器（PWM），通用电气公司采用晶闸管电流型变频器（CCl）。

现以395 - B型电铲所采用的脉宽调制型变频传动系统为例加以说明。该系统的示意图如图31 - 5所示。高压交流电由电缆经集电环引入电铲，由1600kV·A主变压器将电压由6000V变成575V。由额定电流为1950A的整流器将交流变成直流，然后经电容器滤波后送公共直流母线。

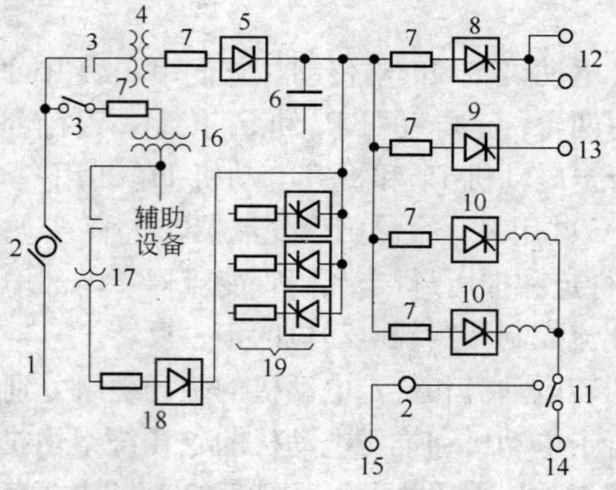

图31 - 5　395 - B电铲的交流变频传动系统的示意图

1—电缆；2—集电环；3—高压开关；4—主变压器；5—整流器；6—滤波电容；
7—熔断器；8—回转变频器；9—推压变频器；10—提升/行走变频器；11—转换开关；
12—回转电动机；13—推压电动机；14—提升电动机；15—行走电动机；
16—辅助变压器；17—预充电变压器；18—预充电整流器；19—动力制动

在直流母线上接有四个容量各为750kV·A的晶闸管变频器，其中两套给一台1066kW提升电动机或787kW的行走电动机供电，第三套给两台243kW的回转电动机供电，第四套给294kW的推压电动机供电。

电铲某工作机构通过变频器反馈到母线上的再生制动能量不能回馈电网，但可供其他工作机构使用。为了防止在不利情况下直流母线上电压过高，装有一组动力制动电阻，当母线电压超过预定值时由晶闸管将其接通，以消耗多余的能量。此外，由于滤波电容器容量很大，为了防止启动时变流器的瞬时电流过大，设计有预充电电路。

395 - B型电铲使用的PWM型变频器的主电路原理图见图31 - 6，这是一种带辅助晶闸管换向的典型电压型变频器，现以其中一相为例说明。SCR_1、SCR_4 是主晶闸管。SCR_1'、SCR_4'是辅助晶闸管，D_1、D_4 是续流二极管，C_A 为换向电容，L_A 为限流电感，L_1、L_4 为乔臂电感。这种电压型变频器属180°通电型，任何瞬时都有三个晶闸管同时导通，换流是在同一相内的晶闸管中进行。其特点是：

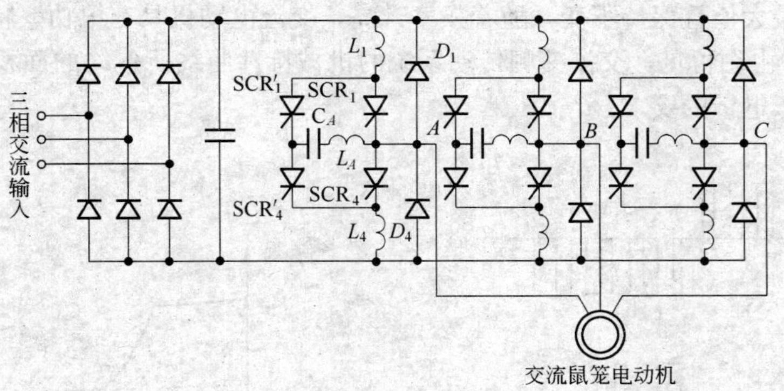

图31 - 6 晶闸管脉宽调制型变频器主电路原理图

(1) 主电路的晶闸管由触发换流电路中的辅助晶闸管关断，辅助晶闸管本身的关断则由 L_A、C_A 串联谐振电路中的电流反向来实现。这样，当主晶闸管因某种原因一次换向不成功时，不致影响辅助晶闸管的继续工作，因而有可能在下一次换流过程中使主电路恢复正常工作。

(2) 适当控制辅助晶闸管与主晶闸管触发脉冲之间的延迟时间，使换向电容器上的充电电压保持足够大，从而保证轻载时仍能可靠换向。另外，换向电容器上的充电电压随负载电流增加而升高，提高换流能力。

(3) 由于换流结束时贮存在电抗器中的能量又给电容器反向充电，没有环流，只有谐振回路中的一些损失，因此效率高。

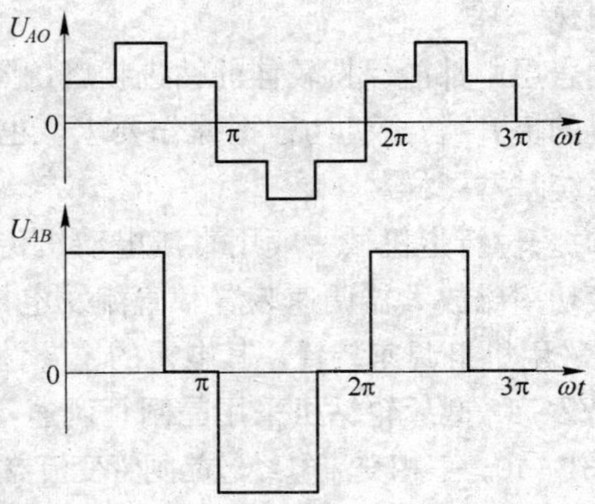

图31 - 7 变频器输出的相电压 U_{AO} 和线电压 U_{AB} 的波形

交流控制晶闸管 SCR_1 和 SCR_4 的导通和关断，变频器输出的相电压 U_{AO} 和线电压 U_{AB} 的波形见图 31-7。将这种波形的电压加到交流电动机上，由于绕组的电感滤波作用，绕组中的电流近似为正弦波。但在低频情况下，绕组电感的滤波作用变差，电流波形严重失真，影响电动机性能。为此，采用脉宽调制，减少输出电压波形中的谐波分量，其波形见图 31-8。

在 50Hz 以下，变频器的输出电压 U 随着频率 f 成比例地变化，即保持 U/f=常数，可使交流电动机在较佳的磁状态下工作，保持恒转矩特性。当频率超过 50Hz 时，变频器输出电压达到最大值且保持不变，随着频率升高，交流电动机具有恒功率特性，其特性曲线见图 31-9。由图可见，交流变频传动系统的机械特性曲线所包络的面积大于直流调速系统，更适合于电铲的要求。

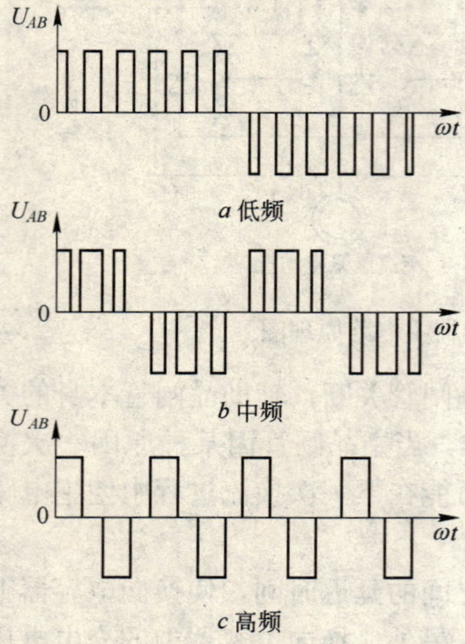

图 31-8　脉宽调制型变频器的线电压输出波形

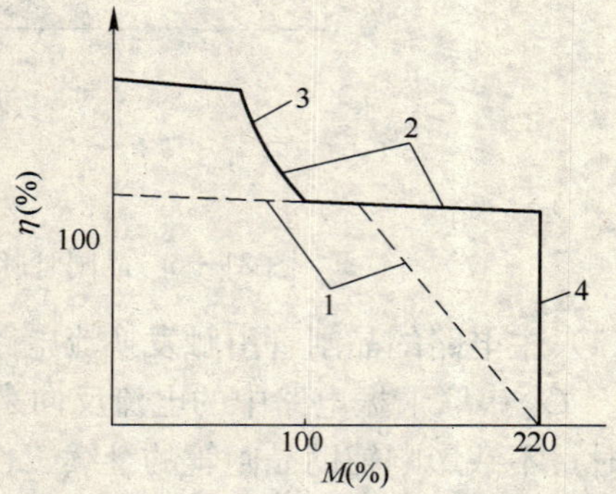

图 31-9　交流变频传动系统的机械特性曲线
1—直流调速特性；2—交流调速特性；
3—恒功率段；4—恒转矩段

31.2.2　牙轮钻机的调速和自动化[1]

31.2.2.1　牙轮钻机调速

为了使牙轮钻机在不同岩层中都能保持较佳的钻进状态，要求钻具回转机构能根据岩层性质进行无级调速。钻机的提升/行走机构根据操作要求，也需要无级调速。为了便于互换，这两种机构的调速系统基本一样。

牙轮钻机的回转机构和提升/行走机械一般用直流电动机传动。其调速装置主要有三种，即晶闸管调速装置、大功率磁放大器调速装置和直流发电机组调速装置。其中 YZ-55 和 KY-310 型牙轮钻机采用机组调速装置，其电机的主要性能参数见表 31-4。

YZ-55❶、YZ-35 和 YZ-12 型牙轮钻机采用晶闸管调速，调速装置的主要性能参数见表 31-5。其方框图见图 31-10。三相交流电经过晶闸管变流器整流后供给直流电动机，由

❶ YZ-55 型牙轮钻机设计有可控硅调速和机组调速两种系统，供用户选择。

三个 FC2 - 5 型小功率磁放大器组成的磁性移相触发电路控制晶闸管的启通角，以改变晶闸管变流器的输出电压，实现直流电动机的无级调速。为了提高系统机械特性的硬度，加有电压负反馈，为了限制钻具因夹钻或其他原因引起的过电流，设有电流截止负反馈和短路封锁保护。电动机反转通过改变直流电动机他激磁场的方向实现。为了满足牙轮钻机在钻凿软岩时高转速、低扭矩的要求，钻具回转机构设有一级弱磁调速。

表 31 - 4 机组调速系统各电机的主要性能参数

参数名称	牙轮钻机型号					
	YZ - 55			KY - 310		
	传动电机	发电机	电动机	传动电机	发电机	电动机
型　号	JS116 - 4		ZYZ - 95/15	Y280M - 4	ZFW - 36.8/16	
功率（kW）	155	125	95	90	63	54
电压（V）	380	450	400	380	230	220
电流（A）	285	278	270	162.5	274	270
转速（r/min）	1480	1480	1500	1480	1480	1150
励磁电压（V）		110	190		110	220
励磁电流（A）		10.42	4.26		6.74	3.03

表 31 - 5 晶闸管调速装置的主要性能参数

参数名称	牙轮钻机型号					
	YZ - 55		YZ - 35		YZ - 12	
	回转	提升/行走	回转	提升/行走	回转	提升/行走
电源电压（V）	380		380		380	
电源电压允许波动范围（V）	330～420		330～420		330～420	
额定输出功率（kW）	125		60		25	35
额定输出电压（V）	420		420		420	
输出电压调节范围（V）	0～420		0～420		0～420	
最大输出电流（A）	1000		400		150	250
励磁电压（V）	220		220		220	
励磁电流（A）	10		5		5	
装置效率	95%		95%		95%	
启动特性	任何转速下均能启动		任何转速下均能启动		任何转速下均能启动	
工作制度	FC=100%		FC=100%		FC=100%	
环境允许温度（℃）	−35～+50		−35～+50		−35～+50	
配套直流电动机型号	ZYZ - 95/15		ZYZ - 50/15		ZYZ - 20/15	ZYZ - 30/15

KY - 250 型牙轮钻机和美国进口的 45R 型牙轮钻机的回转机构采用大功率磁放大器调速，其系统原理简图见图 31 - 11。由图可见，六个大功率单相自饱和式磁放大器组成三相桥式电路，给定控制绕组由给定控制电源供电，用电位器改变绕组中的电流可以控制

磁放大器的启始饱和角，也就控制磁放大器的输出电压。偏移绕组由偏移电源供电，用以

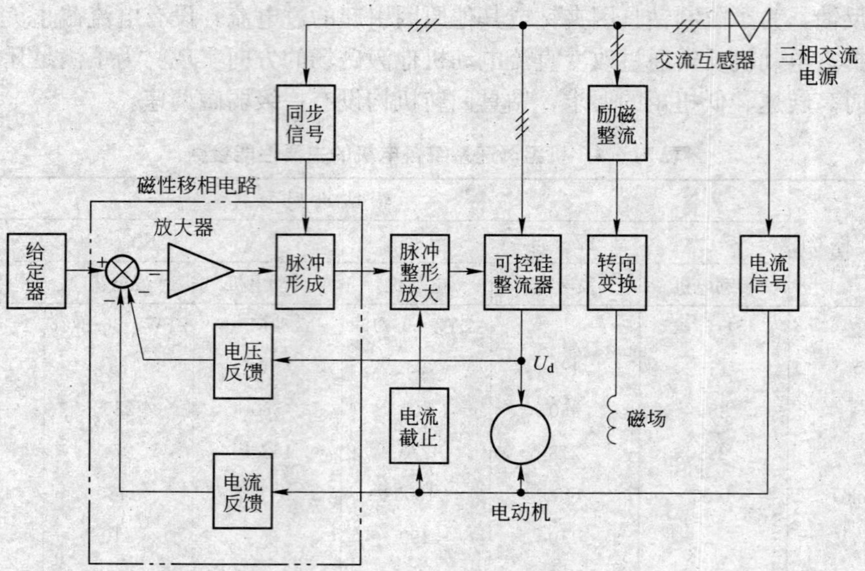

图 31-10　牙轮钻机晶闸管调速系统方框图

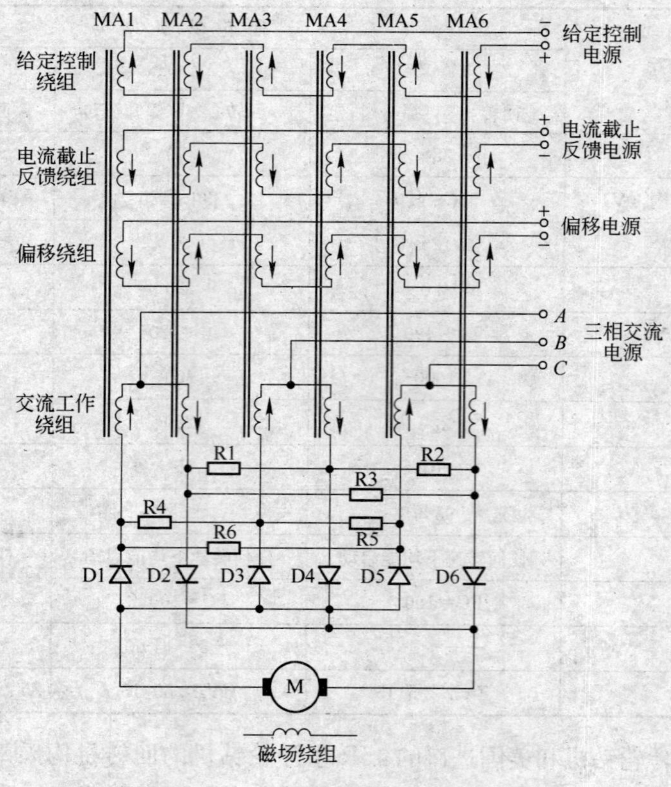

图 31-11　大功率磁放大器调速系统的原理简图

给磁放大器去磁，使磁放大器在无给定信号时输出电压最小。电流截止反馈绕组在电机电枢电流超过预定值时从电流截止电源中取得信号，减小直流磁化总安匝，使磁放大器输出电压降低，进而限制电动机的电枢电流，起保护作用。

KY - 250 型牙轮钻机回转机构调速系统主要电气设备的性能参数见表 31 - 6。

表 31 - 6 KY - 250 钻机回转调速设备的性能参数

设备名称	型 号	性 能 参 数							
		功率 (kW)	电压 (V)	电流 (A)	转速 (r/min)	励磁电压 (V)	励磁电流 (A)	输入电压 (V)	输出电压调节范围 (V)
磁放大器	KYC - 1/65	65	400	165				三相交流 380	20～400
直流电动机	ZYZ - 50/15	50	400	145	1500	190	2.05		

交流电动机调速复杂而困难，在牙轮钻机上很少使用。但近年来，由于大功率晶闸管变频技术的发展，美国 55R 钻机采用了晶闸管变频器 - 鼠笼电动机系统。

31.2.2.2 牙轮钻机自动化[2]

牙轮钻机在作业中需完成一系列操作，如移位、调平、接卸钻杆、更换钻头和钻孔。其中钻孔过程最重要，它的作业时间长，影响因素多，操作质量对生产影响极大，是钻机自动化的重点。

牙轮钻进参数自动调节装置可根据被钻凿岩层的变化，对钻机轴压、转速、钻进速度、回转扭矩、垂直振动、水平振动、排碴气压和注水量等钻进参数进行自动调节和限制，以达到较佳的钻进状态，从而提高钻进速度，延长钻头寿命，降低钻孔成本。该装置主要适用于液压马达加压的牙轮钻机，如 YZ - 55、YZ - 35 和 YZ - 12 型牙轮钻机。对于 KY 系列牙轮钻机，适当修改后也适用。

CZT - 1 型牙轮钻进参数自动调节装置❶的性能参数见表 31 - 7。其方框图见图 31 - 12。它由回转速度控制装置、轴压调节器、回转扭矩限制环节、排碴气压限制环节、垂直振动限制环节、水平振动监控器和限制比例放大器等组成。回转速度控制利用钻机原有的装置，由自动调节装置发出指令进行调速。

表 31 - 7 CZT - 1 型牙轮钻进参数自动调节装置的性能参数

油压 (MPa)	1～16	注水量	受排碴气压控制
回转速度 (r/min)	0～120 (有级)	油压调节回差 (%)	<7
回转电流 (A)	0～750	反应时间 (s)	<0.5
排碴气压 (MPa)	0～0.6	传感传输距离 (m)	≤50
垂直振动加速度 (m/s^2)	0～98.1	电 源	交流 220V $^{+5}_{-15}$% 50Hz
水平振动加速度 (m/s^2)	0～98.1	功耗 (W)	<85
钻进速度 (m/s)	0～2	环境工作温度 (℃)	−10～+50

轴压调节器由比例积分调节器、晶闸管功率放大器和电磁比例调压阀组成。其作用是根据钻机轴压、回转扭矩、钻进速度、垂直振动加速度、水平振动加速度和排碴气压等钻

❶CZT - 1 型牙轮钻进参数自动调节装置由长沙矿山研究院研制和生产。

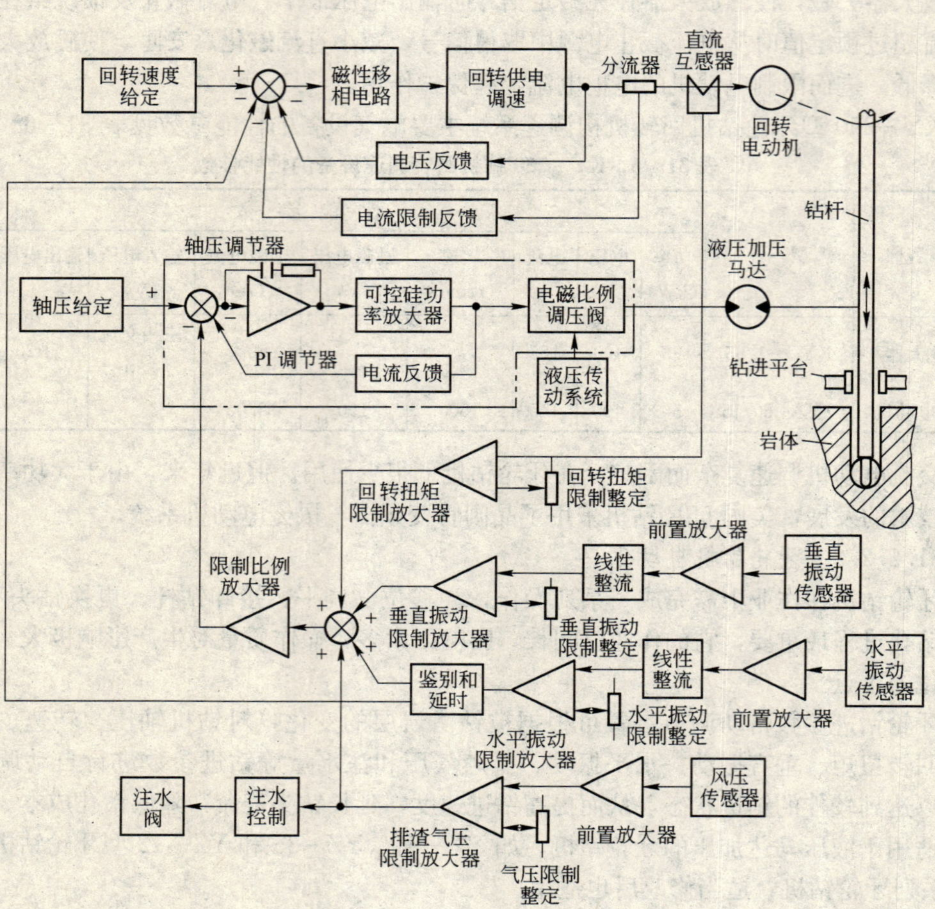

图 31-12 CZT-1型牙轮钻进参数自动调节装置方框图

进参数的变化，对液压马达的油压进行自动调节。另外，在钻孔过程中遇到岩层不均匀和不连续时，常常造成钻具的垂直跳动或钻机的水平摆动，过大振动对钻机和钻具造成的冲击危害很大，必须加以限制。垂直振动限制环节和水平振动监控器用来实现这一功能，它们分别由振动传感器、前置放大器、线性整流电路和限制放大器组成。振动传感器是一种利用压电效应原理制成的加速度传感器，由它测得的垂直或水平振动的加速度经各自的前置放大和线性整流后，在限制放大器中与限定值进行比较，当振动超过限定值时，限制放大器输出信号，经限制比例放大器综合放大后去调节轴压调节器的输出，从而降低轴压，限制振动。过大的水平振动不仅影响钻孔效果，而且会严重影响钻具和钻机的寿命。因此，对钻机水平振动必须严格监控，一般可以通过降低钻机轴压和大幅度降低转速的措施消除振动。为了不影响钻机的效率，对短时发生的水平冲击采用延时电路加以鉴别，只有当剧烈的水平振动持续1.5s以上时才采取限制措施。水平振动往往是由于钻孔中局部岩层的软硬差别大、岩层节理发达有断层所引起，当水平振动消除后，钻机仍应在低轴压和低转速下运行一段时间，以便通过这些不连续或不均质的岩层区段，这由另一延时电路来实现。

遇到软岩层，钻机钻进速度过快造成排碴不良，或者注水过多，都可引起空气压缩机排碴气压不同程度的升高，甚至达到不允许的程度。为此通过排碴气压限制环节降低轴压和钻进速度，以及关闭注水阀，将排碴气压限制在一个预定的允许范围内。排碴气压限制环节由气压传感器、前置放大器、限制放大器和注水控制电路组成。

回转扭矩限制环节用在回转电机过载或堵转时，通过降低钻具的轴压，对回转扭矩加以限制。扭矩限制实为电流限制，回转扭矩限制环节由直流互感器和限制放大器组成。

31.2.2.3 牙轮钻机的检测仪表和保护装置[19]

A 钻机调平数字显示仪

钻机在露天矿的炮孔钻进作业中，需要频繁移位，钻机平台靠四个液压千斤顶顶起，以便在凹凸不平的工作面上调平。以往凭目测或水平仪测量钻机的平斜度，既费时而又误差大。深孔钻进时，如调平误差大，会造成钻孔间平行度差，改变相邻炮孔孔底的间距，严重偏离设计的孔网参数，影响爆破效果。

CP-2型钻机调平数字显示仪是牙轮钻机的配套仪表，它利用线性旋转变压器作为倾角传感器，二次仪表采用集成电路和数字显示技术，能迅速准确地将钻机平台的斜度以数字形式显示出来，供司机调平操作用。CP-2型钻机调平数字显示仪的方框图见图31-13。两个倾角传感器分别安装在钻机平台的纵向和横向轴线上，分别检测纵、横轴线的倾角，其交流输出信号经精密整流电路变成直流，然后经双积分-模数块转换成BCD码，译码后由荧光数码管显示。倾角的正负方向由相位鉴别电路鉴别，用发光二极管显示。通过辅助振荡器和电子开关实现两个轴线倾角的交替显示。也可用开关人为选择显示某轴线的倾角和倾向。

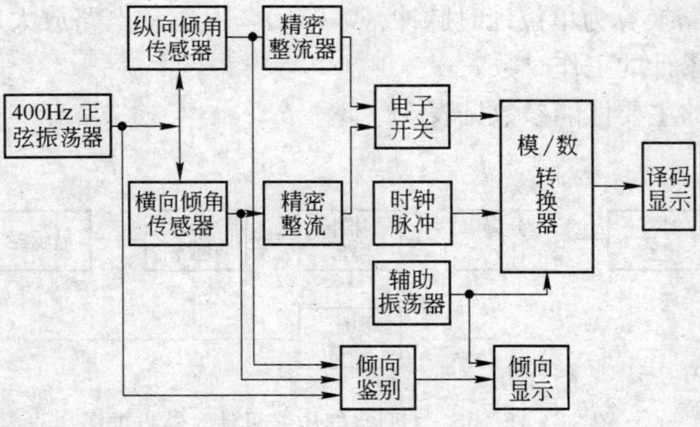

图31-13 CP-2型钻机调平数字显示仪方框图

B 钻头位置数字显示仪

钻头位置数字显示仪用来连续测量和显示钻孔时钻头在钻孔中的位置，同时，凭借其他仪表指示的配合，司机可以了解不同深度岩层的情况，以便在钻进相邻炮孔时合理调节钻进参数。准确测定孔深，既保证钻孔质量，有利爆破，又可减少不必要超深带来的人力和物力浪费。

ZS-2型钻头位置数字显示仪的方框图见图31-14。光电脉冲发生器的转轴与钻机推进机构主轴相连作为位移传感器，由它发出的脉冲个数由可逆计数器累计，通过位移量换算电路，将位移脉冲数换算成钻头位移量，然后通过译码器和荧光数码管显示计数值。当钻头钻进或提升时，位移脉冲使可逆计数器分别作加法或减法计数，从而准确反映钻头在钻孔中的位置。

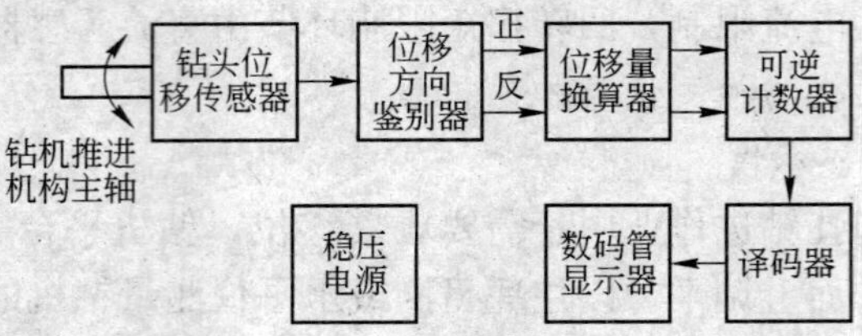

图 31 - 14 ZS - 2 型钻头位置数字显示仪方框图

C 空气压缩机计时器

钻头破碎的岩碴利用空气压缩机产生的压缩空气排至地面，空气压缩机是牙轮钻机的关键设备。JS - 1 型空气压缩机计时器用来连续记录并显示空气压缩机的工作时数，为考核空气压缩机的性能指标和工作部件寿命，以及制订维修计划提供依据，有利于科学管理，减少事故，缩短钻机停机时间。该计时器还可推广到其他设备上使用。

JS - 1 型空气压缩机计时器的方框图见图 31 - 15。它由时基电路、分频计数、脉冲整形、驱动、累计显示和电源等六个部分组成。时基电路经变压器与空气压缩机的电源相线连接，并在空气压缩机工作时开始工作，把 50Hz 交流正弦波整形成时基脉冲，再经过 CMOS 分频计数电路换算为单位计时脉冲（0.01h），由驱动电路放大后驱动电磁计数器，显示出空气压缩机累计的工作时数。

上述三种仪表的主要性能参数见表 31 - 8。

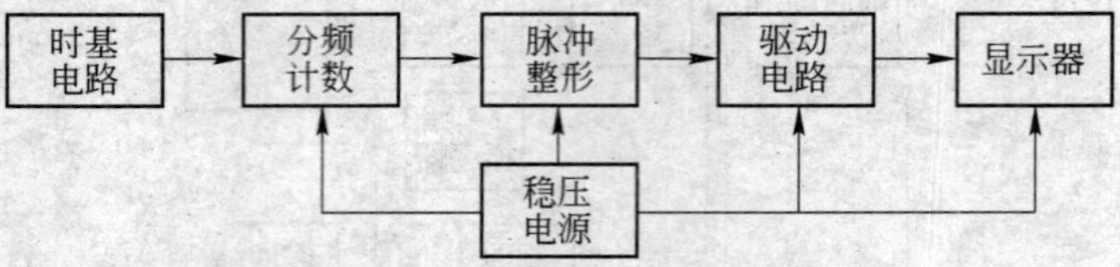

图 31 - 15 JS - 1 型空气压缩机计时器方框图

D 电源相序及断相保护器[3]

钻机和电铲在露天矿转移工作地点时，电缆要重新接线，难免相序接反而导致设备反转，而有些设备，如空气压缩机、油泵则不允许反转，反转会使设备损伤，所以，钻机、电铲要求有电源相序保护措施。另外，采场工作面上的高压线、供应点的隔离开关和熔断器，常因风吹雨打、冰冻、放炮震动、飞石击中等造成电源断相，如未及时发现则会导致电动机和变压器烧毁。XDQ - 1 型电源相序及断相保护器具有相序和断相双重保护功能，一台保护器可以保护钻机或电铲上的多台电动机设备。

表 31-8 牙轮钻机三种仪表的主要性能参数

仪表名称	性能参数						
	测量范围	最小分辨率	相对误差（%）	电源	功耗（W）	环境允许温度（℃）	传感器允许温度（℃）
钻机调平数字显示仪	纵向、横向各为 0°～±19.9°	0.1°	±1	交流 220V±10% 50Hz	<5	−10～50	−40～50
钻头位置数字显示仪	0～99.9m	0.1m	−1.3	交流 220V±10% 50Hz	<2	−10～50	−40～50
空气压缩机计时器	0～9999.99h	0.01h		交流 220V±10% 50Hz	<3	−20～50	

XDQ-1 型电源相序及断相保护器的方框图见图 31-16。它由电压传感器、电流传感器、电流信号整流、延时和放大电路、电压鉴别器和执行电路组成。在电源相序接反或断相时电压传感器有信号输出，经电压鉴别器鉴别，使执行电路动作，切断电源，并发出

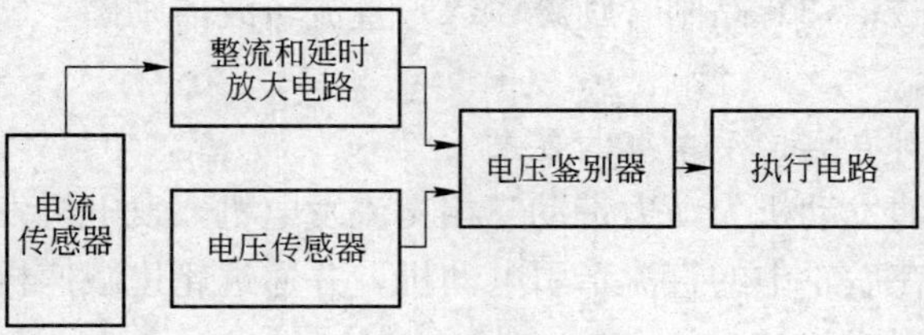

图 31-16 XDQ-1 型电源相序及断相保护器的方框图

表 31-9 XDQ-1 型电源相序及断相保护器的性能参数

电压传感器的额定电压（V）		三相 380±10%
电流传感器的一次电流	I_H①≤90 时 I_H>90 时	(4.3～10)I_H (3.2～5)I_H
延时保护功能	合闸时发生故障 运行中发生故障	瞬时动作 延时 10s 动作
遮断能力（V·A）	交流 220V 时 直流 110V 时	22 11
功率消耗（W）		<4
环境工作温度（℃）		−30～+50

①I_H 是被保护电动机的额定电流。

故障信号。电流传感器是个负序电流过滤器，由两个交流电流互感器和移相阻抗臂组成。在正常运行时，三相负载电流基本对称，不存在负序分量，移相阻抗臂平衡，电流传感器无输出。一旦电源发生断相，负载电流中出现负序分量，移相阻抗臂失去平衡，电流传感器就有信号输出，经整流放大后送到电压鉴别器鉴别，使执行电路动作，切断电源。延时电路用来避免电机启动时因接触器各极不同时接通而造成的误动作。其性能参数见表31-9。

31.2.3　电动轮汽车的电力传动系统[8,9]

电动轮汽车采用电力传动比机械传动有很多优点，如调速性能好，响应速度快，调速平滑而无冲击；可实现恒功率调节，能充分利用柴油发动机功率，耗油少；电气制动减轻了机械制动负担，且安全；牵引启动特性好，便于自动控制等。因此，近20年来得到迅速发展。目前世界各国大型露天矿山已普遍采用，其装载吨位从77t发展到317t，产品系列基本齐全。我国自1975年以来，引进了不少电动轮汽车，并先后研制成功SF3102型100t和LN-3100型108t国产电动轮汽车。此外，我国与美国尤尼特·瑞格（Unit Rig）公司合作制造了MARK-36型154t电动轮汽车。

电动轮汽车的电力传动系统由初期的直-直制（直流发电机-直流电动机）发展到交-直制（交流发电机-直流电动机），并正在向交-交制（交流发电机-交流电动机）发展。目前在电动轮汽车上普遍采用的励磁方式有：(1) 多绕组发电机励磁；(2) 磁放大器场控管脉宽调制励磁；(3) 晶闸管励磁；(4) 直流斩波器励磁；(5) 发电机和电动机分别由晶闸管独立励磁。

31.2.3.1　车辆对电力传动系统的要求

电动轮汽车以柴油发动机为动力带动三相交流发电机，发电机发出的交流电经大功率变流器变流后供给装在后轮中的直流牵引电动机，并通过轮边减速机构驱动车轮运转。传动装置的功率平衡方程式为：

$$P_g=(N_e-N_A)\eta_g=U_gI_g\times10^{-3} \tag{31-2}$$

式中　P_g、U_g、I_g——交流发电机的输出功率（kW）及整流后输出的直流电压（V）和电流（A）；

η_g——交流发电机和整流器的总效率；

N_e——柴油发动机的输出功率，kW；

N_A——辅助设备所消耗的功率总和，kW。

柴油发动机属恒转矩特性，其输出功率与转速成正比。此外，柴油机的过载能力很差，稍过载就会熄火。柴油机的这些特性与车辆的牵引要求相距甚远。为此，要求电力传动系统能适当匹配，达到既保持柴油机的高效率运转，又能满足车辆的牵引要求。其外特性曲线见图31-17。具体要求是：

(1) 限制交流发电机的最高输出电压，以免电动机过电压及车辆超速。*AB*是电压限制线。

(2) 为了保持车辆启动牵引力为最大值，而又避免交流发电机过电流，要求对交流发电机的电流进行限制。*CD*是电流限制线。

(3) 在交流发电机的电压和电流限制范围内进行恒功率调节，以便充分利用柴油机的功率。图中的虚线是油门大小改变时所对应的特性曲线。

(4) 电动机的机械特性应满足牵引要求，具有软特性，达到与图31-17相似的特性。

(5) 要求电动机的制动特性曲线如图 31 - 18 所示。车速高时，制动电流应小，以防电动机换向器跳火，且使制动平稳，避免突然减速。随着车速降低，制动电流增大（*AB* 段），*A* 点制动电流最大，随后保持最大励磁电流不变，随着车速降低制动电流减小（*OA* 段）。有时为了在低速时获得大的制动力矩，可短接部分制动电阻以增大制动电流进行扩大制动（图中虚线段）。当车速超过某一限值时，制动因励磁减弱而失去作用（*BC* 段）。

31.2.3.2 磁放大器场控管脉宽调制励磁的交 - 直制电力传动系统

SF3102 和 LN - 3100 型电动轮汽车采用这种电力传动系统，其方框图见图 31 - 19。

A 主电路

柴油发动机 E 和交流发电机 A、励磁机 EX 同轴连接。在励磁系统调节下，发电机发出的交流电经硅整流器整流后供给两台并联的牵引电动机 M_1 和 M_2。

交流发电机是 8 极三相交流凸极式同步发电机，牵引电动机是直流串激电动机。在牵引工况，接触器 P_1、P_2 闭合。车辆的前进、后退靠开关改变电动机的磁场方向来实现。在制动工况，接触器 P_1 和 P_2 打开，RP_1、RP_2 和 RP_3、RP_4 闭合，此时，电动机在车辆惯性作用下处于发电状态运行，其励磁由交流发电机经整流后供给，发出来的电能消耗在制动电阻上，实现动力制动。

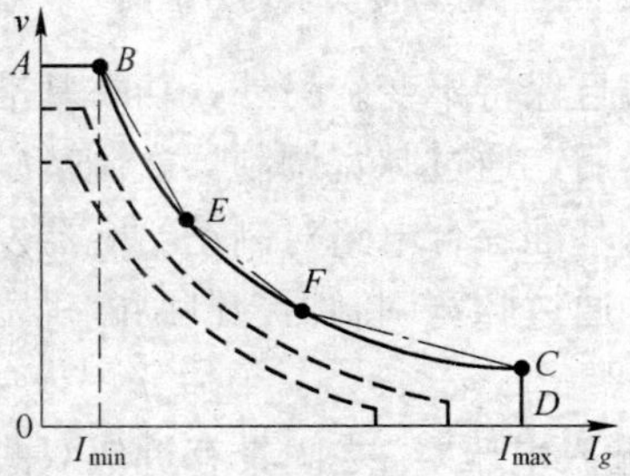

图 31 - 17 交流发电机要求的外特性曲线

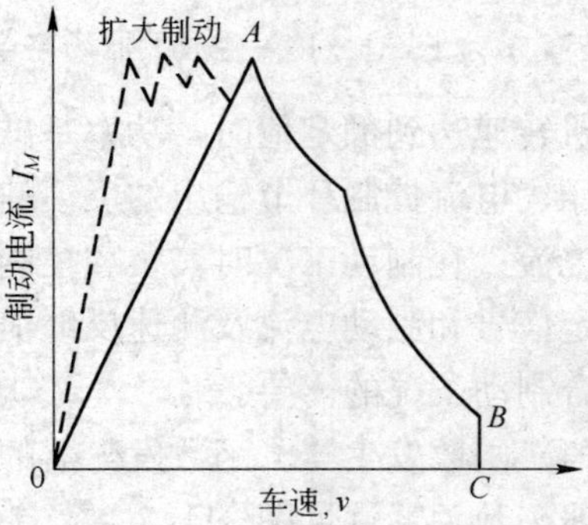

图 31 - 18 牵引电动机要求的制动特性曲线

B 励磁电路

励磁电路是电动轮汽车电力传动系统的核心，靠它实现所要求的恒功率牵引特性和制动锥度特性，并决定电动轮汽车性能指标的优劣。该系统由下列环节组成：

(1) 方波振荡器。产生 400Hz 方波，向脉宽调制的自饱和磁放大器、电枢电流控制磁放大器和电压控制磁放大器的工作绕组提供中频电源。

(2) 脉宽调制器。场控管的基极接在脉宽调制自饱和磁放大器的输出端，当磁放大器控制绕组电流因车辆负载变化而改变时，改变场控管导通和截止时间的比率，从而控制励磁机磁场电流的平均值。

(3) 负载控制和基准综合电路。负载控制电路接收柴油发动机的速度信号，该信号在基准综合电路内与牵引给定器发出的牵引给定信号进行综合，建立一个与柴油发动机输出功率相适应的功率基准信号。当柴油机转速低于高怠速时，功率基准信号为零，当柴油机转速因司机踩下加速踏板而大于高怠速时，功率基准信号随柴油机转速升高而增加。当

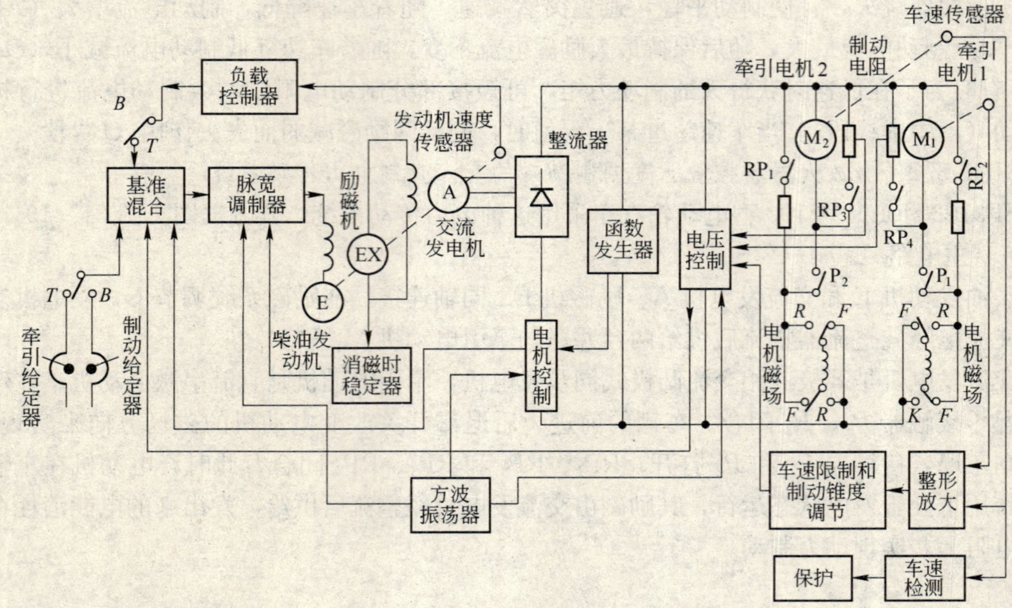

图 31 - 19　磁放大器场控管脉宽调制励磁的交 - 直制电力传动系统方框图

柴油机转速达到额定值时，功率基准信号达到最大值且保持不变。另外，功率基准信号还与电压、电流控制环节输出的反馈信号进行比较，然后，通过脉宽调制器去调节励磁机的励磁电流。在制动工况时，负载控制环节不起作用，基准综合电路对制动给定器发出的制动给定信号和制动电流及测速反馈信号进行比较，并通过脉宽调制器控制励磁机励磁，使其符合制动工况的需要。

（4）函数发生器。函数发生器的输出电流 I_o 与输入电压 U_g 之间具有近似双曲线的三段折线函数关系（见图 31 - 20）。其作用是使交流发电机获得由三段折线 CFEB 组成的外特性曲线（图 31 - 17 的点划线），达到近似恒功率调节。函数发生器的输出电流与交流发电机的部分输出电流在电流控制磁放大器进行综合，而后者的输出与功率基准进行比较，并通过基准综合电路和脉宽调制器调节励磁机的励磁电流，使发电机与柴油机功率相匹配，达到恒功率调节。

（5）电流控制环节。电流控制环节除与函数发生器配合起恒功率调节作用外，还有限制交流发电机最大输出电流（牵引工况）和牵引电动机最大励磁电流（制动工况）的作用。

（6）电压控制环节。电压控制环节是一个控制磁放大器，它的一个控制绕组接受交流发电机的电压信号，起限制发电机最高输出电压的作用。另一个控制绕组接受从制动电阻上取出的与制动电流成比例的信号，以限制最大制动电流。第三个控制绕组接受从车速限制和制动锥度调节环节输出的信号，在牵引工况时起限制车速的作用，在制动工况时，根据车速信号大小自动调节制动曲线的锥度，达到所要求的制动特性。

整形放大环节用来把车速传感器输出的车速信号进行整形和放大，经全波整流后变换成与车速大小成比例的直流电压，作为车速限制和制动锥度调节环节的车速控制信号。车速检测和保护环节用于实现车辆超速制动、超速动力切断防误反向操作等保护作用。

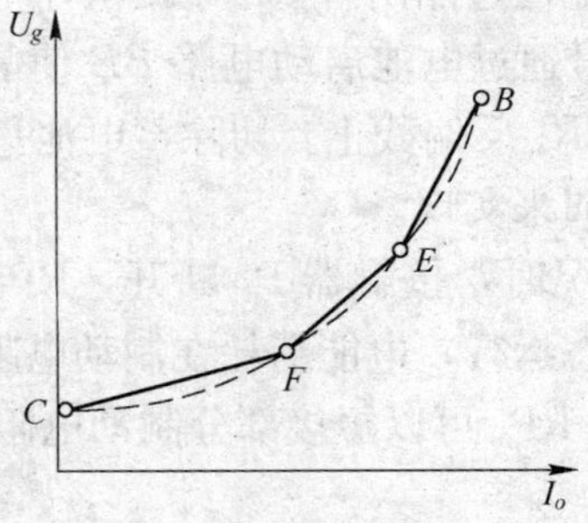

图 31 - 20 函数发生器的输入输出特性

31.2.3.3 发电机和电动机分别励磁的交 - 直制电力传动系统

MARK - 36 型电动轮汽车，美国尤克里特（Euclid）公司 R - 170 型电动轮汽车，以及美国伟步（Wabco）公司 WABCO - 170D 型电动轮汽车都属于这种类型的电力传动系统，这是美国通用电气公司新设计的系统。其主要特点有：一台特殊的交流发电机在其定子上装有一个三相绕组和两个单相绕组；牵引电动机为他激直流电动机，两台电动机的电枢绕组和磁场绕组分别串联连接；主发电机和牵引电动机分别有独立的晶闸管励磁；励磁调节系统中普遍使用集成运算放大器，并用发光二极管显示系统的运行情况；此外，还有励磁故障检测保护和空气压缩机失压故障指示等。

A 主电路

主电路简图见图 31 - 21，交流发电机 AG 三相绕组的交流输出经三相桥式整流后向牵引电动机 M_1 和 M_2 供电。另两个单相绕组分别经晶闸管半控桥式整流后供给交流发电机和牵引电动机的励磁。三相桥式整流器由十二个大功率硅整流管组成，每六个组成一个整流桥，两桥并联连接，当某一元件损坏时，仍能轻载返回。制动电阻 RG_1 和 RG_2 分别由六个 EA_5 型电阻格栅组成，阻值为 0.526Ω，由扇风机强冷。

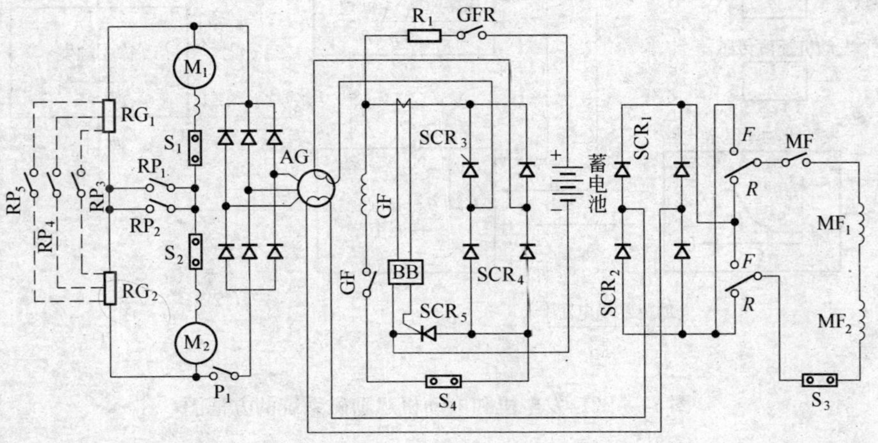

图 31 - 21 发电机和电动机分别励磁的交 - 直制电气传动系统的主电路简图

(1) 牵引工况。在牵引工况时，接触器 P_1、MF、GF 和继电器 GFR 闭合，发电机磁场绕组的最初励磁电流由蓄电池通过晶闸管 SCR_5 提供，一旦交流发电机达到自励，则由电流互感器 CT 取出的电流信号通过电池启动电路 *BB* 使晶闸管 SCR_5 失去触发脉冲，同时，励磁器的输出使晶闸管 SCR_5 反偏截止。切除蓄电池。车辆的前进、后退通过转换开关改变牵引电动机磁场电流方向来实现。

(2) 制动工况。在制动工况时，接触器 P_1 断开，RP_1、RP_2 闭合，牵引电动机因车辆惯性继续旋转，处于发电状态运行，电能消耗在制动电阻上，并产生制动力矩，使车辆减速。通过接触器 RP_3、RP_4、RP_5 可以短接部分制动电阻进行扩大制动，以便在低速下得到较大的制动力矩。

B　励磁电路

串激电动机的机械特性虽能基本满足牵引要求，但并非最佳。特别是对于两台牵引电动机串联连接的大吨位车辆，串激电动机磁场电流太大，且由于其结构参数的限制，电机温升过高，使电动轮工作状况严重恶化；再者，串激电动机需考虑空载保护。因此 20 世纪 70 年代后期出现采用他激电动机牵引，根据车辆负载情况自动调节他激磁场，达到最佳的牵引状态。除了要求对发电机励磁进行闭环调节以达到恒功率特性外，还要对电动机励磁进行闭环调节，使其在各种工况下达到最佳励磁。发电机和电动机双励磁系统的方框图见图 31 - 22。

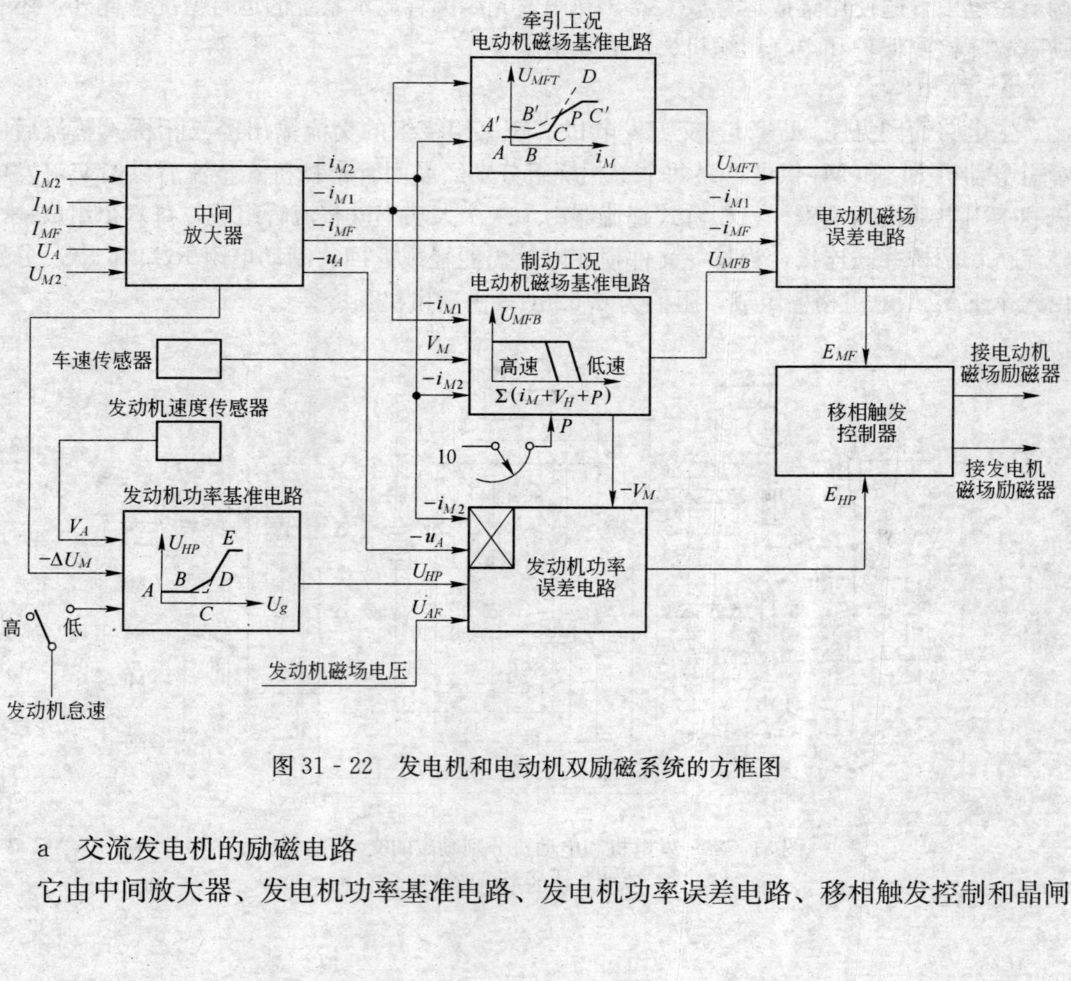

图 31 - 22　发电机和电动机双励磁系统的方框图

a　交流发电机的励磁电路

它由中间放大器、发电机功率基准电路、发电机功率误差电路、移相触发控制和晶闸管半控桥整流电路等组成。中间放大器接收从各隔离放大器测得的牵引电动机电流 I_{M1} 和 I_{M2}、电动机励磁电流 I_{MF}、发电机输出电压 U_A 和电动机 M_2 的端电压 U_{M2} 等实际值，并进行比例放大和倒相，然后输出 $-i_{M1}$、$-i_{M2}$、$-i_{MF}$、$-U_A$ 和 $-\Delta U_M$ 等模拟反馈信号，供其他电路使用。

在牵引工况时，为了使交流发电机在工作范围内达到恒功率调节，首先由发电机功率基准电路根据发电机转速建立一个图示的功率基准函数。采用磁电式速度传感器接受发动机的转速信号 V_A，再由三个运算放大器组成的速度函数电路建立一个随发动机速度变化的功率基准信号 U_{HP}。当车辆高怠速起步时，函数如图中 $ABCDE$ 折线所示，低怠速起步时，函数如图 31 - 22 中 $ABDE$ 折线所示。发动机的高、低怠速转换由司机操作怠速开关实现。此外，如车辆运行中两台串联电动机的负载不等，可能导致某台电机过电压，为此，由中间放大器根据测得的发电机电压 U_A 和电动机 M_2 的电压 U_{M2}，向功率基准电路发出 $-\Delta U_M$ 信号，以改变功率基准值 U_{HP}，使发电机励磁电流减小，防止电动机过电压。

发电机功率误差电路用来把功率基准信号 U_{HP} 与实测功率信号（发电机电压 U_A 和电流 i_{M2} 的乘积）相比较，得到功率误差信号 E_{HP}，通过晶闸管移相触发电路，对发电机励磁进行调节，使发电机输出功率与发动机功率相匹配。当发电机电压 U_A 过高，电流 i_{M2} 过大或车速过高时，则功率误差信号 E_{HP} 减小，使晶闸管移相触发角往后移，发电机励磁电流减小，达到限压、限流或限速的目的。输入到发电机功率误差电路的发电机磁场电压反馈信号 U_{AF}，用来稳定发电机的磁场电压，防止其突变。

在制动工况时，发电机处于高怠速状态，其功率基准信号由功率误差电路中的制动电位器调定。当车辆处于惯性滑行时，功率基准为零。

b 牵引电动机的励磁电路

它由中间放大器、牵引工况电动机磁场基准电路、制动工况电动机磁场基准电路、电动机磁场误差电路、移相触发控制和晶闸管半控整流桥电路等组成。励磁分牵引和制动两种工况进行不同调节。

在牵引工况时，牵引工况磁场基准电路接受从中间放大器来的两台电动机电流 $-i_{M1}$ 和 $-i_{M2}$，选择其中最大者输到由运算放大器组成的两个不同的电流偏置电路，分别获得框图中所示的 $ABCD$ 和 $A'B'C'$ 两基准曲线，最后经“或”电路得到牵引工况电动机磁场电流的基准函数 $U_{MFT}=f(i_M)$，如实线 $ABCPC'$ 所示。该基准信号与实测的电动机磁场电流 $-i_{MF}$ 进行比较，得到电动机磁场电流误差信号 E_{MF}，由它经晶闸管移相控制电路对电动机励磁电流进行自动调节。

在制动工况时，电动机磁场电流 I_{MF} 与车速 V_M、制动踏板给定值 P 和电动机制动电流 I_{M1}、I_{M2} 密切相关，即 $I_{MF}=f(V_M、P、I_M)$。所以，制动工况电动机磁场电流基准函数必须根据这三者来建立。制动工况时电动机磁场基准电路由电动机电枢电流“或”门电路、速度偏置电路和基准函数形成电路组成。经上述电路形成的制动工况电动机磁场基准函数 $U_{MFB}=f(i_M、V_M、P)$ 与实测的电动机磁场电流进行比较，得到误差信号去自动调节电动机的磁场电流。另外，输入到电动机磁场误差电路中的电动机电流 i_{M1} 只在制动时起作用，用以限制最大制动电流。

31.2.3.4 电动轮汽车主要电气设备的性能参数

SF3102 型、LN - 3100 型和 MARK - 36 型电动轮汽车主要电气设备的性能参数见表

31 - 10。

表 31 - 10 国产电动轮汽车主要电气设备性能参数

电动轮汽车型号	设备名称	设备型号	结构型式	功率 (kW)	电压 (V)	电流 (A)	转速 (r/min)
SF - 3102	柴油发动机	KTA - 2300C	4冲程，V型，12缸	882.6			2100
	发电机	TQFR - 783	8极，三相交流，凸极式	783	458/687	987/658	2100
	牵引电动机	ZQDR - 328	直流串激，四极	328	600	600	642
	励磁充电机	GQF16/4 - 1	中频，无刷式	16	40.5	240	3000
				4	19.6	124	
	主整流器	QPP3 - 1	三相桥式		1000	1600	
LN - 3100	柴油发动机	KTA - 2300C	4冲程，V型，12缸	882.6			2100
	发电机	TQF - 760	8极，三相交流，凸极式	760	460	1000	2100
	牵引电动机	ZQ - 342	直流串激，四极	342	620	600	720
	励磁机	Z2L - 71	他激直流发电机	8.5	36	227	3000
	充电机	450型	自励，无刷	1.4	28	50	5000
	主整流器	XKQ - 108/3	三相桥式		620	1200	
MARK - 36	柴油发动机	KTA - 3067 - C	4冲程，V型，16缸	1176.8			2100
	发电机	GTA22C1	8极，三相交流，凸极式	1073.8			2100
	牵引电动机	GE776KS1	直流他激，四极		800	2500	
	发电机励磁器	FM466	单相半控桥整流		440	400	
	电动机励磁器	FM467	单相半控桥整流		440	400	
	主整流器	17FM465A1	两个三相桥式并联		1600	2500	
	充电机	450型	自励，无刷	1.96	28	70	5000

31.2.4 装药车的自动计量和程序控制

为了实现露天矿炮孔装药的机械化，研制成功了铵油炸药装药车、浆状炸药装药车和乳化炸药装药车。浆状炸药和乳化炸药都是胶体炸药，黏度大，不易输送和计量。为了保证炮孔的准确装药、炸药各组分溶液的适合配比以及整个混装工艺流程有条不紊地连续工作，这两种装药车都设有自动计量和程序控制装置。

31.2.4.1 装药量的自动计量

浆状炸药的黏度比乳化炸药的小，且有一定的导电率，允许采用电磁流量计对其体积流量进行计量。而油包水型的乳化炸药黏度大（达 10Pa·s 以上），且为非导体，因此，找不到适合的仪表直接测量炸药流量。在国外的装药车上，一般借助于测量输液泵转速的办法来推算流量，这种方法在泵受磨损时会带来较大误差，需经常进行实液标定以确定修正系数。为克服这个缺点，可使用多组分流量积算显示仪[1]。该仪器采用流量计直接测量各组分的流量，并将测得的数据进行数字相加，从而获得炸药流量。

上述炸药量的计量方法也适用于炸药厂连续生产线上的炸药计量。

A 浆状炸药的装药计量

电磁流量计由 LD 型电磁流量变送器和 LDZ - 1 型电磁流量转换器组成。电磁流量变送器是利用电磁感应定律的原理把溶液的流速转换成感应电势，由转换器中的相敏整流器抑

---

[1] 多组分流量积算显示仪由长沙矿山研究院研制和生产。

制和补偿正交干扰信号，同时，利用霍尔乘法器补偿变送器励磁电流变化所引起的测量误差。仪表最终输出 0～10mA 的直流信号。

DXS - 102 型比例积算器的作用是把来自流量计的 0～10mA 直流输出信号变换成相应的脉冲信号，然后驱动电磁计数器，累计装药量。同时，通过选择合适的比例系数将所测炸药的体积流量值换算为质量流量值。考虑到浆状炸药在实际生产中密度会有变化，需根据样品密度，定期调整比例积算器的比例常数。

浆状炸药装药车的自动计量方框图如图 31 - 23 中虚框内所示。

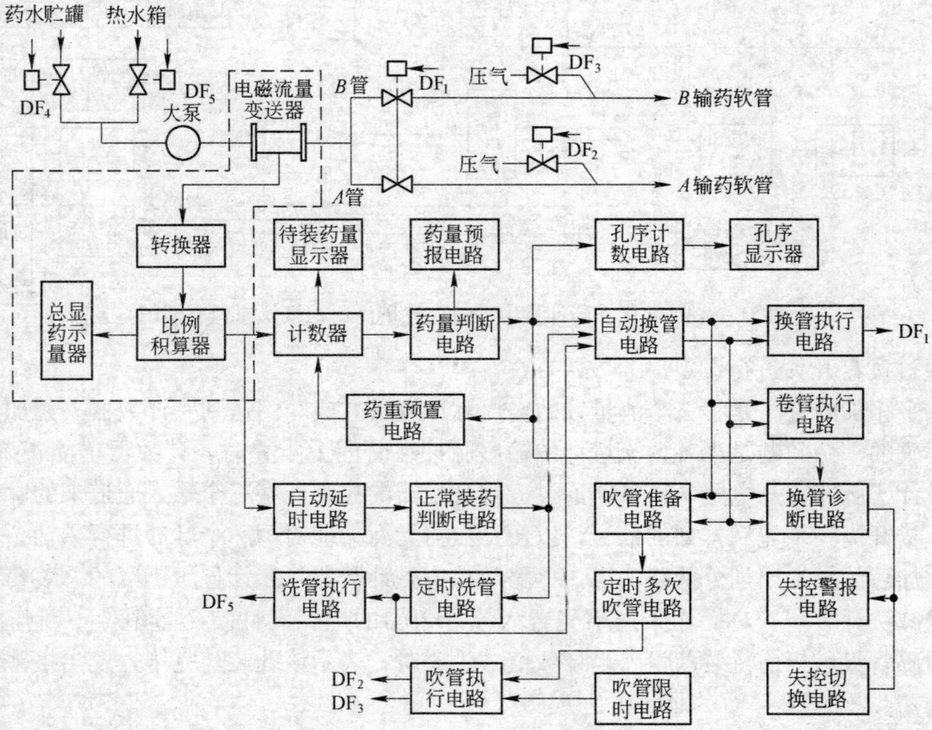

图 31 - 23 浆状炸药装药车的自动计量和程序控制系统的方框图

B 乳化炸药自动计量的三组分流量积算显示仪

乳化炸药的黏度太大，无法用仪表直接测量其流量，为此，采取分别对混合前各组分流量计量，然后再相加获得总量的方法，实现装药量计量。测量系统的方框图见图 31 - 24。根据被测介质种类和量程的不同，选择了不同测量原理的流量计，水相是导电液体，采用电磁流量计；油相是黏度较高的非导电液体，采用旋转活塞式流量计；发泡剂流量小，又要求具有电信号输出，选用涡轮流量计。

为了提高系统的测量精度和稳定性，对三种流量计的输出信号，采用数字方法相加。旋转活塞式和涡轮式流量计直接输出数字信号，而电磁流量计输出电流信号，须进行 I - F 转换。为获得统一的量纲单位，须对三种流量计的流量系数进行归一化处理，设置了系数转换电路。该电路采用比率乘法器组件，其输出频率和输入频率之间具有比率关系

$$K=\frac{f_o}{f_t}\ (0.001\leqslant K\leqslant 0.999) \tag{31-3}$$

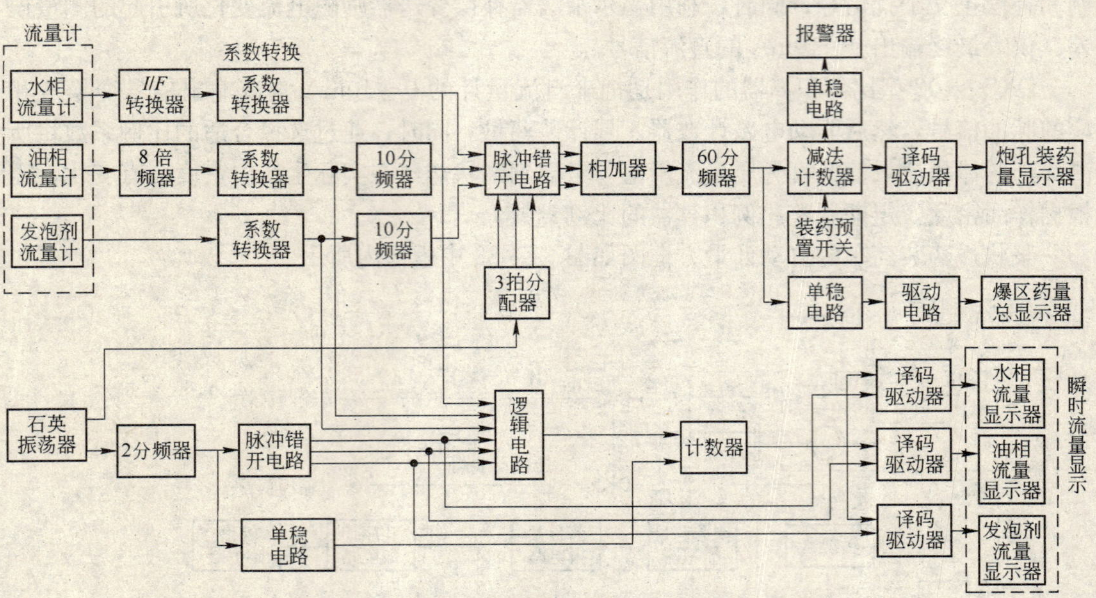

图 31 - 24　乳化炸药计量用三组分流量显示积算仪原理方框图

K 值通过拨盘开关进行设定。

数字相加的方法是将三个流量计的输出脉冲通过“或”门送到一计数器去累加。这时需要解决的一个问题是当各台流量计的输出脉冲在时间上重叠时，计数器仍能正确累加。为此设计了脉冲错开电路，该电路通过三拍分配器的控制，将三个输入通道来的脉冲，在时间上错开为三个先后排列的信号，以便计数器无漏失地对每一个脉冲进行累计。

相加后的脉冲序列分两路输出，一路送往电磁计数器，累计显示爆区的总装药量。另一路送减法计数器，对操作人员事先置入该计数器的炮孔设计装药量值，不断作减法计数，数码管显示当前待装药量。当计数值减为零时，表示该孔装药完毕，发出报警信号并停止装药。

除了进行上述装药量的显示之外，三个流量计的输出脉冲还分时地送往一个计数器，进行三种组分瞬时流量的显示。计数和译码的分时控制通过另一个三拍分配器实现。

测量系统的时序控制以一个 32.768kHz 的石英振荡器作为时基，具有很高的稳定度。由于采用了数字测量技术，三组分流量显示积算仪的测量误差很小，与各流量计的误差相比可忽略不计。除 *I* - *F* 转换环节之外，其余环节不存在时漂、温漂问题。

31.2.4.2　装药过程的程序控制

以浆状炸药混装车为例对装药的程序控制加以说明（见图 31 - 23）。由图可见，半成品药液由输药车上的贮罐经电磁阀 DF_4 用大泵输送到装药车上。在搅拌器内同交联剂混合搅拌成为炸药（图中没有示出）。炸药输入 *A* 管还是 *B* 管由电磁阀 DF_1 控制，作业时两管交替向炮孔输药。当 *A* 管（或 *B* 管）输药完毕时，开通电磁阀 DF_2（或 DF_3），用压缩空气把管内剩余炸药吹入孔内。整车装药完毕后，则开通电磁阀 DF_5 进行热水冲洗。整个操作过程用程序控制实现，具有下列功能。

A　炮孔待装药量显示

它由计数器、药量预置、药量判断和待装药量显示等环节组成。用三位拨盘开关进行药量预置，在计数器各位全零时，由药量判断电路发出置数命令，把炮孔设计装药量值置入计数器。在装药过程中，来自比例积算器的计量脉冲（每个脉冲代表1kg药量）对计数器进行减法计数，经待装药量显示电路译码后动态显示炮孔的当前待装药量。

B 孔将装满的预报

为了使把管人员在两根装药软管 A 或 B 交替收放操作时提前知悉，设有孔将装满预报，分别在孔装药量尚欠50kg和10kg时电笛自动鸣响两次。此功能由门电路组成的逻辑电路实现。

C 装药孔序显示

一个爆区有几十个炮孔装药，为使操作人员掌握装药进度，设有装药孔序显示电路，显示正在装药的炮孔序号。

D 自动换管和同步卷管

A、B 两管交替装药由自动换管电路控制，当 A 管装药结束时，药量判断电路发出换管信号，使电磁阀 DF_1 通电，关闭 A 管，转为开通 B 管装药。与此同时，开动 B 管的卷管机构，实现边装药边放管，使放管与装药同步进行。

E 程序自动吹管

它由吹管准备、定时多次吹管、吹管限时和吹管执行等环节组成。在每次换管后，把压气自动送到刚装完药的管子进行多次吹洗，吹管的次数和时间以及停吹间隙时间都可通过定时电路进行调整。为避免发生吹空管现象，利用吹管准备电路记忆住哪一管正在装药，一旦该管装药完毕，吹管准备电路就发出吹管信号，按一定程序控制吹管执行机构，开、闭电磁阀 DF_2（或 DF_3），进行吹管操作。

F 停药自动吹洗

它由启动延时、正常装药判断、定时洗管和洗管执行等环节组成，用来在全部装药完毕或装药系统发生故障时，自动输水清洗和接通压缩空气吹净输药管道，防止炸药凝固后堵管。装药结束和装药系统故障由正常装药判断电路进行检测判别。在正常装药时，由比例积算器输出的流量脉冲间隔时间比较均匀，但装药快要结束或有故障时，脉冲间隔时间陡增，正常装药判断电路内的单稳态触发器则不能继续保持在暂稳态状态，而回到稳态状态。此时发出自动吹洗信号，此信号一路经自动换管电路进行自动换管和吹管；另一路经定时洗管和洗管执行机构，打开电磁阀 DF_5 和关闭电磁阀 DF_4，使热水箱内热水流入输药管道进行清洗，清洗时间由定时洗管电路整定，清洗完毕后自动关断供水电磁阀 DF_5，并切断大泵和搅拌机的电源。另外，还通过自动换管和吹管电路进行换管和吹管，把残留在输药管道内的水吹掉。

G 换管失控切换

自动换管是程序控制系统中的基本功能，一旦换管失控，将造成装药混乱，而且操作人员不一定能及时发现和处理。因此，设有换管诊断、失控报警和失控切换等电路，一旦异常就发出报警，以便转为手控操作。

31.2.5 带式输送机的自动化

带式输送机由于运输能力大，爬坡能力强，与汽车和铁路运输相比，可以提高升程，缩短运距，降低成本，节约能源，提高劳动生产率，还便于实现自动化，改善环境卫生和安全条件。因此，近十几年发展很快。目前露天金属矿在使用带式输送机时，大都采用

“汽车-破碎机-带式输送机系统”，以充分发挥汽车运输的灵活性和带式运输的优越性，据不完全统计，目前世界各国至少有30座大型露天金属矿使用汽车-带式输送系统。

31.2.5.1　带式输送机的计算机监控[10]

带式输送机系统的计算机监控首先由英国煤矿局开发研究。20世纪70年代中期，英国煤矿局把MINOS煤矿监控系统用于带式输送机的监控。该系统由中央计算机、信息传输系统、分站和传感器组成，其主要监控功能有：(1)对带式输送机、矿仓和给矿机的各种运行参数进行在线连续监视，并自动打印出每班运行报告，包括运行性能、生产延误和传感器的报警记录；(2)各带式输送机按顺序自动启动，在溜槽阻塞或溢矿时，按逆序自动停止，并发出报警信号；(3)计算机在采集数据的基础上，通过计算来调节矿仓的给矿量，以达到矿流状态最佳；(4)显示带式输送机运输网络模拟图和每台带式输送机及矿仓的当前状态；(5)对胶带速度、打滑、跑偏、撕裂，机头阻塞和轴承温度等设立越限报警或跳闸保护。此外，还可以通过键盘对设备进行遥控，控制其启动或停止，装载或卸载等。使用MINOS监控系统后，可减少设备事故，提高运输效率，增加出矿能力。目前MINOS系统已广泛用于英国煤矿的运输、工作面机械、水泵和矿仓等生产环节的监控和环境安全参数的监测。美国、联邦德国和瑞典等国都发展了自己的矿山监控和数据采集系统，并在带式输送系统中得到使用。

我国KJD-J1型带式输送机计算机监控系统在山西阳泉煤矿三矿使用❶。该系统由中央计算机、信息传输装置和传感器、执行器等组成，具有实时数据采集，分析判断和控制功能。计算机通过时分制多路信息传输通道对带式输送机及有关设备进行遥信、遥测、遥控和遥调。KJD-J1型带式输送机计算机监控系统的硬件框图见图31-25。

A　中央计算机

中央计算机由两台JS-10A型小型计算机组成，其中A机为主，B机为辅，通过联机接

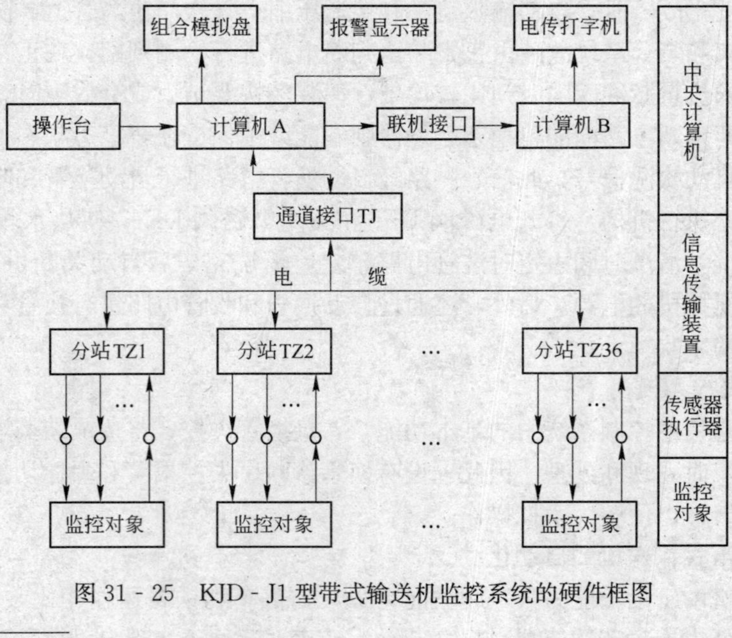

图31-25　KJD-J1型带式输送机监控系统的硬件框图

❶ KJD-J1型带式输送机计算机监控系统由煤炭科学院常州自动化研究所研制。

口实现双机运行。操作台作为人机对话设备，用按键、开关和按钮向计算机发出工作命令，进行遥控、遥调、召唤显示和召唤打印等操作。遥信、遥测信号则在组合模拟盘和报警显示器上显示。

B YTK 型矿用信息传输装置

YTK 型矿用信息传输装置由通道接口 TJ、电缆和若干分站 TZ 组成，采用时分制脉冲编码基带传输。

传输方式：1∶N 单向分支式；

传输容量：一台 TJ 接口可带 36 台分站，每台分站有 19 路遥信、5 路遥测、3 路遥控和 1 路遥调；

传输速率：200 波特；

传输距离：10km

同步方式：群同步和步同步；

电缆：4 芯控制电缆，其中 2 芯用于自检。

C 软件系统

软件系统的结构框图见图 31 - 26。程序分为 *A* 机和 *B* 机两部分。*A* 机程序由主控、通道管理、信息处理、操作控制和联机输出等部分组成。*B* 机程序由主控、联机输入和打印等部分组成 。*A*、*B* 两机均采用程序询问中断方式进行工作。

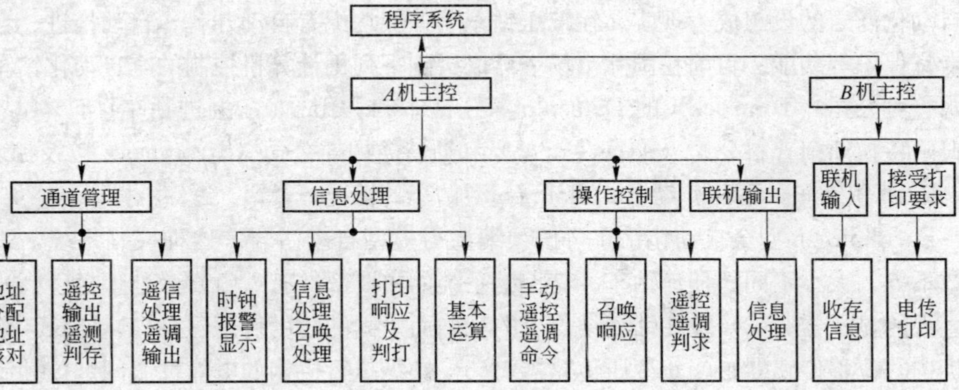

图 31 - 26 KJD - J1 型带式输送机监控系统的软件结构框图

系统有四种运行方式：(1) 联机自动控制方式，由计算机直接控制；(2) 联机手动控制方式，由计算机提供操作指导，操作人员进行控制；(3) 脱机手动集中控制方式，通过信息传输装置在中央控制室实行手动集中控制；(4) 局部控制方式，当传输装置出现故障时，使被监控设备脱离系统。由现场进行单独控制。

31.2.5.2 带式输送机张力的自动控制[1]

带式输送机在启动、制动的不同运行阶段以及负载变化时，对张力有不同的要求，特别是下放式长距离带式输送机，其张力变化更大，需要对胶带的张力进行自动调节和保

[1] 本节内容由化工部化工矿山设计研究院提供资料。

护。张力测量国外一般采用电阻应变片。

化工部化工矿山设计研究院为广东云浮硫铁矿设计的三条下放式钢芯带式输送机构采用了DX系列自动拉紧装置。这种装置通过压磁式传感器测量胶带张力，利用其输出信号控制拉紧绞车的正、反转和停车，达到自动调整张力的目的。

该系统设计了五个预定的拉力值。

(1) 停车拉力值。当胶带由运行转为停车时，胶带拉力自动降到此值。

(2) 运行拉力下限值。胶带运行中拉力不得低于此值，一旦达到此值，拉紧绞车自动启动，将胶带拉紧。

(3) 运行拉力上限值。胶带运行中如拉力高于此值，则绞车自动将胶带放松。

(4) 启动拉力值。其值大于运行拉力值，胶带由停车转为运行时，拉紧绞车应首先启动，将胶带拉紧，直到拉力大于此值，输送机才能启动。

(5) 拉力极限值。输送机在任何状态下，拉力均不得超过此值，否则作事故处理。

以上功能可通过程序控制装置实现，并与带式输送机电力传动系统联为一体综合控制。

31.3　井下生产过程的自动化

31.3.1　钻车的自动控制[11]

硬岩凿岩是一项极为繁重的采掘作业。液压钻车技术的成熟和计算机技术的进步，已使自动化凿岩的设想成为现实。在液压钻车上一般均配有自动开孔、自动推进、自动返回及卡钎保护等功能。目前在国际市场上可以买到下列用计算机控制的全自动化钻车：芬兰塔姆鲁克公司（Tomrock）的Datasolo深孔钻车和Datamatic掘进钻车、日本古川公司、瑞典阿特拉斯柯普科公司（Atlas Copco）和斯特龙内斯公司（Stromnes）以及挪威的Furuholmen型钻车，下面介绍Furuholmen型钻车的情况。

Furuholmen型全自动化钻车可按预编凿岩模型自动凿岩。这种控制系统，适用于钻臂数不等、大小不同的任何钻车。其控制系统的主要部件有：(1) 微处理机；(2) 操作盘和直观的显示器；(3) 装在钻臂结点上的精确而坚固的角度传感器；(4) 伸长、给进和推压机构的位移传感器；(5) 液压传感器；(6) 操纵执行机构的电液伺服阀。该控制系统可以用全自动、操纵杆控制和手动控制三种方式操纵钻车。其结构示意如图31-27所示。

(1) 全自动控制方式。在这种控制方式中按预定凿岩模型全自动凿岩。将设计的炮孔参数，即相对于巷道轴线的每个炮孔的位置、角度和深度，编制成凿岩模型程序，存储在操纵台上的计算机内，并通过便携式计算机输入或修改程序。系统中存储有几种稍有不同的炮孔布置模型，以免炮孔组在老炮窝上开孔。平巷轴线、定向激光束轴线或其他参考点之间的关系数据也存入计算机中。

不管钻车处在工作面的任意位置，只要使第一根钻杆与激光束或其他参考方向成一直线，并按压导向按钮，微机便根据钻车的实际位置与存储器中的凿岩模型之间的关系操纵钻车作业。钻车能够从任意位置按需要的方向和设计的模型自动地钻凿整个炮孔组。操作者可在任一点干预自动控制，例如更换钎头或根据工作面的情况重新钻凿一个炮孔，然后重新转入自动运行。

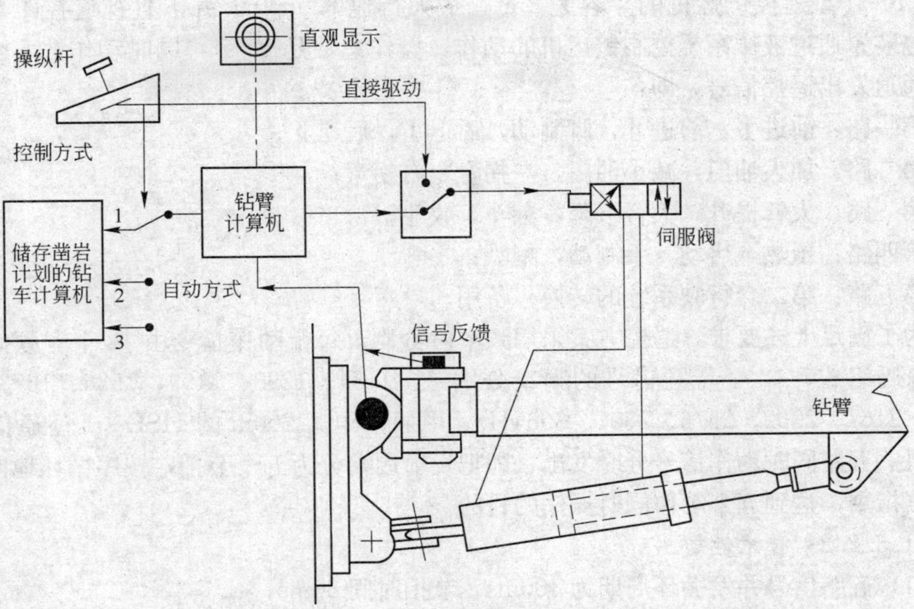

图 31-27　钻车控制系统示意图

在显示屏上能显示全部钻孔的布置模型，指示哪些炮孔已经钻完和将要钻进，同时显示每个炮孔钻进中的图形，提供岩层变化的直接信息，以便操作工决定更换钎头的最佳时间，屏幕还能显示钻臂与预定轴线的相对位置关系。

(2) 操纵杆控制方式。在这种控制方式中，所有钻臂与钻机的动作均由操作者发出命令后，通过微机执行，即任何需要的动作（包括位置、方向和角度的改变，或改变其他参数而保持一个不变），只要简单移动操纵杆即可有效而精确地完成。

(3) 手动方式。操作者用操纵杆直接操纵各个钻臂而完全不用微机，但仍然用显示器观察钻机的钻进情况。

使用微机控制钻车可获得的主要效益是：(1) 缩短操作工的培训时间；(2) 钻臂操纵快速而准确；(3) 炮孔的方向、间距和深度准确，从而容易控制巷道外形，降低成本；(4) 炮孔的布置可以优化；(5) 可以钻凿更深的炮孔；(6) 减少测量工作量；(7) 整个凿岩作业时间大大减少。

目前国外实现了自动化的都是液压钻车。国内一些单位在炮孔自动定位和钻进参数自动控制等方面正在开展探索性工作。

31.3.2　井下装运设备的遥控[12]

在某些地下矿山，需要装运设备进入危险区作业，而工人在危险区之外进行遥控，例如在 VCR 采矿方法中用铲运机回收无底柱采场的 15%～20%残留矿石。这种方法简化了底部结构，减少采准工程量，加快采场投产，确保出矿安全。下面介绍在凡口铅锌矿使用的 YK-1 型无线电遥控铲运机❶。

31.3.2.1　工作制概况

❶ YK-1 型无线电遥控铲运机由长沙矿山研究院研制。

YK-1型遥控铲运机的斗容为 $2m^3$，最大行速6.9m/h，井下直视遥控距离100m，无线电装置通过液压系统控制铲运机的动作，操作总数是19个，同时动作数5个。采用五路通道发出遥控信号，即：

第一路：前进Ⅰ，前进Ⅱ，脚制动，后退Ⅰ，后退Ⅱ；

第二路：加大油门，减小油门，左拐弯，右拐弯；

第三路：大臂提升，大臂下降，翻斗，收斗；

第四路：预热，启动，手制动，喇叭；

第五路：第二套行驶系统的转换，备用。

为了满足上述要求，遥控方案采用频率时分制，每个动作指令由12个音频信号中的3个编码组成，12个音频信号的频率分别是：1184、1293、1409、1536、1673、1824、1988、2167、2362、2576、2807、3064Hz。用通讯距离200m的HSE-1型通信机作为通道机。五路同时动作信号分时发出，即把发射周期分为五个节拍，按序循环地向空间发送各路指令，达到五个动作同时操作的目的。

31.3.2.2　技术性能

（1）五路信号并发循环周期为400ms，节拍时间80ms；

（2）发射机功率大于500mW，发射频率410MHz，频偏小于5kHz；

（3）接收机灵敏度 $\leqslant 1\mu V$；

（4）调相调制灵敏度20mV；

（5）控制失灵率<0.1%，误动作率<0.03%；

（6）动作延迟时间<500ms；

（7）环境温度：－10～50℃，相对湿度98%；

（8）接收机耐冲击 $350m/s^2$，耐振动50Hz，$100m/s^2$；

（9）电源电压：发射机交流36V±10%或直流12V±10%，7V±10%。接收机直流24V±10%。

31.3.2.3　电路原理

A　发射机（见图31-28）

a　指令频率发生器

指令频率发生器是控制信号的核心。用12个频率为1184～3064Hz的变形电感三点式振荡器获得所需的指令信号，每个振荡器的频率调节范围为±200Hz，频率稳定度约为 10^{-8}。12个频率中5个频率作地址码，7个频率组合为操作码。

b　指令编码器

采用电阻编码器没有非线性失真问题，编码电阻为270kΩ时，串扰衰减为80dB以上。为抑制串路干扰，对于不发信号的电路采取了接地措施（见图31-29）。当按钮 KA_1 没有闭合时，各路串联场效应管都是截止的，并联场效应管对地短接。当按钮 KA_1 闭合时，第一路的串联场效应管导通，对应的并联场效应管在门控信号到达时开路，以保证本路信号顺利发出而没有串路干扰。

c　时钟源

是一个脉冲宽度可调的对称脉冲发生器。其振荡频率经16分频后为12.5Hz。

d　时序控制器

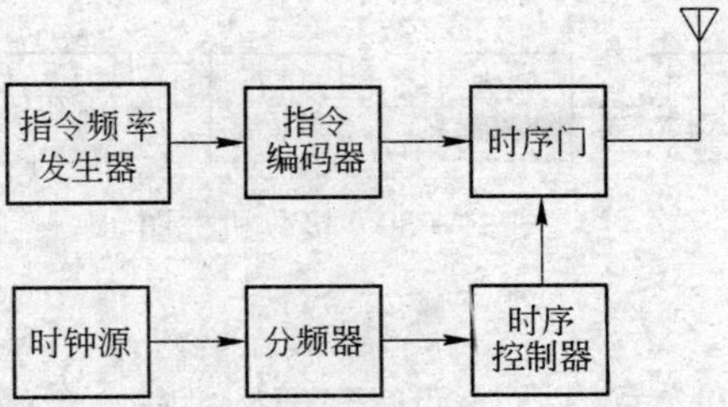

图 31 - 28　发射机框图

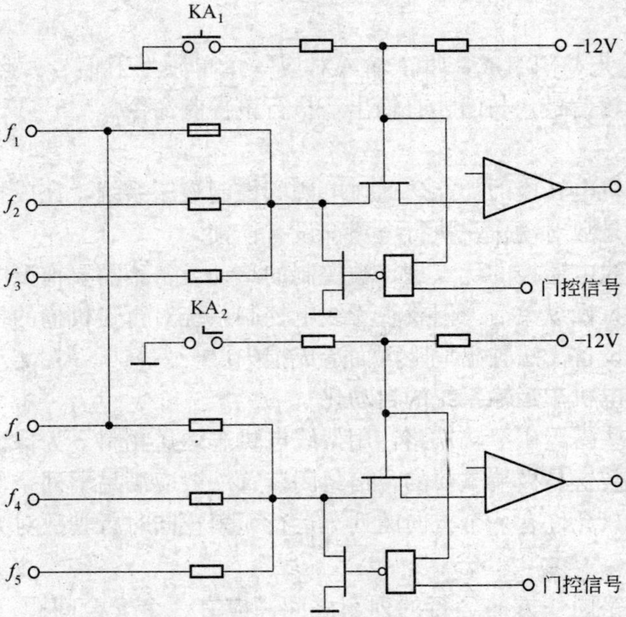

图 31 - 29　防串路干扰的电路

为了对指令信号进行分时发射，采用时序控制器把发射周期分为五拍，在每一拍发一路指令。

e　时序门

是脉冲控制的闸门。当门控脉冲到来时，就将对应的门打开，输出其指令信号，送入无线电通道的调制器。

B　接收机（见图 31 - 30）

a　高频放大器

选用 5HE - 1 型 410MHz 无线电通讯机，对工业干扰及振动引起的干扰有较好的抑制能力。其带宽是 3000Hz，灵敏度 1μV，经过选频放大器、混频、中放、鉴频和一次解调等电路将发射端发出的高频调制信号完整地还原为低频组合指令信号。

b　选频放大器

由陶瓷滤波器和运算放大器组成。陶瓷滤波器带宽为 10～30Hz。将低频组合信号分解成单音频信号，然后放大到 4V 左右，以保证检波电路可靠工作。

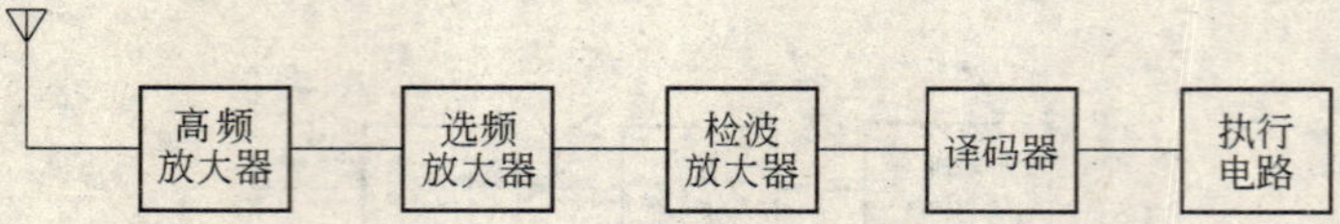

图 31 - 30 接收机框图

c 检波放大器

由二极管和低通滤波器组成。将脉冲调制信号进行二次解调，然后整形放大，还原为脉冲指令信号。为使后级译码器得到一个完整的方波信号，使用了电压比较器，进行整形和电平变换。

d 译码器

由 CMOS 三输入与门组成，每个输入对应一个单频发射信号。必须同时收到组成某控制指令的三个音频信号，与门才有输出，执行该控制命令。

e 执行电路

执行电路完成机电转换的功能，通过电磁阀控制液压系统，完成相应的动作。为保证机器可靠运行，凡是敌对动作，执行电路都设有连锁。

在井下使用无线电遥控的优点是，被控制的移动设备不需要拖曳电缆，不存在电缆磨损和挂断的问题，且操纵灵活。但要求无线电控制系统对行走机构的控制绝对可靠，不允许失控，以免被控设备无法驶出危险区而造成损失。

31.3.3 井下电机车运输系统的自动化

井下平巷和某些露天矿窄轨铁路，用架线电机车运送物料。为保证其安全运行以及提高运输效率，信号装置是极端重要的，信集闭装置一般应满足下列条件：

（1）在单线上只允许有一个方向的列车运行，禁止同时行驶敌对方向的列车，以免撞车。

（2）同一条铁路同一方向运行的列车之间，应有一个安全间距（大于列车的制动距离），以免发生追尾事故。

（3）所有列车的实际运行位置，应在铁路运输模拟盘上正确显示，以便调度员及时调度（采用区间自动信号的例外）。

（4）运输繁忙的区段，应用电动转辙机扳道岔，电动转辙机由调度员在中心控制室或司机在行进电机车上遥控。

（5）道岔位置应与灯光进路放行信号保持一致，不发生挤岔问题。

（6）所有电动道岔的位置和色灯信号机的工作状态，都应在铁路运行模拟盘上得到显示。

（7）配备必要的通讯设备，如载波电话。

下面对几种控制方式列表进行比较，供选用时参考。继电器方式与无触点元件方式除控制元件不同外其他部分都是一样的，故表 31 - 11 中仅列入无触点元件式。

31.3.3.1 单进路通用组合式电机车运输信号[13]

矿井铁路运输线路的布置是多种多样的。根据不同的运输线路布置，逐个构思不同的运输信号控制线路图，很是麻烦。实际上除少数大型矿井需用成套的信集闭系统外，大量中、小型矿山的电机车运输只要较简单、灵活的信号装置，就能保证行车安全，提高运输

表 31-11 几种铁路信号装置的技术经济比较

装置类别	适用矿山类型	适应性	投资费用	电缆用量	安装维护	可靠性	控制方式
单进路通用组合式	中、小	好	小	少	方便	差	分散、无专人监视
无触点元件信集闭式	大、中	差	大	多	不方便	最好	集中
频率制信集闭式	大、中	好	较小	少	方便	稍好	集中自动

效率。单进路矿井电机车运输信号控制箱已做成定型产品，对于不同的运输线路，只要改变各控制箱之间的连线就可组合使用，具有通用性，便于生产、使用、维修和更换。

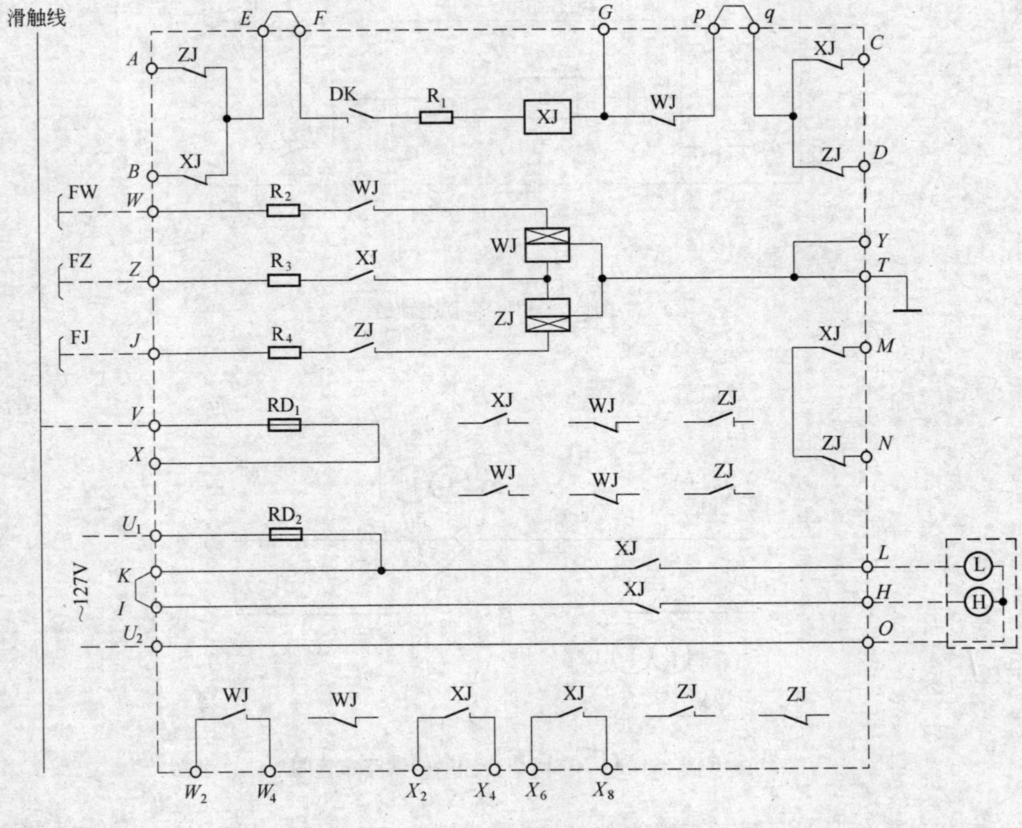

图 31-31 单进路信号控制箱原理图

图 31-31 为单进路控制箱原理图。WJ、ZJ 为双线圈机械定位继电器，□为吸合线圈，⊠为复位线圈，吸合线圈通电后继电器动作。随后，即使吸合线圈断电，继电器仍保持吸合状态，当复位线圈通电后，继电器释放。

控制箱由电机车滑触线取得电源。常态时，WJ 已被置于吸持位置，红灯 H 燃亮，当电机车行进到集电弓碰到询问传感器 FW 时，如敌对进路已开放，控制箱则处于“询问储存”状态；如敌对进路没有开放，控制箱则处于“信号开放”状态，发出放行信号，并将敌对进路闭锁。

图31-31的上部XJ电路，称为一个连锁节。当1号、2号两架信号机不能同时开放时，就将两个单进路信号控制箱构成一个“连锁链”，如图31-32所示连线。

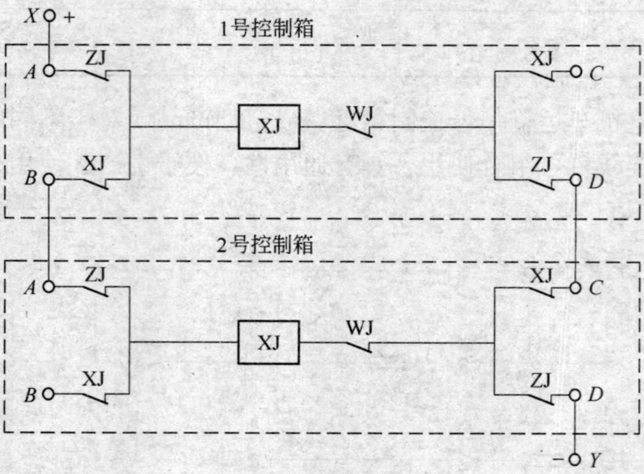

图31-32 二节连锁链

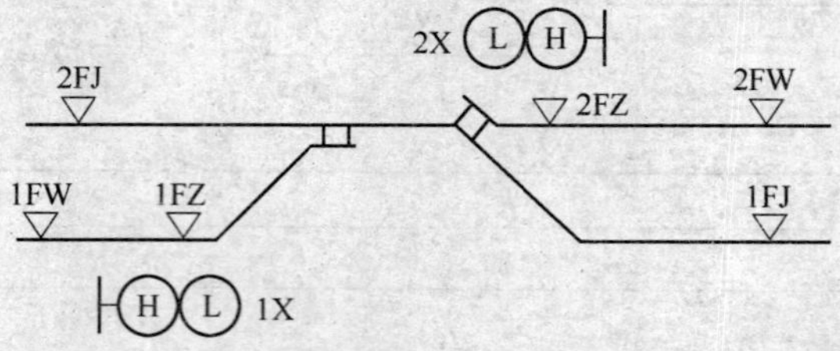

图31-33 有两个会让站的铁路布置图

现以两个会让站的铁路运输为例（见图31-33）来阐述。当机车集电弓碰到询问传感器1FW时单轨区没有列车，则1号箱的WJ释放，XJ吸合，于是1号信号机的绿灯亮，红灯熄灭。同时，A—B间的XJ常闭接点切断2号箱正电源，使2号信号机不得开放。当列车越过1号信号机后，集电弓碰到转换传感器1FZ时，1号箱的ZJ吸起，1号箱本身XJ的正电源亦被切断，XJ释放，放行信号（绿灯）转换为禁止信号（红灯），防止后续列车借先行列车的放行信号越过信号机，造成追尾事故。列车碰到解锁传感器FJ时，ZJ释放，电路全部复原。这种通用组合式信号电路由TZ-1型单进路控制箱和XD

型信号机（有单、双、三色三种规格，红、绿、黄、白四种颜色）组成[1]。

采用这种自动信号系统时，电动转辙机一般是在机车经过时由司机在车上遥控。DK-1型成套遥控设备见图 31-34。发射机 F 和发射天线 FX 装在电机车上，司机在车上按一下按钮，即由天线发射出电磁波信号，环形接收天线 SX 装在巷道顶部，接收机 S 接收到信号后，通过继电器箱 JX 操纵电动转辙机 DZ。

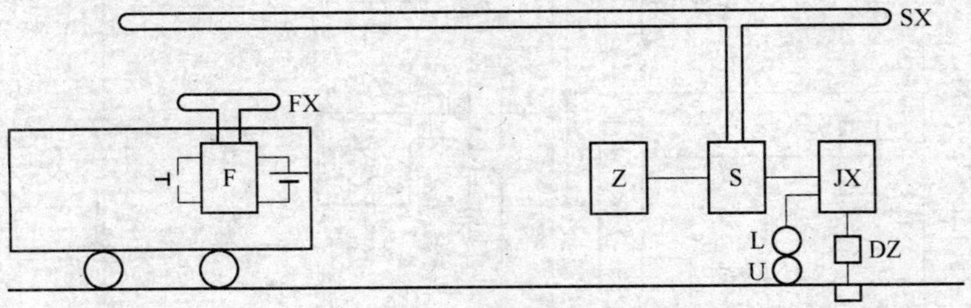

图 31-34　司机在车上遥控电动转辙机框图

通用组合式矿井电机车运输自动信号系统的优点是：(1) 通用性强，中、小型矿井和大型矿井的非集中部分均可采用；(2) 简化了设计工作；(3) 安装方便，节省投资；(4) 设备单一，便于生产和维修。其缺点是没有专人监视，故障不能及时排除。

31.3.3.2　无触点式信集闭装置

以电磁继电器为基本元件构成的信集闭装置在井下使用，遇到空间小、湿度大等不利因素，给设计、施工、使用和维护带来困难，甚至影响正常生产。为此，鞍山黑色冶金矿山设计研究院设计了无触点元件组合的信集闭装置，首先在南京梅山铁矿的井下使用。无触点逻辑元件是采用上海成套厂生产的 LC12 型系列产品，其性能参数如下：

使用环境温度（℃）	－20～＋55
电源电压（V）	直流 24
逻辑方式	负逻辑
逻辑电平（V）	“1”态≤1.6，“0”态≥17
负载能力	4 个负载（7.5kΩ）
额定工作频率（Hz）	100
抗干扰能力	能抗脉宽 1ms 幅度 24V 的干扰

在无触点信集闭装置中用晶体管或晶闸管的截止、导通代替继电器触点的断开和接通，信息的传输仍是属于多线制系统。今以图 31-35 阐明信号灯无触点控制电路的工作原理。

在进路未开放时，红灯 H 点亮。在下列三个条件同时满足，即：(1) 前方进路区段没有列车；(2) 敌对方向没有机车行驶；(3) 电动转辙机岔尖处于密贴位置。如有机车司机要求开放允许前进信号（绿灯 L 点亮），则可请调度员或由司机自行按压按钮 XA，当机车驶入色灯信号机内方后，由于与门 YM 输入端的前一区间无车信号消失，使绿灯自动熄灭，红灯点亮。

[1] TZ-1 型单进路控制箱、XD 型信号机、DK-1 型遥控设备和 DK22 型电动转辙机均由韶关无线电二厂生产。

按下取消信号按钮QXA，可切断或门HM的自锁信号而使已开放的绿灯信号熄灭，转换为红灯。

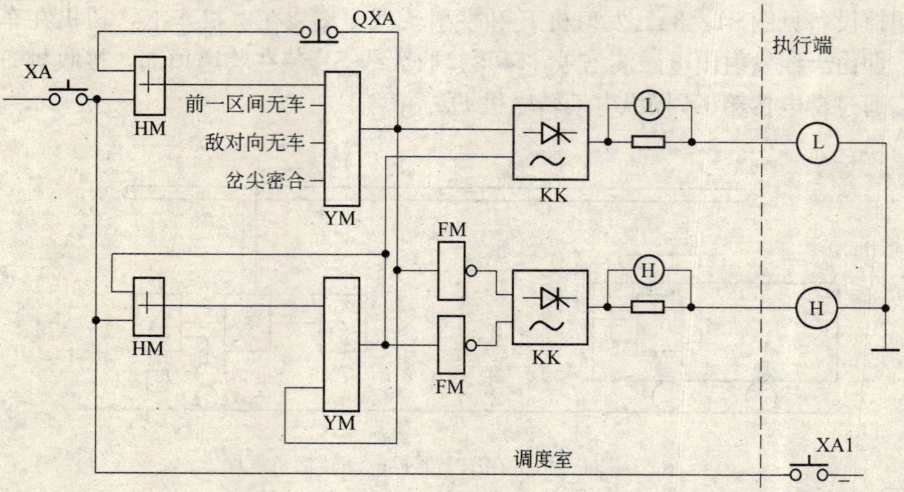

图31-35 信号灯无触点控制电路

HM—或门；YM—与门；KK—晶闸管开关；FM—非门；L—绿灯；H—红灯；

XA—放行信号按钮；QXA—取消信号按钮

本系统与继电接触器系统相比，消除了因触点接触不良而造成的故障，可靠性较高，但投资费用大，且信号的传输仍是多线制。此系统可在大、中型矿山控制距离较短、运输繁忙、可靠性要求高的地方使用。

31.3.3.3 频率制信集闭装置[14]

无论电磁继电器或无触点信集闭装置，信号传输都需用大量多芯电缆，造价高，且不适用于铁路多变，要求经常改变信号系统的矿山。遵义铁合金厂应用了频率制信集闭装置❶，在一根SYV50-7-1型同轴电缆中，可传输120个信号，从而节省多芯电缆，降低初期投资，且便于改变系统结构。一个简化的频率制信集闭装置的框图如图31-36所示。为了保证在一根单心同轴电缆中通过120个信号并减少相互干扰，采用频率稳定度高的石英晶体振荡器FS发出频率信号，在每个振荡器的信号输出端接2.2kΩ隔离电阻，以防信号短路。接收器TS采用差接桥型滤波器选频，通带宽度约为12Hz，在偏离中心频率125Hz处的衰减达26dB，满足了选频要求。考虑到信号对象是相对集中的，若干个接收端可共用一个放大器KF。一个通带为10kHz的共放大器，可以带20个接收器，系统中的逻辑元件，亦采用LC12系列产品。色灯信号的控制过程都是自动进行的，必要时调度员可以介入，一般只起监视作用。频率制信集闭装置的主要性能参数如下：

频率信号数	120
频率范围（kHz）	100～160
频率间隔（Hz）	500
晶振的频率稳定性	10^{-5}
共放大器的通频带（kHz）	10

❶ 频率制信集闭装置由长沙矿山研究院研制，长沙电子仪器厂生产。

传输距离（km） ＜20

电源电压（V） 直流 12±5%

频率制信集闭装置的优点是节省多芯电缆，在运输距离远的矿山使用，经济效益尤为显著，且安装方便，维护简单，灵活性高，能适应矿山铁路多变的特点。缺点是比前述两个系统调试更复杂，调整不好时系统难以可靠工作，另外维护人员要有较高的电子技术知识。

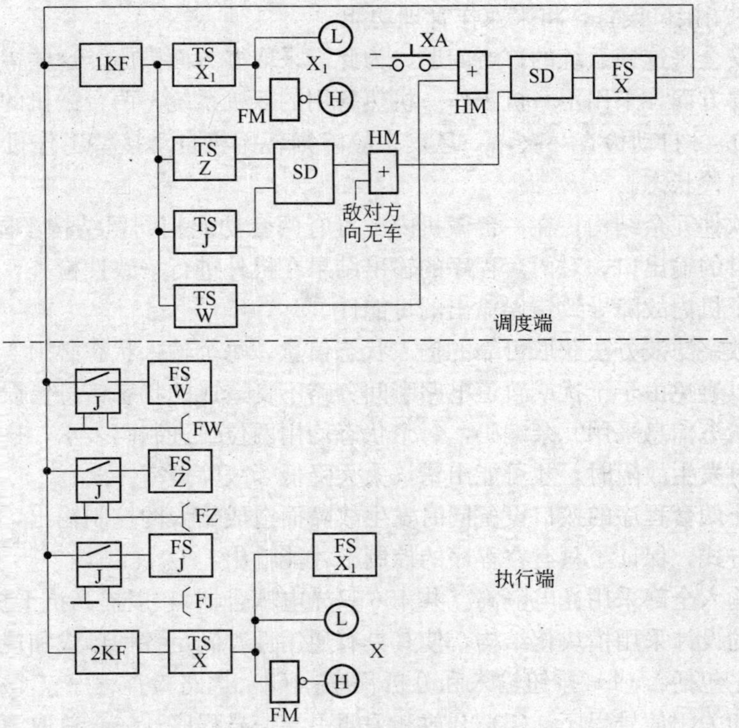

图 31-36 频率制信集闭装置框图

FS—发射机；TS—接收机；KF—共放大器；J—继电器；HM—或门；
FM—非门；SD—锁定器；FW—询问传感器；FZ—转换传感器；
FJ—解锁传感器；H—红灯；L—绿灯

31.3.3.4 微机控制的车站集中连锁[1]

传统的铁路信号车站集中连锁系统使用大量的继电器，线路复杂、投资昂贵、运行可靠性较差。20 世纪 70 年代末，在集中连锁系统中成功地应用了微机技术，显示了突出的优点。这些优点是：

(1) 采用软件处理复杂的连锁关系，比继电器系统灵活且便于修改，大大简化了硬件设备，节省投资。

(2) 具有智能功能，可对有关运输的信息进行综合处理，促进运输的现代化管理。例如对操作指令和设备状态的动态变化进行记录打印，为分析事故提供依据。

(3) 能进行自身故障诊断，容易维修。

[1] 车站集中连锁微机控制系统由鞍山黑色冶金矿山设计研究院研制，周根泉提供资料。

(4) 由于信息可串行传输而节省大量电缆。

(5) 设备体积小，占地面积少。

1986 年本钢歪头山铁矿投用了一套露天矿山准轨铁路微机车站集中连锁系统。该系统运输矿岩总量 1490 万吨/年，采用 100t、150t 电力机车牵引。该车站有六条股道、道岔 26 组，信号机 28 台，轨道电路 35 段。

微机系统的主机选用 ISBC80/30 型单板机，并选用 PC - 9801FC 微型机作为 14 英寸(35cm) 彩显终端接口设备，将来兼作管理功能。

保障行车安全是连锁系统的首要问题，为此需采取多方面措施。这些措施是：

(1) 在硬件方面，采用了一机工作一机热备用的双机系统。两台微机的硬件和软件完全相同。每隔 0.4s 自动检查一次，一旦发生故障则备用机自动接替工作机的任务，备用机也始终处于自检状态。

(2) 采用软件冗余结构，在一台微机内配置有两套功能相同但结构不同的连锁程序，两套程序有各自的输出口，对两套程序的输出结果在机外进行一致性检查，只有一致才执行，从而排除了机内故障导致错误输出的可能性。

(3) 采用数字滤波方法获取可靠的输入状态信息，每个输入状态必须 4 个相邻信息相同才予确认，以避免由于干扰或轨道电路瞬间分路不良造成的状态信息错误。

(4) 设备状态信息采用冗余编码，每个状态均用两位二进制码表示，这样，只有在两个存贮单元同时发生故障时，才可能出错，大大降低了故障概率。

(5) 为防止两套程序的接口设备同时发生故障而造成错误的控制输出，输出驱动器设计为动态工作方式，保证了只有在程序的控制下才能输出。

(6) 输出输入全部采用光电隔离（共 456 只光电耦合器），以提高抗干扰能力。

连锁程序的设计采用模块化结构，使其具有通用性，满足各种形式和规模的场站作业需要。这些程序包括：(1) 按钮输入和分析程序；(2) 选路检查程序；(3) 选路执行程序；(4) 开放和关闭信号程序；(5) 开放和关闭引导信号程序；(6) 总取消程序；(7) 区段锁闭和解锁程序；(8) 脉冲周期控制程序；(9) 故障解锁程序；(10) 道岔人工解锁程序；(11) 人工解锁道岔执行程序；(12) 道路正常解锁和中途折返解锁程序；(13) 单独操纵道岔检查程序；(14) 单独操纵道岔执行程序；(15) 进站信号延时解锁程序；(16) 信号人工解锁程序；(17) 站场显示程序；(18) 照查程序；(19) 定时程序；(20) 时钟计数和修改程序；(21) CRT 时钟对表程序；(22) 状态变化记录和显示程序；(23) 串联试验的按钮记录和输出程序等。在连锁程序设计中考虑了不同的作业需要和使用要求，例如一条进路中的道岔是同时转换还是顺序启动，两个咽喉能否同时向同一道发线调车等，可以通过软件开关进行选择。

歪头山铁矿微机车站集中连锁系统的结构示意图见图 31 - 37。

31.3.3.5　国外平巷电机车运输自动化的实例[15]

瑞典基鲁纳铁矿平巷运输是目前世界上运输量最大、设备最先进的井下运输系统。在不同发展时期，先后有 275m、320m、420m、540m 和 775m 五个主运输平巷出矿，各平巷的自动化水平也不断提高。下面介绍 1979 年投用的 775m 平巷的 KUJ - 75 计算机控制系统（图 31 - 38)。该系统根据装车计划、溜井和破碎机矿仓的矿石品位、候车线路条件、故障情况等，自动确定列车的装矿溜井和卸矿仓的位置（共 13 个装车站，6 个卸载站），列车由 65t 的电

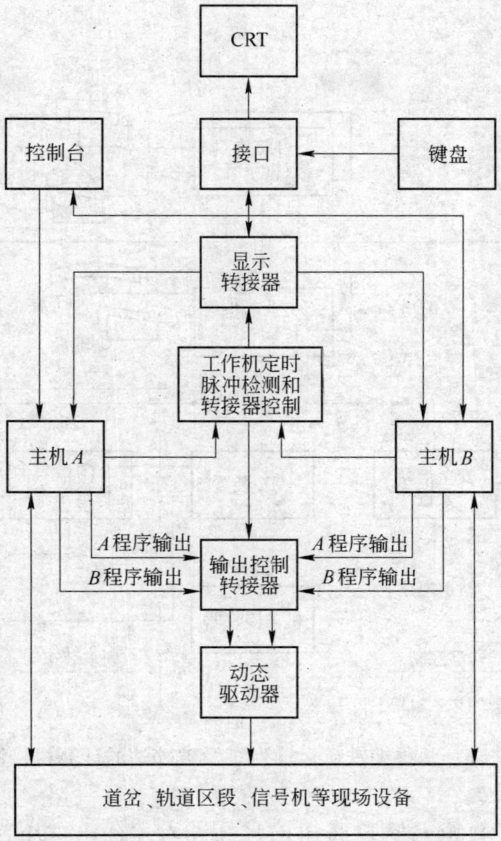

图 31-37　微机车站集中连锁系统的结构示意图

机车牵引，无人驾驶的电机车由计算机控制行驶，采用 SAAB-MDT 型感应传输系统，通过架设在滑触线上空的环形天线传输控制指令。系统共有 25 列运矿列车和 5 列辅助列车。系统由两台 MODCOMP 型电子计算机及设有两个屏幕显示器和打印机的操作台组成，由 JZA-700 型数据传输系统实现从控制中心到轨道电路、信号和道岔转辙机之间的信息传输。

装车站的控制通过闭路电视在控制中心监视。在装矿过程中，对矿石自动取样，并由风管送化验室分析。破碎机站用 6 台 ASEAPLC-700 型可编程控制器进行控制。

31.3.4　振动出矿的半自动控制[16]

出矿作业是地下采矿生产过程的主要环节。振动出矿技术的出现，把传统的重力出矿转变为连续强制出矿。振动出矿放出的矿流均匀，为井下出矿系统的半自动控制提供了条件。湖北长石矿在 2 号主平巷建成一条以振动出矿为中心的半自动化作业线❶。电机车驶入溜井出矿区间后，集电弓使位置传感器得电，于是控制箱内的启动继电器动作。当矿车被拉到溜井下时，电机车司机根据对位信号操纵 ZF 型载频遥控发射机，后者通过集电弓、滑触线向控制箱内的 SJ 型载频接收器发射信号。从而控制振动出矿机的启动和停止。

❶　振动出矿半自动化作业线由中南工业大学研制。

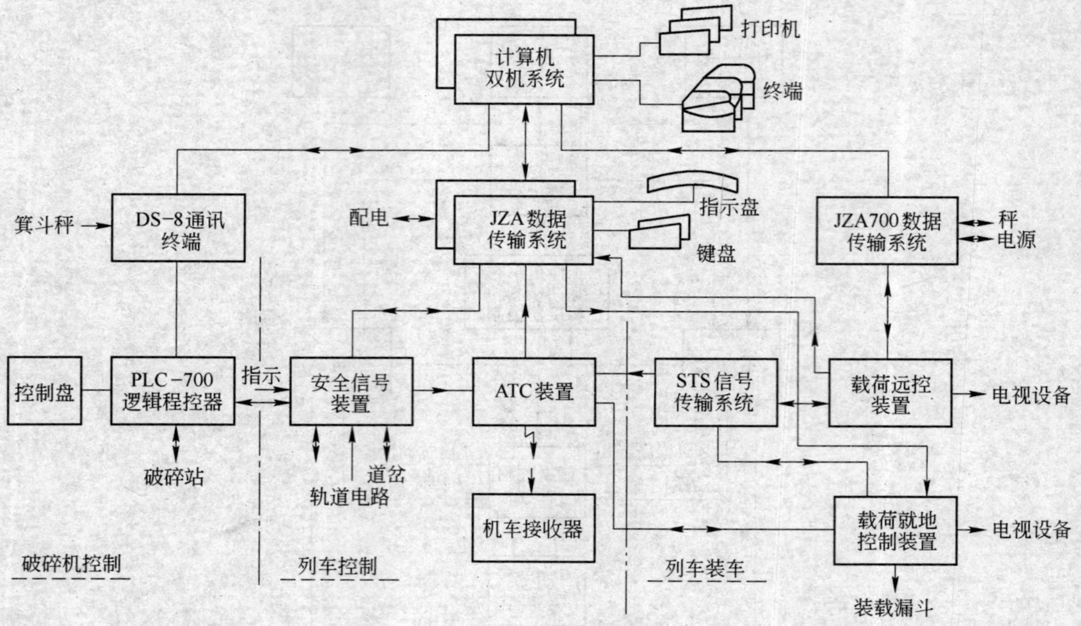

图 31-38 基鲁纳铁矿运输列车及破碎站的计算机控制系统

ZF 型载频遥控发射机和 SJ 型载频接收机由长沙向东无线电厂生产。若矿石干燥、粉尘较大时，可将自动喷雾降尘开关置于自动位置，这时，一旦振动出矿机开始出矿，电磁阀就会自动开启，进行喷雾降尘。当矿车装满时，在铁轨上的压力继电器动作，使振动出矿机自动停车，并发出满载信号，同时向控制箱的电磁计数器发送一个电脉冲，实现装载矿车的自动计数。

矿车自动对位采用光电原理，光电管的布置见图 31-39。在电机车牵引矿车通过放矿口时，由于矿车遮光位置不同，使三只光电管发出不同信号。当矿车接近放矿位置矿车遮住光电管 G_3 和 G_2 时，黄灯亮，告知电机车司机应减速制动。当矿车遮住 G_2 而 G_1 和 G_3 受光照时，红灯亮电铃响，告知矿车已对好位，这时电机车司机可以在驾驶室通过载频发射机控制振动出矿机放矿。

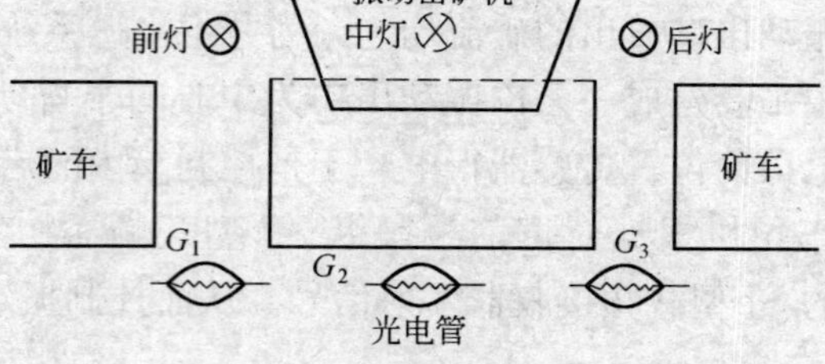

图 31-39 光电式矿车位置传感器布置图

31.4　提升系统的自动控制[17]

31.4.1　提升机的电力传动

提升系统是地下开采矿山的咽喉，不管是箕斗提升还是罐笼提升，也不管是摩擦式提升还是缠绕式提升，它的运行方式都是反复的启动加速→等速→减速→低速爬行→停车，是典型的位势负载。能满足提升工艺要求的电力传动方式有多种，但其满足程度与经济效益等却有差别。在选择提升机的电力传动方式及其自动控制时，应综合比较下述指标：安全可靠性，一次投资费，加、减速度的平稳性，停车的平稳和准确性，能源节约情况，维护难易程度。对于用途不同和功率不同的提升机，上述指标在综合比较中所占的分量也不尽相同。

由于技术发展程度和资金的限制，目前我国提升机大量采用交流绕线电动机传动。这是一种调速性能较差的电力传动，其优点是设备和安装费用低，建筑面积小。近年来，随着技术和生产的发展，在新建的大型矿山中，提升机采用调速性能好、容易实现自动化的直流电动机传动已形成一个趋势，特别是晶闸管供电的直流传动系统具有广阔的发展前途。在已投产的系统中，部分为磁场反并联可逆式，部分为电枢反并联可逆式，国产单机最大容量为1250kW。一般说，在单机传动容量大于1000kW，提升速度10m/s以上时，采用直流传动比较合适。由于节省电能，降低运行费用，虽然投资较大，但估计可在五年内回收多花的投资[18]。对于多绳摩擦轮提升，由于要求良好的调速性能，即使在1000kW以下也可考虑选用。在国外，近十余年来2000kW以下的提升机几乎一律采用直流系统。一个值得注意的动向是欧洲已将交-交变频的同步电机用于提升机，这种系统不但技术先进，而且当电机容量较大时（当前为2500kW以上）价格亦较晶闸管变流器供电的直流电动机传动更便宜。

31.4.1.1　交流绕线电动机传动的提升机自动控制

交流绕线电动机传动的提升机具有一次投资少，电机和控制设备制造较容易，技术上较简单等特点，在我国矿山得到了广泛的应用。但是，这种传统的在转子电路内接入电阻的调速方法调速性能差，给自动控制带来了许多困难，且电耗大，运行费用高。受接触器容量限制，单机最大功率为1000kW。

这种交流提升机，其启动是采用电流和时间原则切除转子电阻，获得平均加速度所需的平均力。在等速阶段，全部切阻外加电阻。因此，除了启动处于负力状态的提升机以外，在启动和等速阶段，实现自动控制较容易。但是，自动控制的关键是在减速和爬行阶段以及终点的准确停车。

对于启动需要驱动力，减速需要制动力的交流绕线电动机传动的提升机，一般是在减速阶段采用动力制动实现自动控制。主电源断开后将直流电源接入主电机，根据速度偏差调节动力制动电流，把提升系统的动能转化为转子电阻上的能耗。使提升机按预定的平均减速度减速，在爬行阶段按脉冲方式工作，最后以一个平均低速值进入停车点。这种电气自动控制系统先后在河北铜矿和中条山铜矿使用成功。

红透山铜矿采用的多绳摩擦式提升机，是在减速阶段运用动力制动的基础上，在爬行阶段切断主电机的全部电源，投入小功率电动机进行微传动（见图31-40），从而获得稳定的爬行低速。这样可以节约爬行时消耗在转子电阻中的能量，并使停车准确性提高。

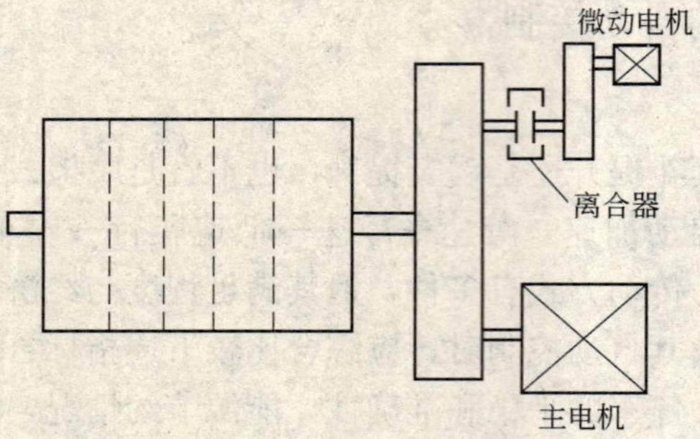

图 31-40 主电动机与微传动电动机的配置

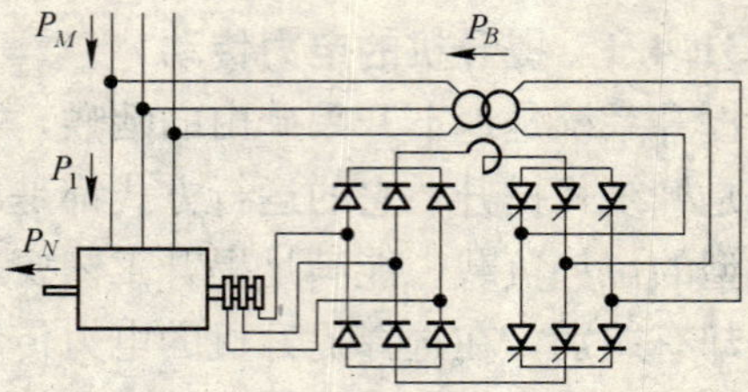

图 31-41 串级调速原理图

20 世纪 70 年代开始了在提升机上运用串级调速的研究和实践。冶金和化学矿山都先后在提升机上应用了同步速度以下的晶闸管串级调速的自动控制（见图 31-41），它把启动、减速以及爬行时原来消耗在转子电阻中的能量反馈给电网，因此效率较高。通过控制逆变角调节此反馈能量实现调速。由于采用了速度和电流双闭环调节系统。可以获得类似直流电动机的调速性能。但由于在有负力的提升系统中，必须附加动力制动装置而增加了控制的复杂性。另外，提升机的启动是由零速到全速，晶闸管逆变器的装置容量必须大于主电动机最大输出功率。其传动性能又不如直流系统，再者，功率因数低，电机的过载能力有所损失，因而影响了这种系统在新建矿井中的使用。但是，用于改造已有的绕线电动机传动的提升机则是可取的。

另一种交流绕线电动机驱动的提升机自动控制是在减速开始后断开主电动机电源，接上低频电源，使电动机处于发电制动状态，进行减速制动，最后达到与低频电源频率相对应的稳定低速爬行运行，其优点是从减速到爬行的不同运行阶段，不需要进行主电路的任何转换。最早是用低频机组作为低频电源，随着电子技术的发展，晶闸管交-交变频器代替了机组低频电源（见图 31-42）。这种系统节能，技术性能也较好。

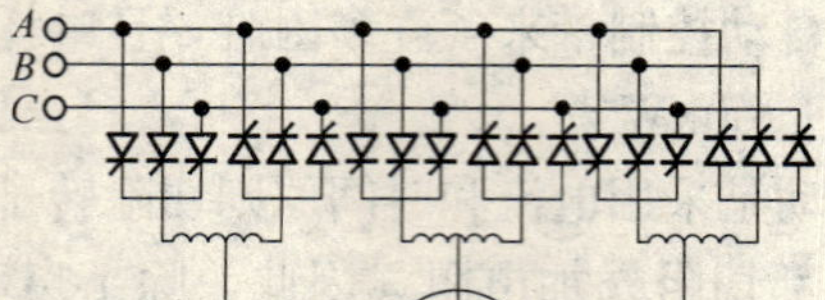

图 31-42 用于减速控制的交-交低频主电路

上述交流绕线电动机传动的自动控制系统，只适用于减速阶段有负力、负荷变化小的提升矿石的提升机。对于力图多变的材料和人员提升机，则难以实现自动控制。

31.4.1.2 直流电动机传动的提升机自动控制

直流电动机有良好的调速性能，为提升机自动控制提供了条件。但由于它一次投资大，以及国内直流调速传动装置的制造能力满足不了需要，因此，有较长一段时间直流电动机传动的提升机在国内使用得较少。随着大型矿井的增加和人们对提升机的重要性、安全性日益重视，直流电动机传动的提升机日益增多，技术也不断完善。

A 直流发电机组供电的直流电动机传动提升机的自动控制

用直流发电机组供电的直流调速系统完全能满足提升机的要求，当晶闸管变流器在技术和价格上还不能完全取代直流发电机组时，它曾经是一种较好的提升机传动方式。早期是利用交磁电机放大机调节发电机的励磁实现调速，后期则通过晶闸管变流器来控制调节发电机组的励磁进行调速。金川二矿区西副井提升机采用晶闸管变流器励磁和直流发电机组供电的控制系统，电机容量 1000kW。

在工业发达国家的新订货中，技术先进经济效益又高的晶闸管变流器供电的直流提升机已完全取代了直流发电机组供电的直流提升机。在国内，也有这种趋势。

B 晶闸管变流器供电的直流提升机的自动控制

1965 年引进了晶闸管变流器供电的直流提升机。它通过速度、电流双闭环调节实现自动控制。随后，国内研制的多种型式的晶闸管变流器供电的直流提升机先后投产。容量从 240kW 至 3200kW 不等。其电路有电枢反并联无环流可逆的和磁场反并联可逆的。既有用于提升矿石的也有用于提升人员、材料的。它们无一例外采用了速度、电流双闭环的自动调节系统。

图 31 - 43 是金川二矿东主井晶闸管变流器供电的 1250kW 直流提升机的控制系统框图[1]。该系统为电枢并联，逻辑无环流，有准备切换，切换时间 17ms，有电流上升率限制。

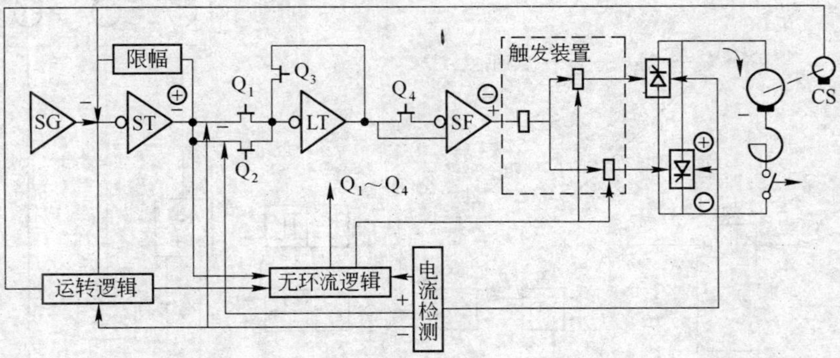

图 31 - 43 晶闸管变流器供电的直流提升机控制系统框图

提升系统只要求中等响应速度，因此，电枢回路反并联和磁场回路反并联均可满足技术要求。当采用磁场回路反并联时，要采用 4～5 倍的强励磁，使换向时间减少到 200～600ms，从而满足提升系统的要求。电枢回路反并联的变流器总功率大，磁场回路反并联的变流器功率小，但控制装置复杂。究竟选用电枢回路反并联还是选用磁场回路反并联，主要考虑的是经济问题。随着大功率晶闸管的价格下跌，电枢回路反并联的使用范围正在扩大。对于原有机组供电的直流提升机改用晶闸管变流器供电时，建议选用电枢回路反并联，以便适应原由机组供电的直流电动机。

---

[1] 该系统由北京有色冶金设计研究总院设计，丰台冶金仪表厂制造。

晶闸管变流器在低速时功率因数低，此时提升机又要求大电流（如启动），这将产生无功电流对电网的冲击，引起电压波动，同时三相桥式整流会在电网上产生5次、7次、11次、13次等高次谐波，造成电气公害，这对于某些电力系统容量较小的矿山则更严重。供电系统容量比晶闸管变流装置容量大得多时，谐波的影响可认为是允许的。必要时可通过静电电容器补偿功率因数或静态吸收5、7、11次谐波，以保证送进6kV、10kV电网的总谐波电压小于电源电压的4%。

31.4.1.3　交-交变频同步电机传动的提升机自动控制

国际上正在对交流电动机的变频调速进行广泛的研究，有多种变频调速方案。目前已在提升机上工业运用的只有交-交变频同步电动机调速。此方案是将50Hz或60Hz的电网电源经过交-交变频器直接变为8Hz以下的可变频率交流电源，对同步电动机供电。电动机与提升机卷筒主轴直接连接，通过改变交-交变频器的输出频率实现调速，在调频的同时改变输出电压。这种系统将在大型提升机上得到越来越多的应用。因为在大容量提升机的情况下，其技术性能和经济效果均优于直流电动机传动的提升机，目前，联邦德国、法国已有若干台交-交变频同步电动机传动的提升机投入运行。第一套是使用在联邦德国Non Monopol煤矿的一次提升量20t的2650kW罐笼提升机和一次提升量38t的2×4200kW箕斗提升机。我国金川二矿区西主井即将装设一台3500kW的交-交变频同步电机传动的提升机。

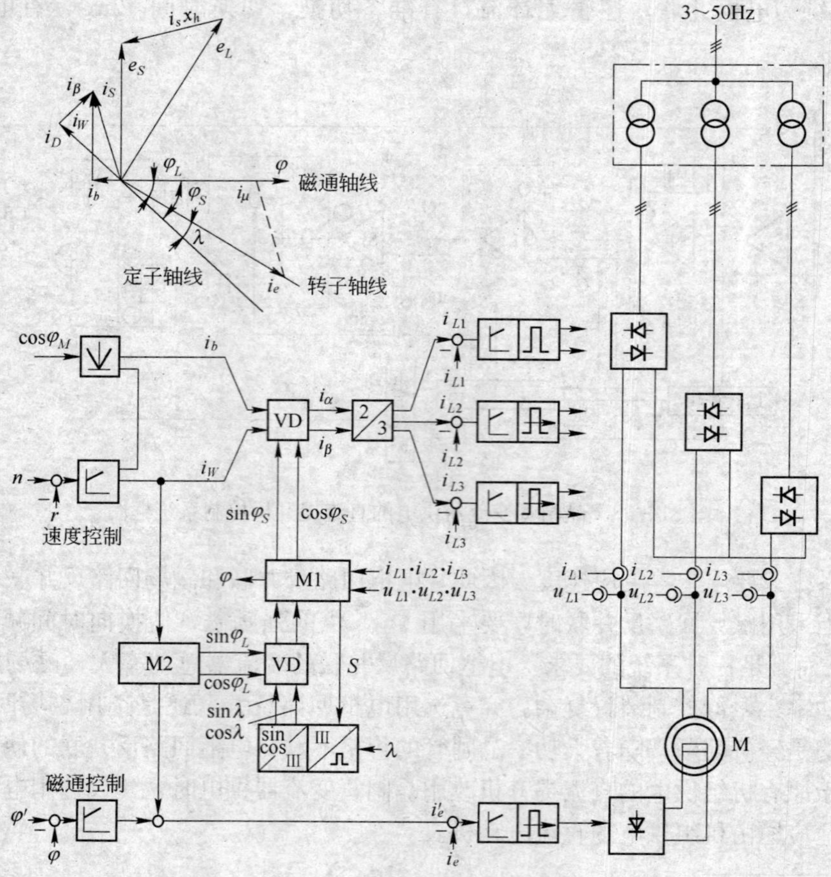

图31-44　交-交变频同步电动机传动系统

交-交变频同步电动机传动系统的框图见图 31-44。

在提升机上使用的交-交变频器，由三相桥式反并联变流器组成，拼凑成可变频率的正弦波低频电源。存在着 5、7、11、13 次等本征谐波和非本征谐波族。谐波抑制办法和上述晶闸管变流器所用方法基本相同。

交-交变频同步电动机传动的矿井提升机具有良好的调速性能，典型的调速范围是 1∶100，可以在驱动和制动状态的四个象限运行。因此能很好地满足各种类型提升机电力传动自动控制的要求。

31.4.2 提升过程的自动控制

提升过程自动控制的主要目的是：

(1) 为乘提升机的人员和提升机设备提供最大的安全性。

(2) 在规定时间内运送的矿石或人员、材料最多。

(3) 维持最高的提升设备利用时间。

(4) 运行时使提升设备、钢丝绳和提升器的抖动最小，以提高设备和钢绳的寿命，延长检修周期。

(5) 节约电能。

(6) 提供便于诊断故障，缩短故障处理时间的显示或记录。

31.4.2.1 基本的安全要求

(1) 提升系统对自动控制的基本要求之一是监视提升过程是否按预先设定的程序和速度图运行。当提升系统的实际运行状况超越了设定的允许值时，预示着存在不安全因素，应使提升机处于紧急制动闸的作用之下，以保证提升机的安全运行。三种不安全运行状态是：

1) 超过全速的 15%；

2) 在井筒两端的减速区段内实际速度超过设定速度的 15%；

3) 过卷。

检测上述不安全状况至少应当用两个完全独立的设备，这些设备应是高度可靠的，并且能进行校验。对于应用电子计算机进行提升过程自动控制的系统，除了将这些故障信息送入计算机进行控制外，还必须将它们的动作触点直接接入紧急停车继电器的串联回路中。

(2) 错向、主导轮与钢绳打滑、驱动力矩不够、主电机故障、主供电装置故障、控制回路故障、制动闸系统故障等，都有可能引起上述三种不安全运行状态，因此它们中任一个因素出现时，都应紧急停车。

提升机房、装载或卸载站、运人各阶段的操作人员发出人工紧急停车指令时，也应紧急停车。

要求紧急停车装置能可靠动作。

(3) 必须有可靠的制动闸系统。

(4) 要有各运人阶段人员进、出罐笼的安全保障措施。

(5) 对箕斗提升要有保证正确操作程序的措施。

31.4.2.2 启动、加速和减速的控制

提升机是通过钢丝绳驱动负载的，因此提升系统是一个弹性振荡系统。力或加速度的变化率（$\mathrm{d}F/\mathrm{d}t$，$\mathrm{d}a/\mathrm{d}t$）过大将引起钢丝绳抖动，从而降低机器特别是钢丝绳的使用寿

命，甚至导致故障。对于摩擦式提升机还可能引起打滑。因此提升机控制系统的速度、电流闭环调节只要求中等的响应速度。减少钢绳抖动有两种办法，一是在调节系统内加入一个电流上升率限制器；另一个更有效的办法则是采用如图 31 - 45 所示的速度给定曲线，将加速和减速过程的起始段和终了段的 da/dt 限制在一定的范围内。起始阶段以一定的 da/dt 使系统得到适当的加速度增长，达到设定的最大加速度。加速度过程接近结束时，又以同样的 da/dt 减小加速度，最后平滑地达到全速。在减速阶段也具有类似的控制过程，最后减速到爬行速度。

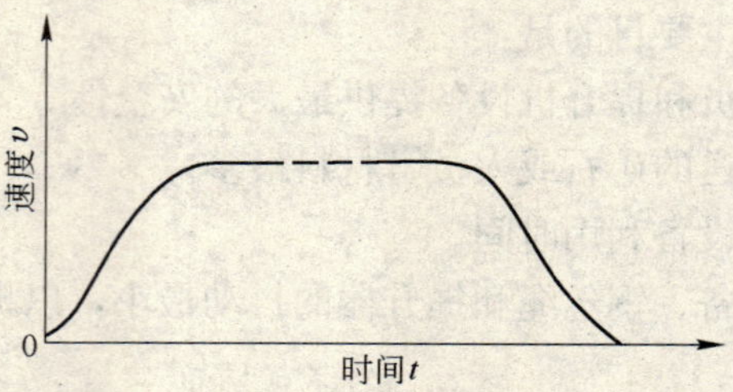

图 31 - 45　适用于提升机自动控制的速度给定曲线

提升机的另一特点是位势负载，并且在停车时处于制动闸的作用之下，因此要求自动控制系统具有正确的开车逻辑。因为在运转开车指令发出之后，建立起系统所要求的驱动力需要一段时间过程，此时不能立即松闸。如果在系统尚未得到必要的驱动力时松闸，将会出现实际运动方向与要求运动方向相反的现象，严重时会使提升容器进入楔形罐道，发生故障。解决这一问题有下述三种处理方法：

（1）在运转指令发出后，建立速度设定值，并经过一段延时后再松闸，此延滞时间需在现场进行调整，以便既能满足启动不错向的要求又不致使加速度变化率过大，从而把钢绳的抖动减到最小。

（2）除按系统要求延时松闸之外，在松闸之前预置一个电流给定值。即预先建立相应的力矩。对于箕斗提升，此力矩应对应于额定负载，对于罐笼提升，则对应于最大和最小负载的平均值。

（3）更为完善的方法是通过设在钢丝绳末端的应力测量仪给出第二个方法所需的预置电流值。

第二个方法可以改善启动时的 da/dt 变化，减少钢绳抖动。而第三个方法则能更准确地建立所需的力矩，使钢丝绳的抖动最小。

31.4.2.3　速度监视

根据提升机事故分析，最严重的事故是在全速或超速的状态下发生过卷。因此提升速度监视是提升机安全系统的前哨，在一个提升系统中至少要有两套独立的速度监视设备。现代提升机必须具有的速度监视设备及其配置如下：

在主电动机或提升机轴端装一个测速发电机，用做闭环控制的实际速度反馈，使系统按速度图运行。

在卷筒轴的端头安装一个离心式开关，当速度超过全速的15％时，紧急停车。

将测速发电机装在卷筒轴端，或天轮、偏导轮轴端，或用橡胶轮压在钢丝绳上，测量钢绳即提升容器的实际速度，用作全速区段和井筒两端加、减速区段的超速保护。进行按行程的速度监视，当实际速度高于全速的15%时或在两端加减速区段高于设定速度的15%时发出紧急停车指令。当实际速度低于一定值时，例如低于1.5m/s。上述速度监视通常不投入工作。该设备同时还用做错向、驱动力矩不足、摩擦式提升机打滑等故障的检测。

目前国产的大、中型提升机均设有对井筒两端的减速情况进行连续监视的功能，其实现办法是监视实际速度值与位置指示器所带动的行程电位器的电阻变化之间的对应性。实践证明，仅有这一装置可靠性还是不够的。因此一些新设计的矿井，例如龙首矿新竖井的提升机，增添了减速过程分段速度检验的手段，一旦发现实际速度超过检验设定点速度的15%，则紧急停车。一般速度检验区段不少于三个（例如40%、60%、80%全速值）。当采用机械式位置指示器时，速度检验点的开关设在井筒上。当应用两个独立的数字式位置指示器时，可在它们的内部设置检验点，当一个为机械式另一个为数字式时，检验点开关也装在井筒上。

容器，特别是装载点无称重装置的箕斗，可能被过分装载，提升系统的力矩限制值所对应的最大驱动电流，可能满足不了此时驱动的需要，造成错向或摩擦提升机打滑等故障。

图31-46是超速、力矩不足、错向、打滑监视系统的框图。

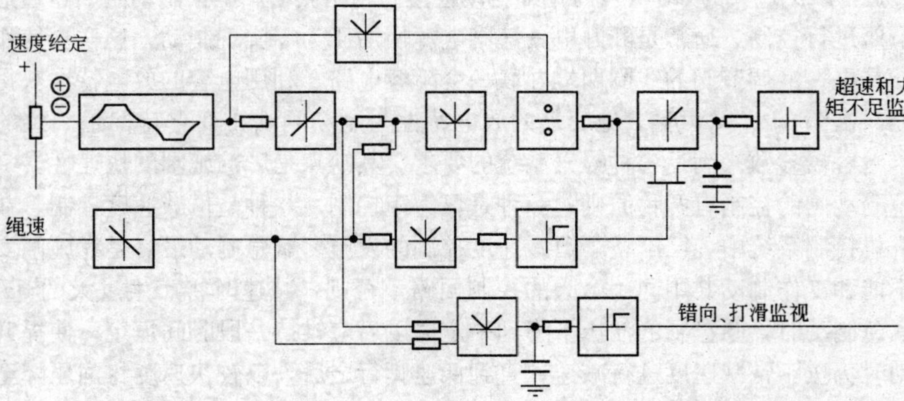

图31-46 超速、力矩不足、错向、打滑故障监视系统框图

31.4.2.4 减速指令

到了减速点必须开始减速，这是保证提升机安全的关键之一，因此必须保证减速指令的可靠发出。不管是自动运行还是手工操作，都要求自动发出减速指令，手工操作时只能提前而不能推迟减速过程。

目前制造厂提供的提升设备其减速指令通常由装在机械式位置指示器上的开关发出。为使减速指令在上述开关发生故障或位置指示器传动机构出毛病的情况下仍然能发出，要增加另一个独立于上述开关的减速指令装置。国内金属矿山和煤矿都曾用钢绳磁感应开关发出第二个减速指令。

31.4.2.5 过卷保护

过卷保护是提升系统的最后一道保护，由几个环节相互配合实现其功能。首先要求全速和减速区段的超速监视能可靠发挥作用以免出现高速状态下过卷，另外要求制动闸在出现过卷故障时及时准确动作。

过卷警告信号由位置指示器和井筒上的开关发出。对于装有数字位置指示装置的提升机系统，也应在该装置中设立过卷保护。

31.4.2.6　停车的控制

提升系统是一个位置控制系统，要求准确停车。罐笼提升要求停车误差不大于±50mm，使用托台时则要求更高。底卸式箕斗提升要求停车误差为±100mm。为实现准确停车的要求，通常是使提升系统在接近停车点时，运行于恒定低速，一般小于 0.4m/s。在容器到达停车点时，由停车开关发出停车指令而使系统停车。对于按容器的实际位置进行速度控制的系统，可以不设低速爬行阶段。

井筒各阶段的停车开关，可采用磁性感应式开关、刷子开关、反射式光电开关或超声开关。井筒两端用的停车开关已有应用磁性感应开关的经验。

31.4.2.7　闸的控制

闸动作的可靠性与平稳性是提升过程自动控制的一项关键性基本要求。圆盘闸已在国内外提升机上广泛采用，这里将介绍圆盘闸的控制。

圆盘闸靠弹簧获得制动力，靠压力油松开，因此对闸力的控制也就是对油压的控制。

工作闸在正常停车时使用，在低速状态下施闸，要求动作时间短，以保证停车准确，但又不能过猛，以免过大的 da/dt 使得钢绳抖动甚至齿轮箱振动。工作制动闸回路通过电 - 液线性调节阀进行控制，通常是断开电 - 液阀电源使油压为零实现制动，这样会使作用力过快。为此在电 - 液调节阀的线圈两端并联一个阻容电路，利用电容的放电特性获得平稳的停车性能。由图 31 - 47 可见，电容器的放电特性与制动闸油压变化特性是一致的。可以通过调整电容器参数来满足各种提升系统的要求。其缺点是影响施闸的快速性。

紧急制动闸的控制有两种原则，一种是恒力矩控制，一种是恒减速度控制。在当代先进的提升机控制系统中，已配备了恒减速度控制的设施。紧急制动最终是靠施闸实现，紧急制动不能和工作制动共用同一个阀的控制回路，否则，减速时将产生过大的 da/dt。因此要求紧急制动时，圆盘闸的油压下降到一定值以后应维持一段时间恒定，使提升系统在紧急制动时仍按正常减速度进行减速，直到低速爬行之后，以较快速度将油压降至零，在闸的完全作用之下停车，实现如图 31 - 48 所示的闸力即油压的变化曲线。

当紧急停车发生在减速点之后时，需缩短制动时间以免紧急停车距离不够。

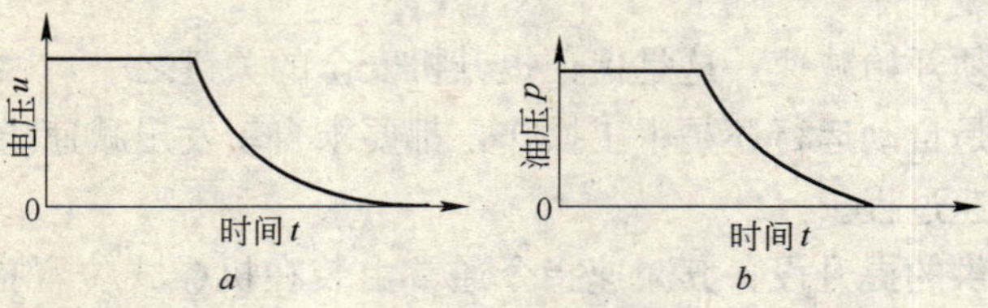

图 31 - 47　电容放电和油压变化的相似曲线

a—电容器放电曲线；*b*—油压变化曲线

图 31 - 48 中压力的控制范围是根据不同提升系统的需要，通过调整紧急制动放油阀的弹簧压力来实现的。此整定值应满足：

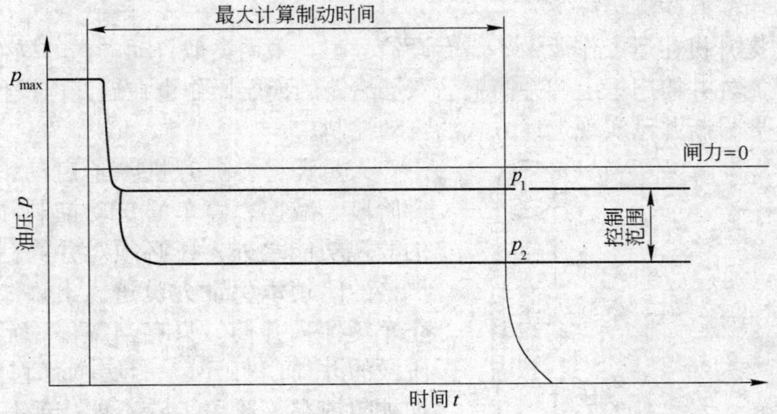

图 31-48　紧急制动油压变化曲线

（1）在正常负荷重物提升情况下紧急制动时，能使系统以正常的减速度实现减速和最终停车。

（2）当由于过卷而进行紧急停车时，则应使工作制动和紧急制动同时起作用，以免事故扩大。并满足冶金矿山安全规程和煤矿安全规程规定的安全制动减速度，下放重物时不小于 $1.5m/s^2$，提升重物时不大于 $5m/s^2$。摩擦式提升机安全制动减速度不得使钢丝绳在主导轮上产生滑动。

紧急制动至少要有两个独立回油通路，以免因阀堵住而不能制动。当由于停电故障而发生紧急停车时，制动减速仍然要满足上述要求。

已投产的提升机和部分新产品仍然只有一个制动闸控制回路，对于这些提升机的制动闸的改进可按图 31-49 进行。

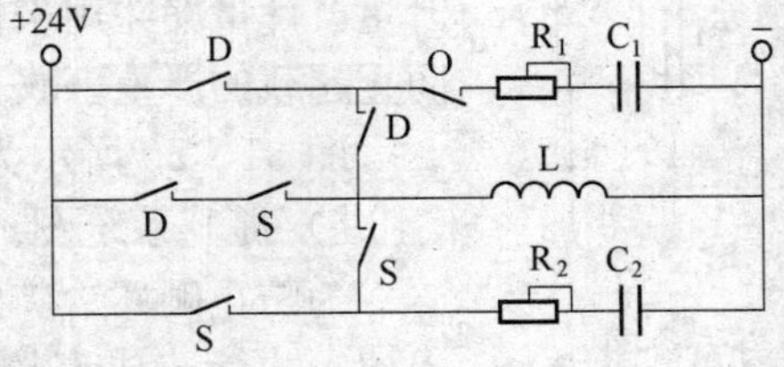

图 31-49　改进的安全与工作闸控制线路

R_1、R_2—电阻；C_1、C_2—电容；L—制动闸控制阀线圈；D—紧急制动接触器触点；S—工作制动接触器触点；O—过卷开关的继电器触点

31.4.2.8　人员和材料提升的控制和信号

目前国产提升机用于人员和材料提升时，主要是依靠信号工向提升机房的司机发信号，再由司机操作提升机。

提升信号要满足下述要求：

（1）只有罐笼停在该阶段，该阶段的信号工才能发出选择阶段和执行的命令。

（2）信号箱上有紧急停车按钮。

（3）信号箱上有要罐信号，信号保留到给罐为止。

（4）信号箱上有选择运人或材料的开关和相应的显示。

(5) 信号箱应有防潮措施。

较先进的提升机在运人作业中不需专设信号工，采用类似自动电梯的操作方式，但操作开关设在罐笼外井筒门框上和井筒上。双层罐笼的换层操作也在罐笼内操作井筒上的开关。金川龙首 2 号新井已实现上述方式的自动控制。

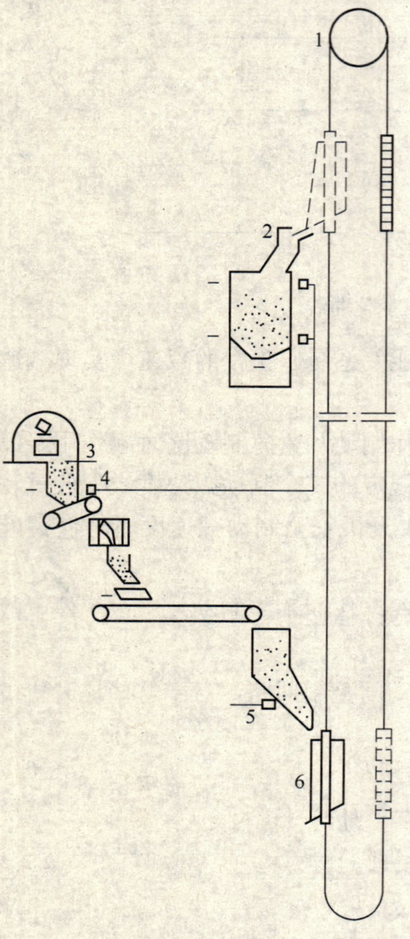

图 31 - 50 主井箕斗提升系统图

1—提升机；2—卸载矿仓；3—装载矿仓；4—γ 射线料位计；5—压磁计重装置；6—箕斗

人员和材料提升机除了启动、选择到达提升阶段、减速、停车的自动控制和上面已提到的监视功能之外，还必须对井筒门的控制实行严格的闭锁以保证人员进、出罐笼的安全和防止车辆掉入井筒。只有当罐停稳后，才能把该阶段的井筒门打开，一旦井筒门打开，罐笼立即被闭锁在该阶段上，不能接受任何开车运行的指令。必须在全部门已关上并闭锁后才能允许罐笼运动。

31.4.2.9 矿石装、卸载的自动控制

用箕斗提升的地下矿山，通常是在井下设立初碎设备，将矿石初碎后装入矿仓，再经给矿机、带式输送机进入计量漏斗内，最后在装载条件具备的条件下向箕斗装矿。这些过程有严格的连锁关系。

计量漏斗有两种计量方式：计容积或计重量。采用计重量方式时，可以采用压磁式称重装置。由它发出斗空、不空、满载等信号。满载重量可调节，通过累计提升次数可以算出日、班提升量。计量漏斗用来保证每次装定量的矿石，以防止超载的严重事故。

图 31 - 50 所示为包括装、卸载在内的箕斗（主井）提升系统图。

为防止砸坏给矿机和矿仓过满，以致矿石溢出掉入井筒造成事故，装有 γ 射线矿仓料位计。有的矿山采用机械式水银开关或超声式料位计。

31.4.3 电子计算机在提升系统中的应用

微型电子计算机的发展，为它在提升机系统中的应用创造了条件。目前瑞典、联邦德国、法国均在提升机系统中使用微机作为过程控制设备，省去大量的继电器，提高了控制功能及其可靠性，对于最基本的超速、过卷、失电等保护引起的紧急停车，除由微机发出指令外，还可直接发出紧急停车指令。

我国已在三山岛金矿等矿采用了上述微机控制系统。在系统中采用 16/32 位微处理器（例如 MC - 68000 型），利用它提供的多用户实时操作系统开发出各种软件功能块，利用这些功能块，以便于理解的简单语言或图形根据提升机过程控制的不同要求编成多种应用程序。例如紧急停车控制每 50ms 巡检一次，而电机温升每 500ms 巡检一次。这种称为“工业过程控制器”的微机系统，其功能是十分丰富的，包括：(1) 各种逻辑控制和顺序控制；(2) 传动系统的闭环控制和各种运算；(3) 数字式行程、速度控制器通过接收序列

脉冲信号对提升机的位置和速度进行精确检测和控制；(4) 在完成控制功能的同时，还对生产过程进行必要的管理，包括事故、事件和报警的记录打印，提升次数，运转时间，停车时间，电流等的记录与打印。系统具有各种过程接口，例如，能输出 4～20mA，1～5V 的模拟量和直流 220V、交流 220V 的开关量信号，大大方便了工业的实际使用。

随着微型机主频的提高，价格的降低，国外一些制造商已经开发了数字控制的晶闸管变流器或交-交变频器提升机电力传动系统。使用多个 16/32 位微处理器对速度、电流闭环和磁场电流闭环进行数字调节控制。这样，不但实现变流器本身的逻辑控制，并对过电流、过电压、缺相、相序错、电机过速、测速丢失、电机过载、失励磁等进行保护，在产生故障时进行显示，而且在运行之前可在现场进行设备本身的自我诊断，如设备有故障则不投运。在运转中可对各种参量如速度、电流等进行显示，并进行在线调整。这种数字控制系统增强了可靠性，便于发现故障和排除故障，也提高了装置的运转率。

31.4.4 架空索道的电力传动和保护❶

架空索道与提升机一样采用钢丝绳牵引，从动力学的观点也是弹性振荡系统，两者的电力传动是相似的。矿山使用的多为循环式货运索道，其启动和停车远不如提升机频繁，因此控制更为简单。我国现有的架空索道多数采用绕线式电动机交流传动，少数为直流传动。装机容量在 22～210kW 之间。

在出现负力的制动型索道时，传动电机有可能在负力状态下启动，较好的解决办法是采用直流电机传动，它可以根据负载的轻重不同和力的正负极性，自动运行于电动状态或发电制动状态。在采用交流绕线式电动机传动时，对于正力型索道，既可用频敏变阻器启动，也可用金属电阻器启动；对于负力型索道，则需在启动阶段加入动力制动（例如广东大宝山矿索道）。

高差大的制动型索道要严防飞车事故。为此，首先应保证索道供电和电控设备的安全可靠运行。重锤行程开关、闸瓦磨损开关、超速、脱索等各项保护设施和液压制动闸系统必须定期检查，确保工作可靠。此外应当有对突然停电而制动闸系统又失效（例如电磁阀堵塞）的保安措施，无该措施时，可行的办法之一是投入动力制动，并采用蓄电池作为其供电电源。

某些矿山由于索道高差大以及机械装置考虑不周而存在的掉斗问题，主要应从机械设计方面入手解决。但电动机的速度控制不稳也是掉斗的原因之一，因此在电气控制方面，需保证启动、减速、停车以及全速运行的平稳性。对于目前掉斗严重的矿山，如一时难以从根本上解决问题，也可装设掉斗自动监视装置，通过及时的监视来避免掉斗的连锁反应。掉斗的监视有铁丝法和计数法等。

目前运矿索道的装、卸矿控制一般是采用机械联动和位置控制相结合的方法。

由于索道沿线伸延在山地之中，易受雷击，因此各中间站，支架和装、卸站的防雷保护和良好接地是非常重要的，应在电气系统中妥善考虑。

31.5 矿山固定设备的自动化

矿井提升、压气、通风、排气和充填料制备站等，都属于矿山固定设备。这些设备是

---

❶ 本节陈瓒芳提供资料。

矿山的要害部门，其安全运行对矿山生产有重要的作用。它们的用电量很大，约占矿山总用电量的70%。

31.5.1 空气压缩机的自动化[17]

空气压缩机实行自动化运行，不仅可以提高生产效率，保证设备安全运转，还可节约电能，减少空气压缩机站的操作人员。

31.5.1.1 空气压缩机的自动检测与保护

为了保证空气压缩机的正常安全运行，需设立较完善的自动检测和保护装置。详见表31-12。

表31-12 空气压缩机的自动检测和保护

检测与保护项目		量程或整定值	检测部位	检测元件	制造厂名称
空气压缩机	一级排气压力过高	高于额定压力0.02MPa	中间冷却器	YX型电触点压力表；YTZ-150型远传动压力表	上海自动化仪表四厂 西安仪表厂
	二级排气压力过高	高于额定压力0.02MPa	排气管	YX型电触点压力表；YTZ-150型远传动压力表	
	一级排气温度过高	165℃	中间冷却器	WTQ-288或WTZ-288型电触点压力温度计	
	二级排气温度过高	165℃①	排气管	TJ-180型温度继电器	
	排气量测量	按额定气量选择	排气管	MWL型满管式涡街流量计	长沙矿山研究院自动化仪表厂
润滑油系统	润滑油压力过高	0.3MPa	润滑油路	YX型电触点压力表；TK-10型压力继电器	上海自动化仪表四厂 无锡气动元件厂
	润滑油压力过低	0.05～0.1MPa②	润滑油路	YT-602型电触点压力表；YD-621型压力继电器	
	润滑油温度过高	60℃	润滑油路	TJ-80型温度继电器；XU-200型温度继电器	阿城继电器厂
冷却水系统	主机断水	根据实际情况整定	冷却管路	MWL型满管式涡街流量计 LCX差压流量发讯器	长沙矿山研究院自动化仪表厂 上海自动化仪表九厂
	硅整流元件断水	根据实际情况整定	冷却管路	电极式、漏斗式、浮标式装置	现场自制
电动机	过电流		主电路	GL型电流继电器；ZK型自动开关	
	欠电压		主电路		
	短　路		主电路	GL型电流继电器；ZK型自动开关	
	轴承过热		电机轴承		

①螺杆式空压机为125℃；②螺杆式空压机为0.3MPa。

排气压力的检测，一般采用电触点压力表。此外，有的设立了气缸过热保护，在高压和低压气缸上各装一只电触点温度计，进行温度越限保护。有的设立了阀片断裂保护，在中间冷却器上装一个电触点压力表，当高压气缸的进气阀片折断或漏气时，使保护继电器动作。

冷却水中断，会使空气压缩机发生严重故障，因此，断水保护是非常重要的。断水保护除了采用流量计外，许多矿山自制了简单实用的断水保护装置。例如利用水的导电性原理的电极式晶体管继电器；浮标式和漏斗式断水保护装置等。有的矿山采用压力表检测是否断水，这种方法是不完善的，因为在冷却水管被异物阻塞，或闸阀未开时，水压并不能真实反映断水。

水温和油温检测一般采用电触点温度计。

空气压缩机的传动电动机有异步电动机和同步电动机两种。对其欠电压、过电压、过电流、断相、短路等在电控系统中均设有继电器保护，发生任何一种故障时，相应的继电器动作，切断主电源，使空气压缩机停止运转。此外，同步电动机还设有励磁回路的保护以及失压、失步保护。

润滑系统的断油和欠油压保护多采用电触点压力表或压力继电器。图 31 - 51 所示的光电传感器也可进行断油检测。利用光敏三极管 Tr_1 作为传感元件，让油滴从光源和光敏三极管之间滴过，引起集电极电流的变化，发出脉冲信号，控制保护环节的动作。

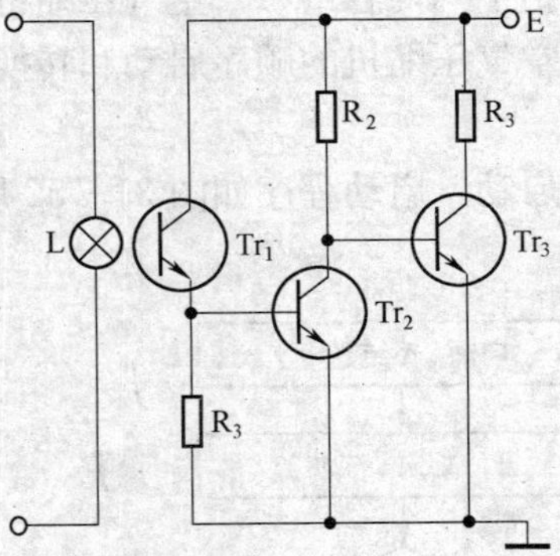

图 31 - 51　断油检测用光电传感器原理图

有的矿山设立了断皮带和机械音响异常检测保护装置。

近年来，由于振动监测技术的发展，采用振动传感器和振谱分析仪器可以早期诊断机件的故障性质和部位，从而有可能采取措施在故障萌芽阶段消除故障。

气量的计量对于合理使用压缩空气能源，空气压缩机的安全经济运行，生产成本的核算和企业经济管理，都有重要的作用。但是在生产条件下，随着用气量的不同，气压变化很大，因此用测量体积流量的办法测量气量，误差很大。MWL 系列满管式涡街流量计和 CWL 系列插入式涡街流量计，具有较高的测量精度和工作可靠性，量程范围大，具有电信号输出，可以远距离传输，既可用于检测，也可用于控制。这种流量计与 FCT - A 型压力、流度自动补偿流量积算仪相配套使用[1]，可以测量质量流量，从而解决压缩空气在压力和温度变化情况下的精确计量问题。这几种仪表的性能参数见表 31 - 13。

31.5.1.2　空气压缩机自动控制

[1] MWL、CWL 系列涡街流量计和 FCT - A 型自动补偿流量积算仪均由长沙矿山研究院研制和生产。

表31-13　涡街流量计的性能参数

仪表型号	MWL系列满管式	CWL系列插入式
可测量的介质种类	压缩空气、煤气、蒸汽、各种气体、水、各种低黏度液体	
适用管径（mm）	25、40、50、80、100、150、200	200～2000
测量范围	$Re=5\times10^3\sim5\times10^6$；水0.4～6m/s；空气4～50m/s	
测量精度	±1.0%示值	±2.5%示值
工作压力（MPa）	0～1.6　2.5　4.0　6.4	
介质工作温度（℃）	－20～250	
输出信号	脉冲信号；4～20mA或0～10mA直流电流信号	
电　源	直流24V	
环境工作温度（℃）	－25～50	
流量显示	流量计配有0～100%刻度的瞬时流量和6位累积流量显示	

空气压缩机的自动控制包括下列内容：（1）空气压缩机的自动启动和运转；（2）气压和气量的自动调节；（3）多台空气压缩机的顺序启动和转换运行；（4）事故状态的自动显示、报警和保护。

空气压缩机必须在空载下启动，启动程序如图31-52所示。

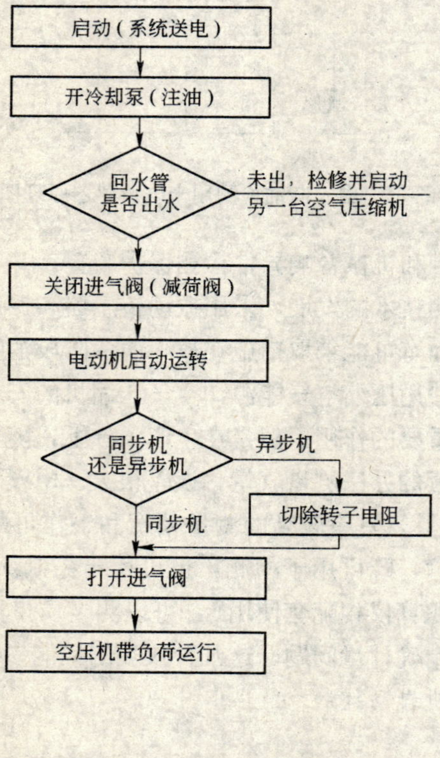

图31-52　空气压缩机启动程序图

随传动电动机的不同，采用不同类型的启动控制设备。

(1) 鼠笼电动机采用自耦减压启动器，延边三角形启动箱、星-三角启动器或电抗器启动；

(2) 绕线电动机采用频敏变阻器启动；

(3) 同步电动机采用直接启动或降压启动。励磁电源分发电机和晶闸管变流器两种。

在矿山生产条件下，由于用气量的变化很大，因此，根据用气量自动调节供气量，对空气压缩机经济运行很有意义，同时也有利于延长空气压缩机的寿命，保证压缩空气的质量，从而促进风动设备生产效率的提高。

在生产中可采用的调节方法是根据排气管压力的变化，自动增加或减少空气压缩机的运转台数。每台压缩机都有启动和停车压力整定值，各台空气压缩机的压力整定值是不同的。压力整定值的参考实例如下所示：

空气压缩机台号	1	2	3
启动压力整定值（MPa）	0.7	0.65	0.6
停车压力整定值（MPa）	0.8	0.775	0.75

排气压力低于启动整定值时，空气压缩机自动启动；排气压力高于停车整定值时，空气压缩机自动停车。当第一台空气压缩机启动后，如排气压力继续降低，直到低于第二台或第三台空气压缩机的启动整定值时，则第二台或第三台空气压缩机自动启动，依此类推。如排气压力升高，则依次自动将第三台和第二台空气压缩机停车。排气压力采用电触点压力表检测，要根据实际试验调定各空气压缩机的启动和停车压力整定值，以保证电机的启动不致过于频繁，最好每小时不超过三次。

多台空气压缩机编组运行时，通过选择开关和电气连锁，确定各台空气压缩机的开、停顺序。由选择开关可任意选定主机和备用机。备用机的自动启动除了必须达到本台的启动压力整定值之外，还必须在前一台空气压缩机已经启动完毕之后，从而避免多台同时启动。主机发生故障而停车时，备用机应能自动投入运行。

通过流量计的输出信号反映用气量的需求，进而控制空气压缩机投入和停车，也许比按排气压力的变化进行控制更为直接和灵敏。当然，按照气压和气量两个参数进行综合控制则更为完善。

如能在多台空气压缩机中，对其中的一台配备电动机调速装置。则可进行小范围的气量无级调节，获得更好的节能效果。

自动控制系统可以采用晶体管逻辑控制，PLC控制或微机控制来实现。

31.5.1.3 大厂矿务局长坡锡矿的空气压缩机自动控制系统实例

该控制系统由LG11型半导体逻辑元件、晶闸管开关、频敏变阻器等组成。系统有三种运行方式：

(1) 手动运行方式。其特点是由操作者就地控制机组的运行；电机仅能异步运行，同步化装置不起作用；仅有过电流和失压保护。

(2) 单机自动运行。其特点是：由气压检测元件发出指令，按预定程序进行自动启动或停机；电网电压高于370V时，机组自动投入同步运行，电网电压低于360V时，机组只能异步运行；各种保护装置均起作用。

(3) 多机自动运行。其特点是：在单机自动控制的基础上，组成多机联动控制，使各机组按预定的顺序轮流开、停，并维持气压在所要求的范围内；当管道气压波动较大时，可以不延时地迅速开、停机组，以便有效地稳定气压；当系统中任一机组因故障自动停机时，备用机组立即自动投入。亦可远距离控制和调整各机组的运行。

31.5.2 矿井通风机的节能运行

矿井通风机是矿山的主要用电设备，其节能运行在矿山节电中占有重要的地位。

风机一般采用鼠笼电动机或同步电动机传动，恒转速运转。而矿山建设的特点，是巷道逐年延伸，产量逐年增加，但矿井通风机在设计选择时，往往是按最大开采时所需容量作为依据，一般都留有余量。因此，矿井在投产后几年甚至十几年内，通风机都在低负载状态下运行。此外，一般矿山夜班工作人员少，所需的风量也小。当需要调节风量时，传统的方法是调节挡板。这种方法虽然简便，但从节能观点看是不经济的。近十年来，由于交流调速技术的发展，提出了用控制转速的方法来调节风机的风量。参见图 31 - 53 所示曲线，将调节挡板法和调节转速法的能耗情况作一比较。

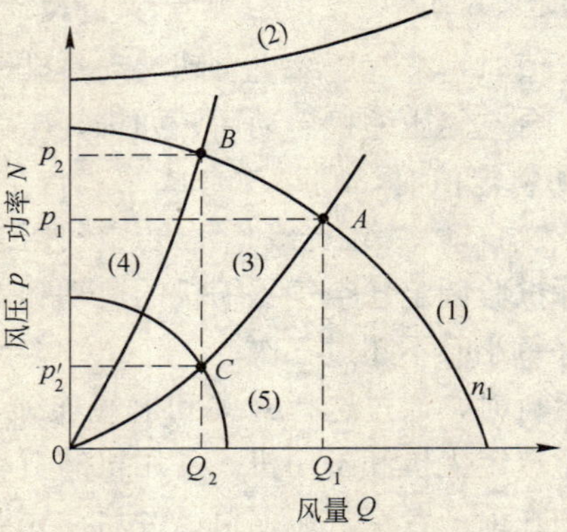

图 31 - 53 通风机特性曲线图

风机的实际工况取决于风机的性能曲线和风道特性曲线，图中曲线（1）是通风机在额定转速下的压力 - 风量曲线，曲线（5）是风机降低转速时的压力 - 风量曲线，曲线（2）是通风机的功率 - 风量曲线，曲线（3）、（4）是不同挡板开度下的风道曲线。在设计时，让通风机工作在 A 点，效率最高。若风量需从 Q_1 减小到 Q_2，用挡板调节法则把风道曲线从（3）变到（4），系统由原来的工作点 A 变到 B 点稳定运行。此时，风量减小，压力反而增高，通风机的轴功率 $N=P_2Q_2$，（面积 P_2BQ_2O）与 P_1Q_1（面积 P_1AQ_1O）相比变化不大。如降低风机转速，使风机曲线由（1）变到（5），系统由 A 点变到 C 点稳定运行。在满足风量 Q_2 的情况下，压力降为 P_2'，则大大节约了功率，$\Delta N=P_1Q_1-P_2'Q_2$。由图可见，面积 $P_2'CQ_2O$ 远小于面积 P_1AQ_1O。

由流体力学知识可知，风量 Q 与电机转速 n 成正比，压力 p 与 n^2 成正比，轴功率 N 与 n^3 成正比。用降低转速的方法减少风量时，轴功率显著下降。例如，当风量减少到 80％额定值时，轴功率下降到额定功率的 51％；当风量减少到 50％额定值时，则轴功率下降到额定值的 12.5％。抚顺煤矿风机选用两台 2500kW 电机，目前用风量仅为设计值的三分之二到二分之一，如采用调节转速的方法调节风量，即年节电为2000万～3400万度，折合人民币120万～200万元。其经济效益是十分巨大的。

图31-54所示是不同风量调节方法的功率消耗曲线。经济效果最差的调节方法是挡板调节法（曲线1）；经济效果最佳的调节方法是晶闸管串级调速或变频调速法（曲线5）。

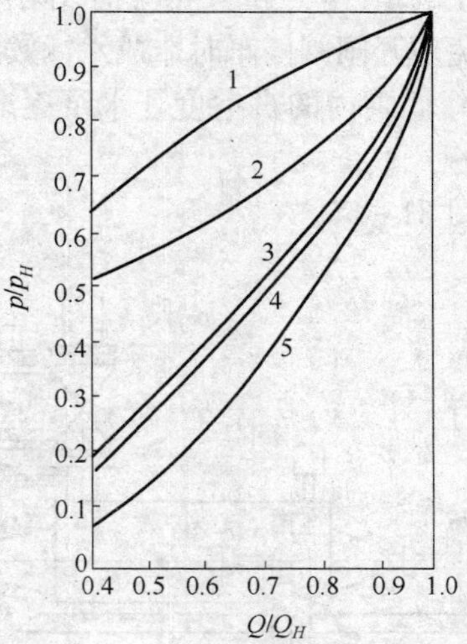

图31-54　不同风量调节方法功率消耗曲线

1—挡板法；2—前导器法；3—滑差离合器法；4—绕线电动机切换转子电阻调速法；5—晶闸管串级调速或变频调速法

对于轴流式通风机，还有一种改变工作轮叶片安装角的调整方法。

矿井通风机的晶闸管串级调速系统在锡矿山矿务局已应用多年，经济效益显著。

31.5.3　矿井排水自动化[17]

矿井排水广泛采用离心式水泵，鼠笼式电动机完全能满足其传动要求，应优先选用。在电网容量较小不允许电动机直接启动时，可采用电抗器降压启动。

矿井排水自动化的目的是提高泵组运行的安全可靠性和经济性，减少设备维修量，改善劳动条件，精简值班人员，从而节省排水费用。

我国早在20世纪50年代就有简单的排水自动化系统。在其发展过程中，出现过继电器接触器系统（如杨家杖子矿务局岭前矿、寿王坟铜矿和上海继电器厂生产的KS-1型水泵自动化系统等），晶体管逻辑元件无触点控制系统（如凡口铅锌矿）。近年来，随着电子技术的发展，可编程序控制器（PC）在水泵自动化中开始应用。

31.5.3.1　排水自动化的控制原理

排水自动化的控制原理是：

（1）当水仓水位到达高水位时，对水泵自动注水。

（2）水泵注满水后，自动启动电动机。

（3）当水仓水位到达危险水位时，自动投入备用水泵。

（4）对运转中流量突然下降、轴承过热和电气故障等施行自动保护。

（5）当水仓水位下降到低水位时，自动切断电动机电源，停止水泵。

（6）多台水泵自动轮换运转，运转水泵出故障时，备用泵自动投入。

对于大型水泵，为了减轻启动负荷和防止突然断水造成的水锤现象，需要采用电动闸阀。水泵启动后才打开闸阀，停车前先关闭闸阀，将闸阀与水泵实现连锁控制。对于中、小型水泵，为了简化控制和节省投资，常采用敞开手动闸阀启动和吸气停车的控制方案。由于逆止阀的上部承受着排水管路中水柱的全部压力，只有当水泵在启动中接近额定转速时，水泵建立的压力才能把逆止阀顶开，因此，虽然敞开闸阀启动但水泵的负荷仍与关闭闸阀启动的情况相近似。为避免敞开闸阀停车时造成水锤效应，可在停泵前先打开泵体上的进气阀，让水泵吸进空气以降低泵内的真空度，水泵逐渐减少流量，逆止阀则缓慢关闭，最后再切断水泵电源。

排水自动化设备的配置见图31-55。

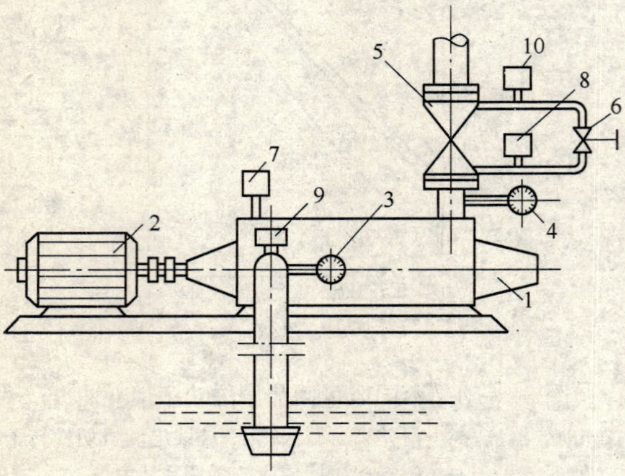

图31-55　排水自动化设备的配置

1—水泵；2—电动机；3—真空表；4—压力表；5—逆止阀；6—截止阀；7—放气监视电磁阀；8—注水电磁阀；9—流量继电器；10—压力监视继电器

31.5.3.2　采用无触点控制系统的排水自动化

本系统采用旁通管注水、敞开排水管闸阀启动和吸气停车的控制方案。控制系统全部采用晶体管逻辑元件。控制对象为3台低压水泵。水位检测采用三个电极式水位控制器，根据水仓水位变化自动开、停水泵。在高水位时自动启动一台水泵，到达危险水位时再启动第二台水泵，低于低水位时停止全部泵。三台水泵自动轮换运行。若运行中的水泵发生故障，则自动切除故障机组，发出报警信号，并将下一台水泵自动投入运行。

旁通管注水电磁阀、吸气停车电磁阀和水泵电机的接触器均用晶闸管交流开关控制。采用压力继电器进行注水监视。当注水发生故障时，有信号灯亮。采用流量继电器监视水泵工作情况。若水泵启动后，未建立起相应的流量，或正常运转时流量消失，则流量继电器动作，有信号灯亮。采用温度继电器监视水泵轴承和电机绕组的温度，当温度超过60℃时，蜂鸣器和信号灯发出声光信号，可用转换开关查出故障点。

31.5.3.3　KS-1型水泵自动化装置[1]

KS-1型水泵自动化系统的自动化元件包括：FLS-30型注水电磁阀、FFS-1型放气监视电磁阀、JLS型流量继电器、JTS-6型压力继电器等。

❶　KS-1型水泵自动化装置由上海继电器厂生产。

主控制箱是控制系统的枢纽，采用MS-2型多回路时间继电器发出控制指令。所有控制元件均用电缆与主控制箱联系。遥信箱是自动化泵房的远方监视设备，监视人员通过它能随时了解水泵的工作状态。

该系统可根据水位高度的不同，分别开动1～3台水泵。

当系统发生故障时，自动切除故障水泵，并启动备用水泵。在故障未消除以前，故障泵能够自锁，拒绝再启动，每台水泵可以自由选择“自动”或“手动”运行方式。

31.5.3.4 单台水泵简易自动控制

对于涌水量小、要求不高的单台排水泵，可以采用如图31-56所示的简易水泵自动控制装置。采用电极式水位控制器，当水位到达A点时，晶体管导通，并使晶闸管触发导通，启动水泵排水。水位下降到B点以下时，晶体管和晶闸管相继截止，停止水泵。

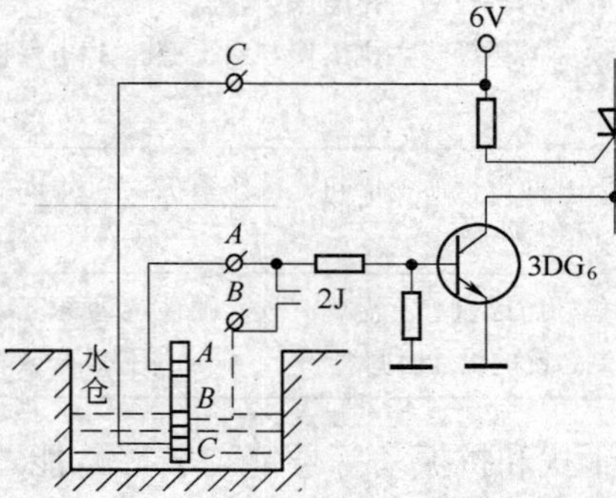

图31-56 单台排水泵简易自动控制电路

31.5.3.5 采用可编程序控制器的排水自动化

A 可编程序控制器简述

可编程序控制器（PC），是以微处理器为基础的一种新型工业数字控制器，是微机技术与继电器常规控制概念相结合的产物。它适用于机械制造、冶金、矿山、煤炭、石油、化学、电力、纺织等各个工业部门。据统计，在美国各行各业应用的计算机中，约有60%属于PC的范畴。在欧、美、日等国PC年增长率为30%左右。20世纪80年代，PC继续向微型化和大型化高性能两端发展，出现了智能输入输出模板，广泛采用彩色图形监视系统，并增强通讯功能，与计算机和其他数据装置实现联网。

中小型PC一般具有开关控制、延时及计数等功能。大、中型PC尚具有四则运算、PID运算、远程控制、数据传输、打印、图像显示和通讯联网等多种功能，实际上相当于一个微机系统，但它与微机又有很大区别，详见表31-14。PC的特点之一是用户程序可简单而方便地编制和修改，以适应各种工艺流程变更的需要。可按积木方式扩充系统规模或增删其功能。

PC的编程采用接点梯形图，与电气控制原理图中的符号和表达方式十分相似，为广大电气技术人员所熟知。只要设计人员编出梯形图，并按照操作说明书在编程器上进行键盘操作，就能完成应用软件的编制和装入。使用者经短期训练就能很快掌握使用。PC的另一特点是具有标准化的积木式硬件结构，各种模板门类繁多，通用性强，产品符合有关

表 31-14　PC与微机系统的区别

项目名称	PC	微机系统
工作目的	用于机械自动化及过程自动化	用于科学计算、管理及工业过程控制
工作环境	工业现场	计算机房、办公室、实验室
工作方式	顺序扫描式	中断处理式
表现形态	编程器和执行主机为两套装置	没有专门的编程器
输入设备	按钮开关、选择开关、编程器、通讯接口、其他计算机等	键盘、磁带、磁盘、卡片机、纸带机、通讯接口
输出设备	电磁开关、电动机、电磁阀、电磁继电器、报警、显示器等，也可接 CRT、打字机等	CRT、打字机、穿孔机、磁盘、磁带
采取的特殊措施	抗干扰措施、各种动态检测、掉电保护、监控功能，更换 I/O 模块不会影响主机工作，系统稳定可靠	掉电保护等一般措施
使用的软件	接点梯形图语言、助记符命令语句、操作系统等	汇编语言、BASIC、FORTRAN、PASCATOS 等通用语言
对使用人员的要求	不需学习计算机专门语言，不需要有软、硬件方面的知识，控制系统的设计时间短	要求具有一定程度的计算知识，熟悉硬件维修或软件编制技术

技术标准，其耐热、防潮、抗干扰和抗振动等性能均较好，能适应恶劣的工业应用环境。PC 还具有完善的监视和诊断功能，便于运行维护。综上所述，与传统的继电器系统相比，PC 具有功能强，灵活性好，可靠性高，占地小等优点，价格也不算贵，即使在较简单的控制系统应用中，小型 PC 也显示了强大的竞争力。

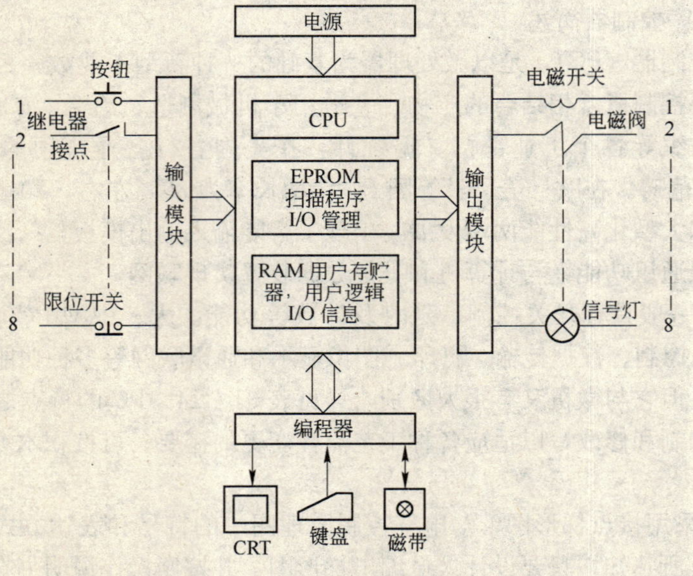

图 31-57　PC 的结构框图

PC 原理框图如图 31-57 所示。它像微机一样，由中央处理器（CPU）、存贮器（EP-

ROM、RAM 等）及输入、输出模板等部分组成。但其输入、输出对象不是软盘、打印机等，而是工业现场的控制元件。例如，输入元件有控制按钮、行程开关、变送器等；输出元件有接触器线圈、电磁阀、指示灯、执行机构等。此外，PC 需要一台编程器，用以实现人机对话。

B　PC 在水泵自动化中的应用

某水泵房共装有九台水泵，分为三组，要求每组泵有两台工作，1 台备用，工作泵和备用泵可任意选定。当工作泵因故障停转时，备用泵自动启动并发出声光信号。要求既能在控制室集中操作，亦能在机旁操作，其控制系统电路见图 31 - 58。

该系统选用美国哥德公司（Gould）的 MICRO - 84 - 002 型 PC 机一台；B355 型输入模块 5 个，每块有开关量 8 个点，共 40 点；B354 型输出模块 2 个，每块有开关量 8 个点，共 16 点；P - 370 型编程器 1 台。

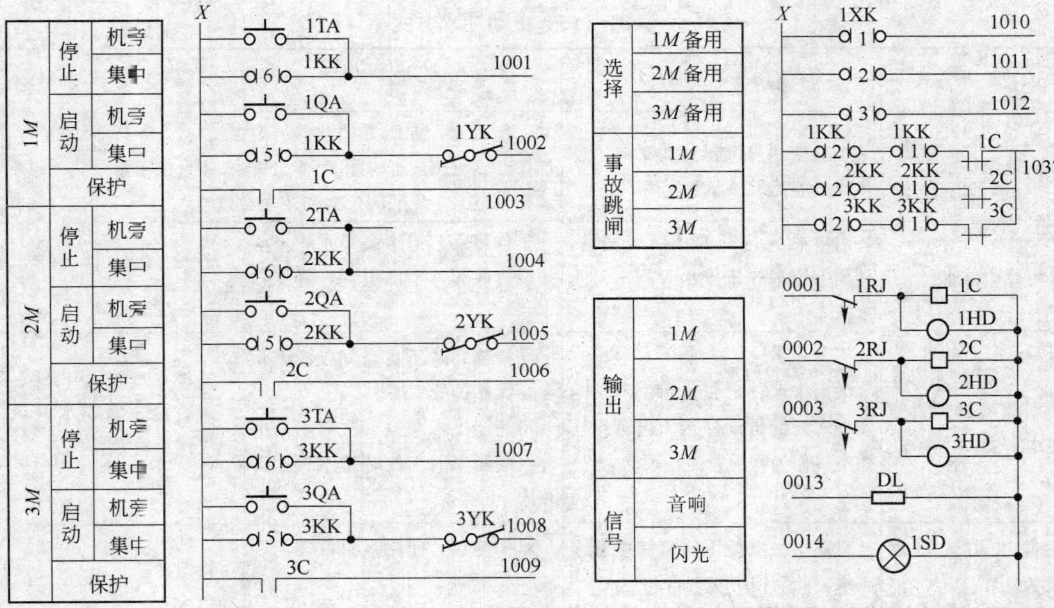

图 31 - 58　水泵控制系统电路图

按梯形图编程，如图 31 - 59 所示。每 4 行 7 列为一个网，有 28 个节点，每个节点可填写 1 个元件。其内存容量允许编 18 个网。产品规定的元件编号规则是：开关输入量 1001～1064；线圈及接点为 0001～0064，寄存器为 4001～4032。

31.5.3.6　自动注水

离心式水泵必须泵壳内注满水方能启动运转，因此实现水泵自动化，首先要解决自动注水问题。自动注水的各种方式见表 31 - 15。

31.5.3.7　自动化元件

水位监视传感器分为两类：一类是两位式的，用于控制水泵的开、停；另一类是连续指示式的，用于连续指示仓水位的变化，可将信号远距离传输给矿井调度室。详见表 31 - 16。

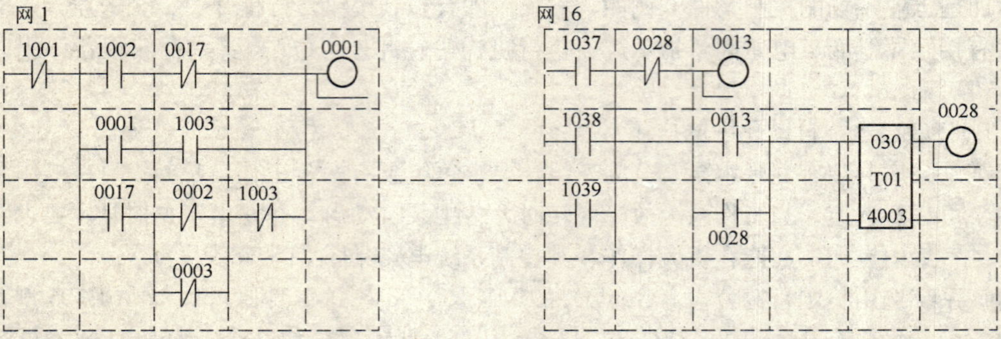

图31-59 水泵控制的PC编程图

表31-15 自动注水方式

自动注水方式	所用设备及原理	优缺点	使用范围
真空泵注水	用水环式真空泵，使水泵内腔在运行前获得真空而注水	工作可靠，控制方便，但需增加投资。可按注水时间3～5分钟选择真空泵。无底阀，提高效率	多台大型水泵集中排水
电磁阀注水	由电磁阀打开逆止阀旁通管，利用上位水源或排水管积水对水泵注水	工作可靠，但水泵吸水管上必须设置底阀，增加电耗，降低效率	各种水泵，但需排水管积水
射流喷管抽真空注水	采用排水管的水压使喷管工作，实现水泵的自动注水。也可用压缩空气作为喷射管的备用动力	结构简单，不占空间，维修量少。无底阀效率高 不能解决水泵第一次启动前的注水问题，因为此时排水管中无积水	需有排水管积水或压缩空气作为动力
储水箱式自动注水	只要第一次使用前将储水箱灌满水，此后便可实现自动注水	结构简单，使用效果好，无底阀，效率高	各种水泵
升压泵自动注水	使用升压泵使水泵实现自动注水	几台水泵可共用一个吸水井，以减少开拓量，虽然增加了设备，但使吸水高度和扬程都有所增加	各种水泵

为保证排水自动化的正常工作，需对水泵的工作情况进行监视，所用的自动化元件见表31-17。

31.5.4 充填料制备站的自动化

在金属矿山开采中，特别是开采围岩不稳固的有色金属富矿和贵金属时，充填采矿法应用得越来越多。为保证充填质量、节约水泥和安全输送，必须对充填料制备站的工艺参数进行自动检测和控制。

胶结充填料制备站的主要设备有砂仓、水泥仓、给料机、带式输送机、给水阀门和搅拌机等。目前我国矿山充填料制备站自动化主要有三种形式。

表 31 - 16　水位监视传感器

名　称	原　理	应　用
电容式水位专感器	传感器的电容量与水位成正比变化	可将水位转换成 0～10mA 直流标准信号，用于远传，实现上下水位报警；也可作水泵自动化的水位控制器
自整角机式水位传感器	水仓水位变化时，浮标带动井下自整角机转动，装于地面调度室的自整角机同步转动，以指示水仓的水位	用于远传井下水仓水位
浮标式水位空制器	水位到达固定位置时，使浮标控制器内部的水银开关闭合	结构简单，用于水泵的自动控制，不能连续指示水位变化
电极式水位空制器	水位到达固定位置时，使晶体管导通或截止以反映水位变化	结构简单，用于水泵的自动控制，不能连续指示水位变化

表 31 - 17　排水自动化用的自动化元件

名　称	用　途	原　理
水力自动闸门	装在排水管上，作为自动启动的闸阀，并可监视水泵的流量	利用水泵自身压力缓慢开启闸门，若不能正常排水，则阀门不开启，突然停电时，阀门迅速关闭
注水监视和放气电磁阀	在自动注水时用于排除泵内空气，并监视泵的充水程度；停泵前，先向泵注入一定的空气以减少停泵时的水力冲击作用	水泵注水和运行期间，电磁阀不通电。注水时，阀塞自动提起，泵内空气排尽时，继电器动作，启动水泵，阀塞下落以防外部空气进入。停泵时，先将电磁阀通电，使空气吸入泵内
流量继电器	监视水泵流量	当一定流速的水流作用于摇杆，使继电器的摇杆摆动，将一常开触点断开。当泵因故障而流量降低时，摇杆返回将触点闭合，停止水泵
压力继电器	监视排水管路静水压力大小，以保证有足够的水源注水	橡皮膜式压力继电器

31.5.4.1　单参数定值调节系统

铜录山铜矿胶结充填料制备站采用等阻力多孔底部管道卸料立式砂仓。其料浆重量浓度最高可达 75%以上，卸料流量可在 27～90m^3/h 范围内调节。采用单参数定值调节系统，对各个对象分别控制。给定值由人工设定，如果各工艺参数都保持恒定，则所要求的最终充填参数也就保持恒定。因此，当调节对象的可控性较好时，采用这种系统比较简单、经济和可靠。

DDZ - Ⅱ型电动单元组合仪表构成的单参数定值调节系统由以下部分组成：尾砂浆浓度自动调节；尾砂浆流量自动调节；水泥定量自动调节；搅拌机液位自动调节；井下充填料输送量的积算；充填管路的阻力检测及限位报警；尾砂仓料位检测；水泥仓料位测量显示；集中控制。下面以尾砂浆浓度调节系统为例进行说明，其调节系统见图 31 - 60。

根据充填工艺要求，从尾砂仓放出的砂浆浓度应该保持定值，但由于各种干扰因素的

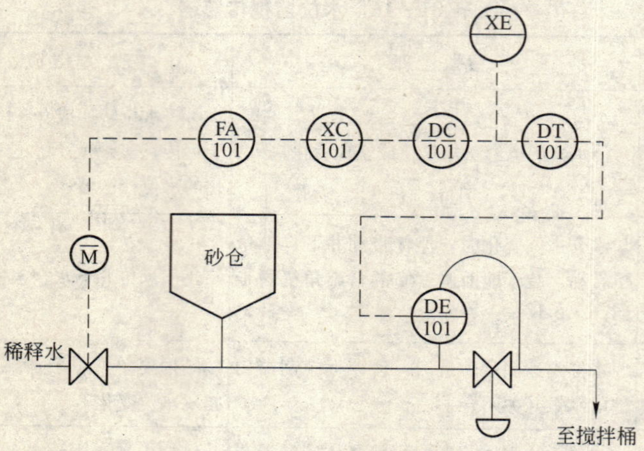

图31-60　尾砂浆浓度调节系统框图

DE—浓度检测单元；DT—浓度变送单元；DC—调节器；XC—操作器；XE—电子电位差计；FA—伺服放大器；M—电动执行机构

影响，砂浆浓度是变化的。采用核辐射密度计检测尾砂浓度，并将浓度信号输入调节器，与生产所要求的给定值比较，调节器根据其偏差值的大小及方向，经比例、积分运算后，输出调节信号至电动调节阀，改变稀释水量，直至尾砂浓度达到给定值为止，从而达到砂浆浓度保持恒定的目的。

31.5.4.2　高浓度细砂胶结管道充填料制备的自动化

金川有色金属公司二矿区高浓度细砂胶结管道充填系统的充填料制备站包括上料系统、搅拌制浆系统和下料系统等。

充填料制备站的仪表检测与自动调节系统的流程配置见图31-61。

粒径小于3mm的砂子，由20t砂仓经ZLK-5型晶闸管调速装置控制的圆盘给料机及净化振筛机送到带式输送机上。在带式输送机上装有GGP-10型电子皮带秤。带式输送机将细砂送入砂浆制备器。料浆制备所需的给水量经DBL-100型靶式流量计检测，由DKZ-310型电动执行器控制流量，按一定比例混合水和砂，制成砂浆，进入料浆搅拌桶。

水泥通过输送叶轮搅拌机、2t的灰缓冲仓、计量用叶轮给料机及斜管进入搅拌桶，用ZLK-1型晶管调速装置调节给灰量。

装有双叶轮反向搅拌机的搅拌桶，将来料制成高浓度料浆，经电磁流量计、核辐射密度计检测后，由直径为100mm的地表管道和直径为300mm、长达428m的垂直钻孔管道送入井下，再经井下水平管道送往采场。

检测与调节系统的主要要求是实现主要工艺参数（包括给砂、给水、水泥流量、料浆流量、管道压力、固体及液体料位等）的自动检测、记录和累积计量，实现充填料浆浓度和灰砂比的自动调节。

本系统采用两个闭环反馈调节系统，分别以料浆浓度和给砂量作为被控参数；给水量和圆盘给料机转速作为调节参数，经PID调节器实现自动调节。根据生产需要，人工预设给定值。因此，它也属于单参数定值调节系统。

根据充填系统的特点，在浓度调节系统中，采用飞升曲线法和四比一衰减参数试验整定法将PID调节器的参数整定为：比例常数δ=30%，积分时间常数T_i=300s，微分时间常数T_o=16s。实现闭环调节后，可将浓度变化控制在±0.3%以内（6小时运行时间），远小于充填工艺对调节精度±1%的要求。

给砂量调节环节的作用是间接保证灰砂比恒定。其参数用试凑法整定为：δ=200%，T_i=480s。不加微分作用，控制精度在±1.5%以内。这样可保证灰砂比相对偏差小于±3%，远小于工艺上提出的±10%的精度要求。

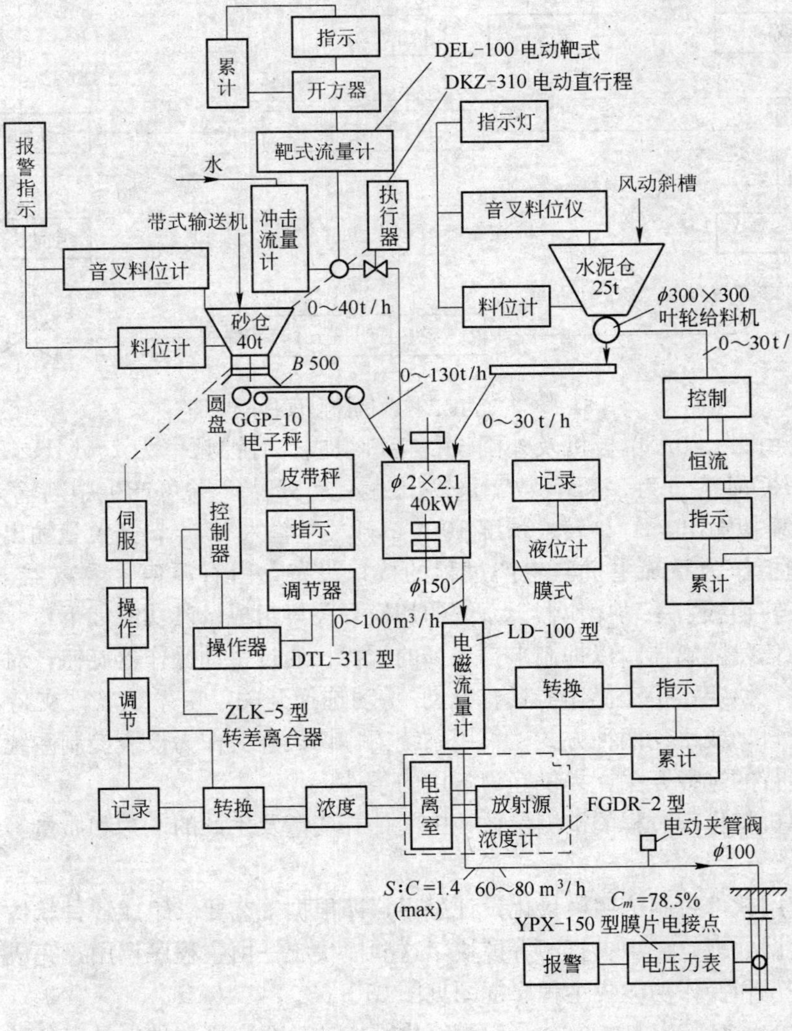

图 31-61 充填作业仪表检测与调节系统的流程配置图

31.5.4.3 充填料制备的微机控制系统[1]

该微机控制系统应用于凡口铅锌矿立式砂仓胶结充填工艺过程。它与常规模拟仪表系统互为备用。

充填工艺微机控制系统的硬件配置图见图31-62。

---

[1] 该系统由长沙有色冶金设计研究院设计，王杰提供资料。

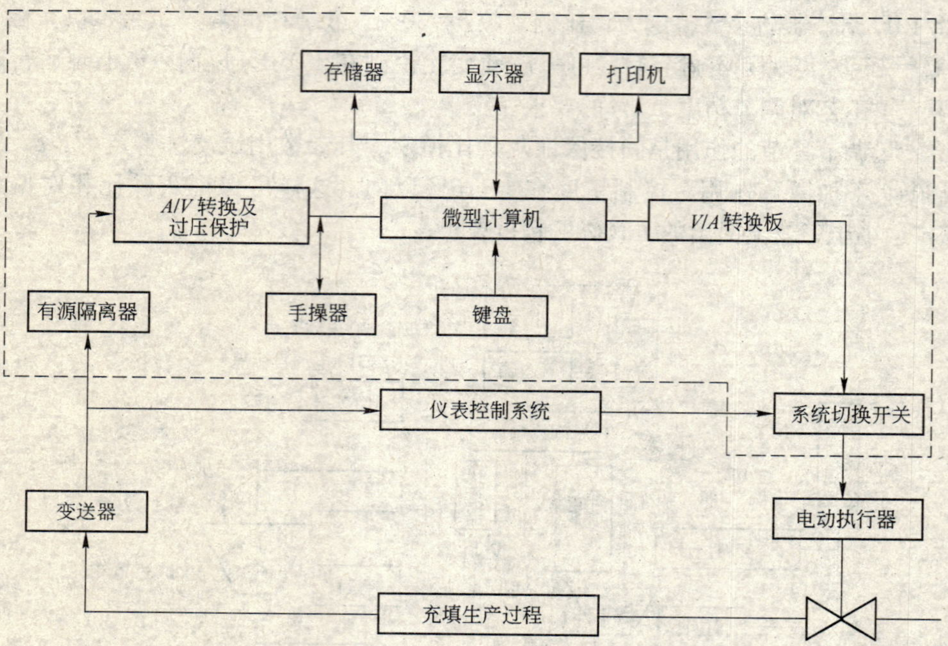

图 31-62 充填工艺微机控制硬件配置图

微机系统由 Z-80A 单板机及外围设备接口组成。时钟频率为 2.5MHz，RAM 容量为 16kB，EPROM 容量为 32kB，数字量输出输入为 32 点，并可产生中断输入，16 路模拟输入，8 路模拟输出，A/D 转换精度 10 位，开关量输入 16 点，开关量输出 32 点。

微机控制柜作为系统主机与生产过程的接口设备，由有源信号隔离器、电流/电压（电压/电流）转换板、手动操作器、系统的切换开关等组成。其功能如下：

采用有源信号隔离器，以抑制来自现场的干扰；通过手动操作器旋钮，对主机控制回路的设定值进行给定；手动操作器具有自动/手动选择开关，由系统软件支持，对其控制回路可以任选自动或手动两种方式；采用系统工作切换开关作为仪表控制系统与计算机控制系统投入运行的选择开关，提供互为备用的条件。

采用打印机将生产过程的被测参数、中间计算变量及生产的产量和质量等统计报表打印。

系统的应用软件编制依照模块化设计思想，即根据工艺要求组成各种软件模块，如测量、控制、数据处理、显示、打印等模块，这些模块统一由主程序调用，完成整个控制系统的控制、监视和操作功能。主程序框图见图 31-63。

应用软件的设计特点是：（1）采用模块化结构，整个应用软件由具有各种不同功能的子模块组成；（2）每个控制回路的手动/自动状态可任意选择，独立操作；还可以通过改变外部设备开关的状态选择不同的控制模型；（3）具有一个实时监控程序，可随机地接受并处理各种监控命令；（4）控制软件中采取了增量限幅、位置限幅和抗失控等一系列保护措施。

本系统具有以下主要功能：

（1）数据采集与显示。对 16 路过程参数巡回采样，测量信号为 0～10mA（0～5V），可随机对生产过程运行状态进行屏幕显示；

(2) 控制输出。可实现 8 个回路的多变量控制；充填过程有 4 种控制回路（放砂量恒定调节系统；干砂/水泥配比调节系统；搅拌桶液位调节系统；混合料浆浓度调节系统）。

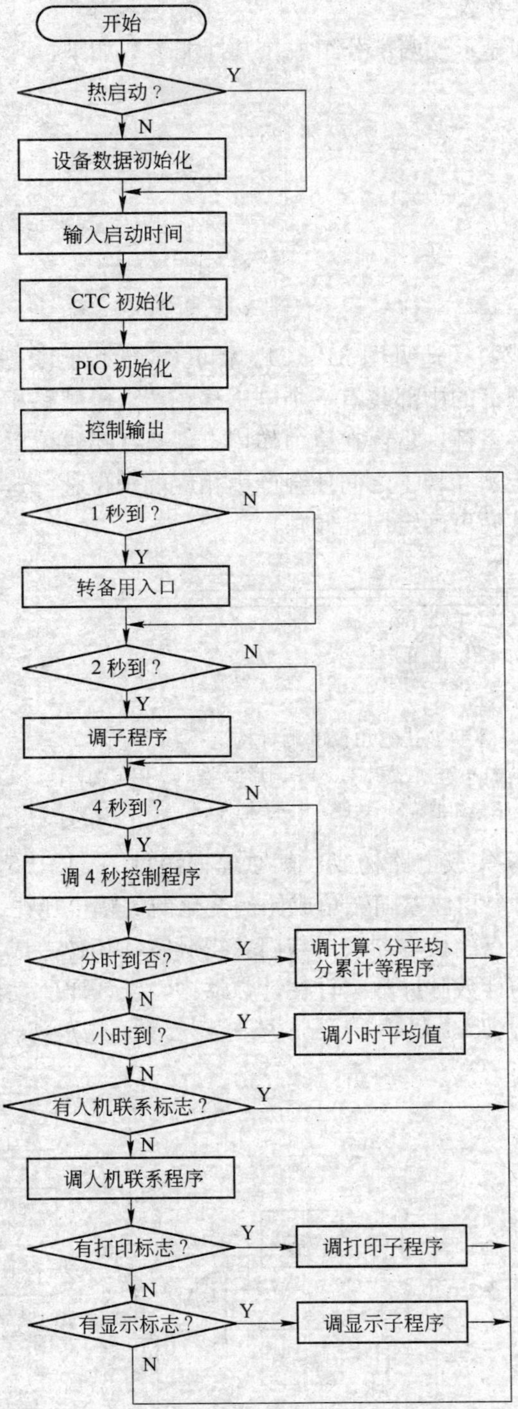

图 31-63 充填微机系统主程序框图

(3) 参数修改。参数修改采用人机对话方式进行，在不中止采样及控制程序执行的情况下，经屏幕提示，在线动态修改各测点的测量范围和上、下限报警值，控制回路设定值、PID 常数、增量限幅值、位置限幅值等，可响应 25 幅测点参数修改画面的请求以及 6 幅控制回路参数修改画面的显示请求。

(4) 数据打印。采用定时中断。打印报表不影响采样及控制程序的执行。

(5) 系统操作。在计算机开环运行状态，根据生产要求，系统可进行软手动或硬手动操作。软手动操作通过屏幕提示，采用人机对话方式完成，硬手动操作通过手动操作器完成。

31.6 矿用检测仪表[19]

31.6.1 炮孔参数检测仪表

在中深孔采矿法和 VCR 采矿法作业中，炮孔的倾角和深度要求逐个检验，以便废弃不合格的炮孔和补钻新炮孔，改善爆破效果。

CJ-2 型炮孔测角仪和 CS-3 型炮孔测深仪用来代替原先的手工测量工具❶，提高测量

❶ CJ-2 型炮孔测角仪由湘西矿山电子仪器厂生产，CS-3 型炮孔测深仪由长沙电子仪器厂生产。

准确性，减轻劳动强度，提高测量工效，及时起到指导和监督作用。

31.6.1.1 CJ-2 型数字式炮孔测角仪[20]

CJ-2 型测角仪全套装置由测杆和显示仪两部分组成，其性能参数如下：

测量范围（°）	0～±90
测量误差（°）	≤±1
电源	9V 干电池
工作温度（℃）	－20～＋40
外形尺寸（mm）	235×155×115
重量（kg）	仪器 2.1，测杆 2.3

（1）测杆。测杆采用铝合金管制成，构造见图 31-64。测孔时将测杆的上端插入孔内，靠球形导向头和锥形孔塞定位，测杆的中部装有一个电感移相器。电感移相器的定子刚性固定在测杆上，其转子的轴上装一重锤，重锤在重力作用下保持在铅直位置。当测杆插入炮孔有一倾角时，电感移相器的定子和转子之间便会产生相应的角位移。这样，通过测定电感移相器的输出信号的相位移，便可确定炮孔倾角。

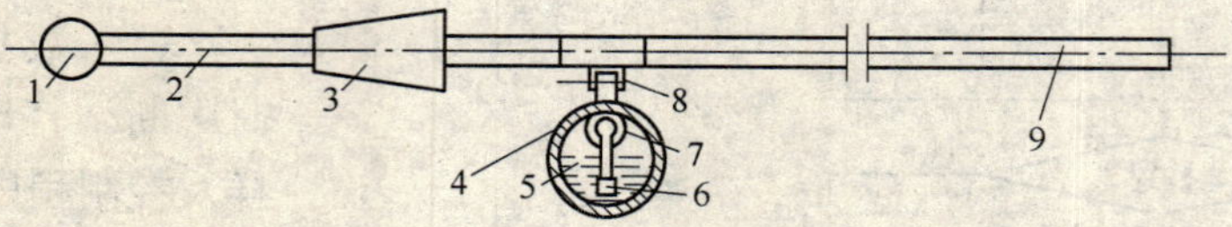

图 31-64 CJ-2 型炮孔测角仪的测杆构造

1—尼龙导向头；2—铝合金导向杆；3—尼龙孔塞；4—圆形油盒；5—阻尼油；6—重锤；7—电感移相器；8—铰链；9—手把杆

（2）显示仪。显示仪用 CMOS 数字集成电路构成，其原理框图见图 31-65。电感移相器通过 RC 移相网络的作用，输出两个相位差随转角成比例变化的等幅电压。为了测量这个相位差，使用两个能检出信号过零点的检零器，由与门获得脉宽与相位差成正比的方波，在此方波的控制下，反映相位差的计数脉冲数累计在计数器中，经译码驱动器由荧光数字管显示为角度值。

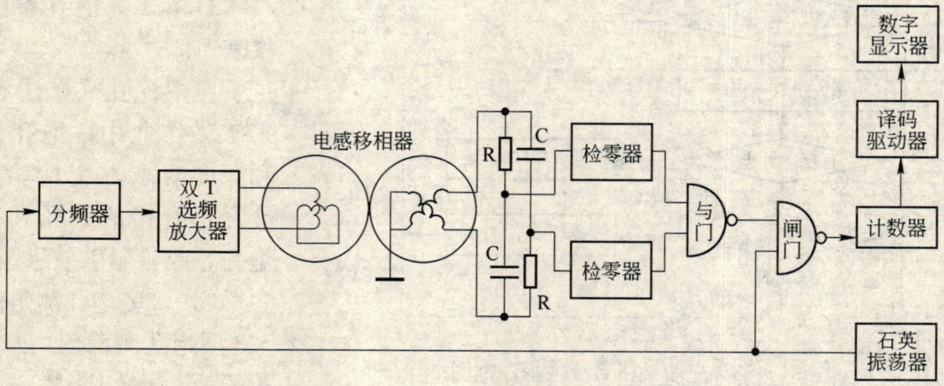

图 31-65 CJ-2 型炮孔测角仪的原理框图

为了确保测量精度，计数脉冲由晶体振荡器产生，再将晶体振荡器的输出信号经 360 分频，得到 400Hz 的方波，由双 T 选频放大器将方波变成失真度很小的正弦波，供电感移相器激磁。

31.6.1.2　CS - 3 型声波炮孔测深仪[21]

CS - 3 型炮孔测深仪适于测量任何方向的无积水炮孔。在一般情况下，仪器的测量置信度可达到 95%。但对于岩石破碎、裂隙和溶洞多的炮孔，则由于声学传播性质的限制，测量效果不佳。其主要性能参数如下：

测量范围（m）	2～25
测量误差（m）	≤±0.5
裂隙位置显示	采用发光二极管
电源	9V 干电池
外形尺寸（mm）	
仪器	
探头	ϕ45×75
重量（kg）	
仪器	2.5
探头	0.4

炮孔测深仪采用声回波测距原理。测孔时将探头置于孔口，探头中的电声换能器定时向孔内发射声波脉冲，声波通过空气向孔底传播，遇到孔底反射回来，反射回波被同一电声换能器所接收。由于声速为常数，声波行程的往返时间与炮孔深度之间有如下线性关系

$$L=\frac{1}{2}ct \tag{31-4}$$

式中　L——炮孔深度，m；

c——声速，m/s；

t——声波往返传播的时间，s。

因此，用电子电路检测出声波往返行程的时间便可得到孔深值。

仪器的原理框图见图 31 - 66。门控发射振荡器的脉冲输出经放大器进行功率放大后，激励电声换能器，向孔内发射声波。在孔底产生的回波由同一电声换能器所接收，送到接收放大器的输入端。接收放大器有时间增益控制功能，以便检测出因传播距离增远而减弱的声回波信号。放大后的回波信号经信号处理电路后分成两路，一路送自寻最后回波电路，找出孔底回波，在数码显示器上示出孔深值；另一路则将回波序列串行输入移位寄存器。再并行输出驱动发光二极管，在标尺用光点显示各回波所对应的孔内裂隙（或障碍物）位置。

31.6.2　岩音监测仪表

岩体在变形和破坏过程中，伴随着应变能的突然释放，会产生声发射现象。声发射监测技术是根据岩音所包含的各种信息，评价岩体的稳定性，从而预测矿井大范围塌陷及岩体的各种危急破坏，监测井下构筑物的安全状态，以及检验地压灾害预防措施的效果。

DY - 2 型地音探测仪是一种简易的便携式仪器❶，由人借助于耳机监听岩音频率来预

❶ DY - 2 型地音探测仪，YSS 型岩体声发射监测仪由冶金部安全技术研究院研制和生产；WD - 1 型无线电地音仪由湘西矿山电子仪器厂生产。

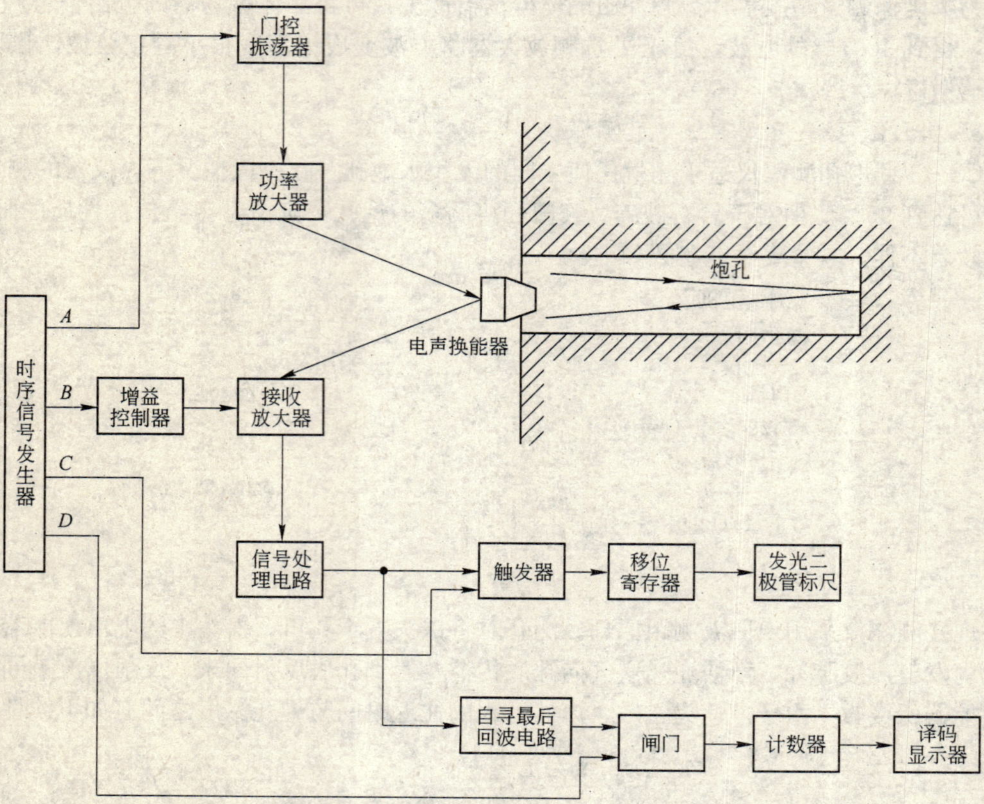

图31-66 CS-3型炮孔测深仪的原理框图

测岩体稳定性。仪器结构简单。WD-1型无线电地音仪的特点是采用了无线电通道、探头与主机之间无须导线连接，适于在危险区域监测松石冒落，以及在不宜于钻孔的采空区监测大面积地压活动，其监测参数仅为岩音频度，功能与DY-2大体相当。YSS岩体声发射监测仪则是在上述基础上提高了一步的仪器，它能同时获得岩音的多种信息，自动化程度较高，帮助监测人员作出正确判断。

31.6.2.1 探头

岩体在变形和破坏过程中应变能突然释放时，产生的弹性应力波从“振源”传至岩面，由埋设于钻孔中的探头所接收。探头由压电拾振器和前置放大器所组成，其构造见图31-67。性能参数如下：

压电灵敏度（$mV \cdot s^2/m$）	5
输入噪声水平（μV）	<10
前置放大器的放大倍数	70
频率响应（Hz）	200～10000
外形尺寸（mm）	$\phi 29 \times 164$
重量（kg）	1.5

31.6.2.2 DY-2型地音探测仪

仪器框图见图31-68。压电拾振器检测到的岩音信号经前置放大器放大后，用电缆送

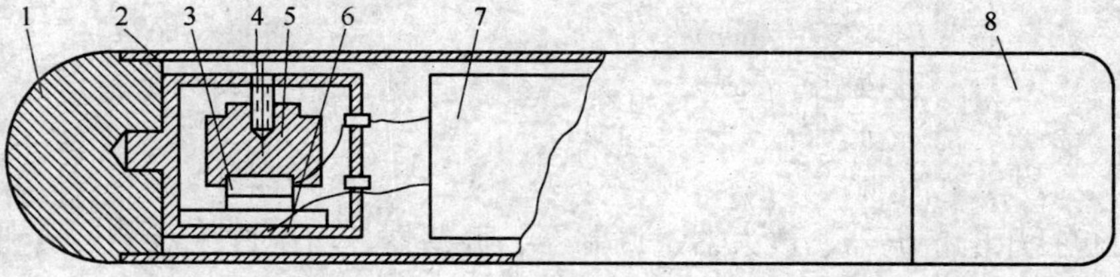

图 31-67　声发射探头的构造

1—前盖；2—筒体；3—压电陶瓷片；4—固紧螺钉；5—质量块；6—晶座；7—前置放大器；8—后盖

到主机，进一步放大后供耳机监听。时标电路由自激多谐振荡器、RC 振荡器和跟随器组成，产生时标信号送入耳机，以便监听人员记录单位时间内的岩音次数。仪器的性能参数如下：

电压放大倍数	2800
频率响应（Hz）	50～5000
时标频率（Hz）	1000
时标间隔（s）	60
外形尺寸（mm）	217×100×124
重量（kg）	1.8

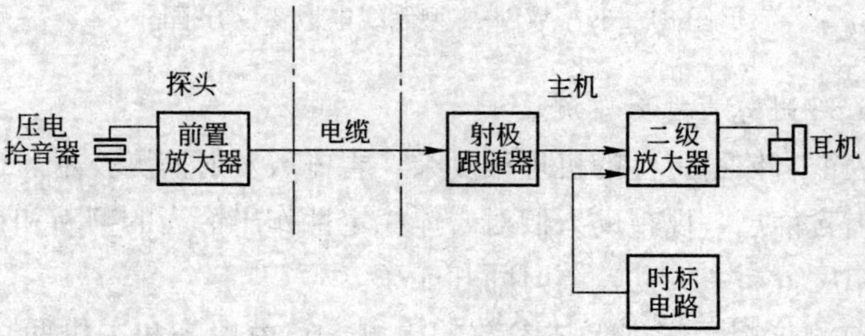

图 31-68　DY-2 型地音探测仪框图

31.6.2.3　WD-1 型无线电地音仪

仪器由发射机、接收机、托杆三部分组成。其框图见图 31-69。性能参数如下：

发射机

载波频率（MHz）	137.5
发射功率（mW）	8
电压增益（dB）	80
有效拾振半径（m）	5～6
外形尺寸（mm）	ϕ75×20
电源	6F22-6V 层叠电池

接收机

电压增益（dB）	126
灵敏度（μV）	≤80
外形尺寸（mm）	275×190×150
接收距离（m）	20～50
重量（kg）	3.6
电源	9V一号电池

发射机包括压电拾振器、放大器、调制器、振荡器、功率放大器、天线和电池等部件。其作用是从岩石表面拾取岩音，变成电信号，调制后以电磁波形式发射于空间，由接收机接收。接收机采用调频制方式工作，包括高放、混频、中放、鉴频和低放各级，最后由耳机接收岩音。为了帮助选择最佳接收位置，接收机中装设了场强指示电路。在井下环境条件（如湿度）发生变化时，为了使仪器工作于最佳接收状态，装设了鉴频指示电路。托杆的功用是把发射机安设于较高的顶板上。

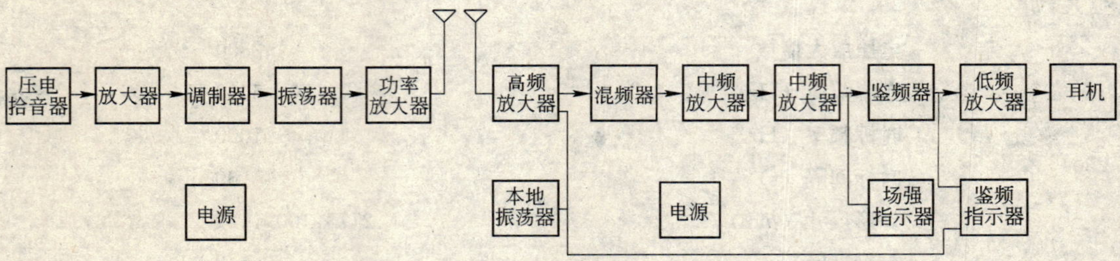

图31-69 WD-1型无线电地音仪方框图

31.6.2.4 YSS岩体声发射监测仪

声发射现象表征岩体稳定性的机理很复杂，岩体声发射监测技术通过对岩音信号的波形分析，获取其内含信息，以帮助人们对岩体稳定性作出恰当的判断和预测。岩音的主要信息是：频度、幅度分布、振动持续时间和能率。

YSS声发射监测仪用于实现上述参数的检测。它由探头和主机两部分组成，其框图见图31-70。性能参数如下：

压电拾振器的灵敏度（$mV\cdot s^2/m$）	9
前置放大器的放大倍数	70
主放大器的放大倍数	300
整机最小拾振灵敏度（m/s^2）	2×10^{-3}
带通滤波器的中心频率（Hz）	940
带通滤波器的带宽（Hz）	120
计数容量	
大事件、小事件	十进制二位数
振时、能量计数	十进制四位数
环境条件	
温度（℃）	－10～＋35

相对湿度（%） ≤90

电源 30节2号电池

外形尺寸（mm） 240×160×120

主机包括下列部件：

（1）岩音信号处理部件：用于接收来自探头的岩音信号，通过滤波和检波，得到包络线信号。

（2）事件计数部件：借助于比较器将信号按幅度分为大事件和小事件，比较器的门限电平可调。

（3）振时计数部件：对小事件的脉冲宽度，即事件持续时间进行计数。

（4）能量计数部件：累计能量按（31-5）式计算：

$$W=K\int_{0}^{T}V^{2}(t)\mathrm{d}t \tag{31-5}$$

式中 W——累计能量；

V——岩音幅度；

T——岩音持续时间；

K——系数。

本部件包括平方器和电压/频率变换电路。

（5）显示、控制和自校部件。

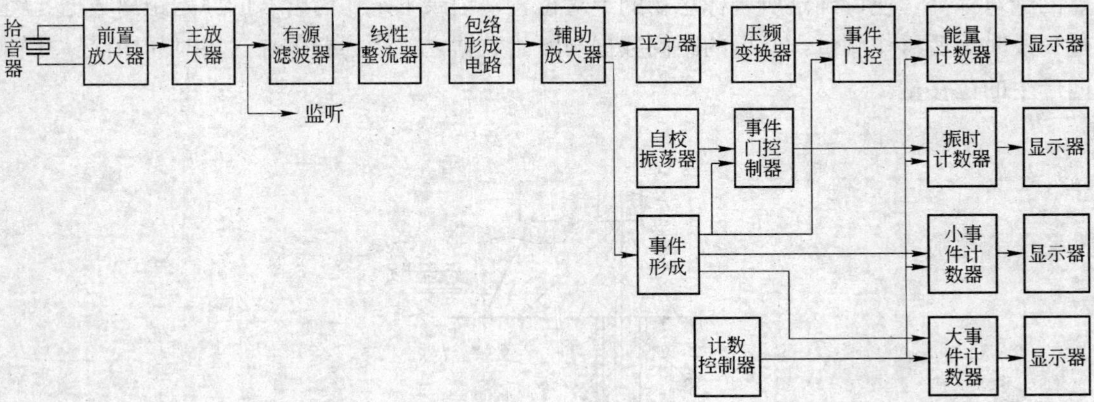

图31-70 YSS型岩体声发射监测仪的框图

31.6.3 岩石位移和应力监测仪表

31.6.3.1 JDW-1型钻孔多点位移测量仪[22]

JDW-1型钻孔多点位移测量仪用于监测深部岩石沿钻孔轴向的位移❶，从而判断岩体工程的稳定性，评价岩体支护和加固的效果，以利于确定合理的施工设计方案，可应用于

❶ JDW-1型钻孔多点位移测量仪由长沙矿冶研究院研制。

监测采矿、水电、铁道部门的地下工程和露天边坡的岩石移动。该仪器的性能参数如下：

测量范围（m）	100
测量精度（mm）	±0.4
测量分辨率（mm）	±0.05
输出方式	自动打印
探头提升速度（m/min）	2
消耗功率（W）	30
外形尺寸和重量	
主机	410×360×150mm，6.6kg
A/D变换器	240×140×160mm，3.9kg
提升装置	580×120×120mm，2kg

本仪器由探头、提升装置、位移/脉冲变换器、数据处理和记录器以及位置标志物等部分组成（见图31-71）。在钻孔内沿轴向隔距埋设标志物，将其用水泥胶固在孔壁岩石中。探头内装霍尔敏感元件，测量时用钢绳将探头放入孔中，每经过一个标志物即发出一个感应脉冲。位移/脉冲变换器是一个装设在提升装置传动轴上的光电计数圆盘，每当钢绳移动0.05mm发出一个光电脉冲。这样，由探头通过标志物时所产生的感应脉冲控制计数闸门的开闭，根据探头在相邻两个标志物之间的区段移动时所计的光电脉冲个数即可计算出两个标志物之间的距离。采用CMC-80微型计算机进行数据处理和记录，得出相邻标志物之间的距离及任一标志物与孔口基准点之间的累计距离。用水准仪测定孔口基准点的绝对标高，便可确定所有标志物的绝对位置，记录下来作为岩石的原始距离数据。经过一段时间后再作测量，所得的距离数据与原始数据之差则为岩体在这段时间内沿钻孔轴向产生的位移量。

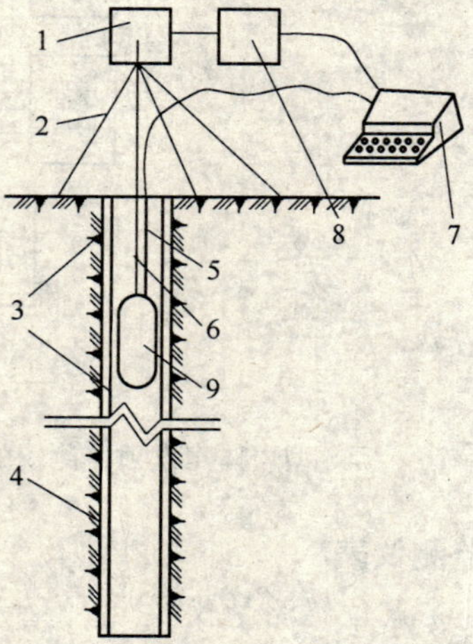

图31-71 钻孔多点位移测量仪原理示意图

1—提升装置；2—三角架；3—位置标志物；4—塑料管；5—电缆；6—钢绳；7—数据处理和记录器；8—位移-脉冲变换器；9—探头

31.6.3.2 JDW-1型多点边坡位移自动记录仪

露天矿山不稳定边坡的滑落，会造成人员伤亡，设备受损，生产停顿等重大事故。JDW-1型多点边坡位移自动记录仪是一种带微机的智能仪表[1]。能在大面积范围内。长期连续监测边坡位移，掌握其滑动规律并进行滑坡预报，以避免重大事故的发生。在加强监测的基础上则有可能加大边坡角，减少废石剥离量，获得巨大的经济效益。

JDW-1型边坡位移自动记录仪的性能参数如下：

测量数（个）	1～10	报警速度范围	(m/h)	0.0001～100
位移监测量程（m）	<100	消耗功率	(W)	20
记录量程（m）	100	外形尺寸	(mm)	400×350×140
累计计数（m）	100	重量	(kg)	7
能记录的最大位移速度（m/h）	100			

本仪器由若干个位移-脉冲传感器和CMC-80型微型计算机组成（见图31-72）。各个边坡测点的位移量由传感器转换成电脉冲信号，经接口电路送入计算机。计算机对各通道的脉冲信号进行计数，同时不断检测各通道的计数值。当任一通道的计数值与设定计数值相符或在设定的打印时间里最少有一个通道有计数时，计算机即将时间、测点编号、通道计数值及其累计计数值、报警信号状态等资料打印输出，同时，对各测点的平均位移速度进行计算。如有任一测点的平均位移速度达到了危险报警或紧急报警上限，计算机将分别发出闪光或声响报警信号。计算机还具有自动开、关机功能，并有外接时钟。

位移-脉冲传感器由钢绳、传动机构、计数圆盘和光电转换电路等部件组成。传感器通过钢绳与边坡测点相连，当边坡发生移动时，钢绳受到牵引并通过传动机构带动计数圆盘旋转，由于圆盘上排列小孔对光线的交替遮、通作用，光电转换电路发出电脉冲，完成位移-脉冲变换。

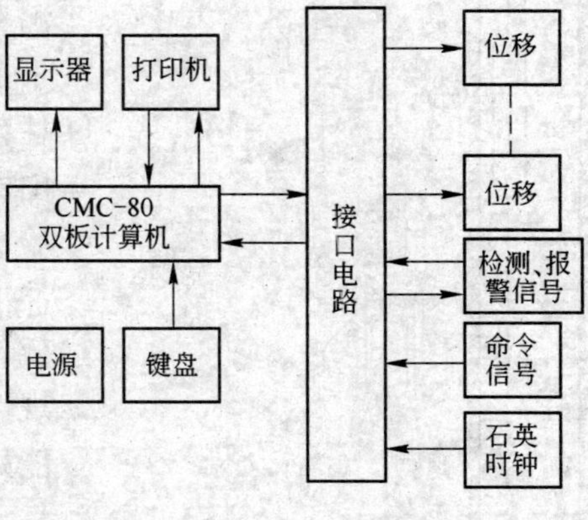

图31-72 多点边坡位移自动记录仪框图

31.6.3.3 DY型电阻式位移计

DY型电阻式位移计用于测定采场（或巷道）的顶板下沉和岩体内部相对位移[2]，可

---

[1] JBW-2型多点边坡位移自动记录仪由长沙矿冶研究院研制。

[2] DY型电阻式位移计由长沙矿山研究院研制。

以代替一般水准仪观测。其优点是能对一个区域或在一个钻孔内对不同深度的顶板下沉量进行远距离监测，无须观测人员进入采场。仪表结构简单，矿山能自制。

电阻位移计实质是滑线电阻器，当顶板位移时引起其电阻值产生变化，并采用惠斯顿电桥测量。电阻位移计的内部结构见图31-73。选用锰铜电阻丝缠绕在$\phi10\times118$mm的铜棒上，构成滑线电阻器。位移计在钻孔中的安设情况见图31-74。位移计的两端分别用钢丝与固定在岩壁上的孔口固定器和孔底固定器拉紧连接。使用时应经常对位移计进行电阻-位移关系曲线的率定。并保持其良好的防潮性能。

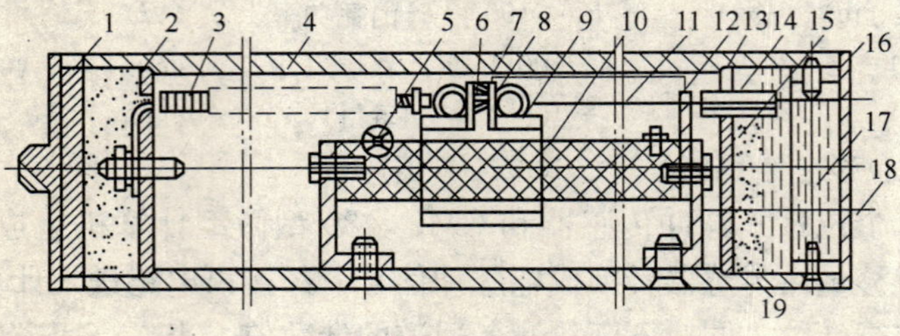

图31-73　电阻位移计内部结构图

1、16—盖板；2、13—挡板；3—弹簧；4—外壳；5—触针弹簧；6、7、8—触针部分；9—触针滑筒；10—铜芯线圈；11—钢丝；12—钢丝导向板；14—橡皮条；15—万能胶；17—黄油；18—导线；19—固定架

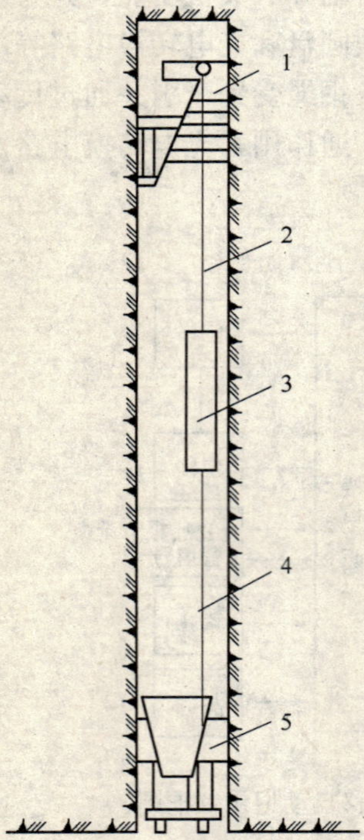

图31-74　电阻位移计在钻孔内的安装

1—双楔式孔内固定器；2、4—钢丝；3—电阻式位移计；5—孔口固定器

31.6.3.4　GDY型光弹性单向应变计

GDY型光弹性单向应变计是以光弹性贴片技术原理为基础的应变测量器件[1]，可直接用于结构或构件表面的应变测量或力的测量。在采矿和地下工程中，用于评价支护或矿柱状况及稳定性，研究支架与围岩相互作用及地压规律，检验支架强度和受力状况，预测冲击地压等。其优点是成本低，结构简单，使用轻便，直观性强，防爆、防腐、防潮性能好，在恶劣环境中工作可靠，无需二次仪表，仅需一个普通光源便可读数。适合于大面积多点长期观测或卸载法测量，测量误差一般不大于10%～15%。主要性能参数如下：

[1] GDY型光弹性单向应变计由冶金部安全技术研究院研制。

尺寸（长×宽×高）(mm)	(3～6)×10×(40～80)
弹性模数（MPa）	3.6×10^3
泊松比	0.37
材料应力条纹值（公斤/厘米/条纹）	12
读数精度（mm）	1
材料应变条纹值（微应变·厘米/条纹）	
单向	330
双向	456
光学应变灵敏度	
单向	0.174
双向	0.126
应变常数（$\mu\epsilon$/mm）	7～40

使用时将单向应变计用环氧树脂粘贴在被测试件上，应变计随试件受力而变形，其中的应力干涉条纹也随着移动，读出其移动距离，按式（31-6）求得试件的应变值：

$$\varepsilon_m=\varepsilon_c=H_\varepsilon\Delta Y_c \tag{31-6}$$

式中　ε_m、ε_c——试件及单向应变计受力后的应变值，$\mu\epsilon$；

ΔY_c——应力干涉条纹移动距离，mm；

H_ε——预先标定的应变计的应变常数，$\mu\epsilon$/mm。

根据应力干涉条纹的移动方向，可判明全应力的符号。

单向应变计用具有暂时双折射性质的光学灵敏材料环氧树脂为基片而制成，其结构见图 31-75。在基片的表面粘贴偏振薄膜和刻度尺，在基片的底面粘贴铝箔作为反光层，它与基片表面的偏振薄膜共同组成反射或平面偏振光。在基片内，将预先“冻结”的应力干涉条纹作为测量应变的读数指针。

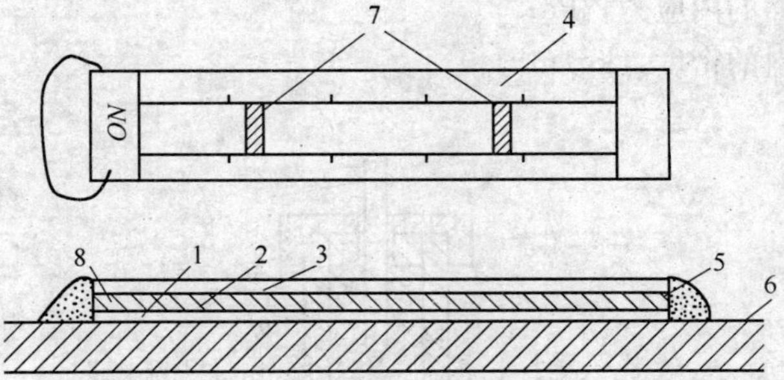

图 31-75　光弹性单向应变计的构造

1—环氧树脂薄片；2—橡皮垫层；3—偏振薄膜；4—刻度尺；5—粘贴胶；6—试件；7—冻结干涉条纹；8—铝箔反光层

31.6.3.5　钢弦测力计

钢弦测力计由 CO 型钢弦压力盒和 PC-1 型钢弦频率计两部分构成[1]。用在岩体或混凝土工程中测试压力。例如测量平巷支护载荷，采区混凝土胶结体的压力和充填假顶压力的变化规律。这种仪器优点是性能稳定，灵敏度较高，防潮性能好和结构坚固可靠，适应矿

[1] PC-1 型钢弦频率计由湘潭无线电厂生产；CO 型钢弦压力盒由长沙矿山研究院研制。

山岩体工程压力大，来压快，以及长期观测的要求。CO型钢弦压力盒的性能参数见表31-18。

表 31-18　CO型钢弦压力盒的性能参数

最大负荷（MPa）	输出频率范围（Hz）	灵敏度（Hz/MPa）	承压板最大允许应力（MPa）	外形尺寸（直径×高度）（mm）	重　量（kg）
0.3	978～1638	0.001～0.14		132	1.3
5	978～1638	1.0～2.0	166.6	140×47	
10	978～1638	0.5～1.1	169.9	140×60	6.2

PC-1型钢弦频率计的性能参数如下：

频率测量范围（Hz）	550～3000
测量误差（Hz）	±1
输入灵敏度（μV）	≤60
电源功耗（W）	25
外形尺寸（mm）	285×300×120
重量（kg）	8

钢弦压力盒的工作原理是基于拉紧的钢弦随着弦的内应力变化而改变自振频率。其关系式为

$$f=\frac{1}{2L}\sqrt{\frac{\sigma}{\rho}} \qquad (31-7)$$

式中　f——弦的自振频率，Hz；

L——弦的长度，m；

σ——弦截面的内应力，Pa；

ρ——弦材料的密度，kg/m^3。

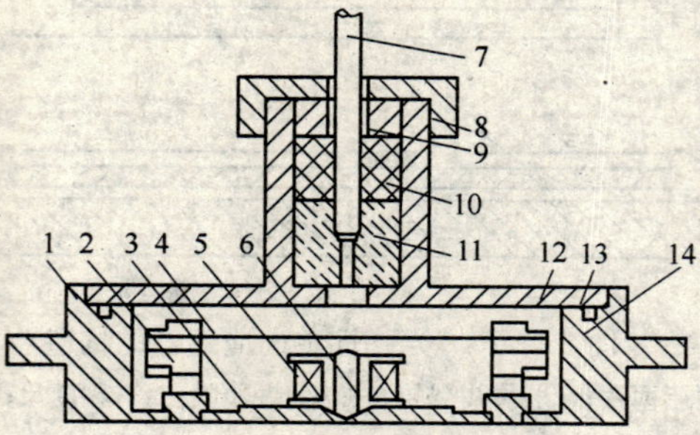

图 31-76　CO型钢弦压力盒的结构

1—钢弦栓；2—钢弦栓架；3—承压板；4—钢弦；5—线圈；6—铁芯；7—电缆；8—封盖；9—防滑扭块；10—橡胶塞子；11—万能胶；12—盒盖；13—O形密封圈；14—盒体

CO型钢弦压力盒的结构见图31-76。钢弦的两端固定在钢弦栓架上，当承压板受压弯曲时，铆固在承压板上的钢弦栓架沿承压板径向向外产生转角，使弦的长度变化，从而改变

弦的内应力，其自振频率发生变化。钢弦的激励和自振频率的检测都通过电磁线圈实现。

PC-1型钢弦频率计的电路框图见图31-77。晶体振荡器产生的500kHz信号经分频后，得到1Hz信号，用来触发晶闸管开关，激励电磁换能器，使钢弦产生振动。钢弦的自振频率信号由同一个电磁换能器拾取，经 Y 轴放大器放大后，一路送示波管，显示李沙育图形，另一路在计数显示单元上直接显示自振频率值。

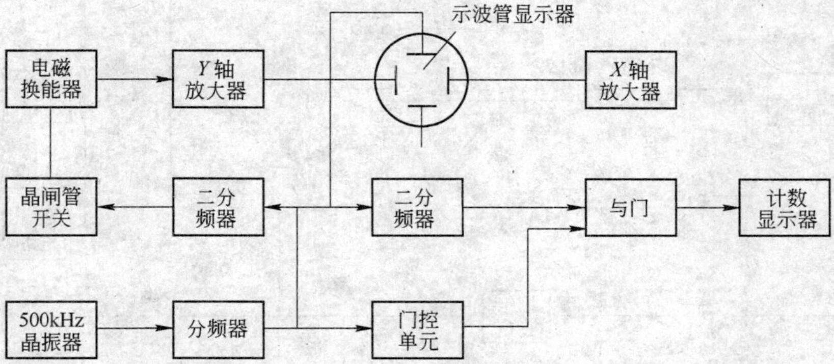

图31-77 PC-1型钢弦频率计的电路框图

31.6.4 爆破测量仪器

31.6.4.1 CZ-1型数字式综合测振仪❶

CZ-1型综合测振仪是一种数字式多功能振动和冲击测量仪器。在采矿工业中用来测量爆破地震效应，也可用来测量机械振动，例如空气压缩机、钻车、振动式压路机等的振动参数，为爆破设计、机械设计和劳动安全等方面提供数据。

CZ-1型测振仪较一般测振仪的精度高，功能多，具有有效值运算功能，适合测量非正弦波形振动。有较优良的冲击测量性能，峰值可永久保持。其性能参数见表31-19。

表31-19 CZ-1型测振仪的性能参数

参数名称	测量范围	测量误差	频率响应范围
加速度	0.01～10000m/s² 四档	±2%读数±1字	3Hz～10kHz
速　度	0.001～1000cm/s 四档	±3%读数±1字	3Hz～10kHz
位　移	0.01μm～100mm 三档	±4%读数±1字	3Hz～3kHz
直流电压	0.001～200V 三档	±(0.1～0.5)%读数±1字	直　流
交流电压	0.001～200V 三档	±(0.5～5)%读数±1字	3Hz～10kHz
冲击加速度	0.01～10000m/s² 四档	±3%读数±1字	

测振仪采用压电式加速度计作为传感器，其电路由高精度集成运算放大器和CMOS数字组件构成，框图见图31-78。加速度计输出的电荷信号由电荷放大器变换为电压信号，经归一化电路得到 G 示值的加速度信号，如需测量速度或位移参数，则要进行一次或二次积分。绝对值电路的作用是将交流变为直流，以便由数字电压表进行显示。根据测量需要，可通过有效值运算电路或峰值电路分别获得有效值或峰值显示。冲击测量则通过峰值

❶ CZ-1型数字式综合测振仪由长沙矿山研究院研制。

保持电路进行。当被测信号中包含了较多的高频振动干扰时，可借助于滤波器进行抑制。

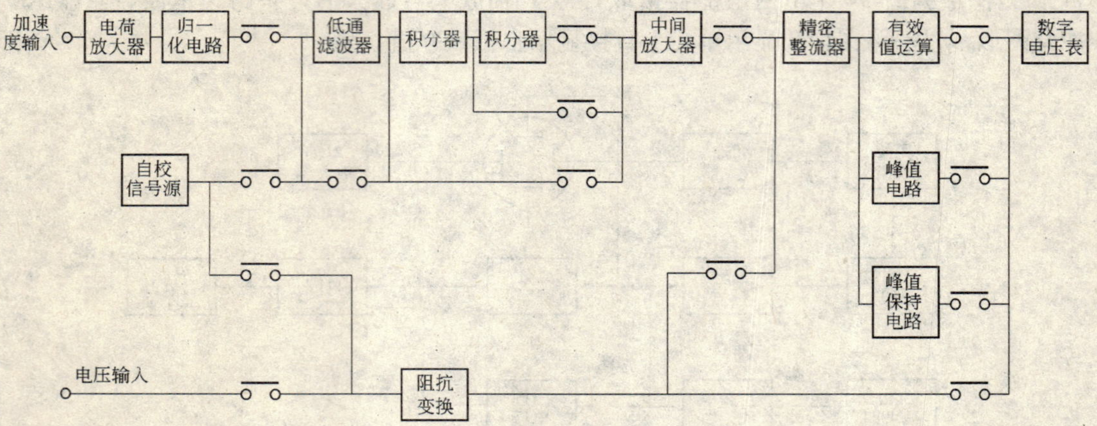

图 31 - 78　CZ - 1 型数字式综合测振仪的框图

31.6.4.2　BSW - 1 型计时式五段爆速仪[1]

BSW - 1 型计时式五段爆速仪是一种集成电路构成的携带式数字仪器。用于炸药、导爆管、导爆索的爆速及电雷管、继爆管的延时或其他微小时间间隔的测量。其技术指标如下：

测量范围（μs）	0.1～9999×10³	电源电压（V）	交流 220±10%，直流 5±10%
测量误差	0.01%±1 字	外形尺寸（mm）	360×300×122
时标（μs）	0.1，1，10，100，1000	重量（kg）	6.5

本仪器采用计时法测量爆速。在待测体上按一定距离（L）布置若干对电极探针，当爆炸时，每对探针因爆轰波沿传播方向的电离作用而接通，依次发出电脉冲信号。通过测定各对探针之间的接通时间间隔（t）便可算出爆速 $v=L/t$。

仪器的原理框图见图 31 - 79。可根据需要，安置 1～6 对探针。当爆炸时，每对探针的接通使得各路闭锁门依次动作，后者再控制各路闸门的打开和关闭，以便各段的时间间隔以数字形式分别记录在各路计数器中。计数脉冲由石英晶体构成的时标发生器供给。

31.6.4.3　CSR - 1 型空气冲击波速度测试仪

CSR - 1 型空气冲击波速度测试仪能同时测量 10 个测点的冲击波速度和冲击波到达时间[1]，从而获得冲击波传播过程中的速度变化规律，换算出冲击波阵面上的力学参数。该仪器兼有测定爆炸材料爆速和电雷管作用时间的功能，也可供测压系统的现场动态幅值标定和试验室激波管的波速测量。

本仪器实质上是一个多通道时间间隔测量仪。由传感器，前置放大器、信号传输线、21 通道时间间隔测量仪及电源等部分组成。其原理框图见图 31 - 80。其性能参数如下：

[1] BSW - 1 型计时式五段爆速仪和 CSR - 1 型空气冲击波速度测试仪由湘西矿山电子仪器厂生产。

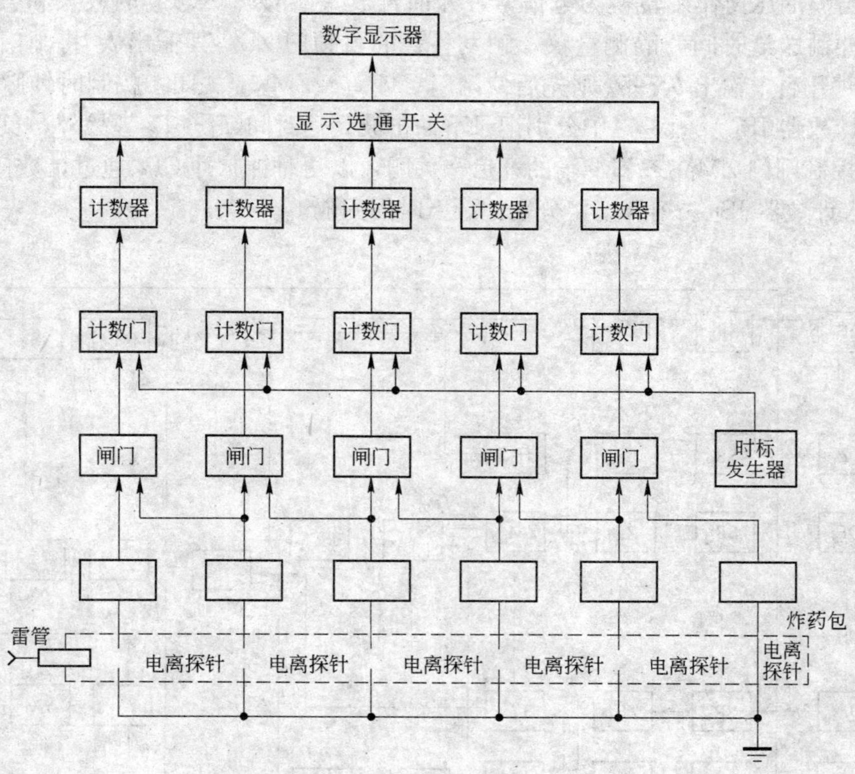

图 31-79　五段爆速仪框图

冲击波传感器的性能参数

测量范围（MPa）	0.001～50
电荷灵敏度（pC/MPa）	≥3000
上升前沿（μs）	<3

前置放大器的性能参数

输入阻抗（MΩ）	≥50
输入门限电平（mV）	(20～500)±10%
工作带宽（kHz）	50～7000
输出信号	幅度 7V，宽度 200μs，前沿≤50ns

时间间隔测量仪的性能参数

测量范围（μs）	0.1～9999×10^3
测量误差	±0.1%±1 字
时标（μs）	0.1～1000 五档
分辨率（μs）	0.1
通道数	21
显示	十进制 4 位数字
消耗功率（W）	<12
外形尺寸（mm）	420×360×122

它们将冲击波的压力作用转换为电信号，经前置放大器 $QF_0 \sim QF_{20}$ 的放大和整形后，将陡峭的脉冲输送给时间间隔测量仪，触发各自的自锁门 ZS。其输出 b_0 将闸门 $ZM_{2-1} \sim ZM_{2-10}$ 同时开启，输出 $b_1 \sim b_{20}$ 则先后使闸门 $ZM_{2-1} \sim ZM_{2-10}$ 关闭，控制时钟脉冲 CP_2 的计数，在计数器 $JS_{2-1} \sim JS_{2-10}$ 中分别记录下冲击波到达时间 $T_1 \sim T_{20}$。另外，负脉冲 $b_1 \sim b_{20}$ 还分别控制闸门 $ZM_{I-1} \sim ZM_{I-10}$ 的开启和关闭，以便时钟脉冲 CP_1 通过计数门 $JM_{I-1} \sim JM_{I-10}$ 进入计数器 $JS_{I-2} \sim JS_{I-10}$，分别记录下时间间隔 $t_2 \sim t_{10}$。

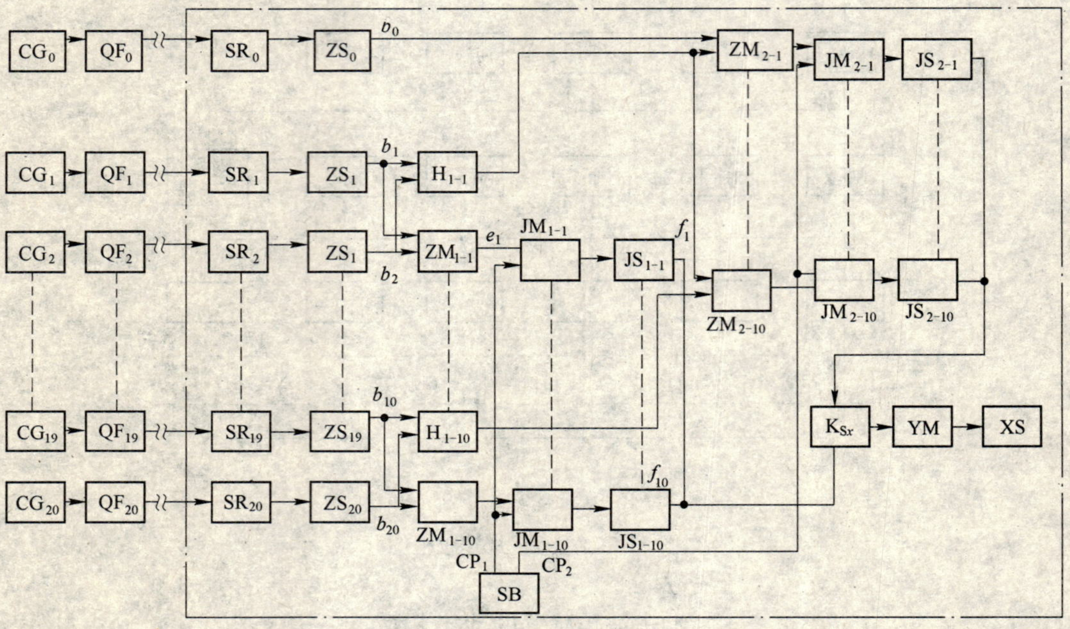

图 31-80 空气冲击波速度测量仪框图

CG—传感器；QF—前置放大器；SR—输入电路；ZS—自锁门；H—或门；
ZM—闸门；JM—计数门；JS—计数器；K_{Sx}—显示选通开关；
YM—译码器；XS—显示器；SB—时标发生器

上述 20 个数据存储在相应的计数器中，可用开关 K_{Sx} 任选显示。

进行冲击波测量时，为隔除地震波的干扰，传感器的安装必须采取良好的隔振措施，并装设在一条直线上，其间距一般定为 100～200mm。

31.6.4.4 LJ-1 型雷电预警仪

自然雷电会引起露天矿电爆网发生早爆，也引起过井下电雷管、非电起爆器材和煤矿瓦斯爆炸。LJ-1 型雷电预警仪用以预测作业区附近雷电的发展❶，发出危险警报，以便及时把人员和设备撤离危险区。其性能参数如下：

雷电探测范围（km）	＜16
场强指示范围（kV/m）	0～15
电　源	交流 220V，50W；直流±15V，20W

❶ LJ-1 型雷电预警仪由湘西矿山电子仪器厂生产。

预报信号　　场强≥kV/m或2s内收到一个以上的雷电脉冲

警报信号　　场强≥6kV/m或场强≥3kV/m且同时收到一个雷电脉冲

外形尺寸（mm）　　360×240×160

该仪器利用测定场强以及电磁波的脉冲幅度和频度等参数来预报雷电。仪器的框图见图31-81。由传感器和主机两部分组成。

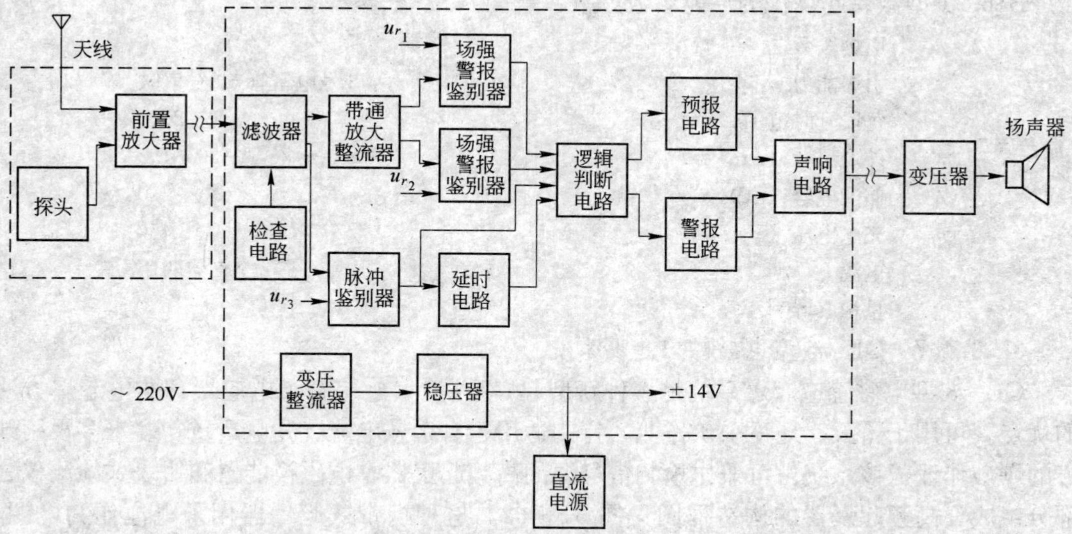

图31-81　雷电预警仪的框图

传感器：包括电场仪、天线和前置放大器三部分。电场仪输出的感应电压和天线接收的脉冲信号分别送到前置放大器的不同输入端，经功率放大后由同轴电缆馈送给主机。

主机：传感器送来的场强信号和脉冲信号经高、低频滤波器分离后，分别送到场强预报鉴别器、场强警报鉴别器和脉冲鉴别器进行幅度鉴别，再经延时电路评价雷电放电的频度，最后由逻辑判别电路进行判断处理，发出雷电预报或警报信号。

表31-20　部分国产电容式起爆器的技术指标

型　号	输出电压(V)	最大负载		电容量(μF)	充电时间(s)	环境温度(℃)	外形尺寸(mm)	重量(kg)	电　源	生产厂家
		电阻(Ω)	雷管数(发)							
79	1600			4	6	−40～50	150×170×70	1.9		营口市报警设备厂
YJGN-400	900	298	400	75	15～60	−20～40	180×95×170	1.9	1号电池5节	营口市报警设备厂
YJGN-1200	1800	600	1200	50	30～50	−15～40	230×130×225	3.7	1号电池9节	营口市报警设备厂
MFB-100T_1	1800	320	100		20	−10～40	180×124×82	2	1号电池3节	太原无线电六厂
MFB-50T_1	900	170	50		15	−10～40	200×130×56		1号电池3节	太原无线电六厂
DR-9T（防爆型）		20	120			−30～40	200×130×170	3	1号电池4节	辽阳市电子仪表爆破仪厂
BCJ-5000（A）	5000			29	60	−10～40	350×200×130	8.5	15V±10%	温州市无线电厂
FDF-500	3600	2500	2500		30		194×96×220	3.1	6F12-2单元电池	徐州无线电厂
GM-2000	2000			4000	170		350×165×180	8		湘西矿山电子仪器厂

31.6.4.5　电容式起爆器

电容式起爆器用于露天矿、井下金属矿、隧道掘进及水利工程的爆破中，作为引爆工业电雷管的携带式高压能源。下面列出部分国产起爆器的主要性能参数（见表31-20）。

31.6.4.6　BS6-1型数字式微差起爆仪

微差起爆仪配合即发电雷管可进行微差爆破，具有控时准确，调节方便的特点。在需要引爆6路以上的雷管网络时，可以两台仪器串联使用。仪器还具有遥控起爆功能。

BS6-1型微差起爆仪的性能参数如下：

引爆段数	6
引爆能力	8号电雷管50发串联
每段延时范围（ms）	1～2000
外形尺寸（mm）	360×320×122
储能电容（μF）	240
充电电压（V）	450
电源	交直流两用
重量（kg）	6

31.6.4.7　QB-3型电磁感应起爆系统

QB-3型电磁感应起爆系统是一种新型起爆系统[1]，它综合了电起爆和非电起爆方法的优点。可用于露天、地下采矿作业，特别适用于有杂散电流、漏电严重、多水多雷雨地方的爆破作业。该系统由可兼作检测信号源的高频起爆器、电磁换能器和钳表式检测仪三部分组成。高频起爆器的构造框图见图31-82。这种携带式起爆器用干电池作为电源，经逆变-升压-整流后，对电容贮能器充电，再将贮存的能量变换为高频电流送往引爆母线。在引爆母线上串联许多小磁环，这些小磁环作为电磁换能器将母线上的高频电流耦合送入电雷管。由于磁环的高通频率特性，使得电雷管只接受高频起爆器的引爆作用。对于漏入母线的直流或工频杂散电流，由于磁环的电气隔离和高通滤波特性，无法引爆雷管。对于静电，则由于雷管脚线始终环路连接而不可能积累起足以引爆的能量。对于空间电磁

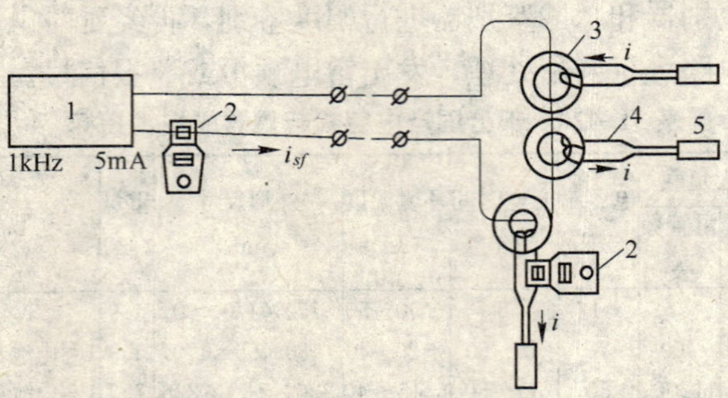

图31-82　QB-3型电磁感应起爆系统示意图

1—高频起爆器；2—钳表式检测仪；3—电磁换能器；4—电雷管引脚环线；5—BJ-1型安全电雷管

波，也认为要在雷管脚线环路中感应出足以引爆的电流是不可能的。但对于直接雷击的危险，则不能不予考虑。因此，这种电磁感应起爆系统的安全性高于传统的电起爆和非电起

[1] QB-3型电磁感应起爆系统由北京矿冶研究总院研制，阎洪久提供资料。

爆方法。它的突出优点是可以利用钳表式检测仪对网络的任何部位进行不拆线安全检测。这种系统的主要性能参数见表 31-21。

表 31-21 QB-3 型电磁感应起爆系统的主要性能参数

高频起爆器			电磁换能器	
最大准爆能力（8 号电雷管发数）	12m 铜脚线	420	磁环型号	MXD-2000
	6m 铜脚线	620	磁环尺寸（mm）	$\phi18\times\phi8\times5$
	4m 铜脚线	731	匝数比	1∶3（或 1∶4）
	2m 铜脚线	940	检测信号源	
起爆电流频率（kHz）		15	最大输出电流（mA）	5
起爆电流持续时间（ms）		20～40	输出信号频率（kHz）	15
起爆功率（峰值）（kW）		8	钳表式检测仪	
电雷管脚线电压（V）		1～2	电流量程（μA）	0～50、100
充电时间（s）		37	检测灵敏度（μA）	2
电源		12V 干电池	消耗功率（mA）	<6
外形尺寸（mm）		445×350×100	外形尺寸（mm）	200×80×35
重量（kg）		5	重量（kg）	0.35

31.6.4.8 电爆网路和电雷管的检测仪

为了保证电爆网路的安全性和可靠性，需对爆破工作的杂散电流，电爆网路是否产生开路或短路故障，电雷管的桥丝电阻等进行测定。表 31-22 中列出了几种仪表的技术性能。

表 31-22 电爆网路和电雷管检测仪表的技术性能

仪表名称	型号	测量范围和精度			电源	外形尺寸（mm）	重量（kg）
		交流电流（A）	直流电流（A）	电阻（Ω）			
杂散电流测定仪	ZS-1	0.1,0.5,1.5±5%	0.1,0.5,2.5,10,50,±2.5%			185×160×100	1.9
爆破电表	B-1	0.1,1 ±4%	0.1,1 ±2.5%	5,100,200,±5%	干电池 1.5V	185×60×100	1.9
环路电流-电阻检测仪	HZ-1	50，250，1000，μA±5%		6,20,90±%	干电池 6V	250×68×64	0.4

电爆网路和电雷管的传统检测方法是测量其电阻。检测时需断开电路并通入电流，这就带来了有可能引入静电、杂散电流而引爆的问题。HZ-1 型环路电流-电阻检测仪较好地解决了这个问题❶。其工作原理是用检测信号源向电爆网路输送微弱的交流信号，然后用特制的高灵敏度钳形电流表非接触测量通过网路各支路（或电雷管）的电流或电阻值，以判断是否存在故障。采用这种仪表进行检测时，通过短接的电雷管脚线环路中的感应电流是微安级的，极大地提高了检测的安全性，并提高了检测效率。

31.6.5 ZYE-1 型直读式元素含量分析仪

该仪器是一种放射性同位素 X 射线荧光分析仪❷。用于元素的定量和半定量分析，可

❶ HZ-1 型环路电流-电阻检测仪由北京矿冶研究院研制。

❷ ZYE-1 型直读式元素含量分析仪由马鞍山矿山研究院研制，张勤龙提供部分资料。

在露天采场、井下巷道、刻槽和钻孔等地点对矿块、钻机岩芯、粉粒进行直接测定。其主要特点是可以不破坏样品，不用化学试剂进行分析，分析速度快（1 分钟），成本低，操作简单，数据重现性好，用数字直接显示元素含量，并打印分析结果，仪器便于携带。对于地质勘探、找矿和采场矿石损失贫化的控制均有使用价值。

仪器的缺点是对低原子序数（低于 20 号 Ca）的元素分析较困难，对于低含量的元素分析误差较大。

仪器由探头、主机和微型打印机三部分组成、原理框图见图 31 - 83。性能参数如下：

测量元素范围（Z）	16(S)～92(U)
样品窗口尺寸（mm）	$\phi40$
通道数（个）	活动道 1，固定道 3
能量分辨率	对于 5，9keV 锰的 Ka 线，优于 25%
整机分辨时间（μs）	<1.5
稳定性	8 小时计数漂移小于 1%
计数量程	99999×10
定时范围（s）	1～400s 及∞，8 挡
率表量程（kHz）	0～100，3 挡
含量显示范围（%）	0～100
自动计算公式	$Y=Ax+B$
打印格式	%含量，小数点及编号
电源	交流 220/110V，直流 GYN - 3 电池 10 节
使用环境	-5～40℃，相对湿度≤85%
重量（kg）	主机 7、探头 1、7，微型机 0.7

利用放射源发出 γ 或 X 射线来激发试样中的各元素产生荧光辐射。因荧光射线的能量与元素的原子序数 Z 的平方成正比，故可根据荧光能量的不同来区分元素；又因各元素荧光的强度与其在样品中的含量成正比，故可通过测定荧光强度进行元素的定量分析。

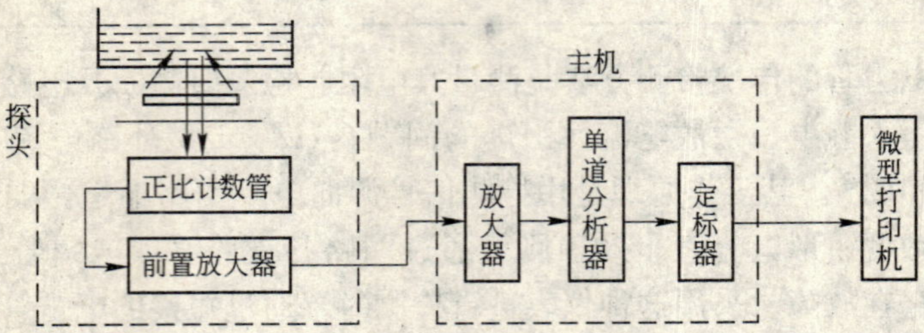

图 31 - 83　ZYE - 1 型直读式元素含量分析仪的框图

常用的放射源有三种，以适应不同元素的分析需要，见表 31 - 23。

射线的测定借助于滤光片和电子谱仪（单道分析器）相结合的方法进行，采用封闭式计数管作为探测器，它接受荧光射线并将之转换为电脉冲，送主机处理。

表 31 - 23 三种常用放射性源的性能参数

放射源	半衰期 (a)	射线能量 (keV)	典型源强 (3.7×10^7Bq)	所适用的元素原子序数	
				K 系	*L* 系
55Fe	2.6	5.9	5～15	～23	
		6.49			
238Pu	87.7	11.6～21.7	30	22～29	62～93
		59.5			
241Am	458	26.4	5～30	42～69	
		11.9～22.2			

平衡过滤片是一对含有氧化物的塑料薄膜，分别称为透过片和吸收片。透过片使被分析元素的荧光大部分通过，而吸收片则吸收该荧光的大部分，两者对其他元素荧光的吸收程度几乎相同。因此，对同一样品若先用透过片测量，然后再用吸收片测量，则两次所测强度之差值，只与被测元素的荧光有关。利用这种方法可提高区分各种元素荧光的能力，克服分析中的干扰。对于不同的元素要采用特制的过滤片。

仪器主机由 10 个单元组成。探测器的输出脉冲经电荷放大和两级电压放大后，送往单道脉冲幅度分析器。活动道的基线和道宽均可调，只有幅度处于上、下阈值之间的脉冲，才能通过分析器。分析器的输出脉冲被送往数据处理部分进行计数，并通过微型机计算和显示出元素含量。

31.6.6 矿井环境检测仪表

31.6.6.1 WBR - 2 型测尘仪❶

WBR - 2 型测尘仪用于测定空气中的粉尘浓度，以评价工作环境的含尘程度，督促改善劳动条件，保障职工身体健康。

这是一种在滤网测尘法的基础上，用低能 β 射线吸收原理制成的数字式电子仪器。当 β 射线通过物质层时，其电离损失与吸收物的质量厚度成正比，因此，通过用探测器检测 β 射线的强度，便可求得粉尘浓度。除放射性粉尘外，这种仪器适用于非爆炸性场合各种粉尘的测量，具有现场快速直读（最长测量周期 22 分钟），不受粉尘物理化学性质影响等优点。

WBR - 2G 型测尘仪的性能参数如下：

放射源	^{14}C	采样体积 (L)	30～480（5 挡）
探测器	G - M 管	量程 (mg/m^3)	0.5～400（5 挡）
采样方式	定容式	测量误差 (%)	≤±10
显示方式	数字式	环境条件	0～40℃，相对湿度 90%以下
采样速度 (L/h)	20～25	重量 (kg)	主机 3.5，电源箱 7

❶ WBR - 2 型测尘仪由北京冶金安全仪器厂生产。

WBR-2测尘仪的结构见图31-84。由采样、探测记录、控制和电源等部分组成。采样部分包括抽滤采样器、滤膜、采样泵、流量计、流量调节装置和驱动电动机。含尘空气由刮板泵抽吸后，经采样器收集在滤膜上。探测记录部分包括^{14}C放射源，G-M探测器，时控器、分频器、分配器、开关电路、时基发生器、门和计数器等。放射源和探测器分别置于滤膜的两侧。

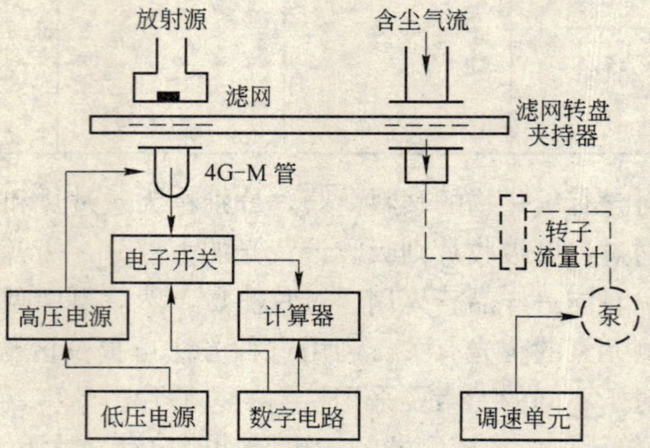

图31-84 WBR-2型测尘仪的框图

31.6.6.2 WB-1型数字式气压计[❶]

WB-1型数字式气压计既能测定大气压力，又能测定相对于某参考气压值的变化量，具备安全火花型防爆结构，可用在矿井中测量通风压力差，也可供气象站、实验室或野外监测大气压力的微小变化。

WB-1型气压计的性能参数如下：

测量范围（Pa）	
气压差	0～±2500
大气压力	9500～10500
分辨率（Pa）	
气压差	1
大气压力	1
均方差（Pa）	2～4
误差	
气压差（Pa）	≤±3～30
大气压力（Pa）	≤±5
环境温度（℃）	−10～50
重量（kg）	4.6
外形尺寸（mm）	270×166×215

WB-1数字式气压计的原理框图见图31-85。

静压传感器由真空压力膜盒、差动变压器和整流器组成。当压力膜盒感受气压的变化产生微小位移时，使差动变压器副边绕组输出与压力成正比的电信号，整流放大后，与气

❶ WB-1型数字式气压计由北京冶金安全仪器厂生产。

压调节电位器输出的直流电压进行相减，在差动放大器再进行一次放大，然后经双积分A/D转换，在数字显示器上显示读数。

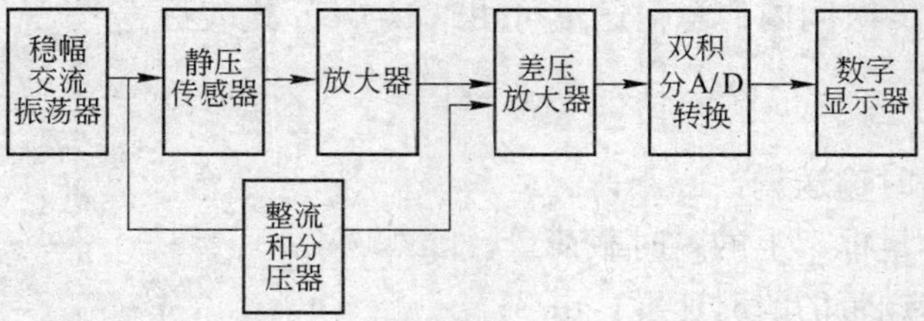

图 31-85　WB-1型气压计的框图

31.6.6.3　一氧化碳警报器[23]

一氧化碳警报器用在矿山或工厂半定量检测工作环境空气中的一氧化碳浓度，并在其超过危险界限时发出声、光警报。

该仪器有携带方便，响应快，警报范围可任意调节等优点。仪器为非防爆式结构。

一氧化碳警报器的框图见图 31-86。

探测一氧化碳的气敏元件采用白金丝和金属半导体制成。当它感测到一氧化碳时，元件的电阻值随空气中一氧化碳浓度而变化，并由电桥测量，电流表指示。而当一氧化碳浓度达到危险值时，发出报警信号。

一氧化碳警报器的性能参数如下：

CO 浓度警报范围（ppm）	200～1000	电源	一号干电池 6V
警报误差（ppm）	≤50	重量（kg）	1.5
响应时间（s）	≤30	外形尺寸（mm）	100×230×170

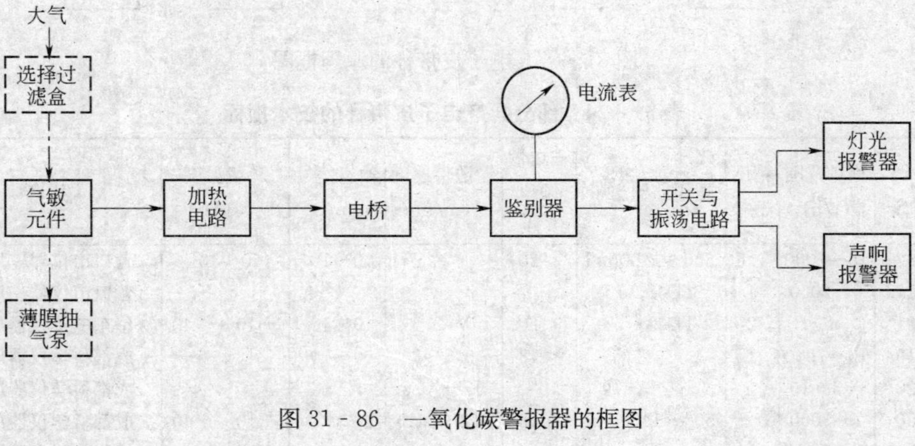

图 31-86　一氧化碳警报器的框图

31.6.7　称重仪表

31.6.7.1　电子皮带秤

电子皮带秤用于对带式输送机运送的物料连续进行称重，在厂矿得到了广泛的应用，电子皮带秤主要由称量框架、称重传感器、测速传感器以及测量仪表等部分组成。其称量精度一般为 1%。近年来，由于多托辊双杠杆式电子皮带秤的研制成功以及微机的应用，提高了称量精度（可达到 0.2%～0.5%）和稳定性以及环境适应能力，并可用于大块物料的计量。

带式输送机在 T 时间内的总输送量可用（31－8）式表达。

$$W=\int_0^T w(t)\mathrm{d}t-\int_0^T \frac{p(t)}{L}\times v(t)\mathrm{d}t \qquad (31-8)$$

式中　$w(t)$——瞬时输送量，kg/s；

$p(t)$——称量框架上的瞬时载荷量，kg/s・m；

$v(t)$——输送带的瞬时速度，m/s；

L——称量框架上的输送带长度，m；

t——时间，s。

实现上述计算方法的电子皮带秤的原理框图见图 31－87。

由称重传感器测得的框架载荷量 $p(t)$ 和速度传感器测得的输送带速度 $v(t)$，送到模拟乘法器运算获得物料的瞬时输送量，再由积分器积分变成计数脉冲，送到计数器累计总输送量。

电子皮带秤的原理框图见图 31－87。

称重传感器有电阻应变式、差动变压器式和压磁式等几种，以电阻应变式传感器使用较多。速度传感器有测速发电机、光电式或磁电式脉冲传感器等几种。在表 31－24 中列举

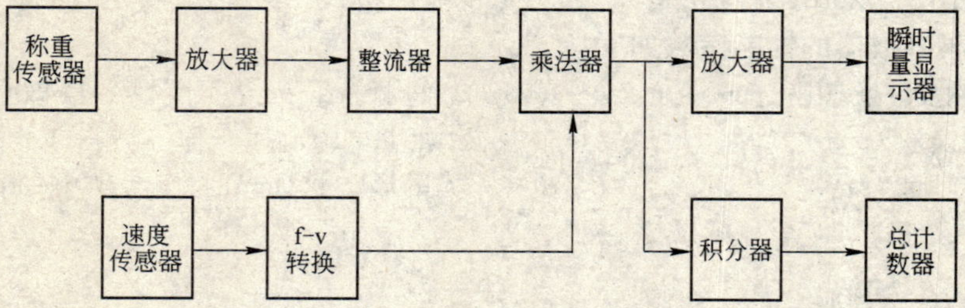

图 31－87　电子皮带秤的原理框图

表 31－24　部分国产电子皮带秤的技术指标

型　号	称量范围 (t/h)	精度 (%)	适用的输送带	输送带倾角 (°)	输送带速度 (m/s)	输出信号 (mA)	环境温度 (℃)	生产厂
GGP－02	10～2000	1.5	500～1400mm	<20		0～10	0～40	营口市仪器三厂
GGP－11	0～2000	1	TD62，75					营口市仪器三厂
GGP－01		2	TD62，75	<20	0～2.5	0～10	－10～＋40	华东电子仪器厂
GGP－10	10～7000	1		<18	0.5～3	0～10		成都科学仪器厂
GGP－20	0.5～10	1			0.1～0.5			成都科学仪器厂
GGP－50	1～3000	0.5	500～1400mm	<18	0.2～3.15		－10～＋40	成都科学仪器厂
JE－3	0.18～18	1						杭州建材电子设备厂
DDPC－W		0.5						衡阳运输机械总厂
PPC－1		1						北京冶金设备研制厂
PCS－80S	0.5～32	1	500mm					长沙电子仪器厂
D.C.1		1		0～20	0.5～2	0～10	0～40	上海衡器厂

了国产部分电子皮带秤的性能参数。

31.6.7.2 电子轨道衡

电子轨道衡是用于对各种铁路车辆及其装载物进行动态称重的一种新型自动称重装置。它能在货车联挂并以一定运行速度通过秤台时，自动称出每节货车的重量，并自动显示、打印、累计重量数据和车辆序号。较之机械轨道衡的静态称重效率高，加速了车辆的周转，有利于加强企业管理，搞好经济核算。

电子轨道衡由称量台面系统、称重传感器、测量和数据处理系统等部分组成，其原理框图见图 31-88。在表 31-25 中列出了几种国产电子轨道衡的性能参数。

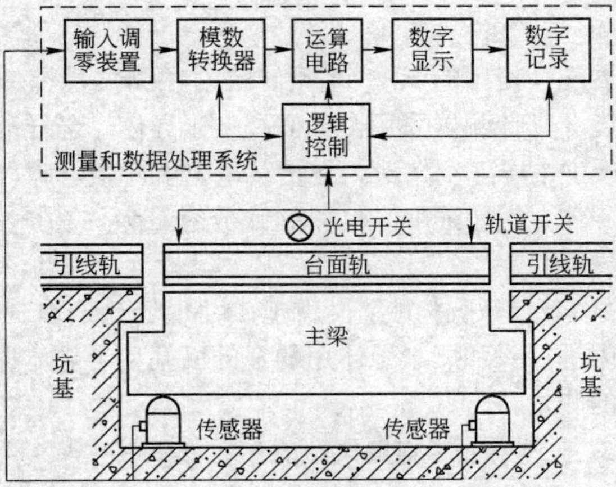

图 31-88 电子轨道衡的结构示意图

表 31-25 国产几种电子轨道衡的性能参数

型号	称量范围（t）	精度（%）		称量速度（km/h）	计量方式	显示打印	制造单位
		静态	动态				
	150	0.1	0.4	3～5	转向架计量	车序号、车重	湖北化工设计院，武汉钢铁公司
	100	0.16	0.38	3～5	转向架计量	车序号、车重	湖北化工设计院，湛江化工厂
	100		0.41	3～5	轴计量	车序号、车重、累计重	武汉衡器厂，湖北化工设计院
GGG-100	96		0.44	5～7	轴计量	车序号、车重、累计重	苏州仪表元件厂
GGG-20	100	0.1	0.26	5～7	转向架计量	车序号、车重、累计重	承德自动化计量仪器厂
GGG-30	150		0.3	3～7	转向架计量	车序号、车重、累计重	天水红山试验机厂

31.6.8 放射性防护仪表[1]

31.6.8.1 氡与氡子体测量仪表

FD-105K 型射气仪是电离法测氡仪，其基本原理是将氡气引入电离室后，氡及其衰变子体的放射线引起电离室内空气电离，用静电计测量其电离电流，根据电离电流大小算

[1] 本节由核工业部湖南省矿冶局刘文鑫、第六研究所周星火提供资料。

出氡气浓度。仪器的测量范围为0.37～3700Bq/L，电压灵敏度为7～60格/伏。用于测量空气中的氡浓度及样品中的镭含量。

FD-125型氡钍分析器是闪烁法测氡仪，需与FH-408型（或FH-454型）定标器配合使用。基本原理是将氡引入闪烁室后，氡及其衰变子体放射的α粒子打在室壁的硫化锌（银）闪烁体上，产生闪光，闪光被光电倍增管转换成电脉冲，由定标器记录电脉冲数，算出氡气浓度。用于测量空气中的氡浓度及样品中的镭含量。FD-125型氡钍分析器的性能参数如下：

闪烁体本底	≤6个脉冲/分
测镭系数	1.4×10^{-13}克镭/脉冲
测量误差	≤±15%

与DK-60型取样器配合使用的FJ-13型α辐射探测仪是携带式仪器，用于矿井现场测量氡子体α潜能浓度。其探测器采用金硅面垒型半导体，当样品的α粒子射入金硅面半导体时，在PN结内产生电子-空穴对，在负载电阻上产生电脉冲，通过测量电脉冲来测量α粒子数，算出氡子体α潜能浓度。仪器的计数容量为（10^5-1），分辨时间为5ns，电压灵敏度为0.3μV。

KF64-1型便携带式氡气氡子体测量仪用于矿井现场测定氡气浓度及氡子体潜能浓度。仪器装有测氡用的闪烁探头和测氡子体用的金硅面垒型半导体探测器，用微机控制氡气取样及氡气和氡子体的测量。

KF64-1型便携带式氡气氡子体测量仪性能参数如下：

计数容量	10^5-1	闪烁室固有本底（脉冲/分）	<1
探测器探测效率	≥30%（4π）	环境工作温度（℃）	-5～45
探测器本底（脉冲/小时）	<10	外形尺寸（mm）	168×80×180
闪烁室测氡下限（Bq/L）	0.37	重量（kg）	1.8

FJ-601型热释光个体剂量计是测量矿Ⅱ个体氡子体累积暴露量的装置，由取样泵和探头组成。探头内装有收集氡子体的滤膜及两片$CaSO_4$热释光片，后者用来记录滤膜上的氡子体放射性及作为γ辐射的修正。其原理是热释光片受照射后，结构内部的电子能级发生变化，经加热后，则受激发的电子返回基态能级，同时贮存的能量以发光的形式释放出来，在一定的温度范围内，发光强度与热释光片所受照的剂量成正比关系。用FJ-377型热释光剂量仪来测量热释光片剂量值。FJ-601剂量计的探测下限为0.05WLH，探测上限为50WLM，取样流速为280mL/min，重量为400g。FJ-377型热释光剂量仪性能参数如下：

测量范围（C/kg）	2.58×10^{-6}～2.58×10^{-2}
测量误差（%）	10～30
升温速度（℃/s）	1～40（分挡）

31.6.8.2 FT-620型X-γ照射量率仪与SG-102型X-γ辐射剂量仪

这两种仪器可用于环境和工作场所直接测量X-γ放射性。FT-620型测量X-γ射线的照射量率，SG-102型测量X-γ射线的空气吸收剂量。

FT-620型X-γ照射量率仪与SG-102型X-γ辐射剂量率仪的性能参数见表31-26。

31.6.8.3 FJ-367型闪烁探头与FJ-2603型α、β弱放射性测量装置

FJ-367型闪烁探头与FH-408型（或FH-454型）定标器配合使用，用于实验室测量α、β放射性气溶胶等样品。它用ϕ65mm硫化锌（银）闪烁体测量α放射性，用ϕ65mm塑料闪烁体测量β放射性。

表31-26 FT-620型X-γ照射量率仪与SG-102型X-γ辐射剂量率仪技术指标

仪表类型	FT-620型	SG-102型
量程	$7.74\times10^{-10}\sim774\times10^{-10}$ C/（kg·h）	$10^{-7}\sim10^{-5}$Gy/h
能量响应	低能端<9%	50keV～2MeV≤10%
	高能端<4%	25keV～2MeV≤15%
角响应	<4%（0°～180°）	≤5%（0°～120°）
误差	<±2%（对^{226}Ra，γ）	≤±10%（对^{226}Ra、γ）
固有本底	$<0.516\times10^{-10}$C/（kg·h）	$\leqslant10^{-9}$Gy/h

FJ-2603型α、β弱放射性测量装置采用ϕ20mm的金硅面垒型半导体探测器作为探测元件，两个ϕ26mm的金硅面垒型半导体探测器作为夹心式反符合探测器扣除宇宙射线中的μ介子，用来在实验室测量环境和食品等放化样品的α、β放射性。

FJ-367型闪烁探头与FJ-2603型α，β放射性测量装置性能参数见表31-27。

表31-27 FJ-367型闪烁探头与FJ-2603型α，β弱放射性测量装置的性能参数

仪器型号	FJ-367	FJ-2603
测量窗口直径	ϕ55mm	ϕ20mm
探测效率	α：30%～60%（对^{239}Pu）	α：>30%（对^{239}Pu）
	β：≥40%（对^{90}Sr）	β：>30%（对^{90}Sr+^{90}Y）
本底	α：≤5脉冲/分	α：0.8脉冲/小时
		β：0.2脉冲/分

31.6.8.4 WYG-1B型荧光光度计与WGJ-1型激光铀分析仪

WYG-1B型荧光光度计是实验室测定固体样品中铀含量的仪器，其原理是将含铀样品混于荧光物质NaF（G·R），做成固体样品，当受高压水银灯的紫外线照射时，会发出荧光，其强度与铀含量成正比，测量荧光强度算出铀含量。其性能参数见表31-28。

WGJ-1型激光铀分析仪是实验室测量水溶液中微量铀的仪器，其原理是，在液体中以铀酰离子存在的铀，加入特制的J-22型铀荧光增强剂，使铀酰离子络合成高荧光络合物，受小型密封式氮分子激光器射出的紫外激光脉冲照射，产生5000、5220，5460Å波长荧光，其强度表征铀含量。WGJ-1型激光铀分析仪的性能参数见表31-28。

表31-28 WYG-1B型荧光光度计与WGJ-1型激光铀分析仪的性能参数

仪器型号	WYG-1B	WGJ-1
量程	$1.25\times10^{-8}\sim2.5\times10^{-5}$ μg/g	（0～2）$\times10^{-8}$ g/mL
灵敏度	2.5×10^{-9} μg/g	10^{-9} g/mL
精度（%）	≤±5	≤±10
重量（kg）	21	19
外形尺寸（mm）	270×370×460	230×400×580

31.6.8.5 FJ-2203 型 α、β 表面沾污测量仪

这是一种全晶体管小型便携式 α、β 表面沾污测量仪，配有磷光双晶体或单晶体，以实现对衣服、手、工作台面、地板、墙壁等 α、β 放射性污染的监测。其性能参数如下：

量程（脉冲/秒）	$0\sim10^4$
探测效率	α：>20%（对 ^{239}Pu）
	β：>20%（对 $^{90}Sr+^{90}Y$）
固有本底	α：<3 脉冲/分
	β：<4 脉冲/秒

31.7 矿山调度通信

31.7.1 露天矿无线电通信

露天矿生产设备（电铲、卡车、钻机等）分散且不固定，生产调度指挥以及工作联系借助于无线电通信最为适宜。因此，无线电通信工具是矿山现代化管理、高效率、低消耗生产所必须的。

31.7.1.1 无线电通信网络的设计方法

设计无线电通信网络，必须了解矿区地形条件、调度站和通信点的地址、行车路线，并在经纬地形图上画出以调度站为中心向各个通信点散射传播的路径图和通信路径上的地形垂直剖面图。根据选定的通信频道和地形条件计算各个通信点的传播损耗，特别是那些被山峰阻隔和距离最远的通信点的传播损耗。然后根据对通信质量要求所确定的通信余量，计算选择发射和接收通信机的型号。

一般选用 10～25W 的小功率通信机。调度站的中心天线可考虑架设在距地面 30m 的调度站屋顶上。如经计算达不到最低通信余量的要求，则应适当改变中心天线位置，使其架设在最有利的地形点。若仍保证不了通信质量，则应考虑增设中继站，无源转发站或中心遥控站。

31.7.1.2 地面无线电传播损耗的计算和通信质量的判别[24]

A 自由空间传播损耗

$$L_o=20\lg\frac{4\pi d\times10^3}{\lambda}-(G_1+G_2) \tag{31-9}$$

式中 L_o——自由空间传播损耗，dB；

d——收、发信机天线之间的距离，km；

λ——工作波长，m；

G_1、G_2——收、发天线的增益，dB。

B 附加损耗

传播损耗应根据不同的地形条件进行修正，多山峰阻隔将使损耗增大。根据山峰宽窄的不同，附加损耗有两种计算方法：

(1) 若山脊较薄，可看成楔形刀口，用绕射理论来计算附加损耗。

$$V=\frac{H_c}{F_i}=\frac{H_c}{\sqrt{\dfrac{\lambda d_1 d_2\times10^3}{d_1+d_2}}} \tag{31-10}$$

式中　V——附加损耗，dB；

H_c——传播余隙，按图 31 - 89 取值，m；

F_i——第一费涅尔半径，m；

d_1、d_2——障碍物至收、发天线之间的距离，有多个山峰时分段计算，则 d_1、d_2 代表山脊之间的距离，km。

计算出 V 后，查图 31 - 90 得到窄山峰的绕射损耗 L_A。

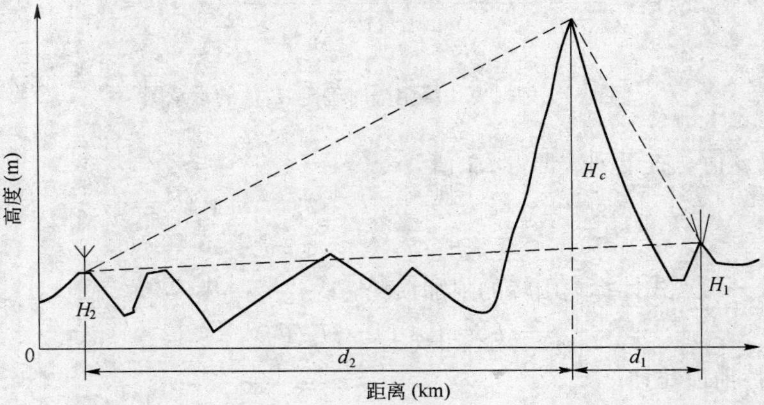

图 31 - 89　窄山峰阻隔时确定 H_c 值的示意图

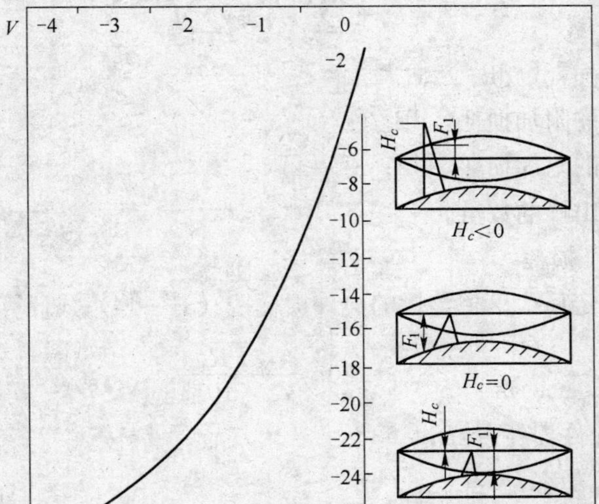

图 31 - 90　窄山峰的绕射损耗曲线

（2）对于山脊很宽的山峰，引入修正系数 μ

$$\mu=2\sqrt[3]{\left[\frac{d_1d_2}{d_o(d_1+d_2)}\right]^2} \tag{31 - 11}$$

式中 d_o 的确定方法见图 31 - 91，在地形剖面图上自峰顶取线段 F_o（$F_o=0.577F_i$），过其下端平行于 PC 的割线 MN 的水平投影距离为 d_o。

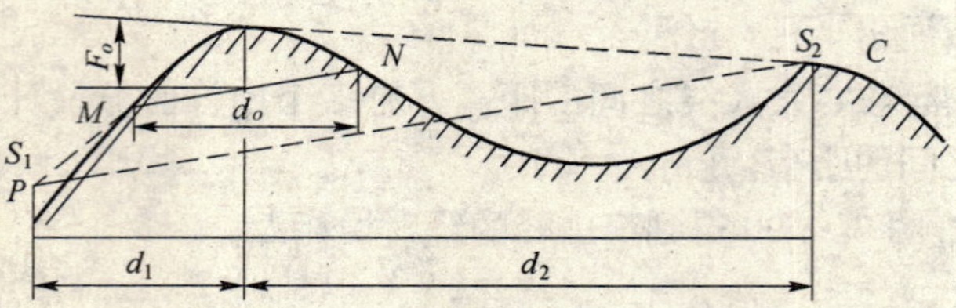

图 31-91 宽山峰阻隔时确定 d_o 值的示意图

根据计算 μ 值，查下列数据得 L_A 值

μ	6	5	3	2	1.4	1
L_A	6	6.5	7	8.2	10	14

再按（31-12）式计算宽山峰的附加损耗。

$$L_V = L_A (1 - H_c/F_o) \quad (31\text{-}12)$$

C 总的传播损耗

总的传播损耗包括自由空间传播损耗和地形附加损耗。当有多个山峰阻隔在通信路径上时，应分别求得各个山峰的附加损耗，然后相加求得总损耗，其计算式为：

$$L = L_o + \sum_{i=1}^{n} L_{Ai} + \sum_{j=1}^{m} L_{Vj} \quad (31\text{-}13)$$

式中 L ——总传播损耗，dB；

L_{Ai} ——窄山峰的附加损耗，dB；

L_{Vj} ——宽山峰的附加损耗，dB；

n、m ——窄、宽山峰的数量。

D 通信机的允许损耗

收、发通信机选定后，信道传播的允许损耗按（31-14）式计算

$$L_P = 20\lg \frac{\sqrt{PR_o}}{u_{in} \times 10^{-6}} \quad (31\text{-}14)$$

式中 L_P ——信道允许损耗，dB；

P ——发射机功率，W；

u_{in} ——接收机灵敏度，μV；

R_o ——天线阻抗，匹配时一般为 50Ω。

E 通信质量的判别

判别式

$$\Delta L = L_P - L \quad (31\text{-}15)$$

当 $\Delta L < 0$ 时，不能通话；$\Delta L = 0$ 时，理论上可通话，有外界干扰时一般不能通话；$\Delta L = 1 \sim 3$dB 时，声音清晰（中等）；$\Delta L = 4 \sim 8$dB 时，声音清晰、无杂音（良好）；$\Delta L \geqslant 9$dB 时，无杂音，声音洪亮（优）。

在规划陆地移动通信系统时，各国提出了众多的场强估算的预测方法，例如平面大地模型、BM 模型、Egli 模型、CCTR 模型、CA 模型、UIC 方法等。这些模型适应不同的地形条件、通信距离和工作频段，有不同的传播损耗计算公式、修正系数和图表，这里就不再一一介绍。

31.7.1.3 露天矿无线电调度组网通信

调度通信的特点是一个中心站指挥着若干个移动台，简单的使用一个波道通信将造成互相干扰，有时甚至不能通信。因此，调度通信必须是组网通信，一个通信网占用一个（或一对）频率，并配用功能较全的呼叫系统。矿山调度通信网框图见图 31 - 92。

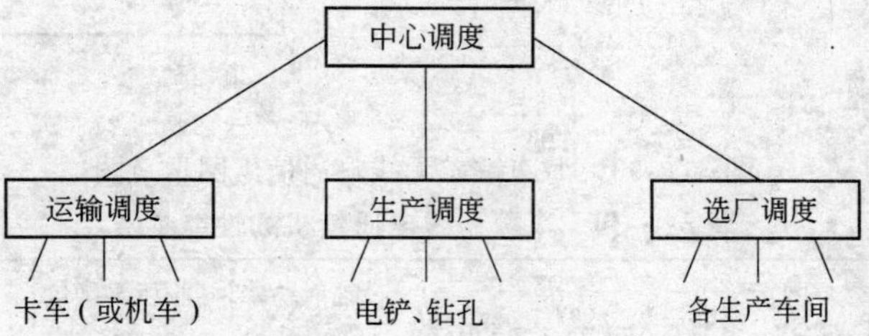

图 31 - 92 调度通信网框图

矿山一般是两级调度。中心调度不直接对作业设备，只对各个分调度。每个分调度构成一个子网，占有 1～2 波道。各子网重叠交叉，所以波道一般不能复用。

露天矿组网通信对通信机的要求见表 31 - 29。

表 31 - 29 露天矿组网通信对通信机的要求

传播频率	150～170，400～470MHz
发射功率	基地台 10、20W，移动台 2W
接收机灵敏度	≤1μV 信噪比≥10dB
通话方式	异频单工或双工
移动台耐冲击	＞250m/s²，60 次/分
移动台耐振动	＞150m/s²，50Hz
防潮防尘结构	有

对呼叫器的功能要求是：能全呼和单呼；被呼叫的通信机有振铃和回铃；中心台被呼叫时有振铃和呼叫台号显示；有占线显示；在占线时不能呼叫和窃听；分机收不到呼叫信号不能通话；具有抗冲击、抗振动和防潮防尘结构。常用呼叫器型号有：MSC 型（主呼叫器），SSC 型（分呼叫器）。

海南铁矿无线电通信组网实例见图 31 - 93。

一般车载式组网无线电话机的性能参数列于表 31 - 30。

31.7.1.4 900MHz 无中心多信道选址通信系统

日本 1982 年推出的 900MHz 无中心通信系统已成为国外移动无线电通信中用户最多的系统。该系统不需另加呼叫器就可组网通信，开放了新的通信频段，通信距离远，抗干扰

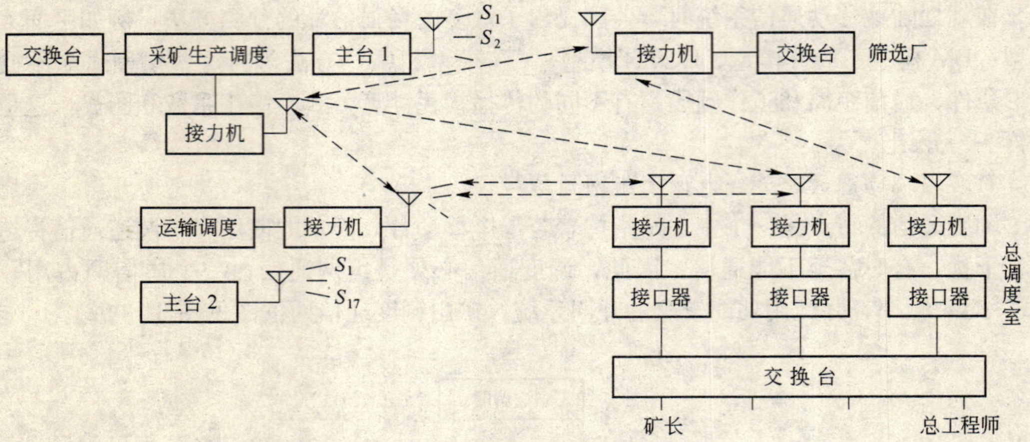

图31-93 海南铁矿无线电通信组网示意图

表31-30 车载无线电通信机的性能参数

型 号	频率范围（MHz）	波道数	辐射功率（W）	接收机灵敏度（μV）	工作方式	生产厂
JDD-2/308	162.6～166.7	10	5～10	<1	异频双工	广兴机械厂
JZD-2/304	163.6～166.7	10	5～10	<0.5	异频单工	广兴机械厂
4016H	136～174	16	30	<1	单双工	上海无线电24厂
4016U	390～520	16	40	<1	单双工	上海无线电24厂
PRC-7/9	903.125～904.875	可以同时80对用户通话	5	<-3dB	单 工	无锡无线电厂
3JDD-4	154.7～155.9	三路接力	2	1.5	双 工	重庆无线电厂
JZD-16	168.425～158.5	10	5～10	1.5	双 工	重庆无线电厂
JZD-20	157.5～164.425	10	10	<1	双 工	红峰机械厂
JHM-41Y10E	335.4～510	6	10	<0.35	双 工	抚顺市无线电厂
JHM-41Y10D	335.4～510	6	10	<0.35	双 工	抚顺市无线电厂

性强，通话清晰，组网面积大，总投资费用省。该系统与150MHz、400MHz系统相比，价格贵一倍，但通信传播性能优越，在矿山有广阔的应用前途。其部分产品的主要性能参数见表31-31。

表31-31 900MHz无中心无线电台的性能参数

名 称	型 号	功率（W）	频率范围（MHz）	频道数	功 能	用户数量
基地台	JB-9	6	903.0125～904.985	1条控制频道，79条通话频道	存贮记忆、搜索监听、双方待机、自动复位、重新呼叫	5位数字编码、理论上10万户
车载台	JC-9	7				
对讲机	MT-370	5				

31.7.2 露天矿计算机调度[25,26]

露天矿要以最低成本达到最高生产能力，在于最大限度地提高电铲利用率和最大限度提高汽车利用率（缩短汽车在电铲、破碎机和排土场的排队等候时间，选择最佳行车路线）。在露天矿现有生产过程无需重大改变的情况下，借助于计算机进行生产调度，可以按照电铲生产能力最优配备卡车辆数，保持均衡生产；向司机指示行车路线；监控设备的运行状态；为管理部门提供设备运行信息和生产统计数字，加强对矿山的生产管理。自1973年计算机调度系统在南非帕拉博拉铜矿投入运行以来，相继在加拿大莱特山铁矿和保加利亚米特德铜矿应用。实践表明，实现计算机调度之后，矿山产量可以提高14%～25%，其投资费用为60万～350万美元。但只要能使产量提高3%，就足以补偿其投资费用，经济效益显著。

31.7.2.1 计算机调度的功能

计算机调度的功能是选择最佳行车线路，最大限度减少等候时间和空车行程；优化汽车循环次数；按计划规定的产量和品位进行优化配矿；按规定的剥采比运输矿石和废石；优化安排爆破、就餐和休息时间；优化设备非计划性停顿或设备正常移位；按最优时间间隔给汽车加油；自动确定换班最优位置；设备出故障时自行调节作业程序，使生产损失减到最小；向调度员报告某台设备超过了维修时间，以适当方式调出设备进行例行维修；为管理部门提供生产和设备运行报告。

31.7.2.2 计算机调度工作原理

计算机调度一般由三部分组成：最佳调度算法系统、自行设备的位置检测、通信系统和计算机辅助系统。

在电铲、破碎机工作场所以及排土场、贮矿场和运输交叉路口均装有位置发射机。当汽车进入其感应区时，汽车上将收到位置发射机发出的特殊信号，并予以识别，在收到中央站的询问信号时，将此位置参数自动转发给中央站。中央控制站根据车位信息和其他输入信息，按最优调度算法进行分析处理，得出最优调度指令（最佳行走路线，装矿点和卸矿点）。再将指令自动发向汽车和电铲，司机根据显示在司机室荧光屏上的数码指令进行操作。中央站能实时监测每辆汽车的运行情况，在荧光屏上显示调度的动态过程。显示信息包括：指定汽车的工作状态（装车、停车、加油、等待等）、车位、指定地点，作业电铲分配、电铲工况（停铲、待车、装载等）、车辆分配和汽车行走路线正确与否的判断等。

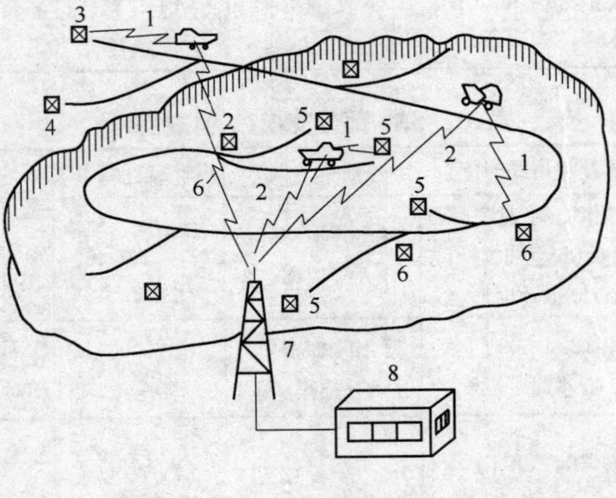

图31-94 计算机调度示意图

1—汽车接收从位置发射机发出的信号；2—汽车受中央调度室的定时询问并接受新指令；3—排土场；4—破碎站；5—电铲；6—位置发射机；7—发射塔；8—中央调度室

中央站还自动收集生产数据，提出打印报告，例如生产累计数字，设备运转状态统计表等。图31-94是露天矿计算机调度的示意图。

美国PAH公司安装的一个计算机调度系统，包括PDP11/24型计算机，三台RL02型磁盘驱动器（每台容量1000kB），4个显示终端、2台打印机，信号传输采用Aerotron无线电收发报机。其控制对象为120台卡车、30台装载机、30个卸载站、30个加油站和30个停车场。

31.7.3 矿井有线通信、载波和无线电通信

31.7.3.1 矿井有线通信

矿井生产调度与水泵房、变电所、维修车场、采场、空气压缩机站、通风机房、提升机房和井口车场等之间适宜采用有线通信。一般采用辐射式调度电话总机或音频选号式调度电话总机。

矿山行政电话一般采用纵横制用户自动电话交换机，并与市话沟通。

31.7.3.2 调度电话的一般要求

调度电话站尽量由二路交流电源供电。交换机门数、电缆芯线备用量一般取实际用量的25%～35%。

串音衰耗要大，一般要大于80dB；直流传输衰耗、询听衰耗、监听衰耗要小；呼出呼入呼损要小。

电信线路与电力线路一般不同杆架设。同杆架设时，若电力线路电压在10kV以下，则线距不得小于1.5m；10kV以上时线距不得小于2.5m。表31-32、表31-33是部分载波机和交换机机型的性能参数。

表31-32　部分载波机的性能参数

型　号	载波频率（kHz）	传输频带（kHz）	输出功率（W）	电源电压（V）	工作条件	灵敏度（mV）
ZB-1型	40～500	0.3～3.1		AC660	井下工作面，防爆	50～100
ZBD-1型	40～500	0.3～2.1		AC36	矿山与农村	50～100
ZDD-11型	60	0.3～3.1	10	DC24	架线电机车上	≤116
ZDD-16型	1200	0.3～3.4	10	DC24 AC220	电力网上，移动设备上。双向单工	≤50

表31-33　部分交换机的性能参数

型　号	门数及呼占线时间	呼损率（%）	串音衰耗（dB）	工作条件	生产厂
HJ-901纵横制自动交换机	100门0.15小时呼/线 200门0.065小时呼/线 400门0.065小时呼/线	呼出呼损率≤2 呼入呼损率≤2	≥78	0～40℃ 相对湿度45%～75%	苏州有线电厂
JZHQ-3A型纵横制自动交换机	60、120、600门 0.075小时呼/线	呼出呼损率≤1 呼入呼损率<0.8	≥79	20℃±5℃ 相对湿度65±1.5%	常德有线电厂
JCL型磁石制电话交换机	30、50、100门		≥75		广州有线电厂

31.7.3.3 电机车载波通信

电机车载波机用于机车运输调度通信，它借助于电机车直流馈电接触线作为传输通

道，调度室装有总机，机车上装有分机。

A 通信方式

(1) 选址通话式。调度员只能呼叫一个用户，一对一通话，其他用户不能窃听和插话。

(2) 直接通话式。调度员呼叫任一用户时，其他用户都能听到，且能插话。

B 工作制式

(1) 同频单工，任意两用户可相互通话，但相互干扰大；

(2) 异频单工或双工，用户只能对调度进行双向通话。

C 对载波通信机的要求

(1) 能连续24小时工作；(2) 安装简单，防潮防震，相对湿度98%（25℃时）；(3) 借助直流接触线上的直流电压作为分机供电电源；(4) 无声等候；(5) 负载阻抗变化范围大，一般10～200Ω；(6) 通信距离在一般矿山条件下要求大于3～5km。

一般架线式电机车载波机的性能参数见表31-34。

表31-34 架线电机车载波机的性能参数

型 号	载波频率(kHz)	传输带宽(kHz)	输出功率(W)	接收灵敏度	电源（V）	生 产 厂
ZB77-10	总机40 分机72	0.3～3.4	总机：>3 分机：>1.5	≤100	DC16 AC127、220	赣东北无线电厂
ZDD-16	1200	0.3～3.1	10	≤50	DC24 AC220	阜新有线电二厂
KHG-2型感应电话	2000	0.5～3.1	发射场强 20mV/m	≤0.02	安全火花型 蓄电池组	吉林8201厂
ZDD-11	60	0.3～2.1			DC24	阜新无线电器材厂

31.7.3.4 提升系统的电话

在提升机房控制室与卸载站、装载站、各运人阶段、井底车场之间均要设置相互通讯用的电话。

在罐笼内或箕斗顶部与提升机房之间设立无线电话或感应电话通信，其天线设置在钢丝绳附近。这种通信还可在井筒检修时使用。

31.7.3.5 井下无线电通信[27,28,29]

在地面通信距离可达10km以上的无线电话机，在井下巷道中的通信距离仅200m。因此，井下无线电通信必须寻求新的方法。英国采矿开发研究院（MINOS）从20世纪60年代开始研究和发展了同轴电缆漏泄传输技术。最初是986系统，几经更新换代，1983年提出了MRD83400系统，这种系统至1984年底，已在英国煤矿推广应用200套。另一种则是比利时采矿研究院（INIEX）提出的模式转换通信技术，已于比利时、美国、加拿大、法国等国广泛应用。

A MRD83400系统

这是一种双向中继器系统（见图 31 - 95）。全系统包括分支的最大通信距离为 15km。如扩大覆盖面，可由单基地台扩充为双基地台直至七基地台组网通信。基地台的框图见图 31 - 96。频道设置在收、发方向分别为 2～11 路。系统在 VHF 甚高频低端（68～88MHz）工作。使用 BICCT3529 型螺旋叠绕式漏泄电缆作为传输线。

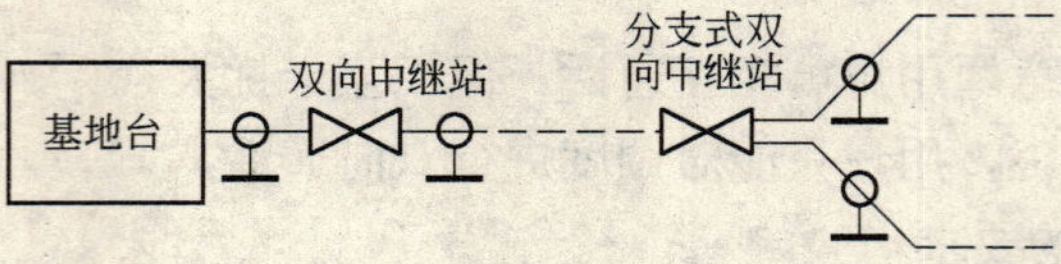

图 31 - 95　双向中继器系统

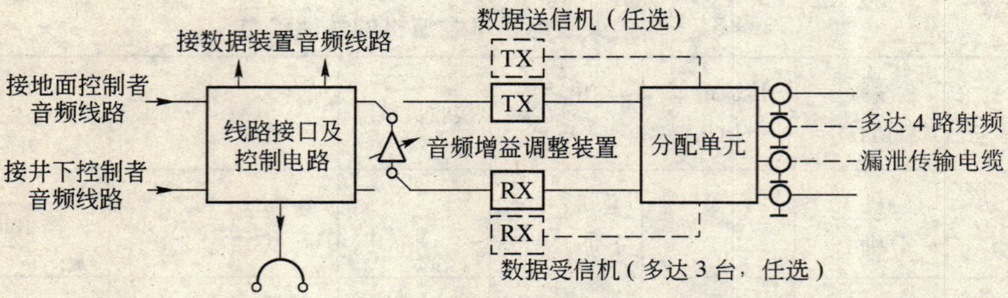

图 31 - 96　基地台方框图

系统具有许多实用功能，例如“讲通”操作、井上井下均充当系统控制者、直接与井筒扩音电话相连。系统设置音频直通联系，系统可与有线通信网转接以及移频键控方式兼容控制数据传输等。

B　INIEX - 德洛涅系统

这种系统采用模式转换通信技术（见图 31 - 97），在同轴电缆沿线以适当间距接入专门设计的模式转换器（辐射器），以实现电缆与巷道空间的能量转换。基地台 A 把发射功率转为同轴模式传到模式转换器 R_1，R_1 取出一小部分同轴模式能量转换为单芯线模式（低于巷道截止频率时）或自然传播模式（高于巷道截止频率时），R_1 把余下的能量继续以同

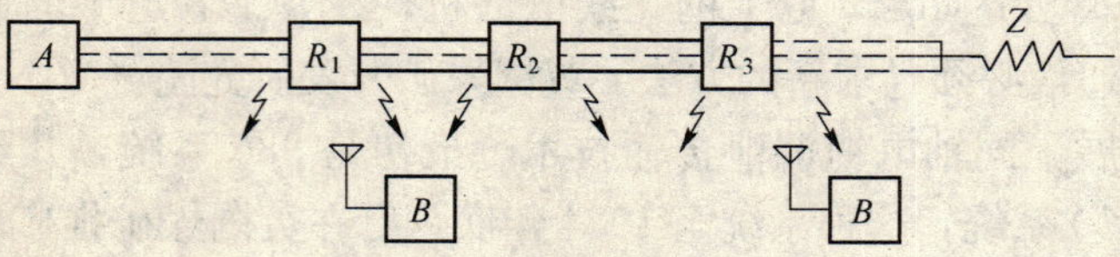

图 31 - 97　INIEX - 德洛涅系统方框图

A—基地台；B—移动台；R—模式转换器；Z—终端匹配阻抗

轴模式往下一级模式转换器 R_2 传播，依此类推。反之，移动台发射时，通过天线把单芯线模式或自然传播模式能量传给模式转换器，通过它转换为同轴模式把信号传给基地台或别的移动台，实现双向通信。

最简单的模式转换器为在同轴电缆上开一环形缝隙。要求通带宽时，可用变压器式宽带模式转换器。

还有一种 INIEX - 德雷克系统，是利用双芯馈线代替同轴电缆。缺点为防尘防潮性能差，衰减较大，但价廉，可用在环境好的巷道内。

INIEX - 德洛涅系统在柏列让煤矿的使用实例：通信频率 6.99MHz；通信距离 3～8.5km；安设辐射器 38 对。

C　公用无线电寻呼系统

公用无线电寻呼系统在城市和矿山，在地面和井下都有广泛用途。无线电寻呼系统主要由编码器、超高频大功率发射机、寻呼接收机三部分组成。用户只要配有寻呼接收器在给定的范围内可以任意游动，当收到其呼叫时（专用地址码），可以到附近有线电话处去通信联系。

31.8　自动化设备的维修组织和常用仪表

随着矿山技术水平的提高，自动化设备将日益增多。自动化能否为人们所接受，并发挥其效用，除了有赖于自动化设备制造厂生产出适合于矿山工作条件的高质量产品之外，在很大程度上将取决于矿山对自动化设备的合理使用，以及经常性的维护保养和及时的修理更换。

31.8.1　自动化设备的维修组织

具有自动化设备的矿山，应当建立自动化专业维修队伍，其组成和从属关系是：

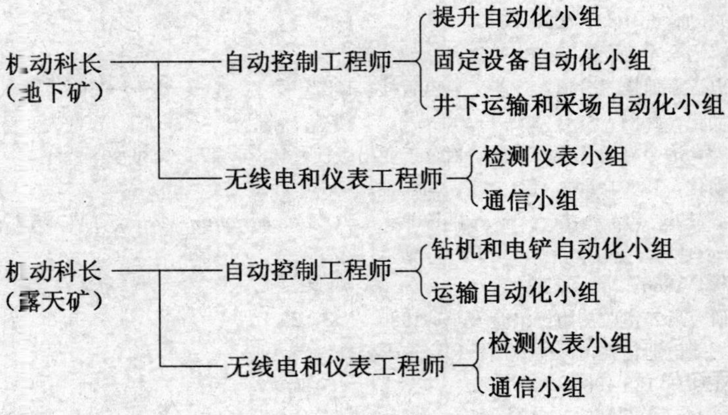

每个小组配备电气助理工程师或技术员 1 名，熟练技工 2～4 名。

31.8.2　矿山自动化实验室和常用仪器

矿山自动化实验室是矿山自动化专业维修队伍的工作基地。实验室应拥有开展维修工作所必须的各种测试仪器和自动化设备备件、电子元器件。借助于这些手段，进行自动化设备和检测仪表的性能测试、检验和修理，并进行自动化设备的开发利用和革新。

实验室除拥有一般电工仪表以外，还必须配备的常用电子仪器见表 31 - 35。

表 31 - 35 自动化实验室的常用电子仪器

仪器名称	技术规格	数量（台）
电子示波器	0～1MHz，10mV/div～20V/div	2
数字万用表	$3\frac{1}{2}$位，交直流电压、电流和电阻测量	2
数字频率计	0～10MHz	1
信号发生器	0～1MHz，输出幅值可调	1
光线示波器	16 线，10～10000Hz，带速 5～2500mm/s	1
直流稳压电源	24V，12V，2～5A	2
交流稳压电源	200kVA，220V	1

参 考 文 献

1 张初海等，金属矿山，1978，№4，30
2 张初海等，长沙矿山研究院季刊，1986，№1，35
3 祝绪盛，冶金自动化，1982，№2，19
4 林震宇、唐永宁编译，国外工程机械，1979，№5，1
5 R. A. Matuszak，国外工程机械，1985，№2，1
6 抚顺挖掘机厂设计科电气组，工程机械，1980，№3，2
7 吴玲娥，矿山机械，1982，№6，44
8 韩兆锡编译，国外采矿，1982，№4，41
9 赵展平，煤矿自动化，1986，№1，11
10 刘树夫，煤矿自动化，1984，№3，5
11 N. Brston，*Colliery Guarolian*，233 1985，№7，249
12 长沙矿山研究院遥控铲运机组，有色金属（矿山部分），1985，№4，33
13 许汇泉，煤炭科学技术，1981，№10，23
14 王自强等，冶金自动化，1981，№5，14
15 刘作述等，煤矿自动化，1982，№1，58
16 肖厚生、古德生，冶金自动化，1983，№1，14
17 顾永辉等，煤矿电工手册第三分册，煤炭工业出版社，1987，第 7—4—1～8—7—30 页
18 王清灵，煤矿自动化，1984，№4，20
19 申济湘、刘凤翘等，冶金自动化仪表手册，冶金工业出版社，1987，第 1～136 页
20 彭炫等，冶金自动化，1980，№4，45
21 Peng Xuan *et al*，*IFAC Proceedings Series*，1984，№5，*Automation in Mining*，*Mineral and Metal Processing* 1983，*ed. by* Westerlund. T.，Pergamon Press，1984，p703
22 黄传义，矿冶工程，1986，№2，13
23 冶金部安全技术研究所二室监测组，冶金安全，1980，№2，20
24 尧组信，超短波无线电通信在山区的应用，1984，未公开发表
25 Sassos. M. P.，*EM/J* 185 1984，№10，71
26 Sassos. M. P.，*EM/J* 185 1984，№6，74
27 唐允等，煤矿自动化，1982，№1，26
28 肖公亮，煤矿自动化，1985，№4，50
29 R.J. 帕森斯，煤矿自动化，1986，№3，54

索　引

F

L

T

沈天佑　1931年生，上海市崇明县人，1954年入北京大学中

本科，1958年留校任教。

长期以来，在中文系任中国宋元明清文学史基础课教学工作

说史》、《金瓶梅》、《红楼梦》的专题课教学工作。

主要著作有：《<金瓶梅>、<红楼梦>纵横谈》、《宋元文学史

授合著）、《中国文学史稿》（游国恩教授等主编，主要撰稿人）、

选》（吴组缃教授主编，主要编选人）、《<红楼梦>新校注本》（

几十年来，先后在《北京大学学报》、《文学评论》、《红楼梦

术刊物上发表了《谈<水浒传>在我国小说艺术典型化方面的贡

梦>、<金瓶梅>的两面观及其价值》、《中国文学史上一个别开生

《论<红楼梦>对<金瓶梅>的继承发展》、《谈林黛玉形象的艺术魅力》、《论王熙凤和市侩

梦>两大艺术波澜》等四十余篇论文。

丁小浩　1959年出生于北京。1977级北京师范大学数学系本

京大学应用数学专业硕士研究生，1991级高等教育学专业在职

1984年进入北大高等教育研究所工作，目前是北大教育学

理系教授，任教育学院学术委员会主席，教育部重点人文基地教

所长。

当前研究的主要兴趣领域是教育与劳动力市场，风险态度及

选择行为，弱势群体的继续教育和培训等。崇尚在研究中使用实

近年来尝试了在研究中应用包括实验方法，行动方法等在内的研

主要论文有："我国高等教育投资体制改革30年"、"规模扩

学机会均等化"、" 进城务工人员继续教育与培训中的志愿者研

与受教育程度的生存分析"、"我国专科与本科毕业生在劳动力市场上的相对位置和比较

业代际效应的劳动力市场分割与教育的作用"、"居民家庭高等教育开支及其挤占效应研

扩大招生对经济增长和增加就业的影响分析"、"高等教育财政危机与成本补偿"。有专

校规模效益的实证研究》。担任已出版的《高等教育的运行机制》、《探索教育变革：经

的视角》、《迈入学习型社会》等著作的副主编。

京大學學報

G DAXUE XUEBAO

哲学社会科学版

2009/1
第46卷 第1期

JOURNAL OF
Philosophy & Social Sciences
PEKING UNIVERSITY

919
0 1>